Karl-Bernhard Gundlach

Infinitesimalrechnung

V

Friedr. Vieweg + Sohn · Braunschweig

Verlagsredaktion: *Alfred Schubert, Willy Ebert*

ISBN-13: 978-3-528-03561-7 e-ISBN-13: 978-3-322-83541-3

DOI: 10.1007/ 978-3-322-83541-3

1973

Softcover reprint of the hardcover 1st edition 1973
Library of Congress Catalog Card No. 72–89144

Gesamtherstellung: Druckerei Szeged

Vorwort

Das vorliegende Buch ist aus einer Vorlesung über Infinitesimalrechnung für Studienanfänger hervorgegangen. Der Student der Mathematik oder Physik beginnt bisher das Studium der Mathematik in der Regel mit zwei parallel laufenden Vorlesungen über *Infinitesimalrechnung* und über *lineare Algebra* (früher meistens als *analytische Geometrie* bezeichnet). Die beiden Vorlesungen sind nicht unabhängig voneinander. Insbesondere kann man in der Infinitesimalrechnung jeweils das, was aus der linearen Algebra benötigt wird (wie Vektoren, Matrizen, Determinanten usw.), als bekannt voraussetzen. Um nicht bei elementaren Sachverhalten auf zusätzliche Literatur verweisen zu müssen, werden hier die (nicht sehr umfangreichen) Hilfsmittel aus der linearen Algebra, die *dauernd* benutzt werden, innerhalb der Darstellung mitentwickelt. (Das entspricht auch der tatsächlich gehaltenen Vorlesung, da im Wintersemester 1966/67 wegen der Ungunst der Verhältnisse eine Parallelvorlesung über lineare Algebra erst ein Semester später beginnen konnte.) Hilfsmittel aus der linearen Algebra, die nur an *einzelnen* Stellen benötigt werden (wie Matrizen und Determinanten), sind in einem gesonderten Paragraphen (mit kurzen Beweisen) zusammengestellt. Auch sonst werden an keiner Stelle spezielle Kenntnisse (auch nicht aus dem Schulunterricht!) vorausgesetzt.

Besonderen Wert habe ich auf eine ausführliche Erörterung der Grundbegriffe gelegt. Es dürfte klar sein, daß man eine Einführung in die Infinitesimalrechnung weder mit Logistik noch mit axiomatischer Mengenlehre beginnen kann. Demgemäß werden Logik und Mengenlehre vom „naiven“ Standpunkt aus behandelt.

Wegen der Wichtigkeit des Begriffes der Abbildung habe ich mich dafür entschieden, nicht, wie noch vielfach üblich, die Begriffe *Abbildung* und *Funktion* zu vermischen. Eine saubere Trennung der beiden Begriffe erscheint der größeren Klarheit wegen zweckmäßig (Angaben wie injektiv, surjektiv, bijektiv sind nur für Abbildungen sinnvoll!) und von der Verwendung her auch naheliegend.

An den Anfang habe ich nicht, wie es gelegentlich gemacht wird, das doch sehr umfangreiche Axiomensystem für die reellen Zahlen gestellt, sondern zunächst Gruppen und kurz Ringe und Körper behandelt. Das hat den Vorteil, daß man es jeweils mit einem einfachen Sachverhalt zu tun hat und sich an endlichen, vollständig überschaubaren Beispielen klarmachen kann, was die einzelnen Bedingungen bedeuten.

Anschließend werden Ordnungsrelationen, auch wieder unabhängig von den reellen Zahlen, behandelt, so daß die einzelnen Begriffe an endlichen Beispielen erläutert werden können, bei denen insbesondere der Unterschied zwischen den Begriffen *maximales Element* und *größtes Element* erkennbar ist.

Die Eigenschaften der natürlichen Zahlen, die verschiedenen Versionen des Beweises und der Definition durch vollständige Induktion, sowie die Charakterisierung der ganzen rationalen, der rationalen und der reellen Zahlen habe ich ausführlich diskutiert. Ich habe damit unter anderem der Tatsache Rechnung getragen, daß heutzutage viele Abiturienten vom Rechnen mit reellen Zahlen nur verschwommene Vorstellungen und teilweise schon Schwierigkeiten beim Umgang mit rationalen Zahlen haben. Eine vollständige Vorführung der Konstruktion der rationalen und reellen Zahlen aus den natürlichen Zahlen auf der Grundlage der Peano-Axiome ist für eine Einführung in die Infinitesimalrechnung zu umfangreich und entspricht auch kaum den Interessen derjenigen, die mehr zur Physik als zur Mathematik neigen. Andererseits wird aber die Behandlung von Teilen dieser Konstruktion bereits in Lehrplänen für die höhere Schule empfohlen. Ich habe daher angegeben, wie man die ganzen rationalen Zahlen mit Hilfe der natürlichen Zahlen, die rationalen mit Hilfe der ganzen und die reellen Zahlen mit Hilfe der rationalen Zahlen beschreiben kann, was schon für das praktische Rechnen wichtig ist, und habe im übrigen die Theorie nur soweit geführt, daß sich die Eindeutigkeit (bis auf Isomorphie) der betreffenden Zahlbereiche ergibt und erkennbar wird, welchen Weg man für eine Konstruktion einschlagen müßte. Für den an diesen Dingen nicht so sehr interessierten Leser habe ich in den Einleitungen zu Kapitel 4 und Kapitel 5 angegeben, welche Teile dieser Kapitel gegebenenfalls überschlagen werden können.

Am Anfang des Kapitels 6 steht der Abstandsbegriff. Hiervon ausgehend werden metrische und topologische Räume eingeführt. Bei der Behandlung der stetigen bzw. offenen Abbildungen im Rahmen dieses Kapitels ist eine vorherige Erörterung des Grenzwertbegriffes unnötig. Da schon in den vorangegangenen Kapiteln jeweils diejenigen Abbildungen hervorgehoben worden sind, bei denen wesentliche Eigenschaften der betrachteten Bereiche erhalten bleiben (bei den Homomorphismen bleiben die Rechenregeln erhalten, bei den monotonen Abbildungen bleibt die Anordnung erhalten oder wird umgekehrt), fügen sich die stetigen bzw. offenen Abbildungen, bei denen die Eigenschaft einer Menge, offen zu sein, erhalten bleibt, zwanglos ein. Dem Vorbild von Dieudonné [4] folgend, habe ich in einem gesonderten Paragraphen als instruktives Beispiel für die Verwendung der bis dahin eingeführten Begriffe die Konstruktion des Logarithmus und anschließend der allgemeinen Potenz vorgeführt. Leser, die an dieser speziellen Konstruktion nicht interessiert sind, können den Paragraphen überschlagen (siehe die Einleitung zu Kapitel 6).

Kapitel 7 bringt Nachträge zu den Kapiteln 1—6. Ich habe einen Teil des Stoffes, der in die ersten Kapitel gehört, abgetrennt und in diesem Kapitel zusammengefaßt, um nicht am Anfang den Leser durch Begriffe und Sätze, die erst viel später benutzt werden, zu ermüden. Abgesehen davon ist es in einer Reihe von Fällen zweckmäßig, die Ergebnisse verschiedener Kapitel zu kombinieren.

Kapitel 8 und 9 sind den Grenzwerten gewidmet. Grenzwerte werden, wie in der Topologie, mit Filtern und Rastern (ich ziehe diese Bezeichnung dem Ausdruck „Filterbasis" vor) eingeführt. Dieser Weg ist bisher in der Infinitesimalrechnung nicht üblich. Die Bedeutung der Topologie in der modernen Mathematik und die Vorteile, die eine Verwendung topologischer Methoden mit sich bringt, lassen es aber geraten erscheinen, topologische Begriffsbildungen möglichst früh einzuführen. Das darf natürlich nicht dazu führen, daß man größere Allgemeinheit auf Kosten der Einfachheit erreicht oder eine abstrakte Theorie mit vielen neuen Begriffen aufbaut, deren unmittelbare Anwendbarkeit nicht ersichtlich ist. Nun werden jedoch in der Infinitesimalrechnung in jedem Falle Intervallschachtelungen besprochen, und man verwendet die Menge der ε-Umgebungen eines Punktes x (d.h. zu jedem $\varepsilon > 0$ die Menge der Punkte, die von x geringeren Abstand als ε haben), explizit in modernen Darstellungen, etwas verschleiert in älteren Darstellungen. Ich sehe keinen Vorteil darin, zu verschweigen, daß es sich in beiden Fällen um Raster handelt, zumal ein Raster lediglich durch zwei einfache Bedingungen gekennzeichnet ist. Stellt man, wie in dieser Einführung, bei der Erörterung des Grenzwertbegriffes den Gesichtspunkt der Approximation mit vorgegebener oder beliebig vorgebbarer Genauigkeit in den Vordergrund, so kommt man zwanglos von den Rastern sowohl zum Grenzwert als auch zum Limes superior und Limes inferior, und auch Grenzwerte von Funktionen, Reihen und Folgen erscheinen als Sonderfälle immer ein und desselben Gedankenganges.

Auch bei der Behandlung der stetigen und der differenzierbaren Abbildungen in den Kapiteln 10—12 steht der Gesichtspunkt der Approximation im Vordergrund. Dementsprechend ist die Ableitung konsequent als lokal hinreichend gut approximierende stetige lineare Abbildung eingeführt. Die allgemeine Theorie habe ich durchweg für Banachräume entwickelt. Vektorräume sind schon für einfache physikalische Anwendungen unerläßlich. Darüberhinaus wird aber in der Regel nur eine Norm benötigt und die Vollständigkeit des Vektorraumes. Jeweils eine feste endliche Dimension vorauszusetzen, womöglich noch eine spezielle Basis zu benutzen oder sich auf den reellen Zahlkörper als Grundkörper zu beschränken, halte ich für unnötig, solange das darauf hinausläuft, daß man nur eine Reihe zusätzlicher einschränkender Angaben macht, ohne daß sich der Gedankengang wesentlich vereinfacht. Die Zulassung des Körpers der komplexen Zahlen als Grundkörper ist besonders für die Anwendbarkeit der Theorie der Taylorreihen und bei der Behandlung der Exponentialfunktion und der trigonometrischen Funktionen nützlich. Die Verwendung des Schrankensatzes bringt gegenüber dem Mittelwertsatz soviele Vorteile mit sich, daß sich der größere Aufwand für seine Herleitung lohnen dürfte.

Die Darstellung der Integration sollte heutzutage auch in einer Einführung von vornherein in Richtung auf das Lebesgue-Integral angelegt sein. Da man zur expliziten Auswertung von Integralen sowieso Stammfunktionen benötigt, bietet sich auf Grund der Art, wie die Differentiation vorher behandelt wurde, das Cauchy-Integral (für die bequem zu handhabende Klasse der sprungstetigen Funktionen) als einfacher erster Integralbegriff an. Von hier aus habe ich das Lebesgue-Integral mit dem Daniellschen Ansatz eingeführt, weil man dann weitgehend auf maßtheoretische Vorbereitungen verzichten kann.

Münster, Juni 1972

Karl-Bernhard Gundlach

Inhaltsverzeichnis

Zeichenliste

●	Ende (eines Beweises etc.)
$\Rightarrow$	wenn..., so... 18
$\Leftrightarrow$	äquivalent 18
$:\Leftrightarrow$	definiert durch 23
$=$	gleich 23
$\neq$	ungleich 23
$:=$	definiert durch 23
$\{a, \ldots\}$	Menge der Elemente $a, \ldots$ 23
$\{x \mid P(x)\}$	Menge der x mit der Eigenschaft 23
$\in$, $\notin$	Element von, nicht Element von 24
$\subset$, $\not\subset$	Teilmenge, nicht Teilmenge 24
$\emptyset$	die leere Menge 25
$\mathfrak{P}(A)$	Potenzmenge von A 26
$\cup$, $\cap$	Vereinigung, Durchschnitt 26
$A-B$	Differenzmenge (für $B \subset A$: Komplement) 29
$A \times B$	Kreuzprodukt 30
pr_1, pr_2	erste, zweite Projektion 31, 181
$\mathscr{D}(R)$,	Definitionsbereich 31
$\mathscr{W}(R)$	Wertevorrat 31
R^{-1}	inverse Relation 32
$R(U)$	Bildmenge von U bei R 32
$F \mid C$	Beschränkung von F auf C 34
$G \circ F$	37
F^{-1}	Umkehrfunktion 40
$f: A \to B$	f ist Abbildung von A in B 40
$A \xrightarrow{f} B$	f ist Abbildung von A in B 40
graph f	Graph der Abbildung f 40
$f(U)$	Bild (Bildmenge) von U unter f 40
$f^{-1}(U)$	Urbild (Urbildmenge) von U unter f 40
f^{-1}	inverse Abbildung zu f 41
(A, B, F)	Abbildung von A in B, durch die Funktion F gegeben 40
id_A	identische Abbildung von A auf sich 42
$g \circ f$	Hintereinanderausführung von Abbildungen 43
$f \mid C$	Einschränkung von f auf C 46
$(A, *)$	Menge A mit Verknüpfung „$*$" 50
$(A, \varkappa)$	Menge A mit Verknüpfung „$\varkappa$" 50
$\mu \times \mu$	52
$\cong$	isomorph 53

xy	Kurzschreibung für $x \cdot y$ etc. 64
x^{-1}	inverses Element zu x 57
$+$	64
0	64
$-x$	inverses Element zu x bei „$+$" 64
$x-y$	Abkürzung für $x+(-y)$ 65
$(R, +, \cdot)$	Menge R mit zwei Verknüpfungen „$+$", „$\cdot$" 66
$R^{\times}$	multiplikative Gruppe eines Divisionsringes 69
$\prec$	Zeichen für eine Ordnungsrelation (kleinergleich) 74, 75
$\succ$	Zeichen für die inverse Relation zu „$\prec$" 76
$\bar{S}(B)$	Menge der oberen Schranken von B 79
$\underline{S}(B)$	Menge der unteren Schranken von B 79
sup, inf	Supremum, Infimum 79
max	Maximum (größtes Element) 78
min	Minimum (kleinstes Element) 78
$\cup, \cap$	Vereinigung, Durchschnitt 84
$\leqq, \geqq$	kleiner-gleich, größer-gleich 86
$<, >$	kleiner, größer 86
1	die natürliche Zahl 1 91
n'	Nachfolger von n 91
$(\boldsymbol{N}, v, 1)$	Modell der natürlichen Zahlen 91
E_n	Ende zu n 96
$\boldsymbol{E}$	Endenfilter auf $\boldsymbol{N}$ (Menge der Endstücke) 98, 280
A_n	Anfangsstück (Abschnitt) von $\boldsymbol{N}$ 101
$\boldsymbol{Q}$	rationaler Zahlkörper 132
$\approx$	gleichmächtig 110
∞	unendlich 114
Π	Produktzeichen Satz 4.6.1. 118
$\sum$	Summenzeichen Satz 4.6.3., Def. 9.5.2., Satz 9.5.2., Anm. 10.4.1. 121
a^n	Potenz 122
na	Vielfaches (n-faches) zu a 124
$a \mid n$	a teilt n 127, 134
$a \nmid n$	a teilt nicht n 127, 134
$\boldsymbol{Z}$	Menge der ganzen rationalen Zahlen 132
g.g.T.(a, b)	größter gemeinsamer Teiler 135
$X+Y$	145
$X \cdot Y$	145
$\sqrt{s}$	nicht-negative Wurzel aus s 147
$\mathfrak{D}_K$	Menge der Dedekindschen Schnitte in K 145
$\boldsymbol{C}$	Körper der komplexen Zahlen 149, 152
i	149, 152
Anz	Anzahl der Elemente (einer Menge) 114
Re (z)	Realteil von z 153
Im (z)	Imaginärteil von z 153
$\bar{z}$	konjugiert-komplexe Zahl zu z 153

$\lvert a \rvert$	für $a \in \boldsymbol{R}, \boldsymbol{C}$ gewöhnlicher Absolutbetrag	157
$\boldsymbol{R}_+$	Menge der nicht-negativen reellen Zahlen	193
$\lvert x \rvert$	Absolutbetrag	158
$\lvert z \rvert_p$	für $z \in \boldsymbol{Q}$ p-Betrag	160
$d(x, y)$	Abstand von x, y	164
(X, d)	metrischer Raum	164
d', d, d''	spezielle Metriken	166
$d \mid Z \times Z$	auf Z induzierte Metrik	178
$f \times g$		181
$[a, b]$	abgeschlossenes Intervall	190
$\sqrt[n]{a}$	n-te Wurzel aus a	193
$\boldsymbol{R}_+^\times$	Menge der positiven reellen Zahlen	195
a^x		195, 204, 327
${}^a\log x$	Logarithmus zur Basis a	203, 327
$\log x$	natürlicher Logarithmus	204, 326
$\vee, \wedge, \neg, \forall, \exists$		207, 209
$j!$	j Fakultät	219
$\binom{\alpha}{j}$	Binomialkoeffizient	219
$\prod_{j \in J} A_j$	direktes Produkt von Mengen	226
$X_1 \times \cdots \times X_n, X^n$		226
Ξ_u, ξ_u	charakteristische Funktion, Abb.	234
$\mathring{W}, \overline{W}$	offener Kern, abgeschlossene Hülle	239
$-\infty, \infty, \overline{\boldsymbol{R}}$		246
$[a, b]$	abgeschlossenes Intervall	248
$]a, b[$	offenes Intervall	248
$[a, b[,]a, b]$	halboffene Intervalle	248
$\delta(Z)$	Durchmesser von Z	253
$d(Z, W), d(a, W), d(Z, b)$	Abstand	254
$\tilde{d}, \tilde{d}_w$		255
$\mathfrak{o}, 0, e$	Standardbezeichnung für Nullvektor, 0, Einselement eines Körpers	257
$\mathcal{F}_Y(M)$	Menge der Abb. von M in Y	261
$\hat{Y}$	Menge der konstanten Abb. von M in Y	261
$\cong$		261
$\lVert \mathfrak{a} \rVert$	Norm	262
$\lVert f \rVert_u$	uniforme Norm	263
$\mathcal{B}_Y(M)$	Menge der beschränkten Abb. von M in Y	263
$\mathfrak{B}(x)$	Umgebungsfilter von x	268
$I(W)$	Inneres von W	269
$A(W)$	Äußeres von W	269
$\partial(W)$	Rand von W	269
$\mathfrak{B}$	Basis eines Filters (z. B. eines Umgebungsfilters)	273
$\mathfrak{R}$	Raster	275
$\mathfrak{F}$	Filter	276
$\mathfrak{R}_X$	Vervollständigung von $\mathfrak{R}$ zu einem Filter	276
$\gg$	feiner (Raster oder Filter)	277
$\mathfrak{R} \mid W$	Einschränkung von $\mathfrak{R}$ auf W	278
$f(\mathfrak{R}), f^{-1}(\mathfrak{R})$	Bild, Urbild von $\mathfrak{R}$ unter f	279
$L_{\mathfrak{R}}$	Menge der Berührungspunkte von $\mathfrak{R}$	280
$\bar{S}(\mathfrak{R})$	Menge der oberen Schranken eines Rasters $\mathfrak{R}$	281

$\underline{S}(\mathfrak{R})$	Menge der unteren Schranken eines Rasters $\mathfrak{R}$ 281
$\underline{\lim}\,\mathfrak{R}$, $\liminf \mathfrak{R}$	limes inferior 281
$\overline{\lim}\,\mathfrak{R}$, $\limsup \mathfrak{R}$	limes superior 281
$\lim \mathfrak{R}$	Limes eines Rasters 287, 290
$\lim\limits_{\mathfrak{R}} f$, $\overline{\lim\limits_{\mathfrak{R}}} f$, $\underline{\lim\limits_{\mathfrak{R}}} f$	291
$U_\varepsilon(x; d)$	offene Kugel mit dem Radius ε um x 167
$\lim\limits_{\mathfrak{R}\vert Z} F$	293
$\mathfrak{B}_0(x)$	Beschränkung des Umgebungsfilters von x auf $X-\{x\}$ 296
$\lim\limits_{y\to x} f(y)$, $\lim\limits_{\substack{y\to x\\ y\in W}} f(y)$	296
(f, g)	300
$\lim\limits_{n\to\infty} a_n$	301
$\tilde{d}_z$	304
$\lim\limits_{y,\mathfrak{R}} f(y)$	305
f_b	konstante Abb. mit Bild b 305
$\tau_{\mathfrak{a}}$	Translation um $\mathfrak{a}$ 308
$\underline{\lim\limits_{y\to x}} f(y)$, $\overline{\lim\limits_{y\to x}} f(y)$	309
$\underline{\lim\limits_{\substack{y\to x\\ y\in W}}} f(y)$, $\overline{\lim\limits_{\substack{y\to x\\ y\in W}}} f(y)$	309
$L_{\mathfrak{R}}(f)$	Menge der Berührungspunkte von $f(\mathfrak{R})$ 309
$\lim\limits_{y\to x-0} f(y)$, $\lim\limits_{y\to x+0} f(y)$	313
$g(n, x)$, $\exp(x)$	322
e, e^x	326, 507
$\delta(\mathfrak{R})$	Schwankung von $\mathfrak{R}$ 330
$\sigma(x_1; Z)$, $\sigma(Z; x_2)$	Schnitt durch Z 344
$\mathfrak{R}_1\times\mathfrak{R}_2$	346
$\lim\limits_{\substack{y_1\to x_1\\ y_2\to x_2}} f(y_1, y_2)$	348
O, o	381
$\mathscr{C}_Y(X)$	Menge der stetigen beschränkten Abbildungen von X in Y 397
$f\mathfrak{x}$	400
$\mathscr{L}(X; Y)$, $\odot$	Menge der stetigen linearen Abb. von X in Y, Nullabbildung 402
$\Vert f\Vert_{\mathscr{L}}$	Norm für stetig lineare Abb. 402
$f^{(1)}_{\mathfrak{w}}$, $f^{(2)}_{\mathfrak{y}}$	403
$\mathscr{L}(X, Z; Y)$	Menge der stetigen bilinearen Abb. von $X\times Z$ in Y 405
$[V]$	lineare Hülle von V 406
X_1+X_2	Summe zweier Vektorräume 407
$\Vert(\mathfrak{x}_1, \mathfrak{x}_2)\Vert_{\max}$	Maximumsnorm 408
$\mathrm{Hom}_K(Y, Y)$	418
$(\mathscr{B}_Y(X), +, \cdot)$, $(\mathscr{C}_Y(X), +, \cdot)$ $(\mathscr{L}(Y; Y), +, \circ)$	421
$\dim_K X$	423
$(a_{j,k})$, $\begin{pmatrix} a_{1,1}\dots a_{1,m}\\ \vdots \quad\quad \vdots\\ a_{n,1}\dots a_{n,m}\end{pmatrix}$	425
$K^{(n,m)}$, $\mathfrak{M}^{(n,m)}(K)$	425
$\mathrm{Hom}_K(X, Y)$	425
$M\cdot N$	(Matrizenprodukt) 426
$D(a_1, \dots, a_n)$, $\odot$, E	Diagonalmatrix, Nullmatrix, Einheitsmatrix 427
$E_{s,t}(a)$, $V_{s,t}$	427
$\Delta(M)$, $\det M$	Determinante von M 428, 433

$\Delta_{\mathfrak{x}} f$		435
$r(\mathfrak{x}, l; \mathfrak{y})$		435
$r(\mathfrak{x}; \mathfrak{y})$		440
$\mathscr{L}(X, \ldots, X; Y)$, $\mathscr{L}^n(X; Y)$		474
$\hat{Z}_n, Z_n, f^{(n)}$		474
Df, $D_k f$		475
$r_n(x; y)$		496
π		510
cos, sin		515
tg, ctg		517
arc cos, arc sin		519
arc tg, arc ctg		519
ar cosh, ar sinh		521
cosh, sinh		521
$P_n(x)$		531
$\eta_{\mathfrak{I}}$		541
$S(g; a, b)$		546, 550
$\int_a^b g(x)\,dx$	Cauchy-Integral	549
$f(x)\Big\vert_{x=a}^{x=b}$		549
$\int_a^b G(x)\,dx$		551
$\Gamma(x)$	Gammafunktion	571
$\int_Q g(x_1, x_2)\,dx_1\,dx_2$		575
tr g	Träger von g	586
$\int g\,d\mu$	Daniell-Integral	590
g^+, g^-		590
$\int g\,d\lambda$	Lebesgue-Integral	602
L^1, $L^1(\mu)$	Menge der integrierbaren Abbildungen	602
$\lambda(A)$	Maß (Inhalt) von A	612
$\int_A g\,d\lambda$	Integral von g über A	615
$\int_\alpha^\beta h(x)\,dx$, $\int_B h(x)\,dx$		621
$\int g(x)\,d\mu(x)$, $\int G(x)\,d\mu(x)$		626
$f(*, x_2)$, $f(x_1, *)$		626
$\int f(x_1, \ldots, x_n)\,dx_1 \ldots dx_n$		629

1. Grundbegriffe

Abkürzungen (wie TEE, BGB u.a.) und besondere Zeichen (so \$, † etc., man denke auch an die Verkehrszeichen) werden häufig benutzt, um auf knappem Raum in übersichtlicher Form Angaben zu machen. Auch in der Mathematik sind viele Abkürzungen und Bezeichnungen im Gebrauch, deren Bedeutung sich zum Teil im Laufe der Zeit etwas geändert hat, und zu denen ständig neue hinzu kommen. In diesem Kapitel werden die grundlegenden, weil immer wieder benutzten, Begriffe Menge, Funktion, Abbildung usw. und Zeichen $=$, $\cap$, $\cup$ etc. eingeführt und ihre Verwendung erläutert. Ihre Auswahl wird dadurch gerechtfertigt, daß sich gezeigt hat, daß man sich gerade mit *ihrer* Hilfe besonders kurz und verständlich ausdrücken kann. Das ist auch einer der Gründe, warum sie nicht immer und von allen Autoren in genau derselben Bedeutung benutzt werden. Für die Definition der Funktion z. B., d.h. für die Vereinbarung, wofür man die Bezeichnung „Funktion" verwenden will, kommt es nur darauf an, was am zweckmäßigsten ist. Von zwei nicht übereinstimmenden Definitionen des Begriffes „Funktion" ist daher keineswegs eine falsch und eine (vielleicht) richtig, sondern höchstens eine zweckmäßiger als die andere (es hat keinen Sinn, von einer Definition zu sagen, sie sei wahr oder falsch!).

Benutzt man viele Abkürzungen, so kann es vorkommen, daß verschiedene Zeichenkombinationen dieselbe Bedeutung haben. Z. B. wird in Satz 1.2.2. festgestellt: $A \cup (B \cap C) = (A \cup B) \cap (A \cup C)$, d.h., $A \cup (B \cap C)$ und $(A \cup B) \cap (A \cup C)$ haben dieselbe Bedeutung. Der *Beweis* dieses Sachverhaltes ist keine tiefsinnige mathematische Untersuchung, sondern besteht einfach darin, daß man mit Hilfe der Gebrauchsanweisung für die Verwendung der auftretenden Zeichen überprüft, daß die Feststellung stimmt. Da sowohl $A \cup (B \cap C)$ als auch $(A \cup B) \cap (A \cup C)$ häufig vorkommen, ist es wichtig, zu wissen, daß sie dieselbe Bedeutung haben.

Dieses Kapitel spielt im Rahmen der Gesamtdarstellung in mancher Hinsicht dieselbe Rolle wie Abkürzungsverzeichnis und Benutzungshinweise in einem Kursbuch. Wie beim Lesen von Fahrplänen ist es auch hier nötig, die wichtigsten Abkürzungen und Bezeichnungen in ihrer *genauen* Bedeutung im Kopf zu haben. Man muß sich darüber im klaren sein, daß Vereinbarungen über Abkürzungen und über die Art, wie Angaben zu machen sind, und ihre *präzise* Beachtung wesentlich sind und unter Umständen eine verständliche Darstellung erst ermöglichen (man denke nur an ein Telefonbuch, in dem die alphabetische Reihenfolge der Namen nicht streng eingehalten wäre!).

1.1. Der mathematische Sprachgebrauch

Bei der Beschreibung mathematischer Sachverhalte wird zwar die Umgangssprache benutzt, es werden jedoch gegenüber dem üblichen Sprachgebrauch oft höhere Anforderungen an die Genauigkeit der Ausdruckweise gestellt und in stärkerem Maße Abkürzungen verwendet. Es ist daher zweckmäßig, Vereinbarungen über die Bedeutung einiger häufig auftretender Redewendungen zu treffen, und zwar vor allem über die Konjunktionen „und“, „oder“, „wenn..., dann...“, da ihr Gebrauch in der Umgangssprache nicht ganz eindeutig ist. Außerdem ist es nützlich, eine Reihe von Abkürzungen einzuführen, die dazu dienen, den Text übersichtlicher zu gestalten.

Charakteristisch für mathematische Darstellungen ist, daß Behauptungen aufgestellt werden, für die Beweise gegeben werden. Man hat also gewisse Aussagen, deren Richtigkeit nachgewiesen wird. Zweckmäßigerweise legt man, wie es seit Aristoteles üblich ist, dazu fest:

Eine Aussage ist ein sprachliches Gebilde, von dem es sinnvoll ist, zu sagen, es sei wahr oder falsch.

Beispiele für Aussagen sind:

Fig. 1 ist ein Dreieck;
Fig. 2 ist schwarz;
Fig. 3 ist ein Polygon;
Fig. 2 ist ein Kreis.

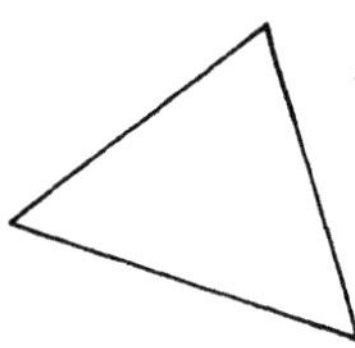

Fig. 1.

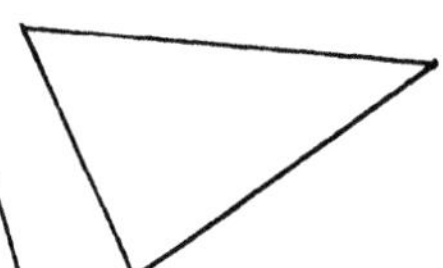

Fig. 2.

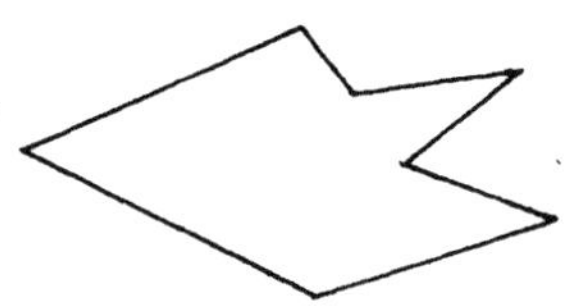

Fig. 3.

Grammatisch besteht eine Aussage im einfachsten Fall, wie in diesen Beispielen, aus zwei Teilen,

(a) einem Subjekt, über das etwas ausgesagt wird,

(b) einem Prädikat, das angibt, daß das Subjekt eine gewisse Eigenschaft hat.

Verwendet man

P_1 als Abkürzung für das Prädikat „ist ein Dreieck“,
P_2 als Abkürzung für das Prädikat „ist schwarz“,
P_3 als Abkürzung für das Prädikat „ist ein Polygon“,
usw. ...,

so ist es üblich,

P_1 (Fig. 1) als Abkürzung für die Aussage „Fig. 1 ist ein Dreieck",
P_2 (Fig. 2) als Abkürzung für die Aussage „Fig. 2 ist schwarz",
usw. ...

zu benutzen. Hat man also ein Prädikat, das etwa mit P bezeichnet werde, und ein Subjekt, das mit a bezeichnet werde, so verwendet man $P(a)$ als Abkürzung für die Aussage „Das Subjekt a hat die durch das Prädikat P angegebene Eigenschaft".

Will man noch kein bestimmtes Subjekt einsetzen, so markiert man die Stelle, an der das Subjekt einzusetzen ist, durch einen Buchstaben, etwa x, und erhält dann eine Aussageform $P(x)$ mit der Variablen (genauer Subjektsvariablen) x. Die Bezeichnung „Variable" für x bedeutet also nur, daß x die Stelle markiert, an der ein Subjekt (bzw. die Bezeichnung für ein Subjekt) einzusetzen ist. Z. B. ist

$P_1(x)$ Abkürzung für „x ist ein Dreieck".

x markiert die Stelle, an der ein Subjekt einzusetzen ist (z. B. Fig. 1), wenn man eine Aussage erhalten will.

Natürlich haben nicht alle Aussagen die eben besprochene einfache Gestalt. So kann man kompliziertere Aussagen bilden, indem man einfachere Aussagen durch Konjunktionen zusammenfügt. P und Q seien Aussagen, d.h., es ist sinnvoll, zu sagen, P sei wahr oder falsch, und Q sei wahr oder falsch. Die wichtigsten Möglichkeiten, aus P und Q eine zusammengesetzte Aussage zu bilden, sind die folgenden:

(a) *Die Konjunktion „und"*

Man verwendet

P_1 (Fig. 1) und P_2 (Fig. 2)

als Abkürzung für

Fig. 1 ist ein Dreieck und Fig. 2 ist schwarz

und vereinbart für eine derartige zusammengesetzte Aussage:

P und Q *ist eine wahre Aussage, wenn beide Einzelaussagen P, Q wahr sind,*
P und Q *ist eine falsche Aussage in jedem anderen Fall.*

(b) *Die Konjunktion „oder"*

Die Konjunktion „oder" wird im Sinne des lateinischen „vel" (d.h. als nichtausschließendes „oder"), nicht im Sinne von „entweder...oder...", gebraucht. Man vereinbart:

P oder Q *ist eine wahre Aussage, wenn mindestens eine der Aussagen P, Q wahr ist,*
P oder Q *ist eine falsche Aussage in jedem anderen Fall.*

So ist z. B. „Fig. 1 ist ein Dreieck oder Fig. 2 ist ein Kreis“ nach dieser Vereinbarung eine wahre Aussage, da eine der beiden Aussagen, nämlich „Fig. 1 ist ein Dreieck“, wahr ist.

(c) *Die Folgerung „wenn..., so...“*

Man verwendet die Abkürzung $P \Rightarrow Q$, gelesen „wenn P, so Q“ oder „aus P folgt Q“ in der Bedeutung:

Wenn (falls) P wahr ist, so ist auch Q wahr.

Die Aussage $P \Rightarrow Q$ behauptet also nur, daß Q eine wahre Aussage ist, *falls* P wahr ist. Man vereinbart daher:

$P \Rightarrow Q$ *ist eine falsche Aussage, falls P wahr, aber Q falsch ist,*

$P \Rightarrow Q$ *ist eine wahre Aussage in jedem anderen Falle.*

Ist also insbesondere P falsch, so liegt der zweite Fall vor, d.h., $P \Rightarrow Q$ ist wahr. So ist „Fig. 2 ist ein Kreis $\Rightarrow$ Fig. 1 ist ein Dreieck“ eine wahre Aussage. Aus einer falschen Aussage kann man jede andere Aussage folgern.

(d) *Die Äquivalenz „genau dann, wenn...“, „dann und nur dann“*

Die Abkürzung

$$P \Leftrightarrow Q$$

wird gelesen „P äquivalent Q“ oder „P und Q sind äquivalent“ oder „P gilt genau dann, wenn Q gilt“ und in der Bedeutung

$$(P \Rightarrow Q) \quad \text{und} \quad (Q \Rightarrow P)$$

benutzt, d.h.,

$$P \Leftrightarrow Q \quad \textit{ist eine wahre Aussage}$$

bedeutet, daß beide Teilaussagen wahr sind, also

$$P \Rightarrow Q \quad \textit{ist wahr}, \quad Q \Rightarrow P \quad \textit{ist wahr}.$$

Will man feststellen, ob $P \Leftrightarrow Q$ wahr ist, so muß man beide Teilaussagen $P \Rightarrow Q$ und $Q \Rightarrow P$ kontrollieren. „$P \Leftrightarrow Q$ ist wahr“ besagt also, daß die beiden Aussagen P und Q in dem Sinne gleichwertig sind, daß entweder beide wahr oder beide falsch sind, denn ist eine der beiden wahr, so muß auch die andere wahr sein. (Ist P wahr, so ergibt $P \Rightarrow Q$, daß auch Q wahr ist, und ist Q wahr, muß wegen $Q \Rightarrow P$ auch P wahr sein.) Ist z. B. P eine Aussage, so ist die Aussage „P oder P“ in diesem Sinne offenbar äquivalent mit P; auch „P und P“ ist äquivalent mit P. (Bei der Vereinbarung über die Verwendung der Konjunktion „und“ in „P und Q“ war nirgends vorausgesetzt, daß P und Q verschiedene Aussagen sind.)

Führt man für eine Aussage Q eine neue Bezeichnung P ein, so gilt natürlich $P \Leftrightarrow Q$. Man verwendet die Bezeichnung

$$P :\Leftrightarrow Q$$

in der Bedeutung:

P ist eine (neue) Bezeichnung für die Aussage Q.

Folgerung und Äquivalenz für Aussageformen

Hat man an Stelle der Aussagen P, Q Aussageformen $P(x)$, $Q(x)$ in einer Variablen x, so vereinbart man:

$P(x) \Rightarrow Q(x)$ *ist wahr, wenn man bei jeder Ersetzung von x durch ein Subjekt eine wahre Aussage erhält.*

Dabei wird gegebenenfalls der Bereich der zugelassenen Subjekte passend eingeschränkt. Eine solche Einschränkung wäre etwa die Beschränkung auf Dreiecke. Man sagt dann: „Ist x ein Dreieck, so gilt $P(x) \Rightarrow Q(x)$“ (d.h. $P(x) \Rightarrow Q(x)$ ist wahr). Will man also z. B. nachweisen, daß $P(x) \Rightarrow Q(x)$ nicht wahr ist, so braucht man nur ein Subjekt, es werde mit a bezeichnet, anzugeben, für das $P(a) \Rightarrow Q(a)$ falsch ist.

Entsprechend vereinbart man:

$P(x) \Leftrightarrow Q(x)$ *ist wahr, wenn man bei jeder Ersetzung von x durch ein Subjekt eine wahre Aussage erhält.*

Es ist im Prinzip gleichgültig, welchen Buchstaben man zur Markierung der Stelle verwendet, an der ein Subjekt einzusetzen ist, ob man also $P(x)$ oder $P(y)$ oder $P(\alpha)$ schreibt. Man muß nur darauf achten, daß man einen einmal benutzten Buchstaben nicht anschließend in anderer Bedeutung wiederverwendet. Schreibt man z. B. bei einer zusammengesetzten Aussage „$P(x)$ und $Q(y)$“, so markiert x eine Stelle, an der ein Subjekt einzusetzen ist, und y ebenfalls eine solche Stelle. Schreibt man aber „$P(x)$ und $Q(x)$“, so bedeutet das, daß man in $P(\ )$ und $Q(\ )$ dasselbe Subjekt einzusetzen hat.

Einige spezielle Redewendungen werden im Zusammenhang mit Aussageformen gebraucht. $P(x)$ sei eine Aussageform in der Variablen x. Man sagt:

„*$P(x)$ gilt für alle x*“,

wenn man bei jeder Ersetzung von x durch ein Subjekt eine wahre Aussage erhält, wobei gegebenenfalls der Bereich der zugelassenen Subjekte wieder passend einzuschränken ist. An Stelle von „$P(x)$ gilt für alle x“ sagt man auch „$P(x)$ gilt für jedes x“ (das als Subjekt zugelassen ist).

Man sagt:

„*Es gibt ein x, für das $P(x)$ gilt*“,

wenn es möglich ist, ein Subjekt zu finden, bei dessen Einsetzung an Stelle von x man eine wahre Aussage erhält.

Es kann vorkommen, daß ein Subjekt dadurch gekennzeichnet ist, daß es das einzige Subjekt ist, das bei Einsetzung an Stelle von x in $P(x)$ zu einer wahren Aussage führt. Ist z. B. $P(x)$ die Aussageform

„x ist eine Stadt, die auf 7°38′ ö. L., 51°59′ n. B. liegt",

so erhält man eine wahre Aussage, wenn man Münster an Stelle von x einsetzt, aber nur in diesem Falle. Man sagt:

„Münster ist dasjenige x, für das $P(x)$ gilt."

Die Bezeichnung

„dasjenige x, für das $P(x)$ gilt"

wird ausschließlich dann benutzt, wenn es ein Subjekt gibt, dessen Einsetzung an Stelle von x eine wahre Aussage ergibt, man aber für jedes andere Subjekt eine falsche Aussage erhält (sonst wäre auch die Verwendung des bestimmten Artikels nicht gerechtfertigt).

Schlußketten

P, Q, R seien Aussagen,

$$P \Rightarrow Q, \quad Q \Rightarrow R$$

seien wahr. Ist R falsch, so muß nach unserer Vereinbarung unter (c) auch Q falsch sein. Ist aber Q falsch, so muß, wieder nach (c), auch P falsch sein. Also ist

$$P \Rightarrow R$$

wahr, weil der einzige Fall, in dem $P \Rightarrow R$ falsch ist, nämlich P wahr und R falsch, nicht auftreten kann. Man schließt daher:

Sind $P \Rightarrow Q$ und $Q \Rightarrow R$ beide wahr, so ist $P \Rightarrow R$ wahr.

Wegen dieser „Transitivitätseigenschaft" schreibt man häufig

$$P \Rightarrow Q \Rightarrow R \quad \text{an Stelle von} \quad P \Rightarrow Q \quad \text{und} \quad Q \Rightarrow R.$$

Beweisverfahren

Will man die Aussage $P \Rightarrow Q$ beweisen, so muß man zeigen:

Falls P wahr ist, ist auch Q wahr.

Die wichtigsten Möglichkeiten, wie man dazu vorgehen kann, sind die folgenden:

(a) *Der direkte Beweis*

Man macht die Voraussetzung: „P ist wahr" und hat dann die Behauptung: „Q ist wahr" zu beweisen. Beim Beweis kann man so tun, als sei P sicher wahr, denn anderenfalls gilt $P \Rightarrow Q$ sowieso. Man erhält also das folgende Schema für die Reihenfolge der Angaben, die man machen muß:

(1) Voraussetzung: P ist wahr.

(2) Behauptung: Q ist wahr.

(3) Beweis der Behauptung (wobei P als wahr unterstellt werden kann).

(b) *Der indirekte Beweis*

Man macht die Annahme „Q ist falsch" und zeigt, daß unter dieser Voraussetzung (nämlich „Q ist falsch") auch P falsch ist. Dann ist $P \Rightarrow Q$ bewiesen, weil man gezeigt hat, daß der einzige Fall, in dem $P \Rightarrow Q$ falsch ist (nämlich P wahr und Q falsch), nicht auftreten kann. Man erhält hier folgendes Schema:

(1) Voraussetzung: Q ist falsch.

(2) Behauptung: P ist falsch.

(3) Beweis der Behauptung (wobei Q als falsch unterstellt werden muß).

Will man eine Aussage P beweisen, so ist es wichtig, die Schlußrichtungen zu beachten. Hat man nämlich aus einer Aussage P eine wahre Aussage gefolgert, so ist damit in bezug auf P nichts gewonnen, denn aus

$$P \Rightarrow Q$$

kann man, falls Q wahr ist, nicht ermitteln, ob P wahr oder falsch ist, weil im Falle, daß Q wahr ist, $P \Rightarrow Q$ sowohl für wahres als auch für falsches P wahr ist. Anders liegen die Dinge, wenn man aus P eine falsche Aussage folgern kann. Man wird hier zu dem folgenden Beweisprinzip geführt:

(c) *Beweis durch Widerspruch*

Kann man aus einer Aussage P eine falsche Aussage Q folgern, so weiß man, daß auch P falsch ist. Man nutzt diesen Sachverhalt folgendermaßen aus: Will man eine Aussage P beweisen, so geht man von der neuen Aussage

$$P^* :\Leftrightarrow \quad P \text{ ist nicht wahr}$$

(auch „nicht P" geschrieben) aus. Offenbar gilt

$$P \text{ ist wahr, wenn } P^* \text{ falsch ist.}$$

$$P \text{ ist falsch, wenn } P^* \text{ wahr ist.}$$

Gelingt es nun, aus P^* eine falsche Aussage Q zu folgern, so weiß man, daß P^* falsch, also P wahr ist. Man erhält in diesem Fall folgendes Schema:

(1) Voraussetzung: P ist falsch, d.h, P^* ist wahr.

(2) Herleitung eines Widerspruches, d.h. einer falschen Aussage (wobei man P^* als wahr, d.h., P als falsch, unterstellen muß).

1.2. Mengen

Einer der grundlegenden Begriffe der Mathematik ist der Begriff der Menge. Den Ausgangspunkt mathematischer Betrachtungen bilden immer gewisse Einzeldinge, die man als Objekte bezeichnet. Es kann sich dabei um Zahlen handeln, um Buchstaben, um Punkte einer Ebene, aber auch um irgendwelche Gegenstände oder Dinge, die nur in unserer Fantasie existieren. Man stellt sich nun vor, daß man einige dieser Objekte, etwa die arabischen Ziffern oder die kleinen lateinischen Buchstaben, die im Alphabet zwischen b und g stehen, zusammenfassen und eine solche Zusammenfassung, Menge genannt, wieder als ein Objekt ansehen kann. Man wird also sagen:

Eine Menge ist eine Zusammenfassung von Objekten unseres Denkens oder unserer Anschauung. Eine so gebildete Menge ist wieder ein Objekt unseres Denkens oder unserer Anschauung.

Dabei sind die Objekte, die man zur Bildung einer Menge verwenden darf, in keiner Weise eingeschränkt, man muß nur verlangen, daß sie so beschrieben sind, daß man sie wiedererkennen kann. Die betreffenden Objekte bezeichnet man als Elemente der Menge, man sagt:

Die Elemente einer Menge sind diejenigen Objekte, die zu dieser Menge zusammengefaßt sind.

Wir wollen einer Menge keine weiteren Eigenschaften zuschreiben, außer derjenigen, die Zusammenfassung gewisser Objekte zu sein. Das bedeutet, daß eine Menge durch die Angabe ihrer Elemente charakterisiert ist. Sind also A und B Mengen, so handelt es sich genau um dieselbe Menge (d.h., A und B sind nur verschiedene Bezeichnungen für dasselbe Objekt), wenn A und B dieselben Elemente haben. Da die Mengen wieder Objekte sind, kann man natürlich zur Bildung neuer Mengen als Elemente unter anderem auch Mengen nehmen, die man bereits gebildet hatte, usw. Es hat sich gezeigt, daß dieser naive Umgang mit dem Begriff der Menge zu Schwierigkeiten führen kann. Die hier nötige genauere Klärung des Mengenbegriffes ist Sache eines eigenen Teilgebietes der Mathematik, der mathematischen Logik und Grundlagenforschung.

Zur Abkürzung vereinbaren wir:

Das Gleichheitszeichen „=“ wird als Bezeichnung für die Identität benutzt, d.h.

$$a = b \quad :\Leftrightarrow \quad a \text{ und } b \text{ bezeichnen dasselbe Objekt;}$$

außerdem schreibt man $a \neq b$ für die Verneinung von $a = b$, d.h.

$$a \neq b \quad :\Leftrightarrow \quad a \text{ und } b \text{ bezeichnen nicht dasselbe Objekt.}$$

Führt man für ein Objekt, das etwa mit a bezeichnet sei, die neue Bezeichnung b ein, so ist

$$a = b \quad (\text{und } b = a).$$

Wir verwenden die Schreibweise

$$b := a$$

in der Bedeutung „b ist eine (neue) Bezeichnung für das Objekt, das durch a bezeichnet wird“. b wird also durch die Gleichung $b := a$ definiert.

Zur Beschreibung einer Menge haben wir die folgenden beiden Möglichkeiten:

(a) Die Menge wird durch direkte Angabe ihrer Elemente beschrieben. Man verwendet die Bezeichnung

$$\{a, b, c, d\} := \text{diejenige Menge, deren Elemente } a, b, c, d \text{ sind.}$$

(b) Die Menge wird durch eine charakterisierende Eigenschaft beschrieben. $P(x)$ sei die zugehörige Aussageform, d.h. $P(z)$ ist genau dann wahr für ein Objekt z, wenn z die betreffende Eigenschaft hat. Man verwendet die Bezeichnung

$$\{x \mid P(x)\} := \text{die Menge derjenigen Elemente } x, \text{ für die } P(x) \text{ wahr ist,}$$

d.h., es gilt:

$$\text{„}y \text{ Element von } \{x \mid P(x)\} \quad \Leftrightarrow \quad P(y)\text{“ ist eine wahre Aussage}$$

(hier ist der neue Buchstabe y benutzt, da x schon in $\{x \mid P(x)\}$ verwendet wurde).

Eine Menge zu kennen, bedeutet, daß man von jedem Objekt angeben kann, ob es Element dieser Menge ist. Bei der Beschreibung der Menge wie unter (a) braucht man also nur zu vergleichen, ob das betreffende Objekt unter den zwischen den geschweiften Klammern aufgezählten Objekten vorkommt. Die Beschreibung einer Menge wie unter (b) liefert eine Vorschrift, nach der man entscheiden kann, ob ein vorgelegtes Objekt zu der betreffenden Menge gehört (d.h. Element der Menge ist) oder nicht. Man muß dazu nur das Objekt an Stelle von x in $P(x)$ einsetzen.

Erhält man eine wahre Aussage, so ist das Objekt Element der Menge, sonst nicht.

Ein Beispiel für eine Menge, die wie unter (b) beschrieben ist, ist

$$\{x|x \text{ ist Einwohner der Stadt Münster}\}.$$

Man muß in jedem Falle sorgfältig zwischen einer Menge und ihren Elementen unterscheiden, insbesondere auch zwischen a und der Menge $\{a\}=\{x|x=a\}$, deren einziges Element a ist. Aus zwei Elementen a, b kann man z. B. die Mengen $\{a\}$ und $\{a, b\}$ bilden und dann hieraus die Menge

$$\{a, \{a\}, \{a, b\}\}.$$

Gewisse Elemente dieser Menge, nämlich $\{a\}$, $\{a, b\}$, sind wieder Mengen, a und $\{a\}$ sind natürlich verschiedene Elemente.

Definition 1.2.1. A *sei eine Menge. Man definiert:*

$$x \in A \quad :\Leftrightarrow \quad x \textit{ ist Element von } A;$$

$$x \notin A \quad :\Leftrightarrow \quad x \textit{ ist nicht Element von } A.$$

Bei Verwendung des Zeichens „$\in$" kann man die Gleichheit von Mengen folgendermaßen formulieren:

Hilfssatz 1.2.1. *A, B seien Mengen. Es ist genau dann $A=B$, wenn gilt*

$$x \in A \Leftrightarrow x \in B.$$

Beweis. Nach unserer Vereinbarung über den Mengenbegriff bezeichnen A und B genau dann dieselbe Menge, wenn sie dieselben Elemente enthalten, d. h., wenn für jedes x die Zugehörigkeit zu A gleichbedeutend mit der Zugehörigkeit zu B ist. ●

Definition 1.2.2. *A, B seien Mengen. A heißt Teilmenge von B, $A \subset B$, falls gilt*

$$x \in A \quad \Rightarrow \quad x \in B.$$

Anderenfalls schreibt man $A \not\subset B$, also

$$A \not\subset B \quad :\Leftrightarrow \quad A \textit{ ist nicht Teilmenge von } B.$$

$A \subset B$ bedeutet also, daß jedes Element von A auch zu B gehört, daß also B die Menge A umfaßt. Die Definition ist in Form einer Vorschrift gehalten, mittels der man feststellen kann, ob $A \subset B$ ist. Sind etwa $P(x)$ und $Q(x)$ Aussageformen und ist

$$A=\{x|P(x)\}, \quad B=\{x|Q(x)\},$$

so gilt für jedes x:

$$x \in A \quad \Leftrightarrow \quad P(x), \qquad x \in B \quad \Leftrightarrow \quad Q(x).$$

Um zu kontrollieren, ob $A \subset B$ ist, muß man also nachsehen, ob für jedes x, für das $P(x)$ wahr ist, auch $Q(x)$ wahr ist, d.h., man muß feststellen, ob

$$P(x) \Rightarrow Q(x)$$

gilt. Z. B. gilt in den Bezeichnungen von 1.1.

$$\{x|P_1(x)\} \subset \{x|P_3(x)\},$$

denn $P_1(x)$ bedeutet, daß x ein Dreieck ist; dann ist x aber auch ein Polygon, d.h. $P_3(x)$ gilt; man erhält für jedes x

$$P_1(x) \Rightarrow P_3(x).$$

Ist M irgendeine Menge, so kann man eine spezielle Teilmenge folgendermaßen definieren. Es sei

$$\emptyset_M := \{x|x \in M,\ x \neq x\}.$$

Ist $x \in \emptyset_M$, so gilt $x \in M$, $x \neq x$, also insbesondere $x \in M$, d. h. $\emptyset_M \subset M$. Nun gilt aber für jedes x, daß $x = x$ ist, d.h., es gibt kein x mit $x \neq x$, es gibt also kein x mit $x \in \emptyset_M$. Die Menge enthält keine Elemente, sie ist leer.

Satz 1.2.1. *Sind A, B, C Mengen, so ist $A \subset A$, und es gilt*

$$A \subset B \text{ und } B \subset C \quad \Rightarrow \quad A \subset C,$$

$$A \subset B \text{ und } B \subset A \quad \Leftrightarrow \quad A = B.$$

Es gibt genau eine Menge, die kein Element enthält. Sie heißt „leere Menge" und wird mit $\emptyset$ bezeichnet. Für jede Menge A gilt:

$$\emptyset \subset A.$$

Beweis. Die Einzelaussagen dieses Satzes werden folgendermaßen bewiesen:

1. $A \subset A$

Für jedes x gilt „$x \in A \Leftrightarrow x \in A$", also insbesondere „$x \in A \Rightarrow x \in A$", d.h., es gilt $A \subset A$.

2. $A \subset B$ und $B \subset C \quad \Rightarrow \quad A \subset C$

Zum Beweis muß man unter der Voraussetzung, daß $A \subset B$ und $B \subset C$ ist, kontrollieren, ob „$x \in A \Rightarrow x \in C$" gilt, d.h. ob jedes x, das in A liegt, auch in C liegt. Es sei also $x \in A$. Dann gilt wegen der Voraussetzung $A \subset B$ auch $x \in B$. Aus $x \in B$ kann man aber wegen $B \subset C$ auch $x \in C$ folgern, d.h. insgesamt „$x \in A \Rightarrow x \in C$", also gilt $A \subset C$.

3. $A \subset B$ und $B \subset A \quad \Leftrightarrow \quad A = B$

Zum Beweis muß man (wie in 1.1. (d) erläutert) die beiden Teilaussagen

$$A \subset B \text{ und } B \subset A \quad \Rightarrow \quad A = B, \qquad A = B \quad \Rightarrow \quad A \subset B \text{ und } B \subset A$$

beweisen. $A \subset B$ bedeutet aber „$x \in A \Rightarrow x \in B$“, und $B \subset A$ bedeutet „$x \in B \Rightarrow x \in A$“, beides zusammen ergibt „$x \in A \Leftrightarrow x \in B$“, d.h. nach Hilfssatz 1.2.1. $A = B$. Die zweite Aussage ist trivial, denn wenn A, B dieselbe Menge bezeichnen, so ist nach 1. $A \subset B$ und $B \subset A$.

4. Die leere Menge

Um nachzuweisen, daß es eine Menge gibt, die kein Element enthält, nimmt man die spezielle Menge $M = \{a\}$, die nur den Buchstaben a enthält. Dann ist die oben gebildete Menge $\emptyset_M$ eine Menge, die kein Element enthält. Da also $x \in \emptyset_M$ für kein x gilt, ist „$x \in \emptyset_M \Rightarrow x \in A$“ für jede Menge A eine wahre Aussage, d.h. für jede Menge A gilt $\emptyset_M \subset A$. Ist nun N irgendeine Menge, die kein Element enthält, so gilt $\emptyset_M \subset N$ und genau so (da $x \in N$ für kein x gilt) auch $N \subset \emptyset_M$, d.h., nach 3. ist $N = \emptyset_M$. $\emptyset_M$ ist also die einzige Menge, die die Eigenschaft hat, kein Element zu enthalten. ●

Anmerkung 1.2.1. Sind zwei Mengen A und B gegeben und will man nachweisen, daß $A = B$ ist, so zeigt man meistens zunächst $A \subset B$ und dann $B \subset A$, woraus nach Satz 1.2.1. $A = B$ folgt. (Man vergleiche 3. und 5. im Beweis von Satz 1.2.2.) ●

Eine wichtige Möglichkeit der Mengenbildung ist die Zusammenfassung aller Teilmengen einer gegebenen Menge zu einer neuen Menge.

Definition 1.2.3. *Zu einer Menge A definiert man die Potenzmenge $\mathfrak{P}(A)$ durch*

$$\mathfrak{P}(A) := \{U \mid U \subset A\}.$$

Eine weitere Möglichkeit der Mengenbildung gibt

Definition 1.2.4. *Zu zwei Mengen A, B definiert man die Vereinigung $A \cup B$ und den Durchschnitt $A \cap B$ durch*

$$A \cup B := \{x \mid x \in A \text{ oder } x \in B\},$$

$$A \cap B := \{x \mid x \in A \text{ und } x \in B\}.$$

$A \cup B$ ist also die Menge derjenigen Elemente, die in mindestens einer der beiden Mengen liegen, $A \cap B$ ist die Menge der Elemente, die sowohl zu A als auch zu B gehören, die also beiden Mengen gleichzeitig angehören. Veranschaulicht man sich den Sachverhalt für Mengen von Punkten in der Ebene, so ergibt sich das folgende Bild:

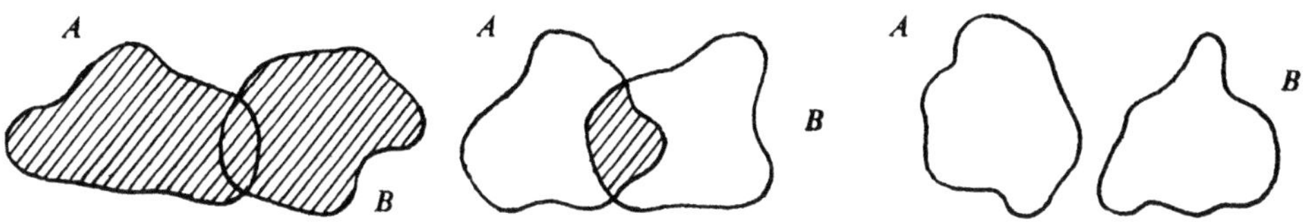

schraffiert: $A \cup B$ schraffiert: $A \cap B$ Sonderfall $A \cap B = \emptyset$

Sind z. B. a, b, c, d verschiedene Elemente und ist

$$A = \{a, b, c\}, \quad B = \{b, c, d\},$$

so ist

$$A \cup B = \{a, b, c, d\}, \quad A \cap B = \{b, c\}.$$

Die Definitionen für Vereinigung und Durchschnitt sind symmetrisch in A und B, es gilt daher offenbar

$$A \cup B = B \cup A, \quad A \cap B = B \cap A.$$

Satz 1.2.2. *Sind A, B, C Mengen, so gilt*

$$A \cup B = B \cup A, \quad A \cap B = B \cap A, \quad A \cup A = A \cap A = A$$

und

$$A \cup (B \cup C) = (A \cup B) \cup C, \quad A \cap (B \cap C) = (A \cap B) \cap C.$$

Da es auf die Klammerung nicht ankommt, definiert man

$$A \cup B \cup C := A \cup (B \cup C), \quad A \cap B \cap C := A \cap (B \cap C).$$

Weiter gilt

$$A \cup (B \cap C) = (A \cup B) \cap (A \cup C), \quad A \cap (B \cup C) = (A \cap B) \cup (A \cap C).$$

Beweis.

1. $A \cup B = B \cup A$, $A \cap B = B \cap A$ ist trivial (siehe oben).

2. $A \cup A = A \cap A = A$ (d.h. $A \cup A = A$ und $A \cap A = A$).

Wie bereits in 1.1. dargelegt wurde, gilt

$$x \in A \text{ oder } x \in A \;\Leftrightarrow\; x \in A, \qquad x \in A \text{ und } x \in A \;\Leftrightarrow\; x \in A.$$

Das sind aber die beiden Behauptungen.

3. $A \cup (B \cup C) = (A \cup B) \cup C$.

Der Beweis wird in zwei Schritten geführt. Man zeigt

(a) $A \cup (B \cup C) \subset (A \cup B) \cup C$ und (b) $(A \cup B) \cup C \subset A \cup (B \cup C)$.

Nach Satz 1.2.1. ergeben (a) und (b) zusammen die Gleichheit der beiden Mengen, also die Behauptung.

3(a) Ist $x \in A \cup (B \cup C)$, so ist nach der Definition der Vereinigungsmenge

$$x \in A \quad \text{oder} \quad x \in B \cup C.$$

Im ersten Falle ($x \in A$) ist (nach der Definition von $A \cup B$) $x \in A \cup B$ und weiter $x \in (A \cup B) \cup C$. Im zweiten Falle ($x \in B \cup C$) ist $x \in B$ oder $x \in C$. $x \in B$ liefert $x \in A \cup B$ und damit $x \in (A \cup B) \cup C$. $x \in C$ ergibt unmittelbar $x \in (A \cup B) \cup C$. Man erhält somit in jedem Falle $x \in (A \cup B) \cup C$ und damit die Aussage (a).

3(b) Man verfährt entsprechend wie in 3(a), stellt also zunächst fest

$$x \in (A \cup B) \cup C \quad \Rightarrow \quad x \in A \cup B \text{ oder } x \in C,$$

und schließt für den Fall $x \in A \cup B$ weiter

$$x \in A \text{ oder } x \in B, \qquad \begin{array}{l} x \in A \Rightarrow x \in A \cup (B \cup C) \\ x \in B \Rightarrow x \in B \cup C \Rightarrow x \in A \cup (B \cup C), \end{array}$$

und für den Fall $x \in C$

$$x \in B \cup C, \qquad x \in B \cup C \Rightarrow x \in A \cup (B \cup C).$$

4. $A \cap (B \cap C) = (A \cap B) \cap C$ wird analog zu 3. bewiesen. Die Durchführung sei dem Leser überlassen.

5. $A \cup (B \cap C) = (A \cup B) \cap (A \cup C)$.

Auch hier geht man wie in 3. vor, zeigt also

(a) $A \cup (B \cap C) \subset (A \cup B) \cap (A \cup C)$ und (b) $(A \cup B) \cap (A \cup C) \subset A \cup (B \cap C)$.

5(a) Ist $x \in A \cup (B \cap C)$, so ist

$$x \in A \quad \text{oder} \quad x \in B \cap C.$$

Im Falle $x \in A$ ist $x \in A \cup B$ und $x \in A \cup C$, also $x \in (A \cup B) \cap (A \cup C)$.
Im Falle $x \in B \cap C$ ist $x \in B$ und $x \in C$. Man schließt weiter

$$x \in B \Rightarrow x \in A \cup B, \qquad x \in C \Rightarrow x \in A \cup C.$$

Zusammen ergibt sich $x \in (A \cup B) \cap (A \cup C)$ und damit in jedem Falle die Behauptung (a).

5(b) Ist $x \in (A \cup B) \cap (A \cup C)$, so ist $x \in A \cup B$ und $x \in A \cup C$.

Man schließt weiter

$$x \in A \cup B \;\Rightarrow\; x \in A \text{ oder } x \in B, \qquad x \in A \cup C \;\Rightarrow\; x \in A \text{ oder } x \in C.$$

Ist $x \in A$, so ist $x \in A \cup (B \cap C)$.
Ist $x \notin A$, so ist wegen der ersten Folgerung $x \in B$ (da sonst „$x \in A$ oder $x \in B$“ falsch wäre) und wegen der zweiten Folgerung $x \in C$, also $x \in B \cap C$ und damit $x \in A \cup (B \cap C)$.

6. $A \cap (B \cup C) = (A \cap B) \cup (A \cap C)$ wird analog zu 5. bewiesen. ●

Definition 1.2.5. *A und B seien Mengen. Man definiert*

$$A - B := \{x \mid x \in A \text{ und } x \notin B\}.$$

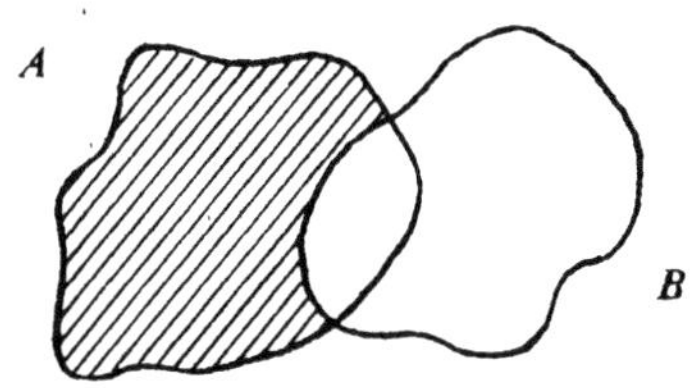

schraffiert: $A - B$

$A - B$ ist also die Menge derjenigen Elemente von A, die nicht zu B gehören. In dem Sonderfall, daß B Teilmenge von A ist, bezeichnet man $A - B$ auch als *Komplement* von B in A.

Ähnlich wie die Aussagen von Satz 1.2.2. lassen sich eine Reihe weiterer nützlicher Rechenregeln für „ $\cup$“ und „ $\cap$“ herleiten, die wir in den folgenden Übungsaufgaben zusammenstellen wollen. Diese Rechenregeln werden wir gelegentlich benutzen, ohne sie noch einmal in einem Satz zu formulieren. In allen Übungsaufgaben seien A, B, C Mengen.

Aufgabe 1.2.1. Man beweise:

$$A \subset B \;\Leftrightarrow\; A \cup B = B, \qquad A \subset B \;\Leftrightarrow\; A \cap B = A. \quad ●$$

Aufgabe 1.2.2. Man beweise: $A \cap \emptyset = \emptyset$, $A \cup \emptyset = A$. ●

Aufgabe 1.2.3. Man beweise: $A \cap B \subset A$, $A \subset A \cup B$. ●

Aufgabe 1.2.4. Man beweise: $A \subset B \;\Rightarrow\; A \cap C \subset B \cap C$. ●

Aufgabe 1.2.5. Man beweise: $A \subset B \;\Rightarrow\; A \cup C \subset B \cup C$. ●

Aufgabe 1.2.6. Man beweise: $A \subset B$ und $A \subset C \Rightarrow A \subset B \cap C$. ●

Aufgabe 1.2.7. Man beweise: $A \subset C$ und $B \subset C \Rightarrow A \cup B \subset C$. ●

Aufgabe 1.2.8. Man beweise: $(A \cap B) \cup (A - B) = A$, $(A \cap B) \cap (A - B) = \emptyset$. ●

Aufgabe 1.2.9. Man beweise: Ist X eine Menge und U eine Teilmenge von X, so ist

$$X - (X - U) = U. \quad \bullet$$

Aufgabe 1.2.10. X sei eine Menge. Für jede Teilmenge U von X setzt man zur Abkürzung

$$U' := X - U.$$

Man zeige: Sind U und V Teilmengen von X, so gilt

$$(U \cup V)' = U' \cap V', \quad (U \cap V)' = U' \cup V'. \quad \bullet$$

1.3. Kreuzprodukte, Relationen und Funktionen

Ein häufig benutztes Hilfsmittel bei mathematischen Darstellungen ist die Paarbildung. So verwendet man etwa in der elementaren ebenen analytischen Geometrie Zahlenpaare wie (3, 5), (7, 8), ... zur Kennzeichnung von Punkten (durch ihre Koordinaten). Auf Landkarten verwendet man häufig eine Quadrateinteilung, bei der jedes Quadrat durch ein Paar, und zwar i. allg. einen Buchstaben und eine Zahl, also z. B. A7, B1, C3, ..., gekennzeichnet wird.

Definition 1.3.1. *Zu zwei Mengen A, B definiert man das Cartesische Produkt oder Kreuzprodukt $A \times B$ durch*

$$A \times B := \{(x, y) | x \in A, y \in B\}.$$

Diese Definition ist natürlich nicht symmetrisch (so bezeichnen im Beispiel der ebenen analytischen Geometrie (3, 5) und (5, 3) verschiedene Punkte), man spricht daher auch von den geordneten Paaren (x, y). Ist z. B. $A = \{a, b, c\}$, $B = \{c, d\}$, so erhält man

$$A \times B = \{(a, c), (a, d), (b, c), (b, d), (c, c), (c, d)\}.$$

Natürlich ist auch der Fall $A = B$ zugelassen, also die Bildung des Kreuzproduktes $A \times A$. Zu einer Menge X war $\mathfrak{P}(X) := \{U | U \subset X\}$. Man erhält

$$\mathfrak{P}(X) \times \mathfrak{P}(X) = \{(U, V) | U \subset X, \ V \subset X\}.$$

Ist etwa $X = \{a, b\}$, so ist

$$\mathfrak{P}(X) = \{\emptyset, \{a\}, \{b\}, X\}$$

(Man vergesse bei der Aufstellung von $\mathfrak{P}(X)$ nicht die „trivialen“ Teilmengen $\emptyset$ und X!) und

$$\mathfrak{P}(X)\times\mathfrak{P}(X) = \{(\emptyset,\emptyset),(\emptyset,\{a\}),(\emptyset,\{b\}),(\emptyset,X),(\{a\},\emptyset),(\{a\},\{a\}),(\{a\},\{b\}),$$
$$(\{a\},X),(\{b\},\emptyset),(\{b\},\{a\}),(\{b\},\{b\}),(\{b\},X),(X,\emptyset),(X,\{a\}),(X,\{b\}),(X,X)\}.$$

Es hat sich als zweckmäßig erwiesen, für Teilmengen eines Kreuzproduktes eine eigene Bezeichnung einzuführen.

Definition 1.3.2. *Als (zweistellige) Relation bezeichnet man jede Menge R, die Teilmenge eines Kreuzproduktes ist, d.h., eine Menge R ist genau dann eine Relation, wenn es Mengen A, B so gibt, daß*

$$R \subset A\times B$$

ist. Häufig führt man zu einer solchen Relation ein besonderes Relationszeichen ein. Das Zeichen zu R sei $\prec$. Man definiert dann

$$x\prec y \quad :\Leftrightarrow \quad (x,y)\in R$$

und sagt: „x steht in der Relation R (oder $\prec$) zu y“.

Zum Beispiel sei X eine Menge und $A=B=\mathfrak{P}(X)$. R sei durch

$$R=\{(U,V)\,|\,U\subset X,\quad V\subset X,\quad U\subset V\}$$

definiert. Offenbar ist $R\subset\mathfrak{P}(X)\times\mathfrak{P}(X)$. Für Teilmengen U, V von X gilt

$$U\subset V \quad\Leftrightarrow\quad (U,V)\in R.$$

Das Relationszeichen ist „$\subset$“. Hier ist natürlich R unter Zuhilfenahme des bereits bekannten Zeichens „$\subset$“ definiert. R besteht gerade aus *den* Paaren (U, V) von Teilmengen von X, die der „Relation“ $U\subset V$ genügen. Das erklärt die Verwendung der Bezeichnung „Relation“ für Teilmengen eines Kreuzproduktes.

Definition 1.3.3. *Zu einem geordneten Paar (x, y) definiert man die erste Projektion $pr_1(x,y)$ und die zweite Projektion $pr_2(x,y)$ durch*

$$pr_1(x,y):=x,\quad pr_2(x,y):=y.$$

Ist also ϱ ein geordnetes Paar und $pr_1\varrho=a$, $pr_2\varrho=b$, so ist $\varrho=(a,b)$.

Im Zusammenhang mit Relationen verwendet man eine Reihe weiterer Bezeichnungen.

Definition 1.3.4. *Für eine Relation R definiert man den Definitionsbereich $\mathscr{D}(R)$ und den Wertevorrat $\mathscr{W}(R)$ durch*

$$\mathscr{D}(R) := \{pr_1\varrho \mid \varrho \in R\}, \quad \mathscr{W}(R) := \{pr_2\varrho \mid \varrho \in R\}$$

und die inverse Relation R^{-1} durch

$$R^{-1} := \{(y, x) \mid (x, y) \in R\} = \{(pr_2\varrho, pr_1\varrho) \mid \varrho \in R\}.$$

Sind A und B Mengen, $R \subset A \times B$, so definiert man für $U \subset A$

$$R(U) := \{pr_2\varrho \mid \varrho \in R \text{ und } pr_1\varrho \in U\}.$$

Anmerkung 1.3.1. Man erhält also $\mathscr{D}(R)$, indem man aus jedem $(x, y) \in R$ die *erste Komponente*, d.h. x, nimmt, und $\mathscr{W}(R)$, indem man jeweils die *zweite Komponente*, d.h. y, nimmt. Natürlich können verschiedene Elemente von R dieselbe erste Komponente haben (etwa (x, y_1), (x, y_2) mit $y_1 \neq y_2$) bzw. dieselbe zweite Komponente. R^{-1} entsteht aus R durch Vertauschung der Komponenten der Elemente.

$R(U)$ ist Teilmenge von B. Offensichtlich gilt für jedes $y \in B$:

$$y \in R(U) \quad \Leftrightarrow \quad \text{Es gibt ein } x \in U \text{ mit } (x, y) \in R. \quad \bullet$$

Die Bezeichnungen in Definition 1.3.4. rühren daher, daß sich der Begriff der Relation als guter Ausgangspunkt für eine brauchbare Definition des Funktionsbegriffes erwiesen hat. Funktionen oder funktionale Beziehungen treten in den Anwendungen in verschiedener Form auf. So ist eine Tabelle der zu gewissen Tageszeiten gemessenen Temperaturen

Uhrzeit	7	8	9	10	...
Temperatur	10°C	11°C	13°C	18°C	...

im Grunde nur eine Aufzählung von Paaren, nämlich (7 Uhr, 10° C), (8 Uhr, 11° C), ... Bei der Aufstellung der Tabelle sind die auftretenden ersten Komponenten (also der Definitionsbereich der Relation) vorher fixiert. Eine Vorschrift (nämlich die Meßvorschrift für die Temperatur) gibt an, wie man zu einer ersten Komponente, also für einen der festgelegten Zeitpunkte, die zugehörige, hier eindeutig festgelegte, zweite Komponente (die Temperatur) ermittelt. Aus der Elementarmathematik kennt man die Funktion als Kurve in einem Koordinatensystem. Dabei ist die zu einer Abszisse x gehörende Ordinate y in der Regel durch einen Rechenausdruck gegeben, etwa

$$y = \sqrt{1 - x^2} + 1.$$

Der Definitionsbereich besteht aus denjenigen x, für die der Rechenausdruck definiert ist, die Kurve aus den Punkten $(x, y) = \left(x, \sqrt{1 - x^2} + 1\right)$ für diese x. Auch hier hat man eine Vorschrift, nach der man zu jedem in Frage kommenden x die

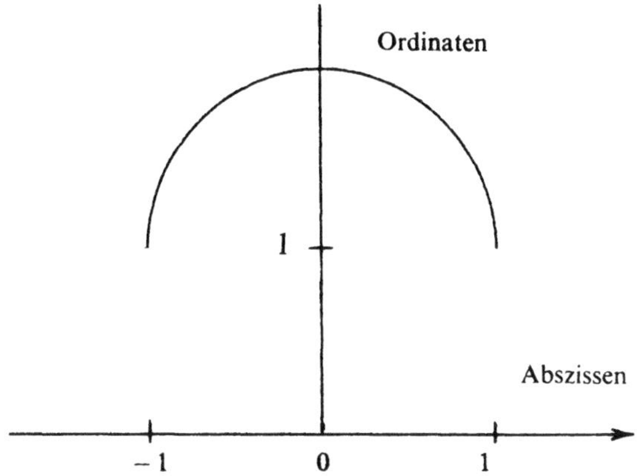

zweite Komponente y ermittelt. Das hat dazu geführt, daß man die Funktion als „Vorschrift" definierte, die zu jedem Punkt x des Definitionsbereiches den zugehörigen Wert y liefert. Nun kommt es aber, um die Kurve bzw. die Tabelle zu kennen, doch nur darauf an, die Punkte der Kurve zu kennen, bzw. im ersten Beispiel zu jedem Zeitpunkt die zugehörige Temperatur zu kennen, wofür die spezielle Formulierung der Meßvorschrift unerheblich ist. Verschieden formulierte Vorschriften können dieselbe Kurve bzw. dieselbe Tabelle liefern. Charakteristisch ist dagegen für diese Beispiele, daß zu jeder auftretenden Abszisse nur *eine* Ordinate und zu jeder auftretenden Uhrzeit nur *ein* Wert der Temperatur gehört. Das führt zu der folgenden Definition.

Definition 1.3.5. *Eine Relation F heißt Funktion, wenn für alle $\varrho, \sigma \in F$ gilt*

$$pr_1\varrho = pr_1\sigma \;\Rightarrow\; \varrho = \sigma.$$

Satz 1.3.1. *Ist F eine Funktion, so gibt es zu jedem $x \in \mathscr{D}(F)$ genau ein $\varrho \in F$ mit $pr_1\varrho = x$. Für jedes $x \in \mathscr{D}(F)$ definiert man „F an der Stelle x" (kurz „F von x"), abgekürzt $F(x)$, durch*

$$F(x) := pr_2\varrho \text{ für dasjenige } \varrho \in F, \text{ für das } pr_1\varrho = x \text{ ist.}$$

$F(x)$ bezeichnet man auch als „Funktionswert an der Stelle x".

Ist F eine Funktion, so ist

$$F = \{(x, F(x)) \mid x \in \mathscr{D}(F)\}.$$

Beweis. Ist $x \in \mathscr{D}(F)$, so gibt es nach der Definition von $\mathscr{D}(F)$ ein $\varrho \in F$ mit $pr_1\varrho = x$. Daß es auch nur *ein* solches Element gibt, ist gerade die Definition der Funktion. Aus diesem Grunde ist es sinnvoll, $F(x)$ zu definieren als die zweite Projektion $pr_2\varrho$

desjenigen Elementes $\varrho \in F$, für das $pr_1 \varrho = x$ ist. Man hat also wieder eine Vorschrift, die angibt, wie man zu jedem $x \in \mathcal{D}(F)$ das zugehörige $F(x)$ ermittelt. Ist $x \in \mathcal{D}(F)$, so ist nach der Definition von $F(x)$

$$(x, F(x)) = \varrho \text{ für dasjenige } \varrho \in F, \text{ für das } pr_1 \varrho = x \text{ ist,}$$

d.h.,

$$x \in \mathcal{D}(F) \Rightarrow (x, F(x)) \in F, \quad \text{also} \quad \{(x, F(x)) | x \in \mathcal{D}(F)\} \subset F.$$

Ist umgekehrt $\varrho \in F$, so ist nach unserer Definition

$$pr_1 \varrho \in \mathcal{D}(F), \quad \text{also} \quad \varrho = (pr_1 \varrho, F(pr_1 \varrho)) \in \{(x, F(x)) | x \in \mathcal{D}(F)\}$$

und damit auch

$$F \subset \{(x, F(x)) | x \in \mathcal{D}(F)\}. \quad \bullet$$

Hilfssatz 1.3.1. *Sind F und G Funktionen, so ist genau dann $F = G$, wenn gilt:*

$$(1) \quad \mathcal{D}(F) = \mathcal{D}(G), \qquad (2) \quad \textit{Für jedes} \quad x \in \mathcal{D}(F) \quad \textit{ist} \quad F(x) = G(x).$$

Beweis. Ist $F = G$, so ist natürlich $\mathcal{D}(F) = \mathcal{D}(G)$, und für jedes $x \in \mathcal{D}(F)$ ist $F(x) = G(x)$.

Ist $\mathcal{D}(F) = \mathcal{D}(G)$, so ist für jedes $\varrho \in F$ auch $pr_1 \varrho \in \mathcal{D}(G)$. $G(pr_1 \varrho)$ ist also definiert. Ist außerdem $F(x) = G(x)$ für jedes $x \in \mathcal{D}(F)$, so ist $G(pr_1 \varrho) = F(pr_1 \varrho)$, also

$$\varrho \in F \Rightarrow \varrho = (pr_1 \varrho, F(pr_1 \varrho)) = (pr_1 \varrho, G(pr_1 \varrho)) \in G,$$

d.h. $F \subset G$; umgekehrt gilt genauso $G \subset F$. $\bullet$

Gelegentlich interessieren nicht alle Punkte einer Kurve, sondern nur diejenigen mit gewissen Abszissen, bzw. bei dem ersten Beispiel der Tabelle nicht die Temperaturen zu allen angegebenen Zeiten, sondern nur die Temperaturen zu den Zeiten, die etwa auf den Vormittag fallen. Es ist zweckmäßig, dazu eine besondere Bezeichnung einzuführen.

Definition 1.3.6. *Ist F eine Funktion und C eine Menge, so definiert man die Beschränkung von F auf C (F eingeschränkt auf C) durch*

$$F|C := \{(x, y) | (x, y) \in F \text{ und } x \in C\} = \{\varrho | \varrho \in F \text{ und } pr_1 \varrho \in C\}.$$

Hilfssatz 1.3.2. *F sei eine Funktion, C eine Menge. $F|C$ ist wieder Funktion, und es gilt*

$$(1) \quad \mathcal{D}(F|C) = \mathcal{D}(F) \cap C, \qquad (2) \quad \textit{Für jedes} \quad x \in \mathcal{D}(F|C) \quad \textit{ist} \quad (F|C)(x) = F(x).$$

Beweis. Nach der Definition von $\mathcal{D}(F|C)$ (Def. 1.3.4. für $R = F|C$) ist

$$\mathcal{D}(F|C) = \{pr_1 \varrho | \varrho \in F|C\} = \{pr_1 \varrho | \varrho \in F \text{ und } pr_1 \varrho \in C\}.$$

Nun ist nach Satz 1.3.1. $F=\{(x, F(x))|x\in\mathscr{D}(F)\}$, da F Funktion ist, also

$$\varrho\in F \;\Rightarrow\; \text{Es gibt ein } x\in\mathscr{D}(F) \text{ mit } \varrho=(x, F(x)).$$

Für $\varrho=(x, F(x))$ ist aber $pr_1\varrho=x$. Das ergibt

$$\mathscr{D}(F|C) = \{x|x\in\mathscr{D}(F) \text{ und } x\in C\} = \mathscr{D}(F)\cap C.$$

Da für alle $\varrho, \sigma\in F$

$$pr_1\varrho=pr_1\sigma \;\Rightarrow\; \varrho=\sigma$$

gilt, gilt die Aussage natürlich auch für $\varrho, \sigma\in F|C$, d.h., $F|C$ ist Funktion.

Ist $x\in\mathscr{D}(F|C)$, so ist $x\in\mathscr{D}(F)$, es gibt also genau ein $\varrho\in F$ mit $pr_1\varrho=x$, nämlich $(x, F(x))$, d.h., $(F|C)(x)=F(x)$. Außerdem ist $x\in C$, also $(x, F(x))\in F|C$. ●

Satz 1.3.2. *Sind A, B Mengen, F eine Funktion, $F\subset A\times B$, so gilt für $U\subset A$*

(1) $\mathscr{W}(F|U) = F(U) = \{F(x)|x\in U\cap\mathscr{D}(F)\}$,

(2) $F(U)=\{y|y\in B$ *und es gibt ein* $x\in U\cap\mathscr{D}(F)$ *mit* $F(x)=y\}$.

Für jede Teilmenge V von B und die inverse Relation F^{-1} von F gilt

(3) $F^{-1}(V)=\{x|x\in\mathscr{D}(F)$ *und* $F(x)\in V\}$.

Beweis. (1) Nach Definition 1.3.6. (für $F|U$) und Definition 1.3.4. (für $F(U)$ und $\mathscr{W}(F|U)$) ist

$$F(U)=\{pr_2\varrho|\varrho\in F \text{ und } pr_1\varrho\in U\}=\{pr_2\varrho|\varrho\in F|U\}=\mathscr{W}(F|U).$$

Nach (2) Hilfssatz 1.3.2. ist $F|U=\{(x, F(x))|x\in\mathscr{D}(F|U)\}$, also

$$\{pr_2\varrho|\varrho\in F|U\} = \{F(x)|x\in\mathscr{D}(F|U)\} = \{F(x)|x\in\mathscr{D}(F)\cap U\}.$$

(2) Nach (1) gilt

$$y\in F(U) \;\Leftrightarrow\; \text{Es gibt ein } x\in U\cap\mathscr{D}(F) \text{ mit } F(x)=y.$$

Die Zusatzbedingung $y\in B$ in (2) ist nur der Vollständigkeit halber hinzugefügt, denn ist $y\in F(U)$, so ist natürlich $y\in B$, und ist $x\in U\cap\mathscr{D}(F)$, so ist $F(x)\in B$.

(3) Es ist

$$F^{-1}(V)=\{pr_2\sigma|\sigma\in F^{-1} \text{ und } pr_1\sigma\in V\}, \qquad F^{-1}=\{(pr_2\varrho, pr_1\varrho)|\varrho\in F\},$$

also

$$F^{-1}(V)=\{pr_1\varrho|\varrho\in F \text{ und } pr_2\varrho\in V\}=\{x|x\in\mathscr{D}(F) \text{ und } F(x)\in V\}. \quad ●$$

Veranschaulicht man sich die Verhältnisse dadurch, daß man für A und B Punktmengen in der Ebene nimmt, so ergibt sich das folgende Bild:

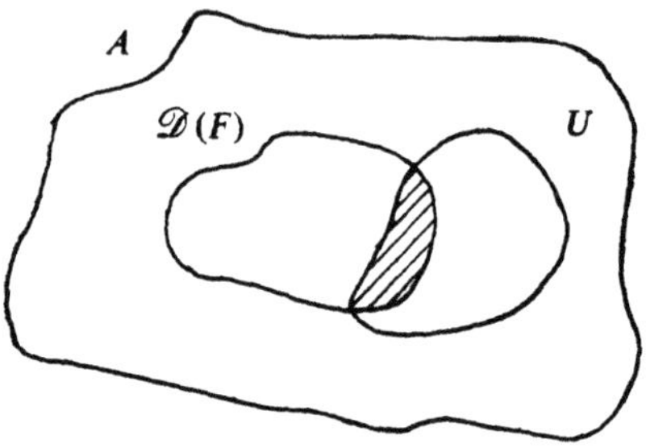

schraffiert: $\mathscr{D}(F) \cap U$

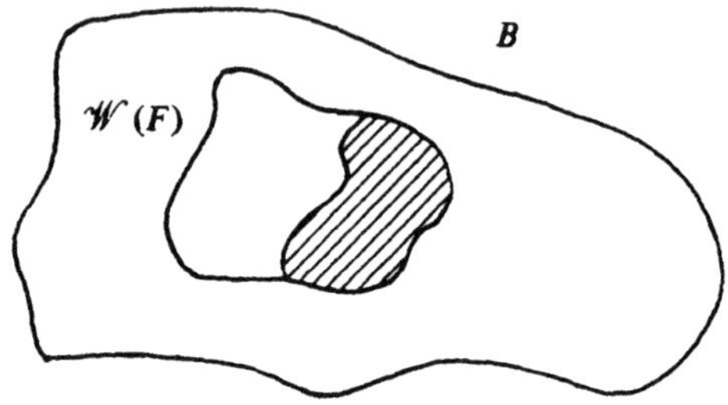

schraffiert: $F(U)$

Da $F(U) = \{F(x) | x \in \mathscr{D}(F) \cap U\}$ ist, spielen diejenigen Elemente von U, die nicht in $\mathscr{D}(F)$ liegen, bei der Bestimmung von $F(U)$ keine Rolle. Für $F^{-1}(V)$ hat man entsprechend

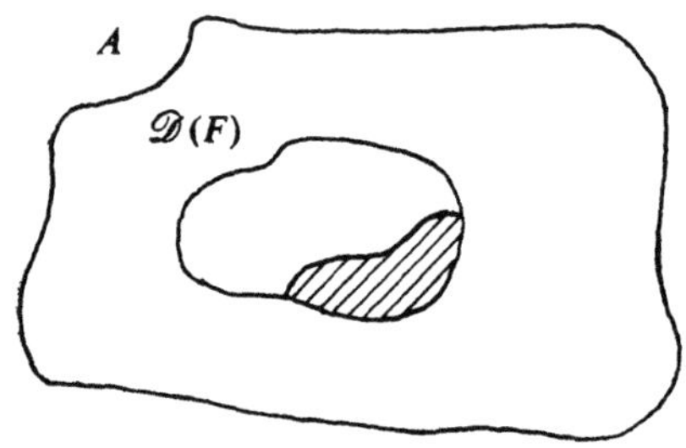

schraffiert: $F^{-1}(V)$

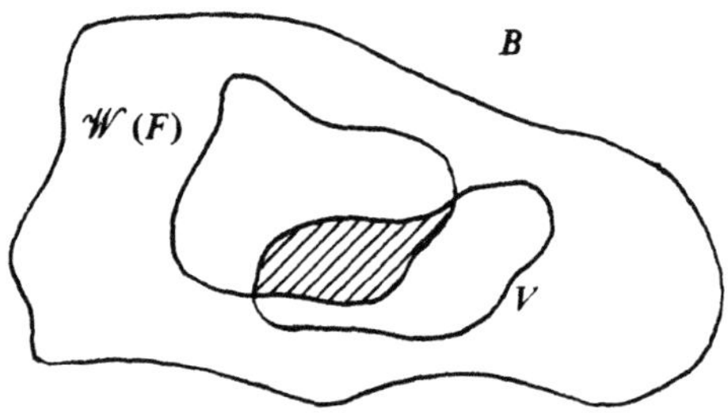

schraffiert: $V \cap \mathscr{W}(F)$

Ist $x \in \mathscr{D}(F)$ und $F(x) \in V$, so ist $F(x) \in V \cap \mathscr{W}(F)$, da $F(x)$ sowieso in $\mathscr{W}(F)$ liegt. Ist umgekehrt $y \in V \cap \mathscr{W}(F)$, so gibt es wegen $y \in \mathscr{W}(F)$ ein $x \in \mathscr{D}(F)$ mit $F(x) = y$, was natürlich $x \in F^{-1}(V)$ bedeutet.

Man beachte, daß die aus der Veranschaulichung ersichtliche Analogie der Verhältnisse für F und F^{-1} nicht vollständig ist. F^{-1} braucht keine Funktion zu sein.

Sind z. B. a, b, c verschiedene Elemente und ist

$$F = \{(a, b), (b, b), (c, a)\},$$

so ist F Funktion, $\mathscr{D}(F) = \{a, b, c\}$, $\mathscr{W}(F) = \{a, b\}$,

$$F(a) = b, \quad F(b) = b, \quad F(c) = a,$$

aber $F^{-1} = \{(b, a), (b, b), (a, c)\}$ ist keine Funktion, denn

$$pr_1(b, a) = pr_1(b, b), \quad \text{aber} \quad (b, a) \neq (b, b).$$

Sind m, n zwei weitere, von a, b, c verschiedene, Elemente und ist

$$A = \{a, b, c, m, n\}, \quad B = \{a, b, m\},$$

so ist $F \subset A \times B$. Man erhält für $U = \{b, c, m\}$, $V = \{b, m\}$

$$F(U) = \{F(x) | x \in U \cap \mathscr{D}(F)\} = \{F(x) | x \in \{b, c\}\} = \{b, a\},$$

$$F^{-1}(V) = \{x | x \in \mathscr{D}(F),\ F(x) \in V\} = \{a, b\}.$$

Für jedes $x \in \mathscr{D}(F)$ ist $F(x) \neq m$, also ist $F^{-1}(\{m\}) = \emptyset$.

Kompliziertere Funktionen werden oft so gebildet, daß man eine Funktion in eine andere einsetzt. Es sei z. B. eine Tabelle vorgelegt, welche die zu gewissen Uhrzeiten gemessene Höhe der Quecksilbersäule eines Barometers angibt

Uhrzeit	7	8	9	...
Höhe der Hg-Säule	770 mm	768 mm	766 mm	...

Die Paare (7,770 mm), ... liefern eine Funktion F. $\mathscr{D}(F)$ enthält die auftretenden Uhrzeiten, $\mathscr{W}(F)$ die vorkommenden Barometerstände. Hat man jetzt eine zweite Tabelle, die zur Höhe der Quecksilbersäule jeweils den Luftdruck in mb angibt,

Höhe der Hg-Säule	759 mm	762 mm	765 mm	...	768 mm
Luftdruck	1012 mb	1016 mb	1020 mb	...	1024 mb

also eine Funktion G, so kann man eine Tabelle aufstellen, die zur gegebenen Uhrzeit den Luftdruck gibt, indem man z. B. zu 8 in der ersten Tabelle $F(8) = 768$ mm feststellt und dann zu 768 mm nun aus der zweiten Tabelle 1024 mb abliest; man bildet also zu $x \in \mathscr{D}(F)$ erst $F(x)$ und zu $F(x)$ dann $G(F(x))$. Dazu muß natürlich $F(x)$ in der zweiten Tabelle vorkommen, d.h. $F(x) \in \mathscr{D}(G)$ sein. Die so aufgestellte kombinierte Tabelle enthält also die Paare $(x, G(F(x)))$.

Definition 1.3.7. *Sind F und G Funktionen und ist $\mathscr{W}(F) \subset \mathscr{D}(G)$, so definiert man die Einsetzung von F in G, $G \circ F$ (gelesen: G Kreis F), durch*

$$G \circ F := \{(x, G(F(x))) | x \in \mathscr{D}(F)\}.$$

Man sagt auch „Hintereinanderausführung“, weil man zu x erst $F(x)$ und zu $F(x)$ dann $G(F(x))$ bestimmen muß.

Satz 1.3.3. *F und G seien Funktionen,* $\mathscr{W}(F) \subset \mathscr{D}(G)$. $G \circ F$ *ist Funktion. Es gilt:*

(1) $\mathscr{D}(G \circ F) = \mathscr{D}(F)$, $\quad \mathscr{W}(G \circ F) \subset \mathscr{W}(G)$,

(2) $(x, y) \in G \circ F \Leftrightarrow$ *Es gibt ein z mit* $(x, z) \in F$ *und* $(z, y) \in G$.

F, G, H seien Funktionen und $\mathscr{W}(F) \subset \mathscr{D}(G)$, $\mathscr{W}(G) \subset \mathscr{D}(H)$. *Dann kann man* $H \circ (G \circ F)$ *und* $(H \circ G) \circ F$ *bilden. Es handelt sich um Funktionen, und es gilt*

$$H \circ (G \circ F) = (H \circ G) \circ F. \tag{3}$$

Man definiert daher $H \circ G \circ F := H \circ (G \circ F)$. *Für jedes* $x \in \mathscr{D}(F)$ *ist*

$$(H \circ G \circ F)(x) = H(G(F(x))). \tag{4}$$

Beweis. Für jedes $x \in \mathscr{D}(F)$ ist $F(x) \in \mathscr{W}(F) \subset \mathscr{D}(G)$, man kann also $G(F(x))$ bilden. Sind $\varrho, \sigma \in G \circ F$ und ist $pr_1 \varrho = pr_1 \sigma = x$, so ist (nach der Definition von $G \circ F$) $\varrho = (x, G(F(x))) = \sigma$, also $G \circ F$ nach Definition 1.3.5. Funktion.

(1) Aus der Definition von $G \circ F$ entnimmt man unmittelbar

$$\mathscr{D}(G \circ F) = \{pr_1 \varrho | \varrho \in G \circ F\} = \mathscr{D}(F), \quad \mathscr{W}(G \circ F) = \{pr_2 \varrho | \varrho \in G \circ F\} \subset \mathscr{W}(G).$$

(2) Ist $(x, y) \in G \circ F$, so ist $(x, y) = (x, G(F(x)))$, also $y = G(F(x))$. Dann gibt es aber ein z mit $(x, z) \in F$ und $(z, y) \in G$, man braucht ja nur $z = F(x)$ zu nehmen (denn $(x, F(x)) \in F$ und $(F(x), y) = (F(x), G(F(x))) \in G$). Gibt es andererseits ein z mit $(x, z) \in F$ und $(z, y) \in G$, so ist $z = F(x)$, da F Funktion ist (Satz 1.3.1.), und $y = G(z) = G(F(x))$, da G Funktion ist, also $(x, y) = (x, G(F(x))) \in G \circ F$.

(3) Nach (1) ist $\mathscr{W}(G \circ F) \subset \mathscr{W}(G) \subset \mathscr{D}(H)$, $\mathscr{W}(F) \subset \mathscr{D}(G) = \mathscr{D}(H \circ G)$, man kann also $H \circ (G \circ F)$ und $(H \circ G) \circ F$ bilden. Da F, G Funktionen sind, ist $G \circ F$ Funktion, da auch H Funktion ist, ist $H \circ (G \circ F)$ Funktion. Entsprechend ist $(H \circ G) \circ F$ Funktion. Ist $(x, w) \in (H \circ G) \circ F$, so gibt es nach (2) ein z mit

$$(x, z) \in F \quad \text{und} \quad (z, w) \in H \circ G.$$

Wegen $(z, w) \in H \circ G$ gibt es, wieder nach (2), ein y mit

$$(z, y) \in G \quad \text{und} \quad (y, w) \in H.$$

Wegen $(x, z) \in F$ und $(z, y) \in G$ ist $(x, y) \in G \circ F$, und wegen $(y, w) \in H$ schließlich $(x, w) \in H \circ (G \circ F)$. Damit ist $(H \circ G) \circ F \subset H \circ (G \circ F)$. Genau so zeigt man, daß $H \circ (G \circ F) \subset (H \circ G) \circ F$ ist.

(4) Für $x \in \mathscr{D}(F)$ ist offenbar

$$(H \circ G \circ F)(x) = H \circ (G \circ F)(x) = H((G \circ F)(x)) = H(G(F(x))). \quad \bullet$$

Man kann $\mathscr{W}(G \circ F)$ noch genauer bestimmen als in Satz 1.3.3.

Hilfssatz 1.3.3. *F, G seien Funktionen, $\mathscr{W}(F)\subset\mathscr{D}(G)$. Dann ist*

$$\mathscr{W}(G\circ F) = G(\mathscr{W}(F)).$$

Beweis. Ist $y\in G(\mathscr{W}(F))$, so gibt es ein $z\in\mathscr{W}(F)$ mit $y=G(z)$. Da $z\in\mathscr{W}(F)$ ist, gibt es ein $x\in\mathscr{D}(F)$ mit $z=F(x)$. Also ist $y = G(z) = G(F(x)) = G\circ F(x)\in\mathscr{W}(G\circ F)$. Ist $y\in\mathscr{W}(G\circ F)$, so gibt es ein $x\in\mathscr{D}(G\circ F) = \mathscr{D}(F)$ mit $y = G\circ F(x) = G(F(x))\in$ $\in G(\mathscr{W}(F))$. ●

Definition 1.3.8. *F sei eine Funktion. Ist die inverse Relation F^{-1} auch Funktion, so bezeichnet man F^{-1} als Umkehrfunktion von F.*

Aufgabe 1.3.1. X sei eine Menge, $F = \{(U, X-U)|U\subset X\}$. Man zeige:

$$F \text{ und } F^{-1} \text{ sind Funktionen, } \mathscr{D}(F)=\mathscr{W}(F)=\mathfrak{P}(X). \text{ Es ist } F^{-1}=F.$$

(Hinweis: Man vergleiche Aufgabe 1.2.9.) ●

Aufgabe 1.3.2. R sei eine Relation, $R\subset A\times B$. Man zeige:
Ist U eine Teilmenge von A, $x\in A$, so ist

$$R(U)=\{pr_2\varrho|\varrho\in(U\times B)\cap R\},\quad R(\{x\})=\{pr_2\varrho|\varrho\in R,\quad pr_1\varrho=x\}.$$

Es ist

$$R(A)=\mathscr{W}(R),\quad R^{-1}(B)=\mathscr{D}(R),\quad R(\emptyset)=\emptyset. \quad ●$$

1.4. Abbildungen

Ist F eine Funktion und sind A und B Mengen, so gilt

$$F\subset A\times B \;\Leftrightarrow\; \mathscr{D}(F)\subset A \text{ und } \mathscr{W}(F)\subset B.$$

Häufig liegt die Menge A von vornherein fest, und es ist erwünscht, daß F zu jedem Element $x\in A$ einen Funktionswert $F(x)$ liefert, daß also nicht nur $\mathscr{D}(F)\subset A$ ist, sondern $\mathscr{D}(F)=A$ gilt. Außerdem hat man oft eine Menge B ausgewählt und etwa die Frage zu untersuchen, ob sich jedes Element von B in der Form $F(x)$ mit $x\in A$ darstellen läßt. Veranschaulicht man sich diese Situation bei Punktmengen in der

Ebene, so bedeutet das, daß A, B gegeben sind und man zu jedem Punkt $x \in A$ durch F ein „Bild" $F(x)$ in B erhält. Die Menge der „Bilder" ist dann eine Teilmenge von B (nämlich $F(A)$). Die Angabe von F reicht also hier nicht aus, man muß A und B ebenfalls angeben sowie $\mathscr{D}(F)=A$ und $\mathscr{W}(F)\subset B$ sicherstellen. Entsprechend der geometrischen Veranschaulichung faßt man diese Angaben zum Begriff der Abbildung zusammen.

Definition 1.4.1. *Eine Abbildung ist ein Tripel $f=(A, B, F)$ aus zwei Mengen A, B und einer Funktion F mit $\mathscr{D}(F)=A$ und $\mathscr{W}(F)\subset B$. Man bezeichnet f als Abbildung von A in (oder nach) B, F als Graph von f ($F=\operatorname{graph} f$). Für die Aussage „f ist Abbildung von A nach B" schreibt man*

$$f: A \to B \quad \text{oder} \quad A \xrightarrow{f} B.$$

Zu jedem $x \in A$ definiert man das Bild $f(x)$ von x unter f durch

$$f(x) := F(x).$$

Für $U \subset A$ definiert man das Bild (genauer: die Bildmenge) $f(U)$ und für $V \subset B$ das Urbild (genauer: die Urbildmenge) $f^{-1}(V)$ durch

$$f(U) := F(U), \quad f^{-1}(V) := F^{-1}(V).$$

In Analogie zu dem geometrischen Bild spricht man häufig von den *Punkten* von A und B statt von den Elementen von A und B und bezeichnet dann auch $f(x)$ als *Bildpunkt* von x.

Satz 1.4.1. *F sei der Graph von $f: A \to B$. Dann ist*

$$F = \{(x, f(x)) \mid x \in A\}.$$

Für $U \subset A$, $V \subset B$ gilt

$$f(U) = \{f(x) \mid x \in U\} = \{y \mid y \in B \text{ und es gibt ein } x \in U \text{ mit } f(x) = y\},$$

$$f^{-1}(V) = \{x \mid x \in A \text{ und } f(x) \in V\}.$$

Beweis. Die Behauptungen diese Satzes ergeben sich unmittelbar aus Satz 1.3.1. und Satz 1.3.2., wenn man nach Definition 1.4.1. f durch F und f^{-1} durch F^{-1} ersetzt und $\mathscr{D}(F)=A$ beachtet. ●

Ist $f: A \to B$, $F=\operatorname{graph} f$, so erhält man zu $x, y \in A$ unter f die Bilder $f(x)$, $f(y)$ in B. Es kann nun durchaus vorkommen, daß $x \neq y$, aber $f(x)=f(y)$ ist. Ist also $z \in f(A) = F(A)$, so weiß man zwar, daß es ein $x \in A$ gibt mit $f(x)=z$, aber x ist durch z nicht eindeutig bestimmt, es kann durchaus noch ein von x verschiedenes $y \in A$

geben, für das ebenfalls $f(y)=z$ ist. Ein wichtiger Sonderfall ist der, in dem x durch z eindeutig bestimmt ist, in dem also

$$(x, z), (y, z) \in F \quad \Rightarrow \quad x=y$$

gilt. Das bedeutet aber

$$(z, x), (z, y) \in F^{-1} \quad \Rightarrow \quad x=y,$$

d.h., F^{-1} ist Funktion. In diesem Fall nennt man f „injektiv". Die Bezeichnung ist, ebenso wie die folgenden „surjektiv" und „bijektiv", unmittelbar aus dem Französischen übernommen. Die Ausdrücke sind nicht schön, haben sich aber eingebürgert. Ein anderer Sonderfall ist der, daß jedes Element von B als Bild eines passenden Elementes von A unter f vorkommt, daß also $f(A)=F(A)=B$ ist. Dann nennt man f „surjektiv".

Definition 1.4.2. *$f: A \to B$ sei eine Abbildung mit $F = \operatorname{graph} f$. Man definiert:*

$$f \text{ ist injektiv} \ :\Leftrightarrow \ F^{-1} \text{ ist Funktion};$$

$$f \text{ ist surjektiv} \ :\Leftrightarrow \ f(A)=B;$$

$$f \text{ ist bijektiv} \ :\Leftrightarrow \ f \text{ ist injektiv und surjektiv}.$$

Satz 1.4.2. *$f: A \to B$ sei eine Abbildung mit $F = \operatorname{graph} f$. Die folgenden Aussagen sind äquivalent:*

(a) *f ist injektiv.*

(b) *Für alle $x, y \in A$ gilt: $x \neq y \Rightarrow f(x) \neq f(y)$.*

(c) *Für alle $x, y \in A$ gilt: $f(x)=f(y) \Rightarrow x=y$.*

f ist genau dann surjektiv, wenn es zu jedem $y \in B$ ein $x \in A$ mit $f(x)=y$ gibt. Ist f bijektiv, so ist (B, A, F^{-1}) eine Abbildung. Man definiert in diesem Fall

$$f^{-1} := (B, A, F^{-1})$$

und nennt f^{-1} die zu f inverse Abbildung.

Beweis. Die Äquivalenz von (b) und (c) ergibt sich daraus, daß jede dieser Aussagen für die andere einen indirekten Beweis (siehe 1.1.) liefert. Setzt man (c) voraus, so schließt man für (b): Ist $f(x) \neq f(y)$ nicht wahr, also $f(x)=f(y)$, so ist auch $x=y$, also $x \neq y$ falsch. Entsprechend folgert man (c) aus (b). Daß (c) aber zu (a) äquivalent ist, ist wegen

$$F^{-1} = \{(f(x), x) \mid x \in A\}, \qquad f \text{ injektiv} \Leftrightarrow F^{-1} \text{ Funktion}$$

und der Definition der Funktion klar.

Nach Satz 1.3.2. ist wegen $A = \mathscr{D}(F)$ (also $A \cap \mathscr{D}(F) = A$)

$$f(A)=F(A)=\{y \mid y \in B \text{ und es gibt ein } x \in A \text{ mit } F(x)=y\},$$

also gilt offenbar

$$f(A)=B \quad \Leftrightarrow \quad \text{Zu jedem } y \in B \text{ gibt es ein } x \in A \text{ mit } F(x)=y.$$

Ist f bijektiv, so ist F^{-1} Funktion. Da dann $\mathscr{D}(F^{-1})=\mathscr{W}(F)=B$, $\mathscr{W}(F^{-1})=\mathscr{D}(F)=$ $=A$ ist, ist (B, A, F^{-1}) eine Abbildung. ●

Beispiel 1.4.1. A sei eine Menge. Man definiert die Diagonale D_A von $A \times A$ durch

$$D_A := \{(x, x) \mid x \in A\}.$$

D_A ist offenbar eine Funktion, $D_A^{-1}=D_A$, $\mathscr{D}(D_A)=\mathscr{W}(D_A)=A$. Die Abbildung $id_A := (A, A, D_A)$ nennt man *identische Abbildung* von A auf sich. Die Abbildung

$$id_A : A \to A$$

ist ersichtlich bijektiv $\left(D_A^{-1}\right.$ ist Funktion, $\left.id_A(A)=\mathscr{W}(D_A)=A\right)$, und für jedes $x \in A$ ist $id_A(x)=x$. Es ist $id_A^{-1}=id_A$. ●

Beispiel 1.4.2. Will man eine Abbildung konstruieren, so muß man zwei Mengen A, B angeben und dann eine Funktion F mit $\mathscr{D}(F)=A$ und $\mathscr{W}(F) \subset B$. Die Angabe von F kann in der Weise geschehen, daß man zu jedem $x \in A$ ein Bild $F(x) \in B$ festlegt. Dann ist $F=\{(x, F(x)) \mid x \in A\}$ eine Funktion mit den geforderten Eigenschaften. Ist etwa

$$A=\{a, b, c, d\}, \quad B=\{p, q, r\},$$

so kann die Konstruktion von F so erfolgen, daß man auf die eine Seite (unter A)

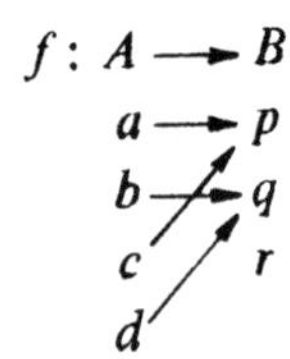

die Elemente a, b, c, d von A, auf die andere Seite (unter B) die Elemente p, q, r von B schreibt und zu jedem Element links ein Element von B als Bild auswählt, was man dadurch notiert, daß man von dem betreffenden Element von A einen Pfeil zu dem als Bild gewählten Element von B zieht. Zum Schluß muß von jedem Element von A ein Pfeil ausgehen. Im angegebenen Beispiel ist

$$f(a)=p, \quad f(b)=q, \quad f(c)=p, \quad f(d)=q, \quad f(A)=\{p, q\}.$$

f ist nicht surjektiv, denn $f(A) \neq B$. f ist nicht injektiv, denn die beiden verschiedenen Elemente a, c haben dasselbe Bild, $f(a)=f(c)=p$. ●

Der Einsetzung einer Funktion in eine andere (d.h. der Bildung von $G \circ F$) entspricht die Hintereinanderausführung von Abbildungen.

Satz 1.4.3. *Zu zwei Abbildungen $f=(A, B, F)$, $g=(B, C, G)$ kann man $G \circ F$ bilden. Man definiert die Hintereinanderausführung (auch Komposition oder Produkt genannt) von f und g durch*

$$g \circ f := (A, C, G \circ F).$$

$g \circ f$ ist wieder eine Abbildung, man erhält also aus

$$A \xrightarrow{f} B \xrightarrow{g} C \quad \text{eine Abbildung} \quad g \circ f : A \to C.$$

Zu drei Abbildungen f, g, h, $A \xrightarrow{f} B \xrightarrow{g} C \xrightarrow{h} D$, kann man $h \circ (g \circ f)$ und $(h \circ g) \circ f$ bilden. Es ist

$$h \circ (g \circ f) = (h \circ g) \circ f$$

(das Produkt von Abbildungen ist assoziativ). Man definiert daher

$$h \circ g \circ f := h \circ (g \circ f).$$

Beweis. Wegen $\mathscr{W}(F) \subset B = \mathscr{D}(G)$ kann man $G \circ F$ bilden. Nach Satz 1.3.3. ist $\mathscr{D}(G \circ F) = \mathscr{D}(F) = A$, $\mathscr{W}(G \circ F) \subset \mathscr{W}(G) \subset C$, also ist $g \circ f = (A, C, G \circ F)$ eine Abbildung $g \circ f : A \to C$. Es ist

$$h \circ g = (B, D, H \circ G), \quad g \circ f = (A, C, G \circ F),$$

also $(h \circ g) \circ f = (A, D, H \circ G \circ F) = h \circ (g \circ f)$. ●

Hilfssatz 1.4.1. *Für Abbildungen $f: A \to B$, $g: B \to C$ gilt:*

$$f \text{ und } g \text{ injektiv} \Rightarrow g \circ f \text{ injektiv};$$
$$f \text{ und } g \text{ surjektiv} \Rightarrow g \circ f \text{ surjektiv}.$$

Beweis. Sind f und g injektiv, so gilt für alle $x, y \in A$

$$x \neq y \Rightarrow f(x) \neq f(y), \qquad f(x) \neq f(y) \Rightarrow g(f(x)) \neq g(f(y)),$$

also zusammen

$$x \neq y \Rightarrow g \circ f(x) \neq g \circ f(y),$$

d.h., $g \circ f$ ist nach Satz 1.4.2. injektiv.

Sind f und g surjektiv, so gilt

$$f(A) = B, \quad g(B) = C, \quad \text{also} \quad g \circ f(A) = g(f(A)) = g(B) = C. \; ●$$

Ist $f: A \to B$ bijektiv, so kann man nach Satz 1.4.2. f^{-1} bilden. f^{-1} kann man als „Umkehrung" von f auffassen. Im einzelnen gilt nämlich

Satz 1.4.4. *Ist die Abbildung*

$$f\colon A \to B \quad \textit{bijektiv},$$

so ist die inverse Abbildung f^{-1} definiert. f^{-1} ist bijektiv, und es gilt

$$f \circ f^{-1} = id_B, \quad f^{-1} \circ f = id_A, \quad (f^{-1})^{-1} = f.$$

Für jedes $y \in B$ ist $f^{-1}(y)$ das eindeutig bestimmte Element $x \in A$ mit $f(x) = y$.

Beweis. F sei der Graph von f, also $f = (A, B, F)$. Ist f bijektiv, so ist F^{-1} Funktion und $f^{-1} = (B, A, F^{-1})$. Bildet man zu F^{-1} die inverse Relation, so erhält man offenbar wieder F zurück, also ist $(F^{-1})^{-1} = F$. Daher ist $(F^{-1})^{-1}$ Funktion, also f^{-1} injektiv. Außerdem ist $f^{-1}(B) = F^{-1}(B) = \mathscr{W}(F^{-1}) = \mathscr{D}(F) = A$, also ist f^{-1} auch surjektiv und damit bijektiv. Man kann $(f^{-1})^{-1}$ bilden. Es ist

$$(f^{-1})^{-1} = (A, B, (F^{-1})^{-1}) = (A, B, F) = f.$$

Nach Satz 1.3.3. ist $\mathscr{D}(F \circ F^{-1}) = \mathscr{D}(F^{-1}) = B$. Für jedes $x \in B$ ist $F \circ F^{-1}(x) = F(F^{-1}(x))$. Setzt man $F^{-1}(x) = y$, so ist $(x, y) \in F^{-1}$, also $(y, x) \in F$, also $F(y) = x$, d.h. $F(F^{-1}(x)) = F(y) = x$. Daher ist $\mathscr{D}(F \circ F^{-1}) = B = \mathscr{D}(D_B)$, und für jedes $x \in \mathscr{D}(D_B)$ ist $F \circ F^{-1}(x) = x = D_B(x)$ (siehe Beispiel 1.4.1.). Nach Hilfssatz 1.3.1. ist damit $F \circ F^{-1} = D_B$ und

$$f \circ f^{-1} = (B, B, D_B) = id_B.$$

Entsprechend ist $\mathscr{D}(F^{-1} \circ F) = \mathscr{D}(F) = A$. Ist $x \in A$, so ist $F^{-1} \circ F(x) = F^{-1}(F(x))$. Setzt man $F(x) = y$, so ist $(x, y) \in F$, also $(y, x) \in F^{-1}$, also $F^{-1}(y) = x$, d.h. $F^{-1}(F(x)) = F^{-1}(y) = x$. Wie bei $f \circ f^{-1}$ erhält man hier $F^{-1} \circ F = D_A$ und $f^{-1} \circ f = id_A$.

Für $y \in B$ ist schließlich $f^{-1}(y) = F^{-1}(y)$ dasjenige Element $x \in A$, für das $(y, x) \in F^{-1}$, d.h. $(x, y) \in F$ ist, für das also $f(x) = F(x) = y$ ist. ●

Es zeigt sich, daß f^{-1} durch die beiden Eigenschaften $f^{-1} \circ f = id_A$ und $f \circ f^{-1} = id_B$ bereits eindeutig charakterisiert ist. Im einzelnen gilt

Satz 1.4.5. *Für Abbildungen $f\colon A \to B$, $g\colon B \to A$ gilt*

$$f \circ g = id_B \;\Rightarrow\; f \textit{ surjektiv und } g \textit{ injektiv},$$

$$g \circ f = id_A \;\Rightarrow\; f \textit{ injektiv und } g \textit{ surjektiv}$$

sowie

$$f \circ g = id_B \textit{ und } g \circ f = id_A \;\Rightarrow\; f \textit{ und } g \textit{ bijektiv}, \quad g = f^{-1}, \quad f = g^{-1}.$$

Beweis. Für alle $x, y \in B$ gilt:

$$g(x) = g(y) \Rightarrow f(g(x)) = f(g(y)).$$

Ist nun $f \circ g = id_B$, so ist $f(g(x)) = f \circ g(x) = id_B(x) = x$ und $f \circ g(y) = y$, also gilt

$$g(x) = g(y) \Rightarrow x = y.$$

Nach Satz 1.4.2. ist daher g injektiv. Weiter gilt

$$y \in B \Rightarrow f(g(y)) = id_B(y) = y.$$

Zu jedem $y \in B$ gibt es also ein $x \in A$ mit $f(x) = y$, man braucht ja nur $x = g(y)$ zu nehmen. Nach Satz 1.4.2. ist damit f surjektiv.

Ist $g \circ f = id_A$, sind nur die Rollen von f und g vertauscht.

Ist $f \circ g = id_B$, so ist f surjektiv, und ist $g \circ f = id_A$, so ist f auch noch injektiv, gilt beides, so ist f also bijektiv, man kann f^{-1} bilden. Entsprechend ist g bijektiv. Weiter schließt man

$$f^{-1} \circ (f \circ g) = f^{-1} \circ id_B, \quad f^{-1} \circ (f \circ g) = (f^{-1} \circ f) \circ g = id_A \circ g,$$

also

$$f^{-1} \circ id_B = id_A \circ g.$$

G sei der Graph von g, $g = (B, A, G)$. Wegen $id_A = (A, A, D_A)$, $D_A(y) = y$ für jedes $y \in A$ (Beispiel 1.4.1.) erhält man unter Benutzung von Satz 1.3.3.

$$\mathscr{D}(D_A \circ G) = \mathscr{D}(G), \qquad x \in \mathscr{D}(G) \Rightarrow D_A \circ G(x) = D_A(G(x)) = G(x),$$

also nach Hilfssatz 1.3.1. $D_A \circ G = G$ und damit

$$id_A \circ g = (B, A, D_A \circ G) = (B, A, G) = g.$$

Ist $h = (B, A, H)$ eine Abbildung, so erhält man entsprechend wegen $\mathscr{D}(D_B) = B$, $\mathscr{D}(H) = B$

$$\mathscr{D}(H \circ D_B) = \mathscr{D}(D_B) = \mathscr{D}(H), \qquad y \in \mathscr{D}(H) \Rightarrow H \circ D_B(y) = H(D_B(y)) = H(y),$$

also $H \circ D_B = H$ und

$$h \circ id_B = (B, A, H \circ D_B) = (B, A, H) = h.$$

Nimmt man f^{-1} an Stelle von h, so erhält man $f^{-1} \circ id_B = f^{-1}$. Zusammen ergibt sich $f^{-1} = g$ und genauso $g^{-1} = f$. ●

Die eben festgestellten Eigenschaften von id_A, id_B wollen wir gesondert formulieren.

Hilfssatz 1.4.3. *Für jede Abbildung $f: A \to B$ gilt*

$$id_B \circ f = f \circ id_A = f.$$

Beweis. S.o. (für g bzw. h an der Stelle von f; A, B vertauscht). ●

Hilfssatz 1.4.4. *F sei der Graph der Abbildung $f{:}A \to B$. Ist $C \subset A$, so definiert man die Einschränkung von f auf C, $f|C$ (gelesen: f beschränkt auf C), durch*

$$f|C := (C, B, F|C).$$

$f|C$ ist eine Abbildung von C in B. Für alle $x \in C$ gilt

$$(f|C)(x) = f(x).$$

Beweis. Nach Hilfssatz 1.3.2. ist $\mathscr{D}(F|C) = \mathscr{D}(F) \cap C = A \cap C = C$ ($A \cap C = C$ nach Aufgabe 1.2.1.) und $\mathscr{W}(F|C) \subset \mathscr{W}(F) \subset B$. $F|C$ ist eine Funktion. Also ist $f|C$ eine Abbildung, und zwar von C in B. Für $x \in C$ gilt

$$(f|C)(x) = (F|C)(x) = F(x) = f(x). \quad \bullet$$

Anmerkung 1.4.1. Gelegentlich ist es nützlich, daß man jede Abbildung $f{:}A \to B$ in der Form

$$f = i \circ \hat{f}, \quad A \xrightarrow{\hat{f}} f(A) \xrightarrow{i} B$$

mit einer surjektiven Abbildung $\hat{f}$ und einer injektiven Abbildung i darstellen kann, und zwar (mit $F = \operatorname{graph} f$) durch

$$\hat{f} = (A, f(A), F){:}A \to f(A), \quad i = id_B|f(A){:}f(A) \to B. \quad \bullet$$

Anmerkung 1.4.2. Ist $f{:}A \to B$, $g{:}B \to C$, $h{:}A \to C$, so erhält man das Diagramm

$$\begin{array}{ccc} A & \xrightarrow{f} & B \\ & {\scriptstyle h}\searrow \quad \swarrow{\scriptstyle g} & \\ & C & \end{array}$$

Man bezeichnet das Diagramm als *kommutativ*, wenn $h = g \circ f$ ist. Kommutativität des Diagrammes bedeutet also:

Geht man von einem Element $x \in A$ aus und bildet zunächst $f(x)(\in B)$ und von $f(x)$ dann $g(f(x))$, so erhält man dasselbe Element von C, wie wenn man zu x unmittelbar $h(x)$ bildet. ●

Aufgabe 1.4.1. Es sei $f{:}A \to B$ und $g{:}B \to C$. Man zeige, daß die beiden folgenden Aussagen falsch sind:

$$g \circ f \text{ injektiv} \Rightarrow g \text{ injektiv und } f \text{ injektiv};$$

$$g \circ f \text{ surjektiv} \Rightarrow g \text{ surjektiv und } f \text{ surjektiv}. \quad \bullet$$

Aufgabe 1.4.2. Es sei $f{:}A \to B$ und $g{:}B \to C$. Man zeige:

$$g \circ f \text{ injektiv} \Rightarrow f \text{ injektiv}, \quad g \circ f \text{ surjektiv} \Rightarrow g \text{ surjektiv}. \quad \bullet$$

Aufgabe 1.4.3. Es sei $f: A \to B$. Man zeige:

$$f \text{ surjektiv} \Rightarrow \text{Es gibt eine Abbildung } g: B \to A \text{ mit } f \circ g = id_B,$$

$$f \text{ injektiv} \Rightarrow \text{Es gibt eine Abbildung } g: B \to A \text{ mit } g \circ f = id_A$$

(man vergleiche Satz 1.4.5.). ●

Aufgabe 1.4.4. X sei eine Menge, $f: \mathfrak{P}(X) \to \mathfrak{P}(X)$ durch $f(U) := X - U$ für alle $U \subset X$ (d.h. alle $U \in \mathfrak{P}(X)$) definiert. Man zeige, daß f bijektiv ist (man vergleiche Aufgabe 1.3.1.). ●

2. Gruppen, Ringe und Körper

In diesem Kapitel werden die aus dem Schulunterricht (jedenfalls den Lehrplänen nach) bekannten Begriffe „Gruppe“ und „Körper“ untersucht und insbesondere festgestellt, unter welchen Umständen die üblichen Regeln der elementaren Arithmetik wie Kürzungsregeln, Distributivgesetze usw. anwendbar sind. Es ist wichtig, zu beachten, daß die Gültigkeit solcher Regeln jeweils von ganz bestimmten Voraussetzungen abhängig ist und daß man vor ihrer Anwendung kontrollieren muß, ob diese Voraussetzungen erfüllt sind.

Zu diesem Kapitel gehört auch die Herleitung der Regeln der Bruchrechnung (Satz 2.3.4.). Eine gewisse Übung in der elementaren Bruchrechnung muß aber hier vorausgesetzt werden.

2.1. Verknüpfungen und Halbgruppen

M sei eine Menge und $A = \{f \mid f: M \to M\}$. Sind $f, g \in A$, so erhält man durch Hintereinanderausführung $M \xrightarrow{g} M \xrightarrow{f} M$ in der angegebenen Reihenfolge eine Abbildung $f \circ g: M \to M$, also wieder ein Element von A. Die Bildung von $f \circ g$ aus den Elementen $f, g \in A$ ähnelt der Multiplikation von Zahlen, wo man auch aus zwei Zahlen, etwa 5 und 7, durch Multiplikation wieder eine Zahl, das Produkt $5 \cdot 7 = 35$, erhält. Die Feststellung, daß man zu zwei Elementen $f, g \in A$ durch Bildung von $f \circ g$ wieder ein Element aus A bekommt, bedeutet natürlich, daß man durch die Festsetzung

$\varkappa((f, g)) := f \circ g$ für alle $f, g \in A$ eine Abbildung $\varkappa: A \times A \to A$

definieren kann. Ist umgekehrt eine Abbildung

$$\varkappa: A \times A \to A$$

gegeben, so kann man zu $\varkappa$ ein spezielles Zeichen, etwa „$*$“, einführen und erhält durch die Definition

$$f * g := \varkappa((f, g)) \quad \text{für alle} \quad f, g \in A$$

ein Analogon zur Multiplikation. Das führt zu der

Definition 2.1.1. *A sei eine Menge. Eine Abbildung*

$$\varkappa: A \times A \to A$$

bezeichnet man als „Verknüpfung auf A". Im allgemeinen führt man zu einer Verknüpfung ein besonderes Verknüpfungszeichen ein. Ist „$*$" das Zeichen zu $\varkappa$, so definiert man

$$x * y := \varkappa((x, y)) \quad \textit{für alle} \quad x, y \in A$$

und benutzt „$*$" an Stelle des Zeichens „$\varkappa$" (spricht also von der Verknüpfung „$*$" auf A usw.).

Anmerkung 2.1.1. Ist $\varkappa: A \times B \to C$, so definiert man zur Vereinfachung der Schreibweise (Klammerersparnis)

$$\varkappa(x, y) := \varkappa((x, y)) \quad \text{für} \quad (x, y) \in A \times B. \quad \bullet$$

Beispiel 2.1.1. M sei eine Menge, $A = \{f \mid f: M \to M\}$. Definiert man $\varkappa: A \times A \to A$ durch $\varkappa(f, g) := f \circ g$ für alle $f, g \in A$, so erhält man eine Verknüpfung auf A. „$\circ$" steht an Stelle von „$*$". ●

Beispiel 2.1.2. X sei eine Menge, $A = \mathfrak{P}(X)$. Definiert man die Abbildung $\varkappa: A \times A \to A$ durch $\varkappa(U, V) := U \cap V$ für alle $U, V \subset X$ (also $U, V \in \mathfrak{P}(X)$), so erhält man eine Verknüpfung auf $\mathfrak{P}(X)$. „$\cap$" steht an Stelle von „$*$". ●

Beispiel 2.1.3. X sei eine Menge, $A = \mathfrak{P}(X)$. Definiert man die Abbildung $\varkappa: A \times A \to A$ durch $\varkappa(U, V) := U \cup V$ für alle $U, V \subset X$, so erhält man eine Verknüpfung auf $\mathfrak{P}(X)$. „$\cup$" steht an Stelle von „$*$". ●

Sind A und B Mengen, die nicht zu viele Elemente enthalten, so kann man die Elemente von $A \times B$ in einem Rechteckschema anordnen, indem man wie in Fig. 2.1.1. in die Zeile zu einem Element $x \in A$ die Elemente von $A \times B$ mit erster Komponente x schreibt, und zwar so, daß in der Spalte zu $y \in B$ gerade dasjenige dieser Elemente

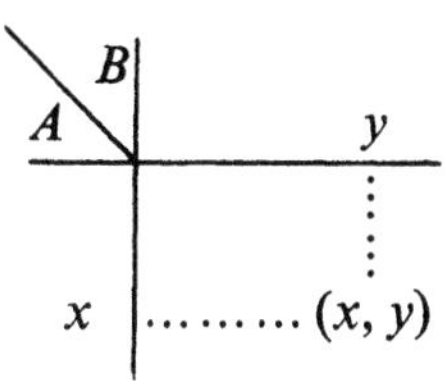

Fig. 2.1.1.

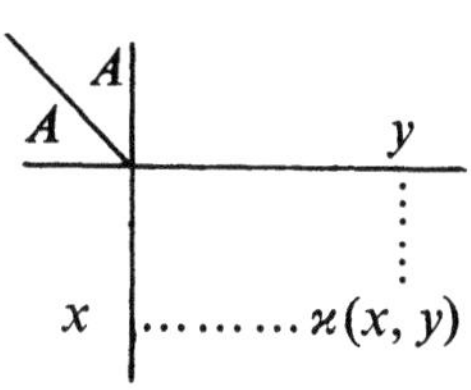

Fig. 2.1.2.

steht, das y als zweite Komponente hat, also (x, y). Da hierbei die Stelle „Zeile zu x, Spalte zu y" der Platz des eindeutig bestimmten Elementes (x, y) ist, kann man eine Abbildung $\varkappa: A \times A \to A$ dadurch angeben (bzw. definieren), daß man an diese

Stelle nicht (x, y), sondern wie in Fig. 2.1.2. $\varkappa(x, y)$, das Bild von (x, y) unter $\varkappa$, schreibt. Man geht also genauso vor, wie bei der Herstellung einer Tabelle für das kleine 1×1.

Beispiel 2.1.4. Es sei $A = \{e, a\}$. Durch die links stehende Tafel

$*$	e	a
e	e	a
a	a	e

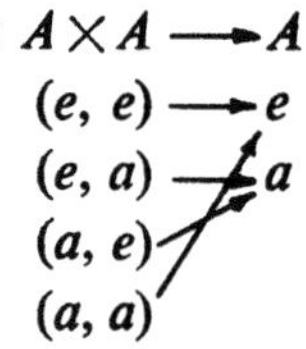

$$e*e=e$$
$$e*a=a$$
$$a*e=a$$
$$a*a=e$$

ist die rechts angegebene Verknüpfung $\varkappa$ (mit dem Zeichen „$*$") auf A definiert. ●

Ist „$*$" eine Verknüpfung auf A und sind $x, y, z \in A$, so ist $x*y$ ein Element von A, man kann also $(x*y)*z$ bilden. Ebenso ist $y*z$ ein Element von A, man kann daher $x*(y*z)$ bilden. Im allgemeinen braucht natürlich nicht für jede Wahl von $x, y, z \in A$

$$x*(y*z)=(x*y)*z$$

zu sein. Es gilt jedoch

in Beispiel 2.1.1. $\quad f\circ(g\circ h) = (f\circ g)\circ h \quad$ nach Satz 1.4.3.,

in Beispiel 2.1.2. $\quad U\cap(V\cap W) = (U\cap V)\cap W \quad$ nach Satz 1.2.2.,

in Beispiel 2.1.3. $\quad U\cup(V\cup W) = (U\cup V)\cup W \quad$ nach Satz 1.2.2.

Definition 2.1.2. *Eine Verknüpfung $\varkappa$ (mit dem Zeichen „$*$") auf einer Menge A heißt assoziativ, wenn für alle $x, y, z \in A$ gilt*

$$x*(y*z)=(x*y)*z.$$

Ist $\varkappa$ (bzw. „$*$") eine assoziative Verknüpfung auf einer Menge A, so nennt man das Paar $(A, \varkappa)$ (bzw. $(A, *)$ bei Verwendung von „$*$" an Stelle von $\varkappa$) eine Halbgruppe und definiert

$$x*y*z := (x*y)*z \quad \text{für alle} \quad x, y, z \in A.$$

$(A, \circ)$ in Beispiel 2.1.1., $(\mathfrak{P}(X), \cap)$ in Beispiel 2.1.2. und $(\mathfrak{P}(X), \cup)$ in Beispiel 2.1.3. sind Halbgruppen.

Bei $(A, *)$ aus Beispiel 2.1.4. ist es schon mühsamer, festzustellen, ob „$*$" assoziativ ist. Man muß dazu ja für jede Möglichkeit, $x, y, z \in A$ zu wählen, kontrollieren, ob jedesmal

$$x*(y*z) = (x*y)*z$$

ist, falls man nicht, wie in den vorhergehenden Beispielen, die Gültigkeit dieser Gleichung für alle $x, y, z \in A$ aus bekannten Eigenschaften (bzw. aus der Definition) von „$*$“ folgern kann. Man hat nun aber zwei Möglichkeiten, x zu wählen, nämlich $x=e$ und $x=a$ (wegen $A=\{e, a\}$). In jedem dieser Fälle hat man wieder zwei Möglichkeiten, y zu wählen, nämlich $y=e$ und $y=a$. Das ergibt die vier Fälle

$$x=e, \quad y=e; \qquad x=e, \quad y=a; \qquad x=a, \quad y=e; \qquad x=a, \quad y=a.$$

In jedem dieser vier Fälle gibt es zwei Möglichkeiten, z zu wählen ($z=e$ bzw. $z=a$). Man muß also für jede der acht verschiedenen Möglichkeiten, $x, y, z \in A$ zu wählen, kontrollieren, ob die Gleichung $x*(y*z) = (x*y)*z$ erfüllt ist, also

(1) $x=e,\ y=e,\ z=e$. Offenbar gilt *nach der Tafel für* „$*$“

$$e*(e*e) = e*e = e, \quad (e*e)*e = e*e = e,$$

also ist

$$e*(e*e) = (e*e)*e;$$

(2) $x=e,\ y=e,\ z=a$ etc.

Es gibt aber auch in diesem Falle ein einfacheres Verfahren, die Assoziativität von „$*$“ zu zeigen. Dazu behandeln wir zunächst

Beispiel 2.1.5. Es sei $M=\{\alpha, \beta\}$ und $B=\{f \mid f: M \to M, f \text{ bijektiv}\}$. Ein Element $f \in B$ ist festgelegt, wenn $f(\alpha)$ und $f(\beta)$ bekannt sind. Ist $f(\alpha)=\alpha$, so muß $f(\beta)=\beta$ sein, da sonst nur $f(\beta)=\alpha$ sein könnte; dann wäre aber f nicht injektiv (also auch nicht bijektiv). Ist $f(\alpha)=\beta$, so muß entsprechend $f(\beta)=\alpha$ sein. Da

$$\begin{array}{rcl} f_0: M & \longrightarrow & M \\ \alpha & \longrightarrow & \alpha \\ \beta & \longrightarrow & \beta \end{array} \qquad \text{und} \qquad \begin{array}{rcl} f_1: M & \longrightarrow & M \\ \alpha & \searrow & \alpha \\ \beta & \nearrow & \beta \end{array}$$

bijektiv sind, ist $B=\{f_0, f_1\}$. Offenbar ist $f_0=id_M$ (Beispiel 1.4.1.), also gilt nach Hilfssatz 1.4.3. $f_0 \circ f_1 = f_1 \circ f_0 = f_1$. Wie man sofort nachrechnet, ist $f_1 \circ f_1 = f_0$.

$\circ$	f_0	f_1
f_0	f_0	f_1
f_1	f_1	f_0

Man kann daher durch $\varkappa(f, g) := f \circ g$ für $f, g \in B$ eine Verknüpfung auf B definieren und erhält die obenstehende Tafel. Nach Satz 1.4.3. ist „$\circ$“ assoziativ, also ist $(B, \circ)$ Halbgruppe. ●

Vergleicht man $(B, \circ)$ aus Beispiel 2.1.5. und $(A, *)$ aus Beispiel 2.1.4., so sieht man, daß sich die beiden Beispiele nur in der Bezeichnung unterscheiden. Nimmt man nämlich in Beispiel 2.1.5. eine Umbenennung vor, indem man f_0 durch e und f_1 durch a ersetzt, so erhält man aus $B=\{f_0, f_1\}$ gerade $A=\{e, a\}$ und aus der Verknüpfungstafel für „$\circ$“ die Tafel für „$*$“. Die Assoziativität bleibt bei der Umbenennung erhalten, also ist auch „$*$" assoziativ. Die angegebene Umbenennung ist natürlich gleichbedeutend mit der Definition einer Abbildung $\mu: B \to A$ durch $\mu(f_0) := e$, $\mu(f_1) := a$. Man verwendet die

Definition 2.1.3. *„$*$" sei Verknüpfung auf A, „$\wedge$" Verknüpfung auf B. Eine Abbildung*

$$\mu: A \to B$$

heißt Homomorphismus von $(A, *)$ in $(B, \wedge)$, wenn für alle $x, y \in A$ gilt

$$\mu(x*y) = \mu(x) \wedge \mu(y).$$

Ein Homomorphismus μ heißt Epimorphismus bzw. Monomorphismus bzw. Isomorphismus, wenn μ surjektiv bzw. injektiv bzw. bijektiv ist.

„μ ist Homomorphismus von $(A, *)$ in $(B, \wedge)$" bedeutet also für Elemente $x, y \in A$: Verknüpft man x, y unter „$*$" und bildet das Ergebnis, $x*y$, durch μ in B ab, bildet also $\mu(x*y)$, so erhält man dasselbe Element von B, wie wenn man *zuerst* x und y durch μ in B abbildet, also $\mu(x)$ und $\mu(y)$ bildet, und *dann* die Bilder in B unter „$\wedge$" verknüpft, also $\mu(x) \wedge \mu(y)$ bildet.

Definiert man die Abbildung $\mu \times \mu: A \times A \to B \times B$ durch $\mu \times \mu(x, y) = (\mu(x), \mu(y))$, so kann man sich diesen Sachverhalt durch das linke Diagramm veranschaulichen.

$$\begin{array}{ccc} A \times A & \xrightarrow{*} & A \\ {\scriptstyle \mu\times\mu}\downarrow & & \downarrow{\scriptstyle \mu} \\ B \times B & \xrightarrow{\wedge} & B \end{array} \qquad \begin{array}{l} (x, y) \\ \downarrow \\ (\mu(x), \mu(y)) \to \mu(x) \wedge \mu(y) \end{array} \qquad \begin{array}{r} (x, y) \to x*y \\ \downarrow \\ \mu(x*y) \end{array}$$

Will man unter Verwendung der angegebenen Abbildungen ein Element $(x, y) \in A \times A$ nach B abbilden, so hat man die beiden in der Mitte und rechts angedeuteten Möglichkeiten. „μ ist Homomorphismus" bedeutet, daß man auf beiden Wegen dasselbe Bild erhält, daß also (mit $\varkappa$ für $*$ und λ für $\wedge$) $\lambda \circ (\mu \times \mu) = \mu \circ \varkappa$ ist. Das Diagramm ist „kommutativ" (man vergleiche Anmerkung 1.4.2.).

Zur Behandlung unseres Beispiels genügt der

Hilfssatz 2.1.1. *Ist μ Epimorphismus von $(A, *)$ auf $(B, \wedge)$, und ist $(A, *)$ Halbgruppe, so ist auch $(B, \wedge)$ Halbgruppe.*

Beweis. Es seien $u, v, w \in B$. Da μ surjektiv ist $(\mu(A) = B)$, gibt es Elemente $x, y, z \in A$ mit $\mu(x) = u$, $\mu(y) = v$, $\mu(z) = w$. Da $(A, *)$ Halbgruppe ist, ist

$$x*(y*z) = (x*y)*z, \quad \text{also} \quad \mu(x*(y*z)) = \mu((x*y)*z).$$

Da μ Homomorphismus ist, gilt aber

$$\mu(x*(y*z)) = \mu(x) \wedge \mu(y*z) = u \wedge (\mu(y) \wedge \mu(z)) = u \wedge (v \wedge w),$$
$$\mu((x*y)*z) = \mu(x*y) \wedge \mu(z) = (\mu(x) \wedge \mu(y)) \wedge w = (u \wedge v) \wedge w. \quad \bullet$$

Beispiel 2.1.6. Wie bereits erläutert, definiert man zu $(B, \circ)$ aus Beispiel 2.1.5. und $(A, *)$ aus Beispiel 2.1.4. die Abbildung μ, wie unten angegeben. Da man

$$\begin{array}{l} \mu\colon B \to A \\ \quad f_0 \to e \\ \quad f_1 \to a \end{array} \qquad \begin{array}{c|cc} \circ & f_0 & f_1 \\ \hline f_0 & f_0 & f_1 \\ f_1 & f_1 & f_0 \end{array} \qquad \begin{array}{c|cc} * & e & a \\ \hline e & e & a \\ a & a & e \end{array}$$

aus der Tafel für „$\circ$" durch Einsetzen der Bilder unter μ an *jeder Stelle* die Tafel für „$*$" erhält, ist unmittelbar klar, daß es gleichgültig ist, ob man zu $x, y \in B$ erst $x \circ y$ und dann $\mu(x \circ y)$ oder erst $\mu(x)$ und $\mu(y)$ und dann $\mu(x) * \mu(y)$ bildet, denn $\mu(x)$ steht an der dem Platz von x in der Tafel für „$\circ$" entsprechenden Stelle der Tafel für „$*$", $\mu(y)$ an der dem Platz von y entsprechenden Stelle, und $\mu(x) * \mu(y)$ daher gerade an der dem Platz von $x \circ y$ entsprechenden Stelle. μ ist also Homomorphismus. Da μ ersichtlich surjektiv ist, ist μ Epimorphismus, also $(A, *)$ Halbgruppe nach Hilfssatz 2.1.1. ●

Satz 2.1.1. *Ist μ Homomorphismus von $(A, *)$ in $(B, \wedge)$ und ν Homomorphismus von $(B, \wedge)$ in $(C, \vee)$, so ist $\nu \circ \mu$ Homomorphismus von $(A, *)$ in $(C, \vee)$.*

Beweis. Da $\mu: A \to B$ und $\nu: B \to C$ ist, ist $\nu \circ \mu: A \to C$. Weil μ, ν Homomorphismen sind, gilt für alle $x, y \in A$

$$\nu \circ \mu(x * y) = \nu(\mu(x * y)) = \nu(\mu(x) \wedge \mu(y)) = \nu(\mu(x)) \vee \nu(\mu(y)) = \\ = \nu \circ \mu(x) \vee \nu \circ \mu(y). \quad ●$$

In Beispiel 2.1.6. ist μ sogar bijektiv. Dieser Fall ist besonders wichtig.

Satz 2.1.2. *Ist μ Isomorphismus von $(A, *)$ auf $(B, \wedge)$, so ist μ^{-1} Isomorphismus von $(B, \wedge)$ auf $(A, *)$. Man definiert*

$(A, *) \cong (B, \wedge)$:⇔ Es gibt einen Isomorphismus von $(A, *)$ auf $(B, \wedge)$

(in Worten: „$(A, *)$ ist isomorph zu $(B, \wedge)$" oder „$(A, *)$ und $(B, \wedge)$ sind isomorph"). Es gilt

(1) $(A, *) \cong (A, *)$, (2) $(A, *) \cong (B, \wedge) \Leftrightarrow (B, \wedge) \cong (A, *)$,

(3) $(A, *) \cong (B, \wedge)$ *und* $(B, \wedge) \cong (C, \vee) \Rightarrow (A, *) \cong (C, \vee)$.

Beweis. Da $\mu: A \to B$ bijektiv ist, kann man $\mu^{-1}: B \to A$ bilden. μ^{-1} ist wieder bijektiv (Satz 1.4.4.). Setzt man für $x, y \in B$

$$u := \mu^{-1}(x \wedge y), \quad v := \mu^{-1}(x) * \mu^{-1}(y),$$

so erhält man, weil μ Isomorphismus ist,

$$\mu(u) = \mu(\mu^{-1}(x \wedge y)) = \mu \circ \mu^{-1}(x \wedge y) = x \wedge y,$$
$$\mu(v) = \mu(\mu^{-1}(x) * \mu^{-1}(y)) = \mu(\mu^{-1}(x)) \wedge \mu(\mu^{-1}(y)) = x \wedge y,$$

also $\mu(u)=\mu(v)$, d.h., da μ bijektiv, also insbesondere injektiv, ist, nach Satz 1.4.2., $u=v$. μ^{-1} ist also auch Homomorphismus und damit Isomorphismus.

(1) Ein Isomorphismus von $(A, *)$ auf $(A, *)$ ist offenbar id_A.

(2) Ist μ Isomorphismus von $(A, *)$ auf $(B, \wedge)$, so ist, wie gerade gezeigt, μ^{-1} Isomorphismus von $(B, \wedge)$ auf $(A, *)$, entsprechend für $(A, *)$ und $(B, \wedge)$ vertauscht.

(3) Ist μ Isomorphismus von $(A, *)$ auf $(B, \wedge)$, ν Isomorphismus von $(B, \wedge)$ auf $(C, \vee)$, so ist nach Satz 2.1.1. $\nu\circ\mu$ Homomorphismus von $(A, *)$ in $(C, \vee)$. Nach Hilfssatz 1.4.1. ist aber $\nu\circ\mu$ auch injektiv und surjektiv, also bijektiv. ●

Ist M eine Menge und $A=\{f|f: M\to M\}$, so ist nach Beispiel 2.1.1. $(A, \circ)$ Halbgruppe. Setzt man $B=\{f|f: M\to M, f \text{ bijektiv}\}$, so ist für $f, g\in B$ auch $f\circ g$ wieder ein Element von B, und $(B, \circ)$ ist offenbar Halbgruppe. Es ist $B\subset A$, und die Verknüpfung „$\circ$" auf A stimmt für Elemente $f, g\in B$ mit der Verknüpfung „$\circ$" auf B überein. Die Möglichkeit, aus der Teilmenge B von A unter „$\circ$" wieder eine Halbgruppe zu machen, hängt entscheidend davon ab, daß für $f, g\in B$ auch $f\circ g\in B$ ist. Das führt zu der

Definition 2.1.4. *„$*$" sei eine Verknüpfung auf A, $U\subset A$. U heißt abgeschlossen gegen „$*$", wenn gilt*

$$x, y\in U \Rightarrow x*y\in U.$$

Satz 2.1.3. *$\varkappa$ (mit dem Verknüpfungszeichen „$*$") sei eine Verknüpfung auf A, $B\subset A$. Es gilt*

$$B \text{ abgeschlossen gegen „}*\text{"} \quad\Leftrightarrow\quad \varkappa(B\times B)\subset B.$$

Ist B abgeschlossen gegen „$*$", so kann man durch

$$\varkappa_B(x, y) := x*y \quad \text{für alle} \quad x, y\in B$$

eine Verknüpfung $\varkappa_B$ auf B definieren. Als Verknüpfungszeichen nimmt man wieder „$*$". $\varkappa_B$ nennt man „Einschränkung von „$*$" auf B" oder „durch „$*$" auf B induzierte Verknüpfung". Ist $(A, *)$ Halbgruppe, $B\subset A$ und B abgeschlossen gegen „$*$", so ist auch $(B, *)$ Halbgruppe. $(B, *)$ nennt man dann Unter-Halbgruppe von $(A, *)$.

Beweis. Wegen $\varkappa(x, y) = x*y$ gilt offenbar „$x*y\in B \Leftrightarrow \varkappa(x, y)\in B$", woraus unmittelbar die behauptete Äquivalenz folgt.

Ist B abgeschlossen gegen „$*$", so ist für alle $x, y\in B$ auch $x*y\in B$, man kann also durch $\varkappa_B(x, y) := x*y$ für alle $x, y\in B$ eine Abbildung $\varkappa_B: B\times B\to B$ definieren. Ist $(A, *)$ Halbgruppe, so gilt

$$x*(y*z) = (x*y)*z \quad \text{für alle} \quad x, y, z \in A,$$

d.h. auch für alle $x, y, z \in B$. ●

Hilfssatz 2.1.2. *Ist $(A, *)$ Halbgruppe und μ ein Homomorphismus von $(A, *)$ in $(B, \wedge)$, so ist $\mu(A)$ abgeschlossen gegen „$\wedge$" und $(\mu(A), \wedge)$ ist Halbgruppe. (Kurz: Das Bild einer Halbgruppe unter einem Homomorphismus ist wieder Halbgruppe.)*

Beweis. Sind $x, y \in \mu(A)$, so gibt es $u, v \in A$ mit $\mu(u) = x$, $\mu(v) = y$. Da μ Homomorphismus ist, erhält man

$$x \wedge y = \mu(u) \wedge \mu(v) = \mu(u*v) \in \mu(A).$$

Definiert man (siehe Anmerkung 1.4.1.)

$$\hat{\mu}: A \to \mu(A) \quad \text{durch} \quad \hat{\mu}(x) := \mu(x),$$

so ist $\hat{\mu}$ surjektiv und wegen

$$\hat{\mu}(x*y) = \mu(x*y) = \mu(x) \wedge \mu(y) = \hat{\mu}(x) \wedge \hat{\mu}(y) \quad \text{für} \quad x, y \in A$$

Homomorphismus, also wegen der Surjektivität Epimorphismus von $(A, *)$ auf $(\mu(A), \wedge)$. Nach Hilfssatz 2.1.1. ist $(\mu(A), \wedge)$ Halbgruppe. ●

Aufgabe 2.1.1. X sei eine Menge. Man zeige, daß $(\mathfrak{P}(X), \cap)$ und $(\mathfrak{P}(X), \cup)$ isomorph sind. (Hinweis: Man benutze Aufgabe 1.4.4.) ●

2.2. Gruppen

Ist M eine Menge, $A = \{f \mid f: M \to M\}$, so ist nach Beispiel 2.1.1. $(A, \circ)$ Halbgruppe. $B = \{f \mid f: M \to M,\ f \text{ bijektiv}\}$ ist Teilmenge von A und gegen „$\circ$" abgeschlossen, weil mit $f, g \in B$ auch $f \circ g$ bijektiv und damit aus B ist. Nach Satz 2.1.3. ist $(B, \circ)$ Halbgruppe. Ein spezielles Element von A ist id_M. Nach Hilfssatz 1.4.3. gilt

$$f \circ id_M = id_M \circ f = f \quad \text{für alle} \quad f \in A.$$

id_M bezeichnet man daher als neutrales Element in $(A, \circ)$. id_M ist bijektiv, also $id_M \in B$. Zu jedem $f \in B$ gibt es nach Satz 1.4.4. ein inverses Element f^{-1}, das nach Satz 1.4.5. durch

$$f^{-1} \circ f = id_M \quad \text{und} \quad f \circ f^{-1} = id_M$$

eindeutig charakterisiert ist. Das ist eine spezielle Eigenschaft von B, denn wenn M mehr als ein Element enthält, kann man ohne Mühe eine Abbildung $f: M \to M$ konstruieren, die nicht bijektiv ist. Dann kann es aber auch kein $g \in A$ geben mit

$$f \circ g = id_M \quad \text{und} \quad g \circ f = id_M,$$

denn aus diesen beiden Gleichungen folgt nach Satz 1.4.5. die Bijektivität von f. Halbgruppen mit den für $(B, \circ)$ ermittelten speziellen Eigenschaften sind besonders wichtig. Zunächst vereinbart man:

Definition 2.2.1. „$*$" *sei Verknüpfung auf* A. $e \in A$ *heißt linksneutral, wenn*

$$e * x = x \quad \text{für alle} \quad x \in A$$

gilt. e *heißt rechtsneutral, wenn*

$$x * e = x \quad \text{für alle} \quad x \in A$$

gilt. Ist e *linksneutral und rechtsneutral, so wird es als neutrales Element (oder Einselement) bezeichnet.*

Ein neutrales Element ist also ein Analogon zu id_M in unserem Beispiel. Es ist durch seine Neutralität eindeutig bestimmt, es gilt nämlich

Hilfssatz 2.2.1. „$*$" *sei Verknüpfung auf* A. *Ist* e *linksneutrales und* e_0 *rechtsneutrales Element von* $(A, *)$, *so ist* $e = e_0$.

Ist e *neutrales Element von* $(A, *)$, *so ist* e *einziges linksneutrales und einziges rechtsneutrales Element von* $(A, *)$.

Beweis. Ist e linksneutral, so ist $e * e_0 = e_0$, ist e_0 rechtsneutral, so ist $e * e_0 = e$, also zusammen $e = e_0$.

Ist e neutral, e_1 rechtsneutral, so ist $e = e_1$, da e linksneutral ist. Ist e_2 linksneutral, so ist $e_2 = e$, da e rechtsneutral ist. ●

Definition 2.2.2. *Eine Halbgruppe* $(A, *)$ *wird als Gruppe bezeichnet, wenn die folgenden Bedingungen erfüllt sind:*

(1) *Es gibt (mindestens) ein linksneutrales Element in* $(A, *)$;

(2) *Für mindestens ein linksneutrales Element, es sei* e, *gilt:*

$$x \in A \Rightarrow \text{Es gibt ein } y \in A \text{ mit } y * x = e.$$

Ist e *linksneutral,* $x, y \in A$ *und* $y * x = e$, *so nennt man* y *linksinvers zu* x *bezüglich* e, *ist* e *rechtsneutral und* $x * y = e$, *so nennt man* y *rechtsinvers zu* x *bezüglich* e. *Ist* e *neutrales Element, so läßt man den Zusatz „bezüglich* e*" fort, da* e *dann eindeutig bestimmt ist (Hilfssatz 2.2.1.).*

Satz 2.2.1. $(A, *)$ *sei Gruppe. Dann gilt*

(1) $(A, *)$ *hat ein neutrales Element.*

(2) *Zu jedem* $x \in A$ *gibt es genau ein linksinverses Element, es ist gleichzeitig das einzige rechtsinverse Element zu* x *und wird mit* x^{-1} *bezeichnet.* x^{-1} *nennt man invers zu* x.

Für alle $x \in A$ *ist* $(x^{-1})^{-1} = x$.

Beweis. e sei linksneutrales Element, das die Bedingung (2) von Definition 2.2.2. erfüllt. Zunächst zeigt man für alle $x, y \in A$

(a) $$y * x = e \Rightarrow x * y = e.$$

Es sei z linkinverses Element zu y (nach (2) Definition 2.2.2. gibt es ein solches $z \in A$). Dann ist auch $z * y = e$, also

$$y*(x*y) = (y*x)*y = e*y = y, \quad \text{d.h.,} \quad z*(y*(x*y)) = z*y = e.$$

Da andererseits $z*y*(x*y) = e*(x*y) = x*y$ ist, folgt $x*y = e$.

(1) Es sei $x \in A$. Man wähle ein linksinverses Element y zu x. Dann ist $y*x = e$ und nach (a) auch $x*y = e$. Das liefert

$$x*y*x = e*x = x \quad \text{und} \quad x*y*x = x*e, \quad \text{also} \quad x*e = x,$$

d.h., e ist auch rechtsneutral und damit neutrales Element.

(2) Zu $x \in A$ sei $\tilde{x}$ linksinvers. Dann ist $\tilde{x}$ nach (a) auch rechtsinvers zu x. Ist y linksinvers zu x, so ist y auch rechtsinvers zu x, und ist z irgendein rechtsinverses Element zu x, so ist

$$\tilde{x}*x*z = e*z = z \quad \text{und} \quad \tilde{x}*x*z = \tilde{x}*e = \tilde{x}, \quad \text{also} \quad z = \tilde{x}.$$

$\tilde{x}$ ist also einziges linksinverses und einziges rechtsinverses Element zu x.

Ist x^{-1} das Inverse zu x, so ist $x^{-1}*x = x*x^{-1} = e$, also x das Inverse zu x^{-1}, d.h. $(x^{-1})^{-1} = x$. ●

Satz 2.2.2. *Ist* $(A, *)$ *Gruppe, so sind für alle* $a, b \in A$ *die Gleichungen*

$$x*a = b \quad \textit{und} \quad a*y = b$$

in A *eindeutig lösbar. Für* $u, v, w \in A$ *gelten die Kürzungsregeln*

$$u*v = u*w \Rightarrow v = w, \qquad v*u = w*u \Rightarrow v = w.$$

Anmerkung zur Bezeichnung. „Die Gleichung $x*a = b$ ist in A lösbar“ bedeutet: „Es gibt ein $x \in A$ mit $x*a = b$“. „Die Gleichung $x*a = b$ ist in A eindeutig lösbar“ bedeutet: „Es gibt genau ein $x \in A$ mit $x*a = b$“.

Beweis von Satz 2.2.2. Ist $x \in A$ und $x*a = b$, so gilt

$$x*a*a^{-1} = b*a^{-1}, \quad x*a*a^{-1} = x*e = x, \quad \text{also} \quad x = b*a^{-1},$$

d.h.,

$$x \in A \text{ und } x*a = b \ \Rightarrow\ x = b*a^{-1}.$$

Ist also die Gleichung überhaupt lösbar, so ist die Lösung eindeutig bestimmt, nämlich $x = b*a^{-1}$. Um die Lösbarkeit zu zeigen, braucht man nur nachzurechnen, daß $b*a^{-1}$ tatsächlich eine Lösung ist, nämlich

$$(b*a^{-1})*a = b*a^{-1}*a = b*e = b.$$

Entsprechend ergibt $y \in A$ und $a*y = b$

$$a^{-1}*a*y = e*y = y \quad \text{und} \quad a^{-1}*a*y = a^{-1}*b, \quad \text{also} \quad y = a^{-1}*b,$$

und $y = a^{-1}*b$ ist tatsächlich eine Lösung, denn es ist

$$a*(a^{-1}*b) = a*a^{-1}*b = e*b = b.$$

Man braucht nur noch $a := u$ und $b := u*v = u*w$ bzw. $b = v*u = w*u$ zu setzen und erhält wegen der Eindeutigkeit der Lösung von $a*y = b$ bzw. $x*a = b$ die Kürzungsregeln. ●

Anmerkung 2.2.1. Wir haben das folgende Beweisschema benutzt:

Man stellt zunächst fest, daß, wenn überhaupt eine Lösung existiert, als Lösung nur ein ganz spezielles Element, hier $b*a^{-1}$, in Frage kommt.

Dann rechnet man nach, daß dieses Element $b*a^{-1}$ tatsächlich eine Lösung ist.

Dieses Verfahren ist typisch für alle ähnlich gelagerten Fälle. Der häufigste Fehler, der hierbei gemacht wird, ist die Unterlassung der Kontrolle, ob man wirlich eine Lösung erhalten hat. ●

Beispiel 2.2.1. $(A, *)$ sei Halbgruppe, und es sei eine Tafel für die Verknüpfung „$*$" vorgelegt (wie in Beispiel 2.1.3.).

Ist $(A, *)$ Gruppe und e neutrales Element von A, so ist für alle $z \in A$

$$e*z = z,$$

d.h., die Zeile zu e ist gleich der Kopfzeile der Tafel. In der Spalte zu y stehen alle Elemente der Form $x*y$ mit $x \in A$. Da zu y ein Inverses x mit $x*y = e$ existiert, muß in der Spalte zu y das Element e vorkommen.

$*$	z	y
	$\vdots$	$\vdots$
e	$\ldots e*z$	$\vdots$
x	$\ldots\ldots\ldots$	$x*y$

Ist umgekehrt e ein Element, dessen Zeile gleich der Kopfzeile ist, so ist $e*z = z$ für alle $z \in A$, d.h., e ist linksneutral. Kommt außerdem e in jeder Spalte vor, also zu beliebigem $y \in A$ in der Spalte zu y, so gibt es ein $x \in A$ mit $x*y = e$, also zu y ein Linksinverses (bez. e). Dann ist aber $(A, *)$ Gruppe.

Eine Halbgruppe $(A, *)$ ist also genau dann Gruppe, wenn es ein Element $e \in A$ gibt, dessen Zeile in der Tafel für „$*$“ gleich der Kopfzeile ist und das außerdem in in jeder Spalte der Tafel auftritt. ●

Beispiel 2.2.2. Die Halbgruppe $(A, *)$ aus Beispiel 2.1.4. hat die untenstehende Tafel für „$*$“. Da die Zeile für e gleich der Kopfzeile ist und e in jeder Spalte steht,

$*$	e	a
e	e	a
a	a	e

ist $(A, *)$ nach Beispiel 2.2.1. Gruppe. ●

Beispiel 2.2.3. $(A, *)$ sei Halbgruppe, und es sei eine Tafel für die Verknüpfung „$*$“ vorgelegt. Die Zeile zu $x \in A$ enthält die Elemente

$$x*y \quad \text{für} \quad y \in A.$$

$*$	y
	$\vdots$
x	$\dots\dots\dots x*y$

Ist $(A, *)$ Gruppe, so gibt es nach Satz 2.2.2. zu jedem $b \in A$ genau ein y mit $x*y = b$, d.h., b tritt in der Zeile zu x auf, und zwar genau einmal, nämlich in der Spalte zu diesem y.

Die Spalte zu einem Element $y \in A$ enthält die Elemente

$$x*y \quad \text{für} \quad x \in A.$$

Ist $(A, *)$ Gruppe, so gibt es nach Satz 2.2.2. zu jedem $b \in A$ genau ein x mit $x*y = b$, b tritt also auch in der Spalte zu y genau einmal auf. Ist $(A, *)$ Gruppe, so ist außerdem $A \neq \emptyset$ (A enthält das neutrale Element).

Tritt umgekehrt in der Zeile zu $a \in A$ jedes Element $b \in A$ auf, so gibt es ein $y \in A$ mit $a*y = b$.

Tritt in der Spalte zu $a \in A$ jedes Element $b \in A$ auf, so gibt es ein $x \in A$ mit $x*a = b$.

Nimmt man das Ergebnis von Satz 2.2.3. vorweg, so ergibt sich:

Eine Halbgruppe $(A, *)$ ist genau dann Gruppe, wenn $A \neq \emptyset$ ist und jedes Element von A in der Tafel für „$*$“ genau einmal in jeder Zeile und genau einmal in jeder Spalte auftritt. ●

Beispiel 2.2.4. Es sei $A=\{e, a\}$. Die Verknüpfung „$*$" auf A sei durch die untenstehende Tafel definiert. Wäre $(A, *)$ Halbgruppe, so wäre es nach Beispiel 2.2.1.

$*$	e	a	b
e	e	a	b
a	a	e	e
b	b	e	a

auch Gruppe, denn die Zeile für e ist gleich der Kopfzeile, und e tritt in jeder Spalte auf. Nach Beispiel 2.2.3. kann $(A, *)$ aber nicht Gruppe sein, denn in der Zeile zu a tritt e zweimal und b überhaupt nicht auf. Also ist $(A, *)$ keine Halbgruppe, d.h. „$*$" nicht assoziativ. ●

Satz 2.2.3. $(A, *)$ *sei Halbgruppe,* $A \neq \emptyset$. *Sind für alle* $a, b \in A$ *die Gleichungen*

$$x * a = b \quad \text{und} \quad a * y = b$$

in A *lösbar, so ist* $(A, *)$ *Gruppe.*

Beweis. Da $A \neq \emptyset$ ist, gibt es in A ein Element a. Da die Gleichung $x*a = a$ lösbar ist, gibt es ein Element e mit $e*a = a$. Ist $b \in A$, so gibt es ein $y \in A$ mit $a*y = b$. Man erhält

$$e*a*y = a*y = b \quad \text{und} \quad e*a*y = e*b, \quad \text{also} \quad e*b = b.$$

e ist also linksneutrales Element. Zu jedem $b \in A$ gibt es auch ein inverses Element bez. e, weil $x*b = e$ in A lösbar ist. ●

Beispiel 2.2.5. Es sei $A=\{e, a, b\}$. Will man auf A eine Verknüpfung „$*$" so definieren, daß $(A, *)$ Gruppe ist, so muß man eine Tafel für „$*$" aufstellen. Dazu kann man folgendermaßen verfahren:

Eines der Elemente muß neutrales Element werden. Wir wollen e nehmen. Dann muß $x*e = e*x = x$ für alle $x \in A$ werden, d.h., die Zeile und die Spalte zu e liegen fest. Wollen wir eine Gruppe erhalten, dann dürfen wir an die in Fig. 2.2.1. mit

	e	a	b
e	e	a	b
a	a		①
b	b		

Fig 2.2.1.

	e	a	b
e	e	a	b
a	a	②	e
b	b	④	③

Fig. 2.2.2.

	e	a	b
e	e	a	b
a	a	b	e
b	b	e	a

Fig. 2.2.3.

① markierte Stelle (nach Beispiel 2.2.3.) nicht a schreiben, da a in dieser Zeile schon steht, und nicht b, da b in der Spalte bereits steht; es bleibt also nur e übrig. Man erhält Fig. 2.2.2. An Stelle von ② kann man nur noch b setzen, da e und a in der Zeile schon vorkommen, an Stelle von ③ nur a, da e und b bereits in der Spalte stehen und an Stelle von ④ nur e, da a schon in der Spalte und b in der Zeile steht. Man erhält Fig. 2.2.3. und das Ergebnis:

Es gibt höchstens eine Möglichkeit, auf $A=\{e, a, b\}$ eine Verknüpfung „$*$“ so zu definieren, daß $(A, *)$ Gruppe mit neutralem Element e ist. ●

Um nachzuweisen, daß $(A, *)$ mit der in Fig. 2.2.3. definierten Verknüpfung tatsächlich Gruppe ist, muß man nur zeigen, daß „$*$“ assoziativ ist. Dann kann man Beispiel 2.2.1. verwenden (die Zeile zu e ist gleich der Kopfzeile, e tritt in jeder Spalte auf). Man geht dazu wie in Beispiel 2.1.5. und 2.1.6. vor. Es gilt ein Analogon von Hilfssatz 2.1.2.,

Satz 2.2.4. *Ist $(A, *)$ Gruppe mit dem neutralen Element e und μ ein Homomorphismus von $(A, *)$ in $(B, \wedge)$, so ist $\mu(A)$ gegen „$\wedge$“ abgeschlossen, und $(\mu(A), \wedge)$ ist Gruppe mit dem neutralen Element $\mu(e)$.*

Beweis. Nach Hilfssatz 2.1.2. ist $\mu(A)$ gegen „$\wedge$“ abgeschlossen und $(\mu(A), \wedge)$ Halbgruppe. Ist $x \in \mu(A)$, so gibt es ein $u \in A$ mit $\mu(u)=x$. Es gilt

$$\mu(e) \wedge x = \mu(e) \wedge \mu(u) = \mu(e*u) = \mu(u) = x.$$

$\mu(e)$ ist linksneutral. Zu u gibt es ein $v \in A$ mit $v*u = e$. Es gilt

$$\mu(v) \wedge x = \mu(v) \wedge \mu(u) = \mu(v*u) = \mu(e),$$

d.h., $\mu(v)$ ist linksinvers zu x in $\mu(A)$ (bez. $\mu(e)$). ●

Beispiel 2.2.6. M sei eine Menge, $B=\{f \mid f: M \to M, f \text{ bijektiv}\}$. $(B, \circ)$ ist Gruppe mit dem neutralen Element id_M (siehe den Anfang von 2.2.). Die Elemente von B bezeichnet man als *Permutationen* von M. Man verwendet häufig die „Zyklenschreibweise“. Dazu seien $\alpha, \beta, \gamma, \ldots, \delta, \sigma$ verschiedene Elemente von M. Als Zyklus

$(\alpha\beta\gamma\ldots\delta\sigma) : M \longrightarrow M$

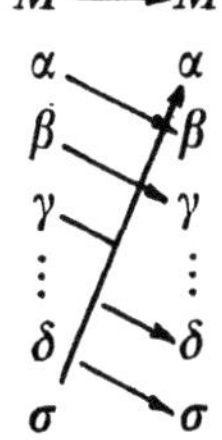

für jedes nicht aufgeführte Element:

$\tau \longrightarrow \tau$

$(\alpha\beta\gamma\ldots\delta\sigma)$ bezeichnet man die obenstehende Abbildung. Jedes Element, das unter

$$\alpha, \beta, \gamma, \ldots, \delta, \sigma$$

nicht vorkommt, wird also auf sich abgebildet, jedes Element, das vorkommt, wird auf das nächste, das letzte auf das erste abgebildet; die Elemente $\alpha, \beta, \gamma, \ldots, \delta, \sigma$ werden zyklisch vertauscht ((α) ist sinngemäß id_M, da das letzte Element, α, auf das erste, ebenfalls α, abgebildet wird). Ein solcher Zyklus ist ersichtlich eine bijektive Abbildung, also Element von B.

Es sei für unsere Zwecke speziell $M = \{\alpha, \beta, \gamma\}$. Dann ist insbesondere

$(\alpha\beta\gamma) : M \longrightarrow M$ $\qquad\qquad$ $(\alpha\gamma\beta) : M \longrightarrow M$

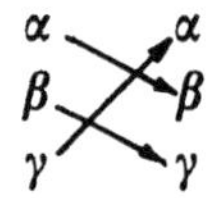

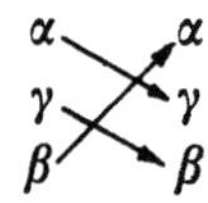

Man sieht sofort, daß $(\alpha\gamma\beta) \circ (\alpha\beta\gamma) = id_M$ ist. Setzt man also $u := (\alpha\beta\gamma)$, $v := (\alpha\gamma\beta)$, so ist $v \circ u = id_M$, also (da $(B, \circ)$ Gruppe ist) $v = u^{-1}$, $u = v^{-1}$. $C = \{id_M, u, v\}$ ist daher gegen „$\circ$" abgeschlossen, $(C, \circ)$ ist Halbgruppe. Da id_M neutrales Element ist, und jedes Element von C ein Inverses in C hat, ist $(C, \circ)$ Gruppe.

Es sei $A = \{e, a, b\}$. Dann ist die untenstehend definierte Abbildung offenbar

$$\begin{aligned} \mu:\ C &\to A \\ id_M &\to e \\ u &\to a \\ v &\to b \end{aligned}$$

bijektiv. Man kann nun eine Verknüpfung „$*$" auf A durch Übertragung der Verknüpfung „$\circ$" von C her definieren, indem man

$$x * y := \mu\big((\mu^{-1}(x) \circ \mu^{-1}(y))\big) \quad \text{für alle} \quad x, y \in A$$

setzt. Dann gilt für $z, w \in C$

$$\mu(z) * \mu(w) = \mu\big(\mu^{-1}(\mu(z)) \circ \mu^{-1}(\mu(w))\big) = \mu(z \circ w).$$

μ ist also Homomorphismus. Da μ bijektiv ist, ist μ Isomorphismus. Nach Satz 2.2.4. ($\mu(C) = A$!) ist $(A, *)$ Gruppe mit dem neutralen Element $\mu(id_M) = e$. Nach Beispiel 2.2.5. muß Fig. 2.2.3. die Tafel für die Verknüpfung „$*$" sein. Mit der dort angegebenen Verknüpfung „$*$" ist also in der Tat $(A, *)$ Gruppe. ●

Anmerkung 2.2.2. Bei der Konstruktion des Isomorphismus von $(C, \circ)$ auf $(A, *)$ in Beispiel 2.2.6. („$*$" durch Fig. 2.2.3. definiert) haben wir nur benutzt, daß C genau drei Elemente hat und $(C, \circ)$ Gruppe ist. (Als Bild des neutralen Elementes von C haben wir dann e gewählt.) Man erhält so zu jeder Gruppe mit drei Elementen einen Isomorphismus auf $(A, *)$. Das bedeutet:

Ist $A = \{e, a, b\}$ und „$*$" durch die Tafel in Fig. 2.2.3. definiert, so ist $(A, *)$ Gruppe. Jede Gruppe mit genau drei Elementen ist isomorph zu $(A, *)$. ●

Zwei weitere spezielle Elemente der Gruppe $(B, \circ)$ aus Beispiel 2.2.6. (mit $M = \{\alpha, \beta, \gamma\}$) sind die Abbildungen

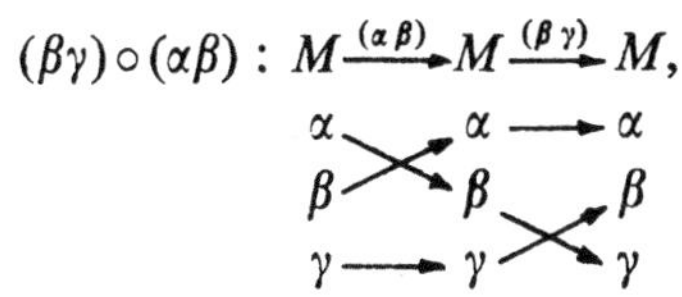

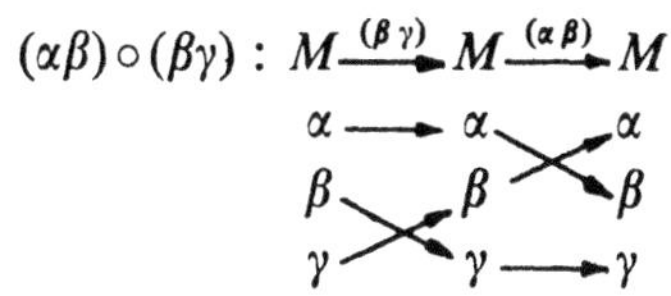

Ein Vergleich mit $(\alpha\beta\gamma)$ und $(\alpha\gamma\beta)$ (s.o.) zeigt

$$(\beta\gamma)\circ(\alpha\beta) = (\alpha\gamma\beta), \quad (\alpha\beta)\circ(\beta\gamma) = (\alpha\beta\gamma) \neq (\alpha\gamma\beta),$$

also

$$(\beta\gamma)\circ(\alpha\beta) \neq (\alpha\beta)\circ(\beta\gamma).$$

In diesem Zusammenhang verwendet man die

Definition 2.2.3. *Eine Verknüpfung „$*$“ auf einer Menge A wird als kommutativ bezeichnet, wenn für alle $x, y \in A$*

$$x * y = y * x$$

ist. Ist „$*$“ kommutativ, so bezeichnet man $(A, *)$ als kommutativ oder abelsch.

Kommutative Verknüpfungen nennt man „abelsch“ nach dem norwegischen Mathematiker N. H. Abel (1802—1829).

Hilfssatz 2.2.2. *μ sei Homomorphismus von $(A, *)$ in $(B, \wedge)$. Dann ist $\mu(A)$ gegen „$\wedge$“ abgeschlossen. Ist „$*$“ kommutativ, so ist auch $(\mu(A), \wedge)$ kommutativ, d.h., „$\wedge$“ ist auf $\mu(A)$ kommutativ.*

Beweis. Nach dem Beweis von Hilfssatz 2.1.2. ist $\mu(A)$ gegen „$\wedge$“ abgeschlossen. Sind $x, y \in \mu(A)$, so gibt es $u, v \in A$ mit $\mu(u) = x$, $\mu(v) = y$, also ist

$$x \wedge y = \mu(u) \wedge \mu(v) = \mu(u * v) = \mu(v * u) = \mu(v) \wedge \mu(u) = y \wedge x. \quad \bullet$$

Anmerkung 2.2.3. Ob eine Verknüpfung kommutativ ist, läßt sich leicht an der Tafel für die Verknüpfung ablesen, wenn man die Elemente in der Kopfspalte in gleicher Reihenfolge geschrieben hat wie in der Kopfzeile, denn

$$x * y = y * x \quad \text{für alle} \quad x, y \in A$$

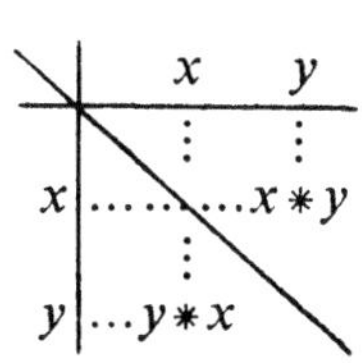

bedeutet offenbar, daß die Tafel symmetrisch bezüglich der Diagonale ist. Ein Blick auf Fig. 2.2.3. zeigt also, daß die in Beispiel 2.2.5. konstruierte Gruppe $(A, *)$ abelsch ist. Dagegen ist $(B, \circ)$ aus Beispiel 2.2.6. (mit $M=\{\alpha, \beta, \gamma\}$), wie gezeigt, nicht abelsch. ●

Hilfssatz 2.2.3. *$(A, *)$ sei Gruppe mit dem Einselement e, $U \subset A$. Die Aussagen*

(1) *U ist abgeschlossen gegen „$*$", $(U, *)$ ist Gruppe,*

(2) *$U \neq \emptyset$ und für alle $x, y \in U$ ist auch $x * y^{-1} \in U$*

sind äquivalent. Gilt (1) *und damit auch* (2), *so bezeichnet man $(U, *)$ als Untergruppe von $(A, *)$. e ist dann auch Einselement von $(U, *)$, für $x \in U$ ist x^{-1} auch Inverses zu x in $(U, *)$.*

Beweis. (1) ⇒ (2). Setzt man (1) voraus, so gibt es ein Einselement e_0 in $(U, *)$, also ist $U \neq \emptyset$. Aus $e_0 * e_0 = e_0 = e * e_0$ folgt aber nach den Kürzungsregeln (Satz 2.2.2.) $e_0 = e$, e ist daher Einselement von $(U, *)$. Zu $x \in U$ gibt es ein Inverses y in $(U, *)$. Aus $y * x = e = x^{-1} * x$ folgt wieder $y = x^{-1}$, d.h., $x^{-1} \in U$, x^{-1} ist Inverses zu x in $(U, *)$. Sind $x, y \in U$, so ist also $y^{-1} \in U$, und wegen der Abgeschlossenheit von U gegen „$*$" auch $x * y^{-1} \in U$.

(2) ⇒ (1). Setzt man (2) voraus, so gibt es ein $x_0 \in U$. Damit ist $e = x_0 * x_0^{-1} \in U$. Sind $x, y \in U$, so ist $y^{-1} = e * y^{-1} \in U$, also $x * y = x * (y^{-1})^{-1} \in U$. U ist also abgeschlossen gegen „$*$", $(U, *)$ Halbgruppe. Da $e \in U$ ist und zu jedem $x \in U$ auch $x^{-1} = e * x^{-1} \in U$ ist, ist $(U, *)$ Gruppe. ●

Anmerkung 2.2.4. Spezielle Bezeichnungen.

Eine Verknüpfung auf einer Menge A bezeichnet man oft einfach als *Multiplikation* und benutzt gern „$\cdot$" als Zeichen. Zur Vereinfachung der Schreibweise setzt man

$$xy := x \cdot y \quad \text{für} \quad x, y \in A,$$

solange dadurch keine Mißverständnisse entstehen können.

Statt „$(A, *)$ ist Halbgruppe, Gruppe, ..." sagt man einfacher „A ist Halbgruppe, Gruppe, ...", falls es dem Zusammenhang nach klar ist, welche Verknüpfung gemeint ist.

Für eine kommutative Verknüpfung verwendet man häufig „$+$" als Zeichen und spricht dann von *additiver Schreibweise.* Ist $(A, +)$ abelsche Gruppe, so bezeichnet man das neutrale Element mit 0. Für das Inverse zu einem Element $x \in A$ verwendet man *nicht mehr* die Bezeichnung x^{-1}, sondern setzt

$$-x := \text{das inverse Element zu } x \text{ bei „}+\text{"}$$

(nach Satz 2.2.1. ist also $-(-x)=x$) und schreibt kurz

$$x-y := x+(-y) \quad \text{für} \quad x, y \in A. \quad \bullet$$

Aufgabe 2.2.1. $(A, *)$ sei eine Gruppe, $x, y \in A$. Man zeige:

$$(xy)^{-1} = y^{-1} * x^{-1}.$$

(Für eine additiv geschriebene *abelsche* Gruppe $(A, +)$ bedeutet das:

$$-(x+y) = (-y)+(-x) = (-x)+(-y) = -x-y.) \quad \bullet$$

Aufgabe 2.2.2. $(A, *)$ sei eine Gruppe, $a, b, c \in A$. Ist die Gleichung

$$a * x * b = c$$

in A lösbar? ●

Aufgabe 2.2.3. Es sei $A = \{e, a, b, c\}$. Man zeige:

Es gibt nur vier verschiedene Möglichkeiten, auf A eine Verknüpfung so zu definieren, daß man eine Gruppe mit neutralem Element e erhält. (Hinweis: Man verfahre wie in Beispiel 2.2.5.) ●

Aufgabe 2.2.4. Es sei $A = \{e, a, b, c\}$. „$\cdot$", „$*$", „$\wedge$", „$\vee$" seien die vier Verknüpfungen auf A aus Aufgabe 2.2.3. Man zeige:

Eine dieser Verknüpfungen, etwa „$\cdot$", hat die Eigenschaft, daß $(A, \cdot)$ weder zu $(A, *)$ noch zu $(A, \wedge)$ noch zu $(A, \vee)$ isomorph ist. $(A, *)$, $(A, \wedge)$, $(A, \vee)$ sind (paarweise) isomorph. ●

Aufgabe 2.2.5. Man zeige, daß $(A, *)$, $(A, \wedge)$, $(A, \vee)$ und $(A, \cdot)$ aus Aufgabe 2.2.4. (bzw. 2.2.3.) abelsche Gruppen sind. (Anleitung: Man gehe wie in Beispiel 2.2.6. vor und verwende die Zyklen $(\alpha\beta)$, $(\gamma\delta)$ bzw. $(\alpha\beta\gamma\delta)$.) ●

Aufgabe 2.2.6. $(A, *)$ sei eine Halbgruppe mit einem Einselement e. Man zeige:

Zu einem Element $x \in A$ gibt es höchstens *ein* inverses Element (d.h. ein Element, das sowohl linksinvers als auch rechtsinvers zu x ist).

Kann es vorkommen, daß es zu einem Element $x \in A$ mehr als ein linksinverses Element gibt? ●

2.3. Ringe und Körper

X sei eine Menge. In den Beispielen 2.1.2. und 2.1.3. haben wir auf $\mathfrak{P}(X)$ zwei Verknüpfungen definiert, „$\cap$" und „$\cup$". Ist $X \neq \emptyset$, so sind sie verschieden, denn es ist $X \cap \emptyset = \emptyset$, aber $X \cup \emptyset = X$. $(\mathfrak{P}(X), \cap)$ und $(\mathfrak{P}(X), \cup)$ sind kommutative Halbgruppen. Die Verknüpfungen sind nicht unabhängig voneinander, nach Satz 1.2.2. gelten für $U, V, W \in \mathfrak{P}(X)$ die Distributivgesetze

$$U \cap (V \cup W) = (U \cap V) \cup (U \cap W), \quad U \cup (V \cap W) = (U \cup V) \cap (U \cup W).$$

Die Verhältnisse liegen also ähnlich wie beim elementaren Rechnen, wo Addition und Multiplikation auch über Distributivgesetze zusammenhängen. Der für uns wichtigste Fall einer Menge mit zwei Verknüpfungen ist der folgende.

Definition 2.3.1. „$+$“ und „$\cdot$“ *seien Verknüpfungen auf einer Menge R. Man bezeichnet das Tripel $(R, +, \cdot)$ als Ring, wenn die folgenden drei Bedingungen erfüllt sind:*

(1) $(R, +)$ *ist eine abelsche Gruppe;*

(2) $(R, \cdot)$ *ist eine Halbgruppe;*

(3) *Für alle $x, y, z \in R$ gelten die Distributivgesetze*

$$x \cdot (y+z) = (x \cdot y) + (x \cdot z), \quad (y+z) \cdot x = (y \cdot x) + (z \cdot x).$$

Anmerkung 2.3.1. Bei Ringen verwendet man für die erste Verknüpfung die additive Schreibweise (siehe Anmerkung 2.2.4.), das neutrale Element 0 von $(R, +)$ nennt man *Nullelement* des Ringes. Man benutzt meistens die abgekürzte Schreibweise $xy := x \cdot y$ für $x, y \in R$ und verabredet zur Klammerersparnis, daß „$\cdot$“ vor „$+$“ auszuführen ist, d.h.,

$$xy + z := (x \cdot y) + z \quad \text{für} \quad x, y, z \in R.$$

Ist aus dem Zusammenhang klar, welche Verknüpfungen gemeint sind, so schreibt man häufig einfach R statt $(R, +, \cdot)$. ●

Beispiel 2.3.1. $(R, +)$ sei abelsche Gruppe mit dem neutralen Element 0. Definiert man „$\cdot$“ durch

$$x \cdot y := 0 \quad \text{für alle} \quad x, y \in R,$$

so ist „$\cdot$“ offenbar assoziativ, da ja alle „Produkte“ 0 sind, $(R, \cdot)$ ist Halbgruppe. Aus demselben Grunde sind die Distributivgesetze trivialerweise erfüllt, d.h. $(R, +, \cdot)$ ist Ring. ●

Für den Nachweis, daß ein gegebenes Tripel $(R, +, \cdot)$ ein Ring ist, ist gelegentlich der folgende Hilfssatz nützlich.

Hilfssatz 2.3.1. *Ist $(R, +)$ abelsche Gruppe und $(R, \cdot)$ Halbgruppe, so kann man zu jedem $x \in R$ die Abbildungen*

$$\lambda_x : R \to R \quad \textit{durch} \quad \lambda_x(y) := x \cdot y \quad \textit{für alle} \quad y \in R,$$

$$\varrho_x : R \to R \quad \textit{durch} \quad \varrho_x(y) := y \cdot x \quad \textit{für alle} \quad y \in R$$

definieren. Die Distributivgesetze (3) *Definition 2.3.1. gelten genau dann (d.h.,* $(R, +, \cdot)$ *ist genau dann Ring), wenn* λ_x *und* ϱ_x *für jedes* $x \in R$ *Homomorphismen von* $(R, +)$ *in* $(R, +)$ *sind.*

Beweis. Setzt man die Definition von λ_x und ϱ_x ein, so sieht man, daß für alle $x, y, z \in R$ gilt

$$x\cdot(y+z) = x\cdot y + x\cdot z, \quad \Leftrightarrow \quad \lambda_x(y+z) = \lambda_x(y)+\lambda_x(z),$$

$$(y+z)\cdot x = y\cdot x + z\cdot x, \quad \Leftrightarrow \quad \varrho_x(y+z) = \varrho_x(y)+\varrho_x(z). \quad \bullet$$

Der Zusammenhang von „+" und „·" bei einem Ring $(R, +, \cdot)$ über die Distributivgesetze hat eine Reihe von Rechenregeln zur Folge.

Satz 2.3.1. $(R, +, \cdot)$ *sei ein Ring,* 0 *das Nullelement. Dann ist*

$$x\cdot 0 = 0\cdot x = 0 \quad \textit{für alle} \quad x \in R.$$

Für alle $x, y \in R$ *gilt*

$$(-x)y = x(-y) = -(xy), \quad (-x)(-y) = xy, \quad -(x+y) = -x-y.$$

Beweis. Die Distributivgesetze liefern für jedes $x \in R$

$$0x+0x = (0+0)x = 0x, \quad x0+x0 = x(0+0) = x0.$$

Da $(R, +)$ Gruppe ist, ergeben die Kürzungsregeln (Satz 2.2.2.) wegen

$$0x+0 = 0x, \quad x0+0 = x0$$

gerade $0x = 0$ und $x0 = 0$.

Die Distributivgesetze liefern für $x, y \in R$

$$xy+(-x)y = (x-x)y = 0y = 0, \quad xy+x(-y) = x(y-y) = x0 = 0,$$

$(-x)y$ und $x(-y)$ sind also rechtsinvers zu xy für „+" und damit beide gleich $-(xy)$. Damit ist $\big(-(-z) = z$, siehe Anmerkung 2.2.4.$\big)$

$$(-x)(-y) = -\big(x(-y)\big) = -\big(-(xy)\big) = xy.$$

Wegen der Kommutativität und Assoziativität der Addition ist

$$(x+y)-x-y = \big((x+y)-y\big)-x = (x+y-y)-x = (x+0)-x = x-x = 0,$$

also $-x-y = -(x+y)$. $\bullet$

Anmerkung 2.3.2. Will man zu einem Ring $(R, +, \cdot)$ die Tafeln für „+" und „·" angeben, so kann man aus der Tafel für „·" die Zeile und die Spalte für 0 weglassen, da ja nach Satz 2.3.1. für alle $x \in R$ sowieso $x\cdot 0 = 0\cdot x = 0$ festliegt. $\bullet$

Beispiel 2.3.2. Es sei $K = \{0, e, a\}$. Nach Beispiel 2.2.5. (dort steht e, a, b an Stelle von 0, e, a; A an Stelle von K) und Beispiel 2.2.6. gibt es genau eine Verknüpfung auf K, wir wollen sie hier mit „+" bezeichnen, für die $(K, +)$ eine Gruppe mit neutralem Element 0 wird. Die Tafel für „+" erhält man aus Fig. 2.2.3. durch Umänderung der Bezeichnung. Die Tafel ist symmetrisch bezüglich der Diagonale, also ist „+" kommutativ.

$+$	0	e	a
0	0	e	a
e	e	a	0
a	a	0	e

„·" definieren wir, wie untenstehend angegeben, durch eine Tafel für $x \cdot y$ für $x, y \in K$, $x \neq 0$, $y \neq 0$, und $x \cdot y = 0$ sonst. $\{e, a\}$ ist offenbar gegen „·" abgeschlossen,

$\cdot$	e	a
e	e	a
a	a	e

$0 \cdot x = x \cdot 0 = 0$
für alle $x \in K$

$(\{e, a\}, \cdot)$ ist nach Beispiel 2.2.2. Gruppe. Für $x, y, z \in K$ gilt

$$x \cdot (y \cdot z) = (x \cdot y) \cdot z$$

trivialerweise, falls eines der Elemente 0 ist (dann steht auf beiden Seiten 0) und andernfalls, da dann $x, y, z \in \{e, a\}$ sind, weil $(\{e, a\}, \cdot)$ Gruppe ist. $(K, \cdot)$ ist also Halbgruppe und sogar kommutativ.

Zum Beweis der Distributivgesetze verwenden wir Hilfssatz 2.3.1. Es sei $x \in K$. Dann gilt (da „·" kommutativ ist)

$$\lambda_x(y) = x \cdot y = y \cdot x = \varrho_x(y) \quad \text{für alle} \quad y \in K, \quad \text{also} \quad \lambda_x = \varrho_x.$$

Man braucht also nur noch zu zeigen, daß alle λ_x Homomorphismen von $(K, +)$ in $(K, +)$ sind. Das ist für λ_0, λ_e wegen

$$\lambda_0(y) = 0 \cdot y = 0 \quad \text{für alle } y \in K,$$

$$\lambda_e(y) = e \cdot y = y \quad \text{für alle} \quad y \in K, \quad \text{also} \quad \lambda_e = id_K,$$

trivial. Für λ_a schreibt man an Stelle jedes Elementes y der Tafel für „·" $\lambda_a(y) = a \cdot y$ und erhält die untenstehende Tafel, die durch Vertauschung der Zeilen für e und a

	$\lambda_a(y)$
	$\vdots$
$\lambda_a(z)$	$\ldots \lambda_a(z+y)$

$+$	0	a	e
0	0	a	e
a	a	e	0
e	e	0	a

und der Spalten für e und a in die Tafel für „+" übergeht. Es gilt daher

$$\lambda_a(z+y) = \lambda_a(z)+\lambda_a(y).$$

λ_a ist ebenfalls Homomorphismus, was zu zeigen war. $(K, +)$ ist also ein Ring. ●

Im letzten Beispiel ist „·" kommutativ, und $(R, \cdot)$ hat ein Einselement. Da bei einem Ring $(R, +, \cdot)$ die Addition „+" sowieso als kommutativ vorausgesetzt ist, verwendet man die

Definition 2.3.2. *Ein Ring $(R, +, \cdot)$ wird als kommutativ bezeichnet, wenn „·" kommutativ ist.*

Ist $R \neq \{0\}$ und hat $(R, \cdot)$ ein Einselement e, so bezeichnet man e als Einselement des Ringes.

Anmerkung 2.3.3. Ist $(R, +, \cdot)$ ein Ring mit Einselement e, so ist $e \neq 0$, denn es gibt ein $a \in R$, $a \neq 0$ (wegen $R \neq \{0\}$), und es ist $e \cdot a = a \neq 0$.

Ist $(R, +, \cdot)$ ein Ring, $R \neq \{0\}$, und für ein $e \in R$ $ex = xe = x$ für alle $x \in R$, $x \neq 0$, so ist e Einselement von R, da sowieso $0 \cdot e = e \cdot 0 = 0$ ist. ●

Ist $(R, +, \cdot)$ ein Ring mit dem Nullelement 0 und ist $R \neq \{0\}$, d.h., enthält R außer 0 noch mindestens ein weiteres Element, so kann $(R, \cdot)$ nicht Gruppe sein, da $x \cdot 0 = 0$ für alle $x \in R$ ist, die Gleichung $x \cdot 0 = 0$ in einer Gruppe aber nur eine Lösung haben dürfte (Satz 2.2.2.). In Beispiel 2.3.2. ist aber $K^\times := \{x \mid x \in K,\ x \neq 0\} = \{e, a\}$ gegen „·" abgeschlossen, und $(K^\times, \cdot)$ ist Gruppe. Das führt auf

Definition 2.3.3. *Ein Ring $(R, +, \cdot)$ mit Nullelement 0 heißt Divisionsring (oder auch Schiefkörper), wenn $R^\times := \{x \mid x \in R, x \neq 0\}$ gegen „·" abgeschlossen und $(R^\times, \cdot)$ Gruppe ist. Einen kommutativen Divisionsring nennt man Körper.*

Anmerkung 2.3.4. Ist $(R, +, \cdot)$ Divisionsring, so ist das Einselement von $(R^\times, \cdot)$ nach Anmerkung 2.3.3. Einselement von $(R, +, \cdot)$. ●

Die Bezeichnung „Schiefkörper" kommt daher, daß man ursprünglich vom „Körper" als Grundbegriff ausging. $(K, +, \cdot)$ aus Beispiel 2.3.2. ist also ein Körper.

Hilfssatz 2.3.2. *Ein Ring $(R, +, \cdot)$ mit dem Nullelement 0 ist genau dann Divisionsring, wenn für alle $a \in R$, $a \neq 0$, und jedes $b \in R$ die Gleichungen*

$$ax = b \quad \text{und} \quad ya = b$$

in R lösbar sind.

Beweis. Wegen $a \cdot 0 = 0 \cdot a = 0$ sind die Gleichungen für $b = 0$ immer lösbar. Ist $(R, +, \cdot)$ Divisionsring, so ist $R^\times = \{x \mid x \in R,\ x \neq 0\}$ gegen „·" abgeschlossen, und

$(R^\times, \cdot)$ ist Gruppe; für $b \in R, b \neq 0$, sind $a, b \in R^\times$, die Gleichungen sind nach Satz 2.2.2. sogar in $R^\times$ lösbar.

Sind die Gleichungen für $a \in R$, $a \neq 0$, und $b \in R$ lösbar, so zeigt man

$$c \neq 0, a \neq 0 \;\Rightarrow\; ca \neq 0 \quad \text{für alle} \quad a, c \in R,$$

d.h., $R^\times$ ist gegen „·" abgeschlossen. Wäre diese Aussage nämlich falsch, so gäbe es zwei Elemente $c, a \in R$, $c \neq 0$, $a \neq 0$, mit $ca = 0$. Nach Voraussetzung gibt es ein x mit $cx = c$ und ein y mit $ay = x$. Das liefert

$$cay = 0 \cdot y = 0, \quad cay = cx = c, \quad \text{also} \quad c = 0.$$

Diese Aussage ist aber falsch, denn wir waren ja von einem $c \neq 0$ ausgegangen. Damit ist die Abgeschlossenheit von $R^\times$ gegen „·" durch einen Widerspruchsbeweis (siehe 1.1.) gezeigt. Da die Lösungen von $ax = b$ und $ya = b$ für $b \neq 0$ in $R^\times$ liegen müssen, ist $(R^\times, \cdot)$ nach Satz 2.2.3. Gruppe. ●

Homomorphismen definiert man analog wie bei Halbgruppen.

Definition 2.3.5. *Eine Abbildung $\mu: A \to B$ heißt Homomorphismus von $(A, +, \cdot)$ in $(B, \wedge, *)$, wenn μ Homomorphismus von $(A, +)$ in $(B, \wedge)$ und von $(A, \cdot)$ in $(B, *)$ ist. Ein Homomorphismus μ heißt Epimorphismus bzw. Monomorphismus bzw. Isomorphismus, wenn μ surjektiv bzw. injektiv bzw. bijektiv ist.*

Satz 2.3.2. *μ sei Homomorphismus von $(R, +, \cdot)$ in $(B, \wedge, *)$.*

Ist $(R, +, \cdot)$ ein Ring, so ist $\mu(R)$ gegen „$\wedge$" und „$*$" abgeschlossen, und $(\mu(R), \wedge, *)$ ist Ring mit dem Nullelement $\mu(0)$.

Ist $(R, +, \cdot)$ Divisionsring bzw. Körper, so ist entweder $\mu(R) = \{\mu(0)\}$, oder $(\mu(R), \wedge, *)$ ist Divisionsring bzw. Körper, und μ ist Monomorphismus.

Beweis. Ist $(R, +, \cdot)$ Ring, so ist $(R, +)$ abelsche Gruppe, $(R, \cdot)$ Halbgruppe. Nach Satz 2.2.4. ist $\mu(R)$ gegen „$\wedge$" abgeschlossen und $(\mu(R), \wedge)$ eine Gruppe mit neutralem Element $\mu(0)$, die nach Hilfssatz 2.2.2. abelsch ist. Nach Hilfssatz 2.1.2. ist $\mu(R)$ gegen „$*$" abgeschlossen und $(\mu(R), *)$ Halbgruppe. Zur Kontrolle der Distributivgesetze seien $x, y, z \in \mu(R)$. Dann gibt es $u, v, w \in R$ mit $\mu(u) = x$, $\mu(v) = y$, $\mu(w) = z$. Damit ist

$$\begin{aligned} x*(y \wedge z) &= \mu(u)*(\mu(v) \wedge \mu(w)) = \mu(u)*\mu(v+w) = \mu(u(v+w)) \\ &= \mu(uv+uw) = \mu(uv) \wedge \mu(uw) = (\mu(u)*\mu(v)) \wedge (\mu(u)*\mu(w)) \\ &= (x*y) \wedge (x*z). \end{aligned}$$

Entsprechend kontrolliert man das zweite Distributivgesetz.

Ist $(R, +, \cdot)$ Divisionsring mit dem Einselement e und ist $\mu(e)=\mu(0)$, so ist, da $\mu(0)$ Nullelement von $(\mu(R), \wedge, *)$ ist,

$$\mu(x) = \mu(ex) = \mu(e)*\mu(x) = \mu(0)*\mu(x) = \mu(0) \quad \text{für alle} \quad x \in R,$$

also $\mu(R)=\{\mu(0)\}$. Anderenfalls ist also $\mu(e) \neq \mu(0)$.

Sind dann $a, b \in \mu(R)$, $a \neq \mu(0)$, so gibt es $v, w \in R$ mit $\mu(v)=a$, $\mu(w)=b$, $v \neq 0$. Nach Hilfssatz 2.3.2. gibt es $x, y \in R$ mit $vx=w$, $yv=w$, also

$$a*\mu(x) = \mu(v)*\mu(x) = \mu(vx) = \mu(w) = b, \quad \mu(y)*a = \mu(yv) = b.$$

$(\mu(R), \wedge, *)$ ist daher nach Hilfssatz 2.3.2. Divisionsring.

Ist $z \in R$, $z \neq 0$, so gibt es, da $(R^\times, \cdot)$ Gruppe ist, ein z^{-1} in R mit $zz^{-1}=e$, also $\mu(z)*\mu(z^{-1}) = \mu(e) \neq \mu(0)$. Dann ist aber $\mu(z) \neq \mu(0)$. Sind also $x, y \in R$, $x \neq y$, so ist

$$z = x-y \neq 0, \quad \text{also} \quad \mu(y) \wedge \mu(z) = \mu(y+z) = \mu(x),$$

und daher wegen $\mu(z) \neq \mu(0)$ auch $\mu(y) \neq \mu(x)$. μ ist also injektiv, d.h. Monomorphismus.

Ist „$\cdot$" kommutativ, so ist nach Hilfssatz 2.2.2. auch $(\mu(R), *)$ kommutativ. ●

Satz 2.3.3. $(K, +, \cdot)$ *sei Divisionsring oder Körper,* 0 *das Nullelement,* e *das Einselement.* K *enthält mindestens zwei Elemente. Bezeichnet man für jedes* $x \in K$, $x \neq 0$, *das Inverse bez. „$\cdot$" mit* x^{-1}, *so gilt für alle* $a, b, c \in K$

$$a \cdot b = 0 \;\Rightarrow\; a = 0 \text{ oder } b=0, \qquad ab=ac \text{ und } a \neq 0 \;\Rightarrow\; b=c.$$

Ist $a \neq 0$, *so gilt*

$$-a \neq 0, \quad (-a)^{-1} = -(a^{-1}).$$

Beweis. Nach Anmerkung 2.3.3. ist $e \neq 0$, K enthält also mindestens zwei Elemente.

Ist „$a=0$ oder $b=0$" falsch, also sowohl $a \neq 0$ als auch $b \neq 0$, so ist $ab \neq 0$, da $K^\times$ gegen „$\cdot$" abgeschlossen ist, d.h., „$ab=0$" ist falsch. Das ist ein indirekter Beweis (siehe 1.1.) für

$$ab=0 \;\Rightarrow\; a=0 \text{ oder } b=0.$$

Ist $a \neq 0$ und $ab=ac$, so kann man a^{-1} benutzen; es gilt

$$a^{-1}ab=a^{-1}ac, \quad a^{-1}ab=eb=b, \quad a^{-1}ac=ec=c,$$

also $b=c$.

Wegen $a+(-a) = 0$ kann nicht $a \neq 0$, $-a=0$ sein. Nach Satz 2.3.1. ist $(-x)(-y)=xy$, also

$$(-(a^{-1}))(-a)=a^{-1}a=e, \quad \text{d.h.} \quad -(a^{-1})=(-a)^{-1}. \quad ●$$

Über Satz 2.3.3. hinaus kann man im kommutativen Fall, also für Körper, in der üblichen Weise Brüche definieren und die Regeln der Bruchrechnung herleiten.

Satz 2.3.4. $(K, +, \cdot)$ *sei Körper mit dem Nullelement* 0 *und dem Einselement* e. *Wegen der Kommutativität der Multiplikation kann man*

$$\frac{a}{c} := c^{-1}a = ac^{-1} \quad \textit{für alle} \quad a, c \in K, \; c \neq 0,$$

definieren. Für $a, b, c, d \in K$, $c \neq 0$, $d \neq 0$, *gelten die folgenden Rechenregeln der Bruchrechnung:*

$$\frac{a}{c} = 0 \Leftrightarrow a = 0, \qquad \frac{a}{c} = e \Rightarrow a = c,$$

$$\frac{a}{c} = \frac{b}{d} \Leftrightarrow ad = bc, \qquad \frac{-a}{c} = \frac{a}{-c} = -\frac{a}{c},$$

$$\left(\frac{d}{c}\right)^{-1} = \frac{c}{d}, \quad \frac{e}{c} = c^{-1}, \qquad \frac{a}{e} = a,$$

$$\frac{a}{c} + \frac{b}{d} = \frac{ad+bc}{cd}, \qquad \frac{a}{c} \cdot \frac{b}{d} = \frac{ab}{cd}.$$

Beweis. Der Beweis dieses Satzes ist elementar und ergibt sich unmittelbar, wenn man auf die Brüche die Definition anwendet, also $\frac{a}{c}$ wieder durch ac^{-1}, $\frac{b}{d}$ durch bd^{-1} etc. ersetzt, und ausnutzt, daß „·" kommutativ ist. Die Einzelheiten seien dem Leser überlassen (man beachte, daß $(ac)^{-1} = c^{-1}a^{-1}$, $e^{-1} = e$ ist, wie man sofort verifiziert!). ●

Analog zu Satz 2.1.2. gilt

Satz 2.3.5. *Entsprechend Satz 2.1.2. definiert man*

$(A, +, \cdot) \cong (B, \wedge, *) :\Leftrightarrow$ *Es gibt einen Isomorphismus* μ *von* $(A, +, \cdot)$ *auf* $(B, \wedge, *)$.

Es gilt:

(1) $(A, +, \cdot) \cong (A, +, \cdot)$,

(2) $(A, +, \cdot) \cong (B, \wedge, *) \Leftrightarrow (B, \wedge, *) \cong (A, +, \cdot)$,

(3) $(A, +, \cdot) \cong (B, \wedge, *)$ *und* $(B, \wedge, *) \cong (C, \vee, \circ) \Leftrightarrow (A, +, \cdot) \cong (C, \vee, \circ)$.

Beweis. Der Beweis ist trivial, wenn man Definition 2.3.5. beachtet. ●

Aufgabe 2.3.1. „$\wedge$" und „$\cdot$" seien Verknüpfungen auf R mit folgenden Eigenschaften:

(1) $(R, \wedge)$ ist Gruppe mit neutralem Element 0;

(2) $(R, \cdot)$ ist Halbgruppe, $R^{\times} := \{x | x \in R$ und $x \neq 0\}$ ist abgeschlossen gegen „$\cdot$", $(R^{\times}, \cdot)$ ist Gruppe;

(3) Für alle $x, y, z \in R$ gelten die beiden Distributivgesetze

$$x \cdot (y \wedge z) = x \cdot y \wedge x \cdot z, \quad (y \wedge z) \cdot x = y \cdot x \wedge z \cdot x.$$

Man zeige, daß $(R, \wedge, \cdot)$ Divisionsring ist. ●

Aufgabe 2.3.2. Man zeige, daß es einen Körper mit genau zwei Elementen gibt (Anleitung: Man setze $K = \{0, e\}$ und überlege sich, wie die Tafeln für „$+$" und „$\cdot$" aussehen müssen). ●

3. Ordnungsrelationen

In 3.1. werden die Begriffe untersucht, die im Zusammenhang mit Anordnungen einer Menge auftreten, wie „größtes Element", „kleinstes Element" usw. 3.2. behandelt das Rechnen mit Ungleichungen. Es sei darauf hingewiesen, daß Ungleichungen sehr häufig auftreten und daß daher die Einübung der für sie geltenden Rechenregeln wichtig ist.

3.1. Geordnete Mengen

Spezielle Anordnungen von Elementen einer Menge kommen in der Mathematik und in den Anwendungen in der verschiedensten Form vor. So legt man unter Umständen eine Reihenfolge fest, gibt also für x und y jeweils an, ob „x vor y steht", d.h., ob bei dieser Reihenfolge zuerst x und erst später y auftritt. Steht x vor y und y vor z, so wird man im allgemeinen erwarten, daß dann auch x vor z steht. Ein anderes Beispiel einer Anordnung einer Menge ist der Vergleich von Ortschaften bezüglich ihrer Höhenlage (gemessen in m über dem Meeresspiegel). Benutzt man ein besonderes Zeichen, etwa

$$x \lhd y \quad :\Leftrightarrow \quad x \text{ liegt tiefer als } y,$$

so gilt auch hier

$$x \lhd y \text{ und } y \lhd z \quad \Rightarrow \quad x \lhd z.$$

Es kann aber durchaus vorkommen, daß weder $x \lhd y$ noch $y \lhd x$ ist, nämlich, wenn x und y gleichhoch liegen. Diese „Ordnung" ist nicht „vollständig". In vielen Fällen ist es zweckmäßiger, einen etwas schwächeren Vergleich zu verwenden, in unserem Beispiel etwa

$$x \prec y \quad :\Leftrightarrow \quad x \text{ liegt höchstens so hoch wie } y.$$

Offenbar gilt

$$x \lhd y \quad \Rightarrow \quad x \prec y.$$

Jetzt hat man

(1) $x \prec x$ (2) $x \prec y$ und $y \prec z \Rightarrow x \prec z$.

Ein Beispiel aus der Mathematik ist das folgende:
X sei eine Menge, $A = \mathfrak{P}(X)$. Vergleicht man die Elemente von A bez. „$\subset$" ($U \subset V$

ließe sich etwa durch „U ist höchstens so umfassend wie V" ausdrücken), so gilt für $U, V, W \in A$ nach Satz 1.2.1.

(1) $U \subset U$, (2) $U \subset V$ und $V \subset W \Rightarrow U \subset W$,

und darüberhinaus

(3) $U \subset V$ und $V \subset U \Rightarrow U = V$.

Die Feststellung, wann $x \prec y$ (oder $U \subset V$) ist, bedeutet natürlich die Angabe aller Paare (x, y) mit $x \prec y$ (oder aller (U, V) mit $U \subset V$ für $U, V \in A$), d.h. die Angabe einer Menge von Paaren, also einer Relation (siehe Definition 1.3.2.). Das führt zu der

Definition 3.1.1. *A sei eine Menge, T eine Relation mit dem Zeichen „$\prec$" (siehe Definition 1.3.2.). A heißt durch „$\prec$" (teilweise) geordnet, wenn für alle $x, y, z \in A$ gilt:*

(1) $x \prec x$;

(2) $x \prec y$ *und* $y \prec z \Rightarrow x \prec z$;

(3) $x \prec y$ *und* $y \prec x \Rightarrow x = y$.

Gilt nur (1) *und* (2), *so heißt A durch „$\prec$" schwach geordnet. Gilt zusätzlich zu* (1), (2), (3) *auch*

(4) $x, y \in A \Rightarrow x \prec y$ *oder* $y \prec x$,

so heißt A vollständig (oder linear) geordnet.

Die Bezeichnung „linear geordnet" kommt daher, daß von drei Elementen x, y, z einer vollständig geordneten Menge wie bei Punkten auf einer geraden Linie stets eines „zwischen" den beiden anderen liegt. Es ist nämlich $x \prec y$ oder $y \prec x$; es sei $x \prec y$. Dann gilt

$$z \prec x \Rightarrow z \prec x \prec y, \qquad y \prec z \Rightarrow x \prec y \prec z.$$

Ist aber weder $z \prec x$ noch $y \prec z$, so ist

$$x \prec z \quad \text{und} \quad z \prec y, \quad \text{also} \quad x \prec z \prec y.$$

Beispiel 3.1.1. X sei eine Menge, $A = \mathfrak{P}(X)$. Nach Satz 1.2.1. sind dann, wie schon erläutert, für „$\subset$" die Bedingungen (1), (2), (3) aus Definition 3.1.1. erfüllt, $\mathfrak{P}(X)$ ist durch „$\subset$" teilweise geordnet. Enthält X mehr als ein Element, so ist $\mathfrak{P}(X)$ durch „$\subset$" nicht vollständig geordnet, denn sind $x, y \in X$, $x \neq y$, so gilt weder $\{x\} \subset \{y\}$ noch $\{y\} \subset \{x\}$. ●

Häufig ist es bequem, $V \supset U$ an Stelle von $U \subset V$ zu schreiben. Es gilt

Hilfssatz 3.1.1. *T sei eine Relation mit dem Zeichen „$\prec$“. Für T^{-1} verwendet man das Zeichen „$\succ$“. Ist A durch „$\prec$“ teilweise bzw. vollständig geordnet, so ist A auch durch „$\succ$“ teilweise bzw. vollständig geordnet. Für alle $x, y \in A$ gilt*

$$x \succ y \quad \Leftrightarrow \quad y \prec x.$$

Beweis. Für $x, y \in A$ gilt offenbar

$$x \succ y \quad \Leftrightarrow \quad (x, y) \in T^{-1} \quad \Leftrightarrow \quad (y, x) \in T \quad \Leftrightarrow \quad y \prec x.$$

Schreibt man (1), (2), (3) auf „$\succ$“ um, so ergibt sich unmittelbar, daß A auch durch „$\succ$“ teilweise geordnet ist. ●

Hilfssatz 3.1.2. *Ist A durch „$\prec$“ teilweise bzw. vollständig geordnet, so ist auch jede Teilmenge B von A durch „$\prec$“ teilweise bzw. vollständig geordnet.*

Beweis. Sind die Bedingungen (1), (2), (3) und gegebenenfalls (4) für alle $x, y, z \in A$ erfüllt, so natürlich auch für alle $x, y, z \in B \subset A$. ●

Beispiel 3.1.2. Es sei $X = \{\alpha, \beta, \gamma\}$, $\mathfrak{A} = \mathfrak{P}(X)$. Dann ist nach Beispiel 3.1.1. $\mathfrak{A}$ unter „$\subset$“ teilweise, aber nicht vollständig geordnet. Man kann die Ordnung graphisch darstellen, indem man alle Elemente von $\mathfrak{A}$ aufschreibt und U und V durch einen Pfeil verbindet, $U \to V$, wenn $U \subset V$ ist ($U \subset V$ ist gleichbedeutend damit, daß man durch $f(x) := x$ auf triviale Weise eine injektive Abbildung $f\colon U \to V$ definieren kann, die man als Einbettung von U in V bezeichnet).

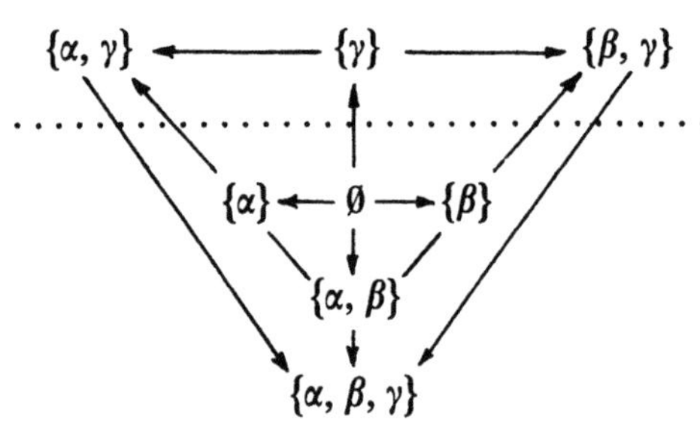

Um die Zeichnung übersichtlicher zu gestalten, ist an einigen Stellen der Pfeil in $U \to W$ weggelassen, wenn $U \to V$ und $V \to W$ vorkommen, da man aus $U \to V$ und $V \to W$ ja $U \to W$ erschließen kann. Man sieht sofort, daß $\mathfrak{A}$ Teilmengen enthält, die vollständig geordnet sind, z. B. $\{\{\alpha\}, \{\alpha, \beta\}, \{\alpha, \beta, \gamma\}\}$. Es sei $\mathfrak{B} = \{\{\alpha, \gamma\}, \{\gamma\}, \{\beta, \gamma\}\}$. $\mathfrak{B}$ enthalte also gerade die Elemente, die in der Zeichnung oberhalb der punktierten Linie liegen. Zu $\{\alpha, \gamma\}$ gibt es in $\mathfrak{B}$ kein „größeres“ Element, d.h. kein $V \neq \{\alpha, \gamma\}$ mit $\{\alpha, \gamma\} \subset V$. Man kann aber $\{\alpha, \gamma\}$ nicht als *größtes* Element von $\mathfrak{B}$ bezeichnen, denn es gilt ja keineswegs $U \subset \{\alpha, \gamma\}$ für jedes $U \in \mathfrak{B}$. Insbesondere ist $\{\beta, \gamma\} \not\subset \{\alpha, \gamma\}$.

Auch zu $\{\beta, \gamma\}$ gibt es kein $V \neq \{\beta, \gamma\}$ mit $\{\beta, \gamma\} \subset V$ in $\mathfrak{B}$. Man verwendet daher die Bezeichnung „maximal“ und nennt $\{\beta, \gamma\}$ und $\{\alpha, \gamma\}$ *maximale Elemente* von $\mathfrak{B}$. Dagegen ist $\{\gamma\} \subset U$ für *alle* $U \in \mathfrak{B}$. Man nennt $\{\gamma\}$ *kleinstes Element* von $\mathfrak{B}$. Analog verwendet man natürlich die Bezeichnungen *minimal* und *größtes Element*. Da keines der $V \in \mathfrak{B}$ die Eigenschaft

$$U \subset V \quad \text{für alle} \quad U \in \mathfrak{B}$$

hat, hat $\mathfrak{B}$ kein größtes Element. $\{\alpha, \beta, \gamma\}$ „umfaßt“ jedes Element von $\mathfrak{B}$, d.h., für alle $U \in \mathfrak{B}$ ist $U \subset \{\alpha, \beta, \gamma\}$. Man nennt $\{\alpha, \beta, \gamma\}$ *obere Schranke* für $\mathfrak{B}$. Analog sind $\emptyset$ und $\{\gamma\}$ *untere Schranken* für $\mathfrak{B}$. ●

Definition 3.1.2. *A sei durch „$\prec$“ teilweise geordnet, $B \subset A$. Ein Element $t \in A$ heißt obere Schranke von B, wenn gilt*

$$x \prec t \quad \textit{für alle} \quad x \in B.$$

Ein Element $t \in B$ heißt maximales Element von B, wenn gilt

$$x \in B \textit{ und } t \prec x \quad \Rightarrow \quad x = t,$$

und größtes Element von B, wenn gilt

$$x \prec t \quad \textit{für alle} \quad x \in B.$$

Entsprechend definiert man für $s \in A$:

s untere Schranke von B $:\Leftrightarrow$ $s \prec x$ für alle $x \in B$;

s minimales Element von B $:\Leftrightarrow$ $s \in B$ und ($x \in B$ und $x \prec s$ $\Rightarrow$ $x = s$);

s kleinstes Element von B $:\Leftrightarrow$ $s \in B$ und $s \prec x$ für alle $x \in B$.

Anmerkung zur Bezeichnung. Die Terminologie orientiert sich an den Verhältnissen beim Vergleich von Mengen (Beispiel 3.1.2.). Ist A durch „$\prec$“ teilweise geordnet, $x, y \in A$ und

$$x \prec y,$$

so wird man x als „kleiner oder gleich“ y bezeichnen („echt kleiner“, wenn $x \neq y$ ist), und entsprechend y als „größer oder gleich“ x („echt größer“, wenn $y \neq x$ ist). Der Passus „oder gleich“ ist dadurch gerechtfertigt, daß $x \prec x$ gilt. ●

A sei durch „$\prec$“ teilweise geordnet, $B \subset A$. Nach Beispiel 3.1.2. braucht ein maximales Element von B keineswegs größtes Element von B zu sein. Es kann vorkommen, daß B maximale Elemente enthält, aber kein größtes Element. Eine obere Schranke t von B hat die charakteristische Eigenschaft „$x \prec t$ für alle $x \in B$“ eines größten Elementes, ist aber $t \notin B$, so kann t natürlich nicht größtes Element von B sein. Es gilt jedoch

Hilfssatz 3.1.3. *A sei durch „$\prec$“ teilweise geordnet, $B \subset A$. Für jedes $t \in A$ gilt:*

$$t \text{ obere Schranke für } B \text{ und } t \in B \;\Leftrightarrow\; t \text{ größtes Element von } B.$$

$$t \text{ größtes Element von } B \;\Rightarrow\; t \text{ maximales Element von } B.$$

In B gibt es höchstens ein größtes Element. Ist also t größtes Element von B, so nennt man es das *größte Element von B und bezeichnet es mit* max *B.*

Jedes Element $t \in A$ ist obere Schranke für $\emptyset$.

Beweis. Es sei $t \in A$. t ist genau dann größtes Element von B, wenn

$$t \in B \quad \text{und} \quad x \prec t \quad \text{für alle } x \in B$$

gilt. Die zweite Bedingung ist aber gerade die Bedingung „t obere Schranke für B“.

Ist t größtes Element von B, so ist zunächst einmal $t \in B$. Außerdem ist $x \prec t$ für jedes $x \in B$. Ist also $x \in B$ und $t \prec x$, so hat man

$$x \prec t \quad \text{und} \quad t \prec x, \quad \text{also} \quad x = t$$

wegen der Bedingung (3) in Definition 3.1.1. t ist also maximal in B.

Sind t, u größte Elemente von B, so gilt wegen $t \in B$ nach Definition 3.1.2. $t \prec u$ und wegen $u \in B$ entsprechend $u \prec t$. Beides zusammen gibt $t = u$ nach (3) Definition 3.1.1.

Da $x \in \emptyset$ immer falsch ist, gilt

$$x \in \emptyset \;\Rightarrow\; x \prec t,$$

d.h., es ist $x \prec t$ für alle $x \in \emptyset$. t ist also obere Schranke von $\emptyset$. ●

Entsprechend gilt

Hilfssatz 3.1.4. *A sei durch „$\prec$“ teilweise geordnet, $B \subset A$. Für jedes $s \in A$ gilt:*

$$s \text{ untere Schranke für } B \text{ und } s \in B \;\Leftrightarrow\; s \text{ kleinstes Element von } B;$$

$$s \text{ kleinstes Element von } B \;\Rightarrow\; s \text{ minimales Element von } B.$$

In B gibt es höchstens ein kleinstes Element. Ist s kleinstes Element von B, so nennt man es das *kleinste Element von B und bezeichnet es mit* min *B.*

Jedes $s \in A$ ist untere Schranke für $\emptyset$.

Beweis. Hilfssatz 3.1.3. gilt für die inverse Ordnung „$\succ$“ von „$\prec$“ (vgl. Hilfssatz 3.1.1.). Man kann sich also Hilfssatz 3.1.3. für „$\succ$“ hinschreiben. Die Bezeichnungen „obere Schranke“, „maximales Element“, „größtes Element“ beziehen sich jetzt auf „$\succ$“. Nun gilt

$$t \text{ obere Schranke für } B \text{ bez. „}\succ\text{“} \;\Leftrightarrow\; x \succ t \text{ für alle } x \in B.$$

Wegen $x \succ t \Leftrightarrow t \prec x$ (Hilfssatz 3.1.1.) bedeutet das aber

$$t \text{ obere Schranke für } B \text{ bez. „}\succ\text{"} \quad \Leftrightarrow \quad t \text{ untere Schranke für } B \text{ bez. „}\prec\text{".}$$

Schreibt man die Aussagen von Hilfssatz 3.1.3. bezüglich „$\succ$" auf die Bezeichnungen für „$\prec$" um, so muß man „obere Schranke" durch „untere Schranke" ersetzen, entsprechend, wie man sich leicht überzeugt, „größtes Element" durch „kleinstes Element" und „maximales Element" durch „minimales Element". Dann erhält man aber Hilfssatz 3.1.4. ●

A sei durch „$\prec$" teilweise geordnet, $B \subset A$. Ist t obere Schranke von B, so gilt für alle $x \in A$

$$t \prec x \text{ und } x \in B \quad \Rightarrow \quad x = t.$$

Wenn also $t \prec x$, aber $x \neq t$ ist, so kann x nicht in B liegen, denn $x \in B$ würde ja wegen $t \prec x$ gerade $x = t$ ergeben. Also gilt

$$t \prec x \text{ und } x \neq t \quad \Rightarrow \quad x \notin B.$$

Ist also ein Element $x \in A$ zu groß, d.h., $t \prec x$ und $t \neq x$, so kann es nicht in B liegen. Natürlich ist hier eine möglichst kleine obere Schranke von B erwünscht. Am günstigsten ist die Lage, wenn es unter den oberen Schranken eine kleinste gibt.

Definition 3.1.3. *A sei durch „$\prec$" teilweise geordnet, $B \subset A$. Es sei*

$$\bar{S}(B) := \{t \mid t \in A,\ t \text{ obere Schranke von } B\},$$

$$\underline{S}(B) := \{s \mid s \in A,\ s \text{ untere Schranke von } B\}.$$

Gibt es in A eine kleinste obere Schranke von B, so bezeichnet man sie als Supremum von B, geschrieben „sup B", *also*

$$\sup B := \min \bar{S}(B), \quad \textit{falls} \quad \min \bar{S}(B) \quad \textit{existiert}.$$

Gibt es in A eine größte untere Schranke von B, so bezeichnet man sie als Infimum von B, geschrieben „inf B", *also*

$$\inf B := \max \underline{S}(B), \quad \textit{falls} \quad \max \underline{S}(B) \quad \textit{existiert}.$$

Ist es zur Vermeidung von Unklarheiten nötig, auf die Menge A besonders hinzuweisen, so schreibt man „A-sup B" *statt* „sup B" etc.

Satz 3.1.1. *A sei durch „$\prec$" teilweise geordnet, $B \subset A$, $C \subset A$. Bezeichnet man die Menge der oberen Schranken von B bzw. C in A mit $\bar{S}(B)$ bzw. $\bar{S}(C)$ wie in Definition 3.1.3. und die Menge der unteren Schranken mit $\underline{S}(B)$ bzw. $\underline{S}(C)$, so gilt*

$$C \subset B \quad \Rightarrow \quad \bar{S}(B) \subset \bar{S}(C) \ \textit{und}\ \underline{S}(B) \subset \underline{S}(C).$$

Ist $C \neq \emptyset$, so gilt

$$x \in \underline{S}(C) \ \textit{und}\ y \in \bar{S}(C) \quad \Rightarrow \quad x \prec y,$$

und, soweit die betreffenden Elemente existieren,

$$\inf B \prec \inf C \prec \sup C \prec \sup B.$$

Für alle $t, s \in A$ gilt

$$\sup B \ \textit{existiert und}\ t = \sup B \in B \quad \Leftrightarrow \quad \max B \ \textit{existiert und}\ t = \max B,$$

$$\inf B \ \textit{existiert und}\ s = \inf B \in B \quad \Leftrightarrow \quad \min B \ \textit{existiert und}\ s = \min B.$$

Der Beweis von Satz 3.1.1. wird erleichtert, wenn man wie beim Beweis von Hilfssatz 3.1.3. vorgeht. Das Verfahren sei zunächst gesondert formuliert als

Satz 3.1.2. *P sei eine Aussage oder Aussageform. Ist*

(1) *„A sei durch „$\prec$“ teilweise geordnet. Dann gilt P.“*

richtig und erhält man P^* aus P, indem man in P jeweils

„$\prec$“, *obere Schranke*, *maximales Element*, max, sup

durch

„$\succ$“, *untere Schranke*, *minimales Element*, min, inf,

und umgekehrt, ersetzt, so ist auch

(2) *„A sei durch „$\prec$“ teilweise geordnet. Dann gilt P^*.“*

richtig.

Beweis. (1) gibt an, daß P für teilweise geordnete Mengen gilt. Ist nun A durch „$\prec$“ teilweise geordnet, so ist nach Hilfssatz 3.1.1. A auch durch „$\succ$“ teilweise geordnet. Damit gilt P, hingeschrieben aber für „$\succ$“, d.h., „$\prec$“ ist an jeder Stelle durch „$\succ$“ ersetzt (und umgekehrt). Die Bezeichnungen „obere Schranke“ etc. in P beziehen sich jetzt auf „$\succ$“. Schreibt man die Definitionen explizit hin (mit „$\succ$“) und berücksichtigt, daß $x \prec y \Leftrightarrow y \succ x$ gilt, so erkennt man, daß ein $t \in A$ für eine Teilmenge B genau dann die Eigenschaft hat, obere Schranke bez. „$\succ$“ zu sein, wenn es untere Schranke bez. „$\prec$“ ist, etc. Schreibt man also P auf die zu „$\prec$“ gehörenden Bezeichnungen um, so erhält man gerade P^*, d.h., P^* gilt. ●

Beweis von Satz 3.1.1. Es sei $C \subset B$. Ist $t \in \bar{S}(B)$, so ist $x \prec t$ für alle $x \in B$, d.h. wegen $C \subset B$ auch $x \prec t$ für alle $x \in C$, also ist $t \in \bar{S}(C)$. Das ergibt

$$C \subset B \quad \Rightarrow \quad \bar{S}(B) \subset \bar{S}(C).$$

Nach Satz 3.1.2. (Ersetzung von „obere Schranke“ durch „untere Schranke“) erhält man daraus

$$C \subset B \Rightarrow \underline{S}(B) \subset \underline{S}(C).$$

Ist $C \neq \emptyset$, so gibt es ein $c \in C$. Sind dann $x \in \underline{S}(C)$, $y \in \bar{S}(C)$, so gilt

$$x \prec c \quad \text{und} \quad c \prec y, \quad \text{also} \quad x \prec y.$$

Wegen $\underline{S}(B) \subset \underline{S}(C)$ ist $\inf B = \max \underline{S}(B) \in \underline{S}(C)$. Da $x \prec \max \underline{S}(C) = \inf C$ für alle $x \in \underline{S}(C)$ ist, folgt

$$\inf B \prec \inf C.$$

Nach Satz 3.1.2. (Ersetzung von „inf“ durch „sup“, von „$\prec$“ durch „$\succ$“) erhält man hieraus

$$\sup B \succ \sup C, \quad \text{also} \quad \sup C \prec \sup B.$$

Ist $t = \sup B$, $t \in B$, so ist t Element von B und wegen $\sup B \in \bar{S}(B)$ obere Schranke von B, also ist nach Hilfssatz 3.1.3. $t = \max B$, $\max B$ existiert also. Ist umgekehrt $t = \max B$, so ist $t \in B$, t obere Schranke von B, und für jedes $x \in \bar{S}(B)$ gilt wegen $t \in B$ auch $t \prec x$, also ist t das kleinste Element von $\bar{S}(B)$, $t = \sup B$, $\sup B$ existiert. Die letzte Aussage von Satz 3.1.1. erhält man hieraus wieder nach Satz 3.1.2. ●

Dem Begriff des Homomorphismus (als einer Abbildung, die die Rechenregeln erhält) entspricht hier der Begriff der ordnungserhaltenden Abbildung.

Definition 3.1.4. *A sei durch „$\prec$“, B durch „$\lhd$“ teilweise geordnet. Eine Abbildung*

$$f: A \to B$$

heißt ordnungserhaltend, wenn für alle $x, y \in A$ gilt

$$x \prec y \Rightarrow f(x) \lhd f(y),$$

und ordnungsumkehrend, wenn für alle $x, y \in A$ gilt

$$x \prec y \Rightarrow f(x) \rhd f(y).$$

Ist f ordnungserhaltend oder ordnungsumkehrend, so nennt man f monoton. Eine Funktion $F \subset A \times B$ heißt monoton, wenn die Abbildung $(\mathscr{D}(F), \mathscr{W}(F), F)$ monoton ist, wenn also für alle $x, y \in \mathscr{D}(F)$ gilt

$$x \prec y \Rightarrow F(x) \lhd F(y) \quad (\text{bzw. } x \prec y \Rightarrow F(x) \rhd F(y)).$$

Beispiele ordnungserhaltender Abbildungen gibt

Hilfssatz 3.1.5. *X, Y seien Mengen, $A = \mathfrak{P}(X)$, $B = \mathfrak{P}(Y)$. A und B sind durch „$\subset$“ teilweise geordnet. Zu einer Abbildung $f: X \to Y$ kann man eine Abbildung*

$$f^*: A \to B \quad \textit{durch} \quad f^*(U) := f(U) \quad \textit{für alle} \quad U \subset X$$

und eine Abbildung

$$f_*: B \to A \quad \textit{durch} \quad f_*(V) = f^{-1}(V) \quad \textit{für alle} \quad V \subset Y$$

definieren. (f^* und f_* bezeichnet man als durch f „induziert“.) f^* und f_* sind ordnungserhaltend, d.h., für $U, V \subset X$, $W, Z \subset Y$ gilt

$$U \subset V \;\Rightarrow\; f(U) \subset f(V), \qquad W \subset Z \;\Rightarrow\; f^{-1}(W) \subset f^{-1}(Z).$$

Beweis. Es sei $U \subset V$. Ist dann $y \in f(U)$, so gibt es ein $x \in U$ mit $f(x) = y$; wegen $x \in U \subset V$ gilt daher $y = f(x) \in f(V)$.

Es sei $W \subset Z$. Ist $x \in f^{-1}(W)$, so ist $f(x) \in W \subset Z$, also $x \in f^{-1}(Z)$. ●

Dem Begriff des Isomorphismus entspricht hier der Begriff des Ordnungsisomorphismus.

Definition 3.1.5. *A sei durch „$\prec$“, B durch „$\lhd$“ teilweise geordnet. Eine Abbildung $f: A \to B$ heißt Ordnungsisomorphismus, wenn f bijektiv ist und für alle $x, y \in A$ gilt*

$$x \prec y \;\Leftrightarrow\; f(x) \lhd f(y).$$

Ordnungserhaltende Abbildungen haben eine Reihe nützlicher Eigenschaften, deren Beweis eine gute Übung für die Anwendung von Hilfssatz 3.1.3. und von Satz 3.1.1. ist. Es gilt

Hilfssatz 3.1.6. *A sei durch „$\prec$“, B durch „$\lhd$“ teilweise geordnet, $f: A \to B$ ordnungserhaltend. Dann gilt für alle $U \subset A$*

$$(1) \qquad f(\bar{S}(U)) \subset \bar{S}(f(U)), \qquad f(\underline{S}(U)) \subset \underline{S}(f(U)).$$

Existiert max U *bzw.* min U, *so ist*

$$(2) \qquad f(\max U) = \max f(U), \qquad f(\min U) = \min f(U).$$

Existieren sup U *und* sup $f(U)$ *bzw.* inf U *und* inf $f(U)$, *so ist*

$$(3) \qquad f(\sup U) \rhd \sup f(U), \qquad f(\inf U) \lhd \inf f(U).$$

Ist f Ordnungsisomorphismus, so ist auch f^{-1} ordnungserhaltend und (1) *gilt mit „=“ an Stelle von „$\subset$“,* (3) *mit „=“ an Stelle von „$\rhd$“ und „$\lhd$“.*

Beweis. (1) Ist $x \in \bar{S}(U)$, so ist $y \prec x$ für alle $y \in U$, d.h. $f(y) \lhd f(x)$ für alle $y \subset U$, also $f(x) \in \bar{S}(f(U))$, d.h. $f(\bar{S}(U)) \subset \bar{S}(f(U))$. Entsprechend ergibt sich $f(\underline{S}(U)) \subset \underline{S}(f(U))$.

(2) Existiert $\max U$, so ist nach Hilfssatz 3.1.3. $\max U \in U$, also $f(\max U) \in f(U)$. Andererseits ist $\max U \in \bar{S}(U)$, also nach (1) $f(\max U) \in \bar{S}(f(U))$. Nach Hilfssatz 3.1.3. gilt aber

$$f(\max U) \in f(U) \text{ und } f(\max U) \in \bar{S}(f(U)) \quad \Rightarrow \quad f(\max U) = \max f(U).$$

Entsprechend ergibt sich $f(\min U) = \min f(U)$.

(3) Nach Satz 3.1.1. gilt, falls $\sup U$, $\sup f(U)$ existieren (unter Benutzung von (2)),

$$f(\sup U) = f(\min \bar{S}(U)) = \min f(\bar{S}(U)) = \inf f(\bar{S}(U)),$$

$$\sup f(U) = \min \bar{S}(f(U)) = \inf \bar{S}(f(U)),$$

und wiederum nach Satz 3.1.1.

$$f(\bar{S}(U)) \subset \bar{S}(f(U)) \quad \Rightarrow \quad \inf f(\bar{S}(U)) \rhd \inf \bar{S}(f(U)).$$

(1) liefert also $f(\sup U) \rhd \sup f(U)$. Entsprechend erhält man $f(\inf U) \lhd \inf f(U)$.

Ist f Ordnungsisomorphismus, so ist f^{-1} bijektiv, und für $u, v \in B$ gilt

$$f^{-1}(u) \prec f^{-1}(v) \quad \Leftrightarrow \quad f(f^{-1}(u)) \lhd f(f^{-1}(v)), \text{ also } u \lhd v \quad \Leftrightarrow \quad f^{-1}(u) \prec f^{-1}(v),$$

da $f(f^{-1}(u)) = u$, $f(f^{-1}(v)) = v$ ist (gilt „$P \Leftrightarrow Q$“, so gilt auch „$Q \Leftrightarrow P$“!).

(1) liefert dann für f^{-1} und $f(U)$ wegen $f^{-1}(f(U)) = f^{-1} \circ f(U) = U$

$$f^{-1}(\bar{S}(f(U))) \subset \bar{S}(U), \quad \text{also} \quad \bar{S}(f(U)) \subset f(\bar{S}(U))$$

nach Hilfssatz 3.1.5. (mit $f(f^{-1}(V)) = V$), und damit $f(\bar{S}(U)) = \bar{S}(f(U))$. Entsprechend erhält man $f(\underline{S}(U)) = \underline{S}(f(U))$. Verwendet man das im Beweis von (3), so erhält man „$=$“ an Stelle von „$\rhd$“ bzw. „$\lhd$“. ●

X sei eine Menge, $A = \mathfrak{P}(X)$. A ist durch „$\subset$“ teilweise geordnet. Wir hatten bereits in Beispiel 3.1.2. gesehen, daß bei passender Wahl von X nicht jede Teilmenge B von A ein größtes Element zu haben braucht, es kann also vorkommen, daß $\max B$ nicht existiert. Entsprechend braucht $\min B$ nicht zu existieren. Dagegen hat in *diesem Fall* jede Teilmenge B von A eine kleinste obere und eine größte untere Schranke. Es gilt

Satz 3.1.3. *Ist X eine Menge, so ist $\mathfrak{P}(X)$ durch „$\subset$“ teilweise geordnet. Zu jeder Teilmenge $\mathfrak{U} \subset \mathfrak{P}(X)$ existiert $\sup \mathfrak{U}$ und $\inf \mathfrak{U}$. Für $U, V, W \subset X$ gilt:*

$$\inf \{U\} = U, \qquad \inf \{U, V\} = U \cap V, \qquad \inf \{U, V, W\} = U \cap V \cap W,$$

$$\sup \{U\} = U, \qquad \sup \{U, V\} = U \cup V, \qquad \sup \{U, V, W\} = U \cup V \cup W.$$

Für jede Teilmenge $\mathfrak{U}$ *von* $\mathfrak{P}(X)$ *definiert man*

$$\bigcap \mathfrak{U} = \bigcap_{U \in \mathfrak{U}} U := \{x \mid x \in X \text{ und } x \in U \text{ für jedes } U \in \mathfrak{U}\}$$

(gelesen: „Durchschnitt (der Elemente) von $\mathfrak{U}$*“ oder „Durchschnitt der* $U \in \mathfrak{U}$*“, daher die zweite Bezeichnung)*

$$\bigcup \mathfrak{U} = \bigcup_{U \in \mathfrak{U}} U := \{x \mid \text{Es gibt ein } U \in \mathfrak{U} \text{ mit } x \in U\}$$

(gelesen: „Vereinigung (der Elemente) von $\mathfrak{U}$*“ oder „Vereinigung der* $U \in \mathfrak{U}$*“). Es gilt*

$$\inf \mathfrak{U} = \bigcap \mathfrak{U}, \quad \sup \mathfrak{U} = \bigcup \mathfrak{U}, \quad \textit{speziell:} \quad \inf \emptyset = \bigcap \emptyset = X, \quad \sup \emptyset = \bigcup \emptyset = \emptyset.$$

Beweis. Es sei $V \in \mathfrak{U}$. Ist $x \in \bigcap \mathfrak{U}$, so ist $x \in V$. Also ist

$$\bigcap \mathfrak{U} \subset V \text{ für jedes } V \in \mathfrak{U}, \text{ d.h., } \bigcap \mathfrak{U} \text{ ist untere Schranke für } \mathfrak{U}.$$

Ist umgekehrt V untere Schranke für $\mathfrak{U}$, so gilt

$$V \subset U \text{ für jedes } U \in \mathfrak{U}, \text{ also: } x \in V \Rightarrow x \in X \text{ und } x \in U \text{ für jedes } U \in \mathfrak{U},$$

also $V \subset \bigcap \mathfrak{U}$. Damit ist $\bigcap \mathfrak{U}$ die größte untere Schranke für $\mathfrak{U}$, d.h. $\bigcap \mathfrak{U} = \inf \mathfrak{U}$. Man beachte, daß $\bigcap \mathfrak{U}$ wegen der Bedingung „$x \in X$“ in der Definition in jedem Falle Teilmenge von X, also Element von $\mathfrak{P}(X)$ ist. Das ist wichtig im Sonderfall $\mathfrak{U} = \emptyset$, da dann für jedes x gilt: $x \in U$ für jedes $U \in \mathfrak{U}$. Das liefert natürlich $\bigcap \emptyset = X$.

Ist $V \in \mathfrak{U}$, so gibt es zu jedem $x \in V$ ein $U \in \mathfrak{U}$ mit $x \in U$, nämlich $U = V$. Daher ist $V \subset \bigcup \mathfrak{U}$ für jedes $V \in \mathfrak{U}$, also $\bigcup \mathfrak{U}$ obere Schranke für $\mathfrak{U}$. Ist umgekehrt V obere Schranke für $\mathfrak{U}$, so ist $U \subset V$ für jedes $U \in \mathfrak{U}$. Ist also $x \in \bigcup \mathfrak{U}$, so gibt es ein $U \in \mathfrak{U}$ mit $x \in U$. Wegen $U \subset V$ ist $x \in V$. Daher ist $\bigcup \mathfrak{U} \subset V$. $\bigcup \mathfrak{U}$ ist damit die kleinste obere Schranke von $\mathfrak{U}$, $\bigcup \mathfrak{U} = \sup \mathfrak{U}$. Ist insbesondere $\mathfrak{U} = \emptyset$, so gibt es kein $U \in \mathfrak{U}$, d.h., für kein x gibt es ein $U \in \mathfrak{U}$ mit $x \in U$, also ist $\bigcup \emptyset = \emptyset$.

Sicher ist $U \cap V \cap W \subset U, V, W$. Nach Aufgabe 1.2.6. gilt aber für $Z \subset X$

$$Z \subset U, V, W \Rightarrow Z \subset U \cap V, W \Rightarrow Z \subset U \cap V \cap W.$$

Also ist $U \cap V \cap W = \inf\{U, V, W\}$. Entsprechend ergibt sich $\inf\{U\}$, $\inf\{U, V\}$.

Genauso ist $U, V, W \subset U \cup V \cup W$ und nach Aufgabe 1.2.7. für $Z \subset X$

$$U, V, W \subset Z \Rightarrow U \cup V, W \subset Z \Rightarrow U \cup V \cup W \subset Z,$$

also $U \cup V \cup W = \sup\{U, V, W\}$. Entsprechend ergibt sich $\sup\{U\}$, $\sup\{U, V\}$. ●

Anmerkung 3.1.1. $\bigcap \mathfrak{U}$ und $\bigcup \mathfrak{U}$ sind ersichtlich die naheliegenden Verallgemeinerungen des Durchschnittes und der Vereinigungsmenge auf eine beliebige Anzahl von Teilmengen von X. Will man auch $\bigcap \emptyset$ erfassen, so ist es wichtig, daß man sich auf Untermengen einer festen Menge X beschränkt. Man beachte, daß $\emptyset$ hier in zwei verschiedenen Zusammenhängen auftritt, nämlich einmal als Teilmenge von X, also als Element von $\mathfrak{P}(X)$, zum anderen als Teilmenge von $\mathfrak{P}(X)$. ●

Satz 3.1.4. *A sei durch „$\prec$", B durch „$\lhd$" teilweise geordnet, $f: A \to B$ ordnungserhaltend. Dann ist auch*

$$\hat{f}: A \to f(A), \quad \textit{definiert durch} \quad \hat{f}(x) := f(x) \quad \textit{für alle } x \in A,$$

ordnungserhaltend. Ist A durch „$\prec$" linear geordnet, so gilt

$$f \textit{ ist injektiv} \quad \Leftrightarrow \quad \hat{f} \textit{ ist Ordnungsisomorphismus.}$$

Beweis. $\hat{f}$ ist trivialerweise ordnungserhaltend. A sei durch „$\prec$" linear geordnet. Dann gilt für alle $x, y \in A$

$$\text{(a)} \qquad x \prec y \quad \text{oder} \quad y \prec x.$$

Ist f injektiv, dann ist $\hat{f}$ bijektiv. Es seien $x, y \in A$, $\hat{f}(x) \lhd \hat{f}(y)$. Ist dann $y \prec x$, so ist $f(y) \lhd f(x)$, also nach (3) Definition 3.1.1. $\hat{f}(x) = \hat{f}(y)$ und damit wegen der Bijektivität von $\hat{f}$ auch $x = y$, also $x \prec y$ ((1) Definition 3.1.1.). Ist nicht $y \prec x$, so ist wegen (a) sowieso $x \prec y$. Für alle $x, y \in A$ gilt also

$$\hat{f}(x) \lhd \hat{f}(y) \quad \Rightarrow \quad x \prec y.$$

$\hat{f}$ ist Ordnungsisomorphismus. Ist umgekehrt $\hat{f}$ Ordnungsisomorphismus, so ist $\hat{f}$ bijektiv, also f zumindest injektiv. ●

Anmerkung 3.1.2. Eine monotone (d.h. ordnungserhaltende oder ordnungsumkehrende) Abbildung wird gelegentlich als „streng monoton" oder „eigentlich monoton" bezeichnet, wenn sie injektiv ist. ●

3.2. Angeordnete Körper

Es kommt häufig vor, daß man auf einer Menge eine oder zwei Verknüpfungen definiert hat und die Menge außerdem teilweise oder vollständig geordnet ist. Ist z. B. X eine Menge, so hat man auf $\mathfrak{P}(X)$ die Verknüpfungen „$\cap$" und „$\cup$", und $\mathfrak{P}(X)$ ist durch „$\subset$" teilweise geordnet. Die Verknüpfung und die teilweise Ordnung sind hier nicht unabhängig voneinander. Nach Aufgabe 1.2.4. und 1.2.5. gilt für alle $U, V, W \in \mathfrak{P}(X)$

$$\text{(1)} \quad U \subset V \;\Rightarrow\; U \cap W \subset V \cap W, \qquad \text{(2)} \quad U \subset V \;\Rightarrow\; U \cup W \subset V \cup W.$$

Der für uns wichtigste Fall dieser Art ist der des angeordneten Körpers.

Definition 3.2.1. *$(K, +, \cdot)$ sei ein Körper mit Nullelement 0. K sei durch „$\leqq$" vollständig geordnet. $(K, +, \cdot, \leqq)$ heißt angeordneter Körper, wenn für alle $x, y, z \in K$ gilt*

$$(1)\quad x \leqq y \;\Rightarrow\; x+z \leqq y+z, \qquad (2)\quad 0 \leqq x \text{ und } 0 \leqq y \;\Rightarrow\; 0 \leqq x \cdot y.$$

„$x \leqq y$" wird gelesen „x kleiner oder gleich y" oder einfach „x kleiner-gleich y". Nach dem Vorbild von Hilfssatz 3.1.1. benutzt man das Zeichen „$\geqq$" für die inverse Relation, also

$$x \geqq y \;:\Leftrightarrow\; y \leqq x.$$

Die Bedingung (2) Definition 3.2.1. sieht etwas anders aus als in unserem Beispiel mit $\mathfrak{P}(X)$, man kann aber für $0 \leqq z$ folgern: $x \leqq y \Rightarrow x \cdot z \leqq y \cdot z$ (siehe (3a) Satz 3.2.2.).

Die Bezeichnungsweise deutet schon darauf hin, daß man im Grunde von dem Begriff „kleiner" ausgeht. Wir haben die Formulierung mit „$\leqq$" gewählt, da es für die allgemeine Definition der Ordnung einer Menge zweckmäßiger ist, die Vorstellung eines schwächeren Vergleiches zugrunde zu legen, der die Gleichheit einschließt. Man kann natürlich durch Ausschluß der Gleichheit von „$\leqq$" zu „$<$" (kleiner) übergehen und in diesem Zusammenhang die aus der Elementarmathematik geläufigen Begriffe „positiv" und „negativ" einführen.

Definition 3.2.2. *$(K, +, \cdot, \leqq)$ sei ein angeordneter Körper mit dem Nullelement 0. Für $x, y \in K$ definiert man*

$$x < y \;:\Leftrightarrow\; x \leqq y \text{ und } x \neq y, \qquad x > y \;:\Leftrightarrow\; y < x,$$

und

$$x \text{ ist positiv } :\Leftrightarrow\; 0 < x, \qquad x \text{ ist negativ } :\Leftrightarrow\; x < 0.$$

Schreibt man die Bedingungen (1) und (2) aus Definition 3.2.1. auf „$<$" um, so ergibt sich

Hilfssatz 3.2.1. *$(K, +, \cdot, \leqq)$ sei ein angeordneter Körper mit dem Nullelement 0. Für alle $x, y, z K$ gilt*

$$(1)\quad x < y \;\Rightarrow\; x+z < y+z, \qquad (2)\quad 0 < x \text{ und } 0 < y \;\Rightarrow\; 0 < x \cdot y,$$

$$(3)\quad x < y \text{ und } y < z \;\Rightarrow\; x < z.$$

Beweis. (1) Ist $x < y$, so ist nach Definition 3.2.2. insbesondere $x \leqq y$, also nach (1) Definition 3.2.1. $x+z \leqq y+z$. Wäre $x+z = y+z$, so wäre auch $x = y$. Wegen $x < y$ ist aber $x \neq y$. Also ist auch $x+z \neq y+z$, also insgesamt $x+z < y+z$.

(2) Ist $0 < x$ und $0 < y$, so ist auch $0 \leqq x$ und $0 \leqq y$, also $0 \leqq xy$, und aus $x \neq 0$, $y \neq 0$ schließt man nach Satz 2.3.3. $xy \neq 0$.

(3) Ist $x<y$ und $y<z$, ist insbesondere $x \leqq y$ und $y \leqq z$, also $x \leqq z$. Es ist aber auch $x \neq z$, denn $x=z$ würde wegen $x \leqq y$ und $y \leqq z$ bedeuten, daß $x \leqq y$ und $y \leqq x$ ist, also $x=y$, was wegen $x<y$ falsch ist. ●

Anmerkung 3.2.1. Will man für die Definition des angeordneten Körpers von dem Begriff „kleiner" ausgehen, so muß man einen Körper $(K, +, \cdot)$ und eine Relation mit dem Zeichen „$<$" zugrunde legen, für die (1), (2), (3) Hilfssatz 3.2.1. gilt. Definiert man dann für $x, y \in K$

$$x \leqq y \quad :\Leftrightarrow \quad x<y \text{ oder } x=y,$$

so gilt, falls man noch (4) $x \neq y \Leftrightarrow x<y$ oder $y<x$ fordert,

$$x<y \quad \Leftrightarrow \quad x \leqq y \text{ und } x \neq y,$$

und $(K, +, \cdot, \leqq)$ ist ein angeordneter Körper. Der Beweis sei dem daran interessierten Leser als Übungsaufgabe überlassen (Aufgabe 3.2.1.). ●

Satz 3.2.1. $(K, +, \cdot, \leqq)$ *sei ein angeordneter Körper mit Nullelement* 0 *und Einselement e. Sind* $x, y \in K$, *so ist genau eine der drei Aussagen*

$$(1) \quad x<y, \qquad (2) \quad x=y, \qquad (3) \quad x>y$$

wahr, die beiden anderen sind falsch. Es gilt

$$e>0, \qquad x>0 \Rightarrow -x<0, \qquad x<0 \Rightarrow -x>0$$

für alle $x \in K$, *sowie mit der Abkürzung* $x^2 := x \cdot x$

$$x^2 \geqq 0, \qquad x \neq 0 \quad \Rightarrow \quad x^2>0.$$

Beweis. Da K durch „$\leqq$" vollständig geordnet ist, gilt

$$x \leqq y \quad \text{oder} \quad y \leqq x.$$

Es gibt die folgenden Möglichkeiten (nach der Vereinbarung über den Gebrauch von „oder" in 1.1.):

(a) $x \leqq y$ und $y \leqq x$ sind beide wahr. Dann ist nach (3) Definition 3.1.1. $x=y$, also (2) wahr, und nach der Definition von „$<$" sind (1) und (3) falsch.

(b) $x \leqq y$ ist falsch. Dann ist $y \leqq x$ wahr. (1) ist falsch, da $x \leqq y$ falsch ist. (2) ist falsch wegen $x \leqq x$ nach (1) Definition 3.1.1. (3) ist wahr, da $y \leqq x$ und $y \neq x$ ist.

(c) $y \leqq x$ ist falsch. Dann ist $x \leqq y$ wahr und entsprechend zu (b) ist (1) wahr, (2), (3) sind falsch.

Nach (1) Hilfssatz 3.2.1. gilt

$$x>0 \quad \Rightarrow \quad x-x>0-x, \qquad x<0 \quad \Rightarrow \quad x-x<0-x.$$

Da $x-x = 0$, $0-x = -x$ ist, folgt

$$x>0 \Rightarrow -x<0, \qquad x<0 \Rightarrow -x>0.$$

Ist $x \neq 0$, so ist $x>0$ oder $x<0$. Ist $x>0$, so ist nach Hilfssatz 3.2.1. $x^2 = x \cdot x > 0$. Ist $x<0$, so ist, wie eben gezeigt, $-x>0$, also $x^2 = x \cdot x = (-x) \cdot (-x) > 0$. Ist $x \neq 0$, so ist daher $x^2>0$ und damit auch $x^2 \geqq 0$. Ist $x=0$, so ist $x^2=0$, also ebenfalls $x^2 \geqq 0$. Da $e \neq 0$ ist, ist $e = e \cdot e > 0$. ●

Die in Definition 3.2.1. geforderten „Verträglichkeitsbedingungen" zwischen „$+$", „$\cdot$" und „$\leqq$" bedeuten eine starke Einschränkung nicht nur für die auftretenden Ordnungen, sondern, wie sich zeigt, auch für die Körper. Es kann durchaus vorkommen, daß es zu einem Körper $(K, +, \cdot)$ keine Ordnung von K gibt, für die man einen angeordneten Körper erhält. Das zeigt

Beispiel 3.2.1. Es sei $K=\{0, e, a\}$. $(K, +, \cdot)$ sei der in Beispiel 2.3.2. angegebene Ring, der nach den Bemerkungen vor Definition 2.3.3. ein Körper mit Nullelement 0 und Einselement e ist. Wäre K durch „$\leqq$" vollständig geordnet und $(K, +, \cdot, \leqq)$ ein angeordneter Körper, so wäre nach Satz 3.2.1. $e>0$, also nach Hilfssatz 3.2.1.

$$a = e+e > 0+e = e, \quad \text{also} \quad a>e, \quad e>0, \quad \text{d.h.} \quad a>0;$$

$$0 = a+e > 0+e = e, \quad \text{also} \quad 0>e, \quad e>0, \quad \text{d.h.} \quad 0>0.$$

$0>0$ ist aber falsch. Es gibt daher keine vollständige Ordnung „$\leqq$" von K, für die $(K, +, \cdot, \leqq)$ angeordneter Körper ist. ●

In einem angeordneten Körper gelten die üblichen Rechenregeln für Ungleichungen, von denen wir die wichtigsten (außer denen, die bereits in Definition 3.2.1. und Hilfssatz 3.2.1. stehen) zusammenfassen wollen in

Satz 3.2.2. *$(K, +, \cdot, \leqq)$ sei ein angeordneter Körper mit Nullelement* 0. *Für $x, y, z, w \in K$ gilt*

(1) $x \leqq y < z$ *oder* $x < y \leqq z \Rightarrow x < z$,

(2a) $x \leqq y$ *und* $z \leqq w \Rightarrow x+z \leqq y+w$,

(2b) $x < y$ *und* $z \leqq w \Rightarrow x+z < y+w$,

(3a) $x \geqq 0$ *und* $z \leqq w \Rightarrow xz \leqq xw$,

(3b) $x > 0$ *und* $z < w \Rightarrow xz < xw$,

(4a) $x \leqq y$, $0 \leqq z \leqq w$ *und* $y \geqq 0 \Rightarrow xz \leqq yw$,

(4b) $x < y$, $0 < z \leqq w$ *und* $y \geqq 0 \Rightarrow xz < yw$,

(5) $x > 0 \Rightarrow x^{-1} > 0$,

(6a) $0 < x < y \Rightarrow y^{-1} < x^{-1}$,

(6b) $0 < x \leqq y \Rightarrow y^{-1} \leqq x^{-1}$.

Beweis. (1) Ist $x \leqq y < z$ oder $x < y \leqq z$, so ist in jedem Falle $x \leqq y \leqq z$, also $x \leqq z$. $z = x$ würde $x \leqq y \leqq x$, also $z = x = y$ bedeuten, was aber sowohl $x \leqq y < z$ als auch $x < y \leqq z$ widerspricht. Daher ist $x \leqq z$ und $x \neq z$, d.h. $x < z$.

(2b) Aus $x < y$ und $z \leqq w$ erhält man nach Hilfssatz 3.2.1. $x+z < y+z$, nach Definition 3.2.1. $y+z \leqq y+w$, also nach (1) $x+z < y+w$.

(3b) Aus $x > 0$ und $z < w$ erhält man nach Hilfssatz 3.2.1.

$$0 < (w-z), \quad \text{also} \quad 0 < x(w-z) = xw - xz$$

und damit $xz < xw$.

(4b) Aus $x < y$, $0 < z \leqq w$, $y \geqq 0$ erhält man nach (3b) $zx < zy$ und nach Definition 3.2.1. $0 \leqq w - z$, also $0 \leqq yw - yz$, d.h. $zy = yz \leqq yw$. Nach (1) ergibt sich $zx < yw$.

(5) Ist $x > 0$, so ist $x \neq 0$, also existiert x^{-1}, $x^{-1} \neq 0$, d.h. nach Satz 3.2.1. $(x^{-1}) \cdot (x^{-1}) > 0$. Nach (2) Hilfssatz 3.2.1. ergibt das $x(x^{-1}) \cdot (x^{-1}) > 0$. Wegen $x(x^{-1}) \cdot (x^{-1}) = x^{-1}$ erhält man $x^{-1} > 0$.

(6a) Aus $0 < x < y$ erhält man $x^{-1} > 0$, $y^{-1} > 0$, d.h. nach (2) Hilfssatz 3.2.1. $x^{-1}y^{-1} > 0$ und nach (3b) $x^{-1}y^{-1}x < x^{-1}y^{-1}y$, also $y^{-1} < x^{-1}$.

Die restlichen Beweise verlaufen entsprechend und seien dem Leser überlassen. ●

Die in Definition 3.2.1., Hilfssatz 3.2.1. und den Sätzen 3.2.1. und 3.2.2. enthaltenen Rechenregeln für „$\leqq$" und „$<$" sind zwar elementar, ihre Beherrschung ist jedoch ebenso wichtig wie das kleine 1×1 für das Rechnen im täglichen Leben. Man beachte insbesondere, daß in (4a) und (4b) die Bedingungen $0 \leqq z$ und $y \geqq 0$ bzw. $0 < z$ und $y \geqq 0$ nicht weggelassen werden dürfen.

Aufgabe 3.2.1. Man beweise den in Anmerkung 3.2.1. dargestellten Sachverhalt. ●

Aufgabe 3.2.2. $(K, +, \cdot)$ sei ein Körper mit dem Nullelement 0. K_+ sei eine Teilmenge von K mit den Eigenschaften

(1) K_+ ist abgeschlossen gegen „$+$", „$\cdot$".

(2) Für alle $x \in K$ gilt: $x \notin K_+ \Rightarrow -x \in K_+$.

(3) Für alle $x \in K$ gilt: $x \in K_+$ und $-x \in K_+ \Rightarrow x = 0$.

Für alle $x, y \in K$ definiert man: $x \leqq y \;:\Leftrightarrow\; y - x \in K_+$.
Man zeige: $(K, +, \cdot, \leqq)$ ist ein angeordneter Körper. ●

4. Die natürlichen Zahlen

Am wichtigsten in diesem Kapitel sind die Darstellung der verschiedenen Möglichkeiten, einen Beweis durch vollständige Induktion zu führen (in 4.1. und 4.2.), und das Verfahren der Definition durch vollständige Induktion (4.3.).

Wer an der Möglichkeit, von den natürlichen Zahlen ausgehend nacheinander den Körper der rationalen und den Körper der reellen Zahlen zu konstruieren, zunächst nicht interessiert ist, sondern sich von vornherein auf den Standpunkt stellen möchte, daß man von einem festen angeordneten Körper ausgehen kann (Anmerkung 4.4.1., man vergleiche dazu auch die Angaben nach Satz 4.4.4.), der nachher als vollständig vorausgesetzt wird (siehe 5.), kann im Anschluß an 1.1. erst Satz 4.4.1. und den Beweis dazu lesen. Ausgehend von Satz 4.4.1. setzt man $N = \tilde{N} \subset K$ voraus und in 4.2. $E_n = \{m | m \in N, m \geqq n\}$. Die Beweise der Sätze und Hilfssätze in 4.2. mit *dieser* Definition von E_n sind dann einfache Übungen zur vollständigen Induktion. In Satz 4.2.1. ist dabei nur zu zeigen, daß „$n \leqq m \Leftrightarrow \varphi(n) \supset \varphi(m)$" und nicht mehr, daß man auf diese Weise eine lineare Ordnung auf N erhält. Geht man so vor, so kann man auf 4.4. verzichten mit Ausnahme von Hilfssatz 4.4.1.

Produktzeichen und Summenzeichen (4.6.) und die in Satz 4.6.4. eingeführte *Potenz* a^n mit der *Basis* a und dem *Exponenten* n sind aus praktischen Gründen wichtig. (Man vergleiche Anmerkung 4.6.4.) Es ist nützlich, einige Übung in der Handhabung dieser Symbole zu erwerben. Insbesondere behandele man Aufgabe 4.6.1.

4.1. Peano-Axiome und vollständige Induktion

Als natürliche Zahlen bezeichnet man üblicherweise die zum Zählen benutzten Zahlen

$$1, 2, 3, \ldots, \text{usw.},$$

deren Verwendungszweck zunächst das Abzählen oder Numerieren von Gegenständen oder Personen ist. Sie sind ein unentbehrliches Hilfsmittel der Mathematik. Die nähere Untersuchung der Zahlenreihe 1, 2, 3, ... gab Anlaß zur Entwicklung eines der ältesten Zweige der Mathematik, der Zahlentheorie. Die natürlichen Zahlen treten in der verschiedensten Gestalt auf. Beispiele sind:

Die Folge der Zahlwörter einer Sprache,
die mit arabischen Ziffern geschriebenen Zahlen 1, 2, ..., 12, 13, ...,
die mit römischen Zahlzeichen geschriebenen Zahlen I, II, ..., XII, ...

Ein anderes Beispiel ist die Möglichkeit des Zählens mittels einer Strichliste: |, ||, |||, ||||, ||..|, ... Zur Verwendung in der Mathematik muß man sich von der Bezeichnungsweise unabhängig machen. Dazu wollen wir eine Reihe gemeinsamer Eigenschaften der verschiedenen Versionen der Zahlenreihe zusammenstellen:

(1) Eine besondere Rolle spielt sicher der Anfang der Zählung, d.h. die erste Zahl, der erste Strich etc., also die Zahl 1.

(2) Man nimmt an, daß man immer weiter zählen kann, d.h., ist man bis zu einer Zahl n gekommen, so gibt es eine nächste, den „Nachfolger", den wir mit n' bezeichnen wollen.

(3) Die Zählung verläuft nicht im Kreis, d.h., die Zahl 1 tritt beim Weiterzählen nicht wieder auf, sie kommt nicht als Nachfolger n' irgendeiner Zahl n vor.

(4) Erhält man durch Weiterzählen von einer Zahl n als nächste Zahl n', so tritt n auch nur an dieser Stelle im Zählprozeß auf, d.h., ist $m \neq n$, so ist auch $m' \neq n'$.

(5) Als natürliche Zahlen wird man genau diejenigen „Zahlen" bezeichnen, die man, von der 1 ausgehend, durch Weiterzählen erhält. Ist also M eine Menge natürlicher Zahlen, die die 1 enthält, und die zu jeder Zahl $n \in M$ auch den „Nachfolger" n' enthält, so enthält M alle natürlichen Zahlen.
Diese Zusammenstellung führt auf

Definition 4.1.1. *$\boldsymbol{N}$ sei eine Menge. Es sei*

(1) *ein Element in $\boldsymbol{N}$ enthalten, das für die folgenden Betrachtungen ausgezeichnet sei, es werde mit* 1 *bezeichnet;*

(2) $v: \boldsymbol{N} \to \boldsymbol{N}$. *Für jedes $n \in \boldsymbol{N}$ sei zur Abkürzung $n' := v(n)$ gesetzt. n' wird als Nachfolger von n bezeichnet.*

$(\boldsymbol{N}, v, 1)$ *heißt Modell für die natürlichen Zahlen, wenn die folgenden Bedingungen erfüllt sind:*

(3) *Für alle $n \in \boldsymbol{N}$ ist $n' \neq 1$;*

(4) *Für alle $n, m \in \boldsymbol{N}$ gilt: $n' = m' \Rightarrow n = m$;*

(5) *Für jede Teilmenge M von $\boldsymbol{N}$ gilt:*

$$1 \in M \text{ und } (\text{„}n \in M \Rightarrow n' \in M\text{" für alle } n \in \boldsymbol{N}) \Rightarrow M = \boldsymbol{N}.$$

Man bezeichnet (1)—(5) als das Peanosche Axiomensystem für die natürlichen Zahlen nach dem italienischen Mathematiker Peano (1858—1932), der es 1889 angegeben hat. (Man findet es aber z. B. schon 1888 bei Dedekind.) Seine Nützlichkeit beruht darauf, daß es die natürlichen Zahlen bis auf die Bezeichnungsweise festlegt. Sind nämlich $(\boldsymbol{N}, v, 1)$ und $(\tilde{\boldsymbol{N}}, \tilde{v}, \tilde{1})$ zwei Modelle, so gibt es eine bijektive Abbildung

$$\varphi: \boldsymbol{N} \to \tilde{\boldsymbol{N}} \quad \text{mit} \quad \varphi(1) = \tilde{1} \quad \text{und} \quad \varphi(v(n)) = \tilde{v}(\varphi(n)) \quad \text{für alle} \quad n \in \boldsymbol{N}.$$

Es ist dann auch $\varphi^{-1}(\tilde{1}) = 1$, $\varphi^{-1}(\tilde{v}(m)) = v(\varphi^{-1}(m))$ für alle $m \in \tilde{\boldsymbol{N}}$. Den Beweis wollen wir zurückstellen bis 4.3. (Satz 4.3.2.).

Wir können uns wegen dieses Sachverhaltes auf die Benutzung eines festen Modelles der natürlichen Zahlen beschränken. Wir verwenden die Sprechweise

$\boldsymbol{N}$ ist die Menge der natürlichen Zahlen,

wobei wir uns auf unser festes Modell beziehen und den Buchstaben $\boldsymbol{N}$ hierfür reservieren. v und 1 werden nicht mehr gesondert erwähnt.

Hier bleibt natürlich die Frage offen, ob es überhaupt ein Modell der natürlichen Zahlen gibt, d.h. die Frage nach der Existenz der natürlichen Zahlen als Menge, also als Gesamtheit. Die Existenzfrage ist ein schwieriges Problem der Grundlagen der Mathematik. Kronecker sagte dazu noch im 19. Jahrhundert: „Die natürlichen Zahlen hat uns Gott gegeben.“ Heute können wir die natürlichen Zahlen innerhalb einer geeigneten Mengenlehre konstruieren. Dazu muß man aber im einzelnen diskutieren, was man überhaupt unter „Existenz eines Modells“ verstehen will, welche Möglichkeiten der Mengenbildung man zulassen will und weitere Fragen, die in das Gebiet der mathematischen Logik und Grundlagenforschung gehören. Das führt über den Rahmen dieses Buches hinaus.

Wir wollen im folgenden die Existenz der natürlichen Zahlen als gegeben hinnehmen.

Zu (1)—(4) ist im einzelnen zu sagen, daß (1) und (2) die Bezeichnungen festlegen und man aus (1) noch sieht, daß $\boldsymbol{N} \neq \emptyset$ ist, denn es wird ja ein Element, die 1, angegeben. Aus (3) ergibt sich insbesondere, daß v nicht surjektiv ist, denn $1 \notin v(\boldsymbol{N})$, und (4) gibt an, daß „$v(n) = v(m) \Rightarrow n = m$“ für alle $n, m \in \boldsymbol{N}$ gilt, v ist also injektiv.

(5) wird auch als Axiom der vollständigen Induktion, kurz Induktionsaxiom, bezeichnet, denn es ist die Grundlage eines wichtigen Beweisverfahrens, des Prinzips der vollständigen Induktion.

Satz 4.1.1. *(Prinzip der vollständigen Induktion.) $P(n)$ sei eine Aussageform in der Variablen n, die für jedes $n \in \boldsymbol{N}$ eine sinnvolle Aussage ergibt. Sind die beiden Aussagen*

(A) $P(1)$,

(B) *Für jedes* $n \in N$ *gilt:* $P(n) \Rightarrow P(n')$

wahr, so ist auch $P(n)$ *für jedes* $n \in N$ *wahr.*

Anmerkung zur Bezeichnung. Man bezeichnet die Aussage

(A) *als Induktionsanfang*

und den

Beweis von (B) *als Induktionsschluß.*

Zum Beweis von (B) ist zu zeigen, daß „$P(n) \Rightarrow P(n')$" für jedes $n \in N$ gilt. Man muß also zunächst annehmen, daß n eine natürliche Zahl ist. Der Beweis von „$P(n) \Rightarrow P(n')$" erfolgt nach 1.1. nach dem folgenden Schema:
Man macht die *Induktionsvoraussetzung*

(V) $P(n)$ ist wahr

und muß zeigen, daß dann auch $P(n')$ wahr ist. Beim Beweis von $P(n')$ kann man so tun, als sei $P(n)$ wahr.

Den Induktionsschluß bezeichnet man auch als Schluß von n auf $n+1$ (wir werden in 4.4. eine Verknüpfung „+" auf N einführen, bei der gerade $n+1 = n'$ ist).

Beweis von Satz 4.1.1. Es sei

$$M = \{n | n \in N,\ P(n) \text{ ist wahr}\}.$$

Offenbar ist $M \subset N$. Man wendet (5) Definition 4.1.1. auf M an. Zunächst ist

$$1 \in M \quad \text{wegen (A).}$$

Weiter sei $n \in N$. Ist $n \in M$, so ist nach der Definition von M $P(n)$ wahr, also nach (B) auch $P(n')$, und damit ist $n' \in M$. Das ergibt

$$„n \in M \Rightarrow n' \in M\text{“} \quad \text{für alle} \quad n \in N.$$

Nach (5) Definition 4.1.1. ist dann aber $M = N$, also $n \in M$ für jedes $n \in N$. Damit ist $P(n)$ für jedes $n \in N$ wahr. ●

Beispiele für die Verwendung der vollständigen Induktion liefern die Beweise der beiden folgenden Hilfssätze.

Hilfssatz 4.1.1. *Für jedes* $n \in N$ *gilt*

$$n \neq 1 \quad \Rightarrow \quad \text{Es gibt ein } m \in N \text{ mit } m' = n.$$

Zu einem $n \in N$ *gibt es höchstens ein* $m \in N$ *mit* $m' = n$. *Ist* $m' = n$, *so bezeichnet man* m *als den Vorgänger von* n.

Beweis. Zunächst ist in der Bezeichnung von Satz 4.1.1. $P(n)$ die Aussageform

$$n \neq 1 \quad \Rightarrow \quad \text{Es gibt ein } m \in \boldsymbol{N} \text{ mit } m' = n,$$

die für jede natürliche Zahl n ersichtlich eine sinnvolle Aussage liefert. Der Induktionsanfang, also $P(1)$, lautet

$$1 \neq 1 \quad \Rightarrow \quad \text{Es gibt ein } m \in \boldsymbol{N} \text{ mit } m' = 1.$$

Da $1 \neq 1$ falsch ist, ist diese Aussage wahr, d.h.

$$\text{(A)} \quad P(1) \text{ ist wahr.}$$

Für den Induktionsschluß sei $n \in \boldsymbol{N}$. Die Induktionsvoraussetzung $P(n)$ lautet dann

$$\text{(V)} \quad n \neq 1 \quad \Rightarrow \quad \text{Es gibt ein } m \in \boldsymbol{N} \text{ mit } m' = n,$$

und die zu beweisende Aussage $P(n')$ lautet

$$n' \neq 1 \quad \Rightarrow \quad \text{Es gibt ein } m \in \boldsymbol{N} \text{ mit } m' = n'.$$

Da die Aussage

$$\text{Es gibt ein } m \in \boldsymbol{N} \text{ mit } m' = n'$$

wahr ist (man braucht nur $m = n$ zu nehmen), ist $P(n')$ wahr. Damit ist der Induktionsbeweis beendet, und nach Satz 4.1.1. gilt $P(n)$ für jedes $n \in \boldsymbol{N}$. Daß es höchstens ein $m \in \boldsymbol{N}$ gibt mit $m' = n$, ergibt sich aus (4) Definition 4.1.1. ($m' = p' \Rightarrow m = p$). ●

Hilfssatz 4.1.2. *Für jedes $n \in \boldsymbol{N}$ ist $n' \neq n$.*

Beweis. Die Aussageform $P(n)$ ist hier „$n' \neq n$".

Der Induktionsanfang $P(1)$ lautet

$$\text{(A)} \quad 1' \neq 1$$

und ist nach (3) Definition 4.1.1. ($n' \neq 1$ für alle $n \in \boldsymbol{N}$) wahr.

Es sei $n \in \boldsymbol{N}$. Induktionsvoraussetzung ist $P(n)$, also

$$\text{(V)} \quad n' \neq n.$$

Zu zeigen ist $P(n')$, also

$$(n')' \neq n'.$$

Diese Aussage ist aber (wenn man (V) als wahr annimmt!) wahr, denn nach (4) Definition 4.1.1. gilt

$$(n')' = n' \quad \Rightarrow \quad n' = n,$$

es ist aber $n' \neq n$ wegen (V). ●

4.2. Die Anordnung der natürlichen Zahlen

Der geläufigen Verwendung der natürlichen Zahlen einmal zur Anordnung, also zur Herstellung einer Reihenfolge (m kommt nach n, wenn m in der Zahlenreihe später auftritt als n), zum anderen aber zur Anzahlbestimmung (durch Abzählen) entspricht es, daß man m als größer als n bezeichnen wird, wenn m in der Zahlenreihe später auftritt als n:

$$1, 2, 3, \ldots, n, \ldots, m, \ldots$$

Wählt man zunächst den für Ordnungen einer Menge gebräuchlichen schwächeren Vergleich (mit Zulassung der Gleichheit, siehe 3.1.), so wird man diejenigen $m \geqq n$ nennen, die in dem bei n beginnenden Abschnitt der Zahlenreihe stehen,

$$1, 2, 3, \ldots, \boxed{n, \ldots, m, \ldots,}$$

und zwar mit Einschluß von n selbst. Man muß natürlich zeigen, daß man so tatsächlich eine (teilweise) Ordnung für N erhält. Dabei muß man aber berücksichtigen, daß man die Gesamtheit der natürlichen Zahlen gar nicht übersehen kann (der Überblick über *alle* Elemente einer Teilmenge $M \subset N$ geht spätestens dann verloren, wenn M so viele Elemente enthält, daß alles unter normalen Umständen verfügbare Papier nicht ausreicht, um alle $m \in M$ aufzuschreiben). Abgesehen davon muß man für einen Beweis selbstverständlich von den in Definition 4.1.1. aufgezählten Eigenschaften der natürlichen Zahlen ausgehen.

Man muß zunächst versuchen, die Menge der Elemente des bei n beginnenden, in

$$1, 2, 3, \ldots, \boxed{n, \ldots, m, m', \ldots}$$

eingerahmten Abschnittes der Zahlenreihe geeignet zu beschreiben. Eine Teilmenge $T \subset N$ enthält den Abschnitt offenbar genau dann, wenn $n \in T$ und zu jedem $m \in T$ auch $m' \in T$ ist. Das führt zu

Definition 4.2.1. *Es sei $n \in N$. Eine Teilmenge $T \subset N$ heißt „ab n vollständig", wenn gilt*

$$n \in T \quad \textit{und} \quad (\text{„}m \in T \Rightarrow m' \in T\text{"} \quad \textit{für alle} \quad m \in N).$$

(Man vergleiche die Formulierung von (5) Definition 4.1.1.) Ein ab n vollständiges $T \subset N$ kann natürlich noch überflüssige Elemente enthalten, nämlich Elemente, die in der Zahlenreihe vor n stehen. Der „Abschnitt ab n" muß ab n vollständig sein und nach den Überlegungen, die zu Definition 4.2.1. geführt haben, in jedem ab n vollständigen $T \subset N$ enthalten sein, d.h. also die kleinste ab n vollständige Menge sein. Es sei hier darauf hingewiesen, daß wir den „Abschnitt ab n" nur anschaulich beschrieben haben. Es ist also nicht von vornherein klar, daß es überhaupt eine

Teilmenge aus N mit den für den „Abschnitt ab n" erwünschten Eigenschaften gibt. Wir haben aber festgestellt, daß diese Menge, wenn es sie gibt, das kleinste Element von

$$\mathfrak{V}_n := \{T \mid T \subset N, \quad T \text{ ab } n \text{ vollständig}\}$$

sein müßte (und dann natürlich eindeutig bestimmt ist).

Nach Satz 3.1.1. ist $\min \mathfrak{V}_n = \inf \mathfrak{V}_n$, falls $\min \mathfrak{V}_n$ existiert. Nach Satz 3.1.3. existiert $\inf \mathfrak{V}_n$ in der durch „$\subset$" teilweise geordneten Menge $\mathfrak{P}(N)$, und nach Satz 3.1.1. gilt weiter:

$$\inf \mathfrak{V}_n \text{ existiert und } \inf \mathfrak{V}_n \in \mathfrak{V}_n \quad \Rightarrow \quad \min \mathfrak{V}_n \text{ existiert und } \min \mathfrak{V}_n = \inf \mathfrak{V}_n.$$

Man braucht also nur noch $\inf \mathfrak{V}_n$ aus Satz 3.1.3. zu entnehmen und $\inf \mathfrak{V}_n \in \mathfrak{V}_n$ zu zeigen, um das gewünschte $\min \mathfrak{V}_n$ zu erhalten.

Definition 4.2.2. *Es sei $n \in N$ und*

$$\mathfrak{V}_n := \{T \mid T \subset N, \quad T \textit{ ab } n \textit{ vollständig}\}.$$

Man definiert das Endstück zu n (kurz: Ende zu n) durch

$$E_n := \{m \mid m \in N, \quad m \in T \quad \textit{für jedes} \quad T \in \mathfrak{V}_n\}.$$

Hilfssatz 4.2.1. *Es sei $n \in N$. E_n ist die kleinste ab n vollständige Teilmenge von N, also*

$$E_n = \min \{T \mid T \subset N, \quad T \textit{ ab } n \textit{ vollständig}\}.$$

In E_n gibt es genau ein Element, das in E_n keinen Vorgänger hat, nämlich n. Für alle $m \in E_n$ gilt also

$$m \textit{ hat in } E_n \textit{ keinen Vorgänger} \quad \Rightarrow \quad m = n.$$

Es ist

$$E_1 = N, \qquad E_{n'} = E_n - \{n\} = \{m \mid m \in E_n, \ m \neq n\}.$$

Beweis. Nach Satz 3.1.3. ist $E_n = \inf \mathfrak{V}_n$.

Da $n \in N$ und $n \in T$ für jedes $T \in \mathfrak{V}_n$ ist, ist auch $n \in E_n$. Ist $m \in E_n$, so ist $m \in T$ für jedes $T \in \mathfrak{V}_n$. Nach der Definition von $\mathfrak{V}_n$ ist somit $m' \in T$ für jedes $T \in \mathfrak{V}_n$, also auch $m' \in E_n$. Damit ist E_n ab n vollständig, also $E_n \in \mathfrak{V}_n$. Daher ist, wie oben bereits bemerkt, nach Satz 3.1.3. $E_n = \min \mathfrak{V}_n$.

Nach (5) Definition 4.1.1. ist jede ab 1 vollständige Menge gleich N und damit (N ist auch ab 1 vollständig) $\mathfrak{V}_1 = \{N\}$, also nach Satz 3.1.3. $E_1 = \inf \mathfrak{V}_1 = N$.

Als nächstes zeigt man:

$$n \text{ hat keinen Vorgänger in } E_n \quad \Rightarrow \quad E_{n'} = E_n - \{n\}.$$

Dazu setzen wir voraus, daß n keinen Vorgänger in E_n hat. Da $n \in E_n$ und E_n ab n vollständig ist, ist $n' \in E_n$. Da nach Hilfssatz 4.1.2. $n' \neq n$ ist, ist $n' \in E_n - \{n\}$.

Ist $m \in E_n - \{n\}$, so ist $m \in E_n$, also $m' \in E_n$ und nach Voraussetzung $m' \neq n$, da $m \in E_n$ ist und n in E_n keinen Vorgänger hat. Also ist $m' \in E_n - \{n\}$. Damit ist gezeigt, daß $E_n - \{n\}$ ab n' vollständig ist, also

$$E_{n'} = \min \mathfrak{B}_{n'} \subset E_n - \{n\}, \quad \text{insbesondere} \quad n \notin E_{n'}.$$

Andererseits ist $n \in E_{n'} \cup \{n\}$ und

$$m \in E_{n'} \cup \{n\} \quad \Rightarrow \quad m = n \text{ oder } m \in E_{n'}.$$

Ist $m = n$, so ist $m' = n' \in E_{n'} \subset E_{n'} \cup \{n\}$. Ist $m \in E_{n'}$, so ist $m' \in E_{n'} \subset E_{n'} \cup \{n\}$. $E_{n'} \cup \{n\}$ ist also ab n vollständig, d.h., es ist $E_n \subset E_{n'} \cup \{n\}$. Weil $n \notin E_{n'}$ ist (s. o.), ergibt das $E_n - \{n\} \subset E_{n'}$, also insgesamt $E_{n'} = E_n - \{n\}$.

Wir zeigen jetzt durch vollständige Induktion, daß n keinen Vorgänger in E_n hat, und erhalten damit, wie eben bewiesen, auch $E_{n'} = E_n - \{n\}$. Es sei also $P(n)$ die Aussage „n hat keinen Vorgänger in E_n". Der Induktionsanfang

(A) 1 hat keinen Vorgänger in E_1

ist wahr wegen $E_1 = N$ und (3) Definition 4.1.1. Wir machen also die Induktionsvoraussetzung $P(n)$, d.h.

(V) n hat keinen Vorgänger in E_n,

und müssen $P(n')$, also

n' hat keinen Vorgänger in $E_{n'}$,

beweisen. Wir haben aber gezeigt, daß aus (V) folgt

$$E_{n'} = E_n - \{n\}, \quad \text{also} \quad n \notin E_{n'}.$$

n' hat aber nach Hilfssatz 4.1.1. höchstens einen Vorgänger. Da n Vorgänger von n' ist, $n \notin E_{n'}$, hat n' in $E_{n'}$ keinen Vorgänger, was zu zeigen war.

Als letztes müssen wir nachweisen, daß n das einzige Element von E_n ist, das in E_n keinen Vorgänger hat. Dazu sei $p \in E_n$ und habe in E_n keinen Vorgänger. Dann ist $n' \in E_n - \{p\}$, da $n' \in E_n$ ist und wegen $n \in E_n$ in E_n einen Vorgänger hat, also $n' \neq p$ ist. Ist $m \in E_n - \{p\}$, so ist $m \in E_n$, also $m' \in E_n$ und $m' \neq p$, d.h., auch $m' \in E_n - \{p\}$. Damit ist $E_n - \{p\}$ ab n' vollständig, also

$$E_n - \{n\} = E_{n'} \subset E_n - \{p\}.$$

Wegen $p \in E_n$ muß demnach $p = n$ sein. ●

Zu jedem $n \in N$ kann man E_n bilden, und umgekehrt ist nach Hilfssatz 4.2.1. n als einziges Element von E_n ohne Vorgänger in E_n eindeutig durch die Angabe von E_n bestimmt. Auf der Menge der E_n für $n \in N$ hat man aber durch „$\supset$" bereits eine teilweise Ordnung, die man also nur noch auf N zu übertragen braucht (man muß „$\supset$" nehmen, da das Endstück umso größer ist, je kleiner n ist!). Es gilt

Satz 4.2.1. $\boldsymbol{E} = \{E_n | n \in N\}$ *ist durch* „$\supset$" *vollständig geordnet. Die Abbildung*

$$\varphi: N \to \boldsymbol{E}, \quad \textit{definiert durch} \quad \varphi(n) := E_n \quad \textit{für alle} \quad n \in N,$$

ist bijektiv. Definiert man für $n, m \in N$

$$n \leqq m \quad :\Leftrightarrow \quad \varphi(n) \supset \varphi(m),$$

so ist N *durch* „$\leqq$" *vollständig geordnet.* φ und φ^{-1} *sind ordnungserhaltend.*

Beweis. Um nachzuweisen, daß $\boldsymbol{E}$ durch „$\supset$" vollständig geordnet ist, muß man nur (4) Definition 3.1.1. zeigen, also

$$U, V \in \boldsymbol{E} \quad \Rightarrow \quad U \supset V \text{ oder } V \supset U,$$

da ja $\boldsymbol{E}$ als Teilmenge von $\mathfrak{P}(N)$ durch „$\supset$" bereits teilweise geordnet ist. Sind $U, V \in \boldsymbol{E}$, so gibt es $n, m \in N$ mit $E_n = U$, $E_m = V$. Zu jedem $m \in N$ ist also zu zeigen:

$$\text{Für jedes} \quad n \in N \quad \text{ist} \quad E_n \supset E_m \quad \text{oder} \quad E_m \supset E_n.$$

Der Beweis erfolgt durch vollständige Induktion. Mit $P(n)$ bezeichnen wir die Aussage „$E_n \supset E_m$ oder $E_m \supset E_n$". Der Induktionsanfang

$$\text{(A)} \quad E_1 \supset E_m \quad \text{oder} \quad E_m \supset E_1$$

ist wahr, da $E_m \subset N = E_1$ ist ($E_1 = N$ nach Hilfssatz 4.2.1.).

Die Induktionsvoraussetzung ist $P(n)$, nämlich

$$\text{(V)} \quad E_n \supset E_m \quad \text{oder} \quad E_m \supset E_n.$$

Zu zeigen ist $P(n')$, also

$$E_{n'} \supset E_m \quad \text{oder} \quad E_m \supset E_{n'}.$$

Ist nun $E_m \supset E_n$, so gilt $E_m \supset E_n \supset E_{n'}$. Damit gilt $P(n')$.

Ist $E_n \supset E_m$ und $n \notin E_m$, so ist $E_{n'} = E_n - \{n\} \supset E_m$, also gilt $P(n')$. Ist $E_n \supset E_m$ und $n \in E_m$, so ist wegen „$p \in E_m \Rightarrow p' \in E_m$" auch E_m ab n vollständig, also $E_m \supset E_n$ und damit, wie gezeigt, $P(n')$ wahr. Ist (V) wahr, so folgt daher in jedem Fall $P(n')$.

Sind $m, n \in N$, so ist $m \in E_m$ und hat in E_m keinen Vorgänger. Ist $\varphi(m) = \varphi(n)$, so ist $E_m = E_n$, also nach Hilfssatz 4.2.1. $m = n$, d.h., für alle m, n gilt

$$\varphi(m) = \varphi(n) \quad \Rightarrow \quad m = n,$$

φ ist injektiv. Da φ ersichlich auch surjektiv ist, ist φ bijektiv. Dann ist es aber trivial, daß man durch Übertragung von „$\supset$“ auf N eine ebenfalls vollständige Ordnung „$\leqq$“ auf N erhält und φ und φ^{-1} ordnungserhaltend sind. ●

Satz 4.2.2. *N ist nach Satz 4.2.1. durch „$\leqq$“ vollständig geordnet. Für $n, m \in N$ setzt man wie üblich*

$$n < m \quad :\Leftrightarrow \quad n \leqq m \text{ und } n \neq m.$$

Dann gilt

$$n < n', \qquad n \leqq m \leqq n' \Rightarrow m = n \text{ oder } m = n'.$$

Jede nicht-leere Teilmenge M von N enthält ein kleinstes Element. Insbesondere ist

$$\min N = 1, \qquad \min E_n = n.$$

Beweis. Wegen $E_{n'} = E_n - \{n\} \subset E_n$ ist $n \leqq n'$. Nach Hilfssatz 4.1.2. ist $n \neq n'$. Also ist $n < n'$.

Im Beweis von Satz 4.2.1. war gezeigt (s. o.)

$$E_n \supset E_m \text{ und } n \in E_m \Rightarrow E_n \subset E_m, \quad \text{also} \quad E_n = E_m, \quad \text{d.h.} \quad n = m,$$

$$E_n \supset E_m \text{ und } n \notin E_m \Rightarrow E_{n'} \supset E_m, \quad \text{also} \quad n' \leqq m.$$

Ist also $n \leqq m$, so ist $n = m$ oder $n' \leqq m$. Ist außerdem $m \leqq n'$, so ist $m = n$ oder $m = n'$.

Ist $M \subset N$, $\underline{S}(M) = \{n | n \text{ untere Schranke für } M\}$, so gilt nach Hilfssatz 3.1.4.

$$\min M \text{ existiert} \Leftrightarrow \underline{S}(M) \cap M \neq \emptyset.$$

Ist aber $\underline{S}(M) \cap M = \emptyset$, so gilt

$$1 \in \underline{S}(M), \quad \text{da} \quad E_1 = N \supset E_m \quad \text{für alle} \quad m \in N, \quad \text{also} \quad 1 \leqq m \quad \text{ist},$$

und

$$n \in \underline{S}(M) \Rightarrow \text{Für jedes } m \in M \text{ gilt } n \leqq m, n \neq m, \text{ also } n < m.$$

Ist also $m \in M$ und $n \in \underline{S}(M)$, $m \leqq n'$, so ist $n < m \leqq n'$ und damit, wie gezeigt, $m = n'$, also $n' \leqq m$. Damit gilt

$$n \in \underline{S}(M) \Rightarrow \text{Für jedes } m \in M \text{ gilt } n' \leqq m, \text{ d.h., } n' \in \underline{S}(M).$$

Nach (5) Definition 4.1.1. ist daher $\underline{S}(M) = N$, und wegen $\underline{S}(M) \cap M = \emptyset$ ist $M = \emptyset$.

Ist $m \in E_n$, so ist E_n wegen „$p \in E_n \Rightarrow p' \in E_n$“ ab m vollständig, also $E_n \supset E_m$, d.h. $n \leqq m$. Daher ist n untere Schranke für E_n. Da $n \in E_n$ ist, gilt nach Hilfssatz 3.1.4.

$$n = \min E_n, \quad \text{insbesondere} \quad 1 = \min E_1 = \min N. \; ●$$

Hilfssatz 4.2.2. *Für alle $m \in N$ ist $E_m := \{n | n \in N$ und $m \leqq n\}$.*

Beweis. Ist $n \in N$ und $m \leqq n$, so ist nach Satz 4.2.1. $n \in E_n \subset E_m$. Ist $n \in E_m$, so ist E_m ab n vollständig (da E_m ab m vollständig ist, vgl. Definition 4.2.1.) und daher $E_n \subset E_m$, also $m \leqq n$. ●

Mit Hilfe der Anordnung von N formuliert man eine Variante des Prinzips der vollständigen Induktion,

Satz 4.2.3. *Es sei $m \in N$. $P(n)$ sei eine Aussageform in der Variablen n, die für alle natürlichen Zahlen $n \geqq m$ eine sinnvolle Aussage liefert. Sind die beiden Aussagen*

(A) $P(m)$,

(B) *Für jedes $n \in N$ mit $n \geqq m$ gilt:* $P(n) \Rightarrow P(n')$

wahr, so ist auch $P(n)$ für jedes $n \in N$ mit $n \geqq m$ wahr.

Beweis. Es sei $H = \{n | n \in N,\ n \geqq m,\ P(n) \text{ ist nicht wahr}\}$. Wäre $H \neq \emptyset$, so müßte nach Satz 4.2.2. min H existieren. Ist $t = \min H$, so ist $t \geqq m$, $t \neq m$ wegen (A). Für den Vorgänger p von t (der wegen $t > m \geqq 1$, also $t \neq 1$, nach Hilfssatz 4.1.1. existiert), gilt $m \leqq p$, da aus $p \leqq m$ wegen $m < t = p'$ nach Satz 4.2.2. $p = m$, also *auch* $m \leqq p$ folgt. Da $p < p' = t = \min H$ ist, ist $P(p)$ wahr, also nach (B) auch $P(p')$, was $p' = \min H \in H$ widerspricht. Daher kann min H nicht existieren und $H = \emptyset$. ●

Eine andere Variante des Prinzips der vollständigen Induktion gibt

Satz 4.2.4. *$P(n)$ sei eine Aussageform in der Variablen n, die für jedes $n \in N$ eine sinnvolle Aussage liefert. Ist für jedes $n \in N$ die Aussage*

$$P(m) \text{ für jedes } m \in N \text{ mit } m < n \Rightarrow P(n)$$

wahr, so ist auch $P(n)$ für jedes $n \in N$ wahr.

Beweis. Es sei $H = \{m | m \in N,\ P(m) \text{ ist nicht wahr}\}$. Wäre $H \neq \emptyset$, so müßte min H existieren. Ist aber $n = \min H$, so gilt „$m \in N$, $m < n \Rightarrow m \notin H$“. Die Aussage

$$P(m) \quad \text{für jedes } m \in N \quad \text{mit} \quad m < n$$

ist daher wahr, nach Voraussetzung also auch $P(n)$, was aber $n = \min H \in H$ widerspricht. ●

Will man, um Satz 4.2.4. anzuwenden, beweisen, daß

$$P(m) \text{ für jedes } m \in N \text{ mit } m < n \Rightarrow P(n)$$

für jedes $n \in N$ wahr ist, so muß man natürlich darauf achten, daß der Beweis auch für $n = 1$ gilt. Für $n \neq 1$ sei p der Vorgänger von n. Im Gegensatz zu Satz 4.1.1. hat man hier für den Induktionsschluß, also für den Beweis, daß $P(p')$ wahr ist, nicht nur die Induktionsvoraussetzung „$P(p)$ ist wahr“, sondern „$P(m)$ ist wahr für alle $m \in N$ mit $m \leqq p$“ zur Verfügung.

4.3. Definition durch vollständige Induktion

Will man nachweisen, daß die Peano-Axiome die natürlichen Zahlen bis auf die Bezeichnung festlegen, so muß man zeigen, daß es zu zwei Modellen $(N, \nu, 1)$ und $(\tilde{N}, \tilde{\nu}, \tilde{1})$ der natürlichen Zahlen eine Abbildung

$$\varphi: N \to \tilde{N}$$

gibt mit

$$\varphi(1) = \tilde{1} \quad \text{und} \quad \varphi(n') = \varphi(\nu(n)) = \tilde{\nu}(\varphi(n)) \text{ für alle } n \in N.$$

Der „Anfangswert" $\varphi(1)$ ist also vorgegeben, $\varphi(1) = \tilde{1}$, und weiter eine Vorschrift, wie das Bild von n' zu bestimmen ist, wenn das Bild von n bekannt ist. Eine solche Vorschrift muß zu jedem möglichen Bild $\varphi(n) \in \tilde{N}$ ein Element von N als Bild von n' unter φ angeben, d.h., man muß, wie oben, eine Abbildung $\tilde{\nu}: \tilde{N} \to \tilde{N}$ haben und kann dann $\varphi(n') = \tilde{\nu}(\varphi(n))$ vorschreiben. Um einheitliche Formulierungen zu erreichen, ist es nützlich, eine spezielle Bezeichnung einzuführen.

Definition 4.3.1. *Eine Teilmenge $A \subset N$ heißt Abschnitt (oder Anfangsstück) von N, wenn für jedes $n \in N$ gilt*

$$n \in A \quad \Rightarrow \quad \textit{Für jedes } m \in N \textit{ mit } m \leqq n \textit{ ist } m \in A.$$

Hilfssatz 4.3.1. *Die Abschnitte von N sind $\emptyset$, N und die Mengen*

$$A_n := \{m \mid m \in N, \quad m \leqq n\} \quad \text{für} \quad n \in N.$$

Beweis. $\emptyset$ und N sowie die A_n sind offenbar Abschnitte von N. Ist A ein Abschnitt, $A \neq N$, so ist $N - A \neq \emptyset$. Daher existiert nach Satz 4.2.2. $\min(N - A)$. Es sei $t = \min(N - A)$. Dann ist $t \in N - A$, also $t \notin A$. Für alle $m \in N$ gilt

$$m < t \quad \Rightarrow \quad m \in A, \text{ da } t = \min(N - A) \text{ ist,}$$

$$t \leqq m \quad \Rightarrow \quad m \notin A, \text{ da nach Definition 4.3.1. } m \in A \quad \Rightarrow \quad t \in A, \text{ aber } t \notin A.$$

Also ist $A = \{m \mid m \in N, \ m < t\}$, d.h., $A = \emptyset$, falls $t = 1$, und $A = A_n$, falls $t \neq 1$, n der Vorgänger von t ist. ●

Satz 4.3.1. *A sei ein Abschnitt von N, $A \neq \emptyset$, X eine Menge,*

$$(1) \quad a_1 \in X, \qquad (2) \quad h: X \to X.$$

Es gibt genau eine Abbildung

$$f: A \to X,$$

die die beiden Bedingungen

$$(1^*) \quad f(1) = a_1, \qquad (2^*) \quad n \in N \textit{ und } n' \in A \quad \Rightarrow \quad f(n') = h(f(n))$$

erfüllt.

Den Beweis wollen wir erst im Anschluß an Satz 4.3.3. führen, da Satz 4.3.1. nur ein Sonderfall von Satz 4.3.3. ist.

Als Anwendung beweist man

Satz 4.3.2. *Zu zwei Modellen* $(N, v, 1)$ *und* $(\tilde{N}, \tilde{v}, \tilde{1})$ *der natürlichen Zahlen gibt es genau eine Abbildung*

$$\varphi: N \to \tilde{N}$$

mit den Eigenschaften

$$\varphi(1) = \tilde{1}, \qquad \varphi(n') = \varphi(v(n)) = \tilde{v}(\varphi(n)) \text{ für alle } n \in N.$$

φ *ist bijektiv.*

Beweis. In den Bezeichnungen von Satz 4.3.1. setze man $X = \tilde{N}$, $A = N$,

$$(1) \quad a_1 = \tilde{1}, \qquad (2) \quad h = \tilde{v}: \tilde{N} \to \tilde{N}.$$

Dann gibt es nach Satz 4.3.1. genau eine Abbildung $\varphi: N \to \tilde{N}$ mit

$$(1^*) \quad \varphi(1) = \tilde{1}, \qquad (2^*) \quad \varphi(n') = \varphi(v(n)) = \tilde{v}(\varphi(n)) \quad \text{für alle} \quad n \in N.$$

Genauso gibt es natürlich eine Abbildung $\psi: \tilde{N} \to N$ mit

$$\psi(\tilde{1}) = 1, \quad \psi(\tilde{v}(m)) = v(\psi(m)) \quad \text{für alle} \quad m \in \tilde{N}.$$

Für $\psi \circ \varphi$ gilt

$$\text{(A)} \quad \psi \circ \varphi(1) = \psi(\tilde{1}) = 1,$$

$$\text{(B)} \quad \psi \circ \varphi(n) = n \Rightarrow \psi \circ \varphi(n') = \psi(\tilde{v}(\varphi(n))) = v(\psi(\varphi(n))) = v(n) = n'.$$

Nach Satz 4.1.1. (vollständige Induktion) gilt also $\psi \circ \varphi(n) = n$ für alle $n \in N$, d.h., $\psi \circ \varphi = \mathrm{id}_N$. Genau so ergibt sich $\varphi \circ \psi = \mathrm{id}_{\tilde{N}}$. Nach Satz 1.4.5. ist daher φ bijektiv, $\psi = \varphi^{-1}$. ●

In Satz 4.3.1. hat man zur Konstruktion von $f: A \to X$ den Anfangswert $f(1) = a_1$ vorgegeben und eine Vorschrift, um $f(n')$ zu bestimmen, wenn $f(n)$ bekannt ist. Häufig ist es aber nötig, zur Bestimmung von $f(n')$ nicht nur $f(n)$, sondern alle $f(m)$ für $m \leqq n$ heranzuziehen. Die Verwendung aller $f(m)$ für $m \leqq n$ bedeutet aber nichts anderes, als die Benutzung von $f|A_n$. ($f|A_n: A_n \to X$ ist genau dann bekannt, wenn zu jedem $m \in A_n$, d.h. $m \leqq n$, $f(m)$ bekannt ist.) Man benötigt also zu jedem möglichen $f|A_n: A_n \to X$ ein Element von X, also insgesamt eine Abbildung $h_n: \{\varphi | \varphi: A_n \to X\} \to X$, und kann dann $f(n') = h_n(f|A_n)$ fordern.

Satz 4.3.3. *A sei ein Abschnitt von* N, $A \neq \emptyset$, *X eine Menge,*

$$(1) \quad a_1 \in X, \qquad (2) \quad h_n: \{\varphi | \varphi: A_n \to X\} \to X \quad \textit{für jedes} \quad n \in N \quad \textit{mit} \quad n' \in A.$$

Es gibt genau eine Abbildung

$$f: A \to X,$$

die die beiden Bedingungen

$$(1^*)\quad f(1) = a_1, \qquad (2^*)\quad n \in \boldsymbol{N} \text{ und } n' \in A \;\Rightarrow\; f(n') = h_n(f|A_n)$$

erfüllt.

Beweis von Satz 4.3.1. aus Satz 4.3.3. Definiert man h_n durch $h_n(\varphi) := h(\varphi(n))$, so ergibt Satz 4.3.3., daß es genau eine Abbildung $f: A \to X$ gibt, für die gilt

$$(1^*)\quad f(1) = a_1, \qquad (2^*)\quad n \in \boldsymbol{N} \text{ und } n' \in A \;\Rightarrow\; f(n') = h_n(f|A_n) = h(f(n)). \quad \bullet$$

Beweis von Satz 4.3.3. Man beweist zunächst durch vollständige Induktion, daß die Aussage

$$\text{Satz 4.3.3. gilt für} \quad A = A_p$$

für alle $p \in \boldsymbol{N}$ wahr ist (wir verwenden p, da n bereits in der Formulierung von Satz 4.3.3. auftritt). Definiert man

$$f_1: A_1 \to X \quad \text{durch} \quad f_1(1) = a_1,$$

so ist (1*) erfüllt, und, da $n' \in A_1$ für kein $n \in \boldsymbol{N}$ gilt, auch (2*) für $A = A_1$. f_1 ist natürlich durch $f_1(1) = a_1$ eindeutig bestimmt. Also gilt Satz 4.3.3. für $A = A_1$. Wir machen jetzt die Induktionsvoraussetzung

$$\text{(V)}\quad \text{Satz 4.3.3. gilt für} \quad A = A_p.$$

Es sei

$$(1)\quad a_1 \in X, \qquad (2)\quad h_n: \{\varphi | \varphi: A_n \to X\} \to X \quad \text{für jedes} \quad n \in \boldsymbol{N} \quad \text{mit} \quad n' \in A_{p'}.$$

Wegen $A_p \subset A_{p'}$ ist h_n für jedes $n \in \boldsymbol{N}$ mit $n' \in A_p$ definiert. Nach (V) gibt es also genau eine Abbildung

$$f_p: A_p \to X$$

mit den Eigenschaften

$$f_p(1) = a_1, \qquad n \in \boldsymbol{N} \quad \text{und} \quad n' \in A_p \Rightarrow f_p(n') = h_n(f_p|A_n).$$

Da $A_{p'} = \{n | n \in \boldsymbol{N} \text{ und } n \leqq p'\} = A_p \cup \{p'\}$, $p' \notin A_p$, ist, kann man eine Abbildung

$$f: A_{p'} \to X \quad \text{durch} \quad f(m) := \begin{cases} f_p(m) & \text{für } m \in A \\ h_p(f_p) & \text{für } m = p' \end{cases} \quad \text{definieren.}$$

Für alle $n \in \boldsymbol{N}$ mit $n \leqq p$ ist dann $f|A_n = f_p|A_n$. Daher ist $f(1) = f_p(1) = a_1$, also gilt (1*) für f. Ist $n \in \boldsymbol{N}$ und $n' \in A_{p'}$, so ist $n' \in A_p$ oder $n' = p'$, also $n = p$. Es gilt:

$$\begin{aligned} n' \in A_p \quad &\Rightarrow \quad f(n') = f_p(n') = h_n(f_p|A_n) = h_n(f|A_n), \\ n = p \quad &\Rightarrow \quad f(n') = f(p') = h_p(f_p) = h_p(f|A_p). \end{aligned}$$

Daher gilt auch (2*) für f.

Ist $g: A_{p'} \to X$ eine Abbildung, die (1*) und (2*) für $A_{p'}$ erfüllt, so erfüllt $g|A_p$ natürlich (1*) und (2*) für A_p, nach (V) ist also $g|A_p = f_p$. Da außerdem noch $g(p') = h_p(g|A_p) = h_p(f_p)$ sein muß, ist $g = f$, f ist die einzige Abbildung, die (1*), (2*) für $A_{p'}$ erfüllt. Für jedes $p \in N$ gilt also Satz 4.3.3. für $A = A_p$.

Der einzige nicht-leere Abschnitt von N, der von allen A_p verschieden ist, ist nach Hilfssatz 4.3.1. N. Es sei also

$$(1) \quad a_1 \in X, \qquad (2) \quad h_n: \{\varphi | \varphi: A_n \to X\} \to X \quad \text{für jedes} \quad n \in N.$$

Ist $p \in N$, so gibt es zunächst genau eine Abbildung

$$f_p: A_p \to X$$

mit den Eigenschaften

$$f_p(1) = a_1, \qquad n \in N \text{ und } n' \in A_p \Rightarrow f_p(n') = h_n(f_p|A_n).$$

Hat $f: N \to X$ die Eigenschaften (1*) und (2*), so hat $f|A_p$ offenbar diese Eigenschaften für $A = A_p$, also ist $f|A_p = f_p$. Genauso gilt für $p \leqq m$, daß $f_m|A_p = f_p$ ist. Definiert man

$$f: N \to X \quad \text{durch} \quad f(n) := f_n(n) \quad \text{für alle} \quad n \in N,$$

so ist $f(1) = f_1(1) = a_1$, also erfüllt f (1*). Weiter gilt für alle $n \in N$

$$f(n') = f_{n'}(n') = h_n(f_{n'}|A_n) = h_n(f_n).$$

Wegen $f_n|A_m = f_m$ für alle $m \leqq n$ ist aber

$$f(m) = f_m(m) = f_n(m) \quad \text{für alle} \quad m \leqq n, \quad \text{also} \quad f|A_n = f_n.$$

Damit erfüllt f auch (2*). Wegen $f|A_p = f_p$ muß $f(p) = f_p(p)$ sein, f ist also auch eindeutig bestimmt. ●

4.4. Natürliche Zahlen in angeordneten Körpern

In einem angeordneten Körper $(K, +, \cdot, \leqq)$ läßt sich auf naheliegende Weise ein Modell der natürlichen Zahlen konstruieren. Man nehme an Stelle von 1 das Einselement e und nehme diejenigen Elemente von K, die man aus e durch sukzessive Addition von e erhält, also

$$e, e+e, e+e+e, \dots, z, z+e, \dots$$

Man muß demnach eine Teilmenge von K nehmen, die e und zu jedem z auch $z+e$ enthält, und zwar, damit man keine überflüssigen Elemente bekommt, die kleinste derartige Menge, falls sie existiert (man vergleiche die Konstruktion von E_n in 4.2.).

Satz 4.4.1. $(K, +, \cdot, \leqq)$ *sei ein angeordneter Körper mit Nullelement* 0 *und Einselement* e,

$$\mathfrak{B} = \{T \mid T \subset K,\ e \in T,\ \text{für jedes } z \in K \text{ gilt: } z \in T \Rightarrow z + e \in T\}.$$

Dann existiert $\min \mathfrak{B}$. *Es sei* $\tilde{N} = \min \mathfrak{B}$. *Man kann eine Abbildung*

$$\tilde{\nu}: \tilde{N} \to \tilde{N} \quad \text{durch} \quad \tilde{\nu}(z) := z + e \text{ für alle } z \in \tilde{N}$$

definieren. $(\tilde{N}, \tilde{\nu}, e)$ *ist ein Modell für die natürlichen Zahlen (vgl. Definition 4.1.1.). Es gilt*

$$z > 0 \quad \text{für alle } z \in \tilde{N}.$$

Beweis. Nach Satz 3.1.3. existiert in der durch „$\subset$" teilweise geordneten Menge $\mathfrak{P}(K)$ zu der Teilmenge $\mathfrak{B} \subset \mathfrak{P}(K)$ das Infimum, und zwar ist

$$\inf \mathfrak{B} = \bigcap \mathfrak{B} = \{z \mid z \in K, \quad z \in T \text{ für jedes } T \in \mathfrak{B}\}.$$

Da $e \in K$ und $e \in T$ für jedes $T \in \mathfrak{B}$ ist, ist $e \in \inf \mathfrak{B}$. Ist $z \in \inf \mathfrak{B}$, so ist $z \in K$, $z \in T$ für jedes $T \in \mathfrak{B}$, also $z + e \in K$ und $z + e \in T$ für jedes $T \in \mathfrak{B}$, d.h. $z + e \in \inf \mathfrak{B}$. Damit ist $\inf \mathfrak{B} \in \mathfrak{B}$. Nach Satz 3.1.1. existiert daher $\min \mathfrak{B}$, und es ist $\min \mathfrak{B} = \inf \mathfrak{B}$.

Das in (1) Definition 4.1.1. ausgezeichnete Element von $\tilde{N}$ ist e. Da $\tilde{N} \in \mathfrak{B}$ ist, gilt: $z \in \tilde{N} \Rightarrow z + e \in \tilde{N}$. Man kann also für (2) Definition 4.1.1.

$$\tilde{\nu}: \tilde{N} \to \tilde{N} \quad \text{durch} \quad \tilde{\nu}(z) := z + e \quad \text{für alle} \quad z \in \tilde{N} \quad \text{definieren.}$$

Es sei weiter $M \subset \tilde{N}$. Gilt dann

$$e \in M \text{ und („} z \in M \quad \Rightarrow \quad z + e \in M \text{" für alle } z \in \tilde{N}),$$

so ist $M \in \mathfrak{B}$ und daher $\tilde{N} = \inf \mathfrak{B} \subset M$, also $M = \tilde{N}$, d.h., (5) Definition 4.1.1. gilt.

Es sei $M = \{z \mid z \in \tilde{N},\ z > 0\}$. Wegen $e > 0$ ist $e \in M$. Ist $z \in M$, so ist $z \in \tilde{N}$, $z > 0$, also $z + e \in \tilde{N}$, $z + e > 0 + e > 0$ und damit $z + e \in M$. Wegen (5) ist $M = \tilde{N}$ und daher $z > 0$ für alle $z \in \tilde{N}$.

Für alle $z \in \tilde{N}$ gilt jetzt $z + e > 0 + e = e$, also $z + e \neq e$, d.h. (3) Definition 4.1.1., und für alle $z, w \in \tilde{N}$ gilt „$z + e = w + e \Rightarrow z = w$", also (4) Definition 4.1.1. ●

Bei der Konstruktion von $\tilde{N}$ ist die vollständige Ordnung auf K wesentlich benutzt worden (der Körper mit 3 Elementen aus Beispiel 3.2.1. enthält kein Modell der natürlichen Zahlen). Man kann jetzt $\tilde{N}$ mit N vergleichen.

Satz 4.4.2. $(K, +, \cdot, \leqq)$ *sei ein angeordneter Körper mit Einselement* e, $\tilde{N}$ *wie in Satz 4.4.1. definiert. Es gibt genau eine Abbildung*

$$\tilde{\varphi}: N \to K \quad \text{mit} \quad \tilde{\varphi}(1) = e, \quad \tilde{\varphi}(n') = \tilde{\varphi}(n) + e \quad \text{für alle} \quad n \in N.$$

$\tilde{\varphi}$ ist injektiv und $\tilde{\varphi}(N)=\tilde{N}$. Definiert man

$$\varphi: N \to \tilde{N} \quad \text{durch} \quad \varphi(n):=\tilde{\varphi}(n) \quad \text{für alle} \quad n\in N,$$

so ist φ bijektiv, φ und φ^{-1} sind ordnungserhaltend. $\tilde{N}$ ist gegen „+" und „·" abgeschlossen. Überträgt man „+" und „·" durch φ auf N, so erhält man zwei Verknüpfungen „+", „·" auf N, definiert durch

$$n+m:=\varphi^{-1}(\varphi(n)+\varphi(m)), \qquad n\cdot m:=\varphi^{-1}(\varphi(n)\cdot\varphi(m))$$

für alle $n, m\in N$. φ ist Isomorphismus von $(N, +, \cdot)$ auf $(\tilde{N}, +, \cdot)$.

Beweis. Setzt man in Satz 4.3.1. $A=N$, $X=K$, $a_1=e$ und definiert $h: K\to K$ durch $h(z):=z+e$ für alle $z\in K$, so ergibt Satz 4.3.1. (mit $\tilde{\varphi}:=f$), daß es genau eine Abbildung $\tilde{\varphi}: N\to K$ mit $\tilde{\varphi}(1)=e$, $\tilde{\varphi}(n')=h(\tilde{\varphi}(n))=\tilde{\varphi}(n)+e$ für alle $n\in N$ gibt.

Es ist $\tilde{\varphi}(1)=e\in\tilde{N}$, und für alle $n\in N$ gilt: $\tilde{\varphi}(n)\in\tilde{N} \Rightarrow \tilde{\varphi}(n')=\tilde{\varphi}(n)+e\in\tilde{N}$. Vollständige Induktion (Satz 4.1.1.) ergibt daher $\tilde{\varphi}(n)\in\tilde{N}$ für alle $n\in N$. Es ist also $\tilde{\varphi}(N)\subset\tilde{N}$.

Jetzt kann man zunächst die Abbildung

$$\varphi: N\to\tilde{N} \quad \text{durch} \quad \varphi(n):=\tilde{\varphi}(n) \quad \text{für alle} \quad n\in N$$

definieren. φ hat die Eigenschaften ($\tilde{\nu}$ aus Satz 4.4.1.)

$$\varphi(1)=e, \quad \varphi(n')=\varphi(n)+e=\tilde{\nu}(\varphi(n)) \quad \text{für alle} \quad n\in N.$$

Da $(\tilde{N}, \tilde{\nu}, e)$ Modell der natürlichen Zahlen ist, ist φ nach Satz 4.3.2. durch diese Eigenschaften eindeutig bestimmt und weiter nach Satz 4.3.2. bijektiv. Damit ist dann auch $\tilde{\varphi}$ injektiv und $\tilde{\varphi}(N)=\varphi(N)=\tilde{N}$.

$\tilde{N}$ ist als Teilmenge von K durch „$\leqq$" vollständig geordnet. Es sei $m\in N$. Dann zeigt man durch vollständige Induktion, daß

$$m\leqq n \Rightarrow \varphi(m)\leqq\varphi(n) \text{ für alle } n\in N$$

gilt (vollständige Induktion nach Satz 4.1.1.):

(A) $m\leqq 1 \Rightarrow \varphi(m)\leqq\varphi(1)$

ist wahr, da $m\leqq 1 \Rightarrow m=1$, also $\varphi(m)=\varphi(1)$ ist. Man macht die Induktionsvoraussetzung

(V) $m\leqq n \Rightarrow \varphi(m)\leqq\varphi(n)$.

Ist $m\leqq n'$, so ist $m\leqq n$ oder $m=n'$. Ist $m\leqq n$, so gilt nach (V) $\varphi(m)\leqq\varphi(n)\leqq \leqq\varphi(n)+e=\varphi(n')$. Ist $m=n'$, so ist sowieso $\varphi(m)=\varphi(n')$, also gilt in jedem Fall

$$m\leqq n' \Rightarrow \varphi(m)\leqq\varphi(n'),$$

was zu zeigen war. Sind daher $m, n \in N$, so gilt

$$m \leqq n \quad \Rightarrow \quad \varphi(m) \leqq \varphi(n),$$

φ ist ordnungserhaltend. Da N durch „$\leqq$“ vollständig geordnet und φ bijektiv ist, ist φ nach Satz 3.1.4. Ordnungsisomorphismus, also nach Hilfssatz 3.1.6. auch φ^{-1} ordnungserhaltend.

Es sei $z \in \tilde{N}$. Dann ist $z+e \in \tilde{N}$, und für alle $w \in \tilde{N}$ gilt

$$z+w \in \tilde{N} \quad \Rightarrow \quad z+(w+e) = (z+w)+e \in \tilde{N}.$$

Vollständige Induktion in $\tilde{N}$ ($\tilde{N}$ ist Modell der natürlichen Zahlen, $v+e = \tilde{v}(v)$) ergibt $z+w \in \tilde{N}$ für alle $w \in \tilde{N}$. $\tilde{N}$ ist also gegen „$+$“ abgeschlossen.

Es sei $z \in \tilde{N}$. Dann ist $z \cdot e \in \tilde{N}$, und für alle $w \in \tilde{N}$ gilt

$$z \cdot w \in \tilde{N} \quad \Rightarrow \quad z \cdot (w+e) = z \cdot w + z \in \tilde{N}.$$

Vollständige Induktion ergibt $z \cdot w \in \tilde{N}$ für alle $w \in \tilde{N}$, also ist $\tilde{N}$ auch gegen „$\cdot$“ abgeschlossen.

Überträgt man „$+$“ und „$\cdot$“ durch φ auf N, so erhält man Verknüpfungen auf N, und φ ist natürlich Isomorphismus. ●

Satz 4.4.3. *Die in Satz 4.4.2. definierten Verknüpfungen „$+$“ und „$\cdot$“ auf N haben die Eigenschaften*

(1) $$m+1 = m', \quad m+n' = (m+n)' \quad \textit{für alle} \quad m, n \in N,$$

(2) $$m \cdot 1 = m, \quad m \cdot n' = m \cdot n + m \quad \textit{für alle} \quad m, n \in N.$$

Sie sind durch (1) *und* (2) *eindeutig bestimmt, hängen also nicht von der speziellen Wahl des angeordneten Körpers* $(K, +, \cdot, \leqq)$ *in Satz 4.4.2. ab.*

Beweis. Man rechnet nach (φ ist Isomorphismus!)

$$m+1 = \varphi^{-1}(\varphi(m)+\varphi(1)) = \varphi^{-1}(\varphi(m)+e) = \varphi^{-1}(\varphi(m')) = m',$$

$$m+n' = \varphi^{-1}(\varphi(m)+\varphi(n')) = \varphi^{-1}(\varphi(m)+\varphi(n)+e) = \varphi^{-1}(\varphi(m+n)+e) =$$

$$= \varphi^{-1}(\varphi((m+n)')) = (m+n)',$$

$$m \cdot 1 = \varphi^{-1}(\varphi(m) \cdot \varphi(1)) = \varphi^{-1}(\varphi(m) \cdot e) = \varphi^{-1}(\varphi(m)) = m,$$

$$m \cdot n' = \varphi^{-1}(\varphi(m)\varphi(n')) = \varphi^{-1}(\varphi(m)(\varphi(n)+e)) = \varphi^{-1}(\varphi(mn)+\varphi(m)) =$$

$$= \varphi^{-1}(\varphi(mn+m)) = mn+m.$$

Definiert man also für $m \in N$

$$\varkappa_m: N \to N \quad \text{durch} \quad \varkappa_m(n) := m+n \quad \text{für alle } n \in N,$$

$$\mu_m: N \to N \quad \text{durch} \quad \mu_m(n) := m \cdot n \quad \text{für alle } n \in N,$$

so hat $\varkappa_m$ die Eigenschaften

$$\varkappa_m(1) = m', \quad \varkappa_m(n') = \nu(\varkappa_m(n)) \text{ für alle } n \in N,$$

ist also nach Satz 4.3.1. durch diese Eigenschaften eindeutig bestimmt. Dann ist aber auch μ_m durch

$$\mu_m(1) = m, \quad \mu_m(n') = \mu_m(n) + m \text{ für alle } n \in N$$

eindeutig bestimmt. ●

Hat man also einen angeordneten Körper $(K, +, \cdot, \leqq)$, so enthält K nach Satz 4.4.1. ein spezielles Modell $\tilde{N}$ der natürlichen Zahlen. Da nach Satz 4.3.2. ein Modell der natürlichen Zahlen so gut wie jedes andere ist (wegen der Existenz und Eindeutigkeit von φ aus Satz 4.3.2.), kann man von nun an auch $\tilde{N}$ an Stelle von N nehmen. Das gilt selbst dann, wenn man auf N zwei Verknüpfungen „+" und „·" hat, die den Bedingungen (1) und (2) aus Satz 4.4.3. genügen, denn nach Satz 4.4.3. und 4.4.2. ist die Abbildung φ aus Satz 4.4.2. (und Satz 4.3.2.) ein Isomorphismus von $(N, +, \cdot)$ auf $(\tilde{N}, +, \cdot)$ und dazu noch ordnungserhaltend.

Will man aber das Modell der natürlichen Zahlen nicht wechseln und trotzdem N als Teilmenge eines angeordneten Körpers behalten, so kann man ein Verfahren anwenden, das man als *isomorphe Einbettung* oder *Ersetzung* bezeichnet. Man ersetzt in K jedes Element z von $\tilde{N}$ durch $\varphi^{-1}(z)$ und erhält

$$\tilde{K} = (K - \tilde{N}) \cup N.$$

Definiert man

$$\chi: \tilde{K} \to K \quad \text{durch} \quad \chi(z) := z \quad \text{für} \quad z \notin N, \quad \chi(z) := \varphi(z) \quad \text{für} \quad z \in N,$$

so ist χ offenbar bijektiv. Definiert man für $x, y \in K$

$$x + y := \chi^{-1}(\chi(x) + \chi(y)), \quad x \cdot y := \chi^{-1}(\chi(x) \cdot \chi(y))$$

und

$$x \leqq y \quad :\Leftrightarrow \quad \chi(x) \leqq \chi(y),$$

so wird χ Isomorphismus von $(\tilde{K}, +, \cdot)$ auf $(K, +, \cdot)$, χ^{-1} Isomorphismus von $(K, +, \cdot)$ auf $(\tilde{K}, +, \cdot)$, und χ und χ^{-1} sind ordnungserhaltend. $(\tilde{K}, +, \cdot, \leqq)$ ist ein angeordneter Körper, der N als Teilmenge enthält, 1 ist Einselement von K, „+", „·", „≦" stimmen auf N mit den eventuell vorher auf N gegebenen Verknüpfungen und der vorher gegebenen Anordnung überein. $\tilde{K}$ unterscheidet sich von

K nur durch eine „Bezeichnungsänderung", an Stelle jedes Elementes von $\tilde{N}$ steht das entsprechende Element von N. Das bedeutet:

Satz 4.4.4. *Ist $(K, +, \cdot, \leqq)$ ein angeordneter Körper, so kann man, wenn erforderlich, immer annehmen, daß N in natürlicher Weise Teilmenge von K ist, d.h., daß $N \subset K$ ist, 1 das Einselement von K und $n' = n+1$ für jedes $n \in K$ ist. N ist dann auch durch „$\leqq$" in der üblichen Weise vollständig geordnet.*

Man darf aber nun nicht annehmen, man hätte durch Satz 4.4.1. eine elegante Möglichkeit gewonnen, sich ein Modell der natürlichen Zahlen zu verschaffen. Dazu müßte man zuerst nachweisen, daß es überhaupt einen angeordneten Körper gibt. Um einen angeordneten Körper zu konstruieren, geht man jedoch von einem Modell der natürlichen Zahlen aus. Definition durch vollständige Induktion (Satz 4.3.1.) ergibt die Existenz zweier (eindeutig bestimmter) Verknüpfungen „$+$" und „$\cdot$" auf N mit den Eigenschaften (1) und (2) aus Satz 4.4.3. Man muß nachweisen, daß „$+$", „$\cdot$" assoziativ und kommutativ sind und daß die Distributivgesetze gelten. Mittels eines speziellen Verfahrens gewinnt man aus $(N, +, \cdot)$ einen Körper $(Q, +, \cdot)$ und zeigt, daß es eine vollständige Ordnung „$\leqq$" auf Q gibt, die auf N mit der üblichen Ordnung übereinstimmt und für die $(Q, +, \cdot, \leqq)$ ein angeordneter Körper ist. Das Konstruktionsverfahren und die Beweise sind nicht schwierig, es sind jedoch so viele Einzelheiten auszuführen, daß die Darstellung ziemlich umfangreich wird. Es sei daher auf die entsprechende Literatur verwiesen (siehe etwa Landau: „Grundlagen der Analysis", 1930, mehrere Nachdrucke, zuletzt Chelsea Publishing Co. 1960).

Anmerkung 4.4.1. *Wir wollen ab jetzt immer voraussetzen, daß ein angeordneter Körper existiert und „$+$" und „$\cdot$" auf N nach Satz 4.4.2. definiert sind.*

Aus Satz 4.4.1. ergibt sich noch eine nützliche Charakterisierung der Anordnung auf N.

Hilfssatz 4.4.1. *Für alle $n, m \in N$ gilt*

$$n < m \quad \Leftrightarrow \quad \text{Es gibt ein } z \in N \text{ mit } n+z = m.$$

Beweis. Nach Satz 4.4.1. ist $z > 0$ für alle $z \in N$. Ist also $m = n+z$, so ist $n < n+z = m$ (N wie oben als Teilmenge von K betrachtet).

Ist $T = \{n+z | z \in N\}$, so ist $n' = n+1 \in T$, und ist $m \in T$, so gibt es ein $z \in N$ mit $m = n+z$, also ist $m' = (n+z)+1 = n+(z+1) \in T$. T ist also ab n' vollständig und daher $E_{n'} \subset T$ (Hilfssatz 4.2.1.). Ist $n < m$, so ist $n \leqq m$, nach Satz 4.2.1. $m \in E_m \subset E_n$, und $m \neq n$. Nach Hilfssatz 4.2.1. ist

$$m \in E_n - \{n\} = E_{n'} \subset T, \quad \text{d.h., es gibt ein} \quad z \in N \quad \text{mit} \quad m = n+z. \quad \bullet$$

4.5. Die Anzahl der Elemente einer Menge

Will man die Elemente einer Menge X mit Hilfe der natürlichen Zahlen abzählen oder durchnumerieren, so wird man einem Element von X die Nummer 1 geben, einem weiteren, davon verschiedenen, die Nummer 2, etc.

$$1,\ 2,\ 3, \ldots,\ m, \ldots \quad A$$

$$a_1, a_2, a_3, \ldots, a_m, \ldots \quad X$$

und dabei einen Abschnitt A von N verbrauchen (Abschnitt = Anfangsstück, siehe Definition 4.3.1.). Hat man X dann abgezählt, so muß man also zu jeder „Nummer" aus A ein Element von X haben. Dabei muß jedes Element von X eine Nummer bekommen, und zu verschiedenen Nummern müssen verschiedene Elemente von X gehören. Das bedeutet aber nichts anderes, als daß man eine bijektive Abbildung $\varphi: A \to X$ hat. Ist $A = A_n$ mit einem $n \in N$, so wird man versuchen, n als Anzahl der Elemente von X zu deuten. Ist Y eine weitere Menge und $\psi: X \to Y$ bijektiv, so ist auch $\psi \circ \varphi: A \to Y$ bijektiv, und Y müßte dann dieselbe Anzahl von Elementen haben wie X. Von dieser Vorstellung her ist die folgende Definition naheliegend.

Definition 4.5.1. *X und Y seien Mengen. Man nennt X gleichmächtig (mit) Y, $X \approx Y$, wenn es eine bijektive Abbildung $\varphi: X \to Y$ gibt.*

Hilfssatz 4.5.1. *X, Y, Z seien Mengen. Es gilt*

$$(1)\ X \approx X, \qquad (2)\ X \approx Y \Leftrightarrow Y \approx X, \qquad (3)\ X \approx Y \text{ und } Y \approx Z \Rightarrow X \approx Z.$$

Beweis.

(1) $id_X: X \to X$ ist bijektiv;

(2) $\varphi: X \to Y$ bijektiv $\Rightarrow$ $\varphi^{-1}: Y \to X$ bijektiv, entsprechend für X, Y vertauscht;

(3) $\varphi: X \to Y$ bijektiv, $\psi: Y \to Z$ bijektiv $\Rightarrow$ $\psi \circ \varphi: X \to Z$ bijektiv. ●

Für die Verwendung der natürlichen Zahlen zum Abzählen sind die beiden folgenden Hilfssätze wichtig, für deren Formulierung wir zunächst eine Bezeichnung einführen müssen.

Definition 4.5.2. *Eine Teilmenge $M \subset N$ heißt beschränkt, wenn M in N eine obere Schranke hat, wenn also $\bar{S}(M) \neq \emptyset$ ist. ($\bar{S}(M)$ wie in Satz 3.1.1.)*

Hilfssatz 4.5.2. *Es sei $M \subset N$, $M \neq \emptyset$. Dann gilt*

$$M \text{ beschränkt} \Leftrightarrow \max M \text{ existiert.}$$

Beweis. Existiert max M, so ist max M obere Schranke, M ist beschränkt. Ist M beschränkt, so ist $\bar{S}(M) \neq \emptyset$, also existiert nach Satz 4.2.2. min $\bar{S}(M)$. Es sei $m = \min \bar{S}(M) = \sup M$ (nach Definition des Supremums). Nach Satz 3.1.1. gilt

$$\sup M \in M \quad \Rightarrow \quad \max M \textit{ existiert}, \ \max M = \sup M.$$

Man braucht also nur noch $m \in M$ zu zeigen. Für alle $n \in M$ ist $n \leqq m$. Wäre $m \notin M$, so müßte $n < m$ gelten; da $M \neq \emptyset$ ist, d.h. ein Element enthält, wäre $m \neq 1$, hätte also einen Vorgänger p, und aus $n < p'$ erhielte man $n \leqq p$ für alle $n \in M$. p wäre ebenfalls obere Schranke von M, was $p' = m = \min \bar{S}(M)$ widerspricht. ●

Hilfssatz 4.5.3. *A, B seien Abschnitte von N. Es gilt*

$$A \approx B \quad \Rightarrow \quad A = B.$$

Ist $n \in N$, $\varphi: A_n \to N$, so ist $\varphi(A_n)$ beschränkt.
N ist nicht beschränkt.

Beweis. Man zeigt zunächst durch vollständige Induktion, daß für jedes $n \in N$ gilt:

$$\varphi: A_n \to N \quad \Rightarrow \quad \varphi(A_n) \text{ beschränkt.}$$

(Man beachte, daß diese Aussageform lautet: Wenn φ eine Abbildung von A_n in N ist, so ist $\varphi(A_n)$ beschränkt. φ und n sind Variable!)

(A) Es sei $\varphi: A_1 \to N$. Dann ist $\varphi(A_1) = \varphi(\{1\}) = \{\varphi(1)\}$, $\varphi(1)$ ist obere Schranke.

(B) Es sei $n \in N$ und $\varphi: A_{n'} \to N$. Da $A_{n'} = A_n \cup \{n'\}$ ist, ist $\varphi(A_{n'}) = \varphi(A_n) \cup \{\varphi(n')\}$. Nun ist $\varphi(A_n) = (\varphi|A_n)(A_n)$ und $\varphi|A_n: A_n \to N$, also ist nach Induktionsvoraussetzung (nämlich: Für n ist die Behauptung wahr) $\varphi(A_n)$ beschränkt. Ist m eine obere Schranke, so ist $m + \varphi(n')$ wegen $m, \varphi(n') \leqq m + \varphi(n')$ obere Schranke von $\varphi(A_{n'})$.

Kein Element von N kann obere Schranke für N sein, denn ist $n \in N$, so ist $n < n'$, $n' \in N$. Also ist N nicht beschränkt.

Nach Hilfssatz 4.3.1. sind $\emptyset$, die A_n für $n \in N$ und N sämtliche Abschnitte von N. Es seien A, B Abschnitte,

$$\varphi: A \to B \quad \text{bijektiv.}$$

Ist $A = \emptyset$, so ist $B = \varphi(A) = \emptyset$. Daher gilt: $B \approx \emptyset \Rightarrow B = \emptyset$.

Ist $B = N$, so ist $A \neq \emptyset$. Für $A = A_n$ wäre $\varphi(A)$ beschränkt, N ist aber nicht beschränkt, für kein $n \in N$ kann daher $A = A_n$ sein. Also ist $A = N$. Darum gilt: $A \approx N \Rightarrow A = N$.

Ist $A \neq \emptyset$, $B \neq N$, so ist auch $A \neq N$, $B \neq \emptyset$, also $A = A_n$, $B = A_m$ mit passenden $n, m \in N$. Wir müssen zeigen, daß $n = m$ ist. Man zeigt durch vollständige Induktion, daß für alle $n \in N$ gilt:

Ist $m \in N$ und $\varphi: A_n \to A_m$ bijektiv, so ist $m = n$.

(A) Es sei $m \in N$ und $\varphi: A_1 \to A_m$ bijektiv. Dann ist $\{k | k \in N, k \leqq m\} = A_m = \varphi(A_1) = \{\varphi(1)\}$, also ist $\varphi(1) = 1$ und $m = 1$.

(B) Es sei $n \in N$. Dann sei $m \in N$ und $\varphi: A_{n'} \to A_m$ bijektiv. Man definiert

$$\psi: A_m \to A_m \quad \text{durch} \quad \begin{array}{l} \psi(z) := z \text{ für } z \in A_m,\ z \neq m,\ \varphi(n') \\ \psi(m) := \varphi(n'),\ \psi(\varphi(n')) = m. \end{array}$$

ψ vertauscht ersichtlich nur $\varphi(n')$ und m, und es ist $\psi \circ \psi = id_M$. ψ ist bijektiv. Es ist

$$\psi \circ \varphi: A_{n'} \to A_m \quad \text{bijektiv,} \quad \psi \circ \varphi(n') = \psi(\varphi(n')) = m.$$

Wegen $n \neq n'$ ist $\psi \circ \varphi(n) \neq \psi \circ \varphi(n')$, d.h., $A_m \neq \{m\}$. Also ist $m \neq 1$, m hat daher einen Vorgänger p. Die Abbildung

$$\chi: A_n \to A_p, \quad \text{definiert durch} \quad \chi(z) := \psi \circ \varphi(z) \quad \text{für alle} \quad z \in A_n,$$

ist wegen $\psi \circ \varphi(n') = m = p'$ und der Bijektivität von $\psi \circ \varphi$ auch bijektiv. Nach Induktionsvoraussetzung ist daher $n = p$, also $n' = p' = m$. ●

Man wird jetzt zuerst versuchen, Teilmengen von N abzuzählen. Dabei liegt es nahe, die Elemente der Größe nach durchzunumerieren, d.h., die Abbildung φ so zu wählen, daß $n < m \Rightarrow \varphi(n) < \varphi(m)$.

Satz 4.5.1. *Ist $B \subset N$, so gibt es genau eine bijektive und ordnungserhaltende Abbildung*

$$\varphi: A \to B$$

eines Abschnittes A von N auf B.

Beweis. Ist $\varphi: A \to B$ bijektiv, so gilt: $A = \emptyset \Rightarrow B = \emptyset$. Ist also $B = \emptyset$, so ist der Satz trivial. Es sei daher $B \neq \emptyset$.

Ist zunächst $g: A \to B$ bijektiv und ordnungserhaltend, A ein Abschnitt von N ($A \neq \emptyset$, da $B \neq \emptyset$ ist), so ist g nach Satz 3.1.4. Ordnungsisomorphismus, da A linear geordnet ist. Nach Hilfssatz 3.1.6. schließt man ($1 \in A$, da $A \neq \emptyset$ ist!)

$$1 = \min A \quad \Rightarrow \quad g(1) = \min g(A) = \min B,$$

und für $n \in N$, falls $n' \in A$ ist, wegen $A_n = \{m | m \in N,\ m < n'\}$ (denn $m \leqq n \Leftrightarrow m < n'$!)

$$n' = \min(A - A_n) \quad \Rightarrow \quad g(n') = \min g(A - A_n) = \min(B - g(A_n)),$$

denn weil g bijektiv ist, ist $g(A - A_n) = g(A) - g(A_n) = B - g(A_n)$, wie man sofort sieht. Man definiert jetzt eine Abbildung $f: N \to B$ durch

$$f := g, \quad \text{falls } A = N, \quad f(n) := \begin{cases} g(n) & \text{für } n \leqq m \\ g(m) & \text{für } n > m \end{cases}, \quad \text{falls } A = A_m$$

ist. Ist $A=A_m$, so gilt insbesondere $f(n')=f(n)$ für alle $n\in N$ mit $n\geqq m$. Um aus f die Abbildung g zurückzugewinnen, setzt man $M=\{n|n\in N,\ f(n')=f(n)\}$. Dann gilt ersichtlich

$$M=\emptyset \ \Leftrightarrow\ g=f.$$

Ist $M\neq\emptyset$, so ist $A=A_m$ mit $m=\min M$ und $g=f|A_m$. Insgesamt ist

(a) $$g=\begin{cases} f, & \text{falls } M=\emptyset,\\ f|A_m, & \text{falls } M\neq\emptyset \text{ und } m=\min M\end{cases}$$

ist. Ist $n\in A$, so ist natürlich $g(A_n)=f(A_n)=(f|A_n)(A_n)$. Es gilt nach der Konstruktion von f

(1*) $$f(1)=\min B$$

(2*) $$f(n')=\begin{cases}\min\big(B-(f|A_n)(A_n)\big), & \text{falls } (f|A_n)(A_n)\neq B \text{ ist},\\ (f|A_n)(n), & \text{falls } (f|A_n)(A_n)=B \text{ ist}.\end{cases}$$

Setzt man in Satz 4.3.3. N an Stelle von A, $X=B$, $a_1=\min B$ und definiert für jedes n

$$h_n:\{\varphi|\varphi:A_n\to B\}\to B \quad\text{durch}\quad h_n(\varphi):=\begin{cases}\min\big(B-\varphi(A_n)\big), & \text{falls } \varphi(A_n)\neq B,\\ \varphi(n), & \text{falls } \varphi(A_n)=B,\end{cases}$$

so besagt Satz 4.3.3., daß es genau eine Abbildung $f:N\to B$ mit den Eigenschaften (1*), (2*) gibt. Ist also g bijektiv und ordnungserhaltend, so ist g durch (a) gegeben und daher eindeutig bestimmt.

Um die Existenz einer bijektiven, ordnungserhaltenden Abbildung $g:A\to B$ zu zeigen, nimmt man die Abbildung f mit den Eigenschaften (1*) und (2*), definiert g durch (a) und zeigt, daß g bijektiv und ordnungserhaltend ist. Dann ist also zunächst $A=N$, falls $M=\emptyset$, und $A=A_m$ mit $m=\min M$, falls $M\neq\emptyset$ ist.

Sind $n,p\in A$, und ist $1<n<p$, so haben n und p Vorgänger t und q in A, d.h., $t'=n$, $q'=p$, $t<q$. Außerdem ist $q\notin M$ und daher $f(A_q)=(f|A_q)\neq B$. Wegen $A_t\subset A_q$, also $g(A_t)\subset g(A_q)$, ist

$$g(p)=g(q')=\min\big(B-g(A_q)\big)\in B-g(A_q)\subset B-g(A_t)$$

und damit

$$g(n)=g(t')=\min\big(B-g(A_t)\big)\leqq g(p).$$

Wegen $n=t'\leqq q$ ist $g(n)\notin B-g(A_q)$, also $g(n)\neq g(p)$. Sind daher $n,p\in A$ und $n>1$, so gilt

$$n<p\ \Rightarrow\ g(n)<g(p),\ \text{insbesondere } g(n)\neq g(p).$$

Ist aber $p\in A$, $p>1$, so ist $g(p)=\min\big(B-g(A_q)\big)\notin g(A_q)$, und wegen $g(1)=$ $=\min B\in g(A_q)$, $1\leqq g(1)$, ist auch $1<g(p)$. g ist injektiv und ordnungserhaltend.

Ist $A = A_m$, so ist $f(m') = f(m)$, also nach (2*) $g(A_m) = (f|A_m)(A_m) = B$.
Ist $A = N$, so gilt

$$\text{(A)}\quad 1 \leqq g(1), \qquad \text{(B)}\quad n \leqq g(n) \;\Rightarrow\; n \leqq g(n) < g(n') \;\Rightarrow\; n' \leqq g(n').$$

Vollständige Induktion ergibt $n \leqq g(n)$ für jedes $n \in N$. Ist $g(N) \neq B$, so sei $t \in B - g(N)$. Dann ist $g(1) = \min B \leqq t$. Ist $n \in N$, $n > 1$, so hat n einen Vorgänger m, also ist $n = m'$, $g(n) = g(m') = \min(B - g(A_m)) < t$. t ist daher obere Schranke für $g(N)$. Damit ist $n \leqq g(n) \leqq t$ für alle $n \in N$. Nach Hilfssatz 4.5.3. hat N aber keine obere Schranke in N. Folglich muß $g(N) = B$ sein.

g ist also in jedem Falle auch surjektiv und damit bijektiv und ordnungserhaltend. ●

Man kann jetzt daran gehen, beliebige Mengen, soweit möglich, abzuzählen.

Definition 4.5.3. *Für eine Menge X definiert man:*

$$X \text{ ist abzählbar} \;\Leftrightarrow\; \text{Es gibt eine Teilmenge } B \subset N \text{ mit } X \approx B;$$

$$X \text{ ist überabzählbar} \;\Leftrightarrow\; \text{Es gibt keine Teilmenge } B \subset N \text{ mit } X \approx B.$$

Satz 4.5.2. *Zu jeder abzählbaren Menge X gibt es genau einen Abschnitt A von N mit $X \approx A$. Man kann daher für jede abzählbare Menge X die „Anzahl der Elemente von X" definieren durch*

$$\operatorname{Anz} X := \begin{cases} 0, & \text{falls } X \approx \emptyset \\ n, & \text{falls } X \approx A_n,\ n \in N \\ \infty \ (\text{gelesen: unendlich}), & \text{falls } X \approx N. \end{cases}$$

Man definiert (mit $x \leqq y \;:\Leftrightarrow\; x < y$ oder $x = y$)

$$0 < n < \infty \quad \text{für alle } n \in N, \quad 0 < \infty.$$

Dann ist $\{0\} \cup N \cup \{\infty\}$ durch „$\leqq$" vollständig geordnet. Eine abzählbare Menge X heißt endlich, wenn Anz $X < \infty$ *ist.*

Beweis. Ist X abzählbar, so gibt es ein $B \subset N$ mit $X \approx B$. Zu B gibt es nach Satz 4.5.1. einen Abschnitt A mit $A \approx B$, also nach Hilfssatz 4.5.1. $X \approx A$. Ist auch B Abschnitt und $X \approx B$, so ist $A \approx B$, daher nach Hilfssatz 4.5.3. $A = B$. A ist demnach durch X eindeutig bestimmt.

Daß $\{0\} \cup N \cup \{\infty\}$ durch „$\leqq$" vollständig geordnet ist, ist offensichtlich. ●

Satz 4.5.3. *Ist $X \subset N$, so gilt*

(1) *X ist endlich* $\Leftrightarrow$ *X ist beschränkt.*

Sind X, Y Mengen, so gilt

(2) *X abzählbar und $Y \subset X \Rightarrow Y$ abzählbar, X endlich und $Y \subset X \Rightarrow Y$ endlich.*

Sind X, Y abzählbare Mengen, so gilt

(3) $X \subset Y \Rightarrow \text{Anz}\, X \leqq \text{Anz}\, Y$, *(4)* $X \approx Y \Leftrightarrow \text{Anz}\, X = \text{Anz}\, Y$.

Sind X, Y endliche Mengen, so gilt

(5) $X \cap Y = \emptyset \Rightarrow \text{Anz}\, X \cup Y = \text{Anz}\, X + \text{Anz}\, Y$.

Beweis. (1) Ist X endlich, so gibt es eine bijektive Abbildung $\varphi: A \to X$, A Abschnitt in N, $A \neq N$. Definiert man $\tilde{\varphi}: A \to N$ durch $\tilde{\varphi}(x) := \varphi(x)$ für alle $x \in A$, so ist $X = \varphi(A) = \tilde{\varphi}(A)$ nach Hilfssatz 4.5.3. beschränkt.

Ist X beschränkt, so existiert nach Hilfssatz 4.5.2. $\max X$. Es sei $n = \max X$, $\varphi: X \to A$ bijektiv, A Abschnitt in N. Dann ist $X \subset A_n$. Definiert man $\psi: A_n \to N$ durch $\psi(x) := \varphi(x)$ für $x \in X$, $\psi(x) := 1$ für $x \in A_n$, $x \notin X$, so ist $A = \varphi(X) = \psi(X) \subset \psi(A_n)$, $\psi(A_n)$ beschränkt, also $\psi(A_n) \neq N$, d.h. auch $A \neq N$. Damit ist X endlich.

(5) Es sei $\text{Anz}\, X = n$, $\text{Anz}\, Y = m$, $\varphi: X \to A_n$ und $\psi: Y \to A_m$ seien bijektiv. Es ist

$$A_{n+m} = \{z \mid z \in N,\ z \leqq n+m\}, \quad \text{also} \quad A_{n+m} - A_n = \{z \mid z \in N,\ n < z \leqq n+m\}.$$

Nach Hilfssatz 4.4.1. gilt für $z \in N$

$$n < z \Leftrightarrow \text{Es gibt ein } y \in N \text{ mit } z = n+y; \quad n+y \leqq n+m \Leftrightarrow y \leqq m.$$

Definiert man daher

$$\tilde{\psi}: A_m \to (A_{n+m} - A_n) \quad \text{durch} \quad \tilde{\psi}(y) := n+y,$$

so ist $\tilde{\psi}$ bijektiv, also auch $\tilde{\psi} \circ \psi: Y \to (A_{n+m} - A_n)$ bijektiv. Wegen $X \cap Y = \emptyset$ kann man

$$\chi: X \cup Y \to A_{n+m} \quad \text{durch} \quad \chi(x) := \begin{cases} \varphi(X) & \text{für } x \in X \\ \tilde{\psi} \circ \psi(x) & \text{für } x \in Y \end{cases}$$

definieren. Wegen $A_n \cap (A_{n+m} - A_n) = \emptyset$ und $A_n \cup (A_{n+m} - A_n) = A_{n+m}$ ist χ bijektiv, also $\text{Anz}\, X \cup Y = n+m$. Ist $\text{Anz}\, X = 0$, also $X = \emptyset$ oder $\text{Anz}\, Y = 0$, so ist (5) trivial.

(4) A, B seien Abschnitte von N, $X \approx A$, $Y \approx B$. Dann gilt

$$\text{Anz}\, X = \text{Anz}\, Y \Rightarrow A = B \Rightarrow X \approx Y, \qquad X \approx Y \Rightarrow A \approx B \Rightarrow A = B$$

(Hilfssatz 4.5.3.).

(2) Ist X abzählbar, so sei $\varphi: X \to A$ bijektiv, $A \subset N$. Ist $Y \subset X$, so ist

$$\psi: Y \to \varphi(Y), \quad \text{definiert durch} \quad \psi(y) := \varphi(y) \quad \text{für alle} \quad y \in Y,$$

bijektiv, $Y \approx \varphi(Y)$, $\varphi(Y) \subset N$, also Y abzählbar. Ist X sogar endlich, so ist A endlich, nach (1) beschränkt und damit auch $\varphi(Y)$ beschränkt $(\varphi(Y) \subset A)$, ebenfalls endlich und damit auch Y endlich.

(3) Ist $\operatorname{Anz} Y = \infty$, ist die Aussage trivial. Ist $\operatorname{Anz} Y < \infty$, so ist nach (2) auch $\operatorname{Anz} X < \infty$, und nach (5) schließt man $((Y-X) \subset Y$, also $\operatorname{Anz}(Y-X) < \infty!)$

$$X \cup (Y-X) = Y, \quad X \cap (Y-X) = \emptyset, \quad \text{also} \quad \operatorname{Anz} Y = \operatorname{Anz} X + \operatorname{Anz}(Y-X),$$

d.h. $\operatorname{Anz} X \leqq \operatorname{Anz} Y$. ●

Satz 4.5.4. *Sind X und Y abzählbar, so ist auch $X \times Y$ abzählbar.*

Beweis. Sind $\varphi: X \to A$, $\psi: Y \to B$ bijektiv, so offenbar auch

$$\varphi \times \psi: X \times Y \to A \times B, \quad \text{definiert durch} \quad \varphi \times \psi(x, y) := (\varphi(x), \psi(y)).$$

Sind A, B Abschnitte von N, so ist $A \times B \subset N \times N$. Nach (2) Satz 4.5.3. genügt es also, zu zeigen, daß $N \times N$ abzählbar ist. Man verwendet dazu folgendes Zählschema für $N \times N$:

$$\begin{array}{ccccccccc}
(1,1) & & (1,2) & & (1,3) & \cdots & & & (1,k) \\
& \swarrow & & \swarrow & & & & \swarrow & \\
(2,1) & & (2,2) & & & & & (2,k-1) & \\
& \swarrow & & & & & \swarrow & & \\
(3,1) & & & & & & & & \\
\vdots & \swarrow & & & & & & & \\
(k,1) & & & & & & & &
\end{array}$$

Hat man die ersten $k-1$ Diagonalen durchgezählt, so zählt man in der k-ten Diagonale in der angegebenen Richtung weiter. Man erhält

$$\varphi(1,1) = 1, \quad \varphi(1,k') = \varphi(1,k) + k.$$

Dadurch ist $\varphi(1,k)$ für alle $k \in N$ eindeutig festgelegt (Definition durch vollständige Induktion, Satz 4.3.3.), und es gilt, wie man leicht sieht,

$$k < m \;\Rightarrow\; \varphi(1,k) < \varphi(1,m).$$

Dann setzt man

$$\varphi(x,y) := \varphi(1,k) + x - 1 \quad \text{mit} \quad k+1 = x+y$$

und erhält für $x+y = k+1$ und $1 < x \leqq k$

$$\varphi(1,k) < \varphi(x,y) < \varphi(1,k').$$

$\varphi: N \times N \to N$ ist damit definiert und zumindest injektiv, was aber für die Abzählbarkeit von $N \times N$ ausreicht. ●

Gelegentlich ist der folgende Hilfssatz nützlich.

Hilfssatz 4.5.4. *X, Y seien Mengen, $f: X \to Y$. Dann gilt*

$$X \text{ ist abzählbar} \Rightarrow f(X) \text{ ist abzählbar und } \operatorname{Anz}(f(X)) \leqq \operatorname{Anz} X.$$

Beweis. Ist X abzählbar, so gibt es eine bijektive Abbildung $g: A \to X$ eines Abschnittes A von N auf X. Man definiert

$$h: f(X) \to A \quad \text{durch} \quad h(y) := \min(f \circ g)^{-1}(\{y\}) \quad \text{für alle} \quad y \in f(X).$$

Sind $y, z \in f(X)$ und ist $y \neq z$, so ist $(f \circ g)^{-1}(\{y\}) \cap (f \circ g)^{-1}(\{z\}) = \emptyset$. Daher ist $h(y) \neq h(z)$. h ist also injektiv und $f(X) \approx h(f(X))$. Wegen $h(f(X)) \subset A$ folgt das Ergebnis aus (2), (3) Satz 4.5.3. ●

Aufgabe 4.5.1. X, Y seien endliche Mengen. Man zeige:

$$X \times Y \quad \text{ist endlich,} \quad \operatorname{Anz} X \times Y = (\operatorname{Anz} X) \cdot (\operatorname{Anz} Y). \quad ●$$

Aufgabe 4.5.2. X sei durch „$\prec$" teilweise geordnet. Man zeige:

In jeder endlichen, nicht-leeren Teilmenge $Y \subset X$ gibt es maximale und minimale Elemente (Anleitung: Man verwende vollständige Induktion bezüglich Anz Y). ●

Aufgabe 4.5.3. X sei durch „$\prec$" linear geordnet. Man zeige:
Jede endliche, nicht-leere Teilmenge $Y \subset X$ hat ein größtes und ein kleinstes Element. (Man vergleiche Aufgabe 4.5.2.) ●

4.6. Produktzeichen und Summenzeichen

$(H, *)$ sei Halbgruppe. Sind dann $x, y, z \in H$, so kann man definieren (Definition 2.1.2.)

$$x * y * z := (x * y) * z,$$

und es ist auch $x * y * z = x * (y * z)$. Sind noch $w, v, \ldots \in H$, so kann man entsprechend fortfahren

$$x * y * z * w := (x * y * z) * w, \quad x * y * z * w * v := (x * y * z * w) * v, \ldots$$

und stellt fest

$$x * y * z * w = (x * y) * z * w = (x * y) * (z * w) = x * y * (z * w) =$$
$$= x * (y * z * w) \quad \text{usw.}$$

Das „Produkt" $x * y * z * w$ ist zwar mittels einer bestimmten Aufteilung in Teilprodukte, nämlich $x * y * z$ und w (der Einheitlichkeit halber muß man auch ein einzelnes Element als Teilprodukt bezeichnen), definiert, wählt man aber eine andere

Einteilung, etwa $(x*y)$ und $(z*w)$, so erhält man wegen des Assoziativgesetzes dasselbe Ergebnis. Da nicht vorausgesetzt war, daß „$*$“ kommutativ ist, muß man natürlich die Reihenfolge der Elemente unverändert lassen. Will man Produkte von noch mehr Elementen definieren, so muß man sie der Übersicht halber der Reihenfolge nach durchnumerieren, also $x_1, x_2, x_3, \ldots \in H$, und wird sukzessive definieren (unter Verwendung von $n' = n+1$)

$$x_1 * \cdots * x_{n+1} := (x_1 * x_2 * \cdots * x_n) * x_{n+1}$$

und muß dann auch hier mit dem Assoziativgesetz zeigen

$$(x_1 * x_2 * \cdots * x_m) * (x_{m+1} * \cdots * x_n) = x_1 * x_2 * \cdots * x_n .$$

Beim Durchnumerieren kommt es nur darauf an, daß man zu jeder auftretenden Nummer ein Element erhält. Es kann durchaus etwa $x_3 = x_5$ sein, und man benutzt auch nicht immer alle Nummern. Die Paare (n, x_n) lassen sich ersichtlich zu einer Funktion zusammenfassen.

Definition 4.6.1. *F sei eine Funktion, $M \subset \mathscr{D}(F)$. Man verwendet die Bezeichnung*

$$(a_j)_{j\in M} := \{(j, a_j) \mid j \in M\} = F|M \quad \textit{mit} \quad a_j := F(j)$$

und nennt $(a_j)_{j\in M}$ eine Familie (von Elementen aus H, wenn $\mathscr{W}(F|M) \subset H$ ist). Ist $M = \mathbf{N}$, so bezeichnet man $(a_j)_{j\in \mathbf{N}}$ auch als Folge.

Der Übersichtlichkeit halber ist es zweckmäßig, eine besondere Bezeichnung einzuführen, nämlich

$$\prod_{j=1}^{n} a_j := a_1 * a_2 * a_3 * \cdots * a_n ,$$

denn man kann ja für eine beliebige natürliche Zahl n die durch Punkte angedeuteten weiteren „Faktoren“ überhaupt nicht übersehen. Darum muß man dieses Produkt auch durch vollständige Induktion definieren. (Wir verwenden weiter $n' = n+1$!)

Satz 4.6.1. *$(H, *)$ sei eine Halbgruppe, $(a_j)_{j\in A}$ eine Familie von Elementen von H, A ein Abschnitt von $\mathbf{N}$. Es gibt genau eine Möglichkeit*

$$\prod_{j=1}^{n} a_j \quad \textit{für alle} \quad n \in A$$

so zu definieren, daß

$$\prod_{j=1}^{1} a_j = a_1 \quad \textit{und} \quad \prod_{j=1}^{n+1} a_j = \left(\prod_{j=1}^{n} a_j\right) * a_{n+1} \; \textit{für alle } n \textit{ mit } n+1 \in A$$

wird. Ist $m \in \mathbf{N}$, $A_m \subset A$, so wird die (eindeutig bestimmte, siehe Satz 4.5.1.) bijektive, *ordnungserhaltende Abbildung* $\varphi: B \to (A - A_m)$ *eines Abschnittes* B *von* N *auf* $A - A_m$ *durch*

$$B = \{k | k \in N,\ m + k \in A\}, \quad \varphi(k) := m + k$$

gegeben. Man verwendet daher die eindeutig bestimmte Familie $(b_k)_{k \in B}$ *mit* $b_k := a_{m+k}$ *für alle* $k \in B$ *und definiert*

$$\prod_{j=m+1}^{n} a_j := \prod_{k=1}^{n-m} b_k = \prod_{k=1}^{n-m} a_{m+k} \quad \text{für alle} \quad n \in A \text{ mit } n > m.$$

Für das so definierte Produkt gilt das allgemeine Assoziativgesetz

$$\prod_{j=1}^{n} a_j = \left(\prod_{j=1}^{m} a_j\right)\left(\prod_{j=m+1}^{n} a_j\right) \quad \text{für} \quad 1 \leqq m < n,\ n \in A.$$

Beweis. Die Definition des Produktes für alle $n \in A$ ist gleichbedeutend mit der Angabe einer Abbildung

$$f: A \to H, \quad f(n) = \prod_{j=1}^{n} a_j$$

mit den Eigenschaften

$$f(1) = a_1, \quad f(n') = f(n) * a_{n+1} \quad \text{für alle} \quad n \in N \quad \text{mit} \quad n' \in A.$$

Definiert man in Satz 4.3.3. (mit $X = H$) für jedes $n \in A$ mit $n + 1 \in A$

$$h_n: \{\varphi | \varphi: A_n \to H\} \to H \quad \text{durch} \quad h_n(\varphi) := \varphi(n) * a_{n+1},$$

so besagt Satz 4.3.3., daß es genau eine Abbildung f mit den geforderten Eigenschaften gibt.

Die Abbildung $\varphi: B \to (A - A_m)$ ist bereits im Beweis von (5) Satz 4.5.3. bestimmt worden (siehe dort). Man kann daher das Produkt $\prod_{j=m+1}^{n} a_j$ wie angegeben definieren. Ist $A_m \neq A$, so ist $A - A_m$ kein Abschnitt von N ($1 \notin A - A_m$, $m' \in A - A_m$), die Definition überschneidet sich daher auch nicht mit der ursprünglichen Produktdefinition.

Das Assoziativgesetz beweist man durch vollständige Induktion. Mit $P(n)$ bezeichnet man die Aussage:

$(a_j)_{j \in A}$ sei eine Familie von Elementen von H, A Abschnitt von N. Dann gilt:

$$n \in A,\ m \in N,\ 1 \leqq m < n \quad \Rightarrow \quad \prod_{j=1}^{n} a_j = \left(\prod_{j=1}^{m} a_j\right) * \left(\prod_{j=m+1}^{n} a_j\right).$$

Wir verwenden Satz 4.2.4., setzen also voraus, $P(k)$ sei wahr für alle $k \in N$ mit $k < n$.

Ist $1 \leqq m < n$, so ist $n > 1$, hat also einen Vorgänger p. Dann ist $p' = n$ ($p' = p+1$) und $m \leqq p$, also gilt

$$(1)\quad \prod_{j=1}^{n} a_j = \left(\prod_{j=1}^{p} a_j\right) * a_{p+1}, \qquad (2)\quad \prod_{j=m+1}^{n} a_j = \left(\prod_{j=m+1}^{p} a_j\right) * a_{p+1},$$

falls $m+1 \leqq p$ ist, wie man unmittelbar sieht. Ist $m+1 > p$, also $m = p$ (wegen $m \leqq p$), so ist $n = m+1$, folglich

$$\prod_{j=m+1}^{n} a_j = a_n = a_{p+1},$$

und (1) liefert schon das Ergebnis. Ist $m+1 \leqq p$, so erhält man wegen $p < n$, $1 \leqq m < p$, mit dem Assoziativgesetz

$$\prod_{j=1}^{n} a_j = \left(\prod_{j=1}^{m} a_j\right) * \left(\prod_{j=m+1}^{p} a_j\right) * a_{p+1} = \left(\prod_{j=1}^{m} a_j\right) * \left(\prod_{j=m+1}^{n} a_j\right). \quad \bullet$$

Anmerkung 4.6.1. Satz 4.6.1. gibt also nur die genaue Definition eines Produktes mehrerer Faktoren

$$a_1 * a_2 * \cdots * a_n = \prod_{j=1}^{n} a_j$$

durch vollständige Induktion und in dieser Bezeichnungsweise den Nachweis, daß man beliebig klammern kann, daß also

$$(a_1 * a_2 * \cdots * a_p) * (a_{p+1} * \cdots * a_n) = (a_1 * a_2 * \cdots * a_m) * (a_{m+1} * \cdots * a_n)$$

ist $\bullet$

Ist „$*$“ kommutativ, so kann man zeigen, daß man auch die Reihenfolge beliebig verändern kann, das heißt aber, daß, falls $\varphi: A_n \to A_n$ bijektiv ist,

$$a_1 * a_2 * a_3 * \cdots * a_n = a_{\varphi(1)} * a_{\varphi(2)} * a_{\varphi(3)} * \cdots * a_{\varphi(n)}$$

gilt, also etwa für $n = 3$ und $\varphi(1) = 2$, $\varphi(2) = 3$, $\varphi(3) = 1$:

$$a_1 * a_2 * a_3 = a_2 * a_3 * a_1.$$

Satz 4.6.2. $(H, *)$ *sei kommutative Halbgruppe,* $(a_j)_{j \in A}$ *eine Familie von Elementen aus* H, A *ein Abschnitt von* $\mathbf{N}$. *Für jedes* $n \in A$ *und jede bijektive Abbildung* $\varphi: A_n \to A_n$ *gilt (unter Verwendung der Familie* $(b_k)_{k \in A_n}$ *mit* $b_k := a_{\varphi(k)}$ *für die Definition des Produktes)*

$$\prod_{j=1}^{n} a_j = \prod_{k=1}^{n} b_k = \prod_{k=1}^{n} a_{\varphi(k)}.$$

Beweis. Zum Beweis verwenden wir vollständige Induktion (über n). Der Induktionsanfang ist gesichert, denn ist $\varphi: A_1 \to A_1$ bijektiv, so ist $\varphi(1) = 1$, also

$$\prod_{j=1}^{1} a_j = a_1 = \prod_{j=1}^{1} a_{\varphi(j)}.$$

Es sei also $n' = n+1 \in A$ und $\varphi: A_{n+1} \to A_{n+1}$ bijektiv. Die Abbildung

$$\psi: A_{n+1} \to A_{n+1}, \quad \text{definiert durch} \quad \begin{cases} \psi(z) := z \text{ für } z \neq n+1,\ \varphi(n+1), \\ \psi(n+1) := \varphi(n+1),\ \psi(\varphi(n+1)) := n+1, \end{cases}$$

ist bijektiv (vergleiche den Beweis von Hilfssatz 4.5.3., es ist $\psi \circ \psi = id_{A_{n+1}}$). Damit ist auch $\varphi^{-1} \circ \psi: A_{n+1} \to A_{n+1}$ bijektiv und $\varphi^{-1} \circ \psi(n+1) = n+1$. Man kann also eine Abbildung $\chi: A_n \to A_n$ durch $\chi(z) := \varphi^{-1} \circ \psi(z)$ definieren. χ ist bijektiv. Nach Induktionsvoraussetzung ist daher

$$\prod_{j=1}^{n+1} a_{\varphi(j)} = \left(\prod_{j=1}^{n} a_{\varphi(j)}\right) * a_{\varphi(n+1)} = \left(\prod_{k=1}^{n} a_{\varphi(\chi(k))}\right) * a_{\varphi(n+1)}.$$

Für $k \in A_n$ ist aber $\varphi(\chi(k)) = \psi(k)$. Außerdem ist $\varphi(n+1) = \psi(n+1)$. Setzt man $p = \psi(n+1)$, so ist $\psi(p) = \psi(\varphi(n+1)) = n+1$ und $\psi(z) = z$ für alle $z \neq p,\ n+1$. Das liefert für $1 < p < n$ unter Verwendung des Assozitivgesetzes, da „$*$" kommutativ ist,

$$\prod_{j=1}^{n+1} a_{\varphi(j)} = \left(\prod_{k=1}^{p-1} a_k\right) * a_{n+1} * \left(\prod_{k=p+1}^{n} a_k\right) * a_p = \left(\prod_{k=1}^{p-1} a_k\right) * a_p * \left(\prod_{k=p+1}^{n} a_k\right) * a_{n+1}$$

$$= \left(\prod_{k=1}^{n} a_k\right) * a_{n+1} = \prod_{k=1}^{n+1} a_k.$$

Ist $p = 1$, so tritt das erste Produkt ($k = 1$ bis $p-1$) nicht auf, ist $p = n$, so tritt das zweite Produkt ($k = p+1$ bis n) nicht auf. Ist $p = n+1$, so ist $\psi = id_{A_{n+1}}$, und man erhält unmittelbar die letzte Zeile. ●

Im kommutativen Falle kommt es auf die Reihenfolge der Elemente nicht an, man kann daher auf die Angabe der Reihenfolge verzichten. Nimmt man dann „$+$" als Verknüpfungszeichen, so verwendet man an Stelle des Produktzeichens das Summenzeichen.

Satz 4.6.3. *$(H, +)$ sei kommutative Halbgruppe, $(a_j)_{j \in A}$ eine Familie von Elementen von H, A ein Abschnitt von $\mathbf{N}$. An Stelle von „$\prod$" verwendet man in diesem Falle „$\sum$", also ist*

(1) $$\sum_{j=1}^{1} a_j = a_1, \quad \sum_{j=1}^{n+1} a_j = \sum_{j=1}^{n} a_j + a_{n+1}, \text{ falls } n+1 \in A \text{ ist.}$$

Die Aussagen von Satz 4.6.1. und 4.6.2. gelten mit „$+$" an Stelle von „$*$", $\sum$ an

Stelle von $\prod$. *Ist* $(a_j)_{j\in M}$ *eine Familie von Elementen von* H, $B\subset M$, B *endlich,* $\operatorname{Anz} B=n>0$, *so ist*

(2)
$$\sum_{k=1}^{n} a_{\varphi(k)}, \quad \textit{für } \varphi: A_n \to B \textit{ bijektiv},$$

von der speziellen Auswahl der bijektiven Abbildung φ *unabhängig. Da immer eine solche Abbildung* φ *existiert, kann man definieren*

(3)
$$\sum_{j\in B} a_j := \sum_{k=1}^{n} a_{\varphi(k)} \quad \textit{für} \quad \varphi: A_n \to B \textit{ bijektiv}.$$

Ist $B = B_1\cup B_2$, $B_1\cap B_2 = \emptyset$, $B_1\neq\emptyset$, $B_2\neq\emptyset$, *so gilt*

(4)
$$\sum_{j\in B} a_j = \sum_{j\in B_1} a_j + \sum_{j\in B_2} a_j.$$

Beweis. Sind $\varphi: A_n\to B$, $\psi: A_n\to B$ bijektiv, so auch $\varphi^{-1}\circ\psi: A_n\to A_n$. Nach Satz 4.6.3. ist also

$$\sum_{k=1}^{n} a_{\varphi(k)} = \sum_{m=1}^{n} a_{\varphi(\varphi^{-1}\circ\psi(m))} = \sum_{m=1}^{n} a_{\psi(m)}.$$

Ist $\operatorname{Anz} B_1=m$, $\operatorname{Anz} B_2=p$, so ist $m+p = n$. Sind $\varphi: A_m\to B_1$ und $\psi: A_p\to B_2$ bijektiv, so ist

$$\chi: A_n\to B, \quad \text{definiert durch} \quad \chi(k) := \begin{cases} \varphi(k) & \text{für } k\leqq m \\ \psi(l) & \text{für } k = m+l,\ l\leqq p, \end{cases}$$

bijektiv, wie man leicht sieht. Also gilt

$$\sum_{j\in B} a_j = \sum_{k=1}^{n} a_{\chi(k)} = \sum_{k=1}^{m} a_{\varphi(k)} + \sum_{l=1}^{p} a_{\psi(l)} = \sum_{j\in B_1} a_j + \sum_{j\in B_2} a_j. \quad \bullet$$

In einer Halbgruppe $(H, *)$ kann man zu jedem Element a Potenzen definieren durch

$$a^1 := a, \quad a^2 := a*a, \ \ldots, a^n := a*a*\ldots*a \quad (n \text{ Faktoren}), \ldots,$$

also

$$a^n := \prod_{j=1}^{n} a_j \quad \text{für} \quad a_1=a_2=\cdots=a_n=a,$$

und für die Potenzen die üblichen Rechenregeln herleiten. Die Definition soll hier aber etwas anders formuliert werden, um einen anderen wesentlichen Gesichtspunkt hervorzuheben.

Satz 4.6.4. $(H, *)$ *sei Halbgruppe,* $a\in H$. *Es gibt genau einen Homomorphismus* f *von* $(N, +)$ *in* $(H, *)$ *mit* $f(1)=a$. *Man definiert mit diesem* f

$$a^n := f(n) \quad \textit{für alle} \quad n\in N.$$

Setzt man $a_j := a$ *für alle* $j \in A_n$, *so gilt*

$$a^n = \prod_{j=1}^{n} a_j .$$

$H_a = \{a^n | n \in N\}$ *ist abgeschlossen gegen „∗“,* $(H_a, *)$ *ist kommutative Halbgruppe. Für* $n, m \in N$, *gilt*

$$a^n * a^m = a^{n+m}, \qquad (a^n)^m = a^{nm}.$$

Ist „∗“ kommutativ, so gilt für $n \in N$, $a, b \in H$

$$(ab)^n = a^n * b^n .$$

Beweis. Ist f Homomorphismus von $(N, +)$ in $(H, *)$ mit $f(1) = a$, so gilt

$$(1^*) \quad f(1) = a, \qquad (2^*) \quad f(n') = f(n+1) = f(n) * f(1) = f(n) * a \quad \text{für alle} \quad n \in N.$$

Satz 4.3.1. ergibt mit $a_1 = a$, $h(z) := z * a$ für alle $z \in H$, daß es genau eine Abbildung $f: N \to H$ mit den Eigenschaften (1*) und (2*) gibt. Diese Abbildung ist auch ein Homomorphismus von $(N, +)$ in $(H, *)$, denn definiert man zu festem $m \in N$

$$g(n) := f(m+n), \quad \tilde{g}(n) = f(m) * f(n) \quad \text{für alle} \quad n \in N,$$

so ist

$$(1) \qquad g(1) = f(m+1) = f(m) * a, \quad \tilde{g}(1) = f(m) * f(1) = f(m) * a$$

und für jedes $n \in N$

$$(2) \qquad \begin{aligned} g(n') &= g(n+1) = f(m+n+1) = f(m+n) * a = g(n) * a, \\ \tilde{g}(n') &= \tilde{g}(n+1) = f(m) * f(n+1) = f(m) * f(n) * a = \tilde{g}(n) * a. \end{aligned}$$

Nach Satz 4.3.1. (mit $a_1 = f(m) * a$, demselben h wie oben) gibt es aber nur eine Abbildung von N in H mit den Eigenschaften (1) und (2). Also ist $g(n) = \tilde{g}(n)$ für alle $n \in N$, d.h.,

$$f(m+n) = f(m) * f(n).$$

Ein Vergleich mit der Definition von $\prod_{j=1}^{n} a_j$ ergibt sofort $\prod_{j=1}^{n} a_j = f(n)$, falls $a_j = a$ für alle $j \in A_n$ ist.

Da $H_a = f(N)$ ist, ist H_a nach Hilfssatz 2.1.2. gegen „∗“ abgeschlossen, und $(H_a, *)$ ist Halbgruppe, nach Hilfssatz 2.2.2. auch kommutativ.

Verwendet man die Bezeichnung $a^n := f(n)$, so ist, da f Homomorphismus ist,

$$a^{n+m} = a^n * a^m.$$

Setzt man für festes $n \in N$

$$g(m) := (a^n)^m, \quad \tilde{g}(m) := a^{nm},$$

so erhält man

$$g(1)=a^n, \quad \tilde{g}(1)=a^n,$$
$$g(m+1)=(a^n)^{m+1}=(a^n)^m * a^n = g(m) * a^n,$$
$$\tilde{g}(m+1)=a^{n(m+1)}=a^{nm+n}=a^{nm} * a^n = \tilde{g}(m) * a^n$$

und hieraus nach Satz 4.3.1. wieder $g(m)=\tilde{g}(m)$ für alle $m \in \boldsymbol{N}$.

Ist „$*$“ *kommutativ*, so vergleicht man entsprechend

$$g(n) := (ab)^n, \quad g(n) := a^n * b^n.$$

Die Ausführung sei dem Leser überlassen. ●

Es ist nützlich, Satz 4.6.4. für „+“ an Stelle von „$*$“ („+“ kommutativ) umzuschreiben. Man schreibt dann nämlich „na“ an Stelle von „a^n“ und erhält

Satz 4.6.5. $(H, +)$ *sei kommutative Halbgruppe,* $a \in H$. *Es gibt genau einen Homomorphismus f von* $(\boldsymbol{N}, +)$ *in* $(H, +)$ *mit* $f(1)=a$. *Man definiert mit diesem f*

$$na := f(n) \quad \text{für alle} \quad n \in \boldsymbol{N}.$$

Für $n, m \in \boldsymbol{N}$, $a, b \in H$ *gilt*

$$na+ma = (n+m)a, \qquad m(na)=(mn)a, \qquad n(a+b) = na+nb.$$

Setzt man $a_j := a$ *für alle* $j \in A_n$, *so ist*

$$na = \sum_{j=1}^{n} a_j.$$

Anmerkung 4.6.2. Nach Satz 4.6.5. ist zwar für $n \in N$ und $a \in H$ das „Produkt“ na definiert, und für diese Produkte gelten Assoziativ- und Distributivgesetze. Das bedeutet aber selbstverständlich nicht, daß etwa $\boldsymbol{N}$ Teilmenge von H ist. Ist z. B. $(H, +)$ Gruppe mit neutralem Element 0, so kann durchaus $na=0$ sein, ohne daß $a=0$ ist. Nimmt man etwa den Körper $(\{0, e, a\}, +, \cdot)$ aus Beispiel 2.3.2., so ist

$$3e = (1+1+1)e = 1e+1e+1e = e+e+e = 0.$$

Man muß zwischen 1 und e unterscheiden, denn es ist zwar $1x=x=ex$ für alle $x \in \{0, e, a\}$, aber $1 \notin \{0, e, a\}$. ●

Für kommutative Verknüpfungen kann man eine Reihe weiterer Rechenregeln herleiten, die wir in der additiven Schreibweise formulieren wollen.

Satz 4.6.6. $(H, +)$ *sei kommutative Halbgruppe. Sind* $(a_k)_{k \in M}$ *und* $(b_k)_{k \in M}$ *Familien von Elementen von H und ist* $B \subset M$, *B endlich,* $B \neq \emptyset$, *so ist*

(1) $$\sum_{k \in B} a_k + \sum_{k \in B} b_k = \sum_{k \in B} (a_k + b_k).$$

Ist $B=\bigcup\{B_j | j\in J\}$, *J endlich,* $B_j\neq\emptyset$, $B_j\cap B_m = \emptyset$ *für alle* $j, m\in J$, $j\neq m$, *so ist*

$$\sum_{k\in B} a_k = \sum_{j\in J}\Big(\sum_{k\in B_j} a_k\Big). \tag{2}$$

Ist $(H, +)$ *Gruppe, so ist*

$$-\sum_{k\in B} a_k = \sum_{k\in B}(-a_k). \tag{3}$$

Bei nicht-additiver Schreibweise, etwa „·" an Stelle von „+", steht natürlich $\prod$ *an Stelle von* $\sum$ *sowie gegebenenfalls* a^{-1} *an Stelle von* $-a$.

Beweis. (1) Man führt den Beweis mit vollständiger Induktion nach der Anzahl der Elemente von B (also $P(n)$: (1) ist wahr, falls Anz $B=n$ ist) und benutzt (4) Satz 4.6.3.

(2) Ist $j_0\in J$, $J-\{j_0\}\neq\emptyset$, so überzeugt man sich, daß

$$\Big(\bigcup\{B_j | j\in J, j\neq j_0\}\Big)\cup B_{j_0} = \bigcup\{B_j | j\in J\}$$

ist und

$$B_{j_0}\cap\Big(\bigcup\{B_j | j\in J, j\neq j_0\}\Big)=\emptyset$$

ist. Dann führt man den Beweis durch vollständige Induktion nach der Anzahl der Elemente von J und benutzt (4) Satz 4.6.3.

(3) Nach (1) gilt, wenn 0 das neutrale Element ist,

$$\sum_{k\in B} a_k + \sum_{k\in B}(-a_k) = \sum_{k\in B}(a_k - a_k) = 0. \quad \bullet$$

Satz 4.6.7. *$(R, +, \cdot)$ sei ein Ring. $(a_j)_{j\in M}$, $(b_k)_{k\in N}$ seien Familien von Elementen von R, $a\in R$. Sind $A\subset M$, $B\subset N$, A und B beide endlich und nicht leer, so gelten die verallgemeinerten Distributivgesetze*

$$a\Big(\sum_{j\in A} a_j\Big) = \sum_{j\in A}(aa_j), \qquad \Big(\sum_{j\in A} a_j\Big)a = \sum_{j\in A}(a_j a), \tag{1}$$

$$\sum_{(j,k)\in A\times B}(a_j b_k) = \Big(\sum_{j\in A} a_j\Big)\Big(\sum_{k\in B} b_k\Big). \tag{2}$$

Beweis. Man beweist (1) durch vollständige Induktion nach der Anzahl der Elemente von A unter Benutzung der Distributivgesetze in $(R, +, \cdot)$. (2) ergibt sich durch zweimalige Anwendung von (1) und Benutzung von (2) Satz 4.6.6. $\bullet$

Anmerkung 4.6.3. Hat die Halbgruppe $(H, +)$ bzw. $(H, \cdot)$ ein neutrales Element 0 bzw. e, so ist es üblich,

$$\prod_{j\in\emptyset} a_j := e \quad \text{und} \quad \sum_{j\in\emptyset} a_j := 0$$

zu setzen. Ist A ein Abschnitt von N und sind $m, p \in A$, $m < p$, so setzt man analog für rücklaufende Produkte bzw. Summen

$$\prod_{j=p}^{m} a_j := e, \quad \sum_{j=p}^{m} a_j := 0.$$

In diesem Falle kann man dann in (4) Satz 4.6.3., Satz 4.6.6. und Satz 4.6.7. die Bedingungen $A \neq \emptyset$, $B \neq \emptyset$, $B_j \neq \emptyset$ für jedes j weglassen. ●

Anmerkung 4.6.4. Wir hatten

$$\prod_{j=k}^{m} a_j, \quad \prod_{j \in B} a_j, \quad \sum_{j=k}^{m} a_j, \quad \sum_{j \in B} a_j$$

eingeführt, um Produkte und Summen mit einer beliebigen endlichen Anzahl von Faktoren bzw. Summanden durch vollständige Induktion definieren zu können und beim Beweis der zugehörigen Verallgemeinerungen von Assoziativ-, Kommutativ- und Distributivgesetzen nicht die Übersicht zu verlieren. Dieselben Gesichtspunkte liegen natürlich der Verwendung dieser Zeichen zugrunde. Es kann jedoch vorkommen, daß man, statt Produkt- und Summenzeichen zu benutzen, einfach

$$a_1 \cdot a_2 \cdot \cdots \cdot a_n \quad \text{bzw.} \quad a_1 + a_2 + \cdots + a_n$$

schreiben kann, wobei man nicht-hingeschriebene Faktoren bzw. Summanden andeutet, ohne daß dadurch Mißverständnisse entstehen können. Gelegentlich, insbesondere dann, wenn man gewisse Faktoren oder Summanden hervorheben will, kann die Schreibweise

$$a_1 \cdot a_2 \cdot \cdots \cdot a_p \cdot \cdots \cdot a_n \quad \text{bzw.} \quad a_1 + a_2 + \cdots + a_p + \cdots + a_n$$

sogar vorteilhaft sein. Wir werden sie immer dann verwenden, wenn sie vorteilhaft ist und (oder) nicht zu Mißverständnissen Anlaß geben kann. Man muß sich jedoch darüber klar sein, daß man

$$a_1 + \cdots + a_n \quad \text{als Abkürzung für} \quad \sum_{j=1}^{n} a_j$$

anzusehen hat und nicht umgekehrt. ●

Aufgabe 4.6.1. $(K, +, \cdot, \leqq)$ sei ein angeordneter Körper, $(a_j)_{j \in A}$, $(b_j)_{j \in A}$ zwei Familien von Elementen von K, A ein Abschnitt von N. Man zeige:

$$n \in A, \; a_j \leqq b_j \text{ für alle } j \in A, \; j \leqq n \;\Rightarrow\; \sum_{j=1}^{n} a_j \leqq \sum_{j=1}^{n} b_j. \quad ●$$

4.7. Teilbarkeit und Primfaktorzerlegung in N

Schon für das elementare Rechnen ist es nützlich, einige einfache Eigenschaften der natürlichen Zahlen bezüglich der Multiplikation zu kennen, die daher im folgenden kurz erläutert werden sollen.

Definition 4.7.1. *Für $a, n \in N$ definiert man*

$$a \text{ teilt } n \quad :\Leftrightarrow \quad \text{Es gibt ein } b \in N \text{ mit } ab = n.$$

„a teilt n" kürzt man ab durch „$a|n$", „a teilt n nicht" durch „$a \nmid n$". Für $a|n$ sagt man auch: „a ist Teiler von n".

Jedes $n \in N$ hat Teiler, da ja $n = 1 \cdot n = n \cdot 1$ ist. 1 und n nennt man auch *triviale Teiler* von n. Daher verwendet man

Definition 4.7.2. *Für $n \in N$ definiert man*

$$n \text{ ist zerlegbar} \quad :\Leftrightarrow \quad \text{Es gibt } a, b \in N \text{ mit } ab = n \text{ und } a \neq 1,\ b \neq 1.$$

Für $p \in N$ definiert man

$$p \text{ ist Primzahl} \quad :\Leftrightarrow \quad p \text{ ist nicht zerlegbar und } p \neq 1.$$

Eine Primzahl ist also eine natürliche Zahl $p \neq 1$, die nur die trivialen Zerlegungen $p = 1 \cdot p = p \cdot 1$ hat (nach obiger Definition nicht zerlegbar ist). Die Primzahlen spielen eine besondere Rolle, es gilt

Satz 4.7.1. *Es sei $n \in N$, $n \neq 1$. Dann gibt es Primzahlen $p_1, p_2, \ldots, p_k$ (mit passendem $k \in N$) so, daß*

$$n = \prod_{j=1}^{k} p_j = p_1 p_2 \cdots p_k$$

ist. Die Darstellung von n als Produkt von Primzahlen ist durch n eindeutig bis auf die Reihenfolge der Faktoren bestimmt.

Beweis. Man zeigt zuerst durch vollständige Induktion die Existenz einer Darstellung für jedes $n \in N$ mit $n \neq 1$.

Der Induktionsanfang ist trivial, da $1 = 1$, also *nicht* $1 \neq 1$ ist. Als Induktionsvoraussetzung nehmen wir an, daß jedes $m \in N$ mit $m \neq 1$, $m < n$, eine Darstellung besitzt.

Ist $n' = n+1$ nicht zerlegbar, so ist es Primzahl ($n' \neq 1$!), also $n' = n'$ eine Darstellung ($p_1 = n'$, $k = 1$). Ist $n' = n+1$ zerlegbar, so ist etwa $n' = ab$, $a, b \in N$, $a \neq 1$, $b \neq 1$. Dann ist $1 < a \leqq n$, $1 < b \leqq n$, denn wäre $a \geqq n'$, so wäre wegen $b > 1$ auch

$ab > n'$ ((4b) Satz 3.2.2. wegen Anmerkung 4.4.1.). Nach Induktionsvoraussetzung sei (gleich passend numeriert)

$$a = \prod_{j=1}^{k} p_j, \quad b = \prod_{j=k+1}^{k+l} p_j, \quad \text{dann ist } n' = ab = \prod_{j=1}^{k+l} p_j.$$

Um die Eindeutigkeit der Darstellung zu zeigen, nehmen wir an, daß es eine natürliche Zahl gibt, die mehr als eine Darstellung besitzt (wobei zwei Darstellungen als gleich gelten, wenn sie bis auf die Reihenfolge der Faktoren übereinstimmen). Dann gibt es eine kleinste derartige Zahl ($M \subset N$, $M \neq \emptyset \Rightarrow \min M$ existiert, Satz 4.2.2.), sie sei n. n habe zwei verschiedene Darstellungen

$$n = \prod_{j=1}^{k} p_j = \prod_{j=1}^{m} q_j, \quad k, m \in N.$$

Da es auf die Reihenfolge der Faktoren nicht ankommt, können wir annehmen, daß

$$p_1 = \min\{p_j \mid j \in A_k\}, \quad q_1 = \min\{q_j \mid j \in A_m\}$$

ist. Wäre $k=1$ oder $m=1$, so wäre $n=p_1$ oder $n=q_1$, also n Primzahl, d.h. unzerlegbar und daher $k=m=1$ und $p_1=q_1$. Infolgedessen ist $k \geqq 2$, $m \geqq 2$. Man setzt

$$a = \prod_{j=2}^{k} p_j, \quad b = \prod_{j=2}^{m} q_j.$$

Da $p_1 \neq 1$, $q_1 \neq 1$ ist, ist $a<n$, $b<n$. Die Darstellungen von a und b sind nach Induktionsvoraussetzung eindeutig bestimmt. Es kann nicht $p_1=q_1$ sein, da dann auch $a=b$ wäre, die Darstellungen von a und b übereinstimmten und wegen $p_1=q_1$ die als verschieden angenommenen Darstellungen von n auch gleich wären. Es ist also $p_1 \neq q_1$. Wir denken uns die Bezeichnung so gewählt, daß $p_1<q_1$ ist. Dann ist $b<a$ (denn $a \leqq b \Rightarrow n=p_1 a<q_1 b=n$), und es gibt ein $c \in N$ mit $a = b+c$ (Hilfssatz 4.4.1.) und, genauso, ein $r \in N$ mit $p_1+r = q_1$. Es gilt

$$p_1 c+p_1 b = p_1(c+b) = p_1 a, \quad \text{also} \quad p_1 c<n,$$

$$p_1 c+p_1 b = p_1 a = n = q_1 b = p_1 b+rb, \quad \text{also} \quad p_1 c=rb.$$

Da $p_1 c<n$ ist, ist die Darstellung als Produkt von Primzahlen eindeutig. Bestimmt man sie durch Einsetzen der Darstellung von c, so sieht man, daß in ihr p_1 auftritt. Bestimmt man sie durch Einsetzen der Darstellungen von r und b, so sieht man, daß p_1 bei b wegen $p_1<q_1=\min\{q_j \mid j \in A_m\}$ nicht auftritt, also muß p_1 bei r auftreten (insbesondere $r \neq 1$ sein). Es gibt daher ein $s \in N$ mit

$$r=p_1 s, \quad \text{also} \quad q_1 = p_1+r = p_1+p_1 s = p_1(1+s).$$

Dann wäre aber q_1 nicht Primzahl, entgegen unserer Annahme. ●

Mit Hilfe von Satz 4.7.1. beweist man

Satz 4.7.2. *Sind $a, b \in \boldsymbol{N}$, p eine Primzahl, so gilt*

$$p|ab \quad \Rightarrow \quad p|a \text{ oder } p|b.$$

Beweis. Wegen $p|ab$ gibt es ein $c \in \boldsymbol{N}$ mit $pc = ab$. p muß also in der Darstellung von ab als Produkt von Primzahlen auftreten. Bestimmt man die Darstellung aus den Darstellungen von a und b, so sieht man, daß p in einer dieser beiden Darstellungen auftreten muß. ●

Nach dem Vorbild von Euklid zeigt man

Satz 4.7.3. *$\{p | p \in \boldsymbol{N}, p$ Primzahl$\}$ hat unendlich viele Elemente, d.h., es gibt unendlich viele Primzahlen.*

Beweis. Wäre $M = \{p | p \in \boldsymbol{N}, p \text{ Primzahl}\}$ endlich, die Anzahl der Elemente etwa n ($n = 0$ oder $n \in \boldsymbol{N}$), so wäre $M = \emptyset$ oder $M = \{p_j | j \in A_n\}$ bei passender Numerierung. Setzt man

$$m := 1 + 1, \quad \text{falls } M = \emptyset, \qquad m := \prod_{j=1}^{n} p_j + 1, \quad \text{falls } M \neq \emptyset,$$

so ist $m > 1$, hat eine Darstellung als Produkt von Primzahlen, es gibt also eine Primzahl p und ein $c \in \boldsymbol{N}$ mit $m = pc$. Ist $M = \emptyset$, so ist $p \notin M$. Ist $M \neq \emptyset$ und kommt p unter den p_j, $j \in A_n$, vor, so gibt es ein $d \in \boldsymbol{N}$ mit

$$\prod_{j=1}^{n} p_j = pd, \quad \text{also} \quad pc = pd + 1.$$

Dann ist aber $d < c$, d.h., es gibt ein $b \in \boldsymbol{N}$ mit $c = d + b$ und

$$pd + pb = pc = pd + 1, \quad \text{d.h.} \quad pb = 1, \quad \text{was nicht geht.}$$

Also ist auch in diesem Fall $p \notin M$. ●

Ein Verfahren zur schrittweisen Bestimmung der Primzahlen hat Erathostenes (276 v. Chr.—194 v. Chr., in Alexandria) angegeben. Man streicht aus der Reihe der natürlichen Zahlen

(1), 2, 3, ~~4~~, 5, ~~6~~, 7, ~~8~~, ~~9~~, ~~10~~, 11, ~~12~~, 13, ~~14~~, ~~15~~, ~~16~~, ...

nach der 2 jede 2-te Zahl (also jede durch 2 teilbare Zahl)
nach der 3 jede 3-te Zahl (also jede durch 3 teilbare Zahl)
....
nach der Zahl n jede n-te Zahl (also jede Zahl mit nicht-trivialem Teiler n) etc. (Ist eine Zahl bereits gestrichen, so kann man sie unberücksichtigt lassen, da dann auch ihre Vielfachen gestrichen sind.) Es bleiben die Primzahlen übrig. Anmerkung: $\text{Anz}\,\{p | p \in \boldsymbol{N}, p \text{ Primzahl}, p \leqq 10^9\} = 50\,847\,534$.

5. Rationale, reelle und komplexe Zahlen

Wer an der (bis auf Isomorphie) eindeutigen Bestimmtheit des rationalen und des reellen Zahlkörpers zunächst nicht interessiert ist, sondern lieber von einem festen angeordneten Körper ausgehen möchte, der dann als vollständig vorausgesetzt wird (Definition 5.2.1. und Satz 5.2.1.), kann auf Satz 5.1.2. und Satz 5.2.4. verzichten und braucht aus Satz 5.2.5. nur die Bezeichnung $\boldsymbol{R}$ für diesen Körper zu übernehmen.

5.1. Die rationalen Zahlen

Jeder angeordnete Körper $(K, +, \cdot, \leqq)$ enthält nach Satz 4.4.1. in natürlicher Weise ein Modell der natürlichen Zahlen. Am Ende von 4.4. ist angedeutet, daß man, ausgehend von $\boldsymbol{N}$, einen angeordneten Körper $(\boldsymbol{Q}, +, \cdot, \leqq)$ konstruieren kann. Wählt man $\boldsymbol{Q}$ ohne überflüssige Elemente, also möglichst „klein", so enthält $(K, +, \cdot, \leqq)$, wie sich zeigt, auch ein Modell für $(\boldsymbol{Q}, +, \cdot, \leqq)$. Man muß dazu natürlich sagen, was man unter „möglichst klein" versteht.

Definition 5.1.1. *$(R, +, \cdot)$ sei Ring oder Körper. Ein Unterring oder Unterkörper $(R_0, +, \cdot)$ von $(R, +, \cdot)$ heißt echter Unterring oder Unterkörper, wenn $R_0 \neq R$ ist (es ist ja sowieso $R_0 \subset R$).*

Satz 5.1.1. *$(K, +, \cdot, \leqq)$ sei ein angeordneter Körper, $N \subset K$ nach Satz 4.4.4. $(K, +, \cdot, \leqq)$ enthält genau einen Unterring $(\boldsymbol{Z}, +, \cdot)$ mit der Eigenschaft*

(1) $\boldsymbol{N} \subset \boldsymbol{Z}$, *$(\boldsymbol{Z}, +, \cdot)$ hat keinen echten Unterring, der $\boldsymbol{N}$ enthält,*

und genau einen Unterkörper $(\boldsymbol{Q}, +, \cdot, \leqq)$ mit der Eigenschaft

(2) $\boldsymbol{N} \subset \boldsymbol{Q}$, *$(\boldsymbol{Q}, +, \cdot)$ enthält keinen echten Unterkörper.*

Es gilt

$$\boldsymbol{Z} = \{a-b \mid a, b \in \boldsymbol{N}\} = \boldsymbol{N} \cup \{0\} \cup \{-n \mid n \in \boldsymbol{N}\},$$

$$\boldsymbol{Q} = \left\{\frac{a}{b} \,\middle|\, a, b \in \boldsymbol{Z},\ b \neq 0\right\}, \quad \boldsymbol{Z} \subset \boldsymbol{Q}.$$

$(\boldsymbol{Z}, +, \cdot)$ *ist der kleinste Unterring mit Einselement von* $(K, +, \cdot)$, $(\boldsymbol{Q}, +, \cdot)$ *der kleinste Unterkörper von* $(K, +, \cdot)$.

Beweis. $(R, +, \cdot)$ sei Unterring von $(K, +, \cdot)$ mit Einselement e. Nach Anmerkung 2.3.3. ist $e \neq 0$. Da $(K, +, \cdot)$ Körper ist, kann man auf $e \cdot e = 1 \cdot e$ die Kürzungsregel (Satz 2.3.3.) anwenden und erhält $e = 1$. Weil R gegen „+" abgeschlossen ist, gilt

$$1 \in R, \qquad n \in \boldsymbol{N},\ n \in R \ \Rightarrow\ n' = n+1 \in R.$$

Nach (5) Definition 4.1.1. ist $\boldsymbol{N} \subset R$. Da $(R, +)$ Untergruppe von $(K, +)$ ist, gilt nach Hilfssatz 2.2.3. (additiv geschrieben)

$$\boldsymbol{Z} := \{a-b \mid a, b \in \boldsymbol{N}\} \subset R.$$

Sind $x, y \in \boldsymbol{Z}$, so gibt es $a, b, c, d \in \boldsymbol{N}$ mit $a-b = x$, $c-d = y$. Daher ist, weil $\boldsymbol{N}$ gegen „+" abgeschlossen ist (Satz 4.4.2.),

$$x-y = (a-b)-(c-d) = (a+d)-(b+c) \in \boldsymbol{Z}.$$

Da $\boldsymbol{Z} \neq \emptyset$ ist, ist $(\boldsymbol{Z}, +)$ nach Hilfssatz 2.2.3. Untergruppe von $(R, +)$. Nach Satz 4.4.2. ist $\boldsymbol{N}$ auch gegen „·" abgeschlossen, also

$$x \cdot y = (a-b)(c-d) = (ac+bd)-(ad+bc) \in \boldsymbol{Z}.$$

$\boldsymbol{Z}$ ist gegen „·" abgeschlossen, $(\boldsymbol{Z}, \cdot)$ ist Halbgruppe. Die Distributivgesetze gelten natürlich weiter, wenn man sich auf Elemente von $\boldsymbol{Z}$ beschränkt. $(\boldsymbol{Z}, +, \cdot)$ ist damit ein Unterring mit Einselement von $(K, +, \cdot)$ und offenbar der kleinste derartige Unterring und hierdurch natürlich eindeutig bestimmt. Ein Unterring, der $\boldsymbol{N}$ enthält, enthält das Einselement 1, also auch $\boldsymbol{Z}$, $(\boldsymbol{Z}, +, \cdot)$ hat die in (1) angegebene Eigenschaft und ist als kleinster Unterring mit Einselement durch (1) eindeutig bestimmt.

Zu jedem n enthält $\boldsymbol{Z}$ auch $-n$, außerdem ist $0 \in \boldsymbol{Z}$. Daher ist

$$\boldsymbol{N} \cup \{0\} \cup \{-n \mid n \in \boldsymbol{N}\} \subset \boldsymbol{Z}.$$

Ist umgekehrt $x \in \boldsymbol{Z}$, so gibt es $a, b \in \boldsymbol{N}$ mit $a-b = x$. Ist $a-b = x > 0$, so ist $a > b$. Dann gibt es nach Hilfssatz 4.4.1. ein $n \in \boldsymbol{N}$ mit $b+n = a$, d.h., es ist $x = a-b = (b+n)-b = n \in \boldsymbol{N}$. Ist $x < 0$, so ist $-x > 0$, also $-x \in \boldsymbol{N}$, es gibt ein $n \in \boldsymbol{N}$ mit $-x = n$, d.h. $x = -n$. Ist $x \not> 0$, $x \not< 0$, so ist nach Satz 3.2.1. $x = 0$. Das ergibt

$$\boldsymbol{Z} = \boldsymbol{N} \cup \{0\} \cup \{-n \mid n \in \boldsymbol{N}\}.$$

Ist $(R, +, \cdot)$ Unterkörper von $(K, +, \cdot)$, so ist $(R, +, \cdot)$ Unterring mit Einselement, also ist $\boldsymbol{Z} \subset R$. $R^\times := \{x \mid x \in R,\ x \neq 0\}$ ist gegen „·" abgeschlossen, $(R^\times, \cdot)$

ist Gruppe und damit Untergruppe von $(K^\times, \cdot)$. Da $0 \in R$ und $Z^\times = \{c \mid c \in Z, c \neq 0\} \subset R^\times$ ist, kann man nach (2) Hilfssatz 2.2.3. schließen:

$$Q := \left\{ \frac{a}{b} \,\middle|\, a, b \in Z,\ b \neq 0 \right\} = \{0\} \cup \{ab^{-1} \mid a, b \in Z^\times\} \subset R.$$

Sind $x, y \in Q$, so gibt es $a, b, c, d \in Z$, $b \neq 0$, $d \neq 0$, mit $ab^{-1} = x$, $cd^{-1} = y$. Daher ist $x - y = ab^{-1} - cd^{-1} = (ad - bc)(bd)^{-1} \in Q$. Da außerdem $Q \neq \emptyset$ ist, ist nach Hilfssatz 2.2.3. $(Q, +)$ Untergruppe von $(K, +)$. Wegen $xy = (ab^{-1})(cd^{-1}) = (ac)(bd)^{-1}$ ist Q gegen „$\cdot$" abgeschlossen, $(Q, \cdot)$ ist Unter-Halbgruppe von $(K, \cdot)$. Da die Distributivgesetze auch bei Beschränkung auf die Elemente von Q gültig bleiben, ist $(Q, +, \cdot)$ Unterring von $(K, +, \cdot)$. Sind $x, y \in Q^\times = \{z \mid z \in Q, z \neq 0\} \subset K^\times$, so ist $y \neq 0$, also $c \neq 0$ und $xy^{-1} = (ab^{-1})(cd^{-1})^{-1} = ab^{-1}dc^{-1} = (ad)(bc)^{-1} \in Q^\times$. Nach Hilfssatz 2.2.3. ist $(Q^\times, \cdot)$ Untergruppe von $(K^\times, \cdot)$ $(Q^\times \neq \emptyset!)$. $(Q, +, \cdot)$ ist daher Körper, also Unterkörper von $(K, +, \cdot)$ und offenbar auch der kleinste Unterkörper, hat wegen $N \subset Z \subset Q$ die Eigenschaft (2) und ist durch (2) als der kleinste Unterkörper von $(K, +, \cdot)$ eindeutig bestimmt. Q ist natürlich durch „$\leqq$" linear geordnet, $(Q, +, \cdot, \leqq)$ angeordneter Körper. ●

Satz 5.1.2. $(Z, +, \cdot)$ *und* $(Q, +, \cdot, \leqq)$ *sind durch die Eigenschaften (1) und (2) aus Satz 5.1.1. unabhängig von der speziellen Wahl des angeordneten Körpers* $(K, +, \cdot, \leqq)$ *bis auf Isomorphie eindeutig bestimmt. Setzt man (nach Anmerkung 4.4.1.) die Existenz eines angeordneten Körpers voraus, so nennt man (in den Bezeichnungen von Satz 5.1.1.)*

Z *Ring der ganzen (rationalen) Zahlen,*

Q *Körper der rationalen Zahlen*

und reserviert hierfür die Symbole Z, Q.

Beweis. $(\tilde{K}, +, \cdot, \leqq)$ sei angeordneter Körper, $\tilde{N}$ das in natürlicher Weise in $\tilde{K}$ enthaltene Modell der natürlichen Zahlen (Satz 4.4.1.). $(\tilde{Z}, +, \cdot)$ sei der Unterring mit der Eigenschaft (1) aus Satz 5.5.1. bez. $\tilde{N}$ und $(\tilde{Q}, +, \cdot)$ der Unterkörper mit der Eigenschaft (2). $\tilde{\varphi}$ sei der injektive Homomorphismus von $(N, +, \cdot)$ in $(K, +, \cdot)$ aus Satz 4.4.2. mit $\tilde{\varphi}(N) = \tilde{N}$. Für $n \in N$ setzen wir zur Vereinfachung der Schreibweise $\tilde{n} := \tilde{\varphi}(n)$. Nach Satz 5.1.1. ist

$$Z = \{a - b \mid a, b \in N\}.$$

Sind $a, b, c, d \in N$, $a - b = c - d$, so ist $a + d = b + c$, also, da φ Homomorphismus ist,

$$\tilde{\varphi}(a) + \tilde{\varphi}(d) = \tilde{\varphi}(b) + \tilde{\varphi}(c), \quad \text{d. h.} \quad \tilde{\varphi}(a) - \tilde{\varphi}(b) = \tilde{\varphi}(c) - \tilde{\varphi}(d).$$

Daher ist für $z \in Z$

$$\tilde{\varphi}(a) - \tilde{\varphi}(b) \quad \text{für} \quad a, b \in N \text{ mit } a - b = z$$

unabhängig von der speziellen Auswahl der $a, b \in \boldsymbol{N}$ mit $a-b=z$. Man kann somit eine Abbildung

$$\tilde{\psi}: \boldsymbol{Z} \to \tilde{K} \quad \text{durch} \quad \tilde{\psi}(z) := \tilde{\varphi}(a) - \tilde{\varphi}(b) \quad \text{für} \quad a, b \in \boldsymbol{N} \text{ mit } a-b=z$$

definieren. Da $\tilde{\varphi}(a)$, $\tilde{\varphi}(b) \in \tilde{\boldsymbol{N}}$ sind, ist $\tilde{\psi}(z) \in \tilde{\boldsymbol{Z}}$ für alle $z \in \boldsymbol{Z}$, also $\tilde{\psi}(\boldsymbol{Z}) \subset \tilde{\boldsymbol{Z}}$.

Zu $z, w \in \boldsymbol{Z}$ seien $a, b, c, d \in \boldsymbol{N}$, $a-b=z$, $c-d=w$. Da $\tilde{\varphi}$ ordnungserhaltend und injektiv ist, gilt nach den Rechenregeln für Ungleichungen (3.2., insbesondere Satz 3.2.2.)

$$\begin{aligned} z<w \;&\Rightarrow\; a-b<c-d \;\Rightarrow\; a+d<c+b \;\Rightarrow\; \tilde{a}+\tilde{d}<\tilde{c}+\tilde{b} \\ &\Rightarrow\; \tilde{a}-\tilde{b}<\tilde{c}-\tilde{d} \;\Rightarrow\; \tilde{\psi}(z)<\tilde{\psi}(w). \end{aligned}$$

Daher ist $\tilde{\psi}$ ordnungserhaltend und injektiv. Weiter gilt

$$\begin{aligned} \tilde{\psi}(z+w) &= \tilde{\psi}(a-b+c-d) = \tilde{\psi}\big(a+c-(b+d)\big) = \tilde{a}+\tilde{c}-(\tilde{b}+\tilde{d}) \\ &= (\tilde{a}-\tilde{b})+(\tilde{c}-\tilde{d}) = \tilde{\psi}(z)+\tilde{\psi}(w) \\ \tilde{\psi}(z\cdot w) &= \tilde{\psi}\big((a-b)(c-d)\big) = \tilde{\psi}\big(ac+bd-(ad+bc)\big) \\ &= \tilde{a}\tilde{c}+\tilde{b}\tilde{d}-(\tilde{a}\tilde{d}+\tilde{b}\tilde{c}) = (\tilde{a}-\tilde{b})(\tilde{c}-\tilde{d}) = \tilde{\psi}(z)\tilde{\psi}(w). \end{aligned}$$

$\tilde{\psi}$ ist Homomorphismus. Nach Satz 2.3.2. ist $\tilde{\psi}(\boldsymbol{Z})$ gegen „$+$“, „$\cdot$“ abgeschlossen und $\big(\tilde{\psi}(\boldsymbol{Z}), +, \cdot\big)$ Ring. Für jedes $n \in \boldsymbol{N}$ ist

$$\tilde{\psi}(n) = \tilde{\psi}(n+1-1) = \tilde{\varphi}(n+1)-\tilde{\varphi}(1) = \tilde{n}+e-e = \tilde{n} = \tilde{\varphi}(n).$$

Damit ist $\tilde{\boldsymbol{N}} = \tilde{\varphi}(\boldsymbol{N}) \subset \tilde{\psi}(\boldsymbol{Z})$. Wegen $\tilde{\psi}(\boldsymbol{Z}) \subset \tilde{\boldsymbol{Z}}$ (s. o.) und (1) Satz 5.5.1. für $\tilde{\boldsymbol{Z}}$ ist $\tilde{\psi}(\boldsymbol{Z}) = \tilde{\boldsymbol{Z}}$.

$$\psi: \boldsymbol{Z} \to \tilde{\boldsymbol{Z}}, \quad \text{definiert durch} \quad \psi(z) := \tilde{\psi}(z) \quad \text{für } z \in \boldsymbol{Z},$$

ist Isomorphismus von $(\boldsymbol{Z}, +, \cdot)$ auf $(\tilde{\boldsymbol{Z}}, +, \cdot)$ und Ordnungsisomorphismus (Satz 3.1.4.).

Für $z \in \boldsymbol{Z}$ setzen wir wieder $\tilde{z} := \tilde{\psi}(z) = \psi(z)$. Nach Satz 5.1.1. ist

$$\boldsymbol{Q} = \left\{ \frac{a}{b} \,\middle|\, a, b \in \boldsymbol{Z},\ b \neq 0 \right\}.$$

Sind $a, b, c, d \in \boldsymbol{Z}$, $b \neq 0$, $d \neq 0$, $ab^{-1} = cd^{-1}$, so ist $ad = cb$, also, da $\tilde{\psi}$ Homomorphismus, $\tilde{\psi}(z) \neq 0$ für $z \neq 0$ ist,

$$\tilde{\psi}(a)\tilde{\psi}(d) = \tilde{\psi}(c)\tilde{\psi}(b), \quad \text{d. h.} \quad \tilde{a}\tilde{b}^{-1} = \tilde{c}\tilde{d}^{-1}.$$

Daher ist für $z \in \boldsymbol{Q}$

$$\tilde{\psi}(a)\cdot\big(\tilde{\psi}(b)\big)^{-1} \quad \text{für} \quad a, b \in \boldsymbol{Z}, \quad b \neq 0, \quad ab^{-1} = z,$$

unabhängig von der speziellen Auswahl von $a, b \in \boldsymbol{Z}$, $b \neq 0$ mit $ab^{-1} = z$. Man kann somit eine Abbildung

$$\tilde{\chi}: \boldsymbol{Q} \to \tilde{K} \quad \text{durch} \quad \tilde{\chi}(z) := \tilde{\psi}(a)\left(\tilde{\psi}(b)\right)^{-1} \quad \text{für } a, b \in \boldsymbol{Z},\ b \neq 0,\ ab^{-1} = z,$$

definieren. Da $\tilde{\psi}(a), \tilde{\psi}(b) \in \tilde{\boldsymbol{Z}}$ sind, ist $\tilde{\chi}(z) \in \tilde{\boldsymbol{Q}}$ für alle $z \in \boldsymbol{Q}$, also $\tilde{\chi}(\boldsymbol{Q}) \subset \tilde{\boldsymbol{Q}}$.

Zu $z, w \in \boldsymbol{Q}$ seien $a, b, c, d \in \boldsymbol{Z}$, $b \neq 0$, $d \neq 0$, $ab^{-1} = z$, $cd^{-1} = w$. Wegen $\frac{a}{b} = \frac{-a}{-b}$, $\frac{c}{d} = \frac{-c}{-d}$ kann man voraussetzen, daß a, b, c, d gleich so gewählt sind, daß $b > 0$, $d > 0$ sind. Da $\tilde{\psi}$ ordnungserhaltend und injektiv ist, gilt nach den Rechenregeln für Ungleichungen

$$\begin{aligned} z < w \quad &\Rightarrow \quad ab^{-1} < cd^{-1} \quad \Rightarrow \quad ad < cb \quad \Rightarrow \quad \tilde{a}\tilde{d} < \tilde{c}\tilde{b} \\ &\Rightarrow \quad \tilde{a}\tilde{b}^{-1} < \tilde{c}\tilde{d}^{-1} \quad \Rightarrow \quad \tilde{\chi}(z) < \tilde{\chi}(w). \end{aligned}$$

Daher ist $\tilde{\chi}$ ordnungserhaltend und injektiv. Weiter gilt

$$\begin{aligned} \tilde{\chi}(z+w) &= \tilde{\chi}(ab^{-1} + cd^{-1}) = \tilde{\chi}\left((ad+bc)(bd)^{-1}\right) = (\tilde{a}\tilde{d} + \tilde{b}\tilde{c})(\tilde{b}\tilde{d})^{-1} \\ &= \tilde{a}\tilde{b}^{-1} + \tilde{c}\tilde{d}^{-1} = \tilde{\chi}(z) + \tilde{\chi}(w), \\ \tilde{\chi}(z \cdot w) &= \tilde{\chi}\left(ac(bd)^{-1}\right) = \tilde{a}\tilde{c}(\tilde{b}\tilde{d})^{-1} = (\tilde{a}\tilde{b}^{-1})(\tilde{c}\tilde{d}^{-1}) = \tilde{\chi}(z)\tilde{\chi}(w). \end{aligned}$$

$\tilde{\chi}$ ist Homomorphismus. Für jedes $z \in \boldsymbol{Z}$ ist

$$\tilde{\chi}(z) = \tilde{\chi}(z \cdot 1^{-1}) = \tilde{z} \cdot e^{-1} = \tilde{z} = \tilde{\psi}(z).$$

Wegen $\tilde{\chi}(1) = e \neq 0$ ist $\tilde{\chi}(\boldsymbol{Q}) \neq \{0\}$. Nach Satz 2.3.2. ist $\tilde{\chi}(\boldsymbol{Q})$ gegen „+“, „·“ abgeschlossen, $(\tilde{\chi}(\boldsymbol{Q}), +, \cdot)$ Körper. Da $\tilde{\chi}(\boldsymbol{Q}) \subset \tilde{\boldsymbol{Q}}$ ist (s. o.) und $(\tilde{\boldsymbol{Q}}, +, \cdot)$ keinen echten Unterkörper hat, ist $\tilde{\chi}(\boldsymbol{Q}) = \tilde{\boldsymbol{Q}}$.

$$\chi: \boldsymbol{Q} \to \tilde{\boldsymbol{Q}}, \quad \text{definiert durch} \quad \chi(x) := \tilde{\chi}(x) \quad \text{für alle} \quad x \in \boldsymbol{Q},$$

ist Isomorphismus von $(\boldsymbol{Q}, +, \cdot)$ auf $(\tilde{\boldsymbol{Q}}, +, \cdot)$ und Ordnungsisomorphismus. ●

Der Begriff des Teilers einer Zahl überträgt sich unmittelbar von $\boldsymbol{N}$ auf $\boldsymbol{Z}$, nur hat man hier wegen $z = 1 \cdot z = (-1)(-z)$ die trivialen Teiler $1, -1, z, -z$.

Definition 5.1.2. *Für $a, b \in \boldsymbol{Z}$ definiert man*

$$a \text{ teilt } b \quad :\Leftrightarrow \quad \text{Es gibt ein } c \in \boldsymbol{Z} \text{ mit } ac = b$$

(die Abkürzung ist wieder „$a|b$“). a, b heißen teilerfremd, wenn für alle $d \in \boldsymbol{Z}$ gilt

$$d|a \text{ und } d|b \quad \Rightarrow \quad d = 1 \text{ oder } d = -1.$$

Satz 5.1.3. *Sind $a, b \in \boldsymbol{Z}$ und ist nicht $a = b = 0$, so existiert*

$$\max\{n \mid n \in \boldsymbol{N},\ n|a \text{ und } n|b\}$$

und wird als größter gemeinsamer Teiler von a und b bezeichnet (abgekürzt: g.g.T. (a, b)). Es seien $a, b \in \boldsymbol{Z}$, nicht $a=b=0$, und $d=$ g.g.T.(a, b). Dann gibt es $a_1, b_1 \in \boldsymbol{Z}$ mit

$$a=a_1 d, \quad b=b_1 d.$$

a_1, b_1 sind teilerfremd. Es gilt

$$a, b \text{ teilerfremd} \Leftrightarrow d=1, \qquad c \in \boldsymbol{Z},\ c|a \text{ und } c|b \Rightarrow c \leqq d.$$

Beweis. Nach Satz 5.1.1. ist $\boldsymbol{Z} = \boldsymbol{N} \cup \{0\} \cup \{-n | n \in \boldsymbol{N}\}$. Sind daher $a, b \in \boldsymbol{Z}$ und ist nicht $a=b=0$, so ist mindestens eine der Zahlen a, $-a$, b, $-b$ in $\boldsymbol{N}$, etwa m. Ist $n \in \boldsymbol{N}$, $n|a$, $n|b$, so gilt auch $n|(-a)$, $n|(-b)$, also $n|m$. Darum ist $n \leqq m$, d.h., $\{n | n \in \boldsymbol{N},\ n|a \text{ und } n|b\}$ hat die obere Schranke m, ist wegen $1|a$, $1|b$ nicht leer und hat nach Hilfssatz 4.5.2. ein größtes Element.

Wegen $d|a$, $d|b$ gibt es $a_1, b_1 \in \boldsymbol{Z}$ mit $a=a_1 d$, $b=b_1 d$. Ist $t \in \boldsymbol{N}$, $t \neq 1$, so ist $t>1$, also $td>d$. Da $d=$ g.g.T(a, b) ist, folgt

$$t|a_1 \text{ und } t|b_1 \Rightarrow td|a \text{ und } td|b \Rightarrow td \leqq d \Rightarrow t=1.$$

Ist nun $c \in \boldsymbol{Z}$, $c|a_1$, $c|b_1$, so ist $c \neq 0$ (da sonst $a_1=b_1=0$, also $a=b=0$ wäre). Ist $c>0$, so ist $c \in \boldsymbol{N}$ und damit $c=1$. Ist $c<0$, so ist $-c \in \boldsymbol{N}$, $(-c)|a_1$, $(-c)|b_1$, also $-c=1$, d.h. $c = -1$. a_1, b_1 sind teilerfremd. Das liefert unmittelbar

$$d=1 \Rightarrow a_1=a \text{ und } b_1=b \Rightarrow a, b \text{ teilerfremd.}$$

Sind umgekehrt a, b teilerfremd, so ist 1 die einzige natürliche Zahl, die a und b teilt, daher ist $d=1$.

Ist $c \in \boldsymbol{Z}$, $c|a$ und $c|b$, so ist $c \leqq d$, falls $c \in \boldsymbol{N}$ ist. Ist $c \notin \boldsymbol{N}$, so ist $c \leqq 0$, also sowieso $c \leqq d$ (wegen $d \geqq 1$). ●

Satz 5.1.4. *Ist $z \in \boldsymbol{Q}$, $z \neq 0$, so gibt es $a, b \in \boldsymbol{N}$ und ein $\varepsilon \in \{1, -1\}$ mit*

$$z = \varepsilon \frac{a}{b}, \quad a, b \text{ teilerfremd.}$$

ε, a, b sind durch z eindeutig bestimmt.

Beweis. Zu $z \in \boldsymbol{Q}$, $z \neq 0$, sei $\varepsilon := 1$, falls $z>0$, $\varepsilon := -1$, falls $z<0$ ist. Dann ist $z=\varepsilon w$, $w \in \boldsymbol{Q}$, $w>0$. Zu w gibt es $a, b \in \boldsymbol{Z}$, $b \neq 0$, mit $w = \frac{a}{b}$. Wegen $\frac{a}{b} = \frac{-a}{-b}$ kann man voraussetzen, daß $b>0$ ist. Dann ist $a=bw>0$ und daher ($x \in \boldsymbol{Z}$ und $x>0 \Rightarrow x \in \boldsymbol{N}$)

$$z = \varepsilon w = \varepsilon \frac{a}{b}, \quad a, b \in \boldsymbol{N}.$$

Ist $d=$ g.g.T.(a, b), $a=a_1 d$, $b=b_1 d$ mit a_1, b_1, so sind $a>0$, $b>0$, $d>0$, also $a_1>0$, $b_1>0$, d.h., $a_1, b_1 \in \boldsymbol{N}$ und

$$z = \varepsilon \frac{a}{b} = \varepsilon \frac{a_1 d}{b_1 d} = \varepsilon \frac{a_1}{b_1}, \quad a_1, b_1 \in \boldsymbol{N}, \; a_1, b_1 \text{ teilerfremd.}$$

Ist ebenfalls

$$z = \eta \frac{c_1}{d_1}, \quad c_1, d_1 \in \boldsymbol{N}, \; c_1, d_1 \text{ teilerfremd}, \; \eta \in \{1, -1\},$$

so ist $\varepsilon \frac{a_1}{b_1} = \eta \frac{c_1}{d_1}$, woraus $\varepsilon a_1 d_1 = \eta b_1 c_1$ folgt. Weil $a_1 d_1 > 0$, $b_1 c_1 > 0$ ist, muß $\varepsilon = \eta$ und $a_1 d_1 = b_1 c_1$ sein. Ist nicht sowieso $a_1 = d_1 = b_1 = c_1 = 1$, so läßt sich nach Satz 4.7.1. $a_1 d_1 = b_1 c_1$ eindeutig als Produkt von Primzahlen darstellen. Man erhält die Darstellung, indem man für a_1, d_1, b_1, c_1 die entsprechenden Darstellungen (oder 1) einträgt. Nach Satz 4.7.2. gilt nun für eine Primzahl p (da a_1, b_1 bzw. c_1, d_1 teilerfremd sind)

$$p|a_1 \;\Rightarrow\; p|b_1 c_1 \;\Rightarrow\; p|b_1 \text{ oder } p|c_1, \text{ d.h. } p|c_1,$$

$$p|c_1 \;\Rightarrow\; p|a_1 d_1 \;\Rightarrow\; p|a_1 \text{ oder } p|d_1, \text{ d.h. } p|a_1.$$

Man sieht daher, daß der Beitrag von a_1 zur Darstellung von $a_1 d_1 = b_1 c_1$ mit dem Beitrag von c_1 und genauso der Beitrag von d_1 mit dem Beitrag von b_1 übereinstimmen muß. Das bedeutet aber $a_1 = c_1$, $b_1 = d_1$. ●

Die Sätze 5.1.3. und 5.1.4. sind für das Rechnen in $\boldsymbol{Q}$ oft von Nutzen. Eine spezielle Folgerung ist

Satz 5.1.5. *Ist $p \in \boldsymbol{N}$, p Primzahl, so gilt*

$$x \in \boldsymbol{Q} \;\Rightarrow\; x^2 \neq p.$$

Beweis. Ist $x \in \boldsymbol{Q}$, $x \neq 0$, so gibt es nach Satz 5.1.4. $a, b \in \boldsymbol{N}$, a, b teilerfremd, und ein $\varepsilon \in \{1, -1\}$ mit

$$x = \varepsilon \frac{a}{b}, \quad \text{also } x^2 = \varepsilon^2 \frac{a^2}{b^2} = \frac{a^2}{b^2}.$$

Ist $x \in \boldsymbol{Q}$, $x^2 = p$ (also sicher $x \neq 0$), so ist daher

$$\frac{a^2}{b^2} = p, \quad \text{also } a^2 = pb^2.$$

Damit gilt $p|a \cdot a$, woraus man nach Satz 4.7.2. $p|a$ erhält, d.h., es gibt ein c mit $pc = a$. Dann ist $p \cdot c \cdot p \cdot c = pb^2$. Kürzt man durch p ($p \neq 0$!), so ergibt sich $pc^2 = b^2$, $p|b \cdot b$, und daraus $p|b$. Daher gilt $p|a$ und $p|b$. a, b waren aber als teilerfremd vorausgesetzt. Also ist es nicht möglich, daß $x^2 = p$ ist. ●

Analog zu Satz 4.6.4. kann man in einer Gruppe zu jedem Element a Potenzen nicht nur mit natürlichen Zahlen, sondern mit beliebigen ganzen Zahlen als Exponenten definieren und auch für diesen Fall die Rechenregeln für Potenzen herleiten. Es gilt:

Satz 5.1.6. $(G, *)$ *sei Gruppe mit neutralem Element* e, $a \in G$. *Es gibt genau einen Homomorphismus* f *von* $(\boldsymbol{Z}, +)$ *in* $(G, *)$ *mit* $f(1)=a$. *Für* $n \in \boldsymbol{N}$ *gilt mit diesem* f:

$$f(n)=a^n, \quad f(0)=e, \quad f(-n)=(a^n)^{-1}=(a^{-1})^n, \quad f(-1)=a^{-1}.$$

Man definiert daher zusätzlich für jedes $n \in \boldsymbol{N}$, $n \neq 1$,

$$a^0 := e, \quad a^{-n} := f(-n), \quad \text{also} \quad a^z := f(z) \quad \text{für alle} \quad z \in \boldsymbol{Z}.$$

$G_a = \{a^z | z \in \boldsymbol{Z}\}$ *ist gegen „·" abgeschlossen,* $(G_a, *)$ *ist abelsche Gruppe. Für* $z, w \in \boldsymbol{Z}$ *gilt*

$$a^z * a^w = a^{z+w}, \quad (a^z)^w = a^{zw}, \quad (a^z)^{-1} = a^{-z}.$$

Ist „" kommutativ, so gilt für* $a, b \in G$, $z \in \boldsymbol{Z}$,

$$(a*b)^z = a^z * b^z.$$

Beweis. Ist f Homomorphismus von $(\boldsymbol{Z}, +)$ in $(G, *)$, $f(1)=a$, so ist $f|\boldsymbol{N}$ Homomorphismus von $(\boldsymbol{N}, +)$ in $(G, *)$ und nach Satz 4.6.4. eindeutig bestimmt, es ist $f(n)=a^n$ für alle $n \in \boldsymbol{N}$. Wegen $f(0)*f(1) = f(0+1) = f(1)$ ist $f(0)=e$, und für $n \in \boldsymbol{N}$ ist $f(-n)*f(n) = f(-n+n) = f(0) = e$, also $f(-n)=(a^n)^{-1}$, $f(-1)=a^{-1}$. Nach Satz 2.2.4. ist G_a gegen „*" abgeschlossen, und $(G_a, *)$ ist Gruppe, nach Hilfsatz 2.2.2. kommutativ. Wegen $a, a^{-1} \in G_a$ ist daher für $n \in \boldsymbol{N}$ nach Satz 4.6.4. $a^n * (a^{-1})^n = (a*a^{-1})^n = e^n = e$, also auch $(a^{-1})^n = (a^n)^{-1}$.

Da $\boldsymbol{Z} = \{x-y | x, y \in \boldsymbol{N}\}$ und

$$g: \boldsymbol{N} \to G, \quad \text{definiert durch} \quad g(x) := a^x \quad \text{für} \quad x \in \boldsymbol{N},$$

Homomorphismus von $(\boldsymbol{N}, +)$ in $(G, *)$ ist, kann man wie im Beweis von Satz 5.1.2. eine Abbildung

$$f: \boldsymbol{Z} \to G \quad \text{durch} \quad f(z) := g(x)\big(g(y)\big)^{-1} \quad \text{für} \quad x, y \in \boldsymbol{N}, \quad x-y=z,$$

(unabhängig von der speziellen Auswahl von $x, y \in \boldsymbol{N}$ mit $x-y = z$) definieren. Sind $u, v \in \boldsymbol{N}$, so ist $g(u)*g(v) = g(u+v) = g(v)*g(u)$, woraus sich $\big(g(v)\big)^{-1}*g(u) = g(u)*\big(g(v)\big)^{-1}$ ergibt. Zu $z, w \in \boldsymbol{Z}$ seien $x, y, u, v \in \boldsymbol{N}$, $x-y = z$, $u-v = w$. Dann ist

$$\begin{aligned} f(z+w) &= f(x-y+u-v) = f\big((x+u)-(y+v)\big) = g(x+u)*\big(g(v+y)\big)^{-1} \\ &= g(x)*g(u)*\big(g(v)*g(y)\big)^{-1} = g(x)*g(u)*\big(g(y)\big)^{-1}*\big(g(v)\big)^{-1} \\ &= g(x)*\big(g(y)\big)^{-1}*g(u)*\big(g(v)\big)^{-1} = f(z)*f(w). \end{aligned}$$

f ist Homomorphismus.

Die restlichen Behauptungen beweist man wie in Satz 4.6.4., indem man $g(w) := (a^z)^w$ und $\tilde{g}(w) := a^{zw}$ bzw. $h(z) = (a * b)^z$ und $\tilde{h}(z) = a^z * b^z$ vergleicht. ●

Es ist nützlich, die wichtigsten Aussagen aus Satz 5.1.6. für „+" an Stelle von „*" („*" kommutativ) umzuschreiben (vgl. Satz 4.6.5.). Man schreibt dann wieder „za" an Stelle von a^z und erhält

Satz 5.1.7. *$(G, +)$ sei abelsche Gruppe mit neutralem Element o, $a \in G$. Es gibt genau einen Homomorphismus f von $(\mathbf{Z}, +)$ in $(G, +)$ mit $f(1) = a$. Für $n \in \mathbf{N}$ gilt mit diesem f*

$$f(n) = na, \quad f(0) = o, \quad f(-n) = -(na) = n(-a), \quad f(-1) = -a.$$

Man definiert daher zusätzlich für jedes $n \in \mathbf{N}$

$$0a := o, \quad (-n)a := f(-n), \quad \text{also} \quad za = f(z) \quad \text{für alle} \quad z \in \mathbf{Z}.$$

Für $z, w \in \mathbf{Z}$, $a, b \in G$ gilt

$$(1) \quad 1a = a, \qquad (2) \quad (z+w)a = za + wa,$$

$$(3) \quad z(a+b) = za + zb, \qquad (4) \quad (zw)a = z(wa)$$

sowie

$$0a = o, \quad (-1)a = -a, \quad (-z)a = -(za).$$

Darüberhinaus gilt

Satz 5.1.8. *$(R, +, \cdot)$ sei ein Ring. Dann gilt für $z \in \mathbf{Z}$, $a, b \in R$ zusätzlich zu (1)—(4) aus Satz 5.1.7. (mit $(R, +)$ an Stelle von $(G, +)$)*

$$(5) \quad z(a \cdot b) = (za) \cdot b = a \cdot (zb).$$

Ist $(\mathbf{Z}, +, \cdot)$ Unterring von $(R, +, \cdot)$ und ist $1 \cdot a = a$ für alle $a \in R$, so ist für alle $z \in \mathbf{Z}$, $a \in R$

$$za = z \cdot a.$$

Beweis. Man überzeugt sich sofort, daß wegen der Distributivgesetze in $(R, +, \cdot)$ durch $g_1(z) := (za) \cdot b$ und $g_2(z) := a \cdot (zb)$ für alle $z \in \mathbf{Z}$ Homomorphismen g_1, g_2 von $(\mathbf{Z}, +)$ in $(R, +)$ mit $g_1(1) = g_2(1) = a \cdot b$ definiert werden. Nach der Eindeutigkeitsaussage von Satz 5.1.7. ist daher $g_1(z) = g_2(z) = z(a \cdot b)$ für alle $z \in \mathbf{Z}$.

Ist $(\mathbf{Z}, +, \cdot)$ Unterring von $(R, +, \cdot)$ und $1 \cdot a = a$, so wird durch $g(z) = z \cdot a$ (mit der Multiplikation „·" in $(R, +, \cdot)$) für alle $z \in \mathbf{Z}$ ein Homomorphismus von $(\mathbf{Z}, +)$ in $(R, +)$ mit $g(1) = a$ definiert, also ist $g(z) = za$ für alle $z \in \mathbf{Z}$. ●

5.2. Die reellen Zahlen

Der rationale Zahlkörper $(Q, +, \cdot, \leqq)$ hat eine Reihe von Unzulänglichkeiten, die ihn für die Zwecke der Infinitesimalrechnung als „nicht vollständig genug" erscheinen lassen. So ist zwar nach Hilfssatz 2.3.2. für alle $a, b \in Q$, $a \neq 0$, die Gleichung

$$ax = b$$

in Q lösbar, aber für eine Primzahl p ist nach Satz 5.1.5.

$$x^2 = p$$

in Q schon nicht mehr lösbar.

Ist $(K, +, \cdot, \leqq)$ ein angeordneter Körper, so kann man nach Satz 5.1.1. und 5.1.2. $(Q, +, \cdot, \leqq)$ als Teilkörper annehmen. Die Menge $M = \{x \mid x \in K,\ x < 1\}$ ist nicht leer, hat eine obere Schranke, nämlich 1, aber kein größtes Element, denn für $x \in K$, $x < 1$, ist

$$1 - x > 0,\ x + 1 < 2, \quad \text{also} \quad x < x + \frac{1-x}{2} = \frac{x+1}{2} < 1.$$

Es existiert jedoch sup M. Offensichtlich ist $\sup M = 1$. Wie das Beispiel zeigt, gibt es in jedem angeordneten Körper nicht-leere Mengen, die eine obere Schranke, aber kein größtes Element haben. Für $K = Q$ kann es sogar vorkommen, daß nicht einmal ein Supremum existiert, wie das folgende Beispiel zeigt.

Beispiel 5.2.1. $(K, +, \cdot, \leqq)$ sei ein angeordneter Körper, $(Q, +, \cdot, \leqq)$ wie oben als Teilkörper aufgefaßt. Es sei

$$s \in K, \quad s > 0 \quad \text{und} \quad M = \{x \mid x \in K,\ x^2 < s\}.$$

Wegen $0 \in M$ ist $M \neq \emptyset$. Ist $y \in K$, $1 + s \leqq y$, so gilt

$$y^2 \geqq (1+s)^2 = 1 + 2s + s^2 > 2s > s, \quad \text{also} \quad y \notin M,$$

d.h. $x \in M \Rightarrow x < 1 + s$. $1 + s$ ist obere Schranke von M.

Zunächst zeigen wir, daß M kein größtes Element besitzt. Zu $x \in M$ sei $d = s - x^2$. Dann ist

$$x < 1 + s, \quad 0 \leqq x^2 < s, \quad \text{also} \quad 0 < d \leqq s.$$

Für alle $z \in K$ gilt

$$(x+z)^2 = x^2 + 2xz + z^2 = x^2 + z(2x + z).$$

Es ist $2 + 3s > 1$. Wählt man $z = d(2+3s)^{-1}$, so ist $0 < z < d \leqq s$ und $x < x + z$. Man erhält

$$(x+z)^2 = x^2 + z(2x+z) < x^2 + z(2 + 2s + z) < x^2 + z(2 + 2s + s)$$

nach den Rechenregeln für Ungleichungen (s. 3.2.) und daraus weiter

$$(x+z)^2 < x^2+z(2+3s) = x^2+d = s, \quad \text{also} \quad x+z \in M.$$

Da $x+z > x$ ist, kann x nicht größtes Element von M sein.

$\bar{S}(M)$ sei die Menge der oberen Schranken von M. Da $0 \in M$ ist, gilt $0 \leqq y$ für alle $y \in \bar{S}(M)$. Ist $y \in \bar{S}(M)$, so ist $y \notin M$ (denn $y \in \bar{S}(M)$, $y \in M$ würde nach Hilfssatz 3.1.3. $y = \max M$ bedeuten), also $s \leqq y^2$. Ist $y \in K$, $y \geqq 0$ und $x \in M$, $y \leqq x$, so ist $y^2 \leqq x^2 < s$. Ist daher $y \in K$, $0 \leqq y$ und $s \leqq y^2$, so ist $x < y$ für alle $x \in M$, d.h., $y \in \bar{S}(M)$. Damit ist

$$\bar{S}(M) = \{y \mid y \in K,\ 0 \leqq y,\ s \leqq y^2\}.$$

Ist $y \in \bar{S}(M)$, $z \in K$, so ist

$$(y-z)^2 = y^2 - 2yz + z^2 = y^2 - z(2y-z).$$

Ist $y \in \bar{S}(M)$, $y^2 \neq s$, so ist $d = y^2 - s > 0$, also auch $y \neq 0$, d.h. $y > 0$. Setzt man in diesem Fall $z = \min\{y, d(2y)^{-1}\}$, so ist

$$0 < z, \quad z \leqq y, \quad z \leqq d(2y)^{-1}$$

und darum

$$0 < y \leqq 2y - z < 2y, \quad 0 < z(2y-z) < 2yz \leqq d.$$

Damit erhält man

$$-d \leqq -z(2y-z) < 0, \quad \text{also} \quad s = y^2 - d \leqq y^2 - z(2y-z) = (y-z)^2.$$

Wegen $0 \leqq y-z$, $s \leqq (y-z)^2$ ist $y-z \in \bar{S}(M)$, da $y-z < y$ ist, kann y nicht kleinste obere Schranke von M sein. Daher gilt:

$$\sup M \text{ existiert} \;\Rightarrow\; (\sup M)^2 = s.$$

Nimmt man $K = \boldsymbol{Q}$ und für s eine Primzahl, so gibt es in $\boldsymbol{Q}$ kein y mit $y^2 = s$, d.h., $\sup M$ existiert nicht, obwohl $M \neq \emptyset$, $\bar{S}(M) \neq 0$ ist. ●

Definition 5.2.1. $(K, +, \cdot, \leqq)$ *sei ein angeordneter Körper. Eine Teilmenge von* K *heißt „nach oben beschränkt“, wenn sie eine obere Schranke hat, „nach unten beschränkt“, wenn sie eine untere Schranke hat, beschränkt, wenn sie nach oben und nach unten beschränkt ist.*

$(K, +, \cdot, \leqq)$ *wird als vollständig bezeichnet, wenn jede nicht-leere, nach oben beschränkte Teilmenge von* K *ein Supremum in* K *hat.*

Satz 5.2.1. $(\boldsymbol{R}, +, \cdot, \leqq)$ *sei ein vollständiger, angeordneter Körper,* $(\boldsymbol{Q}, +, \cdot, \leqq)$ *nach 5.1. Unterkörper. Dann gilt*

(1) $M \subset \boldsymbol{R},\ M \neq \emptyset,\ \underline{S}(M) \neq \emptyset \;\Rightarrow\; \inf M$ *existiert,*

(2) $a, b \in \boldsymbol{R},\ b > 0 \;\Rightarrow\;$ *Es gibt ein* $n \in \boldsymbol{N}$ *mit* $nb > a$.

Beweis. (1) Wir definieren eine Abbildung

$$\varphi: \boldsymbol{R} \to \boldsymbol{R} \quad \text{durch} \quad \varphi(x) := -x \quad \text{für alle} \quad x \in \boldsymbol{R}.$$

Offenbar gilt $\varphi \circ \varphi = id_{\boldsymbol{R}}$, und für alle $x, y \in \boldsymbol{R}$ ist

$$\text{(a)} \quad x < y \;\Leftrightarrow\; -x > -y \;\Leftrightarrow\; \varphi(x) > \varphi(y).$$

φ ist bijektiv und ordnungsumkehrend, Ordnungsisomorphismus von $(\boldsymbol{R}, \leqq)$ auf $(\boldsymbol{R}, \geqq)$. X sei Teilmenge von $\boldsymbol{R}$. Existiert $\max X$ bzw. $\min X$, so gilt ersichtlich wegen (a)

$$\varphi(\max X) = \min \varphi(X) \quad \text{bzw.} \quad \varphi(\min X) = \max \varphi(X),$$

$$\varphi(\bar{S}(X)) = \underline{S}(\varphi(X)) \quad \text{und} \quad \varphi(\underline{S}(X)) = \bar{S}(\varphi(X)).$$

Existiert $\sup X = \min \bar{S}(X)$ bzw. $\inf X = \max \underline{S}(X)$, so folgt

$$\varphi(\sup X) = \inf \varphi(X) \quad \text{bzw.} \quad \varphi(\inf X) = \sup \varphi(X).$$

Ist also $M \subset \boldsymbol{R}$, $M \neq \emptyset$, $\underline{S}(M) \neq \emptyset$, so ist $\varphi(M) \neq \emptyset$, $\bar{S}(\varphi(M)) = \varphi(\underline{S}(M)) \neq \emptyset$. Daher existiert $\sup \varphi(M)$, und es ist

$$\varphi(\sup \varphi(M)) = \inf(\varphi(\varphi(M))) = \inf(\varphi \circ \varphi(M)) = \inf M.$$

$\inf M$ existiert, (1) gilt.

(2) Ist $b > 0$, $nb \leqq a$ für alle $n \in \boldsymbol{N}$, so ist

$$H = \{nb \mid n \in \boldsymbol{N}\} \neq \emptyset, \quad a \in \bar{S}(H), \quad \text{also} \quad \bar{S}(H) \neq \emptyset.$$

Wegen der Vollständigkeit von $(\boldsymbol{R}, +, \cdot, \leqq)$ existiert $\sup H = \min \bar{S}(H)$. Für jedes $n \in \boldsymbol{N}$ ist aber auch $(n+1)b \in H$, also

$$nb + b = (n+1)b \leqq \sup H, \quad \text{d.h.,} \quad nb \leqq \sup H - b < \sup H.$$

$\sup H - b$ ist obere Schranke von H und kleiner als $\sup H$. Das widerspricht der Definition des Supremums. Daher kann nicht $nb \leqq a$ für alle $n \in \boldsymbol{N}$ sein. ●

Satz 5.2.2. $(\boldsymbol{R}, +, \cdot, \leqq)$ *sei ein vollständiger, angeordneter Körper,* $(\boldsymbol{Q}, +, \cdot, \leqq)$ *nach 5.1. Unterkörper. Dann existiert zu jedem* $c \in \boldsymbol{R}$

$$[c] := \max \{z \mid z \in \boldsymbol{Z},\ z \leqq c\}.$$

$\boldsymbol{Q}$ *liegt dicht in* $\boldsymbol{R}$, *d.h., es gilt*

$$a, b \in \boldsymbol{R},\ a < b \;\Rightarrow\; \textit{Es gibt ein } z \in \boldsymbol{Q} \textit{ mit } a < z < b.$$

Beweis. Nach (2) Satz 5.2.1. gibt es ein $m \in \boldsymbol{N}$ mit $m \cdot 1 > 1 - c$, also $m + c > 1$. Setzt man $M = \{k \mid k \in \boldsymbol{N},\ k \leqq m + c\}$, so ist $1 \in M$ und daher $M \neq \emptyset$. Nach (2) Satz

5.2.1. gibt es ein $n \in N$ mit $n \cdot 1 > m+c$, also ist $k<n$ für jedes $k \in M$, n ist obere Schranke von M in N. Nach Hilfssatz 4.5.2. existiert $\max M$. Es sei $p = \max M$. Es gilt

$$p \leqq m+c < p+1, \quad \text{also} \quad p-m \leqq c < p-m+1.$$

Ist $z \in \boldsymbol{Z}$, so ist $z \leqq p-m$ oder $p-m < z$. Ist $p-m \leqq z \leqq c$, so ist $p \leqq z+m < < p+1$. Da $z+m \geqq p > 0$ ist, ist $z+m \in N$ und nach Satz 4.2.2. damit $z+m = p$, also $z = p-m$. Daher ist $p-m = \max\{z | z \in \boldsymbol{Z},\ z \leqq c\}$.

Sind $a, b \in \boldsymbol{R}$, $a<b$, so ist $d = b-a > 0$. Nach (2) Satz 5.2.1. gibt es ein $m \in N$ mit $md>1$. Dann ist $ma+1 < m(a+d) = mb$. Setzt man $z := [ma]$, so ist $z \in \boldsymbol{Z}$ und

$$z \leqq ma < z+1 \leqq ma+1 < mb, \quad \text{also} \quad a < \frac{z+1}{m} < b, \quad \frac{z+1}{m} \in \boldsymbol{Q}. \quad \bullet$$

Da die Elemente eines vollständigen, geordneten Körpers $(\boldsymbol{R}, +, \cdot, \leqq)$ linear geordnet sind, liegt der Versuch nahe, sich $\boldsymbol{R}$ geometrisch durch die Menge der Punkte einer Geraden zu veranschaulichen, wie es auch in der Elementarmathematik üblich ist. Diesem Bild liegt die Vorstellung zugrunde, daß jedem Element von $\boldsymbol{R}$ genau ein Punkt der Geraden entspricht. (2) Satz 5.2.1. bedeutet dann, daß man

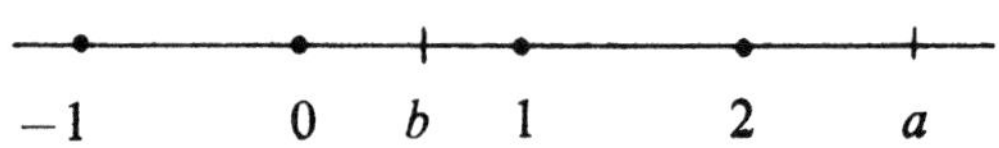

die Länge der Strecke von 0 bis a übertreffen kann, wenn man die Strecke von 0 bis b oft genug (n-mal mit passendem $n \in N$) hintereinander abträgt. (2) Satz 5.2.1. nennt man auch *Archimedisches Axiom*.

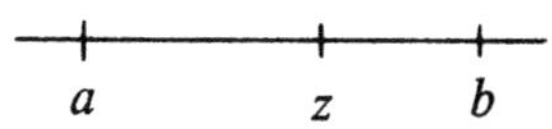

Satz 5.2.2. gibt an, daß es zu $a, b \in \boldsymbol{R}$ mit $a<b$ ein $z \in \boldsymbol{Q}$ gibt mit $a<z<b$, daß also zwischen den „Punkten" a, b ($a \neq b$) immer ein „Punkt" z aus $\boldsymbol{Q}$ liegt. Daher sagt man auch „*$\boldsymbol{Q}$ liegt dicht in $\boldsymbol{R}$*". Da man zwei verschiedene Elemente a, b von $\boldsymbol{R}$ stets durch ein $z \in \boldsymbol{Q}$ „trennen" kann, liegt es nahe, die Elemente von $\boldsymbol{R}$ schon in $\boldsymbol{Q}$ dadurch festzulegen, daß man angibt, welche Elemente von $\boldsymbol{Q}$ kleiner und welche größer sind, also zu $c \in \boldsymbol{R}$ etwa

$$U_c := \{x | x \in \boldsymbol{Q},\ x \leqq c\}, \quad V_c := \{y | y \in \boldsymbol{Q},\ c<y\}.$$

Für eine derartige Einteilung gilt

Hilfssatz 5.2.1. *$(\boldsymbol{R}, +, \cdot, \leqq)$ sei ein vollständiger, angeordneter Körper, $(K, +, \cdot, \leqq)$ ein Unterkörper. Zu jedem $c \in \boldsymbol{R}$ sei*

$$U_c := \{x \mid x \in K,\ x \leqq c\}, \quad V_c := \{y \mid y \in K,\ c < y\}.$$

Dann gilt

(1) $U_c \neq \emptyset$ *und* $V_c \neq \emptyset$, (2) $U_c \cup V_c = K$,

(3) $x \in U_c$ *und* $y \in V_c \Rightarrow x < y$, (4) V_c *hat kein kleinstes Element.*

*c ist das einzige Element in **R**, für das*

$$x \leqq c < y \quad \textit{für alle} \quad x \in U_c, \quad y \in V_c$$

gilt.

Beweis. Da $(\boldsymbol{Q}, +, \cdot)$ der kleinste Unterkörper von $(\boldsymbol{R}, +, \cdot)$ ist, ist $\boldsymbol{Q} \subset K$.

(1) Nach Satz 5.2.2. gibt es ein $z \in \boldsymbol{Q}$ mit $c-1 < z < c$ und ein $w \in \boldsymbol{Q}$ mit $c < w < c+1$. Daher ist $z \in U_c$, $w \in V_c$ und $U_c \neq \emptyset$, $V_c \neq \emptyset$.

(2) Ist $z \in K$, so ist $z \leqq c$, d.h. $z \in U_c$, oder $c < z$, d.h. $z \in V_c$.

(3) $x \leqq c$ und $c < y \Rightarrow x < y$.

(4) Ist $y \in V_c$, so gibt es nach Satz 5.2.2. ein $z \in \boldsymbol{Q}$ mit $c < z < y$, also ist $z \in V_c$, $z < y$. y ist daher nicht kleinstes Element von V_c.

Natürlich gilt $x \leqq c < y$ für alle $x \in U_c$, $y \in V_c$. Ist $d \in \boldsymbol{R}$, $d \neq c$, so ist $c < d$ oder $d < c$. Ist $c < d$, so gibt es ein $y \in \boldsymbol{R}$ mit $c < y < d$, ist $d < c$, so gibt es ein $x \in \boldsymbol{Q}$ mit $d < x < c$. ●

Die Möglichkeit, c durch Angabe von U_c und V_c festzulegen, legt die Frage nahe, ob die Zahlengerade ohne Lücken ist, ob also jede Einteilung von K (oder von $\boldsymbol{Q}$)

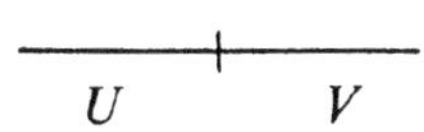

in zwei Klassen U und V in dieser Art auch auf ein $c \in \boldsymbol{R}$ führt, das die beiden Klassen voneinander trennt. Nach dem Vorbild von Dedekind (1831—1916) benutzt man

Definition 5.2.2. $(K, +, \cdot, \leqq)$ *sei ein angeordneter Körper. Ein Paar* (U, V) *mit* $U, V \subset K$ *heißt Dedekindscher Schnitt in* K, *wenn*

(1) $U \neq \emptyset$ *und* $V \neq \emptyset$, (2) $U \cup V = K$,

(3) $x \in U$ *und* $y \in V \Rightarrow x < y$

gilt. Ist außerdem

(4) V *hat kein kleinstes Element*

erfüllt, so heißt (U, V) *normiert.*

Man kann jetzt die „Lückenlosigkeit" der Zahlengerade beweisen.

Satz 5.2.3. $(\boldsymbol{R}, +, \cdot, \leqq)$ *sei ein vollständiger, angeordneter Körper,* $(K, +, \cdot, \leqq)$ *ein Unterkörper. Zu jedem Dedekindschen Schnitt* (U, V) *in* K *gibt es genau ein* $c \in \boldsymbol{R}$, *für das*

$$x \leqq c \leqq y \quad \textit{für alle } x \in U, \quad y \in V$$

gilt. Ist außerdem (U, V) *normiert, so ist* $U = U_c$, $V = V_c$ *(in der Bezeichnung von Hilfssatz 5.2.1.).*

Beweis. Wir verwenden wieder, daß $\boldsymbol{Q} \subset K$ ist, da $(\boldsymbol{Q}, +, \cdot)$ der kleinste Unterkörper von $(\boldsymbol{R}, +, \cdot)$ ist. (U, V) sei Dedekindscher Schnitt in K. Da $(\boldsymbol{R}, +, \cdot, \leqq)$ vollständig ist, liefern (1), (3) aus Definition 5.2.2.

$$U \neq \emptyset \quad \text{und} \quad \bar{S}(U) \supset V \neq \emptyset, \quad \sup U \text{ existiert},$$

$$V \neq \emptyset \quad \text{und} \quad \underline{S}(V) \supset U \neq \emptyset, \quad \inf V \text{ existiert (Satz 5.2.1.)}.$$

Nach Satz 3.1.1. ist wegen $V \subset \bar{S}(U)$, da $\inf \bar{S}(U) = \sup U$ existiert,

$$\inf \bar{S}(U) \leqq \inf V, \quad \sup U = \inf \bar{S}(U), \quad \text{also} \quad \sup U \leqq \inf V.$$

Nun kann aber nicht $\sup U < \inf V$ sein, denn dann gäbe es nach Satz 5.2.2. ein $z \in \boldsymbol{Q} \subset K$ mit $\sup U < z < \inf V$, also $z \notin U$ und $z \notin V$, was $U \cup V = K$ widerspricht ((2) Definition 5.2.2.). Also ist

$$\sup U = \inf V.$$

Ist $c \in \boldsymbol{R}$ und gilt $x \leqq c \leqq y$ für alle $x \in U$, $y \in V$, so ist

$$\sup U \leqq c, \quad c \leqq \inf V, \quad \text{also} \quad c = \sup U = \inf V.$$

Setzt man andererseits $c = \sup U = \inf V$, so gilt natürlich $x \leqq c \leqq y$ für alle $x \in U$, $y \in V$.

Ist (U, V) normiert, so ist $c \notin V$, da nach Satz 3.1.1. gilt: $\inf V \in V \Rightarrow \min V$ existiert. Für jedes $z \in K$ gilt somit wegen $U \cup V = K$

$$z \leqq c \quad \Rightarrow \quad z \notin V, \text{ also } z \in U,$$

$$c < z \quad \Rightarrow \quad z \notin U, \text{ also } z \in V,$$

d.h., $U = \{z | z \in K,\ z \leqq c\} = U_c$, $V = \{z | z \in K,\ c < z\} = V_c$. ●

Setzt man $\mathfrak{D}_K = \{(U, V) | (U, V) \text{ normierter Dedekindscher Schnitt in } K\}$, so kann man

$$\varphi : \mathfrak{D}_K \to \boldsymbol{R} \quad \text{durch} \quad \varphi((U, V)) := c \quad \text{für} \quad (U, V) = (U_c, V_c)$$

definieren, da es nach Satz 5.2.3. genau ein $c \in \boldsymbol{R}$ mit $(U, V) = (U_c, V_c)$ gibt. φ ist surjektiv, da zu $c \in \boldsymbol{R}$ $\varphi((U_c, V_c)) = c$ ist. φ ist auch injektiv, da $\varphi((U, V)) = c \Rightarrow$ $\Rightarrow (U, V) = (U_c, V_c)$, (U, V) also durch das Bild c eindeutig bestimmt ist. φ ist daher bijektiv. Überträgt man „$+$", „$\cdot$" und „$\leqq$" durch φ auf $\mathfrak{D}_K$, so ist $(\mathfrak{D}_K, +, \cdot, \leqq)$ ein zu $(\boldsymbol{R}, +, \cdot, \leqq)$ isomorpher Körper. Um diese Übertragung, d.h. also „$+$", „$\cdot$", „$\leqq$" für $\mathfrak{D}_K$ ohne Rückgriff auf $\boldsymbol{R}$ beschreiben zu können, benötigt man eine Bezeichnung.

Definition 5.2.3. *$(R, +, \cdot)$ sei ein Ring, $X, Y \subset R$. Man definiert*

$$X + Y := \{x + y \mid x \in X,\ y \in Y\}, \quad X \cdot Y := \{x \cdot y \mid x \in X,\ y \in Y\}.$$

Damit gewinnt man

Satz 5.2.4. *$(\boldsymbol{R}, +, \cdot, \leqq)$ sei ein vollständiger, angeordneter Körper, $(K, +, \cdot, \leqq)$ ein Unterkörper, $\mathfrak{D}_K := \{(U, V) \mid (U, V)$ normierter Dedekindscher Schnitt in $K\}$. Ist $(U, V) \in \mathfrak{D}_K$, so ist $U = K - V$. Man kann daher die Abkürzung*

$$(*, V) := (K - V, V) \quad \text{für} \quad (K - V, V) \in \mathfrak{D}_K \quad \text{benutzen.}$$

Durch

$$\varphi: \mathfrak{D}_K \to \boldsymbol{R} \quad \text{mit} \quad \varphi((U, V)) := c \quad \text{für} \quad (U, V) = (U_c, V_c)$$

wird eine bijektive Abbildung definiert. Definiert man für $(*, V), (*, W) \in \mathfrak{D}_K$

$$(*, V) \leqq (*, W) \;:\Leftrightarrow\; V \supset W, \qquad (*, V) + (*, W) \;:=\; (*, V + W),$$

so ist $\mathfrak{D}_K$ durch „$\leqq$" linear geordnet, $(*, V + W) \in \mathfrak{D}_K$ und $(\mathfrak{D}_K, +)$ ist abelsche Gruppe mit neutralem Element $(*, V_0)$, $V_0 = \{z \mid z \in K,\ z > 0\}$. Definiert man

$$(*, V) \cdot (*, W) \;:=\; (*, V \cdot W) \quad \text{für } (*, V_0) \leqq (*, V) \text{ und } (*, V_0) \leqq (*, W),$$

so ist $(*, V \cdot W) \in \mathfrak{D}_K$. Definiert man weiter für $\alpha, \beta \in \mathfrak{D}_K$

$$\begin{aligned}
\alpha \cdot \beta &:= -(\alpha \cdot (-\beta)) && \text{für} \quad (*, V_0) \leqq \alpha,\ \beta < (*, V_0),\\
\alpha \cdot \beta &:= -((-\alpha)\beta) && \text{für} \quad \alpha < (*, V_0),\ (*, V_0) \leqq \beta,\\
\alpha \cdot \beta &:= (-\alpha)(-\beta) && \text{für} \quad \alpha < (*, V_0),\ \beta < (*, V_0),
\end{aligned}$$

so ist $(\mathfrak{D}_K, +, \cdot, \leqq)$ ein angeordneter Körper und φ ein Isomorphismus.

Beweis. Daß φ eine bijektive Abbildung ist, ist bereits oben gezeigt.

Es sei $c = \varphi((*, V))$, $d = \varphi((*, W))$. Dann ist $V = \{z \mid z \in K,\ c < z\}$ und

$$W = \{z \mid z \in K,\ d < z\}.$$

Es gilt

$$c \leqq d \Rightarrow V \supset W, \quad d \leqq c \Rightarrow W \supset V,$$

d.h.,

$$(*, V) \leqq (*, W) \;\Leftrightarrow\; \varphi((*, V)) \leqq \varphi((*, W)).$$

„$\leqq$" auf $\mathfrak{D}_K$ bekommt man also durch Übertragung der linearen Ordnung „$\leqq$" von $\boldsymbol{R}$ auf $\mathfrak{D}_K$ mit der bijektiven Abbildung φ. $\mathfrak{D}_K$ ist durch „$\leqq$" vollständig geordnet, und φ ist ordnungserhaltend.

Weiter gilt

$$x \in V \text{ und } y \in W \quad \Rightarrow \quad c < x \text{ und } d < y, \text{ also } c+d < x+y.$$

Daher ist $V+W \subset V_{c+d}$. Ist andererseits $z \in V_{c+d}$, so ist $z \in K$ und $c+d < z$. Nach Satz 5.2.2. gibt es ein $x \in \boldsymbol{Q} \subset K$ mit

$$c < x < z-d, \quad \text{also} \quad x \in V \quad \bigl(\text{wegen } \varphi((*, V)) = c\bigr).$$

Setzt man $y = z-x$, so ist

$$x < z-d, \quad \text{also} \quad d < z-x = y, \quad \text{d.h.} \quad y \in W \quad \text{und} \quad x+y = z.$$

Damit ist auch $V_{c+d} \subset V+W$. Das ergibt $V+W = V_{c+d}$ und $\varphi\bigl((*, V+W)\bigr) = = c+d$. Es ist $(*, V+W) \in \mathfrak{D}_K$, und φ^{-1} ist Isomorphismus von $(\boldsymbol{R}, +)$ auf $(\mathfrak{D}_K, +)$, und $(\mathfrak{D}_K, +)$ ist abelsche Gruppe mit dem neutralen Element $(*, V_0) = \varphi^{-1}(0)$ (Satz 2.2.4. und Hilfssatz 2.2.2.). Natürlich ist φ Isomorphismus von $(\mathfrak{D}_K, +)$ auf $(\boldsymbol{R}, +)$.

Ist $(*, V) \geqq (*, V_0)$, $(*, W) \geqq (*, V_0)$, d.h. $c \geqq 0$, $d \geqq 0$, so gilt

$$x \in V \text{ und } y \in W \quad \Rightarrow \quad x > c \text{ und } y > d, \text{ also } x \cdot y > c \cdot d.$$

Darum ist $V \cdot W \subset V_{c \cdot d}$. Ist andererseits $z \in V_{c \cdot d}$, so ist $0 \leqq cd < z$. Nach Satz 5.2.2 gibt es,

$$\text{falls } d > 0 \text{ ist, ein } x \in \boldsymbol{Q} \text{ mit } c < x < \frac{z}{d}; \text{ dann ist } y := \frac{z}{x} > d;$$

$$\text{falls } c > 0 \text{ ist, ein } y \in \boldsymbol{Q} \text{ mit } d < y < \frac{z}{c}; \text{ dann ist } x := \frac{z}{y} > c;$$

$$\text{falls } c = d = 0 \text{ ist, ein } y \in \boldsymbol{Q} \text{ mit } 0 < y < z; \text{ dann ist } x := \frac{z}{y} > 0.$$

In jedem Fall ist

$$c < x, \quad \text{also} \quad x \in V, \quad d < y, \quad \text{also} \quad y \in W \quad \text{und} \quad z = x \cdot y \in V \cdot W.$$

Daher ist auch $V_{c \cdot d} \subset V \cdot W$, d.h., $V \cdot W = V_{c \cdot d}$. Damit ist $(*, V \cdot W) \in \mathfrak{D}_K$ und $\varphi\bigl((*, V \cdot W)\bigr) = \varphi\bigl((*, V)\bigr) \cdot \varphi\bigl((*, W)\bigr) = c \cdot d$.

Da $(\mathfrak{D}_K, +)$ Gruppe und φ ein Isomorphismus auf $(\boldsymbol{R}, +)$ ist, gilt $\varphi(-\alpha) = = -\varphi(\alpha)$, $\varphi(-\beta) = -\varphi(\beta)$. Da für $\gamma, \delta \in \mathfrak{D}_K$ und $\gamma \geqq (*, V_0)$, $\delta \geqq (*, V_0)$, wie eben gezeigt, $\varphi(\gamma \cdot \delta) = \varphi(\gamma)\varphi(\delta)$ ist, erhält man für $(*, V_0) \leqq \alpha$, $\beta < (*, V_0)$ wegen $\varphi(\alpha)$, $\varphi(\beta) \in \boldsymbol{R}$ und Satz 2.3.1. für $(\boldsymbol{R}, +, \cdot)$

$$\varphi(\alpha\beta) = \varphi(-(\alpha(-\beta))) = -\varphi(\alpha(-\beta)) = -\varphi(\alpha)\varphi(-\beta) =$$
$$= -\varphi(\alpha)(-\varphi(\beta)) = \varphi(\alpha)\varphi(\beta),$$

für $\alpha < (*, V_0)$, $(*, V_0) \leqq \beta$

$$\varphi(\alpha\beta) = \varphi(-((-\alpha)\beta)) = -\varphi((-\alpha)\beta) = -(\varphi(-\alpha)\varphi(\beta)) =$$
$$= -(-\varphi(\alpha))\varphi(\beta) = \varphi(\alpha)\varphi(\beta),$$

und für $\alpha < (*, V_0)$, $\beta < (*, V_0)$

$$\varphi(\alpha\beta) = \varphi((-\alpha)(-\beta)) = \varphi(-\alpha)\varphi(-\beta) = (-\varphi(\alpha))(-\varphi(\beta)) = \varphi(\alpha)\varphi(\beta).$$

φ ist Isomorphismus von $(\mathfrak{D}_K, \cdot)$ auf $(\boldsymbol{R}, \cdot)$ und daher φ^{-1} Isomorphismus von $(\boldsymbol{R}, \cdot)$ auf $(\mathfrak{D}_K, \cdot)$. Damit ist φ^{-1} Isomorphismus von $(\boldsymbol{R}, +, \cdot)$ auf $(\mathfrak{D}_K, +, \cdot)$, und nach Satz 2.3.2. ist $(\mathfrak{D}_K, +, \cdot)$ Körper. ●

Aus Satz 5.2.4. gewinnt man

Satz 5.2.5. *$(\boldsymbol{R}, +, \cdot, \leqq)$ sei ein vollständiger, angeordneter Körper. $(\boldsymbol{R}, +, \cdot, \leqq)$ ist bis auf Isomorphie eindeutig bestimmt. $(\boldsymbol{Q}, +, \cdot, \leqq)$ ist in natürlicher Weise Unterkörper (wie in 5.1.). Setzt man die Existenz eines vollständigen, angeordneten Körpers voraus, so nennt man daher*

$(\boldsymbol{R}, +, \cdot, \leqq)$ Körper der reellen Zahlen

und reserviert dafür das Symbol $\boldsymbol{R}$.

Beweis. $(\boldsymbol{Q}, +, \cdot, \leqq)$ ist in natürlicher Weise Unterkörper von $(\boldsymbol{R}, +, \cdot, \leqq)$ (nach Satz 5.1.1. der kleinste Unterkörper und nach Satz 5.1.2. bis auf Isomorphie eindeutig bestimmt). Nach Satz 5.2.4. ist $(\mathfrak{D}_Q, +, \cdot, \leqq)$ ein angeordneter Körper, und φ ein Isomorphismus von $(\mathfrak{D}_Q, +, \cdot, \leqq)$ auf $(\boldsymbol{R}, +, \cdot, \leqq)$. ●

Will man, um den Körper der reellen Zahlen zu erhalten, nicht die Existenz eines vollständigen, angeordneten Körpers voraussetzen, so muß man von $(\boldsymbol{Q}, +, \cdot, \leqq)$ ausgehen und auf $\mathfrak{D}_Q$ wie in Satz 5.2.4. „$+$“, „$\cdot$“ und „$\leqq$“ definieren. Man kann jedoch nicht unmittelbar Satz 5.2.4. anwenden, sondern muß, *ohne die Existenz von $(\boldsymbol{R}, +, \cdot, \leqq)$ vorauszusetzen*, nachweisen, daß $(\mathfrak{D}_Q, +, \cdot, \leqq)$ vollständiger, angeordneter Körper ist. Hierfür sei auf die Literatur (etwa Landau a.a.O. s.S. 109) verwiesen.

Im Gegensatz zu Satz 5.1.5. (vgl. Beispiel 5.2.1. für $K = \boldsymbol{Q}$) gilt

Hilfssatz 5.2.2. *Zu jedem $s \in \boldsymbol{R}$, $s \geqq 0$ gibt es genau eine nicht-negative Zahl $y \in \boldsymbol{R}$ mit $y^2 = s$. Man verwendet die Bezeichnung*

$\sqrt{s}$:= *diejenige nicht-negative Zahl $y \in \boldsymbol{R}$, für die $y^2 = s$ ist.*

Die Gleichung

$$x^2 = s$$

hat für $s > 0$ *die beiden Lösungen* $\sqrt{s}, -\sqrt{s}$. *Die Gleichung* $x^2 = 0$ *hat die einzige Lösung* 0.

Beweis. Nach Beispiel 5.2.1. für $K = \mathbf{R}$, $s > 0$ ist $M = \{x \mid x \in \mathbf{R},\ x^2 < s\} \neq \emptyset$, $\bar{S}(M) \neq \emptyset$, und es gilt

$$\sup M \text{ existiert} \Rightarrow (\sup M)^2 = s,\ \sup(M) \geqq 0 \text{ (wegen } 0 \in M).$$

Da $(\mathbf{R}, +, \cdot, \leqq)$ vollständig ist, existiert $\sup M$. Es sei $y = \sup M$. Dann ist $y^2 = s$, $y \geqq 0$. Wegen $s \neq 0$ ist auch $y \neq 0$, d.h. $y > 0$. Nach Satz 2.3.1. ist $(-y)^2 = y^2 = s$, aber $-y < 0$, da $y > 0$ ist.

Ist z irgendeine Lösung der Gleichung $x^2 = s$ in $\mathbf{R}$, so ist $z^2 = s$, $y^2 = s$, also

$$0 = z^2 - y^2 = (z + y)(z - y).$$

Dann ist aber $z + y = 0$ oder $z - y = 0$, d.h. $z = -y$ oder $z = y$. y, $-y$ sind daher die einzigen Lösungen von $x^2 = s$, nur y ist positiv.

Nach Satz 2.3.3. hat $x^2 = 0$ die einzige Lösung $x = 0$. ●

Anmerkung 5.2.1. Ist $s \in \mathbf{R}$, $s \geqq 0$, so gilt für $y \in \mathbf{R}$

$$y^2 = s,\ y \geqq 0 \Rightarrow y = \sqrt{s}.$$

$\sqrt{s}$ bezeichnet man als nicht-negative Quadratwurzel aus s. Entsprechend kann man zeigen, daß es zu jedem $n \in \mathbf{N}$ genau eine nicht-negative Zahl, sie wird mit $\sqrt[n]{s}$ bezeichnet, in $\mathbf{R}$ gibt mit $(\sqrt[n]{s})^n = s$. Wir werden diese Aussage jedoch anders beweisen (Satz 6.7.3.). Es sei darauf hingewiesen, daß für $z \in \mathbf{R}$, $z < 0$, gilt

$$\sqrt{z^2} = -z. \quad ●$$

5.3. Die komplexen Zahlen

Einer der Gründe, die dazu führen, daß der rationale Zahlkörper $(\mathbf{Q}, +, \cdot, \leqq)$ für die Zwecke der Analysis als nicht vollständig genug angesehen werden muß, ist, daß für eine Primzahl p die Gleichung $x^2 = p$ in $\mathbf{Q}$ nicht lösbar ist. In $(\mathbf{R}, +, \cdot, \leqq)$ ist für jedes $s \geqq 0$ die Gleichung $x^2 = s$ lösbar. Ist dagegen $t \in \mathbf{R}$, $t < 0$, so ist die Gleichung $x^2 = t$ in $\mathbf{R}$ nicht lösbar, denn für jedes $x \in \mathbf{R}$ gilt $x^2 \geqq 0$ (Satz 3.2.1.). Bei der großen Bedeutung, die Verfahren zur Bestimmung von Lösungen von Gleichungen in der Mathematik immer gehabt haben, ist es nicht verwunderlich, daß es schon frühzeitig als störend empfunden wurde, daß z. B. die Gleichung

$$x^2 = -1$$

in $\boldsymbol{R}$ keine Lösung hat. Es liegt natürlich nahe, zu untersuchen, ob es nicht einen größeren Körper als $\boldsymbol{R}$ gibt (der also $(\boldsymbol{R}, +, \cdot)$ als Unterkörper enthält, man will ja auf die Eigenschaften von $\boldsymbol{R}$ möglichst nicht verzichten), in dem jede Gleichung der Form $x^2 = t$ lösbar ist. Einen solchen Körper kann man allerdings nicht mehr zu einem angeordneten Körper machen, da sonst für jedes x nach Satz 3.2.1. $x^2 \geqq 0$, aber $-1 < 0$ wäre, $x^2 = -1$ also nicht lösbar sein könnte.

Zunächst wird man untersuchen, wie ein Körper $(K, +, \cdot)$ mit $(\boldsymbol{R}, +, \cdot)$ als Unterkörper, in dem etwa die Gleichung $x^2 = -1$ lösbar ist, aussehen müßte. Nimmt man an, $(K, +, \cdot)$ ist solch ein Körper, so gibt es ein Element $i \in K$ mit

$$i^2 = -1.$$

Dann ist $i \notin \boldsymbol{R}$. Es sei

$$\boldsymbol{C} := \{a + bi \mid a, b \in \boldsymbol{R}\}.$$

Für $a, b \in \boldsymbol{R}$ gilt (wegen $i^2 = -1$)

$$a + bi = 0 \Rightarrow (a + bi)(a - bi) = 0, \text{ also } a^2 + b^2 = 0.$$

$a^2 + b^2 = 0$ ist aber wegen $a^2 \geqq 0$, $b^2 \geqq 0$ (in $\boldsymbol{R}$!) nur möglich für $a = b = 0$. Für $a, b, c, d \in \boldsymbol{R}$ gilt daher

$$a + bi = c + di \Rightarrow a - c + (b - d)i = 0, \text{ d.h. } a = c,\ b = d,$$

und weiter (nach den Rechenregeln in einem Körper)

$$(a + bi) + (c + di) = (a + c) + (b + d)i,$$

$$(a + bi)(c + di) = ac + bci + adi - bd = (ac - bd) + (bc + ad)i.$$

$\boldsymbol{C}$ ist also abgeschlossen gegen „$+$“ und „$\cdot$“, und die Abbildung

$$\varphi : \boldsymbol{R} \times \boldsymbol{R} \to \boldsymbol{C}, \quad \text{definiert durch} \quad \varphi(a, b) := a + bi,$$

ist surjektiv und wegen $\varphi(a, b) = \varphi(c, d) \Rightarrow (a, b) = (c, d)$ auch injektiv und damit bijektiv. Definiert man dann für $a, b, c, d \in \boldsymbol{R}$

$$(a, b) + (c, d) := (a + c, b + d), \qquad (a, b)(c, d) := (ac - bd, ad + bc),$$

so ist φ Isomorphismus von $(\boldsymbol{R} \times \boldsymbol{R}, +, \cdot)$ auf $(\boldsymbol{C}, +, \cdot)$. Insbesondere ist

$$\varphi(-1, 0) = -1, \quad \varphi(0, 1) = i, \quad (0, 1)^2 = (0, 1) \cdot (0, 1) = (-1, 0).$$

Man kann auch leicht nachkontrollieren (s.u.), daß $(\boldsymbol{C}, +, \cdot)$ und damit auch $(\boldsymbol{R} \times \boldsymbol{R}, +, \cdot)$ Körper ist. Man sieht also, wie man vorgehen muß, um einen Körper der gewünschten Art zu konstruieren. Man definiert auf $\boldsymbol{R} \times \boldsymbol{R}$ eine Addition und eine Multiplikation wie oben und zeigt, daß $(\boldsymbol{R} \times \boldsymbol{R}, +, \cdot)$ Körper ist.

Satz 5.3.1. *Definiert man für* $(a, b), (c, d) \in \boldsymbol{R} \times \boldsymbol{R}$

$$(a, b)+(c, d):=(a+c, b+d), \qquad (a, b)\cdot(c, d):=(ac-bd, ad+bc),$$

so ist $(\boldsymbol{R}\times\boldsymbol{R}, +, \cdot)$ *ein Körper.* $\{(a, 0)|a\in\boldsymbol{R}\}$ *ist abgeschlossen gegen „+", „·",* $(\{(a, 0)|a\in\boldsymbol{R}\}, +, \cdot)$ *ist ein Körper.*

$$\psi: \boldsymbol{R} \to \{(a, 0)|a\in\boldsymbol{R}\}, \text{ definiert durch } \psi(a):=(a, 0) \text{ für } a\in\boldsymbol{R},$$

ist ein Isomorphismus von $(\boldsymbol{R}, +, \cdot)$ *auf* $(\{(a, 0)|a\in\boldsymbol{R}\}, +, \cdot)$. *Das Einselement von* $(\boldsymbol{R}\times\boldsymbol{R}, +, \cdot)$ *ist* $(1, 0)$; *es gilt*

$$-(1, 0)=(-1, 0), \qquad (0, 1)^2=(0, 1)(0, 1) = -(1, 0).$$

Beweis. Zunächst muß man zeigen, daß „+", „·" assoziativ sind. Für (a, b), (c, d), $(u, v)\in\boldsymbol{R}\times\boldsymbol{R}$ rechnet man nach

$$\begin{aligned}
((a, b)+(c, d))+(u, v) &= (a+c, b+d)+(u, v) = (a+c+u, b+d+v),\\
(a, b)+((c, d)+(u, v)) &= (a, b)+(c+u, d+v) = (a+c+u, b+d+v);\\
((a, b)\cdot(c, d))\cdot(u, v) &= (ac-bd, ad+bc)\cdot(u, v)\\
&= (acu-bdu-adv-bcv, acv-bdv+adu+bcu),\\
(a, b)\cdot((c, d)\cdot(u, v)) &= (a, b)\cdot(cu-dv, cv+du)\\
&= (acu-adv-bcv-bdu, acv+adu+bcu-bdv).
\end{aligned}$$

Da „+" auf $\boldsymbol{R}$ assoziativ und kommutativ und „·" auf $\boldsymbol{R}$ assoziativ ist, erhält man hieraus die Assoziativität von „+" und „·" auf $\boldsymbol{R}\times\boldsymbol{R}$. Wegen

$$\begin{aligned}
(a, b)+(c, d) &= (a+c, b+d) = (c+a, d+b) = (c, d)+(a, b),\\
(a, b)\cdot(c, d) &= (ac-bd, ad+bc) = (ca-db, cb+da) = (c, d)\cdot(a, b)
\end{aligned}$$

sind „+" und „·" auf $\boldsymbol{R}\times\boldsymbol{R}$ auch kommutativ. Wegen

$$(0, 0)+(a, b) = (0+a, 0+b) = (a, b)$$

ist $(0, 0)$ neutrales Element von $(\boldsymbol{R}\times\boldsymbol{R}, +)$, und wegen

$$(-a, -b)+(a, b) = (-a+a, -b+b) = (0, 0)$$

gibt es zu jedem Element ein Inverses bez. „+", d.h., $(\boldsymbol{R}\times\boldsymbol{R}, +)$ ist abelsche Gruppe (das ist Bedingung (1) aus der Definition 2.3.1. des Ringes). Bedingung (2), $(\boldsymbol{R}\times\boldsymbol{R}, \cdot)$ ist Halbgruppe, gilt ebenfalls. Für (3) Definition 2.3.1. (Distributivgesetze) braucht man wegen der Kommutativität von „·" nur nachzurechnen

$$(a, b)\cdot((c, d)+(u, v)) = (a, b)\cdot(c+u, d+v) = (ac+au-bd-bv, ad+av+bc+bu),$$

$$(a, b)\cdot(c, d)+(a, b)\cdot(u, v) = (ac-bd, ad+bc)+(au-bv, av+bu),$$

woraus wegen der Kommutativität und Assoziativität von „+“, „·“ auf $\boldsymbol{R}$ die Distributivgesetze folgen. $(\boldsymbol{R}\times\boldsymbol{R}, +, \cdot)$ ist daher ein kommutativer Ring.

Um zu zeigen, daß $(\boldsymbol{R}\times\boldsymbol{R}, +, \cdot)$ Körper ist, braucht man wegen der Kommutativität von „·“ nach Hilfssatz 2.3.2. nur nachzuweisen, daß für $(a, b), (c, d)\in\boldsymbol{R}\times\boldsymbol{R}$, $(a, b)\neq(0, 0)$, die Gleichung

$$(a, b)\cdot x = (c, d)$$

in $\boldsymbol{R}\times\boldsymbol{R}$ lösbar ist. Hierzu rechnet man nach

$$(1, 0)\cdot(u, v) = (u, v), \quad (a, -b)\cdot(a, b) = (a^2+b^2, 0),$$

und für $(a, b)\neq(0, 0)$ (wegen $a^2+b^2\neq 0$)

$$\left(\frac{1}{a^2+b^2}, 0\right)\cdot(a^2+b^2, 0) = (1, 0).$$

Ist daher x eine Lösung, so ist

$$\left(\frac{1}{a^2+b^2}, 0\right)\cdot(a, -b)\cdot(a, b)\cdot x = (1, 0)\cdot x = x,$$

$$\left(\frac{1}{a^2+b^2}, 0\right)\cdot(a, -b)\cdot(a, b)\cdot x = \left(\frac{1}{a^2+b^2}, 0\right)\cdot(a, -b)\cdot(c, d),$$

also

$$x = \left(\frac{1}{a^2+b^2}, 0\right)\cdot(a, -b)\cdot(c, d) = \left(\frac{a}{a^2+b^2}, \frac{-b}{a^2+b^2}\right)\cdot(c, d).$$

Setzt man diesen Wert von x ein, so erhält man („·“ ist kommutativ)

$$(a, b)\cdot x = (a, b)\cdot\left(\frac{1}{a^2+b^2}, 0\right)\cdot(a, -b)\cdot(c, d) = (1, 0)\cdot(c, d) = (c, d).$$

$(\boldsymbol{R}\times\boldsymbol{R}, +, \cdot)$ ist Körper, $(1, 0)$ offenbar das Einselement, und es ist

$$(-1, 0)+(1, 0) = (0, 0), \quad \text{also} \quad (-1, 0) = -(1, 0),$$

$$(0, 1)\cdot(0, 1) = (-1, 0) = -(1, 0).$$

Die Abbildung

$$\tilde{\psi}: \boldsymbol{R}\to\boldsymbol{R}\times\boldsymbol{R}, \text{ definiert durch } \tilde{\psi}(a) := (a, 0) \text{ für } a\in\boldsymbol{R},$$

ist offensichtlich injektiv und wegen

$$\tilde{\psi}(a)+\tilde{\psi}(c) = (a, 0)+(c, 0) = (a+c, 0) = \tilde{\psi}(a+c),$$

$$\tilde{\psi}(a)\cdot\tilde{\psi}(c) = (a, 0)\cdot(c, 0) = (ac, 0) = \tilde{\psi}(ac)$$

Homomorphismus, wegen der Injektivität Monomorphismus. Nach Satz 2.3.2. ist $\tilde{\psi}(\boldsymbol{R})=\{(a,0)|a\in\boldsymbol{R}\}$ gegen „+“ und „·“ abgeschlossen, $(\{(a,0)|a\in\boldsymbol{R}\},+,\cdot)$ ist Körper. Damit ist ψ Isomorphismus. ●

Satz 5.3.2. *Es gibt einen Körper* $(\boldsymbol{C},+,\cdot)$ *mit den Eigenschaften*

(1) $(\boldsymbol{C},+,\cdot)$ *enthält* $(\boldsymbol{R},+,\cdot)$ *als Unterkörper.*

(2) *Es gibt ein Element* $i\in\boldsymbol{C}$ *mit* $i^2=-1$.

(3) $(\boldsymbol{C},+,\cdot)$ *enthält keinen echten Teilkörper mit den Eigenschaften* (1), (2).

$(\boldsymbol{C},+,\cdot)$ *ist durch* (1), (2), (3) *bis auf Isomorphie eindeutig bestimmt. Man nennt daher*

$$(\boldsymbol{C},+,\cdot)\ \textit{Körper der komplexen Zahlen}$$

und reserviert für ihn das Symbol $\boldsymbol{C}$.

Beweis. Der Körper $(\boldsymbol{R}\times\boldsymbol{R},+,\cdot)$ aus Satz 5.3.1. enthält den zu $(\boldsymbol{R},+,\cdot)$ isomorphen Teilkörper $(\{(a,0)|a\in\boldsymbol{R}\},+,\cdot)$. Man kann nun entweder an Stelle von $(\boldsymbol{R},+,\cdot)$ den dazu isomorphen Körper $(\{(a,0)|a\in\boldsymbol{R}\},+,\cdot)$ als reellen Zahlkörper nehmen oder (wenn man das „Modell von $\boldsymbol{R}$“ nicht wechseln will) den Körper $(\{(a,0)|a\in\boldsymbol{R}\},+,\cdot)$ mittels isomorpher Ersetzung (wie bei der Einbettung von $\boldsymbol{N}$ in einen angeordneten Körper, siehe 4.4.) durch $(\boldsymbol{R},+,\cdot)$ ersetzen, also jedes $(a,0)$, $a\in\boldsymbol{R}$, durch a ersetzen. Verwendet man dann die Abkürzung $i:=(0,1)$, so ist für alle $(a,b)\in\boldsymbol{R}\times\boldsymbol{R}$

$$(a,b)=(a,0)+(b,0)\cdot(0,1),\quad (a,b)=a+b\cdot i,\quad i^2=-1.$$

$(\boldsymbol{R}\times\boldsymbol{R},+,\cdot)$ erfüllt (1) und (2). Um (3) zu kontrollieren, sei $x^2=-1$. Dann gilt

$$x^2-i^2=(x+i)(x-i),\quad x^2-i^2=0,\quad \text{also}\quad (x+i)(x-i)=0,$$

d.h., $x+i=0$ oder $x-i=0$, und daher $x=-i$ oder $x=i$. Ist $(K,+,\cdot)$ ein Teilkörper, der (1), (2) erfüllt, so ist $i\in K$ oder $-i\in K$, wegen $\boldsymbol{R}\subset K$ auch $\{a+bi|a,b\in\boldsymbol{R}\}\subset K$, d.h., $K=\boldsymbol{R}\times\boldsymbol{R}$ (genauer wegen der isomorphen Ersetzung:

$$K=(\boldsymbol{R}\times\boldsymbol{R}-\{(a,0)|a\in\boldsymbol{R}\})\cup\boldsymbol{R}),$$

also gilt auch (3).

In der Einleitung zu 5.3. hatten wir bereits ausgerechnet, daß aus (1), (2) folgt, daß

$$\varphi:\boldsymbol{R}\times\boldsymbol{R}\to\{a+bi|a,b\in\boldsymbol{R}\}$$

ein Isomorphismus von $(\boldsymbol{R}\times\boldsymbol{R},+,\cdot)$ auf $(\{a+bi|a,b\in\boldsymbol{R}\},+,\cdot)$ ist.

$$(\{a+bi|a,b\in\boldsymbol{R}\},+,\cdot)$$

ist deshalb Unterkörper von $(\boldsymbol{C}, +, \cdot)$. Wegen Eigenschaft (3) ist $\boldsymbol{C} = \{a+bi \mid a, b \in \boldsymbol{R}\}$. $(\boldsymbol{C}, +, \cdot)$ ist daher isomorph zu $(\boldsymbol{R} \times \boldsymbol{R}, +, \cdot)$. ●

Für das Rechnen in $\boldsymbol{C}$ ist der folgende Satz nützlich.

Satz 5.3.3. *Es sei $i \in \boldsymbol{C}$ mit $i^2 = -1$ nach (2) Satz 5.3.2. Dann gibt es zu jedem $z \in \boldsymbol{C}$ Elemente $a, b \in \boldsymbol{R}$ mit*

$$z = a+bi.$$

a, b sind durch z eindeutig bestimmt. Für $a, b, c, d \in \boldsymbol{R}$ gilt

$$a+bi = c+di \quad \Leftrightarrow \quad a=c \text{ und } b=d.$$

Ist $z = a+bi$, $a, b \in \boldsymbol{R}$, so nennt man a Realteil von z, $a = \operatorname{Re}(z)$, b Imaginärteil von z, $b = \operatorname{Im}(z)$. Zu jedem $z = a+bi \in \boldsymbol{C}$ $(a, b \in \boldsymbol{R})$ kann man daher die „konjugiert komplexe Zahl $\bar{z}$" durch

$$\bar{z} := a-bi \text{ für } \quad z = a+bi \text{ mit } a, b \in \boldsymbol{R}$$

definieren. Es ist $\operatorname{Re}(z) = \frac{1}{2}(z+\bar{z})$, $\operatorname{Im}(z) = \frac{1}{2i}(z-\bar{z})$, und es gilt

$$z \in \boldsymbol{R} \quad \Leftrightarrow \quad z = \bar{z}.$$

Die Abbildung

$$\varphi: \boldsymbol{C} \to \boldsymbol{C}, \text{ definiert durch } \varphi(z) := \bar{z} \text{ für alle } z,$$

ist ein Isomorphismus von $(\boldsymbol{C}, +, \cdot)$ auf $(\boldsymbol{C}, +, \cdot)$ (einen solchen Isomorphismus nennt man Automorphismus von $(\boldsymbol{C}, +, \cdot)$). φ ist involutorisch, d.h. $\varphi \circ \varphi = id_{\boldsymbol{C}}$. Für $z = a+bi$ ist

$$z\bar{z} = a^2+b^2.$$

Ist $z \neq 0$, so ist $z^{-1} = \dfrac{\bar{z}}{a^2+b^2}$.

Beweis. Daß $\boldsymbol{C} = \{a+bi \mid a, b \in \boldsymbol{R}\}$ ist, haben wir eben beim Beweis von Satz 5.3.2. gesehen. Daß a, b durch z eindeutig bestimmt sind, „$a+bi = c+di \Leftrightarrow a=c$ und $b=d$" gilt, haben wir in der Einleitung zu 5.3. nachgerechnet. $\bar{z}$ ist daher durch die Angabe von z bestimmt, wie es sein muß (und hängt nicht etwa von der speziellen Darstellung von z ab). $\operatorname{Re}(z) = \frac{1}{2}(z+\bar{z})$, $\operatorname{Im}(z) = \frac{1}{2i}(z-\bar{z})$ und $z = \bar{z} \Leftrightarrow z \in \boldsymbol{R}$ rechnet man sofort nach.

Die Abbildung φ hat offenbar die Eigenschaft $\varphi \circ \varphi = id_{\boldsymbol{C}}$, ist also bijektiv (Satz 1.4.5.). Für $z = a+bi$, $w = c+di$ gilt

$$\varphi(z)+\varphi(w) = (a-bi)+(c-di) = a+c-(b+d)i = \varphi(z+w),$$

$$\varphi(z) \cdot \varphi(w) = (a-bi)(c-di) = ac-bd-(ad+bc)i = \varphi(z \cdot w).$$

φ ist Homomorphismus und wegen der Bijektivität Isomorphismus von $(\boldsymbol{C}, +, \cdot)$ auf $(\boldsymbol{C}, +, \cdot)$.
$z\bar{z} = a^2+b^2$ rechnet man sofort nach. Ist $z \neq 0$, so ist $a^2+b^2 \neq 0$,

$$z \cdot \frac{\bar{z}}{a^2+b^2} = 1, \quad \text{also} \quad \frac{\bar{z}}{a^2+b^2} = z^{-1}. \quad \bullet$$

In $\boldsymbol{C}$ hat tatsächlich jede Gleichung der Gestalt $x^2 = z$ eine Lösung. Es gilt

Hilfssatz 5.3.1. *Zu jedem $z \in \boldsymbol{C}$ gibt es ein $w \in \boldsymbol{C}$ mit $w^2 = z$. Ist $z \neq 0$, so hat die Gleichung*

$$x^2 = z$$

genau die beiden Lösungen w, $-w$. Ist $z = 0$, so ist $w = 0$ die einzige Lösung.

Beweis. Offenbar gilt

$$w^2 = 0 \;\Rightarrow\; w = 0, \qquad w = 0 \;\Rightarrow\; w^2 = 0.$$

Ist $z \neq 0$, so sei $z = a+bi$, $a, b \in \boldsymbol{R}$. Dann ist $a^2+b^2 \in \boldsymbol{R}$, $a^2+b^2 \neq 0$, also $a^2+b^2 > 0$. Ist $w = c+di$, $c, d \in \boldsymbol{R}$, so ist

$$w^2 = (c+di)^2 = c^2-d^2+2cdi.$$

Das ergibt

$$w^2 = z \;\Leftrightarrow\; c^2-d^2 = a \text{ und } 2cd = b.$$

Ist daher $w^2 = z$, so ist

$$(c^2+d^2)^2 = (c^2-d^2)^2+(2cd)^2 = a^2+b^2 > 0.$$

Nach Hilfssatz 5.2.2. gibt es ein $u \in \boldsymbol{R}$, $u > 0$ mit $u^2 = a^2+b^2$. Dann ist $u \geqq a$, $u \geqq -a$ $(0 < u < a \Rightarrow u^2 < a^2!)$. Da $c^2+d^2 > 0$ und $(c^2+d^2)^2 = a^2+b^2 = u^2$ ist, ist nach Hilfssatz 5.2.2. $c^2+d^2 = u$. Daher ist

$$c^2+d^2 = u, \; c^2-d^2 = a, \quad \text{also} \quad c^2 = \frac{1}{2}(u+a), \; d^2 = \frac{1}{2}(u-a).$$

Wegen $u+a \geqq 0$, $u-a \geqq 0$ gibt es genau ein $\alpha \geqq 0$ und ein $\beta \geqq 0$ in $\boldsymbol{R}$ mit $\alpha^2 = \frac{1}{2}(u+a)$, $\beta^2 = \frac{1}{2}(u-a)$ (Hilfssatz 5.2.2.), und es ist

$$c = \alpha \quad \text{oder} \quad -\alpha, \qquad d = \beta \quad \text{oder} \quad -\beta.$$

Das Vorzeichen ist so zu wählen, daß $2cd = b$ wird. Um ein w mit $w^2 = z$ zu finden, setzt man

$$c = \alpha, \quad d = \beta, \quad \text{falls } b \geqq 0 \text{ ist}, \quad d = -\beta, \quad \text{falls } b < 0 \text{ ist}.$$

Dann ist

$$(2cd)^2 = 4\alpha^2\beta^2 = 4\cdot\frac{1}{2}(u+a)\cdot\frac{1}{2}(u-a) = u^2-a^2 = b^2,$$

also

$$2cd=b \quad \text{oder} \quad -b.$$

Da $\alpha \geqq 0$, $\beta \geqq 0$ ist, ist nach der Wahl von c, d in der Tat $2cd=b$. Außerdem ist

$$c^2-d^2 = \alpha^2-\beta^2 = \frac{1}{2}(u+a)-\frac{1}{2}(u-a) = a.$$

Damit ist

$$w^2=z \quad \text{für} \quad w = c+di \quad \text{und natürlich auch} \quad (-w)^2=z.$$

Aus $x^2=w^2=z$ erhält man wieder $(x+w)(x-w) = 0$, also $x = -w$ oder $x=w$. Ist $w\neq 0$, so ist $-w\neq w$. ●

Wegen der Isomorphie von $(\boldsymbol{C}, +, \cdot)$ und $(\boldsymbol{R}\times\boldsymbol{R}, +, \cdot)$ läßt sich $\boldsymbol{C}$ durch die Menge der Punkte der Ebene veranschaulichen. Trägt man an Stelle von (a, b) jeweils $z = a+bi$ ein, so ergibt sich das untenstehende Bild. Die Bestimmung von

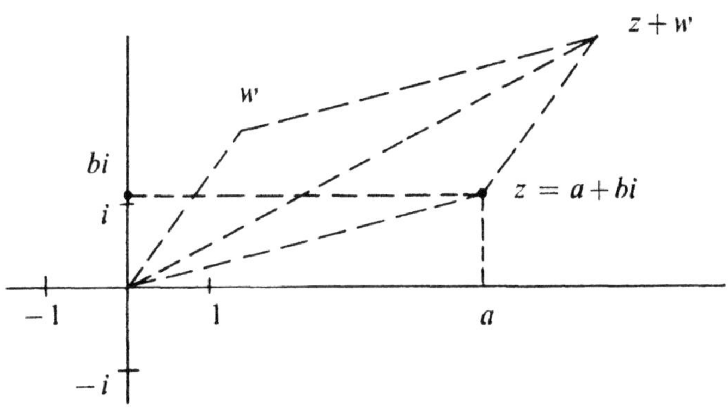

$$z+w = (a+c)+(b+d)i$$

aus $z = a+bi$, $w = c+di$ erfolgt genau nach den Regeln der Vektoraddition, wie sie aus der Physik oder aus der Linearen Algebra geläufig sind.

Die Ebene, in dieser Weise als Menge der Elemente von $\boldsymbol{C}$ aufgefaßt, nennt man Gaußsche Zahlenebene oder komplexe Zahlenebene, in der englischsprachigen Literatur meistens Argand-plane (da die Darstellung 1806 von Argand angegeben wurde). Wahrscheinlich stammt die Darstellung aber von dem Dänen Wessel aus dem Jahre 1797. Die Bezeichnung i für das Element $(0, 1)$ in $(\boldsymbol{R}\times\boldsymbol{R}, +, \cdot)$ stammt von Euler (1777).

6. Metrik und Topologie

Dieses Kapitel beschäftigt sich mit einigen für die Analysis grundlegenden Begriffen wie Absolutbetrag, Metrik, Topologie und Stetigkeit. Die Stetigkeit wird hier ohne Benutzung von Grenzwerten eingeführt. Zusammenhänge zwischen Stetigkeit und Grenzwerten werden später (in 8.5.) diskutiert.

Hilfssatz 6.1.2. ist eingefügt, um an Hand eines für die Zahlentheorie wichtigen Beispiels zu zeigen, daß der gewöhnliche Absolutbetrag auf $\boldsymbol{R}$ und $\boldsymbol{C}$ keineswegs die einzige Möglichkeit darstellt, einen Absolutbetrag zu definieren, und wird im folgenden nicht weiter benutzt.

In 6.8. werden Logarithmus und allgemeine Potenz in direkter Verallgemeinerung der Definition der Potenzen mit natürlichen bzw. ganzen Exponenten als stetige Homomorphismen eingeführt (man vergleiche dazu [4] IV 3). Eine andere Definition, nämlich mit Hilfe spezieller Grenzwerte, wird später (in 8.9) gegeben. Die Darstellung ist so gehalten, daß man sich auch auf die Behandlung von Logarithmus und allgemeiner Potenz in 8.9. beschränken kann. In diesem Fall wird von 6.8. nur Hilfssatz 6.8.1. und 6.8.3. sowie später im Anschluß an 8.9. die Anmerkung 6.8.3. gebraucht. Hilfssatz 6.8.2. dient nur als zusätzliches Beispiel und wird nirgends mehr benutzt.

6.1. Absolutbeträge

In der Veranschaulichung von $\boldsymbol{R}$ durch die Zahlengerade kann man den Abstand zweier „Punkte“ b und c oder die Länge der Strecke zwischen b und c bestimmen.

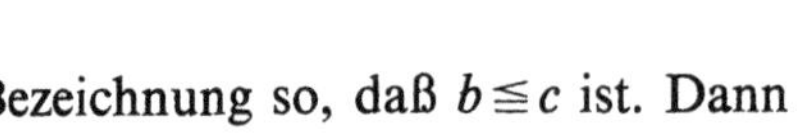

Man wählt dazu die Bezeichnung so, daß $b \leqq c$ ist. Dann ist $c-b$ der Abstand der beiden Punkte. Ist $a \in \boldsymbol{R}$, so ist hiernach der Abstand von 0 und a

$$a-0=a, \quad \text{falls} \quad 0 \leqq a \quad \text{ist}, \quad 0-a=-a, \quad \text{falls} \quad a<0 \quad \text{ist}.$$

Analog hierzu verwendet man

Definition 6.1.1. *$(K, +, \cdot, \leqq)$ sei ein angeordneter Körper. Für alle $a \in K$ definiert man den Absolutbetrag von a durch*

$$|a| := \begin{cases} a, & \textit{falls } a \geqq 0 \textit{ ist,} \\ -a, & \textit{falls } a < 0 \textit{ ist.} \end{cases}$$

Für den hier definierten Absolutbetrag erhält man

Satz 6.1.1. *$(K, +, \cdot, \leqq)$ sei ein angeordneter Körper. Für $a \in K$ gilt*

$$|a| = \max\{a, -a\}, \qquad |a| \geqq 0, \qquad -|a| \leqq a \leqq |a|.$$

Für alle $a, b \in K$ gilt

$$\text{(1)}\quad a = 0 \Leftrightarrow |a| = 0, \qquad \text{(2)}\quad |a \cdot b| = |a| \cdot |b|, \qquad \text{(3)}\quad |a+b| \leqq |a| + |b|.$$

Beweis. Ist $a \geqq 0$, so ist $|a| = a \geqq 0$, $-|a| = -a \leqq 0 \leqq a = |a|$, $\max\{a, -a\} = a = |a|$. Ist $a < 0$, so ist $|a| = -a > 0$, $-|a| = a < 0 < |a| = -a$, $\max\{a, -a\} = -a = |a|$.

(1) Ist $a = 0$, so ist $|a| = a = 0$. Ist $|a| = 0$, so ist, wie gezeigt, $-|a| \leqq a \leqq |a|$, also $0 \leqq a \leqq 0$, d.h. $a = 0$.

(2) Wegen $|a| \geqq 0$, $|b| \geqq 0$ ist $|a| \cdot |b| \geqq 0$. Da $|a| = a$ oder $-a$, $|b| = b$ oder $-b$ ist, ist $|a| \cdot |b| = ab$ oder $-ab$,

$$|a| \cdot |b| = \begin{cases} ab, & \text{falls } ab \geqq 0 \text{ ist,} \\ -ab, & \text{falls } ab < 0 \text{ ist} \end{cases}, \quad \text{d. h.,} \quad |a| \cdot |b| = |ab|.$$

(3) Aus $-|a| \leqq a \leqq |a|$ und $-|b| \leqq b \leqq |b|$ erhält man

$$-(|a| + |b|) \leqq a + b \leqq |a| + |b|,$$

also (wegen $c \leqq d \Rightarrow -d \leqq -c$)

$$-(|a| + |b|) \leqq -(a+b) \leqq |a| + |b|,$$

d.h.,

$$|a+b| = \max\{a+b, -(a+b)\} \leqq |a| + |b|. \quad \bullet$$

Wie in Definition 6.1.1. kann man einen Absolutbetrag nur für angeordnete Körper definieren. Es ist aber häufig wünschenswert, auch für andere Körper ein Analogon des Absolutbetrages zu haben. Versucht man z. B., sich die Menge der Elemente eines Körpers geometrisch zu veranschaulichen (z. B. im Falle des komplexen Zahlkörpers durch die Gaußsche Zahlenebene), so möchte man zu je zwei „Punkten“, wie bei der Zahlengeraden, einen Abstand definieren. Der Absolutbetrag von a müßte dann der Abstand von a und 0 sein. Als Maßzahlen für den Abstand zweier „Punkte" bieten sich natürlich die nicht-negativen reellen Zahlen an. Man geht dabei von den in Satz 6.1.1. festgestellten Eigenschaften des Absolutbetrages in einem angeordneten Körper aus.

Definition 6.1.2. $(K, +, \cdot)$ *sei ein Körper,* $\boldsymbol{R}_+ := \{x \mid x \in \boldsymbol{R},\ x \geqq 0\}$. *Zu einer Abbildung* $\varphi : K \to \boldsymbol{R}_+$ *verwenden wir die Abkürzung*

$$|a| := \varphi(a) \text{ für alle } a \in K.$$

φ *(oder abgekürzt einfach:* $|\;|$*) heißt Absolutbetrag oder Bewertung auf* $(K, +, \cdot)$, *wenn für alle* $a, b \in K$ *gilt*

(1) $a = 0 \Leftrightarrow |a| = 0$, (2) $|a \cdot b| = |a| \cdot |b|$, (3) $|a+b| \leqq |a| + |b|$.

Satz 6.1.1. liefert unmittelbar

Hilfssatz 6.1.1. *Ist* $(K, +, \cdot, \leqq)$ *Unterkörper von* $(\boldsymbol{R}, +, \cdot, \leqq)$, *so ist (mit* $|a|$ *für* $a \in K$ *nach Definition 6.1.1.)*

$$\varphi : K \to \boldsymbol{R}_+, \text{ definiert durch } \varphi(a) := |a| \text{ für } a \in K,$$

eine Bewertung auf K. Man bezeichnet φ *als den „gewöhnlichen Absolutbetrag auf K".*

Will man auf $\boldsymbol{C}$ einen Absolutbetrag definieren, so geht man von der geometrischen Veranschaulichung, der Gaußschen Zahlenebene, aus. Ist $|z|$ der Abstand der

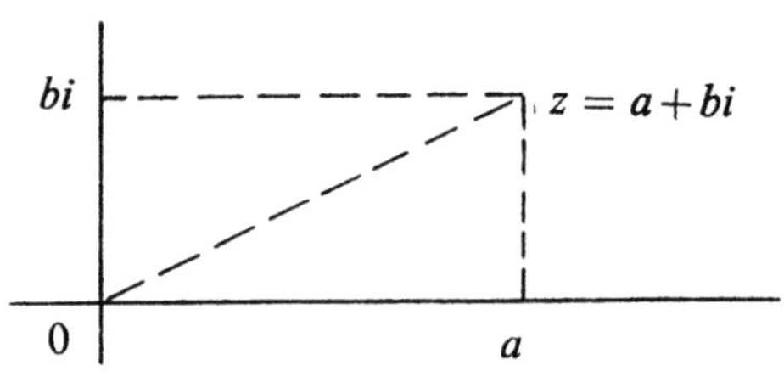

„Punkte" 0 und z, so müßte, den elementargeometrischen Verhältnissen entsprechend (Satz des Pythagoras), $|z|^2 = a^2 + b^2$ sein. Nun gibt es wegen $a^2 + b^2 \geqq 0$ genau eine nicht-negative Zahl in $\boldsymbol{R}$, deren Quadrat $a^2 + b^2$ ist, in der Bezeichnungsweise von Hilfssatz 5.2.2. müßte also $|z| = \sqrt{a^2 + b^2}$ sein. Will man die Darstellung $z = a + bi$, $a, b \in \boldsymbol{R}$, nicht benutzen, so braucht man nur zu beachten, daß

$$\bar{z} = a - bi, \quad \text{also} \quad z\bar{z} = (a+bi)(a-bi) = a^2 + b^2 \quad \text{ist.}$$

Satz 6.1.2. *Für alle* $z \in \boldsymbol{C}$ *ist* $z\bar{z} \in \boldsymbol{R}$ *und* $z\bar{z} \geqq 0$. *Man kann daher*

$$\varphi : \boldsymbol{C} \to \boldsymbol{R}_+ \text{ durch } \varphi(z) := \sqrt{z\bar{z}} \text{ für alle } z \in \boldsymbol{C}$$

definieren. φ ist Absolutbetrag auf $(\boldsymbol{C}, +, \cdot)$, $\varphi|\boldsymbol{R}$ der gewöhnliche Absolutbetrag auf $(\boldsymbol{R}, +, \cdot)$. Man setzt wieder allgemein $|z| := \varphi(z)$ für $z \in \boldsymbol{C}$. Es gilt

$$|\mathrm{Re}\,(z)| \leqq |z|, \qquad |\mathrm{Im}\,(z)| \leqq |z|, \qquad |z| \leqq |\mathrm{Re}\,(z)| + |\mathrm{Im}\,(z)|.$$

Beweis. Wir benutzen die Bezeichnungen von Satz 5.3.3. Zu $z \in \boldsymbol{C}$ gibt es $a, b \in \boldsymbol{R}$ mit $z = a + bi$. Dann ist $\bar{z} = a - bi$, $z\bar{z} = (a+bi)(a-bi) = a^2 + b^2 \in \boldsymbol{R}$, $a^2 + b^2 \geqq 0$. Da $z\bar{z} \geqq 0$ ist, gibt es nach Hilfssatz 5.2.2. genau eine Zahl in $\boldsymbol{R}_+$, deren Quadrat $z\bar{z}$ ist, sie wird wie dort mit $\sqrt{z\bar{z}}$ bezeichnet.

Ist $z \in \boldsymbol{R}$, so ist $z = \bar{z}$, also, mit dem gewöhnlichen Absolutbetrag in $\boldsymbol{R}$,

$$z\bar{z} = z^2 = |z^2| = |z \cdot z| = |z| \cdot |z| = |z|^2,$$

und damit $\varphi(z) = \sqrt{z\bar{z}} = |z|$ (wegen $|z| \geqq 0$). $\varphi|\boldsymbol{R}$ ist der gewöhnliche Absolutbetrag auf $\boldsymbol{R}$. Wir schreiben daher jetzt auch $|z| := \varphi(z)$ für $z \in \boldsymbol{C}$.

Ist $z \in \boldsymbol{C}$, $a = \mathrm{Re}\,(z)$, $b = \mathrm{Im}\,(z)$, d.h. $z = a + bi$, $a, b \in \boldsymbol{R}$, so gilt

$$|a|^2 = a^2 \leqq a^2 + b^2 = z\bar{z}, \quad \text{also} \quad |a| = \sqrt{|a|^2} \leqq \sqrt{z\bar{z}} = |z|,$$
$$|b|^2 = b^2 \leqq a^2 + b^2 = z\bar{z}, \quad \text{also} \quad |b| \leqq |z|$$

(denn $s, t \in \boldsymbol{R}_+$, $s > t \Rightarrow s^2 > t^2$), d.h., $|\mathrm{Re}\,(z)| \leqq |z|$, $|\mathrm{Im}\,(z)| \leqq |z|$.

Um die Bedingungen (1), (2), (3) aus Definition 6.1.2. zu kontrollieren, benutzt man, daß der Übergang zum Konjugiert-Komplexen ein Automorphismus von $(\boldsymbol{C}, +, \cdot)$ ist (Satz 5.3.3.). Es seien $z, w \in \boldsymbol{C}$. Man erhält

(1) $z = 0 \Rightarrow z\bar{z} = 0 \Rightarrow |z| = 0$. $|z| = 0 \Rightarrow |z|^2 = z\bar{z} = 0$, also $z = 0$ oder $\bar{z} = 0$, aber $\bar{z} = 0 \Rightarrow \bar{\bar{z}} = z = 0$.

(2) $(|z| \cdot |w|)^2 = |z|^2 |w|^2 = z\bar{z}w\bar{w} = (zw)(\bar{z}\bar{w}) = (zw)(\overline{zw}) = |zw|^2$. Da $|z| \cdot |w| \geqq 0$ und $|zw| \geqq 0$ ist, folgt $|z| \cdot |w| = |zw|$.

(3) $|z+w|^2 = (z+w)\,(\overline{z+w}) = (z+w)\,(\bar{z}+\bar{w}) = z\bar{z} + z\bar{w} + w\bar{z} + w\bar{w}$.

Nun ist

$$z\bar{w} + w\bar{z} = z\bar{w} + (\overline{z\bar{w}}) = 2\,\mathrm{Re}(z\bar{w}) \leqq 2|\mathrm{Re}(z\bar{w})| \leqq 2|z\bar{w}|.$$

Da $|w| = |\bar{w}|$ ist, ergibt das wegen (2)

$$|z+w|^2 = |z|^2 + 2\,\mathrm{Re}\,(z\bar{w}) + |w|^2 \leqq |z|^2 + 2|z|\,|w| + |w|^2 = (|z| + |w|)^2.$$

Wegen $|z+w|, (|z| + |w|) \geqq 0$ ergibt sich daraus

$$|z+w| \leqq |z| + |w|.$$

Wegen $\bar{i} = -i$, $i\bar{i} = 1$, ist $|i| = 1$, als Spezialfall von (3) erhält man

$$|z| = |\mathrm{Re}\,(z) + \mathrm{Im}\,(z) \cdot i| \leqq |\mathrm{Re}\,(z)| + |\mathrm{Im}\,(z)|. \quad \bullet$$

In der komplexen Zahlenebene ist $|z|$ der Abstand von 0, z, $|w| = |z+w-z|$ der Abstand von z, $z+w$, $|z+w|$ der Abstand von 0, $z+w$. Die Bedingung (3) Definition 6.1.2.

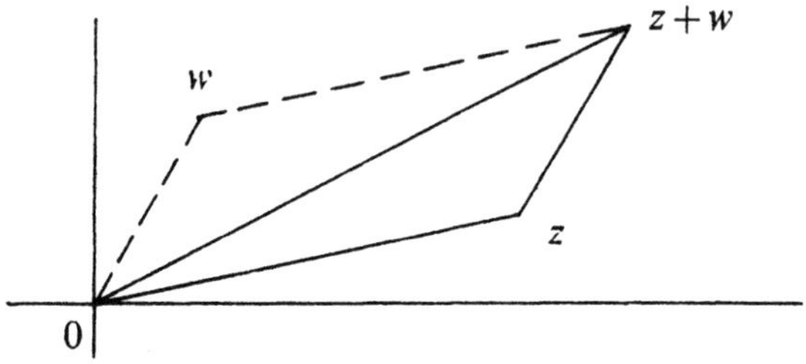

$$|z+w| \leqq |z|+|w|$$

drückt also hier den elementargeometrisch bekannten Tatbestand aus, daß die Länge einer Dreiecksseite höchstens gleich der Summe der Längen der beiden anderen Seiten ist. Man bezeichnet daher (3) Definition 6.1.2. allgemein als *Dreiecksungleichung*.

Man sollte jedoch nicht glauben, daß eine Bewertung immer irgendwie mit dem gewöhnlichen Absolutbetrag auf $\boldsymbol{R}$ zusammenhängt. Ein nützliches Beispiel dafür, welche Möglichkeiten man u.a. für die Konstruktion von Bewertungen hat, bietet

Hilfssatz 6.1.2. *p sei eine Primzahl in $\boldsymbol{N}$. Zu jedem $z \in \boldsymbol{Q}$, $z \neq 0$, gibt es $a, b \in \boldsymbol{Z}$ mit $p \nmid a$, $p \nmid b$ und ein $\alpha \in \boldsymbol{Z}$ so, daß*

$$z = \frac{a}{b} p^{\alpha}$$

ist. α ist durch z eindeutig bestimmt. Daher kann man

$$\varphi_p : \boldsymbol{Q} \to \boldsymbol{R}_+ \quad \text{durch} \quad \varphi_p(z) := \begin{cases} 0 & \text{für } z = 0, \\ p^{-\alpha} & \text{für } z = \dfrac{a}{b} p^{\alpha},\ a, b \in \boldsymbol{Z},\ p \nmid a,\ p \nmid b, \end{cases}$$

definieren. φ_p ist eine Bewertung, der p-Betrag, auf $\boldsymbol{Q}$. Man setzt $|z|_p := \varphi_p(z)$ für $z \in \boldsymbol{Q}$. An Stelle der Dreiecksungleichung gilt für $z, w \in \boldsymbol{Q}$ die schärfere ultrametrische Ungleichung

$$(4) \quad |z+w|_p \leqq \max\{|z|_p, |w|_p\}.$$

Beweis. Zu $z \in \boldsymbol{Q}$, $z \neq 0$, gibt es nach Satz 5.1.4. $a_0, b_0 \in \boldsymbol{N}$, a_0, b_0 teilerfremd, und ein $\varepsilon \in \{1, -1\}$ mit $z = \varepsilon \dfrac{a_0}{b_0}$. Verwendet man für a_0 und b_0 (im Falle $a_0 \neq 1$, bzw. $b_0 \neq 1$) die eindeutige Darstellung als Produkt von Primzahlen (Satz 4.7.1.), so sieht man, daß es $a_1, b_1 \in \boldsymbol{N}$ und $\beta, \gamma \in \boldsymbol{N} \cup \{0\}$ gibt mit $(p^0 = 1)$

$$a_0 = a_1 p^{\beta}, \quad b_0 = b_1 p^{\gamma}, \quad p \nmid a_1, \quad p \nmid b_1.$$

Damit ist

$$z=\frac{\varepsilon a_1}{b_1}p^{\beta-\gamma},\quad p\nmid \varepsilon a_1,\quad p\nmid b_1,\quad \beta-\gamma\in\boldsymbol{Z}.$$

Ist

$$z=\frac{a}{b}p^{\alpha}=\frac{c}{d}p^{\delta},\quad p\nmid a,b,c,d,\quad \alpha,\delta\in\boldsymbol{Z},$$

so sei etwa $\alpha\leqq\delta$. Dann ist $\delta-\alpha\in\boldsymbol{N}$ oder $\delta-\alpha=0$ und

$$ad=bcp^{\delta-\alpha},\quad\text{also}\quad \delta-\alpha=0,\quad\text{da}\quad p\nmid ad.$$

Die Darstellung ist daher eindeutig. Zur Kontrolle von (1), (2), (3) Definition 6.1.2. sei für $z,w\in\boldsymbol{Q}$, $z\neq 0$, $w\neq 0$,

$$z=\frac{a}{b}p^{\alpha},\quad w=\frac{c}{d}p^{\beta},\quad p\nmid a,b,c,d.$$

(1) $|0|_p=0$, $|z|_p\neq 0$ für $z\neq 0$ nach der Definition.

(2) $|0|_p\cdot|z|_p=|z|_p\cdot|0|_p=0$, $|0\cdot z|_p=|z\cdot 0|_p=|0|_p=0$. Es seien jetzt $z,w\neq 0$.

Dann gilt

$$zw=\frac{ac}{bd}p^{\alpha+\beta},\quad p\nmid bd,ac.$$

Nach den Rechenregeln für Potenzen (Satz 5.1.6.) ist

$$|zw|_p=p^{-(\alpha+\beta)}=p^{-\alpha}\cdot p^{-\beta}=|z|_p\cdot|w|_p.$$

(3) $|0+z|_p=|z+0|_p=|z|_p=\max\{|0|_p,|z|_p\}=|0|_p+|z|_p$.

Es seien $z\neq 0$, $w\neq 0$. Dann ist mit $\gamma=\min\{\alpha,\beta\}$

$$z+w=\frac{a}{b}p^{\alpha}+\frac{c}{d}p^{\beta}=\frac{dap^{\alpha}+bcp^{\beta}}{bd}=\frac{adp^{\alpha-\gamma}+bcp^{\beta-\gamma}}{bd}p^{\gamma}.$$

Nach der Wahl von γ ist $\alpha-\gamma\geqq 0$, $\beta-\gamma\geqq 0$, folglich ist

$$adp^{\alpha-\gamma}+bcp^{\beta-\gamma}\in\boldsymbol{Z}.$$

Ist $z+w=0$, so ist $|z+w|_p=0$, also $|z+w|_p\leqq\max\{|z|_p,|w|_p\}$. Ist $z+w\neq 0$, so ist $adp^{\alpha-\gamma}+bcp^{\beta-\gamma}\neq 0$, es gibt ein $\varepsilon\in\{-1,1\}$ und (unter Berücksichtigung der Darstellung einer natürlichen Zahl als Produkt von Primzahlen nach Satz 4.7.1.) ein $n\in\boldsymbol{N}$ und ein $\delta\in\boldsymbol{N}\cup\{0\}$ mit

$$adp^{\alpha-\gamma}+bcp^{\beta-\gamma}=\varepsilon np^{\delta},\quad p\nmid n.$$

Damit ist

$$z+w=\frac{\varepsilon n}{bd}p^{\gamma+\delta},\quad p\nmid\varepsilon n,bd;\quad p^{\delta}\geqq 1,\ \text{also}\ p^{-\delta}\leqq 1.$$

Nach der Definition von γ ist (wie im Beweis von (1) Satz 5.2.1.)

$$\gamma = \min\{\alpha, \beta\}, \quad \text{also} \quad -\gamma = \max\{-\alpha, -\beta\}.$$

Das liefert

$$|z+w|_p = p^{-\gamma-\delta} = p^{-\delta}p^{-\gamma} \leqq p^{-\gamma} = \max\{p^{-\alpha}, p^{-\beta}\} = \max\{|z|_p, |w|_p\}. \quad \bullet$$

Für Absolutbeträge kann man eine Reihe von Rechenregeln herleiten. Zweckmäßigerweise beweist man aber zunächst

Satz 6.1.3. *A sei ein Abschnitt von* $\boldsymbol{N}$, $(a_j)_{j\in A}$, $(b_j)_{j\in A}$ *seien Familien von Elementen aus* $\boldsymbol{R}$. *Für alle* $n\in A$ *gilt die Cauchy-Schwarzsche Ungleichung*

$$\left(\sum_{j=1}^n a_j b_j\right)^2 \leqq \left(\sum_{j=1}^n a_j^2\right)\left(\sum_{j=1}^n b_j^2\right)$$

und die Minkowskische Ungleichung

$$\sqrt{\sum_{j=1}^n (a_j+b_j)^2} \leqq \sqrt{\sum_{j=1}^n a_j^2} + \sqrt{\sum_{j=1}^n b_j^2}.$$

Beweis. Man setzt zur Abkürzung

$$a = \sum_{j=1}^n a_j^2, \quad b = \sum_{j=1}^n a_j b_j, \quad c = \sum_{j=1}^n b_j^2.$$

Nach Aufgabe 4.6.1. gilt für jede Familie $(c_j)_{j\in A}$ von Elementen aus $\boldsymbol{R}$

$$c_j \geqq 0 \text{ für alle } j\in A \quad\Rightarrow\quad \sum_{j=1}^n c_j \geqq 0 \text{ für jedes } n\in A.$$

Da $z^2 \geqq 0$ für jedes $z\in\boldsymbol{R}$ ist, ist $a\geqq 0$ und $b\geqq 0$. Nach Hilfssatz 5.2.2. kann man $\sqrt{a}$ und $\sqrt{c}$ bilden. Für alle $x, y\in\boldsymbol{R}$ gilt

$$(xa_j - yb_j)^2 \geqq 0 \text{ für alle } j\in A, \quad \text{also} \quad \sum_{j=1}^n (xa_j - yb_j)^2 \geqq 0.$$

Nun ist nach Satz 4.6.6. und Satz 4.6.7.

$$\sum_{j=1}^n (xa_j - yb_j)^2 = \sum_{j=1}^n (x^2a_j^2 - 2xya_jb_j + y^2b_j^2) = x^2a - 2xyb + y^2c$$

und daher

$$x^2a - 2xyb + y^2c \geqq 0, \quad \text{d.h.,} \quad 2xyb \leqq x^2a + y^2c \quad \text{für alle} \quad x, y\in\boldsymbol{R}.$$

Ist $b=0$, so ist trivialerweise

$$b \leqq \sqrt{a}\cdot\sqrt{c} \quad \text{und} \quad b^2 \leqq a\cdot c.$$

Ist $b \neq 0$, so ist $a \neq 0$ und $c \neq 0$, denn wäre etwa $c=0$, so könnte man $x=1$ und $y \in \boldsymbol{R}$ so wählen, daß $2by = a+1 > 1^2 \cdot a + y^2 \cdot 0 = a$ wäre. Wählt man, falls $b \neq 0$ ist, $x=\sqrt{c}$, $y=\sqrt{a}$ bzw. $x=\sqrt{c}$, $y=-\sqrt{a}$, so ergibt sich

$$2\sqrt{c}\,\sqrt{a}\,b \leqq ca+ac = 2ac, \quad -2\sqrt{c}\,\sqrt{a}\,b \leqq ca+ac = 2ac,$$

also wegen $\sqrt{a}>0$, $\sqrt{c}>0$

$$b \leqq \sqrt{a}\,\sqrt{c} \quad \text{und} \quad -b \leqq \sqrt{a}\,\sqrt{c}\,,$$

und hieraus, da $b \geqq 0$ oder $-b \geqq 0$ ist, nach den Rechenregeln für Ungleichungen

$$b^2 = (-b)^2 \leqq ac.$$

Aus $b \leqq \sqrt{a}\sqrt{c}$ erhält man für $x=1$, $y=-1$

$$0 \leqq \sum_{j=1}^{n} (a_j+b_j)^2 = a+2b+c \leqq a+2\sqrt{a}\,\sqrt{c}+c = \left(\sqrt{a}+\sqrt{c}\right)^2,$$

was unmittelbar die Minkowskische Ungleichung liefert. ●

Satz 6.1.4. $(K, +, \cdot)$ *sei ein Körper,* $\varphi: K \to \boldsymbol{R}_+$ *eine Bewertung auf* $(K, +, \cdot)$ und $|x| := \varphi(x)$ *für alle* $x \in K$. *Für* $a, b \in K$ *gilt*

$$|-a| = |a|, \qquad |a|-|b| \leqq |a-b|, \qquad -(|a|-|b|) \leqq |a-b|.$$

Sind $(a_j)_{j \in A}$, $(b_j)_{j \in A}$ *Familien von Elementen aus* K, A *ein Abschnitt von* $\boldsymbol{N}$, *so gilt für jedes* $n \in A$

$$\left|\sum_{j=1}^{n} a_j\right| \leqq \sum_{j=1}^{n} |a_j|, \qquad \left|\sum_{j=1}^{n} a_j b_j\right|^2 \leqq \left(\sum_{j=1}^{n} |a_j|\,|b_j|\right)^2 \leqq \left(\sum_{j=1}^{n} |a_j|^2\right)\left(\sum_{j=1}^{n} |b_j|^2\right).$$

Beweis. Da $|-a| \geqq 0$ und $|a| \geqq 0$ ist, und nach (2) Definition 6.1.2

$$|-a|^2 = |-a| \cdot |-a| = |(-a)(-a)| = |a \cdot a| = |a|^2,$$

ist $|-a| = |a|$.

Aus (3) Definition 6.1.2. erhält man

$$|a| = |a-b+b| \leqq |a-b|+|b|, \quad |b| = |b-a+a| \leqq |b-a|+|a|,$$

also wegen $|-x| = |x|$ für alle $x \in K$

$$|a|-|b| \leqq |a-b|, \quad -(|a|-|b|) = |b|-|a| \leqq |b-a| = |a-b|.$$

Da

$$\left|\sum_{j=1}^{1} a_j\right| = |a_1| = \sum_{j=1}^{1} |a_j|$$

ist und für $n+1 \in A$ gilt

$$\left|\sum_{j=1}^{n} a_j\right| \leqq \sum_{j=1}^{n} |a_j| \quad\Rightarrow\quad \left|\sum_{j=1}^{n+1} a_j\right| = \left|\sum_{j=1}^{n} a_j + a_{n+1}\right| \leqq \left|\sum_{j=1}^{n} a_j\right| + |a_{n+1}| \leqq$$

$$\leqq \sum_{j=1}^{n} |a_j| + |a_{n+1}| = \sum_{j=1}^{n+1} |a_j|,$$

erhält man durch vollständige Induktion

$$\left|\sum_{j=1}^{n} a_j\right| \leqq \sum_{j=1}^{n} |a_j| \quad \text{und damit auch} \quad 0 \leqq \left|\sum_{j=1}^{n} a_j b_j\right| \leqq \sum_{j=1}^{n} |a_j| \cdot |b_j|,$$

woraus unmittelbar mit der Cauchy-Schwarzschen Ungleichung auch die letzte Behauptung folgt. ●

Aufgabe 6.1.1. Man zeige:
Mit dem gewöhnlichen Absolutbetrag auf $\boldsymbol{R}$ gilt für $a, b \in \boldsymbol{R}$

$$-b \leqq a \leqq b \quad\Rightarrow\quad |a| \leqq b. \quad \bullet$$

6.2. Metrische Räume

Eine der Möglichkeiten, Geometrie zu treiben, ist die Maßgeometrie. Man hat dabei eine Menge X, deren Elemente man als die Punkte der Geometrie bezeichnet, und zu je zwei Punkten ihren Abstand. In der geometrischen Veranschaulichung der reellen bzw. der komplexen Zahlen in 6.1. war $X = \boldsymbol{R}, \boldsymbol{C}$, und der Abstand zweier Punkte $z, w \in X$ wurde durch $|z - w|$ gegeben, den elementargeometrischen Abstand der beiden Punkte auf der Zahlengeraden bzw. in der Zahlenebene. Wie bei den Absolutbeträgen bieten sich als Maßzahlen für den Abstand zweier Punkte wieder die nicht-negativen reellen Zahlen an. Ist zu je zwei Punkten $z, w \in X$ eine Zahl $d(z, w) \in \boldsymbol{R}_+$ als Abstand gegeben, so bedeutet das natürlich, daß man hiermit eine Abbildung $d: X \times X \to \boldsymbol{R}_+$ definieren kann. Man wird verlangen, daß $d(x, y) = 0$ gleichbedeutend mit $x = y$ ist und x von y genau so „weit entfernt“ ist, wie y von x, also $d(x, y) = d(y, x)$ ist. Außerdem ist es üblich, in Analogie zur ebenen Elementargeometrie, eine Dreiecksungleichung zu fordern. Das führt zu

Definition 6.2.1. *X sei eine Menge. Eine Abbildung*

$$d: X \times X \to \boldsymbol{R}_+$$

heißt Metrik auf X, wenn für alle $x, y, z \in X$ gilt:

(1) $d(x, y) = 0 \;\Leftrightarrow\; x = y$, (2) $d(x, y) = d(y, x)$,

(3) $d(x, z) \leqq d(x, y) + d(y, z)$ *(Dreiecksungleichung).*

Ist d Metrik auf X, so heißt (X, d) metrischer Raum.

Beispiel 6.2.1. $(K, +, \cdot)$ sei ein Körper, $|\ |$ ein Absolutbetrag auf $(K, +, \cdot)$. Dann ist

$$d: K\times K \to \boldsymbol{R}_+, \text{ definiert durch } d(x, y) := |x-y| \text{ für } x, y \in K,$$

eine Metrik auf K. Es gilt nämlich

$$(1)\quad d(x, y) = 0 \;\Leftrightarrow\; |x-y| = 0 \;\Leftrightarrow\; x-y = 0 \;\Leftrightarrow\; x = y,$$

$$(2)\quad d(x, y) = |x-y| = |-(x-y)| = |y-x| = d(y, x),$$

$$(3)\quad d(x, z) = |x-z| = |x-y+y-z| \leqq |x-y|+|y-z| = d(x, y)+d(y, z).$$

d bezeichnet man als die durch den Absolutbetrag induzierte Metrik. ●

Nimmt man auf $\boldsymbol{C}$ den gewöhnlichen Absolutbetrag nach Satz 6.1.2., so ist der Abstand zweier Punkte $z = a+bi$, $w = u+vi$ in der induzierten Metrik

$$d(w, z) = |w-z| = \sqrt{(u-a)^2+(v-b)^2}.$$

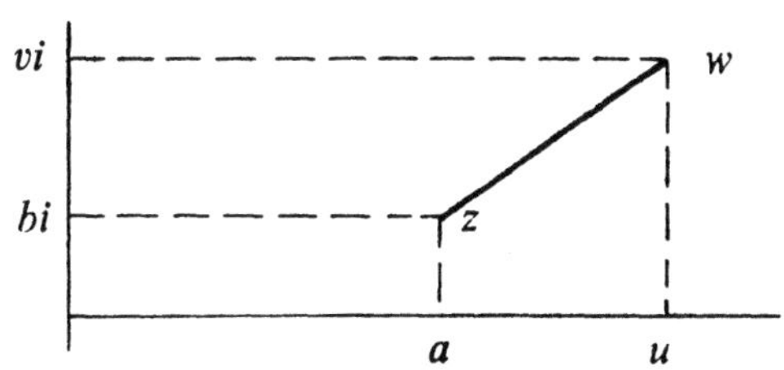

Nun gehört aber zu

z der „Punkt“ $(a, b) \in \boldsymbol{R}\times\boldsymbol{R}$,

w der „Punkt“ $(u, v) \in \boldsymbol{R}\times\boldsymbol{R}$.

Man hat also eine Metrik auf $\boldsymbol{R}\times\boldsymbol{R}$, definiert durch

$$d((a, b), (u, v)) := \sqrt{(u-a)^2+(v-b)^2}.$$

Es ist

$$(u-a)^2 = |u-a|^2, \quad |u-a| \text{ der Abstand von } a, u \text{ in } \boldsymbol{R},$$

$$(v-b)^2 = |v-b|^2, \quad |v-b| \text{ der Abstand von } b, v \text{ in } \boldsymbol{R}.$$

Setzt man daher $d_1(x, y) := |x-y|$ für $x, y \in \boldsymbol{R}$, so hat man aus der Metrik d_1 auf $\boldsymbol{R}$ eine Metrik d auf $\boldsymbol{R}\times\boldsymbol{R}$ durch

$$d((a, b), (u, v)) := \sqrt{d_1(a, u)^2+d_1(b, v)^2}$$

konstruiert (und zwar so, daß, jedenfalls in Spezialfällen, der Satz des Pythagoras gilt). Daß man aus der gegebenen Metrik d_1 auf $\boldsymbol{R}$ auch andere Metriken auf $\boldsymbol{R}\times\boldsymbol{R}$ konstruieren kann, zeigt

Satz 6.2.1. *(X, d_1), (Y, d_2) seien metrische Räume, $Z = X \times Y$. Die Abbildungen d', d, d'' von $Z \times Z$ in $\mathbf{R}_+$ seien durch*

$$d'((x_1, x_2), (y_1, y_2)) := \max\{d_1(x_1, y_1), d_2(x_2, y_2)\},$$

$$d((x_1, x_2), (y_1, y_2)) := \sqrt{d_1(x_1, y_1)^2 + d_2(x_2, y_2)^2},$$

$$d''((x_1, x_2), (y_1, y_2)) := d_1(x_1, y_1) + d_2(x_2, y_2)$$

definiert. d', d, d'' sind Metriken auf $Z = X \times Y$. Für alle $\mathfrak{x}, \mathfrak{y} \in Z$ gilt

$$d'(\mathfrak{x}, \mathfrak{y}) \leqq d(\mathfrak{x}, \mathfrak{y}) \leqq d''(\mathfrak{x}, \mathfrak{y}).$$

Beweis. Es sei $\mathfrak{x} = (x_1, x_2)$, $\mathfrak{y} = (y_1, y_2)$, $\mathfrak{z} = (z_1, z_2)$. Da alle auftretenden Zahlen nicht-negativ sind, gilt

$$(\max\{d_1(x_1, y_1), d_2(x_2, y_2)\})^2 \leqq d_1(x_1, y_1)^2 + d_2(x_2, y_2)^2,$$

$$d_1(x_1, y_1)^2 + d_2(x_2, y_2)^2 \leqq (d_1(x_1, y_1) + d_2(x_2, y_2))^2,$$

also

$$d'(\mathfrak{x}, \mathfrak{y})^2 \leqq d(\mathfrak{x}, \mathfrak{y})^2 \leqq d''(\mathfrak{x}, \mathfrak{y})^2, \quad \text{d.h.,} \quad d'(\mathfrak{x}, \mathfrak{y}) \leqq d(\mathfrak{x}, \mathfrak{y}) \leqq d''(\mathfrak{x}, \mathfrak{y}),$$

außerdem ist (1) Definition 6.1.2. trivialerweise erfüllt. Wegen $d_1(x_1, y_1) = d_1(y_1, x_1)$, $d_2(x_2, y_2) = d_2(y_2, x_2)$ gilt auch (2).

Offensichtlich gilt wegen der Dreiecksungleichung für d_1, d_2 für $j = 1{,}2$ $d_j(x_j, z_j) \leqq$ $\leqq d_j(x_j, y_j) + d_j(y_j, z_j) \leqq \max\{d_1(x_1, y_1), d_2(x_2, y_2)\} + \max\{d_1(y_1, z_1), d_2(y_2, z_2)\}$ und damit

$$d'(\mathfrak{x}, \mathfrak{y}) = \max\{d_1(x_1, z_1), d_2(x_2, z_2)\} \leqq d'(\mathfrak{x}, \mathfrak{y}) + d'(\mathfrak{y}, \mathfrak{z}).$$

Für d'' gilt

$$d''(\mathfrak{x}, \mathfrak{z}) = d_1(x_1, z_1) + d_2(x_2, z_2) \leqq d_1(x_1, y_1) + d_1(y_1, z_1) + d_2(x_2, y_2) + d_2(y_2, z_2) \leqq$$

$$\leqq d''(\mathfrak{x}, \mathfrak{y}) + d''(\mathfrak{y}, \mathfrak{z}).$$

Für d liefert die Minkowskische Ungleichung aus Satz 6.1.3. (wenn man berücksichtigt, daß „$0 \leqq a \leqq b \Rightarrow \sqrt{a} \leqq \sqrt{b}$“ wegen „$0 \leqq \sqrt{b} < \sqrt{a} \Rightarrow b < a$“ gilt)

$$d(\mathfrak{x}, \mathfrak{z}) = \sqrt{\sum_{j=1}^{2} d_j(x_j, z_j)^2} \leqq \sqrt{\sum_{j=1}^{2} (d_j(x_j, y_j) + d_j(y_j, z_j))^2}$$

$$\leqq \sqrt{\sum_{j=1}^{2} d_j(x_j, y_j)^2} + \sqrt{\sum_{j=1}^{2} d_j(y_j, z_j)^2} = d(\mathfrak{x}, \mathfrak{y}) + d(\mathfrak{y}, \mathfrak{z}). \quad \bullet$$

Es hat sich als nützlich erwiesen, bei der Behandlung metrischer Räume eine geometrische Sprechweise zu benutzen. Die Terminologie orientiert sich jedoch nicht an der ebenen Elementargeometrie, sondern an der räumlichen Elementargeometrie.

Definition 6.2.2. *(X, d) sei ein metrischer Raum. Ist $y \in X$ und $r \in \boldsymbol{R}_+$, so definiert man die (offene) Kugel vom Radius r um y durch*

$$U_r(y; d) := \{x \mid x \in X,\ d(x, y) < r\}.$$

Wenn klar ist, welche Metrik benutzt wird, schreibt man auch $U_r(y)$ an Stelle von $U_r(y; d)$.

Man spricht der einheitlichen Terminologie halber häufig auch dann von einer Kugel, wenn es sich, der geometrischen Anschauung nach, eigentlich um einen Kreis handelt. Man beachte, daß die Punkte der Kugeloberfläche

$$S_r(y) = \{x \mid x \in X,\ d(x, y) = r\}$$

nicht mit zur offenen Kugel um y gerechnet werden.

Beispiel 6.2.2. Es sei $X = Y = \boldsymbol{R}$, als d_1 und d_2 nehme man die durch den gewöhnlichen Absolutbetrag induzierte Metrik auf $\boldsymbol{R}$, also

$$d_1(x, y) = d_2(x, y) = |x - y| \quad \text{für alle} \quad x, y \in \boldsymbol{R}.$$

Für $\mathfrak{x} = (x_1, x_2)$, $\mathfrak{y} = (y_1, y_2)$ ergeben dann die drei in Satz 6.2.1. angegebenen Metriken auf $\boldsymbol{R} \times \boldsymbol{R}$

$$\begin{aligned} d'(\mathfrak{x}, \mathfrak{y}) &= \max\{|x_1 - y_1|, |x_2 - y_2|\}, \\ d(\mathfrak{x}, \mathfrak{y}) &= \sqrt{|x_1 - y_1|^2 + |x_2 - y_2|^2}, \\ d''(\mathfrak{x}, \mathfrak{y}) &= |x_1 - y_1| + |x_2 - y_2|. \end{aligned}$$

Für die Kugeln mit dem Radius r ($r \in \boldsymbol{R}$, $r > 0$) erhält man in den drei Metriken folgendes Bild

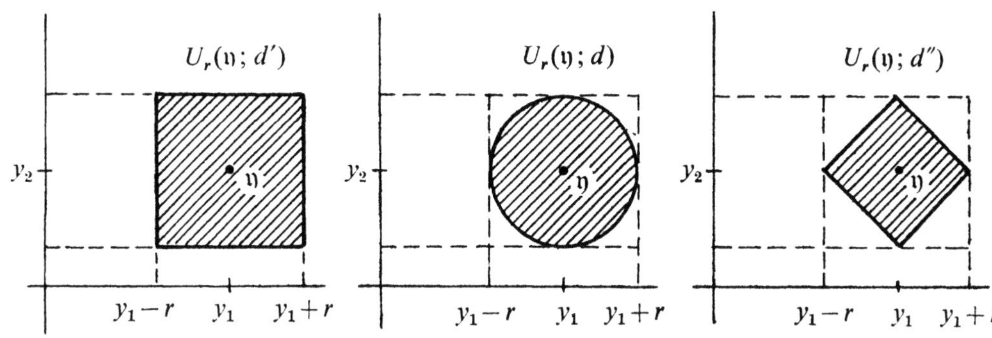

denn es gilt

$$\begin{aligned} \mathfrak{x} \in U_r(\mathfrak{y}; d') &\Leftrightarrow \max\{|x_1 - y_1|, |x_2 - y_2|\} < r, \\ \mathfrak{x} \in U_r(\mathfrak{y}; d) &\Leftrightarrow \sqrt{|x_1 - y_1|^2 + |x_2 - y_2|^2} < r, \\ \mathfrak{x} \in U_r(\mathfrak{y}; d'') &\Leftrightarrow |x_1 - y_1| + |x_2 - y_2| < r. \end{aligned}$$

Die Bestimmung der Figuren ist reine Elementargeometrie und sei dem Leser überlassen. ●

Beispiel 6.2.3. Eine recht einfache Metrik auf einer Menge X erhält man folgendermaßen. Es sei

$$d: X \times X \to \boldsymbol{R} \quad \text{durch} \quad d(x, y) := \begin{cases} 0 & \text{für } x = y \\ 1 & \text{für } x \neq y \end{cases}, \quad x, y \in X,$$

definiert. Dann gilt natürlich

$$(1) \quad d(x, y) = 0 \;\Leftrightarrow\; x = y, \qquad (2) \quad d(x, y) = d(y, x).$$

Für $x, y, z \in X$ gilt

$$x = z \;\Rightarrow\; d(x, z) = 0, \text{ also } d(x, z) \leqq d(x, y) + d(y, z),$$

$$x \neq z \;\Rightarrow\; x \neq y \text{ oder } z \neq y, \text{ also } d(x, y) + d(y, z) \geqq 1 = d(x, z).$$

Auch (3) ist erfüllt. Wie man sieht, gilt sogar die ultrametrische Ungleichung

$$(4) \quad d(x, z) \leqq \max\{d(x, y), d(y, z)\}.$$

Hier ist offenbar

$$U_1(y; d) = \{x \mid x \in X,\ d(x, y) < 1\} = \{y\}.$$

Die Kugel vom Radius 1 um y enthält nur den „Mittelpunkt" y. ●

Gilt für eine Metrik die ultrametrische Ungleichung

$$(4) \quad d(x, z) \leqq \max\{d(x, y), d(y, z)\} \quad \text{für alle} \quad x, y, z \in X,$$

so ergeben sich einige Abweichungen von der üblichen geometrischen Anschauung. Man vergleiche dafür insbesondere Aufgabe 6.2.4. Eine Metrik, in der die ultrametrische Ungleichung gilt, wird z. B. auf $\boldsymbol{Q}$ nach Hilfssatz 6.1.2. durch jeden p-Betrag (p Primzahl) induziert.

Aufgabe 6.2.1. (X, d) sei ein metrischer Raum, $x, y, z \in X$; $|\ |$ bezeichne den gewöhnlichen Absolutbetrag auf $\boldsymbol{R}$. Man zeige:

$$|d(x, z) - d(y, z)| \leqq d(x, y). \quad ●$$

Aufgabe 6.2.2. (X, d) sei ein metrischer Raum, A ein Abschnitt von $\boldsymbol{N}$, $(x_j)_{j \in A}$ eine Familie von Elementen aus X. Man zeige:
Für alle $n \in A$ mit $n \geqq 2$ gilt

$$d(x_1, x_n) \leqq \sum_{j=1}^{n-1} d(x_j, x_{j+1}). \quad ●$$

Aufgabe 6.2.3. (X, d) sei ein metrischer Raum. Es gelte die ultrametrische Ungleichung

$$d(x, z) \leqq \max\{d(x, y), d(y, z)\} \quad \text{für alle} \quad x, y, z \in X.$$

Man zeige: Für alle $x, y, z \in X$ gilt

$$d(x, y) \neq d(y, z) \quad \Rightarrow \quad d(x, z) = \max\{d(x, y), d(y, z)\}. \bullet$$

Aufgabe 6.2.4. (X, d) sei ein metrischer Raum, in dem die ultrametrische Ungleichung $d(x, z) \leqq \max\{d(x, y), d(y, z)\}$ für alle $x, y, z \in X$ gilt. Man zeige:

(a) Haben zwei offene Kugeln in X einen nicht-leeren Durchschnitt, so ist eine der beiden in der anderen enthalten.

(b) Ist $r \in \boldsymbol{R}$, $r > 0$ und sind $y, z \in X$, so gilt

$$z \in U_r(y; d) \quad \Rightarrow \quad U_r(y; d) = U_r(z; d)$$

(d.h. jeder Punkt der offenen Kugel mit dem Radius r um y ist „Mittelpunkt" dieser Kugel). $\bullet$

6.3. Topologische Räume

In der Metrik d aus Beispiel 6.2.2. auf $\boldsymbol{R} \times \boldsymbol{R}$ ist $d((x_1, x_2), (y_1, y_2))$ der übliche elementargeometrische Abstand von (x_1, x_2) und (y_1, y_2). Die „Kugel vom Radius r" ($r \in \boldsymbol{R}, r > 0$) um (y_1, y_2) ist elementargeometrisch der Kreis mit dem Radius r um (y_1, y_2). Beim Kreis oder einer anderen elementargeometrischen Figur, etwa einem Polygon P, unterscheidet man zwischen dem Inneren und dem Rand. Die

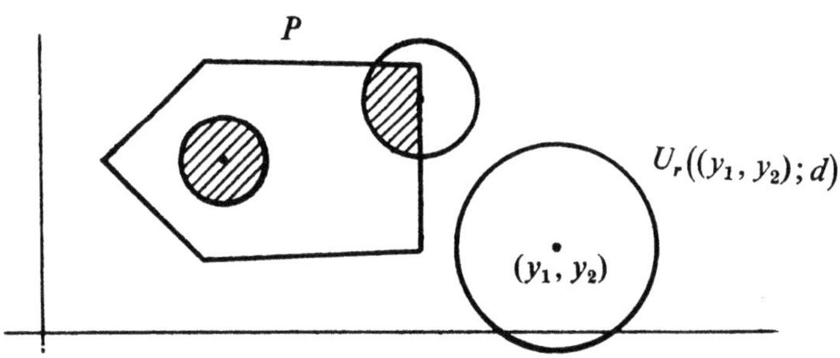

Punkte des Inneren von P sind offenbar dadurch gekennzeichnet, daß sie völlig von Punkten von P umgeben sind, d.h., zu jedem Punkt des Inneren von P läßt sich ein Kreis (mit positivem Radius) um diesen Punkt angeben, der ganz zu P gehört. Jeder Kreis mit positivem Radius um einen Randpunkt enthält dagegen Punkte, die nicht zu P gehören. Man bezeichnet das Innere des Polygons als offen, das ganze Polygon P (einschließlich Rand) entsprechend als abgeschlossen. Zu jedem Punkt des Äußeren von P (also zu jedem Punkt, der nicht dem Polygon angehört) kann man wieder einen Kreis mit positivem Radius um diesen Punkt angeben, der ganz außerhalb von P liegt. Das bedeutet aber, daß das Äußere,

$\boldsymbol{R}\times\boldsymbol{R}-P$, wieder die für das Innere charakteristische Eigenschaft hat, daß jeder seiner Punkte völlig von Punkten von $\boldsymbol{R}\times\boldsymbol{R}-P$ umgeben ist, d.h., man wird auch $\boldsymbol{R}\times\boldsymbol{R}-P$ als offen bezeichnen. Das führt auf

Definition 6.3.1. *(X, d) sei ein metrischer Raum, $U\subset X$. Man bezeichnet U als offene Menge, wenn für alle $y\in X$ gilt*

$$y\in U \quad\Rightarrow\quad \textit{Es gibt ein } r\in\boldsymbol{R},\ r>0, \textit{ mit } U_r(y; d)\subset U.$$

Eine Untermenge $V\subset X$ heißt abgeschlossen, wenn $X-V$ offen ist. Ist $y\in Y\subset X$, so heißt y innerer Punkt von Y, wenn es ein $r\in\boldsymbol{R}$, $r>0$, gibt mit $U_r(y; d)\subset Y$.

Satz 6.3.1. *(X, d) sei ein metrischer Raum. Ist $y\in X$, $r\in\boldsymbol{R}$, $r>0$, so ist $U_r(y; d)$ offen. $\emptyset$ ist offen, und X ist offen. Ist*

$$\mathfrak{O}:=\{U\,|\,U\subset X,\ U \textit{ offen}\},$$

so gilt (in der Bezeichnung von Satz 3.1.3.)

$$(1)\quad \mathfrak{U}\subset\mathfrak{O} \;\Rightarrow\; \bigcup\mathfrak{U}\in\mathfrak{O}, \qquad (2)\quad \mathfrak{U}\subset\mathfrak{O} \textit{ und } \mathfrak{U} \textit{ endlich} \;\Rightarrow\; \bigcap\mathfrak{U}\in\mathfrak{O}.$$

Beweis. Ist $z\in U_r(y; d)$, so ist $d(y, z)<r$. Daher ist $s = r-d(y, z) > 0$. Für jedes $x\in U_s(z; d)$ gilt dann

$$d(x, y) \leqq d(x, z)+d(z, y) < s+d(z, y) = r, \quad \text{also} \quad x\in U_r(y; d),$$

d.h., $U_s(z; d)\subset U_r(y; d)$. $U_r(y; d)$ ist offen.

Da $y\in\emptyset$ immer falsch ist, ist $\emptyset$ nach Definition 6.3.1. offen. Da $U_1(y; d)\subset X$ für jedes $y\in X$ gilt, ist X offen.

Nach Satz 3.1.3. ist (sup bez. „$\subset$" in $\mathfrak{P}(X)$)

$$\bigcup\mathfrak{U}:=\{x|\ \text{Es gibt ein } U\in\mathfrak{U} \text{ mit } x\in U\}=\sup\mathfrak{U}.$$

Ist $y\in\sup\mathfrak{U}$, so gibt es ein $U\in\mathfrak{U}$ mit $y\in U$. Da U offen ist, gibt es ein $r\in\boldsymbol{R}$, $r>0$, mit

$$U_r(y; d)\subset U\subset\sup\mathfrak{U}.$$

Daher ist $\sup\mathfrak{U}$ offen. Nimmt man speziell $\mathfrak{U}=\emptyset$, so erhält man als Sonderfall, daß $\emptyset=\sup\emptyset$ offen ist.

Nach Satz 3.1.3. ist (inf bezüglich „$\subset$" in $\mathfrak{P}(X)$)

$$\bigcap\mathfrak{U}:=\{x|x\in U \text{ für jedes } U\in\mathfrak{U}\}=\inf\mathfrak{U}.$$

Ist $y\in\inf\mathfrak{U}$, so ist $y\in U$ für jedes $U\in\mathfrak{U}$. Da jedes dieser U offen ist, kann man zu jedem $U\in\mathfrak{U}$ ein $r_U\in\boldsymbol{R}$, $r_U>0$, wählen mit $U_{r_U}(y; d)\subset U$. Ist $\mathfrak{U}$ endlich, so ist natürlich $\{r_U|U\in\mathfrak{U}\}$ endlich. Ist $\mathfrak{U}\neq\emptyset$, so ist $\{r_U|U\in\mathfrak{U}\}$ nicht leere, endliche Teilmenge von $\boldsymbol{R}$ und enthält nach Aufgabe 4.5.3. ein kleinstes Element. Es gibt infolgedessen ein $V\in\mathfrak{U}$ mit

$$r_V \leqq r_U \quad \text{für alle} \quad U\in\mathfrak{U}.$$

Damit ist dann auch

$$U_{r_V}(y;d)\subset U_{r_U}(y;d)\subset U \quad \text{für jedes} \quad U\in\mathfrak{U},$$

also

$$U_{r_V}(y;d)\subset \inf\mathfrak{U},$$

d.h., $\inf\mathfrak{U}$ ist offen. Ist $\mathfrak{U}=\emptyset$, so ist $\inf\mathfrak{U}=X$. X ist offen, wie wir bereits gezeigt haben. ●

Für eine ganze Reihe von Anwendungen braucht man nicht die Metrik selbst zu kennen, sondern muß nur wissen, welche Mengen offen sind. Dabei sind dann die Eigenschaften (1) und (2) aus Satz 6.3.1. besonders wichtig.

Definition 6.3.2. *X sei eine Menge, $\mathcal{O}\subset\mathfrak{P}(X)$. $\mathcal{O}$ heißt Topologie auf X, wenn gilt*

$$(1)\quad \mathfrak{U}\subset\mathcal{O} \;\Rightarrow\; \bigcup\mathfrak{U}\in\mathcal{O}, \qquad (2)\quad \mathfrak{U}\subset\mathcal{O} \text{ und } \mathfrak{U} \text{ endlich } \;\Rightarrow\; \bigcap\mathfrak{U}\in\mathcal{O}.$$

Ist $\mathcal{O}$ Topologie auf X, so nennt man $(X,\mathcal{O})$ einen topologischen Raum und die Elemente von $\mathcal{O}$ offene Mengen. Die Elemente von X bezeichnet man als Punkte des topologischen Raumes.

Man benutzt noch die folgenden Bezeichnungen.

Definition 6.3.3. *$(X,\mathcal{O})$ sei ein topologischer Raum. Ist $x\in X$, $U\subset X$, so heißt U (offene) Umgebung von x, wenn $x\in U$ und U offen ist.*
Für $V\subset X$ definiert man:

$$V \text{ ist abgeschlossen } :\Leftrightarrow X-V \text{ ist offen.}$$

Für $W\subset X$ und $x\in X$ definiert man:

x ist innerer Punkt von W $:\Leftrightarrow$ Es gibt eine offene Umgebung U von x mit $U\subset W$.

Anmerkung 6.3.1. Es wird sich später als nützlich erweisen, den Begriff der Umgebung allgemeiner zu fassen (siehe Definition 8.1.1.). Die hier eingeführten offenen Umgebungen sind dann diejenigen Umgebungen im allgemeineren Sinne, die offene Mengen sind. ●

In einem allgemeinen topologischen Raum hat man natürlich keine Kugeln um einen Punkt wie in einem metrischen Raum. An die Stelle der Kugeln treten hier die (offenen) Umgebungen.

Beispiel 6.3.1. Eine einfache Topologie auf einer Menge X erhält man, wenn man $\mathcal{O}=P(X)$ setzt; dann ist jede Untermenge von X offen ((1) und (2) aus Definition 6.3.2. sind trivialerweise erfüllt). $\mathcal{O}$ heißt diskrete Topologie. ●

Beispiel 6.3.2. Eine weitere einfache Topologie auf einer Menge X erhält man, wenn man $\mathcal{O}=\{\emptyset, X\}$ setzt (man sieht leicht, daß (1), (2) erfüllt sind, wegen (1) muß $\emptyset=\sup \emptyset$ und wegen (2) $X=\inf \emptyset$ aus $\mathcal{O}$ sein, vgl. den Beweis von Satz 6.3.1.). In dieser Topologie haben zwei Punkte $x, y \in X$ alle Umgebungen gemeinsam, denn die einzige offene Menge U mit $x \in U$ ist $U=X$, entsprechend für y. ●

Im Beispiel 6.3.2. ist die Anzahl der offenen Mengen so klein, daß keine zwei Punkte $x, y \in X$, $x \neq y$, verschiedene Umgebungen haben. Für die Verwendung topologischer Räume ist der Fall besonders wichtig, daß man so viele offene Mengen zur Verfügung hat, daß man zu zwei Punkten $x, y \in X$, $x \neq y$, Umgebungen U von x und V von y finden kann mit $U \cap V = \emptyset$, daß man also x, y durch punktfremde Umgebungen trennen kann.

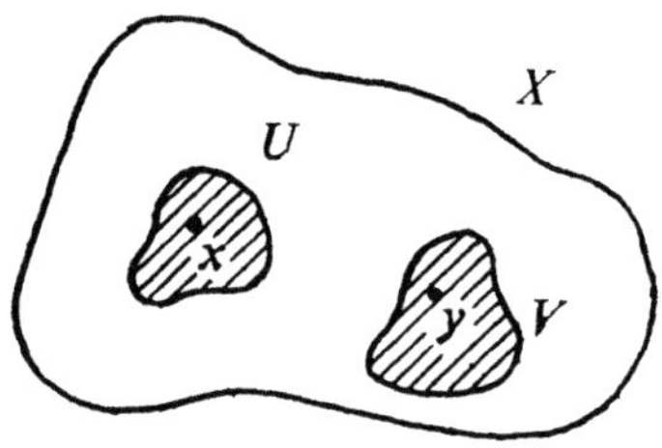

Definition 6.3.4. *Ein topologischer Raum $(X, \mathcal{O})$ heißt Hausdorffraum, wenn es zu je zwei Punkten $x, y \in X$, $x \neq y$, eine Umgebung U von x und eine Umgebung V von y gibt mit $U \cap V = \emptyset$.*

Hausdorffräume bezeichnet man auch als separiert (da sich zwei Punkte durch Umgebungen trennen lassen).

Satz 6.3.2. *(X, d) sei ein metrischer Raum. Dann ist*

$$\mathcal{O}_d := \{U \mid U \subset X, \quad U \text{ offen bezüglich der Metrik } d\}$$

eine Topologie auf X. $\mathcal{O}_d$ bezeichnet man als die durch d induzierte Topologie. $(X, \mathcal{O}_d)$ ist Hausdorffraum.

Beweis. Nach Satz 6.3.1. ist $\mathcal{O}_d$ eine Topologie.

Sind $x, y \in X$, $x \neq y$, so ist $d(x, y) > 0$. Man wählt $r = \frac{1}{3} d(x, y)$. Dann ist $r > 0$, $U_r(x; d)$ ist offene Umgebung von x, $U_r(y; d)$ offene Umgebung von y. Wäre

$$z \in U_r(x; d) \cap U_r(y; d),$$

so wäre

$$3r = d(x, y) \leqq d(x, z) + d(z, y) < r + r = 2r,$$

was für $r > 0$ nicht möglich ist. Also ist $U_r(x; d) \cap U_r(y; d) = \emptyset$. ●

Beispiel 6.3.3. X sei eine Menge, d die Metrik aus Beispiel 6.2.3. Dann ist

$$d(x, y)=0 \quad \text{für} \quad x=y, \qquad d(x, y)=1 \quad \text{für} \quad x \neq y, \quad x, y \in X.$$

Ist $U \subset X$, so gilt für jedes $y \in U$

$$U_1(y; d) = \{y\} \subset U,$$

also ist U nach Definition 6.3.1. offen. $\mathcal{O}_d$ ist die diskrete Topologie aus Beispiel 6.3.1. ●

Man bekommt zwar zu jeder Metrik auf einer Menge X eine Topologie, es kann aber durchaus vorkommen, daß man zu verschiedenen Metriken dieselbe Topologie bekommt. Eine einfache Bedingung gibt

Hilfssatz 6.3.1. *d_1, d_2 seien Metriken auf X. Gibt es zwei positive reelle Zahlen q_1, q_2 so, daß*

$$d_1(x, y) \leqq q_2 d_2(x, y), \quad d_2(x, y) \leqq q_1 d_1(x, y) \quad \textit{für alle} \quad x, y \in X$$

gilt, dann induzieren d_1 und d_2 auf X dieselbe Topologie, d.h., es ist $\mathcal{O}_{d_1} = \mathcal{O}_{d_2}$.

Beweis. $U \subset X$ sei offen bezüglich d_1. Ist $y \in U$, so gibt es ein $r \in \boldsymbol{R}$, $r > 0$, mit $U_r(y; d_1) \subset U$. Nun gilt für alle $x \in X$

$$d_2(x, y) < \frac{r}{q_2} \quad \Rightarrow \quad d_1(x, y) \leqq q_2 d_2(x, y) < r, \text{ also } x \in U_r(y; d_1).$$

Daher ist

$$U_{\frac{r}{q_2}}(y; d_2) \subset U_r(y; d_1) \subset U.$$

U ist auch offen bezüglich d_2. Entsprechend zeigt man, daß umgekehrt jede bezüglich d_2 offene Menge auch bezüglich d_1 offen ist. ●

Die Bedingungen in Hilfssatz 6.3.1. bedeuten, wie man aus dem Beweis sieht, daß jede Kugel um einen Punkt y bezüglich der Metrik d_1 eine Untermenge enthält, die bezüglich der Metrik d_2 Kugel um y ist, und umgekehrt. Ein Beispiel gibt

Hilfssatz 6.3.2. *(X, d_1), (Y, d_2) seien metrische Räume. Die in Satz 6.2.1. definierten Metriken d', d, d'' induzieren auf $X \times Y$ alle dieselbe Topologie.*

Beweis. Nach Satz 6.2.1. gilt für alle $\mathfrak{x}, \mathfrak{y} \in X \times Y$

$$d'(\mathfrak{x}, \mathfrak{y}) \leqq d(\mathfrak{x}, \mathfrak{y}), \quad d(\mathfrak{x}, \mathfrak{y}) \leqq d''(\mathfrak{x}, \mathfrak{y}), \quad \text{also auch} \quad d'(\mathfrak{x}, \mathfrak{y}) \leqq d''(\mathfrak{x}, \mathfrak{y}).$$

Für $x_1, y_1 \in X$, $x_2, y_2 \in Y$ gilt offenbar

$$d_1(x_1, y_1) + d_2(x_2, y_2) \leqq 2 \max\{d_1(x_1, y_1), d_2(x_2, y_2)\}.$$

Damit erhält man für alle $\mathfrak{x}, \mathfrak{y} \in X \times Y$

$$d(\mathfrak{x}, \mathfrak{y}) \leqq d''(\mathfrak{x}, \mathfrak{y}) \leqq 2d'(\mathfrak{x}, \mathfrak{y}) \leqq 2d(\mathfrak{x}, \mathfrak{y})$$

und hieraus

$$d(\mathfrak{x}, \mathfrak{y}) \leqq 2d'(\mathfrak{x}, \mathfrak{y}), \quad d''(\mathfrak{x}, \mathfrak{y}) \leqq 2d(\mathfrak{x}, \mathfrak{y}), \quad d''(\mathfrak{x}, \mathfrak{y}) \leqq 2d'(\mathfrak{x}, \mathfrak{y}). \quad \bullet$$

Natürlich kann es vorkommen, daß zwei Metriken auf einer Menge X dieselbe Topologie induzieren, ohne daß die Bedingungen aus Hilfssatz 6.3.1. erfüllt sind (siehe Aufgabe 6.3.1.).

Aufgabe 6.3.1. Auf $\boldsymbol{R}$ sei d die Metrik, die durch den gewöhnlichen Absolutbetrag induziert wird, also $d(x, y) = |x-y|$ für $x, y \in \boldsymbol{R}$. Man zeige:
Durch $d_1(x, y) := |x^3 - y^3|$ für $x, y \in \boldsymbol{R}$ wird auf $\boldsymbol{R}$ eine Metrik definiert. d_1 und d induzieren dieselbe Topologie. $\bullet$

6.4. Stetige Abbildungen

Den Homomorphismen bei Halbgruppen, Gruppen etc. und den ordnungserhaltenden Abbildungen bei teilweise geordneten Mengen entsprechen bei topologischen Räumen Abbildungen, die die Eigenschaft einer Menge, offen zu sein, erhalten, d.h., die zu offenen Mengen wieder offene Mengen liefern. $(X, \mathcal{O}_X)$, $(Y, \mathcal{O}_Y)$ seien topologische Räume und

$$f: X \to Y.$$

Nun ist $\mathcal{O}_X \subset \mathfrak{P}(X)$, $\mathcal{O}_Y \subset \mathfrak{P}(Y)$, und nach Hilfssatz 3.1.5. induziert f zwei Abbildungen f^* und f_*,

$$f^*: \mathfrak{P}(X) \to \mathfrak{P}(Y), \quad \text{definiert durch} \quad f^*(U) := f(U) \quad \text{für alle} \quad U \subset X,$$

$$f_*: \mathfrak{P}(Y) \to \mathfrak{P}(X), \quad \text{definiert durch} \quad f_*(V) := f^{-1}(V) \quad \text{für alle} \quad V \subset Y.$$

Beide Abbildungen sind ordnungserhaltend bezüglich „$\subset$". Ist $f^*(\mathcal{O}_X) \subset \mathcal{O}_Y$, so nennt man f offen, ist $f_*(\mathcal{O}_Y) \subset \mathcal{O}_X$, so nennt man f stetig. Ist f stetig und offen, so braucht natürlich weder f noch f^* oder f_* bijektiv zu sein (nimmt man z. B. für $\mathcal{O}_X$ und $\mathcal{O}_Y$ jeweils die diskrete Topologie, siehe Beispiel 6.3.1., so ist jede Abbildung $f: X \to Y$ stetig und offen). Man kann sich aber leicht überlegen, daß mit f auch f^* und f_* bijektiv sind.

Definition 6.4.1. *$(X, \mathcal{O}_X)$, $(Y, \mathcal{O}_Y)$ seien topologische Räume, $f: X \to Y$. Man definiert:*

f ist offen $:\Leftrightarrow$ Für jede offene Menge $U \subset X$ ist $f(U)$ offen;

f ist stetig $:\Leftrightarrow$ Für jede offene Menge $V \subset Y$ ist $f^{-1}(V)$ offen;

f ist topologisch $\Leftrightarrow$ f ist bijektiv, offen und stetig.

Eine topologische Abbildung bezeichnet man auch als Homöomorphismus.

Satz 6.4.1. *$(X, \mathcal{O}_X)$, $(Y, \mathcal{O}_Y)$, $(Z, \mathcal{O}_Z)$ seien topologische Räume,*

$$f: X \to Y, \quad g: Y \to Z.$$

Es gilt:

$$f \text{ ist offen und } g \text{ ist offen} \Rightarrow g \circ f \text{ ist offen;}$$

$$f \text{ ist stetig und } g \text{ ist stetig} \Rightarrow g \circ f \text{ ist stetig;}$$

$$f \text{ ist topologisch} \Rightarrow f^{-1} \text{ ist topologisch.}$$

Ist f bijektiv, so gilt:

$$f \text{ ist offen} \Leftrightarrow f^{-1} \text{ ist stetig}, \qquad f \text{ ist stetig} \Leftrightarrow f^{-1} \text{ ist offen.}$$

Die Abbildung id_X ist eine topologische Abbildung von $(X, \mathcal{O}_X)$ auf $(X, \mathcal{O}_X)$.

Beweis. Sind f, g offen, so gilt für jede offene Menge $U \subset X$:

$$f(U) \text{ offen, also } g \circ f(U) = \{g(f(x)) | x \in U\} = g(f(U)) \text{ offen.}$$

Sind f, g stetig, so gilt für jede offene Menge $W \subset Z$:

$$g \circ f(x) = g(f(x)) \in W \Leftrightarrow f(x) \in g^{-1}(W) \Leftrightarrow x \in f^{-1}(g^{-1}(W)),$$

d.h., es ist $(g \circ f)^{-1}(W) = f^{-1}(g^{-1}(W))$. Da $g^{-1}(W)$ offen ist, ist auch $f^{-1}(g^{-1}(W))$ offen.

Ist f bijektiv, so ersieht man unmittelbar aus der Definition, daß

$$f \text{ offen} \Leftrightarrow f^{-1} \text{ stetig}, \qquad f \text{ stetig} \Leftrightarrow f^{-1} \text{ offen}$$

gilt. Damit ist klar, daß

$$f \text{ topologisch} \Leftrightarrow f^{-1} \text{ topologisch.}$$

Daß id_X topologisch ist, ist trivial. ●

Beispiel 6.4.1. X sei eine Menge, $\mathcal{O}_1$ die diskrete Topologie (siehe Beispiel 6.3.1.), bei der jede Menge offen ist, $\mathcal{O}_2$ die Topologie aus Beispiel 6.3.2., bei der nur $\emptyset$ und X offen sind. Enthält X mehr als ein Element, so ist id_X als Abbildung von $(X, \mathcal{O}_1)$ in $(X, \mathcal{O}_2)$ nicht offen, denn sind $x_1, x_2 \in X$, $x_1 \neq x_2$, so ist $\{x_1\} \subset \mathcal{O}_1$, aber $id_X(\{x_1\}) = \{x_1\} \notin \mathcal{O}_2$, da $\{x_1\} \neq \emptyset$, $\{x_1\} \neq X$ ist. Entsprechend ist id_X als Abbildung von $(X, \mathcal{O}_2)$ in $(X, \mathcal{O}_1)$ nicht stetig. ●

Für die Anwendungen ist es wichtig, daß man zum Nachweis der Stetigkeit einer Abbildung $f: X \to Y$ (bei der Topologie $\mathcal{O}_X$ auf X und der Topologie $\mathcal{O}_Y$ auf Y) nicht für jedes $V \in \mathcal{O}_Y$ zu kontrollieren braucht, ob $f^{-1}(V)$ offen (d.h. aus $\mathcal{O}_X$) ist, sondern sich auf eine geeignete Auswahl der offenen Mengen in Y beschränken kann. Eine solche Auswahl für den Spezialfall der metrischen Räume gibt

Satz 6.4.2. *(X, d_1), (Y, d_2) seien metrische Räume, $f: X \to Y$. Die folgenden Bedingungen sind (paarweise) äquivalent:*

(1) *f ist stetige Abbildung von $(X, \mathcal{O}_{d_1})$ in $(Y, \mathcal{O}_{d_2})$.*

(2) *Ist $x \in X$ und $\varepsilon \in \boldsymbol{R}$, $\varepsilon > 0$, so gibt es (zu diesem x und diesem ε) mindestens ein $\delta \in \boldsymbol{R}$, $\delta > 0$, mit*

$$f(U_\delta(x; d_1)) \subset U_\varepsilon(f(x); d_2).$$

(3) *Ist $x \in X$ und $\varepsilon \in \boldsymbol{R}$, $\varepsilon > 0$, so gibt es (zu diesem x und diesem ε) mindestens ein $\delta \in \boldsymbol{R}$, $\delta > 0$, mit der Eigenschaft*

$$y \in X \text{ und } d_1(x, y) < \delta \quad \Rightarrow \quad d_2(f(x), f(y)) < \varepsilon.$$

In (3) darf man auch $d_1(x, y) \leqq \delta$ statt $d_1(x, y) < \delta$, sowie $d_2(f(x), f(y)) \leqq \varepsilon$ statt $d_2(f(x), f(y)) < \varepsilon$ schreiben.

Beweis. Die Bedeutung der Bedingungen (2) und (3) macht man sich am besten in einer geometrischen Veranschaulichung klar. Ist f stetig, so muß $f^{-1}(V)$ offen sein für *jede* offene Teilmenge $V \subset Y$. Ist $x \in X$, so ist $f(x) \in Y$. Spezielle offene Teilmengen von Y sind die offenen Kugeln $U_\varepsilon(f(x); d_2)$ mit einem Radius $\varepsilon > 0$ um $f(x)$. Zu *jedem* $\varepsilon \in \boldsymbol{R}$, $\varepsilon > 0$, erhält man eine solche spezielle offene Teilmenge von Y. Das Urbild W_ε von $U_\varepsilon(f(x); d_2)$ unter f in X muß also offen sein.

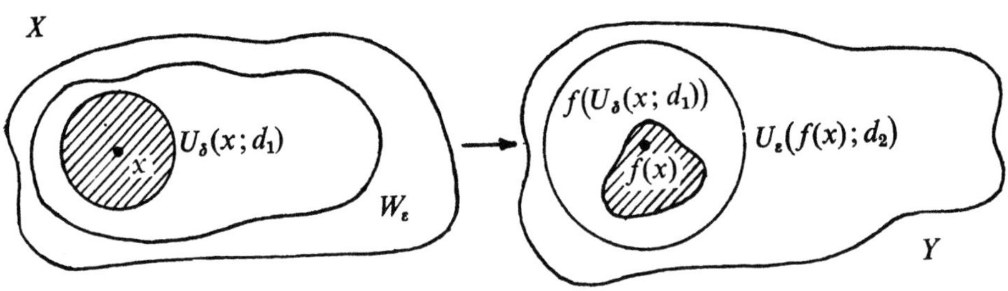

$$W_\varepsilon = \{z \mid z \in X,\ f(z) \in U_\varepsilon(f(x); d_2)\}$$

Da insbesondere $x \in W_\varepsilon$ ist, muß es eine Kugel mit positivem Radius um x geben, die ganz in W_ε liegt, d.h. ein $\delta \in \boldsymbol{R}$, $\delta > 0$, mit $U_\delta(x; d_1) \subset W_\varepsilon$. Dann gilt

$$z \in U_\delta(x; d_1) \quad \Rightarrow \quad z \in W_\varepsilon \quad \Rightarrow \quad f(z) \in U_\varepsilon(f(x); d_2).$$

Das bedeutet aber

$$f(U_\delta(x; d_1)) \subset U_\varepsilon(f(x); d_2).$$

Ist also f stetig, so muß für jedes $x \in X$ und jedes $\varepsilon \in \boldsymbol{R}$, $\varepsilon > 0$, die spezielle offene

Teilmenge $U_\varepsilon(f(x); d_2)$ von Y ein offenes Urbild haben, es muß daher möglich sein, ein $\delta \in \boldsymbol{R}$, $\delta > 0$, zu x und ε jeweils so anzugeben, daß

$$f(U_\delta(x; d_1)) \subset U_\varepsilon(f(x); d_2)$$

ist. Damit haben wir gezeigt: (1) $\Rightarrow$ (2).

Da

$$f(U_\delta(x; d_1)) = \{f(y) | y \in X,\ d_1(x, y) < \delta\}$$

und

$$U_\varepsilon(f(x); d_2) = \{z | z \in Y,\ d_2(f(x), z) < \varepsilon\}$$

ist, ist $f(U_\delta(x; d_1)) \subset U_\varepsilon(f(x); d_2)$ genau dann, wenn

$$y \in X \text{ und } d_1(x, y) < \delta \quad \Rightarrow \quad d_2(f(x), f(y)) < \varepsilon$$

gilt. Also gilt: (2) $\Leftrightarrow$ (3).

Man muß jetzt noch zeigen: (2) $\Rightarrow$ (1). Dazu sei $V \subset Y$, V offen. Man muß nachweisen, daß aus (2) folgt, daß $f^{-1}(V)$ offen ist. Es sei $x \in f^{-1}(V)$. Da V offen, $f(x) \in V$ ist, gibt es ein $\varepsilon \in \boldsymbol{R}$, $\varepsilon > 0$, mit $U_\varepsilon(f(x); d_2) \subset V$. Wegen (2) gibt es ein $\delta \in \boldsymbol{R}$, $\delta > 0$, so, daß

$$f(U_\delta(x; d_1)) \subset U_\varepsilon(f(x); d_2) \subset V$$

ist. Das bedeutet aber

$$U_\delta(x; d) \subset f^{-1}(V).$$

Damit ist $f^{-1}(V)$ nach Definition 6.3.1. offen.

(3*) werde aus (3) erhalten, indem man in

$$y \in X,\ d_1(x, y) < \delta \quad \Rightarrow \quad d_2(f(x), f(y)) < \varepsilon$$

„$<$“ an einer oder an beiden Stellen durch „$\leqq$“ ersetzt. Setzt man dann (3*) voraus, so kann man bei gegebenem $x \in X$, $\varepsilon \in \boldsymbol{R}$, $\varepsilon > 0$, zu x und $\frac{\varepsilon}{2}$ ein δ so bestimmen, daß gilt

$$y \in X \text{ und } d_1(x, y) < \delta \text{ (bzw. } \leqq \delta) \quad \Rightarrow \quad d_2(f(x), f(y)) < \frac{\varepsilon}{2} \left(\text{bzw. } \leqq \frac{\varepsilon}{2}\right).$$

Da $\frac{\varepsilon}{2} < \varepsilon$ ist (wegen $\varepsilon > 0$), folgt in jedem Falle

$$y \in X \text{ und } d_1(x, y) < \delta \quad \Rightarrow \quad d_2(f(x), f(y)) < \varepsilon,$$

d.h. (3) gilt. Setzt man (3) voraus, so gibt es zu $x \in X$ und $\varepsilon \in \boldsymbol{R}$, $\varepsilon > 0$, ein $\delta_1 \in \boldsymbol{R}$, $\delta_1 > 0$, so, daß gilt

$$y \in X \text{ und } d_1(x, y) < \delta_1 \quad \Rightarrow \quad d_2(f(x), f(y)) < \varepsilon \quad \Rightarrow \quad d_2(f(x), f(y)) \leqq \varepsilon.$$

Wegen $\delta_1 > 0$ ist $\frac{\delta_1}{2} < \delta_1$, also gilt

$$y \in X \text{ und } d_1(x, y) \leqq \frac{\delta_1}{2} \quad \Rightarrow \quad y \in X \text{ und } d_1(x, y) < \delta_1.$$

Setzt man also (3) voraus, so erhält man (3*), wenn man $\delta = \frac{\delta_1}{2}$ wählt. ●

Ist (X, d) ein metrischer Raum, $Z \subset X$, so ist

$$d|Z \times Z : Z \times Z \rightarrow \boldsymbol{R}_+$$

eine Metrik auf Z, denn die Bedingungen (1), (2), (3) aus Definition 6.2.1. bleiben natürlich erhalten, wenn man sich auf $x, y, z \in Z$ beschränkt. Für diese Metrik gilt

Satz 6.4.3. *(X, d) sei metrischer Raum, $Z \subset X$. Dann ist $d|Z \times Z$ eine Metrik auf Z, man nennt sie die durch d auf Z induzierte Metrik. Der Kürze halber schreibt man (Z, d) an Stelle von $(Z, d|Z \times Z)$.*

(X, d_1), (Y, d_2) seien metrische Räume, $Z \subset X$, $f: X \rightarrow Y$. Dann gilt:

f ist stetige Abbildung von $(X, \mathcal{O}_{d_1})$ in $(Y, \mathcal{O}_{d_2})$

$\Rightarrow$ $f|Z$ ist stetige Abbildung von $(Z, \mathcal{O}_{d_1|Z \times Z})$ in $(Y, \mathcal{O}_{d_2})$.

Beweis. (3) Satz 6.4.2. bleibt erhalten, wenn man sich auf die $x, y \in Z$ beschränkt. ●

Eine ähnliche Aussage macht

Satz 6.4.4. *(X, d_1), (Y, d_2) seien metrische Räume, $f: X \rightarrow Y$. Ist $Z \subset Y$ und $f(X) \subset Z$, so kann man eine Abbildung*

$$\tilde{f}: X \rightarrow Z \quad \text{durch} \quad \tilde{f}(x) := f(x) \quad \text{für alle} \quad x \in X$$

definieren. $(Z, d_2) = (Z, d_2|Z \times Z)$ ist wieder metrischer Raum, und es gilt

$$f \text{ ist stetig} \quad \Leftrightarrow \quad \tilde{f} \text{ ist stetig.}$$

Beweis. Die Bedingung (3) in Satz 6.4.2. bleibt wegen $f(z) = \tilde{f}(z)$ für alle $z \in X$ unverändert gültig, wenn man f durch $\tilde{f}$, oder $\tilde{f}$ durch f, ersetzt. ●

Ein einfaches Beispiel für eine stetige Abbildung gibt

Hilfssatz 6.4.1. *$(X, \mathcal{O}_X)$, $(Y, \mathcal{O}_Y)$ seien topologische Räume, $b \in Y$. Die Abbildung*

$$f_b: X \rightarrow Y, \quad \text{definiert durch} \quad f_b(x) := b \quad \text{für alle } x \in X,$$

ist stetig.

Beweis. Ist $V \subset Y$ und $b \notin V$, so ist $f_b^{-1}(V) = \emptyset$, also offen. Ist $b \in V$, so ist $f^{-1}(V) = X$ auch offen. Da jede Teilmenge von Y unter f ein offenes Urbild hat, ist f stetig, gleichgültig, welche Topologie man auf X hat. ●

6.5. Produkträume

Viele metrische Räume erhält man, indem man von zwei metrischen Räumen (X, d_1) und (Y, d_2) ausgeht und auf $X \times Y$ unter Benutzung von d_1 und d_2 eine passende Metrik definiert. Man vergleiche etwa Beispiel 6.2.2. Will man entscheiden, ob eine Abbildung von oder nach $X \times Y$ stetig oder offen ist, so kommt es nicht auf die spezielle für $X \times Y$ gewählte Metrik, sondern nur auf die von dieser Metrik induzierte Topologie an. Da eine Teilmenge $W \subset X \times Y$ genau dann offen ist, wenn es zu jedem $(x_1, x_2) \in W$ ein $r \in \boldsymbol{R}$, $r > 0$, gibt mit

$$U_r((x_1, x_2)) \subset W,$$

muß man sich eine Übersicht über die offenen Kugeln $U_r((x_1, x_2))$ in der auf $X \times Y$ gewählten Metrik verschaffen.

Hilfssatz 6.5.1. *(X, d_1), (Y, d_2) seien metrische Räume, die Metrik d' auf $X \times Y$ sei wie in Satz 6.2.1. definiert, also*

$$d'((x_1, x_2), (y_1, y_2)) = \max\{d_1(x_1, y_1), d_2(x_2, y_2)\}.$$

Dann ist für alle $(x_1, x_2) \in X \times Y$ und jedes $r \in \boldsymbol{R}_+$

$$U_r((x_1, x_2); d') = U_r(x_1; d_1) \times U_r(x_2; d_2).$$

Beweis. Wegen

$$d_1(x_1, y_1) \leqq \max\{d_1(x_1, y_1), d_2(x_2, y_2)\}, \quad d_2(x_2, y_2) \leqq \max\{d_1(x_1, y_1), d_2(x_2, y_2)\}$$

gilt

$$d'((x_1, x_2), (y_1, y_2)) < r \quad \Rightarrow \quad d_1(x_1, y_1) < r \text{ und } d_2(x_2, y_2) < r.$$

Da

$$d_1(x_1, y_1) < r \text{ und } d_2(x_2, y_2) < r$$
$$\Rightarrow \quad d'((x_1, x_2), (y_1, y_2)) = \max\{d_1(x_1, y_1), d_2(x_2, y_2)\} < r$$

sowieso gilt, erhält man unmittelbar das Ergebnis. ●

W ist also in der durch d' auf $X \times Y$ induzierten Topologie genau dann offen, wenn es zu jedem $(x_1, x_2) \in W$ ein $r \in \boldsymbol{R}$, $r > 0$, gibt mit $U_r(x_1; d_1) \times U_r(x_2; d_2) \subset W$. Das führt zu

Definition 6.5.1. *$(X, \mathcal{O}_X)$, $(Y, \mathcal{O}_Y)$ seien topologische Räume. Eine Topologie auf $X \times Y$ heißt Produkttopologie, wenn für alle $W \subset X \times Y$ gilt*

$$W \in \mathcal{O} \quad \Leftrightarrow \quad \text{Zu jedem } (x_1, x_2) \in W \text{ gibt es ein } U \in \mathcal{O}_X \text{ und ein } V \in \mathcal{O}_Y \text{ mit } (x_1, x_2) \in U \times V \subset W.$$

(Ist $\mathcal{O}$ Produkttopologie, so ist $\mathcal{O}$ natürlich durch $\mathcal{O}_X$, $\mathcal{O}_Y$ eindeutig bestimmt.)

Man kann sich leicht überlegen, daß die Produkttopologie immer existiert, es gilt nämlich

Hilfssatz 6.5.2. *$(X, \mathcal{O}_X)$ und $(Y, \mathcal{O}_Y)$ seien topologische Räume. Definiert man für alle $W \subset X \times Y$*

$$W \in \mathcal{O} \quad :\Leftrightarrow \quad \textit{Zu jedem } (x_1, x_2) \in W \textit{ gibt es ein } U \in \mathcal{O}_X \textit{ und ein } V \in \mathcal{O}_Y \textit{ mit } (x_1, x_2) \in U \times V \subset W,$$

so ist die so definierte Untermenge $\mathcal{O} \subset \mathfrak{P}(X \times Y)$ Topologie auf $X \times Y$.

Beweis. Es sei $\mathfrak{W} \subset \mathcal{O}$. Ist $(x_1, x_2) \in \bigcup \mathfrak{W}$, so gibt es ein $W_0 \in \mathfrak{W}$ mit $(x_1, x_2) \in W_0$ und daher ein $U \in \mathcal{O}_X$ und ein $V \in \mathcal{O}_Y$ mit

$$(x_1, x_2) \in U \times V \subset W_0 \subset \bigcup \mathfrak{W}.$$

(1) Definition 6.3.2. ist erfüllt.

Ist $\mathfrak{W} \subset \mathcal{O}$, $\mathfrak{W}$ endlich und $(x_1, x_2) \in \bigcap \mathfrak{W}$, so ist $(x_1, x_2) \in W$ für jedes $W \in \mathfrak{W}$. Man kann daher zu jedem $W \in \mathfrak{W}$ ein $U_W \in \mathcal{O}_X$ und ein $V_W \in \mathcal{O}_Y$ wählen mit $(x_1, x_2) \in U_W \times \times V_W \subset W$. Da $\mathfrak{W}$ endlich ist, ist

$$U = \bigcap \{U_W | W \in \mathfrak{W}\} \in \mathcal{O}_X, \quad V = \bigcap \{V_W | W \in \mathfrak{W}\} \in \mathcal{O}_Y$$

und

$$(x_1, x_2) \in U \times V \subset U_W \times V_W \subset W \quad \text{für jedes} \quad W \in \mathfrak{W},$$

d.h.,

$$(x_1, x_2) \in U \times V \subset \bigcap \mathfrak{W}.$$

Damit gilt auch (2) Definition 6.3.2. ●

Für metrische Räume erhält man

Satz 6.5.1. *(X, d_1), (Y, d_2) seien metrische Räume. Jede der drei Metriken d', d, d'' aus Satz 6.2.1. induziert auf $X \times Y$ die Produkttopologie zu $\mathcal{O}_{d_1}$ und $\mathcal{O}_{d_2}$.*

Beweis. Da d', d, d'' auf $X \times Y$ dieselbe Topologie induzieren (Hilfssatz 6.3.2.), braucht man nur $\mathcal{O}_{d'}$ zu untersuchen.

Ist $W \in \mathcal{O}_{d'}$, so gibt es zu jedem Punkt $(x_1, x_2) \in W$ ein $r \in \boldsymbol{R}$, $r > 0$, mit $U_r((x_1, x_2), d') \in W$. Nach Hilfssatz 6.5.1. ist aber

$$U_r((x_1, x_2), d') = U_r(x_1; d_1) \times U_r(x_2; d_2) \ni (x_1, x_2) \qquad (\text{wegen } r > 0),$$

und $U_r(x_1; d_1)$, $U_r(x_2; d_2)$ sind offen.

Gibt es zu jedem $(x_1, x_2) \in W$ ein $U \in \mathcal{O}_{d_1}$ und ein $V \in \mathcal{O}_{d_2}$ mit

$$(x_1, x_2) \in U \times V \subset W,$$

so gibt es wegen $x_1 \in U \in \mathcal{O}_{d_1}$ ein $r_1 \in \boldsymbol{R}$, $r_1 > 0$, mit $U_{r_1}(x_1; d_1) \subset U$ und wegen $x_2 \in V \in \mathcal{O}_{d_2}$ ein $r_2 \in \boldsymbol{R}$, $r_2 > 0$, mit $U_{r_2}(x_2, d_2) \subset V$. $r = \min\{r_1, r_2\}$ ist positiv, und es ist

$$(x_1, x_2) \in U_r((x_1, x_2); d') = U_r(x_1; d_1) \times U_r(x_2; d_2) \subset U_{r_1}(x_1; d_1) \times U_{r_2}(x_2, d_2) \subset W. \quad \bullet$$

Satz 6.5.2. $(X_1, \mathcal{O}_{X_1})$, $(X_2, \mathcal{O}_{X_2})$, $(Y_1, \mathcal{O}_{Y_1})$, $(Y_2, \mathcal{O}_{Y_2})$ *seien topologische Räume, in* $(X_1 \times X_2, \mathcal{O}_1)$ *sei* $\mathcal{O}_1$ *Produkttopologie zu* $\mathcal{O}_{X_1}$ *und* $\mathcal{O}_{X_2}$, *in* $(Y_1 \times Y_2, \mathcal{O}_2)$ *sei* $\mathcal{O}_2$ *Produkttopologie zu* $\mathcal{O}_{Y_1}$ *und* $\mathcal{O}_{Y_2}$. *Die Abbildungen*

$$pr_1 : X_1 \times X_2 \to X_1, \quad \textit{definiert durch} \quad pr_1(x_1, x_2) := x_1,$$

$$pr_2 : X_1 \times X_2 \to X_2, \quad \textit{definiert durch} \quad pr_2(x_1, x_2) := x_2,$$

sind stetig und offen. Zu $f: X_1 \to Y_1$, $g: X_2 \to Y_2$ *definiert man* $f \times g: X_1 \times X_2 \to Y_1 \times Y_2$ *durch* $(f \times g)(x_1, x_2) := (f(x_1), g(x_2))$ *für* $(x_1, x_2) \in X_1 \times X_2$. *Es gilt:*

$$f \textit{ ist stetig und } g \textit{ ist stetig} \;\Rightarrow\; f \times g \textit{ ist stetig;}$$

$$f \textit{ ist offen und } g \textit{ ist offen} \;\Rightarrow\; f \times g \textit{ ist offen.}$$

Ist $X_1 = X_2 = X$, $\mathcal{O}_{X_1} = \mathcal{O}_{X_2}$, *so ist*

$$\Delta : X \to X \times X, \quad \textit{definiert durch} \quad \Delta(x) := (x, x) \quad \textit{für alle} \quad x \in X,$$

stetig.

Beweis. Es sei $V \subset X_1$, V offen. Dann gilt

$$pr_1(x_1, x_2) \in V \;\Leftrightarrow\; x_1 \in V, \qquad \text{also } pr_1^{-1}(V) = V \times X_2.$$

Ist $(x_1, x_2) \in V \times X_2$, so ist $x_1 \in V$, V offen, $x_2 \in X_2$, X_2 offen. Daher ist nach Definition 6.5.1. $V \times X_2$ offen. Folglich ist pr_1 stetig.

Es sei $W \subset X_1 \times X_2$, W offen. Man setze

$$\mathfrak{U} = \{U_1 \mid U_1 \in \mathcal{O}_{X_1}, \text{ es gibt ein } U_2 \in \mathcal{O}_{X_2} \text{ mit } U_1 \times U_2 \subset W\}.$$

Dann gilt für jedes $U_1 \subset X_1$: $U_1 \in \mathfrak{U} \Rightarrow U_1 \subset pr_1(W)$. Daher ist $\bigcup \mathfrak{U} \subset pr_1(W)$.

Ist $x_1 \in pr_1(W)$, so gibt es ein $x_2 \in X_2$ mit $(x_1, x_2) \in W$. Da W offen ist, gibt es ein $U_1 \in \mathcal{O}_{X_1}$ und ein $U_2 \in \mathcal{O}_{X_2}$ mit

$$(x_1, x_2) \in U_1 \times U_2 \subset W, \quad \text{also} \quad x_1 \in U_1 \subset \bigcup \mathfrak{U}.$$

Damit ist

$$pr_1(W) = \bigcup \mathfrak{U}, \quad \text{offen nach (1) Definition 6.3.2.,}$$

und pr_1 ist offen. pr_2 wird analog behandelt.

Ist $V \subset Y_1 \times Y_2$, V offen und $(x_1, x_2) \in (f \times g)^{-1}(V)$, so ist $(f \times g)(x_1, x_2) = (f(x_1), g(x_2)) \in V$. Es gibt daher ein $V_1 \in \mathcal{O}_{Y_1}$ und ein $V_2 \in \mathcal{O}_{Y_2}$ mit

$$(f(x_1), g(x_2)) \in V_1 \times V_2 \subset V.$$

Sind f, g stetig, so ist $f^{-1}(V_1)$ offen, $g^{-1}(V_2)$ offen. Nun gilt

$$y_1 \in f^{-1}(V_1),\ y_2 \in g^{-1}(V_2) \quad \Rightarrow \quad \big(f(y_1), g(y_2)\big) \in V_1 \times V_2 \subset V,$$

also

$$(x_1, x_2) \in f^{-1}(V_1) \times g^{-1}(V_2) \subset (f \times g)^{-1}(V),$$

d.h., $(f \times g)^{-1}(V)$ ist offen, $f \times g$ ist stetig.

Ist $W \subset X_1 \times X_2$, W offen, und ist $(y_1, y_2) \in (f \times g)(W)$, d.h., gibt es ein $(x_1, x_2) \in W$ mit $\big(f(x_1), g(x_2)\big) = (y_1, y_2)$, so gibt es ein $U_1 \in \mathcal{O}_{X_1}$ und ein $U_2 \in \mathcal{O}_{X_2}$ mit

$$(x_1, x_2) \in U_1 \times U_2 \subset W.$$

Sind f, g offen, so ist $f(U_1)$ offen, $g(U_2)$ offen. Nun gilt

$$z_1 \in U_1,\ z_2 \in U_2 \quad \Rightarrow \quad \big(f(z_1), g(z_2)\big) \in (f \times g)(U_1 \times U_2) \subset (f \times g)(W).$$

Damit ist

$$(y_1, y_2) = \big(f(x_1), g(x_2)\big) \in f(U_1) \times f(U_2) \subset (f \times g)(W),$$

d.h., $(f \times g)(W)$ ist offen, $f \times g$ ist offen.

Es sei $W \subset X \times X$, W offen. Man setzt

$$\mathfrak{U} = \{U \mid U \subset X, \quad U \text{ offen}, \quad U \times U \subset W\}.$$

Ist $x \in \bigcup \mathfrak{U}$, so gibt es ein $U \in \mathfrak{U}$ mit $x \in U$. Dann ist $\Delta(x) = (x, x) \in U \times U \subset W$. Daher ist $\bigcup \mathfrak{U} \subset \Delta^{-1}(W)$. Ist $x \in \Delta^{-1}(W)$, also $\Delta(x) = (x, x) \in W$, so gibt es, da W offen ist, ein $U_1 \in \mathcal{O}_X$ und ein $U_2 \in \mathcal{O}_X$ mit $(x, x) \in U_1 \times U_2 \subset W$. Nun ist $U = U_1 \cap U_2$ offen, $x \in U$, $U \times U \subset U_1 \times U_2 \subset W$. Daher ist $U \in \mathfrak{U}$ und darum auch $\Delta^{-1}(W) \subset \subset \bigcup \mathfrak{U}$. Damit ist

$$\Delta^{-1}(W) = \bigcup \mathfrak{U} \quad \text{offen nach (1) Definition 6.3.2.,}$$

und Δ ist stetig. ●

Beispiel 6.5.1. (X, d) sei metrischer Raum, $\hat{d}$ sei Metrik auf $X \times X$ und induziere die Produkttopologie. Dann läßt sich der Beweis, daß

$$\Delta : X \to X \times X, \quad \text{definiert durch} \quad \Delta(x) := (x, x),$$

stetig ist (Satz 6.5.2.), auch unmittelbar mit Satz 6.4.2. führen. Da es nur auf die Topologie auf $X \times X$ ankommt, wähle man an Stelle von $\hat{d}$ die Metrik d' aus Satz 6.2.1. (mit $d_1 = d_2 = d$), die auf $X \times X$ nach Satz 6.5.1. ebenfalls die Produkttopologie induziert. Wegen

$$d'\big(\Delta(x), \Delta(y)\big) = d'\big((x, x), (y, y)\big) = \max\{d(x, y), d(x, y)\} = d(x, y)$$

kann man in (3) Satz 6.4.2. $\delta = \varepsilon$ wählen und erhält die Stetigkeit von Δ. Entsprechend kann man auch beim Nachweis der Stetigkeit von pr_1 und pr_2 verfahren. ●

Aufgabe 6.5.1. Es sei $X_1 \neq \emptyset$, $X_2 \neq \emptyset$. Unter den Voraussetzungen und in den Bezeichnungen von Satz 6.5.2. zeige man:

$$f \times g \text{ ist stetig} \Rightarrow f \text{ ist stetig und } g \text{ ist stetig;}$$

$$f \times g \text{ ist offen} \Rightarrow f \text{ ist offen und } g \text{ ist offen.} \bullet$$

6.6. Einige elementare stetige Abbildungen

Satz 6.6.1. $(K, +, \cdot)$ *sei ein Körper,* φ *ein Absolutbetrag auf* K, $K^\times := K - \{0\}$. *Auf* K *und* $K^\times$ *verwende man die durch* φ *induzierte Metrik, auf* $K \times K$ *die zugehörige Produkttopologie (Satz 6.5.1.). Die Abbildungen*

$$\varkappa : K \times K \to K, \quad \textit{definiert durch} \quad \varkappa(x, y) := x + y \quad \textit{für alle} \quad x, y \in K,$$

$$\varrho : K \times K \to K, \quad \textit{definiert durch} \quad \varrho(x, y) := x \cdot y \quad \textit{für alle} \quad x, y \in K,$$

$$\tau : K^\times \to K^\times, \quad \textit{definiert durch} \quad \tau(x) := x^{-1} \quad \textit{für alle} \quad x \in K^\times,$$

sind stetig, τ *ist sogar topologisch. Verwendet man auf* $\boldsymbol{R}_+$ *die durch den gewöhnlichen Absolutbetrag induzierte Metrik, so ist auch* φ *stetig.*

Beweis. Da nach Satz 6.5.1. jede der Metriken aus Satz 6.2.1. die Produkttopologie induziert, kann man zum Beweis der Stetigkeit von $\varkappa$ und ϱ auf $K \times K$ jeweils die am besten geeignete dieser Metriken verwenden (mit $X = Y = K$ und d_1, d_2 durch φ induziert). Wir setzen wieder $|x| := \varphi(x)$ für alle $x \in K$, $d_j(x, y) := |x - y|$ für alle $x, y \in K$, $j = 1, 2$.

Für $\varkappa$ wählen wir auf $K \times K$ die Metrik d''. Dann gilt für $(x_1, x_2), (y_1, y_2) \in K \times K$ (wegen $\varkappa(x_1, x_2), \varkappa(y_1, y_2) \in K$!)

$$\begin{aligned} d_1(\varkappa(x_1, x_2), \varkappa(y_1, y_2)) &= |\varkappa(x_1, x_2) - \varkappa(y_1, y_2)| = |x_1 + x_2 - (y_1 + y_2)| \\ &\leqq |x_1 - y_1| + |x_2 - y_2| = d_1(x_1, y_1) + d_2(x_2, y_2) \\ &\leqq d''((x_1, x_2), (y_1, y_2)). \end{aligned}$$

Wir benutzen (3) Satz 6.4.2. Sind $(x_1, x_2) \in K \times K$, $\varepsilon \in \boldsymbol{R}$, $\varepsilon > 0$, vorgegeben, so wähle man $\delta = \varepsilon$. Dann ist $\delta > 0$, und es gilt

$$(y_1, y_2) \in K \times K \text{ und } d''((x_1, x_2), (y_1, y_2)) < \delta$$

$$\Rightarrow \quad d_1(\varkappa(x_1, x_2), \varkappa(y_1, y_2)) \leqq d''((x_1, x_2), (y_1, y_2)) < \delta = \varepsilon.$$

$\varkappa$ ist stetig.

Auch für ϱ wählen wir d''. Dann gilt für $(x_1, x_2), (y_1, y_2) \in K \times K$

$$\begin{aligned} d_1(\varrho(x_1, x_2), \varrho(y_1, y_2)) &= |x_1 \cdot x_2 - y_1 \cdot y_2| = |(x_1 - y_1)x_2 + y_1(x_2 - y_2)| \\ &\leqq |x_1 - y_1|\,|x_2| + |y_1|\,|x_2 - y_2| \\ &\leqq (|x_1| + |x_2| + |y_1| + |y_2|)(|x_1 - y_1| + |x_2 - y_2|) \\ &\leqq (d''(0, (x_1, x_2)) + d''(0, (y_1, y_2))) \cdot d''((x_1, x_2), (y_1, y_2)). \end{aligned}$$

Will man wie bei $\varkappa$ verfahren, so darf man jetzt nicht $\delta = \varepsilon$ wählen. Ist $\delta > 0$, so gilt (nach den Rechenregeln für Ungleichungen)

$$\begin{aligned} &(y_1, y_2) \in K \times K \text{ und } d''((x_1, x_2), (y_1, y_2)) < \delta \\ &\qquad \Rightarrow \quad d_1(\varrho(x_1, x_2), \varrho(y_1, y_2)) \leqq (d''(0, (x_1, x_2)) + d''(0, (y_1, y_2))) \cdot \delta. \end{aligned}$$

Aus $d''((x_1, x_2), (y_1, y_2)) < \delta$ erhält man weiter (Dreiecksungleichung!)

$$d''(0, (x_1, x_2)) + d''(0, (y_1, y_2)) \leqq d''(0, (x_1, x_2)) + d''(0, (x_1, x_2)) + \delta.$$

Wählt man also (zu dem gegebenen (x_1, x_2) und dem gegebenen $\varepsilon > 0$) $\delta < 1$, und so, daß $\delta < (2d''(0, (x_1, x_2)) + 1)^{-1}\varepsilon$ ist $(2d''(0, (x_1, x_2)) + 1 > 0!)$, so ist

$$(d''(0, (x_1, x_2)) + d''(0, (y_1, y_2)))\delta \leqq (2d''(0, (x_1, x_2)) + 1)\delta < \varepsilon.$$

(3) Satz 6.4.2. ist erfüllt, ϱ ist stetig.

Für τ erhält man für $x, y \in K^\times$

$$d_1(\tau(x), \tau(y)) = |x^{-1} - y^{-1}| = |xy|^{-1} \cdot |y - x| = |x \cdot y|^{-1} d_1(x, y),$$

also für $\delta > 0$

$$y \in K^\times \text{ und } d_1(x, y) < \delta \quad \Rightarrow \quad d_1(\tau(x), \tau(y)) \leqq |x \cdot y|^{-1}\delta.$$

Wählt man $\delta < \frac{1}{2}|x|$ $(|x| > 0!)$, so ist für $d_1(x, y) = |x - y| < \delta$

$$|y| = |x - (x - y)| \geqq |x| - |x - y| \geqq \frac{1}{2}|x| \quad \text{(Satz 6.1.4.)},$$

also

$$|yx|^{-1} \leqq 2|x|^{-1} \cdot |x|^{-1} = 2|x|^{-2}.$$

Wählt man (zu dem gegebenen x und ε) $\delta < \frac{1}{2}|x|$ und so, daß $\delta < (2|x|^{-2})^{-1} \cdot \varepsilon$ ist, so ist

$$|x \cdot y|^{-1} \cdot \delta < |x \cdot y|^{-1} \cdot (2|x|^{-2})^{-1} \cdot \varepsilon \leqq \varepsilon,$$

(3) ist erfüllt, τ ist stetig. Da $\tau \circ \tau = id_{K^\times}$ ist, ist $\tau^{-1} = \tau$, τ bijektiv und τ^{-1} stetig, also τ auch offen (Satz 6.4.1.) und damit eine topologische Abbildung.

$|\ |$ bezeichne jetzt den gewöhnlichen Absolutbetrag auf $\boldsymbol{R}$ (bzw. eingeschränkt auf $\boldsymbol{R}_+$). Da φ ein Absolutbetrag auf K ist, gilt nach Satz 6.1.4.

$$\varphi(x)-\varphi(y) \leqq \varphi(x-y), \quad -(\varphi(x)-\varphi(y)) \leqq \varphi(x-y),$$

also

$$|\varphi(x)-\varphi(y)| \leqq \varphi(x-y).$$

Damit gilt für $x \in K$, $\varepsilon > 0$ zu jedem $\delta > 0$

$$y \in K \text{ und } \varphi(x-y) < \delta \quad \Rightarrow \quad |\varphi(x)-\varphi(y)| \leqq \varphi(x-y) < \delta.$$

Wählt man $\delta = \varepsilon$, so erhält man (3) Satz 6.4.3., φ ist stetig. ●

Satz 6.6.2. *$(K, +, \cdot)$ sei ein Körper, φ ein Absolutbetrag auf K. $(X, \mathfrak{O})$ sei ein topologischer Raum, auf K werde die durch φ induzierte Metrik benutzt. Zu zwei Abbildungen*

$$f: X \to K \quad \text{und} \quad g: X \to K$$

definiert man

$$f+g: X \to K \quad \text{durch} \quad (f+g)(x) := f(x)+g(x) \quad \text{für alle} \quad x \in X,$$

$$f \cdot g: X \to K \quad \text{durch} \quad (f \cdot g)(x) := f(x) \cdot g(x) \quad \text{für alle} \quad x \in X.$$

Ist $0 \notin f(X)$, so kann man (e sei das Einselement von K)

$$\frac{e}{f}: X \to K \quad \text{durch} \quad \left(\frac{e}{f}\right)(x) := \frac{e}{f(x)} \text{ für alle } x \in X$$

definieren. Es gilt

$$f \text{ stetig und } g \text{ stetig} \quad \Rightarrow \quad f+g \text{ stetig und } f \cdot g \text{ stetig};$$

$$f \text{ stetig und } 0 \notin f(X) \quad \Rightarrow \quad \frac{e}{f} \text{ stetig}.$$

Beweis. In den Bezeichnungen von Satz 6.5.2. und Satz 6.6.1. erhält man $f+g$, $f \cdot g$ und $\frac{e}{f}$, wie man nachrechnet, folgendermaßen:

$$f+g: X \xrightarrow{\Delta} X \times X \xrightarrow{f \times g} K \times K \xrightarrow{\varkappa} K,$$

$$f \cdot g: X \xrightarrow{\Delta} X \times X \xrightarrow{f \times g} K \times K \xrightarrow{\varrho} K,$$

$$\frac{e}{f}: X \xrightarrow{\tilde{f}} K^{\times} \xrightarrow{\tau} K^{\times} \xrightarrow{id_K | K^{\times}} K \text{ mit } \tilde{f}(x) := f(x) \text{ für alle } x \in X.$$

Man verwendet auf $X \times X$ und auf $K \times K$ die Produkttopologie. Nach Satz 6.5.2. ist mit f, g auch $f \times g$ stetig. Δ ist stetig, und nach Satz 6.6.1. sind $\varkappa$ und ϱ sowie τ stetig.

Nach Satz 6.4.4. ist mit f im Falle $f(X) \subset K^\times$ auch $\tilde{f}: X \to K^\times$, definiert durch $\tilde{f}(x) := f(x)$ für alle $x \in X$, stetig. id_K ist nach Satz 6.4.1. stetig, $id_K | K^\times$ daher nach Satz 6.4.3. stetig. Daraus folgt nach Satz 6.4.1. die Stetigkeit von $f+g$, $f \cdot g$ und gegebenenfalls $\frac{e}{f}$. ●

Definition 6.6.1. *$(K, +, \cdot)$ sei ein Körper. Eine Funktion $F = \{(x, F(x)) \mid x \in \mathscr{D}(F)\}$ mit $\mathscr{D}(F) \subset K$, $\mathscr{W}(F) \subset K$ heißt Polynom, wenn es eine Familie $(a_j)_{j \in B}$, B endlich, $B \subset \{0\} \cup \boldsymbol{N} \subset \boldsymbol{Z}$ gibt, mit der*

$$F(x) = \sum_{j \in B} a_j x^j \quad \textit{für alle} \quad x \in \mathscr{D}(F) \textit{ ist.}$$

Eine Funktion $H = \{(x, H(x)) \mid x \in \mathscr{D}(H)\}$ heißt rationale Funktion, wenn es zwei Polynome F und G mit

$$\mathscr{D}(H) \subset \mathscr{D}(F), \quad \mathscr{D}(H) \subset \mathscr{D}(G), \quad G(x) \neq 0 \quad \textit{für alle } x \in \mathscr{D}(H)$$

so gibt, daß

$$H(x) = \frac{F(x)}{G(x)} \quad \textit{für alle} \quad x \in \mathscr{D}(H) \textit{ ist.}$$

Dabei ist $x^0 := e$ (e Einselement von K) auch für $x = 0$ gesetzt.

Definition 6.6.1. genügt den Bedürfnissen der Analysis für eine Einführung in dieses Gebiet und entspricht auch dem Gebrauch der Begriffe Polynom und rationale Funktion in der Elementarmathematik. Dort wählt man in der Regel zwei Familien $(a_j)_{j \in B_1}$, $(b_j)_{j \in B_2}$, B_1, B_2 endlich, $B_1, B_2 \subset \{0\} \cup \boldsymbol{N}$, schreibt

$$H(x) = \frac{\sum_{j \in B_1} a_j x^j}{\sum_{j \in B_2} b_j x^j} \quad \text{für alle} \quad x \in K \text{ mit } \sum_{j \in B_2} b_j x^j \neq 0$$

und erhält eine rationale Funktion, deren Definitionsbereich aus allen $x \in K$ besteht, für die der Nenner nicht 0 ist. So ergibt etwa

$$H(x) := \frac{(x+1)(x-1)}{x-1} \quad \text{für} \quad x \in \boldsymbol{R},\ x \neq 1,$$

eine rationale Funktion $H = \{(x, H(x)) \mid x \in \boldsymbol{R},\ x \neq 1\}$ mit $\mathscr{D}(H) = \boldsymbol{R} - \{1\}$. Man kann den Definitionsbereich erweitern, indem man beachtet, daß für

$$F(x) := x + 1 \quad \text{für alle} \quad x \in \boldsymbol{R}$$

gilt: $H(x) = F(x)$ für alle $x \in \mathscr{D}(H)$. $F = \{(x, F(x) \mid x \in \boldsymbol{R}\}$ ist ein Polynom, $H = F | \mathscr{D}(H)$.

Wenn dadurch keine Irrtümer auftreten können, benügt man sich vielfach damit, an Stelle von F oder H den „Rechenausdruck"

$$\sum_{j \in B} a_j x^j \quad \text{bzw.} \quad \frac{\sum_{j \in B_1} a_j x^j}{\sum_{j \in B_2} b_j x^j}$$

hinzuschreiben, wobei man häufig als Definitionsbereich alle $x \in K$ nimmt, für die der Ausdruck sinnvoll ist, d.h., für die der Nenner rechts nicht 0 ist.

Es sei darauf hingewiesen, daß Definition 6.6.1. für die Bedürfnisse der Algebra nicht mehr ausreicht. Polynome und rationale Funktionen werden dort anders definiert!

Satz 6.6.3. *$(K, +, \cdot)$ sei ein Körper. φ ein Absolutbetrag auf K. Für $X \subset K$ und K werde die durch φ induzierte Metrik benutzt. Ist der Graph von*

$$f: X \to K$$

ein Polynom oder eine rationale Funktion, so ist f stetig.

Beweis. Ist $a_0 \in K$ und $f(x) = a_0$ für alle $x \in X$, so ist f nach Hilfssatz 6.4.1. stetig.

Man zeigt durch vollständige Induktion, daß f stetig ist, wenn $a \in K$, $n \in N$ und $f(x) = ax^n$ für alle $x \in X$ ist. Definiert man nämlich

$$f_a(x) = a, \quad g(x) = x \quad \text{für alle} \quad x \in X,$$

so ist f_a nach Hilfssatz 6.4.1., $g = id_K|X$ nach Satz 6.4.3. stetig. Nach Satz 6.6.2. ist $f_a \cdot g$ stetig; es ist $(f_a \cdot g)(x) = ax$ für alle $x \in X$. Setzt man voraus, daß f stetig ist, falls

$$f(x) = ax^n \quad \text{für alle} \quad x \in X$$

ist, so ist nach Satz 6.6.2. $f \cdot g$ stetig. Es gilt aber

$$(f \cdot g)(x) = ax^n \cdot x = ax^{n+1} \quad \text{für alle} \quad x \in X.$$

Damit hat man die Stetigkeit von f, wenn der Graph ein Polynom mit Anz $B = 1$ ist. Ist Anz $B = n+1$, $n \in N$, so sei $m \in B$. Dann ist $B = (B - \{m\}) \cup \{m\}$. Setzt man

$$g_1(x) := \sum_{j \in B - \{m\}} a_j x^j, \quad g_2(x) = a_m x^m \text{ für alle } x \in X,$$

so folgt aus der Stetigkeit von g_1, g_2 die Stetigkeit von $g_1 + g_2$ nach Satz 6.6.2.,

$$(g_1 + g_2)(x) = g_1(x) + g_2(x) = \sum_{j \in B} a_j x^j \quad \text{für alle} \quad x \in X.$$

Um die behauptete Stetigkeit für den Fall zu erhalten, daß der Graph eine rationale Funktion ist, braucht man nur zu beachten, daß für

$$g_1 \text{ stetig}, \quad g_2 \text{ stetig}, \quad g_2(X) \not\ni 0$$

bei Abbildung von X nach K nach Satz 6.6.2. auch die Stetigkeit von $g_1 \cdot \frac{e}{g_2}$ folgt und

$$\left(g_1 \cdot \frac{e}{g_2}\right)(x) = g_1(x) \frac{e}{g_2(x)} = \frac{g_1(x)}{g_2(x)} \quad \text{für alle} \quad x \in X$$

ist. ●

6.7. Zusammenhängende Mengen

Wir wollen auf $\boldsymbol{Q}$ die durch den gewöhnlichen Absolutbetrag induzierte Metrik benutzen. Es sei $W \subset \boldsymbol{Q}$, W enthalte mindestens zwei Elemente, etwa $a, b \in W$, wobei wir die Bezeichnung so wählen wollen, daß $a < b$ ist. In $\boldsymbol{R}$ ist $0 < \sqrt{2} < 2$ und $\sqrt{2} \notin \boldsymbol{Q}$. Setzt man $z = a + \frac{\sqrt{2}}{2}(b-a)$, so ist

$$a < z < b$$

und $z \notin \boldsymbol{Q}$. Man kann daher W aufteilen in

$$W = W_1 \cup W_2, \quad W_1 = \{x \mid x \in W,\ x < z\}, \quad W_2 = \{y \mid y \in W,\ z < y\},$$

und es ist $W_1 \cap W_2 = \emptyset$, $a \in W_1$, $b \in W_2$, also $W_1 \neq \emptyset$, $W_2 \neq \emptyset$. Die Teilmengen W_1 und W_2 von W sind nun so beschaffen, daß man sie sogar durch „offene Umgebungen" voneinander trennen kann. Es seien nämlich

$$U_1 = \{x \mid x \in \boldsymbol{Q},\ x < z\}, \quad U_2 = \{y \mid y \in \boldsymbol{Q},\ z < y\}.$$

U_1 ist offen, denn ist $x \in U_1$, so ist $r = z - x > 0$ und $U_r(x) \subset U_1$. Entsprechend ist auch U_2 offen. U_1 und U_2 „trennen" W_1 und W_2 durch

$$U_1 \supset W_1, \quad U_1 \cap W_2 = \emptyset \quad \text{und} \quad U_2 \supset W_2, \quad U_2 \cap W_1 = \emptyset.$$

Es ist nach Satz 1.2.2. und Aufgabe 1.2.1.

$$U_1 \cap W = U_1 \cap (W_1 \cup W_2) = (U_1 \cap W_1) \cup (U_1 \cap W_2) = W_1, \quad U_2 \cap W = W_2.$$

Geht man von U_1, U_2 aus und verwendet nur $W_1 = U_1 \cap W$ und $W_2 = U_2 \cap W$, so gilt

$$W_1 \cap W_2 = (U_1 \cap W) \cap (U_2 \cap W) = U_1 \cap U_2 \cap W \cap W = U_1 \cap U_2 \cap W,$$

$$W_1 \cup W_2 = (U_1 \cap W) \cup (U_2 \cap W) = (U_1 \cup U_2) \cap W,$$

also

$$W_1 \cap W_2 = \emptyset \;\Leftrightarrow\; U_1 \cap U_2 \cap W = \emptyset, \qquad W_1 \cup W_2 = W \;\Leftrightarrow\; U_1 \cup U_2 \supset W.$$

Die Angabe der Aufteilung von W durch $W = W_1 \cup W_2$ mit zwei Teilmengen W_1, W_2, die sich durch offene Mengen „trennen" lassen, ist also gleichwertig mit der Angabe zweier offener Mengen U_1, U_2 mit

$$U_1 \cup U_2 \supset W \quad \text{und} \quad U_1 \cap U_2 \cap W = \emptyset.$$

Daß die Aufteilung nicht-trivial ist (also nicht $W_1 = \emptyset$ oder $W_2 = \emptyset$), ist gleichbedeutend mit

$$U_1 \cap W \neq \emptyset \quad \text{und} \quad U_2 \cap W \neq \emptyset.$$

Daß man W nicht-trivial in zwei „Teile" W_1, W_2 in der angegebenen Weise aufteilen kann, liegt natürlich daran, daß W infolge der „Lücke" bei z „nicht zusammenhängt". Das führt zu

Definition 6.7.1. *$(X, \mathcal{O})$ sei topologischer Raum, $W \subset X$. W heißt zusammenhängend, wenn für alle U_1, $U_2 \subset X$ gilt*

$$U_1, U_2 \textit{ offen}, \; U_1 \cup U_2 \supset W, \quad U_1 \cap U_2 \cap W = \emptyset \;\Rightarrow\; U_1 \cap W = \emptyset \textit{ oder } U_2 \cap W = \emptyset.$$

W heißt also zusammenhängend, wenn eine Aufteilung $W = W_1 \cup W_2$ in zwei Teile, die sich durch „offene Umgebungen trennen lassen", nur trivial (also mit $W_1 = \emptyset$ oder $W_2 = \emptyset$) möglich ist.

Satz 6.7.1. *$(X, \mathcal{O}_X)$, $(Y, \mathcal{O}_Y)$ seien topologische Räume. Ist*

$$f: X \to Y$$

eine stetige Abbildung, so gilt für alle $W \subset X$

$$W \textit{ zusammenhängend} \;\Rightarrow\; f(W) \textit{ zusammenhängend.}$$

Beweis. Sind V_1, $V_2 \subset Y$, V_1, V_2 offen, $V_1 \cup V_2 \supset f(W)$ und $V_1 \cap V_2 \cap f(W) = \emptyset$, so sei

$$U_1 = f^{-1}(V_1), \quad U_2 = f^{-1}(V_2).$$

U_1 und U_2 sind wegen der Stetigkeit von f offen. Nun gilt

$$x \in W \;\Rightarrow\; f(x) \in f(W) \subset V_1 \cup V_2, \text{ also } f(x) \in V_1 \text{ oder } f(x) \in V_2.$$

Ist $f(x) \in V_1$, so ist $x \in f^{-1}(V_1)$; ist $f(x) \in V_2$, so ist $x \in f^{-1}(V_2)$. Daher gilt

$$x \in W \Rightarrow x \in U_1 \text{ oder } x \in U_2, \quad \text{d.h. } W \subset U_1 \cup U_2.$$

$x \in W \cap U_1 \cap U_2$ würde bedeuten $f(x) \in f(W)$, $f(x) \in V_1$, $f(x) \in V_2$, was aber wegen $V_1 \cap V_2 \cap f(W) = \emptyset$ nicht geht. Also ist

$$U_1 \cap U_2 \cap W = \emptyset.$$

Da W zusammenhängend ist, muß $U_1 \cap W = \emptyset$ oder $U_2 \cap W = \emptyset$ sein. Ist $U_1 \cap W = \emptyset$, so ist $V_1 \cap f(W) = \emptyset$, denn $y \in V_1 \cap f(W)$ würde bedeuten, daß es ein $x \in X$ gibt mit $x \in W$ und $f(x) = y$ (wegen $y \in f(W)$). Für dieses x wäre auch $f(x) \in V_1$, also $x \in f^{-1}(V_1) = U_1$, was wegen $U_1 \cap W = \emptyset$ nicht geht. Man beachte, daß man $x \in W$ mit $f(x) = y$ wählen muß. Wegen $y \in V_1$ und $U_1 = f^{-1}(V_1)$ gibt es natürlich ein $z \in U_1$ mit $f(z) = y$, aber dieses z braucht nicht in W zu liegen, es kann ja in X mehr als ein Element geben, das durch f auf y abgebildet wird. Entsprechend ist $V_2 \cap f(W) = \emptyset$, wenn $U_2 \cap W = \emptyset$ ist. Daher ist $V_1 \cap f(W) = \emptyset$ oder $V_2 \cap f(W) = \emptyset$, d.h., $f(W)$ ist zusammenhängend. ●

Eine Charakterisierung aller zusammenhängenden Untermengen von $\boldsymbol{R}$ gibt

Hilfssatz 6.7.1. *Es seien $a, b \in \boldsymbol{R}$, $a \leqq b$. Das abgeschlossene Intervall zwischen a und b wird definiert durch*

$$[a, b] := \{x \mid x \in \boldsymbol{R}, \quad a \leqq x \leqq b\}.$$

Eine Untermenge $H \subset \boldsymbol{R}$ ist genau dann zusammenhängend, wenn für alle $a, b \in \boldsymbol{R}$ gilt

$$a, b \in H, \ a < b \Rightarrow [a, b] \subset H.$$

(Auf $\boldsymbol{R}$ wird die durch den gewöhnlichen Absolutbetrag induzierte Metrik benutzt.)

Beweis. Sind $a, b \in H$, $a < b$, aber nicht $[a, b] \subset H$, so gibt es ein $z \in [a, b]$, $z \notin H$. Wegen $a, b \in H$ muß dann $a < z < b$ sein. Setzt man

$$U_1 = \{x \mid x \in \boldsymbol{R}, \ x < z\}, \quad U_2 = \{y \mid y \in \boldsymbol{R}, \ z < y\},$$

so sind (wie in der Einleitung zu 6.7.) U_1, U_2 offen, und es gilt

$$U_1 \cup U_2 = \boldsymbol{R} - \{z\} \supset H, \quad U_1 \cap U_2 = \emptyset, \quad \text{also} \quad U_1 \cap U_2 \cap H = \emptyset.$$

Wegen $a \in U_1 \cap H$, $b \in U_2 \cap H$ ist $U_1 \cap H \neq \emptyset$, $U_2 \cap H \neq \emptyset$ und daher H nicht zusammenhängend. Ist H zusammenhängend, so muß infolgedessen für $a, b \in H$, $a < b$, auch $[a, b] \subset H$ sein.

Gilt umgekehrt für alle $a, b \in \boldsymbol{R}$

$$a, b \in H, \ a < b \Rightarrow [a, b] \subset H,$$

so seien U_1, U_2 offen, $U_1 \cup U_2 \supset H$, $U_1 \cap U_2 \cap H = \emptyset$. Ist $U_1 \cap H \neq \emptyset$, $U_2 \cap H \neq \emptyset$, so gibt es $a, b \in \boldsymbol{R}$ mit

$$a \in U_1 \cap H, \quad b \in U_2 \cap H.$$

Wegen $U_1 \cap U_2 \cap H = \emptyset$ ist $a \neq b$. Die Bezeichnung sei so gewählt, daß $a < b$ ist. $U_1 \cap [a, b]$ enthält a, ist also nicht leer und hat als Teilmenge von $[a, b]$ die obere Schranke b. Daher existiert

$$z = \sup (U_1 \cap [a, b]),$$

und es ist $a \leqq z \leqq b$.

Ist $z \in U_1$, so ist $z \neq b$, da $b \in U_2 \cap H$ ist. Somit ist $z < b$. Da U_1 offen ist, gibt es ein $r \in \boldsymbol{R}$, $r > 0$, mit

$$U_r(z) = \{x \mid x \in \boldsymbol{R},\ |z-x| < r\} \subset U_1.$$

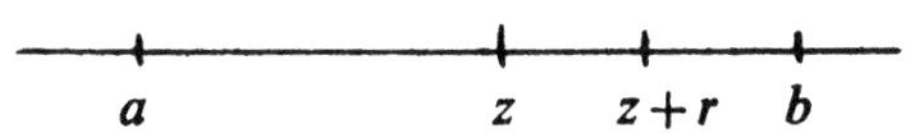

Wegen $|z-b| = |b-z| = b-z$ und $b \notin U_1$ muß $b-z > r$ sein, also $z < z+r < b$. Dann ist $z + \frac{r}{2} \in U_1 \cap [a, b]$. Das ist aber nicht möglich, da z obere Schranke für $U_1 \cap [a, b]$ ist. Also ist $z \notin U_1$.

Ist $z \in U_2$, so ist $z \neq a$. Da U_2 offen ist, gibt es ein $r \in \boldsymbol{R}$, $r > 0$, mit

$$U_r(z) = \{y \mid y \in \boldsymbol{R},\ |z-y| < r\} \subset U_2.$$

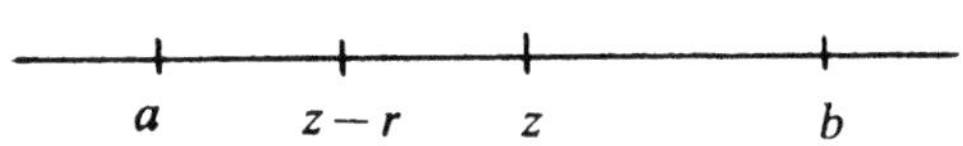

Wegen $|z-a| = z-a$, $a \notin U_2$, ist $r < z-a$, also $a < z-r$. Es sei $x \in \boldsymbol{R}$; ist $z-r < x < z$, so ist $x \in U_r(z) \subset U_2$. Dann ist $x \notin U_1$. Daher gilt

$$x \in U_1 \cap [a, b] \ \Rightarrow\ x \in U_1 \text{ und } x \leqq z = \sup (U_1 \cap [a, b]) \ \Rightarrow\ x \leqq z-r.$$

Damit ist $z-r$ obere Schranke von $U_1 \cap [a, b]$, was wegen $z-r < z$ nicht möglich ist. Also ist $z \notin U_2$.

Unter der Voraussetzung $U_1 \cap H \neq \emptyset$, $U_2 \cap H \neq \emptyset$ haben wir $a, b \in H$ mit $a < b$ und ein $z \in [a, b]$ gefunden mit $z \notin U_1$, $z \notin U_2$, also $z \notin U_1 \cup U_2$, d.h. $z \notin H$ (wegen $H \subset U_1 \cup U_2$). Das widerspricht aber der Voraussetzung, also ist $U_1 \cap H = \emptyset$ oder $U_2 \cap H = \emptyset$. Damit ist H zusammenhängend. ●

Eine unmittelbare Folgerung aus Hilfssatz 6.7.1. ist

Satz 6.7.2. *(Zwischenwertsatz oder Satz von Bolzano.) $(X, \mathcal{O})$ sei ein topologischer Raum,*

$$f: X \to \boldsymbol{R}$$

sei stetig. Ist $W \subset X$, *W zusammenhängend, so gilt für alle* $a, b, z \in \boldsymbol{R}$

$$a, b \in f(W),\ a<z<b \ \Rightarrow\ z \in f(W).$$

(*Man beachte:* $z \in f(W) \Leftrightarrow$ *Es gibt ein* $x \in W$ *mit* $f(x)=z$.)

Ist also f stetig und W zusammenhängend, so nimmt f mit zwei Werten a, b auf W auch jeden Zwischenwert z $(a<z<b)$ an.

Beweis von Satz 6.7.2. Ist W zusammenhängend und f stetig, so ist nach Satz 6.7.1. auch $f(W)$ zusammenhängend. Nach Hilfssatz 6.7.1. ist dann mit $a, b \in f(W), a<b$, auch $z \in [a, b] \subset f(W)$ (es gibt also ein $x \in W$ mit $f(x)=z$). ●

Für weitere Anwendungen beweist man zweckmäßigerweise erst

Hilfssatz 6.7.2. *(Die Bernoullische Ungleichung.) Ist* $x \in \boldsymbol{R}$, $x \geqq -1$, *so gilt für jedes* $n \in \boldsymbol{N}$

$$(1+x)^n \geqq 1+nx.$$

Beweis. Es ist $(1+x)^1 = 1+x \geqq 1+1 \cdot x$. Aus $(1+x)^n \geqq 1+nx$ für ein $n \in \boldsymbol{N}$ schließt man wegen $(1+x) \geqq 0$ für $x \geqq -1$, $x^2 \geqq 0$,

$$(1+x)^{n+1} = (1+x)^n(1+x) \geqq (1+nx)(1+x) = 1+(n+1)x+nx^2 \geqq 1+(n+1)x.$$

Vollständige Induktion liefert das Ergebnis. ●

Darüberhinaus benötigt man einige Ungleichungen für Potenzen in $\boldsymbol{R}$.

Hilfssatz 6.7.3. *Sind* $a, b \in \boldsymbol{R}$, $a \geqq 0$, $b \geqq 0$ *und* $n \in \boldsymbol{N}$, *so gilt*

$$a<b \ \Leftrightarrow\ a^n<b^n.$$

Ist $a \in \boldsymbol{R}$, $a>1$, *so gilt für alle* $z, w \in \boldsymbol{Z}$

$$z<w \ \Leftrightarrow\ a^z<a^w.$$

Ist $a \in \boldsymbol{R}$, $a>1$, *so gibt es zu jedem* $x \in \boldsymbol{R}$, $x>0$, *ein* $z \in \boldsymbol{Z}$ *mit*

$$a^z \leqq x < a^{z+1}.$$

Beweis. Nach den Regeln für das Rechnen mit Ungleichungen gilt für $a \geqq 0$, $b \geqq 0$

$$a<b \text{ und } a^n<b^n \ \Rightarrow\ a^{n+1}=a^n \cdot a<b^n \cdot b=b^{n+1}.$$

Vollständige Induktion liefert daher sofort $a<b \Rightarrow a^n<b^n$ für alle $n \in \boldsymbol{N}$. Ist $a^n<b^n$, so muß $a<b$ sein, da $b \geqq a \Rightarrow b^n \geqq a^n$.

Ist $z<w$, so ist $w-z \in \boldsymbol{N}$. Für $a>1$ gilt

$$1=1^{w-z}<a^{w-z}, \quad \text{also} \quad a^z<a^w.$$

Ist $a^z<a^w$, so muß $z<w$ sein, da $w \leqq z \Rightarrow a^w \leqq a^z$.

Ist $a>1$, so ist $t:=a-1>0>-1$, und für alle $n\in N$ gilt nach Hilfssatz 6.7.2.

$$a^n=(1+t)^n\geqq 1+nt.$$

Nach (2) Satz 5.2.1. (Archimedisches Axiom für $\boldsymbol{R}$) gibt es wegen $t>0$ ein $k\in N$ und ein $l\in N$ mit

$$a^k\geqq 1+kt>x,\quad a^l\geqq 1+lt>\frac{1}{x}\quad (x\neq 0!).$$

Wegen $x>0$ erhält man hieraus

$$a^{-l}<x<a^k.$$

Die Menge $M=\{n|n\in \boldsymbol{Z},\ -l\leqq n\leqq k,\ a^n\leqq x\}$ ist endlich (Anz $M\leqq l+k+1$), nicht leer ($-l\in M$) und durch „$\leqq$“ linear geordnet, hat also ein größtes Element (siehe Aufgabe 4.5.3.). Es sei $m=\max M$. Dann ist $a^m\leqq x$. Wegen $x<a^k$ ist $m<k$, also $m+1\leqq k$. Da $m=\max M$ ist, kann nicht $a^{m+1}\leqq x$ sein. Daher ist $x<a^{m+1}$. ●

Als Anwendung kann man die Existenz einer n-ten Wurzel ($n\in N$) zu jeder nicht-negativen reellen Zahl zeigen.

Satz 6.7.3. *Zu jedem $n\in N$ und jedem $a\in\boldsymbol{R}$, $a\geqq 0$, gibt es genau ein $x\in\boldsymbol{R}$ mit $x\geqq 0$ und*

$$x^n=a.$$

Man verwendet für dieses x die Bezeichnung $\sqrt[n]{a}:=x$ und nennt es die nicht-negative n-te Wurzel aus a.

Beweis. Definiert man

$$f:\boldsymbol{R}\to\boldsymbol{R}\quad \text{durch}\quad f(x):=1\cdot x^n\quad \text{für alle}\quad x\in\boldsymbol{R},$$

so ist der Graph von f nach Definition 6.6.1. ein Polynom, und f ist nach Satz 6.6.3. stetig. Sind $a,b\in\boldsymbol{R}_+=\{x|x\in\boldsymbol{R},\ x\geqq 0\}$, $a<b$, so ist natürlich $[a,b]\subset\boldsymbol{R}_+$. $\boldsymbol{R}_+$ ist nach Hilfssatz 6.7.1. zusammenhängend. Nach Satz 6.7.1. ist auch $f(\boldsymbol{R}_+)$ zusammenhängend. Benutzt man Hilfssatz 6.7.2. ($a\geqq 0$), so erhält man

$$0=f(0)\leqq a\leqq 1+(n-1)a+a=1+na\leqq(1+a)^n=f(1+a).$$

Wegen $f(0), f(1+a)\in f(\boldsymbol{R}_+)$ gibt es nach Satz 6.7.2. ein $x\in\boldsymbol{R}_+$ mit

$$x^n=f(x)=a.$$

Wegen $0\leqq x<z\Rightarrow x^n<z^n$ (Hilfssatz 6.7.3.) ist $f|\boldsymbol{R}_+$ injektiv, es kann also auch nur *ein* $x\in\boldsymbol{R}_+$ mit $x^n=a$ geben. ●

6.8. Logarithmus und allgemeine Potenz

Wir hatten bei der Definition der Potenzen in Satz 4.6.4. gesehen, daß es zu jedem a aus einer Halbgruppe $(H, *)$ genau einen Homomorphismus von $(\boldsymbol{N}, +)$ in $(H, *)$ gibt, bei dem 1 auf a abgebildet wird. In Satz 5.1.6. haben wir Potenzen mit Exponenten in $\boldsymbol{Z}$ definiert und dazu gezeigt, daß es zu jedem a aus einer Gruppe $(G, *)$ genau einen Homomorphismus

$$f: \boldsymbol{Z} \to G \quad \text{von } (\boldsymbol{Z}, +) \text{ in } (G, *) \quad \text{mit} \quad f(1) = a$$

gibt. Die Existenz eines solchen Homomorphismus bedeutet, daß man in der Gruppe $(G, *)$ zu jedem $a \in G$ eine spezielle, sehr einfache Untergruppe angeben kann, in der a liegt, nämlich $(f(\boldsymbol{Z}), *)$, die man als Bild von $(\boldsymbol{Z}, +)$ gut übersieht. (Bilder von $(\boldsymbol{Z}, +)$ unter einem Homomorphismus bezeichnet man als *zyklische Gruppen*, a als *Erzeugende* von $(f(\boldsymbol{Z}), *)$.)

Will man versuchen, Potenzen auch für rationale Exponenten (d.h. Exponenten aus $\boldsymbol{Q}$) zu definieren (natürlich wieder mit Hilfe eines Homomorphismus wie oben, denn die Erweiterung der Definition ist nur dann von Nutzen, wenn die Rechenregeln für Potenzen erhalten bleiben), so muß man sich auf hierfür geeignete Gruppen beschränken. Eine entsprechende Einschränkung (nämlich Gruppe an Stelle von Halbgruppe) mußten wir schon bei der Definition von Potenzen mit nichtpositiven Exponenten aus $\boldsymbol{Z}$ machen (weil $(f(\boldsymbol{Z}), *)$ Gruppe ist). Man wird zunächst untersuchen, wie ein derartiger Homomorphismus aussehen müßte. Es gilt

Hilfssatz 6.8.1. *$(G, *)$ sei Gruppe. Ist $f: \boldsymbol{Q} \to G$ Homomorphismus von $(\boldsymbol{Q}, +)$ in $(G, *)$ mit $f(1) = a$, so gilt für jedes $x \in \boldsymbol{R}$*

$$(f(x))^z = a^y \quad \text{für alle} \quad y, z \in \boldsymbol{Z} \text{ mit } x = \frac{y}{z}.$$

Insbesondere gibt es zu jedem $a \in \boldsymbol{R}$ genau einen Homomorphismus f von $(\boldsymbol{Q}, +)$ in $(\boldsymbol{R}, +)$ mit $f(1) = a$, nämlich

$$f: \boldsymbol{Q} \to \boldsymbol{R}, \quad \text{definiert durch} \quad f(x) = ax \quad \text{für alle } x \in \boldsymbol{Q}.$$

Beweis. $f|\boldsymbol{Z}$ ist Homomorphismus von $(\boldsymbol{Z}, +)$ in $(G, *)$ mit $(f|\boldsymbol{Z})(1) = f(1) = a$. Daher ist $f(y) = a^y$ für alle $y \in \boldsymbol{Z}$. Die Abbildung

$$g: \boldsymbol{Z} \to \boldsymbol{Q}, \quad \text{definiert durch} \quad g(w) := wx \quad \text{für alle} \quad w \in \boldsymbol{Z},$$

ist Homomorphismus von $(\boldsymbol{Z}, +)$ in $(\boldsymbol{Q}, +)$. $f \circ g$ ist Homomorphismus von $(\boldsymbol{Z}, +)$ in $(G, *)$ mit $f \circ g(1) = f(1 \cdot x) = f(x)$. Also ist

$$f(wx) = f \circ g(w) = (f(x))^w \quad \text{für alle} \quad w \in \boldsymbol{Z}$$

und speziell für $\frac{y}{z} = x$ mit $y, z \in \boldsymbol{Z}$ $(z \neq 0)$

$$(f(x))^z = f \circ g(z) = f(zx) = f(y) = a^y.$$

Nimmt man $(\boldsymbol{R}, +)$ an Stelle von $(G, *)$, so bedeutet das (jetzt additiv geschrieben)

$$y, z \in \boldsymbol{Z},\ z \neq 0,\ x = \frac{y}{z} \ \Rightarrow\ zf(x) = ya \ \Rightarrow\ f(x) = \frac{y}{z}a = ax.$$

Damit ist $f(x) = ax$ für alle $x \in \boldsymbol{Q}$. Umgekehrt erhält man natürlich auf diese Weise einen Homomorphismus von $(\boldsymbol{Q}, +)$ in $(\boldsymbol{R}, +)$ mit $f(1) = a$. ●

Potenzen mit rationalen Exponenten lassen sich z. B. für positive reelle Zahlen definieren.

Hilfssatz 6.8.2. *Ist f Homomorphismus von $(\boldsymbol{Q}, +)$ in $(\boldsymbol{R}, \cdot)$, so ist $f(\boldsymbol{Q}) = \{0\}$ oder $f(\boldsymbol{Q}) \subset \boldsymbol{R}_+^\times = \{w \mid w \in \boldsymbol{R},\ w > 0\}$. Zu jedem $a \in \boldsymbol{R}_+^\times$ gibt es genau einen Homomorphismus*

$$f: \boldsymbol{Q} \to \boldsymbol{R} \quad \text{von } (\boldsymbol{Q}, +) \text{ in } (\boldsymbol{R}, \cdot) \quad \text{mit} \quad f(1) = a.$$

Für alle $z \in \boldsymbol{Z}$ ist $f(z) = a^z$. Man definiert daher mit diesem f

$$a^x := f(x) \quad \text{für alle} \quad x \in \boldsymbol{Q}.$$

Die üblichen Rechenregeln für Potenzen (Satz 5.1.6.) gelten auch für rationale Exponenten.

Beweis. Gibt es ein $y \in \boldsymbol{Q}$ mit $f(y) = 0$, so ist $f(x) = f(x-y)f(y) = f(x-y) \cdot 0 = 0$ für alle $x \in \boldsymbol{Q}$, d.h. $f(\boldsymbol{Q}) = \{0\}$. Anderenfalls ist $f(x) = f\left(\frac{1}{2}x\right)f\left(\frac{1}{2}x\right) = \left(f\left(\frac{1}{2}x\right)\right)^2 > 0$ für alle $x \in \boldsymbol{Q}$, d.h. $f(\boldsymbol{Q}) \subset \boldsymbol{R}_+^\times$.

Ist f Homomorphismus von $(\boldsymbol{Q}, +)$ in $(\boldsymbol{R}, \cdot)$, $f(\boldsymbol{Q}) \neq \{0\}$, so ist

$$\hat{f}: \boldsymbol{Q} \to \boldsymbol{R}_+^\times, \quad \text{definiert durch} \quad \hat{f}(x) := f(x) \quad \text{für alle} \quad x \in \boldsymbol{Q},$$

Homomorphismus von $(\boldsymbol{Q}, +)$ in die Gruppe $(\boldsymbol{R}_+^\times, \cdot)$. Sind $y, z \in \boldsymbol{Z}$, $z > 0$, $x = \frac{y}{z}$, so gilt nach Hilfssatz 6.8.1. und Satz 6.7.3. wegen $\hat{f}(x) > 0$, $z \in \boldsymbol{N}$,

$$(\hat{f}(x))^z = a^y, \quad \text{also} \quad f(x) = \hat{f}(x) = \sqrt[z]{a^y}.$$

f ist durch $f(1) = a$ eindeutig bestimmt.

Sind $y, z, u, v \in \boldsymbol{Z}$, $z, v > 0$, $\frac{y}{z} = \frac{u}{v}$, so ist $yv = uz$. Ist $t^z = a^y$, $s^v = a^u$, $t, s \in \boldsymbol{R}_+^\times$, so ist $t^{zv}=a^{yv}=a^{uz}=s^{vz}$, d.h. $t=s$ (Satz 6.7.3.). Man kann daher

$$f: \boldsymbol{Q} \to \boldsymbol{R} \quad \text{durch} \quad f(x) = \sqrt[z]{a^y} \quad \text{für } y, z \in \boldsymbol{Z},\ z>0,\ x = \frac{y}{z},$$

unabhängig von der speziellen Auswahl von y, z mit $x = \frac{y}{z}$ definieren. Für $x_1, x_2 \in \boldsymbol{Q}$,

$x_1 = \frac{y_1}{z_1}$, $x_2 = \frac{y_2}{z_2}$ mit $y_1, y_2, z_1, z_2 \in \boldsymbol{Z}$, $z_1, z_2 > 0$, erhält man

$$f(x_1+x_2)^{z_1 z_2} = a^{y_1 z_2 + y_2 z_1} = a^{y_1 z_2} a^{y_2 z_1} = f(x_1)^{z_1 z_2} f(x_2)^{z_1 z_2} = \big(f(x_1) f(x_2)\big)^{z_1 z_2},$$

woraus nach Satz 6.7.3. wegen $f(x_1)f(x_2)$, $f(x_1+x_2) > 0$

$$f(x_1+x_2) = f(x_1)\,f(x_2)$$

folgt. f ist Homomorphismus, $f(1)=a$.

Sind $x, w \in \boldsymbol{Q}$, $z \in \boldsymbol{N}$ und $zx, zw \in \boldsymbol{Z}$, so gilt

$$\big(f(x)\big)^z = a^{zx} = f(zx), \qquad f(x)^z = f(w)^z \;\Rightarrow\; f(x) = f(w).$$

Hiermit erhält man die Rechenregeln für Potenzen mit rationalen Exponenten aus den Regeln für Potenzen mit Exponenten aus $\boldsymbol{Z}$. ●

Man kann versuchen, das Verfahren fortzusetzen und Potenzen mit beliebigen reellen Exponenten zu definieren. Es zeigt sich aber, daß man, um zu erreichen, daß der zugehörige Homomorphismus durch die Angabe von $f(1)$ eindeutig bestimmt ist, zusätzliche Bedingungen braucht. Ein Beispiel gibt

Hilfssatz 6.8.3. *Zu jedem $a \in \boldsymbol{R}$ gibt es genau einen Homomorphismus*

$$f: \boldsymbol{R} \to \boldsymbol{R} \quad \textit{von } (\boldsymbol{R}, +) \textit{ in } (\boldsymbol{R}, +) \quad \textit{mit} \quad f(1) = a,$$

der stetig ist (in der Metrik zum gewöhnlichen Absolutbetrag auf $\boldsymbol{R}$), nämlich

$$f(x) = ax \quad \textit{für alle} \quad x \in \boldsymbol{R}.$$

Ist $a \neq 0$, so ist f Isomorphismus und eine topologische Abbildung.

Beweis. Ist f Homomorphismus mit $f(1)=a$, so ist $f|\boldsymbol{Q}$ nach Hilfssatz 6.8.1. eindeutig bestimmt,

$$f(x) = (f|\boldsymbol{Q})(x) = a \cdot x \quad \text{für alle} \quad x \in \boldsymbol{Q}.$$

(Hinweis: Will man auf Satz 7.6.5. vorgreifen, so folgt unmittelbar $f(x)=ax$ für alle $x \in \boldsymbol{R}$, da nach Hilfssatz 7.6.3. $\boldsymbol{Q}$ dicht in $\boldsymbol{R}$ ist.) Es sei $x \in \boldsymbol{R}$. Ist $f(x) \neq ax$, so ist

$\varepsilon = |f(x) - ax| > 0$. Da f stetig ist, kann man nach (3) Satz 6.4.2. ein $\delta \in \boldsymbol{R}$, $\delta > 0$, so finden, daß gilt

$$y \in \boldsymbol{R},\ |y-x| < \delta \ \Rightarrow\ |f(x) - f(y)| < \frac{\varepsilon}{2}.$$

Ist $t \in \boldsymbol{Q}$, so ist $f(t) = at$, also

$$|f(x) - ax| = |f(x) - f(t) + f(t) - ax| \leqq |f(x) - f(t)| + |a| \cdot |t - x|.$$

Nun ist $s = \min\left\{\delta, (|a|+1)^{-1} \cdot \frac{\varepsilon}{2}\right\} > 0$. Nach Satz 5.2.2. gibt es ein $t \in \boldsymbol{Q}$ mit $x < t < x + s$. Dann ist

$$|f(x) - f(t)| < \frac{\varepsilon}{2}, \quad |a|\,|t-x| \leqq |a|(|a|+1)^{-1}\frac{\varepsilon}{2} \leqq \frac{\varepsilon}{2}$$

und

$$\varepsilon = |f(x) - ax| < \frac{\varepsilon}{2} + \frac{\varepsilon}{2} = \varepsilon.$$

Das ist aber nicht möglich. Daher ist $f(x) = ax$ für alle $x \in \boldsymbol{R}$.

Definiert man f durch $f(x) := ax$, so ist $f(1) = a$, und der Graph von f ist ein Polynom (Definition 6.6.1.), f ist nach Satz 6.6.3. stetig. f ist offenbar Homomorphismus. Ist $a \neq 0$, so ist $g: \boldsymbol{R} \to \boldsymbol{R}$, definiert durch $g(x) := a^{-1} \cdot x$ für alle $x \in \boldsymbol{R}$, stetiger Homomorphismus, $g = f^{-1}$. ●

Entsprechend kann man Homomorphismen von $(\boldsymbol{R}, +)$ in $(\boldsymbol{R}_+^\times, \cdot)$ untersuchen, d.h. die Möglichkeit, Potenzen mit reellen Exponenten zu definieren. Wir wollen jedoch mit den Homomorphismen von $(\boldsymbol{R}_+^\times, \cdot)$ in $(\boldsymbol{R}, +)$ beginnen. Diese Homomorphismen haben für das numerische Rechnen eine besondere Bedeutung. Ist nämlich

$$f: \boldsymbol{R}_+^\times \to \boldsymbol{R} \quad \text{Homomorphismus von} \quad (\boldsymbol{R}_+^\times, \cdot) \text{ in } (\boldsymbol{R}, +)$$

und injektiv, so kann man wegen

$$f(x \cdot y) = f(x) + f(y) \quad \text{für alle} \quad x, y \in \boldsymbol{R}_+^\times$$

zu x, y die Bilder $f(x)$, $f(y)$ bestimmen, und das Produkt $x \cdot y$ ist dann das (wegen der Injektivität eindeutig bestimmte) Urbild von $f(x) + f(y)$. Kennt man also f, so kann man die Multiplikation durch die Addition ersetzen. Diese Homomorphismen werden (wenn noch gewisse Nebenbedingungen erfüllt sind) als Logarithmen bezeichnet.

Als Nebenbedingung kann man wie in Hilfssatz 6.8.3. die Stetigkeit von f fordern (siehe unten Satz 6.8.2.). Man kann aber auch verlangen, daß f ordnungserhaltend ist.

Satz 6.8.1. *Zu jedem $a \in \boldsymbol{R}$, $a > 1$, gibt es genau einen ordnungserhaltenden Homomorphismus*

$$f\colon \boldsymbol{R}_+^\times \to \boldsymbol{R} \quad \textit{von } (\boldsymbol{R}_+^\times, \cdot, \leqq) \textit{ in } (\boldsymbol{R}, +, \leqq) \quad \textit{mit} \quad f(a) = 1.$$

f ist eine topologische Abbildung.

Beweis. Zunächst stellt man fest, wie ein derartiger Homomorphismus aussehen müßte. Es sei f ein ordnungserhaltender Homomorphismus mit $f(a)=1$. Für festes $x \in \boldsymbol{R}_+^\times$ sei $g_x\colon \boldsymbol{Z} \to \boldsymbol{R}_+^\times$ durch $g_x(z) := x^z$ für alle $z \in \boldsymbol{Z}$ definiert. Dann ist $f \circ g_x\colon \boldsymbol{Z} \to \boldsymbol{R}$ Homomorphismus von $(\boldsymbol{Z}, +)$ in $(\boldsymbol{R}, +)$ und $f \circ g_x(1) = f(g_x(1)) = f(x)$. Nach Satz 5.1.7. ist

$$f(x^z) = f \circ g_x(z) = z \cdot f(x) \quad \text{für} \quad \text{alle } z \in \boldsymbol{Z}.$$

Da f ordnungserhaltend ist, erhält man wegen $f(a)=1$ für alle $z \in \boldsymbol{Z}$, $n \in \boldsymbol{N}$,

$$a^z \leqq x^n \quad \Rightarrow \quad z = z \cdot f(a) = f(a^z) \leqq f(x^n) = nf(x) \quad \Rightarrow \quad \frac{z}{n} \leqq f(x),$$

d.h., $f(x)$ ist obere Schranke für die Menge

$$A_x := \left\{ r \,|\, r \in \boldsymbol{Q}, \text{ es gibt } z \in \boldsymbol{Z},\ n \in \boldsymbol{N} \text{ mit } r = \frac{z}{n} \text{ und } a^z \leqq x^n \right\}.$$

Man kann nun zeigen, daß zu jedem $x \in \boldsymbol{R}_+^\times$ die Menge A_x, unabhängig davon, ob es einen Homomorphismus f der gewünschten Art gibt oder nicht, in $\boldsymbol{R}$ ein Supremum hat. Zunächst gibt es nach Hilfssatz 6.7.3. zu $a > 1$ und $x^1 = x$ ein $m \in \boldsymbol{Z}$ mit

$$a^m \leqq x^1 < a^{m+1}, \quad \text{also ist} \quad m = \frac{m}{1} \in A_x, \quad \text{d. h.} \quad A_x \neq \emptyset.$$

Um noch $\bar{S}(A_x) \neq \emptyset$ zu zeigen, müssen wir eine obere Schranke für A_x finden ($f(x)$ können wir nicht verwenden, da wir hier die Existenz von f nicht voraussetzen wollen). Es sei $r \in A_x$. Dann gibt es ein $z \in \boldsymbol{Z}$ und ein $n \in \boldsymbol{N}$ mit

$$r = \frac{z}{n} \quad \text{und} \quad a^z \leqq x^n.$$

Es sei $k = \max\{1, m+1\}$ (m wie oben mit $a^m \leqq x < a^{m+1}$). Nach Hilfssatz 6.7.3. gilt ($a > 1$!)

$$x < a^{m+1} \leqq a^k \quad \Rightarrow \quad x^n < a^{nk} \quad \Rightarrow \quad a^z < a^{nk} \quad \Rightarrow \quad z < nk \quad \Rightarrow \quad r = \frac{z}{n} < k.$$

Daher ist $r < k$ für alle $r \in A_x$, k ist obere Schranke für A_x, $\bar{S}(A_x) \neq \emptyset$. Wegen der Vollständigkeit von $\boldsymbol{R}$ existiert $\sup A_x$ in $\boldsymbol{R}$.

Ist f ordnungserhaltender Homomorphismus mit $f(a)=1$, so ist $f(x)\in\bar{S}(A_x)$ für jedes $x\in\boldsymbol{R}_+^\times$ (s.o.) und damit $\sup A_x \leqq f(x)$.

Ist $n\in\boldsymbol{N}$, so gibt es zu x^n nach Hilfssatz 6.7.3. ein $z\in\boldsymbol{Z}$ mit

$$a^z \leqq x^n < a^{z+1}, \quad \text{also} \quad \frac{z}{n}\in A_x.$$

Da f ordnungserhaltend ist, erhält man hieraus (wegen $f(a)=1$ und $f(y^z)=zf(y)$ für alle $y\in\boldsymbol{R}_+^\times$, $z\in\boldsymbol{Z}$ s.o.)

$$f(a^z) \leqq f(x^n) \leqq f(a^{z+1}), \quad \text{d.h.} \quad z \leqq nf(x) \leqq z+1,$$

und wegen $\frac{z}{n}\in A_x$, $\sup A_x \leqq f(x)$, nach den Rechenregeln für Ungleichungen

$$\frac{z}{n} \leqq \sup A_x, \quad \sup A_x \leqq f(x) \leqq \frac{z}{n}+\frac{1}{n}, \quad \text{d.h.} \quad 0 \leqq f(x)-\sup A_x \leqq \frac{1}{n}.$$

Wäre $f(x)-\sup A_x > 0$, so könnte man nach (2) Satz 5.2.1. (Archimedisches Axiom für $\boldsymbol{R}$) ein $n\in\boldsymbol{N}$ so wählen, daß

$$n\big(f(x)-\sup A_x\big) > 1, \quad \text{also} \quad f(x)-\sup A_x > \frac{1}{n}$$

wäre. Folglich ist $f(x)=\sup A_x$. Ist also f ordnungserhaltender Homomorphismus mit $f(a)=1$, so ist

$$f(x)=\sup A_x \quad \text{für alle } x\in\boldsymbol{R}_+^\times$$

und damit auch eindeutig bestimmt.

Um die Existenz von f nachzuweisen, wird man

$$f\colon \boldsymbol{R}_+^\times \to \boldsymbol{R} \quad \text{durch} \quad f(x):=\sup A_x \quad \text{für alle} \quad x\in\boldsymbol{R}_+^\times$$

definieren und muß zeigen, daß dieses f die gewünschten Eigenschaften hat.

Zunächst sei $x\in\boldsymbol{R}_+^\times$, $n\in\boldsymbol{N}$, $v\in\boldsymbol{Z}$ und $x^n<a^v$. Ist $r\in A_x$, so gibt es ein $m\in\boldsymbol{N}$ und ein $z\in\boldsymbol{Z}$ mit $r=\frac{z}{m}$ und $a^z\leqq x^m$. Das liefert nach Hilfssatz 6.7.3.

$$a^{zn}=(a^z)^n \leqq (x^m)^n=(x^n)^m<(a^v)^m=a^{vm}.$$

Also ist $zn<vm$, d.h., $r=\frac{z}{m}<\frac{v}{n}$. $\frac{v}{n}$ ist obere Schranke von A_x, und für jedes $x\in\boldsymbol{R}_+^\times$ gilt

$$n\in\boldsymbol{N},\ v\in\boldsymbol{Z} \text{ und } x^n<a^v \;\Rightarrow\; f(x)=\sup A_x \leqq \frac{v}{n}.$$

Es seien jetzt $x, y \in \boldsymbol{R}_+^\times$. Zu jedem $n \in \boldsymbol{N}$ gibt es nach Hilfssatz 6.7.3. $z, w \in \boldsymbol{Z}$ mit

$$a^z \leqq x^n < a^{z+1}, \text{ also } \left(\frac{z}{n} \in A_x!\right) \quad \frac{z}{n} \leqq \sup A_x = f(x) \leqq \frac{z+1}{n},$$

$$a^w \leqq y^n < a^{w+1}, \quad \text{also} \quad \frac{w}{n} \leqq f(y) \leqq \frac{w+1}{n}.$$

Nach den Rechenregeln für Ungleichungen ist dann

$$a^{z+w} \leqq (x \cdot y)^n < a^{z+w+2}, \quad \text{d.h.} \quad \text{(s.o.)} \quad \frac{z+w}{n} \leqq f(x \cdot y) \leqq \frac{z+w+2}{n}.$$

Addiert man zu der Ungleichung für $f(x \cdot y)$ die mit -1 multiplizierten Ungleichungen für $f(x)$ und $f(y)$, so erhält man

$$-\frac{2}{n} \leqq f(x \cdot y) - \big(f(x) + f(y)\big) \leqq \frac{2}{n}.$$

Wäre jetzt $f(x \cdot y) - \big(f(x) + f(y)\big) = \delta \neq 0$, so könnte man $n \in \boldsymbol{N}$ so wählen, daß $n|\delta| > 2$, also $n\delta > 2$ oder $-n\delta > 2$ (d.h. $n\delta < -2$), d.h. $\delta > \frac{2}{n}$ oder $\delta < -\frac{2}{n}$ wäre. Daher ist

$$f(x \cdot y) = f(x) + f(y) \quad \text{für alle} \quad x, y \in \boldsymbol{R}_+^\times.$$

f ist Homomorphismus von $(\boldsymbol{R}_+^\times, \cdot)$ in $(\boldsymbol{R}, +)$.

Zu jedem $x \in \boldsymbol{R}_+^\times$ mit $x > 1$ gibt es nach Hilfssatz 6.7.3. ein $n \in \boldsymbol{Z}$ mit $a < x^n$. Wegen $1 < a$ ist $x^0 = 1 < x^n$. Infolgedessen ist $n > 0$, d.h. $n \in \boldsymbol{N}$ und

$$a^1 < x^n \quad \Rightarrow \quad \frac{1}{n} \in A_x \quad \Rightarrow \quad 0 < \frac{1}{n} \leqq \sup A_x = f(x).$$

Für alle $x \in \boldsymbol{R}_+^\times$ gilt somit

$$x > 1 \quad \Rightarrow \quad f(x) > 0.$$

Damit erhält man für $x, y \in \boldsymbol{R}_+^\times$ $\left(\text{wegen } f\left(\frac{y}{x}\right) > 0 \text{ für } x < y\right)$

$$x < y \quad \Rightarrow \quad f(y) = f\left(x \cdot \frac{y}{x}\right) = f(x) + f\left(\frac{y}{x}\right) > f(x).$$

f ist ordnungserhaltend und injektiv, da für $x, y \in \boldsymbol{R}_+^\times$, $x \neq y$, entweder $x < y$, also $f(x) < f(y)$, oder $y < x$, also $f(y) < f(x)$ ist.

Für alle $z \in \boldsymbol{Z}$, $n \in \boldsymbol{N}$ gilt nach Hilfssatz 6.7.3.

$$a^z \leqq a^n \iff z \leqq n \iff \frac{z}{n} \leqq 1.$$

Daher ist

$$A_a = \{r \mid r \in \boldsymbol{Q}, \text{ es gibt } z \in \boldsymbol{Z},\ n \in \boldsymbol{N} \text{ mit } a^z \leqq a^n\} = \{r \mid r \in \boldsymbol{Q},\ r \leqq 1\}$$

und

$$f(a) = \sup A_a = \max\{r \mid r \in \boldsymbol{Q},\ r \leqq 1\} = 1.$$

Da f ordnungserhaltender Homomorphismus mit $f(a)=1$ ist, ist (s.o.)

$$f(u^z) = zf(u) \quad \text{für alle} \quad z \in \boldsymbol{Z},\ u \in \boldsymbol{R}_+^\times.$$

Zum Nachweis der Stetigkeit von f sei $x \in \boldsymbol{R}_+^\times$ und $\varepsilon \in \boldsymbol{R}$, $\varepsilon > 0$ (wir verwenden (3) Satz 6.4.2.). Wählt man $n \in \boldsymbol{N}$ so, daß $n\varepsilon > 1$ ist (Archimedisches Axiom in $\boldsymbol{R}$), so ist $\frac{1}{n} < \varepsilon$. Nach Satz 6.7.3. gibt es ein $u \in \boldsymbol{R}_+^\times$ mit $u^n = a$. Es ist

$$n \cdot f(u) = f(u^n) = f(a) = 1, \quad \text{also} \quad f(u) = \frac{1}{n}, \quad f(u^{-1}) = -\frac{1}{n}.$$

Wegen $a > 1$ muß auch $u > 1$ sein. Für alle $y \in \boldsymbol{R}_+^\times$ ist dann $f(x) - f(y) = f\left(\frac{x}{y}\right)$ wegen $f\left(\frac{x}{y}\right) + f(y) = f\left(y\frac{x}{y}\right) = f(x)$ und

$$-\varepsilon < -\frac{1}{n} < f\left(\frac{x}{y}\right) < \frac{1}{n} < \varepsilon \iff f(u^{-1}) < f\left(\frac{x}{y}\right) < f(u).$$

Es sei $\eta = \min\{u-1,\ 1-u^{-1}\}$. Dann ist $\eta > 0$. Definiert man

$$g: \boldsymbol{R}_+^\times \to \boldsymbol{R} \quad \text{durch} \quad g(y) := \frac{x}{y} \quad \text{für alle } y \in \boldsymbol{R}_+^\times,$$

so ist der Graph von g eine rationale Funktion (die Variable ist y!). Nach Definition 6.6.1. und nach Satz 6.6.3. ist g stetig. Daher gibt es ein $\delta \in \boldsymbol{R}$, $\delta > 0$, so, daß

$$y \in \boldsymbol{R}_+^\times,\ |x-y| < \delta \Rightarrow |g(x) - g(y)| < \eta.$$

Wegen $g(x) = \frac{x}{x} = 1$ gilt nach der Wahl von η und der Definition des Absolutbetrages auf $\boldsymbol{R}$

$$|g(y) - g(x)| < \eta \iff -\eta < \frac{x}{y} - 1 < \eta \Rightarrow u^{-1} < \frac{x}{y} < u$$

und, da f ordnungserhaltend ist,

$$u^{-1} < \frac{x}{y} < u \Rightarrow f(u^{-1}) < f\left(\frac{x}{y}\right) < f(u), \text{ also } -\varepsilon < f\left(\frac{x}{y}\right) < \varepsilon.$$

Das bedeutet wegen $f\left(\frac{x}{y}\right) = f(x)-f(y)$

$$y \in \boldsymbol{R}_+^\times \text{ und } |y-x| < \delta \Rightarrow |f(x)-f(y)| < \varepsilon.$$

f ist stetig.

d sei die durch den gewöhnlichen Absolutbetrag induzierte Metrik. Ist $U \subset \boldsymbol{R}_+^\times$ offene Menge von $(\boldsymbol{R}_+^\times, d)$, so gibt es zu jedem $x \in U$ ein $r \in \boldsymbol{R}$, $r > 0$, mit

$$\{y \mid y \in \boldsymbol{R}_+^\times, |y-x| < r\} \subset U.$$

Wegen $|y-x| < x \Rightarrow -x < y-x \Rightarrow 0 < y \Rightarrow y \in \boldsymbol{R}_+^\times$ für $y \in \boldsymbol{R}$, $x \in \boldsymbol{R}_+^\times$ ist

$$\{y \mid y \in \boldsymbol{R}, |y-x| < \min\{x, r\}\} \subset U.$$

Da $\min\{x, r\} > 0$ für $x \in \boldsymbol{R}_+^\times$ ist, ist U auch offen in $(\boldsymbol{R}, d)$. Sind also U_1, U_2 offene Mengen von $(\boldsymbol{R}_+^\times, d)$ mit $U_1 \cap U_2 \cap \boldsymbol{R}_+^\times = \emptyset$, $U_1 \cup U_2 \supset \boldsymbol{R}_+^\times$, so ist $U_1 \cap \boldsymbol{R}_+^\times = \emptyset$ oder $U_2 \cap \boldsymbol{R}_+^\times = \emptyset$, da U_1, U_2 auch offen in $\boldsymbol{R}$ sind und $\boldsymbol{R}_+^\times$ nach Hilfssatz 6.7.1. offensichtlich zusammenhängende Teilmenge von $\boldsymbol{R}$ ist. Damit ist $\boldsymbol{R}_+^\times$ zusammenhängend in $(\boldsymbol{R}_+^\times, d)$. (Man beachte, daß es nach Definition 6.7.1. für die Frage, ob eine Menge W zusammenhängend ist, darauf ankommt, welche Mengen bei der betreffenden Topologie offen sind!) Es sei $z \in \boldsymbol{R}$. Dann gibt es ein $n \in \boldsymbol{N}$ mit $|z| < n$ und damit $-n < z < n$, d.h. $f(a^{-n}) < z < f(a^n)$. Nach dem Zwischenwertsatz (Satz 6.7.2.) ist $z \in f(\boldsymbol{R}_+^\times)$. Daher ist f surjektiv und wegen der bereits festgestellten Injektivität auch bijektiv.

Es sei $U \subset \boldsymbol{R}_+^\times$, U offen, $y \in f(U)$. Dann gibt es ein $x \in U$ mit $f(x) = y$. Da U offen ist, gibt es ein $r \in \boldsymbol{R}$, $r > 0$, mit

$$\{w \mid w \in \boldsymbol{R}_+^\times, |w-x| < r\} \subset U.$$

Wählt man $s = \frac{1}{2}\min\left\{\frac{x}{2}, \frac{r}{2}\right\}$, so ist

$$[x-s, x+s] = \{w \mid w \in \boldsymbol{R}, x-s \leqq w \leqq x+s\} \subset U.$$

Da $[x-s, x+s]$ nach Hilfssatz 6.7.1. zusammenhängend ist, gilt

$$z \in \boldsymbol{R}, f(x-s) \leqq z \leqq f(x+s) \Rightarrow z \in f([x-s, x+s]) \subset f(U).$$

Setzt man jetzt $\varrho = \min\{f(x)-f(x-s), f(x+s)-f(x)\}$ (es ist $\varrho > 0$), so gilt

$$\{z \mid z \in \boldsymbol{R}, |z-f(x)| < \varrho\} \subset f(U).$$

$f(U)$ ist offen, f ist eine offene Abbildung. Damit ist f bijektiv, stetig und offen, d.h. topologisch. ●

Verlangt man als Nebenbedingung nicht, daß f ordnungserhaltend, sondern daß f stetig ist, so erhält man

Satz 6.8.2. *Zu jedem $a \in \boldsymbol{R}$, $a > 0$, $a \neq 1$, gibt es genau einen stetigen Homomorphismus*

$$f: \boldsymbol{R}_+^\times \to \boldsymbol{R} \quad \textit{von } (\boldsymbol{R}_+^\times, \cdot) \textit{ in } (\boldsymbol{R}, +) \quad \textit{mit} \quad f(a) = 1.$$

f ist topologisch. Ist $a > 1$, so ist f ordnungserhaltend, ist $a < 1$, so ist f ordnungsumkehrend. Die Funktion graph f *bezeichnet man als Logarithmus zur Basis a und definiert*

$${}^a\log x := f(x) \quad \textit{für alle} \quad x \in \boldsymbol{R}_+^\times.$$

Für $x, y \in \boldsymbol{R}_+^\times$, $z \in \boldsymbol{Z}$ gilt

$${}^a\log x \cdot y = {}^a\log x + {}^a\log y, \quad {}^a\log x^z = z\,{}^a\log x, \quad {}^a\log a = 1, \quad {}^a\log 1 = 0.$$

Sind $a, b \in \boldsymbol{R}_+^\times$, $a, b \neq 1$, so gilt die „Kettenregel"

$${}^b\log x = {}^b\log a\, {}^a\log x \quad \textit{für alle} \quad x \in \boldsymbol{R}_+^\times.$$

Beweis. Ist $a > 1$, so hat die Abbildung f aus Satz 6.8.1. die gewünschten Eigenschaften. Ist $a < 1$, so ist $a^{-1} > 1$. g sei der ordnungserhaltende Homomorphismus aus Satz 6.8.1. mit $g(a^{-1}) = 1$.

$$\tau: \boldsymbol{R}^\times \to \boldsymbol{R}^\times, \quad \text{definiert durch} \quad \tau(x) := x^{-1} = \frac{1}{x} \quad \text{für } x \in \boldsymbol{R}^\times,$$

ist nach Satz 6.6.1. topologisch. Nach Satz 6.4.3. und Satz 6.4.4. ist damit

$$\hat{\tau}: \boldsymbol{R}_+^\times \to \boldsymbol{R}_+^\times, \quad \text{definiert durch} \quad \hat{\tau}(x) := \tau(x) = \frac{1}{x} \quad \text{für } x \in \boldsymbol{R}_+^\times,$$

stetig und wegen $\hat{\tau}^{-1} = \hat{\tau}$ auch bijektiv und offen, also topologisch. Offenbar ist $\hat{\tau}$ wegen $(x \cdot y)^{-1} = x^{-1} \cdot y^{-1}$ Homomorphismus von $(\boldsymbol{R}_+^\times, \cdot)$ in $(\boldsymbol{R}_+^\times, \cdot)$ und wegen $0 < x < y \Rightarrow x^{-1} > y^{-1}$ ordnungsumkehrend. Daher ist dann $f = g \circ \hat{\tau}: \boldsymbol{R}_+^\times \to \boldsymbol{R}$ eine Abbildung mit den geforderten Eigenschaften. Es ist

$$f(x) = g \circ \hat{\tau}(x) = g(x^{-1}) = -g(x) \quad \text{für alle} \quad x \in \boldsymbol{R}_+^\times.$$

Ist h ein weiterer stetiger Homomorphismus von $(\boldsymbol{R}_+^\times, \cdot)$ in $(\boldsymbol{R}, +)$ mit $h(a) = 1$, so ist $h \circ f^{-1}$ ein stetiger Homomorphismus von $(\boldsymbol{R}, +)$ in $(\boldsymbol{R}, +)$ mit $h \circ f^{-1}(1) = = h(a) = 1$. Nach Hilfssatz 6.8.3. ist $h \circ f^{-1}(x) = 1 \cdot x$ für alle $x \in \boldsymbol{R}$, d.h. $h \circ f^{-1} = id_{\boldsymbol{R}}$, und $h = h \circ f^{-1} \circ f = id_{\boldsymbol{R}} \circ f = f$.

Da f Homomorphismus ist, ist ${}^a\log 1 = f(1) = 0$. Nach dem Anfang des Beweises von Satz 6.8.1. ist $f(x^z) = zf(x)$, falls $a > 1$ ist. Andernfalls ist (s.o.) $f(x) = -g(x) = = -{}^{a^{-1}}\log x$, $a^{-1} > 1$, und auch $f(x^z) = zf(x)$.

Definiert man (${}^b\log a \neq 0$ wegen $a \neq 1$)

$$h: \boldsymbol{R}_+^\times \to \boldsymbol{R} \quad \text{durch} \quad h(x) := ({}^b\log a)^{-1}\, {}^b\log x \quad \text{für alle} \quad x \in \boldsymbol{R}_+^\times,$$

so ist h stetiger Homomorphismus von $(\boldsymbol{R}_+^\times, \cdot)$ in $(\boldsymbol{R}, +)$ mit $h(a) = 1$, da

$$\tilde{h}: \boldsymbol{R} \to \boldsymbol{R}, \quad \text{definiert durch} \quad \tilde{h}(y) = ({}^b\log a)^{-1} \cdot y,$$

$$f_b: \boldsymbol{R}_+^\times \to \boldsymbol{R}, \quad \text{definiert durch} \quad f_b(x) = {}^b\log x,$$

stetig, f_b Homomorphismus von $(\boldsymbol{R}_+^\times, \cdot)$ in $(\boldsymbol{R}, +)$, $\tilde{h}$ Homomorphismus von $(\boldsymbol{R}, +)$ in $(\boldsymbol{R}, +)$ und $h = \tilde{h} \circ f_b$ ist. Daher ist $h(x) = {}^a\log x$ für alle $x \in \boldsymbol{R}$. ●

Anmerkung 6.8.1. Setzt man Hilfssatz 6.8.2. voraus, so ist für $x \in \boldsymbol{R}$

$$h: \boldsymbol{Q} \to \boldsymbol{R}, \quad \text{definiert durch} \quad h(y) := {}^a\log x^y,$$

Homomorphismus von $(\boldsymbol{Q}, +)$ in $(\boldsymbol{R}, +)$ mit $h(1) = {}^a\log x$, also nach Hilfssatz 6.8.1.

$${}^a\log x^y = h(y) = y \cdot {}^a\log x \quad \text{für alle} \quad y \in \boldsymbol{Q}. \;●$$

Anmerkung 6.8.2. Benutzt man den Logarithmus zur Erleichterung beim Rechnen mit Zahlen (Ersetzung der Multiplikation durch die Addition), so nimmt man in der Regel $a = 10$ (dekadischer oder Briggscher Logarithmus). Andernfalls nimmt man $a = e$ (Satz 8.9.2., $e = 2{,}71\ldots$) und bezeichnet den zugehörigen Logarithmus als „natürlichen Logarithmus" $\log x := {}^e\log x$. Für den natürlichen Logarithmus benutzt man auch, insbesondere in der Technik, die Abkürzung $\ln x$. ●

Da die in Satz 6.8.2. zu $a \in \boldsymbol{R}_+^\times$, $a \neq 1$, definierte Abbildung

$$f: \boldsymbol{R}_+^\times \to \boldsymbol{R}$$

bijektiv ist, ist f Isomorphismus von $(\boldsymbol{R}_+^\times, \cdot)$ auf $(\boldsymbol{R}, +)$. Nach Satz 2.1.2. ist f^{-1} Isomorphismus von $(\boldsymbol{R}, +)$ auf $(\boldsymbol{R}_+^\times, \cdot)$. Weil $f^{-1}(1) = a$ ist, bietet f^{-1} eine Möglichkeit, Potenzen von a mit beliebigen reellen Exponenten durch $a^x := f^{-1}(x)$ zu definieren. Es gilt

Satz 6.8.3. *Zu jedem $a \in \boldsymbol{R}$, $a > 0$, gibt es genau einen stetigen Homomorphismus*

$$g_a: \boldsymbol{R} \to \boldsymbol{R}_+^\times \quad \text{von } (\boldsymbol{R}, +) \text{ in } (\boldsymbol{R}_+^\times, \cdot) \quad \text{mit} \quad g_a(1) = a.$$

Es ist $g_1(\boldsymbol{R}) = \{1\}$. Ist $a \neq 1$, so ist g_a topologisch. g_a ist ordnungserhaltend, wenn $a > 1$, ordnungsumkehrend, wenn $a < 1$ ist.

Für alle $z \in \boldsymbol{Z}$ ist $g_a(z) = a^z$. Daher definiert man allgemein

$$a^x := g_a(x) \quad \text{für alle} \quad x \in \boldsymbol{R}.$$

Für $a, b \in \boldsymbol{R}_+^\times$ und $x, y \in \boldsymbol{R}$ gilt

$$a^{x+y} = a^x a^y, \quad (ab)^x = a^x b^x, \quad (a^x)^y = a^{xy}, \quad a^{-x} = \frac{1}{a^x}, \quad 1^x = 1.$$

Ist insbesondere $a \neq 1$, so ist

$${}^a\log a^x = x, \quad b^x = a^{x\,{}^a\log b},$$

und ist auch noch $x > 0$, so gilt

$$a^{{}^a\log x} = x.$$

Beweis. Für $a \in \boldsymbol{R}_+^\times$, $a \neq 1$, sei $f: \boldsymbol{R}_+^\times \to \boldsymbol{R}$ durch $f(x) := {}^a\log x$ definiert. Dann ist $f^{-1}: \boldsymbol{R} \to \boldsymbol{R}_+^\times$ nach Satz 6.8.2. eine Abbildung der verlangten Art (siehe die Betrachtung vor Satz 6.8.3.). Ist $g_a: \boldsymbol{R} \to \boldsymbol{R}_+^\times$ irgendein stetiger Homomorphismus mit $g_a(1) = a$, so ist $f \circ g_a: \boldsymbol{R} \to \boldsymbol{R}$ ein stetiger Homomorphismus von $(\boldsymbol{R}, +)$ auf $(\boldsymbol{R}, +)$ mit $f \circ g_a(1) = f(a) = 1$. Nach Hilfssatz 6.8.3. ist $f \circ g_a(x) = 1 \cdot x = x$ für alle $x \in \boldsymbol{R}$, also $f \circ g_a = id_{\boldsymbol{R}}$, d.h. $g_a = f^{-1} \circ f \circ g_a = f^{-1} \circ id_{\boldsymbol{R}} = f^{-1}$.

Ist $g_1: \boldsymbol{R} \to \boldsymbol{R}_+^\times$ ein stetiger Homomorphismus mit $g_1(1) = 1$, so wähle man ein $a \in \boldsymbol{R}_+^\times$, $a \neq 1$, $f: \boldsymbol{R}_+^\times \to \boldsymbol{R}$ wie oben. Dann ist $f \circ g_1: \boldsymbol{R} \to \boldsymbol{R}$ ein stetiger Homomorphismus von $(\boldsymbol{R}, +)$ in $(\boldsymbol{R}, +)$ mit $f \circ g_1(1) = f(1) = 0$. Nach Hilfssatz 6.8.3. ist $f \circ g_1(x) = 0 \cdot x = 0$ für alle $x \in \boldsymbol{R}$. Wegen der Bijektivität von f erhält man daraus $g_1(x) = 1$ für alle $x \in \boldsymbol{R}$. Durch $g_1(x) := 1$ für alle $x \in \boldsymbol{R}$ wird natürlich auch ein stetiger Homomorphismus von $(\boldsymbol{R}, +)$ in $(\boldsymbol{R}_+^\times, \cdot)$ definiert (nach Hilfssatz 6.4.1. ist eine konstante Abbildung stetig).

Da $g_a|\boldsymbol{Z}$ Homomorphismus von $(\boldsymbol{Z}, +)$ in $(\boldsymbol{R}_+^\times, \cdot)$ mit $g_a(1) = a$ ist, ist $g_a(z) = a^z$ für alle $z \in \boldsymbol{Z}$.

Die Rechenregeln haben sämtlich die Form

$$h_1(x) = h_2(x) \quad \text{für alle} \quad x \in \boldsymbol{R}$$

(a, b, y fest) mit gewissen Abbildungen $h_j: \boldsymbol{R} \to \boldsymbol{R}_+^\times$, $j = 1, 2$, die stetige Homomorphismen von $(\boldsymbol{R}, +)$ in $(\boldsymbol{R}_+^\times, \cdot)$ sind. Aus $h_1(1) = h_2(1)$ ergibt die Eindeutigkeitsaussage von Satz 6.8.3. $h_1(x) = h_2(x)$ für alle $x \in \boldsymbol{R}$.

$${}^a\log a^x = x \quad \text{bzw.} \quad a^{{}^a\log x} = x$$

erhält man wegen $g_a = f^{-1}$, $f: \boldsymbol{R}_+^\times \to \boldsymbol{R}$ definiert durch $f(x) = {}^a\log x$. ●

Anmerkung 6.8.3. Eine andere Möglichkeit, die Sätze 6.8.2. und 6.8.3. zu beweisen (und Hilfssatz 6.8.2.) ergibt sich bei Verwendung des Grenzwertbegriffes (siehe 8.). Aus Satz 8.9.2. entnimmt man die Existenz von f in Satz 6.8.2. für den Fall $a = e$ (siehe Satz 8.9.2.) und von g_e in Satz 6.8.3. Für $a \neq e$ nimmt man

$${}^a\log x := ({}^e\log a)^{-1}\, {}^e\log x \quad \text{bzw.} \quad a^x := e^{x\,{}^e\log a}.$$

Damit hat man Logarithmus und allgemeine Potenz mit den in Satz 6.8.2., Satz 6.8.3. und Hilfssatz 6.8.2. (bei Beschränkung auf rationale Exponenten) angegebenen Eigenschaften (bis auf die Eindeutigkeit) definiert. Zum Nachweis der Eindeutigkeit benötigt man für den Fall der Potenzen mit rationalen Exponenten Hilfssatz 6.8.1. und für die anderen Fälle Hilfssatz 6.8.3. ●

7. Ergänzungen zu 1.—6.

7.1. gibt Ausblicke auf eine Systematisierung und Erweiterung der Darlegungen in 1.1., wird aber im übrigen nicht weiter benutzt werden. Dagegen werden in 7.2.—7.9. die Kapitel 1—6 vervollständigt und abgeschlossen. Der hier behandelte Stoff wird nur aus darstellungstechnischen Gründen erst im Anschluß an Kapitel 6 diskutiert. In diesem Teil kann lediglich notfalls der Beweis von Satz 7.5.1. überschlagen werden. Man sollte aber den Satz selbst und die Gründe, die zu seiner Aufstellung führen, zur Kenntnis nehmen.

7.1. **Logik** (Ergänzung zu 1.1.)

Bei den Vereinbarungen über den mathematischen Sprachgebrauch waren wir davon ausgegangen, daß zunächst einmal jede Aussage entweder wahr oder falsch ist. Wir hatten dann gewisse Möglichkeiten untersucht, aus einfacheren Aussagen kompliziertere Aussagen zu bilden, und für jede dieser Möglichkeiten vereinbart, wann die zusammengesetzte Aussage wahr und wann sie falsch ist.

P, Q seien Aussagen. Dann ist P wahr (abgekürzt: W) oder falsch (abgekürzt: F), entsprechend Q. Man benutzt die folgenden Abkürzungen:

$P \vee Q$ ist Abkürzung für P oder Q,

$P \wedge Q$ ist Abkürzung für P und Q,

$P \Rightarrow Q$ ist Abkürzung für wenn P, so Q,

$\neg P$ ist Abkürzung für nicht P (d.h. „P ist nicht wahr").

Man hat für P die beiden Möglichkeiten W, F und für Q die Möglichkeiten W, F und muß nun in jedem Falle, z. B. für $P \vee Q$, den „Wahrheitswert", also entweder W oder F angeben, genau so, wie man bei einer Halbgruppe mit zwei Elementen w, f das Produkt $x * y$ angeben muß für jede Möglichkeit, x, y aus $\{w, f\}$ zu wählen. Analog zu der Tafel für eine Verknüpfung (Fig. 2.1.2.) erhält man hier die „Wahrheitstafeln"

$P \setminus Q$	W	F
W	W	W
F	W	F

Fig. 7.1.1.: $P \vee Q$

$P \setminus Q$	W	F
W	W	F
F	F	F

Fig. 7.1.2.: $P \wedge Q$

$P \setminus Q$	W	F
W	W	F
F	W	W

Fig. 7.1.3.: $P \Rightarrow Q$

Die Eintragungen kontrolliert man auf Grund der Vereinbarungen in 1.1. sofort nach. Für „P ist nicht wahr" erhält man die einfache Tabelle in Fig. 7.1.4. Die Tabellen kann man benutzen, wenn man kompliziertere Zusammensetzungen hat. Ein Beispiel ist die Tabelle für $\neg(P \wedge Q)$, die man aus der Tabelle für $P \wedge Q$ erhält, indem man entsprechend Fig. 7.1.4. für den Übergang von $P \wedge Q$ zu $\neg(P \wedge Q)$ jeweils W und F vertauscht. Ein anderes Beispiel ist die Tabelle für $P \Rightarrow (\neg Q)$, die man erhält, indem man zunächst für den Übergang von Q zu $\neg Q$ die „Werte" W, F vertauscht und dann Fig. 7.1.3. anwendet. Vergleicht man jetzt Fig. 7.1.5. und Fig. 7.1.6., so sieht man, daß $\neg(P \wedge Q)$ und $P \Rightarrow (\neg Q)$ entweder beide wahr

P	W	F
$\neg P$	F	W

Fig. 7.1.4.

$P \setminus Q$	W	F
W	F	W
F	W	W

Fig. 7.1.5.: $\neg(P \wedge Q)$

$P \setminus Q$	W	F
W	F	W
F	W	W

Fig. 7.1.6.: $P \Rightarrow (\neg Q)$

oder beide falsch sind, sie sind also nach der Vereinbarung in 1.1. äquivalent, was man auch so ausdrücken kann, daß

$$\neg(P \wedge Q) \quad \Leftrightarrow \quad (P \Rightarrow (\neg Q)) \tag{7.1.1.}$$

(immer) wahr ist.

Da es für die Feststellung, ob eine zusammengesetzte Aussage wahr oder falsch ist, nur darauf ankommt, ob die Einzelaussagen wahr oder falsch sind, kann man in einer zusammengesetzten Aussage jede Einzelaussage durch eine äquivalente Aussage ersetzen, ohne daß sich in bezug auf die Frage, ob die Gesamtaussage wahr oder falsch ist, irgendetwas ändert. Ist also $S(\ldots P \ldots)$ eine zusammengesetzte Aussage und ist

$$P \Leftrightarrow Q$$

wahr, so gilt auch

$$S(\ldots P \ldots) \quad \Leftrightarrow \quad S(\ldots Q \ldots).$$

Z. B. erhält man aus (7.1.1.)

$$\neg(\neg(P \wedge Q)) \quad \Leftrightarrow \quad \neg(P \Rightarrow (\neg Q)).$$

Da nach Fig. 7.1.4. offenbar $\neg(\neg R) \Leftrightarrow R$ für jede Aussage R ist, erhält man

$$P \wedge Q \quad \Leftrightarrow \quad \neg(P \Rightarrow (\neg Q))$$

und mit $\neg Q$ an Stelle von Q wegen $\neg(\neg Q) \Leftrightarrow Q$

$$P \wedge (\neg Q) \quad \Leftrightarrow \quad \neg(P \Rightarrow Q), \tag{7.1.2.}$$

was man natürlich auch unmittelbar durch Aufstellen der Tabellen für $P \wedge (\neg Q)$ und für $\neg(P \Rightarrow Q)$ verifizieren kann.

In 1.1. haben wir auch über Aussageformen gesprochen. In einer solchen Aussageform, etwa $P(x)$, sind durch eine „Variable", hier x, die Stellen markiert, an denen man ein Subjekt einzusetzen hat, wenn man eine Aussage erhalten will. Will man nicht unbedingt an jeder Stelle dasselbe Subjekt einsetzen (bei zusammengesetzten Aussagen), so muß man mehr als eine Subjektsvariable verwenden, man hat dann etwa $P(x, y)$ und muß für x ein Subjekt und für y ein eventuell davon verschiedenes Subjekt einsetzen, um eine Aussage zu erhalten. Wir hatten vereinbart, daß eine Zusammensetzung $P(x) \Rightarrow Q(x)$ als wahr anzusehen ist, wenn man für jede Ersetzung von x durch ein Subjekt eine wahre Aussage erhält. Es ist zweckmäßig, hierfür eine besondere Bezeichnung einzuführen, damit man sich auf Aussagen beschränken kann. Man verwendet

$(\forall x)P(x)$ als Abkürzung für die Aussage „Für alle x (gilt) $P(x)$" („Für jedes x (gilt) $P(x)$")

und vereinbart

$(\forall x)P(x)$ *ist genau dann wahr, wenn bei jeder Ersetzung von x durch ein Subjekt aus $P(x)$ eine wahre Aussage entsteht.*

Bei der Verwendung der Formulierung „Für alle..." ist es natürlich im Grunde genommen nötig, den Bereich der Dinge, die zur Verfügung stehen, irgendwie abzugrenzen, da sich sonst Schwierigkeiten ergeben können, weil die „Gesamtheit aller denkbaren Dinge" problematisch ist.

Ein Gegenstück zu „Für alle..." ist in gewisser Weise „Es gibt...". Man verwendet

$(\exists x)P(x)$ als Abkürzung für die Aussage „Es gibt ein x, so daß $P(x)$ (gilt)"

und vereinbart

$(\exists x)P(x)$ *ist genau dann wahr, wenn es ein Subjekt mit der folgenden Eigenschaft gibt: Ersetzt man x durch dieses Subjekt, so erhält man aus $P(x)$ eine wahre Aussage.*

Auch hier ist natürlich genaugenommen eine Vereinbarung über den Bereich der zur Verfügung stehenden Subjekte nötig.

Beispiele für die Verwendung der eben eingeführten Abkürzungen sind etwa die folgenden. X, Y seien Mengen. Dann ist

$$(\forall x)(x \in X \Rightarrow x \in Y) \quad \text{genau dann wahr, wenn } X \subset Y \text{ ist}$$

(vgl. Definition 1.2.2.) und

$$(\exists x)(x \in X) \quad \text{genau dann wahr, wenn} \quad X \neq \emptyset \quad \text{ist.}$$

Eine Komplementarität zwischen $\exists$, $\forall$ ergibt sich aus der Überlegung, wann $(\forall x)P(x)$ falsch ist. $(\forall x)P(x)$ ist genau dann falsch, wenn man nicht für jede Ersetzung von x durch ein Subjekt aus $P(x)$ eine wahre Aussage erhält, wenn es also ein Subjekt gibt mit der Eigenschaft: Ersetzt man x durch dieses Subjekt, so erhält man aus $P(x)$ eine falsche Aussage (was nach Fig. 7.1.4. gleichbedeutend damit ist, daß man aus $\neg P(x)$ eine wahre Aussage erhält). Das bedeutet

$$\text{(7.1.3.)} \qquad \neg(\forall x)P(x) \Leftrightarrow (\exists x)(\neg P(x)).$$

Für $\neg P(x)$ an Stelle von $P(x)$ erhält man (wegen $\neg(\neg R) \Leftrightarrow R$ für jede Aussage R)

$$\neg(\forall x)(\neg P(x)) \Leftrightarrow (\exists x)P(x)$$

und (da mit $R \Leftrightarrow S$ auch $\neg R \Leftrightarrow \neg S$ gilt)

$$\text{(7.1.4.)} \qquad (\forall x)(\neg P(x)) \Leftrightarrow \neg(\exists x)P(x).$$

Die Formalisierung der Ausdrucksweise mit Hilfe der hier eingeführten Abkürzungen kann unter Umständen nützlich sein, wenn man kontrollieren will, ob zwei Aussagen äquivalent sind. Man beachte in diesem Zusammenhang, daß Umstellungen von Wörtern in einem Satz den Sinn des Satzes verändern können, etwa, wenn man statt „Nicht für alle... gilt: Es ist...“ sagt: „Für alle... gilt: Es ist nicht...“. Ist etwa X eine Menge, so gilt

$$\neg(\forall x)(x \in X) \Leftrightarrow (\exists x)(\neg(x \in X)) \Leftrightarrow (\exists x)(x \notin X),$$

aber

$$(\forall x)\neg(x \in X) \Leftrightarrow \neg(\exists x)(x \in X) \Leftrightarrow X = \emptyset.$$

Man kann die eingeführten Abkürzungen natürlich auch bei Aussageformen mit mehreren Subjektsvariablen verwenden. Ist X eine Menge mit mehr als einem Element, so ist

$$(\forall x)(\exists y)((y \in X) \wedge (y \neq x))$$

ein Beispiel, und zwar eine wahre Aussage. Ersetzt man nämlich x etwa durch a, so ist

$$(\exists y)\big((y\in X)\wedge(y\neq a)\big)$$

sicher wahr, da es in X ein von a verschiedenes Element gibt. Man erhält somit aus $(\exists y)\big((y\in X)\wedge(y\neq x)\big)$ bei jeder Ersetzung von x durch ein Subjekt eine wahre Aussage. Dagegen ist

$$(\exists y)(\forall x)\big((y\in X)\wedge(y\neq x)\big)$$

falsch, denn gleichgültig, was man für y einsetzt, ist

$$(y\in X)\wedge(y\neq x)$$

sicher nicht für jedes x wahr (z. B. nicht für $x=y$!). Man darf also auch hier nicht die Reihenfolge vertauschen. Man überlegt sich dagegen ohne Mühe, daß

$$(\forall x)(\forall y)P(x,y) \;\Leftrightarrow\; (\forall y)(\forall x)P(x,y), \qquad (\exists x)(\exists y)P(x,y) \;\Leftrightarrow\; (\exists y)(\exists x)P(x,y)$$

gilt.

Ein komplizierteres Anwendungsbeispiel erhält man aus Satz 6.4.2. Es seien (X, d_1), (Y, d_2) metrische Räume und $f\colon X\to Y$. f ist genau dann stetig, wenn gilt:

(3) Ist $x\in X$ und $\varepsilon\in \boldsymbol{R}$, $\varepsilon>0$, so gibt es (mindestens) ein $\delta\in\boldsymbol{R}$, $\delta>0$, mit der Eigenschaft

$$y\in X \text{ und } d_1(x,y)<\delta \;\Rightarrow\; d_2\big(f(x),f(y)\big)<\varepsilon.$$

Häufig hat man festzustellen, ob (oder wann) f nicht stetig ist. Die Aussage „(3) gilt nicht" ist sehr unübersichtlich und in dieser Form kaum zu verwenden. Man muß versuchen, sie geeignet umzuformulieren. Dazu ist es nötig, sie unter Verwendung der eingeführten Abkürzungen neu aufzuschreiben. Es sei

$R(x,\varepsilon)$ Abkürzung für $x\in X$ und $\varepsilon\in\boldsymbol{R}$, $\varepsilon>0$,

$P(x,y,\delta)$ Abkürzung für $y\in X$ und $d_1(x,y)<\delta$,

$Q(x,y,\varepsilon)$ Abkürzung für $d_2\big(f(x),f(y)\big)<\varepsilon$.

Dann schreibt sich (3) als

$$(\forall x)(\forall\varepsilon)\big(R(x,\varepsilon) \;\Rightarrow\; (\exists\delta)[(\delta\in R,\ \delta>0)\wedge(\forall y)\big(P(x,y,\delta)\Rightarrow Q(x,y,\varepsilon)\big)]\big).$$

Nach (7.1.3.) und (7.1.4.) gilt

$$\neg(3) \;\Leftrightarrow\; \neg(\forall x)(\forall\varepsilon)(\ldots) \;\Leftrightarrow\; (\exists x)\neg(\forall y)(\ldots) \;\Leftrightarrow\; (\exists x)(\exists\varepsilon)\neg(\ldots).$$

Verwendet man (7.1.2.), so erhält man weiter

$$\neg(3) \;\Leftrightarrow\; (\exists x)(\exists\varepsilon)\big(R(x,\varepsilon)\wedge\big(\neg(\exists\delta)[\ldots]\big)\big),$$

also wieder mit 7.1.4.

$$\neg(3) \;\Leftrightarrow\; (\exists x)(\exists \varepsilon)\big(R(x,\varepsilon)\wedge((\forall\delta)\neg[\ldots])\big),$$

(7.1.1.) liefert dann

$$\neg[\ldots] \;\Leftrightarrow\; [(\delta\in \boldsymbol{R},\ \delta>0) \;\Rightarrow\; \neg(\forall y)(P(x,y,\delta)\Rightarrow Q(x,y,\varepsilon))]$$

und

$$\neg(\forall y)(P(x,y,\delta)\Rightarrow Q(x,y,\varepsilon)) \;\Leftrightarrow\; [(\exists y)\neg(P(x,y,\delta)\Rightarrow Q(x,y,\varepsilon))]$$

sowie

$$\neg(P(x,y,\delta)\Rightarrow Q(x,y,\varepsilon)) \;\Leftrightarrow\; (P(x,y,\delta)\wedge(\neg Q(x,y,\varepsilon))).$$

Insgesamt ergibt sich

$$\neg(3)\Leftrightarrow(\exists x)(\exists\varepsilon)\big(R(x,\varepsilon)\wedge(\forall\delta)[(\delta\in\boldsymbol{R},\delta>0)\Rightarrow(\exists y)\big(P(x,y,\delta)\wedge(\neg Q(x,y,\varepsilon))\big)]\big).$$

Schreibt man das ausführlich, so ergibt sich, daß f genau dann nicht stetig ist, wenn gilt:

Es gibt ein $x\in X$ und ein $\varepsilon\in\boldsymbol{R}$, $\varepsilon>0$, so, daß für jedes $\delta\in\boldsymbol{R}$, $\delta>0$, gilt:
Es gibt ein y mit der Eigenschaft

$$y\in X \quad \textit{und} \quad d_1(x,y)<\delta \quad \textit{und} \quad d_2(f(x),f(y))\not<\varepsilon.$$

(Hierbei ist an Stelle von „$(\delta\in\boldsymbol{R},\ \delta>0)\Rightarrow(\ldots)$ ist wahr“ geschrieben „für $\delta\in\boldsymbol{R}$, $\delta>0$, gilt $(\ldots)$“, was nach der Vereinbarung über die Verwendung von „$\Rightarrow$“ gleichbedeutend ist.)

7.2. Mengenlehre (Ergänzung zu 1.2. und 1.4.)

X sei eine Menge. Zu $A, B\in\mathfrak{P}(X)$ sind in Definition 1.2.4. Vereinigung $A\cup B$ und Durchschnitt $A\cap B$ definiert und in Satz 1.2.2. Assoziativ- und Distributivgesetze hergeleitet worden. Satz 3.1.3. gibt eine Verallgemeinerung von Vereinigungsmenge und Durchschnitt für beliebige Teilmengen von $\mathfrak{P}(X)$. Auch hierfür lassen sich analog zu Satz 1.2.2. Assoziativ- und Distributivgesetze herleiten.

Zweckmäßigerweise beweist man zunächst (man vergleiche Aufgabe 2.1.1.)

Hilfssatz 7.2.1. *X sei eine Menge. Die Abbildung*

$$\varphi:\mathfrak{P}(X)\to\mathfrak{P}(X), \quad \textit{definiert durch} \quad \varphi(U):=X-U \quad \textit{für alle} \quad U\subset X,$$

ist ein Isomorphismus von $(\mathfrak{P}(X),\cap,\cup)$ auf $(\mathfrak{P}(X),\cup,\cap)$ und ein Ordnungsisomorphismus von $(\mathfrak{P}(X),\subset)$ auf $(\mathfrak{P}(X),\supset)$. Es ist $\varphi^{-1}=\varphi$.

Beweis. Es ist

$$X-U = \{x|x\in X,\ x\notin U\}, \qquad X-(X-U) = \{x|x\in X,\ x\notin(X-U)\}.$$

Für alle $x\in X$ gilt

$$x\notin U \Leftrightarrow x\in X-U, \quad \text{d.h. } x\in U \Leftrightarrow x\notin X-U; \quad x\notin(X-U) \Leftrightarrow x\in X-(X-U).$$

Damit hat man für alle $x\in X$

$$x\in U \quad\Leftrightarrow\quad x\in X-(X-U), \quad \text{also } \varphi(\varphi(U)) = X-(X-U) = U$$

und $\varphi\circ\varphi = id_{\mathfrak{P}(X)}$, φ ist bijektiv, $\varphi^{-1}=\varphi$.

Es sei $U\subset V\subset X$. Dann gilt für alle $x\in X$

$$x\in X-V \quad\Rightarrow\quad x\notin V \quad\Rightarrow\quad x\notin U \quad\Rightarrow\quad x\in X-U, \quad \text{also } X-V\subset X-U.$$

Damit gilt

$$U\subset V \quad\Rightarrow\quad \varphi(U)\supset\varphi(V)$$

und

$$\varphi(U)\supset\varphi(V) \quad\Rightarrow\quad U=\varphi(\varphi(U))\subset\varphi(\varphi(V))=V.$$

Daher ist φ nach Definition 3.1.5. Ordnungsisomorphismus von $(\mathfrak{P}(X), \subset)$ auf $(\mathfrak{P}(X), \supset)$.

Verwendet man auch für „$\supset$" die Bezeichnungen zu „$\subset$", so muß man jeweils „untere Schranke" und „obere Schranke" sowie „inf" und „sup" vertauschen (φ ist ordnungserhaltende Abbildung von $(\mathfrak{P}(X), \subset)$ auf $(\mathfrak{P}(X), \supset)$!) Dann erhält man aus Hilfssatz 3.1.6. und Satz 3.1.3. für $U, V\in\mathfrak{P}(X)$

$$\varphi(U\cup V)=\varphi(\sup\{U,V\})=\inf\varphi(\{U,V\})=\inf\{\varphi(U),\varphi(V)\}=\varphi(U)\cap\varphi(V),$$

$$\varphi(U\cap V)=\varphi(\inf\{U,V\})=\sup\varphi(\{U,V\})=\sup\{\varphi(U),\varphi(V)\}=\varphi(U)\cup\varphi(V). \quad \bullet$$

Definition 7.2.1. *X sei eine Menge, $\mathfrak{U}\subset\mathfrak{P}(X)$, $\mathfrak{B}\subset\mathfrak{P}(X)$. $(U_j)_{j\in J}$ sei eine Familie von Elementen von $\mathfrak{P}(X)$ (also von Untermengen von X). „$*$" bezeichne eines der beiden Zeichen „$\cup$", „$\cap$" und $\bigcirc$ eines der beiden Zeichen „$\bigcup$", „$\bigcap$". Dann benutzt man die folgenden Bezeichnungen:*

$$\bigcirc_{U\in\mathfrak{U},\,V\in\mathfrak{B}} U*V := \bigcirc\mathfrak{W} \quad \textit{mit} \quad \mathfrak{W} = \{U*V\,|\,U\in\mathfrak{U},\ V\in\mathfrak{B}\}$$

und

$$\bigcirc_{j=1}^{n} U_j := \bigcirc\mathfrak{U} \quad \textit{mit} \quad \mathfrak{U} = \{U_j\,|\,j\in J\}.$$

Ist $J=A$ Abschnitt von $\mathbf{N}$, so schreibt man mit $n\in\mathbf{N}$

$$\bigcirc_{j=1}^{n} U_j := \bigcirc_{j\in A} U_j \ \textit{für}\ A = \{j\,|\,j\in\mathbf{N}, j\leqq n\}, \quad \bigcirc_{j=1}^{\infty} U_j := \bigcirc_{j\in A} U_j \ \textit{für}\ A=\mathbf{N}.$$

Aus Hilfssatz 7.2.1. erhält man mit den eben eingeführten Bezeichnungen

Satz 7.2.1. *X sei eine Menge,* $\mathfrak{U} \subset \mathfrak{P}(X)$, $\mathfrak{V} \subset \mathfrak{P}(X)$. *Für* $U \subset X$ *sei zur Abkürzung* $U' := X - U$ *gesetzt. Dann gilt*

(1) $\left(\bigcup_{U \in \mathfrak{U}} U\right)' = \bigcap_{U \in \mathfrak{U}} U'$, $\left(\bigcap_{U \in \mathfrak{U}} U\right)' = \bigcup_{U \in \mathfrak{U}} U'$,

(2) $\left(\bigcup_{U \in \mathfrak{U}} U\right) \cap \left(\bigcup_{V \in \mathfrak{V}} V\right) = \bigcup_{U \in \mathfrak{U}, V \in \mathfrak{V}} (U \cap V)$, $\left(\bigcap_{U \in \mathfrak{U}} U\right) \cup \left(\bigcap_{V \in \mathfrak{V}} V\right) = \bigcap_{U \in \mathfrak{U}, V \in \mathfrak{V}} (U \cup V)$.

Ist $(\mathfrak{U}_j)_{j \in J}$ *eine Familie von Teilmengen von* $\mathfrak{U}$ *mit* $\bigcup_{j \in J} \mathfrak{U}_j = \mathfrak{U}$, *so gilt*

$$\bigcup_{j \in J}\left(\bigcup_{U \in \mathfrak{U}_j} U\right) = \bigcup_{U \in \mathfrak{U}} U, \qquad \bigcap_{j \in J}\left(\bigcap_{U \in \mathfrak{U}_j} U\right) = \bigcap_{U \in \mathfrak{U}} U.$$

Beweis. Nach Satz 3.1.3. ist (für die durch „$\subset$" teilweise geordnete Menge $\mathfrak{P}(X)$)

$$\bigcup_{U \in \mathfrak{U}} U = \sup \mathfrak{U}, \qquad \bigcap_{U \in \mathfrak{U}} U = \inf \mathfrak{U} \quad \text{usw.}$$

Nach Hilfssatz 7.2.1. und Hilfssatz 3.1.6. gilt (mit $U' := \varphi(U)$)

$$\left(\bigcup_{U \in \mathfrak{U}} U\right)' = \varphi(\sup \mathfrak{U}) = \inf \varphi(\mathfrak{U}) = \inf(\{\varphi(U) \mid U \in \mathfrak{U}\}) = \bigcap_{U \in \mathfrak{U}} U'.$$

Entsprechend erhält man die zweite Formel in (1).

Für alle $U \in \mathfrak{U}$, $V \in \mathfrak{V}$ gilt

$$U \subset \sup \mathfrak{U}, \quad V \subset \sup \mathfrak{V}, \quad \text{also} \quad U \cap V \subset \sup \mathfrak{U} \cap \sup \mathfrak{V}.$$

Setzt man $\mathfrak{W} = \{U \cap V \mid U \in \mathfrak{U},\ V \in \mathfrak{V}\}$, so ist daher $\sup \mathfrak{W} \subset \sup \mathfrak{U} \cap \sup \mathfrak{V}$. Ist $x \in \sup \mathfrak{U} \cap \sup \mathfrak{V}$, so ist $x \in \sup \mathfrak{U}$ und $x \in \sup \mathfrak{V}$. Nach Satz 3.1.3. gilt

$$x \in \sup \mathfrak{U} \Rightarrow \text{Es gibt ein } U \in \mathfrak{U} \text{ mit } x \in U,$$

$$x \in \sup \mathfrak{V} \Rightarrow \text{Es gibt ein } V \in \mathfrak{V} \text{ mit } x \in V.$$

Daher ist $x \in U \cap V \subset \sup \mathfrak{W}$. Das ergibt $\sup \mathfrak{U} \cap \sup \mathfrak{V} \subset \sup \mathfrak{W}$ und damit $\sup \mathfrak{W} = \sup \mathfrak{U} \cap \sup \mathfrak{V}$.

Setzt man $\mathfrak{U}' = \{U' \mid U \in \mathfrak{U}\}$, $\mathfrak{V}' = \{V' \mid V \in \mathfrak{V}\}$, $\mathfrak{W}^* = \{U' \cap V' \mid U \in \mathfrak{U},\ V \in \mathfrak{V}\}$, so gilt wegen (1) und $\varphi \circ \varphi = id_{\mathfrak{P}(X)}$

$$\sup \mathfrak{U}' \cap \sup \mathfrak{V}' = \sup \mathfrak{W}^*$$

$$\Rightarrow \quad (\inf \mathfrak{U}) \cup (\inf \mathfrak{V}) = \inf (\mathfrak{W}^*)' = \inf \{U \cup V \mid U \in \mathfrak{U},\ V \in \mathfrak{V}\}.$$

Setzt man die Werte von $\sup \mathfrak{U}$, $\inf \mathfrak{U}$ etc. aus Satz 3.1.3. ein, so erhält man (2).

Zu jedem $U \in \mathfrak{U}$ gibt es ein $j \in J$ mit $U \in \mathfrak{U}_j$. Daher ist

$$U \subset \sup \mathfrak{U}_j \quad \text{für dieses } j, \text{ d.h.} \quad U \subset \sup \{\sup \mathfrak{U}_j | j \in J\}$$

und

$$\sup \mathfrak{U} \subset \sup \{\sup \mathfrak{U}_j | j \in J\}.$$

Andererseits gilt nach Satz 3.1.1. für jedes $j \in J$

$$\mathfrak{U}_j \subset \mathfrak{U} \quad \Rightarrow \quad \sup \mathfrak{U}_j \subset \sup \mathfrak{U},$$

also

$$\sup \{\sup \mathfrak{U}_j | j \in J\} \subset \sup \mathfrak{U}$$

und damit

$$\sup \{\sup \mathfrak{U}_j | j \in J\} = \sup \mathfrak{U}.$$

Aus der entsprechenden Gleichung für $\mathfrak{U}'_j = \{U' | U \in \mathfrak{U}_j\}$, $\mathfrak{U}' = \{U' | U \in \mathfrak{U}\}$ erhält man (nach (1))

$$\sup \{\sup \mathfrak{U}'_j | j \in J\} = \sup \mathfrak{U}' \quad \Rightarrow \quad \inf \{\inf \mathfrak{U}_j | j \in J\} = \inf \mathfrak{U}. \; \bullet$$

Sind X, Y Mengen, so induziert nach Hilfssatz 3.1.5. jede Abbildung $f: X \to Y$ eine ordnungserhaltende Abbildung

$$f^*: \mathfrak{P}(X) \to \mathfrak{P}(Y) \quad \text{durch} \quad f^*(U) := f(U) \quad \text{für alle} \quad U \subset X$$

und eine ordnungserhaltende Abbildung

$$f_*: \mathfrak{P}(Y) \to \mathfrak{P}(X) \quad \text{durch} \quad f_*(V) := f^{-1}(V) \quad \text{für alle} \quad V \subset X.$$

Wendet man Satz 3.1.3. und Hilfssatz 3.1.6. auf f^* und f_* an, so erhält man

Satz 7.2.2. *X, Y seien Mengen, $\mathfrak{U} \subset \mathfrak{P}(X)$, $\mathfrak{V} \subset \mathfrak{P}(Y)$, $f: X \to Y$. Es gilt*

(1) $$f\Big(\bigcup_{U \in \mathfrak{U}} U\Big) = \bigcup_{U \in \mathfrak{U}} f(U), \qquad f\Big(\bigcap_{U \in \mathfrak{U}} U\Big) \subset \bigcap_{U \in \mathfrak{U}} f(U),$$

(2) $$f^{-1}\Big(\bigcup_{V \in \mathfrak{V}} V\Big) = \bigcup_{V \in \mathfrak{V}} f^{-1}(V), \qquad f^{-1}\Big(\bigcap_{V \in \mathfrak{V}} V\Big) = \bigcap_{V \in \mathfrak{V}} f^{-1}(V).$$

Sind $U, U_1, U_2 \subset X$, $V, V_1, V_2 \subset Y$, so gilt

(3) $$U_1 \subset U_2 \;\Rightarrow\; f(U_1) \subset f(U_2), \qquad V_1 \subset V_2 \;\Rightarrow\; f^{-1}(V_1) \subset f^{-1}(V_2),$$

(4) $$U \subset f^{-1}\big(f(U)\big), \qquad f\big(f^{-1}(V)\big) \subset V,$$

(5) $$V_1 \subset V_2 \;\Rightarrow\; f^{-1}(V_2 - V_1) = f^{-1}(V_2) - f^{-1}(V_1).$$

Beweis. (1) Nach Satz 3.1.3. ist in der Bezeichnung von Hilfssatz 3.1.5.

$$\bigcup_{U \in \mathfrak{U}} U = \sup \mathfrak{U}, \quad \bigcup_{U \in \mathfrak{U}} f(U) = \sup \{f(U) | U \in \mathfrak{U}\} = \sup f^*(\mathfrak{U}) \quad \text{usw.}$$

Hilfssatz 3.1.6. liefert

$$f(\sup \mathfrak{U}) = f^*(\sup \mathfrak{U}) \supset \sup f^*(\mathfrak{U})$$

und entsprechend

$$f(\inf \mathfrak{U}) = f^*(\inf \mathfrak{U}) \subset \inf f^*(\mathfrak{U})$$

sowie

$$f_*(\sup \mathfrak{V}) \supset \sup f_*(\mathfrak{V}), \quad f_*(\inf \mathfrak{V}) \subset \inf f_*(\mathfrak{V}).$$

Nun gilt

$$y \in f(\sup \mathfrak{U}) \quad \Rightarrow \quad \text{Es gibt ein } x \in \sup \mathfrak{U} \text{ mit } f(x) = y;$$

$$x \in \sup \mathfrak{U} \quad \Rightarrow \quad \text{Es gibt ein } U \in \mathfrak{U} \text{ mit } x \in U.$$

Also ist $y = f(x) \in f(U) \subset \sup f^*(\mathfrak{U})$, d.h. auch $f(\sup \mathfrak{U}) \subset \sup f^*(\mathfrak{U})$. Damit ist

$$f(\sup \mathfrak{U}) = \sup f^*(\mathfrak{U}).$$

(2) Entsprechend erhält man

$$x \in f^{-1}(\sup \mathfrak{V}) \quad \Rightarrow \quad f(x) \in \sup \mathfrak{V} \quad \Rightarrow \quad \text{Es gibt ein } V \in \mathfrak{V} \text{ mit } f(x) \in V;$$

$$f(x) \in V \quad \Rightarrow \quad x \in f^{-1}(V) = f_*(V) \subset \sup f_*(\mathfrak{V}).$$

Also ist auch $f^{-1}(\sup \mathfrak{V}) \subset \sup f_*(\mathfrak{V})$, d.h. $f^{-1}(\sup \mathfrak{V}) = \sup f_*(\mathfrak{V})$. Außerdem gilt

$$x \in \inf f_*(\mathfrak{V}) \quad \Rightarrow \quad x \in f^{-1}(V) \text{ für jedes } V \in \mathfrak{V} \quad \Rightarrow \quad f(x) \in V \text{ für jedes } V \in \mathfrak{V}$$

$$\Rightarrow \quad f(x) \in \inf \mathfrak{V} \quad \Rightarrow \quad x \in f^{-1}(\inf \mathfrak{V}),$$

d.h. $\inf f_*(\mathfrak{V}) \subset f^{-1}(\inf \mathfrak{V})$, also $f^{-1}(\inf \mathfrak{V}) = \inf f_*(\mathfrak{V})$.

(3) ist nur der Vollständigkeit halber aus Hilfssatz 3.1.5. übernommen.

(4) Es gilt

$$x \in U \quad \Rightarrow \quad f(x) \in f(U) \quad \Rightarrow \quad x \in f^{-1}(f(U)), \quad \text{also } U \subset f^{-1}(f(U)),$$

$$x \in f^{-1}(V) \quad \Rightarrow \quad f(x) \in V, \quad \text{also } f(f^{-1}(V)) \subset V.$$

(5) Ist $V_1 \subset V_2$, so ist $V_2 = V_1 \cup (V_2 - V_1)$, $V_1 \cap (V_2 - V_1) = \emptyset$. Nach (2) ist

$$f^{-1}(V_2) = f^{-1}(V_1 \cup (V_2 - V_1)) = f^{-1}(V_1) \cup f^{-1}(V_2 - V_1),$$

$$f^{-1}(V_1) \cap f^{-1}(V_2 - V_1) = f^{-1}(V_1 \cap (V_2 - V_1)) = f^{-1}(\emptyset) = \emptyset.$$

Daher ist

$$f^{-1}(V_2 - V_1) = \{y \mid y \in f^{-1}(V_2),\ y \notin f^{-1}(V_1)\} = f^{-1}(V_2) - f^{-1}(V_1). \quad \bullet$$

Beispiel 7.2.1. Es sei $X=\{a, b\}$, $Y=\{c, d\}$ und f folgendermaßen definiert:

$$f\colon X \longrightarrow Y, \qquad a \longrightarrow c, \quad b \longrightarrow c, \qquad d$$

Setzt man

$$U_1=\{a\}, \quad U_2=\{b\}$$

und $\mathfrak{U}=\{U_1, U_2\}$, so gilt

$$\bigcap \mathfrak{U} = U_1 \cap U_2 = \emptyset, \quad \text{also} \quad f(\bigcap \mathfrak{U})=f(\emptyset)=\emptyset,$$

aber

$$f(U_1)=f(\{a\})=\{c\}, \quad f(U_2)=f(\{b\})=\{c\},$$

d.h.

$$\bigcap_{U \in \mathfrak{U}} f(U) = f(U_1) \cap f(U_2) = \{c\} \neq \emptyset.$$

In (1) Satz 7.2.2. ist also in diesem Falle

$$f(\bigcap_{U \in \mathfrak{U}} U) \subset \bigcap_{U \in \mathfrak{U}} f(U) \quad \text{und} \quad f(\bigcap_{U \in \mathfrak{U}} U) \neq \bigcap_{U \in \mathfrak{U}} f(U). \quad \bullet$$

Aus Beispiel 7.2.1. und dem Beweis von (5) sieht man, daß man ein Analogon von (5) für $f(U_2 - U_1)$ nicht beweisen kann.

7.3. Binomischer Satz und geometrische Reihe (Ergänzung zu 2.3.)

$(\boldsymbol{R}, +, \cdot)$ sei ein kommutativer Ring. Für $a \in \boldsymbol{R}$, $z \in \boldsymbol{Z}$, ist za in Satz 5.1.7. definiert. Es gelten die Rechenregeln aus Satz 5.1.7. und (5) Satz 5.1.8. Für $a \in \boldsymbol{R}$ und $n \in \boldsymbol{N}$ ist a^n in Satz 4.6.4. definiert. Für $a, b \in \boldsymbol{R}$ gilt

$$(a+b)^2 = (a+b)(a+b) = a^2+ab+ba+b^2 = a^2+2ab+b^2,$$

$$(a+b)^3 = (a+b)^2(a+b) = a^3+2aba+b^2a+a^2b+2ab^2+b^3$$

$$= a^3+3a^2b+3ab^2+b^3$$

usw.

Schreibt man der Einheitlichkeit halber

$$a^n b^0 := a^n, \quad a^0 c^n := b^n,$$

so erhält man für $n=1, 2, 3$

$$(a+b)^n = m_{0,n} a^n b^0 + m_{1,n} a^{n-1} b^1 + \cdots + m_{n,n} a^{n-n} b^n$$

mit gewissen Zahlen $m_{j,n} \in N$, $0 \leqq j \leqq n$, $j \in N \cup \{0\}$. Dabei ist $m_{j,n}$ der „Koeffizient", von $a^{n-j}b^j$. Diese Darstellung ist natürlich nur bei kommutativen Ringen möglich. (Man benutzt $ab+ba = ab+ab = 2ab$.) Man erhält

$$(a+b)^{n+1} = (a+b)^n(a+b) = (a+b)^n \cdot a + (a+b)^n \cdot b =$$
$$= m_{0,n}a^{n+1}b^0 + m_{1,n}a^n b^1 + \cdots + m_{n,n}a^1 b^n$$
$$+ m_{0,n}a^n b^1 + \ldots + m_{n-1,n}a^1 b^n + m_{n,n}a^0 b^{n+1}.$$

Also muß $m_{0,n+1} = m_{0,n}$, $m_{n+1,n+1} = m_{n,n}$ und

$$m_{1,n+1} = m_{0,n} + m_{1,n}, \ldots, m_{n,n+1} = m_{n-1,n} + m_{n,n}$$

sein. Es gilt

Satz 7.3.1. *(Binomischer Satz.) Für $n \in N$ sei $\tilde{A}_n = \{j \mid j \in Z,\ 0 \leqq j \leqq n\}$. Es gibt genau eine Möglichkeit, zu jedem $n \in N$ eine Familie $(m_{j,n})_{j \in \tilde{A}_n}$ von Elementen aus N so auszuwählen, daß*

(1) $m_{0,n} = m_{n,n} = 1$, $m_{j,n} + m_{j+1,n} = m_{j+1,n+1}$ *für alle* $n \in N$, $j \in Z$, $0 \leqq j \leqq n-1$,

gilt. Ist $(R, +, \cdot)$ ein kommutativer Ring, so gilt mit dieser Auswahl der $(m_{j,n})_{j \in \tilde{A}_n}$ für alle $a, b \in R$, $n \in N$, mit den Bezeichnungen $a^n b^0 := a^n$, $a^0 b^n := b^n$

$$(a+b)^n = \sum_{j=0}^{n} m_{j,n} a^{n-j} b^j.$$

Beweis. Es sei $X = \{(m_{j,n})_{j \in \tilde{A}_n} \mid n \in N,\ m_{j,n} \in N \text{ für alle } j \in \tilde{A}_n\}$. Zu jedem n eine Familie $(m_{j,n})_{j \in \tilde{A}_n}$ auszuwählen bedeutet natürlich nichts anderes als die Angabe einer Abbildung $f: N \to X$. Setzt man in Satz 4.3.1. (Definition durch vollständige Induktion)

$$h\big((m_{j,n})_{j \in \tilde{A}_n}\big) := (m_{j,n+1})_{j \in \tilde{A}_{n+1}}, \quad m_{j,n+1} \text{ durch (1) definiert für } j \in \tilde{A}_{n+1},$$

und

$$a_1 = (m_{j,1})_{j \in \tilde{A}_1}, \quad m_{0,1} = m_{1,1} = 1,$$

so gibt es genau eine Abbildung $f: N \to X$ mit

(1*) $$f(1) = a_1 = (m_{j,1})_{j \in \tilde{A}_1}, \quad m_{0,1} = m_{1,1} = 1$$

und

(2*) $$f(n+1) = h(f(n)) = h\big((m_{j,n})_{j \in \tilde{A}_n}\big) = (m_{j,n+1})_{j \in \tilde{A}_{n+1}},$$
$$m_{j,n+1} \text{ durch (1) für alle } j \in Z,\ 0 \leqq j \leqq n+1, \text{ definiert.}$$

Die zweite Aussage von Satz 7.3.1. beweist man durch vollständige Induktion. Mit dieser Auswahl (d.h. mit diesem f) gilt

$$(a+b)^1 = a+b = m_{0,1}a + m_{1,1}b = \sum_{j=0}^{1} m_{j,1} a^{1-j} b^j.$$

Es sei für ein $n \in \boldsymbol{N}$

$$(a+b)^n = \sum_{j=0}^{n} m_{j,n} a^{n-j} b^j.$$

Dann ist

$$(a+b)^{n+1} = (a+b)^n(a+b) = \sum_{j=0}^{n} m_{j,n} a^{n-j+1} b^j + \sum_{j=0}^{n} m_{j,n} a^{n-j} b^{j+1}.$$

Umnumerierung in der ersten Summe ($j = k+1$, $k = j-1$) und Abspaltung des ersten Gliedes der ersten und des letzten Gliedes der zweiten Summe liefert

$$(a+b)^{n+1} = m_{0,n} a^{n+1} b^0 + \sum_{k=0}^{n-1} m_{k+1,n} a^{n-k} b^{k+1} + \sum_{j=0}^{n-1} m_{j,n} a^{n-j} b^{j+1} + a^0 b^{n+1}$$

$$= m_{0,n+1} a^{n+1} b^0 + \sum_{k=0}^{n-1} (m_{k+1,n} + m_{k,n}) a^{(n+1)-(k+1)} b^{k+1} + a^0 b^{n+1}$$

$$= m_{0,n+1} a^{n+1} b^0 + \sum_{k=0}^{n-1} m_{k+1,n+1} a^{(n+1)-(k+1)} b^{k+1} + a^0 b^{n+1} = \sum_{j=0}^{n+1} m_{j,n+1} a^{n+1-j} b^j. \bullet$$

Die $m_{j,n}$ für $n \in \boldsymbol{N}, j \in \tilde{A}_n$ lassen sich noch auf andere Weise als durch (1) Satz 7.3.1. bestimmen. Man verwendet die etwas allgemeinere

Definition 7.3.1. *Für jedes $j \in \boldsymbol{N} \cup \{0\}$ und jedes $\alpha \in \boldsymbol{R}$ definiert man*

$$j! := \prod_{k=1}^{j} k, \qquad \binom{\alpha}{j} := \prod_{k=0}^{j-1} (\alpha - k) \Big/ j!$$

Man liest „$j!$“ als „j Fakultät“, „$\binom{\alpha}{j}$“ als „α über j“ und bezeichnet die $\binom{\alpha}{j}$ als verallgemeinerte Binomialkoeffizienten.

Für alle $j \in \boldsymbol{N} \cup \{0\}$ ist

$$0! = \prod_{k=1}^{0} k = 1, \quad (j+1)! = \prod_{k=1}^{j+1} k = \left(\prod_{k=1}^{j} k\right)(j+1) = (j!)(j+1),$$

also

$$j! = 1 \cdot 2 \cdots j \quad \text{für alle} \quad j \in \boldsymbol{N}.$$

Entsprechend ist

$$\binom{\alpha}{0} = \frac{1}{0!} = 1, \quad \binom{\alpha}{j} = \frac{\alpha(\alpha-1)\cdots(\alpha-(j-1))}{1 \cdot 2 \cdots j} \quad \text{für} \quad j \in \boldsymbol{N}.$$

Es gilt

Satz 7.3.2. *Für alle $\alpha \in \boldsymbol{R}$ und $j \in \boldsymbol{N} \cup \{0\}$ gilt*

$$(1) \qquad \binom{\alpha}{0} = 1, \quad \binom{\alpha}{1} = \alpha, \quad \binom{\alpha}{j+1} = \binom{\alpha}{j} \frac{\alpha - j}{j+1},$$

$$(2)\qquad \binom{\alpha}{j}+\binom{\alpha}{j+1}=\binom{\alpha+1}{j+1}.$$

Ist $n\in \boldsymbol{N}$, so gilt

$$(3)\qquad \binom{n}{n}=1,\quad \binom{n}{j}=0 \text{ für } j>n,\quad \binom{n}{j}\in \boldsymbol{N} \text{ für } j\leqq n.$$

Ist $(R,+,\cdot)$ ein kommutativer Ring, so gilt für alle $a, b\in R$, $n\in \boldsymbol{N}$, mit den Bezeichnungen $a^n b^0:=a^n$, $a^0 b^n:=b^n$ der binomische Satz

$$(4)\qquad (a+b)^n=\sum_{j=0}^{n}\binom{n}{j}a^{n-j}b^j.$$

Beweis. (1) Es ist

$$\binom{\alpha}{0}=\frac{1}{0!}=1,\quad \binom{\alpha}{1}=\frac{\alpha}{1}=\alpha$$

und

$$\binom{\alpha}{j+1}=\prod_{k=0}^{j}(\alpha-k)\Big/(j+1)!=\left(\prod_{k=0}^{j-1}(\alpha-k)\right)(\alpha-j)\Big/(j!)(j+1)=\binom{\alpha}{j}\frac{\alpha-j}{j+1}.$$

(2) Mit Hilfe von (1) erhält man

$$\binom{\alpha}{j}+\binom{\alpha}{j+1}=\binom{\alpha}{j}+\binom{\alpha}{j}\frac{\alpha-j}{j+1}=\binom{\alpha}{j}\left(1+\frac{\alpha-j}{j+1}\right)=\binom{\alpha}{j}\frac{\alpha+1}{j+1}$$

$$=\frac{1}{j!}\prod_{k=0}^{j-1}(\alpha-k)\frac{\alpha+1}{j+1}=\frac{1}{(j+1)!}(\alpha+1)\prod_{k=0}^{j-1}((\alpha+1)-(k+1))$$

$$=\frac{1}{(j+1)!}(\alpha+1)\prod_{l=1}^{j}(\alpha+1-l)=\frac{1}{(j+1)!}\prod_{l=0}^{j}(\alpha+1-l)=\binom{\alpha+1}{j+1}.$$

(3) Ist $n\in \boldsymbol{N}$, so gilt $(l=n-k$, also $k=n-l)$

$$\binom{n}{n}=\frac{1}{n!}\prod_{k=0}^{n-1}(n-k)=\frac{1}{n!}\prod_{l=1}^{n}l=\frac{1}{n!}n!=1.$$

Für $j<n$ erhält man (wegen $j-1\geqq n$)

$$\binom{n}{j}=\frac{1}{j!}\prod_{k=0}^{j-1}(n-k)=\frac{1}{j!}\prod_{k=0}^{n-1}(n-k)\cdot(n-n)\cdot\prod_{k=n+1}^{j-1}(n-k)=0.$$

Es ist $\binom{1}{0}=\binom{1}{1}=1\in \boldsymbol{N}$. Setzt man für die vollständige Induktion voraus, daß für ein $n\in \boldsymbol{N}$

$$\binom{n}{j}\in \boldsymbol{N}\quad \text{für alle}\quad j\in \boldsymbol{N}\cup\{0\},\ j\leqq n,$$

ist, so erhält man

$$\binom{n+1}{0} = 1, \quad \binom{n+1}{n+1} = 1, \quad \text{also} \quad \binom{n+1}{0}, \binom{n+1}{n+1} \in \boldsymbol{N},$$

und für $0 < k \leqq n$ ($k = j+1$ bedeutet dann $0 \leqq j \leqq n-1$)

$$\binom{n+1}{k} = \binom{n+1}{j+1} = \binom{n}{j} + \binom{n}{j+1} \in \boldsymbol{N}.$$

(4) Aus dem Schluß des Beweises von (3) sieht man unmittelbar, daß für $m_{j,n} := \binom{n}{j}$ für alle $n \in \boldsymbol{N}$, $j \in \boldsymbol{N} \cup \{0\}$, $0 \leqq j \leqq n$, die Eigenschaft (1) aus Satz 7.3.1. erfüllt ist. Daher gilt der binomische Satz mit

$$m_{j,n} = \binom{n}{j}. \quad \bullet$$

Auf Grund der Eigenschaft (1) Satz 7.3.1. für die Binomialkoeffizienten kann man die $\binom{n}{j}$ mit Hilfe des sogenannten *Pascalschen Dreiecks* bestimmen:

$$\begin{array}{c}
1 \\
\binom{1}{0} \quad \binom{1}{1} \\
\binom{2}{0} \quad \binom{2}{1} \quad \binom{2}{2} \\
\binom{3}{0} \quad \binom{3}{1} \quad \binom{3}{2} \quad \binom{3}{3} \\
\cdots\cdots\cdots\cdots\cdots\cdots \\
\cdots\cdots \binom{n}{j} \quad \binom{n}{j+1} \cdots\cdots \\
\cdots\cdots\cdots \binom{n+1}{j+1} \cdots\cdots\cdots \\
\cdots\cdots\cdots\cdots\cdots\cdots\cdots\cdots\cdots \\
\binom{n+1}{j+1} = \binom{n}{j} + \binom{n}{j+1}
\end{array}
\qquad
\begin{array}{c}
1 \\
1 \quad 1 \\
1 \quad 2 \quad 1 \\
1 \quad 3 \quad 3 \quad 1 \\
1 \quad 4 \quad 6 \quad 4 \quad 1 \\
1 \quad \textcircled{5} \quad \textcircled{10} \quad 10 \quad 5 \quad 1 \\
1 \quad 6 \quad \textcircled{15} \quad 20 \quad 15 \quad 6 \quad 1 \\
\cdots\cdots\cdots\cdots\cdots\cdots\cdots\cdots \\
\binom{6}{3} = \binom{5}{2} + \binom{5}{3} = 5 + 10 = 15
\end{array}
\qquad
\begin{array}{c}
n \\ 1 \\ 2 \\ 3 \\ 4 \\ 5 \\ 6 \\ \vdots \\
\end{array}$$

Ist $(R, +, \cdot)$ kommutativer Ring, so gilt z. B. für $a, b \in R$

$$(a+b)^5 = \sum_{j=0}^{5} a^{5-j} b^j = 1 \cdot a^5 b^0 + 5a^4 b^1 + 10a^3 b^2 + 10a^2 b^3 + 5ab^4 + 1 \cdot a^0 b^5.$$

Man sieht, daß die Binomialkoeffizienten eine Symmetrieeigenschaft haben. Es gilt

Hilfssatz 7.3.1. *Für alle* $n \in N$, $j \in \mathbf{Z}$, $0 \leqq j \leqq n$, *ist* $\binom{n}{n-j} = \binom{n}{j}$.

Beweis. Setzt man $m_{j,n} := \binom{n}{n-j}$, so ist $m_{0,n} = m_{n,n} = 1$ und für $0 \leqq j \leqq n-1$

$$m_{j,n} + m_{j+1,n} = \binom{n}{n-(j+1)+1} + \binom{n}{n-(j+1)} = \binom{n+1}{n+1-(j+1)} = m_{j+1,n+1}.$$

Also gilt (1) Satz 7.3.1. und daher wegen der Eindeutigkeitsaussage

$$\binom{n}{n-j} = m_{j,n} = \binom{n}{j}. \quad \bullet$$

$(K, +, \cdot)$ sei ein Körper, A ein Abschnitt von N und $(a_j)_{j \in A}$ eine Familie von Elementen aus K. Es handelt sich jetzt darum, für jedes $n \in A$

$$s_n = \sum_{j=1}^{n} a_j$$

in gewissen Fällen explizit zu bestimmen, d.h. für s_n einen einfachen Rechenausdruck anzugeben. Die folgenden Bezeichnungen sind üblich:

Definition 7.3.2. *$(K, +, \cdot)$ sei ein Körper, A ein Abschnitt von N und $(a_j)_{j \in A}$ eine Familie von Elementen aus K. $(a_j)_{j \in A}$ heißt arithmetische Progression, wenn*

$$a_{j+1} - a_j = a_2 - a_1 \quad \textit{unabhängig von } j \textit{ für } \quad j \in N \quad \textit{mit} \quad j+1 \in A$$

ist. $(a_j)_{j \in A}$ heißt geometrische Progression, wenn es ein $q \in K$ so gibt, daß

$$a_{j+1} = a_j \cdot q \quad \textit{für alle } j \in N \quad \textit{mit} \quad j+1 \in A$$

ist (falls $a_1, q \neq 0$ sind, heißt das, daß der Quotient $\frac{a_{j+1}}{a_j} = \frac{a_2}{a_1}$ unabhängig von j ist). Für $n \in A$ nennt man

$$s_n = \sum_{j=1}^{n} a_j \quad \textit{Summe der arithmetischen bzw. geometrischen Reihe.}$$

In beiden Fällen läßt sich für s_n ein einfacher Rechenausdruck angeben.

Satz 7.3.3. *(Arithmetische Reihe.) $(K, +, \cdot)$ sei ein Körper mit dem Einselement e, $2e \neq 0$, A ein Abschnitt von N und $(a_j)_{j \in A}$ eine Familie von Elementen aus K. Für $n \in A$ sei*

$$s_n := \sum_{j=1}^{n} a_j.$$

Ist $b \in K$ *und* $a_{j+1} - a_j = b$ *für alle* $j \in \mathbf{N}$ *mit* $j+1 \in A$, *so schreibt man* $a_1, \ldots, a_n$ *in umgekehrter Reihenfolge auf, d.h., man setzt* $b_1 = a_n$, $b_2 = a_{n-1}$, $\ldots$, *allgemein* $b_j = a_{n-(j-1)}$ *für* $j = 1, \ldots, n$, *und erhält*

$$a_j + b_j = a_1 + a_n = 2a_1 + (n-1)b \quad \textit{für} \quad j = 1, \ldots, n$$

und

$$2s_n = \sum_{j=1}^{n} a_j + \sum_{j=1}^{n} b_j = n(a_1 + a_n), \quad s_n = na_1 + \frac{n(n-1)}{2} b.$$

Beweis. Die Abbildung $\varphi: A_n \to A_n$, definiert durch $\varphi(j) := n - (j-1)$, ist bijektiv, da $\varphi(j) + j = n+1$, also $1 \leqq j \leqq n \Leftrightarrow 1 \leqq \varphi(j) \leqq n$ und $\varphi(\varphi(j)) = j$ ist. Für alle $j \in \mathbf{N}$, $j < n$, gilt

$$a_{j+1} + b_{j+1} = a_{j+1} + a_{n-j} = a_j + b + a_{n-j} = a_j + a_{n-(j-1)} = a_j + b_j,$$

$$a_1 = a_1 + (1-1)b, \qquad a_j = a_1 + (j-1)b \ \Rightarrow \ a_{j+1} = a_j + b = a_1 + (j+1-1)b.$$

Vollständige Induktion liefert daher

$$a_j + b_j = a_1 + b_1 = a_1 + a_n = 2a_1 + (n-1)b.$$

Somit ist

$$2s_n = (a_1 + a_2 + \cdots + a_n) + (a_n + a_{n-1} + \cdots + a_1)$$

$$= \sum_{j=1}^{n} a_j + \sum_{j=1}^{n} b_j = \sum_{j=1}^{n} (a_j + b_j) = n(a_1 + b_1) = 2na_1 + n(n-1)b.$$

Ist $2e \neq 0$, so kann man durch $2e$ dividieren und erhält das Endergebnis. ●

Satz 7.3.4. (Geometrische Reihe.) $(K, +, \cdot)$ *sei ein Körper mit Einselement* e, A *ein Abschnitt von* $\mathbf{N}$ *und* $(a_j)_{j \in A}$ *eine Familie von Elementen von* K. *Für* $n \in A$ *sei*

$$s_n := \sum_{j=1}^{n} a_j.$$

Ist $q \in K$ *und* $a_{j+1} = a_j \cdot q$ *für alle* $j \in \mathbf{N}$ *mit* $j+1 \in A$, *so bildet man*

$$s_n - qs_n = (a_1 + a_2 + \cdots + a_n) - (a_1 q + a_2 q + \cdots + a_{n-1} q + a_n q)$$

$$= (a_1 + a_2 + \cdots + a_n) - (a_2 + a_3 + \cdots + a_n + a_n q) = a_1 - a_n q$$

und erhält

$$(e-q)s_n = a_1 - a_n q = a_1(e - q^n), \qquad q \neq e \ \Rightarrow \ s_n = a_1 \frac{e-q^n}{e-q}.$$

Beweis. Es gilt

$$s_n - qs_n = \sum_{j=1}^{n} a_j - \sum_{j=1}^{n} a_j q = a_1 + \sum_{j=2}^{n} a_j - \sum_{j=1}^{n-1} a_{j+1} - a_n q$$

$$= a_1 + \sum_{j=2}^{n} a_j - \sum_{k=2}^{n} a_k - a_n q = a_1 - a_n q$$

und für $j<n$

$$a_1 = a_1 q^{1-1}, \qquad a_j = a_1 q^{j-1} \quad\Rightarrow\quad a_{j+1} = a_j \cdot q = a_1 q^j = a_1 q^{(j+1)-1}.$$

Damit ist (vollständige Induktion)

$$a_n = a_1 q^{n-1}, \quad a_n q = a_1 q^n, \quad (e-q)s_n = s_n - q s_n = a_1(e-q^n). \quad \bullet$$

Die Formulierung von Satz 7.3.3. und Satz 7.3.4. zeigt, daß die wesentliche Aussage der beiden Sätze die Angabe der Methode ist, mit der man s_n bestimmen kann, wenn $a_{j+1}-a_j = b$ für $1 \leqq j < n$ bzw. $a_{j+1} = a_j \cdot q$ für $1 \leqq j < n$ ist. Der Rechenausdruck für s_n ergibt sich dann zwangsläufig. Ist $2e=0$ (d.h. $e+e = 0$, was in manchen Körpern durchaus der Fall ist), so versagt die Methode von Satz 7.3.3., da dann $2s_n = 2es_n = 0 \cdot s_n$ ist. Man beachte, daß man, um s_n aus $2s_n$ zu erhalten, nur dann durch 2 dividieren darf, wenn $2 \in K$ ist. Ist $2e=0$, so ist sicher $2 \notin K$. Man kann aber durch vollständige Induktion zeigen, daß die Endformel für s_n auch in diesem Fall gilt (siehe Aufgabe 7.3.1.). Ist $q=e$, so versagt die Methode von Satz 7.3.4. wegen $(e-q) \cdot s_n = 0 \cdot s_n$. In diesem Fall ist aber $a_{j+1} = a_j$ für alle $j \in N$ mit $j<n$, also $a_j = a_1$ für alle $j \in N$, $j \leqq n$, und es ist

$$s_n = \sum_{j=1}^{n} a_j = n a_1.$$

Aufgabe 7.3.1. $(R, +, \cdot)$ sei ein Ring, A ein Abschnitt von N und $(a_j)_{j \in A}$ eine Familie von Elementen aus R. Es sei $b \in R$ und $a_{j+1} - a_j = b$ für alle $j \in N$ mit $j+1 \in A$. Man zeige:

$$s_n = \sum_{j=1}^{n} a_j = n a_1 + \frac{n(n-1)}{2} b \quad \text{für alle} \quad n \in A.$$

(Hinweis: Man verwende vollständige Induktion.) $\bullet$

7.4. Auswahlaxiom und Zornsches Lemma (Ergänzung zu 1.3., 3.1., 4.1.)

Unter den möglichen teilweisen Ordnungen auf einer Menge X sind außer den linearen Ordnungen noch zwei weitere Typen besonders wichtig:

Definition 7.4.1. *X sei durch „$\prec$" teilweise geordnet. X heißt durch „$\prec$" induktiv geordnet, wenn für alle $A \subset X$ gilt:*

A ist durch „$\prec$" linear geordnet $\Rightarrow$ A hat in X eine obere Schranke.

Definition 7.4.2. *X sei durch „$\prec$" linear geordnet. X heißt durch „$\prec$" wohlgeordnet, wenn für alle $A \subset X$ gilt*

$A \neq \emptyset$ $\Rightarrow$ A hat ein kleinstes Element.

Ist Z eine Menge, so ist $\mathfrak{P}(Z)$ durch „$\subset$“ induktiv geordnet, denn jede Teilmenge von $\mathfrak{P}(Z)$ hat eine obere Schranke (sogar ein Supremum nach Satz 3.1.3.). Dagegen ist $\boldsymbol{N}$ durch „$\leqq$“ nicht induktiv geordnet, denn $\boldsymbol{N}$ selbst hat keine obere Schranke in $\boldsymbol{N}$ (Hilfssatz 4.5.3.).

$\boldsymbol{N}$ ist durch „$\leqq$“ wohlgeordnet (Satz 4.2.2.). Dagegen ist $\boldsymbol{Z}$ durch „$\leqq$“ nicht wohlgeordnet, da $\{-n|n\in \boldsymbol{N}\}$ kein kleinstes Element hat (weil $\boldsymbol{N}$ kein größtes Element hat).

Ist X durch „$\prec$“ induktiv geordnet, so ist $X\neq\emptyset$, da ja die Teilmenge $\emptyset\subset X$ sicher linear geordnet ist, also eine obere Schranke in X haben muß.

Man formuliert jetzt die beiden folgenden Aussagen:

Satz 7.4.1. *(Zornsches Lemma.) Jede induktiv geordnete Menge besitzt maximale Elemente.*

Satz 7.4.2. *(Wohlordnungssatz.) Zu jeder Menge X gibt es eine lineare Ordnung „$\prec$“, durch die X wohlgeordnet ist.*

Der Wohlordnungssatz wurde vielfach für eine Verallgemeinerung des Beweisverfahrens der vollständigen Induktion benutzt (und zwar der Variante aus Satz 4.2.4.).

Hilfssatz 7.4.1. *X sei durch „$\prec$“ wohlgeordnet. $P(x)$ sei eine Aussageform in der Variablen x, die für jedes $x\in X$ eine sinnvolle Aussage liefert. Ist für jedes $x\in X$ die Aussage*

$$P(y) \text{ für jedes } y\in X \text{ mit } y\prec x \text{ und } y\neq x \quad\Rightarrow\quad P(x)$$

wahr, so ist auch $P(x)$ für jedes $x\in X$ wahr.

Beweis. Es sei $H=\{y|y\in X,\ P(y) \text{ ist nicht wahr}\}$. Wäre $H\neq\emptyset$, so müßte $\min H$ existieren. Ist aber $x=\min H$, so gilt

$$y\in X,\ y\prec x \text{ und } y\neq x \quad\Rightarrow\quad y\notin H,$$

also ist $P(y)$ für jedes $y\in X$ mit $y\prec x$ und $y\neq x$ wahr, nach Voraussetzung müßte auch $P(x)$ war sein, was aber $x=\min H\in H$ widerspricht. ●

Heutzutage benutzt man an Stelle von Hilfssatz 7.4.1. lieber das Zornsche Lemma. (Beispiele für die Anwendung des Zornschen Lemmas findet man in 7.5. Satz 7.5.1., 10.6. Satz 10.6.1.)

Um den Wohlordnungssatz zu beweisen, muß man zu jeder Menge X eine Wohlordnung angeben, d.h. eine Relation T mit dem Zeichen „$\prec$“, wobei für $x, y\in X$

$$x\prec y \quad :\Leftrightarrow \quad (x, y)\in T$$

ist, durch die X wohlgeordnet ist. Man benötigt also eine Teilmenge $T\subset X\times X$

mit speziellen Eigenschaften. Präzisiert man die Vereinbarung darüber, auf welche Weise eine Menge angegeben werden darf (1.2.), legt man also genauer fest, welche Verfahren man als zulässige Verfahren zur Bildung von Mengen ansehen will, so zeigt sich, daß man zum Beweis des Wohlordnungssatzes oder des Zornschen Lemmas ein besonderes Auswahlverfahren benötigt. Es sei $(A_j)_{j\in J}$ eine Familie von nicht-leeren Mengen. Zur Vermeidung von Komplikationen ist es nützlich, anzunehmen, daß die A_j sämtlich Teilmengen einer Menge X sind. Man braucht dann eine entsprechende Familie $(a_j)_{j\in J}$ von Elementen aus X mit $a_j \in A_j$ für jedes $j \in J$, d.h., man muß simultan aus jedem A_j ein a_j auswählen. Auch wenn man wegen $A_j \neq \emptyset$ für jedes $j\in J$ aus jedem vorgelegten A_j ein Element wählen kann, nützt einem das nichts, wenn J nicht mehr direkt übersehbar ist. Die Angabe der Familie $(a_j)_{j\in J}$ bedeutet ja die Angabe einer Funktion $\Phi = \{(j, a_j) | j \in J\}$ mit $\mathscr{D}(\Phi) = J$ und $\Phi(j) \in A_j$ für jedes $j \in J$. Will man Φ mit Hilfe einer Vorschrift angeben, die zu jedem $j\in J$ das betreffende $a_j = \Phi(j)$ liefert, so muß die Vorschrift so gehalten sein, daß sie auf jede der Mengen A_j anwendbar ist und ihre Anwendung ein Element von A_j liefert. Übersieht man aber die A_j nicht, so ist nicht zu sehen, wie man eine Vorschrift angeben kann, die zu jedem Verfahren paßt, mit dessen Hilfe das betreffende A_j möglicherweise definiert ist. Andererseits bedeutet natürlich die Angabe von Φ nichts anderes als die Angabe einer speziellen Teilmenge Φ von $J \times X$.

Definition 7.4.3. *$(A_j)_{j\in J}$ sei eine Familie nicht-leerer Mengen. Das Cartesische Produkt oder Kreuzprodukt der A_j definiert man durch*

$$\prod_{j\in J} A_j := \{\Phi \mid \Phi \text{ Funktion mit } \mathscr{D}(\Phi) = J \text{ und } \Phi(j) \in A_j \text{ für jedes } j \in J\}.$$

Jedes $\Phi \in \prod_{j\in J} A_j$ ist also eine Familie $\Phi = (a_j)_{j\in J}$ mit $a_j \in A_j$ für jedes $j \in J$. Ein solches Φ heißt Auswahlfunktion zu $(A_j)_{j\in J}$.

Das hier definierte Kreuzprodukt zweier Mengen ist eine unmittelbare Verallgemeinerung des üblichen Kreuzproduktes. Es gilt nämlich

Hilfssatz 7.4.2. *X_1, X_2 seien nicht-leere Mengen. Dann wird eine bijektive Abbildung*

$$f\colon \prod_{j\in\{1,2\}} X_j \to X_1 \times X_2 \quad \text{durch } f(\Phi) := (\Phi(1), \Phi(2)) \text{ für } \Phi \in \prod_{j\in\{1,2\}} X_j$$

definiert. Sind $X_1, \ldots, X_n$ für ein $n \in \mathbf{N}$ nicht-leere Mengen und ist

$$X_1 \times \cdots \times X_n = \{(a_1, \ldots, a_n) | a_j \in X_j \quad \text{für} \quad j = 1, 2, \ldots, n\},$$

so ist (mit $A_n = \{m | m \in \mathbf{N},\ m \leq n\}$)

$$f\colon \prod_{j\in A_n} X_j \to X_1 \times \cdots \times X_n, \text{ definiert durch } f(\Phi) := (\Phi(1), \ldots, \Phi(n)),$$

bijektiv. Ist $X_1 = \cdots = X_n = X$, so schreibt man $X^n := X_1 \times \cdots \times X_n$.

Beweis. Ist Φ Auswahlfunktion zu $(X_j)_{j\in A_n}$, so ist $(\Phi(1), \ldots, \Phi(n)) \in X_1 \times \cdots \times X_n$, und ist $(a_1, \ldots, a_n) \in X_1 \times \cdots \times X_n$, so ist $\Phi = (a_j)_{j\in A_n}$ Auswahlfunktion zu $(X_j)_{j\in A_n}$ und durch die Angabe von $a_1, \ldots, a_n$ (in dieser Reihenfolge) eindeutig festgelegt. ●

Ist n nicht gerade 2, 3 oder 4 oder wenigstens eine Zahl, für die man ohne Mühe $(a_1, \ldots, a_n)$ ohne Verwendung von „$\cdots$" ausschreiben kann, so ist es im Grunde nicht mehr möglich, die „geordneten n-Tupel $(a_1, \ldots, a_n)$" zu übersehen. Man wird daher in diesen Fällen die „Darstellung" $X_1 \times \cdots \times X_n$ von $\prod_{j\in A_n} X_j$ nur noch mit gebührender Vorsicht als Veranschaulichung benutzen.

Um eine Auswahlfunktion verwenden zu können, benötigt man

Satz 7.4.3. *(Auswahlaxiom.) Zu jeder Familie $(X_j)_{j\in J}$ nicht-leerer Mengen gibt es eine Auswahlfunktion, d.h., es ist*

$$\prod_{j\in J} X_j \neq \emptyset.$$

Zur Konstruktion von Φ hat man nur die Verfahren zur Verfügung, die man bei der Präzisierung der Grundlagen (die wir nicht ausgeführt haben) zur Bildung von Mengen zugelassen hatte. Die Möglichkeiten der Mengenbildung, die man üblicherweise so erhält, reichen aber, wie man zeigen kann, nicht aus, um in jedem Falle die Existenz einer Auswahlfunktion sicherzustellen. Die Aussage, in jedem Falle existiere eine Auswahlfunktion, läßt sich andererseits auch nicht widerlegen. Man kann aber in jedem Falle zeigen, daß die Sätze

7.4.1. (Zornsches Lemma), 7.4.2. (Wohlordnungssatz), 7.4.3. (Auswahlaxiom) äquivalent sind. Das bedeutet:

Nimmt man als zusätzliches Konstruktionsprinzip an, daß die simultane Auswahl immer möglich ist, daß man also immer eine Auswahlfunktion Φ (d.h. eine Menge mit der entsprechenden Eigenschaft!) bilden kann, so kann man Zornsches Lemma und Wohlordnungssatz beweisen.

Nimmt man als zusätzliches Konstruktionsprinzip an, daß man auf jeder Menge X eine Wohlordnung (also wieder eine spezielle Teilmenge $T \subset X \times X$) konstruieren kann, so kann man Auswahlaxiom und Zornsches Lemma beweisen.

Mit dem Zornschen Lemma kann man Auswahlaxiom und Wohlordnungssatz beweisen.

Hier soll das Auswahlaxiom genau wie die Existenz eines Modells der natürlichen Zahlen als gegeben vorausgesetzt werden. Die eingehende Diskussion der Problematik des Auswahlaxioms und der Beweis der Äquivalenz mit dem Zornschen Lemma und dem Wohlordnungssatz gehen über den Rahmen einer Einführung in die Infinitesimalrechnung hinaus. Für diese Frage sei daher auf die Literatur über Mengenlehre verwiesen (siehe etwa Fraenkel: Abstract Set Theory, Amsterdam, 1953).

Ein Beispiel für die Verwendung des Auswahlaxioms gibt der Beweis von

Satz 7.4.4. *Jede unendliche (d.h. nicht-endliche) Menge enthält eine abzählbare unendliche Teilmenge.*

Beweis. X sei eine unendliche Menge. Man konstruiert durch vollständige Induktion (Satz 4.3.3.) eine injektive Abbildung

$$f: N \to X.$$

Dann ist die Abbildung

$$\tilde{f}: N \to f(N), \quad \text{definiert durch} \quad \tilde{f}(n) := f(n) \quad \text{für alle} \quad n \in N,$$

bijektiv und $N \approx f(N)$.

Für die Konstruktion sei Φ eine Auswahlfunktion für $P(X) - \{\emptyset\}$, d.h., Φ sei Funktion,

$$\mathscr{D}(\Phi) = P(X) - \{\emptyset\}, \quad \Phi(U) \in U \quad \text{für jedes} \quad U \subset X \quad \text{mit} \quad U \neq \emptyset.$$

In Satz 4.3.3. setzt man

$$\text{(1)} \qquad a_1 := \Phi(X) \in X \qquad (X \neq \emptyset, \quad \text{also ist} \quad X \in \mathscr{D}(\Phi))$$

und definiert für jedes $n \in N$

$$\text{(2)} \qquad h_n: \{\varphi \mid \varphi: A_n \to X\} \to X \quad \text{durch} \quad h_n(\varphi) := \Phi(X - \varphi(A_n)) \in X - \varphi(A_n),$$

was möglich ist, da mit A_n nach Hilfssatz 4.5.4. auch $\varphi(A_n)$ endlich ist, d.h. $\varphi(A_n) \neq X$, $X - \varphi(A_n) \neq \emptyset$. Nach Satz 4.3.3. gibt es eine Abbildung $f: N \to X$ mit

$$\text{(1*)} \qquad f(1) = a_1 \in X,$$

$$\text{(2*)} \quad f(n+1) = f(n') = h_n(f|A_n) = \Phi(X - f(A_n)) \in X - f(A_n) \quad \text{für alle} \quad n \in N.$$

Sind $m_1, m_2 \in N$, $m_1 \neq m_2$, so sei etwa $m_1 < m_2$. Dann ist $m_2 \neq 1$, hat also einen Vorgänger n. Es ist $m_2 = n+1$, $m_1 \leqq n$, und damit

$$f(m_2) = f(n+1) \in X - f(A_n), \qquad f(m_1) \in f(A_n),$$

d.h. $f(m_2) \neq f(m_1)$, f ist injektiv. ●

7.5. Kardinalzahlen (Ergänzung zu 4.5.)

Für beliebige Mengen X, Y hatten wir (in Definition 4.5.1.) definiert

$$X \approx Y \quad :\Leftrightarrow \quad \text{Es gibt eine bijektive Abbildung } \varphi: X \to Y.$$

Für jede abzählbare Menge läßt sich nach Satz 4.5.2. eindeutig Anz X, die „Anzahl der Elemente von X“ definieren. Anz X ist 0 oder eine natürliche Zahl oder unendlich. Da $\{0\} \cup N \cup \{\infty\}$ linear geordnet ist, lassen sich für zwei abzählbare Mengen X, Y die Elementanzahlen vergleichen, insbesondere ist nach (4) Satz 4.5.3.

$$\text{Anz}\, X = \text{Anz}\, Y \quad \Leftrightarrow \quad X \approx Y.$$

Es ist aber auch möglich, Anz X und Anz Y ohne unmittelbare Verwendung der natürlichen Zahlen zu vergleichen. Es gilt

Hilfssatz 7.5.1. *Sind X, Y abzählbare Mengen, so gilt*

$$\text{Anz}\, X \leqq \text{Anz}\, Y \quad \Leftrightarrow \quad \textit{Es gibt eine Teilmenge } Z \subset Y \textit{ mit } X \approx Z,$$

$$\text{Anz}\, X \leqq \text{Anz}\, Y \textit{ und } \text{Anz}\, Y \leqq \text{Anz}\, X \quad \Leftrightarrow \quad X \approx Y.$$

Beweis. Ist $Z \subset Y$, $X \approx Z$, so gilt nach (3) Satz 4.5.3. Anz $Z \leqq$ Anz Y und nach (4) Satz 4.5.3. Anz $X =$ Anz Z, also Anz $X \leqq$ Anz Y.

Ist Anz $X \leqq$ Anz Y, so seien A, B Abschnitte von N und

$$\varphi : A \to X, \qquad \psi : B \to Y$$

bijektiv. Wegen Anz $X \leqq$ Anz Y ist $A \subset B$ und daher $\chi = (\psi | A) \circ \varphi^{-1} : X \to Y$ injektiv. Deshalb ist

$$\tilde{\chi} : X \to \chi(X), \quad \text{definiert durch} \quad \tilde{\chi}(X) := \chi(X) \quad \text{für alle} \quad x \in X,$$

bijektiv. Also ist $X \approx \chi(X)$, $\chi(X) \subset Y$.

Nach (4) Satz 4.5.3. ist $X \approx Y \Leftrightarrow$ Anz $X =$ Anz Y. Natürlich ist

$$\text{Anz}\, X = \text{Anz}\, Y \quad \Leftrightarrow \quad \text{Anz}\, X \leqq \text{Anz}\, Y \text{ und } \text{Anz}\, Y \leqq \text{Anz}\, X. \quad \bullet$$

Für endliche Mengen läßt sich Hilfssatz 7.5.1. noch verschärfen. Es sei $Z \subset Y$, Y endlich. Dann gilt

$$\text{Anz}\, Z < \text{Anz}\, Y \quad \Rightarrow \quad \text{Anz}\, Z \neq \text{Anz}\, Y \quad \Rightarrow \quad Z \neq Y.$$

Ist umgekehrt $Z \subset Y$, $Z \neq Y$, so ist $Y = Z \cup (Y - Z)$, $Z \cap (Y - Z) = \emptyset$ und $Y - Z \neq \emptyset$, d.h. nach (5) Satz 4.5.3.

$$\text{Anz}\, Y = \text{Anz}\, Z + \text{Anz}\, (Y - Z) > \text{Anz}\, Z.$$

Das bedeutet für endliche Mengen X, Y

$$\text{Anz}\, X < \text{Anz}\, Y \quad \Leftrightarrow \quad \text{Es gibt eine echte Teilmenge } Z \subset Y \text{ mit } X \approx Z.$$

Insbesondere ist (für $X = Y$) keine endliche Menge zu einer echten Teilmenge äquivalent. Für unendliche Mengen gilt das nicht mehr. So ist

$$\psi : N \to E_2 = \{n | n \in N,\ n \geqq 2\}, \quad \text{definiert durch} \quad \psi(j) := j + 1 \quad \text{für alle} \quad n \in N,$$

offenbar bijektiv. Man kann in der Tat die endlichen Mengen dadurch charakterisieren, daß eine endliche Menge zu keiner echten Teilmenge äquivalent ist (siehe Aufgabe 7.5.1.).

Will man nach dem Vorbild von Hilfssatz 7.5.1. beliebige Mengen vergleichen, so kann man die Definition

X hat geringere Mächtigkeit als Y $:\Leftrightarrow$ Es gibt eine echte Teilmenge $Z \subset Y$ mit $X \approx Z$

sicher nur für endliche Mengen verwenden. Im allgemeinen Fall muß man definieren

X hat höchstens die Mächtigkeit von Y $:\Leftrightarrow$ Es gibt eine Teilmenge $Z \subset Y$ mit $X \approx Z$.

Dann muß man aber zeigen, daß zwei Mengen in diesem Sinne immer vergleichbar sind und daß $X \approx Y$ ist, wenn X höchstens die Mächtigkeit von Y und Y höchstens die Mächtigkeit von X hat. Dazu beweist man

Satz 7.5.1. *(Schröder-Bernsteinscher Äquivalenzsatz.) Sind X, Y Mengen, so gibt es eine Teilmenge $Z \subset Y$ mit $X \approx Z$ oder eine Teilmenge $W \subset X$ mit $Y \approx W$.*

Sind X, Y Mengen, $W \subset X$, $Z \subset Y$, so gilt

$$X \approx Z \text{ und } Y \approx W \quad \Rightarrow \quad X \approx Y.$$

Beweis. Der Beweis der ersten Behauptung (der „Vergleichbarkeit“ von X und Y) ist ein Anwendungsbeispiel für das Zornsche Lemma. Es sei

$$\mathfrak{F} := \{F \mid F \subset X \times Y,\ F \text{ Funktion und } F^{-1} \text{ Funktion}\}.$$

Die Beweisidee ist die folgende. Ist $X \neq \emptyset$, $Y \neq \emptyset$, so sei $a \in X$ und $b \in Y$. Dann ist

$$F_1 = \{(a, b)\} \in \mathfrak{F}, \quad \mathscr{D}(F_1) = \{a\}, \quad \mathscr{W}(F_1) = \{b\}$$

und

$$f_1 : \mathscr{D}(F_1) \to \mathscr{W}(F_1) \quad \text{mit} \quad f_1 = (\mathscr{D}(F_1), \mathscr{W}(F_1), F_1),$$

also $f_1 : \{a\} \to \{b\}$ mit $f_1(a) = b$ bijektiv. Ist $\mathscr{D}(F_1) \neq X$, $\mathscr{W}(F_1) \neq Y$, so sei $c \in X - \mathscr{D}(F_1)$, $d \in Y - W(F_1)$. Dann ist

$$F_2 = \{(a, b), (c, d)\} \in \mathfrak{F}, \quad \mathscr{D}(F_2) = \{a, c\}, \quad \mathscr{W}(F_2) = \{b, d\}$$

und

$$f_2 : \mathscr{D}(F_2) \to \mathscr{W}(F_2) \quad \text{mit} \quad f_2 = (\mathscr{D}(F_2), \mathscr{W}(F_2), F_2),$$

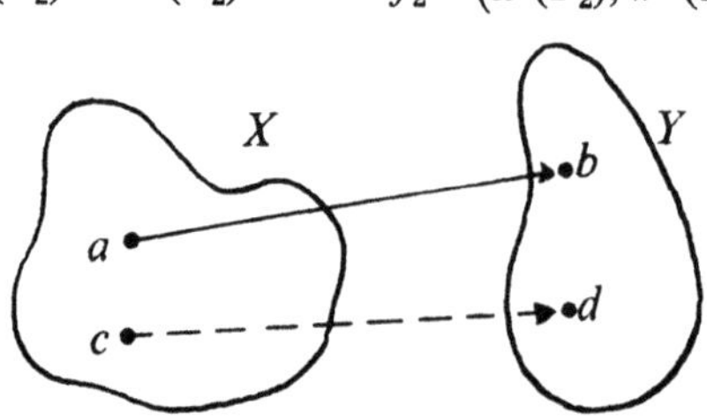

also $f_2 : \{a, c\} \to \{b, d\}$ mit $f_2(a) = b$, $f_2(c) = d$ bijektiv. Ist allgemein $F \in \mathfrak{F}$ und $\mathscr{D}(F) \neq X$, $\mathscr{W}(F) \neq Y$, so sei $s \in X - \mathscr{D}(F)$ und $t \in Y - \mathscr{W}(F)$. Dann ist

$$F^* = F \cup \{(s, t)\} \in \mathfrak{F} \quad \text{und} \quad F \subset F^*, \quad F \neq F^*,$$

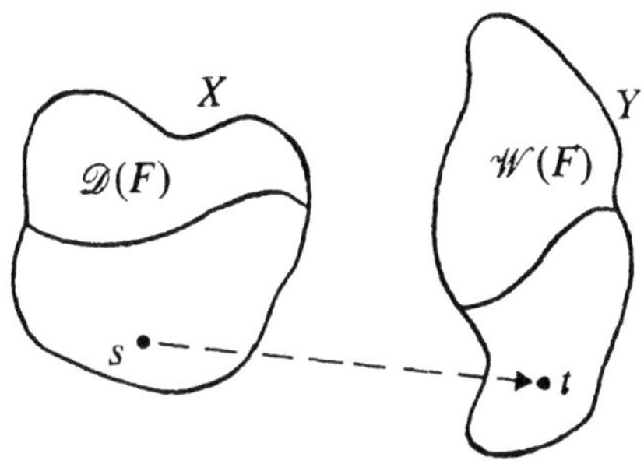

denn es ist $F^* \subset X \times Y$; offensichtlich sind F^* und $(F^*)^{-1}$ Funktionen und $(s, t) \in F^*$, $(s, t) \notin F$. Ist nun aber F ein bezüglich der teilweisen Ordnung „$\subset$" auf $\mathfrak{F}$ maximales Element von $\mathfrak{F}$, so kann es in $\mathfrak{F}$ kein Element mit den Eigenschaften $F \subset F^*$ und $F \neq F^*$ von $\mathfrak{F}$ geben. Also muß $\mathscr{D}(F) = X$ sein oder $\mathscr{W}(F) = Y$. Ist $\mathscr{D}(F) = X$, so ist

$$f : X \to \mathscr{W}(F), \quad f = \big(\mathscr{D}(F), \mathscr{W}(F), F\big) \quad \text{bijektiv}, \quad X \approx \mathscr{W}(F),$$

ist $\mathscr{W}(F) = Y$, so ist

$$g : Y \to \mathscr{D}(F), \quad g = \big(\mathscr{W}(F), \mathscr{D}(F), F^{-1}\big) \quad \text{bijektiv}, \quad Y \approx \mathscr{D}(F).$$

Man braucht also nur noch die Existenz maximaler Elemente in $\mathfrak{F}$ zu zeigen. Verwendet man das Zornsche Lemma (Satz 7.4.1.), so muß man nachweisen, daß $\mathfrak{F}$ durch „$\subset$" induktiv geordnet ist.

Es sei $\mathfrak{H} \subset \mathfrak{F}$, $\mathfrak{H}$ vollständig geordnet. In $\mathfrak{P}(X \times Y)$ hat $\mathfrak{H}$ natürlich eine obere Schranke, nämlich

$$F = \sup \mathfrak{H} = \bigcup \mathfrak{H}.$$

Man muß zeigen, daß F in $\mathfrak{F}$ liegt, d.h., daß F und F^{-1} Funktionen sind. Nun gilt

$$\varrho, \sigma \in F \quad \Rightarrow \quad \text{Es gibt } G, H \in \mathfrak{H} \text{ mit } \varrho \in G, \ \sigma \in H.$$

Da $\mathfrak{H}$ als linear geordnet vorausgesetzt war, ist $G \subset H$ oder $H \subset G$. Es sei etwa $G \subset H$. Dann sind $\varrho, \sigma \in H$, und, da H und H^{-1} Funktionen sind,

$$pr_1 \varrho = pr_1 \sigma \quad \Rightarrow \quad \varrho = \sigma, \qquad pr_2 \varrho = pr_2 \sigma \quad \Rightarrow \quad \varrho = \sigma.$$

Das bedeutet aber natürlich, daß F und F^{-1} Funktionen sind, was zu zeigen war. (Man beachte, daß die Konstruktion der oberen Schranke F für $\mathfrak{H}$ auch für $\mathfrak{H} = \emptyset$ funktioniert; für $\mathfrak{H} = \emptyset$ erhält man $F = \emptyset$.)

Die zweite Aussage von Satz 7.5.1. beweist man mit einem Trick. Es seien $W \subset X$, $Z \subset Y$ und

$$f: X \to Z, \quad g: Y \to W \quad \text{bijektiv.}$$

Dann benutzt man die Abbildungen

$$\varphi: \mathfrak{P}(X) \to \mathfrak{P}(X), \text{ definiert durch } \varphi(U) := X - U \text{ für alle } U \subset X,$$
$$\psi: \mathfrak{P}(Y) \to \mathfrak{P}(Y), \text{ definiert durch } \psi(V) := Y - V \text{ für alle } V \subset Y,$$
$$f^*: \mathfrak{P}(X) \to \mathfrak{P}(Y), \text{ definiert durch } f^*(U) := f(U) \text{ für alle } U \subset X,$$
$$g^*: \mathfrak{P}(Y) \to \mathfrak{P}(X), \text{ definiert durch } g^*(V) := g(V) \text{ für alle } V \subset Y.$$

φ und ψ sind bezüglich „$\subset$" ordnungsumkehrend (Hilfssatz 7.2.1.). Damit ist

$$h: \mathfrak{P}(X) \xrightarrow{f^*} \mathfrak{P}(Y) \xrightarrow{\psi} \mathfrak{P}(Y) \xrightarrow{g^*} \mathfrak{P}(X) \xrightarrow{\varphi} \mathfrak{P}(X)$$

ordnungserhaltend. Die Teilmenge

$$\mathfrak{H} := \{U \mid U \subset X,\ U \subset h(U)\} \subset \mathfrak{P}(X)$$

ist nicht leer, denn $\emptyset \in \mathfrak{H}$. Für jedes $U \subset X$ gilt

$$U \in \mathfrak{H} \quad \Rightarrow \quad U \subset h(U) \quad \Rightarrow \quad h(U) \subset h(h(U)) \quad \Rightarrow \quad h(U) \in \mathfrak{H}.$$

Nun sei $H = \sup \mathfrak{H} = \bigcup \mathfrak{H}$. Nach (1) Satz 7.2.2. gilt für jedes $U \in \mathfrak{H}$

$$U \subset h(U) \subset \sup \{h(U) \mid U \in \mathfrak{H}\} = h(\sup \mathfrak{H}) = h(H).$$

Daher ist $h(H)$ obere Schranke von $\mathfrak{H}$, und es gilt

$$H = \sup \mathfrak{H} \subset h(H), \quad \text{also} \quad H \in \mathfrak{H}.$$

Wegen $H \in \mathfrak{H}$ ist aber (s. o.) auch $h(H) \in \mathfrak{H}$ und damit $h(H) \subset \sup \mathfrak{H} = H$. Daraus folgt

$$H = h(H).$$

Nach der Definition von h bedeutet das (wegen $X - \varphi(U) = U$)

$$X - H = X - h(H) = g(\psi(f(H))) = g(Y - f(H)).$$

Nun sind

$$\tilde{f}: H \to f(H), \quad \text{definiert durch} \quad \tilde{f}(x) = f(x) \quad \text{für alle} \quad x \in H,$$
$$\tilde{g}: X - H \to Y - f(H), \quad \text{definiert durch} \quad \tilde{g}(x) = g^{-1}(x) \quad \text{für alle} \quad x \in X - H,$$

offenbar bijektiv. Wegen $H \cap (X - H) = \emptyset$, $H \cup (X - H) = X$ und $f(H) \cap (Y - f(H)) = \emptyset$, $Y = f(H) \cup (Y - f(H))$ ist

$$h: X \to Y, \quad \text{definiert durch} \quad h(x) := \begin{cases} \tilde{f}(x) & \text{für } x \in H, \\ \tilde{g}(x) & \text{für } x \in X - H, \end{cases}$$

bijektiv. ●

Hat man eine Menge G, so kann man die Teilmengen in „Äquivalenzklassen" bezüglich „$\approx$" zusammenfassen, für $X \subset G$ bezeichnen wir die zugehörige Äquivalenzklasse mit

$$[X] := \{Y \mid Y \subset G \quad \text{mit} \quad X \approx Y\}.$$

Dann gehört, wie man sich leicht überzeugt, jedes $X \subset G$ genau *einer* solchen Äquivalenzklasse an, und definiert man

$$[X] \leqq [Y] \quad :\Leftrightarrow \quad \text{Es gibt eine Teilmenge } Z \subset Y \text{ mit } X \approx Z,$$

so ist diese Definition von der Auswahl der „Vertreter" X, Y unabhängig, denn $X \approx Z$, $Z \subset Y$ liefert ($\varphi: Y \to W$ sei bijektiv)

$$V \in [X],\ W \in [Y] \quad \Rightarrow \quad V \approx X \approx Z \text{ und } W \approx Y \quad \Rightarrow \quad \varphi(Z) \subset W \text{ und } V \approx \varphi(Z).$$

Für zwei Klassen $[X]$, $[Y]$ gilt nach Satz 7.5.1.

$$[X] \leqq [Y] \text{ oder } [Y] \leqq [X], \qquad [X] \leqq [Y] \text{ und } [Y] \leqq [X] \quad \Leftrightarrow \quad [X] = [Y]$$

und trivialerweise

$$[X] \leqq [Y] \text{ und } [Y] \leqq [W] \quad \Rightarrow \quad [X] \leqq [W].$$

Durch „$\leqq$" ist also die Menge der Äquivalenzklassen linear geordnet. Diese Äquivalenzklassen haben gerade die charakteristischen Eigenschaften, die für abzählbare Mengen die Anzahlen der Elemente hatten. Man bezeichnet sie daher als *Kardinalzahlen* (und ersetzt $[X]$ für eine endliche Menge X durch Anz X). G ist natürlich die größte unter diesen Kardinalzahlen. Gibt man die Beschränkung auf die Untermengen einer festen Menge G auf, so gibt es keine größte Kardinalzahl mehr, denn nach Satz 7.5.2. (s. u.) hat für jede Menge X die Menge $\mathfrak{P}(X)$ eine größere Mächtigkeit als X. Unvorsichtiger Umgang mit „beliebigen" Mengen führt aber hier zu Schwierigkeiten, z. B., wenn man versucht, beliebige Mengen von Kardinalzahlen zuzulassen. (Für Einzelheiten sei auf die Literatur über Mengenlehre verwiesen, siehe z. B. W. van Orman Quine: „Set Theory and its Logic", The Belknap Press of Harvard University Press, Cambridge, Mass. 1963.)

Satz 7.5.2. *Jede Menge X ist gleichmächtig mit der Teilmenge $\{\{x\} \mid x \in X\}$ von $\mathfrak{P}(X)$, aber $X \not\approx \mathfrak{P}(X)$, d.h., X hat geringere Mächtigkeit als $\mathfrak{P}(X)$.*

Beweis. $X \approx \{\{x\} \mid x \in X\}$ und $\{\{x\} \mid x \in X\} \subset \mathfrak{P}(X)$ ist offensichtlich. Es sei

$$f: X \to \mathfrak{P}(X).$$

Man bildet

$$U = \{x \mid x \in X \text{ und } x \notin f(x)\}.$$

Dann gibt es kein $y \in X$ mit $f(y) = U$, denn für alle $y \in X$ gilt

$$y \in U \Rightarrow y \notin f(y) \Rightarrow f(y) \neq U,$$

$$y \notin U \Rightarrow y \in f(y) \Rightarrow f(y) \neq U.$$

Daher ist f nicht surjektiv, also auch nicht bijektiv. ●

Im Zusammenhang hiermit ist eine andere Beschreibung von $\mathfrak{P}(X)$ wichtig.

Definition 7.5.1. *X sei eine Menge. Die charakteristische Funktion Ξ_U einer Teilmenge $U \subset X$ definiert man durch*

$$\mathscr{D}(\Xi_U) = X, \quad \Xi_U(x) := \begin{cases} 0 \text{ für } x \in X - U, \\ 1 \text{ für } x \in U. \end{cases}$$

Ist $(K, +, \cdot)$ ein Körper mit dem Unterkörper $(\boldsymbol{Q}, +, \cdot)$, so bezeichnet man gelegentlich auch $\xi_U := (X, K, \Xi_U)$ als charakteristische Funktion (genauer: charakteristische Abbildung). Es ist

$$\xi_U : X \to K \quad \text{definiert durch} \quad \xi_U(x) := \begin{cases} 0 \text{ für } x \in X - U, \\ 1 \text{ für } x \in U. \end{cases}$$

Es gilt

Hilfssatz 7.5.2. *X sei eine Menge. Es sei*

$$\mathfrak{F}(X) := \{F \mid F \text{ Funktion}, \ \mathscr{D}(F) = X, \ \mathscr{W}(F) \subset \{0, 1\}\}.$$

Die Abbildung

$$\chi : \mathfrak{P}(X) \to \mathfrak{F}(X), \quad \text{definiert durch} \quad \chi(U) := \Xi_U \quad \text{für alle} \quad U \subset X,$$

ist bijektiv.

Beweis. Definiert man

$$\psi : \mathfrak{F}(X) \to \mathfrak{P}(X) \quad \text{durch} \quad \psi(F) := \{x \mid x \in X, \ F(x) = 1\} \quad \text{für alle} \quad F \in \mathfrak{F}(X),$$

so gilt (wegen „$F(x) \neq 1 \Rightarrow F(x) = 0$“ für $F \in \mathfrak{F}(X)$, $x \in X$)

$$\psi \circ \chi(U) = \psi(\Xi_U) = U, \quad \chi \circ \psi(F) = \chi(\{x \mid x \in X, \ F(x) = 1\}) = F.$$

Also ist $\psi \circ \chi = id_{\mathfrak{P}(X)}$ und $\chi \circ \psi = id_{\mathfrak{F}(X)}$, d.h., χ ist bijektiv. ●

Hiermit kann man den folgenden Satz beweisen.

Satz 7.5.3. *$\boldsymbol{Z}$ und $\boldsymbol{Q}$ sind abzählbar, $\boldsymbol{R}$ ist überabzählbar.*

Beweis. Nach Satz 4.5.4. ist $\boldsymbol{N} \times \boldsymbol{N}$ abzählbar. Nach Satz 5.1.1. ist die Abbildung

$$f : \boldsymbol{N} \times \boldsymbol{N} \to \boldsymbol{Z}, \quad \text{definiert durch } f(a, b) := a - b \quad \text{für} \quad a, b \in \boldsymbol{N},$$

surjektiv. Nach Hilfssatz 4.5.4. ist damit auch $\boldsymbol{Z} = f(\boldsymbol{N} \times \boldsymbol{N})$ abzählbar.

Nach Satz 4.5.4. ist $\boldsymbol{Z}\times(\boldsymbol{Z}-\{0\})$ abzählbar. Nach Satz 5.1.1. ist die Abbildung

$$f:\boldsymbol{Z}\times(\boldsymbol{Z}-\{0\})\to\boldsymbol{Q},\quad \text{definiert durch}\quad f(a,b):=\frac{a}{b},\ a,b\in\boldsymbol{Z},\ b\neq 0,$$

surjektiv. Also ist nach Hilfssatz 4.5.4. $\boldsymbol{Q}=f(\boldsymbol{Z}\times(\boldsymbol{Z}-\{0\}))$ abzählbar.

Um nachzuweisen, daß $\boldsymbol{R}$ überabzählbar ist, konstruieren wir eine injektive Abbildung

$$f:\mathfrak{F}(\boldsymbol{N})\to\boldsymbol{R},\quad \mathfrak{F}(\boldsymbol{N}):=\{F\mid F\ \text{Funktion},\ \mathscr{D}(F)=\boldsymbol{N},\ \mathscr{W}(F)\subset\{0,1\}\}.$$

Da nach Hilfssatz 7.5.2. $\mathfrak{F}(\boldsymbol{N})$ eine größere Mächtigkeit hat als $\boldsymbol{N}$, kann wegen Satz 7.5.1. $\boldsymbol{R}$ zu keiner Teilmenge von $\boldsymbol{N}$ gleichmächtig sein und ist infolgedessen überabzählbar. Die Konstruktion von f verläuft wie folgt. Zu $F\in\mathfrak{F}(\boldsymbol{N})$ bildet man

$$\left\{\sum_{j=1}^{n}F(j)\left(\frac{1}{3}\right)^{j}\,\middle|\, n\in\boldsymbol{N}\right\}.$$

Diese Menge enthält $\sum_{j=1}^{1}F(j)\left(\frac{1}{3}\right)^{j}=F(1)\left(\frac{1}{3}\right)^{1}$, ist also nicht leer. Nun ist

$$0\leqq F(j)\left(\frac{1}{3}\right)^{j}\leqq\left(\frac{1}{3}\right)^{j}\quad \text{für alle}\quad j\in\boldsymbol{N}\ \text{wegen}\ F(j)=0\ \text{oder}\ 1.$$

Wegen $\frac{1}{3}\neq 1$ gilt nach Satz 7.3.4. (Geometrische Reihe) für jedes $n\in\boldsymbol{N}$

$$0\leqq\sum_{j=1}^{n}F(j)\left(\frac{1}{3}\right)^{j}\leqq\sum_{j=1}^{n}\left(\frac{1}{3}\right)^{j}=\frac{1}{3}\,\frac{1-\left(\frac{1}{3}\right)^{n}}{1-\frac{1}{3}}=\frac{1}{2}\left(1-\left(\frac{1}{3}\right)^{n}\right)<\frac{1}{2}.$$

$\frac{1}{2}$ ist obere Schranke, die angegebene Menge hat daher ein Supremum. Wir definieren

$$f(F):=\sup\left\{\sum_{j=1}^{n}F(j)\left(\frac{1}{3}\right)^{j}\,\middle|\, n\in\boldsymbol{N}\right\}$$

und erhalten

$$0\leqq f(F)\leqq\frac{1}{2}.$$

Sind $F_1, F_2\in F(\boldsymbol{N})$ und ist $F_1\neq F_2$, so ist $\{n\mid n\in\boldsymbol{N},\ F_1(n)\neq F_2(n)\}\neq\emptyset$, hat also als nicht-leere Teilmenge von $\boldsymbol{N}$ ein kleinstes Element, etwa k. Dann ist

$$F_1(j)=F_2(j)\quad \text{für alle}\quad j\in\boldsymbol{N},\ j<k,$$

und $F_1(k)\neq F_2(k)$. Da nur 0 und 1 als Funktionswerte vorkommen, ist $F_1(k)=0$,

$F_2(k)=1$ oder $F_1(k)=1$, $F_2(k)=0$. Die Bezeichnung sei so gewählt, daß $F_1(k)=0$, $F_2(k)=1$ ist. Dann gilt für jedes $n\in N$

$$\sum_{j=1}^{n} F_1(j)\left(\frac{1}{3}\right)^j \leqq \sum_{j=1}^{n} F_1(j)\left(\frac{1}{3}\right)^j + \sum_{j=n+1}^{n+k} F_1(j)\left(\frac{1}{3}\right)^j = \sum_{j=1}^{n+k} F_1(j)\left(\frac{1}{3}\right)^j$$

$$\leqq \sum_{j=1}^{k-1} F_1(j)\left(\frac{1}{3}\right)^j + F_1(k)\left(\frac{1}{3}\right)^k + \sum_{j=k+1}^{k+n} F_1(j)\left(\frac{1}{3}\right)^j$$

$$\leqq \sum_{j=1}^{k-1} F_2(j)\left(\frac{1}{3}\right)^j + \sum_{j=k+1}^{k+n}\left(\frac{1}{3}\right)^j .$$

Nun ist

$$\sum_{j=k+1}^{k+n}\left(\frac{1}{3}\right)^j = \left(\frac{1}{3}\right)^k \sum_{j=1}^{n}\left(\frac{1}{3}\right)^j < \left(\frac{1}{3}\right)^k \cdot \frac{1}{2}, \quad F_2(k)\cdot\left(\frac{1}{3}\right)^k = \left(\frac{1}{3}\right)^k,$$

also für alle $n\in N$

$$\sum_{j=1}^{n} F_1(j)\left(\frac{1}{3}\right)^j \leqq \sum_{j=1}^{k} F_2(j)\left(\frac{1}{3}\right)^j - \left(\frac{1}{3}\right)^k + \left(\frac{1}{3}\right)^k \cdot \frac{1}{2} \leqq f(F_2) - \frac{1}{2}\left(\frac{1}{3}\right)^k .$$

Damit ist aber auch $f(F_1) \leqq f(F_2) - \frac{1}{2}\left(\frac{1}{3}\right)^k$, d.h., $f(F_1) \neq f(F_2)$. f ist injektiv. ●

Aufgabe 7.5.1. X sei eine Menge. Man zeige:
X ist unendlich $\Leftrightarrow$ Es gibt eine echte Teilmenge $U\subset X$ mit $U\approx X$ (Hinweis: Man benutze Satz 7.4.4.). ●

7.6. **Topologie** (Ergänzung zu 6.3., 6.4. und 6.7.)

Die Definition einer Topologie auf einer Menge (Definition 6.3.2.) gründet sich auf die in Satz 6.3.1. festgestellten Eigenschaften der offenen Mengen eines metrischen Raumes. Die zusätzliche Verwendung des Begriffes der Topologie bei metrischen Räumen ist zweckmäßig, weil verschiedene Metriken auf einer Menge dieselbe Topologie induzieren können (vgl. Hilfssatz 6.3.2.) und es für viele Zwecke, wie sich zeigt, nur auf die Topologie und nicht auf die spezielle Metrik ankommt.

Eine Metrik d auf einer Menge X induziert auf einer Untermenge $Z\subset X$ die Metrik $d|Z\times Z$ (vgl. Satz 6.4.3.), man erhält also in natürlicher Weise einen metrischen Raum $(Z, d|Z\times Z)$ als Unterraum von (X, d). Da auch hier wieder verschiedene Metriken dieselbe Topologie induzieren können, ist es nützlich, zu untersuchen, wie man die auf Z durch $d|Z\times Z$ induzierte Topologie aus der durch d auf X induzierten Topologie erhalten kann. Es gilt

Hilfssatz 7.6.1. *(X, d) sei ein metrischer Raum, $Z \subset X$. Ist $\mathcal{O}_d$ die durch d auf X und $\mathcal{O}_{d|Z\times Z}$ die durch $d|Z \times Z$ auf Z induzierte Topologie, so gilt*

$$\mathcal{O}_{d|Z\times Z} = \{U \cap Z \mid U \in \mathcal{O}_d\}.$$

Beweis. Die Abbildung $id_X : X \to X$ ist natürlich stetig. Nach Satz 6.4.3. ist $id_X|Z : Z \to X$ eine stetige Abbildung von $(Z, d|Z \times Z)$ in (X, d). Nun gilt für jedes $U \subset X$

$$(id_X|Z)^{-1}(U) = U \cap Z.$$

Da $id_X|Z$ stetig ist, ist $U \cap Z$ offen in $(Z, d|Z \times Z)$ für jede offene Menge U in (X, d), d.h., $\{U \cap Z \mid U \in \mathcal{O}_d\} \subset \mathcal{O}_{d|Z\times Z}$. Ist umgekehrt V offen in $(Z, d|Z \times Z)$, so gibt es zu jedem $x \in V$ ein $r \in \boldsymbol{R}$, $r > 0$, so, daß $U_r(x, d|Z \times Z) \subset V$ ist. Nun ist natürlich

$$U_r(x; d|Z \times Z) = \{y \mid y \in Z,\ d(x, y) < r\} = \{y \mid y \in X,\ d(x, y) < r\} \cap Z =$$
$$= U_r(x; d) \cap Z.$$

Nach dem Auswahlaxiom kann man zu jedem $x \in V$ ein $r_x \in \boldsymbol{R}$, $r_x > 0$, auswählen mit

$$x \in U_{r_x}(x; d|Z \times Z) \subset V.$$

Dann ist (mit (2) Satz 7.2.1.)

$$V = \bigcup_{x \in V} \{x\} \subset \bigcup_{x \in V} U_{r_x}(x; d|Z \times Z) = \bigcup_{x \in V} \left(U_{r_x}(x; d) \cap Z\right) = \left(\bigcup_{x \in V} U_{r_x}(x; d)\right) \cap Z.$$

Da nach den Eigenschaften der Topologie ((1) Definition 6.3.2.) $\bigcup_{x \in V} U_{r_x}(x; d)$ offen, also in $\mathcal{O}_d$ ist, ist auch $\mathcal{O}_{d|Z\times Z} \subset \{U \cap Z \mid U \in \mathcal{O}_d\}$. ●

Definition 7.6.1. *$(X, \mathcal{O}_X)$ und $(Z, \mathcal{O}_Z)$ seien topologische Räume, $Z \subset X$. $(Z, \mathcal{O}_Z)$ heißt Unterraum von $(X, \mathcal{O}_X)$, wenn*

$$\mathcal{O}_Z = \{U \cap Z \mid U \in \mathcal{O}_X\}$$

ist.

Es gilt

Satz 7.6.1. *$(X, \mathcal{O})$ sei ein topologischer Raum, $Z \subset X$. Dann ist*

$$\mathcal{O}_Z := \{U \cap Z \mid U \in \mathcal{O}\}$$

eine Topologie auf Z, die durch $\mathcal{O}$ auf Z induzierte Topologie, und $(Z, \mathcal{O}_Z)$ ist Unterraum von $(X, \mathcal{O})$.

Ist (X, d) metrischer Raum, $Z \subset X$, so ist Z mit der durch d (genau: durch $d|Z \times Z$) induzierten Topologie Unterraum von $(X, \mathcal{O}_d)$.

Beweis. Man muß nachweisen, daß $\mathcal{O}_Z$ die Eigenschaften (1), (2) Definition 6.3.2. einer Topologie hat. Ist $\mathfrak{V} \subset \mathcal{O}_Z$, so gibt es zu jedem $V \in \mathfrak{V}$ ein $U \in \mathcal{O}$ mit $V = U \cap Z$. Nach dem Auswahlaxiom können wir zu jedem $V \in \mathfrak{V}$ ein $U_V \in \mathcal{O}$ auswählen mit $V = U_V \cap Z$. Es sei $\mathfrak{U} = \{U_V | V \in \mathfrak{V}\}$. Dann ist $\mathfrak{V} = \{U \cap Z | U \in \mathfrak{U}\}$. Es gilt ((2) Satz 7.2.1.)

(1) $$\bigcup_{V \in \mathfrak{V}} V = \bigcup_{U \in \mathfrak{U}} (U \cap Z) = \Big(\bigcup_{U \in \mathfrak{U}} U\Big) \cap Z \in \mathcal{O}_Z,$$

(2) $\mathfrak{V}$ endlich $\Rightarrow$ $\mathfrak{U}$ endlich, $$\bigcap_{V \in \mathfrak{V}} V = \bigcap_{U \in \mathfrak{U}} (U \cap Z) = \Big(\bigcap_{U \in \mathfrak{U}} U\Big) \cap Z \in \mathcal{O}_Z.$$

$\mathcal{O}_Z$ ist Topologie und $(Z, \mathcal{O}_Z)$ nach Definition 7.6.1. Unterraum von $(X, \mathcal{O})$. Nach Hilfssatz 7.6.1. ist $(Z, \mathcal{O}_{d|Z \times Z})$ Unterraum von $(X, \mathcal{O}_d)$. ●

Satz 7.6.1. ist nützlich bei der Bestimmung zusammenhängender Mengen (man vergleiche den Beweis von Satz 6.8.1., wo festgestellt werden mußte, ob eine zusammenhängende Menge $W \subset \boldsymbol{R}$ mit $W \subset \boldsymbol{R}_+^\times$ auch im Unterraum $\boldsymbol{R}_+^\times$ zusammenhängend ist) wegen

Satz 7.6.2. *$(X, \mathcal{O}_X)$ sei ein topologischer Raum, $(Z, \mathcal{O}_Z)$ ein Unterraum, $W \subset Z$. Dann gilt*

$$W \text{ zusammenhängend in } (Z, \mathcal{O}_Z) \Leftrightarrow W \text{ zusammenhängend in } (X, \mathcal{O}_X).$$

Beweis. W sei zusammenhängend in $(Z, \mathcal{O}_Z)$. Es seien $U_1, U_2 \in \mathcal{O}_X$,

$$U_1 \cup U_2 \supset W, \quad U_1 \cap U_2 \cap W = \emptyset.$$

Dann sind $U_1 \cap Z$, $U_2 \cap Z \in \mathcal{O}_Z$, wegen $W \subset Z$ ist $W \cap Z = W$, und es gilt

$$(U_1 \cap Z) \cup (U_2 \cap Z) = (U_1 \cup U_2) \cap Z \supset W \cap Z = W, \quad (U_1 \cap Z) \cap (U_2 \cap Z) \cap W = \emptyset.$$

Da W zusammenhängend in $(Z, \mathcal{O}_Z)$ ist, gilt (Definition 6.7.1.) wegen $W = Z \cap W$

$$U_1 \cap W = (U_1 \cap Z) \cap W = \emptyset \quad \text{oder} \quad U_2 \cap W = (U_2 \cap Z) \cap W = \emptyset.$$

W ist also in $(X, \mathcal{O}_X)$ zusammenhängend.

Ist umgekehrt W in $(X, \mathcal{O}_X)$ zusammenhängend, $V_1, V_2 \in \mathcal{O}_Z$,

$$V_1 \cup V_2 \supset W, \quad V_1 \cap V_2 \cap W = \emptyset,$$

so gibt es $U_1, U_2 \in \mathcal{O}_X$ mit $V_1 = U_1 \cap Z$, $V_2 = U_2 \cap Z$. $W = W \cap Z$ liefert wieder

$$U_1 \cup U_2 \supset V_1 \cup V_2 \supset W, \quad U_1 \cap U_2 \cap W = U_1 \cap U_2 \cap Z \cap Z \cap W = V_1 \cap V_2 \cap W = \emptyset.$$

Damit ist

$$V_1 \cap W = U_1 \cap Z \cap W = U_1 \cap W = \emptyset \quad \text{oder} \quad V_2 \cap W = U_2 \cap Z \cap W = U_2 \cap W = \emptyset.$$

W ist in $(Z, \mathcal{O}_Z)$ zusammenhängend. ●

Satz 7.6.3. *$(X, \mathcal{O})$ sei ein topologischer Raum, $(W_j)_{j\in J}$ eine Familie zusammenhängender Untermengen von X. Dann gilt*

$$\bigcap_{j\in J} W_j \neq \emptyset \quad \Rightarrow \quad \bigcup_{j\in J} W_j \text{ ist zusammenhängend.}$$

Für jedes $x\in X$ gibt es eine größte zusammenhängende Teilmenge $W\subset X$ mit $x\in W$, die Zusammenhangskomponente von x.

Beweis. Es sei $\bigcap_{j\in J} W_j \neq \emptyset$, etwa $x\in \bigcap_{j\in J} W_j$. Dann ist $x\in W_j$ für jedes $j\in J$. Sind $U_1, U_2\in\mathcal{O}$ und gilt

$$U_1\cup U_2\supset \bigcup_{j\in J} W_j, \quad \emptyset = \Big(\bigcup_{j\in J} W_j\Big)\cap U_1\cap U_2 = \bigcup_{j\in J}(W_j\cap U_1\cap U_2),$$

so ist $U_1\cup U_2 \supset W_j$ für jedes $j\in J$ und $W_j\cap U_1\cap U_2=\emptyset$ für jedes $j\in J$. Ist etwa

$$\emptyset \neq \Big(\bigcup_{j\in J} W_j\Big)\cap U_1 = \bigcup_{j\in J}(W_j\cap U_1),$$

so gibt es ein $j_0\in J$ mit $W_{j_0}\cap U_1 \neq \emptyset$. Dann ist (da W_{j_0} zusammenhängend ist) $W_{j_0}\cap U_2 = \emptyset$, d.h. $x\in U_1$, $x\notin U_2$ (wegen $U_1\cup U_2 \supset W_{j_0}\ni x$). Also gilt $W_j\cap U_1\ni x$ und damit $W_j\cap U_1 \neq \emptyset$ für alle $j\in J$. Darum ist $W_j\cap U_2 = \emptyset$ für alle $j\in J$, was $\Big(\bigcup_{j\in J} W_j\Big)\cap U_2 = \bigcup_{j\in J}(W_j\cap U_2) = \emptyset$ ergibt. ●

Die Rechenregeln aus Satz 7.2.1. erlauben es, für die abgeschlossenen Mengen eines topologischen Raumes ähnliche Eigenschaften herzuleiten, wie sie die offenen Mengen haben. Es gilt

Satz 7.6.4. *$(X, \mathcal{O})$ sei ein topologischer Raum, $\mathfrak{U}$ eine Menge von abgeschlossenen Teilmengen von X. Es gilt*

$$(1^*)\ \bigcap \mathfrak{U} \text{ ist abgeschlossen,} \qquad (2^*)\ \mathfrak{U} \text{ endlich} \Rightarrow \bigcup \mathfrak{U} \text{ abgeschlossen.}$$

Zu jeder Untermenge $W\subset X$ gibt es eine größte offene Teilmenge $\mathring{W}\subset W$, $\mathring{W}$ heißt offener Kern von W, und eine kleinste abgeschlossene Obermenge $\overline{W}\supset W$, $\overline{W}$ heißt abgeschlossene Hülle von W.

Beweis. Nach Definition 6.3.3. ist V genau dann abgeschlossen, wenn $V' = X-V$ offen ist. Sind alle $V\in\mathfrak{U}$ abgeschlossen, so gilt nach (1) Satz 7.2.1.

$$X-\bigcap_{V\in\mathfrak{U}} V = \Big(\bigcap_{V\in\mathfrak{U}} V\Big)' = \bigcup_{V\in\mathfrak{U}} V' \text{ offen, da alle } V' \text{ offen sind.}$$

(1*) gilt. Ist $\mathfrak{U}$ endlich, so gilt

$$X-\bigcup_{V\in\mathfrak{U}} V = \Big(\bigcup_{V\in\mathfrak{U}} V\Big)' = \bigcap_{V\in\mathfrak{U}} V' \text{ offen, da alle } V' \text{ offen, } \mathfrak{U} \text{ endlich.}$$

(2*) gilt. Es ist

$$\mathring{W} = \sup\{U \mid U \subset W,\ U \text{ offen}\} \subset W, \quad \mathring{W} \text{ offen} \quad ((1)\ \text{Definition 6.3.2.}).$$

$\mathring{W}$ ist offensichtlich die größte offene Teilmenge von W. Es ist

$$\overline{W} = \inf\{V \mid V \supset W,\ V \text{ abgeschlossen}\} \supset W, \quad \overline{W} \text{ abgeschlossen} \quad ((1^*)).$$

$\overline{W}$ ist ersichtlich die kleinste abgeschlossene Menge, die W enthält. ●

Hilfssatz 7.6.2. $(X, \mathcal{O})$ *sei ein topologischer Raum,* $W, Z \subset X$. *Es gilt*

(1) $Z \subset W \;\Rightarrow\; \mathring{Z} \subset \mathring{W}$ *und* $\overline{Z} \subset \overline{W}$,

(2) Z *offen* $\Leftrightarrow$ $\mathring{Z} = Z$, $\quad Z$ *abgeschlossen* $\Leftrightarrow$ $\overline{Z} = Z$

(also insbesondere $\mathring{\mathring{Z}} = \mathring{Z}$ *und* $\overline{\overline{Z}} = \overline{Z}$*) sowie*

(3)
$$\overline{Z \cup W} = \overline{Z} \cup \overline{W}, \qquad \overline{Z \cap W} \subset \overline{Z} \cap \overline{W},$$
$$\widehat{Z \cap W}^{\circ} = \mathring{Z} \cap \mathring{W}, \qquad \widehat{Z \cup W}^{\circ} \supset \mathring{Z} \cup \mathring{W}.$$

Beweis. (1) Es sei $Z \subset W$. Dann gilt

$$\mathring{Z} \text{ offen}, \ \mathring{Z} \subset Z \subset W, \ \text{also } \mathring{Z} \subset \sup\{U \mid U \text{ offen},\ U \subset W\} = \mathring{W},$$
$$\overline{W} \text{ abgeschlossen}, \ Z \subset \overline{W}, \ \text{also } \overline{W} \supset \inf\{V \mid V \text{ abgeschlossen},\ V \supset Z\} = \overline{Z}.$$

(2) Unmittelbar aus der Definition von $\mathring{Z}$ und $\overline{Z}$ erhält man

$$Z \text{ offen} \Leftrightarrow \mathring{Z} = Z, \qquad Z \text{ abgeschlossen} \Leftrightarrow \overline{Z} = Z.$$

(3) Wegen $\mathring{Z} \subset Z \subset \overline{Z}$, $\mathring{W} \subset W \subset \overline{W}$ gilt ($\mathring{Z} \cup \mathring{W}$ offen, $\overline{Z} \cup \overline{W}$ abgeschlossen etc.!)

$$\mathring{Z} \cup \mathring{W} \subset Z \cup W \subset \overline{Z} \cup \overline{W}, \ \text{also } \mathring{Z} \cup \mathring{W} \subset \widehat{Z \cup W}^{\circ}, \ \overline{Z \cup W} \subset \overline{Z} \cup \overline{W},$$
$$\mathring{Z} \cap \mathring{W} \subset Z \cap W \subset \overline{Z} \cap \overline{W}, \ \text{also } \mathring{Z} \cap \mathring{W} \subset \widehat{Z \cap W}^{\circ}, \ \overline{Z \cap W} \subset \overline{Z} \cap \overline{W}.$$

Darüberhinaus gilt

$$Z \cap W \subset Z, \ \text{also } \widehat{Z \cap W}^{\circ} \subset \mathring{Z}, \quad Z \cap W \subset W, \ \text{also } \widehat{Z \cap W}^{\circ} \subset \mathring{W}.$$

Damit ist auch $\widehat{Z \cap W}^{\circ} \subset \mathring{Z} \cap \mathring{W}$, insgesamt $\widehat{Z \cap W}^{\circ} = \mathring{Z} \cap \mathring{W}$. Weiter ist

$$Z \subset Z \cup W, \ \text{also } \overline{Z} \subset \overline{Z \cup W}, \quad W \subset Z \cup W, \ \text{also } \overline{W} \subset \overline{Z \cup W}.$$

Damit ist auch $\overline{Z} \cup \overline{W} \subset \overline{Z \cup W}$, insgesamt $\overline{Z \cup W} = \overline{Z} \cup \overline{W}$. ●

Hilfssatz 7.6.2. läßt sich nicht verschärfen, man kann in $\overline{Z \cap W} \subset \overline{Z} \cap \overline{W}$ und $\widehat{Z \cup W}^{\circ} \supset \mathring{Z} \cup \mathring{W}$ nicht „$\subset$“ bzw. „$\supset$“ durch „$=$“ ersetzen. Das zeigt

Beispiel 7.6.1. $\boldsymbol{R}$ sei mit der gewöhnlichen Topologie versehen. Setzt man

$$Z=\{x|x\in\boldsymbol{R},\ -1<x\leqq 0\},\quad W=\{x|x\in\boldsymbol{R},\ 0\leqq x<1\},$$

so sind Z, W nicht offen, wie man leicht sieht (ist $r>0$, so ist $U_r(0)\not\subset Z$, $U_r(0)\not\subset W$), aber

$$Z-\{0\}=\{x|x\in\boldsymbol{R},\ -1<x<0\},\quad W-\{0\}=\{x|x\in\boldsymbol{R},\ 0<x<1\}$$

sind offen. Daher ist

$$\mathring{Z}=Z-\{0\},\quad \mathring{W}=W-\{0\},\quad \mathring{Z}\cup\mathring{W}=Z\cup W-\{0\}\neq Z\cup W.$$

Es ist aber

$$Z\cup W=\{x|x\in\boldsymbol{R},\ -1<x<1\} \text{ offen, also } \overset{\circ}{\overbrace{Z\cup W}}=Z\cup W.$$

Setzt man

$$Z=\{x|x\in\boldsymbol{R},\ -1\leqq x<0\},\quad W=\{x|x\in\boldsymbol{R},\ 0<x\leqq 1\},$$

so erhält man genauso (man beachte: V abgeschlossen $\Leftrightarrow$ $\boldsymbol{R}-V$ offen)

$$\bar{Z}=Z\cup\{0\},\quad \bar{W}=W\cup\{0\},\quad \bar{Z}\cap\bar{W}=\{0\}\neq\emptyset,$$

$$Z\cap W=\emptyset, \text{ also } \overline{Z\cap W}=\emptyset\quad (\emptyset=\boldsymbol{R}-\boldsymbol{R} \text{ ist abgeschlossen}).\ \bullet$$

Im Zusammenhang mit der Abgeschlossenheit sind noch die folgenden Begriffe wichtig:

Definition 7.6.2. *$(X, \mathcal{O})$ sei ein topologischer Raum, $Z\subset X$, $W\subset X$. Man definiert*

Z ist dicht bezüglich W $:\Leftrightarrow$ $W\subset\bar{Z}$;

Z ist überall dicht $:\Leftrightarrow$ Z dicht bezüglich X (d.h. $\bar{Z}=X$);

$(X, \mathcal{O})$ ist separabel $:\Leftrightarrow$ Es gibt eine abzählbare überall dichte Untermenge von X.

Ist $Z\subset W\subset\bar{Z}$, so sagt man auch: Z ist dicht *in* W. Ein Beispiel eines separablen Raumes liefert

Hilfssatz 7.6.3. *In der gewöhnlichen Topologie auf $\boldsymbol{R}$ ist $\boldsymbol{Q}$ eine überall dichte Teilmenge, also $\boldsymbol{R}$ separabel.*

Beweis. $\boldsymbol{R}-\bar{\boldsymbol{Q}}$ ist offen. Ist daher $x\in\boldsymbol{R}-\bar{\boldsymbol{Q}}$, so gibt es ein $r\in\boldsymbol{R}$, $r>0$, mit $U_r(x)\subset\subset\boldsymbol{R}-\bar{\boldsymbol{Q}}$. Nun gibt es aber nach Satz 5.2.2. ein $z\in\boldsymbol{Q}$ mit $x<z<x+r$, d.h. $z\in U_r(x)$, was wegen $\boldsymbol{Q}\subset\bar{\boldsymbol{Q}}$, also $\boldsymbol{Q}\cap(\boldsymbol{R}-\bar{\boldsymbol{Q}})=\emptyset$, nicht geht. Infolgedessen ist $\boldsymbol{R}-\bar{\boldsymbol{Q}}=\emptyset$. $\bullet$

Unter gewissen Bedingungen ist eine stetige Abbildung schon durch ihre Einschränkung auf eine überall dichte Menge eindeutig bestimmt. Es gilt

Satz 7.6.5. *$(X, \mathcal{O}_X)$, $(Y, \mathcal{O}_Y)$ seien topologische Räume, $(Y, \mathcal{O}_Y)$ Hausdorffraum und*

$$f: X \to Y, \quad g: X \to Y$$

seien stetig. Ist $Z \subset X$, $W \subset X$ und Z dicht bezüglich W, so gilt

$$f(x) = g(x) \text{ für alle } x \in Z \quad \Rightarrow \quad f(x) = g(x) \text{ für alle } x \in W.$$

Es ist

$$\{x | x \in X, f(x) \neq g(x)\} \quad \text{offen,} \quad \{x | x \in X, f(x) = g(x)\} \quad \text{abgeschlossen.}$$

Ist $(Y, \mathcal{O}_Y)$ Unterraum von $\boldsymbol{R}$ (mit der gewöhnlichen Topologie), so ist auch

$$\{x | x \in X, f(x) < g(x)\} \quad \text{offen.}$$

Beweis. Zunächst sei $H = \{x | x \in X, f(x) \neq g(x)\}$. Ist $x \in H$, so ist $f(x) \neq g(x)$. Da $(Y, \mathcal{O}_Y)$ Hausdorffraum ist (Definition 6.3.4.), gibt es offene Mengen $V_1, V_2 \subset Y$ mit

$$f(x) \in V_1, \quad g(x) \in V_2, \quad V_1 \cap V_2 = \emptyset.$$

Da f, g stetig sind, ist

$$f^{-1}(V_1) \quad \text{offen,} \quad g^{-1}(V_2) \quad \text{offen, also} \quad U = f^{-1}(V_1) \cap g^{-1}(V_2) \quad \text{offen.}$$

Wegen $x \in f^{-1}(V_1)$, $x \in g^{-1}(V_2)$ ist $x \in U$. Es gilt

$$y \in U \quad \Rightarrow \quad f(y) \in V_1 \text{ und } g(y) \in V_2 \quad \Rightarrow \quad f(y) \neq g(y) \quad \Rightarrow \quad y \in H.$$

Damit ist $x \in U \subset H$. Da U offen ist, ist $x \in U \subset \mathring{H}$. Das bedeutet $H \subset \mathring{H}$. Da sowieso $\mathring{H} \subset H$ ist, ist $H = \mathring{H}$, also H offen und

$$\{x | x \in X, f(x) = g(x)\} = X - H \quad \text{abgeschlossen.}$$

Das ergibt

$$Z \subset X - H \quad \Rightarrow \quad \bar{Z} \subset X - H, \text{ also } W \subset X - H, \text{ wegen } W \subset \bar{Z}.$$

Da $(Y, \mathcal{O}_Y)$ Unterraum von $\boldsymbol{R}$ ist, wird $\mathcal{O}_Y$ durch die gewöhnliche Metrik von $\boldsymbol{R}$ induziert. Mit f und g sind nach Satz 6.4.4. auch $\hat{f}: X \to \boldsymbol{R}$ und $\hat{g}: X \to \boldsymbol{R}$, definiert durch $\hat{f}(x) := f(x)$ und $\hat{g}(x) := g(x)$, stetig. Nach Satz 6.6.2. sind $-\hat{f} = (-1) \cdot \hat{f}$ und $\hat{g} - \hat{f} = \hat{g} + (-1)\hat{f}$ stetig. Da $\boldsymbol{R}_+^\times$ offen ist, ist

$$\{x | x \in X, f(x) < g(x)\} = \{x | x \in X, g(x) - f(x) > 0\} = (\hat{g} - \hat{f})^{-1}(\boldsymbol{R}_+^\times) \quad \text{offen.} \quad \bullet$$

Die Komplementarität der Begriffe „offene Menge" und „abgeschlossene Menge" (wegen $X - (X - V) = V$ erhält man aus „V abgeschlossen $\Leftrightarrow$ $X - V$ offen" nämlich „U offen $\Leftrightarrow$ $X - U$ abgeschlossen") macht es möglich, Stetigkeit allein mit abgeschlossenen Mengen zu definieren.

Hilfssatz 7.6.4. *$(X, \mathcal{O}_X)$, $(Y, \mathcal{O}_Y)$ seien topologische Räume, $f: X \to Y$. Es gilt*

$$f \text{ ist stetig} \quad \Leftrightarrow \quad \text{Für jede abgeschlossene Menge } V \subset Y \text{ ist } f^{-1}(V) \text{ abgeschlossen.}$$

Beweis. Nach (5) Satz 7.2.2. gilt für alle $V \subset Y$

$$f^{-1}(Y-V) = f^{-1}(Y) - f^{-1}(V) = X - f^{-1}(V).$$

Ist f stetig, so erhält man hieraus

$$V \text{ abgeschlossen} \Rightarrow Y-V \text{ offen} \Rightarrow X-f^{-1}(V) \text{ offen} \Rightarrow$$
$$\Rightarrow f^{-1}(V) \text{ abgeschlossen.}$$

Ist für jede abgeschlossene Menge $W \subset Y$ auch $f^{-1}(W)$ abgeschlossen, so gilt

$$V \text{ offen} \Rightarrow Y-V \text{ abgeschlossen} \Rightarrow X-f^{-1}(V) \text{ abgeschlossen} \Rightarrow$$
$$\Rightarrow f^{-1}(V) \text{ offen.} \bullet$$

Es sei darauf hingewiesen, daß man einen entsprechenden Satz für offene Abbildungen nicht beweisen kann, weil man kein Analogon von (5) Satz 7.2.2. für $f(X-U)$ hat.

Verwendet man den Begriff des Unterraumes eines topologischen Raumes, so kann man Satz 6.4.3. und Satz 6.4.4. auf topologische Räume übertragen.

Satz 7.6.6. *$(X, \mathcal{O}_X)$, $(Y, \mathcal{O}_Y)$ seien topologische Räume, $f: X \to Y$. Ist $(Z, \mathcal{O}_Z)$ Unterraum von $(X, \mathcal{O}_X)$, so gilt*

$$f \text{ ist stetig} \Rightarrow f|Z \text{ ist stetige Abbildung von } (Z, \mathcal{O}_Z) \text{ in } (Y, \mathcal{O}_Y).$$

Ist $(W, \mathcal{O}_W)$ Unterraum von $(Y, \mathcal{O}_Y)$, $f(X) \subset W$, $\tilde{f}: X \to W$ durch $\tilde{f}(x) = f(x)$ definiert, so gilt

$$f \text{ ist stetig} \Leftrightarrow \tilde{f} \text{ ist stetig.}$$

Beweis. Ist f stetig, so gilt für $V \subset Y$

$$V \text{ offen} \Rightarrow f^{-1}(V) \text{ offen}$$
$$\Rightarrow (f|Z)^{-1}(V) = \{x \mid x \in Z, f(x) \in V\} = f^{-1}(V) \cap Z \in \mathcal{O}_Z.$$

Ist $\tilde{V} \subset W$, $V \subset Y$ und $\tilde{V} = V \cap W$, so gilt wegen $f(X) \subset W$, $(V - \tilde{V}) \cap W = \emptyset$

$$\tilde{f}^{-1}(\tilde{V}) = f^{-1}(\tilde{V}) = f^{-1}(\tilde{V}) \cup f^{-1}(V-\tilde{V}) = f^{-1}(V) \quad ((2) \text{ Satz } 7.2.2.).$$

Ist V offen in $(Y, \mathcal{O}_Y)$, so ist $\tilde{V} = V \cap W$ offen in $(W, \mathcal{O}_W)$. Ist $\tilde{V}$ offen in $(W, \mathcal{O}_W)$, so gibt es ein $V \in \mathcal{O}_Y$ mit $\tilde{V} = V \cap W$. Daraus folgt, daß f genau dann stetig ist, wenn $\tilde{f}$ stetig ist. $\bullet$

Aufgabe 7.6.1. $(X, \mathcal{O}_X)$ sei Hausdorffraum, $(Y, \mathcal{O}_Y)$ ein Unterraum. Man zeige: $(Y, \mathcal{O}_Y)$ ist Hausdorffraum. ●

Aufgabe 7.6.2. Man zeige: Jede endliche Untermenge eines Hausdorffraumes ist abgeschlossen. ●

Aufgabe 7.6.3. $(X, \mathcal{O}_X)$, $(Y, \mathcal{O}_Y)$ seien topologische Räume, $f: X \to Y$. Man zeige:

$$f \text{ ist stetig} \quad \Leftrightarrow \quad \text{Für jedes } Z \subset X \text{ ist } f(\bar{Z}) \subset \overline{f(Z)}. \quad \bullet$$

7.7. Besonderheiten der Topologie auf $\boldsymbol{R}$

$\boldsymbol{R}$ ist mit der durch den gewöhnlichen Absolutbetrag induzierten Metrik ein metrischer Raum. Wenn nicht ausdrücklich anders vermerkt, verwendet man auf $\boldsymbol{R}$ immer diese Metrik und die von ihr induzierte Topologie. $\boldsymbol{R}$ ist durch „$\leqq$" linear geordnet. Wegen des Archimedischen Axioms für $\boldsymbol{R}$ ((2) Satz 5.2.1.) gibt es zu jedem $a \in \boldsymbol{R}$ ein $n \in \boldsymbol{N}$ mit $n \cdot 1 > a$ und ein $m \in \boldsymbol{N}$ mit $m \cdot 1 > -a$, also $-m < a$. $\boldsymbol{R}$ hat daher weder eine obere noch eine untere Schranke. Es ist aber möglich, eine nach unten und nach oben beschränkte Teilmenge von $\boldsymbol{R}$ zu finden, die als Unterraum von $\boldsymbol{R}$ homöomorph zu $\boldsymbol{R}$ selbst ist, d.h., zu der es eine topologische Abbildung auf $\boldsymbol{R}$ gibt.

Hilfssatz 7.7.1. *Man kann eine Abbildung*

$$f: \boldsymbol{R} \to U_1(0) = \{y \mid y \in \boldsymbol{R},\ |y| < 1\} \text{ durch } f(x) := \frac{x}{1+|x|} \text{ für alle } x \in \boldsymbol{R}$$

definieren. f ist bijektiv, Ordnungsisomorphismus und eine topologische Abbildung von $\boldsymbol{R}$ *auf den Unterraum* $U_1(0)$.

Beweis. Für alle $x \in \boldsymbol{R}$ ist $|x| < 1 + |x|$ und $\big|1 + |x|\big| = 1 + |x|$. Daher ist $\left|\frac{x}{1+|x|}\right| = \frac{|x|}{1+|x|} < 1$, und man erhält auf die angegebene Weise eine Abbildung $f: \boldsymbol{R} \to U_1(0)$.

Für $x \in \boldsymbol{R}$ gilt

$$f(0) = 0, \quad 0 < x \Rightarrow 0 < f(x), \quad f(-x) = \frac{-x}{1+|-x|} = -\frac{x}{1+|x|} = -f(x).$$

Sind $x_1, x_2 \in \boldsymbol{R}$, $0 < x_1 < x_2$, so ist $0 < x_2^{-1} < x_1^{-1}$. Deshalb gilt

$$0 < x_1 < x_2 \quad \Rightarrow \quad f(x_1) = \frac{x_1}{1+|x_1|} = \frac{1}{x_1^{-1}+1} < \frac{1}{x_2^{-1}+1} = f(x_2),$$

$$x_1 < x_2 < 0 \;\Rightarrow\; 0 < -x_2 < -x_1 \;\Rightarrow\; f(-x_2) < f(-x_1) \;\Rightarrow\; f(x_1) < f(x_2),$$

$$x_1 \leqq 0 < x_2 \;\Rightarrow\; f(x_1) \leqq 0 < f(x_2), \qquad x_1 < 0 \leqq x_2 \;\Rightarrow\; f(x_1) < 0 \leqq f(x_2).$$

Damit gilt für alle $x_1, x_2 \in \boldsymbol{R}$

$$x_1 < x_2 \;\Rightarrow\; f(x_1) < f(x_2).$$

f ist ordnungserhaltend und injektiv.

Für $|y| \neq 1$ ist $1 - |y| \neq 0$. Man kann daher eine Abbildung

$$g: U_1(0) \to \boldsymbol{R} \text{ durch } g(y) := \frac{y}{1-|y|} \text{ für alle } y \in U_1(0)$$

definieren. Für alle $x \in \boldsymbol{R}$ gilt

$$|f(x)| = \frac{|x|}{1+|x|}, \text{ also } 1 - |f(x)| = \frac{1}{1+|x|}, \text{ d.h. } g(f(x)) = \frac{f(x)}{1-|f(x)|} = x,$$

und für alle $y \in U_1(0)$

$$|g(y)| = \frac{|y|}{1-|y|}, \text{ also } 1 + |g(y)| = \frac{1}{1-|y|}, \text{ d.h. } f(g(y)) = \frac{g(y)}{1+|g(y)|} = y.$$

Damit ist $f \circ g = id_{U_1(0)}$ und $g \circ f = id_{\boldsymbol{R}}$. f und g sind bijektiv, $g = f^{-1}$ (Satz 1.4.5.). Es sei angemerkt, daß bereits aus $f \circ g = id_{U_1(0)}$ nach Satz 1.4.5. folgt, daß f surjektiv ist. Da wir bereits festgestellt hatten, daß f injektiv ist, ist f bijektiv. Da $\boldsymbol{R}$ linear geordnet ist, ist f nach Satz 3.1.4. Ordnungsisomorphismus, und nach Hilfssatz 3.1.6. ist auch $g = f^{-1}$ ordnungserhaltend.

Ist $U \subset \boldsymbol{R}$, U offen, und $z \in f(U)$, so gibt es ein $x \in U$ mit $f(x) = z$. Da U offen ist, gibt es ein $r \in \boldsymbol{R}$, $r > 0$, mit $U_r(x) \subset U$. Für alle $y \in \boldsymbol{R}$ gilt

$$x - r < y < x + r \;\Leftrightarrow\; f(x-r) < f(y) < f(x+r).$$

Da f bijektiv und $U_r(x) \subset U$ ist, ist $z \in \{w \mid f(x-r) < w < f(x+r)\} \subset f(U)$. Wie man leicht sieht, ist $\{w \mid f(x-r) < w < f(x+r)\}$ offen. f ist daher eine offene Abbildung. Entsprechend zeigt man, daß $g = f^{-1}$ offen ist (hier muß man für $y \in V$ ein r so wählen, daß $r < |1-y|, |-1-y|$ ist, damit $U_r(y) \subset U_1(0)$ ist!). Damit ist f topologisch. ●

Überall, wo $\boldsymbol{R}$ als linear geordnete Menge oder als topologischer Raum auftritt, kann man $\boldsymbol{R}$ unter Benutzung der Abbildung f aus Hilfssatz 7.7.1. durch $U_1(0)$ ersetzen. $U_1(0)$ ist nun aber Unterraum von

$$[-1, 1] = \{x \mid x \in \boldsymbol{R},\; -1 \leqq x \leqq 1\}; \quad [-1, 1] = \{-1\} \cup U_1(0) \cup \{1\}.$$

Bei genauer Betrachtung zeigt sich, daß $[-1, 1]$ wesentlich angenehmere Eigenschaften hat als $U_1(0)$. Insbesondere gilt

Hilfssatz 7.7.2. *Es sei* $[-1, 1] = \{x | x \in \boldsymbol{R},\ -1 \leqq x \leqq 1\}$. *Jede Untermenge von* $[-1, 1]$ *hat in* $[-1, 1]$ *ein Supremum und ein Infimum.*

Beweis. Offenbar ist in $[-1, 1]$

$$\sup \emptyset = -1 \quad \text{und} \quad \inf \emptyset = 1.$$

Ist $U \subset [-1, 1]$, $U \neq \emptyset$, so hat U in $\boldsymbol{R}$ eine untere Schranke (nämlich -1) und eine obere Schranke (nämlich 1). Daher existiert in $\boldsymbol{R}$ $\sup U$ und $\inf U$, und nach Satz 3.1.1. ist (da $U \neq \emptyset$ ist)

$$-1 \leqq \inf U \leqq \sup U \leqq 1.$$

Damit ist aber natürlich auch

$$\inf U = \max \{y | y \in \underline{S}(U),\ -1 \leqq y \leqq 1\}, \quad \sup U = \min \{y | y \in \bar{S}(U),\ -1 \leqq y \leqq 1\}.$$

Da man aber lieber mit $\boldsymbol{R}$ arbeitet als mit $U_1(0)$, weil $(\boldsymbol{R}, +, \cdot)$ Körper ist, liegt es nahe, die Erweiterung von $U_1(0)$ zu $[-1, 1]$ durch Hinzunahme von -1 und 1 auf $\boldsymbol{R}$ zu übertragen. Das macht man folgendermaßen.

Satz 7.7.1. *Unter Hinzunahme der beiden Symbole „$-\infty$", „∞" definiert man*

$$\bar{\boldsymbol{R}} := \{-\infty\} \cup \boldsymbol{R} \cup \{\infty\}.$$

Definiert man mit der Abbildung f aus Hilfssatz 7.7.1.

$$\bar{f}: \bar{\boldsymbol{R}} \to [-1, 1] \ \textit{durch}\ \bar{f}(x) := f(x) \ \textit{für}\ x \in \boldsymbol{R},\ \bar{f}(-\infty) := -1,\ \bar{f}(\infty) := 1,$$

so ist $\bar{f}$ *bijektiv. Definiert man Anordnung und Topologie auf* $\bar{\boldsymbol{R}}$ *durch*

$$x \leqq y \ :\Leftrightarrow\ \bar{f}(x) \leqq \bar{f}(y), \qquad U \ \textit{offen in}\ \bar{\boldsymbol{R}} \ :\Leftrightarrow\ \bar{f}(U) \ \textit{offen in}\ [-1, 1],$$

so ist $\bar{f}$ *Ordnungsisomorphismus und topologische Abbildung. Auf der Teilmenge* $\boldsymbol{R} \subset \bar{\boldsymbol{R}}$ *erhält man dabei die gewöhnliche Anordnung,* $\boldsymbol{R}$ *ist offen in* $\bar{\boldsymbol{R}}$, *und für jedes* $U \subset \boldsymbol{R}$ *gilt*

$$U \ \textit{offen in}\ \boldsymbol{R}\ \textit{(in der gewöhnlichen Topologie auf}\ \boldsymbol{R}) \ \Leftrightarrow\ U \ \textit{offen in}\ \bar{\boldsymbol{R}}.$$

$\boldsymbol{R}$ *ist mit der gewöhnlichen Topologie Unterraum von* $\bar{\boldsymbol{R}}$. *Es gilt*

$$-\infty < \infty, \qquad -\infty < x < \infty \quad \textit{für alle} \quad x \in \boldsymbol{R}.$$

Beweis. $\bar{f}$ ist offensichtlich bijektiv. Definiert man die Anordnung auf $\bar{\mathbf{R}}$ wie angegeben, so ist $\bar{f}$ auch Ordnungsisomorphismus. Für $x, y \in \mathbf{R}$ ist dann

$$x \leqq y \quad \Leftrightarrow \quad f(x) \leqq f(y).$$

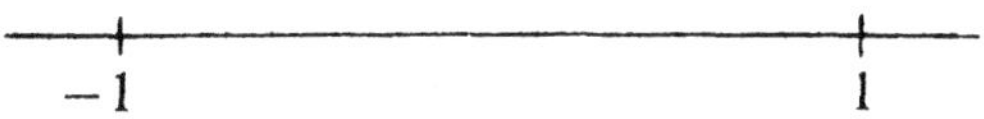

$$[-1, 1] = \{-1\} \cup U_1(0) \cup \{1\}$$

$$\bar{\mathbf{R}} = \{-\infty\} \cup \mathbf{R} \cup \{\infty\}$$

$$f: \mathbf{R} \to U_1(0), \quad \bar{f}: \bar{\mathbf{R}} \to [-1, 1]$$

Da f Ordnungsisomorphismus ist, erhält man auf $\mathbf{R}$ die gewöhnliche Anordnung. Definiert man für alle $U \subset \bar{\mathbf{R}}$

$$U \text{ offen in } \bar{\mathbf{R}} \quad \Leftrightarrow \quad \bar{f}(U) \text{ offen in } [-1, 1],$$

so gilt, da $\bar{f}$ bijektiv ist, $V = \bar{f}(\bar{f}^{-1}(V))$ für jedes $V \subset [-1, 1]$ und daher

$$V \text{ offen in } [-1, 1] \quad \Leftrightarrow \quad \bar{f}^{-1}(V) \text{ offen in } \bar{\mathbf{R}}.$$

Damit ist $\bar{f}$ nicht nur offen, sondern auch stetig, also topologisch, $\mathbf{R} = \bar{f}^{-1}(U_1(0))$ ist offen, da $U_1(0)$ offen in $[-1, 1]$ ist. $U_1(0)$ ist Unterraum des metrischen Raumes $[-1, 1]$. Ist $U \subset \mathbf{R}$, U offen in $\mathbf{R}$ (in der gewöhnlichen Topologie auf $\mathbf{R}$!), so ist $f(U)$ offen in $U_1(0)$, d.h., es gibt ein $V \subset [-1, 1]$, V offen in $[-1, 1]$, mit $f(U) = V \cap U_1(0)$. Da $U_1(0)$ offen in $[-1, 1]$ ist, ist $\bar{f}(U) = f(U) = V \cap U_1(0)$ offen in $[-1, 1]$, also U offen in $\bar{\mathbf{R}}$. Daher gilt für alle $U \subset \mathbf{R}$

$$U \text{ offen in } \mathbf{R} \text{ (in der gewöhnlichen Topologie auf } \mathbf{R}) \quad \Rightarrow \quad U \text{ offen in } \bar{\mathbf{R}}.$$

Umgekehrt gilt für $U \subset \mathbf{R}$ wegen $\bar{f}(U) = f(U) \subset U_1(0)$

$$U \text{ offen in } \bar{\mathbf{R}} \quad \Rightarrow \quad \bar{f}(U) \text{ offen in } [-1, 1] \quad \Rightarrow \quad f(U) \text{ offen in } U_1(0)$$

$$\Rightarrow \quad U \text{ offen in } \mathbf{R} \text{ (in der gewöhnlichen Topologie auf } \mathbf{R}).$$

Da $\mathbf{R}$ offen in $\bar{\mathbf{R}}$ ist, ist $\mathbf{R} \cap V$ offen für alle $V \in \mathcal{O}_{\bar{\mathbf{R}}}$. Damit ist

$$\mathcal{O}_{\mathbf{R}} = \{V \cap \mathbf{R} \mid V \in \mathcal{O}_{\bar{\mathbf{R}}}\}$$

und $\mathbf{R}$ in der gewöhnlichen Topologie Unterraum von $\bar{\mathbf{R}}$.

Man beachte, daß die Beziehungen zwischen der Topologie auf $\bar{\mathbf{R}}$ und der gewöhnlichen Topologie auf $\mathbf{R}$ über den metrischen Raum $[-1, 1]$ und seinen Unterraum $U_1(0)$ hergestellt werden müssen, da die Topologie von $\bar{\mathbf{R}}$ mit Hilfe der Topologie von $[-1, 1]$ definiert ist. Der Beweis ist in allen Einzelheiten ausgeführt, da es bei einer solchen Konstruktion keineswegs selbstverständlich ist, daß die durch die Topologie von $\bar{\mathbf{R}}$ auf $\mathbf{R}$ induzierte Topologie mit der ursprünglichen Topologie auf $\mathbf{R}$ übereinstimmt. Für abgeschlossene Mengen liegen die Dinge nicht mehr so einfach. So ist $\boldsymbol{R}$ natürlich abgeschlossen in $\boldsymbol{R}$, aber nicht mehr abgeschlossen in $\bar{\boldsymbol{R}}$! Die letzte Aussage von Satz 7.7.1. folgt unmittelbar aus der Definition der Anordnung auf $\bar{\boldsymbol{R}}$. ●

Satz 7.7.2. *Jede Teilmenge von $\bar{\boldsymbol{R}}$ hat ein Infimum und ein Supremum in $\bar{\boldsymbol{R}}$.*

Beweis. Da f aus Satz 7.7.1. ein Ordnungsisomorphismus ist, folgt das Ergebnis unmittelbar aus Hilfssatz 7.7.2. (bei Verwendung der Eigenschaften eines Ordnungsisomorphismus aus Hilfssatz 3.1.6.). ●

Definition 7.7.1. *Zu zwei Elementen $a, b \in \bar{\boldsymbol{R}}$ mit $a \leqq b$ definiert man das abgeschlossene Intervall mit den Endpunkten a, b durch*

$$[a, b] := \{x \mid x \in \bar{\boldsymbol{R}},\ a \leqq x \leqq b\}$$

und das offene Intervall mit den Endpunkten a, b durch

$$]a, b[:= \{x \mid x \in \bar{\boldsymbol{R}},\ a < x,\ x < b\}.$$

Eine Teilmenge $U \subset \bar{\boldsymbol{R}}$ heißt Intervall, wenn es $a, b \in \bar{\boldsymbol{R}}$ mit $a \leqq b$ so gibt, daß

$$]a, b[\subset U \subset [a, b]$$

ist. a, b heißen Endpunkte des Intervalles U.

Hilfssatz 7.7.3. *Es seien $a, b \in \bar{\boldsymbol{R}}$, $a < b$. Die Intervalle mit den Endpunkten a und b sind $]a, b[$, $[a, b]$, das links offene, rechts abgeschlossene Intervall*

$$]a, b] := \{x \mid x \in \bar{\boldsymbol{R}},\ a < x \leqq b\}$$

und das rechts offene, links abgeschlossene Intervall

$$[a, b[:= \{x \mid x \in \bar{\boldsymbol{R}},\ a \leqq x < b\},$$

$]a, b]$ und $[a, b[$ bezeichnet man auch als halboffene Intervalle. Die Intervalle mit den Endpunkten c, c ($c \in \bar{\boldsymbol{R}}$) sind $]c, c[= \emptyset$ und $[c, c] = \{c\}$ (hier wäre $]c, c] = [c, c[= \,]c, c[= \emptyset$).

Es seien $a, b \in \bar{\boldsymbol{R}}$, $-\infty < a < b < \infty$. Ist I Intervall mit den Endpunkten a, b, so ist $\mathring{I} = \,]a, b[$, $\bar{I} = [a, b]$. $]-\infty, a[$, $[-\infty, a[$, $]b, \infty[$, $]b, \infty]$ sind offen, $[-\infty, a]$, $[b, \infty]$ abgeschlossen in $\bar{\boldsymbol{R}}$.

Beweis. Da $[a, b] = \{a\} \cup \,]a, b[\,\cup \{b\}$ ist, sind die angegebenen Mengen genau die Intervalle mit den Endpunkten a, b.

Nach Definition 7.7.1. ist $]a, a[= \emptyset$ und $[a, a] = \{a\}$, also gilt: $]a, a[\subset U \subset [a, a] \Rightarrow U = \emptyset$ oder $U = \{a\}$.

Da in dem Unterraum $[-1, 1]$ von $\boldsymbol{R}$ für $-1<z<w<1$ die Mengen $]-1, z[$, $[-1, z[$, $]z, w[$, $]w, 1[$, $]w, 1]$ offen sind (z. B. ist $[-1, z[=[-1, 1]\cap]-2, z[$, $]-2, z[$ offen in $\boldsymbol{R}$), sind nach der Definition der Topologie auf $\bar{\boldsymbol{R}}$

$$]-\infty, a[,\ [-\infty, a[,\ ]a, b[,\ ]b, \infty[,\ ]b, \infty] \quad \text{offen in } \bar{\boldsymbol{R}}$$

und

$$[-\infty, a]=\bar{\boldsymbol{R}}-]a, \infty], \quad [b, \infty]=\bar{\boldsymbol{R}}-[-\infty, b[, \quad [a, b] = [-\infty, b]\cap[a, \infty]$$

abgeschlossen in $\bar{\boldsymbol{R}}$. $[a, b]$, $]a, b]$, $[a, b[$ sind in $\boldsymbol{R}$ (und daher auch in $\bar{\boldsymbol{R}}$) nicht offen, wie man sofort sieht. Entsprechend sind $]a, b[$, $]a, b]$, $[a, b[$ nicht abgeschlossen (denn $\boldsymbol{R}-]a, b] = \boldsymbol{R}\cap(\bar{\boldsymbol{R}}-]a, b]) =]-\infty, a]\cup]b, \infty[$ ist nicht offen, weil $]-\infty, a]$ nicht offen ist, etc.). Daraus erhält man $\mathring{I}=]a, b[$, $\bar{I}=[a, b]$. ●

Satz 7.7.3. *Die zusammenhängenden Mengen von $\bar{\boldsymbol{R}}$ sind die Intervalle. Die offenen und zusammenhängenden Mengen von $\boldsymbol{R}$ sind die offenen Intervalle von $\bar{\boldsymbol{R}}$.*

Beweis. Nach Satz 7.6.2. ist eine Teilmenge des Unterraumes $[-1, 1]$ von $\boldsymbol{R}$ in $[-1, 1]$ genau dann zusammenhängend, wenn sie in $\boldsymbol{R}$ zusammenhängend ist. Es sei $H\subset[-1, 1]$. Nach Hilfssatz 6.7.1. ist H genau dann zusammenhängend, wenn für alle $a, b\in\boldsymbol{R}$ gilt

$$a, b\in H,\ a<b \ \Rightarrow\ [a, b]\subset H.$$

Da jedes Intervall diese Eigenschaft hat, ist ein Intervall immer zusammenhängend. Es sei jetzt $H\neq\emptyset$. Dann ist

$$-1\leqq\inf H\leqq\sup H\leqq 1, \quad H\subset[\inf H, \sup H].$$

Ist $x\in]\inf H, \sup H[$, so ist $\inf H<x<\sup H$, x ist weder untere noch obere Schranke von H, d.h., es gibt

$$a, b\in H \quad \text{mit} \quad a\leqq x\leqq b, \quad \text{also} \quad x\in[a, b]\subset H.$$

Damit ist $]\inf H, \sup H[\subset H$, H ist Intervall.

Die Abbildung $\bar{f}$ aus Satz 7.7.1. hat offenbar die Eigenschaft, daß für alle $G\subset\bar{\boldsymbol{R}}$ gilt

$$]a, b[\subset G\subset[a, b] \Rightarrow]\bar{f}(a), \bar{f}(b)[\subset\bar{f}(G)\subset[\bar{f}(a), \bar{f}(b)].$$

Für eine topologische Abbildung f gilt nach Satz 6.7.1. (f, f^{-1} stetig!)

$$G \text{ zusammenhängend} \ \Leftrightarrow\ f(G) \text{ zusammenhängend.}$$

Daher sind die zusammenhängenden Untermengen von $\bar{\boldsymbol{R}}$ genau die Intervalle.

Liegt ein Intervall mit den Endpunkten a, b in $\boldsymbol{R}$, so sind entweder $a, b\in\boldsymbol{R}$, oder es ist $a\in\boldsymbol{R}$ und das Intervall ist $[a, \infty[$ oder $]a, \infty[$, oder $b\in\boldsymbol{R}$ und das Intervall ist

$]-\infty, b]$ oder $]-\infty, b[$, oder das Intervall ist $]-\infty, \infty[$. Ist das Intervall also eine offene Menge, so ist es in jedem Falle $]a, b[$. ●

Satz 7.7.4. *Jede offene Teilmenge von* $\boldsymbol{R}$ *ist Vereinigung höchstens abzählbar vieler offener Intervalle, die paarweise punktfremd sind.*

Beweis. Es sei $W \subset \boldsymbol{R}$, W offen. Man setze (für den Unterraum W von $\boldsymbol{R}$)

$$\mathfrak{U} = \{U \mid U \text{ maximale zusammenhängende Teilmenge von } W\}.$$

Sind $U_1, U_2 \in \mathfrak{U}$ und ist $U_1 \neq U_2$, so muß $U_1 \cap U_2 = \emptyset$ sein, da sonst $U_1 \cup U_2$ nach Satz 7.6.3. zusammenhängend und, wegen $U_1 \neq U_2$, U_1 echte Teilmenge von $U_1 \cup U_2$ oder U_2 echte Teilmenge von $U_1 \cup U_2$ wäre, was der Maximilität widerspricht.

Jedes $U \in \mathfrak{U}$ ist ein Intervall. Es sei etwa $]a, b[\subset U \subset [a, b]$. Ist einer der Endpunkte, etwa $a \in U$, so gibt es, da W offen ist, ein $r \in \boldsymbol{R}$, $r > 0$, mit $U_r(a) \subset W$. Dann ist $]a-r, b[\subset U \cup]a-r, a[\subset]a-r, b]$, und $U \cup]a-r, a[$ ist als Intervall zusammenhängende Untermenge von W, U echte Teilmenge, was der Maximalität widerspricht. Also ist U ein offenes Intervall.

Da jedes $x \in W$ nach Satz 7.6.3. in einer größten zusammenhängenden Teilmenge von W liegt, ist

$$W = \bigcup \mathfrak{U}, \text{ jedes } U \in \mathfrak{U} \text{ ist ein offenes Intervall.}$$

Nach Satz 5.2.2. gibt es in jedem Intervall eine Zahl aus $\boldsymbol{Q}$. Es sei Φ eine Auswahlfunktion für $(U \cap \boldsymbol{Q})_{U \in \mathfrak{U}}$. Dann ist

$$\varphi : \mathfrak{U} \to \boldsymbol{Q}, \quad \text{definiert durch} \quad \varphi(U) := \Phi(U \cap \boldsymbol{Q}),$$

injektiv, weil $U_1, U_2 \in \mathfrak{U}$, $U_1 \neq U_2 \Rightarrow U_1 \cap U_2 = \emptyset$. Da $\boldsymbol{Q}$ abzählbar ist, ist auch $\mathfrak{U}$ abzählbar. ●

Für das Rechnen mit Infimum und Supremum in $\overline{\boldsymbol{R}}$ (die ja für jede Untermenge von $\overline{\boldsymbol{R}}$ existieren), ist es zweckmäßig, Addition und Multiplikation aus $(\boldsymbol{R}, +, \cdot)$ durch Zusatzdefinitionen so zu erweitern, daß in *gewissen* Summen und Produkten $-\infty$ bzw. ∞ vorkommen kann. Man definiert aber *keineswegs* Addition und Multiplikation für *jedes* Paar von Elementen aus $\overline{\boldsymbol{R}}$.

Satz 7.7.5. *Zusätzlich zu „+" und „·" auf* $\boldsymbol{R}$ *definiert man*

$$\begin{array}{rcl}
\infty + x := \infty, & x + \infty := \infty & \textit{für } x \in \overline{\boldsymbol{R}},\ x \neq -\infty \\
-\infty + x := -\infty, & x - \infty := -\infty & \textit{für } x \in \overline{\boldsymbol{R}},\ x \neq \infty \\
x \cdot \infty := \infty, & \infty \cdot x := \infty & \textit{für } x \in \overline{\boldsymbol{R}},\ x > 0 \\
x \cdot (-\infty) := -\infty, & (-\infty) \cdot x := -\infty & \textit{für } x \in \boldsymbol{R},\ x > 0 \\
\infty \cdot x := -\infty, & x \cdot \infty := -\infty & \textit{für } x \in \boldsymbol{R},\ x < 0 \\
(-\infty) \cdot x := \infty, & x \cdot (-\infty) := \infty & \textit{für } x \in \boldsymbol{R},\ x < 0
\end{array}$$

Dann gelten die Regeln für Ungleichungen (mit „$\leqq$") weiter, d.h., für $x, y, z, w \in \bar{\boldsymbol{R}}$ gilt, soweit die Ausdrücke definiert sind,

(2a) $x \leqq y$ *und* $z \leqq w \Rightarrow x+z \leqq y+w$,

(3a) $x \geqq 0$ *und* $z \leqq w \Rightarrow xz \leqq xw$,

(4a) $x \leqq y$ *und* $0 \leqq z \leqq w$ *und* $y \geqq 0 \Rightarrow xz \leqq yw$.

Beweis. Tritt weder $-\infty$ noch ∞ auf, so handelt es sich um die Aussagen von Satz 3.2.2. Tritt an einer oder mehreren Stellen $-\infty$ oder ∞ auf und sind die entsprechenden Ausdrücke nach den Festsetzungen in Satz 7.7.5. definiert, so sieht man in jedem Falle unmittelbar, daß die betreffende Behauptung stimmt. Die Verifikation sei dem Leser überlassen. ●

Da $\bar{\boldsymbol{R}}$ linear geordnet ist und jede Teilmenge ein Infimum und ein Supremum hat, erhält man eine Reihe von Rechenregeln für die Bestimmung des Infimums und des Supremums.

Satz 7.7.6. *Ist* $\mathfrak{U} \subset \mathfrak{P}(\bar{\boldsymbol{R}})$, *so gilt*

(1) $$\sup \bigcup \mathfrak{U} = \sup \{\sup U \mid U \in \mathfrak{U}\}, \quad \inf \bigcup \mathfrak{U} = \inf \{\inf U \mid U \in \mathfrak{U}\}.$$

Für jedes $U \subset \bar{\boldsymbol{R}}$ *gilt*

(2) $$\sup\{-x \mid x \in U\} = -\inf U, \quad \inf\{-x \mid x \in U\} = -\sup U.$$

Sind X, Y *Mengen*, $f: X \times Y \to \bar{\boldsymbol{R}}$, $U \subset X$, $V \subset Y$, *so gilt*

(3) $$\begin{aligned} \sup f(U \times V) &= \sup\big\{\sup f(\{x\} \times V) \mid x \in U\big\}, \\ \inf f(U \times V) &= \inf\big\{\inf f(\{x\} \times V) \mid x \in U\big\}. \end{aligned}$$

Ist X *eine Menge*, $f: X \to \bar{\boldsymbol{R}}$, $g: X \to \bar{\boldsymbol{R}}$ *und* $U \subset X$, *so gilt*

(4) $f(x) \leqq g(x)$ *für alle* $x \in U \Rightarrow \sup f(U) \leqq \sup g(U)$ *und* $\inf f(U) \leqq \inf g(U)$.

Beweis. (1) Für alle $x \in \bar{\boldsymbol{R}}$ gilt

$$x \in \bar{S}\left(\bigcup \mathfrak{U}\right) \Leftrightarrow x \in \bar{S}(U) \text{ für jedes } U \in \mathfrak{U} \Leftrightarrow x \geqq \sup U \text{ für jedes } U \in \mathfrak{U}.$$

Hieraus folgt unmittelbar

$$\bar{S}\left(\bigcup \mathfrak{U}\right) = \bar{S}\left(\{\sup U \mid U \in \mathfrak{U}\}\right), \quad \text{also} \quad \sup \bigcup \mathfrak{U} = \sup\{\sup U \mid U \in \mathfrak{U}\}.$$

Entsprechend erhält man die Gleichung für das Infimum.

(2) ergibt sich aus der Tatsache, daß die Abbildung $\varphi: \bar{\boldsymbol{R}} \to \bar{\boldsymbol{R}}$, definiert durch $\varphi(x) = -x$, ordnungsumkehrend und bijektiv mit $\varphi^{-1} = \varphi$ ist.

(3) ergibt sich aus (1) wegen

$$f(U\times V)=\bigcup_{x\in U} f(\{x\}\times V).$$

(4) ergibt sich aus

$$x\in U \;\Rightarrow\; f(x)\leqq g(x)\leqq \sup g(U), \quad \text{also } \sup g(U)\in \bar{S}(f(U)),$$

$$x\in U \;\Rightarrow\; \inf f(U)\leqq f(x)\leqq g(x), \quad \text{also } \inf f(U)\in \underline{S}(g(U)). \;\bullet$$

Satz 7.7.7. *X sei eine Menge, $f: X\to \boldsymbol{R}$, $g: X\to \boldsymbol{R}$. Definiert man wie in Satz 6.6.2.*

$$f+g: X\to \boldsymbol{R} \quad \textit{durch} \quad (f+g)(x):=f(x)+g(x) \quad \textit{für alle} \quad x\in \boldsymbol{R},$$

$$f\cdot g: X\to \boldsymbol{R} \quad \textit{durch} \; (f\cdot g)(x):=f(x)\cdot g(x) \quad \textit{für alle} \quad x\in \boldsymbol{R},$$

so gilt für jedes $U\subset \boldsymbol{R}$, $U\neq\emptyset$, in $\bar{\boldsymbol{R}}$ (!), *soweit die Ausdrücke definiert sind,*

$$(1)\quad \begin{aligned} \sup f(U)+\inf g(U) &\leqq \sup\,(f+g)(U) \leqq \sup f(U)+\sup g(U),\\ \sup f(U)+\inf g(U) &\geqq \inf\,(f+g)(U) \geqq \inf f(U)+\inf g(U), \end{aligned}$$

und im Falle, daß $f(x)\geqq 0$ und $g(x)\geqq 0$ für alle $x\in U$ ist,

$$(2)\quad \begin{aligned} (\sup f(U))\cdot(\inf g(U)) &\leqq \sup\,(f\cdot g)(U) \leqq (\sup f(U))\cdot(\sup g(U)),\\ (\sup f(U))\cdot(\inf g(U)) &\geqq \inf\,(f\cdot g)(U) \geqq (\inf f(U))\cdot(\inf g(U)). \end{aligned}$$

Beweis. Ist $U\neq\emptyset$, so gibt es ein $y\in U$, also ist $\inf f(U)\leqq f(y)<\infty$, $-\infty<f(y)\leqq$ $\leqq \sup f(U)$, entsprechend für g.

(1) Für alle $x\in U$ gilt

$$f(x)+g(x) \leqq \sup f(U)+\sup g(U), \quad \text{also} \quad \sup\,(f+g)(U) \leqq \sup f(U)+\sup g(U).$$

Ist $\inf g(U) = -\infty$ und $\sup f(U)+\inf g(U)$ definiert, so ist

$$\sup f(U)+\inf g(U) = -\infty \leqq \sup\,(f+g)(U).$$

Ist $\inf g(U) \neq -\infty$, so gilt für alle $x\in U$

$$f(x)+\inf g(U) \leqq f(x)+g(x) \leqq \sup\,(f+g)(U),$$

also

$$f(x) \leqq \sup\,(f+g)(U)-\inf g(U)$$

und daher

$$\sup f(U) \leqq \sup\,(f+g)(U)-\inf g(U).$$

Die zweite Ungleichungskette in (1) beweist man entsprechend (man geht hier natürlich von $\sup f(U)+g(x)$ aus).

(2) Für alle $x \in U$ gilt (im Falle $f(x) \geqq 0$, $g(x) \geqq 0$ für alle $x \in U$)

$$f(x) \cdot g(x) \leqq (\sup f(U)) \cdot (\sup g(U)),$$

also

$$\sup (f \cdot g)(U) \leqq (\sup f(U)) \cdot (\sup g(U))$$

und

$$0 \leqq f(x) \inf g(U) \leqq f(x) g(x) \leqq \sup (f \cdot g)(U).$$

Ist $\inf g(U) = 0$, so ist $(\sup f(U))(\inf g(U)) \leqq \sup (f \cdot g)(U)$. Andernfalls ist

$$f(x) \leqq \frac{1}{\inf g(U)} \sup (f \cdot g)(U), \text{ also } \sup f(U) \leqq \frac{1}{\inf g(U)} \sup (f \cdot g)(U).$$

Die zweite Ungleichungskette in (2) beweist man entsprechend (hier ausgehend von $(\sup f(U))\, g(x)$). ●

Hilfssatz 7.7.4. *X sei eine Menge, $f: X \to \mathbf{R}$ und für $a, b \in \mathbf{R}$*

$$af: X \to \mathbf{R} \quad \textit{definiert durch} \quad (a \cdot f)(x) := a \cdot f(x) \quad \textit{für alle} \quad x \in X,$$

$$f+b: X \to \mathbf{R} \quad \textit{definiert durch} \quad (f+b)(x) := f(x) + b \quad \textit{für alle} \quad x \in X.$$

Ist $U \subset X$, $U \neq \emptyset$, so gilt für $a \in \mathbf{R}$, $a \geqq 0$, und $b \in \mathbf{R}$

(1) $\inf (f+b)(U) = \inf f(U) + b, \quad \sup (f+b)(U) = \sup f(U) + b,$

(2) $\inf (af)(U) = a \inf f(U), \quad \sup (af)(U) = a \sup f(U).$

Beweis. Definiert man $g: X \to \mathbf{R}$ durch $g(x) := b$ für alle $x \in X$, so ist für $U \subset X$, $U \neq \emptyset$,

$$\inf g(U) = \sup g(U) = b.$$

Aus (1) Satz 7.7.7. erhält man

$$\sup f(U) + b \leqq \sup (f+b)(U) \leqq \sup f(U) + b,$$

also

$$\sup (f+b)(U) = \sup f(U) + b.$$

Die anderen Aussagen beweist man entsprechend. ●

7.8. Metrische Räume (Ergänzung zu 6.2.)

Definition 7.8.1. *(X, d) sei ein metrischer Raum. Den Durchmesser einer nicht-leeren Teilmenge $Z \subset X$ definiert man durch*

$$\delta(Z) := \sup \{d(x, y) \mid x, y \in Z\} \qquad (\textit{Supremum in } \bar{\mathbf{R}}).$$

Den Abstand zweier nicht-leerer Teilmengen $Z, W \subset X$ definiert man durch

$$d(Z, W) := \inf \{d(x, y) | x \in Z, \ y \in W\}.$$

Man schreibt zur Abkürzung (Klammerersparnis) für $a, b \in X$

$$d(a, W) := d(\{a\}, W) \quad \textit{und} \quad d(Z, b) := d(Z, \{b\}).$$

Eine Teilmenge $Z \subset X$ heißt beschränkt, wenn $Z = \emptyset$ oder $\delta(Z) < \infty$ ist.

Satz 7.8.1. *(X, d) sei ein metrischer Raum, Z, W nicht-leere Teilmengen von X. Es gilt*

$$0 \leqq \delta(Z) \leqq \infty \quad \textit{und} \quad 0 \leqq d(Z, W) < \infty,$$

sowie

$$d(Z, W) = d(W, Z), \qquad Z \subset W \ \Rightarrow \ \delta(Z) \leqq \delta(W).$$

Sind $x, y \in X$, so gelten die Beziehungen

$$(1) \quad |d(x, W) - d(y, W)| \leqq d(x, y), \qquad (2) \quad d(Z, W) = \inf \{d(z, W) | z \in Z\},$$

$$(3) \quad \delta(Z \cup W) \leqq \delta(Z) + \delta(W) + d(Z, W).$$

Beweis. Es sei $z \in Z$, $w \in W$. Dann ist ersichtlich

$$0 = d(z, z) \leqq \delta(Z), \qquad d(Z, W) \leqq d(z, w) < \infty.$$

Da $0 \leqq d(x, y)$ für alle $x \in Z$, $y \in W$ ist, ist auch $0 \leqq d(Z, W)$. Es gilt

$$d(Z, W) = \inf \{d(x, y) | x \in Z, \ y \in W\} = \inf \{d(y, x) | x \in Z, \ y \in W\} = d(W, Z)$$

und nach Satz 3.1.1.

$$Z \subset W \ \Rightarrow \ \{d(x, y) | x, y \in Z\} \subset \{d(x, y) | x, y \in W\} \ \Rightarrow \ \delta(Z) \leqq \delta(W).$$

(1) Wegen $d(x, W) = \inf \{d(x, w) | w \in W\}$ ist für alle $w \in W$

$$d(x, W) \leqq d(x, w) \leqq d(x, y) + d(y, w), \quad \text{also} \quad d(x, W) - d(x, y) \leqq d(y, w)$$

und daher

$$d(x, W) - d(x, y) \leqq \inf \{d(y, w) | w \in W\} = d(y, W).$$

Damit ist

$$d(x, W) - d(y, W) \leqq d(x, y).$$

Vertauscht man die Rollen von x und y, so erhält man genauso

$$d(y, W) - d(x, W) \leqq d(y, x) = d(x, y).$$

Beides zusammen liefert (1).

(2) Aus (1) Satz 7.7.6. erhält man

$$d(Z, W) = \inf \bigcup_{z \in Z} \{d(z, w) \mid w \in W\} = \inf \{\inf \{d(z, w) \mid w \in W\} \mid z \in Z\}.$$

(3) Für alle $a \in Z$, $b \in W$ gilt (mehrmalige Anwendung der Dreiecksungleichung)

$$z \in Z, w \in W \;\Rightarrow\; d(z, w) \leqq d(z, a) + d(a, b) + d(b, w) \leqq \delta(Z) + d(a, b) + \delta(W),$$

$$z, w \in Z \;\Rightarrow\; d(z, w) \leqq \delta(Z), \qquad z, w \in W \;\Rightarrow\; d(z, w) \leqq \delta(W).$$

Sind $z, w \in Z \cup W$, und $a \in Z$, $b \in W$, so erhält man daher in jedem Fall

$$d(z, w) \leqq \delta(Z) + \delta(W) + d(a, b).$$

Damit ist für jedes $a \in Z$ und jedes $b \in W$

$$\delta(Z \cup W) = \sup \{d(z, w) \mid z, w \in Z \cup W\} \leqq \delta(Z) + \delta(W) + d(a, b).$$

Das liefert, falls nicht $\delta(Z) = \infty$ oder $\delta(W) = \infty$ ist, für alle $a \in Z$, $b \in W$

$$\delta(Z \cup W) - \delta(Z) - \delta(W) \leqq d(a, b),$$

also

$$\delta(Z \cup W) - \delta(Z) - \delta(W) \leqq d(Z, W).$$

Ist $\delta(Z) = \infty$ oder $\delta(W) = \infty$, so gilt (3) sowieso. ●

Satz 7.8.2. *(X, d) sei ein metrischer Raum, W eine nicht-leere Teilmenge von X. Dann sind die Abbildungen*

$$\tilde{d}: X \times X \to \boldsymbol{R}, \quad \textit{definiert durch} \quad \tilde{d}(x, y) = d(x, y) \quad \textit{für} \quad x, y \in X,$$

$$\tilde{d}_W: X \to \boldsymbol{R}, \quad \textit{definiert durch} \quad \tilde{d}_W(x) := d(x, W) \quad \textit{für} \quad x \in X,$$

stetig.

Beweis. Auf $X \times X$ müssen wir die Produkttopologie nehmen, auf $\boldsymbol{R}$ die durch den gewöhnlichen Absolutbetrag induzierte Metrik. Eine Metrik, die die Produkttopologie induziert, ist nach Satz 6.5.1. die Metrik d'' aus Satz 6.2.1., für (x_1, x_2), $(y_1, y_2) \in X \times X$ ist

$$d''((x_1, x_2), (y_1, y_2)) = d(x_1, y_1) + d(x_2, y_2).$$

Wir verwenden (3) Satz 6.4.2. Die Dreiecksungleichung liefert

$$d(x_1, x_2) \leqq d(x_1, y_1) + d(y_1, y_2) + d(y_2, x_2),$$

also

$$d(x_1, x_2) - d(y_1, y_2) \leqq d''((x_1, x_2), (y_1, y_2))$$

und genauso

$$d(y_1, y_2) - d(x_1, x_2) \leqq d''((x_1, x_2), (y_1, y_2)).$$

Zusammen ergibt sich

$$|d(x_1, x_2) - d(y_1, y_2)| \leqq d''((x_1, x_2), (y_1, y_2)).$$

Wählt man zu $(x_1, x_2) \in X \times X$ und $\varepsilon > 0$ jetzt $\delta = \varepsilon$, so gilt

$$(y_1, y_2) \in X \times X \text{ und } d''((x_1, x_2), (y_1, y_2)) < \delta \quad \Rightarrow \quad |\tilde{d}(x_1, x_2) - \tilde{d}(y_1, y_2)| < \delta = \varepsilon.$$

(3) Satz 6.4.2. gilt. $\tilde{d}$ ist stetig.

Die Stetigkeit von $\tilde{d}_W$ folgt genau so aus (1) Satz 7.8.1. ●

7.9. **Vektorräume** (Ergänzung zu 2.3. und 6.1.)

Grundlegend für die Definitionen von Gruppe, Ring, Körper etc. ist der Begriff der Verknüpfung. Eine Verknüpfung auf einer Menge X ist nach Definition 2.1.1. eine Abbildung $\varkappa: X \times X \to X$. Man verwendet für eine solche Verknüpfung ein besonderes Verknüpfungszeichen (etwa „$*$“ oder „$\cdot$“ oder „$+$“), das man in gewissen Fällen auch wegläßt, indem man etwa definiert $xy := x \cdot y$. Man erhält eine Gruppe, einen Ring etc., indem man zu einer Menge eine oder mehrere Verknüpfungen mit speziellen Eigenschaften hinzunimmt.

$(X, +)$ sei eine additiv geschriebene abelsche Gruppe. In Satz 5.1.7. sind zu jedem $a \in X$ die „ganzzahligen Vielfachen“ za für $z \in \boldsymbol{Z}$ definiert. Schreibt man sich diese Angaben etwas um, so erhält man einen ähnlichen Sachverhalt wie bei der Definition der Verknüpfung, nämlich eine Abbildung

$$\mu: \boldsymbol{Z} \times X \to X, \quad \text{definiert durch } \mu(z, a) := za \quad \text{für} \quad z \in \boldsymbol{Z}, \quad a \in X.$$

Das führt zu

Definition 7.9.1. *K und X seien Mengen. Eine Abbildung*

$$\mu: K \times X \to X$$

bezeichnet man als äußere Verknüpfung auf X. Im allgemeinen verwendet man zu einer äußeren Verknüpfung ein besonderes Verknüpfungszeichen. Das Zeichen zu μ *sei „$\cdot$“. Man definiert dann für alle* $z \in K$, $a \in X$

$$z \cdot a := \mu(z, a)$$

und benutzt „$\cdot$“ auch an Stelle von μ.

In unserem Beispiel sind aber $\boldsymbol{Z}$ und X nicht einfach Mengen, sondern $(\boldsymbol{Z}, +, \cdot)$ ist ein Ring, $(X, +)$ ist abelsche Gruppe, und es gelten gewisse Verträglichkeitsbedingungen zwischen den auftretenden Verknüpfungen, nämlich (1)—(4) Satz 5.1.7. in der Bezeichnung

$$za := \mu(z, a) \quad \text{für} \quad z \in \boldsymbol{Z}, \quad a \in X.$$

Ein für unsere Zwecke besonders wichtiger Fall einer äußeren Verknüpfung mit analogen Verträglichkeitsbedingungen liegt beim Vektorraum vor.

Definition 7.9.2. $\mathfrak{K}=(K, +, \cdot)$ *sei ein Körper mit Einselement e und* $\mathfrak{G}=(X, +)$ *eine additiv geschriebene abelsche Gruppe.* $\mu: K\times X\to X$ *sei äußere Verknüpfung auf X mit dem Verknüpfungszeichen „·“.* $\mathfrak{V}=(\mathfrak{G}, \mathfrak{K}, \cdot)$ *heißt Vektorraum über* $\mathfrak{K}$, *wenn für alle* $z, w\in K$, $\mathfrak{a}, \mathfrak{b}\in X$ *gilt*

(1) $e\cdot\mathfrak{a} = \mathfrak{a}$, (2) $(z+w)\cdot\mathfrak{a} = z\cdot\mathfrak{a}+w\cdot\mathfrak{a}$,

(3) $z\cdot(\mathfrak{a}+\mathfrak{b}) = z\cdot\mathfrak{a}+z\cdot\mathfrak{b}$, (4) $(z\cdot w)\cdot\mathfrak{a} = z\cdot(w\cdot\mathfrak{a})$.

Hier steht $z\cdot\mathfrak{a}+w\cdot\mathfrak{a}$ *vereinfacht für* $(z\cdot\mathfrak{a})+(w\cdot\mathfrak{a})$ *usw.*

Daß für μ als Verknüpfungszeichen das in $(K, +, \cdot)$ bereits auftretende Zeichen „·“ genommen ist, kann nicht zu Mißverständnissen führen, da aus dem Zusammenhang immer ersichtlich ist, um welche Verknüpfung es sich handelt (in $z\cdot w$ für $z, w\in K$ handelt es sich um die Multiplikation in K, in $z\cdot\mathfrak{a}$ für $z\in K$, $\mathfrak{a}\in X$ um μ). Aus diesem Grund wird „·“ häufig ganz weggelassen. Die Bezeichnung Vektorraum kommt aus der analytischen Geometrie. Für die verschiedenen Möglichkeiten der geometrischen Veranschaulichung sei auf Darstellungen der analytischen Geometrie verwiesen (siehe etwa [14]).

Anmerkung 7.9.1. Wie bei Gruppen (Anmerkung 2.2.4.) und bei Ringen (Anmerkung 2.3.1.) verwendet man auch bei Vektorräumen eine vereinfachte Bezeichnungsweise, wenn dadurch keine Mißverständnisse entstehen können. Man sagt

X sei (bzw. ist) Vektorraum über K

statt

$\big((X, +), (K, +, \cdot), \cdot\big)$ *sei (bzw. ist) Vektorraum*

und fügt gegebenenfalls diejenigen Angaben, die nicht von vornherein als bekannt angesehen werden können oder bei denen aus anderen Gründen eine Erläuterung nötig erscheint, hinzu (etwa: X ist Vektorraum über K, wenn man $x\cdot\mathfrak{a}:=\ldots$ für $x\in K$, $\mathfrak{a}\in X$ definiert).

Wir wollen die folgenden Standardbezeichnungen verwenden:

$\mathfrak{o}$ *ist das neutrale Element von* $(X, +)$ (der „Nullvektor“),

0 *ist das neutrale Element von* $(K, +)$ $\big($das Nullelement von $(K, +, \cdot)\big)$,

e ist das Einselement von K.

Wir benutzen diese Bezeichnungen, falls wir die betreffenden Größen nicht auf andere Weise unmittelbar angeben können oder wollen. Ist z. B. $N\subset K$, so ist 1

Einselement von K, und die Sonderbezeichnung „e“ für das Einselement erübrigt sich. ●

Für einen Vektorraum gelten einige weitere Rechenregeln (man vergleiche Satz 2.3.1. und Satz 5.1.7.).

Satz 7.9.1. *X sei Vektorraum über K. Für $z \in K$, $\mathfrak{a} \in X$ gilt*

(1) $0\mathfrak{a} = \mathfrak{o}, \quad z\mathfrak{o} = \mathfrak{o}, \quad z \neq 0$ *und* $\mathfrak{a} \neq \mathfrak{o} \quad \Rightarrow \quad z\mathfrak{a} \neq \mathfrak{o}$,

(2) $(-z)\mathfrak{a} = z(-\mathfrak{a}) = -(z\mathfrak{a}), \quad (-e)\mathfrak{a} = -\mathfrak{a}$.

Beweis. (1) Aus (2), (3) Definition 7.9.2. erhält man

$$0\mathfrak{a} + 0\mathfrak{a} = (0+0)\mathfrak{a} = 0\mathfrak{a}, \quad z\mathfrak{o} + z\mathfrak{o} = z(\mathfrak{o}+\mathfrak{o}) = z\mathfrak{o}.$$

Da $(X, +)$ Gruppe ist, folgt $0\mathfrak{a} = \mathfrak{o}$, $z\mathfrak{o} = \mathfrak{o}$. Ist $z \neq 0$, so hat z in $(K, +, \cdot)$ ein Inverses bezüglich „$\cdot$“. (1), (4) Definition 7.9.2. liefern

$$z\mathfrak{a} = \mathfrak{o} \quad \Rightarrow \quad z^{-1}(z\mathfrak{a}) = z^{-1}\mathfrak{o} = \mathfrak{o} \quad \Rightarrow \quad \mathfrak{a} = e\mathfrak{a} = (z^{-1}z)\mathfrak{a} = \mathfrak{o}.$$

Ist also auch noch $\mathfrak{a} \neq \mathfrak{o}$, so muß $z\mathfrak{a} \neq \mathfrak{o}$ sein.

(2) Es ist

$$z\mathfrak{a} + (-z)\mathfrak{a} = \big(z + (-z)\big)\mathfrak{a} = 0\mathfrak{a} = \mathfrak{o}, \quad z\mathfrak{a} + z(-\mathfrak{a}) = z\big(\mathfrak{a} + (-\mathfrak{a})\big) = z\mathfrak{o} = \mathfrak{o}$$

und daher $(-z)\mathfrak{a} = -(z\mathfrak{a})$, $z(-\mathfrak{a}) = -(z\mathfrak{a})$, insbesondere $(-e)\mathfrak{a} = -(e\mathfrak{a}) = -\mathfrak{a}$. ●

Beispiele für Vektorräume gibt

Satz 7.9.2. *M sei eine Menge, $(K, +, \cdot)$ ein Körper und*

$$X = \{F \mid F \text{ Funktion mit } \mathscr{D}(F) = M,\ \mathscr{W}(F) \subset K\}.$$

Definiert man wie üblich (Satz 6.6.2.) für $F, G \in X$, $a \in K$

$$F+G \text{ durch } (F+G)(x) := F(x) + G(x), \quad aF \text{ durch } (aF)(x) := aF(x)$$

für alle $x \in M$, so sind $F+G$, $aF \in X$, und $\big((X, +), (K, +, \cdot), \cdot\big)$ ist Vektorraum.

Ist insbesondere $M = \{m \mid m \in N,\ m \leqq n\}$, $n \in N$, so kann man nach Hilfssatz 7.4.2. X mit $K^n = K \times \cdots \times K$ identifizieren. K^n ist Vektorraum über K mit

$$(x_1, \ldots, x_n) + (y_1, \ldots, y_n) = (x_1 + y_1, \ldots, x_n + y_n),$$
$$a(x_1, \ldots, x_n) = (ax_1, \ldots, ax_n).$$

Beweis. Ersichtlich ist $\mathscr{D}(F+G) = \mathscr{D}(aF) = M$, $\mathscr{W}(F+G)$, $\mathscr{W}(aF) \subset K$. Wegen

$$\big(F(x) + G(x)\big) + H(x) = F(x) + \big(G(x) + H(x)\big) \quad \text{für alle} \quad x \in M$$

für $F, G, H \in X$ ist $(F+G)+H = F+(G+H)$. $(X, +)$ ist (offensichtlich kommutative) Halbgruppe. Definiert man

$$F_0 \text{ durch } F_0(x) := 0, \quad -F \text{ durch } (-F)(x) := -F(x) \text{ für alle } x \in M,$$

so gilt für alle $x \in M$

$$(F+F_0)(x) = F(x)+F_0(x) = F(x), \quad \big(F+(-F)\big)(x) = F(x)-F(x) = 0 = F_0(x).$$

Daher ist F_0 neutrales Element, $-F$ invers zu F bezüglich „+". $(X, +)$ ist abelsche Gruppe.

Sind $a, b \in K$, $F, G \in X$, so gilt für alle $x \in M$

(1) $eF(x) = F(x)$, also $eF = F$,

(2) $(a+b)F(x) = aF(x)+bF(x)$, also $(a+b)F = aF+bF$,

(3) $a\big(F(x)+G(x)\big) = aF(x)+aG(x)$, also $a(F+G) = aF+aG$,

(4) $(ab)F(x) = a\big(bF(x)\big)$, also $(ab)F = a(bF)$.

$\big((X, +), (K, +, \cdot), \cdot\big)$ ist Vektorraum.

Die letzte Behauptung von Satz 7.9.2. folgt aus Hilfssatz 7.4.2., wenn man die Definitionen auf die Bezeichnung $K^n = K \times \cdots \times K$ umschreibt. ●

Den Untergruppen bei einer Gruppe entsprechen hier die Untervektorräume. Analog zu Hilfssatz 2.2.3. gilt

Hilfssatz 7.9.1. *X sei Vektorraum über K, $Y \subset X$. Die Aussagen*

(1) *Y ist abgeschlossen gegen „+" und gegen Multiplikation mit Elementen aus K (d.h. $z\mathfrak{a} \in Y$ für alle $z \in K$, $\mathfrak{a} \in Y$), $\big((Y, +), (K, +, \cdot), \cdot\big)$ ist Vektorraum.*

(2) *$Y \neq \emptyset$ und für alle $\mathfrak{a}, \mathfrak{b} \in Y$, $z \in K$ sind $\mathfrak{a}+\mathfrak{b}$, $z\mathfrak{a} \in Y$.*

sind äquivalent. Gilt (1) und damit auch (2), so bezeichnet man Y als Unterraum (genauer: Untervektorraum) von X. Insbesondere ist dann $(Y, +)$ Untergruppe von $(X, +)$.

Beweis. Gilt (1), so ist $(Y, +)$ Gruppe, also Untergruppe von $(X, +)$ und insbesondere $Y \neq \emptyset$ und $\mathfrak{a}+\mathfrak{b} \in Y$ für alle $\mathfrak{a}, \mathfrak{b} \in Y$. Damit Y Vektorraum über K sein kann, muß natürlich $z\mathfrak{a} \in Y$ für alle $z \in K$, $\mathfrak{a} \in Y$ sein.

Gilt (2), so ist insbesondere mit $\mathfrak{a}, \mathfrak{b} \in Y$ auch $-\mathfrak{b} = (-e)\mathfrak{b} \in Y$ und daher $\mathfrak{a}-\mathfrak{b} = \mathfrak{a}+(-\mathfrak{b}) \in Y$. Nach Hilfssatz 2.2.3. ist $(Y, +)$ Untergruppe von $(X, +)$. Ist $z\mathfrak{a} \in Y$ für alle $z \in K$, $\mathfrak{a} \in Y$, so kann man

$$\tilde{\mu}: K \times Y \to Y \quad \text{durch} \quad \tilde{\mu}(z, \mathfrak{a}) := z\mathfrak{a}$$

definieren. $\tilde{\mu}$ ist (durch μ aus Definition 7.9.2. induzierte) äußere Verknüpfung auf Y. Da die Bedingungen (1)—(4) Definition 7.9.2. bei Beschränkung auf $\mathfrak{a}, \mathfrak{b} \in Y$ natürlich erhalten bleiben, ist Y Vektorraum über K. ●

Auch der Begriff des Homomorphismus läßt sich sofort auf Vektorräume übertragen.

Definition 7.9.3. *X und Y seien Vektorräume über K. Eine Abbildung $h: X \to Y$ heißt Homomorphismus des Vektorraumes X in den Vektorraum Y, wenn für alle $\mathfrak{a}, \mathfrak{b} \in X$, $z \in K$ gilt*

$$h(\mathfrak{a}+\mathfrak{b}) = h(\mathfrak{a})+h(\mathfrak{b}), \qquad h(z\mathfrak{a}) = zh(\mathfrak{a}).$$

h heißt Monomorphismus bzw. Epimorphismus bzw. Isomorphismus, wenn h injektiv bzw. surjektiv bzw. bijektiv ist.

Anmerkung 7.9.2. Ein Vektorraumhomomorphismus ist ersichtlich ein Homomorphismus von $(X, +)$ in $(Y, +)$, der mit der Multiplikation mit Elementen aus K vertauschbar ist. Ein solcher Homomorphismus wird auch als (bezüglich K) lineare Abbildung bezeichnet. ●

Satz 7.9.3. *X, Y, Z seien Vektorräume über K. Sind $f: X \to Y$, $g: Y \to Z$ Homomorphismen, so ist auch $g \circ f: X \to Z$ Homomorphismus.*

Ist $h: X \to Y$ Homomorphismus, so ist $h(X)$ gegen „+“ und gegen Multiplikation mit Elementen aus K abgeschlossen und Untervektorraum von Y. Entsprechend ist $h^{-1}(\{\mathfrak{o}\})$ Untervektorraum von X. $h^{-1}(\{\mathfrak{o}\})$ bezeichnet man als Kern von h.

Beweis. Nach Satz 2.1.1. ist $g \circ f$ Homomorphismus von $(X, +)$ in $(Z, +)$. Da für $\mathfrak{a} \in X$, $z \in K$ gilt

$$g \circ f(z\mathfrak{a}) = g\big(f(z\mathfrak{a})\big) = g\big(zf(\mathfrak{a})\big) = zg\big(f(\mathfrak{a})\big) = zg \circ f(\mathfrak{a}),$$

ist $g \circ f$ Vektorraumhomomorphismus.

Sind $\mathfrak{u}, \mathfrak{v} \in h(X)$, so gibt es $\mathfrak{a}, \mathfrak{b} \in X$ mit $h(\mathfrak{a}) = \mathfrak{u}$, $h(\mathfrak{b}) = \mathfrak{v}$. Ist noch $z \in K$, so gilt

$$\mathfrak{u}+\mathfrak{v} = h(\mathfrak{a})+h(\mathfrak{b}) = h(\mathfrak{a}+\mathfrak{b}) \in h(X), \quad z\mathfrak{u} = zh(\mathfrak{a}) = h(z\mathfrak{a}) \in h(X).$$

Da $h(X) \neq \emptyset$ ist, ist (2) Hilfssatz 7.9.1. erfüllt, $h(X)$ ist Untervektorraum von Y.

Sind $\mathfrak{a}, \mathfrak{b} \in h^{-1}(\{\mathfrak{o}\})$, $z \in K$, so gilt

$$h(\mathfrak{a}+\mathfrak{b}) = h(\mathfrak{a})+h(\mathfrak{b}) = \mathfrak{o}+\mathfrak{o} = \mathfrak{o}, \quad \text{also} \quad \mathfrak{a}+\mathfrak{b} \in h^{-1}(\{\mathfrak{o}\})$$

$$h(z\mathfrak{a}) = zh(\mathfrak{a}) = z\mathfrak{o} = \mathfrak{o}, \quad \text{also} \quad z\mathfrak{a} \in h^{-1}(\{\mathfrak{o}\}).$$

Da $\mathfrak{o} = h(\mathfrak{o})$ ist, ist $h^{-1}(\{\mathfrak{o}\}) \neq \emptyset$. Nach Hilfssatz 7.9.1. ist $h^{-1}(\{\mathfrak{o}\})$ Untervektorraum von X. ●

Satz 7.9.4. *Sind X, Y Vektorräume über K und ist $h: X \to Y$ Isomorphismus, so ist auch $h^{-1}: Y \to X$ Isomorphismus. Definiert man*

$$X \cong Y \quad :\Leftrightarrow \quad \textit{Es gibt einen Isomorphismus } h: X \to Y,$$

so gilt für Vektorräume X, Y, Z über K

(1) $X \cong X$, (2) $X \cong Y \Leftrightarrow Y \cong X$, (3) $X \cong Y$ *und* $Y \cong Z \Rightarrow X \cong Z$.

Beweis. Ist $h: X \to Y$ Isomorphismus, so ist nach Satz 2.1.2. h^{-1} Isomorphismus von $(Y, +)$ auf $(X, +)$. Da h Isomorphismus ist, erhält man für $\mathfrak{u} \in Y$, $z \in K$

$$h(zh^{-1}(\mathfrak{u})) = zh(h^{-1}(\mathfrak{u})) = z\mathfrak{u}, \quad \text{also} \quad zh^{-1}(\mathfrak{u}) = h^{-1}(z\mathfrak{u}).$$

(1), (2), (3) erhält man jetzt unmittelbar aus (1), (2), (3) Satz 2.1.2. ●

Satz 7.9.5. *M sei eine Menge, Y Vektorraum über K und*

$$\mathscr{F}_Y(M) := \{f \mid f: M \to Y\}.$$

Definiert man für $f, g \in \mathscr{F}_Y(M)$, $a \in K$

$$f+g: M \to Y \quad \textit{durch} \quad (f+g)(x) := f(x) + g(x) \quad \textit{für alle} \quad x \in M,$$

$$af: M \to Y \quad \textit{durch} \quad (af)(x) := af(x) \quad \textit{für alle} \quad x \in M,$$

so ist $\mathscr{F}_Y(M)$ Vektorraum über K. Man definiert für $f \in \mathscr{F}_Y(M)$

$$f \textit{ ist konstant:} \quad \Leftrightarrow \quad \textit{Für alle } x, y \in M \textit{ ist } f(x) = f(y).$$

Ist $M \neq \emptyset$, so ist

$$\hat{Y} = \{f \mid f \in \mathscr{F}_Y(M),\ f \textit{ konstant}\}$$

Untervektorraum von $\mathscr{F}_Y(M)$ und isomorph zu Y.

Beweis. Man definiert

$$f_0: M \to Y \quad \text{durch} \quad f_0(x) := \mathfrak{o} \quad \text{für alle } x \in M.$$

Der Beweis, daß $\mathscr{F}_Y(M)$ Vektorraum über K ist, verläuft dann wörtlich wie der Beweis von Satz 7.9.2.

Sind f und g konstant $(\in \mathscr{F}_Y(M))$ und ist $a \in K$, so sind natürlich auch $f+g$ und af konstant. Da $f_0 \in \hat{Y}$ ist, ist $\hat{Y} \neq \emptyset$. Nach Hilfssatz 7.9.1. ist daher $\hat{Y}$ Untervektorraum von $\mathscr{F}_Y(M)$.

Ist $M \neq \emptyset$, so gibt es ein $x \in M$. Wir wählen ein solches x und definieren mit diesem x

$$h: \hat{Y} \to Y \quad \text{durch} \quad h(f) := f(x) \quad \text{für alle} \quad f \in \hat{Y}.$$

h ist natürlich Vektorraumhomomorphismus. Zu $\mathfrak{a} \in Y$ definieren wir

$$f_{\mathfrak{a}}: M \to Y \quad \text{durch} \quad f_{\mathfrak{a}}(y) := \mathfrak{a} \quad \text{für alle} \quad y \in M.$$

$f_{\mathfrak{a}}$ ist konstant und $h(f_{\mathfrak{a}}) = f_{\mathfrak{a}}(x) = \mathfrak{a}$. Daher ist h surjektiv. Sind $f, g \in \hat{Y}$, so gilt

$$\begin{aligned} h(f) = h(g) \quad &\Rightarrow \quad f(x) = g(x) \quad \Rightarrow \quad f(y) = f(x) = g(x) = g(y) \quad \text{für alle} \quad y \in M \\ &\Rightarrow \quad f = g. \end{aligned}$$

h ist deshalb auch injektiv und damit bijektiv, also Isomorphismus. ●

Anmerkung 7.9.3. Es sei $M \neq \emptyset$. Da dann $\hat{Y} \cong Y$ ist, können wir das Verfahren der isomorphen Ersetzung anwenden (wie in 4.4. vor Satz 4.4.4. und im Beweis von Satz 5.3.2.), d.h., die Elemente von $\hat{Y}$ in $\mathscr{F}_Y(M)$ durch die zugehörigen Elemente von Y ersetzen (also $f \in \hat{Y}$ durch $f(x)$, wobei es gleichgültig ist, welches $x \in M$ man nimmt, weil ja $f(x) = f(y)$ für alle $x, y \in M$ ist). Beim Rechnen in $\mathscr{F}_Y(M)$ läuft das wegen der Isomorphie im Grunde auf eine Bezeichnungsänderung für die Elemente von $\hat{Y}$ hinaus. Man kann daher Y als Untervektorraum von $\mathscr{F}_Y(M)$ auffassen. $\mathfrak{a} \in Y$ vertritt dann die konstante Abbildung, die jedes Element von M auf $\mathfrak{a}$ abbildet.

Nimmt man speziell $Y = K^1 = K$ (Satz 7.9.2.), so erhält man $(K, +)$ als Untervektorraum von $\mathscr{F}_K(M)$. ●

Der Begriff des Absolutbetrages auf einem Körper läßt sich sinngemäß auf Vektorräume übertragen.

Definition 7.9.4. $\mathfrak{V} = (\mathfrak{G}, \mathfrak{K}, \cdot)$ *sei ein Vektorraum über* $\mathfrak{K} = (K, +, \cdot)$, $\mathfrak{G} = (X, +)$. φ *sei ein Absolutbetrag auf* $\mathfrak{K}$ $(|a| := \varphi(a)$ *für alle* $a \in K)$. *Zu einer Abbildung* $\psi: X \to \boldsymbol{R}_+$ *verwenden wir die Abkürzung*

$$\|\mathfrak{a}\| := \psi(\mathfrak{a}) \quad \textit{für alle} \quad \mathfrak{a} \in X.$$

ψ *(oder einfach „$\| \ \|$“) heißt Norm auf* $\mathfrak{V}$, *wenn für alle* $\mathfrak{a}, \mathfrak{b} \in X$, $a \in K$ *gilt*

$$(1) \quad \|\mathfrak{a}\| = 0 \Leftrightarrow \mathfrak{a} = \mathfrak{o}, \qquad (2) \quad \|a \cdot \mathfrak{a}\| = |a| \cdot \|\mathfrak{a}\|, \qquad (3) \quad \|\mathfrak{a} + \mathfrak{b}\| \leqq \|\mathfrak{a}\| + \|\mathfrak{b}\|.$$

Ist ψ *Norm auf* $\mathfrak{V}$, *so heißt* $(\mathfrak{V}, \varphi, \psi)$ *normierter Vektorraum.*

Anmerkung 7.9.4. Wie allgemein bei Vektorräumen (Anmerkung 7.9.1.) verwendet man auch bei normierten Vektorräumen eine vereinfachte Bezeichnungsweise, solange dadurch keine Mißverständnisse entstehen können. Man sagt

X sei (bzw. ist) normierter Vektorraum (über K)

statt

$(((X, +), (K, +, \cdot), \cdot), \varphi, \psi)$ *sei (bzw. ist) normierter Vektorraum* und fügt gegebenenfalls Erläuterungen hinzu (z. B. „bei Verwendung der Norm $\| \ \|$ auf X“).

Ist $K = \boldsymbol{R}$, so heißt X reeller Vektorraum, ist $K = \boldsymbol{C}$, so heißt X komplexer Vektorraum. Auf $\boldsymbol{R}$ und $\boldsymbol{C}$ wollen wir, wenn nicht ausdrücklich anders bemerkt, immer den gewöhnlichen Absolutbetrag nehmen. ●

Für eine Norm auf einem Vektorraum gelten analoge Rechenregeln wie für einen Absolutbetrag auf einem Körper (vgl. Satz 6.1.4.).

Satz 7.9.6. *X sei normierter Vektorraum. Für $\mathfrak{a}, \mathfrak{b} \in X$ gilt:*

$$\|-\mathfrak{a}\| = \|\mathfrak{a}\|, \quad \|\mathfrak{a}\| - \|\mathfrak{b}\| \leqq \|\mathfrak{a}-\mathfrak{b}\|, \quad -(\|\mathfrak{a}\| - \|\mathfrak{b}\|) \leqq \|\mathfrak{a}-\mathfrak{b}\|.$$

Ist $(\mathfrak{a}_j)_{j \in A}$ eine Familie von Elementen aus X, A ein Abschnitt von $\boldsymbol{N}$, so gilt für alle $n \in A$

$$\left\| \sum_{j=1}^{n} \mathfrak{a}_j \right\| \leqq \sum_{j=1}^{n} \|\mathfrak{a}_j\|.$$

Beweis. Nach (2) Definition 7.9.4. erhält man (mit Satz 7.9.1.)

$$\|-\mathfrak{a}\| = \|(-e)\mathfrak{a}\| = |-e|\,\|\mathfrak{a}\| = |e|\,\|\mathfrak{a}\| = \|e\mathfrak{a}\| = \|\mathfrak{a}\|.$$

Der Rest des Beweises verläuft wörtlich wie bei Satz 6.1.4. ●

Beispiel 7.9.1. $(K, +, \cdot)$ sei ein Körper, $| \ |$ ein Absolutbetrag auf K. Dann ist $(K, +)$ mit $| \ |$ als Norm ein normierter Vektorraum über K, denn (1)—(3) Definition 7.9.4. sind trivialerweise erfüllt (nach Anmerkung 7.9.3. bzw. Satz 7.9.2. ist $(K, +)$ Vektorraum über K). Insbesondere sind $(\boldsymbol{R}, +)$ bzw. $(\boldsymbol{C}, +)$ mit dem gewöhnlichen Absolutbetrag normierte Vektorräume über $(\boldsymbol{R}, +, \cdot)$ bzw. $(\boldsymbol{C}, +, \cdot)$. ($(\boldsymbol{C}, +)$ ist natürlich auch normierter Vektorraum über $(\boldsymbol{R}, +, \cdot)$.) ●

Definition 7.9.5. *X sei normierter Vektorraum, $f: M \to X$. Man definiert*

$$f \text{ ist beschränkt} \quad :\Leftrightarrow \quad \text{Es gibt ein } s \in \boldsymbol{R}_+ \text{ mit } \|f(x)\| \leqq s \text{ für alle } x \in M.$$

Satz 7.9.7. *Y sei normierter Vektorraum über K, M eine Menge, $M \neq \emptyset$.*

$$\mathscr{B}_Y(M) := \{f \mid f: M \to Y,\ f \text{ beschränkt}\}$$

ist Untervektorraum von $\mathscr{F}_Y(M)$, $\hat{Y} \subset \mathscr{B}_Y(M)$ (siehe Satz 7.9.5.). Durch

$$\|f\|_u := \sup\,\{\|f(x)\| \mid x \in M\} \quad \text{für alle} \quad f \in \mathscr{B}_Y(M)$$

wird auf $\mathscr{B}_Y(M)$ eine Norm definiert (die „uniforme Norm“), mit der $\mathscr{B}_Y(M)$ normierter Vektorraum ist. Identifiziert man $\hat{Y}$ nach Anmerkung 7.9.3. mit Y, so ist $\|\mathfrak{a}\|_u = \|\mathfrak{a}\|$ für alle $\mathfrak{a} \in Y$.

Beweis. Es sei $y \in M$. Ist $f \in \hat{Y}$, so ist $\|f(x)\| = \|f(y)\|$ für alle $x \in M$ und damit $f \in \mathscr{B}_Y(M)$. Weiter ist

$$\|f\|_u := \sup\{\|f(x)\| \mid x \in M\} = \sup\{\|f(y)\|\} = \|f(y)\|.$$

Bei der Identifizierung von $\hat{Y}$ mit Y ergibt sich daher auch $\|\mathfrak{a}\|_u = \|\mathfrak{a}\|$.

Sind $f, g \in \mathscr{B}_Y(M)$, $a \in K$, so gibt es $s, t \in \boldsymbol{R}_+$ mit $\|f(x)\| \leqq s$, $\|g(x)\| \leqq t$ für alle $x \in M$. Dann ist für alle $x \in M$

$$\|(f+g)(x)\| = \|f(x)+g(x)\| \leqq \|f(x)\| + \|g(x)\| \leqq s+t,$$

$$\|(af)(x)\| = \|af(x)\| = |a|\;\|f(x)\| \leqq |a|\,s,$$

und daher sind $f+g$, $af \in \mathscr{B}_Y(M)$. Da $\mathscr{B}_Y(M) \neq \emptyset$ ist (wegen $\hat{Y} \subset \mathscr{B}_Y(M)$), ist nach Hilfssatz 7.9.1. $\mathscr{B}_Y(M)$ Untervektorraum von $\mathscr{F}_Y(M)$.

Ist $f \in \mathscr{B}_Y(M)$, $s \in \boldsymbol{R}_+$ mit $\|f(x)\| \leqq s$ für alle $x \in M$, so ist $0 \leqq \|f(x)\| \leqq s$ und $\{\|f(x)\| \mid x \in M\}$ hat als nicht-leere ($M \neq \emptyset$!) beschränkte Teilmenge von $\boldsymbol{R}$ ein Supremum in $\boldsymbol{R}$. Es ist

$$0 \leqq \sup\{\|f(x)\| \mid x \in M\}, \quad \text{also} \quad \|f\|_u \in \boldsymbol{R}_+.$$

(1)—(3) Definition 7.9.4. lassen sich jetzt leicht kontrollieren. Zu $f \in \mathscr{B}_Y(M)$ definieren wir

$$\tilde{f}: M \to \boldsymbol{R} \quad \text{durch} \quad \tilde{f}(x) = \|f(x)\| \quad \text{für alle} \quad x \in M.$$

Für $f \in \mathscr{B}_Y(M)$ gilt

$$(1) \quad \|f\|_u = 0 \;\Leftrightarrow\; \|f(x)\| = 0 \text{ für alle } x \in M \;\Leftrightarrow\; f(x) = \mathfrak{o} \text{ für alle } x \in M$$
$$\Leftrightarrow\; f = \mathfrak{o} \quad (f \in \hat{Y}!).$$

Ist $a \in K$, so erhält man wegen $\|(af)(x)\| = |a|\;\|f(x)\| = |a|\,\tilde{f}(x)$ für alle $x \in M$ nach Hilfssatz 7.7.4.

$$(2) \quad \|af\|_u = \sup(|a|\,\tilde{f})(M) = |a| \sup \tilde{f}(M) = |a|\;\|f\|_u.$$

Sind $f, g \in \mathscr{B}_Y(M)$, so erhält man wegen $\|(f+g)(x)\| \leqq \|f(x)\| + \|g(x)\|$ für alle $x \in M$ nach (4) Satz 7.7.6. und (1) Satz 7.7.7.

$$(3) \quad \|f+g\|_u = \sup \widetilde{(f+g)}(M) \leqq \sup(\tilde{f}+\tilde{g})(M) \leqq \sup \tilde{f}(M) + \sup \tilde{g}(M) \leqq$$
$$\leqq \|f\|_u + \|g\|_u. \quad \bullet$$

Beispiel 7.9.2. Ist in Satz 7.9.7. M endlich, so ist für jedes $f \in \mathscr{F}_Y(M)$ auch $f(M)$ endlich, d.h. $\{\|f(x)\| \mid x \in M\}$ ist endlich und hat als nicht-leere endliche Teilmenge von $\boldsymbol{R}$ ein Maximum. f ist daher beschränkt, $\mathscr{B}_Y(M) = \mathscr{F}_Y(M)$ und

$$\|f\|_u = \max\{\|f(x)\| \mid x \in M\}.$$

$\| \ \|_u$ bezeichnet man in diesem Fall auch als Maximumsnorm. Ist

$$M = \{m | m \in \boldsymbol{N},\ m \leqq n\},$$

$n \in \boldsymbol{N}$, so ist $\mathscr{B}_K(M) = \mathscr{F}_K(M)$ natürlich isomorph zu K^n (Satz 7.9.2.), da die Abbildung $f: M \to K$ und die zugehörige Funktion sich umkehrbar eindeutig entsprechen (zu f gehört $(f(1), \ldots, f(n))$ in K^n). Zu $(x_1, \ldots, x_n) \in K^n$ ist dann

$$\|(x_1, \ldots, x_n)\|_u = \max \{|x_j| \mid j \in A_n\}. \quad \bullet$$

Genau wie ein Absolutbetrag (Beispiel 6.2.1.) induziert auch eine Norm auf natürliche Weise eine Metrik.

Satz 7.9.8. *X sei normierter Vektorraum. Dann ist*

$$d: X \times X \to \boldsymbol{R}_+, \quad \textit{definiert durch} \quad d(\mathfrak{a}, \mathfrak{b}) = \|\mathfrak{a} - \mathfrak{b}\| \quad \textit{für alle} \quad \mathfrak{a}, \mathfrak{b} \in X,$$

eine Metrik auf X, die durch die Norm induzierte Metrik.

Beweis. Für alle $\mathfrak{a}, \mathfrak{b}, \mathfrak{c} \in X$ gilt

(1) $d(\mathfrak{a}, \mathfrak{b}) = 0 \iff \|\mathfrak{a} - \mathfrak{b}\| = 0 \iff \mathfrak{a} - \mathfrak{b} = \mathfrak{o} \iff \mathfrak{a} = \mathfrak{b}$,

(2) $d(\mathfrak{a}, \mathfrak{b}) = \|\mathfrak{a} - \mathfrak{b}\| = \|\mathfrak{b} - \mathfrak{a}\| = d(\mathfrak{b}, \mathfrak{a})$,

(3) $d(\mathfrak{a}, \mathfrak{c}) = \|\mathfrak{a} - \mathfrak{c}\| = \|\mathfrak{a} - \mathfrak{b} + \mathfrak{b} - \mathfrak{c}\| \leqq \|\mathfrak{a} - \mathfrak{b}\| + \|\mathfrak{b} - \mathfrak{c}\| = d(\mathfrak{a}, \mathfrak{b}) + d(\mathfrak{b}, \mathfrak{c})$. $\bullet$

Beispiel 7.9.3. Nimmt man in Beispiel 7.9.2. speziell $M = \{1, 2\}$, so erhält man auf $K^2 = K \times K$

$$\|(x_1, x_2)\|_u = \max \{|x_1|, |x_2|\} \quad \text{für alle} \quad (x_1, x_2) \in K \times K.$$

Verwendet man auf K die durch den Absolutbetrag induzierte Metrik, so erhält man für $(x_1, x_2), (y_1, y_2) \in K \times K$

$$\|(x_1, x_2) - (y_1, y_2)\|_u = \|(x_1 - y_1, x_2 - y_2)\|_u = \max \{|x_1 - y_1|, |x_2 - y_2|\},$$

d.h. gerade die Metrik d' aus Satz 6.2.1. auf $K \times K$. $\bullet$

Analog zu Satz 6.6.1. gilt

Satz 7.9.9. *X sei normierter Vektorraum über K. Dann sind die Abbildungen*

$$\varkappa: X \times X \to X, \quad \textit{definiert durch} \quad \varkappa(\mathfrak{a}, \mathfrak{b}) := \mathfrak{a} + \mathfrak{b} \quad \textit{für alle}\ \mathfrak{a}, \mathfrak{b} \in X,$$

$$\mu: K \times X \to X, \quad \textit{definiert durch} \quad \mu(a, \mathfrak{a}) := a \cdot \mathfrak{a} \quad \textit{für} \quad a \in K, \quad \mathfrak{a} \in X,$$

bei Verwendung der Produkttopologie auf X×X und K×X stetig.

Beweis. Wir verwenden auf $X \times X$ die Metrik d'' aus Satz 6.2.1., die nach Satz 6.5.1. auf $X \times X$ die Produkttopologie induziert. Zum Nachweis der Stetigkeit benutzen wir (3) Satz 6.4.2. Wegen der Dreiecksungleichung für die Norm auf X kann man dann den Beweis von Satz 6.6.1. wörtlich übertragen (mit X an Stelle von K). Dasselbe gilt für den Nachweis der Stetigkeit von μ. ●

Hilfssatz 7.9.2. *X sei normierter Vektorraum. Dann ist die Abbildung*

$$\psi : X \to \boldsymbol{R}, \quad \textit{definiert durch} \quad \psi(\mathfrak{a}) := \|\mathfrak{a}\| \quad \textit{für alle} \quad \mathfrak{a} \in X,$$

stetig.

Beweis. Setzt man in Satz 7.8.2. $W = \{\mathfrak{o}\}$, so ist

$$\tilde{d}_W(\mathfrak{a}) = d(\mathfrak{a}, \{\mathfrak{o}\}) = d(\mathfrak{a}, \mathfrak{o}) = \|\mathfrak{a} - \mathfrak{o}\| = \|\mathfrak{a}\| = \psi(\mathfrak{a})$$

für alle $\mathfrak{a} \in X$, also $\psi = \tilde{d}_W$. ●

8. Grenzwerte

Grenzwerte werden hier, wie in der Topologie üblich, mit Hilfe von Filtern bzw. Rastern eingeführt (ich ziehe die Bezeichnung „Raster" dem von manchen Autoren benutzten Ausdruck „Filterbasis" vor). Hierbei steht der Gesichtspunkt der Approximation im Vordergrund. Die noch vielfach gebräuchlichen gesonderten Grenzwertdefinitionen für die einzelnen Spezialfälle, so für die Intervallschachtelung (Satz 8.3.2.), für Grenzwerte von Abbildungen in einen metrischen Raum ((2) Satz 8.4.2.) und für Folgen (Satz 8.5.6. und Hilfssatz 8.5.2.) ergeben sich natürlich einfach durch Spezialisierung aus der allgemeinen Definition. Der bequemeren Anwendbarkeit halber und um das Verständnis dieses für die Analysis zentralen Begriffes zu erleichtern, werden jedoch eine ganze Reihe von Spezialfällen gesondert formuliert und durch Beispiele erläutert. Allgemeine Eigenschaften der Grenzwerte werden natürlich nur für den allgemeinen Fall hergeleitet, denn es erscheint wenig sinnvoll, denselben Beweis jeweils nur mit geänderter Bezeichnungsweise fast wörtlich mehrmals zu wiederholen (was sich natürlich *dann* nicht vermeiden läßt, wenn man, wie es noch vielfach gemacht wird, für jeden Einzelfall eine besondere Grenzwertdefinition benutzt).

8.1. Umgebungen

Es ist nützlich, für topologische Räume einen etwas allgemeineren Umgebungsbegriff als den in Definition 6.3.3. eingeführten Begriff der (offenen) Umgebung eines Punktes zur Verfügung zu haben.

Definition 8.1.1. $(X, \mathcal{O})$ *sei ein topologischer Raum,* $x \in X$, $V \subset X$. *Man definiert:*

$$V \text{ ist Umgebung von } x \quad :\Leftrightarrow \quad \text{Es gibt eine offene Menge } U \text{ mit } x \in U \subset V$$

(d.h., V ist genau dann Umgebung von x, wenn V eine offene Umgebung von x enthält).

Die Menge der Umgebungen eines Punktes hat einige einfache Eigenschaften. Es gilt

Satz 8.1.1. *$(X, \mathcal{O})$ sei ein topologischer Raum, $x \in X$. Für $V \subset X$ gilt:*

$$V \text{ ist offene Umgebung von } x \quad \Leftrightarrow \quad V \text{ ist offen und Umgebung von } x.$$

Analog definiert man:

$$V \text{ ist abgeschlossene Umgebung von } x \quad :\Leftrightarrow \quad V \text{ ist abgeschlossen und Umgebung von } x.$$

Setzt man $\mathfrak{B}(x) := \{V \mid V \subset X,\ V \text{ Umgebung von } x\}$, so gilt für alle $U, V \subset X$

(1) $\mathfrak{B}(x) \neq \emptyset$, $\emptyset \notin \mathfrak{B}(x)$,

(2) $U, V \in \mathfrak{B}(x) \quad \Rightarrow \quad U \cap V \in \mathfrak{B}(x)$,

(3) $U \in \mathfrak{B}(x)$ *und* $U \subset V \quad \Rightarrow \quad V \in \mathfrak{B}(x)$.

Beweis. Ist V offen und Umgebung von x, so ist $x \in V$ und V nach Definition 6.3.3. offene Umgebung von x. Ist V offene Umgebung von x, so ist V offen und $x \in V \subset V$. V ist daher nach Definition 8.1.1. auch Umgebung von x. (Man beachte, daß dieser Beweis nötig ist, da die Begriffe „offene Umgebung" und „Umgebung" unabhängig voneinander definiert sind.)

(1) Da X offene Umgebung von x ist, ist $X \in \mathfrak{B}(x)$, also $\mathfrak{B}(x) \neq \emptyset$. Wegen

$$„V \in \mathfrak{B}(x) \quad \Rightarrow \quad x \in V\text{“} \quad \text{ist} \quad \emptyset \notin \mathfrak{B}(x).$$

(2) Sind $U, V \in \mathfrak{B}(x)$, so gibt es offene Mengen U_1, V_1 mit $x \in U_1 \subset U$, $x \in V_1 \subset V$. $U_1 \cap V_1$ ist offen, $x \in U_1 \cap V_1 \subset U \cap V$, d.h. $U \cap V \in \mathfrak{B}(x)$.

(3) Ist $U \in \mathfrak{B}(x)$, so gibt es eine offene Menge U_1 mit $x \in U_1 \subset U$. Ist $U \subset V$, so ist auch $x \in U_1 \subset V$, also $V \in \mathfrak{B}(x)$. ●

Anmerkung 8.1.1. $(X, \mathcal{O})$ sei ein topologischer Raum, $x \in X$. Wir werden die Bezeichnung $\mathfrak{B}(x)$ immer in der Bedeutung

$$\mathfrak{B}(x) := \{V \mid V \subset X \text{ und } V \text{ Umgebung von } x\}$$

wie in Satz 8.1.1. verwenden. ●

Für einen Punkt x eines topologischen Raumes $(X, \mathcal{O})$ und eine Teilmenge $W \subset X$ hatten wir in Definition 6.3.3. vereinbart:

$$x \text{ ist innerer Punkt von } W \quad :\Leftrightarrow \quad \text{Es gibt eine offene Umgebung } U \text{ von } x \text{ mit } U \subset W.$$

Das bedeutet natürlich:

$$x \text{ ist innerer Punkt von } W: \quad \Leftrightarrow \quad W \text{ ist Umgebung von } x.$$

Analog definieren wir äußere Punkte und Randpunkte (man vergleiche 6.3.).

Definition 8.1.2. *$(X, \mathcal{O})$ sei topologischer Raum, $W \subset X$, $x \in X$. Man definiert:*

$$x \text{ ist äußerer Punkt von } W \quad :\Leftrightarrow \quad X-W \text{ ist Umgebung von } x,$$

x ist Randpunkt von W $:\Leftrightarrow$ Jede Umgebung von x enthält Punkte von W und Punkte von $X-W$,

und verwendet die Bezeichnungen:

$$I(W) := \{x \mid x \in X,\ x \text{ innerer Punkt von } W\} \text{ heißt Inneres von } W,$$

$$A(W) := \{x \mid x \in X,\ x \text{ äußerer Punkt von } W\} \text{ heißt Äußeres von } W,$$

$$\partial(W) := \{x \mid x \in X,\ x \text{ Randpunkt von } W\} \text{ heißt Rand von } W.$$

Satz 8.1.2. *$(X, \mathcal{O})$ sei ein topologischer Raum, $W \subset X$. Jedes $x \in X$ liegt in genau einer der drei Mengen $I(W)$, $A(W)$, $\partial(W)$. Es gilt*

(1) $I(W) = A(X-W), \quad A(W) = I(X-W), \quad \partial(W) = \partial(X-W),$

(2) $I(W) = \mathring{W} = X - (\overline{X-W}), \quad A(W) = (\overset{\circ}{\widehat{X-W}}) = X - \overline{W},$

(3) $\partial(W) = \overline{W} - W = (\overline{X-W}) - (\overset{\circ}{\widehat{X-W}}) = X - (\mathring{W} \cup (\overset{\circ}{\widehat{X-W}})).$

Beweis. Wegen $X-(X-W) = W$ folgt (1) unmittelbar aus der Definition. (2) Nach Satz 7.6.4. ist $\mathring{W}$ die größte offene Untermenge von W. Ist $x \in I(W)$, so gibt es eine offene Menge U mit $x \in U \subset W$. Wegen $U \subset \mathring{W}$ ist daher $x \in \mathring{W}$ und damit $\mathring{W} \subset I(W)$. Da $\mathring{W}$ offen ist, ist umgekehrt natürlich jeder Punkt von $\mathring{W}$ innerer Punkt von W. Das ergibt (wegen (1))

$$I(W) = \mathring{W}, \quad A(W) = \overset{\circ}{\widehat{X-W}}.$$

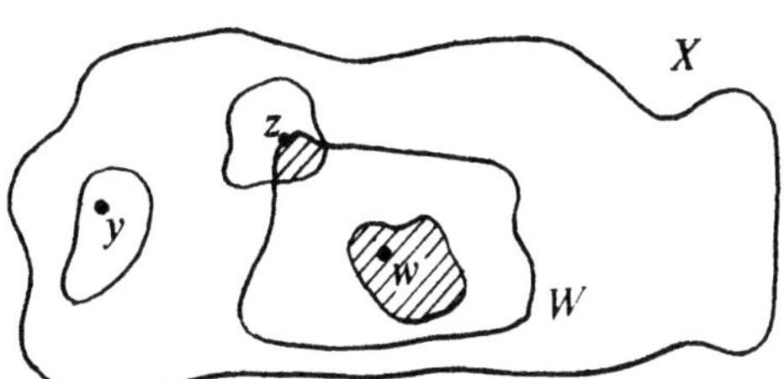

w ist innerer Punkt von W $\quad$ y ist äußerer Punkt von W $\quad$ z ist Randpunkt von W

Nach Satz 7.6.4. ist $\overline{W}$ die kleinste abgeschlossene Menge, die W enthält. Wegen $W \subset \overline{W}$ ist $X - \overline{W} \subset X - W$. Da $X - \overline{W}$ offen ist, ist $X - \overline{W} \subset \overset{\circ}{\widehat{X-W}}$. Es ist aber auch $\overset{\circ}{\widehat{X-W}} \subset X - W$, d.h. $W \subset X - (\overset{\circ}{\widehat{X-W}})$. Da $(\overset{\circ}{\widehat{X-W}})$ offen ist, ist $X - (\overset{\circ}{\widehat{X-W}})$

abgeschlossen und darum $\overline{W} \subset X-(\overset{\circ}{\widehat{X-W}})$, also $(\overset{\circ}{\widehat{X-W}}) \subset X-\overline{W}$. Das ergibt

$$A(W) = \overset{\circ}{\widehat{X-W}} = X-\overline{W}, \quad I(W) = A(X-W) = X-(\overline{X-W}).$$

(3) Da $\mathring{W} \subset \overline{W}$ ist, ist

$$A(W) \cup (\overline{W}-\mathring{W}) \cup I(W) = (X-\overline{W}) \cup (\overline{W}-\mathring{W}) \cup \mathring{W} = X.$$

Ein $x \in X$ kann offensichtlich auch nur in *einer* der Mengen $X-\overline{W}$, $\overline{W}-\mathring{W}$, $\mathring{W}$ liegen. Daher ist

$$\overline{W}-\mathring{W} = X-\big(I(W) \cup A(W)\big) = X-\big(\mathring{W} \cup (\overset{\circ}{\widehat{X-W}})\big).$$

Ist $x \in A(W)$, so ist $X-W$ Umgebung von x, $(X-W) \cap W = \emptyset$, also $x \notin \partial(W)$. Ist $x \in I(W)$, so ist W Umgebung von x, $W \cap (X-W) = \emptyset$, und gegebenenfalls $x \notin \partial(W)$. Darum ist

$$\partial(W) \subset X-\big(I(W) \cup A(W)\big) = \overline{W}-\mathring{W}.$$

Ist $x \in \overline{W}-\mathring{W}$, so ist $x \notin I(W)$, $x \notin A(W)$. Ist V eine Umgebung von x, so ist daher $V \not\subset W$, da sonst nach (3) Satz 8.1.1. W Umgebung von x und dann $x \in I(W)$ wäre. Damit ist $V \cap (X-W) \neq \emptyset$. Genauso ist $V \not\subset (X-W)$ $\big($sonst wäre $X-W$ Umgebung von x und $x \in A(W)\big)$, also $V \cap W \neq \emptyset$. Das ergibt $\overline{W}-W \subset \partial(W)$, insgesamt

$$\partial(W) = \overline{W}-\mathring{W}, \quad \partial(W) = \partial(X-W) = (\overline{X-W})-(\overset{\circ}{\widehat{X-W}}). \quad \bullet$$

Definition 8.1.3. *$(X, \mathcal{O})$ sei ein topologischer Raum, $W \subset X$. Für $x \in X$ definiert man:*

x ist isolierter Punkt von W $:\Leftrightarrow$ $x \in W$ und x ist äußerer Punkt von $W-\{x\}$,

x ist Berührungspunkt von W $:\Leftrightarrow$ $x \in \overline{W}$,

x ist Häufungspunkt von W $:\Leftrightarrow$ x ist Berührungspunkt von $W-\{x\}$.

Die Bedeutung dieser Bezeichnungen ergibt sich aus

Hilfssatz 8.1.1. *$(X, \mathcal{O})$ sei ein topologischer Raum, $W \subset X$, $x \in X$. Es gilt:*

x ist isolierter Punkt von W $\Leftrightarrow$ Es gibt eine Umgebung V von x mit $V \cap W = \{x\}$,

x ist Berührungspunkt von W $\Leftrightarrow$ Für jede Umgebung V von x ist $V \cap W \neq \emptyset$,

x ist Häufungspunkt von W $\Leftrightarrow$ Für jede Umgebung V von x ist

$$(V-\{x\}) \cap W \neq \emptyset.$$

Beweis. Ist x isolierter Punkt von W, so setzt man $V = X-(W-\{x\})$. Da x äußerer Punkt von $W-\{x\}$ ist, ist V Umgebung von x. Wegen $x \in W$ ist

$$V \cap W = (X-(W-\{x\})) \cap W = \{x\}.$$

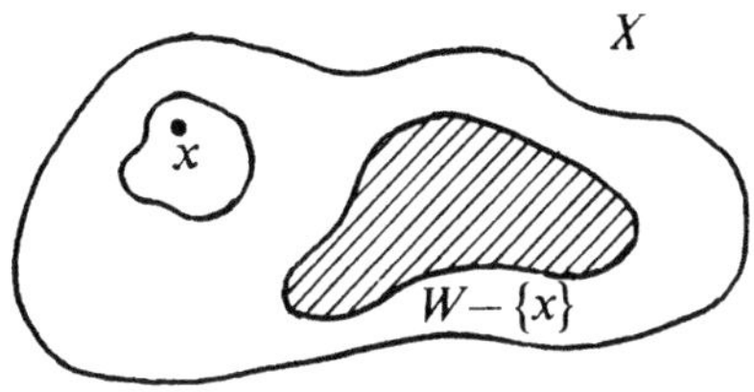

x liegt daher getrennt (isoliert) von dem Rest von W. Gibt es umgekehrt eine Umgebung V von x mit $V \cap W = \{x\}$, so ist $x \in W$ und $V \subset X-(W-\{x\})$. Nach (3) Satz 8.1.1. ist $X-(W-\{x\})$ Umgebung von x, und x ist äußerer Punkt von $W-\{x\}$.

Für alle $x \in X$ gilt

$$x \text{ Berührungspunkt von } W \quad \Leftrightarrow \quad x \in \overline{W} \quad \Leftrightarrow \quad x \notin X-\overline{W} = A(W).$$

Ist x Berührungspunkt von W und V eine Umgebung von x, so ist $V \not\subset X-W$, da sonst nach (3) Satz 8.1.1. $X-W$ Umgebung von V und $x \in A(W)$ wäre. Dann muß aber $V \cap W \neq \emptyset$ sein. Ist umgekehrt $V \cap W \neq \emptyset$ für jede Umgebung V von x, so kann $X-W$ wegen $(X-W) \cap W = \emptyset$ nicht Umgebung von x sein. Daher ist $x \notin A(W)$, x ist Berührungspunkt von W.

Die letzte Behauptung ergibt sich aus der vorletzten wegen

$$(V-\{x\}) \cap W = V \cap W-\{x\} = V \cap (W-\{x\}). \quad \bullet$$

Jeder Punkt von $\overline{W}$, also wegen $W \subset \overline{W}$ insbesondere jeder Punkt von W, ist Berührungspunkt von W. Ein isolierter Punkt von W ist offenbar Berührungspunkt, aber kein Häufungspunkt von W.

Beispiel 8.1.1. $(X, \mathcal{O})$ sei Hausdorffraum, $W \subset X$ und x Häufungspunkt von W. Ist V Umgebung von x, so gibt es eine offene Menge U mit $x \in U \subset V$. In U gibt es von x verschiedene Punkte von W (x kann zu W gehören, braucht aber natürlich nicht zu W zu gehören). Es sei

$$H = \{y \mid y \in U \cap W,\ y \neq x\} = (U-\{x\}) \cap W.$$

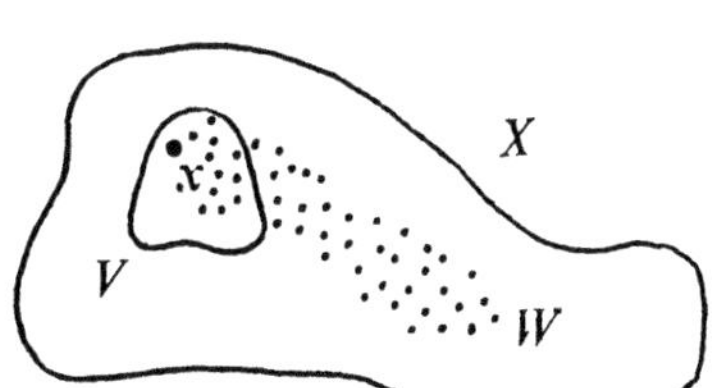

Dann ist $H \neq \emptyset$. Wäre H endlich, so könnte man zu jedem $y \in H$ eine offene Menge U_y mit $x \in U_y$, $y \notin U_y$ wählen (da $(X, \mathcal{O})$ Hausdorffraum ist, siehe Definition 6.3.4.). Ist H endlich, so ist

$$x \in \left(\bigcap_{y \in H} U_y\right) \cap U, \quad \left(\bigcap_{y \in H} U_y\right) \cap U \text{ offen und enthält keinen Punkt von } W - \{x\},$$

was nicht geht, da x Häufungspunkt ist. Also gibt es in U und damit auch in V unendlich viele Punkte von W. ●

Beispiel 8.1.2. In $\boldsymbol{C}$ mit der gewöhnlichen Topologie sei

$$W = \{z \mid z \in \boldsymbol{C},\ 0 < |z| < 1\} \cup \{-2, 2\}.$$

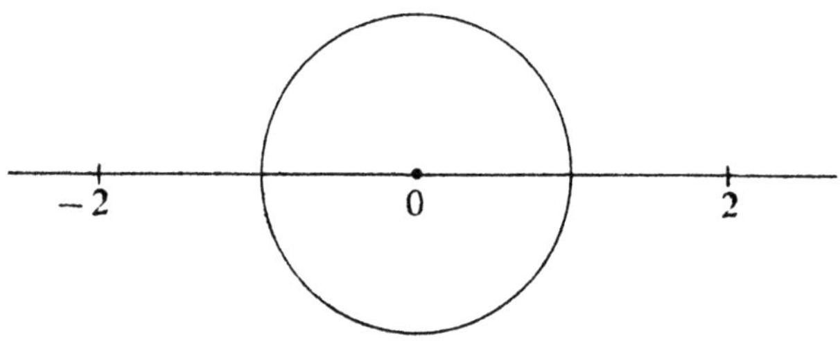

Man kontrolliert sofort nach:

$$I(W) = \mathring{W} = \{z \mid z \in \boldsymbol{C},\ 0 < |z| < 1\}.$$

$-2, 2$ sind isolierte Punkte von W. Die Menge der Berührungspunkte von W ist

$$\overline{W} = \{z \mid z \in \boldsymbol{C},\ |z| \leqq 1\} \cup \{-2, 2\}.$$

Die Menge der Häufungspunkte von W ist

$$\{z \mid z \in \boldsymbol{C},\ |z| \leqq 1\}. \quad ●$$

Ein Hausdorffraum ist dadurch charakterisiert, daß man genügend viele offene Mengen hat, um je zwei Punkte durch punktfremde Umgebungen zu trennen (Definition 6.3.4.). Das hat zur Folge, daß man jeden Punkt durch die Angabe seiner Umgebungen festlegen kann. Es gilt:

Satz 8.1.3. *$(X, \mathcal{O})$ sei ein Hausdorffraum, $x \in X$. Dann ist (vgl. Anmerkung 8.1.1.)*

$$\bigcap_{V \in \mathfrak{V}(x)} \overline{V} = \bigcap_{V \in \mathfrak{V}(x)} V = \{x\}, \textit{ und } \{x\} \textit{ ist abgeschlossen.}$$

Beweis. Für jedes $V \in \mathfrak{V}(x)$ ist $x \in V \subset \overline{V}$ und daher

$$\{x\} \in \bigcap_{V \in \mathfrak{V}(x)} V \subset \bigcap_{V \in \mathfrak{V}(x)} \overline{V}.$$

Ist $y \in X$, $y \neq x$, so gibt es, da $(X, \mathcal{O})$ Hausdorffraum ist, offene Mengen U, W mit $x \in U$, $y \in W$, $U \cap W = \emptyset$. Dann ist $x \in U \subset X - W$ und daher $V_0 = X - W$ Umgebung von x, $y \notin V_0$. Da W offen ist, ist V_0 abgeschlossen, $V_0 = \overline{V}_0$, also

$$y \notin \bigcap_{V \in \mathfrak{V}(x)} \overline{V}, \quad \text{d.h.} \quad \bigcap_{V \in \mathfrak{V}(x)} \overline{V} \subset \{x\}. \quad \bullet$$

Um in einem Hausdorffraum einen Punkt durch Angabe von Umgebungen festzulegen, braucht man nach Satz 8.1.3. nur abgeschlossene Umgebungen zu berücksichtigen (ist V Umgebung, so ist nach (3) Satz 8.1.1. auch $\overline{V}$ Umgebung, und zwar abgeschlossene Umgebung). Es zeigt sich jedoch (Hilfssatz 8.1.2.), daß man sogar mit einer, allerdings nicht zu kleinen, Teilmenge der Menge der abgeschlossenen Umgebungen auskommt.

Definition 8.1.4. *$(X, \mathcal{O})$ sei ein topologischer Raum, $x \in X$,*

$$\mathfrak{B} \subset \mathfrak{V}(x) = \{V \mid V \subset X,\ V \text{ Umgebung von } x\}.$$

$\mathfrak{B}$ heißt Umgebungsbasis von x, wenn für alle $V \subset X$ gilt:

$$V \in \mathfrak{V}(x) \Rightarrow \text{Es gibt ein } U \in \mathfrak{B} \text{ mit } U \subset V.$$

Satz 8.1.4. *$(X, \mathcal{O})$ sei ein topologischer Raum, $x \in X$, $\mathfrak{B}$ eine Umgebungsbasis von x. Dann gilt für alle $U, V \subset X$*

(1) $$\mathfrak{B} \neq \emptyset, \quad \emptyset \notin \mathfrak{B},$$

(2) $$U, V \in \mathfrak{B} \Rightarrow \text{Es gibt ein } W \in \mathfrak{B} \text{ mit } W \subset U \cap V.$$

Spezielle Umgebungsbasen von x sind

$$\mathfrak{V}(x) \quad \text{und} \quad \mathfrak{U}(x) := \mathfrak{V}(x) \cap \mathcal{O} = \{U \mid U \subset X,\ U \text{ offene Umgebung von } x\}.$$

Ist $\mathfrak{B}$ Umgebungsbasis von x, so gilt

$$\mathfrak{V}(x) = \{W \mid W \subset X, \text{ es gibt ein } V \in \mathfrak{B} \text{ mit } V \subset W\}.$$

Beweis. Nach (1) Satz 8.1.1. ist $\mathfrak{V}(x) \neq \emptyset$. Daher gibt es ein $V \in \mathfrak{V}(x)$ und ein $U \in \mathfrak{B}$ mit $U \subset V$, also ist $\mathfrak{B} \neq \emptyset$. Da $\emptyset \notin \mathfrak{V}(x)$, $\mathfrak{B} \subset \mathfrak{V}(x)$ ist, ist $\emptyset \notin \mathfrak{B}$.

(2) Sind $U, V \in \mathfrak{B} \subset \mathfrak{V}(x)$, so ist nach (2) Satz 8.1.1. $U \cap V \in \mathfrak{V}(x)$. Es gibt infolgedessen ein $W \in \mathfrak{B}$ mit $W \subset U \cap V$.

$\mathfrak{V}(x)$ ist trivialerweise Umgebungsbasis. Da $\mathfrak{U}(x) \subset \mathfrak{V}(x)$ ist, ist nach der Definition der Umgebungen (Definition 8.1.1.) $\mathfrak{U}(x)$ Umgebungsbasis.

Für alle $W \subset X$ gilt wegen $\mathfrak{B} \subset \mathfrak{V}(x)$ und (3) Satz 8.1.1.

$$\text{Es gibt ein } V \in \mathfrak{B} \text{ mit } V \subset W \Rightarrow W \in \mathfrak{V}(x).$$

Die Umkehrung gilt, weil $\mathfrak{B}$ Umgebungsbasis ist. $\bullet$

Hilfssatz 8.1.2. *Ist $(X, \mathfrak{O})$ Hausdorffraum, $x \in X$ und $\mathfrak{B}$ Umgebungsbasis von x, so ist*

$$\bigcap_{V \in \mathfrak{B}} \overline{V} = \{x\}.$$

Beweis. Da es zu jedem $V \in \mathfrak{B}(x)$ ein $U \in \mathfrak{B}$ mit $U \subset V$, d.h. auch $\overline{U} \subset \overline{V}$, gibt, ist

$$\bigcap_{U \in \mathfrak{B}} \overline{U} \subset \overline{V} \text{ für jedes } V \in \mathfrak{B}(x), \quad \text{also} \quad \{x\} \subset \bigcap_{U \in \mathfrak{B}} \overline{U} \subset \bigcap_{V \in \mathfrak{B}(x)} \overline{V} = \{x\}. \quad \bullet$$

Ist $(X, \mathfrak{O})$ ein topologischer Raum und $Z \subset X$, so induziert nach Satz 7.6.1. $\mathfrak{O}$ auf Z eine Topologie $\mathfrak{O}_Z$, mit der Z Unterraum von $(X, \mathfrak{O})$ ist. Die Umgebungen eines Punktes $x \in Z$ in $(Z, \mathfrak{O}_Z)$ erhält man aus den Umgebungen in $(X, \mathfrak{O})$ genauso wie $\mathfrak{O}_Z$ aus $\mathfrak{O}$.

Satz 8.1.5. *$(X, \mathfrak{O})$ sei ein topologischer Raum, $Z \subset X$ und $\mathfrak{O}_Z$ die durch $\mathfrak{O}$ auf Z induzierte Topologie. Ist $x \in Z$, $\mathfrak{B}(x)$ die Menge der Umgebungen von x in $(X, \mathfrak{O})$ und $\mathfrak{B}$ eine Umgebungsbasis von x in $(X, \mathfrak{O})$, so ist*

$$\mathfrak{B}(x)|Z := \{V \cap Z \mid V \in \mathfrak{B}(x)\} \textit{ die Menge der Umgebungen von } x \textit{ in } (Z, \mathfrak{O}_Z),$$

$$\mathfrak{B}|Z := \{V \cap Z \mid V \in \mathfrak{B}\} \textit{ eine Umgebungsbasis von } x \textit{ in } (Z, \mathfrak{O}_Z).$$

Beweis. Ist $V \in \mathfrak{B}(x)$, so gibt es ein $U \in \mathfrak{O}$ mit $x \in U \subset V$. Dann ist $x \in U \cap Z \subset V \cap Z$. Da $U \cap Z \subset \mathfrak{O}_Z$ ist, ist $V \cap Z$ Umgebung von x in $(Z, \mathfrak{O}_Z)$.

Ist W Umgebung von x in $(Z, \mathfrak{O}_Z)$, so gibt es ein $W_0 \in \mathfrak{O}_Z$ mit $x \in W_0 \subset W$ und ein $U \in \mathfrak{O}$ mit $W_0 = U \cap Z$. Dann ist $x \in U \subset W \cup U$ und daher $W \cup U \in \mathfrak{B}(x)$. Außerdem ist ($W \subset Z$, $W_0 \subset W$!)

$$(W \cup U) \cap Z = (W \cap Z) \cup (U \cap Z) = W \cup W_0 = W.$$

Wegen $\mathfrak{B} \subset \mathfrak{B}(x)$ ist $\mathfrak{B}|Z \subset \mathfrak{B}(x)|Z$. Ist $W \in \mathfrak{B}(x)|Z$, so gibt es ein $U \in \mathfrak{B}(x)$ mit $W = U \cap Z$ und ein $V \in \mathfrak{B}$ mit $V \subset U$. Dann ist $V \cap Z \in \mathfrak{B}|Z$ und $V \cap Z \subset U \cap Z = W$. $\bullet$

8.2. Raster und Filter

Die Aussage von Satz 8.1.3., daß ein Punkt eines Hausdorffraumes durch die Angabe seiner Umgebungen bestimmt ist, läßt sich etwas anders formulieren und zwar als Lösung eines Approximationsproblems. Es kommt in den Anwendungen häufig vor, daß man nicht die „genaue Lage" eines zu bestimmenden Punktes kennt, sondern nur seine „ungefähre Lage". Die „ungefähre Lage" kann dadurch gegeben sein, daß eine Menge U angegeben wird, in der der Punkt liegt. Die Angabe ist umso genauer, je „kleiner" U ist. Wenn man etwa bei der Bestimmung des Alters einer Materialprobe durch Messung des Gehaltes an radioaktivem Kohlenstoff C^{14}, natürlich mit Angabe einer Fehlerabschätzung, den Wert 2715 Jahre ± 150 Jahre erhält, so bedeutet das, daß das Alter der Probe, in Jahren gemessen, im Intervall [2565, 2865] liegt. Es kann aber auch sein, daß die Bestimmung der „ungefähren Lage“ eines Punktes x durch die Angabe einer Menge U nicht so scharf ist, wie wir eben angenommen hatten, sondern daß man nur weiß, daß x Berührungspunkt von U ist. (Man beachte, daß man durch die Angabe von U nicht in *jedem* Falle auch schon $\overline{U}$ kennt. Es kann sehr schwierig sein, $\overline{U}$ zu bestimmen, wenn U nicht übersichtlich ist.) Wie in der physikalischen Anwendung, wo man zur Bestimmung des Alters einer Materialprobe nicht nur *eine* Messung vornehmen wird, sondern eine ganze Serie von Messungen, hat man auch hier zur Festlegung der Lage eines Punktes x einer Menge X (oder eines topologischen Raumes $(X, \mathcal{O})$) im allgemeinen nicht nur *eine* Menge U, sondern eine ganze Serie von Mengen, also eine Teilmenge $\mathfrak{R} \subset \mathfrak{P}(X)$.

Damit man mit Hilfe der Teilmenge $\mathfrak{R} \subset \mathfrak{P}(X)$ die Lage des Punktes x möglichst genau bestimmen kann, ist es erwünscht, daß $\mathfrak{R}$ möglichst viele Mengen enthält. Außerdem ist aber noch etwas anderes zu beachten. Erhält man in unserem physikalischen Beispiel mit einer anderen Methode zur Altersbestimmung oder bei einer weiteren Meßreihe ein Intervall [2140, 2220], so ist der Durchschnitt der beiden Intervalle leer, es muß also irgendein Fehler vorliegen. Damit die beiden Ergebnisse vereinbar sind, müssen die beiden Intervalle einen nicht-leeren Durchschnitt haben. Wir wollen annehmen, daß das zweite Verfahren oder die zweite Meßreihe das Intervall [2470, 2770] ergeben hat. Im Zuge der Verfeinerung der Meßmethoden ist es dann natürlich wünschenswert, daß es möglich sein wird, eine Altersbestimmung zu erreichen, die eine Verbesserung sowohl des ersten als auch des zweiten Ergebnisses liefert, also ein Intervall $[a, b]$ mit $[a, b] \subset [2565, 2865]$ und $[a, b] \subset \subset [2470, 2770]$. Für $\mathfrak{R}$ bedeutet das, daß man zu $U, V \in \mathfrak{R}$ ein $W \in \mathfrak{R}$ haben möchte mit $W \subset U$ und $W \subset V$, also $W \subset U \cap V$. Das ist gerade die Bedingung (2) aus Satz 8.1.4. (1) aus Satz 8.1.4. muß sowieso erfüllt sein, damit man mit den Angaben zur Bestimmung der Lage von x überhaupt etwas anfangen kann.

Da sich sehr viele Fälle, in denen eine Größe durch eine Serie „ungefährer Angaben“ festgelegt wird, bei passender Formulierung darauf zurückführen lassen, daß die „ungefähre Angabe“ durch eine Menge U erfolgt, und die Approximation der zu bestimmenden Größe durch die Angabe von U umso besser ist, je „kleiner“ U ist, ist es zweckmäßig, zunächst allgemeine Systeme oder Familien von Mengen, d.h. letztlich Teilmengen $\mathfrak{R} \subset \mathfrak{P}(X)$, zu untersuchen, die die Eigenschaften (1), (2) aus Satz 8.1.4. haben.

Definition 8.2.1. *X sei eine Menge, $\mathfrak{R} \subset \mathfrak{P}(X)$. $\mathfrak{R}$ heißt Raster auf X, wenn für alle $U, V \subset X$ gilt:*

(1) $$\mathfrak{R} \neq \emptyset, \quad \emptyset \notin \mathfrak{R},$$

(2) $$U, V \in \mathfrak{R} \;\Rightarrow\; \textit{Es gibt ein } W \in \mathfrak{R} \textit{ mit } W \subset U \cap V.$$

Es ist nützlich, auch ein Analogon zu (3) Satz 8.1.1. vorzusehen.

Definition 8.2.2. *X sei eine Menge, $\mathfrak{F} \subset \mathfrak{P}(X)$. $\mathfrak{F}$ heißt Filter auf X, wenn für alle $U, V \subset X$ gilt:*

(1) $$\mathfrak{F} \neq \emptyset, \quad \emptyset \notin \mathfrak{F},$$

(2) $$U, V \in \mathfrak{F} \;\Rightarrow\; U \cap V \in \mathfrak{F},$$

(3) $$U \in \mathfrak{F} \text{ und } U \subset V \;\Rightarrow\; V \in \mathfrak{F}.$$

Offensichtlich ist jeder Filter auf einer Menge X auch Raster auf X.

Satz 8.2.1. *X sei eine Menge, $\mathfrak{R}$ Raster auf X. Dann ist*

$$\mathfrak{R}_X := \{V \mid V \subset X, \text{ es gibt ein } U \in \mathfrak{R} \text{ mit } U \subset V\}$$

ein Filter auf X. Ist $\mathfrak{F}$ Filter auf X, so ist $\mathfrak{F}_X = \mathfrak{F}$.

Ist $\mathfrak{F}$ Filter auf X, so bezeichnet man jeden Raster $\mathfrak{R}$ auf X mit $\mathfrak{R}_X = \mathfrak{F}$ als eine Filterbasis von $\mathfrak{F}$.

Beweis. Der Nachweis, daß $\mathfrak{R}_X$ Filter ist, verläuft folgendermaßen:

(1) Da $\mathfrak{R} \subset \mathfrak{R}_X$ und $\mathfrak{R} \neq \emptyset$ ist, ist $\mathfrak{R}_X \neq \emptyset$. Ist $V \in \mathfrak{R}_X$, so gibt es ein $U \in \mathfrak{R}$ mit $U \subset V$. Da $U \neq \emptyset$ ist, ist auch $V \neq \emptyset$. Daher ist $\emptyset \notin \mathfrak{R}_X$.

(2) Sind $U, V \in \mathfrak{R}_X$, so gibt es $U_1, V_1 \in \mathfrak{R}$ mit $U_1 \subset U$, $V_1 \subset V$ und ein $W \in \mathfrak{R}$ mit $W \subset U_1 \cap V_1 \subset U \cap V$. Folglich ist $U \cap V \in \mathfrak{R}_X$.

(3) Ist $U \in \mathfrak{R}_X$, so gibt es ein $U_1 \in \mathfrak{R}$ mit $U_1 \subset U$. Ist $V \subset X$ und $U \subset V$, so ist auch $U_1 \subset V$, also $V \in \mathfrak{R}_X$.

Ist $\mathfrak{F}$ Filter auf X, so ist $\mathfrak{F} \subset \mathfrak{F}_X$. Ist umgekehrt $V \in \mathfrak{F}_X$, so gibt es ein $U \in \mathfrak{F}$ mit $U \subset V$. Nach (3) Definition 8.2.2. ist $V \in \mathfrak{F}$, d.h., es ist auch $\mathfrak{F}_X \subset \mathfrak{F}$. ●

Beispiele für Raster und Filter gibt

Hilfssatz 8.2.1. *$(X, \mathcal{O})$ sei ein topologischer Raum, $x \in X$, $\mathfrak{V}(x)$ die Menge der Umgebungen von x und $\mathfrak{B}$ eine Umgebungsbasis von x. Dann gilt:*

$$\mathfrak{V}(x) \text{ ist ein Filter auf } X, \text{ der Umgebungsfilter von } x,$$

$$\mathfrak{B} \text{ ist ein Raster auf } X, \mathfrak{B} \text{ ist eine Filterbasis von } \mathfrak{V}(x).$$

Beweis. Daß $\mathfrak{V}(x)$ Filter ist, entnimmt man Satz 8.1.1., daß $\mathfrak{B}$ ein Raster ist, entnimmt man Satz 8.1.4. Nach Satz 8.1.4. ist weiter

$$\mathfrak{V}(x) = \{V \mid V \subset X, \text{ es gibt ein } U \in \mathfrak{B} \text{ mit } U \subset V\}.$$

Nach Satz 8.2.1. ist $\mathfrak{V}(x) = \mathfrak{B}_X$, also $\mathfrak{B}$ eine Filterbasis von $\mathfrak{V}(x)$. ●

$\mathfrak{R}_1$ und $\mathfrak{R}_2$ seien Raster auf einer Menge X. Wir gehen von der in den Anwendungen realisierten Vorstellung aus, daß $\mathfrak{R}_1$ und $\mathfrak{R}_2$ dazu dienen, eine gewisse Größe festzulegen, wobei die Angabe einer Menge U (aus $\mathfrak{R}_1$ oder $\mathfrak{R}_2$) eine Approximation bedeutet, die umso besser ist, je „kleiner" U ist. Es kann nun vorkommen, daß weder $\mathfrak{R}_1$ noch $\mathfrak{R}_2$ ausreichen, um die zu bestimmende Größe vollständig festzulegen. So könnten (im Falle einer Topologie auf X) $\mathfrak{R}_1$ und $\mathfrak{R}_2$ Mengen von Umgebungen von x sein, aber nicht genügend viele Umgebungen enthalten, um x eindeutig zu bestimmen. Die Situation ist ähnlich wie bei der Angabe der Lage eines Ortes auf einer Landkarte mit Hilfe eines Gitternetzes. Auch hier läßt sich der Ort durch die zugehörige Masche des Gitters nur annähernd festlegen. Je feiner das Gitter ist, umso genauer kann man die Lage des Ortes angeben. Die Gittermaschen können je nach der Konstruktion des Gitters sehr verschiedene Gestalt haben (etwa einfache Planquadrate oder aber krummlinig begrenzte „Rechtecke" bei Verwendung eines Gradnetzes). Zwei verschiedene Gitternetze brauchen daher nicht unmittelbar vergleichbar zu sein; man kann nicht in jedem Falle sagen, daß eines das feinere ist. Wir wollen annehmen, daß die ungefähre Lage eines Punktes durch die Angabe einer Masche M_2 des Gitters (2) festgelegt ist. Durch das Gitter (1) bekommen wir sicher dann eine mindestens genauso präzise Angabe über die Lage des fraglichen Punktes, wenn die entsprechende Masche des Gitters (1) ganz in der Masche M_2 liegt. In diesem Falle ist bezüglich des zu bestimmenden Punktes das Gitter (1) mindestens genauso fein wie das Gitter (2). Überträgt man diese Vorstellung auf die Raster $\mathfrak{R}_1$ und $\mathfrak{R}_2$, so muß man an Stelle der Masche M_2 ein Element $V \in \mathfrak{R}_2$ nehmen. Falls es zu jedem solchen $V \in \mathfrak{R}_2$ ein $U \in \mathfrak{R}_1$ gibt mit $U \subset V$, wird man $\mathfrak{R}_1$ als mindestens ebenso fein bezeichnen wie $\mathfrak{R}_2$. Da ein Raster umso feiner ist, je mehr Mengen er enthält (ein Gitter ist um so feiner, je mehr Gitterlinien benutzt werden) verwendet man die Bezeichnung $\mathfrak{R}_1 \gg \mathfrak{R}_2$. Der kürzeren Ausdrucksweise halber sagt man aber nicht „$\mathfrak{R}_1$ ist mindestens ebenso fein wie $\mathfrak{R}_2$", sondern „$\mathfrak{R}_1$ ist feiner als $\mathfrak{R}_2$".

Definition 8.2.3. *X sei eine Menge, $\mathfrak{R}_1$, $\mathfrak{R}_2$ seien Raster auf X. Man definiert „$\mathfrak{R}_1$ ist feiner als $\mathfrak{R}_2$", abgekürzt „$\mathfrak{R}_1 \gg \mathfrak{R}_2$", durch*

$$\mathfrak{R}_1 \gg \mathfrak{R}_2 \quad :\Leftrightarrow \quad \textit{Zu jedem } V \in \mathfrak{R}_2 \textit{ gibt es ein } U \in \mathfrak{R}_1 \textit{ mit } U \subset V,$$

und „$\mathfrak{R}_1$ ist äquivalent (oder gleich fein) mit $\mathfrak{R}_2$" durch

$$\mathfrak{R}_1 \textit{ äquivalent } \mathfrak{R}_2 \quad :\Leftrightarrow \quad \mathfrak{R}_1 \gg \mathfrak{R}_2 \textit{ und } \mathfrak{R}_2 \gg \mathfrak{R}_1.$$

Für die Verwendung von „$\gg$" gelten einige einfache Regeln.

Satz 8.2.2. *X sei eine Menge, $\mathfrak{R}_1$, $\mathfrak{R}_2$, $\mathfrak{R}_3$ seien Raster auf X. Dann gilt*

$$(1) \quad \mathfrak{R}_1 \gg \mathfrak{R}_1, \qquad (2) \quad \mathfrak{R}_1 \gg \mathfrak{R}_2 \textit{ und } \mathfrak{R}_2 \gg \mathfrak{R}_3 \quad \Rightarrow \quad \mathfrak{R}_1 \gg \mathfrak{R}_3.$$

Die Menge der Raster auf X ist also durch „≫" schwach geordnet (Definition 3.1.1.). Es ist

$$\mathfrak{R}_1 \gg \mathfrak{R}_2 \quad \Leftrightarrow \quad (\mathfrak{R}_1)_X \supset (\mathfrak{R}_2)_X$$

und

$$\mathfrak{R}_1 \text{ äquivalent zu } \mathfrak{R}_2 \quad \Leftrightarrow \quad \mathfrak{R}_2 \text{ äquivalent zu } \mathfrak{R}_1 \quad \Leftrightarrow \quad (\mathfrak{R}_1)_X = (\mathfrak{R}_2)_X.$$

Beweis. (1) ist trivial (ist $\mathfrak{R}_1 = \mathfrak{R}_2$, so kann man in Definition 8.2.3. $U = V$ nehmen).

(2) Ist $W \in \mathfrak{R}_3$, so gibt es wegen $\mathfrak{R}_2 \gg \mathfrak{R}_3$ ein $V \in \mathfrak{R}_2$ mit $V \subset W$ und wegen $\mathfrak{R}_1 \gg \mathfrak{R}_2$ ein $U \in \mathfrak{R}_1$ mit $U \subset V \subset W$, also ist $\mathfrak{R}_1 \gg \mathfrak{R}_3$.

Ist $\mathfrak{R}_1 \gg \mathfrak{R}_2$ und $W \in (\mathfrak{R}_2)_X$, so gibt es ein $V \in \mathfrak{R}_2$ mit $V \subset W$ und ein $U \in \mathfrak{R}_1$ mit $U \subset V \subset W$. Damit ist auch $W \in (\mathfrak{R}_1)_X$. Ist $(\mathfrak{R}_1)_X \supset (\mathfrak{R}_2)_X$ und $V \in \mathfrak{R}_2$, so ist $V \in \mathfrak{R}_2 \subset \subset (\mathfrak{R}_2)_X \subset (\mathfrak{R}_1)_X$, und es gibt ein $U \in \mathfrak{R}_1$ mit $U \subset V$. Folglich ist $\mathfrak{R}_1 \gg \mathfrak{R}_2$.

Jetzt erhält man

$$\mathfrak{R}_1 \gg \mathfrak{R}_2 \text{ und } \mathfrak{R}_2 \gg \mathfrak{R}_1 \quad \Leftrightarrow \quad (\mathfrak{R}_1)_X \supset (\mathfrak{R}_2)_X \text{ und } (\mathfrak{R}_2)_X \supset (\mathfrak{R}_1)_X \quad \Leftrightarrow \quad (\mathfrak{R}_1)_X = (\mathfrak{R}_2)_X,$$

woraus die letzte Behauptung folgt. ●

Für Filter erhält man eine schärfere Aussage als Satz 8.2.2.

Hilfssatz 8.2.2. *X sei eine Menge, $\mathfrak{R}$ Raster auf X. $\mathfrak{F}$, $\mathfrak{F}_1$, $\mathfrak{F}_2$ seien Filter auf X. Es gilt*

$$\mathfrak{F}_1 \gg \mathfrak{F}_2 \quad \Leftrightarrow \quad \mathfrak{F}_1 \supset \mathfrak{F}_2.$$

Die Menge der Filter auf X ist also durch „⊃" teilweise geordnet. Weiter gilt

$$\mathfrak{R} \text{ Filterbasis von } \mathfrak{F} \quad \Leftrightarrow \quad \mathfrak{R}, \mathfrak{F} \text{ sind gleich fein.}$$

Zwei Filterbasen eines Filters $\mathfrak{F}$ sind untereinander und zu $\mathfrak{F}$ äquivalent.

Beweis. Wegen $(\mathfrak{F}_1)_X = \mathfrak{F}_1$ und $(\mathfrak{F}_2)_X = \mathfrak{F}_2$ (Satz 8.2.1.) gilt nach Satz 8.2.2.

$$\mathfrak{F}_1 \gg \mathfrak{F}_2 \quad \Leftrightarrow \quad \mathfrak{F}_1 \supset \mathfrak{F}_2.$$

Damit ist für Filter „≫" gleichbedeutend mit „⊃", die Menge der Filter also teilweise geordnet. Weiter gilt

$$\mathfrak{R} \text{ Filterbasis von } \mathfrak{F} \quad \Leftrightarrow \quad \mathfrak{R}_X = \mathfrak{F} = \mathfrak{F}_X \quad \Leftrightarrow \quad \mathfrak{R} \text{ äquivalent zu } \mathfrak{F},$$

was auch unmittelbar die letzte Behauptung liefert. ●

Häufig ergibt sich die Notwendigkeit, die Betrachtung auf eine Teilmenge $W \subset X$ zu beschränken. Für Raster auf X gilt in diesem Falle

Satz 8.2.3. *X sei eine Menge, $W \subset X$. Jeder Raster auf W ist auch Raster auf X. Ist $\mathfrak{R}$ Raster auf X, so definiert man die Einschränkung von $\mathfrak{R}$ auf W durch*

$$\mathfrak{R}|W := \{V \cap W \mid V \in \mathfrak{R}\}.$$

Ist $\mathfrak{R}$ *Raster auf* X, *so gilt*

$$\mathfrak{R}|W \text{ ist Raster} \iff \text{Für jedes } V\in\mathfrak{R} \text{ ist } V\cap W \neq \emptyset \iff \emptyset\notin\mathfrak{R}|W.$$

Ist $\mathfrak{R}|W$ *Raster, so gilt*

$$\mathfrak{R}|W \gg \mathfrak{R}, \qquad W\in\mathfrak{R}_X \Rightarrow \mathfrak{R}|W, \mathfrak{R} \text{ sind gleich fein.}$$

Beweis. Ein Raster auf W ist trivialerweise Raster auf X.

Ist $\mathfrak{R}|W$ Raster, so ist $\emptyset\notin\mathfrak{R}|W$ und damit $V\cap W \neq \emptyset$ für jedes $V\in\mathfrak{R}$. Ist $V\cap W\neq\emptyset$ für jedes $V\in\mathfrak{R}$ (d.h. $\emptyset\notin R|W$), so gilt

(1) $\mathfrak{R}|W\neq\emptyset$, da $\mathfrak{R}\neq\emptyset$ ist, und $\emptyset\notin\mathfrak{R}|W$.

(2) Sind U_1, $U_2\in\mathfrak{R}|W$, so gibt es V_1, $V_2\in\mathfrak{R}$ mit $U_1 = V_1\cap W$, $U_2 = V_2\cap W$ und ein $V_3\in\mathfrak{R}$ mit $V_3 \subset V_1\cap V_2$. Dann ist $U_3 = V_3\cap W \subset V_1\cap V_2\cap W = U_1\cap U_2$.

Ist $\mathfrak{R}|W$ Raster und $V\in\mathfrak{R}$, so ist $V\cap W\in\mathfrak{R}|W$ und $V\cap W \subset V$. Daher ist $\mathfrak{R}|W\gg\mathfrak{R}$. Ist $W\in\mathfrak{R}_X$ und $U\in\mathfrak{R}|W$, so gibt es ein $V_1\in\mathfrak{R}$ mit $V_1\cap W=U$ und ein $V_2\in\mathfrak{R}$ mit $V_2\subset W$, also $V_1\cap V_2 \subset V_1\cap W \subset U$. Da es in $\mathfrak{R}$ ein V_3 gibt mit $V_3 \subset V_1\cap V_2\subset U$, ist $\mathfrak{R}\gg\mathfrak{R}|W$. Da sowieso $\mathfrak{R}|W\gg\mathfrak{R}$ ist, ist $\mathfrak{R}|W$ äquivalent zu $\mathfrak{R}$. ●

Das Verhalten von Rastern bei Abbildungen ist ebenfalls recht einfach.

Satz 8.2.4. *X, Y seien Mengen. Eine Abbildung $f: X\to Y$ induziert nach Hilfssatz 3.1.5. zwei Abbildungen $f^*: \mathfrak{P}(X)\to\mathfrak{P}(Y)$, $f_*: \mathfrak{P}(Y)\to\mathfrak{P}(X)$. Ist $\mathfrak{R}$ Raster auf X, $\hat{\mathfrak{R}}$ Raster auf Y, so definiert man*

$$f(\mathfrak{R}) := f^*(\mathfrak{R}) = \{f(U)\,|\,U\in\mathfrak{R}\}, \quad f^{-1}(\hat{\mathfrak{R}}) := f_*(\hat{\mathfrak{R}}) = \{f^{-1}(V)\,|\,V\in\hat{\mathfrak{R}}\}.$$

Es gilt

$$\mathfrak{R} \text{ Raster auf } X \Rightarrow f(\mathfrak{R}) \text{ ist Raster auf } Y,$$

$$\hat{\mathfrak{R}} \text{ Raster auf } Y \text{ und für jedes } V\in\hat{\mathfrak{R}} \text{ ist } f^{-1}(V)\neq\emptyset \Rightarrow f^{-1}(\hat{\mathfrak{R}}) \text{ ist Raster auf } X.$$

Sind $\mathfrak{R}_1$, $\mathfrak{R}_2$ Raster auf X, $\hat{\mathfrak{R}}_1$, $\hat{\mathfrak{R}}_2$ Raster auf Y und $f^{-1}(\hat{\mathfrak{R}}_1)$, $f^{-1}(\hat{\mathfrak{R}}_2)$ Raster, so gilt

$$\mathfrak{R}_1\gg\mathfrak{R}_2 \Rightarrow f(\mathfrak{R}_1)\gg f(\mathfrak{R}_2), \qquad \hat{\mathfrak{R}}_1\gg\hat{\mathfrak{R}}_2 \Rightarrow f^{-1}(\hat{\mathfrak{R}}_1)\gg f^{-1}(\hat{\mathfrak{R}}_2).$$

Beweis. Da $f^*(U) = f(U)\neq\emptyset$ ist, falls $U\neq\emptyset$ ist, gilt (1) Definition 8.2.1. für $f(\mathfrak{R})$. Da f^* und f_* für „$\subset$" ordnungserhaltend sind (Hilfssatz 3.1.5.), bleibt (2) für $f(\mathfrak{R})$ und $f^{-1}(\hat{\mathfrak{R}})$ erhalten. Aus demselben Grund gilt auch die letzte Aussage des Satzes. ●

Ein einfaches Beispiel für das Verhalten von Rastern bei Abbildungen gibt

Hilfssatz 8.2.3. *Für jedes $n\in\boldsymbol{N}$ sei $E_n = \{m|m\in\boldsymbol{N},\ n\leqq m\}$. Dann ist*

$$\boldsymbol{E} := \{E_n|n\in\boldsymbol{N}\}$$

ein Raster auf $\mathbf{N}$ *(vgl. Satz 4.2.1.).* $\mathbf{E}$ *wird als Endenfilter oder Fréchet-Filter auf* $\mathbf{N}$ *bezeichnet (obwohl* $\mathbf{E}$ *nur Raster, kein Filter ist). Es gilt*

$$h: \boldsymbol{N} \to \boldsymbol{N} \text{ injektiv} \Rightarrow h(\boldsymbol{E}) \gg \boldsymbol{E}.$$

Beweis. Da $\boldsymbol{E} \neq \emptyset$ und $E_n \neq \emptyset$ für jedes $n \in \boldsymbol{N}$ ist, gilt (1) Definition 8.2.1. Da $\boldsymbol{E}$ offenbar durch „$\subset$" linear geordnet ist (ist $k \in \boldsymbol{N}$, $n \in \boldsymbol{N}$, so ist $E_k \subset E_n$ oder $E_n \subset E_k$), gilt (2) Definition 8.2.1. trivialerweise.

Ist h injektiv und $n \in \boldsymbol{N}$, so gilt

$$\boldsymbol{N} - E_n = \{m \mid m \in \boldsymbol{N},\ m < n\} \text{ endlich} \Rightarrow h^{-1}(\boldsymbol{N} - E_n) \text{ endlich}.$$

$h^{-1}(\boldsymbol{N} - E_n)$ ist nach Satz 4.5.3. in $\boldsymbol{N}$ beschränkt. k sei obere Schranke für $h^{-1}(\boldsymbol{N} - E_n)$. Dann gilt

$$m \in E_{k+1} \Rightarrow m > k \Rightarrow h(m) \notin \boldsymbol{N} - E_n \Rightarrow h(m) \in E_n.$$

Daher ist $h(E_{k+1}) \subset E_n$. Das zeigt aber, daß $h(\boldsymbol{E}) \gg \boldsymbol{E}$ ist. ●

Für die Verwendung der Raster knüpfen wir an die Betrachtung an, die zur Definition der Raster geführt hatte. $(X, \mathcal{O})$ sei ein topologischer Raum. Ein Raster $\mathfrak{R}$ auf X ist eine spezielle Teilmenge von $\mathfrak{P}(X)$. Der Raster $\mathfrak{R}$ kann zur angenäherten Bestimmung der Lage eines Punktes (oder mehrerer Punkte) dienen. Das kann so geschehen, daß jedes $U \in \mathfrak{R}$ eine angenäherte Lagebestimmung dadurch gibt, daß angegeben wird, daß der oder die Punkte Berührungspunkte von U sind. Das führt auf

Definition 8.2.4. $(X, \mathcal{O})$ *sei ein topologischer Raum,* $\mathfrak{R}$ *ein Raster auf* X*. Die gemeinsamen Berührungspunkte aller* $U \in \mathfrak{R}$*, also die Punkte von*

$$L_{\mathfrak{R}} := \bigcap_{U \in \mathfrak{R}} \overline{U},$$

bezeichnet man als Berührungspunkte des Rasters $\mathfrak{R}$.

Ist etwa $(X, \mathcal{O})$ Hausdorffraum und $\mathfrak{B}$ eine Umgebungsbasis des Punktes $x \in X$, so gibt es nach Hilfssatz 8.1.2. genau einen gemeinsamen Berührungspunkt aller $V \in \mathfrak{B}$, nämlich x. Der Raster $\mathfrak{B}$ bestimmt so eindeutig einen Punkt x.

Satz 8.2.5. $(X, \mathcal{O})$ *sei ein topologischer Raum,* $\mathfrak{R}_1$, $\mathfrak{R}_2$ *seien Raster auf* X *und* $L_{\mathfrak{R}_1}$ *sei die Menge der Berührungspunkte von* $\mathfrak{R}_1$, $L_{\mathfrak{R}_2}$ *die Menge der Berührungspunkte von* $\mathfrak{R}_2$*. Dann gilt*

$$\mathfrak{R}_1 \gg \mathfrak{R}_2 \Rightarrow L_{\mathfrak{R}_1} \subset L_{\mathfrak{R}_2}.$$

Beweis. Ist $x \in L_{\mathfrak{R}_1}$, so kann man zu jedem $V \in \mathfrak{R}_2$ ein $U \in \mathfrak{R}_1$ finden mit $U \subset V$ und erhält $x \in \overline{U} \subset \overline{V}$, also $x \in L_{\mathfrak{R}_2}$. ●

Je feiner ein Raster ist, umso weniger Punkte kommen daher als Berührungspunkte in Frage. Die Menge der Berührungspunkte ist natürlich als Durchschnitt abgeschlossener Mengen wieder abgeschlossen.

Aufgabe 8.2.1. Y sei eine Menge, $\hat{\mathfrak{R}}_1$, $\hat{\mathfrak{R}}_2$ seien Raster auf Y, $W \subset Y$, und $\hat{\mathfrak{R}}_1|W$ sei Raster. Man zeige:

$$\hat{\mathfrak{R}}_1 \gg \hat{\mathfrak{R}}_2 \quad \Rightarrow \quad \hat{\mathfrak{R}}_2|W \text{ ist Raster und } \hat{\mathfrak{R}}_1|W \gg \hat{\mathfrak{R}}_2|W.$$

(Hinweis: Ist $\hat{\mathfrak{R}}$ Raster auf Y, so ist $(id_Y|W)^{-1}(\hat{\mathfrak{R}}) = \hat{\mathfrak{R}}|W$. Man kann daher Satz 8.2.4. anwenden. Man kann den Beweis aber natürlich genausogut unmittelbar führen.) ●

8.3. Raster auf R und $\bar{R}$

Besonders einfach liegen die Verhältnisse auf $\bar{\boldsymbol{R}}$. Da jeder Raster auf $\boldsymbol{R}$ auch Raster auf $\bar{\boldsymbol{R}}$ ist, kann man sich auf die Untersuchung von Rastern auf $\bar{\boldsymbol{R}}$ beschränken.

Satz 8.3.1. *Jeder Raster auf $\bar{\boldsymbol{R}}$ hat einen kleinsten und einen größten Berührungspunkt. Ist also $\mathfrak{R}$ Raster auf $\bar{\boldsymbol{R}}$ und*

$$L_{\mathfrak{R}} = \bigcap_{V \in \mathfrak{R}} \bar{V}, \textit{ so existieren } \min L_{\mathfrak{R}} \textit{ und } \max L_{\mathfrak{R}}.$$

Verwendet man für die Menge aller für die $U \in \mathfrak{R}$ vorkommenden oberen Schranken die Bezeichnung

$$\bar{S}(\mathfrak{R}) := \{s \mid s \in \bar{\boldsymbol{R}},\ s \textit{ obere Schranke für mindestens ein } V \in \mathfrak{R}\}$$

und für die Menge der vorkommenden unteren Schranken die Bezeichnung

$$\underline{S}(\mathfrak{R}) := \{t \mid t \in \bar{\boldsymbol{R}},\ t \textit{ untere Schranke für mindestens ein } U \in \mathfrak{R}\},$$

so gilt

$$\min L_{\mathfrak{R}} = \sup \underline{S}(\mathfrak{R}), \quad \max L_{\mathfrak{R}} = \inf \bar{S}(\mathfrak{R}).$$

Man definiert

$$\underline{\lim}\, \mathfrak{R} := \min L_{\mathfrak{R}}, \quad \overline{\lim}\, \mathfrak{R} := \max L_{\mathfrak{R}}$$

und nennt $\underline{\lim}\, \mathfrak{R}$ den limes inferior von $\mathfrak{R}$ (schreibt gelegentlich $\liminf \mathfrak{R}$ *an Stelle von $\underline{\lim}\, \mathfrak{R}$) und $\overline{\lim}\, \mathfrak{R}$ den limes superior von $\mathfrak{R}$ (gelegentlich schreibt man* $\limsup \mathfrak{R}$ *an Stelle von $\overline{\lim}\, \mathfrak{R}$).*

Beweis. Es gilt (man beachte, daß $\mathfrak{R} \neq \emptyset$ ist)

$$s \in \bar{S}(\mathfrak{R}),\ t \in \underline{S}(\mathfrak{R}) \quad \Rightarrow \quad \text{Es gibt } U, V \in \mathfrak{R} \text{ mit } s \in \bar{S}(V),\ t \in \underline{S}(U).$$

Da $\mathfrak{R}$ ein Raster ist, gibt es zu $U, V \in \mathfrak{R}$ ein $W \in \mathfrak{R}$ mit $W \subset U \cap V$. Daher gilt ($W \neq \emptyset$!)

$$s \in \bar{S}(\mathfrak{R}),\ t \in \underline{S}(\mathfrak{R}) \ \Rightarrow\ \text{Es gibt ein } W \in \mathfrak{R} \text{ mit } s \in \bar{S}(W),\ t \in \underline{S}(W) \ \Rightarrow\ t \leqq s.$$

Damit ist jedes $s \in \bar{S}(\mathfrak{R})$ obere Schranke für $\underline{S}(\mathfrak{R})$, also

$$\sup \underline{S}(\mathfrak{R}) \leqq s \quad \text{für jedes} \quad s \in \bar{S}(\mathfrak{R}).$$

(Nach Satz 7.7.2. existiert $\sup \underline{S}(\mathfrak{R})$.) Da $\sup \underline{S}(\mathfrak{R})$ untere Schranke für $\bar{S}(\mathfrak{R})$ ist, ist

$$\sup \underline{S}(\mathfrak{R}) \leqq \inf \bar{S}(\mathfrak{R}).$$

Ist $x \in \bar{\boldsymbol{R}}$ und $\inf \bar{S}(\mathfrak{R}) < x$, so ist x nicht untere Schranke für $\bar{S}(\mathfrak{R})$, es gibt daher ein $s \in \bar{S}(\mathfrak{R})$ und ein $V \in \mathfrak{R}$ mit

$$s < x \text{ und } s \text{ ist obere Schranke von } V.$$

Also ist $V \subset [-\infty, s]$. Da $[-\infty, s]$ nach Hilfssatz 7.7.3. abgeschlossen ist, ist $\bar{V} \subset [-\infty, s]$. Da $x \notin [-\infty, s]$ ist, ist $x \notin \bar{V}$ und damit $x \notin L_{\mathfrak{R}}$.

Ist $x \in \bar{\boldsymbol{R}}$, $x < \sup \underline{S}(\mathfrak{R})$, so ist x nicht obere Schranke für $\underline{S}(\mathfrak{R})$, es gibt daher ein $t \in \underline{S}(\mathfrak{R})$ und ein $U \in \mathfrak{R}$ mit

$$x < t \text{ und } t \text{ ist untere Schranke von } U.$$

Also ist $U \subset [t, \infty]$. Da $[t, \infty]$ abgeschlossen ist, ist $\bar{U} \subset [t, \infty]$. Da $x \notin [t, \infty]$ ist, ist $x \notin \bar{U}$ und damit $x \notin L_{\mathfrak{R}}$.

Ist $x \in L_{\mathfrak{R}}$, so muß infolgedessen $\sup \underline{S}(\mathfrak{R}) \leqq x \leqq \inf \bar{S}(\mathfrak{R})$ sein und somit

$$L_{\mathfrak{R}} \subset [\sup \underline{S}(\mathfrak{R}), \inf \bar{S}(\mathfrak{R})].$$

Wir setzen $\mu := \inf \bar{S}(\mathfrak{R})$ und nehmen an, daß $\mu \notin L_{\mathfrak{R}}$ ist. Dann gibt es ein $V \in \mathfrak{R}$ mit $\mu \notin \bar{V}$. Ist μ nicht bereits obere Schranke von V, so ist $\mu < \infty$, und es gibt, da $\bar{\boldsymbol{R}} - \bar{V}$ offen und $\mu \in \bar{\boldsymbol{R}} - \bar{V}$ ist, nach der Definition der Topologie auf $\bar{\boldsymbol{R}}$ (Satz 7.7.1.) Zahlen $s, t \in \boldsymbol{R}$ mit $s < \mu < t$, $]s, t[\cap \bar{V} = \emptyset$.

Da $t > \mu$ ist, ist t nicht untere Schranke von $\bar{S}(\mathfrak{R})$, es gibt daher ein $u \in \bar{S}(\mathfrak{R})$ und ein $U \in \mathfrak{R}$ so, daß u obere Schranke von U und $u < t$ ist. Dann ist $\bar{U} \cap [t, \infty] = \emptyset$. Da $\mathfrak{R}$ Raster ist, gibt es ein $W \in \mathfrak{R}$ mit $W \subset U \cap V$. Für dieses W gilt

$$\bar{W} \subset \bar{U}, \text{ also } \bar{W} \cap [t, \infty] = \emptyset, \qquad \bar{W} \subset \bar{V}, \text{ also } \bar{W} \cap]s, t[= \emptyset,$$

und damit

$$\bar{W} \cap]s, \infty] = \emptyset, \quad s \text{ ist obere Schranke für } W, \quad s \in \bar{S}(\mathfrak{R}).$$

Ist μ bereits obere Schranke für V, so gibt es, da $\bar{\boldsymbol{R}} - \bar{V}$ offen und $\mu \in \bar{\boldsymbol{R}} - \bar{V}$ ist, nach der Definition der Topologie auf $\bar{\boldsymbol{R}}$ jedenfalls (auch falls $\mu=\infty$ ist) ein $s \in \boldsymbol{R}$ mit

$$s<\mu \quad \text{und} \quad]s, \mu[\subset \bar{\boldsymbol{R}}-\bar{V}, \quad \text{also} \quad \bar{V} \cap]s, \mu[\; = \emptyset.$$

Dann ist aber s obere Schranke für V, d.h. $s \in \bar{S}(\mathfrak{R})$.

Ist $\mu \notin L_{\mathfrak{R}}$, so gibt es daher in jedem Falle ein $s \in \boldsymbol{R}$ mit $s<\mu$ und $s \in \bar{S}(\mathfrak{R})$. Das widerspricht der Voraussetzung $\mu=\inf \bar{S}(\mathfrak{R})$. Also ist $\mu \in L_{\mathfrak{R}}$.

Genau so zeigt man, daß $\sup \underline{S}(\mathfrak{R}) \in L_{\mathfrak{R}}$ ist. Das ergibt:

$$\sup \underline{S}(\mathfrak{R}) \quad \text{ist untere Schranke für } L_{\mathfrak{R}}, \quad \sup \underline{S}(\mathfrak{R}) \in L_{\mathfrak{R}},$$

$$\inf \bar{S}(\mathfrak{R}) \quad \text{ist obere Schranke für } L_{\mathfrak{R}}, \quad \inf \bar{S}(\mathfrak{R}) \in L_{\mathfrak{R}}.$$

Nach Hilfssatz 3.1.3. und Hilfssatz 3.1.4. erhält man hieraus

$$\sup \underline{S}(\mathfrak{R}) = \min L_{\mathfrak{R}}, \quad \inf \bar{S}(\mathfrak{R}) = \max L_{\mathfrak{R}}. \quad \bullet$$

Es ist nützlich, sich die Charakterisierung von $\limsup \mathfrak{R}$ und $\liminf \mathfrak{R}$ noch einmal in etwas anderer Formulierung aufzuschreiben.

Hilfssatz 8.3.1. *$\mathfrak{R}$ sei Raster auf $\bar{\boldsymbol{R}}$, $\mu \in \bar{\boldsymbol{R}}$. Es ist genau dann $\mu=\limsup \mathfrak{R}$, wenn gilt:*

(1) *Zu jedem $s \in \bar{\boldsymbol{R}}$, $s>\mu$, gibt es ein $V \in \mathfrak{R}$, für das s obere Schranke ist.*

(2) *Für jede Umgebung U von μ und jedes $V \in \mathfrak{R}$ ist $U \cap V \neq \emptyset$.*

$\liminf \mathfrak{R}$ *läßt sich analog charakterisieren.*

Beweis. Ist $\mu=\lim\sup \mathfrak{R}$ und $s \in \bar{\boldsymbol{R}}$, $s>\mu$, so ist s keine untere Schranke von $\bar{S}(\mathfrak{R})$. Daher gibt es ein $t \in \bar{S}(\mathfrak{R})$ und ein $V \in \mathfrak{R}$ so, daß $t<s$ und t obere Schranke für V, also auch s obere Schranke für V ist. (1) gilt. Ist U Umgebung von μ und $V \in \mathfrak{R}$, so ist $\mu \in \bar{V}$. Dann kann nicht $U \cap V = \emptyset$ sein, da sonst $\mu \in U \subset \bar{\boldsymbol{R}}-V$ und μ äußerer Punkt von V, d.h. $\mu \notin \bar{V}$ wäre. (2) gilt.

Sind (1), (2) erfüllt, so ist wegen (2) μ kein äußerer Punkt für V und daher $\mu \in \bar{V}$ für jedes $V \in \mathfrak{R}$, d.h. $\mu \in L_{\mathfrak{R}}$. μ ist nach Satz 8.3.1. untere Schranke für $\bar{S}(\mathfrak{R})$. Ist $t \in \bar{\boldsymbol{R}}$, $t>\mu$, so gibt es ein $s \in \bar{\boldsymbol{R}}$ mit $\mu<s<t$. Wegen (1) ist $s \in \bar{S}(\mathfrak{R})$. Infolgedessen ist t nicht untere Schranke von $\bar{S}(\mathfrak{R})$. Also ist $\mu=\inf \bar{S}(\mathfrak{R})$. $\bullet$

Eine einfache Folgerung aus Satz 8.3.1. ist

Hilfssatz 8.3.2. *Jede nicht-leere, abgeschlossene Teilmenge von $\bar{\boldsymbol{R}}$ hat ein kleinstes und ein größtes Element.*

Beweis. Ist $V \subset \bar{\boldsymbol{R}}$, $V \neq \emptyset$, V abgeschlossen, so setzt man $\mathfrak{R}=\{V\}$. Dann gilt:

(1) $\mathfrak{R} \neq \emptyset, \quad \emptyset \notin \mathfrak{R}$.

(2) Sind $V_1, V_2 \in \mathfrak{R}$, so ist $V_1 = V_2 = V$, also gibt es ein $V_3 \in \mathfrak{R}$, nämlich $V_3 = V$, mit $V_3 \subset V_1 \cap V_2$.

$\mathfrak{R}$ ist daher Raster. Offensichtlich ist

$$L_{\mathfrak{R}} = \bigcap_{W \in \mathfrak{R}} \overline{W} = \overline{V} = V.$$

Nach Satz 8.3.1. existieren $\min V = \min L_{\mathfrak{R}}$ und $\max V = \max L_{\mathfrak{R}}$. ●

Ein Spezialfall von Satz 8.3.1. ist der Satz von der Intervallschachtelung.

Definition 8.3.1. *Eine Folge $(I_n)_{n \in N}$ abgeschlossener Intervalle in $\boldsymbol{R}$ heißt Intervallschachtelung, wenn gilt*

(1) $n, m \in N$ *und* $n < m \;\Rightarrow\; I_n \supset I_m$, (2) $\inf\{\delta(I_n) \mid n \in N\} = 0$.

($\delta(I_n)$ ist der Durchmesser von I_n, siehe Definition 7.8.1.) Man beachte, daß ein abgeschlossenes Intervall nach Definition 7.7.1. nicht leer ist.

Satz 8.3.2. *Ist $(I_n)_{n \in N}$ eine Intervallschachtelung, so gibt es genau einen Punkt $x \in \boldsymbol{R}$, der allen Intervallen I_n, $n \in N$, gemeinsam angehört.*

Beweis. Da $\mathfrak{R} := \{I_n | n \in N\} \neq \emptyset$ und jedes $I_n \neq \emptyset$ ist, gilt (1) Definition 8.2.1. Wegen

$$I_n, I_m \in \mathfrak{R} \;\Rightarrow\; n \leqq m \text{ oder } m \leqq n \;\Rightarrow\; I_n \supset I_m \text{ oder } I_m \supset I_n$$

gilt auch (2) Definition 8.2.1. $\mathfrak{R}$ ist Raster. Für jedes $n \in N$ ist I_n abgeschlossen (in $\bar{\boldsymbol{R}}$) und $I_n \subset \boldsymbol{R}$. Daher ist

$$L_{\mathfrak{R}} = \bigcap_{n \in N} I_n \subset \boldsymbol{R}.$$

Für jedes $n \in N$ sind $\min L_{\mathfrak{R}}$, $\max L_{\mathfrak{R}} \in I_n$. Wäre $r := \max L_{\mathfrak{R}} - \min L_{\mathfrak{R}} > 0$, so brauchte man nur, da r wegen $\inf\{\delta(I_n) | n \in N\} = 0$ keine untere Schranke von $\{\delta(I_n) | n \in N\}$ ist, ein $n \in N$ so zu wählen, daß $\delta(I_n) < r$ ist, und erhielte aus

$$r = d(\min L_{\mathfrak{R}}, \max L_{\mathfrak{R}}) \leqq \delta(I_n) < r$$

einen Widerspruch. Daher ist $\min L_{\mathfrak{R}} = \max L_{\mathfrak{R}}$. Setzt man $x := \max L_{\mathfrak{R}}$, so ist

$$x \in L_{\mathfrak{R}} \subset [x, x], \quad \text{also} \quad L_{\mathfrak{R}} = \{x\}. \;●$$

Beispiel 8.3.1. Es sei $a \in \boldsymbol{R}$, $a > 0$. Nach Hilfssatz 5.2.2. gibt es genau ein $x \in \boldsymbol{R}$, $x > 0$, mit $x^2 = a$, nämlich $x = \sqrt{a}$.

Zur Bestimmung von x kann man folgendermaßen vorgehen. Es sei $b \in \boldsymbol{R}$, $b > 0$ und $c = \dfrac{a}{b}$. Dann ist $c > 0$ und $bc = a$. Setzt man

$$u = \min\{b, c\}, \quad v = \max\{b, c\},$$

so ist $0<u\leqq v$, also $u^2\leqq uv\leqq v^2$, und $uv=a=x^2$. Nach Hilfssatz 6.7.3. (für $n=2$) erhält man daraus

$$u\leqq x\leqq v, \quad \text{also} \quad x\in[u, v].$$

Die Angabe $x\in[u, v]$ gibt eine angenäherte Bestimmung der Lage von x, die Approximation ist um so besser, je kleiner das Intervall $[u, v]$ ist. Zur Verbesserung der Approximation definiert man eine Folge $(I_n)_{n\in N}$ von Intervallen durch vollständige Induktion. Man setzt (vgl. Satz 4.3.1.)

(1*) $I_1=[u_1, v_1]$ mit $u_1=u$, $v_1=v$. Es ist $x\in I_1$, $u_1 v_1=a$.

(2*) Ist $I_n=[u_n, v_n]$, so setzt man $b_n=\frac{1}{2}(u_n+v_n)$ und

$$u_{n+1}=\min\left\{b_n, \frac{a}{b_n}\right\}, \quad v_{n+1}=\max\left\{b_n, \frac{a}{b_n}\right\}, \quad I_{n+1}=[u_{n+1}, v_{n+1}].$$

Dann ist $u_{n+1}\cdot v_{n+1}=a$.

Setzt man in (2*) voraus, daß $u_n v_n=a$ ist, so ergibt sich

$$0<u_n\leqq b_n\leqq v_n \quad\Rightarrow\quad 0<\frac{a}{v_n}\leqq\frac{a}{b_n}\leqq\frac{a}{u_n} \quad\Rightarrow\quad u_n\leqq\frac{a}{b_n}\leqq v_n$$

und daraus

$$0<u_n\leqq u_{n+1}\leqq v_{n+1}\leqq v_n, \quad \text{also} \quad I_{n+1}=[u_{n+1}, v_{n+1}]\subset I_n.$$

Da $u_{n+1}=b_n$, d.h. $I_{n+1}\subset[b_n, v_n]$, oder $v_{n+1}=b_n$, d.h. $I_{n+1}\subset[u_n, b_n]$, und $v_n-b_n=$ $=b_n-u_n=\frac{1}{2}(v_n-u_n)=\frac{1}{2}\delta(I_n)$ ist, erhält man

$$\delta(I_{n+1})\leqq\frac{1}{2}\delta(I_n).$$

Wegen $u_{n+1}v_{n+1}=a$, $u_{n+1}\leqq v_{n+1}$ ist (s.o.) $x=\sqrt{a}\in I_{n+1}$.

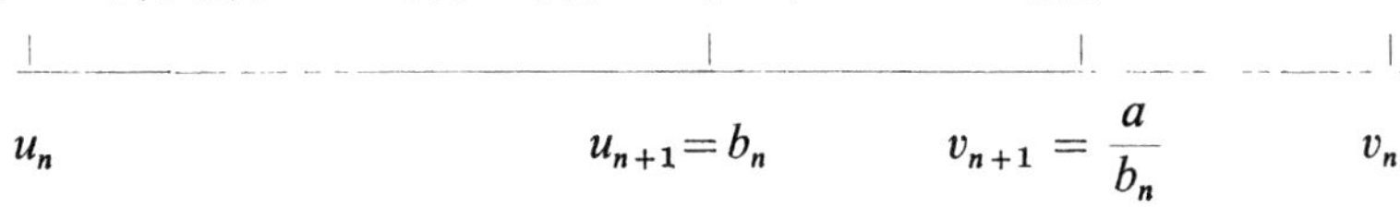

1. Möglichkeit: $b_n\leqq\frac{a}{b_n}$

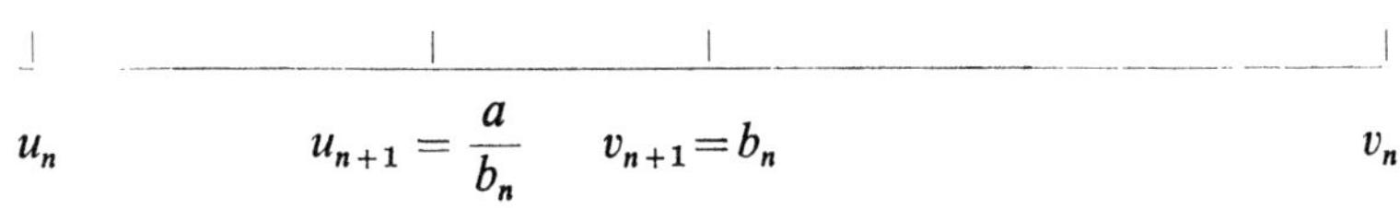

2. Möglichkeit: $\frac{a}{b_n}\leqq b_n$

Für die so konstruierte Folge $(I_n)_{n\in N}$ gilt $I_n \supset I_{n+1}$ für alle $n\in N$ und damit natürlich auch

(1) $n, m\in N,\ n<m \ \Rightarrow\ I_n\supset I_m$.

Aus $\delta(I_{n+1}) \leqq \frac{1}{2}\delta(I_n)$ für jedes $n\in N$ erhält man durch vollständige Induktion $\delta(I_{n+1}) \leqq \frac{1}{2^n}\,\delta(I_1)$. Ist $r\in \boldsymbol{R}$, $r>0$, so braucht man nur n so groß zu wählen (nach Hilfssatz 6.7.2. ist $(1+1)^n \geqq 1+n$), daß

$$\delta(I_{n+1}) \leqq \frac{1}{2^n}\,\delta(I_1) \leqq \frac{1}{n+1}\,\delta(I_1) < r, \quad \text{d.h.} \quad n+1 > \frac{1}{r}\,\delta(I_1),$$

ist, und erkennt, daß r keine untere Schranke für $\{\delta(I_n)|n\in N\}$ ist. Da 0 untere Schranke ist, ist

(2) $\inf\{\delta(I_n)\,|\,n\in N\} = 0$, $(I_n)_{n\in N}$ ist Intervallschachtelung.

Nach Satz 8.3.2. gibt es genau einen Punkt, der allen Intervallen gemeinsam angehört. Da $x\in I_n$ für alle $n\in N$ ist, bestimmt diese Intervallschachtelung eindeutig $x=\sqrt{a}$. Jedes Intervall I_n ist eine Approximation für x. Für die numerische Rechnung hat das Verfahren den Vorteil, daß ein Rechenfehler bei der Bestimmung von I_n sich nur auf die *Güte* der Approximation durch I_{n+1} auswirken kann, nach der Definition von I_{n+1} aber in jedem Falle wieder $x\in I_{n+1}$ ist. ●

Mit Hilfe von Satz 8.3.1. kann man aus Satz 8.2.3. und Satz 8.2.5. einige Folgerungen für Raster auf $\bar{\boldsymbol{R}}$ ziehen.

Satz 8.3.3. *$\mathfrak{R}$, $\mathfrak{R}_1$, $\mathfrak{R}_2$ seien Raster auf $\bar{\boldsymbol{R}}$. Es gilt*

$$\mathfrak{R}_1 \gg \mathfrak{R}_2 \ \Rightarrow\ \underline{\lim}\,\mathfrak{R}_2 \ll \underline{\lim}\,\mathfrak{R}_1 \ll \overline{\lim}\,\mathfrak{R}_1 \ll \overline{\lim}\,\mathfrak{R}_2.$$

Ist $W\subset\bar{\boldsymbol{R}}$ und $\mathfrak{R}|W$ Raster, so ist

$$\underline{\lim}\,\mathfrak{R} \leqq \underline{\lim}\,\mathfrak{R}|W \leqq \overline{\lim}\,\mathfrak{R}|W \leqq \overline{\lim}\,\mathfrak{R}.$$

Ist $W\in\mathfrak{R}_{\bar{\boldsymbol{R}}}$, so ist

$$\underline{\lim}\,\mathfrak{R}|W = \underline{\lim}\,\mathfrak{R}, \quad \overline{\lim}\,\mathfrak{R}|W = \overline{\lim}\,\mathfrak{R}.$$

Beweis. Ist $\mathfrak{R}_1\gg\mathfrak{R}_2$, so ist nach Satz 8.2.5. $L_{\mathfrak{R}_1}\subset L_{\mathfrak{R}_2}$ und daher

$$\min L_{\mathfrak{R}_2} \leqq \min L_{\mathfrak{R}_1} \leqq \max L_{\mathfrak{R}_1} \leqq \max L_{\mathfrak{R}_2}.$$

Ist $\mathfrak{R}|W$ Raster, so ist nach Satz 8.2.3. $\mathfrak{R}|W\gg\mathfrak{R}$. Ist $W\in\mathfrak{R}_{\bar{\boldsymbol{R}}}$, so sind nach Satz 8.2.3. $\mathfrak{R}$, $\mathfrak{R}|W$ gleich fein (also $\mathfrak{R}|W\gg\mathfrak{R}$ und $\mathfrak{R}\gg\mathfrak{R}|W$). ●

Satz 8.3.4. *$\mathfrak{R}$ sei Raster auf $\bar{\boldsymbol{R}}$. Ist U eine offene Menge in $\bar{\boldsymbol{R}}$, so gilt*

$$L_{\mathfrak{R}}\subset U \ \Rightarrow\ \textit{Es gibt ein } V\in\mathfrak{R} \textit{ mit } \bar{V}\subset U.$$

Ist $x \in \bar{\boldsymbol{R}}$, so gilt ($\mathfrak{B}(x)$ sei der Umgebungsfilter von x in $\bar{\boldsymbol{R}}$)

$$L_{\mathfrak{R}} = \{x\} \quad \Leftrightarrow \quad \underline{\lim}\, \mathfrak{R} = \overline{\lim}\, \mathfrak{R} = x \quad \Leftrightarrow \quad \mathfrak{R} \gg \mathfrak{B}(x).$$

Beweis. Mit $\mathfrak{R}$ ist auch $\bar{\mathfrak{R}} = \{\bar{V} \mid V \in \mathfrak{R}\}$ Raster, denn es gilt

(1) $\bar{\mathfrak{R}} \neq \emptyset$, und ist $W \in \bar{\mathfrak{R}}$, so gibt es ein $V \in \mathfrak{R}$ mit $W = \bar{V} \supset V \neq \emptyset$.

(2) Sind $W_1, W_2 \in \bar{\mathfrak{R}}$, so gibt es $V_1, V_2 \in \mathfrak{R}$ mit $W_1 = \bar{V}_1$, $W_2 = \bar{V}_2$ und ein $V \in \mathfrak{R}$ mit $V \subset V_1 \cap V_2$. Dann ist $\bar{V} \in \bar{\mathfrak{R}}$, $\bar{V} \subset \overline{V_1 \cap V_2} \subset \bar{V}_1 \cap \bar{V}_2 = W_1 \cap W_2$.

Wegen $\bar{\bar{V}} = \bar{V}$ ist natürlich $L_{\bar{\mathfrak{R}}} = \bigcap_{V \in \bar{\mathfrak{R}}} \bar{V} = \bigcap_{V \in \mathfrak{R}} \bar{V} = L_{\mathfrak{R}}$.

Wäre $\bar{V} \cap (\bar{\boldsymbol{R}} - U) \neq \emptyset$ für jedes $V \in \mathfrak{R}$, so wäre $\bar{\mathfrak{R}} | (\bar{\boldsymbol{R}} - U)$ Raster. Da $\bar{\boldsymbol{R}} - U$ abgeschlossen ist, gilt für jedes $V \in \mathfrak{R}$

$$L_{\bar{\mathfrak{R}}|(\bar{\boldsymbol{R}}-U)} \subset \overline{\bar{V} \cap (\bar{\boldsymbol{R}} - U)} = \bar{V} \cap (\bar{\boldsymbol{R}} - U) \subset \bar{\boldsymbol{R}} - U.$$

Andererseits ist $\bar{\mathfrak{R}} | (\boldsymbol{R} - U) \gg \bar{\mathfrak{R}}$ und daher nach Satz 8.2.5.

$$L_{\bar{\mathfrak{R}}|(\bar{\boldsymbol{R}}-U)} \subset L_{\bar{\mathfrak{R}}} = L_{\mathfrak{R}} \subset U,$$

was der Feststellung $L_{\bar{\mathfrak{R}}|(\bar{\boldsymbol{R}}-U)} \subset \bar{\boldsymbol{R}} - U$ widerspricht. Infolgedessen gibt es ein $V \in \mathfrak{R}$ mit $\bar{V} \subset U$.

Offenbar ist $L_{\mathfrak{R}} = \{x\} \Leftrightarrow \min L_{\mathfrak{R}} = \max L_{\mathfrak{R}} = x$. Ist $\mathfrak{R} \gg \mathfrak{B}(x)$, so gilt, da $\bar{\boldsymbol{R}}$ Hausdorffraum ist, nach Satz 8.1.3. $L_{\mathfrak{R}} \subset L_{\mathfrak{B}(x)} = \{x\}$, also $L_{\mathfrak{R}} = \{x\}$, da $L_{\mathfrak{R}} \neq \emptyset$ ist. Ist $L_{\mathfrak{R}} = \{x\}$ und $W \in \mathfrak{B}(x)$, so gibt es eine offene Menge U mit $x \in U \subset W$. Wie eben gezeigt, gibt es dann ein $V \in \mathfrak{R}$ mit $V \subset \bar{V} \subset U \subset W$. Daher ist $\mathfrak{R} \gg \mathfrak{B}(x)$. ●

Satz 8.3.5. *$\mathfrak{R}$ sei Raster auf $\bar{\boldsymbol{R}}$. $L_{\mathfrak{R}}$ besteht genau dann aus einem einzigen Punkt von $\bar{\boldsymbol{R}}$, wenn*

$$\underline{\lim}\, \mathfrak{R} = \overline{\lim}\, \mathfrak{R}$$

ist. In diesem Falle bezeichnet man den gemeinsamen Wert als Limes oder Grenzwert des Rasters $\mathfrak{R}$ und definiert

$$\lim \mathfrak{R} := \underline{\lim}\, \mathfrak{R} = \overline{\lim}\, \mathfrak{R}.$$

Es sei $W \subset \bar{\boldsymbol{R}}$ und $\mathfrak{R}|W$ Raster. Dann gilt

$$\lim \mathfrak{R} \textit{ existiert} \quad \Rightarrow \quad \lim \mathfrak{R}|W \textit{ existiert und } \lim \mathfrak{R}|W = \lim \mathfrak{R},$$

und allgemein für jeden Raster $\mathfrak{R}_1$ auf $\bar{\boldsymbol{R}}$:

$$\mathfrak{R}_1 \gg \mathfrak{R} \textit{ und } \lim \mathfrak{R} \textit{ existiert} \quad \Rightarrow \quad \lim \mathfrak{R}_1 \textit{ existiert und } \lim \mathfrak{R}_1 = \lim \mathfrak{R}.$$

Beweis. Die erste Aussage ist nur eine andere Formulierung von Satz 8.3.4. Wegen

$$\mathfrak{R}_1 \gg \mathfrak{R} \;\Rightarrow\; L_{\mathfrak{R}_1} \subset L_{\mathfrak{R}}, \qquad \mathfrak{R}|W \text{ Raster } \;\Rightarrow\; \mathfrak{R}|W \gg \mathfrak{R}$$

ergeben sich die beiden anderen Behauptungen unmittelbar. ●

8.4. Der Grenzwert

$(X, \mathcal{O})$ sei ein Hausdorffraum, $\mathfrak{R}$ Raster auf X. Wir knüpfen an die Betrachtung in 8.2. an, die zur Definition des Rasters geführt hatte. Eine der wesentlichen Verwendungsmöglichkeiten eines Rasters sollte danach die folgende sein. Jedes $V \in \mathfrak{R}$ liefert eine angenäherte Bestimmung der Lage eines gewissen Punktes $x \in X$ dadurch, daß angegeben wird, daß x Berührungspunkt von V ist (man vergleiche Beispiel 8.3.1., wo allerdings alle V abgeschlossen sind, so daß $x \in \bar{V} \Leftrightarrow x \in V$ ist). Für die Verwendbarkeit eines Rasters $\mathfrak{R}$ zur Bestimmung eines Punktes x ist es natürlich wichtig, ob der Punkt x durch $\mathfrak{R}$ tatsächlich eindeutig bestimmt wird, ob also $L_{\mathfrak{R}} = \{x\}$ ist. Für Raster auf $\bar{\boldsymbol{R}}$ bietet Satz 8.3.5. hierfür ein einfaches Kriterium. Zu jedem Raster $\mathfrak{R}$ auf $\bar{\boldsymbol{R}}$ kann man

$$\underline{\lim}\, \mathfrak{R} \quad \text{und} \quad \overline{\lim}\, \mathfrak{R}$$

bestimmen. $L_{\mathfrak{R}}$ besteht genau dann aus einem einzigen Punkt, wenn diese beiden Werte gleich sind, der Punkt x mit $L_{\mathfrak{R}} = \{x\}$ ist dann $x = \underline{\lim}\, \mathfrak{R} = \overline{\lim}\, \mathfrak{R}$. Dieses Kriterium beruht aber darauf, daß $\bar{\boldsymbol{R}}$ linear geordnet ist und jede Teilmenge von $\bar{\boldsymbol{R}}$ ein Infimum und ein Supremum hat. Hat man nur einen Hausdorffraum $(X, \mathcal{O})$, so braucht man ein anderes Kriterium. Da auf $\bar{\boldsymbol{R}}$ nach Satz 8.3.4. $L_{\mathfrak{R}} = \{x\} \Leftrightarrow \mathfrak{R} \gg \mathfrak{B}(x)$ gilt, bietet sich die Bedingung $\mathfrak{R} \gg \mathfrak{B}(x)$ als Möglichkeit an, da man sie für jeden Hausdorffraum formulieren kann. Die Äquivalenz von $L_{\mathfrak{R}} = \{x\}$ und $\mathfrak{R} \gg \mathfrak{B}(x)$ liegt allerdings an den speziellen Eigenschaften von $\bar{\boldsymbol{R}}$. Das zeigt

Beispiel 8.4.1. Für jedes $n \in \boldsymbol{N}$ sei

$$V_n := \left\{ y \,|\, y \in \boldsymbol{R},\ -\frac{1}{n} < y < \frac{1}{n} \text{ oder } n < y \right\}.$$

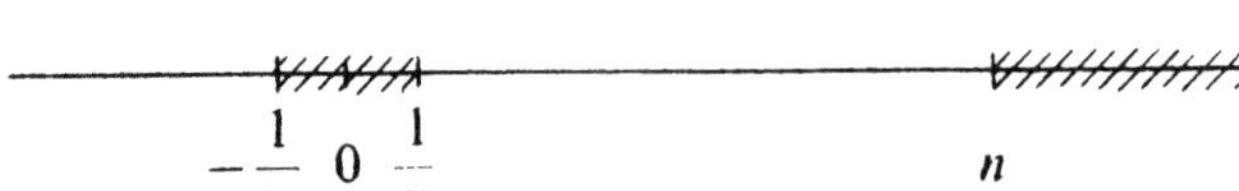

V_n schraffiert

Offenbar gilt für alle $n, m \in \boldsymbol{N}$

$$V_n \neq \emptyset, \qquad n < m \;\Rightarrow\; V_n \supset V_m, \qquad 0 \in V_n.$$

$\mathfrak{R} = \{V_n | n \in \boldsymbol{N}\}$ ist Raster auf $\boldsymbol{R}$. Ist $z \in \boldsymbol{R}$, $z \neq 0$, so ist $z \notin L_{\mathfrak{R}}$. Um das einzusehen, braucht man nur n so groß zu wählen, daß

$$n > \frac{1}{|z|}, \quad n > |z|$$

ist. Dann ist (in $\boldsymbol{R}$!)

$$z \notin \overline{V}_n = \left\{y | y \in \boldsymbol{R}, -\frac{1}{n} \leqq y \leqq \frac{1}{n} \text{ oder } n \leqq y\right\}, \quad \text{also} \quad z \notin L_{\mathfrak{R}}.$$

Da $0 \in V_n \subset \overline{V}_n$ für alle $n \in \boldsymbol{N}$ ist, ist

$$L_{\mathfrak{R}} = \{0\}.$$

Andererseits ist $]-1, 1[$ eine Umgebung von 0, aber kein V_n ist Teilmenge von $]-1, 1[$, weil $V_n \ni n+1$, $n+1 > 1$. Daher ist $\mathfrak{R} \not\gg \mathfrak{V}(0)$. Das liegt natürlich daran, daß $\mathfrak{R}$ als Raster auf $\boldsymbol{R}$ betrachtet wurde. Betrachtet man $\mathfrak{R}$ als Raster auf $\overline{\boldsymbol{R}}$, so enthält $L_{\mathfrak{R}}$ (jetzt auf $\overline{\boldsymbol{R}}$) noch den Punkt ∞. ●

Es kann also vorkommen, daß $L_{\mathfrak{R}} = \{x\}$ ist, ohne daß $\mathfrak{R} \gg \mathfrak{V}(x)$ ist. Daß man sich trotzdem für $\mathfrak{R} \gg \mathfrak{V}(x)$ als geeignete Bedingung entscheidet, liegt daran, daß man die Elemente von $\mathfrak{R}$ zur Approximation von x verwenden will. Zur Erläuterung sei (X, d) ein metrischer Raum. Sollen die Elemente von $\mathfrak{R}$ für eine beliebig gute Approximation für x verwendbar sein, so bedeutet das folgendes. Die Güte einer Approximation von x wird durch die mögliche maximale Abweichung von x bestimmt. Man wählt ein $\varepsilon \in \boldsymbol{R}$, $\varepsilon > 0$, als Maß für die maximale Abweichung von x, die man noch tolerieren will. Ein $V \in \mathfrak{R}$ ist als Approximation an x von der durch ε bestimmten Güte genau dann brauchbar, wenn kein Randpunkt von V einen größeren Abstand als ε von x hat. Das bedeutet aber

$$V \subset \overline{V} \subset \hat{U}_\varepsilon(x; d) = \{y | y \in X, d(x, y) \leqq \varepsilon\}.$$

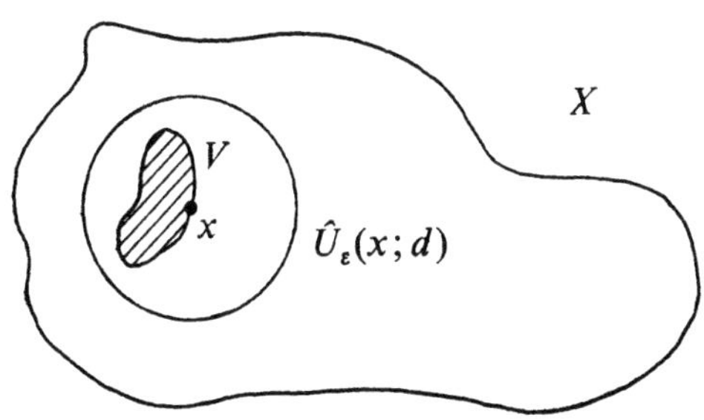

Soll $\mathfrak{R}$ zu *beliebig guter* Approximation von x verwendbar sein, muß man zu *jeder* Wahl einer Güteschranke $\varepsilon > 0$ für die Approximation, also für jedes $\varepsilon \in \boldsymbol{R}$, $\varepsilon > 0$, ein $V \in \mathfrak{R}$ finden können mit $V \subset \hat{U}_\varepsilon(x; d)$ (da $\hat{U}_\varepsilon(x; d)$ abgeschlossen ist, gilt

$V \subset U_\varepsilon(x; d) \Rightarrow \overline{V} \subset U_\varepsilon(x; d)$). Da es zu jeder Umgebung U von x ein $\varepsilon \in \boldsymbol{R}$, $\varepsilon > 0$, gibt mit

$$\hat{U}_\varepsilon(x; d) \subset U_{2\varepsilon}(x; d) = \{y | y \in X, d(x, y) < 2\varepsilon\} \subset U,$$

bedeutet das $\mathfrak{R} \gg \mathfrak{B}(x)$. Im Beispiel 8.4.1. eignen sich die V_n nicht zur Approximation an x mit $L_{\mathfrak{R}} = \{x\}$ (das sich ja als 0 herausstellte), da jedes V_n beliebig große Zahlen enthält. Hat man keinen metrischen Raum, sondern nur einen topologischen Raum, so kann man natürlich die Güte einer Approximation nicht mehr durch eine positive reelle Zahl für die zulässige Maximalabweichung charakterisieren.

Definition 8.4.1. *$(X, \mathcal{O})$ sei ein Hausdorffraum, $\mathfrak{R}$ Raster auf X. Für $x \in X$ definiert man*

$$x \text{ ist Grenzwert von } \mathfrak{R} \;:\Leftrightarrow\; \mathfrak{R} \gg \mathfrak{B}(x).$$

Anmerkung 8.4.1. Der Nutzen von Definition 8.4.1. für die Anwendungen ist darin begründet, daß man, wie Beispiel 8.3.1. zeigt, häufig entscheiden kann, ob $\mathfrak{R} \gg \mathfrak{B}(x)$ gilt, ohne daß man x wirklich kennt. Man kann also *erst* entscheiden, ob die Elemente von $\mathfrak{R}$ zur Approximation eines gewissen Punktes x brauchbar sind, und *dann* $\mathfrak{R}$ benutzen, um die Lage von x genauer zu bestimmen. Mit Hilfe von $\mathfrak{R}$ erhält man daher *zusätzliche*, in vielen Anwendungen insbesondere *numerische*, Informationen über x (vgl. Beispiel 8.3.1.). ●

Satz 8.4.1. *$(X, \mathcal{O})$ sei ein Hausdorffraum, $\mathfrak{R}$ ein Raster auf X, $x \in X$. Es gilt*

$$\mathfrak{R} \gg \mathfrak{B}(x) \;\Rightarrow\; L_{\mathfrak{R}} = \{x\}.$$

Ein Raster auf X kann also höchstens einen *Grenzwert haben. Ist x Grenzwert von $\mathfrak{R}$, so kann man daher x als* den *Grenzwert von $\mathfrak{R}$ bezeichnen. Man schreibt in diesem Falle*

$$x = \lim \mathfrak{R}$$

und sagt „$\lim \mathfrak{R}$ *existiert*", *falls $\mathfrak{R}$ einen und damit genau einen Grenzwert hat.*

Beweis. Nach Satz 8.2.5. und Satz 8.1.3. gilt

$$\mathfrak{R} \gg \mathfrak{B}(x) \;\Rightarrow\; L_{\mathfrak{R}} \subset L_{\mathfrak{B}(x)} = \{x\}.$$

Ist $V \in \mathfrak{R}$, $U \in \mathfrak{B}(x)$, so gibt es wegen $\mathfrak{R} \gg \mathfrak{B}(x)$ ein $W \in \mathfrak{R}$ mit $W \subset U$. Da $V \cap W \neq \emptyset$ ist (da $\mathfrak{R}$ Raster ist, gibt es ein $V_1 \in \mathfrak{R}$ mit $V_1 \subset V \cap W$, $V_1 \neq \emptyset$), ist $V \cap U \neq \emptyset$. Damit ist $V \cap U \neq \emptyset$ für jede Umgebung U von x. Nach Hilfssatz 8.1.1. ist x Berührungspunkt von V, $x \in \overline{V}$. Daher ist $x \in L_{\mathfrak{R}}$. ●

Beispiel 8.4.2. X sei eine Menge mit mehr als einem Element, $\mathcal{O}$ die Topologie aus Beispiel 6.3.2. (d.h. $\mathcal{O} = \{\emptyset, X\}$, $\emptyset$ und X sind die einzigen offenen Mengen).

Die einzige Umgebung eines Punktes $x \in X$ ist X selbst. Damit ist $L_{\mathfrak{B}(x)} = X \neq \{x\}$, da X mehr als einen Punkt enthält. Ist $(X, \mathcal{O})$ kein Hausdorffraum, so braucht Satz 8.4.1. nicht mehr zu gelten, ein Grenzwert braucht nicht mehr eindeutig bestimmt zu sein. Bei einem beliebigen topologischen Raum kann ein Raster mehrere Grenzwerte haben, und man kann nicht mehr von *dem* Grenzwert sprechen. ●

Anmerkung 8.4.2. Man erkennt zwei Hauptaufgaben einer Theorie der Grenzwerte. Zunächst ist es nötig, möglichst einfache Bedingungen dafür anzugeben, daß ein Raster $\mathfrak{R}$ einen Grenzwert hat, daß also die Elemente von $\mathfrak{R}$ zur Approximation eines gewissen Wertes geeignet sind. In den Anwendungen tritt häufig der Fall auf, daß man ein Approximationsverfahren angibt, in der Hoffnung, daß es auf einen eindeutig bestimmten Wert führt. Bedingungen für die Existenz eines Grenzwertes werden dann benutzt, um zu entscheiden, ob das vorgelegte Approximationsverfahren sich zur Definition des betreffenden Wertes verwenden läßt. Eine zweite Aufgabe ist es, Methoden zu entwickeln, um einen Grenzwert, dessen Existenz gesichert ist, wirklich zu bestimmen. ●

Besonders deutlich wird der Gesichtspunkt der Approximation bei der Verwendung von Rastern im Zusammenhang mit Abbildungen. Zunächst verabredet man einige Bezeichnungen.

Definition 8.4.2. *X sei eine Menge, $(Y, \mathcal{O}_Y)$ ein Hausdorffraum, $\mathfrak{R}$ Raster auf X und*

$$f: X \to Y.$$

Dann ist $f(\mathfrak{R})$ Raster auf Y (nach Satz 8.2.4.). Existiert $\lim f(\mathfrak{R})$, *so definiert man den Grenzwert von f bezüglich $\mathfrak{R}$ durch*

$$\lim_{\mathfrak{R}} f := \lim f(\mathfrak{R}).$$

Ist $(Y, \mathcal{O}_Y)$ Unterraum von $\bar{\boldsymbol{R}}$, so ist $f(\mathfrak{R})$ Raster in $\bar{\boldsymbol{R}}$, und man definiert entsprechend

$$\underline{\lim}_{\mathfrak{R}} f := \underline{\lim}\, f(\mathfrak{R}), \qquad \overline{\lim}_{\mathfrak{R}} f := \overline{\lim}\, f(\mathfrak{R}).$$

Was bedeutet nun $\lim_{\mathfrak{R}} f = z$? Nach der Definition des Grenzwertes ist

$$\lim_{\mathfrak{R}} f = z \quad \Leftrightarrow \quad f(\mathfrak{R}) \gg \mathfrak{B}(z).$$

Ist $\lim_{\mathfrak{R}} f = z$, so kann man die Elemente von $f(\mathfrak{R})$ zur Approximation von z verwenden. Schreibt man eine höchstens noch zu tolerierende Abweichung von z dadurch vor, daß man eine Umgebung U von z angibt, in der die zur Approximation dienenden Punkte liegen müssen, so gibt es ein Element aus $f(\mathfrak{R})$, das ganz in U liegt, also ein $V \in \mathfrak{R}$ mit $f(V) \subset U$, d.h., es gilt

$$y \in V \Rightarrow f(y) \in U.$$

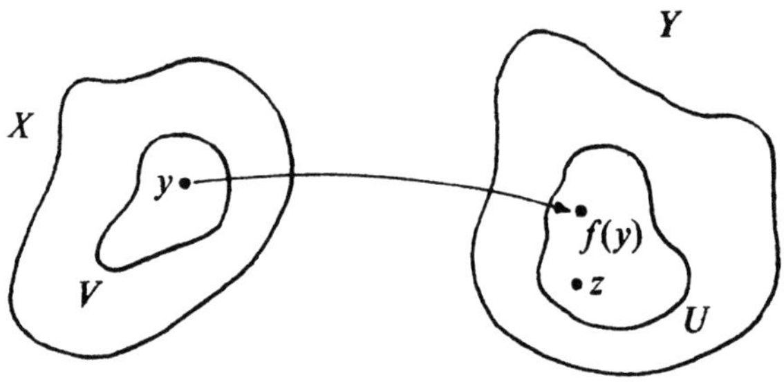

Kann man umgekehrt jedesmal, wenn eine Umgebung U von z vorgegeben wird, ein $V \in \mathfrak{R}$ so finden, daß $f(V) \subset U$ ist, so ist $f(\mathfrak{R}) \gg \mathfrak{B}(z)$ und daher $\lim_{\mathfrak{R}} f = z$.

Ist (Y, d) ein metrischer Raum, so kann man sich auf die speziellen Umgebungen $\hat{U}_\varepsilon(z; d)$, $\varepsilon \in \boldsymbol{R}$, $\varepsilon > 0$, beschränken. In diesem Falle bedeutet $\lim_{\mathfrak{R}} f = z$, daß sich z durch die Werte von f in folgendem Sinne approximieren läßt. Gibt man zur Festlegung einer höchstens noch zulässigen Maximalabweichung von z ein $\varepsilon \in \boldsymbol{R}$, $\varepsilon > 0$, vor, so kann man ein $V \in \mathfrak{R}$ so finden, daß für kein $y \in V$ das Bild $f(y)$ um mehr als die angegebene Maximalabweichung von z entfernt ist, daß also gilt

$$y \in V \Rightarrow f(y) \in \hat{U}_\varepsilon(z; d), \quad \text{d.h.} \quad d(z, f(y)) \leqq \varepsilon.$$

Es ist nützlich, dieses Ergebnis noch einmal gesondert zu formulieren.

Satz 8.4.2. *X sei eine Menge, $(Y, \mathcal{O}_Y)$ Hausdorffraum, $z \in Y$, $\mathfrak{R}$ Raster auf X und $f: X \to Y$. Es ist genau dann $\lim_{\mathfrak{R}} f = z$, wenn die folgende Bedingung erfüllt ist:*

(1) *Zu jeder Umgebung U von z gibt es (mindestens) ein Element $V \in \mathfrak{R}$ mit der Eigenschaft, daß für alle $y \in X$ gilt*

$$y \in V \Rightarrow f(y) \in U.$$

Ist (Y, d) metrischer Raum, so ist $\lim_{\mathfrak{R}} f = z$ genau dann, wenn die folgende Bedingung erfüllt ist:

(2) *Zu jedem $\varepsilon \in \boldsymbol{R}$, $\varepsilon > 0$, gibt es (mindestens) ein Element $V \in \mathfrak{R}$ mit der Eigenschaft, daß für alle $y \in X$ gilt*

$$y \in V \Rightarrow d(f(y), z) < \varepsilon.$$

Beweis. Für (1) s.o. Für (2) beachte man, daß $\mathfrak{B} = \{U_\varepsilon(z; d) \mid \varepsilon \in \boldsymbol{R}, \varepsilon > 0\}$ offenbar Umgebungsbasis von z ist (Definition 8.1.4.). Nach Hilfssatz 8.2.1. ist $\mathfrak{B}$ Filterbasis von $\mathfrak{V}(z)$ und damit nach Hilfssatz 8.2.2. $\mathfrak{B}$ äquivalent zu $\mathfrak{V}(z)$. Daher gilt: $f(\mathfrak{R}) \gg \mathfrak{B} \Leftrightarrow f(\mathfrak{R}) \gg \mathfrak{V}(z)$. Für $V \in \mathfrak{R}$, $\varepsilon \in \boldsymbol{R}$, $\varepsilon > 0$, und $y \in X$ erhält man

$$f(V) \subset U_\varepsilon(z; d) \quad \Leftrightarrow \quad f(y) \in U_\varepsilon(z; d) \text{ für alle } y \in V,$$

$$f(y) \in U_\varepsilon(z; d) \quad \Leftrightarrow \quad d(z, f(y)) < \varepsilon.$$

Da aber $f(\mathfrak{R}) \gg \mathfrak{B}$ gleichbedeutend damit ist, daß es zu jedem Element von $\mathfrak{B}$, also zu jedem $U_\varepsilon(z; d)$, ein $V \in \mathfrak{R}$ gibt mit $f(V) \subset U_\varepsilon(z; d)$, so ist $f(\mathfrak{R}) \gg \mathfrak{B}$ offensichtlich gleichbedeutend mit (2). ●

8.5. Grenzwerte von Funktionen und Abbildungen

Es ist nützlich, Definition 8.4.2. für den Grenzwert einer Abbildung noch einmal unmittelbar zu formulieren (ohne daß $\lim f(\mathfrak{R})$ in der Formulierung auftritt).

Satz 8.5.1. *X sei eine Menge, $(Y, \mathcal{O})$ sei ein Hausdorffraum, $\mathfrak{R}$ ein Raster auf X und*

$$f: X \to Y.$$

Für alle $z \in Y$ gilt

$$\lim_{\mathfrak{R}} f = z \quad \Leftrightarrow \quad f(\mathfrak{R}) \gg \mathfrak{V}(z).$$

Beweis. Nach Definition 8.4.2. ist $\lim_{\mathfrak{R}} f = z \Leftrightarrow \lim f(\mathfrak{R}) = z$, und nach Definition 8.4.1. und Satz 8.4.1. ist $\lim f(\mathfrak{R}) = z \Leftrightarrow f(\mathfrak{R}) \gg \mathfrak{V}(z)$. ●

Häufig verwendet man nicht nur Grenzwerte von Abbildungen, sondern auch von Funktionen. Die Möglichkeit, Grenzwerte in einem gewissen Umfang auch für Funktionen zu definieren, ergibt sich aus

Satz 8.5.2. *X sei eine Menge, $(Y, \mathcal{O})$ Hausdorffraum, $\mathfrak{R}$ ein Raster auf X und F eine Funktion mit $\mathcal{D}(F) \subset X$ und $\mathcal{W}(F) \subset Y$. Setzt man $Z := \mathcal{D}(F)$ und ist $W \subset Y$, $\mathcal{W}(F) \subset W$, so ist*

$$f = (Z, Y, F): Z \to Y \quad \textit{und} \quad f_W = (Z, W, F): Z \to W.$$

Ist $\mathfrak{R}|W$ Raster, so gilt für alle $z \in W$ (mit der auf W durch $\mathcal{O}$ induzierten Topologie)

$$\lim_{\mathfrak{R}|Z} f_W = z \quad \Leftrightarrow \quad \lim_{\mathfrak{R}|Z} f = z.$$

Man kann daher $\lim_{\mathfrak{R}|Z} F$ dadurch definieren, daß man setzt

$$\lim_{\mathfrak{R}|Z} F := \lim_{\mathfrak{R}|Z} f_W, \textit{ falls } \mathcal{W}(F) \subset W \subset Y \textit{ ist und } \lim_{\mathfrak{R}|Z} f_W \textit{ existiert.}$$

Beweis. Wegen $f(Z)\subset W$ ist $f_W(\mathfrak{R}|Z)=f(\mathfrak{R}|Z)=f(\mathfrak{R}|Z)|W$. Nach Aufgabe 8.2.1. gilt für $z\in W$

$$\lim_{\mathfrak{R}|Z} f=z \quad\Rightarrow\quad f(\mathfrak{R}|Z)\gg\mathfrak{B}(z),\; f_W(\mathfrak{R}|Z)=f(\mathfrak{R}|Z)\,|\,W\gg\mathfrak{B}(z)\,|\,W.$$

Da nach Satz 8.1.5. $\mathfrak{B}(z)|W$ Umgebungsfilter von z in der durch $\mathcal{O}$ auf W induzierten Topologie ist, erhält man für $z\in W$

$$\lim_{\mathfrak{R}|Z} f=z \quad\Rightarrow\quad \lim_{\mathfrak{R}|Z} f_W=z.$$

Umgekehrt ergibt sich mit (2) Satz 8.2.2. und Satz 8.2.3.

$$\lim_{\mathfrak{R}|Z} f_W=z \quad\Rightarrow\quad f(\mathfrak{R}|Z)=f_W(\mathfrak{R}|Z)\gg\mathfrak{B}(z)\,|\,W\gg\mathfrak{B}(z) \quad\Rightarrow\quad \lim_{\mathfrak{R}|Z} f=z. \quad\bullet$$

Anmerkung 8.5.1. Ist W mit $\mathscr{W}(F)\subset W\subset Y$ und der auf W induzierten Topologie $\mathcal{O}_W$ gegeben und existiert $\lim\limits_{\mathfrak{R}|Z} f_W$, so weiß man nach Satz 8.5.2., daß $\lim\limits_{\mathfrak{R}|Z} f$ existiert und $\lim\limits_{\mathfrak{R}|Z} f=\lim\limits_{\mathfrak{R}|Z} f_W$ ist. Man erhält einen eindeutig bestimmten Wert für $\lim\limits_{\mathfrak{R}|Z} F$, ohne daß nähere Angaben über $(Y,\mathcal{O})$ nötig wären. Andererseits kann natürlich durchaus $\lim\limits_{\mathfrak{R}|Z} f$ existieren und nicht in W liegen, selbst wenn $\mathscr{W}(F)\subset W$ ist ($\lim\limits_{\mathfrak{R}|Z} f$ ist gemeinsamer Randpunkt der Mengen aus $f(\mathfrak{R}|Z)$. Ist W nicht abgeschlossen, so kann der Punkt in $\overline{W}-W$ liegen). In diesem Fall existiert $\lim\limits_{\mathfrak{R}|Z} f_W$ nicht. Die angegebene Grenzwertdefinition für Funktionen ist daher mit gebührender Vorsicht zu benutzen. $\bullet$

Satz 8.5.3. *X sei eine Menge, $(Y,\mathcal{O})$ ein Hausdorffraum, $\mathfrak{R}$, $\mathfrak{R}_1$, $\mathfrak{R}_2$ seien Raster auf X und $f\colon X\to Y$. Dann gilt*

$$\lim_{\mathfrak{R}_2} f \text{ existiert und } \mathfrak{R}_1\gg\mathfrak{R}_2 \quad\Rightarrow\quad \lim_{\mathfrak{R}_1} f=\lim_{\mathfrak{R}_2} f.$$

Ist $Z\subset X$ und $\mathfrak{R}|Z$ ein Raster, so gilt

$$\lim_{\mathfrak{R}} f \text{ existiert} \quad\Rightarrow\quad \lim_{\mathfrak{R}|Z} f=\lim_{\mathfrak{R}|Z} f\,|Z=\lim_{\mathfrak{R}} f.$$

Beweis. Ist $\lim\limits_{\mathfrak{R}_2} f=z$ und $\mathfrak{R}_1\gg\mathfrak{R}_2$, so ist nach Satz 8.2.4. $f(\mathfrak{R}_1)\gg f(\mathfrak{R}_2)\gg\mathfrak{B}(z)$ und daher $\lim\limits_{\mathfrak{R}_1} f=z$. Nach Satz 8.2.3. ist $\mathfrak{R}|Z\gg\mathfrak{R}$. Aus $\lim\limits_{\mathfrak{R}} f=z$ ergibt sich deshalb $(f|Z)(\mathfrak{R}|Z)=f(\mathfrak{R}|Z)\gg f(\mathfrak{R})\gg\mathfrak{B}(z)$, also $\lim\limits_{\mathfrak{R}|Z} f|Z=\lim\limits_{\mathfrak{R}|Z} f=z$. $\bullet$

Anmerkung 8.5.2. X sei eine Menge, $(Y,\mathcal{O})$ ein Hausdorffraum, F eine Funktion mit $\mathscr{D}(F)\subset X$ und $\mathscr{W}(F)\subset Y$. $\mathfrak{R}$ sei Raster auf X. Ist $Z\in\mathfrak{R}_X$, so sind $\mathfrak{R}$, $\mathfrak{R}|Z$ nach Satz 8.2.3. gleich fein. Ist $Z\in\mathfrak{R}_X$, $Z\subset\mathscr{D}(F)$, $\mathscr{W}(F|Z)\subset W\subset Y$ und existiert

$$\lim_{\mathfrak{R}|Z} F|Z=\lim_{\mathfrak{R}|Z}(Z,W,F|Z),$$

so ist nach Satz 8.5.2. und Satz 8.5.3. ($\mathscr{D}(F)\in\mathfrak{R}_X$!)

$$\lim_{\mathfrak{R}|Z} F|Z = \lim_{\mathfrak{R}|Z}(Z, Y, F|Z) = \lim_{\mathfrak{R}|\mathscr{D}(F)}\big(\mathscr{D}(F), Y, F\big) = \lim_{\mathfrak{R}|\mathscr{D}(F)} F$$

unabhängig von der speziellen Auswahl von Z und W. Man schreibt daher gelegentlich

$$\lim_{\mathfrak{R}} F := \lim_{\mathfrak{R}|Z}(Z, W, F|Z) \quad \text{mit} \quad Z\subset\mathscr{D}(F),\ Z\in\mathfrak{R}_x,\ \mathscr{W}(F|Z)\subset W\subset Y,$$

falls der rechte Grenzwert existiert. Mit $a_x := F(x)$ für $x\in\mathscr{D}(F)$, d.h. $F=\big(F(x)\big)_{x\in\mathscr{D}(F)} = (a_x)_{x\in\mathscr{D}(F)}$, sind noch die Bezeichnungen

$$\lim_{x,\,\mathfrak{R}} F(x) = \lim_{x,\,\mathfrak{R}} a_x := \lim_{\mathfrak{R}} F = \lim_{\mathfrak{R}|\mathscr{D}(F)} F$$

üblich, wobei zweckmäßigerweise (durch „x, $\mathfrak{R}$" an Stelle von „$\mathfrak{R}$") markiert wird, welches die „Variable" ist. Ist F durch einen Rechenausdruck gegeben (etwa $F(x) = x^2+1$, falls $(X, +, \cdot)$ ein Ring, $X\subset Y$ ist), so setzt man häufig diesen Rechenausdruck statt $F(x)$ ein. Man erhält so eine Fülle verschiedener Bezeichnungsarten, die alle darauf hinauslaufen, daß gewisse Angaben weggelassen werden, und die verwendet werden dürfen, solange dadurch keine Mißverständnisse entstehen können. ●

Einen unmittelbaren Zusammenhang zwischen Grenzwerten und Stetigkeit erhält man aus Satz 8.4.2. (X, d_1), (Y, d_2) seien metrische Räume und $f\colon X\to Y$. Nach Satz 6.4.2. ist f genau dann stetig, wenn die folgende Aussage gilt (in geringfügig abgewandelter Formulierung)

(3) *Für jedes $x\in X$ gilt:*
Zu jedem $\varepsilon\in\boldsymbol{R}$, $\varepsilon>0$, gibt es (mindestens) ein $\delta\in\boldsymbol{R}$, $\delta>0$, mit der Eigenschaft, daß für alle $y\in X$ gilt

$$d_1(x, y)<\delta \quad\Rightarrow\quad d_2\big(f(x), f(y)\big)<\varepsilon.$$

Nun ist zu $x\in X$

$$\mathfrak{B}(x) := \{U_\delta(x; d_1)\,|\,\delta\in\boldsymbol{R}, \delta>0\}$$

Umgebungsbasis. Die Angabe eines $V\in\mathfrak{B}(x)$ ist gleichbedeutend mit der Angabe eines $\delta\in\boldsymbol{R}$, $\delta>0$ (dann ist $V=U_\delta(x; d_1)$), und es ist

$$y\in V \quad\Leftrightarrow\quad d_1(x, y)<\delta \qquad \text{für } V=U_\delta(x; d_1).$$

Da sowieso $d_2\big(f(x), f(x)\big)=0<\varepsilon$ ist, kann man in (3) auf den Sonderfall $y=x$ verzichten, es genügt, $V-\{x\} = V\cap(X-\{x\})$ an Stelle von $V=U_\delta(x; d_1)$ zu nehmen. Das bedeutet, daß f genau dann stetig ist, wenn die folgende Aussage gilt:

(3*) *Für jedes $x\in X$ gilt die Aussage (2) aus Satz 8.4.2. mit $\mathfrak{R} = \mathfrak{B}(x)|(X-\{x\})$ und $z=f(x)$.*

Ist x ein isolierter Punkt von X, d.h., gibt es eine Umgebung V von x mit $V \cap (X - \{x\}) = \emptyset$, so kann man $\delta \in \boldsymbol{R}$, $\delta > 0$, so wählen, daß $U_\delta(x; d_1) \subset V$, also $U_\delta(x; d_1) \cap (X - \{x\}) = \emptyset$ ist, und (2) Satz 8.4.2. ist trivialerweise erfüllt (mit $\mathfrak{R} = \mathfrak{B}(x)|(X - \{x\})$). Andernfalls ist $\mathfrak{B}(x)|(X - \{x\})$ ein Raster und

$$\text{„(2) Satz 8.4.2. mit } \mathfrak{R} = \mathfrak{B}(x)\,|\,(X - \{x\})\text{“} \;\Leftrightarrow\; \lim_{\mathfrak{B}(x)|(X - \{x\})} f = f(x).$$

Da $\mathfrak{B}(x)$ Umgebungsbasis ist, sind $\mathfrak{B}(x)$ und $\mathfrak{V}(x)$ gleich fein und damit auch $\mathfrak{B}(x)|(X - \{x\})$ und $\mathfrak{V}(x)|(X - \{x\})$. Wenn $\mathfrak{B}(x)|(X - \{x\})$ Raster ist, ist infolgedessen

$$\lim_{\mathfrak{B}(x)|(X - \{x\})} f = \lim_{\mathfrak{V}(x)|(X - \{x\})} f, \quad \text{falls einer der Grenzwerte existiert.}$$

Daher ist f genau dann stetig, wenn gilt

(3*) *Für jeden nicht-isolierten Punkt x von X ist* $\lim\limits_{\mathfrak{V}(x)|(X - \{x\})} f = f(x)$.

Dieser Sachverhalt legt es nahe, f als stetig im Punkte x zu bezeichnen, wenn x isolierter Punkt von X oder

$$\lim_{\mathfrak{V}(x)|(X - \{x\})} f = f(x)$$

ist. Außerdem erscheint eine nähere Untersuchung des speziellen Rasters $\mathfrak{V}(x)|(X - \{x\})$ erforderlich.

Es bestehen nun für die häufig benutzten Raster schon aus historischen Gründen eine Fülle spezieller Bezeichnungen.

Definition 8.5.1. *$(X, \mathcal{O}_X)$ und $(Y, \mathcal{O}_Y)$ seien Hausdorffräume, $Z \subset X$ und $f: Z \to Y$. Für $x \in X$ sei*

$$\mathfrak{V}_0(x) := \mathfrak{V}(x)|(X - \{x\}) = \{V - \{x\} \mid V \subset X, \ V \text{ Umgebung von } x\}.$$

Ist x Häufungspunkt von Z, so ist $(V - \{x\}) \cap Z \neq \emptyset$ für jedes $V \in \mathfrak{V}(x)$ (Hilfssatz 8.1.1.), also ist (man beachte: $(V - \{x\}) \cap Z = V \cap Z - \{x\}$!) $\mathfrak{V}_0(x)|Z = \mathfrak{V}(x)|(Z - \{x\})$ Raster auf Z. In diesem Falle definiert man, falls der Grenzwert existiert,

$$\lim_{y \to x} f(y) := \lim_{\mathfrak{V}_0(x)|Z} f = \lim_{\mathfrak{V}(x)|(Z - \{x\})} f$$

und für $W \subset Z$, falls x Häufungspunkt von W ist,

$$\lim_{\substack{y \to x \\ y \in W}} f(y) := \lim_{\mathfrak{V}_0(x)|W} f = \lim_{\mathfrak{V}(x)|(W - \{x\})} f.$$

Der Bezeichnung liegt die folgende Vorstellung zugrunde. Es seien (X, d_1) und (Y, d_2) metrische Räume, $Z \subset X$, $f: Z \to Y$ und für ein $x \in X$

$$\lim_{y \to x} f(y) = z.$$

Dann ist $f(\mathfrak{B}_0(x)|Z) \gg \mathfrak{B}(z)$. Gibt man ein $\varepsilon \in \boldsymbol{R}$, $\varepsilon > 0$, vor, so gibt es daher ein $\delta \in \boldsymbol{R}$, $\delta > 0$, so, daß gilt

$$y \in Z,\ y \neq x,\ d_1(y, x) < \delta \ \Rightarrow\ d_2(f(y), z) < \varepsilon.$$

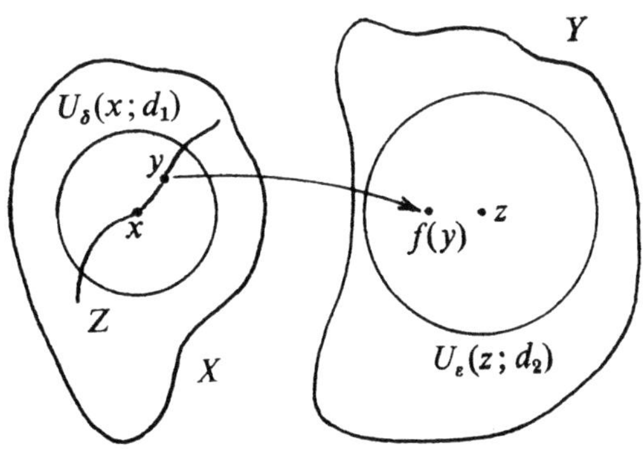

$\varepsilon > 0$ gibt eine Maximalabweichung von z an, die nicht überschritten werden darf. Um zu erreichen, daß $f(y)$ den Punkt z gut genug approximiert, von z also nicht weiter entfernt ist als das vorgegebene ε, genügt es, sich mit y dem Punkt x hinreichend „anzunähern", d.h. y „nahe genug" bei x zu wählen, genauer: y um weniger als δ von x entfernt zu wählen. Man erreicht eine vorgeschriebene Mindestannäherung von $f(y)$ an z dadurch, daß man sich mit y dem Punkte x bis auf einen geringeren Abstand als δ nähert. Daher schreibt man gelegentlich auch

$$f(y) \to z \quad \textit{für} \quad y \to x \quad \big(f(y) \textit{ strebt gegen } z, \textit{ wenn } y \textit{ gegen } x \textit{ strebt}\big)$$

an Stelle von $\lim_{y \to x} f(y) = z$. Es sei ausdrücklich darauf hingewiesen, daß diese kinematische Modellvorstellung für den Grenzwert („bewegt" sich y auf x zu, so „bewegt" sich $f(y)$ auf z zu) den Sachverhalt nur unvollkommen wiedergibt. Insbesondere wird die Vorstellung suggeriert, als sei die „Annäherung" von y an x das Primäre, die daraus resultierende Annäherung von $f(y)$ an z das Sekundäre. Dabei ist es für den Begriff des Grenzwertes entscheidend, daß *zuerst* eine Maximalabweichung ε von z vorgeschrieben wird, und man *dann* zu diesem ε (gleichgültig, welches positive ε vorgegeben ist) ein $\delta \in \boldsymbol{R}$, $\delta > 0$, so finden kann, daß *immer*, wenn $d_1(x, y) < \delta$, $y \neq x$, ist, auch $d_2(f(y), z) < \varepsilon$ ist.

Es ist zweckmäßig, die ursprünglich historisch bedingte Schreibweise $\lim_{y \to x} f(y)$ an Stelle von $\lim_{\mathfrak{B}_0(x)|Z} f$ beizubehalten. Es zeigt sich nämlich, daß man dadurch in vielen Fällen eine wesentliche Vereinfachung der Schreibweise erzielt, insbesondere im Zusammenhang mit Funktionen, deren Definitionsbereich in einem Kreuzprodukt liegt (siehe insbesondere 8.9., 9.3.). y markiert natürlich wieder nur die Stelle, an der das „Argument" einzusetzen ist.

Entsprechend der Betrachtung vor Definition 8.5.1. vereinbaren wir

Definition 8.5.2. *$(X, \mathcal{O}_X)$, $(Y, \mathcal{O}_Y)$ seien Hausdorffräume, $Z \subset X$ und $f: Z \to Y$. Auf Z verwenden wir die durch $\mathcal{O}_X$ induzierte Topologie (Satz 7.6.1.). f heißt stetig in einem Punkt $x \in Z$, wenn x isolierter Punkt von Z ist, oder wenn x Häufungspunkt von Z und*

$$\lim_{y \to x} f(y) = f(x)$$

ist.

Satz 8.5.4. *$(X, \mathcal{O}_X)$, $(Y, \mathcal{O}_Y)$ seien Hausdorffräume, $Z \subset X$ und $f: Z \to Y$. Dann gilt*

$$f \text{ ist stetig} \iff f \text{ ist in jedem Punkt } x \in Z \text{ stetig.}$$

In einem isolierten Punkt von Z ist f von selbst stetig. Für alle $x \in Z$ gilt

$$f \text{ stetig in } x \iff \lim_{\mathfrak{B}(x)|Z} f = f(x).$$

Beweis. Sind $\mathcal{O}_X$ und $\mathcal{O}_Y$ durch Metriken induziert, so ist der Beweis bereits in den Betrachtungen vor Definition 8.5.1. enthalten, die zur Definition der Stetigkeit in einem Punkt führten. Dort haben wir (3) Satz 6.4.2. und (2) Satz 8.4.2. verglichen. Im allgemeinen Fall muß man (1) Satz 8.4.2. nehmen und benötigt ein Analogon zu (3) Satz 6.4.2.

$\mathcal{O}_Z$ sei die durch $\mathcal{O}_X$ auf Z induzierte Topologie. Man zeigt zunächst

$$f \text{ ist stetig} \iff \lim_{\mathfrak{B}(x)|Z} f = f(x) \text{ für jedes } x \in Z.$$

Nach Satz 8.1.5. ist $\mathfrak{B}(x)|Z$ Umgebungsfilter von x in $(Z, \mathcal{O}_Z)$.

Ist f stetig und $x \in Z$, so sei $W \in \mathfrak{B}(f(x))$. Dann gibt es eine offene Menge $U \subset Y$ mit $f(x) \in U \subset W$. Da $x \in f^{-1}(U) \subset f^{-1}(W)$, $f^{-1}(U)$ offen in Z ist, ist $f^{-1}(U) \in \mathfrak{B}(x)|Z$. Wegen $f(f^{-1}(U)) \subset U \subset W$ ist damit $f(\mathfrak{B}(x)|Z) \gg \mathfrak{B}(f(x))$.

Ist umgekehrt $\lim_{\mathfrak{B}(x)|Z} f = f(x)$ für jedes $x \in Z$, so sei U offen in Y. Ist dann $x \in f^{-1}(U)$, so gibt es, da $U \in \mathfrak{B}(f(x))$ ist, ein $V \in \mathfrak{B}(x)|Z$ mit $f(V) \subset U$, also auch ein $W \in \mathcal{O}_Z$ mit $x \in W \subset V \subset f^{-1}(U)$. Nach dem Auswahlaxiom kann man zu jedem $x \in f^{-1}(U)$ ein $W_x \in \mathcal{O}_Z$ wählen mit $x \in W_x \subset f^{-1}(U)$. Ersichtlich ist

$$f^{-1}(U) = \bigcup_{x \in f^{-1}(U)} W_x \text{ offen in } (Z, \mathcal{O}_Z), \text{ da alle } W_x \text{ offen sind.}$$

f ist stetig.

Ist x isolierter Punkt von Z, so gibt es nach Hilfssatz 8.1.1. eine Umgebung V von x in $(X, \mathcal{O}_X)$ mit $V \cap Z = \{x\}$. Dann ist $\{x\} \in \mathfrak{B}(x)|Z$, und $f(\{x\}) = \{f(x)\}$ ist Teilmenge jeder Umgebung von $f(x)$ und daher $f(\mathfrak{B}(x)|Z) \gg \mathfrak{B}(f(x))$, d.h. $\lim\limits_{\mathfrak{B}(x)|Z} f = f(x)$.

Ist x Häufungspunkt von Z, so ist nach Hilfssatz 8.1.1. $(V - \{x\}) \cap Z \neq \emptyset$ für jedes $V \in \mathfrak{B}(x)$ und $\mathfrak{B}_0(x)|Z$ ist Raster. Da $\mathfrak{B}_0(x)|Z = \mathfrak{B}(x)|(Z - \{x\}) \gg \mathfrak{B}(x)|Z$ ist, gilt nach Satz 8.5.3.

$$\lim_{\mathfrak{B}(x)|Z} f = f(x) \quad \Rightarrow \quad \lim_{\mathfrak{B}_0(x)|Z} f = f(x) \quad \Rightarrow \quad \lim_{y \to x} f(y) = f(x).$$

Ist umgekehrt $\lim\limits_{y \to x} f(y) = f(x)$, so gibt es zu jedem $U \in \mathfrak{B}(f(x))$ ein $V \in \mathfrak{B}(x)$ mit $f(V \cap Z - \{x\}) \subset U$. Da aber sowieso $f(x) \in U$ ist, ist dann auch $f(V \cap Z) \subset U$, also $f(\mathfrak{B}(x)|Z) \gg \mathfrak{B}(f(x))$. Daher gilt, wenn x Häufungspunkt von Z ist,

$$\lim_{\mathfrak{B}(x)|Z} f = f(x) \quad \Leftrightarrow \quad \lim_{y \to x} f(y) = f(x). \quad \bullet$$

Als Beispiel sei $X = \bar{\boldsymbol{R}}$ und Z ein Intervall. Eine stetige Abbildung $f: Z \to Y$ eines Intervalles in $(Y, \mathcal{O}_Y)$ bezeichnet man als Kurve in $(Y, \mathcal{O}_Y)$. Die Stetigkeit von f bedeutet nach Satz 8.5.4.

$$\lim_{y \to x} f(y) = f(x) \quad \text{für jedes} \quad x \in Z.$$

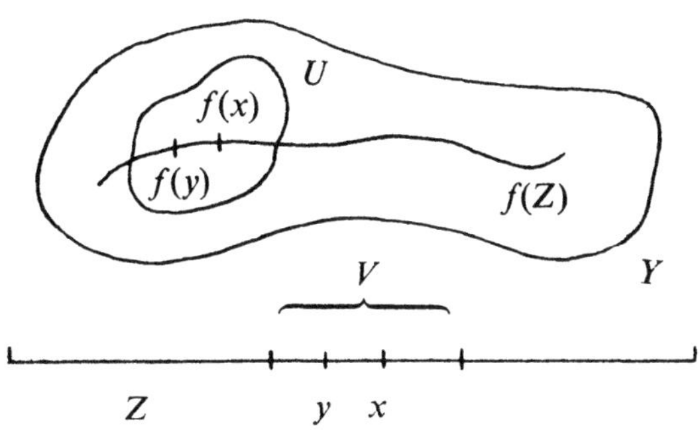

„Nähert" man sich also mit y dem Punkt x, so „nähert" sich $f(y)$ dem Punkt $f(x)$, die Kurve setzt sich lückenlos fort. (Da Z zusammenhängend ist, ist nach Satz 6.7.1. auch $f(Z)$ zusammenhängend. $f(Z)$ kann aber auch dann zusammenhängend sein, wenn die Kurve Lücken hat, da Selbstüberschneidungen möglich sind! Man vergleiche die folgende Zeichnung.)

Aus Satz 8.5.4. erhält man

Satz 8.5.5. *X sei eine Menge, $(Y, \mathcal{O}_Y)$, $(Z, \mathcal{O}_Z)$ Hausdorffräume und $f: X \to Y$, $g: Y \to Z$. Ist $\mathfrak{R}$ Raster auf X, so gilt*

$$\lim_{\mathfrak{R}} f \text{ existiert und } g \text{ ist stetig in } \lim_{\mathfrak{R}} f \;\Rightarrow\; \lim_{\mathfrak{R}} g \circ f = g(\lim_{\mathfrak{R}} f).$$

Beweis. Es sei $z = \lim_{\mathfrak{R}} f$. Dann ist $f(\mathfrak{R}) \gg \mathfrak{V}(z)$. Ist g stetig in z, so ist nach Satz 8.5.4. (Y an Stelle von X und von Z!) $g(\mathfrak{V}(z)) \gg \mathfrak{V}(g(z))$, und daher $g \circ f(\mathfrak{R}) = g(f(\mathfrak{R})) \gg$ $\gg g(\mathfrak{V}(z)) \gg \mathfrak{V}(g(z))$, d.h. $\lim_{\mathfrak{R}} g \circ f = g(z)$. ●

Für die spätere Herleitung von Rechenregeln für Grenzwerte ist der folgende Hilfssatz nützlich.

Hilfssatz 8.5.1. *X sei eine Menge, $\mathfrak{R}$ Raster auf X, $(Y, \mathcal{O}_Y)$ und $(Z, \mathcal{O}_Z)$ seien Hausdorffräume. Zu zwei Abbildungen $f: X \to Y$, $g: X \to Z$ definiert man*

$$(f, g): X \to Y \times Z \quad \text{durch} \quad (f, g)(x) := (f(x), g(x)) \quad \text{für alle } x \in X.$$

Auf $Y \times Z$ verwendet man die Produkttopologie zu $\mathcal{O}_Y$ und $\mathcal{O}_Z$ (Hilfssatz 6.5.2.). Es gilt

$$\lim_{\mathfrak{R}} f \text{ und } \lim_{\mathfrak{R}} g \text{ existieren} \;\Rightarrow\; \lim_{\mathfrak{R}} (f, g) = (\lim_{\mathfrak{R}} f, \lim_{\mathfrak{R}} g).$$

Beweis. Es sei $\lim_{\mathfrak{R}} f = z$, $\lim_{\mathfrak{R}} g = w$. Ist $W \in \mathfrak{V}((z, w))$, so gibt es eine offene Menge W_1 mit $(z, w) \in W_1 \subset W$ und nach der Definition der Produkttopologie offene Mengen $U_1 \subset Y$, $U_2 \subset Z$ mit $z \in U_1$, $w \in U_2$ und $U_1 \times U_2 \subset W_1 \subset W$. Weiter gibt es $V_1, V_2 \in \mathfrak{R}$ mit $f(V_1) \subset U_1$, $g(V_2) \subset U_2$. Da $\mathfrak{R}$ Raster ist, gibt es ein $V \in \mathfrak{R}$ mit $V \subset V_1 \cap V_2$. Dann ist

$$f(V) \subset f(V_1) \subset U_1, \quad g(V) \subset g(V_2) \subset U_2, \quad \text{also} \quad (f, g)(V) \subset U_1 \times U_2 \subset W.$$

Das bedeutet aber $(f, g)(\mathfrak{R}) \gg \mathfrak{V}((z, w))$. ●

Wichtige Sonderfälle von Funktionen (für die man bei passenden Voraussetzungen nach Satz 8.5.2. ebenfalls Grenzwerte definieren kann) sind die Folgen.

Definition 8.5.3. *Y sei eine Menge. Eine Familie $F = (a_j)_{j \in J}$ von Elementen aus Y heißt Folge in Y, wenn $J = \boldsymbol{N}$ ist (Definition 4.6.1.). Häufig spricht man auch dann von einer Folge, wenn $J \subset \boldsymbol{Z}$ und J ordnungsisomorph zu $\boldsymbol{N}$ ist, z. B. für $J = \boldsymbol{N} \cup \{0\}$ oder $J = E_n = \{j \mid j \in \boldsymbol{N},\ j \geqq n\}$ für ein $n \in \boldsymbol{N}$.*

Ist $h: \boldsymbol{N} \to \boldsymbol{N}$ injektiv und ordnungserhaltend, $h = (\boldsymbol{N}, \boldsymbol{N}, H)$, so nennt man $F \circ H =$ $= (a_{h(n)})_{n \in \boldsymbol{N}}$ Teilfolge von $(a_j)_{j \in \boldsymbol{N}}$.

Ist $F = (a_j)_{j \in \boldsymbol{N}}$ eine Folge in Y, so ist

$$F = \{(j, a_j) \mid j \in \boldsymbol{N}\}, \quad F(j) = a_j \quad \text{für jedes } j \in \boldsymbol{N}.$$

Da man N aufzählen kann, indem man mit 1 beginnt und nach jeder Zahl den Nachfolger nimmt, kann man die (j, a_j) aufzählen, indem man nur die a_j aufschreibt:

$$a_1, a_2, a_3, \dots\dots\dots, a_n, \dots .$$

Auf diese oder ähnliche Weise gibt man eine Folge an, wobei nur darauf zu achten ist, daß die Angabe deutlich genug ist, um die Folge eindeutig festzulegen. Z. B. ist

$$\left(\frac{1}{n}\right)_{n\in N} \text{ die Folge } (a_n)_{n\in N} \text{ mit } a_n = \frac{1}{n} \text{ für jedes } n\in N,$$

die man unter Umständen auch einfach durch

$$1, \frac{1}{2}, \frac{1}{3}, \dots, \frac{1}{n}, \dots$$

angibt. Ist $h: N \to N$ injektiv und ordnungserhaltend, so ist die Teilfolge $(a_{h(n)})_{n\in N}$ von $(a_n)_{n\in N}$ durch

$$a_{h(1)}, a_{h(2)}, \dots, a_{h(n)}, \dots$$

gegeben. Da h injektiv und ordnungserhaltend ist, erhält man die Aufeinanderfolge der $a_{h(n)}$, indem man aus $a_1, a_2, \dots$ die Glieder mit $n \notin h(N)$ wegläßt und die restlichen Glieder unter Beibehaltung der Reihenfolge durchnumeriert.

Satz 8.5.6. *Auf* $\boldsymbol{N}$ *verwendet man immer den Raster* $\boldsymbol{E}$ *aus Hilfssatz 8.2.3. Faßt man* $\boldsymbol{N}$ *als Teilmenge von* $\bar{\boldsymbol{R}}$ *auf, so ist* ∞ *der einzige Häufungspunkt von* $\boldsymbol{N}$ *in* $\bar{\boldsymbol{R}}$, *und* $\boldsymbol{E}$ *und* $\mathfrak{B}(\infty)|N$ *sind gleich fein. Ist* $F=(a_j)_{j\in N}$ *eine Folge von Elementen in einem Hausdorffraum* $(Y, \mathcal{O}_Y)$, *so schreibt man nach Definition 8.5.1. und Satz 8.5.2. (man beachte auch Anmerkung 8.5.1.)*

$$\lim_{n\to\infty} a_n := \lim_{E} F = \lim_{\mathfrak{B}(\infty)|N} F,$$

falls der Grenzwert existiert. Ist $(a_{h(n)})_{n\in N}$ *eine Teilfolge, so gilt*

$$\lim_{n\to\infty} a_n \textit{ existiert } \Rightarrow \lim_{n\to\infty} a_{h(n)} = \lim_{n\to\infty} a_n .$$

Beweis. Nach der Definition der Topologie auf $\bar{R}$ (7.7., insbesondere Satz 7.7.1.) ist kein $x\in\bar{R}$, $x\neq\infty$, Häufungspunkt von N in $\bar{R}$. $\mathfrak{B}=\{[n, \infty]\,|\,n\in N\}$ ist Umgebungsbasis von ∞, $\mathfrak{B}(\infty)$ und $\mathfrak{B}$ sind daher gleich fein. Da $\mathfrak{B}|N=E$ ist, und da $\mathfrak{B}(\infty)|N$, $\mathfrak{B}|N$ nach Aufgabe 8.2.1. gleich fein sind, sind E, $\mathfrak{B}(\infty)|N$ gleich fein. Mit $X=\bar{R}$, $Z=N$, $x=\infty$ und $y=n$ ergibt Definition 8.5.1. die Bezeichnung

$$\lim_{n\to\infty} f(n) := \lim_{\mathfrak{B}(\infty)|N} f \quad \text{für} \quad f=(N, Y. F): N\to Y.$$

Setzt man nach Satz 8.5.2. und Anmerkung 8.5.1. $a_n = F(n)$ an Stelle von $f(n)$

und beachtet, daß $\lim\limits_{\mathfrak{B}(\infty)|N} f = \lim\limits_{E} f$ ist, so erhält man die angegebene Schreibweise.

Ist $h: N \to N$ injektiv, so ist nach Hilfssatz 8.2.3. $h(E) \gg E$, also

$$\lim_{n\to\infty} a_n = z \quad \Rightarrow \quad f(E) \gg \mathfrak{B}(z) \quad \Rightarrow \quad f \circ h(E) = f(h(E)) \gg f(E) \gg \mathfrak{B}(z). \quad \bullet$$

Schreibt man Satz 8.5.1. für Folgen auf, so erhält man

Hilfssatz 8.5.2. *$(Y, \mathcal{O}_Y)$ sei Hausdorffraum, $(a_n)_{n\in N}$ eine Folge in Y, $z \in Y$. Genau dann ist*

$$\lim_{n\to\infty} a_n = z,$$

wenn es zu jeder Umgebung U von z ein $n_0 \in N$ so gibt, daß für alle $n \in N$ gilt

$$n \geqq n_0 \quad \Rightarrow \quad a_n \in U.$$

Beweis. Es sei $f = (N, Y, F)$, $F = (a_n)_{n\in N}$. Dann ist

$$\lim_{n\to\infty} a_n = z \quad \Leftrightarrow \quad f(E) \gg \mathfrak{B}(z).$$

$f(E) \gg \mathfrak{B}(z)$ bedeutet aber, daß es zu jedem $U \in \mathfrak{B}(z)$ ein Element von E, etwa E_{n_0}, gibt mit $f(E_{n_0}) \subset U$, d.h. $a_n \in U$ für alle $n \in E_{n_0}$ $(n \in E_{n_0} \Leftrightarrow n \geqq n_0)$. $\bullet$

$\lim\limits_{n\to\infty} a_n = z$ bedeutet daher, daß man zu jeder Umgebung U von z ein n_0 so angeben

$$a_1, a_2, \ldots, \underbrace{a_{n_0}, \ldots\ldots}_{\in U}$$

kann, daß von der Nummer n_0 an alle a_n in U liegen.

Eine einfache Folgerung aus Satz 8.5.5. ist

Hilfssatz 8.5.3. *$(Y, \mathcal{O}_Y)$, $(Z, \mathcal{O}_Z)$ seien Hausdorffräume, $g: Y \to Z$, $(a_n)_{n\in N}$ eine Folge in Y. Dann gilt*

$$\lim_{n\to\infty} a_n = x \text{ und } g \text{ ist stetig in } x \quad \Rightarrow \quad \lim_{n\to\infty} g(a_n) = g(x).$$

Beweis. Es sei $f = (N, Y, F)$, $F = (a_n)_{n\in N}$. Dann liefert Satz 8.5.5. unmittelbar das Ergebnis. $\bullet$

Unter etwas schärferen Voraussetzungen kann man eine Umkehrung von Hilfssatz 8.5.3. beweisen.

Hilfssatz 8.5.4. *(Y, d) sei ein metrischer Raum, $(Z, \mathcal{O}_Z)$ Hausdorffraum, $g: Y \to Z$. Es sei $x \in Y$. Gilt für jede Folge $(a_n)_{n\in N}$ in Y*

$$\lim_{n\to\infty} a_n = x \quad \Rightarrow \quad \lim_{n\to\infty} g(a_n) = g(x),$$

so ist g stetig in x.

Beweis. Wir führen einen indirekten Beweis. g sei in x nicht stetig. Dann ist nach

Satz 8.5.4. $g(\mathfrak{B}(x)) \not\gg \mathfrak{B}(g(x))$. Es gibt daher ein $W \in \mathfrak{B}(g(x))$, zu dem es *kein* $V \in \mathfrak{B}(x)$ mit $g(V) \subset W$ gibt. Für jedes $U \in \mathfrak{B}(x)$ gilt somit $g(U) \not\subset W$, d.h., es gibt ein $y \in U$ mit $g(y) \notin W$. Da (Y, d) ein metrischer Raum ist, ist

$$\mathfrak{B}_N(x) := \{U_{\frac{1}{n}}(x; d) \mid n \in N\} \text{ Umgebungsbasis von } x.$$

Nach dem Auswahlaxiom kann man zu jedem $n \in N$ ein $a_n \in U_{\frac{1}{n}}(x; d)$ wählen mit $g(a_n) \notin W$. Wir setzen $F = (a_n)_{n \in N}$. Für jedes $n \in N$ ist

$$F(E_n) = \{a_m \mid m \in N, m \geqq n\} \subset U_{\frac{1}{n}}(x; d), \quad \text{also ist} \quad F(E) \gg \mathfrak{B}_N(x).$$

Da $\mathfrak{B}_N(x)$ als Umgebungsbasis von x zu $\mathfrak{B}(x)$ äquivalent ist, ist

$$\lim_{n \to \infty} a_n = \lim F(E) = x.$$

Andererseits ist für jedes $n \in N$ $g(a_n) \notin W$ und daher $g(F(E_n)) \not\subset W$. Dann ist aber $g(F(E)) \not\gg \mathfrak{B}(f(x))$ und sicher nicht $\lim_{n \to \infty} g(a_n) = g(x)$ (falls $\lim_{n \to \infty} g(a_n)$ überhaupt existiert). ●

Anmerkung 8.5.3. Der Beweis von Hilfssatz 8.5.4. hängt davon ab, daß man zur Konstruktion von F aus jedem Element der Umgebungsbasis $\mathfrak{B}_N(x)$ ein a_n mit $g(a_n) \notin W$ auswählt. Das ist möglich, weil $\mathfrak{B}_N(x)$ nur abzählbar viele Elemente enthält. Hat ein Punkt x eines Hausdorffraumes $(Y, \mathcal{O}_Y)$ also eine abzählbare Umgebungsbasis, so ist für eine Abbildung $g: Y \to Z$ Stetigkeit in x gleichbedeutend damit, daß für jede Folge $(a_n)_{n \in N}$

$$\lim_{n \to \infty} a_n = x \quad \Rightarrow \quad \lim_{n \to \infty} g(a_n) = g(x)$$

gilt. ●

In Satz 8.5.5. und Hilfssatz 8.5.3. läßt sich die Voraussetzung, daß g stetig ist, noch etwas abschwächen.

Hilfssatz 8.5.5. *X sei eine Menge, $(Y, \mathcal{O}_Y)$, $(Z, \mathcal{O}_Z)$ seien Hausdorffräume, $W \subset Y$ und $f: X \to Y$, $g: W \to Z$. $\mathfrak{R}$ sei Raster auf X und*

$$\lim_{\mathfrak{R}} f = w.$$

Ist $U \subset X$ und sind $\mathfrak{R}|U$, $\mathfrak{B}(w)|W$ Raster, so gilt

$$f(U) \subset W, \ \lim_{\mathfrak{B}(w)|W} g \text{ existiert} \ \Rightarrow \ \lim_{x,\, \mathfrak{R}|U} g(f(x)) = \lim_{\mathfrak{B}(w)|W} g.$$

Beweis. Wegen $f(U) \subset W$ kann man $g(f(x))$ für alle $x \in U$ bilden. Aus $f(\mathfrak{R}|U) \gg$ $\gg f(\mathfrak{R}) \gg \mathfrak{B}(w)$ erhält man wegen $f(U) \subset W$

$$f(\mathfrak{R}|U) = f(\mathfrak{R}|U)|W \gg \mathfrak{B}(w)|W, \quad \text{also} \quad g(f(\mathfrak{R}|U)) \gg g(\mathfrak{B}(w)|W). \ ●$$

Aufgabe 8.5.1. $(Y, \mathcal{O})$ sei ein Hausdorffraum, $(a_n)_{n\in\boldsymbol{N}}$ eine Folge in Y, $z\in Y$, $k\in\boldsymbol{N}$. Man zeige:

$$\lim_{n\to\infty} a_n = z \quad\Leftrightarrow\quad \lim_{n\to\infty} a_{n+k} = z$$

(Anleitung: Man setze $F=(a_n)_{n\in\boldsymbol{N}}$, $F_k:=(a_{n+k})_{n\in\boldsymbol{N}}$ und zeige, daß $F_k(\boldsymbol{E})=F(\boldsymbol{E}|E_{k+1})$ ist). ●

8.6. Rechenregeln für Grenzwerte

Abbildungen in einen Körper (mit einem Absolutbetrag, damit man eine Topologie bekommt, die mit den Verknüpfungen verträglich ist) oder in einen normierten Vektorraum kann man addieren und teilweise auch multiplizieren. Die Sätze über die Stetigkeit von Addition und Multiplikation liefern daher eine Reihe von Rechenregeln für Grenzwerte. Zunächst gilt allgemein für metrische Räume

Satz 8.6.1. *X sei eine Menge, (Y, d) ein metrischer Raum, $f: X\to Y$ und $\mathfrak{R}$ Raster auf X. Analog zu Satz 7.8.2. definiert man für $z\in Y$*

$$\tilde{d}_z: Y\to\boldsymbol{R} \quad \textit{durch} \quad \tilde{d}_z(w):=d(w,z) \textit{ für alle } w\in Y.$$

Dann ist $\tilde{d}_z\circ f(y) = \tilde{d}_z(f(y)) = d(f(y),z)$ für alle $y\in X$. Es gilt

$$\lim_{\mathfrak{R}} f = z \quad\Leftrightarrow\quad \lim_{\mathfrak{R}} \tilde{d}_z\circ f = 0.$$

Ist $(X, \mathcal{O})$ Hausdorffraum, x ein nicht-isolierter Punkt von X und $\mathfrak{R}=\mathfrak{B}_0(x)$, so ist

$$\lim_{y\to x} f(y) = z \quad\Leftrightarrow\quad \lim_{y\to x} d(f(y),z) = 0.$$

Beweis. $\tilde{d}_z$ ist nach Satz 7.8.2. stetig, also nach Satz 8.5.4. stetig in z. Nach Satz 8.5.5. gilt

$$\lim_{\mathfrak{R}} f = z \quad\Rightarrow\quad \lim_{\mathfrak{R}} \tilde{d}_z\circ f = \tilde{d}_z(z) = d(z,z) = 0.$$

Die wesentliche Aussage von Satz 8.6.1. ist, daß auch die Umkehrung gilt. Da (Y, d) metrischer Raum ist, ist

$$\mathfrak{B} = \{U_\varepsilon(z;d) | \varepsilon\in\boldsymbol{R},\ \varepsilon>0\} \quad \text{Umgebungsbasis von } z \text{ in } (Y,d).$$

Für jedes $\varepsilon\in\boldsymbol{R}$, $\varepsilon>0$, und $y\in X$ ist nun

$$\tilde{d}_z\circ f(y)\in U_\varepsilon(0)\subset\boldsymbol{R} \quad\Leftrightarrow\quad d(f(y),z)<\varepsilon \quad\Leftrightarrow\quad f(y)\in U_\varepsilon(z;d).$$

Ist $\lim_{\mathfrak{R}} \tilde{d}_z\circ f = 0$, also $\tilde{d}_z\circ f(\mathfrak{R}) \gg \mathfrak{B}(0)$ (in $\boldsymbol{R}$), so gibt es zu jedem $\varepsilon\in\boldsymbol{R}$, $\varepsilon>0$, ein $V\in\mathfrak{R}$ mit $\tilde{d}_z\circ f(V)\subset U_\varepsilon(0)$. Dann ist aber $f(V)\subset U_\varepsilon(z;d)$ und daher $f(\mathfrak{R})\gg\mathfrak{B}$, d.h. $\lim_{\mathfrak{R}} f = z$.

Die letzte Aussage des Satzes ergibt sich wegen $\tilde{d}_z \circ f(y) = d(f(y), z)$ bei Benutzung der Bezeichnungen aus Definition 8.5.1. ●

In Satz 8.6.1. sieht man, wie die Bezeichnungen aus Definition 8.5.1. eine Vereinfachung bringen können. Die Markierung der Variablen in

$$\lim_{y \to x} d(f(y), z)$$

erlaubt es, unmittelbar d (d.h. die Funktion $\{(y, d(f(y), z)) | y \in X\}$) zu verwenden, ohne daß man erst $\tilde{d}_z$ einführen muß. Für den allgemeinen Fall muß man sich durch Markierung einer Leerstelle mit einem Stern oder durch eine ähnliche Verwendung eines Buchstabens y helfen, also etwa

$$\lim_{\mathfrak{R}} d(f(*), z) \quad \text{oder} \quad \lim_{y, \mathfrak{R}} d(f(y), z)$$

schreiben. Wir wollen die zweite Art der Bezeichnung wählen.

Definition 8.6.1. *X sei eine Menge, $(Y, \mathcal{O}_Y)$ Hausdorffraum, $\mathfrak{R}$ Raster auf X und $f: X \to Y$. Wir verwenden die Bezeichnung*

$$\lim_{y, \mathfrak{R}} f(y) := \lim_{\mathfrak{R}} f,$$

falls der Grenzwert existiert.

Analog zu Hilfssatz 6.4.1. gilt

Hilfssatz 8.6.1. *X sei eine Menge, $(Y, \mathcal{O}_Y)$ ein Hausdorffraum, $\mathfrak{R}$ Raster auf X, $b \in Y$. Definiert man*

$$f_b: X \to Y \quad \textit{durch} \quad f_b(x) := b \quad \textit{für alle} \quad x \in X,$$

so gilt

$$\lim_{\mathfrak{R}} f_b = b.$$

Beweis. U sei Umgebung von b in $(Y, \mathcal{O}_Y)$. Für jedes $V \in \mathfrak{R}$ gilt dann

$$f(V) \subset \{b\} \subset U. \quad \text{Daher ist} \quad f(\mathfrak{R}) \gg \mathfrak{V}(b). \; ●$$

Anmerkung 8.6.1. Ist $(X, \mathcal{O}_X)$ Hausdorffraum, so ist nach Hilfssatz 8.6.1. $\lim_{\mathfrak{V}(x)} f_b = b = f_b(x)$ für alle $x \in X$. f_b ist daher nach Satz 8.5.4. stetig. Man erhält so einen neuen Beweis von Hilfssatz 6.4.1., allerdings nur für den Spezialfall, daß $(X, \mathcal{O}_X)$ und $(Y, \mathcal{O}_Y)$ beide Hausdorffräume sind. ●

Wir wollen der Deutlichkeit halber Satz 8.6.1. für den Fall einer Abbildung in einen normierten Vektorraum umschreiben. Man erhält

Hilfssatz 8.6.2. *X sei eine Menge, $\mathfrak{R}$ sei Raster auf X. Y sei normierter Vektorraum (Anmerkung 7.9.4.). Für $\mathfrak{w} \in Y$ ist in der Bezeichnung von Satz 8.6.1. $\tilde{d}_{\mathfrak{w}}(\mathfrak{z}) = \|\mathfrak{z} - \mathfrak{w}\|$ für alle $\mathfrak{z} \in Y$. Für $f: X \to Y$ und $\mathfrak{w} \in Y$ gilt*

$$\lim_{\mathfrak{R}} f = \mathfrak{w} \quad \Leftrightarrow \quad \lim_{\mathfrak{R}} \tilde{d}_{\mathfrak{w}} \circ f = \lim_{y,\mathfrak{R}} \|f(y) - \mathfrak{w}\| = 0.$$

Man beachte: Ein mit einem Absolutbetrag versehener Körper ist ein Spezialfall eines normierten Vektorraumes über diesem Körper (Beispiel 7.9.1.)!

Beweis. Man braucht nur in Satz 8.6.1. die durch die Norm induzierte Metrik (siehe Satz 7.9.8.) einzutragen. ●

Satz 8.6.2. *Y sei normierter Vektorraum über K, X eine Menge, $\mathfrak{R}$ Raster auf X und*

$$f: X \to Y, \quad g: X \to Y, \quad h: X \to K, \quad \mathfrak{a} \in Y, \quad c \in K.$$

Existieren $\lim_{\mathfrak{R}} f$, $\lim_{\mathfrak{R}} g$, $\lim_{\mathfrak{R}} h$, so gilt in der üblichen Bezeichnungsweise (Satz 7.9.5.)

(1) $\lim_{\mathfrak{R}} (f + \mathfrak{a}) = \lim_{\mathfrak{R}} f + \mathfrak{a}, \quad \lim_{\mathfrak{R}} (cf) = c \lim_{\mathfrak{R}} f, \quad \lim_{\mathfrak{R}} (h\mathfrak{a}) = (\lim_{\mathfrak{R}} h)\mathfrak{a};$

(2) $\lim_{\mathfrak{R}} (f + g) = \lim_{\mathfrak{R}} f + \lim_{\mathfrak{R}} g, \quad \lim_{\mathfrak{R}} (hf) = (\lim_{\mathfrak{R}} h) \cdot (\lim_{\mathfrak{R}} f);$

(3) $\lim_{y,\mathfrak{R}} \|f(y)\| = \|\lim_{\mathfrak{R}} f\|.$

Man beachte den Sonderfall $Y = K$ mit dem Absolutbetrag als Norm! Ist $W \subset X$, $\mathfrak{R}|W$ Raster und $h(y) \neq 0$ für alle $y \in W$, so gilt (in der Bezeichnung von Satz 6.6.2.)

(4) $$\lim_{\mathfrak{R}|W} h \neq 0 \quad \Rightarrow \quad \lim_{\mathfrak{R}|W} \frac{e}{h|W} = e/\lim_{\mathfrak{R}} h.$$

Beweis. Nach Hilfssatz 8.5.1. gilt für die Abbildungen

$$(f, g): X \to Y \times Y, \quad \text{definiert durch} \quad (f, g)(x) := (f(x), g(x)),$$

und $(h, f): X \to K \times Y$ (entsprechend definiert)

$$\lim_{\mathfrak{R}} (f, g) = (\lim_{\mathfrak{R}} f, \lim_{\mathfrak{R}} g), \quad \lim_{\mathfrak{R}} (h, f) = (\lim_{\mathfrak{R}} h, \lim_{\mathfrak{R}} f).$$

Nach Satz 7.9.9. sind

$$\varkappa: Y \times Y \to Y \text{ mit } \varkappa(\mathfrak{x}, \mathfrak{y}) = \mathfrak{x} + \mathfrak{y}, \quad \mu: K \times Y \to Y \text{ mit } \mu(z, \mathfrak{y}) = z \cdot \mathfrak{y}$$

stetig. Da $f + g = \varkappa \circ (f, g)$, $h \cdot f = \mu \circ (h, f)$ ist, erhält man nach Satz 8.5.5.

(2) $$\lim_{\mathfrak{R}} (f + g) = \varkappa(\lim_{\mathfrak{R}} f, \lim_{\mathfrak{R}} g) = \lim_{\mathfrak{R}} f + \lim_{\mathfrak{R}} g,$$
$$\lim_{\mathfrak{R}} (h \cdot f) = \mu(\lim_{\mathfrak{R}} h, \lim_{\mathfrak{R}} f) = (\lim_{\mathfrak{R}} h)(\lim_{\mathfrak{R}} f).$$

(1) erhält man als Spezialfall für $g=\mathfrak{a}$ bzw. $h=c$ bzw. $f=\mathfrak{a}$ (in der Bezeichnungsweise von Anmerkung 7.9.3.).

(3) ergibt sich nach Satz 8.5.5., da $\psi: Y\to\boldsymbol{R}$, definiert durch $\psi(\mathfrak{y})=\|\mathfrak{y}\|$, nach Hilfssatz 7.9.2. stetig ist.

(4) Man definiert

$$\tilde{h}: W\to K^\times \quad \text{durch} \quad \tilde{h}(x)=h(x) \text{ für alle } x\in W.$$

Wegen $h(W)\subset K^\times$ und $\lim_{\mathfrak{N}|W} h\in K^\times$ ist nach Satz 8.5.2. ($K^\times$ an Stelle von W, $h|W$ an Stelle von h) $\lim_{\mathfrak{N}|W}\tilde{h}=\lim_{\mathfrak{N}|W} h$. Das Ergebnis folgt nach Satz 8.5.5. wegen der Stetigkeit von $\frac{e}{id_K|K^\times}$ im Punkte $\lim_{\mathfrak{N}|W} h$ (Satz 6.6.2.). ●

Anmerkung 8.6.2. Sieht man sich den Beweis von Satz 6.6.1. genauer an, so erkennt man, daß dort im Grunde nur für $\mathfrak{x}=(x_1,x_2)\in K\times K$ bzw. $\mathfrak{x}=x\in K^\times$ mit der Bedingung (2) Satz 8.4.2.

$$\lim_{\mathfrak{B}(\mathfrak{x})} f=\lim_{\mathfrak{B}} f=f(\mathfrak{x}) \quad (f=\varkappa \text{ bzw. } \varrho \text{ bzw. } \tau)$$

gezeigt wird, wobei $\mathfrak{B}$ eine geeignete Umgebungsbasis von $\mathfrak{x}$ ist, die man durch passende Wahl der Metrik in natürlicher Weise erhält. Dasselbe gilt für den wörtlich genau so verlaufenden Beweis von Satz 7.9.9. Kopiert man diese Beweise, so kann man Satz 8.6.2. direkt beweisen, muß dann aber bei jedem Einzelfall den darin enthaltenen Beweis von Hilfssatz 8.5.1. wiederholen. ●

Anmerkung 8.6.3. Analog zu Definition 6.6.1. kann man eine Funktion F mit Definitionsbereich in einem Körper K und Wertevorrat in einem Vektorraum Y über K als „Polynom" bezeichnen, wenn es eine Familie $(\mathfrak{a}_j)_{j\in B}$, B endlich, $B\subset\{0\}\cup N$, von Elementen von Y so gibt, daß

$$F(x)=\sum_{j\in B} x^j\mathfrak{a}_j \quad \text{für alle} \quad x\in\mathscr{D}(F)$$

ist. Ist Y normierter Vektorraum über K, $Z\subset K$, $f: Z\to Y$ und der Graph von f ein „Polynom", so ergeben die Rechenregeln von Satz 8.6.2. die Stetigkeit von f in jedem Punkt von Z (mit vollständiger Induktion nach Anz B wie beim Beweis von Satz 6.6.3.). Man erhält so ein Analogon zu Satz 6.6.3. ●

Die Stetigkeit der Addition in einem normierten Vektorraum hat zur Folge, daß man den Umgebungsfilter eines beliebigen Punktes durch eine passende „Translation" aus dem Umgebungsfilter eines festen Punktes erhält, es gibt also bis auf Translationen nur *einen* Umgebungsfilter. Es gilt

Satz 8.6.3. *X sei normierter Vektorraum über K,* $\mathfrak{a}\in X$, $a\in K$, $a\neq 0$.

$$\tau_{\mathfrak{a}}: X\to X \quad \textit{und} \quad \lambda_a: X\to X,$$

definiert durch $\tau_{\mathfrak{a}}(\mathfrak{x}):=\mathfrak{x}+\mathfrak{a}$, $\lambda_a(\mathfrak{x}):=a\mathfrak{x}$, *sind topologische Abbildungen.* $\tau_{\mathfrak{a}}$ *bezeichnet man als „Translation (oder Verschiebung) um* $\mathfrak{a}$*". Es ist*

$$(1)\quad \tau_{\mathfrak{a}}(\mathfrak{B}(\mathfrak{o}))=\mathfrak{B}(\mathfrak{a}),\quad \tau_{\mathfrak{a}}^{-1}(\mathfrak{B}(\mathfrak{a}))=\mathfrak{B}(\mathfrak{o}),\quad \lambda_a(\mathfrak{B}(\mathfrak{a}))=\mathfrak{B}(a\mathfrak{a}).$$

Ist $(Y,\mathcal{O})$ *Hausdorffraum,* $Z\subset X$, $f:Z\to Y$ *und* $Z_{\mathfrak{a}}=\{\mathfrak{y}\mid\mathfrak{y}\in X,\ \mathfrak{a}+\mathfrak{y}\in Z\}$, *so gilt für* $z\in Y$, *falls* $\mathfrak{B}(\mathfrak{a})|Z$ *Raster ist,*

$$(2)\qquad \lim_{\mathfrak{B}(\mathfrak{a})|Z} f=z \quad\Leftrightarrow\quad \lim_{\mathfrak{B}(\mathfrak{o})|Z_{\mathfrak{a}}} f\circ\tau_{\mathfrak{a}}=z.$$

Ist $\mathfrak{a}$ *Häufungspunkt von Z, so gilt*

$$(3)\qquad \lim_{\mathfrak{y}\to\mathfrak{a}} f(\mathfrak{y})=z \quad\Leftrightarrow\quad \lim_{\mathfrak{y}\to\mathfrak{o}} f(\mathfrak{a}+\mathfrak{y})=z \quad\Leftrightarrow\quad \lim_{\mathfrak{y}\to\mathfrak{o}} f(\mathfrak{a}+a\mathfrak{y})=z.$$

Beweis. $\tau_{\mathfrak{a}}=id_X+\mathfrak{a}$ und $\lambda_a=a\cdot id_X$ sind nach (1) Satz 8.6.2. wegen der Stetigkeit von id_X in jedem Punkt stetig. Da $\tau_{\mathfrak{a}}^{-1}=\tau_{(-\mathfrak{a})}$ und $\lambda_a^{-1}=\lambda_{a^{-1}}$ ebenfalls stetig sind, sind $\tau_{\mathfrak{a}}$ und λ_a topologisch, woraus sofort (1) folgt.

Offenbar ist $\tau_{\mathfrak{a}}(Z_{\mathfrak{a}})=Z$, d.h. $Z_{\mathfrak{a}}=\tau_{\mathfrak{a}}^{-1}(Z)$ und $\tau_{\mathfrak{a}}^{-1}(\mathfrak{B}(\mathfrak{a})|Z)=\tau_{\mathfrak{a}}^{-1}(\mathfrak{B}(\mathfrak{a}))|\tau_{\mathfrak{a}}^{-1}(Z)=$ $=\mathfrak{B}(\mathfrak{o})|Z_{\mathfrak{a}}$. Das ergibt

$$\mathfrak{B}(\mathfrak{a})|Z \text{ ist Raster} \quad\Leftrightarrow\quad \mathfrak{B}(\mathfrak{o})|Z_{\mathfrak{a}} \text{ ist Raster.}$$

Wegen

$$f(\mathfrak{B}(\mathfrak{a})|Z)=f\circ\tau_{\mathfrak{a}}\circ\tau_{\mathfrak{a}}^{-1}(\mathfrak{B}(\mathfrak{a})|Z)=f\circ\tau_{\mathfrak{a}}(\mathfrak{B}(\mathfrak{o})|Z_{\mathfrak{a}})$$

folgt (2). Da $\tau_{\mathfrak{a}}^{-1}(\mathfrak{a})=\mathfrak{o}$, also $\tau_{\mathfrak{a}}^{-1}(\mathfrak{B}_0(\mathfrak{a})|Z)=\mathfrak{B}_0(\mathfrak{o})|Z_{\mathfrak{a}}$ und $\lambda_a(\mathfrak{B}(\mathfrak{o}))=\mathfrak{B}(\mathfrak{o})$ ist, folgt (3). ●

8.7. Grenzwerte in $\bar{R}$

Für Abbildungen in Teilmengen von $\boldsymbol{R}$ gelten eine Reihe spezieller Grenzwertsätze, da man in $\bar{\boldsymbol{R}}$ die Anordnung zur Verfügung hat und zusätzlich zum Grenzwert noch den Limes superior und den Limes inferior. Für Abbildungen $f: X\to Y$, $Y\subset\bar{\boldsymbol{R}}$, und einen Raster $\mathfrak{R}$ auf X hatten wir in Definition 8.4.2. $\underline{\lim}_{\mathfrak{R}} f$ und $\overline{\lim}_{\mathfrak{R}} f$ eingeführt. Man überträgt die Bezeichnungen aus Definition 8.5.1. unmittelbar auf den Limes superior und den Limes inferior.

Definition 8.7.1. $(X,\mathcal{O}_X)$ *sei ein Hausdorffraum,* $Z\subset X$, $Y\subset\bar{\boldsymbol{R}}$, $f: Z\to Y$. *Ist x Häufungspunkt von Z, so definiert man, falls der* lim sup *bzw. der* lim inf *existiert (mit* $\mathfrak{B}_0(x)=$ $=\mathfrak{B}(x)|(X-\{x\})$*),*

$$\varliminf_{y\to x} f(y) := \varliminf_{\mathfrak{B}_0(x)|Z} f = \varliminf f(\mathfrak{B}_0(x)|Z), \quad \varlimsup_{y\to x} f(y) := \varlimsup_{\mathfrak{B}_0(x)|Z} f = \varlimsup f(\mathfrak{B}_0(x)|Z)$$

und entsprechend für $W \subset Z$, falls x Häufungspunkt von W ist,

$$\varliminf_{\substack{y\to x\\ y\in W}} f(y) := \varliminf_{\mathfrak{B}_0(x)|W} f, \quad \varlimsup_{\substack{y\to x\\ y\in W}} f(y) := \varlimsup_{\mathfrak{B}_0(x)|W} f.$$

Man kann zunächst die Sätze aus 8.3. für Abbildungen umschreiben, was wir der Vollständigkeit und der besseren Übersicht halber tun wollen.

Satz 8.7.1. *X sei eine Menge, $Y \subset \bar{\boldsymbol{R}}$, $f: X \to Y$ und $\mathfrak{R}$ Raster auf X. Ist (in $\bar{\boldsymbol{R}}$!)*

$$L_{\mathfrak{R}}(f) := \bigcap_{V\in\mathfrak{R}} \overline{f(V)}, \text{ so existieren } \min L_{\mathfrak{R}}(f) \text{ und } \max L_{\mathfrak{R}}(f).$$

Setzt man

$$\bar{S}(f;\mathfrak{R}) := \{s \mid s\in\bar{\boldsymbol{R}},\ s \text{ obere Schranke für mindestens ein } f(V),\ V\in\mathfrak{R}\},$$

$$\underline{S}(f;\mathfrak{R}) := \{t \mid t\in\bar{\boldsymbol{R}},\ t \text{ untere Schranke für mindestens ein } f(U),\ U\in\mathfrak{R}\},$$

so ist

$$\varliminf_{\mathfrak{R}} f = \sup \underline{S}(f;\mathfrak{R}) = \min L_{\mathfrak{R}}(f), \quad \varlimsup_{\mathfrak{R}} f = \inf \bar{S}(f;\mathfrak{R}) = \max L_{\mathfrak{R}}(f).$$

Beweis. Es handelt sich um die Aussage von Satz 8.3.1. für $f(\mathfrak{R})$ an Stelle von $\mathfrak{R}$. ●

Satz 8.7.2. *$\mathfrak{R}$, $\mathfrak{R}_1$, $\mathfrak{R}_2$ seien Raster auf der Menge X, $Y \subset \bar{\boldsymbol{R}}$, $f: X \to Y$. Es gilt*

$$\mathfrak{R}_1 \gg \mathfrak{R}_2 \quad\Rightarrow\quad \varliminf_{\mathfrak{R}_2} f \leqq \varliminf_{\mathfrak{R}_1} f \leqq \varlimsup_{\mathfrak{R}_1} f \leqq \varlimsup_{\mathfrak{R}_2} f.$$

Ist $W \subset X$ und $\mathfrak{R}|W$ Raster, so ist

$$\varliminf_{\mathfrak{R}} f \leqq \varliminf_{\mathfrak{R}|W} f \leqq \varlimsup_{\mathfrak{R}|W} f \leqq \varlimsup_{\mathfrak{R}} f.$$

Ist $W \in \mathfrak{R}_X$, so ist

$$\varliminf_{\mathfrak{R}|W} f = \varliminf_{\mathfrak{R}} f, \quad \varlimsup_{\mathfrak{R}|W} f = \varlimsup_{\mathfrak{R}} f.$$

Beweis. Nach Satz 8.2.4. gilt $\mathfrak{R}_1 \gg \mathfrak{R}_2 \Rightarrow f(\mathfrak{R}_1) \gg f(\mathfrak{R}_2)$. Daher gilt auch

$$W \in \mathfrak{R}_X \quad\Rightarrow\quad \mathfrak{R}|W, \mathfrak{R} \text{ sind gleich fein} \quad\Rightarrow\quad f(\mathfrak{R}|W), f(\mathfrak{R}) \text{ sind gleich fein.}$$

Damit folgt Satz 8.7.2. unmittelbar aus Satz 8.3.3. ●

Satz 8.7.3. *$\mathfrak{R}$ sei Raster auf X, $Y \subset \bar{\boldsymbol{R}}$, $f: X \to Y$. Ist U offen in $\bar{\boldsymbol{R}}$, so gilt*

$$L_{\mathfrak{R}}(f) \subset U \quad\Rightarrow\quad \text{Es gibt ein } V\in\mathfrak{R} \text{ mit } \overline{f(V)} \subset U.$$

Ist $z \in \bar{\boldsymbol{R}}$, so gilt

$$L_{\mathfrak{R}}(f) = \{z\} \quad\Leftrightarrow\quad \varliminf_{\mathfrak{R}} f = \varlimsup_{\mathfrak{R}} f = z \quad\Leftrightarrow\quad \lim_{\mathfrak{R}} f = z.$$

Beweis. Es handelt sich um die Aussage von Satz 8.3.4. für $f(\mathfrak{R})$ an Stelle von $\mathfrak{R}$ (unter Beachtung von $\lim_{\mathfrak{R}} f = z \Leftrightarrow f(\mathfrak{R}) \gg \mathfrak{B}(z)$). ●

Um ein Analogon von Satz 8.6.2. für lim sup und lim inf herzuleiten, benötigt man

Hilfssatz 8.7.1. *X sei eine Menge, $Y \subset \bar{\boldsymbol{R}}$, $f: X \to Y$ und $\mathfrak{R}$ Raster auf X. Es gilt:*

$$\underline{\lim_{\mathfrak{R}}}\, f = \sup\{\inf f(V) \mid V \in \mathfrak{R}\}, \quad \overline{\lim_{\mathfrak{R}}}\, f = \inf\{\sup f(V) \mid V \in \mathfrak{R}\}.$$

Beweis. Wir benutzen Satz 8.7.1. Nach der Definition von $\underline{S}(f; \mathfrak{R})$ gilt:

$$V \in \mathfrak{R} \quad \Rightarrow \quad \inf V \text{ ist untere Schranke für } V(\in \mathfrak{R}) \quad \Rightarrow \quad \inf V \in \underline{S}(f; \mathfrak{R}).$$

Nach Satz 3.1.1. kann man weiterschließen

$$\{\inf f(V) | V \in \mathfrak{R}\} \subset \underline{S}(f; \mathfrak{R}) \quad \Rightarrow \quad \sup\{\inf f(V) | V \in \mathfrak{R}\} \leqq \sup \underline{S}(f; \mathfrak{R}).$$

Ist aber $t \in \underline{S}(f; \mathfrak{R})$, so gibt es ein $W \in \mathfrak{R}$ so, daß t untere Schranke für $f(W)$ und daher $t \leqq \inf f(W) \leqq \sup\{\inf f(V) | V \in \mathfrak{R}\}$ ist. Infolgedessen ist für alle $t \in \underline{S}(f; \mathfrak{R})$

$$t \leqq \sup\{\inf f(V) | V \in \mathfrak{R}\}, \quad \text{also} \quad \sup \underline{S}(f; \mathfrak{R}) \leqq \sup\{\inf f(V) | V \in \mathfrak{R}\},$$

und damit

$$\sup\{\inf f(V) \mid V \in \mathfrak{R}\} = \sup \underline{S}(f; \mathfrak{R}) = \underline{\lim_{\mathfrak{R}}}\, f.$$

Entsprechend ist

$$\{\sup f(V) \mid V \in \mathfrak{R}\} \subset \bar{S}(f; \mathfrak{R}), \quad \inf\{\sup f(V) \mid V \in \mathfrak{R}\} \geqq \inf \bar{S}(f; \mathfrak{R}),$$

und für alle $s \in \bar{S}(f; \mathfrak{R})$

$$\inf\{\sup f(V) | V \in \mathfrak{R}\} \leqq s, \quad \text{also} \quad \inf\{\sup f(V) | V \in \mathfrak{R}\} \leqq \inf \bar{S}(f; \mathfrak{R})$$

und damit

$$\inf\{\sup f(V) \mid V \in \mathfrak{R}\} = \inf \bar{S}(f; \mathfrak{R}) = \overline{\lim_{\mathfrak{R}}}\, f. \quad ●$$

Satz 8.7.4. *X sei eine Menge, $Y \subset \bar{\boldsymbol{R}}$, $\mathfrak{R}$ Raster auf X und $f: X \to Y$, $g: X \to Y$. Dann ist*

$$\overline{\lim_{\mathfrak{R}}}\,(-f) = -\underline{\lim_{\mathfrak{R}}}\, f, \quad \underline{\lim_{\mathfrak{R}}}\,(-f) = -\overline{\lim_{\mathfrak{R}}}\, f.$$

Gibt es ein $W \in \mathfrak{R}_X$ so, daß $f(x) \leqq g(x)$ für alle $x \in W$ ist, so ist

$$\underline{\lim_{\mathfrak{R}}}\, f \leqq \underline{\lim_{\mathfrak{R}}}\, g, \quad \overline{\lim_{\mathfrak{R}}}\, f \leqq \overline{\lim_{\mathfrak{R}}}\, g.$$

Beweis. Nach (2) Satz 7.7.6. und Hilfssatz 8.7.1. gilt

$$\overline{\lim_{\mathfrak{R}}}\,(-f) = \inf\{\sup(-f)(V)\,|\,V\in\mathfrak{R}\} =$$

$$= \inf\{-\inf f(V)\,|\,V\in\mathfrak{R}\} = -\sup\{\inf f(V)\,|\,V\in\mathfrak{R}\} = -\underline{\lim_{\mathfrak{R}}}\,f$$

und entsprechend $\underline{\lim_{\mathfrak{R}}}\,(-f) = -\overline{\lim_{\mathfrak{R}}}\,f$.

Ist $W\in\mathfrak{R}_X$ und $f(x)\leqq g(x)$ für alle $x\in W$, so ist nach (4) Satz 7.7.6. und Hilfssatz 8.7.1. (wegen Satz 8.7.2.)

$$\underline{\lim_{\mathfrak{R}}}\,f = \underline{\lim_{\mathfrak{R}|W}}\,f = \sup\{\inf f(V\cap W)\,|\,V\in\mathfrak{R}\} \leqq \sup\{\inf g(V\cap W)\,|\,V\in\mathfrak{R}\} = \underline{\lim_{\mathfrak{R}|W}}\,g = \underline{\lim_{\mathfrak{R}}}\,g$$

und entsprechend $\overline{\lim_{\mathfrak{R}}}\,f \leqq \overline{\lim_{\mathfrak{R}}}\,g$. ●

Satz 8.7.5. *X sei eine Menge, $Y\subset\boldsymbol{R}$, $\mathfrak{R}$ Raster auf X und $f\colon X\to Y$, $g\colon X\to Y$. Soweit die angegebenen Summen in $\bar{\boldsymbol{R}}$ definiert sind (Satz 7.7.5.), gilt*

$$\text{(1)}\qquad \begin{aligned} &\overline{\lim_{\mathfrak{R}}}\,f+\underline{\lim_{\mathfrak{R}}}\,g \leqq \overline{\lim_{\mathfrak{R}}}\,(f+g) \leqq \overline{\lim_{\mathfrak{R}}}\,f+\overline{\lim_{\mathfrak{R}}}\,g,\\ &\overline{\lim_{\mathfrak{R}}}\,f+\underline{\lim_{\mathfrak{R}}}\,g \geqq \underline{\lim_{\mathfrak{R}}}\,(f+g) \geqq \underline{\lim_{\mathfrak{R}}}\,f+\underline{\lim_{\mathfrak{R}}}\,g.\end{aligned}$$

Gibt es ein $W\in\mathfrak{R}_X$ so, daß $f(x), g(x)\geqq 0$ für alle $x\in W$ gilt, so ist

$$\text{(2)}\qquad \begin{aligned} &(\overline{\lim_{\mathfrak{R}}}\,f)\,(\underline{\lim_{\mathfrak{R}}}\,g) \leqq \overline{\lim_{\mathfrak{R}}}\,(f\cdot g) \leqq (\overline{\lim_{\mathfrak{R}}}\,f)\cdot(\overline{\lim_{\mathfrak{R}}}\,g),\\ &(\overline{\lim_{\mathfrak{R}}}\,f)\,(\underline{\lim_{\mathfrak{R}}}\,g) \geqq \underline{\lim_{\mathfrak{R}}}\,(f\cdot g) \geqq (\underline{\lim_{\mathfrak{R}}}\,f)\cdot(\underline{\lim_{\mathfrak{R}}}\,g).\end{aligned}$$

Beweis. Ist $b\in\boldsymbol{R}$, so gilt nach Hilfssatz 7.7.4. für alle $V\in\mathfrak{R}$

$$\sup f(V)+b = \sup(f+b)(V), \quad \inf f(V)+b = \inf(f+b)(V).$$

Definiert man $h\colon\mathfrak{R}\to\bar{\boldsymbol{R}}$ durch $h(V):=\inf f(V)$, so ergibt sich genau so

$$\underline{\lim_{\mathfrak{R}}}\,f+b = \sup\{\inf f(V)\,|\,V\in\mathfrak{R}\}+b = \sup h(\mathfrak{R})+b = \underline{\lim_{\mathfrak{R}}}\,(f+b),$$

und zwar, wie man leicht sieht, auch dann, wenn es ein $V\in\mathfrak{R}$ mit $\inf f(V) = -\infty$ gibt (in Hilfssatz 7.7.4. waren nur Abbildungen in $\boldsymbol{R}$ betrachtet!). Entsprechend ergibt sich $\overline{\lim_{\mathfrak{R}}}\,f+b = \overline{\lim_{\mathfrak{R}}}\,(f+b)$.

Ist $-\infty<\underline{\lim_{\mathfrak{R}}}\,g\leqq\overline{\lim_{\mathfrak{R}}}\,g<\infty$, so gibt es $t, s\in\boldsymbol{R}$ mit $t<\underline{\lim_{\mathfrak{R}}}\,g\leqq\overline{\lim_{\mathfrak{R}}}\,g<s$ und $W_1, W_2\in\mathfrak{R}$ so, daß t untere Schranke von $g(W_1)$, s obere Schranke von $g(W_2)$ ist. Da $\mathfrak{R}$ Raster ist, gibt es ein $W\in\mathfrak{R}$ mit $W\subset W_1\cap W_2$. Dann gilt für alle $x\in W$

$$t\leqq g(x)\leqq s, \quad \text{d.h.} \quad f(x)+t \leqq f(x)+g(x) \leqq f(x)+s$$

und daher nach Satz 8.7.4. (mit $b=t$ bzw. $b=s$, s. o.)

$$\overline{\lim_{\mathfrak{R}|W}} f+t \leqq \overline{\lim_{\mathfrak{R}|W}}(f+g) \leqq \overline{\lim_{\mathfrak{R}|W}} f+s, \quad \text{d.h.} \quad \overline{\lim_{\mathfrak{R}}} f+t \leqq \overline{\lim_{\mathfrak{R}}}(f+g) \leqq \overline{\lim_{\mathfrak{R}}} f+s,$$

da $\mathfrak{R}$, $\mathfrak{R}|W$ gleich fein sind (Satz 8.7.2.). Ist

$$\overline{\lim_{\mathfrak{R}}} f = \pm\infty, \text{ so ist } \overline{\lim_{\mathfrak{R}}} f + \underline{\lim_{\mathfrak{R}}}\, g = \overline{\lim_{\mathfrak{R}}} f + \overline{\lim_{\mathfrak{R}}}\, g = \overline{\lim_{\mathfrak{R}}} f + b = \overline{\lim_{\mathfrak{R}}} f$$

für jedes $b \in \boldsymbol{R}$, und man erhält die erste Zeile von (1). Anderenfalls erhält man

$$t \leqq \overline{\lim_{\mathfrak{R}}}(f+g) - \overline{\lim_{\mathfrak{R}}} f \leqq s \text{ für alle } s, t \text{ mit } t < \underline{\lim_{\mathfrak{R}}}\, g \leqq \overline{\lim_{\mathfrak{R}}}\, g < s.$$

Das gilt auch noch für den bisher ausgeschlossenen Fall, daß $\underline{\lim}_{\mathfrak{R}}\, g = -\infty$ oder $\overline{\lim}_{\mathfrak{R}}\, g = \infty$ ist, und ergibt

$$\underline{\lim_{\mathfrak{R}}}\, g \leqq \overline{\lim_{\mathfrak{R}}}(f+g) - \overline{\lim_{\mathfrak{R}}} f \leqq \overline{\lim_{\mathfrak{R}}}\, g,$$

woraus man wieder die erste Zeile von (1) erhält. Ist in der ersten Zeile von (1) die rechte Seite ∞ oder die linke Seite $-\infty$, so ist der betreffende Teil der Ungleichungskette trivial, und man erhält die restliche Ungleichung nach dem angegebenen Verfahren (also nur mit $t \leqq g(x)$ bzw. $g(x) \leqq s$ an Stelle von $t \leqq g(x) \leqq s$ für alle $x \in W$ etc.).

Die restlichen Behauptungen des Satzes werden nach genau demselben Schema bewiesen (bei den Ungleichungen für die Produkte muß man erst den Sonderfall behandeln, daß ein $c \in \boldsymbol{R}$ an Stelle von g steht). Die Durchführung sei dem Leser überlassen. ●

Ein Sonderfall von Satz 8.7.5. ist

Hilfssatz 8.7.2. *X sei eine Menge, $Y \subset \boldsymbol{R}$, $\mathfrak{R}$ Raster auf X, $f: X \to Y$, $g: X \to Y$. Falls $\lim_{\mathfrak{R}} g$ existiert und die angegebenen Summen in $\overline{\boldsymbol{R}}$ definiert sind, gilt*

$$\overline{\lim_{\mathfrak{R}}}(f+g) = \overline{\lim_{\mathfrak{R}}} f + \lim_{\mathfrak{R}} g, \quad \underline{\lim_{\mathfrak{R}}}(f+g) = \underline{\lim_{\mathfrak{R}}} f + \lim_{\mathfrak{R}} g.$$

Gibt es ein $W \in \mathfrak{R}_X$ so, daß $f(x)$, $g(x) \geqq 0$ für alle $x \in W$ gilt, so ist

$$\overline{\lim_{\mathfrak{R}}}(f \cdot g) = (\overline{\lim_{\mathfrak{R}}} f)(\lim_{\mathfrak{R}} g), \quad \underline{\lim_{\mathfrak{R}}}(f \cdot g) = (\underline{\lim_{\mathfrak{R}}} f)(\lim_{\mathfrak{R}} g).$$

Beweis. Es handelt sich um Spezialfälle von Satz 8.7.5. ●

Da dieser Fall häufig auftritt, wollen wir eine Folgerung aus Satz 8.7.2. für Folgen gesondert formulieren.

Hilfssatz 8.7.3. *$F=(a_j)_{j \in \boldsymbol{N}}$ sei eine Folge in $\overline{\boldsymbol{R}}$, $(a_{h(n)})_{n \in \boldsymbol{N}}$ eine Teilfolge (Definition 8.5.3.). Dann gilt*

$$\underline{\lim_{j \to \infty}}\, a_j \leqq \underline{\lim_{n \to \infty}}\, a_{h(n)} \leqq \overline{\lim_{n \to \infty}}\, a_{h(n)} \leqq \overline{\lim_{j \to \infty}}\, a_j.$$

Beweis. Nach Definition 8.5.3. ist $h:\boldsymbol{N}\to\boldsymbol{N}$ injektiv. Es sei $h=(\boldsymbol{N},\boldsymbol{N},H)$. Nach Hilfssatz 8.2.3. ist $H(\boldsymbol{E})=h(\boldsymbol{E})\gg\boldsymbol{E}$ und daher $F\circ H(\boldsymbol{E})\gg F(\boldsymbol{E})$. Nach Satz 8.3.3. ist

$$\varliminf_{j\to\infty} a_j = \varliminf F(\boldsymbol{E}) \leqq \varliminf F\circ H(\boldsymbol{E}) = \varliminf_{n\to\infty} a_{h(n)},$$

entsprechend für den limes superior. ●

Für Abbildungen von Teilmengen von $\bar{\boldsymbol{R}}$ erhält man durch die Anordnung auf $\bar{\boldsymbol{R}}$ einen Spezialfall der Grenzwerte, die einseitigen Grenzwerte.

Definition 8.7.2. *$(Y,\mathcal{O}_Y)$ sei ein Hausdorffraum, $Z\subset\bar{\boldsymbol{R}}$ und $f:Z\to Y$. Ist x Häufungspunkt von $Z\cap[-\infty,x[$ bzw. von $Z\cap]x,\infty]$, so verwendet man die Bezeichnungen*

$$\lim_{y\to x-0} f(y) := \lim_{\substack{y\to x\\ y<x}} f(y), \qquad \lim_{y\to x+0} f(y) := \lim_{\substack{y\to x\\ x<y}} f(y),$$

falls die Grenzwerte existieren, und nennt sie linksseitigen bzw. rechtsseitigen Grenzwert von f. Ist $(Y,\mathcal{O}_Y)$ Unterraum von $\bar{\boldsymbol{R}}$, so benutzt man die analogen Bezeichnungen für Limes superior und Limes inferior. Ein Sonderfall der einseitigen Grenzwerte ist der Grenzwert für Folgen, da $\boldsymbol{E}$ und *$\mathfrak{V}_0(\infty)|([-\infty,\infty]\cap\boldsymbol{N})$ gleich fein sind.*

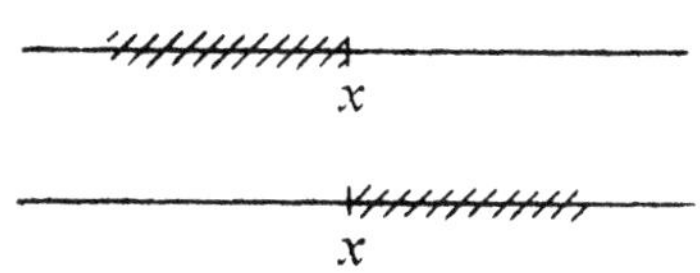

Beim linksseitigen Grenzwert beschränkt man sich also auf die Punkte „links von x", beim rechtsseitigen Grenzwert auf die Punkte „rechts von x". Existiert der Grenzwert, so existieren auch die einseitigen Grenzwerte, falls sie definiert sind (d.h., soweit $\mathfrak{V}_0(x)|(Z\cap[-\infty,x[)$ bzw. $\mathfrak{V}_0(x)|(Z\cap]x,\infty])$ noch Raster sind). Es gilt aber auch eine Umkehrung.

Hilfssatz 8.7.4. *$(Y,\mathcal{O}_Y)$ sei Hausdorffraum, $Z\subset\bar{\boldsymbol{R}}$, $f:Z\to Y$. Ist x Häufungspunkt von $Z\cap[-\infty,x[$ und von $Z\cap]x,\infty]$ und existieren $\lim\limits_{y\to x-0} f(y)$ und $\lim\limits_{y\to x+0} f(y)$, so gilt*

$$\lim_{y\to x-0} f(y) = \lim_{y\to x+0} f(y) \;\Rightarrow\; \lim_{y\to x} f(y) = \lim_{y\to x-0} f(y) = \lim_{y\to x+0} f(y).$$

Beweis. Ist $\lim\limits_{y\to x-0} f(y) = \lim\limits_{y\to x+0} f(y) = z$, so gibt es zu jeder Umgebung W von z ein $V_1\in\mathfrak{V}_0(x)$ und ein $V_2\in\mathfrak{V}_0(x)$ mit

$$f(V_1\cap Z\cap[-\infty,x[) \subset W, \quad f(V_2\cap Z\cap]x,\infty]) \subset W.$$

Da $\mathfrak{V}_0(x)$ Raster ist, gibt es ein $V\in\mathfrak{V}_0(x)$ mit $V\subset V_1\cap V_2$. Da $x\notin V$ ist, gilt

$$V \cap Z = (V \cap Z \cap [-\infty, x[) \cup (V \cap Z \cap]x, \infty]),$$

$$f(V \cap Z) = f(V \cap Z \cap [-\infty, x[) \cup f(V \cap Z \cap]x, \infty]) \subset W.$$

Daher ist $\lim\limits_{y \to x} f(y) = z$. ●

Satz 8.7.6. *Es seien Z, $Y \subset \overline{\mathbf{R}}$, $f: Z \to Y$. Ist x Häufungspunkt von $Z \cap [-\infty, x[$ bzw. Häufungspunkt von $Z \cap]x, \infty]$ und gibt es eine Umgebung U von x so, daß $f | U \cap Z \cap [-\infty, x[$ bzw. $f | U \cap Z \cap]x, \infty]$ monoton (also ordnungserhaltend oder ordnungsumkehrend, siehe Definition 3.1.4.) ist, so existiert*

$$\lim_{y \to x-0} f(y) \quad bzw. \quad \lim_{y \to x+0} f(y).$$

Ist insbesondere $F = (a_n)_{n \in \mathbf{N}}$ eine monotone Folge in $\overline{\mathbf{R}}$, so existiert

$$\lim_{n \to \infty} a_n.$$

Beweis. U sei eine Umgebung von x, x sei Häufungspunkt von $Z \cap [-\infty, x[$ und $f | U \cap Z \cap [-\infty, x[$ sei monoton wachsend. Dann gilt

$$y_1, y_2 \in U \cap Z, \ y_1 \leqq y_2 < x \ \Rightarrow \ f(y_1) \leqq f(y_2).$$

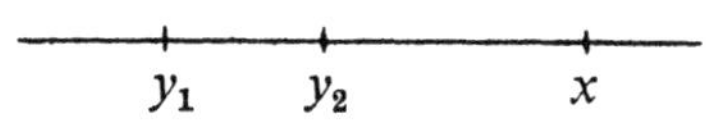

Ist $s \in \mathbf{R}$, $s < \overline{\lim\limits_{y \to x-0}} f(y)$, so kann s nicht obere Schranke für $f(U \cap Z \cap [-\infty, x[)$ sein, da sonst $\overline{\lim\limits_{y \to x-0}} f(y) \leqq s$ sein müßte, weil der lim sup das Infimum der auftretenden oberen Schranken ist (Satz 8.3.1. oder auch Hilfssatz 8.7.1.). Es gibt daher ein $y_0 \in U \cap Z \cap [-\infty, x[$ mit $f(y_0) > s$. Dann ist aber wegen der Monotonie von f auf U

$$f(y_0) \quad \text{untere Schranke für} \quad f(]y_0, \infty] \cap Z \cap [-\infty, x[).$$

Da $]y_0, \infty]$ Umgebung von x ist, folgt hieraus

$$s < f(y_0) \leqq \underline{\lim}_{y \to x-0} f(y).$$

Damit gilt für alle $s \in \overline{\mathbf{R}}$

$$s < \overline{\lim_{y \to x-0}} f(y) \ \Rightarrow \ s < \underline{\lim}_{y \to x-0} f(y) \text{ und daher } \underline{\lim}_{y \to x-0} f(y) \nless \overline{\lim_{y \to x-0}} f(y)$$

(weil es zu $a, b \in \overline{\mathbf{R}}$, $a < b$, ein $c \in \overline{\mathbf{R}}$ mit $a < c < b$ gibt!).

Die übrigen drei Fälle (f monoton fallend, sowie die rechtsseitigen Grenzwerte) werden genauso behandelt. Man kann aber natürlich auch benutzen, daß gilt

$$f \text{ monoton fallend auf } W_1 \ \Rightarrow \ -f \text{ monoton wachsend auf } W_1$$

und daß sich durch $\mu: \bar{\boldsymbol{R}} \to \bar{\boldsymbol{R}}$, definiert durch $\mu(y) = -y$, linksseitiger und rechtsseitiger Grenzwert vertauschen.

Der Grenzwert für Folgen ist nach Definition 8.7.2. ein Sonderfall eines einseitigen Grenzwertes. ●

Beispiel 8.7.1. Die Folge $F = \left(\frac{1}{n}\right)_{n \in \boldsymbol{N}}$ ist offenbar monoton fallend. Wir verwenden die in Anmerkung 8.5.2. erläuterte Bezeichnungsweise. Nach Satz 8.7.6. existiert

$$\lim_{n\to\infty} \frac{1}{n} = \lim_{n\to\infty} F(n).$$

Für alle $n \in \boldsymbol{N}$ ist $\frac{1}{n} > 0$. Daher ist $0 \in \underline{S}(F; \boldsymbol{E})$, und nach Satz 8.7.1. ist $\lim\limits_{n\to\infty} \frac{1}{n} \geqq 0$. Man kann auch (für die konstante Folge G mit $G(n) = 0$ für alle $n \in \boldsymbol{N}$) aus Hilfssatz 8.6.1. $\lim\limits_{n\to\infty} 0 = 0$ entnehmen und erhält nach Satz 8.7.4.

$$0 = \lim_{n\to\infty} 0 \leqq \lim_{n\to\infty} \frac{1}{n}.$$

Ist $s \in \boldsymbol{R}$, $s > 0$, so gibt es ein $m \in \boldsymbol{N}$ mit $m > \frac{1}{s}$, also $\frac{1}{m} < s$. Dann ist $\frac{1}{n} < s$ für alle $n \in E_m$, d.h., s ist obere Schranke von $F(E_m)$. Daher ist $0 \leqq \lim\limits_{n\to\infty} \frac{1}{n} \leqq s$ für jedes $s \in \boldsymbol{R}$ mit $s > 0$, folglich ist $\lim\limits_{n\to\infty} \frac{1}{n} = 0$. Man kann auch die Teilfolge $\left(\frac{1}{2n}\right)_{n \in \boldsymbol{N}}$ verwenden (siehe Satz 8.5.6.) und erhält nach (1) Satz 8.6.2.

$$\lim_{n\to\infty} \frac{1}{n} = \lim_{n\to\infty} \frac{1}{2n} = \frac{1}{2} \lim_{n\to\infty} \frac{1}{n}.$$

Da $\lim\limits_{n\to\infty} \frac{1}{n} \in \boldsymbol{R}$ ist $\left(\frac{1}{n} \leqq 1 \text{ für alle } n \in \boldsymbol{N} \Rightarrow \lim\limits_{n\to\infty} \frac{1}{n} \leqq 1\right)$, muß $\lim\limits_{n\to\infty} \frac{1}{n} = 0$ sein ($a \in \boldsymbol{R}$, $a = 2a \Rightarrow a = 0$). ●

Beispiel 8.7.2. Die Folge $F = (n)_{n \in \boldsymbol{N}}$ ist monoton wachsend. Daher existiert $\lim\limits_{n\to\infty} n$ (in $\bar{\boldsymbol{R}}$!). Da $id_{\bar{\boldsymbol{R}}}$ stetig ist, erhält man nach Satz 8.5.3.

$$\lim_{n\to\infty} n = \lim_{n\to\infty} id_{\bar{\boldsymbol{R}}}(n) = \lim_{\boldsymbol{E}} id_{\bar{\boldsymbol{R}}} = \lim_{\mathfrak{V}_0(\infty)|\boldsymbol{N}} id_{\bar{\boldsymbol{R}}} = \lim_{\mathfrak{V}_0(\infty)} id_{\bar{\boldsymbol{R}}} = \infty.$$

Man kann natürlich auch benutzen, daß es nach dem Archimedischen Axiom zu jedem $t \in \boldsymbol{R}$ ein $m \in \boldsymbol{N}$ gibt mit $t < m$, d.h., t ist untere Schranke für $F(E_m)$. Daher ist $t \leqq \lim\limits_{n\to\infty} n$ für jedes $t \in \boldsymbol{R}$ und folglich $\lim\limits_{n\to\infty} n = \infty$. ●

Ein anderes Beispiel gibt

Satz 8.7.7. *Es sei $q \in \boldsymbol{R}$. Ist $q > -1$, so ist*

(1) $$\lim_{n\to\infty} q^n = \begin{cases} \infty & \textit{für } q>1, \\ 1 & \textit{für } q=1, \\ 0 & \textit{für } q<1. \end{cases}$$

Ist $q < -1$, so ist

(2) $$\underline{\lim}_{n\to\infty} q^n = -\infty \quad \textit{und} \quad \overline{\lim}_{n\to\infty} q^n = \infty.$$

Außerdem ist

(3) $$\underline{\lim}_{n\to\infty} (-1)^n = -1 \quad \textit{und} \quad \overline{\lim}_{n\to\infty} (-1)^n = 1.$$

Beweis. (1) Ist $q>1$, so ist die Folge $(q^n)_{n\in \boldsymbol{N}}$ nach Hilfssatz 6.7.3. monoton wachsend ($n, m \in \boldsymbol{N}$, $n<m \Rightarrow q^n<q^m$). Daher existiert $\lim\limits_{n\to\infty} q^n$ nach Satz 8.7.6. Wir setzen $x := q-1$. Dann ist $x>0$. Nach der Bernoullischen Ungleichung (Hilfssatz 6.7.2.) ist

$$q^n = (1+x)^n \geqq 1+nx > nx \quad \text{für alle} \quad n\in \boldsymbol{N}$$

und daher nach den Rechenregeln für Grenzwerte (Satz 8.7.4. und Hilfssatz 8.7.2.) und Beispiel 8.7.2. wegen $x>0$

$$\lim_{n\to\infty} q^n \geqq \lim_{n\to\infty} nx = (\lim_{n\to\infty} n)x = \infty \cdot x = \infty.$$

Ist $0<q<1$, so ist $\dfrac{1}{q} > 1$, und man setzt $x = \dfrac{1}{q} - 1$. Dann ist

$$\frac{1}{q^n} = \left(\frac{1}{q}\right)^n > nx, \quad \text{also} \quad q^n < \frac{1}{nx} \quad \text{für alle } n\in \boldsymbol{N},$$

und man erhält mit Beispiel 8.7.1.

$$0 \leqq \lim_{n\to\infty} q^n \leqq \lim_{n\to\infty} \frac{1}{nx} = \left(\lim_{n\to\infty} \frac{1}{n}\right)\frac{1}{x} = 0\cdot\frac{1}{x} = 0.$$

Natürlich ist

$$\lim_{n\to\infty} 0^n = \lim_{n\to\infty} 0 = 0, \quad \lim_{n\to\infty} 1^n = \lim_{n\to\infty} 1 = 1.$$

Ist $-1<q<1$, so ist $0 \leqq |q| < 1$ und $-|q|^n \leqq q^n \leqq |q|^n$ für alle $n\in \boldsymbol{N}$ und daher nach Satz 8.7.4.

$$0 = -\lim_{n\to\infty} |q|^n \leqq \underline{\lim}_{n\to\infty} q^n \leqq \overline{\lim}_{n\to\infty} q^n \leqq \lim_{n\to\infty} |q|^n = 0,$$

d.h., $\lim\limits_{n\to\infty} q^n$ existiert und hat den Wert 0.

(2) Ist $q < -1$, so verwendet man die Teilfolge $(q^{2n})_{n\in N}$ und $(q^{2n+1})_{n\in N}$ und erhält nach Hilfssatz 8.7.3.

$$\underline{\lim}_{n\to\infty} q^n \leqq \underline{\lim}_{n\to\infty} q^{2n+1} = \lim_{n\to\infty}(-|q|^{2n+1}) = -\lim_{n\to\infty}|q|^{2n+1} = -\infty,$$

$$\overline{\lim}_{n\to\infty} q^n \geqq \overline{\lim}_{n\to\infty} q^{2n} = \lim_{n\to\infty}|q|^{2n} = \infty.$$

(3) Wegen $-1 \leqq (-1)^n \leqq 1$ für alle $n\in N$ erhält man

$$-1 \leqq \underline{\lim}_{n\to\infty}(-1)^n \leqq \lim_{n\to\infty}(-1)^{2n+1} = \lim_{n\to\infty}(-1) = -1,$$

$$1 \geqq \overline{\lim}_{n\to\infty}(-1)^n \geqq \lim_{n\to\infty}(-1)^{2n} = \lim_{n\to\infty} 1 = 1. \quad \bullet$$

Weitere Beispiele findet man in 8.8. und 8.9.

Aufgabe 8.7.1. $(Y, \mathcal{O}_Y)$ sei Hausdorffraum, $f: X \to Y$, $\mathfrak{R}$ Raster auf X. Es seien $W_1, W_2 \subset X$, $W_1 \cup W_2 = X$ und $\mathfrak{R}|W_1$, $\mathfrak{R}|W_2$ Raster. Man zeige:

Existieren $\lim_{\mathfrak{R}|W_1} f$ und $\lim_{\mathfrak{R}|W_2} f$, so gilt

$$\lim_{\mathfrak{R}|W_1} f = \lim_{\mathfrak{R}|W_2} f \quad\Rightarrow\quad \lim_{\mathfrak{R}} f = \lim_{\mathfrak{R}|W_1} f = \lim_{\mathfrak{R}|W_2} f$$

(man vergleiche Hilfssatz 8.7.4.). $\bullet$

8.8. Die unendliche geometrische Reihe

Ist $(K, +, \cdot)$ ein Körper und $(a_j)_{j\in N}$ eine geometrische Progression in K (Definition 7.3.2.), so gibt es ein $q\in K$ so, daß $a_{j+1} = a_j \cdot q$ für alle $j\in N$ gilt. Damit ist (vollständige Induktion), wenn e das Einselement ist,

$$a_j = a_1 \cdot q^{j-1} \quad \text{für alle} \quad j\in N,\ q^0 := e.$$

Nach Satz 7.3.4. kann man für

$$s_n = \sum_{j=1}^{n} a_j = \sum_{j=1}^{n} a_1 q^{j-1}, \quad n\in N,$$

einen einfachen Rechenausdruck angeben, es ist

$$s_n = a_1 \frac{e-q^n}{e-q}, \quad \text{falls} \quad q \neq e \text{ ist.}$$

Hat man auf $(K, +, \cdot)$ einen Absolutbetrag, so hat man eine durch diesen Betrag induzierte Metrik auf K und kann insbesondere Grenzwerte von Folgen in K betrachten.

Die Darstellung von s_n gestattet es, zu untersuchen, ob $\lim_{n\to\infty} s_n$ existiert. Existiert dieser Grenzwert, so bezeichnet man

$$s = \lim_{n\to\infty} s_n = \lim_{n\to\infty} \sum_{j=1}^{n} a_1 q^{j-1}$$

als Summe der unendlichen geometrischen Reihe und schreibt auch

$$\sum_{j=1}^{\infty} a_1 q^{j-1} \text{ an Stelle von } s.$$

Die unendliche geometrische Reihe ist ein unentbehrliches Hilfsmittel der Analysis (siehe insbesondere 9.6., 13.3.), es handelt sich also *nicht* um ein spezielles Beispiel, das man alsbald wieder vergessen darf.

Satz 8.8.1. *(Unendliche geometrische Reihe.)* $(K, +, \cdot)$ *sei ein Körper mit einem Absolutbetrag „| |". $(a_j)_{j\in N}$ sei eine geometrische Progression, $q\in K$ und*

$$a_{j+1} = a_j \cdot q \text{ für jedes } j\in N, \text{ also } a_j = a_1 q^{j-1} \text{ für jedes } j\in N.$$

Ist $|q|<1$, so ist

$$\sum_{j=1}^{\infty} a_j := \lim_{n\to\infty} \sum_{j=1}^{n} a_1 q^{j-1} = \lim_{n\to\infty} a_1 \frac{e-q^n}{e-q} = \frac{a_1}{e-q}.$$

Ist $|q|\geqq 1$, $a_1 \neq 0$, so existiert der Grenzwert nicht.

Beweis. Für $q\neq e$ ist nach Satz 7.3.4.

$$s_n = \sum_{j=1}^{n} a_j = a_1 \frac{e-q^n}{e-q} = a_1 \frac{e}{e-q} - a_1 \frac{e}{e-q} \cdot q^n.$$

Ist $|q|<1$, so ist $q\neq e$ und nach Satz 8.7.7. (da $|q|\geqq 0$ ist!)

$$\lim_{n\to\infty} |q^n| = \lim_{n\to\infty} |q|^n = 0.$$

Nach Hilfssatz 8.6.2. gilt

$$\lim_{n\to\infty} q^n = 0 \quad \Leftrightarrow \quad \lim_{n\to\infty} |q^n - 0| = 0.$$

Ist daher $|q|<1$, so ist $\lim_{n\to\infty} q^n = 0$, und nach den Rechenregeln für Grenzwerte (Satz 8.6.2.) ist

$$\lim_{n\to\infty} s_n = a_1 \frac{e}{e-q} - a_1 \frac{e}{e-q} \lim_{n\to\infty} q^n = \frac{a_1}{e-q}.$$

Existiert andererseits $\lim_{n\to\infty} s_n$, so ist

$$\lim_{n\to\infty} s_{n+1} = \lim_{n\to\infty} s_n,$$

da $(s_{n+1})_{n\in N}$ Teilfolge von $(s_j)_{j\in N}$ ist. Nach den Rechenregeln für Grenzwerte ist

$$\lim_{n\to\infty}(s_{n+1}-s_n) = \lim_{n\to\infty} s_{n+1} - \lim_{n\to\infty} s_n = 0.$$

Nun ist $s_{n+1}-s_n = a_1 q^n$. Das liefert nach Satz 8.6.2.

$$\lim_{n\to\infty} a_1 q^n = 0, \quad \text{also} \quad \lim_{n\to\infty} |a_1 q^n| = |a_1| \lim_{n\to\infty} |q|^n = 0.$$

Nach Satz 8.7.7. (wegen $|q|\in \boldsymbol{R}$, $0 \leqq |q|$) ist aber

$$\lim_{n\to\infty} |q|^n = 0 \quad \Leftrightarrow \quad |q| < 1.$$

Das ergibt

$$a_1 \neq 0, \quad \lim_{n\to\infty} s_n \text{ existiert} \quad \Rightarrow \quad |q| < 1. \quad \bullet$$

Anmerkung 8.8.1. Für die geometrische Reihe in $\boldsymbol{R}$ hat man im Falle $q=1$, $a_1 \neq 0$ in $\overline{\boldsymbol{R}}$ noch den „uneigentlichen Grenzwert“

$$\lim_{n\to\infty} \sum_{j=1}^{n} a_1 q^{j-1} = \lim_{n\to\infty} n \cdot a_1 = a_1 \lim_{n\to\infty} n = a_1 \cdot \infty,$$

der nicht in $\boldsymbol{R}$ liegt! $\bullet$

Beispiel 8.8.1. Im Falle des komplexen Zahlkörpers $\boldsymbol{C}$ mit dem gewöhnlichen Absolutbetrag sei

$$q = \frac{1}{2}(1+i), \quad a_1 = \frac{1}{2}(1+i) = q, \quad a_{j+1} = a_j q \text{ für jedes } j \in \boldsymbol{N}.$$

Dann ist (Satz 6.1.2.)

$$|q|^2 = q\bar{q} = \frac{1}{2}(1+i)\frac{1}{2}(1-i) = \frac{1}{4}(1+1) = \frac{1}{2}, \quad \text{also} \quad |q| < 1.$$

Man erhält

$$\lim_{n\to\infty} \sum_{j=1}^{n} \left(\frac{1}{2}(1+i)\right)^j = \frac{a_1}{1-q} = \frac{q}{1-q} = \frac{q(1-\bar{q})}{(1-q)(1-\bar{q})}.$$

Nun ist

$$1-q = 1-\frac{1}{2}(1+i) = \frac{1}{2}(1-i) = \bar{q}, \quad \text{also} \quad 1-\bar{q} = q,$$

und damit

$$\sum_{j=1}^{\infty} \left(\frac{1}{2}(1+i)\right)^j = \lim_{n\to\infty} \sum_{j=1}^{n} \left(\frac{1}{2}(1+i)\right)^j = \frac{q^2}{q\bar{q}} = \frac{\frac{1}{2}(1+i)\frac{1}{2}(1+i)}{\frac{1}{2}} = i. \quad \bullet$$

8.9. Die Exponentialfunktion in $\boldsymbol{R}$

Die ältesten aus der Literatur bekannten Probleme, die auf die Exponentialfunktion führen, sind Wachstumsprobleme. Es handelt sich darum, das Wachstum einer Größe zu verfolgen, die in jedem Zeitabschnitt (etwa in jedem Jahre) um einen festen Prozentsatz des Wertes zunimmt bzw. abnimmt, den sie am Ende des vorhergehenden Zeitabschnittes erreicht hatte. Ist

b der Wert am Ende eines Zeitabschnittes ($b \in \boldsymbol{R}$, $b > 0$)

und beträgt die Zunahme im Verlauf eines Zeitabschnittes das

x-fache des Wertes am Ende des vorhergehenden Zeitabschnittes

($x \in \boldsymbol{R}$, $x < 0$ bedeutet eine Abnahme, natürlich muß hier $x \geqq -1$ sein), so erhält man als nächsten Wert

$$b + bx = b(1+x).$$

Ist also

a der Anfangswert, $a \in \boldsymbol{R}$, $a > 0$,

so erhält man

am Ende des ersten Zeitabschnittes	$a(1+x)$,
am Ende des zweiten Zeitabschnittes	$a(1+x)(1+x) = a(1+x)^2$,
......	
am Ende des k-ten Zeitabschnittes	$a(1+x)^k$,
......	

In den fast 4000 Jahre alten babylonischen Texten taucht dieser Sachverhalt in der Form auf, daß a ein Anfangskapital ist und x einen Zinssatz bedeutet (da man Zinsen wie auch andere Wachstumsraten häufig in Prozent angibt, muß man umrechnen; $y\%$ bedeutet nach der Definition von „Prozent" nichts anderes als $y/100$, bei einer Zinsrate von $y\%$ muß man $x = y/100$ setzen). Man stellte auch damals bereits die Frage, wie groß man k wählen muß, damit ein gegebener Wert b erreicht wird (z. B. $b = 2a$), d.h., damit

$$a(1+x)^k = b$$

ist. Dabei muß dann natürlich auch nicht-ganzes k zugelassen werden.

Eine andere Möglichkeit ist es, sich a als Bevölkerungszahl und x als Wachstumsrate vorzustellen.

Man könnte jetzt aber auch, um bei dem Bild der Verzinsung eines Kapitals zu bleiben (wobei man die Zinsen stehen läßt, also dann mit Zinseszins rechnet), an

Stelle eines Jahres als Zinszahlungszeitraum $\frac{1}{n}$ Jahr (mit einer passenden natürlichen Zahl n) nehmen, jetzt mit einem Zinssatz von $\frac{x}{n}$ für $\frac{1}{n}$ Jahr (entsprechend x für ein Jahr). Dann ist die „Wachstumsrate" $\frac{x}{n}$, die Anzahl der Zeitabschnitte aber jetzt nk (für k Jahre), und man erhält nach k Jahren

$$a\left(1+\frac{x}{n}\right)^{nk} \quad \text{an Stelle von} \quad a(1+x)^k.$$

Man überlegt sich leicht, daß das Wachstum umso stärker ist, je größer n ist (siehe unten, Hilfssatz 8.9.1.).

Eine solche Unterteilung der ursprünglichen (Zeit)abschnitte ist in vielen Anwendungen wesentlich. Untersucht man z. B. in der Physik den Durchgang einer Strahlung durch ein Medium, etwa Luft, so erhält man eine Schwächung, also eine Wachstumsrate $x<0$. Die Abnahme

$$lx\cdot b \quad \text{des Ausgangswertes } b$$

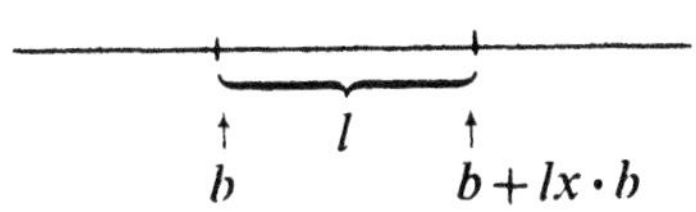

läßt sich aber mit einem von l *unabhängigen* x innerhalb vertretbarer Genauigkeitsgrenzen nur dann ausdrücken, wenn l sehr klein ist; je kleiner l ist, umso genauer wird die Abnahme durch $lx\cdot b$ wiedergegeben. Will man daher den Wert nach k (*cm* oder *m* etc., je nach der benutzten Längeneinheit) bestimmen, so muß man ein sehr großes $n\in \boldsymbol{N}$ verwenden und erhält den Endwert

$$a\left(1+\frac{x}{n}\right)^{nk},$$

der umso besser sein wird, je größer n ist. Das legt die Frage nach der Existenz von

$$\lim_{n\to\infty} a\left(1+\frac{x}{n}\right)^{nk}$$

nahe. Dieser Wert würde mit einer vorgegebenen Genauigkeit von

$$a\left(1+\frac{x}{n}\right)^{nk}$$

approximiert werden, wenn nur $n>n_0$ genommen wird, wobei n_0 von der Genauigkeitsschranke abhängt. Der Grenzwert müßte also der Endwert der Strahlungsintensität sein.

Zunächst ergibt sich

Hilfssatz 8.9.1. *Für* $x \in \boldsymbol{R}$ *und* $n \in \boldsymbol{N}$ *sei*

$$g(n, x) := \left(1 + \frac{x}{n}\right)^n, \quad G_x := (g(n, x))_{n \in \boldsymbol{N}}.$$

Ist $x \geqq 0$, *so ist die Folge* G_x *monoton wachsend. Ist* $x < 0$, *so gibt es ein* $n_0 \in \boldsymbol{N}$ *so, daß die Folge* G_x *ab* n_0 *monoton wachsend (d.h.* $G_x | E_{n_0}$ *monoton wachsend) ist. Daher existiert für jedes* $x \in \boldsymbol{R}$

$$\exp(x) := \lim_{n \to \infty} g(n, x) = \lim_{n \to \infty} \left(1 + \frac{x}{n}\right)^n.$$

Es gilt $\exp(0) = 1$ *und*

(1) $$1 < 1 + x \leqq \exp(x) \quad \text{für alle} \quad x \in \boldsymbol{R}, \quad x > 0,$$

(2) $$0 < \exp(x) \leqq 1 \quad \text{für alle} \quad x \in \boldsymbol{R}, \quad x < 0.$$

Beweis. Ist $x > 0$, so ist

$$g(n+1, x) - g(n, x) = \left(1 + \frac{x}{n+1}\right)^{n+1} - \left(1 + \frac{x}{n}\right)^n = \left(\frac{n+1+x}{n+1}\right)^{n+1} - \left(\frac{n+x}{n}\right)^n$$

$$= \left(\frac{n+x}{n}\right)^{n+1} \left[\left(\frac{n(n+1+x)}{(n+1)(n+x)}\right)^{n+1} - \frac{n}{n+x}\right].$$

Nun ist $0 < x < (n+1)(n+x)$ und daher $-1 < -x((n+1)(n+x))^{-1}$. Nach der Bernoullischen Ungleichung (Hilfssatz 6.7.2.) ist deshalb

$$\left(\frac{n(n+1+x)}{(n+1)(n+x)}\right)^{n+1} = \left(1 - \frac{x}{(n+1)(n+x)}\right)^{n+1} \geqq 1 - (n+1)\frac{x}{(n+1)(n+x)} = 1 - \frac{x}{n+x}.$$

Das ergibt

$$g(n+1, x) - g(n, x) \geqq \left(\frac{n+x}{n}\right)^{n+1} \left[1 - \frac{x}{n+x} - \frac{n}{n+x}\right] \geqq 0,$$

d.h., G_x ist monoton wachsend.

Ist $x < 0$, so wählt man $n_0 \in \boldsymbol{N}$ so, daß $n_0 > -2x$ ist. Ist $n \geqq n_0$, so ist dann $n + x > -2x + x = -x > 0$ und

$$0 < -x < n + x < (n+1)(n+x), \quad \text{d.h.} \quad -1 < -x((n+1)(n+x))^{-1}.$$

Man kann daher genau so verfahren wie für $x>0$ und erhält

$$g(n+1, x)-g(n, x) \geqq 0 \quad \text{für} \quad n\in \boldsymbol{N}, \quad n\geqq n_0,$$

und G_x ist *ab* n_0 monoton wachsend.

Da $g(n, 0)=1$ für alle $n\in \boldsymbol{N}$ ist, ist G_0 konstant und damit auch monoton wachsend und natürlich $\exp(0) = \lim\limits_{n\to\infty} g(n, 0)=1$.

Nach Satz 8.7.6. existiert $\lim\limits_{n\to\infty} g(n, x)$ für jedes $x\in \boldsymbol{R}$ wegen der Monotonie von $G_x|E_{n_0}$. Ist $x>0$, so ist für alle $n\in \boldsymbol{N}$

$$g(n, x) \geqq g(1, x) = 1+x, \quad \text{also} \quad \exp(x) = \lim_{n\to\infty} g(n, x) \geqq 1+x.$$

Ist $x<0$, so ist für alle $n\in \boldsymbol{N}$, $n\geqq n_0$, $(n_0 > -2x)$

$$0<\left(\frac{1}{2}\right)^{n_0} < \left(1+\frac{x}{n_0}\right)^{n_0} = g(n_0, x) \leqq g(n, x) = \left(1+\frac{x}{n}\right)^n < 1$$

und daher

$$0<\left(\frac{1}{2}\right)^{n_0} \leqq \exp(x) = \lim_{n\to\infty} g(n, x) \leqq 1. \quad \bullet$$

Hilfssatz 8.9.2. *Für alle* $x\in \boldsymbol{R}$, $x>0$, *gilt*

$$(1) \quad 1<\exp(x)<\infty, \qquad (2) \quad \exp(-x) \geqq 1-x.$$

Beweis. Man verwendet die Teilfolge $(g(2^n, x))_{n\in \boldsymbol{N}}$. Wir wählen ein $m\in \boldsymbol{N}$ mit $x\cdot 2^{-m} < \frac{1}{2}$ (wegen $2^{m-1} = (1+1)^{m-1} \geqq 1+(m-1)\cdot 1 = m$ genügt es, $m>x$ zu wählen). Die Bernoullische Ungleichung (Satz 6.7.2.) ergibt für $n\geqq m$

$$(1-x\cdot 2^{-n})^{2^{n-m}} \geqq 1-2^{n-m}x\cdot 2^{-n} = 1-2^{-m}x > \frac{1}{2}$$

und damit

$$1 \geqq (1-x\cdot 2^{-n})^{2^n} = [(1-x\cdot 2^{-n})^{2^{n-m}}]^{2^m} > \left(\frac{1}{2}\right)^{2^m},$$

insbesondere

$$1 < 2^{2^m}(1-x\cdot 2^{-n})^{2^n} \quad \text{für} \quad n\in \boldsymbol{N}, \ n\geqq m.$$

Das ergibt

$$1 < (1+x\cdot 2^{-n})^{2^n} < 2^{2^m}(1-x\cdot 2^{-n})^{2^n}(1+x\cdot 2^{-n})^{2^n} = 2^{2^m}(1-x^2 2^{-2n})^{2^n} < 2^{2^m}.$$

Daher ist

$$1 \leqq \lim_{\substack{n\to\infty\\ n\geqq m}} g(2^n, x) \leqq 2^{2^m}, \quad \text{also} \quad \exp(x) < \infty.$$

Nach (1) Hilfssatz 8.9.1. ist sowieso $1<\exp(x)$. Für $n \geqq m$ ergibt sich weiter

$$(1-x\cdot 2^{-n})^{2^n} \geqq 1-2^n x\cdot 2^{-n} = 1-x, \quad \text{also} \quad \lim_{\substack{n\to\infty \\ n\geqq m}} g(2^n, -x) \geqq 1-x.$$

Damit ist $1-x \leqq \exp(-x)$. Nach (2) Hilfssatz 8.9.1. ist sowieso $\exp(-x) \leqq 1$. ●

Satz 8.9.1. *Für alle* $x, y \in \boldsymbol{R}$ *gilt:*

(1) $$x<y \quad \Rightarrow \quad 0<\exp(x)<\exp(y)<\infty,$$

(2) $$\exp(x+y) = (\exp(x))\cdot(\exp(y)), \qquad \exp(0)=1,$$

(3) $$\lim_{y\to x} \exp(y) = \exp(x).$$

Beweis. (2) Zunächst seien $z, w \in \boldsymbol{R}$, $z \geqq 0$, $w \geqq 0$. Man wählt $m \in \boldsymbol{N}$, $m > 2z+2w$. Für $n \geqq m$ gilt dann

$$-n \leqq -m < 2z-2w < m \leqq n, \quad \text{also} \quad -\frac{1}{2} < \frac{z-w}{n} < \frac{1}{2}, \quad 0 \leqq z, w < \frac{n}{2}.$$

Damit ist

$$\frac{1}{2} < 1+\frac{z-w}{n} < \frac{3}{2}, \qquad 0 \leqq \frac{zw}{n^2} < \frac{1}{4}, \qquad \frac{1}{4} < 1+\frac{z-w}{n}-\frac{zw}{n^2}$$

und daher

$$g(n,z)g(n,-w) = \left(1+\frac{z}{n}\right)^n \left(1-\frac{w}{n}\right)^n = \left(1+\frac{z}{n}-\frac{w}{n}-\frac{zw}{n^2}\right)^n \leqq \left(1+\frac{z-w}{n}\right)^n = g(n, z-w).$$

Andererseits ist (wie man durch Ausmultiplizieren sieht)

$$g(n,z)g(n,-w) = \left(1+\frac{z-w}{n}-\frac{zw}{n^2}\right)^n = \left(1+\frac{z-w}{n}\right)^n \left(1-\frac{zw}{n^2}\left(1+\frac{z-w}{n}\right)^{-1}\right)^n.$$

Wegen $\frac{2}{3} < \left(1+\frac{z-w}{n}\right)^{-1} < 2$ ist $0 \leqq \frac{zw}{n^2}\left(1+\frac{z-w}{n}\right)^{-1} < \frac{1}{2}$. Man kann die Bernoullische Ungleichung anwenden und erhält

$$\left(1-\frac{zw}{n^2}\left(1+\frac{z-w}{n}\right)^{-1}\right)^n \geqq 1-n\frac{zw}{n^2}\left(1+\frac{z-w}{n}\right)^{-1} = 1-\frac{zw}{n}\left(1+\frac{z-w}{n}\right)^{-1}$$

Das liefert

$$g(n, z-w)\left(1-\frac{zw}{n}\left(1+\frac{z-w}{n}\right)^{-1}\right)^n \leqq g(n,z)g(n,-w) \leqq g(n, z-w).$$

Nach den Rechenregeln für Grenzwerte (Satz 8.6.2.) und Beispiel 8.7.1. ist

$$\lim_{n\to\infty}\left(1-\frac{zw}{n}\left(1+\frac{z-w}{n}\right)^{-1}\right) = 1-\left(\lim_{n\to\infty}\frac{1}{n}\right)zw\left(1+(z-w)\lim_{n\to\infty}\frac{1}{n}\right)^{-1}$$
$$= 1-0\,zw(1+0)^{-1} = 1.$$

Zusammen mit Satz 8.7.4. folgt

$$\exp(z-w)\cdot 1 \leqq \exp(z)\exp(-w) \leqq \exp(z-w),$$

also

$$\exp(z-w) = \exp(z)\exp(-w).$$

Für $z=w$ erhält man insbesondere

$$1 = \exp(0) = \exp(w-w) = \exp(w)\exp(-w), \qquad \exp(-w) = \frac{1}{\exp(w)}$$

und damit

$$\exp(z)=\exp(z)\exp(-w)\exp(w) = \exp(z-w)\exp(w).$$

Sind $u, v\in \boldsymbol{R}$, $u, v\geqq 0$, so ist (mit $z = u+v$, $w=v$)

$$\exp(u+v) = \exp(u+v-v)\exp(v) = \exp(u)\exp(v).$$

Für beliebige $x, y\in \boldsymbol{R}$ wählt man z, w, u, v positiv in $\boldsymbol{R}$ so, daß $x = z-w$, $y = u-v$ ist und erhält

$$\exp(x+y) = \exp\big(z+u-(w+v)\big) = \exp(z+u)\exp\big(-(w+v)\big) = \frac{\exp(z+u)}{\exp(w+v)}$$
$$= \frac{\exp(z)\exp(u)}{\exp(w)\exp(v)} = \exp(z)\exp(-w)\exp(u)\exp(-v) = \exp(z-w)\exp(u-v)$$
$$= \exp(x)\exp(y).$$

(1) Ist $x<y$, so ist $y-x > 0$ und nach (1) Hilfssatz 8.9.2. $\exp(y-x) > 1$. Nach Hilfssatz 8.9.1., (1) Hilfssatz 8.9.2. ist $0<\exp(x)$, $\exp(y)<\infty$. Daher ist

$$\infty > \exp(y) = \exp(y-x)\exp(x) > \exp(x) > 0.$$

(3) Ist $y<x$, so ist $x-y > 0$ und nach (2) Hilfssatz 8.9.2.

$$1 \geqq \exp(y-x) = \exp\big(-(x-y)\big) \geqq 1-(x-y).$$

Da die Abbildung $id_{\boldsymbol{R}}: \boldsymbol{R}\to\boldsymbol{R}$ stetig ist und damit

$$\lim_{y\to x} id_{\boldsymbol{R}}(y) = \lim_{y\to x} y = x, \quad \lim_{y\to x}\big(1-(x-y)\big) = 1-(x-\lim_{y\to x} y) = 1$$

ist, erhält man in der Bezeichnungsweise von Definition 8.7.2. für den linksseitigen Grenzwert unter Benutzung von Satz 8.7.4.

$$1 \geqq \overline{\lim_{y \to x-0}} \exp(y-x) \geqq \underline{\lim_{y \to x-0}} \exp(y-x) \geqq \lim_{y \to x} (1-(x-y)) = 1.$$

Daher ist

$$\lim_{y \to x-0} \exp(y-x) = 1.$$

Hieraus erhält man auch den rechtsseitigen Grenzwert. Die Abbildung $v: \boldsymbol{R} \to \boldsymbol{R}$, definiert durch $v(z) = -z$, ergibt ersichtlich

$$v(\mathfrak{B}_0(x) \,|\,]x, \infty]) = \mathfrak{B}_0(-x) \,|\, [-\infty, -x[.$$

Daher ist auch

$$\lim_{z \to x+0} \exp(z-x) = \lim_{z \to x+0} \frac{1}{\exp(-z+x)} = \frac{1}{\lim\limits_{z \to x+0} \exp(-z-(-x))}$$

$$= \frac{1}{\lim\limits_{y \to -x-0} \exp(y-(-x))} = \frac{1}{1} = 1. \quad \bullet$$

Satz 8.9.2. *Da* $0 < \exp(x) < \infty$ *für alle* $x \in \boldsymbol{R}$ *ist, kann man*

$$g_e : \boldsymbol{R} - \boldsymbol{R}_+^\times \quad \textit{durch} \quad g_e(x) := \exp(x) = \lim_{n \to \infty} \left(1 + \frac{x}{n}\right)^n$$

definieren. g_e *ist Isomorphismus von* $(\boldsymbol{R}, +)$ auf $(\boldsymbol{R}_+^\times, \cdot)$, *ordnungserhaltend und topologisch. Es ist*

$$e := g_e(1) = \exp(1) > 1 \quad \textit{und} \quad g_e(z) = e^z \quad \textit{für alle } z \in \boldsymbol{Z}.$$

Man definiert daher allgemein

$$e^x := g_e(x) = \exp(x) \quad \textit{für alle} \quad x \in \boldsymbol{R}.$$

Für die so definierten Potenzen gelten die üblichen Rechenregeln (Satz 6.8.3.).

$g_e^{-1}: \boldsymbol{R}_+^\times \to \boldsymbol{R}$ *ist Isomorphismus von* $(\boldsymbol{R}_+^\times, \cdot)$ *auf* $(\boldsymbol{R}, +)$, *ordnungserhaltend und topologisch. Man definiert eine Funktion* log *durch*

$$\log x := g_e^{-1}(x) \quad \textit{für alle} \quad x \in \boldsymbol{R}_+^\times$$

und bezeichnet log *als „natürlichen Logarithmus“. Es ist*

$$\log(xy) = \log x + \log y \quad \textit{für} \quad x, y \in \boldsymbol{R}_+^\times, \quad \log e = 1$$

und

$$\log e^x = x \ \textit{für} \ x \in \boldsymbol{R}, \quad e^{\log w} = w \ \textit{für} \ w \in \boldsymbol{R}_+^\times.$$

Beweis. g_e ist nach (1) Satz 8.9.1. ordnungserhaltend und injektiv, nach (2) Satz 8.9.1. Homomorphismus von $(\boldsymbol{R}, +)$ in $(\boldsymbol{R}_+^\times, \cdot)$ und nach (3) Satz 8.9.1. stetig. Nach (1) Hilfssatz 8.9.1. ist für $x \in \boldsymbol{R}$, $x > 0$,

$$g_e(-x) = \exp(-x) = \frac{1}{\exp(x)} \leqq \frac{1}{1+x} < 1 + x \leqq \exp(x) = g_e(x).$$

Wählt man zu $w \in \boldsymbol{R}_+^\times$ ein $x \in \boldsymbol{R}$, $x > 0$, mit $(1+x)^{-1} < w < (1+x)$, so ist daher $g_e(-x) < w < g_e(x)$. Nach dem Zwischenwertsatz (Satz 6.7.2.) gibt es ein $y \in \boldsymbol{R}$ mit $g_e(y) = w$ (mit g_e ist auch $\tilde{g}_e: \boldsymbol{R} \to \boldsymbol{R}$, definiert durch $\tilde{g}_e(x) := g_e(x)$, stetig!). g_e ist somit surjektiv. Als bijektive ordnungserhaltende Abbildung ist g_e, da $\boldsymbol{R}$ durch „$\leqq$" linear geordnet ist, nach Satz 3.1.4. Ordnungsisomorphismus. Das Bild eines offenen Intervalles $]a, b[\subset \boldsymbol{R}$ ist infolgedessen $g_e(]a, b[) =]g_e(a), g_e(b)[$ und als offenes Intervall wieder offen. Da nach Satz 7.7.4. jede offene Menge U in $\boldsymbol{R}$ Vereinigung offener Intervalle ist, ist auch $g_e(U)$ offen. g_e ist eine offene Abbildung.

Nach (1) Hilfssatz 8.9.1. ist $g_e(1) = \exp(1) \geqq 1+1 = 2 > 1$.

Da $g_e | \boldsymbol{Z}$ Homomorphismus von $(\boldsymbol{Z}, +)$ in $(\boldsymbol{R}, \cdot)$ mit $g_e(1) = e$ ist, ist $g_e(z) = e^z$ für alle $z \in \boldsymbol{Z}$ (Satz 5.1.6.).

Für den Beweis der Rechenregeln für Potenzen sei auf Anmerkung 6.8.3. und den letzten Absatz des Beweises von Satz 6.8.3. verwiesen.

Die übrigen Aussagen von Satz 8.9.2. ergeben sich durch Umformulierung der Eigenschaften von g_e für g_e^{-1}. ●

Anmerkung 8.9.1. Definiert man für $a \in \boldsymbol{R}_+^\times$ die allgemeine Potenz durch

$$a^x := e^{x \log a} \quad \text{für alle} \quad x \in \boldsymbol{R}$$

und für $a \neq 1$

$$^a\log x := (\log a)^{-1} \log x \quad \text{für} \quad x \in \boldsymbol{R}_+^\times,$$

so erhält man Logarithmus und allgemeine Potenz (siehe Anmerkung 6.8.3.) mit den üblichen Eigenschaften. Man beachte, daß 6.8. beim Beweis von Satz 8.9.2. nicht benutzt wurde. ●

Der Wert $e = \exp(1)$ läßt sich leicht näher bestimmen. Wegen der Monotonie der Folge $(g(n, x))_{n \in \boldsymbol{N}}$ für $x > 0$ ist

$$e = \exp(1) \geqq \left(1 + \frac{1}{4}\right)^4 = \left(\frac{5}{4}\right)^4 = \frac{625}{256} > 2.$$

Nach (2) Hilfssatz 8.9.2. ist für $x > 0$

$$e^{-x} = \exp(-x) \geqq 1 - x, \quad \text{also} \quad e^x \leqq \frac{1}{1-x} \quad \text{für} \quad 0 < x < 1.$$

Daher ist

$$e = e^1 = (e^{\frac{1}{8}})^8 \leqq \left(\frac{1}{1 - \frac{1}{8}}\right)^8 = \left(\frac{8}{7}\right)^8 = \left(\left(\frac{8}{7}\right)^4\right)^2,$$

also

$$e \leqq \left(\frac{2^{12}}{7^4}\right)^2 = \left(\frac{4096}{2401}\right)^2 \leqq \left(\frac{41}{24}\right)^2 = \frac{1681}{576} < 3.$$

Man erhält somit $2 < e < 3$.

Für $x>0$ ergibt der binomische Satz (4) Satz 7.3.2.

$$e^x = \exp(x) \geqq \left(1+\frac{x}{n}\right)^n = \sum_{j=0}^{n} \binom{n}{j} 1^j \left(\frac{x}{n}\right)^{n-j} \geqq \left(\frac{x}{n}\right)^n,$$

da alle Glieder $\geqq 0$ sind. Ist $m \in \boldsymbol{N}$, so wählt man $n = m+1$ und erhält für $x > (m+1)^{m+1}$

$$e^x > x^m,$$

d.h., e^x wächst für große Werte von x stärker als jede Potenz von x. Die zugehörige Kurve (der Graph der Abbildung $\tilde{g}_e: \boldsymbol{R} \to \boldsymbol{R}$ mit $\tilde{g}_e(x) = e^x$) verläuft sehr steil. Graph g_e wird als Exponentialfunktion bezeichnet.

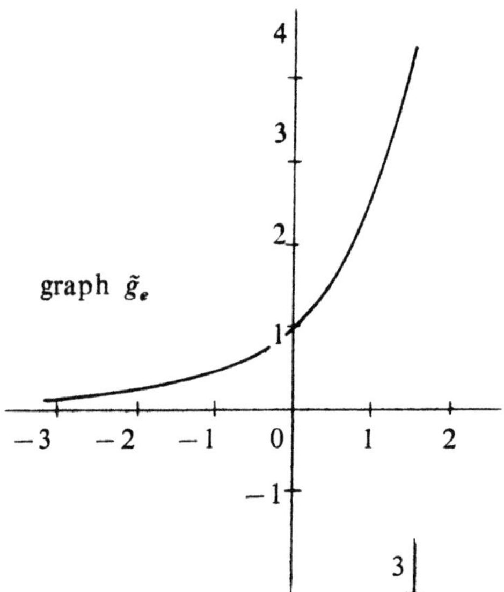

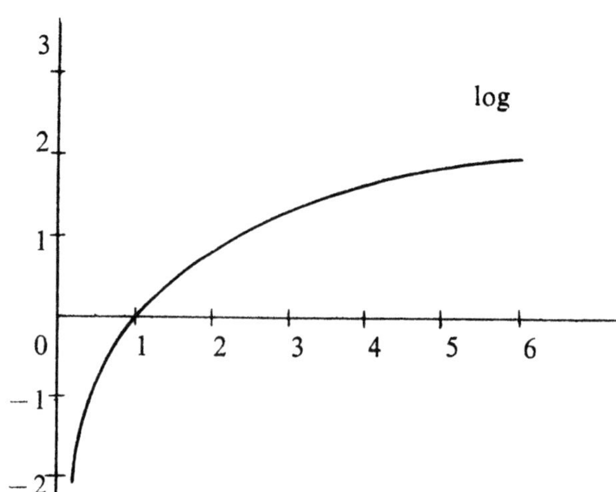

9. Spezielle Sätze über Grenzwerte

In diesem Kapitel werden insbesondere das Cauchysche Konvergenzkriterium und seine Verwendung, Sätze über die Vertauschbarkeit von Grenzwertbildungen und die unendlichen Reihen behandelt. Beim Cauchyschen Konvergenzkriterium ist Wert darauf gelegt, neben der allgemeinen Fassung die wichtigsten Spezialfälle noch einmal gesondert zu formulieren. Bei den absolut konvergenten unendlichen Reihen (9.5.) erscheint es zweckmäßig, die für diese Reihen unwesentliche Reihenfolge der Reihenglieder nicht unnötig hervorzuheben, sondern die Darstellung daraufhin abzustellen, daß man mit ihnen wie mit endlichen Summen rechnen kann. Zu diesem Zweck ist der Begriff der absoluten Summierbarkeit eingeführt.

In der Zahlentheorie haben sich im Zusammenhang mit Approximationen zur Angabe der Größe des Fehlers die Landauschen Symbole O und o als geeignete Hilfssmittel erwiesen, um die Darstellung besonders übersichtlich zu gestalten. Um die Vorteile dieser Bezeichnungsweise auch in der Infinitesimalrechnung ausnutzen zu können, sind in 9.7. die nötigen Definitionen und Rechenregeln zusammengestellt. Dieser Paragraph ist im Kapitel 9 untergebracht, weil es sich um Grenzwertsätze handelt, er wird aber erst im Kapitel 11 benutzt.

9.1. Cauchysches Konvergenzkriterium

Ist $\mathfrak{R}$ Raster in einem Hausdorffraum $(X, \mathcal{O})$, so muß man, um die Existenz von $\lim \mathfrak{R}$ nachzuweisen, nach der Definition des Grenzwertes (Definition 8.4.1.) zeigen, daß es einen Punkt $x \in X$ gibt, für den $\mathfrak{R} \gg \mathfrak{B}(x)$ ist. Da man aber in vielen Fällen den mutmaßlichen Grenzwert nicht unmittelbar angeben kann, ist es wichtig, Kriterien zu finden, die die Existenz des Grenzwertes sicherstellen, ohne daß dazu Angaben über das betreffende x benötigt werden. Ein solches Kriterium gibt der Satz 8.7.6., nach dem man die Existenz einseitiger Grenzwerte aus der Monotonie einer Abbildung erschließen kann. Dieses Kriterium benutzt aber die speziellen Eigenschaften der Anordnung auf $\overline{\boldsymbol{R}}$. Ein anderes Kriterium dieser Art gibt Satz 8.3.2. Ist $(I_n)_{n \in \boldsymbol{N}}$ eine Intervallschachtelung, so ist $\mathfrak{R} = \{I_n | n \in \boldsymbol{N}\}$ Raster auf $\overline{\boldsymbol{R}}$ und $\lim \mathfrak{R}$ existiert und liegt in $\boldsymbol{R}$ ($L_{\mathfrak{R}} = \{x\} \Leftrightarrow \lim \mathfrak{R} = x$ nach Satz 8.3.4.). Entscheidend für den Nachweis der Existenz von $\lim \mathfrak{R}$ ist dabei die Bedingung

$$\inf \{\delta(I_n) | n \in N\} = 0.$$

Da der Durchmesser eines Elementes $V \in \mathfrak{R}$ in jedem metrischen Raum definiert ist, ist dieses Kriterium auf metrische Räume verallgemeinerungsfähig.

Definition 9.1.1. *(X, d) sei ein metrischer Raum, $\mathfrak{R}$ Raster auf X. Bezeichnet man wie üblich für $V \in \mathfrak{R}$ mit $\delta(V)$ den Durchmesser von V (Definition 7.8.1.), so definiert man die Schwankung $\delta(\mathfrak{R})$ durch*

$$\delta(\mathfrak{R}) := \inf \{\delta(V) | V \in \mathfrak{R}\}.$$

Satz 9.1.1. *(X, d) sei ein metrischer Raum, $\mathfrak{R}$ Raster auf X. Dann gilt:*

(1) $$\lim \mathfrak{R} \text{ existiert} \quad \Rightarrow \quad \delta(\mathfrak{R}) = 0;$$

(2) $$\delta(\mathfrak{R}) = 0 \text{ und } \mathfrak{R} \text{ hat Berührungspunkte} \quad \Rightarrow \quad \lim \mathfrak{R} \text{ existiert.}$$

Beweis. Es sei $\lim \mathfrak{R} = x$, also $\mathfrak{R} \gg \mathfrak{B}(x)$. Ist $\varepsilon \in \boldsymbol{R}$, $\varepsilon > 0$, so ist $U_\varepsilon(x; d) \in \mathfrak{B}(x)$, es gibt daher ein $V \in \mathfrak{R}$ mit $V \subset U_\varepsilon(x; d)$. Dann gilt

$$z, w \in V \quad \Rightarrow \quad d(x, z) < \varepsilon, \quad d(x, w) < \varepsilon \quad \Rightarrow \quad d(z, w) \leqq d(z, x) + d(x, w) < 2\varepsilon.$$

Da $V \neq \emptyset$ ist, ist

$$\delta(V) = \sup \{d(z, w) | z, w \in V\} \leqq 2\varepsilon, \quad \text{und daher} \quad \delta(\mathfrak{R}) \leqq 2\varepsilon.$$

Das ergibt

$$0 \leqq \delta(\mathfrak{R}) \leqq 2\varepsilon \quad \text{für jedes} \quad \varepsilon \in \boldsymbol{R}, \ \varepsilon > 0, \quad \text{also} \quad \delta(\mathfrak{R}) = 0.$$

Umgekehrt sei $\delta(\mathfrak{R}) = 0$ und x Berührungspunkt von $\mathfrak{R}$. Ist $W \in \mathfrak{B}(x)$, so gibt es ein $\varepsilon \in \boldsymbol{R}$, $\varepsilon > 0$, so, daß $U_{2\varepsilon}(x; d) \subset W$ ist. Da $\delta(\mathfrak{R}) = 0$ ist, ist ε nicht untere Schranke von $\{\delta(V) | V \in \mathfrak{R}\}$. Es gibt daher ein $V \in \mathfrak{R}$ mit $\delta(V) < \varepsilon$. Da x Berührungspunkt von V ist, ist $V \cap U_\varepsilon(x; d) \neq \emptyset$. Es sei $y \in V \cap U_\varepsilon(x; d)$, d.h. $y \in V$ und $d(x, y) < \varepsilon$. Dann gilt

$$z \in V \quad \Rightarrow \quad d(z, y) \leqq \delta(V) < \varepsilon \quad \Rightarrow \quad d(z, x) \leqq d(z, y) + d(y, x) < 2\varepsilon.$$

Daher ist $V \subset U_{2\varepsilon}(x; d) \subset W$ und infolgedessen $\mathfrak{R} \gg \mathfrak{B}(x)$. ●

Daß man voraussetzen muß, daß $\mathfrak{R}$ Berührungspunkte hat, um zu zeigen, daß $\lim \mathfrak{R}$ existiert, zeigt

Beispiel 9.1.1. Es sei $x \in \boldsymbol{R} - \boldsymbol{Q}$. Dann ist $\mathfrak{B}(x) | \boldsymbol{Q}$ Raster auf $\boldsymbol{Q}$, da $\boldsymbol{Q}$ überall dicht in $\boldsymbol{R}$ ist (Hilfssatz 7.6.3.) und daher $V \cap \boldsymbol{Q} \neq \emptyset$ für jedes $V \in \mathfrak{B}(x)$ ist. Jeder Berührungspunkt von $V \cap \boldsymbol{Q}$ auf $\boldsymbol{Q}$ ist natürlich auch Berührungspunkt von $V \cap \boldsymbol{Q}$ auf $\boldsymbol{R}$ und damit von V auf $\boldsymbol{R}$. Da $\mathfrak{B}(x)$ auf $\boldsymbol{R}$ nur x als Berührungspunkt hat, $x \notin \boldsymbol{Q}$

ist, hat $\mathfrak{B}(x)|\boldsymbol{Q}$ auf $\boldsymbol{Q}$ keine Berührungspunkte und daher auch keinen Grenzwert (nach Satz 8.4.1. gilt für jeden Hausdorffraum $z = \lim \mathfrak{R} \Rightarrow L_{\mathfrak{R}} = \{z\}$). Ist $V \in \mathfrak{B}(x)$, so ist $V \cap \boldsymbol{Q} \subset V$, also $\delta(V \cap \boldsymbol{Q}) \leqq \delta(V)$. Aus $\delta(\mathfrak{B}(x)) = 0$ folgt deshalb $\delta(\mathfrak{B}(x)|\boldsymbol{Q}) = 0$. Es ist zwar $\delta(\mathfrak{B}(x)|\boldsymbol{Q}) = 0$, aber $\mathfrak{B}(x)|\boldsymbol{Q}$ hat auf $\boldsymbol{Q}$ keinen Grenzwert. ●

Definition 9.1.2. *(X, d) sei ein metrischer Raum, $F = (a_n)_{n \in \boldsymbol{N}}$ eine Folge in X. $(a_n)_{n \in \boldsymbol{N}}$ heißt Cauchy-Folge, wenn $\delta(F(\boldsymbol{E})) = 0$ ist. (X, d) heißt vollständig, wenn jede Cauchy-Folge einen Grenzwert hat.*

Da Cauchy-Folgen sehr häufig auftreten, wollen wir die Bedingung $\delta(F(\boldsymbol{E})) = 0$ noch einmal ausführlich aufschreiben.

Hilfssatz 9.1.1. *(X, d) sei ein metrischer Raum, $(a_j)_{j \in \boldsymbol{N}}$ eine Folge in X. $(a_j)_{j \in \boldsymbol{N}}$ ist genau dann Cauchy-Folge, wenn es zu jedem $\varepsilon \in \boldsymbol{R}$, $\varepsilon > 0$, (mindestens) ein $n_0 \in \boldsymbol{N}$ gibt mit der Eigenschaft, daß für alle $n, m \in \boldsymbol{N}$ gilt*

$$n \geqq n_0 \text{ und } m \geqq n_0 \quad \Rightarrow \quad d(a_n, a_m) < \varepsilon.$$

Beweis. Es sei $F = (a_j)_{j \in \boldsymbol{N}}$. Dann gilt

$$\delta(F(\boldsymbol{E})) = 0 \Leftrightarrow \text{ Keine positive reelle Zahl ist untere Schranke für } \{\delta(F(E_n)) | n \in \boldsymbol{N}\}$$

$$\Leftrightarrow \text{ Zu jedem } \varepsilon_0 \in \boldsymbol{R},\ \varepsilon_0 > 0, \text{ gibt es ein } n_0 \in \boldsymbol{N} \text{ mit } \delta(F(E_{n_0})) < \varepsilon_0.$$

Das bedeutet:

Ist $\delta(F(\boldsymbol{E})) = 0$ und $\varepsilon \in \boldsymbol{R}$, $\varepsilon > 0$, so gibt es ein $n_0 \in \boldsymbol{N}$ mit $\delta(F(E_{n_0})) < \varepsilon$, d.h., für $n, m \in \boldsymbol{N}$ gilt

$$n, m \geqq n_0 \quad \Rightarrow \quad n, m \in E_{n_0} \quad \Rightarrow \quad d(a_n, a_m) \leqq \delta(F(E_{n_0})) < \varepsilon.$$

Gibt es zu jedem $\varepsilon \in \boldsymbol{R}$, $\varepsilon > 0$, ein $n_0 \in \boldsymbol{N}$ so, daß $n, m \geqq n_0 \Rightarrow d(a_n, a_m) < \varepsilon$, und ist $\varepsilon_0 \in \boldsymbol{R}$, $\varepsilon_0 > 0$, so sei $\varepsilon = \frac{1}{2}\varepsilon_0$. Dann gilt

$$n, m \in E_{n_0} \quad \Rightarrow \quad d(a_n, a_m) < \varepsilon \quad \Rightarrow \quad \delta(F(E_{n_0})) \leqq \varepsilon = \frac{1}{2}\varepsilon_0 < \varepsilon_0.$$

Also ist $\delta(F(\boldsymbol{E})) = 0$. ●

Satz 9.1.2. *(X, d) sei ein metrischer Raum, $Z \subset X$. Zu jedem Punkt $x \in \bar{Z}$ gibt es eine Folge $(a_j)_{j \in \boldsymbol{N}}$ in Z mit $\lim\limits_{n \to \infty} a_n = x$. Es gilt:*

$$(Z, d|Z) \text{ ist vollständig} \quad \Rightarrow \quad Z \text{ ist abgeschlossen in } (X, d);$$

(X, d) ist vollständig, Z abgeschlossen in (X, d) $\Rightarrow$ $(Z, d|Z)$ ist vollständig.

Ist (X, d) vollständig und $\mathfrak{R}$ Raster auf X, so gilt:

$$\lim \mathfrak{R} \text{ existiert} \quad \Leftrightarrow \quad \delta(\mathfrak{R}) = 0.$$

Beweis. Es sei $x \in \bar{Z}$, also x Berührungspunkt von Z. Eine spezielle Umgebungsbasis von x in (X, d) ist offenbar

$$\mathfrak{B}_{\boldsymbol{N}}(x) := \{U_{\frac{1}{n}}(x; d) \mid n \in \boldsymbol{N}\}.$$

Da x Berührungspunkt von Z ist, ist $Z \cap U_{\frac{1}{n}}(x; d) \neq \emptyset$ für jedes $n \in \boldsymbol{N}$. Man kann daher nach dem Auswahlaxiom zu jedem $n \in \boldsymbol{N}$ ein $a_n \in Z \cap U_{\frac{1}{n}}(x; d)$ auswählen. Dann ist $F = (a_j)_{j \in \boldsymbol{N}}$ eine Folge in Z, und es gilt

$$m \in E_n \;\Rightarrow\; m \geqq n \;\Rightarrow\; a_m \in U_{\frac{1}{m}}(x; d) \subset U_{\frac{1}{n}}(x; d),$$

d.h.

$$F(\boldsymbol{E}) \gg \mathfrak{B}_{\boldsymbol{N}}(x) \gg \mathfrak{B}(x), \quad \text{also} \quad \lim_{n \to \infty} a_n = x.$$

(Man vergleiche den Beweis von Hilfssatz 8.5.4.)

$(Z, d|Z)$ sei vollständig und $x \in \bar{Z}$. Dann gibt es eine Folge $F = (a_j)_{j \in \boldsymbol{N}}$ in Z mit $\lim\limits_{n \to \infty} a_n = x$, d.h. $\lim F(\boldsymbol{E}) = x$. Nach Satz 9.1.1. ist $\delta(F(\boldsymbol{E})) = 0$, daher ist $(a_j)_{j \in \boldsymbol{N}}$ Cauchy-Folge und hat einen Grenzwert in $(Z, d|Z)$. Nach Satz 8.5.2. gilt aber

$$\lim_{n \to \infty} a_n = z \text{ in } (Z, d|Z) \;\Rightarrow\; \lim_{n \to \infty} a_n = z \text{ in } (X, d).$$

Infolgedessen ist $x = z \in Z$.

Ist (X, d) vollständig, Z abgeschlossen in (X, d) und $F = (a_j)_{j \in \boldsymbol{N}}$ Cauchy-Folge in Z, so existiert $\lim\limits_{n \to \infty} a_n = x$ in (X, d). Ist V eine Umgebung von x, so gibt es wegen $F(\boldsymbol{E}) \gg \mathfrak{B}(x)$ ein $n \in \boldsymbol{N}$ mit $F(E_n) \subset V$. Daher ist $a_n \in F(E_n) \subset V$ und $V \cap Z \neq \emptyset$. Das bedeutet aber, daß $x \in \bar{Z}$, also, wegen $Z = \bar{Z}$, $x \in Z$ ist. $(Z, d|Z)$ ist vollständig.

Ist (X, d) vollständig und $\mathfrak{R}$ Raster auf X, so gilt nach Satz 9.1.1.

$$\lim \mathfrak{R} \text{ existiert} \;\Rightarrow\; \delta(\mathfrak{R}) = 0.$$

Es sei jetzt umgekehrt $\delta(\mathfrak{R}) = 0$. Ist $n \in \boldsymbol{N}$, so ist $\frac{1}{2^n}$ nicht untere Schranke von $\{\delta(V) \mid V \in \mathfrak{R}\}$. Daher gibt es ein $V \in \mathfrak{R}$ mit $\delta(V) < \frac{1}{2^n}$. Nach dem Auswahlaxiom kann man zu jedem $n \in \boldsymbol{N}$ ein $V_n \in \mathfrak{R}$ wählen mit $\delta(V_n) < \frac{1}{2^n}$ und aus jedem V_n wegen $V_n \neq \emptyset$ ein a_n. Dann ist $F = (a_n)_{n \in \boldsymbol{N}}$ eine Folge, und für $n, k \in \boldsymbol{N}$ gilt

$$n, k \in E_m \;\Rightarrow\; a_n \in V_n,\; a_k \in V_k,\quad \delta(V_n) < \frac{1}{2^n} < \frac{1}{2^m},\; \delta(V_k) < \frac{1}{2^k} < \frac{1}{2^m}.$$

Da $\mathfrak{R}$ Raster ist, ist $V_n \cap V_k \neq \emptyset$. Es sei $z \in V_n \cap V_k$. Dann folgt

$$d(a_n, a_k) \leqq d(a_n, z) + d(z, a_k) < \frac{1}{2^m} + \frac{1}{2^m} = \frac{1}{2^{m-1}}.$$

Das liefert $\delta(F(E_m)) \leqq \frac{1}{2^{m-1}}$. Dann ist aber $\delta(F(\boldsymbol{E}))=0$, da keine positive reelle Zahl untere Schranke von $\{\delta(F(E_n)) | n \in \boldsymbol{N}\}$ sein kann. $(a_n)_{n \in \boldsymbol{N}}$ ist Cauchy-Folge und hat daher einen Grenzwert x, also

$$\lim_{n \to \infty} a_n = x, \quad \text{d.h.} \quad F(\boldsymbol{E}) \gg \mathfrak{B}(x).$$

Es sei $W \in \mathfrak{B}(x)$. Dann gibt es ein $\varepsilon \in \boldsymbol{R}$, $\varepsilon > 0$, mit

$$U_\varepsilon(x; d) \subset U_{2\varepsilon}(x; d) \subset W$$

und wegen $F(\boldsymbol{E}) \gg \mathfrak{B}(x)$ ein $m \in \boldsymbol{N}$ mit $F(E_m) \subset U_\varepsilon(x; d)$. Man wähle $n \in \boldsymbol{N}$ so, daß $n > m$, $\frac{1}{2^n} < \varepsilon$ ist. Dann ist (mit dem $V_n \in \mathfrak{R}$ von oben) $a_n \in F(E_m)$ und daher $d(x, a_n) < \varepsilon$, $\delta(V_n) < \frac{1}{2^n} < \varepsilon$, $a_n \in V_n$. Das ergibt

$$y \in V_n \;\Rightarrow\; d(x, y) \leqq d(x, a_n) + d(a_n, y) < \varepsilon + \varepsilon = 2\varepsilon \;\Rightarrow\; y \in U_{2\varepsilon}(x; d),$$

d.h. $V_n \subset U_{2\varepsilon}(x; d) \subset W$. Damit ist $\mathfrak{R} \gg \mathfrak{B}(x)$. ●

Satz 9.1.3. *(Cauchysches Konvergenzkriterium.) (Y, d) sei ein vollständiger metrischer Raum, $f: Z \to Y$, $\mathfrak{R}$ Raster auf Z. Dann gilt*

$$\lim_{\mathfrak{R}} f \textit{ existiert} \;\Leftrightarrow\; \delta(f(\mathfrak{R})) = 0.$$

Ist $\delta(f(\mathfrak{R}))=0$, so nennt man f konvergent (Cauchy-konvergent) bezüglich $\mathfrak{R}$. f ist genau dann konvergent bezüglich $\mathfrak{R}$, wenn die folgende Aussage gilt:

(1) *Zu jedem $\varepsilon \in \boldsymbol{R}$, $\varepsilon > 0$, gibt es (mindestens) ein $V \in \mathfrak{R}$ mit der Eigenschaft, daß für alle $y, z \in Z$ gilt*

$$y, z \in V \;\Rightarrow\; d(f(y), f(z)) < \varepsilon.$$

Beweis. Nach Satz 9.1.2. gilt

$$\lim_{\mathfrak{R}} f \text{ existiert} \;\Leftrightarrow\; \lim f(\mathfrak{R}) \text{ existiert} \;\Leftrightarrow\; \delta(f(\mathfrak{R}))=0.$$

Die Äquivalenz

$$\delta(f(\mathfrak{R}))=0 \;\Leftrightarrow\; (1)$$

ergibt sich wie beim Beweis von Hilfssatz 9.1.1.:

$\delta(f(\mathfrak{R}))=0 \Leftrightarrow$ Keine positive reelle Zahl ist untere Schranke für $\{\delta(f(V))|V\in\mathfrak{R}\}$

$\Leftrightarrow$ Zu jedem $\varepsilon\in\boldsymbol{R}$, $\varepsilon>0$, gibt es ein $V\in\mathfrak{R}$ mit $\delta(f(V))<\varepsilon$.

Ist $\delta(f(\mathfrak{R}))=0$, $\varepsilon\in\boldsymbol{R}$, $\varepsilon>0$, so gibt es ein $V\in\mathfrak{R}$ mit $\delta(f(V))<\varepsilon$, also

$$y, z\in V \;\Rightarrow\; f(y), f(z)\in f(V) \;\Rightarrow\; d(f(y), f(z))\leqq\delta(f(V))<\varepsilon.$$

Ist $\varepsilon\in\boldsymbol{R}$, $\varepsilon>0$, und gibt es zu $\varepsilon_0=\frac{1}{2}\varepsilon$ ein $V\in\mathfrak{R}$ mit

$$y, z\in V \;\Rightarrow\; d(f(y), f(z))<\varepsilon_0,$$

so ist

$$\delta(f(V))=\sup\{d(f(y), f(z))|y, z\in V\}\leqq\varepsilon_0<\varepsilon,$$

ε ist nicht untere Schranke für $\{\delta(f(V))|V\in\mathfrak{R}\}$. ●

Man benutzt gelegentlich die folgende Bezeichnung.

Definition 9.1.3. (Y, d) *sei ein vollständiger metrischer Raum,* $(X, \mathcal{O})$ *Hausdorffraum,* $Z\subset X$, *und* $f: Z\to Y$. *Dann nennt man für einen Häufungspunkt* x *von* Z

$$\delta(f(\mathfrak{B}(x)|Z)) \text{ Schwankung von } f \text{ in } x.$$

Wir wollen Satz 9.1.3. noch einmal für Folgen formulieren.

Hilfssatz 9.1.2. $(a_j)_{j\in N}$ *sei eine Folge in dem vollständigen metrischen Raum* (Y, d). *Dann gilt*

$$(a_j)_{j\in N} \text{ konvergent } \Leftrightarrow (a_j)_{j\in N} \text{ Cauchy-Folge } \Leftrightarrow \lim_{n\to\infty} a_n \text{ existiert.}$$

Beweis. Der Beweis ergibt sich aus Satz 9.1.3., wenn man die Definition der Cauchy-Folge (Definition 9.1.2.) beachtet. Da man auf $\boldsymbol{N}$ nur den Raster $\boldsymbol{E}$ benutzt, sagt man für Folgen einfach „konvergent" an Stelle von „konvergent bezüglich $\boldsymbol{E}$". ●

Ein Anwendungsbeispiel ist

Satz 9.1.4. *(Banachscher Fixpunktsatz.)* (X, d) *sei ein vollständiger metrischer Raum,* $X\neq\emptyset$ *und* $f: X\to X$. *Gibt es ein* $q\in\boldsymbol{R}$, $0\leqq q<1$, *mit der Eigenschaft, daß*

$$d(f(x), f(y))\leqq q\,d(x, y) \quad \text{für alle} \quad x, y\in X$$

gilt, so hat f *genau einen Fixpunkt, d.h., es gibt genau einen Punkt* $u\in X$ *mit*

$$f(u)=u.$$

Beweis. Da $X\neq\emptyset$ ist, kann man ein $x_0\in X$ wählen. Durch

(1*) $a_1=x_0$, (2*) $a_{n+1}=f(a_n)$ für jedes $n\in\boldsymbol{N}$

definiert man eine Folge $F=(a_n)_{n\in N}$ durch vollständige Induktion (Satz 4.3.1.). Setzt man $t:=d(a_1, a_2)$, so ergibt sich $d(a_n, a_{n+1})\leqq tq^{n-1}$ (durch vollständige Induktion). Das liefert wegen der allgemeinen Dreiecksungleichung (vergleiche Aufgabe 6.2.2.) für $m, n, k\in N$, $m\leqq n<k$

$$d(a_n, a_k) \leqq \sum_{j=n}^{k-1} d(a_j, a_{j+1}) \leqq \sum_{j=n}^{k-1} tq^{j-1} = \sum_{l=1}^{k-n} (tq^{n-1})q^{l-1}.$$

Wegen $0\leqq q<1$ ist $0 < 1-q \leqq 1$, $q^{k-n}\geqq 0$ und $q^n\leqq q^m$ für $n\geqq m$. Mit der Summenformel für die geometrische Reihe (Satz 7.3.4.) erhält man

$$d(a_n, a_k) \leqq tq^{n-1}\frac{1-q^{k-n}}{1-q} \leqq tq^{n-1}\frac{1}{1-q} \leqq tq^{m-1}\frac{1}{1-q}.$$

Damit ist

$$\delta(F(E_m)) \leqq \frac{t}{1-q}q^{m-1}, \quad \lim_{m\to\infty}\frac{t}{1-q}q^{m-1} = 0 \text{ wegen } 0\leqq q<1$$

nach Satz 8.7.7. Dann kann aber $\{\delta(F(E_m))|m\in N\}$ keine positive untere Schranke haben, d.h., es ist $\delta(F(E))=0$, F ist konvergent, nach Hilfssatz 9.1.2. existiert $\lim_{n\to\infty} a_n$. Es sei

$$u = \lim_{n\to\infty} a_n.$$

Ist $x\in X$ und x kein isolierter Punkt von X, so gilt (da $\tilde{d}_x: X\to R$, definiert durch $\tilde{d}_x(y)=d(y, x)$, stetig ist)

$$0 \leqq \varliminf_{y\to x} d(f(y), f(x)) \leqq \varlimsup_{y\to x} d(f(y), f(x)) \underset{\bullet}{\leqq} q\lim_{y\to x} d(y, x) = 0.$$

Daher ist $\lim_{y\to x} d(f(y), f(x))=0$ und nach Satz 8.6.1. $\lim_{y\to x} f(y)=f(x)$. f ist stetig in x. Da f in jedem isolierten Punkt sowieso stetig ist, ist f stetig (Satz 8.5.4.). Für die Teilfolge $(a_{n+1})_{n\in N}$ von $(a_n)_{n\in N}$ gilt nach Satz 8.5.6. und (2*)

$$\lim_{n\to\infty} a_{n+1} = \lim_{n\to\infty} a_n = u, \quad \lim_{n\to\infty} a_{n+1} = \lim_{n\to\infty} f(a_n) = f(\lim_{n\to\infty} a_n) = f(u).$$

Daher ist $f(u)=u$, u ist Fixpunkt von f.

Ist x Fixpunkt von f, d.h. $f(x)=x$, so ist

$$0\leqq d(x, u)=d(f(x), f(u))\leqq qd(x, u),$$

was wegen $0\leqq q<1$ nur für $d(x, u)=0$ möglich ist. Daher ist $x=u$, u ist als Fixpunkt eindeutig bestimmt. ●

Für die Untersuchung, ob ein vorgelegter metrischer Raum vollständig ist, sind die beiden folgenden Hilfssätze nützlich.

Hilfssatz 9.1.3. *d_1, d_2 seien Metriken auf der Menge X. Gibt es zwei positive reelle Zahlen q_1 und q_2 so, daß*

$$d_1(x, y) \leqq q_2 d_2(x, y), \quad d_2(x, y) \leqq q_1 d_1(x, y) \quad \text{für alle } x, y \in X$$

gilt, so gilt

$$(X, d_1) \text{ ist vollständig} \Leftrightarrow (X, d_2) \text{ ist vollständig.}$$

Beweis. Metriken mit dieser Eigenschaft induzieren auf X nach Hilfssatz 6.3.1. dieselbe Topologie. Ist $F=(a_j)_{j \in N}$ eine Folge auf X, so ist offenbar

$$\delta_1(F(E)) \leqq q_2 \delta_2(F(E)), \quad \delta_2(F(E)) \leqq q_1 \delta_1(F(E)).$$

Daher gilt

$$F \text{ Cauchy-Folge in } (X, d_1) \Leftrightarrow F \text{ Cauchy-Folge in } (X, d_2).$$

Da man auf (X, d_1) und (X, d_2) dieselbe Topologie hat, folgt das Ergebnis unmittelbar. ●

Hilfssatz 9.1.4. *(X_1, d_1), (X_2, d_2) seien vollständige metrische Räume. Dann ist $X_1 \times X_2$ für jede der drei Metriken d', d, d'' aus Satz 6.2.1. vollständig.*

Beweis. Wir verwenden zunächst die Metrik d' aus Satz 6.2.1. Es sei

$$H=(c_j)_{j \in N} \text{ Folge in } X_1 \times X_2, \quad c_j=(a_j, b_j) \text{ für } j \in N.$$

Dann ist $F=(a_j)_{j \in N}$ Folge in X_1, $G=(b_j)_{j \in N}$ Folge in X_2. Für $m, k \in N$ gilt

$$d_1(a_m, a_k) \leqq \max\{d_1(a_m, a_k), d_2(b_m, b_k)\} = d'(c_m, c_k), \quad d_2(b_m, b_k) \leqq d'(c_m, c_k).$$

Daher gilt für alle $m, k \in E_n$ (δ' bezeichnet den Durchmesser bei Verwendung von d')

$$d_1(a_m, a_k) \leqq \delta'(H(E_n)), \quad d_2(b_m, b_k) \leqq \delta'(H(E_n)),$$
$$\delta_1(F(E_n)) \leqq \delta'(H(E_n)), \quad \delta_2(G(E_n)) \leqq \delta'(H(E_n))$$

und damit (vgl. (4) Satz 7.7.6.)

$$\delta'(H(E))=0 \Rightarrow \delta_1(F(E))=0 \text{ und } \delta_2(G(E))=0.$$

Ist H Cauchy-Folge in $(X_1 \times X_2, d')$, so ist F Cauchy-Folge in (X_1, d_1), G Cauchy-Folge in (X_2, d_2). Es sei

$$a = \lim_{n\to\infty} a_n, \quad b = \lim_{n\to\infty} b_n.$$

Da d' die Produkttopologie auf $X_1 \times X_2$ induziert (Satz 6.5.1.), gilt nach Hilfssatz 8.5.1.

$$\lim_{n\to\infty} c_n = \lim_{n\to\infty} (a_n, b_n) = (\lim_{n\to\infty} a_n, \lim_{n\to\infty} b_n) = (a, b).$$

H hat einen Grenzwert in $(X_1 \times X_2, d')$.

Nach dem Beweis von Hilfssatz 6.3.2. sind die Voraussetzungen von Hilfssatz 9.1.3. für die Metriken

$$d' \text{ und } d, \quad d \text{ und } d'', \quad d' \text{ und } d''$$

erfüllt. Da $X_1 \times X_2$ für d' vollständig ist, ist $X_1 \times X_2$ auch für d und d'' vollständig. ●

Aufgabe 9.1.1. (X, d) sei ein metrischer Raum, $(a_n)_{n \in N}$ sei Cauchy-Folge in (X, d). Man zeige:

Jede Teilfolge von $(a_n)_{n \in N}$ ist Cauchy-Folge in (X, d). ●

Aufgabe 9.1.2. Y sei normierter Vektorraum, $(a_n)_{n \in N}$ und $(b_n)_{n \in N}$ seien bei der durch die Norm induzierten Metrik Cauchy-Folgen. Man zeige:

$(a_n + b_n)_{n \in N}$ ist Cauchy-Folge. ●

9.2. Kompakte Räume

In 9.1. haben wir Bedingungen hergeleitet, aus denen man schließen kann, daß der Grenzwert eines Rasters existiert. Eine dieser Bedingungen für einen metrischen Raum (X, d) besagte (Satz 9.1.1.):

$$\delta(\mathfrak{R}) = 0 \text{ und } \mathfrak{R} \text{ hat Berührungspunkte} \quad \Rightarrow \quad \lim \mathfrak{R} \text{ existiert.}$$

Wir wollen jetzt auf die Frage nach der Existenz von Berührungspunkten eingehen. Eine Aussage in dieser Richtung gibt Satz 8.3.1.: Jeder Raster auf $\bar{\boldsymbol{R}}$ hat Berührungspunkte. Allgemeiner gilt

Hilfssatz 9.2.1. *$(X, \mathcal{O})$ sei ein Hausdorffraum. Die drei folgenden Bedingungen sind (paarweise) äquivalent:*

(1) *Für jede Familie $(U_j)_{j \in J}$ offener Mengen in X gilt:*

$$\bigcup_{j \in J} U_j = X \quad \Rightarrow \quad \textit{Es gibt eine endliche Teilmenge } J_0 \subset J \textit{ mit } \bigcup_{j \in J_0} U_j = X.$$

(2) *Für jede Familie $(A_j)_{j \in J}$ abgeschlossener Mengen in X gilt:*

$$\bigcap_{j \in J} A_j = \emptyset \quad \Rightarrow \quad \textit{Es gibt eine endliche Teilmenge } J_0 \subset J \textit{ mit } \bigcap_{j \in J_0} A_j = \emptyset.$$

(3) *Jeder Raster auf X hat Berührungspunkte auf X.*

Beweis.

(1) ⇒ (2): Ist A_j abgeschlossen, so ist $A_j' = X - A_j$ offen. Satz 7.2.1. ergibt

$$\bigcap_{j \in J} A_j = \emptyset \quad \Rightarrow \quad \bigcup_{j \in J} A_j' = \Big(\bigcap_{j \in J} A_j\Big)' = X - \emptyset = X.$$

Setzt man (1) voraus, so gibt es daher eine endliche Menge $J_0 \subset J$ mit

$$\bigcup_{j \in J_0} A'_j = X, \quad \text{also} \quad \bigcap_{j \in J_0} A_j = (\bigcup_{j \in J_0} A'_j)' = X' = X - X = \emptyset.$$

(2) $\Rightarrow$ (1): Ist U_j offen, so ist $U'_j = X - U_j$ abgeschlossen, und es gilt

$$\bigcup_{j \in J} U_j = X \quad \Rightarrow \quad \bigcap_{j \in J} U'_j = (\bigcup_{j \in J} U_j)' = X' = X - X = \emptyset.$$

Setzt man (2) voraus, so gibt es eine endliche Menge $J_0 \subset J$ mit

$$\bigcap_{j \in J_0} U'_j = \emptyset, \quad \text{also} \quad \bigcup_{j \in J_0} U_j = (\bigcap_{j \in J_0} U'_j)' = \emptyset' = X - \emptyset = X.$$

(2) $\Rightarrow$ (3): Ist $\mathfrak{R}$ Raster auf X, so sei mit einer passenden Indexmenge J (notfalls $J = \mathfrak{R}$, $V_V := V$!) $\mathfrak{R} = \{V_j \mid j \in J\}$. Da $\mathfrak{R}$ Raster ist, ist $V_j \cap V_k \neq \emptyset$ für alle $j, k \in J$. Hieraus erhält man durch vollständige Induktion (da es in $\mathfrak{R}$ ein W gibt mit $W \subset V_j \cap V_k$) sofort für jede endliche Teilmenge $J_0 \subset J$

$$\bigcap_{j \in J_0} \overline{V}_j \supset \bigcap_{j \in J_0} V_j \neq \emptyset.$$

Setzt man (2) voraus, so kann nicht $\bigcap_{j \in J} \overline{V}_j = \emptyset$ sein, da $(\overline{V}_j)_{j \in J}$ eine Familie abgeschlossener Mengen ist und daher anderenfalls eine endliche Teilmenge $J_0 \subset J$ mit $\bigcap_{j \in J_0} \overline{V}_j = \emptyset$ existieren müßte. $\mathfrak{R}$ muß also Berührungspunkte haben (Definition 8.2.4.).

(3) $\Rightarrow$ (2): $(A_j)_{j \in J}$ sei eine Familie abgeschlossener Mengen. Wir setzen (3) voraus und müssen (2) beweisen. (2) hat die Form: $P \Rightarrow Q$. Wir führen den Beweis indirekt (siehe 1.1.), setzen also voraus, daß Q falsch ist und zeigen, daß dann auch P falsch ist, d.h., wir nehmen an, daß

$$\bigcap_{j \in J_0} A_j \neq \emptyset \text{ ist für jede endliche Teilmenge } J_0 \subset J$$

und müssen $\bigcap_{j \in J} A_j \neq \emptyset$ beweisen. Ist $J = \emptyset$, so ist J selbst endlich, also ist nichts mehr zu zeigen. Andernfalls sei

$$\mathfrak{R} = \{\bigcap_{j \in J_0} A_j \mid J_0 \subset J,\ J_0 \text{ endlich}\}.$$

Dann ist $\mathfrak{R} \neq \emptyset$, $\emptyset \notin \mathfrak{R}$. Sind J_0, $J_1 \subset J$ endlich, so ist

$$(\bigcap_{j \in J_0} A_j) \cap (\bigcap_{j \in J_1} A_j) = \bigcap_{j \in J_0 \cup J_1} A_j \in \mathfrak{R} \quad \text{(Satz 7.2.1.)},$$

$\mathfrak{R}$ ist Raster. Damit ist, wenn man (3) voraussetzt ($A_j = \overline{A}_j$!),

$$\bigcap_{j \in J} A_j \supset \bigcap_{V \in \mathfrak{R}} \overline{V} \neq \emptyset. \bullet$$

Man verwendet die folgenden Bezeichnungen:

Definition 9.2.1. *$(X, \mathcal{O})$ sei ein Hausdorffraum. $(X, \mathcal{O})$ heißt kompakt, wenn eine der drei Bedingungen (1), (2), (3) aus Hilfssatz 9.2.1. gilt (und damit auch die beiden anderen).*

Eine Teilmenge $Z \subset X$ heißt kompakt, wenn der Unterraum $(Z, \mathcal{O}_Z)$ mit der durch $\mathcal{O}$ auf Z induzierten Topologie $\mathcal{O}_Z$ kompakt ist.

Es gilt

Hilfssatz 9.2.2. *$\bar{\boldsymbol{R}}$ ist mit der üblichen Topologie kompakt.*

Beweis. Nach Satz 8.3.1. hat jeder Raster auf $\bar{\boldsymbol{R}}$ Berührungspunkte, also gilt (3) Hilfssatz 9.2.1. ●

Die folgende Bezeichnung ist nützlich.

Definition 9.2.2. *$(X, \mathcal{O})$ sei ein topologischer Raum, $Z \subset X$. Eine Familie $(U_j)_{j \in J}$ offener Mengen in $(X, \mathcal{O})$ heißt offene Überdeckung von Z, wenn gilt*

$$\bigcup_{j \in J} U_j \supset Z.$$

Hilfssatz 9.2.3. *$(X, \mathcal{O})$ sei Hausdorffraum, $Z \subset X$. Z ist genau dann kompakt, wenn jede offene Überdeckung von Z eine endliche Überdeckung enthält.*

Beweis. Eine Familie $(V_j)_{j \in J}$ besteht genau dann aus offenen Mengen des Unterraumes $(Z, \mathcal{O}_Z)$, wenn es eine Familie $(U_j)_{j \in J}$ von offenen Mengen in $(X, \mathcal{O})$ gibt mit $V_j = U_j \cap Z$ für jedes $j \in J$. Für $J_0 \subset J$ gilt

$$\bigcup_{j \in J_0} V_j = Z \quad \Leftrightarrow \quad \bigcup_{j \in J_0} U_j \supset Z,$$

wie man sofort sieht. Hieraus folgt das Ergebnis unmittelbar. ●

Satz 9.2.1. *$(X, \mathcal{O})$ sei ein Hausdorffraum, $Z \subset X$. Es gilt:*

$$Z \text{ ist kompakt} \;\Rightarrow\; Z \text{ ist abgeschlossen in } (X, \mathcal{O});$$

$$(X, \mathcal{O}) \text{ ist kompakt und } Z \text{ in } (X, \mathcal{O}) \text{ abgeschlossen} \;\Rightarrow\; Z \text{ ist kompakt.}$$

Ist $(Y, \mathcal{O}_Y)$ Hausdorffraum und $f: X \to Y$ stetig, so gilt:

$$Z \text{ ist kompakt} \;\Rightarrow\; f(Z) \text{ ist kompakt.}$$

Beweis. Z sei kompakt, $x \in \bar{Z}$. Dann ist $\mathfrak{V}(x)|Z$ Raster und hat daher auf Z einen Berührungspunkt z. z ist natürlich auch Berührungspunkt von $\mathfrak{V}(x)$ (in $(X, \mathcal{O})$). Da x der einzige Berührungspunkt von $\mathfrak{V}(x)$ in $(X, \mathcal{O})$ ist, ist $z = x$, also $x \in Z$. Z ist abgeschlossen.

$(X, \mathcal{O})$ sei kompakt und Z abgeschlossen, $\mathfrak{R}$ Raster auf Z. $\mathfrak{R}$ hat Berührungspunkte auf X. Ist $V \in \mathfrak{R}$, so ist $V \subset Z$, also $\overline{V} \subset Z$, weil Z abgeschlossen ist. Alle Berührungspunkte von $\mathfrak{R}$ liegen schon auf Z, $\mathfrak{R}$ hat daher auf Z Berührungspunkte. Z ist kompakt.

$(U_j)_{j\in J}$ sei offene Überdeckung von $f(Z)$ in $(Y, \mathcal{O}_Y)$. Nach Satz 7.2.2. erhält man

$$f(Z) \subset \bigcup_{j\in J} U_j \;\Rightarrow\; Z \subset f^{-1}\big(f(Z)\big) \subset f^{-1}\big(\bigcup_{j\in J} U_j\big) = \bigcup_{j\in J} f^{-1}(U_j).$$

Da f stetig ist, sind die $f^{-1}(U_j), j\in J$, offen, d.h. $\big(f^{-1}(U_j)\big)_{j\in J}$ ist eine offene Überdeckung von Z. Da Z kompakt ist, gibt es eine endliche Teilmenge $J_0 \subset J$ mit

$$Z \subset \bigcup_{j\in J_0} f^{-1}(U_j), \quad \text{also} \quad f(Z) \subset f\big(\bigcup_{j\in J_0} f^{-1}(U_j)\big) = \bigcup_{j\in J_0} f\big(f^{-1}(U_j)\big) \subset \bigcup_{j\in J_0} U_j. \bullet$$

Speziell für metrische Räume gilt

Satz 9.2.2. *(X, d) sei ein metrischer Raum, $Z \subset X$. Dann gilt:*

$$Z \textit{ kompakt} \;\Rightarrow\; Z \textit{ beschränkt und abgeschlossen.}$$

Ist $X = \boldsymbol{R}$, d die gewöhnliche Metrik auf $\boldsymbol{R}$, so gilt:

$$Z \textit{ kompakt} \;\Leftrightarrow\; Z \textit{ beschränkt und abgeschlossen.}$$

Beweis. Es sei $Z \neq \emptyset$ und kompakt. Eine spezielle offene Überdeckung von Z ist $\big(U_1(x; d)\big)_{x\in Z}$. Daher gibt es eine endliche Teilmenge $Z_0 \subset Z$ so, daß $\big(U_1(x; d)\big)_{x\in Z_0}$ Überdeckung von Z ist. Da $Z \neq \emptyset$ ist, ist $Z_0 \neq \emptyset$. Wir können die Elemente von Z_0 durchnumerieren (Satz 4.5.2.), es sei $Z_0 = \{x_j \mid j \in \boldsymbol{N},\ j \leqq n\}$ mit passendem $n \in \boldsymbol{N}$. Nach Satz 7.8.1. ist

$$\delta(Z) \leqq \delta\left(\bigcup_{j=1}^{n} U_1(x_j; d)\right) \leqq \delta\left(\bigcup_{j=1}^{n-1} U_1(x_j; d)\right) + d(x_1, x_n) + \delta\big(U_1(x_n; d)\big),$$

da $d\left(\bigcup_{j=1}^{n-1} U_1(x_j; d), U_1(x_n; d)\right) \leqq d(x_1, x_n)$ für $n > 1$ ist. Vollständige Induktion liefert

$$\delta(Z) \leqq \sum_{j=2}^{n} d(x_1, x_j) + \sum_{j=1}^{n} \delta\big(U_1(x_j; d)\big) \leqq \sum_{j=2}^{n} d(x_1, x_j) + 2n < \infty.$$

Z ist nach Definition 7.8.1. beschränkt. Nach Satz 9.2.1. ist Z auch abgeschlossen. $\emptyset$ ist trivialerweise beschränkt und abgeschlossen.

Ist Z beschränkt, $Z \subset \boldsymbol{R}$, so gibt es ein $r \in \boldsymbol{R}$, $r > 0$, so, daß $Z \subset [-r, r]$ ist. $\boldsymbol{R} - Z$ ist offen in $\boldsymbol{R}$, wenn Z abgeschlossen ist, also nach Satz 7.7.1. auch offen in $\overline{\boldsymbol{R}}$. Daher ist $\overline{\boldsymbol{R}} - Z = (\boldsymbol{R} - Z) \cup [-\infty, -r[\, \cup\,]r, \infty]$ offen in $\overline{\boldsymbol{R}}$, d.h. Z abgeschlossen in $\overline{\boldsymbol{R}}$. Nach Satz 9.2.1. ist Z kompakt, da $\overline{\boldsymbol{R}}$ nach Hilfssatz 9.2.2. kompakt ist. $\bullet$

Hilfssatz 9.2.4. *Sind $(X_1, \mathcal{O}_1)$, $(X_2, \mathcal{O}_2)$ Hausdorffräume, $Z_1 \subset X_1$, $Z_2 \subset X_2$, so gilt, wenn man auf $X_1 \times X_2$ die Produkttopologie nimmt:*

$$Z_1 \times Z_2 \text{ kompakt} \;\Leftrightarrow\; Z_1 \text{ kompakt und } Z_2 \text{ kompakt.}$$

Beweis. Die Abbildungen $pr_1: X_1 \times X_2 \to X_1$, $pr_2: X_1 \times X_2 \to X_2$ sind nach Satz 6.5.2. stetig, und es ist $pr_1(Z_1 \times Z_2) = Z_1$, $pr_2(Z_1 \times Z_2) = Z_2$. Ist $Z_1 \times Z_2$ kompakt, so sind nach Satz 9.2.1. auch Z_1 und Z_2 kompakt.

Die Umkehrung ist schwieriger zu zeigen. Z_1 und Z_2 seien kompakt und $\mathfrak{R}$ ein Raster auf $Z_1 \times Z_2$. $pr_1(\mathfrak{R})$ ist Raster auf Z_1 und hat, da Z_1 kompakt ist, einen Berührungspunkt x_1 auf Z_1. Dann gilt

$$\begin{aligned} V \in \mathfrak{R},\; U_1 \in \mathfrak{B}(x_1, \mathcal{O}_1) \;&\Rightarrow\; \mathrm{pr}_1(V) \cap U_1 \neq \emptyset \;\Rightarrow\; V \cap (U_1 \times Z_2) \neq \emptyset \\ &\Rightarrow\; \mathrm{pr}_2\big(V \cap (U_1 \times Z_2)\big) \neq \emptyset. \end{aligned}$$

Daher ist

$$\mathfrak{U} = \{pr_2\big(V \cap (U_1 \times Z_2)\big) \mid V \in \mathfrak{R},\; U_1 \in \mathfrak{B}(x_1, \mathcal{O}_1)\} \neq \emptyset$$

und $\emptyset \notin \mathfrak{U}$. Die Elemente von $\mathfrak{U}$ sind Teilmengen von Z_2. Zu $pr_2\big(V \cap (U_1 \times Z_2)\big)$, $pr_2\big(\tilde{V} \cap (\tilde{U}_1 \times Z_2)\big) \in \mathfrak{U}$ gibt es ein $U_1^* \in \mathfrak{B}(x_1, \mathcal{O}_1)$ und ein $V^* \in \mathfrak{R}$ mit

$$V^* \subset V \cap \tilde{V},\; U_1^* \subset U_1 \cap \tilde{U}_1, \quad \text{also} \quad V^* \cap (U_1^* \times Z_2) \subset V \cap (U_1 \times Z_2) \cap \tilde{V} \cap (\tilde{U}_1 \times Z_2).$$

Das ergibt

$$\mathrm{pr}_2\big(V^* \cap (U_1^* \times Z_2)\big) \subset \mathrm{pr}_2\big(V \cap (U_1 \times Z_2)\big) \cap \mathrm{pr}_2\big(\tilde{V} \cap (\tilde{U}_1 \times Z_2)\big).$$

$\mathfrak{U}$ ist deshalb Raster auf Z_2, hat also einen Berührungspunkt x_2 in Z_2. U sei jetzt Umgebung von (x_1, x_2) und $V \in \mathfrak{R}$. Dann gibt es Umgebungen U_1 von x_1 in $(X_1, \mathcal{O}_1)$ und U_2 von x_2 in $(X_2, \mathcal{O}_2)$ mit $(x_1, x_2) \in U_1 \times U_2 \subset U$. Wegen $U_1 \in \mathfrak{B}(x_1; \mathcal{O}_1)$ ist $pr_2\big(V \cap (U_1 \times Z_2)\big) \in \mathfrak{U}$. Da x_2 Berührungspunkt von $\mathfrak{U}$ ist, ist

$$pr_2\big(V \cap (U_1 \times Z_2)\big) \cap U_2 \neq \emptyset.$$

Es sei $(z_1, z_2) \in V \cap (U_1 \times Z_2)$ und $z_2 = pr_2(z_1, z_2) \in U_2$. Dann ist $z_1 \in U_1$, $z_2 \in U_2$, d.h. $(z_1, z_2) \in U_1 \times U_2 \subset U$ und außerdem $(z_1, z_2) \in V$. Daher ist $V \cap U \neq \emptyset$. (x_1, x_2) ist Berührungspunkt von $\mathfrak{R}$ in $Z_1 \times Z_2$. ●

Aus Satz 9.2.2. und Hilfssatz 9.2.4. kann man eine Reihe von Folgerungen ziehen.

Satz 9.2.3. *(Heine-Borelscher Überdeckungssatz.) Ist $Z \subset \boldsymbol{R}$, Z beschränkt und abgeschlossen, so enthält jede offene Überdeckung von Z eine endliche Überdeckung.*

Beweis. Nach Satz 9.2.2. ist Z kompakt, man kann also Hilfssatz 9.2.3. anwenden. ●

Satz 9.2.4. $(X, \mathcal{O})$ *sei ein Hausdorffraum, $f: X \to \boldsymbol{R}$ stetig und $Z \subset X$. Dann gilt*

$$Z \neq \emptyset,\; Z \text{ kompakt} \;\Rightarrow\; \min f(Z),\; \max f(Z) \text{ existieren,}$$

d.h., eine stetige Abbildung in $\boldsymbol{R}$ *hinein hat auf jedem nicht-leeren Kompaktum ein Minimum und ein Maximum.*

Beweis. Nach Satz 9.2.1. ist $f(Z)$ kompakt, also nach Satz 9.2.1. in $\bar{\boldsymbol{R}}$ abgeschlossen und hat nach Hilfssatz 8.3.2. ein kleinstes und ein größtes Element. ●

Satz 9.2.5. (X_1, d_1), (X_2, d_2) *seien metrische Räume, und für jedes* $Z_j \subset X_j$, $j=1,2$, *sei*

$$Z_j \text{ kompakt} \quad \Leftrightarrow \quad Z_j \text{ beschränkt und abgeschlossen.}$$

Dann gilt auch für jede der drei Metriken aus Satz 6.2.1. für jedes $Z \subset X_1 \times X_2$

$$Z \text{ kompakt} \quad \Leftrightarrow \quad Z \text{ beschränkt und abgeschlossen.}$$

Beweis. Nach Satz 9.2.2. gilt für jeden metrischen Raum

$$Z \text{ kompakt} \quad \Rightarrow \quad Z \text{ beschränkt und abgeschlossen.}$$

Z sei beschränkt und abgeschlossen. Ist $Z \neq \emptyset$, so sei r der Durchmesser von Z und a der Abstand eines Punktes von Z von $(0,0)$. Dann ist $Z \subset U_{r+a+1}((0,0))$. Ist der Abstand eines Punktes (x_1, x_2) von $(0, 0)$ kleiner als $r+a+1$, so ist in jeder der drei Metriken von Satz 6.2.1.

$$d_1(x_1, 0) < r+a+1, \quad d_2(x_2, 0) < r+a+1,$$

und daher

$$Z \subset U_{r+a+1}((0,0)) \subset \hat{U}_{r+a+1}(0; d_1) \times \hat{U}_{r+a+1}(0; d_2).$$

$\hat{U}_{r+a+1}(0; d_j) = \{x | x \in X_j,\ d_j(0, x) \leqq r+a+1\}$ ist aber beschränkt und abgeschlossen, also kompakt; nach Hilfssatz 9.2.4. ist das Kreuzprodukt kompakt und nach Satz 9.2.1. Z als abgeschlossene Untermenge einer kompakten Menge ebenfalls kompakt. ●

Ein Beispiel gibt

Hilfssatz 9.2.5. *Nimmt man auf* $\boldsymbol{C}$ *die gewöhnliche Metrik, so gilt für* $Z \subset \boldsymbol{C}$:

$$Z \text{ kompakt} \quad \Leftrightarrow \quad Z \text{ beschränkt und abgeschlossen.}$$

Beweis. Als metrischer Raum ist $\boldsymbol{C}$ gerade $\boldsymbol{R} \times \boldsymbol{R}$ mit der Metrik d aus Satz 6.2.1. (nach der Definition des Absolutbetrages auf $\boldsymbol{C}$ aus Satz 6.1.2.). ●

9.3. Iterierte Grenzwerte

Beispiel 9.3.1. In 8.9. hatten wir für jedes $x \in \boldsymbol{R}$ und jedes $n \in \boldsymbol{N}$ definiert

$$g(n, x) := \left(1 + \frac{x}{n}\right)^n$$

und zunächst für festes x die Folge $G_x := (g(n, x))_{n \in \boldsymbol{N}}$ untersucht. Nach Hilfssatz 8.9.1. existiert für jedes $x \in \boldsymbol{R}$

$$\exp(x) := \lim_{\boldsymbol{E}} G_x = \lim_{n \to \infty} g(n, x),$$

und nach (3) Satz 8.9.1. ist

$$\lim_{y \to x} \exp(y) = \exp(x), \quad \text{also} \quad \lim_{y \to x} \big(\lim_{n \to \infty} g(n, y)\big) = \exp(x).$$

Man kann aber natürlich auch für festes $n \in \boldsymbol{N}$ zuerst die Familie $F_n := (g(n, x))_{x \in \boldsymbol{R}}$ untersuchen. F_n ist ein Polynom (Definition 6.6.1.). Daher ist nach Satz 6.6.3. die Abbildung $f_n := (\boldsymbol{R}, \boldsymbol{R}, F_n)$ stetig. Nach Satz 8.5.4. gilt infolgedessen für jedes $x \in \boldsymbol{R}$

$$\lim_{y \to x} g(n, y) = \lim_{y \to x} F_n(y) = \lim_{y \to x} f_n(y) = f_n(x) = g(n, x)$$

und damit

$$\lim_{n \to \infty} \big(\lim_{y \to x} g(n, y)\big) = \lim_{n \to \infty} g(n, x) = \exp(x).$$

Es ist also gleichgültig, in welcher Reihenfolge man die Grenzwerte ausrechnet, man erhält dasselbe Ergebnis. Daß das nicht immer so zu sein braucht, zeigt

Beispiel 9.3.2. Für alle $n, m \in \boldsymbol{N}$ sei

$$h(n, m) := \frac{m}{m+n}.$$

Nach den Rechenregeln für Grenzwerte (8.6.) erhält man (unter Benutzung von Beispiel 8.7.1.)

$$\lim_{m \to \infty} h(n, m) = \lim_{m \to \infty} \frac{m}{m+n} = \lim_{m \to \infty} \frac{1}{1 + n \cdot \frac{1}{m}} = \frac{1}{1 + n \cdot 0} = 1,$$

$$\lim_{n \to \infty} h(n, m) = \lim_{n \to \infty} \frac{m}{m+n} = \lim_{n \to \infty} \frac{1}{n} \frac{m}{m \cdot \frac{1}{n} + 1} = 0 \cdot \frac{m}{m \cdot 0 + 1} = 0,$$

also

$$\lim_{n \to \infty} \big(\lim_{m \to \infty} h(n, m)\big) = 1, \quad \lim_{m \to \infty} \big(\lim_{n \to \infty} h(n, m)\big) = 0. \bullet$$

In beiden Fällen hat man eine Funktion F, deren Definitionsbereich ein Kreuzprodukt ist, also $F = (F(x_1, x_2))_{(x_1, x_2) \in X_1 \times X_2}$. Zu jedem $x_1 \in X_1$ ist dann $(F(x_1, x_2))_{x_2 \in X_2}$ eine Funktion mit X_2 als Definitionsbereich und zu jedem $x_2 \in X_2$ ist $(F(x_1, x_2))_{x_1 \in X_1}$ eine Funktion mit X_1 als Definitionsbereich. Liegen die Funktionswerte alle in einem Hausdorffraum $(Y, \mathcal{O}_Y)$ und ist $\mathfrak{R}_1$ Raster in X_1, $\mathfrak{R}_2$ Raster in X_2, so erhält man, falls die Grenzwerte

$$G(x_1) := \lim_{x_2, \mathfrak{R}_2} F(x_1, x_2) \text{ für } x_1 \in X_1, \quad H(x_2) := \lim_{x_1, \mathfrak{R}_1} F(x_1, x_2) \text{ für } x_2 \in X_2$$

existieren, zwei Funktionen G mit $\mathscr{D}(G)=X_1$ und H mit $\mathscr{D}(H)=X_2$ und kann

$$\lim_{\mathfrak{R}_1} G = \lim_{x_1, \mathfrak{R}_1} G(x_1), \quad \lim_{\mathfrak{R}_2} H = \lim_{x_2, \mathfrak{R}_2} H(x_2)$$

bilden. Existieren diese Grenzwerte, so hat man (für die Bezeichnungsweise s. Anmerkung 8.5.2.)

$$\lim_{x_1, \mathfrak{R}_1} G(x_1) = \lim_{x_1, \mathfrak{R}_1} \bigl(\lim_{x_2, \mathfrak{R}_2} F(x_1, x_2)\bigr), \quad \lim_{x_2, \mathfrak{R}_2} H(x_2) = \lim_{x_2, \mathfrak{R}_2} \bigl(\lim_{x_1, \mathfrak{R}_1} F(x_1, x_2)\bigr),$$

d.h. zwei iterierte Grenzwerte. Wie Beispiel 9.3.2. zeigt, kann es durchaus vorkommen, daß beide iterierte Grenzwerte existieren, aber verschieden sind.

Es ist unzweckmäßig, sich auf den Fall zu beschränken, daß der Definitionsbereich von F ein volles Kreuzprodukt $X_1 \times X_2$ ist. Man muß auch zulassen, daß $\mathscr{D}(F)$ nur Teilmenge von $X_1 \times X_2$, aber selbst kein Kreuzprodukt ist. Bei der Einschränkung auf ein festes $x_1 \in X_1$ erhält man dann eine Funktion, deren Definitionsbereich nicht mehr ganz X_2 zu sein braucht.

Definition 9.3.1. *X_1, X_2 seien Mengen, $Z \subset X_1 \times X_2$. Zu jedem $x_1 \in X_1$ definiert man den Schnitt durch Z an der Stelle x_1 von X_1 durch*

$$\sigma(x_1; Z) := (\{x_1\} \times X_2) \cap Z = \{(x_1, x_2) | x_2 \in X_2,\ (x_1, x_2) \in Z\}$$

und entsprechend den Schnitt durch Z an der Stelle x_2 von X_2 durch

$$\sigma(Z; x_2) := Z \cap (X_1 \times \{x_2\}) = \{(x_1, x_2) | x_1 \in X_1,\ (x_1, x_2) \in Z\}.$$

Man setzt

$$Z_{x_1}^{(2)} := \mathrm{pr}_2\bigl(\sigma(x_1; Z)\bigr) = \{x_2 | x_2 \in X_2.\ (x_1, x_2) \in Z\},$$

$$Z_{x_2}^{(1)} := \mathrm{pr}_1\bigl(\sigma(Z; x_2)\bigr) = \{x_1 | x_1 \in X_1,\ (x_1, x_2) \in Z\}.$$

Hilfssatz 9.3.1. *X_1, X_2 seien Mengen, $Z \subset X_1 \times X_2$. Zu $x_1 \in X_1$, $x_2 \in X_2$ sind*

$$p_{x_1}^{(2)} : \sigma(x_1; Z) \to Z_{x_1}^{(2)}, \textit{ definiert durch } p_{x_1}^{(2)}(x_1, x_2) := x_2,$$

$$p_{x_2}^{(1)} : \sigma(Z; x_2) \to Z_{x_2}^{(1)}, \textit{ definiert durch } p_{x_2}^{(1)}(x_1, x_2) := x_1,$$

bijektiv. Für $V_1 \subset X_1$, $V_2 \subset X_2$ *gilt:*

$$\mathrm{pr}_2\bigl((\{x_1\} \times V_2) \cap Z\bigr) = V_2 \cap Z_{x_1}^{(2)}, \quad \mathrm{pr}_1\bigl(Z \cap (V_1 \times \{x_2\})\bigr) = Z_{x_2}^{(1)} \cap V_1.$$

Ist $Z = X_1 \times X_2$, so ist

$$\sigma(x_1; Z) = \{x_1\} \times X_2,\ Z_{x_1}^{(2)} = X_2 \quad \textit{und} \quad \sigma(Z; x_2) = X_1 \times \{x_2\},\ Z_{x_2}^{(1)} = X_1.$$

Sind $(X_1, \mathcal{O}_{X_1})$, $(X_2, \mathcal{O}_{X_2})$ topologische Räume und verwendet man auf $X_1 \times X_2$ die Produkttopologie, so sind $p_{x_1}^{(2)}$ und $p_{x_2}^{(1)}$ topologische Abbildungen.

Beweis.

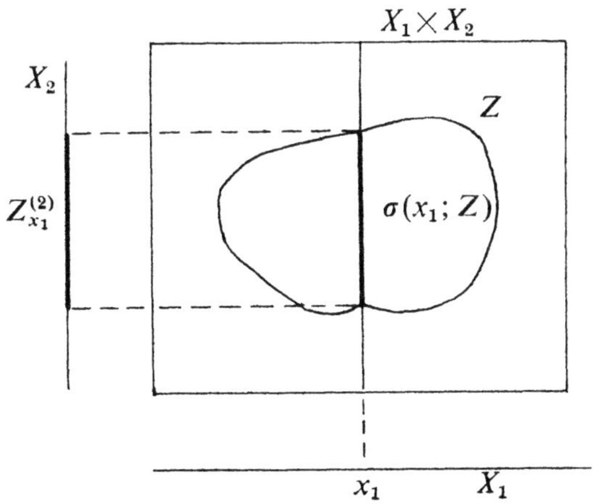

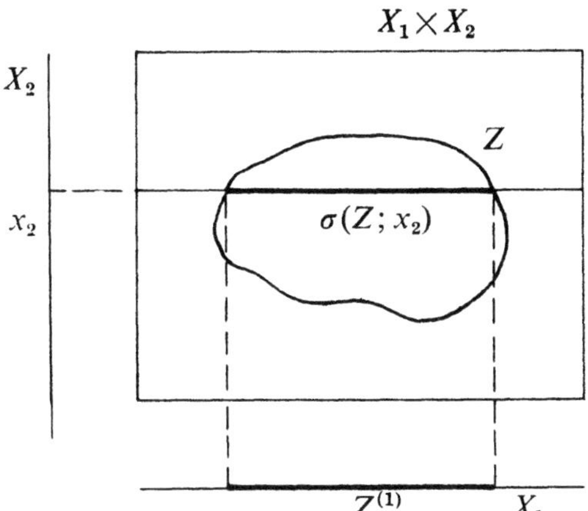

Wir beweisen zunächst die letzte Behauptung. Nach Satz 6.5.2. ist pr_2 stetig und offen. $pr_2|\{x_1\} \times X_2$ ist offensichtlich bijektiv und nach Satz 7.6.6. stetig. Diese Abbildung ist aber auch offen. Ist nämlich $W \subset \{x_1\} \times X_2$ offen, so gibt es nach der Definition der Topologie auf dem Unterraum $\{x_1\} \times X_2$ von $X_1 \times X_2$ (Satz 7.6.1.) eine offene Menge U von $X_1 \times X_2$ mit $W = (\{x_1\} \times X_2) \cap U$. Ist $(x_1, x_2) \in W \subset U$, so gibt es nach der Definition der Produkttopologie (Definition 6.5.1.) offene Mengen U_1 aus X_1 und U_2 aus X_2 mit $(x_1, x_2) \in U_1 \times U_2 \subset U$, also $(x_1, x_2) \in \{x_1\} \times U_2 \subset U \cap$

$\cap(\{x_1\}\times X_2)=W$. Damit ist $x_2 = pr_2(x_1, x_2)\in U_2\subset pr_2(W)$. $pr_2(x_1, x_2)$ ist innerer Punkt von $pr_2(W)$. Das zeigt aber, daß $pr_2(W)$ offen ist. Daher ist

$$pr_2|\{x_1\}\times X_2\colon \{x_1\}\times X_2\to X_2 \text{ topologisch.}$$

Da $\sigma(x_1; Z)\subset\{x_1\}\times X_2$, $Z_{x_1}^{(2)}=pr_2(\sigma(x_1; Z))$ und $p_{x_1}^{(2)}(x_1, x_2) = pr_2(x_1, x_2)$ für alle $(x_1, x_2)\in\sigma(x_1; Z)$ ist, ist $p_{x_1}^{(2)}$ bijektiv und nach Satz 7.6.6. auch stetig. Entsprechend ist $(p_{x_1}^{(2)})^{-1}$ bijektiv und nach Satz 7.6.6. stetig. Daher ist $p_{x_1}^{(2)}$ bijektiv, stetig und offen, d.h. topologisch.

Genau so erhält man, daß $p_{x_2}^{(1)}$ topologisch ist.

Die restlichen Behauptungen von Hilfssatz 9.3.1. ergeben sich unmittelbar aus den Definitionen. ●

Hilfssatz 9.3.2. *X_1, X_2 seien Mengen, $\mathfrak{R}_1$ Raster auf X_1, $\mathfrak{R}_2$ Raster auf X_2. Dann ist*

$$\mathfrak{R}_1\times\mathfrak{R}_2 := \{V_1\times V_2 | V_1\in\mathfrak{R}_1,\ V_2\in\mathfrak{R}_2\}$$

Raster auf $X_1\times X_2$. Es sei $Z\subset X_1\times X_2$ und $W_1\subset X_1$. Ist $\mathfrak{R}_1|W_1$ Raster und für jedes $x_1\in W_1$ auch $\mathfrak{R}_2|Z_{x_1}^{(2)}$ Raster, so ist $(\mathfrak{R}_1\times\mathfrak{R}_2)|Z$ Raster. Die analoge Aussage gilt für $W_2\subset X_2$.

Beweis. Da $\mathfrak{R}_1\neq\emptyset$, $\mathfrak{R}_2\neq\emptyset$ ist, ist auch $\mathfrak{R}_1\times\mathfrak{R}_2 \neq \emptyset$. Außerdem gilt

$$V_1\in\mathfrak{R}_1,\ V_2\in\mathfrak{R}_2 \ \Rightarrow\ V_1\neq\emptyset,\ V_2\neq\emptyset \ \Rightarrow\ V_1\times V_2\neq\emptyset.$$

Daher ist $\emptyset\notin\mathfrak{R}_1\times\mathfrak{R}_2$.

Sind $U_1\times U_2$, $V_1\times V_2\in\mathfrak{R}_1\times\mathfrak{R}_2$, so gibt es $W_1\in\mathfrak{R}_1$, $W_2\in\mathfrak{R}_2$ mit $W_1\subset U_1\cap V_1$ und $W_2\subset U_2\cap V_2$, also $W_1\times W_2\subset(U_1\times U_2)\cap(V_1\times V_2)$. $\mathfrak{R}_1\times\mathfrak{R}_2$ ist Raster.

Es sei $V_1\times V_2\in\mathfrak{R}_1\times\mathfrak{R}_2$. Ist $\mathfrak{R}_1|W_1$ Raster, so ist $V_1\cap W_1\neq\emptyset$, d.h., es gibt ein $x_1\in V_1\cap W_1$. Ist $\mathfrak{R}_2|Z_{x_1}^{(2)}$ Raster, so ist $V_2\cap Z_{x_1}^{(2)}\neq\emptyset$, es gibt daher ein $x_2\in V_2\cap Z_{x_1}^{(2)}$. Da $x_2\in Z_{x_1}^{(2)}$ ist, ist $(x_1, x_2)\in Z$. Dann ist $(x_1, x_2)\in(V_1\times V_2)\cap Z$, d.h. $(V_1\times V_2)\cap Z\neq\emptyset$. $(\mathfrak{R}_1\times\mathfrak{R}_2)|Z$ ist Raster. ●

Ist $Z\subset X_1\times X_2$, $(Y, \mathcal{O}_Y)$ Hausdorffraum, und will man für eine Funktion F mit $\mathcal{D}(F)=Z$, $\mathcal{W}(F)\subset Y$ oder für die zugehörige Abbildung

$$f=(Z, Y, F)\colon Z\to Y$$

die iterierten Grenzwerte bezüglich zweier Raster $\mathfrak{R}_1$ auf X_1 und $\mathfrak{R}_2$ auf X_2 vergleichen, wie es im Anschluß an die Beispiele 9.3.1. und 9.3.2. erläutert wurde (dort für $Z = X_1\times X_2$), so muß man natürlich die Existenz der Grenzwerte voraussetzen. Einfacher liegen die Verhältnisse, wenn $(Y, \mathcal{O}_Y)$ Unterraum von $\overline{\boldsymbol{R}}$ ist, da man in $\overline{\boldsymbol{R}}$ auf jeden Fall Limes inferior und Limes superior bilden kann.

Satz 9.3.1. *X_1, X_2 seien Mengen, $Z \subset X_1 \times X_2$, $\mathfrak{R}_1$ Raster auf X_1, $\mathfrak{R}_2$ Raster auf X_2 und $f: Z \to Y$, $Y \subset \bar{\mathbf{R}}$. Ist $W_1 \subset X_1$, $\mathfrak{R}_1 | W_1$ Raster und für jedes $x_1 \in W_1$ auch $\mathfrak{R}_2 | Z^{(2)}_{x_1}$ Raster, so gilt*

$$\underline{\lim}_{(\mathfrak{R}_1 \times \mathfrak{R}_2)|Z} f \leqq \underline{\lim}_{x_1, \mathfrak{R}_1|W_1} \big(\underline{\lim}_{x_2, \mathfrak{R}_2|Z^{(2)}_{x_1}} f(x_1, x_2)\big) \leqq \overline{\lim}_{x_1, \mathfrak{R}_1|W_1} \big(\overline{\lim}_{x_2, \mathfrak{R}_2|Z^{(2)}_{x_1}} f(x_1, x_2)\big) \leqq \overline{\lim}_{(\mathfrak{R}_1 \times \mathfrak{R}_2)|Z} f.$$

Existiert $\lim_{(\mathfrak{R}_1 \times \mathfrak{R}_2)|Z} f$, *so ist*

$$\lim_{x_1, \mathfrak{R}_1|W} \big(\underline{\lim}_{x_2, \mathfrak{R}_2|Z^{(2)}_{x_1}} f(x_1, x_2)\big) = \lim_{x_1, \mathfrak{R}_1|W_1} \big(\overline{\lim}_{x_2, \mathfrak{R}_2|Z^{(2)}_{x_1}} f(x_1, x_2)\big) = \lim_{(\mathfrak{R}_1 \times \mathfrak{R}_2)|Z} f.$$

Die analoge Aussage gilt für $W_2 \subset X_2$, falls $\mathfrak{R}_2 | W_2$ Raster und für jedes $x_2 \in W_2$ auch $\mathfrak{R}_1 | Z^{(1)}_{x_2}$ Raster ist.

Beweis. Wir benutzen Satz 8.7.1. Ist $s \in \bar{S}(f; (\mathfrak{R}_1 \times \mathfrak{R}_2)|Z)$, so gibt es ein $V_1 \times V_2 \in \mathfrak{R}_1 \times \mathfrak{R}_2$ so, daß s obere Schranke für $f((V_1 \times V_2) \cap Z)$ ist. Es sei $x_1 \in V_1 \cap W_1$. Ist dann $x_2 \in V_2 \cap Z^{(2)}_{x_1}$, so ist $(x_1, x_2) \in V_1 \times V_2$ und $(x_1, x_2) \in Z$, also $f(x_1, x_2) \leqq s$. Daher gilt

$$x_1 \in V_1 \cap W_1 \quad \Rightarrow \quad f(x_1, x_2) \leqq s \text{ für alle } x_2 \in V_2 \cap Z^{(2)}_{x_1} \quad \Rightarrow \quad \overline{\lim}_{x_2, \mathfrak{R}_2|Z^{(2)}_{x_1}} f(x_1, x_2) \leqq s.$$

Das ergibt

$$\overline{\lim}_{x_1, \mathfrak{R}_1|W_1} \big(\overline{\lim}_{x_2, \mathfrak{R}_2|Z^{(2)}_{x_1}} f(x_1, x_2)\big) \leqq s.$$

Dieser iterierte Grenzwert ist somit untere Schranke von $\bar{S}(f; (\mathfrak{R}_1 \times \mathfrak{R}_2)|Z)$, d.h., es ist

$$\overline{\lim}_{x_1, \mathfrak{R}_1|W_1} \big(\overline{\lim}_{x_2, \mathfrak{R}_2|Z^{(2)}_{x_1}} f(x_1, x_2)\big) \leqq \inf \bar{S}(f; (\mathfrak{R}_1 \times \mathfrak{R}_2)|Z) = \overline{\lim}_{(\mathfrak{R}_1 \times \mathfrak{R}_2)|Z} f.$$

Genauso ergibt sich

$$\underline{\lim}_{(\mathfrak{R}_1 \times \mathfrak{R}_2)|Z} f \leqq \underline{\lim}_{x_1, \mathfrak{R}_1|W_1} \big(\underline{\lim}_{x_2, \mathfrak{R}_2|Z^{(2)}_{x_1}} f(x_1, x_2)\big).$$

Der iterierte Limes inferior ist trivialerweise höchstens gleich dem iterierten Limes superior.

Existiert $\lim_{(\mathfrak{R}_1 \times \mathfrak{R}_2)|Z} f$, so ist $\underline{\lim}_{(\mathfrak{R}_1 \times \mathfrak{R}_2)|Z} f = \overline{\lim}_{(\mathfrak{R}_1 \times \mathfrak{R}_2)|Z} f$, es muß also an jeder Stelle das Gleichheitszeichen gelten. Nun ist

$$\underline{\lim}_{x_1, \mathfrak{R}_1|W_1} \big(\underline{\lim}_{x_2, \mathfrak{R}_2|Z^{(2)}_{x_1}} f(x_1, x_2)\big) \leqq \underline{\lim}_{x_1, \mathfrak{R}_1|W_1} \big(\overline{\lim}_{x_2, \mathfrak{R}_2|Z^{(2)}_{x_1}} f(x_1, x_2)\big) \leqq \overline{\lim}_{x_1, \mathfrak{R}_1|W_1} \big(\overline{\lim}_{x_2, \mathfrak{R}_2|Z^{(2)}_{x_1}} f(x_1, x_2)\big).$$

Existiert $\lim_{(\mathfrak{R}_1 \times \mathfrak{R}_2)|Z} f$, so müssen auch hier die Gleichheitszeichen gelten, da dann der linksstehende iterierte Grenzwert gleich dem rechtsstehenden ist. Vergleicht man den mittleren Ausdruck mit dem Ausdruck auf der rechten Seite, so erhält man

$$\underline{\lim}_{x_1, \mathfrak{R}_1|W_1} \Big(\overline{\lim}_{x_2, \mathfrak{R}_2|Z^{(2)}_{x_1}} f(x_1, x_2)\Big) = \overline{\lim}_{x_1, \mathfrak{R}_1|W_1} \Big(\overline{\lim}_{x_2, \mathfrak{R}_2|Z^{(2)}_{x_1}} f(x_1, x_2)\Big) = \lim_{(\mathfrak{R}_1\times\mathfrak{R}_2)|Z} f.$$

Genauso ergibt sich

$$\lim_{x_1, \mathfrak{R}_1|W_1} \Big(\underline{\lim}_{x_2, \mathfrak{R}_2|Z^{(2)}_{x_1}} f(x_1, x_2)\Big) = \lim_{(\mathfrak{R}_1\times\mathfrak{R}_2)|Z} f. \bullet$$

Hilfssatz 9.3.3. *$(X_1, \mathcal{O}_1)$, $(X_2, \mathcal{O}_2)$ seien Hausdorffräume, $\mathfrak{R}_1$ Raster auf X_1, $\mathfrak{R}_2$ Raster auf X_2, $(x_1, x_2) \in X_1 \times X_2$, und $\mathfrak{R}_1$, $\mathfrak{B}_0(x_1)$ sowie $\mathfrak{R}_2$, $\mathfrak{B}_0(x_2)$ seien gleich fein. Dann sind*

$$\mathfrak{R}_1\times\mathfrak{R}_2, \quad \mathfrak{B}_0(x_1)\times\mathfrak{B}_0(x_2) \ \textit{gleich fein}, \quad \mathfrak{R}_1\times\mathfrak{R}_2 \gg \mathfrak{B}_0\big((x_1, x_2)\big).$$

Ist $(Y, \mathcal{O}_Y)$ Hausdorffraum, $Z \subset X_1 \times X_2$, $f: Z \to Y$, so verwendet man die Bezeichnung

$$\lim_{\substack{y_1\to x_1\\ y_2\to x_2}} f(y_1, y_2) := \lim_{(\mathfrak{B}_0(x_1)\times\mathfrak{B}_0(x_2))|Z} f = \lim_{(\mathfrak{R}_1\times\mathfrak{R}_2)|Z} f,$$

falls der Grenzwert existiert. Es gilt

$$\lim_{(y_1, y_2)\to(x_1, x_2)} f(y_1, y_2) \ \textit{existiert} \ \Rightarrow \ \lim_{\substack{y_1\to x_1\\ y_2\to x_2}} f(y_1, y_2) = \lim_{(y_1, y_2)\to(x_1, x_2)} f(y_1, y_2).$$

(Man beachte für den Sonderfall der natürlichen Zahlen, daß $\mathbf{E} = \mathfrak{B}|N$ mit einer passenden Umgebungsbasis $\mathfrak{B}$ von ∞ in $\bar{\boldsymbol{R}}$ ist; $\mathfrak{B}$, $\mathfrak{B}(\infty)$ sind gleich fein!)

Beweis. Daß $\mathfrak{R}_1\times\mathfrak{R}_2$, $\mathfrak{B}_0(x_1)\times\mathfrak{B}_0(x_2)$ gleich fein sind, ist trivial. Nach der Definition der Produkttopologie gibt es zu jeder Umgebung V von (x_1, x_2) Umgebungen V_1 von x_1 und V_2 von x_2 mit $V_1 \times V_2 \subset V$. Wegen

$$(V_1 - \{x_1\})\times(V_2 - \{x_2\}) \subset V_1\times V_2 - \{(x_1, x_2)\} \subset V - \{(x_1, x_2)\}$$

ist mit $\mathfrak{B}_0(x_1)$, $\mathfrak{B}_0(x_2)$ auch $\mathfrak{B}_0\big((x_1, x_2)\big)$ Raster (d.h., (x_1, x_2) ist kein isolierter Punkt), und es ist

$$\mathfrak{B}_0(x_1)\times\mathfrak{B}_0(x_2) \gg \mathfrak{B}_0\big((x_1, x_2)\big), \quad \text{also} \quad \mathfrak{R}_1\times\mathfrak{R}_2 \gg \mathfrak{B}_0\big((x_1, x_2)\big).$$

Natürlich ist $(\mathfrak{B}_0(x_1)\times\mathfrak{B}_0(x_2))|Z$ genau dann wieder Raster, wenn $(\mathfrak{R}_1\times\mathfrak{R}_2)|Z$ Raster ist, beide Raster sind gleich fein. Wegen $(\mathfrak{R}_1\times\mathfrak{R}_2)|Z \gg \mathfrak{B}_0\big((x_1, x_2)\big)|Z$ folgt nach Satz 8.5.3. unmittelbar auch die letzte Behauptung. $\bullet$

Anmerkung 9.3.1. Aus der Existenz von $\lim_{\substack{y_1\to x_1\\ y_2\to x_2}} f(y_1, y_2)$ in Hilfssatz 9.3.3. kann man natürlich im allgemeinen nicht auf die Existenz von $\lim_{(y_1,y_2)\to(x_1,x_2)} f(y_1, y_2)$ schließen, da

$$(V_1-\{x_1\})\times(V_2-\{x_2\}) = V_1\times V_2-(\{x_1\}\times V_2)\cup(V_1\times\{x_2\})$$

ist und daher hier alle Punkte (y_1, y_2) mit $y_1=x_1$ oder $y_2=x_2$ außer Betracht bleiben und nicht nur, wie bei $\mathfrak{B}_0(x_1, x_2)$, der Punkt (x_1, x_2) selbst. ●

In Satz 9.3.1. kann man aus der Existenz von $\lim_{(\mathfrak{N}_1\times\mathfrak{N}_2)|Z} f$ im allgemeinen nicht auf die Existenz von $\lim_{x_2,\mathfrak{N}_2|Z^{(2)}_{x_1}} f(x_1, x_2)$ für ein x_1 schließen. Das zeigt

Beispiel 9.3.3. Für $n, m\in N$ sei

$$f(n, m) := \frac{(-1)^n}{m}+\frac{(-1)^m}{n}.$$

Ist $k\in N$, so ist für $(n, m)\in E_k\times E_k$, d.h. $n\geqq k$, $m\geqq k$,

$$|f(n, m)| = \left|\frac{(-1)^n}{m}+\frac{(-1)^m}{n}\right| \leqq \left|\frac{(-1)^n}{m}\right|+\left|\frac{(-1)^m}{n}\right| = \frac{1}{m}+\frac{1}{n} \leqq \frac{2}{k},$$

also $-\frac{2}{k} \leqq f(n, m) \leqq \frac{2}{k}$. Daher ist

$$-\frac{2}{k} \leqq \varliminf_{E\times E} f \leqq \varlimsup_{E\times E} f \leqq \frac{2}{k} \quad \text{für jedes} \quad k\in N.$$

Das liefert natürlich

$$\varliminf_{E\times E} f = \varlimsup_{E\times E} f = 0, \quad \lim_{\substack{n\to\infty\\ m\to\infty}} f(n, m) = \lim_{E\times E} f = 0.$$

Nach Satz 8.7.2., Satz 8.7.7. und Beispiel 8.7.1. erhält man aber

$$\varliminf_{m\to\infty} f(n, m) = \lim_{m\to\infty} \frac{(-1)^n}{m} + \varliminf_{m\to\infty} \frac{(-1)^m}{n} = 0+\frac{1}{n} \varliminf_{m\to\infty} (-1)^m = -\frac{1}{n}$$

und genau so

$$\varlimsup_{m\to\infty} f(n, m) = \frac{1}{n} \neq \varliminf_{m\to\infty} f(n, m).$$

Selbstverständlich ist (nach Satz 9.3.1. oder auch unmittelbar ersichtlich)

$$\lim_{n\to\infty} \bigl(\varliminf_{m\to\infty} f(n, m)\bigr) = \lim_{n\to\infty} \bigl(\varlimsup_{m\to\infty} f(n, m)\bigr) = \lim_{\substack{n\to\infty\\ m\to\infty}} f(n, m) = 0. \text{ ●}$$

Will man Satz 9.3.1. auf den Fall übertragen, daß Y nicht mehr Untermenge von $\overline{\boldsymbol{R}}$, sondern nur, mit einer Topologie versehen, Hausdorffraum ist, so hat man nicht mehr Limes inferior und Limes superior zur Verfügung. Ist aber (Y, d) metrischer Raum, so kann man nach Satz 8.6.1. die Existenz eines Grenzwertes einer Abbildung $f: Z \to Y$ auf die Existenz eines Grenzwertes der Abbildung $\tilde{d}_z \circ f: Z \to \boldsymbol{R}$, z passend in Y, zurückführen und Satz 9.3.1. verwenden.

Satz 9.3.2. *X_1, X_2 seien Mengen, $Z \subset X_1 \times X_2$, (Y, d) ein metrischer Raum und $f: Z \to Y$. $\mathfrak{R}_1$ sei Raster auf X_1, $\mathfrak{R}_2$ Raster auf X_2. Es sei $W_1 \subset X_1$, $\mathfrak{R}_1|W_1$ Raster und für jedes $x_1 \in W_1$ auch $\mathfrak{R}_2|Z_{x_1}^{(2)}$ Raster. Existieren*

$$\lim_{(\mathfrak{R}_1 \times \mathfrak{R}_2)|Z} f, \qquad \lim_{x_2, \mathfrak{R}_2|Z_{x_1}^{(2)}} f(x_1, x_2) \text{ für jedes } x_1 \in W_1,$$

so ist

$$\lim_{x_1, \mathfrak{R}_1|W_1} \Big(\lim_{x_2, \mathfrak{R}_2|Z_{x_1}^{(2)}} f(x_1, x_2)\Big) = \lim_{(\mathfrak{R}_1 \times \mathfrak{R}_2)|Z} f.$$

Beweis. Es sei

$$\lim_{(\mathfrak{R}_1 \times \mathfrak{R}_2)|Z} f = z, \quad g(x_1) := \lim_{x_2, \mathfrak{R}_2|Z_{x_1}^{(2)}} f(x_1, x_2) \text{ für jedes } x_1 \in W_1.$$

Wie in Satz 8.6.1. sei $\tilde{d}_z(y) = d(y, z)$ für alle $y \in Y$. Nach Satz 7.8.2. ist $\tilde{d}_z: Y \to \boldsymbol{R}$ stetig, also stetig in $g(x_1)$ für jedes feste x_1. Nach Satz 8.5.5. gilt

$$\lim_{x_2, \mathfrak{R}_2|Z_{x_1}^{(2)}} d\big(f(x_1, x_2), z\big) = d\big(g(x_1), z\big).$$

Nach Satz 8.6.1. ist

$$\lim_{(x_1, x_2), (\mathfrak{R}_1 \times \mathfrak{R}_2)|Z} d\big(f(x_1, x_2), z\big) = 0.$$

Satz 9.3.1. liefert

$$\lim_{x_1, \mathfrak{R}_1|W_1} d\big(g(x_1), z\big) = \lim_{x_1, \mathfrak{R}_1|W_1} \Big(\lim_{x_2, \mathfrak{R}_2|Z_{x_1}^{(2)}} d\big(f(x_1, x_2), z\big)\Big) = 0.$$

Nach Satz 8.6.1. ist daher

$$\lim_{x_1, \mathfrak{R}_1|W_1} g(x_1) = z = \lim_{(\mathfrak{R}_1 \times \mathfrak{R}_2)|Z} f. \; \bullet$$

Aus Satz 9.3.2. erhält man einen Vertauschungssatz für Grenzwerte.

Satz 9.3.3. *X_1, X_2 seien Mengen, $Z \subset X_1 \times X_2$, (Y, d) ein metrischer Raum und $f: Z \to Y$. $\mathfrak{R}_j$ sei Raster auf X_j, $j = 1, 2$, $(\mathfrak{R}_1 \times \mathfrak{R}_2)|Z$ sei Raster und*

$$\lim_{(\mathfrak{R}_1 \times \mathfrak{R}_2)|Z} f = z.$$

Sind $W_1 \subset X_1$, $W_2 \subset X_2$, $\mathfrak{R}_1|W_1$ und $\mathfrak{R}_2|Z^{(2)}_{x_1}$ für jedes $x_1 \in W_1$ Raster bzw. $\mathfrak{R}_2|W_2$ und $\mathfrak{R}_1|Z^{(1)}_{x_2}$ für jedes $x_2 \in W_2$ Raster, so ist

$$\lim_{x_1, \mathfrak{R}_1|W_1} \Big(\lim_{x_2, \mathfrak{R}_2|Z^{(2)}_{x_1}} f(x_1, x_2) \Big) = z \quad \textit{bzw.} \quad \lim_{x_2, \mathfrak{R}_2|W_2} \Big(\lim_{x_1, \mathfrak{R}_1|Z^{(1)}_{x_2}} f(x_1, x_2) \Big) = z,$$

falls der innere Grenzwert existiert. Existieren beide inneren Grenzwerte, so existieren auch die äußeren Grenzwerte und haben denselben Wert.

Beweis. Man schreibt Satz 9.2.3. für W_1, $\mathfrak{R}_2|Z^{(2)}_{x_1}$ für jedes $x_1 \in W_1$ und für vertauschte Komponenten, d.h. für W_2, $\mathfrak{R}_1|Z^{(1)}_{x_2}$ für jedes $x_2 \in W_2$, auf. ●

Bei der Anwendung von Satz 9.3.3. muß man jeweils nachweisen, daß für jedes $x_1 \in W_1$ auch $\mathfrak{R}_2|Z^{(2)}_{x_1}$ Raster ist (insbesondere darf also der Schnitt $\sigma(x_1; Z)$ nicht leer sein). Wenn $\lim_{x_2, \mathfrak{R}_2|Z^{(2)}_{x_1}} f(x_1, x_2)$ nicht für jedes x_1, für das $\mathfrak{R}_2|Z^{(2)}_{x_1}$ Raster ist, existiert, so hat man häufig die Möglichkeit, W_1 so „klein" zu wählen, daß dieser Grenzwert wenigstens für die $x_1 \in W_1$ existiert, kann also Satz 9.3.3. immer noch anwenden. Um aber die Verwendung des Vertauschungssatzes für Grenzwerte in den Fällen zu erleichtern, in denen die Verhältnisse einfacher liegen, wollen wir einen Spezialfall von Satz 9.3.3. noch einmal gesondert formulieren.

Satz 9.3.4. *X_1, X_2 seien Mengen, (Y, d) ein metrischer Raum, $\mathfrak{R}_1$ Raster auf X_1, $\mathfrak{R}_2$ Raster auf X_2 und $f: X_1 \times X_2 \to Y$. Ist*

$$\lim_{\mathfrak{R}_1 \times \mathfrak{R}_2} f = z,$$

so gilt, falls die inneren Grenzwerte existieren,

$$\lim_{x_1, \mathfrak{R}_1} \big(\lim_{x_2, \mathfrak{R}_2} f(x_1, x_2) \big) = \lim_{x_2, \mathfrak{R}_2} \big(\lim_{x_1, \mathfrak{R}_1} f(x_1, x_2) \big) = z.$$

Beweis. Für $Z = X_1 \times X_2$ ist nach Hilfssatz 9.3.1. $Z^{(2)}_{x_1} = X_2$, $Z^{(1)}_{x_2} = X_1$ für $x_1 \in X_1$, $x_2 \in X_2$. Mit $W_1 = X_1$, $W_2 = X_2$ erhält man aus Satz 9.3.3. unmittelbar das Ergebnis. ●

Aus der Existenz von $\lim_{\mathfrak{R}_1 \times \mathfrak{R}_2} f$ in Satz 9.3.4. kann man schließen, daß die iterierten Grenzwerte existieren und gleich sind, wenn nur die inneren Grenzwerte existieren. Es kann aber durchaus vorkommen, daß beide iterierten Grenzwerte existieren und gleich sind, ohne daß $\lim_{\mathfrak{R}_1 \times \mathfrak{R}_2} f$ existiert. Das zeigt

Beispiel 9.3.4. Für alle $n, m \in N$ sei

$$f(n, m) = \frac{1}{n - m + \frac{1}{2}}.$$

Nach den Rechenregeln für Grenzwerte gilt

$$\lim_{m\to\infty} f(n,m) = \lim_{m\to\infty} \frac{1}{m} \frac{1}{n\frac{1}{m} - 1 + \frac{1}{2}\frac{1}{m}} = 0 \cdot \frac{1}{n\cdot 0 - 1 + \frac{1}{2}\cdot 0} = 0$$

und genauso

$$\lim_{n\to\infty} f(n,m) = 0,$$

also

$$\lim_{n\to\infty}\big(\lim_{m\to\infty} f(n,m)\big) = 0, \quad \lim_{m\to\infty}\big(\lim_{n\to\infty} f(n,m)\big) = 0.$$

Sind aber $k, l \in \boldsymbol{N}$, so gibt es ein $n \in \boldsymbol{N}$ mit $n \geqq k$, $n \geqq l$. Wegen

$$n \geqq k, l \;\Rightarrow\; f(E_k \times E_l) \ni f(n,n) = \frac{1}{n - n + \frac{1}{2}} = 2$$

ist $2 \in f(E_k \times E_l)$ für jedes $E_k \times E_l \in \boldsymbol{E} \times \boldsymbol{E}$ und daher (nach Satz 8.3.1.)

$$2 \in L_{f(\boldsymbol{E}\times\boldsymbol{E})}, \quad \text{also} \quad 2 \leqq \varlimsup_{\substack{n\to\infty\\ m\to\infty}} f(n,m).$$

Nach Satz 9.3.1. ist aber

$$\varliminf_{\substack{n\to\infty\\ m\to\infty}} f(n,m) \leqq \lim_{n\to\infty}\big(\lim_{m\to\infty} f(n,m)\big) = 0,$$

d.h.

$$\varliminf_{\substack{n\to\infty\\ m\to\infty}} f(n,m) \neq \varlimsup_{\substack{n\to\infty\\ m\to\infty}} f(n,m). \quad \bullet$$

Die Bedingung, daß $\lim\limits_{(\mathfrak{R}_1\times\mathfrak{R}_2)|Z} f$ existiert, ist in der Anwendung nicht sehr bequem. Es ist daher erwünscht, sie durch eine einfacher zu kontrollierende Bedingung zu ersetzen. Eine solche Möglichkeit bietet die Einführung des Begriffes der gleichmäßigen Konvergenz in 9.4.

9.4. Gleichmäßige Konvergenz

X_1, X_2 seien Mengen, (Y, d) ein metrischer Raum, $\mathfrak{R}_1$ Raster auf X_1, $\mathfrak{R}_2$ Raster auf X_2 und $f: X_1 \times X_2 \to Y$. Für jedes $x_1 \in X_1$ existiere

$$g(x_1) = \lim_{x_2, \mathfrak{R}_2} f(x_1, x_2).$$

Nach Satz 9.3.4. gilt dann

$$\lim_{\mathfrak{R}_1\times\mathfrak{R}_2} f = z \;\Rightarrow\; \lim_{x_1, \mathfrak{R}_1} g(x_1) = z.$$

Um festzustellen, welches eigentlich die wesentliche zusätzliche Information ist, die man aus der Existenz des Doppelgrenzwertes erhält (aus dem man dann wieder auf die Existenz von $\lim\limits_{\mathfrak{R}_1} g$ schließen kann), verwenden wir Satz 9.1.3. Danach gilt

$$\lim_{\mathfrak{R}_1 \times \mathfrak{R}_2} f \text{ existiert} \quad \Rightarrow \quad \delta\big(f(\mathfrak{R}_1 \times \mathfrak{R}_2)\big) = 0.$$

Nach Satz 9.1.3. gibt es dann zu jedem $\varepsilon \in \boldsymbol{R}$, $\varepsilon > 0$, ein $V_1 \times V_2 \in \mathfrak{R}_1 \times \mathfrak{R}_2$ mit der Eigenschaft

$$(x_1, x_2),\ (y_1, y_2) \in V_1 \times V_2 \quad \Rightarrow \quad d\big(f(x_1, x_2),\ f(y_1, y_2)\big) < \varepsilon.$$

Insbesondere gilt für jedes $x_1 \in V_1$

$$x_2, y_2 \in V_2 \quad \Rightarrow \quad d\big(f(x_1, x_2),\ f(x_1, y_2)\big) < \varepsilon.$$

Genauso gilt natürlich für $x_1 \in X_1$

$$\lim_{x_2, \mathfrak{R}_2} f(x_1, x_2) \text{ existiert} \quad \Rightarrow \quad \delta\big(f(x_1, \mathfrak{R}_2)\big) = 0,$$

wobei $f(x_1, V_2) := \{f(x_1, x_2) | x_2 \in V_2\}$ gesetzt ist. Ist $x_1 \in X_1$ und $\varepsilon \in \boldsymbol{R}$, $\varepsilon > 0$, so gibt es daher nach Satz 9.1.3. zu diesem ε und zu *diesem* x_1 ein $V_2 \in \mathfrak{R}_2$ mit der Eigenschaft

$$x_2, y_2 \in V_2 \quad \Rightarrow \quad d\big(f(x_1, x_2),\ f(x_1, y_2)\big) < \varepsilon.$$

Man muß also hier zu jedem x_1 ein spezielles V_2 wählen, während man im Falle der Existenz von $\lim\limits_{\mathfrak{R}_1 \times \mathfrak{R}_2} f$ *für alle* $x_1 \in V_1$ *dasselbe* $V_2 \in \mathfrak{R}_2$ nehmen kann. Das legt die folgende Definition nahe (gleich für den allgemeinen Fall $f: Z \to Y$, $Z \subset X_1 \times X_2$).

Definition 9.4.1. *X_1, X_2 seien Mengen, $Z \subset X_1 \times X_2$, (Y, d) ein metrischer Raum und $f: Z \to Y$. $\mathfrak{R}_2$ sei Raster auf X_2, $W_1 \subset X_1$, und für jedes $x_1 \in W_1$ sei auch $\mathfrak{R}_2 | Z_{x_1}^{(2)}$ Raster. f heißt genau dann auf W_1 gleichmäßig konvergent bezüglich $\mathfrak{R}_2$, wenn gilt*

(1) *Zu jedem $\varepsilon \in \boldsymbol{R}$, $\varepsilon > 0$, gibt es (mindestens) ein $V_2 \in \mathfrak{R}_2$ mit der Eigenschaft, daß für alle $x_1 \in W_1$ gilt*

$$x_2, y_2 \in V_2 \cap Z_{x_1}^{(2)} \quad \Rightarrow \quad d\big(f(x_1, x_2), f(x_1, y_2)\big) < \varepsilon.$$

Anmerkung 9.4.1. Die Forderung (1) in Definition 9.4.1. ist etwas schärfer als die Folgerung, die wir aus der Existenz von $\lim\limits_{\mathfrak{R}_1 \times \mathfrak{R}_2} f$ gezogen hatten, da man dort zu einem $\varepsilon \in \boldsymbol{R}$, $\varepsilon > 0$, nicht alle $x_1 \in W_1$ zu berücksichtigen brauchte, sondern nur die x_1, die in einem passenden $V_1 \in \mathfrak{R}_1$ liegen. ●

Hilfssatz 9.4.1. *Ist in den Bezeichnungen von Definition 9.4.1. f auf W_1 gleichmäßig konvergent bezüglich $\mathfrak{R}_2$, so ist für jedes $x_1 \in W_1$ die Funktion $G_{x_1} = \big(f(x_1, x_2)\big)_{x_2 \in Z_{x_1}^{(2)}}$*

konvergent (Cauchy-konvergent im Sinne von Satz 9.1.3.) bezüglich $\mathfrak{R}_2|Z_{x_1}^{(2)}$ *(d.h., die Abbildung* $g_{x_1}: Z_{x_1}^{(2)} \to Y$*, definiert durch* $g_{x_1}(x_2) := f(x_1, x_2)$ *für alle* $x_2 \in Z_{x_1}^{(2)}$*, ist konvergent bezüglich* $\mathfrak{R}_2|Z_{x_1}^{(2)}$*).*

Beweis. Für jedes $x_1 \in W_1$ liefert (1) Definition 9.4.1. gerade (1) Satz 9.1.3. ●

Definition 9.4.2. *Existiert (in den Bezeichnungen von Definition 9.4.1.) für jedes* $x_1 \in W_1$

$$\lim_{x_2, \mathfrak{R}_2|Z_{x_1}^{(2)}} f(x_1, x_2),$$

so ist $G_{x_1} = (f(x_1, x_2))_{x_2 \in Z_{x_1}^{(2)}}$ *nach (1) Satz 9.1.1. konvergent bezüglich* $\mathfrak{R}_2|Z_{x_1}^{(2)}$*. In diesem Falle benutzt man die Bezeichnung*

$$\lim_{x_2, \mathfrak{R}_2|Z_{x_1}^{(2)}} f(x_1, x_2) \textit{ existiert gleichmäßig in } W_1$$
$$\Leftrightarrow: \ f \textit{ ist in } W_1 \textit{ gleichmäßig konvergent bezüglich } \mathfrak{R}_2.$$

Hilfssatz 9.4.2. *In den Bezeichnungen von Definition 9.4.1. existiere für jedes* $x_1 \in W_1$

$$g(x_1) := \lim_{x_2, \mathfrak{R}_2|Z_{x_1}^{(2)}} f(x_1, x_2).$$

Der Grenzwert existiert genau dann gleichmäßig in W_1*, wenn gilt:*

(1) *Zu jedem* $\varepsilon \in \boldsymbol{R}$, $\varepsilon > 0$, *gibt es (mindestens) ein* $V_2 \in \mathfrak{R}_2$ *mit der Eigenschaft, daß für alle* $x_1 \in W_1$ *gilt:* $x_2 \in V_2 \cap Z_{x_1}^{(2)} \Rightarrow d(f(x_1, x_2), g(x_1)) < \varepsilon$.

Beweis. Ist $d(f(x_1, x_2), g(x_1)) < \varepsilon_0$ für alle $x_2 \in V_2 \cap Z_{x_1}^{(2)}$, so gilt für alle $x_2, y_2 \in V_2 \cap Z_{x_1}^{(2)}$

$$d(f(x_1, x_2), f(x_1, y_2)) \leqq d(f(x_1, x_2), g(x_1)) + d(g(x_1), f(x_1, y_2)) < 2\varepsilon_0,$$

und aus

$$x_2, y_2 \in V_2 \cap Z_{x_1}^{(2)} \quad \Rightarrow \quad d(f(x_1, x_2), f(x_1, y_2)) < \varepsilon_0$$

erhält man für $x_2 \in V_2 \cap Z_{x_1}^{(2)}$

$$d(f(x_1, x_2), g(x_1)) = \lim_{y_2, \mathfrak{R}_2|Z_{x_1}^{(2)}} d(f(x_1, x_2), f(x_1, y_2)) \leqq \varepsilon_0.$$

Damit erhält man (1) Definition 9.4.1. aus (1) Hilfssatz 9.4.2. und umgekehrt (bei jeweils passender Wahl von ε_0, etwa $\varepsilon_0 = \frac{\varepsilon}{2}$). ●

Da dieser Fall besonders häufig auftritt, wollen wir die Bedingung für die gleichmäßige Konvergenz einer Folge noch einmal gesondert formulieren.

Hilfssatz 9.4.3. *X sei eine Menge,* (Y, d) *ein metrischer Raum,* $(f_n)_{n \in N}$ *eine Folge von Abbildungen* $f_n: X \to Y$*. Die Folge heißt gleichmäßig konvergent auf* $W \subset X$*, wenn*

$F = (f_n(x))_{(n,x)\in N\times X}$ *gleichmäßig konvergent auf W bezüglich* **E** *ist. Sie ist genau dann gleichmäßig konvergent auf W, wenn gilt*

(1) *Zu jedem* $\varepsilon \in \boldsymbol{R}$, $\varepsilon > 0$, *gibt es ein* $n_0 \in N$ *so, daß für alle* $x \in W$ *gilt*

$$n, m \in N,\ n, m \geqq n_0 \ \Rightarrow\ d(f_n(x), f_m(x)) < \varepsilon.$$

Beweis. Es handelt sich um eine Umformulierung von Definition 9.4.1. mit $X_1 = X$, $X_2 = N$, $W_1 = W$, $Z = X \times N$, $\mathfrak{R}_2 = \boldsymbol{E}$, $V_2 = E_{n_0}$ $(Z_{x_1}^{(2)} = N!)$, hingeschrieben mit vertauschten Komponenten. ●

Hilfssatz 9.4.2. liefert für den Spezialfall einer Folge eine analoge Formulierung wie Hilfssatz 9.4.3.

Satz 9.4.1. X_1, X_2 *seien Mengen,* (Y, d) *ein metrischer Raum,* $\mathfrak{R}_1$ *Raster auf* X_1, $\mathfrak{R}_2$ *Raster auf* X_2 *und* $f: X_1 \times X_2 \to Y$. *Es sei* $W_1 \in (\mathfrak{R}_1)_{X_1}$ *und* $W_2 \in (\mathfrak{R}_2)_{X_2}$. *Existiert*

$$g(x_1) := \lim_{x_2, \mathfrak{R}_2} f(x_1, x_2) \ \text{gleichmäßig auf}\ W_1,$$

$$h(x_2) := \lim_{x_1, \mathfrak{R}_1} f(x_1, x_2) \ \text{für jedes}\ x_2 \in W_2,$$

so konvergiert f bezüglich $\mathfrak{R}_1 \times \mathfrak{R}_2$, *d.h., es ist* $\delta(f(\mathfrak{R}_1 \times \mathfrak{R}_2)) = 0$. *Ist außerdem eine der drei Bedingungen*

(1) (Y, d) *ist vollständig,* (2) $\lim\limits_{\mathfrak{R}_1|W_1} g$ *existiert,* (3) $\lim\limits_{\mathfrak{R}_2|W_2} h$ *existiert*

erfüllt, so ist

$$\lim_{\mathfrak{R}_1|W_1} g = \lim_{\mathfrak{R}_2|W_2} h = \lim_{\mathfrak{R}_1 \times \mathfrak{R}_2} f,$$

und alle drei Grenzwerte existieren.

Beweis. Wegen $W_1 \in (\mathfrak{R}_1)_{X_1}$ ist $\mathfrak{R}_1|W_1$ Raster, und nach Satz 8.2.3. sind $\mathfrak{R}_1$, $\mathfrak{R}_1|W_1$ gleich fein. Entsprechend sind $\mathfrak{R}_2$, $\mathfrak{R}_2|W_2$ gleich fein.

Es sei $\varepsilon_0 \in \boldsymbol{R}$, $\varepsilon_0 > 0$. Wegen der gleichmäßigen Konvergenz auf W_1 kann man ein $V_2 \in \mathfrak{R}_2$ so wählen, daß $V_2 \subset W_2$ ist (da $\mathfrak{R}_2$, $\mathfrak{R}_2|W_2$ gleich fein sind), und für jedes $x_1 \in W_1$ gilt

$$x_2, y_2 \in V_2 \ \Rightarrow\ d(f(x_1, x_2), f(x_1, y_2)) < \varepsilon_0.$$

Man wähle ein festes $z_2 \in V_2 \subset W_2$. Wegen der Konvergenz auf W_2 gibt es ein $V_1 \in \mathfrak{R}_1$ mit $V_1 \subset W_1$ (s. o.) und

$$x_1, y_1 \in V_1 \ \Rightarrow\ d(f(x_1, z_2), f(y_1, z_2)) < \varepsilon_0.$$

Es seien nun (x_1, x_2), $(y_1, y_2) \in V_1 \times V_2$. Dann ist nach der Dreiecksungleichung und wegen $x_2, z_2 \in V_2$, $z_2, y_2 \in V_2$, $x_1, y_1 \in V_1$

$$d(f(x_1, x_2), f(y_1, y_2))$$
$$\leqq d(f(x_1, x_2), f(x_1, z_2)) + d(f(x_1, z_2), f(y_1, z_2)) + d(f(y_1, z_2), f(y_1, y_2)) < 3\varepsilon_0.$$

Wählt man ε_0 passend $\left(\text{etwa } \varepsilon_0 < \frac{1}{3}\varepsilon\right)$, so ergibt sich nach (1) Satz 9.1.3.

$$\delta(f(\mathfrak{N}_1 \times \mathfrak{N}_2)) = 0.$$

Ist (Y, d) vollständig, so existiert nach Satz 9.1.3. $\lim\limits_{\mathfrak{N}_1 \times \mathfrak{N}_2} f$, und das Ergebnis folgt aus Satz 9.3.3.

Ist

$$\lim_{\mathfrak{N}_1 | W_1} g = z, \quad \text{also} \quad \lim_{x_1, \mathfrak{N}_1 | W_1} d(g(x_1), z) = 0,$$

so ist nach Satz 9.3.1.

$$0 \leqq \varlimsup_{(x_1, x_2), \mathfrak{N}_1 \times \mathfrak{N}_2} d(f(x_1, x_2), z) \leqq \lim_{x_1, \mathfrak{N}_1 | W_1} \left(\lim_{x_2, \mathfrak{N}_2} d(f(x_1, x_2), z)\right) = 0.$$

Dann ist aber z Berührungspunkt von $f(\mathfrak{N}_1 \times \mathfrak{N}_2)$, da es sonst ein $W \in \mathfrak{N}_1 \times \mathfrak{N}_2$ und ein $\varepsilon \in \boldsymbol{R}$, $\varepsilon > 0$, geben müßte mit $f(W) \cap U_\varepsilon(z) = \emptyset$, d.h. $d(f(x_1, x_2), z) \geqq \varepsilon$ für alle $(x_1, x_2) \in W$, womit auch

$$\varliminf_{(x_1, x_2), \mathfrak{N}_1 \times \mathfrak{N}_2} d(f(x_1, x_2), z) \geqq \varepsilon$$

wäre. Nach Satz 9.1.1. existiert daher $\lim\limits_{\mathfrak{N}_1 \times \mathfrak{N}_2} f = \lim f(\mathfrak{N}_1 \times \mathfrak{N}_2)$, und das Ergebnis folgt, da (2) erfüllt ist.

Entsprechend verfährt man, wenn (3) erfüllt ist. ●

Beispiel 9.4.1. Wir definieren

$$g: \boldsymbol{N} \times \boldsymbol{R} \to \boldsymbol{R} \quad \text{durch} \quad g(n, x) = \left(1 + \frac{x}{n}\right)^n \quad \text{für } n \in \boldsymbol{N}, \ x \in \boldsymbol{R}.$$

Nach Beispiel 9.3.1. ist für ein festes $x \in \boldsymbol{R}$

$$g(n, x) = \lim_{y \to x} g(n, y) \text{ für } n \in \boldsymbol{N}, \quad \exp(y) = \lim_{n \to \infty} g(n, y) \text{ für } y \in \boldsymbol{R}.$$

Um nachzuweisen, daß

$$\exp(x) = \lim_{n \to \infty} g(n, x) = \lim_{y \to x} \exp(y)$$

ist, benutzen wir Satz 9.4.1. Wir setzen

$$X_1 = \boldsymbol{N}, \ \mathfrak{N}_1 = \boldsymbol{E}, \quad X_2 = \boldsymbol{R}, \ \mathfrak{N}_2 = \mathfrak{B}_0(x), \quad W_2 = X_2(\in(\mathfrak{N}_2)_{X_2}).$$

Wir wählen ein $t\in\boldsymbol{R}_+$ mit $x\in]-t,t[$ und ein $k\in\boldsymbol{N}$ mit $k>4t$ und setzen $W_1=E_k\in\boldsymbol{E}$ $(\subset(\mathfrak{N}_1)_{X_1})$ und zeigen, daß

$$\lim_{y\to x} g(n,y)=\lim_{y,\,\mathfrak{V}_0(x)} g(n,y)=\lim_{y,\,\mathfrak{N}_2} g(n,y) \text{ gleichmäßig für } n\in E_k=W_1$$

existiert. Dann ergibt Satz 9.4.1.

$$\lim_{n\to\infty} g(n,x)=\lim_{y\to x}\exp(y),$$

da der linke Grenzwert existiert.

Zunächst seien $y,z\in]-t,t[$ und etwa $z\leqq y$. Dann ist $|z|,|y|<\frac{k}{4}$. Für alle $n\in E_k$ gilt daher $\left|\frac{y}{n}\right|,\left|\frac{z}{n}\right|<\frac{1}{4}$ und

$$g(n,y)-g(n,z)=\left(1+\frac{y}{n}\right)^n-\left(1+\frac{z}{n}\right)^n\geqq 0.$$

Da die Folge $\big(g(n,t)\big)_{n\in\boldsymbol{N}}$ monoton wachsend ist (Hilfssatz 8.9.1), ergibt sich

$$\begin{aligned} g(n,y)-g(n,z)&=\left(1+\frac{y}{n}\right)^n\left(1-\left(1+\frac{z}{n}\right)^n\left(1+\frac{y}{n}\right)^{-n}\right)\\ &\leqq\left(1+\frac{t}{n}\right)^n\left(1-\left(1+\frac{z-y}{n+y}\right)^n\right)\leqq\exp(t)\left(1-\left(1+\frac{z-y}{n+y}\right)^n\right). \end{aligned}$$

Wegen $|z-y|<\frac{k}{4}<k+y\leqq n+y$ kann man die Bernoullische Ungleichung anwenden und erhält $\left(n+y>\frac{n}{2}!\right)$

$$g(n,y)-g(n,z)\leqq\exp(t)\left(1-\left(1+n\frac{z-y}{n+y}\right)\right)=\exp(t)\frac{n}{n+y}(y-z)\leqq 2\exp(t)(y-z).$$

Ist $\varepsilon\in\boldsymbol{R}$, $\varepsilon>0$, so wählt man $\delta\in\boldsymbol{R}$, $\delta>0$ und $\delta<\big(4\exp(t)\big)^{-1}\varepsilon$. Dann gilt für alle $n\in E_k$

$$y,z\in]x-\delta,x+\delta[\cap]-t,t[\quad\Rightarrow\quad|g(n,y)-g(n,z)|\leqq 2\exp(t)|y-z|<\varepsilon.$$

$\lim\limits_{y\to x} g(n,y)$ existiert daher gleichmäßig für alle $n\in E_k=W_1$. ●

Anmerkung 9.4.2. $\lim\limits_{y\to x} g(n,y)=g(n,x)$ besagt, daß die Abbildungen $f_n:\boldsymbol{R}\to\boldsymbol{R}$, definiert durch $f_n(x):=g(n,x)$, in x stetig sind. Daß der Grenzwert gleichmäßig für $n\in E_k$ existiert, drückt man gelegentlich so aus, daß man sagt:

Die f_n, $n\in E_k$, sind in x gleichgradig stetig. ●

In einem normierten Vektorraum geht nach Satz 8.6.3. der Umgebungsfilter eines beliebigen Punktes aus dem Umgebungsfilter des Nullpunktes durch eine Translation hervor. Für die Stetigkeit einer Abbildung in einem beliebigen Punkt kann man sich daher immer auf den festen Filter $\mathfrak{V}(\mathfrak{o})$ beziehen. Als Sonderfall der gleichmäßigen Konvergenz erhält man deshalb die gleichmäßige Stetigkeit:

Satz 9.4.2. *X sei ein normierter Vektorraum, (Y, d) ein metrischer Raum, $Z \subset X$ und $f: Z \to Y$. Man nennt f gleichmäßig stetig auf $W \subset Z$, wenn*

$$\lim_{\mathfrak{y},\, \mathfrak{V}(\mathfrak{o})|Z_{\mathfrak{x}}} f(\mathfrak{x}+\mathfrak{y}) = f(\mathfrak{x}) \text{ gleichmäßig für } \mathfrak{x} \in W$$

ist ($Z_{\mathfrak{x}} = \{\mathfrak{y} | \mathfrak{y} \in X,\ \mathfrak{x}+\mathfrak{y} \in Z\}$ wie in Satz 8.6.3.). Ist f gleichmäßig stetig auf W, so ist f in jedem Punkt von W stetig. Ist jeder Punkt von W Häufungspunkt von Z, so ist f genau dann gleichmäßig stetig auf W, wenn

$$\lim_{\mathfrak{y} \to \mathfrak{o}} f(\mathfrak{x}+\mathfrak{y}) = f(\mathfrak{x}) \text{ gleichmäßig für } \mathfrak{x} \in W \text{ ist.}$$

Beweis. Ist f auf W gleichmäßig stetig, so ist f in jedem Punkt von W nach (2) Satz 8.6.3. stetig. Die Umformulierung für den Fall, daß jeder Punkt von W Häufungspunkt von Z ist, ergibt sich, weil dann $\mathfrak{V}_0(\mathfrak{o})|Z_{\mathfrak{x}}$ ebenfalls Raster ist und weil wegen des speziellen Grenzwertes $f(\mathfrak{x}) = f(\mathfrak{x}+\mathfrak{o})$ der Grenzwert bezüglich $\mathfrak{V}_0(\mathfrak{o})|Z_{\mathfrak{x}}$ genau dann gleichmäßig auf W existiert, wenn der Grenzwert bezüglich $\mathfrak{V}(\mathfrak{o})|Z_{\mathfrak{x}}$ gleichmäßig existiert. ●

Ist (X, d_X) metrischer Raum, so kann man nicht mehr wie in Satz 9.4.2. für die Stetigkeit den Raster $\mathfrak{V}_0(\mathfrak{o})$ bzw. $\mathfrak{V}(\mathfrak{o})$ für den ausgezeichneten Punkt $\mathfrak{o}$ verwenden. Man kann aber die Umgebungsbasis

$$\mathfrak{V}(x) := \{U_\delta(x; d_X) \,|\, \delta \in \boldsymbol{R},\ \delta > 0\}$$

benutzen.

Definition 9.4.3. *(X, d_X), (Y, d_Y) seien metrische Räume, $Z \subset X$ und $f: Z \to Y$. f heißt auf $W \subset Z$ gleichmäßig stetig, wenn es zu jedem $\varepsilon \in \boldsymbol{R}$, $\varepsilon > 0$, ein $\delta \in \boldsymbol{R}$, $\delta > 0$, so gibt, daß für alle $x \in W$ gilt:*

$$y \in Z,\ d_X(y, x) < \delta \quad \Rightarrow \quad d_Y(f(y), f(x)) < \varepsilon.$$

Anmerkung 9.4.3. Ist X ein normierter Vektorraum und ist $d_X(\mathfrak{x}, \mathfrak{y}) = \|\mathfrak{x}-\mathfrak{y}\|$, so gilt

$$\|\mathfrak{x}+\mathfrak{y}-\mathfrak{x}\| = \|\mathfrak{y}-\mathfrak{o}\|.$$

Ist daher f im Sinne von Definition 9.4.3. auf W gleichmäßig stetig, so auch im Sinne von Satz 9.4.2. und umgekehrt. ●

Anmerkung 9.4.4. Um Definition 9.4.3. als Spezialfall der allgemeinen Definition der gleichmäßigen Konvergenz zu erkennen, kann man folgendermaßen vorgehen. Man setzt für $\delta \in \boldsymbol{R}$, $\delta > 0$,

$$U_\delta = \{(x, y) | x, y \in X, \ d_X(x, y) < \delta\}.$$

Dann ist $\mathfrak{U} = \{U_\delta | \delta \in \boldsymbol{R}, \ \delta > 0\}$ Raster auf $X \times X$. Für $x \in Z$ ist

$$U_\delta \cap (\{x\} \times Z) = \{(x, y) | y \in Z, \ d_X(x, y) < \delta\},$$

d.h., f ist gleichmäßig stetig auf $W \subset Z$, wenn

$$\lim_{y, \mathfrak{U}|(\{x\} \times Z)} f(y) = f(x) \text{ gleichmäßig für } x \in W$$

ist. ●

Ein Beispiel für gleichmäßige Stetigkeit gibt

Satz 9.4.3. *(X, d_X), (Y, d_Y) seien metrische Räume, $Z \subset X$, $f: Z \to Y$ sei stetig. Ist $W \subset Z$, W kompakt, so ist f auf W gleichmäßig stetig.*

Beweis. Es sei $\varepsilon \in \boldsymbol{R}$, $\varepsilon > 0$ und $W \neq \emptyset$. Zu jedem $z \in W$ kann man wegen $\delta(f(\mathfrak{V}(z; d_X))) = 0$ nach Satz 9.1.3. ein $r_z \in \boldsymbol{R}$, $r_z > 0$, wählen mit

$$x, y \in U_{2r_z}(z; d_X) \ \Rightarrow \ d_Y(f(x), f(y)) < \varepsilon.$$

$(U_{r_z}(z; d_X))_{z \in W}$ ist eine offene Überdeckung von W (Definition 9.2.2.), es gibt daher nach Hilfssatz 9.2.3. eine endliche Teilmenge $W_0 \subset W$ so, daß $(U_{r_z}(z; d_X))_{z \in W_0}$ Überdeckung von W ist. Da $\{r_z | z \in W_0\}$ endlich und nicht leer ist, existiert

$$r = \min \{r_z | z \in W_0\} > 0.$$

Ist $x \in W$, so gibt es ein $z \in W_0$ mit $x \in U_{r_z}(z; d_X)$. Ist dann $y \in Z$, so gilt

$$d_X(x, y) < r \ \Rightarrow \ y \in U_r(x) \ \Rightarrow \ y \in U_{2r_z}(z; d_X).$$

Daher gilt für alle $x \in W$

$$y \in Z, \ d_X(x, y) < r \ \Rightarrow \ d_Y(f(x), f(y)) < \varepsilon. \ ●$$

9.5. Folgen und Reihen in Banachräumen

Auf einem normierten Vektorraum wird durch die Norm eine Metrik induziert (Satz 7.9.8.). Besonders wichtig ist der Fall, daß der so entstehende metrische Raum vollständig ist und daß es sich bei dem Vektorraum um einen Vektorraum über $\boldsymbol{R}$ oder $\boldsymbol{C}$, versehen mit dem gewöhnlichen Absolutbetrag, handelt.

Definition 9.5.1. *X sei normierter Vektorraum über* $\boldsymbol{R}$ *oder* $\boldsymbol{C}$ *(Anmerkung 7.9.4.). X heißt (reeller bzw. komplexer) Banachraum, wenn X mit der durch die Norm induzierten Metrik vollständig ist.*

Für Banachräume gelten die Sätze über metrische Räume (7.8.) und über normierte Vektorräume (7.9.). Da es sich um vollständige metrische Räume handelt, hat man für die Untersuchung von Grenzwerten das Cauchysche Konvergenzkriterium (Satz 9.1.3.) zur Verfügung, für Folgen speziell Hilfssatz 9.1.2. Ist $\mathfrak{R}$ Raster auf X, so bedeutet „lim $\mathfrak{R}$ existiert" immer „lim $\mathfrak{R}$ existiert in X", wenn nichts Besonderes vermerkt ist. Man muß also z. B. zwischen $\boldsymbol{R}$ als Banachraum über $\boldsymbol{R}$ (mit dem gewöhnlichen Absolutbetrag als Norm) und $\boldsymbol{R}$ als Unterraum von $\bar{\boldsymbol{R}}$ unterscheiden, es gilt

$$\lim \mathfrak{R} \text{ existiert in } \boldsymbol{R} \quad \Leftrightarrow \quad \lim \mathfrak{R} \text{ existiert in } \bar{\boldsymbol{R}},\ \lim \mathfrak{R} \neq \pm\infty.$$

Hilfssatz 9.5.1. $\boldsymbol{R}$ *ist mit dem gewöhnlichen Absolutbetrag reeller Banachraum,* $\boldsymbol{C}$ *ist komplexer Banachraum.*

Jeder komplexe Banachraum ist auch reeller Banachraum.

Beweis. Ist $F=(a_n)_{n\in N}$ Cauchy-Folge auf $\boldsymbol{R}$, so gibt es ein $m\in N$ mit $\delta(F(E_m))<1$. Für jedes $n\in E_m$ gilt

$$|a_n| = |a_n - a_m + a_m| \leqq |a_n - a_m| + |a_m| < |a_m| + 1.$$

$F(\boldsymbol{E}|E_m)$ ist daher Raster auf $[-(|a_m|+1), |a_m|+1]$. Dieses Intervall ist beschränkt und abgeschlossen, also nach Satz 9.2.2. kompakt, d.h., $F(\boldsymbol{E}|E_m)$, und damit auch $F(\boldsymbol{E})$, hat Berührungspunkte (Definition 9.2.1.). Nach (2) Satz 9.1.1. existiert

$$\lim_{n\to\infty} a_n = \lim F(\boldsymbol{E}).$$

Da der Absolutbetrag auf $\boldsymbol{C}$ durch die Metrik d aus Satz 6.2.1. auf $\boldsymbol{R}\times\boldsymbol{R}$ geliefert wird, ist $\boldsymbol{C}$ nach Hilfssatz 9.1.4. in der zugehörigen Metrik vollständig.

Ein normierter Vektorraum über $\boldsymbol{C}$ ist natürlich auch normierter Vektorraum über dem Unterkörper $\boldsymbol{R}$. ●

Definition 9.5.2. *X sei ein normierter Vektorraum,* $F=(\mathfrak{a}_n)_{n\in N}$ *eine Folge in X. Die Folge*

$$s_F = \left(\sum_{j=1}^{n} \mathfrak{a}_j\right)_{n\in N} \textit{ heißt unendliche Reihe (zu F),}$$

die Elemente

$$s_F(n) = \sum_{j=1}^{n} \mathfrak{a}_j,\ n\in N, \textit{ Partialsummen von } s_F.$$

Man benutzt an Stelle der Bezeichnung s_F *auch das Symbol* $\sum_{j=1}^{\infty} \mathfrak{a}_j$. *Demgemäß ist*

$$\sum_{j=1}^{\infty} \mathfrak{a}_j \text{ ist konvergent} \Leftrightarrow \text{die Folge } s_F \text{ ist konvergent.}$$

Existiert $\lim_{n\to\infty} s_F(n)$, *so benutzt man für den Grenzwert ebenfalls die Abkürzung*

$$\sum_{j=1}^{\infty} \mathfrak{a}_j := \lim_{n\to\infty} s_F(n).$$

Ist X Banachraum, so sagt man

$$\sum_{j=1}^{\infty} \mathfrak{a}_j \text{ divergiert:} \Leftrightarrow \lim_{n\to\infty} s_F(n) \text{ existiert nicht.}$$

Anmerkung 9.5.1. $\sum_{j=1}^{\infty} \mathfrak{a}_j$ kommt in zwei Bedeutungen vor. In

$$\sum_{j=1}^{\infty} \mathfrak{a}_j \text{ ist divergent} \Leftrightarrow \sum_{j=1}^{\infty} \mathfrak{a}_j \text{ existiert nicht}$$

ist links s_F und rechts $\lim_{n\to\infty} s_F(n)$ gemeint. In der Regel ist klar, welche der beiden Bedeutungen jeweils gemeint ist. Man vermeidet natürlich Formulierungen der angegebenen Art. ●

Hilfssatz 9.5.2. *X sei ein normierter Vektorraum,* $(\mathfrak{a}_j)_{j\in \boldsymbol{N}}$ *Folge in X. Dann gilt*

$$\sum_{j=1}^{\infty} \mathfrak{a}_j \text{ ist konvergent} \Rightarrow \lim_{n\to\infty} \mathfrak{a}_n = \mathfrak{o}.$$

Beweis. Ist $\varepsilon \in \boldsymbol{R}$, $\varepsilon > 0$, so gibt es wegen der Konvergenz der Reihe ein $k \in \boldsymbol{N}$ so, daß gilt (Hilfssatz 9.1.1. oder (1) Satz 9.1.3.)

$$n, m \in E_k \Rightarrow \left\| \sum_{j=1}^{m} \mathfrak{a}_j - \sum_{j=1}^{n} \mathfrak{a}_j \right\| < \varepsilon.$$

Insbesondere gilt

$$n \in \boldsymbol{N},\ n \geqq k \Rightarrow \|\mathfrak{a}_{n+1}\| = \left\| \sum_{j=1}^{n+1} \mathfrak{a}_j - \sum_{j=1}^{n} \mathfrak{a}_j \right\| < \varepsilon.$$

Daher ist (mit Hilfssatz 8.6.2., vgl. auch Aufgabe 8.5.1.)

$$\lim_{n\to\infty} \|\mathfrak{a}_n\| = \lim_{n\to\infty} \|\mathfrak{a}_{n+1}\| = 0, \quad \text{also} \quad \lim_{n\to\infty} \mathfrak{a}_n = \mathfrak{o}.$$

Ist X Banachraum, so existiert $\lim_{n\to\infty} \sum_{j=1}^{n} \mathfrak{a}_j$, und man schließt einfacher mit Benutzung der Teilfolge $(s_F(n+1))_{n\in \boldsymbol{N}}$ von s_F

$$\lim_{n\to\infty} \mathfrak{a}_{n+1} = \lim_{n\to\infty} \left(\sum_{j=1}^{n+1} \mathfrak{a}_j - \sum_{j=1}^{n} \mathfrak{a}_j \right) = \lim_{n\to\infty} \sum_{j=1}^{n+1} \mathfrak{a}_j - \lim_{n\to\infty} \sum_{j=1}^{n} \mathfrak{a}_j = \mathfrak{o}. \; ●$$

Es kann aber $\lim_{n\to\infty} \mathfrak{a}_n = \mathfrak{o}$ sein, ohne daß die Reihe konvergiert. Das zeigt

Beispiel 9.5.1. Die Reihe $\sum_{n=1}^{\infty} \frac{1}{n}$ in $\boldsymbol{R}$ wird als „*harmonische Reihe*" bezeichnet. In $\bar{\boldsymbol{R}}$ ist

$$s = \left(\sum_{j=1}^{n} \frac{1}{j}\right)_{n\in\boldsymbol{N}} \text{ monoton wachsend.}$$

Nach Satz 8.7.6. existiert (in $\bar{\boldsymbol{R}}$!) $\lim_{n\to\infty} s(n)$. Wir verwenden die Teilfolge $(s(2^n))_{n\in\boldsymbol{N}}$. Für jedes $m\in\boldsymbol{N}$ gilt

$$\sum_{j=2^{m-1}+1}^{2^m} \frac{1}{j} \geqq \sum_{j=2^{m-1}+1}^{2^m} \frac{1}{2^m} = (2^m - 2^{m-1})\frac{1}{2^m} = 1 - \frac{1}{2} = \frac{1}{2}.$$

Daher ist

$$s(2^m) = s(2^{m-1}) + \sum_{j=2^{m-1}+1}^{2^m} \frac{1}{j} \geqq s(2^{m-1}) + \frac{1}{2}.$$

Vollständige Induktion ergibt $s(2^n) \geqq \frac{1}{2} n$ für alle $n\in\boldsymbol{N}$ und

$$\lim_{n\to\infty} s(2^n) \geqq \lim_{n\to\infty} \frac{1}{2} n = \infty.$$

Damit ist $\lim_{n\to\infty} s(n) = \infty \notin \boldsymbol{R}$ und

$$\sum_{j=1}^{\infty} \frac{1}{j} \text{ divergiert (im Banachraum } \boldsymbol{R}).$$

Andererseits ist aber (nach Beispiel 8.7.1.)

$$\lim_{n\to\infty} \frac{1}{n} = 0. \quad \bullet$$

Wir wollen der Deutlichkeit halber das Cauchysche Konvergenzkriterium noch einmal für Reihen formulieren.

Hilfssatz 9.5.3. $(\mathfrak{a}_n)_{n\in\boldsymbol{N}}$ *sei eine Folge in einem normierten Vektorraum. Die Reihe* $\sum_{n=1}^{\infty} \mathfrak{a}_n$ *ist genau dann konvergent, wenn gilt*

(1) *Zu jedem* $\varepsilon\in\boldsymbol{R}$, $\varepsilon>0$, *gibt es (mindestens) ein* $n_0\in\boldsymbol{N}$ *mit der Eigenschaft*

$$n, p\in\boldsymbol{N},\ n\geqq n_0 \quad\Rightarrow\quad \left\|\sum_{j=n+1}^{n+p} \mathfrak{a}_j\right\| < \varepsilon.$$

Beweis. Sind $n, m \in \boldsymbol{N}$, so sei etwa $n \leqq m$. Dann ist $n=m$ und $\|s(n)-s(m)\| = \|s(n)-s(n)\| = 0$ oder $n<m$. Wegen

$$n<m \quad \Leftrightarrow \quad \text{Es gibt ein } p \in \boldsymbol{N} \text{ mit } m = n+p$$

und

$$s(n+p)-s(n) = \sum_{j=n+1}^{n+p} \mathfrak{a}_j$$

ist (1) Hilfssatz 9.5.3. nur eine andere Formulierung dafür, daß $(s(n))_{n\in\boldsymbol{N}}$ Cauchy-Folge ist (Hilfssatz 9.1.1.). ●

Definition 9.5.3. $(\mathfrak{a}_n)_{n\in\boldsymbol{N}}$ *sei eine Folge in einem normierten Vektorraum. Man definiert:*

$$\sum_{j=1}^{\infty} \mathfrak{a}_j \text{ konvergiert absolut}: \Leftrightarrow \sum_{j=1}^{\infty} \|\mathfrak{a}_j\| \text{ konvergiert.}$$

Hilfssatz 9.5.4. *Jede absolut konvergente unendliche Reihe in einem normierten Vektorraum ist konvergent.*

Beweis. $F=(\mathfrak{a}_n)_{n\in\boldsymbol{N}}$ sei eine Folge in einem normierten Vektorraum, $\|F\| := (\|\mathfrak{a}_n\|)_{n\in\boldsymbol{N}}$. Wegen

$$\|s_F(n+p)-s_F(n)\| = \left\| \sum_{j=n+1}^{n+p} \mathfrak{a}_j \right\| \leqq \sum_{j=n+1}^{n+p} \|\mathfrak{a}_j\| = |s_{\|F\|}(n+p)-s_{\|F\|}(n)|$$

folgt aus (1) Hilfssatz 9.5.3. für $s_{\|F\|}$ auch (1) Hilfssatz 9.5.3. für s_F. ●

Besonders einfach liegen die Verhältnisse bei Reihen mit nicht-negativen Gliedern in $\boldsymbol{R}$ (die a_n bezeichnet man auch als die Glieder der Reihe $\sum_{n=1}^{\infty} a_n$).

Hilfssatz 9.5.5. *Eine Reihe* $\sum_{j=1}^{\infty} a_j$ *mit nicht-negativen Gliedern* a_j *in* $\boldsymbol{R}$ *ist genau dann konvergent (und damit natürlich wegen* $|a_j|=a_j$ *auch absolut konvergent), wenn sie beschränkt ist, d.h., wenn es ein* $c \in \boldsymbol{R}$ *so gibt, daß*

$$\sum_{j=1}^{n} a_j \leqq c \quad \text{für alle} \quad n \in \boldsymbol{N} \text{ ist.}$$

Beweis. $(s(n))_{n\in\boldsymbol{N}}$ mit $s(n) = \sum_{j=1}^{n} a_j$ ist eine monotone Folge. Daher existiert in $\overline{\boldsymbol{R}}$

$$\lim_{n\to\infty} s(n) = \lim_{n\to\infty} \sum_{j=1}^{n} a_j.$$

Wegen $s(n) \geqq s(m)$ für alle $n \geqq m$ gilt für $m \in \boldsymbol{N}$

$$\sum_{j=1}^{m} a_j = s(m) \leqq \lim_{\substack{n\to\infty \\ n\geqq m}} s(n) = \lim_{n\to\infty} s(n).$$

Ist $\lim_{n\to\infty} s(n) \in \boldsymbol{R}$, so ist die Reihe beschränkt. Ist die Reihe beschränkt, so ist umgekehrt natürlich

$$\lim_{n\to\infty} s(n) \leqq c, \quad \text{also} \quad \lim_{n\to\infty} s(n) \in \boldsymbol{R}. \bullet$$

Beispiel 9.5.2. Ist $x \in \boldsymbol{R}$, $x > 1$, so ist $\sum_{n=1}^{\infty} \frac{1}{n^x}$ eine Reihe mit positiven Gliedern. Sind $j, k \in \boldsymbol{N}$, $j < k$, so ist $j^x < k^x$, $j^{-x} > k^{-x}$ und daher für jedes $m \in \boldsymbol{N}$ (wegen $2^m = 2 \cdot 2^{m-1}$)

$$\sum_{j=2^{m-1}+1}^{2^m} \frac{1}{j^x} \leqq \sum_{j=2^{m-1}+1}^{2^m} \frac{1}{(2^{m-1})^x} = (2^m - 2^{m-1}) 2^{-(m-1)x} = 2^{m-1} 2^{-(m-1)x} = (2^{1-x})^{m-1}.$$

Wegen $2^{x-1} > 1$, d.h. $2^{1-x} < 1$, erhält man mit der Summenformel für die geometrische Reihe (ähnlich wie in Beispiel 9.5.1.), da $k < 2^k$ für $k \in \boldsymbol{N}$ ist,

$$\sum_{n=1}^{k} \frac{1}{n^x} \leqq \sum_{n=1}^{2^k} \frac{1}{n^x} = \frac{1}{1^x} + \sum_{m=1}^{k} \sum_{j=2^{m-1}+1}^{2^m} \frac{1}{j^x} \leqq 1 + \sum_{m=1}^{k} (2^{1-x})^{m-1}$$

$$\leqq 1 + \frac{1-(2^{1-x})^k}{1-2^{1-x}} \leqq 1 + \frac{1}{1-2^{1-x}}.$$

Die Reihe ist daher beschränkt, und nach Hilfssatz 9.5.5. existiert (in $\boldsymbol{R}$!)

$$\zeta(x) := \lim_{k\to\infty} \sum_{n=1}^{k} \frac{1}{n^x} = \sum_{n=1}^{\infty} \frac{1}{n^x} \quad \text{für} \quad x \in \boldsymbol{R},\ x > 1.$$

Die Funktion $(\zeta(x))_{x \in]1,\infty[}$ bezeichnet man als Zeta-Funktion. ●

Auch für den Grenzwert einer unendlichen Reihe wollen wir der Deutlichkeit halber noch einmal gesondert formulieren:

Hilfssatz 9.5.6. *X sei normierter Vektorraum, $(\mathfrak{a}_j)_{j \in \boldsymbol{N}}$ eine Folge in X, $\mathfrak{s} \in X$. Dann ist*

$$\sum_{j=1}^{\infty} \mathfrak{a}_j = \lim_{n\to\infty} \sum_{j=1}^{n} \mathfrak{a}_j = \mathfrak{s}$$

genau dann, wenn gilt

(1) *Zu jedem $\varepsilon \in \boldsymbol{R}$, $\varepsilon > 0$, gibt es (mindestens) ein $n_0 \in \boldsymbol{N}$ mit der Eigenschaft*

$$n \in \boldsymbol{N},\ n \geqq n_0 \quad \Rightarrow \quad \left\| \sum_{j=1}^{n} \mathfrak{a}_j - \mathfrak{s} \right\| < \varepsilon.$$

Beweis. $\boldsymbol{E}$ hat die Elemente E_{n_0}, $n_0 \in \boldsymbol{N}$, und es ist

$$n \in E_{n_0} \quad \Leftrightarrow \quad n \in \boldsymbol{N},\ n \geqq n_0.$$

Für die durch die Norm auf X induzierte Metrik d ist

$$d(s_F(n), \mathfrak{s}) = d\left(\sum_{j=1}^{n} \mathfrak{a}_j, \mathfrak{s}\right) = \left\| \sum_{j=1}^{n} \mathfrak{a}_j - \mathfrak{s} \right\|.$$

(1) Hilfssatz 9.5.6. ist also nichts anderes als die Bedingung (2) Satz 8.4.2. für $s_F = \left(\sum_{j=1}^{n} \mathfrak{a}_j\right)_{n \in N}$ an Stelle von f und E an Stelle von $\mathfrak{R}$. ●

Da ein Banachraum ein vollständiger metrischer Raum ist, hat nach Hilfssatz 9.1.1. eine unendliche Reihe in einem Banachraum genau dann einen Grenzwert, wenn sie konvergent ist (d.h. (1) Hilfssatz 9.5.3. erfüllt ist). Besonders wichtig sind die absolut konvergenten Reihen. Es zeigt sich nämlich, daß man mit absolut konvergenten Reihen in einem Banachraum wie mit endlichen Summen rechnen kann.

Definition 9.5.4. $(\mathfrak{a}_j)_{j \in J}$, *J abzählbar, sei eine Familie in einem Banachraum. Man nennt* $(\mathfrak{a}_j)_{j \in J}$ *absolut summierbar, wenn es ein* $c \in \boldsymbol{R}$ *so gibt, daß*

$$\sum_{j \in J_0} \|\mathfrak{a}_j\| \leqq c \text{ für jede endliche Teilmenge } J_0 \subset J$$

gilt.

Satz 9.5.1. $(\mathfrak{a}_j)_{j \in J}$, *J abzählbar, sei eine Familie von Elementen eines Banachraumes.*

Ist J endlich, so ist $(\mathfrak{a}_j)_{j \in J}$ *absolut summierbar.*

Gibt es eine bijektive Abbildung $u: N \to J$, *für welche die Reihe* s_F, $F = (\mathfrak{a}_{u(n)})_{n \in N}$, *absolut konvergent ist, so ist* $(\mathfrak{a}_j)_{j \in J}$ *absolut summierbar.*

Ist $(\mathfrak{a}_j)_{j \in J}$ *absolut summierbar, so ist für jede bijektive Abbildung* $u: N \to J$ *die Reihe* s_F, $F = (\mathfrak{a}_{u(n)})_{n \in N}$, *absolut konvergent.*

Beweis. Ist J endlich, so gilt für jede Teilmenge $J_0 \subset J$

$$\sum_{j \in J_0} \|\mathfrak{a}_j\| \leqq \sum_{j \in J_0} \|\mathfrak{a}_j\| + \sum_{j \in J - J_0} \|\mathfrak{a}_j\| = \sum_{j \in J} \|\mathfrak{a}_j\|.$$

Ist $u: N \to J$ bijektiv, $F = (\mathfrak{a}_{u(n)})_{n \in N}$, und s_F absolut konvergent, so ist $\sum_{n=1}^{\infty} \|\mathfrak{a}_{u(n)}\|$ konvergent. Nach Hilfssatz 9.5.5. gibt es daher ein $c \in \boldsymbol{R}$ mit

$$\sum_{n=1}^{m} \|\mathfrak{a}_{u(n)}\| \leqq c \quad \text{für alle} \quad m \in N.$$

Ist $J_0 \subset J$, J_0 endlich, so ist $u^{-1}(J_0)$ endlich. Ist $u^{-1}(J_0) = \emptyset$, so wähle man $m = 1$. Ist $u^{-1}(J_0) \neq \emptyset$, so wähle man $m = \max u^{-1}(J_0)$. Dann ist $J_0 \subset \{u(n) | n \in N,\ n \leqq m\}$, und man erhält

$$\sum_{j \in J_0} \|\mathfrak{a}_j\| \leqq \sum_{n=1}^{m} \|\mathfrak{a}_{u(n)}\| \leqq c.$$

Ist $(\mathfrak{a}_j)_{j\in J}$ absolut summierbar und c wie in Definition 9.5.4. gewählt, so gilt für jede bijektive Abbildung $u:\boldsymbol{N}\to J$ (mit $A_m=\{n|n\in\boldsymbol{N},\ n\leqq m\}$)

$$\sum_{n=1}^{m}\|\mathfrak{a}_{u(n)}\| = \sum_{j\in u(A_m)}\|\mathfrak{a}_j\| \leqq c \quad \text{für jedes} \quad m\in\boldsymbol{N},$$

d.h., s_F, $F=(\mathfrak{a}_{u(n)})_{n\in\boldsymbol{N}}$, ist nach Hilfssatz 9.5.5. absolut konvergent. ●

Satz 9.5.2. *X sei ein Banachraum, $(\mathfrak{a}_j)_{j\in J}$ eine Familie von Elementen in X, J abzählbar. Ist $(\mathfrak{a}_j)_{j\in J}$ absolut summierbar, so gibt es genau* ein *$\mathfrak{s}\in X$ so, daß gilt*

(1) *Zu jedem $\varepsilon\in\boldsymbol{R}$, $\varepsilon>0$, gibt es (mindestens) eine endliche Teilmenge $J_0\subset J$ mit der Eigenschaft*

$$J_0\subset J_1\subset J,\ J_1 \text{ endlich} \Rightarrow \Big\|\sum_{j\in J_1}\mathfrak{a}_j-\mathfrak{s}\Big\|<\varepsilon.$$

Für dieses $\mathfrak{s}$ gilt:

$$J \text{ endlich} \Rightarrow \sum_{j\in J}\mathfrak{a}_j=\mathfrak{s};$$

$$u:\boldsymbol{N}\to J \text{ bijektiv} \Rightarrow \sum_{n=1}^{\infty}\mathfrak{a}_{u(n)}=\lim_{m\to\infty}\sum_{n=1}^{m}\mathfrak{a}_{u(n)}=\mathfrak{s}.$$

Man verwendet daher in jedem Fall die Bezeichnung

$$\sum_{j\in J}\mathfrak{a}_j:=\mathfrak{s}.$$

Beweis. Ist J endlich, so hat

$$\mathfrak{s}=\sum_{j\in J}\mathfrak{a}_j$$

die Eigenschaft (1), man braucht dazu nur $J_0=J$ zu wählen.

Ist $u:\boldsymbol{N}\to J$ bijektiv, so existiert

$$\mathfrak{s}=\lim_{n\to\infty}\sum_{m=1}^{n}\mathfrak{a}_{u(m)}=\sum_{m=1}^{\infty}\mathfrak{a}_{u(m)},$$

da die Reihe nach Satz 9.5.1. absolut konvergent ist. Nach Hilfssatz 9.5.6. und Hilfssatz 9.5.3. (für $\|F\|$ statt F) kann man zu $\varepsilon\in\boldsymbol{R}$, $\varepsilon>0$, ein $n_0\in\boldsymbol{N}$ so wählen, daß für alle $n,p\in\boldsymbol{N}$ mit $n\geqq n_0$ gilt:

$$\Big\|\sum_{m=1}^{n}\mathfrak{a}_{u(m)}-\mathfrak{s}\Big\|<\frac{\varepsilon}{2},\qquad \sum_{m=n+1}^{n+p}\|\mathfrak{a}_{u(m)}\|<\frac{\varepsilon}{2}.$$

Man wähle $J_0=u(A_{n_0})$, $A_{n_0}=\{n|n\in\boldsymbol{N},\ n\leqq n_0\}$. Ist $J_0\subset J_1\subset J$, J_1 endlich, so ist $u^{-1}(J_1)$ endlich, es gibt ein $p\in\boldsymbol{N}$ so, daß n_0+p obere Schranke für $u^{-1}(J_1)$ ist. Außerdem ist $u(m)\in J_1$ für alle $m\in\boldsymbol{N}$, $m\leqq n_0$. Das liefert

$$\|\sum_{j\in J_1}\mathfrak{a}_j-\mathfrak{s}\| \leqq \|\sum_{j\in J_0}\mathfrak{a}_j-\mathfrak{s}\|+\|\sum_{j\in J_1-J_0}\mathfrak{a}_j\| \leqq \left\|\sum_{n=1}^{n_0}\mathfrak{a}_{u(n)}-\mathfrak{s}\right\|+\sum_{n=n_0+1}^{n_0+p}\|\mathfrak{a}_{u(n)}\|$$

$$<\frac{\varepsilon}{2}+\frac{\varepsilon}{2}=\varepsilon.$$

$\mathfrak{s}$ hat die Eigenschaft (1).

Da es zu jeder abzählbaren, nicht-endlichen Menge J eine bijektive Abbildung $u:\boldsymbol{N}\to J$ gibt, ist die Existenz von $\mathfrak{s}$ mit (1) in jedem Fall gesichert. Außerdem ist gezeigt, daß

$$\sum_{j\in J}\mathfrak{a}_j \text{ für } J \text{ endlich}, \quad \sum_{m=1}^{\infty}\mathfrak{a}_{u(m)} \text{ für } u:\boldsymbol{N}\to J \text{ bijektiv}$$

die Eigenschaft (1) haben. Es muß nur noch nachgewiesen werden, daß es höchstens *ein* $\mathfrak{s}\in X$ mit (1) geben kann.

Haben $\mathfrak{s}, \mathfrak{t}\in X$ die Eigenschaft (1) und ist $\mathfrak{s}\neq\mathfrak{t}$, so ist $\|\mathfrak{s}-\mathfrak{t}\|\neq 0$, und man kann ein $\varepsilon\in\boldsymbol{R}$, $\varepsilon>0$, mit $2\varepsilon<\|\mathfrak{s}-\mathfrak{t}\|$ wählen. Dann gibt es endliche Teilmengen $J_0, J_0^*\subset J$ mit den Eigenschaften:

$$J_0\subset J_1\subset J,\ J_1 \text{ endlich} \Rightarrow \|\sum_{j\in J_1}\mathfrak{a}_j-\mathfrak{s}\|<\varepsilon;$$

$$J_0^*\subset J_1^*\subset J,\ J_1^* \text{ endlich} \Rightarrow \|\sum_{j\in J_1^*}\mathfrak{a}_j-\mathfrak{t}\|<\varepsilon.$$

Nun ist $J_0\cup J_0^*$ endlich, $J_0\subset J_0\cup J_0^*$, $J_0^*\subset J_0\cup J_0^*$. Deshalb gilt

$$\|\mathfrak{s}-\mathfrak{t}\|\leqq\|\mathfrak{s}-\sum_{j\in J_0\cup J_0^*}\mathfrak{a}_j\|+\|\sum_{j\in J_0\cup J_0^*}\mathfrak{a}_j-\mathfrak{t}\|<\varepsilon+\varepsilon=2\varepsilon.$$

Das widerspricht aber der Wahl von ε mit $2\varepsilon<\|\mathfrak{s}-\mathfrak{t}\|$. ●

Satz 9.5.3. *X sei ein Banachraum über K. $(\mathfrak{a}_j)_{j\in J}$ sei eine Familie von Elementen in X, J abzählbar. Ist $J=J_1\cup J_2$, $J_1\cap J_2=\emptyset$ und $a\in K$, so gilt:*

$$(\mathfrak{a}_j)_{j\in J} \text{ ist absolut summierbar} \Leftrightarrow (\mathfrak{a}_j)_{j\in J_1}, (\mathfrak{a}_j)_{j\in J_2} \text{ sind absolut summierbar.}$$

$$(\mathfrak{a}_j)_{j\in J} \text{ ist absolut summierbar} \Rightarrow (a\mathfrak{a}_j)_{j\in J} \text{ ist absolut summierbar.}$$

Ist $(\mathfrak{a}_j)_{j\in J}$ absolut summierbar, so gilt:

(1) $$\sum_{j\in J}a\mathfrak{a}_j=a\sum_{j\in J}\mathfrak{a}_j,\quad \sum_{j\in J_1}\mathfrak{a}_j+\sum_{j\in J_2}\mathfrak{a}_j=\sum_{j\in J}\mathfrak{a}_j.$$

Ist auf X eine Multiplikation so definiert, daß $(X,+,\cdot)$ ein Ring ist und

$$\|\mathfrak{a}\cdot\mathfrak{b}\|\leqq\|\mathfrak{a}\|\,\|\mathfrak{b}\| \text{ für alle } \mathfrak{a},\mathfrak{b}\in X$$

gilt, und sind $(\mathfrak{a}_j)_{j\in J_1}$, $(\mathfrak{b}_k)_{k\in J_2}$ *absolut summierbare Familien von Elementen von X, so ist* $(\mathfrak{a}_j\mathfrak{b}_k)_{(j,k)\in J_1\times J_2}$ *absolut summierbar, und es ist*

$$(2) \qquad (\sum_{j\in J_1}\mathfrak{a}_j)(\sum_{k\in J_2}\mathfrak{b}_k) = \sum_{(j,k)\in J_1\times J_2}\mathfrak{a}_j\mathfrak{b}_k.$$

(2) *gilt auch, wenn an Stelle von* $(\mathfrak{a}_j)_{j\in J}$ *eine absolut summierbare Familie* $(a_j)_{j\in J}$ *von Elementen aus K steht.*

Beweis. Ist $J_0\subset J$, J_0 endlich, so ist $J_0 = (J_0\cap J_1)\cup(J_0\cap J_2)$ und

$$\sum_{j\in J_0}\|\mathfrak{a}_j\| = \sum_{j\in J_0\cap J_1}\|\mathfrak{a}_j\| + \sum_{j\in J_0\cap J_2}\|\mathfrak{a}_j\|.$$

Sind $(\mathfrak{a}_j)_{j\in J_1}$, $(\mathfrak{a}_j)_{j\in J_2}$ absolut summierbar (stehen c_1 bzw. c_2 an Stelle von c in Definition 9.5.4., so kann man c_1+c_2 in Definition 9.5.4. für $(\mathfrak{a}_j)_{j\in J}$ nehmen), dann ist $(\mathfrak{a}_j)_{j\in J}$ absolut summierbar. Die Umkehrung ist trivial. Entsprechend erhält man wegen

$$\sum_{j\in J_0}\|a\mathfrak{a}_j\| = \sum_{j\in J_0}|a|\,\|\mathfrak{a}_j\| = |a|\sum_{j\in J_0}\|\mathfrak{a}_j\|$$

die Summierbarkeit von $(a\mathfrak{a}_j)_{j\in J}$.

Da es zu jeder endlichen Teilmenge $J_0^*\subset J_1\times J_2$ endliche Teilmengen $J_1^*\subset J_1$, $J_2^*\subset J_2$ mit $J_0^*\subset J_1^*\times J_2^*$ gibt, erhält man aus

$$\sum_{(j,k)\in J_0^*}\|\mathfrak{a}_j\mathfrak{b}_k\| \leqq \sum_{j\in J_1^*,\,k\in J_2^*}\|\mathfrak{a}_j\mathfrak{b}_k\| \leqq \sum_{j\in J_1^*,\,k\in J_2^*}\|\mathfrak{a}_j\|\,\|\mathfrak{b}_k\| = \sum_{j\in J_1^*}\|\mathfrak{a}_j\|\sum_{k\in J_2^*}\|\mathfrak{b}_k\|$$

die Summierbarkeit von $(\mathfrak{a}_j\mathfrak{b}_k)_{(j,k)\in J_1\times J_2}$.

(1) Es sei $\varepsilon_0\in\mathbf{R}_+^\times$. Für $m=1,2$ setzen wir $\mathfrak{s}_m = \sum_{j\in J_m}\mathfrak{a}_j$ und wählen J_m^* endlich, $\subset J_m$, und so, daß

$$J_m^*\subset I_m\subset J_m,\ I_m \text{ endlich} \Rightarrow \|\sum_{j\in I_m}\mathfrak{a}_j-\mathfrak{s}_m\| < \varepsilon_0.$$

Dann ist $J_1^*\cup J_2^*$ endlich, $\subset J$. Ist I endlich, $J_1^*\cup J_2^*\subset I\subset J$, so setzt man $I_m = I\cap J_m$. Wegen $J_1\cap J_2 = \emptyset$ ist $J_m^*\subset I_m\subset J_m$, $I = I_1\cup I_2$, und daher

$$\|\sum_{j\in I}\mathfrak{a}_j-(\mathfrak{s}_1+\mathfrak{s}_2)\| \leqq \|\sum_{j\in I_1}\mathfrak{a}_j-\mathfrak{s}_1\| + \|\sum_{j\in I_2}\mathfrak{a}_j-\mathfrak{s}_2\| < \varepsilon_0+\varepsilon_0 = 2\varepsilon_0.$$

(1) Satz 9.5.2. gilt $\left(\text{mit } \varepsilon_0 = \dfrac{\varepsilon}{2}\right)$ für $\mathfrak{s} := \mathfrak{s}_1+\mathfrak{s}_2$. Wegen

$$\|\sum_{j\in I}\mathfrak{a}_j-\mathfrak{s}\| < \varepsilon_0 \Rightarrow \|\sum_{j\in I}a\mathfrak{a}_j-a\mathfrak{s}\| = |a|\,\|\sum_{j\in I}\mathfrak{a}_j-\mathfrak{s}\| \leqq |a|\,\varepsilon_0$$

braucht man nur ε_0 so zu wählen, daß $|a|\varepsilon_0<\varepsilon$ ist, und erhält (1) Satz 9.5.2. für $(a\mathfrak{a}_j)_{j\in J}$ mit $a\mathfrak{s}$ an Stelle von $\mathfrak{s}$.

(2) Es sei $\varepsilon_0 \in \boldsymbol{R}_+^\times$. Wir setzen

$$\sum_{j\in J_1} \mathfrak{a}_j = \mathfrak{s}_1, \quad \sum_{j\in J_1} \|\mathfrak{a}_j\| = t_1, \quad \sum_{k\in J_2} \mathfrak{b}_k = \mathfrak{s}_2, \quad \sum_{k\in J_2} \|\mathfrak{b}_k\| = t_2$$

und wählen für $m=1, 2$ J_m^* endlich, $\subset J_m$, und so, daß für I_m endlich, $J_m^* \subset I_m \subset J_m$, gilt

$$\Big\|\sum_{j\in I_1} \mathfrak{a}_j - \mathfrak{s}_1\Big\|, \quad \Big|\sum_{j\in I_1} \|\mathfrak{a}_j\| - t_1\Big|, \quad \Big\|\sum_{k\in I_2} \mathfrak{b}_k - \mathfrak{s}_2\Big\|, \quad \Big|\sum_{k\in I_2} \|\mathfrak{b}_k\| - t_2\Big| < \varepsilon_0.$$

Ist J_0 endlich, $J_1^* \times J_2^* \subset J_0 \subset J_1 \times J_2$, so gibt es endliche Mengen $I_m \subset J_m$ mit $J_0 \subset I_1 \times I_2$. Dann ist $J_0 - J_1^* \times J_2^* \subset \big(I_1 \times (I_2 - J_2^*)\big) \cup \big((I_1 - J_1^*) \times I_2\big)$. Da

$$\sum_{j\in I_1 - J_1^*} \|\mathfrak{a}_j\| \leqq \Big|\sum_{j\in I_1} \|\mathfrak{a}_j\| - t_1\Big| + \Big|t_1 - \sum_{j\in J_1^*} \|\mathfrak{a}_j\|\Big| < 2\varepsilon_0$$

(entsprechend für die Summe der $\|\mathfrak{b}_k\|$, $k \in I_2 - J_2^*$) ist, ergibt sich

$$\begin{aligned}\Big\|\sum_{(j,k)\in J_0} \mathfrak{a}_j\mathfrak{b}_k - \mathfrak{s}_1\mathfrak{s}_2\Big\| &\leqq \Big\|\sum_{(j,k)\in J_1^*\times J_2^*} \mathfrak{a}_j\mathfrak{b}_k - \mathfrak{s}_1\mathfrak{s}_2\Big\| + \sum_{(j,k)\in J_0 - J_1^*\times J_2^*} \|\mathfrak{a}_j\|\,\|\mathfrak{b}_k\| \\ &\leqq \Big\|\sum_{j\in J_1^*} \mathfrak{a}_j \sum_{k\in J_2^*} \mathfrak{b}_k - \mathfrak{s}_1\mathfrak{s}_2\Big\| + \sum_{j\in I_1} \|\mathfrak{a}_j\| \sum_{k\in I_2 - J_2^*} \|\mathfrak{b}_k\| + \sum_{j\in I_1 - J_1^*} \|\mathfrak{a}_j\| \sum_{k\in I_2} \|\mathfrak{b}_k\| \\ &\leqq \frac{1}{2}\Big\|\sum_{j\in J_1^*} \mathfrak{a}_j - \mathfrak{s}_1\Big\|\,\Big\|\sum_{k\in J_2^*} \mathfrak{b}_k + \mathfrak{s}_2\Big\| + \frac{1}{2}\Big\|\sum_{j\in J_1^*} \mathfrak{a}_j + \mathfrak{s}_1\Big\|\,\Big\|\sum_{k\in J_2^*} \mathfrak{b}_k - \mathfrak{s}_2\Big\| + 2\varepsilon_0(t_1 + t_2) \\ &\leqq \frac{1}{2}\varepsilon_0(t_2 + \|\mathfrak{s}_2\|) + \frac{1}{2}(t_1 + \|\mathfrak{s}_1\|)\varepsilon_0 + 2\varepsilon_0(t_1 + t_2) \leqq \varepsilon_0(3t_1 + 3t_2 + \|\mathfrak{s}_1\| + \|\mathfrak{s}_2\|).\end{aligned}$$

Durch passende Wahl von $\varepsilon_0 > 0$ erreicht man, daß dieser Ausdruck sicher $< \varepsilon$ ist.

Wegen $\|a\mathfrak{a}\| = |a|\,\|\mathfrak{a}\|$ für $a \in K$, $\mathfrak{a} \in X$ erhält man genauso die letzte Behauptung des Satzes. ●

Satz 9.5.3. besagt, daß man mit absolut summierbaren Familien von Elementen eines Banachraumes genauso rechnen kann, als handele es sich um endliche Familien.

$(\mathfrak{a}_j)_{j\in J}$ sei eine absolut summierbare Familie in einem Banachraum. Ist $J = \bigcup_{k=1}^{n} J_k$, $n \in N$, $J_l \cap J_m = \emptyset$ für $l \neq m$, so erhält man aus Satz 9.5.3. (etwa durch vollständige Induktion)

$$\sum_{k=1}^{n}\Big(\sum_{j\in J_k} \mathfrak{a}_j\Big) = \sum_{j\in J} \mathfrak{a}_j.$$

Diese Rechenregel läßt sich ohne Mühe auf den Fall erweitern, daß man J in (abzählbar) unendlich viele Teilmengen J_k, $k \in N$, die paarweise elementfremd sind, aufspaltet. Es gilt

Satz 9.5.4. *(Umordnungssatz.) J und H seien abzählbare Mengen,*

$$J = \bigcup_{k \in H} J_k, \quad J_k \cap J_l = \emptyset \text{ für } k, l \in H, \; k \neq l.$$

Ist $(\mathfrak{a}_j)_{j \in J}$ *eine absolut summierbare Familie von Elementen eines Banachraumes, so gilt*

$$\sum_{k \in H} \Big(\sum_{j \in J_k} \mathfrak{a}_j \Big) = \sum_{j \in J} \mathfrak{a}_j .$$

Beweis. Es ist nur noch der Fall zu untersuchen, daß H nicht endlich ist. Dann ist H abzählbar unendlich, und es gibt eine bijektive Abbildung $v: N \to H$. Zu jedem $n \in N$ gibt es eine bijektive Abbildung $u_n: A_{l(n)} \to J_{v(n)}$ eines Abschnittes $A_{l(n)}$ von N auf $J_{v(n)}$. Um eine einheitliche Bezeichnung zu erreichen, setze man jetzt

$$\mathfrak{b}_{n,m} = \begin{cases} \mathfrak{a}_{u_n(m)} & \text{für } m \in N, \; m \leqq l(n), \\ \mathfrak{o} & \text{für } m \in N, \; m > l(n), \end{cases} \quad n \in N.$$

Es sei

$$U = \{(n, m) | n \in N, \; m \in N, \; m \leqq l(n)\}.$$

Dann ist

$$u: U \to J, \quad \text{definiert durch } u(n, m) := u_n(m) \quad \text{für} \quad (n, m) \in U,$$

bijektiv, und $(\mathfrak{b}_{n,m})_{(n,m) \in N \times N}$ geht aus $(\mathfrak{b}_{n,m})_{(n,m) \in U}$ dadurch hervor, daß man höchstens abzählbar oft $\mathfrak{o}$ hinzufügt. Es ist daher (vgl. Satz 9.5.2.)

$$\mathfrak{s} := \sum_{j \in J} \mathfrak{a}_j = \sum_{(n,m) \in N \times N} \mathfrak{b}_{n,m}, \quad \mathfrak{s}_n := \sum_{j \in J_{v(n)}} \mathfrak{a}_j = \sum_{m \in N} \mathfrak{b}_{n,m}.$$

Ist H_0 eine endliche Teilmenge von N, so gilt für jedes $k \in N$ wegen der absoluten Summierbarkeit

$$\sum_{n \in H_0} \Big\| \sum_{m=1}^{k} \mathfrak{b}_{n,m} \Big\| \leqq \sum_{n \in H_0} \sum_{m=1}^{k} \|\mathfrak{b}_{n,m}\| \leqq \sum_{(n,m) \in N \times N} \|\mathfrak{b}_{n,m}\|,$$

also nach den Rechenregeln für Grenzwerte und Satz 9.5.2.

$$\sum_{n \in H_0} \|\mathfrak{s}_n\| = \sum_{n \in H_0} \Big\| \sum_{m=1}^{\infty} \mathfrak{b}_{n,m} \Big\| = \lim_{k \to \infty} \sum_{n \in H_0} \Big\| \sum_{m=1}^{k} \mathfrak{b}_{n,m} \Big\| \leqq \sum_{(n,m) \in N \times N} \|\mathfrak{b}_{n,m}\|.$$

Daher ist auch $(\mathfrak{s}_n)_{n \in N}$ und damit $\big(\sum_{j \in J_k} \mathfrak{a}_j \big)_{k \in H}$ absolut summierbar. Nach Satz 9.5.2. gibt es zu jedem $\varepsilon \in R$, $\varepsilon > 0$, eine endliche Teilmenge $J_0 \subset N \times N$ (da J_0 endlich ist, gibt es ein $n_0 \in N$ so, daß $n \leqq n_0$, $m \leqq n_0$ für alle $(n, m) \in J_0$ gilt) mit

$$J_0 \subset J^* \subset N \times N, \; J^* \text{ endlich} \;\Rightarrow\; \Big\| \sum_{(n,m) \in J^*} \mathfrak{b}_{n,m} - \mathfrak{s} \Big\| < \varepsilon.$$

Insbesondere gilt

$$(n_1, m_1) \in E_{n_0} \times E_{n_0} \;\Rightarrow\; \Big\| \sum_{\substack{1 \leqq n \leqq n_1 \\ 1 \leqq m \leqq m_1}} \mathfrak{b}_{n,m} - \mathfrak{s} \Big\| < \varepsilon.$$

Das bedeutet aber

$$\lim_{\substack{n_1\to\infty \\ m_1\to\infty}} \sum_{n=1}^{n_1} \sum_{m=1}^{m_1} \mathfrak{b}_{n,m} = \mathfrak{s}.$$

Nach Satz 9.3.4. ist daher

$$\lim_{n_1\to\infty} \left(\lim_{m_1\to\infty} \sum_{n=1}^{n_1} \sum_{m=1}^{m_1} \mathfrak{b}_{n,m} \right) = \lim_{n_1\to\infty} \left(\sum_{n=1}^{n_1} \mathfrak{s}_n \right) = \mathfrak{s},$$

also

$$\sum_{n=1}^{\infty} \left(\sum_{m=1}^{\infty} \mathfrak{b}_{n,m} \right) = \sum_{(n,m)\in N\times N} \mathfrak{b}_{n,m}. \quad \bullet$$

9.6. Konvergenzkriterien

In den Anwendungen benötigt man einfach kontrollierbare Kriterien für die Konvergenz einer unendlichen Reihe und für die absolute Summierbarkeit einer Familie in einem Banachraum. Da eine Familie $(\mathfrak{a}_j)_{j\in J}$ in einem Banachraum nach Satz 9.5.1. absolut summierbar ist, wenn J endlich ist, braucht man nur den Fall zu behandeln, daß J abzählbar unendlich ist. Dann gibt es eine bijektive Abbildung $u: N \to J$, und $(\mathfrak{a}_j)_{j\in J}$ ist genau dann summierbar, wenn $(\mathfrak{a}_{u(n)})_{n\in N}$ absolut summierbar ist (Satz 9.5.1.). Man kann die Kriterien also von vornherein für den Fall $J = N$ formulieren.

Definition 9.6.1. $(\mathfrak{a}_n)_{n\in N}$ *sei eine Folge in einem Banachraum. Eine Folge* $(c_n)_{n\in N}$ *in* R *heißt Majorante von* $(\mathfrak{a}_n)_{n\in N}$, *wenn es ein* $n_0 \in N$ *so gibt, daß gilt:*

$$n\in N,\ n \geqq n_0 \quad \Rightarrow \quad \|\mathfrak{a}_n\| \leqq c_n.$$

$(F_n)_{n\in N}$ *sei eine Folge von Funktionen mit Werten in einem Banachraum. Eine Folge* $(c_n)_{n\in N}$ *in* R *heißt Majorante von* $(F_n)_{n\in N}$ *auf* W, *wenn* $W \subset \mathscr{D}(F_n)$ *für jedes* $n \in N$ *ist und es ein* $n_0 \in N$ *so gibt, daß gilt:*

$$x\in W,\ n\in N,\ n\geqq n_0 \quad \Rightarrow \quad \|F_n(x)\| \leqq c_n.$$

Anmerkung 9.6.1. Statt „$(c_n)_{n\in N}$ ist Majorante von $(\mathfrak{a}_n)_{n\in N}$" sagt man vielfach

$$„\sum_{n=1}^{\infty} c_n \quad \text{ist Majorante von} \quad \sum_{n=1}^{\infty} \mathfrak{a}_n"$$

und statt „$(c_n)_{n\in N}$ ist Majorante von $(F_n)_{n\in N}$ auf W"

$$„\sum_{n=1}^{\infty} c_n \quad \text{ist Majorante von} \quad \sum_{n=1}^{\infty} F_n(x) \text{ für } x\in W." \quad \bullet$$

Satz 9.6.1. *(Majorantenkriterium.) Hat eine Folge in einem Banachraum eine (in* $\boldsymbol{R}$*) absolut summierbare Majorante, so ist sie selbst absolut summierbar.*

Hat eine Folge $(F_n)_{n\in N}$ *von Funktionen mit Werten in einem Banachraum auf einer Menge* W *eine (in* $\boldsymbol{R}$*) absolut summierbare Majorante, so ist*

$$\sum_{n=1}^{\infty} F_n(x) \text{ auf } W \text{ absolut gleichmäßig konvergent,}$$

d.h.,

$$\sum_{n=1}^{\infty} F_n(x), \ \sum_{n=1}^{\infty} \|F_n(x)\| \text{ sind gleichmäßig konvergent für } x\in W.$$

Beweis. $(c_n)_{n\in N}$ sei die absolut summierbare Majorante. Im ersten Falle gilt dann für $J_0 \subset N$, J_0 endlich,

$$\sum_{n\in J_0} \|\mathfrak{a}_n\| \leqq \sum_{n=1}^{n_0} \|\mathfrak{a}_n\| + \sum_{n\in J_0,\, n>n_0} \|\mathfrak{a}_n\| \leqq \sum_{n=1}^{n_0} \|\mathfrak{a}_n\| + \sum_{n\in J_0,\, n>n_0} c_n \leqq \sum_{n=1}^{n_0} \|\mathfrak{a}_n\| + \sum_{n\in N} |c_n|.$$

Daher ist $(\mathfrak{a}_n)_{n\in N}$ absolut summierbar.

Wegen der Konvergenz von $\sum\limits_{n=1}^{\infty} |c_n|$ gibt es zu jedem $\varepsilon\in\boldsymbol{R}$, $\varepsilon>0$, nach Hilfssatz 9.5.3. ein $n_1\in N$ so, daß gilt

$$n, p\in N,\ n\geqq n_1 \ \Rightarrow \ \sum_{m=n+1}^{n+p} |c_m| < \varepsilon.$$

Ist $n\geqq n_0$, $x\in W$, so ist $\|F_{n+p}(x)\| \leqq c_{n+p}$ (also insbesondere $c_{n+p}\geqq 0$), und für alle $x\in W$ gilt

$$n, p\in N,\ n\geqq n_0+n_1 \ \Rightarrow \ \left\|\sum_{m=n+1}^{n+p} F_m(x)\right\| \leqq \sum_{m=n+1}^{n+p} \|F_m(x)\| \leqq \sum_{m=n+1}^{n+p} c_m < \varepsilon,$$

was die gleichmäßige Konvergenz von $\sum\limits_{n=1}^{\infty} F_n(x)$ und $\sum\limits_{n=1}^{\infty} \|F_n(x)\|$ auf W zeigt. ●

Anmerkung 9.6.2. Man beachte die Formulierung:
„$\sum\limits_{n=1}^{\infty} F_n(x)$ ist auf W absolut und gleichmäßig konvergent" bedeutet, daß $\sum\limits_{n=1}^{\infty} \|F_n(x)\|$ für $x\in W$ konvergent und $\sum\limits_{n=1}^{\infty} F_n(x)$ für $x\in W$ gleichmäßig konvergent ist, während „$\sum\limits_{n=1}^{\infty} F_n(x)$ ist auf W absolut gleichmäßig konvergent" bedeutet, daß $\sum\limits_{n=1}^{\infty} \|F_n(x)\|$ und damit auch $\sum\limits_{n=1}^{\infty} F_n(x)$ für $x\in W$ gleichmäßig konvergiert. So konvergiert $\sum\limits_{n=1}^{\infty} (-1)^n n^{-x}$ für $x>1$ absolut und gleichmäßig (Beispiel 9.6.4.), aber nicht absolut gleichmäßig, wie man leicht sehen kann. ●

Satz 9.6.2. $(\mathfrak{a}_n)_{n\in N}$ *sei eine Folge in einem Banachraum. Ist eines der beiden folgenden Kriterien erfüllt, so ist* $(\mathfrak{a}_n)_{n\in N}$ *absolut summierbar.*

(1) *Wurzelkriterium: Es ist* $\overline{\lim\limits_{n\to\infty}} \sqrt[n]{\|\mathfrak{a}_n\|} < 1$.

(2) *Quotientenkriterium:* $(\mathfrak{a}_{n_j})_{j\in N}$ *entstehe aus* $(\mathfrak{a}_n)_{n\in N}$ *durch Weglassen derjenigen* $\mathfrak{a}_n$, *die Null sind. Es gilt*

$$\overline{\lim_{j\to\infty}} \|\mathfrak{a}_{n_{j+1}}\|/\|\mathfrak{a}_{n_j}\| < 1.$$

Beweis. (1) In diesem Falle gibt es ein $q\in \boldsymbol{R}$, $0<q<1$, mit

$$\overline{\lim_{n\to\infty}} \sqrt[n]{\|\mathfrak{a}_n\|} < q < 1.$$

Nach Hilfssatz 8.3.1. gibt es ein $n_0\in N$ mit

$$n\in N,\ n\geqq n_0 \quad\Rightarrow\quad \sqrt[n]{\|\mathfrak{a}_n\|}\leqq q \quad\Rightarrow\quad \|\mathfrak{a}_n\|\leqq q^n.$$

Daher ist $(q^n)_{n\in N}$ Majorante von $(\mathfrak{a}_n)_{n\in N}$. Wegen $0<q<1$ ist nach Satz 8.8.1. $\sum\limits_{n=1}^{\infty} q^n$ konvergent und (wegen $q>0$) auch absolut konvergent. Damit ist $(q^n)_{n\in N}$ absolut summierbar.

(2) Da $(\mathfrak{a}_{n_j})_{j\in N}$ aus $(\mathfrak{a}_n)_{n\in N}$ nur durch Weglassen der Nullen entsteht, ist $(\mathfrak{a}_n)_{n\in N}$ genau dann absolut summierbar, wenn $(\mathfrak{a}_{n_j})_{j\in N}$ absolut summierbar ist. Genau wie bei (1) gibt es ein $q\in\boldsymbol{R}$, $0<q<1$, und ein $j_0\in N$ mit

$$j\in N,\ j\geqq j_0 \quad\Rightarrow\quad \|\mathfrak{a}_{n_{j+1}}\|\,\|\mathfrak{a}_{n_j}\|^{-1}\leqq q \quad\Rightarrow\quad \|\mathfrak{a}_{n_{j+1}}\|\leqq\|\mathfrak{a}_{n_j}\|\cdot q.$$

Man erhält (etwa durch vollständige Induktion)

$$j\in N,\ j\geqq j_0 \quad\Rightarrow\quad \|\mathfrak{a}_{n_j}\|\leqq\|\mathfrak{a}_{n_{j_0}}\|\cdot q^{j-j_0}=(\|\mathfrak{a}_{n_{j_0}}\|q^{1-j_0})q^{j-1}.$$

Damit ist

$$(\|\mathfrak{a}_{n_{j_0}}\|q^{1-j_0}q^{j-1})_{j\in N} \text{ Majorante von } (\mathfrak{a}_{n_j})_{j\in N}$$

und wieder nach Satz 8.8.1. wegen $0<q<1$ absolut summierbar. ●

Beispiel 9.6.1. Nach Beispiel 9.5.2. konvergiert

$$\zeta(x)=\sum_{n=1}^{\infty}\frac{1}{n^x} \quad \text{für} \quad x\in\boldsymbol{R},\ x>1.$$

Wegen $n^{-x}>0$ für jedes $n\in N$ ist die Konvergenz absolut. Ist $\alpha\in\boldsymbol{R}$, $\alpha>1$, so gilt für jedes $n\in N$

$$\alpha\leqq x \quad\Rightarrow\quad n^\alpha\leqq n^x \quad\Rightarrow\quad n^{-\alpha}\geqq n^{-x}.$$

Daher ist $(n^{-\alpha})_{n\in N}$ Majorante für $(F_n)_{n\in N}$ mit $F_n(x)=n^{-x}$ auf $\{x|x\in \boldsymbol{R},\ x\geqq\alpha\}$. Nach Satz 9.6.1. existiert $\lim\limits_{m\to\infty}\sum\limits_{n=1}^{m}\frac{1}{n^y}=\zeta(y)$ gleichmäßig für $y\in\boldsymbol{R}$, $y\geqq\alpha$. Da für $x\in\boldsymbol{R}$, $x\geqq\alpha$, wegen der Stetigkeit der Funktion $(n^{-y})_{y\in\boldsymbol{R}}$ (Satz 6.8.3. bzw. Anmerkung 8.9.1.)

$$\lim_{\substack{y\to x\\ y\geqq\alpha}}\sum_{n=1}^{m}\frac{1}{n^y}=\sum_{n=1}^{m}\frac{1}{n^x}$$

ist, gilt nach Satz 9.4.1. für jedes $x\geqq\alpha$

$$\lim_{\substack{y\to x\\ y\geqq\alpha}}\zeta(y)=\lim_{m\to\infty}\sum_{n=1}^{m}\frac{1}{n^x}=\zeta(x).$$

Da man zu jedem $x\in\boldsymbol{R}$, $x>1$, ein $\alpha\in\boldsymbol{R}$ mit $1<\alpha<x$ wählen kann, liefert ζ eine stetige Abbildung von $\{x|x\in\boldsymbol{R},\ x>1\}$ in $\boldsymbol{R}$. ●

Definition 9.6.2. $(\mathfrak{a}_{n-1})_{n\in N}$ *sei eine Folge in einem Banachraum über K. Die Reihe*

$$\sum_{j=0}^{\infty}x^j\mathfrak{a}_j=\sum_{n=1}^{\infty}x^{n-1}\mathfrak{a}_{n-1}\quad \text{für}\quad x\in K\ \ (\text{mit } x^0:=1),$$

die zu der Folge $(x^{n-1}\mathfrak{a}_{n-1})_{n\in N}$ *gehört, heißt Potenzreihe in x mit den Koeffizienten* $\mathfrak{a}_j$.

Satz 9.6.3. *Die Potenzreihe* $\sum\limits_{j=0}^{\infty}x^j\mathfrak{a}_j$ *in einem Banachraum über K konvergiere im Punkt* $x_0\in K$, *d.h.,*

$$\sum_{j=0}^{\infty}x_0^j\mathfrak{a}_j \text{ sei konvergent.}$$

Für jedes $q\in\boldsymbol{R}$ *mit* $0\leqq q<|x_0|$ *konvergiert dann*

$$\sum_{j=0}^{\infty}x^j\mathfrak{a}_j \text{ absolut für } |x|<|x_0|, \text{ absolut gleichmäßig für } |x|\leqq q\ \ (x\in K).$$

Beweis. Da $\sum\limits_{j=0}^{\infty}x_0^j\mathfrak{a}_j$ konvergent ist, gilt nach Hilfssatz 9.5.2.

$$\lim_{j\to\infty}x_0^j\mathfrak{a}_j=\lim_{n\to\infty}x_0^{n-1}\mathfrak{a}_{n-1}=\mathfrak{o}.$$

Es gibt also ein $n_0\in N$ so, daß $\|x_0^{n-1}\mathfrak{a}_{n-1}\|<1$ für alle $n\in N$, $n\geqq n_0$, ist. Daher gilt für $x\in K$, $|x|\leqq q<|x_0|$

$$n\in N,\ n\geqq n_0\ \Rightarrow\ \|x^{n-1}\mathfrak{a}_{n-1}\|=\|x_0^{n-1}\mathfrak{a}_{n-1}\|\cdot\left|\frac{x}{x_0}\right|^{n-1}\leqq\left(\frac{q}{|x_0|}\right)^{n-1}.$$

$\left(\left(\frac{q}{|x_0|}\right)^{n-1}\right)_{n\in N}$ ist Majorante von $(F_n)_{n\in N}$ mit $F_n(x)=x^{n-1}\mathfrak{a}_{n-1}$ für $x\in K$, $|x|\leqq q$, die Reihe ist nach Satz 9.6.1. für $x \in K$, $|x| \leqq q$, absolut gleichmäßig konvergent, da nach Satz 8.8.1. $\sum_{n=1}^{\infty} \left(\frac{q}{|x_0|}\right)^{n-1}$ wegen $\frac{q}{|x_0|} < 1$ absolut konvergent ist.

Da man zu jedem $x \in K$, $|x| < |x_0|$ ein $q \in \boldsymbol{R}$, $0 < q < |x_0|$, mit $|x| < q$ wählen kann, ergibt sich auch die absolute Konvergenz für diese x. ●

Hilfssatz 9.6.1. *Zu einer Potenzreihe $\sum_{j=0}^{\infty} x^j \mathfrak{a}_j$ in einem Banachraum über K sei (in $\bar{\boldsymbol{R}}$)*

$$R = \sup\left\{|x_0| \,\middle|\, x_0 \in K, \ \sum_{j=0}^{\infty} x_0^j \mathfrak{a}_j \ \textit{konvergent}\right\} \subset [0, \infty].$$

Dann gilt

$$\sum_{j=0}^{\infty} x^j \mathfrak{a}_j \begin{cases} \textit{konvergiert absolut gleichmäßig in } \{x \mid x \in K, \ |x| \leqq q\} \textit{ für jedes} \\ q \in \boldsymbol{R}, \ 0 < q < R; \\ \textit{divergiert für jedes } x \in K \textit{ mit } |x| > R. \end{cases}$$

R heißt Konvergenzradius der Potenzreihe. Es ist

$$R = \left(\overline{\lim_{j \to \infty}} \sqrt[j]{\|\mathfrak{a}_j\|}\right)^{-1} \quad (0^{-1} := \infty, \ \infty^{-1} := 0 \textit{ gesetzt}).$$

Beweis. Es sei $q \in \boldsymbol{R}$, $0 < q < R$. Nach der Definition von R gibt es dann ein $x_0 \in K$ mit $q < |x_0|$, für das die Potenzreihe konvergiert. Nach Satz 9.6.3. ist die Reihe in $\{x \mid x \in K, \ |x| \leqq q\}$ absolut gleichmäßig konvergent.

Ist $x \in K$, $|x| > R$, so kann die Potenzreihe nach der Definition von R in x nicht konvergieren.

Ist $x_0 \in K$, so gilt

$$|x_0| < \left(\overline{\lim_{j \to \infty}} \sqrt[j]{\|\mathfrak{a}_j\|}\right)^{-1} \quad \Rightarrow \quad \overline{\lim_{j \to \infty}} \sqrt[j]{\|\mathfrak{a}_j\| \, |x_0|^j} = \overline{\lim_{j \to \infty}} \sqrt[j]{\|\mathfrak{a}_j\|} \, |x_0| < 1.$$

Nach dem Wurzelkriterium (1) Satz 9.6.2. ist dann $\sum_{j=1}^{\infty} x_0^j \mathfrak{a}_j$, also auch $\sum_{j=0}^{\infty} x_0^j \mathfrak{a}_j$ (absolut) konvergent. Daher ist $x_0 \leqq R$. Das liefert $\left(\overline{\lim_{j \to \infty}} \sqrt[j]{\|\mathfrak{a}_j\|}\right)^{-1} \leqq R$.

Ist $x \in K$, $|x| < R$, so konvergiert die Potenzreihe, nach Hilfssatz 9.5.2. ist $\lim_{j \to \infty} \|x^j \mathfrak{a}_j\| = 0$. Es gibt daher ein $n_0 \in N$ mit

$$j \geqq n_0 \quad \Rightarrow \quad \|x^j \mathfrak{a}_j\| \leqq 1 \quad \Rightarrow \quad \sqrt[j]{\|\mathfrak{a}_j\|} \, |x| \leqq 1.$$

Infolgedessen ist

$$\overline{\lim_{j \to \infty}} \sqrt[j]{\|\mathfrak{a}_j\|} \, |x| \leqq 1, \quad \text{d.h.} \quad |x| \leqq \left(\overline{\lim_{j \to \infty}} \sqrt[j]{\|\mathfrak{a}_j\|}\right)^{-1}.$$

Das liefert

$$R \leqq \left(\overline{\lim_{j\to\infty}} \sqrt[j]{\|\mathfrak{a}_j\|}\right)^{-1}. \bullet$$

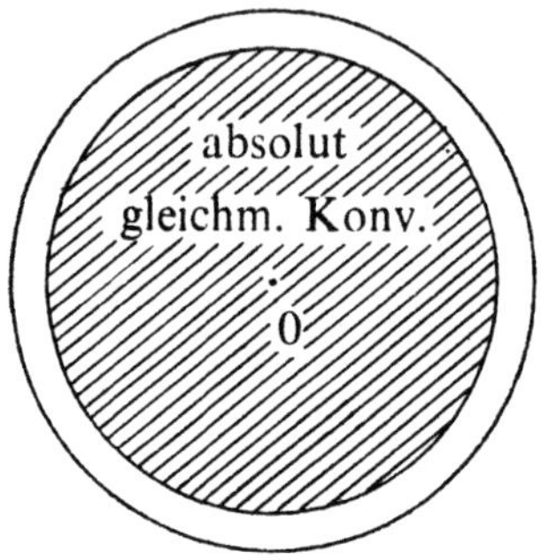

Zu einer Potenzreihe gehört ein Konvergenzkreis mit dem Radius R (vgl. die obenstehende Zeichnung für den Fall $K = C$). Für alle x im Kreisinneren konvergiert die Reihe, für jedes x außerhalb des Kreises divergiert sie, in jedem abgeschlossenen Kreis innerhalb des Konvergenzkreises konvergiert sie absolut gleichmäßig. Für R können alle Werte aus $[0, \infty]$ auftreten, also auch 0 und ∞!

In vielen Fällen hat man es mit Reihen zu tun, die konvergent, aber nicht absolut konvergent sind. Ein einfaches Beispiel bietet

Hilfssatz 9.6.2. *$(a_n)_{n\in N}$ sei eine Folge in R. Falls*

$$\lim_{n\to\infty} a_n = 0$$

ist und die Folge $(a_n)_{n\in N}$ monoton fallend ist, konvergiert die „alternierende Reihe"

$$\sum_{n=1}^{\infty} (-1)^n a_n.$$

Beweis. Da $(a_n)_{n\in N}$ monoton fallend und $\lim_{n\to\infty} a_n = 0$ ist, ist $a_n \geqq 0$ für alle $n \in N$. Für $k \in N$ sei

$$s_k = \sum_{n=1}^{k} (-1)^n a_n.$$

Für alle $m \in N$ gilt

$$s_{2(m+1)} - s_{2m} = (-1)^{2(m+1)} a_{2(m+1)} + (-1)^{2m+1} a_{2m+1} = a_{2m+2} - a_{2m+1} \leqq 0,$$

$$s_{2(m+1)+1} - s_{2m+1} = -a_{2(m+1)+1} + a_{2m+2} \geqq 0,$$

$$s_{2m+1} - s_{2m} = (-1)^{2m+1} a_{2m+1} \leqq 0.$$

$(s_{2m})_{m\in N}$ ist monoton fallend, $(s_{2m+1})_{m\in N}$ monoton wachsend und $s_{2m+1} \leqq s_{2m}$. Daher ist

$$s_{2\cdot 1+1} \leqq \lim_{m\to\infty} s_{2m+1} \leqq \lim_{m\to\infty} s_{2m} \leqq s_{2\cdot 1}.$$

Die Grenzwerte existieren und liegen in $\boldsymbol{R}$. Außerdem ist

$$\lim_{m\to\infty} s_{2m+1} = \lim_{m\to\infty} \left(s_{2m}+(-1)^{2m+1}a_{2m+1}\right) = \lim_{m\to\infty} s_{2m}.$$

Nach Aufgabe 8.7.1. ist daher

$$\lim_{n\to\infty} s_n = \lim_{m\to\infty} s_{2m+1} = \lim_{m\to\infty} s_{2m} \in \boldsymbol{R}. \quad \bullet$$

Hilfssatz 9.6.2. läßt sich auch als Spezialfall von Satz 9.6.4. erhalten (s. u.).

Beispiel 9.6.2. Mit Hilfssatz 9.6.2. kann man die Konvergenz von

$$\sum_{n=1}^{\infty} \frac{(-1)^n}{n^x} \quad \text{für} \quad x \in \boldsymbol{R},\ x>0,$$

beweisen. Für $x>0$ gilt nämlich

$$n, m \in \boldsymbol{N},\ n>m \quad \Rightarrow \quad n^x > m^x \quad \Rightarrow \quad \frac{1}{n^x} < \frac{1}{m^x},$$

$\left(\frac{1}{n^x}\right)_{n\in\boldsymbol{N}}$ ist monoton fallend. Deswegen existiert

$$\lim_{n\to\infty} \frac{1}{n^x} \geqq 0 \quad (\text{in } \boldsymbol{R}).$$

Da $2^x > 1$ ist und $(2^j)^x = (2^x)^j$ ist, erhält man unter Benutzung der Teilfolge $\left(\frac{1}{(2^j)^x}\right)_{j\in\boldsymbol{N}}$

$$\lim_{n\to\infty} \frac{1}{n^x} = \lim_{j\to\infty} \frac{1}{(2^j)^x} = \lim_{j\to\infty} \left(\frac{1}{2^x}\right)^j = 0. \quad \bullet$$

Satz 9.6.4. *(Dedekindsches Kriterium.) X sei ein Banachraum. Auf X sei eine Multiplikation so definiert, daß $(X, +, \cdot)$ ein Ring ist, und für alle $\mathfrak{a}, \mathfrak{b} \in X$ gilt*

$$\|\mathfrak{a}\mathfrak{b}\| \leqq \|\mathfrak{a}\| \cdot \|\mathfrak{b}\|.$$

$(\mathfrak{a}_n)_{n\in\boldsymbol{N}}$, $(\mathfrak{b}_n)_{n\in\boldsymbol{N}}$ *seien Folgen in X. Sind die drei folgenden Bedingungen erfüllt, so konvergiert die Reihe*

$$\sum_{n=1}^{\infty} \mathfrak{a}_n \mathfrak{b}_n.$$

(1) *Die Folge* $\left(\sum_{n=1}^{m} \mathfrak{a}_n\right)_{m\in\boldsymbol{N}}$ *ist in X beschränkt.*

(2) *Die Folge* $((\mathfrak{b}_n - \mathfrak{b}_{n+1}))_{n\in\boldsymbol{N}}$ *ist absolut summierbar.*

(3) *Es ist* $\lim_{n\to\infty} \|\mathfrak{b}_n\| = 0$.

$(F_n)_{n\in N}$ und $(G_n)_{n\in N}$ seien Folgen von Funktionen mit Werten in X. Ist $W\subset \mathscr{D}(F_n)\cap \cap \mathscr{D}(G_n)$ für jedes $n\in N$ und sind die drei folgenden Bedingungen erfüllt, so konvergiert

$$\sum_{n=1}^{\infty} F_n(x)G_n(x) \text{ gleichmäßig auf } W.$$

(1*) *Die Folgen* $\left(\sum_{n=1}^{m} F_n(x)\right)_{m\in N}$ *sind für $x\in W$ gleichmäßig beschränkt.*

(2*) *Die Reihe* $\sum_{n=1}^{\infty} \|G_n(x)-G_{n+1}(x)\|$ *ist auf W gleichmäßig konvergent.*

(3*) *Es ist* $\lim_{n\to\infty} \|G_n(x)\| = 0$ *gleichmäßig auf W.*

Beweis. Den ersten Teil des Satzes erhält man aus dem zweiten Teil als Spezialfall für $W=\{x_0\}$, $F_n(x_0)=\mathfrak{a}_n$, $G_n(x_0)=\mathfrak{b}_n$, da gleichmäßige Konvergenz auf dieser Menge W mit der gewöhnlichen Konvergenz übereinstimmt.

Das Beweisverfahren ist Abels Verfahren der partiellen Summation. Man setze

$$s_n(x) := \sum_{m=1}^{n} F_m(x)G_m(x), \quad t_n(x) = \sum_{m=1}^{n} F_m(x).$$

Dann ist

$$F_j(x) = t_j(x)-t_{j-1}(x), \quad t_0(x)=\mathfrak{o}.$$

Für $n, p\in N$ erhält man

$$s_{n+p}(x)-s_n(x) = \sum_{m=n+1}^{n+p} F_m(x)G_m(x) = \sum_{m=n+1}^{n+p} (t_m(x)-t_{m-1}(x))G_m(x)$$

$$= \sum_{m=n+1}^{n+p} t_m(x)G_m(x) - \sum_{m=n+1}^{n+p} t_{m-1}(x)G_m(x)$$

$$= t_{n+p}(x)G_{n+p}(x) + \sum_{m=n+1}^{n+p-1} t_m(x)G_m(x) - \sum_{m=n+2}^{n+p} t_{m-1}(x)G_m(x) - t_n(x)G_{n+1}(x).$$

Nun ist $\sum_{m=n+2}^{n+p} t_{m-1}(x)G_m(x) = \sum_{j=n+1}^{n+p-1} t_j(x)G_{j+1}(x)$. Damit ergibt sich

$$s_{n+p}(x)-s_n(x) = t_{n+p}(x)G_{n+p}(x) - t_n(x)G_{n+1}(x) + \sum_{m=n+1}^{n+p-1} t_m(x)\big(G_m(x)-G_{m+1}(x)\big).$$

Wegen (1*) gibt es ein $c\in \boldsymbol{R}$ so, daß für alle $x\in W$ gilt

$$\|t_n(x)\| = \left\|\sum_{m=1}^{n} F_m(x)\right\| \leqq c \quad \text{für alle} \quad n\in N.$$

Es sei $\varepsilon_0 \in \boldsymbol{R}$, $\varepsilon_0 > 0$. Dann gibt es wegen (2*) ein $n_0 \in \boldsymbol{N}$ so, daß für alle $x \in W$ gilt

$$n, p \in \boldsymbol{N},\ n \geqq n_0 \quad \Rightarrow \quad \sum_{m=n+1}^{n+p-1} \|G_m(x) - G_{m+1}(x)\| < \varepsilon_0.$$

Wegen (3*) gibt es ein $n_1 \in \boldsymbol{N}$ so, daß für alle $x \in W$ gilt

$$m \in \boldsymbol{N},\ m \geqq n_1 \quad \Rightarrow \quad \|G_m(x)\| < \varepsilon_0.$$

Ist $x \in W$, $n \in \boldsymbol{N}$, $n \geqq n_0 + n_1$ und $p \in \boldsymbol{N}$, so gilt

$$\begin{aligned}
&\|s_{n+p}(x) - s_n(x)\| \leqq \\
&\quad \leqq \|t_{n+p}(x)\, G_{n+p}(x)\| + \|t_n(x)\, G_{n+1}(x)\| + \sum_{m=n+1}^{n+p-1} \big\|t_m(x)\,(G_m(x) - G_{m+1}(x))\big\| \\
&\quad \leqq c \cdot \varepsilon_0 + c \cdot \varepsilon_0 + c \cdot \sum_{m=n+1}^{n+p-1} \|G_m(x) - G_{m+1}(x)\| \\
&\quad \leqq c \cdot \varepsilon_0 + c \cdot \varepsilon_0 + c \cdot \varepsilon_0 = 3c\varepsilon_0.
\end{aligned}$$

Ist $\varepsilon \in \boldsymbol{R}$, $\varepsilon > 0$, so braucht man nur ε_0 so zu wählen, daß $\varepsilon_0 > 0$, $3c \cdot \varepsilon_0 < \varepsilon$ ist, und erhält für alle $x \in W$

$$n, p \in \boldsymbol{N},\ n \geqq n_0 + n_1 \quad \Rightarrow \quad \|s_{n+p}(x) - s_n(x)\| < \varepsilon. \quad \bullet$$

Anmerkung 9.6.3. Die Aussagen von Satz 9.6.4. gelten natürlich genauso, wenn an Stelle von $(\mathfrak{a}_n)_{n \in \boldsymbol{N}}$ eine Folge $(a_n)_{n \in \boldsymbol{N}}$ in K steht bzw. wenn die Werte der F_n in K liegen (X sei Banachraum über K) oder wenn die Rollen von $\mathfrak{a}_n$, $\mathfrak{b}_n$ bzw. F_n, G_n vertauscht sind. $\bullet$

Beispiel 9.6.3. Man kann Hilfssatz 9.6.2. als Spezialfall von Satz 9.6.4. erhalten. Offenbar ist

$$\sum_{n=1}^{m} (-1)^n = -1 \text{ oder } 0, \quad \text{also} \quad \left(\sum_{n=1}^{m} (-1)^n\right)_{m \in \boldsymbol{N}} \quad \text{beschränkt}$$

und (wegen der Monotonie von $(a_n)_{n \in \boldsymbol{N}}$)

$$\begin{aligned}
\sum_{n=1}^{m} |a_n - a_{n+1}| &= \sum_{n=1}^{m} (a_n - a_{n+1}) = \sum_{n=1}^{m} a_n - \sum_{n=1}^{m} a_{n+1} = \sum_{n=1}^{m} a_n - \sum_{n=2}^{m+1} a_n \\
&= a_1 - a_{m+1} \leqq a_1.
\end{aligned}$$

$((a_n - a_{n+1}))_{n \in \boldsymbol{N}}$ ist absolut summierbar. Außerdem ist nach Voraussetzung $\lim\limits_{n \to \infty} |a_n| = |\lim\limits_{n \to \infty} a_n| = 0$. Aus Satz 9.6.4. folgt daher die Konvergenz von $\sum\limits_{n=1}^{\infty} (-1)^n a_n$. $\bullet$

Beispiel 9.6.4. Nach Beispiel 9.6.2. konvergiert

$$\varphi(x) = \sum_{n=1}^{\infty} (-1)^n n^{-x} \quad \text{für jedes} \quad x \in \boldsymbol{R},\ x > 0.$$

Man setze für $\alpha \in \mathbf{R}$, $\alpha > 0$, und $x \geqq 2\alpha$

$$F_n(x) = (-1)^n n^{-\alpha}, \quad G_n(x) = n^{\alpha - x}.$$

Dann ist

$$\varphi(x) = \sum_{n=1}^{\infty} F_n(x) G_n(x) \quad \text{für} \quad x \geqq 2\alpha > 0.$$

Da nach Beispiel 9.6.2. $F_n(x) = \sum_{n=1}^{\infty} (-1)^n n^{-\alpha}$ konvergiert, ist $\left(\sum_{n=1}^{m} (-1)^n n^{-\alpha}\right)_{m \in \mathbf{N}}$ beschränkt, also, da $F_n(x) = (-1)^n n^{-\alpha}$ überhaupt nicht von der speziellen Wahl von x abhängt,

$$\left(\sum_{n=1}^{m} F_n(x)\right)_{m \in \mathbf{N}} \quad \text{für} \quad x \geqq 2\alpha \text{ gleichmäßig beschränkt.}$$

Die Folge $(n^{\alpha - x})_{n \in \mathbf{N}}$ ist für $x \geqq 2\alpha > \alpha$ monoton fallend. Wegen $G_n(x) = n^{\alpha - x} \geqq 0$ und $x - \alpha \geqq \alpha$ gilt

$$\sum_{m=n+1}^{n+p} |G_m(x) - G_{m+1}(x)| = \sum_{m=n+1}^{n+p} (G_m(x) - G_{m+1}(x)) = \sum_{m=n+1}^{n+p} G_m(x) - \sum_{m=n+1}^{n+p} G_{m+1}(x)$$

$$= G_{n+1}(x) - G_{n+p+1}(x) \leqq G_{n+1}(x) = (n+1)^{\alpha - x} \leqq (n+1)^{-\alpha}.$$

Wegen

$$\lim_{n \to \infty} (n+1)^{-\alpha} = 0 \quad \text{für} \quad \alpha > 0$$

gibt es zu jedem $\varepsilon \in \mathbf{R}$, $\varepsilon > 0$, ein $n_0 \in \mathbf{N}$ mit

$$n, p \in \mathbf{N}, \; n \geqq n_0 \;\Rightarrow\; \sum_{m=n+1}^{n+p} |G_m(x) - G_{m+1}(x)| \leqq |G_{n+1}(x)| \leqq (n+1)^{-\alpha} < \varepsilon$$

(für alle $x \in \mathbf{R}$, $x \geqq 2\alpha$). Daher konvergiert

$$\sum_{m=1}^{\infty} |G_m(x) - G_{m+1}(x)| \quad \text{gleichmäßig für} \quad x \in \mathbf{R},\; x \geqq 2\alpha,$$

und es ist

$$\lim_{n \to \infty} |G_n(x)| = 0 \quad \text{gleichmäßig für} \quad x \in \mathbf{R},\; x \geqq 2\alpha.$$

Nach Satz 9.6.4. konvergiert

$$\varphi(x) = \sum_{n=1}^{\infty} (-1)^n n^{-x} \quad \text{gleichmäßig für} \quad x \geqq 2\alpha > 0.$$

Wie in Beispiel 9.6.1. ergibt das wieder

$$\lim_{\substack{y \to x \\ y \geqq 2\alpha}} \varphi(y) = \varphi(x) \quad \text{für} \quad x \geqq 2\alpha > 0. \; \bullet$$

9.7. O und o

X sei eine Menge, Y ein Banachraum über $(K, +, \cdot)$. F, G seien Funktionen mit Definitionsbereichen in X und Werten in Y. $\mathfrak{R}$ sei Raster auf $\mathscr{D}(G) \cap \mathscr{D}(F)$. G wird durch F bezüglich $\mathfrak{R}$ beliebig gut approximiert, wenn

$$\lim_{x, \mathfrak{R}} \|G(x) - F(x)\| = 0$$

ist. Häufig muß man (oder kann man) sich jedoch mit einer weniger guten Approximation zufrieden geben. Auf $\mathscr{D}(G) \cap \mathscr{D}(F)$ definiert man eine Funktion R durch

$$R(x) = G(x) - F(x), \quad \text{also} \quad G(x) = F(x) + R(x).$$

Für die Approximation von G durch F kommt es dann darauf an, daß der Rest $R(x)$ gegenüber $F(x)$ nicht zu groß wird, d.h., daß $\|R(x)\|$ gegenüber $\|F(x)\|$ nicht zu groß wird, natürlich alles bezüglich des Rasters $\mathfrak{R}$, d.h., für alle x in einem passend ausgewählten $U \in \mathfrak{R}$. Dazu braucht man in $G(x) = F(x) + R(x)$ gar nicht die genaue Angabe von $R(x)$, sondern an Stelle von $R(x)$ nur eine Mitteilung über die Größe von $\|R(x)\|$, die für den jeweiligen Zweck ausreicht. Man kommt so zu den weiter unten definierten Ausdrücken

$$G(x) = F(x) + O(H(x)) \quad \text{bzw.} \quad G(x) = F(x) + o(H(x)) \quad \text{bezüglich } \mathfrak{R},$$

worin $O(H(x))$, $o(H(x))$ Angaben über die Größe von $\|R(x)\|$ mittels einer Vergleichsfunktion H mit Werten in $\mathbf{R}$ sind. Entsprechend kann man vorgehen, wenn der Rest $R(x)$ sich durch Multiplikation und Addition aus einfacheren Funktionen aufbauen läßt.

Definition 9.7.1. *X sei eine Menge, Y ein Banachraum über $(K, +, \cdot)$. Alle auftretenden Funktionen seien auf Teilmengen von X definiert. Es seien:*
F, G Funktionen mit Werten in Y, $\mathfrak{R}$ Raster auf $\mathscr{D}(F) \cap \mathscr{D}(G)$,
J eine endliche Menge, $t_j \in \mathbf{N}$ für jedes $j \in J$,
H_j, $H_{j,k}$ für $j \in J$, $k \in \mathbf{N}$, $k \leqq t_j$, Funktionen mit Werten in $\mathbf{R}$,
$\tilde{F}_{j,k}$ Funktion mit Werten in K oder $\tilde{F}_{j,k}(x)$ eines der Symbole $O(H_{j,k}(x))$, $o(H_{j,k}(x))$,
$\tilde{G}_j$ Funktion mit Werten in Y oder aber $\tilde{G}_j(x)$ eines der Symbole $O(H_j(x))$, $o(H_j(x))$.

Man verwendet die Bezeichnung

(1) $$G(x) = F(x) + \sum_{j \in J} \tilde{F}_{j,1}(x) \cdot \tilde{F}_{j,2}(x) \cdots \tilde{F}_{j,t_j}(x) \tilde{G}_j(x) \quad \text{bezüglich } \mathfrak{R}$$

in der folgenden Bedeutung:

Es gibt Funktionen $F_{j,k}$ mit Werten in K, G_j mit Werten in Y und ein $U \in \mathfrak{R}$ so, daß

(2) $G(x) = F(x) + \sum_{j \in J} F_{j,1}(x) \cdot F_{j,2}(x) \cdots F_{j,t_j}(x) G_j(x)$ *für alle* $x \in U$

ist, und die folgenden Bedingungen erfüllt sind:

(a) *Ist $\tilde{F}_{j,k}$ bzw. $\tilde{G}_j$ eine Funktion, so ist $F_{j,k} = \tilde{F}_{j,k}$ bzw. $G_j = \tilde{G}_j$.*

(b) *Ist $\tilde{F}_{j,k}(x)$ das Symbol $O(H_{j,k}(x))$ bzw. $\tilde{G}_j(x)$ das Symbol $O(H_j(x))$, so gibt es ein $V \in \mathfrak{R}$ und ein $C \in \mathbf{R}$ so, daß*

$$|F_{j,k}(x)| \leqq C \cdot H_{j,k}(x) \quad \text{bzw.} \quad \|G_j(x)\| \leqq C \cdot H_j(x) \text{ für alle } x \in V \text{ ist.}$$

(c) *Ist $\tilde{F}_{j,k}(x)$ das Symbol $o(H_{j,k}(x))$ bzw. $\tilde{G}_j(x)$ das Symbol $o(H_j(x))$, so gibt es ein $V \in \mathfrak{R}$ und eine Abbildung $h: V \to \mathbf{R}$ mit*

$$\lim_{\mathfrak{R}|V} h = \lim_{x, \mathfrak{R}|V} h(x) = 0$$

so, daß

$$|F_{j,k}(x)| \leqq h(x) H_{j,k}(x) \quad \text{bzw.} \quad \|G_j(x)\| \leqq h(x) H_j(x) \text{ für alle } x \in V \text{ ist.}$$

Ist speziell $\mathfrak{O}$ eine Topologie auf X, z Häufungspunkt von $\mathscr{D}(F) \cap \mathscr{D}(G)$ und $\mathfrak{R} = \mathfrak{B}_0(z) | \mathscr{D}(F) \cap \mathscr{D}(G)$, so schreibt man in (1) „für $x \to z$“ an Stelle von „bezüglich $\mathfrak{R}$“.

Steht in (1) an Stelle des Funktionswertes $\tilde{G}_j(x)$ aus (2) das Symbol $O(H_j(x))$, so bedeutet das, daß man über die in (2) auftretende Funktion G_j nur die Angabe macht, daß $\|G_j\|$ auf einem passenden $V \in \mathfrak{R}$ durch CH_j beschränkt ist, wobei C eine nicht-negative reelle Zahl ist. Steht dort $o(H_j(x))$, so macht man nur die Angabe, daß $\|G_j\|$ auf einem gewissen $V \in \mathfrak{R}$ durch hH_j beschränkt ist, wobei von $h: V \to \mathbf{R}$ nichts weiter bekannt ist als

$$\lim_{\mathfrak{R}|V} h = 0.$$

Die „Gleichung (1)“ ist also gegenüber (2) eine Angabe mit verminderter Information auf der rechten Seite. (1) ist daher auch nur in einer Richtung, von links nach rechts, zu lesen. Da G prinzipiell bekannt ist, kann man, jedenfalls im Prinzip, feststellen, ob (1) gilt, d.h. (2) sich mit den angegebenen Bedingungen erfüllen läßt. Geht man dagegen von der rechten Seite von (1) aus, so hat es natürlich keinen Sinn, feststellen zu wollen, ob es sich hier um eine gewisse gegebene Funktion handelt, denn steht etwa dort nur *ein* Glied, z. B. $O(H_1(x))$, so bedeutet das, daß dort nach (2) eine Funktion G_1 hingehört, von der nur bekannt ist bzw. verlangt wird, daß

$$\|G_1(x)\| \leqq CH_1(x) \quad \text{mit einem passenden } C \in \mathbf{R}$$

für alle x in einem gewissen $U \in \mathfrak{R}$ gilt.

Die verminderte Information in (1) kann unter Umständen mehr Bedeutung haben als die explizite Angabe in (2), so etwa, wenn H_1 besser bekannt ist als G_1. Die explizite Angabe der Funktionen in (2) kann eine Kenntnis vortäuschen, die man in Wirklichkeit gar nicht hat, weil man die Funktionen nicht gut genug übersieht. Ist z. B. für $x \in \boldsymbol{R}_+^\times$

$$\pi(x) := \text{Anzahl der Primzahlen } p \in \boldsymbol{N} \text{ mit } p \leqq x$$

und

$$R(x) = \pi(x) - \frac{x}{\log x}, \quad \text{also} \quad \pi(x) = \frac{x}{\log x} + R(x),$$

so nützt die explizite Angabe von $R(x)$ nicht viel, da man die Verteilung der Primzahlen in $\boldsymbol{N}$ und damit die Werte von π, also auch die Werte von R, nicht übersieht. Dagegen bedeutet die Angabe

$$\pi(x) = \frac{x}{\log x} + o\left(\frac{x}{\log x}\right) \quad \text{für} \quad x \to \infty,$$

daß es ein Intervall $]a, \infty[$ und eine Abbildung

$$h :]a, \infty[\to \boldsymbol{R} \quad \text{mit} \quad \lim_{x \to \infty} h(x) = 0$$

so gibt, daß

$$|R(x)| \leqq h(x) \frac{x}{\log x} \quad \text{für alle} \quad x \in]a, \infty[$$

ist. Ist $\varepsilon \in \boldsymbol{R}$, $\varepsilon > 0$, so gibt es daher ein $b \in \boldsymbol{R}$ so, daß $h(x) < \varepsilon$ für alle $x \in]b, \infty[$ ist, und es ist

$$|R(x)| < \varepsilon \frac{x}{\log x}, \quad \text{d.h.} \quad \left| R(x) \Big/ \frac{x}{\log x} \right| < \varepsilon \quad \text{für alle} \quad x \in]b, \infty[.$$

Für $x > b$ ist also der prozentuale Fehler bei der Approximation von $\pi(x)$ durch $\frac{x}{\log x}$ kleiner als ε.

Will man, wie am Anfang dargelegt, G durch F approximieren, so ist eine Angabe der Form

$$G(x) = F(x) + O(H(x)) \quad \text{bzw.} \quad G(x) = F(x) + o(H(x)) \quad \text{bezüglich } \mathfrak{R}$$

erwünscht. Häufig hat man aber zunächst nur eine Darstellung der Form (1) Definition 9.7.1., also etwa

$$G(x) = F(x) + O(H_{1,1}(x))\,o(H_{1,2}(x))\,F_{1,3}(x)\,G_1(x) + \\ + F_{2,1}(x)\,o(H_2(x)) + O(H_3(x)) + \cdots + o(H_n(x)) \quad \text{bezüglich } \mathfrak{R}.$$

Man muß daher versuchen, diesen Ausdruck zu vereinfachen. Ist eine zugehörige Darstellung der Form (2) Definition 9.7.1.

$$G(x) = F(x) + F_{1,1}(x)F_{1,2}(x)F_{1,3}(x)G_1(x) + F_{2,1}(x)G_2(x) + G_3(x) + \cdots + G_n(x) \quad \text{für alle} \quad x \in U,$$

so muß man sich überlegen, ob man aus

$$F_{1,1}(x) = O(H_{1,1}(x)), \quad F_{1,2}(x) = o(H_{1,2}(x)) \quad \text{bezüglich } \mathfrak{R}$$

mit einem passenden H vielleicht

$$F_{1,1}(x)F_{1,2}(x) = O(H(x)) \quad \text{bzw.} \quad F_{1,1}(x)F_{1,2}(x) = o(H(x)) \quad \text{bezüglich } \mathfrak{R}$$

schließen kann und dadurch

$$G(x) = F(x) + O(H(x))F_{1,3}(x)G_1(x) + F_{2,1}(x)o(H_2(x)) + O(H_3(x)) + \cdots + o(H_n(x))$$

bezüglich $\mathfrak{R}$ erhält, und so durch Fortsetzung des Verfahrens schließlich zu einer Angabe in der gewünschten Form kommt. Das läßt sich in der Tat erreichen. Man verwendet dazu die im folgenden aufgestellten Ersetzungsregeln.

Satz 9.7.1. *(Ersetzungsregeln für O und o.)* (1) *Definition 9.7.1. sei eine wahre Aussage (d.h., es läßt sich eine Gleichung der Form* (2) *Definition 9.7.1. unter Erfüllung der dort angegebenen Bedingungen herstellen). Dann erhält man wieder eine wahre Aussage, wenn man die rechte Seite von* (1) *Definition 9.7.1. unter Benutzung einer der folgenden Ersetzungsregeln abändert.*

(1) *Ist* $H(x) = O(M(x))$ *bezüglich* $\mathfrak{R}$, *so kann man* $O(H(x))$ *durch* $O(M(x))$ *und* $o(H(x))$ *durch* $o(M(x))$ *ersetzen.*

(2) *Ist* $H(x) = o(M(x))$ *bezüglich* $\mathfrak{R}$, *so kann man* $O(H(x))$ *und* $o(H(x))$ *durch* $o(M(x))$ *ersetzen.*

(3) *Ist* $T(x) = O(H(x))$ *bezüglich* $\mathfrak{R}$ *bzw.* $T(x) = o(H(x))$ *bezüglich* $\mathfrak{R}$, *so kann man* $T(x)$ *durch* $O(H(x))$ *bzw.* $o(H(x))$ *ersetzen.*

(4) $o(H(x))$ *kann man durch* $O(H(x))$ *ersetzen.*

(5) $O(H(x)) + O(H(x))$ *kann man durch* $O(H(x))$ *ersetzen.*

(6) $o(H(x)) + o(H(x))$ *kann man durch* $o(H(x))$ *ersetzen.*

(7) $O(H(x))O(M(x))$ *kann man durch* $O(H(x)M(x))$ *ersetzen.*

(8) $o(H(x))O(M(x))$, $O(H(x))o(M(x))$, $o(H(x))o(M(x))$ *kann man durch* $o(H(x)M(x))$ *ersetzen.*

Beweis. Man braucht nur nachzukontrollieren, ob bei der Abänderung der rechten Seite von (1) Definition 9.7.1. die Nebenbedingungen (a), (b), (c) bei der Aufstellung der Gleichung (2) Definition 9.7.1. erhalten bleiben. Im einzelnen gilt:

(1) Ist (zu (b) Definition 9.7.1.) für ein $V \in \mathfrak{R}$

$$|T(x)| \leqq CH(x) \quad \text{bzw.} \quad |T(x)| \leqq h(x)H(x) \quad \text{für alle} \quad x \in V,$$

und ist $|H(x)| \leqq C_1 \cdot M(x)$ für alle $x \in W \in \mathfrak{R}$, so kann man, da $\mathfrak{R}$ Raster ist, ein $V_1 \in \mathfrak{R}$ mit $V_1 \in V \cap W$ finden und erhält

$$|T(x)| \leqq (C \cdot C_1) M(x) \quad \text{bzw.} \quad |T(x)| \leqq C_1 \cdot h(x) M(x) \quad \text{für alle} \quad x \in V_1.$$

Man hat also $C \cdot C_1$ als neue Konstante bzw. die neue Abbildung $C_1 h | V_1$, und nach wie vor $\lim_{\mathfrak{R}|V_1} C_1 h | V_1 = 0$.

(4) Ist (zu (c) Definition 9.7.1.)

$$|T(x)| \leqq h(x) H(x) \quad \text{für} \quad x \in V, \quad \lim_{\mathfrak{R}|V} h = 0,$$

so gibt es ein $W \in \mathfrak{R}$ mit $h(x) \leqq 1$ für alle $x \in W$. Man wählt ein $V_1 \in \mathfrak{R}$ mit $V_1 \subset V \cap W$ und erhält

$$|T(x)| \leqq 1 \cdot H(x) \quad \text{für alle} \quad x \in V_1.$$

Die Gültigkeit der übrigen Ersetzungsregeln läßt sich analog ohne Mühe verifizieren, die Rechnung sei als einfache Übung dem Leser überlassen. ●

Satz 9.7.2. *X sei eine Menge, Y ein Banachraum, G, H Funktionen mit Definitionsbereich in X und Werten in Y bzw. $\mathbf{R}_+$. $\mathfrak{R}$ sei Raster auf $\mathscr{D}(G)$. Gibt es ein $U \in \mathfrak{R}$ mit $U \subset \mathscr{D}(H)$, $H(x) \neq 0$ für alle $x \in U$, so gilt*

$$G(x) = O(H(x)) \text{ bezüglich } \mathfrak{R} \quad \Leftrightarrow \quad \overline{\lim_{x,\, \mathfrak{R}|U}} \frac{G(x)}{H(x)} < \infty,$$

$$G(x) = o(H(x)) \text{ bezüglich } \mathfrak{R} \quad \Leftrightarrow \quad \lim_{x,\, \mathfrak{R}|U} \frac{G(x)}{H(x)} = 0.$$

Beweis. Es gilt genau dann $G(x) = O(H(x))$, wenn es ein $V \in \mathfrak{R}$, von dem man wegen $U \in \mathfrak{R}$ voraussetzen kann, daß $V \subset U$ ist, gibt mit

$$\|G(x)\| \leqq CH(x), \quad \text{d.h.} \quad \|G(x)\|/H(x) \leqq C \text{ für alle } x \in V,$$

was natürlich gleichwertig ist mit

$$\overline{\lim_{x,\, \mathfrak{R}|U}} \|G(x)\|/H(x) < \infty.$$

Es ist genau dann $G(x)=o(H(x))$, wenn es ein $V\in\mathfrak{N}$, $V\subset U$ (s. o.), und ein $h:V\to\boldsymbol{R}$ gibt mit

$$\|G(x)\| \leqq h(x)H(x), \quad \text{also} \quad \|G(x)\|/H(x) \leqq h(x) \text{ für alle } x\in V,$$

und

$$\lim_{x,\,\mathfrak{N}|V} h(x) = 0,$$

was aber natürlich genau dann der Fall ist, wenn

$$\lim_{x,\,\mathfrak{N}|U} \|G(x)\|/H(x) = 0 \quad \text{ist.} \quad \bullet$$

10. Stetige Abbildungen

In diesem Kapitel werden neben der Fortsetzung stetiger Abbildungen und der Gewinnung stetiger Abbildungen mit Hilfe von Grenzwerten (von Folgen oder Reihen) die besonders wichtigen stetigen linearen Abbildungen eines normierten Vektorraumes in einen weiteren normierten Vektorraum behandelt, insbesondere für den Fall, daß es sich um Banachräume handelt. In diesen Zusammenhang gehört auch ein kurzer Paragraph über Banachalgebren (10.5.).

Im Anschluß an die linearen Abbildungen sind in 10.6. diejenigen Hilfsmittel aus der linearen Algebra zusammengestellt, die zwar nicht in die Infinitesimalrechnung gehören, auf die man aber an einzelnen Stellen (insbesondere in 11.6., 11.7., 12.8. und 14.8) beim besten Willen nicht verzichten kann. Für eine ausführlichere Darstellung muß natürlich auf die Literatur über lineare Algebra (bzw. analytische Geometrie) verwiesen werden.

10.1. Fortsetzung stetiger Abbildungen

(X, d_X) und (Y, d_Y) seien metrische Räume, $Z \subset X$ und $f: Z \to Y$. Ist $W \subset X$, $Z \subset W$ und $Y \neq \emptyset$, so läßt sich f sofort zu einer Abbildung $\tilde{f}: W \to Y$ erweitern. Man braucht ja nur irgendein $t \in Y$ zu wählen und

$$\tilde{f}: W \to Y \quad \text{durch} \quad \tilde{f}(x) := \begin{cases} f(x) & \text{für } x \in Z, \\ t & \text{für } x \in W,\ x \notin Z \end{cases}$$

zu definieren und erhält $\tilde{f}|Z = f$, d.h., $\tilde{f}$ ist Fortsetzung von f. Anders ist es, wenn man f als stetig voraussetzt und nur stetige Fortsetzungen zuläßt. Die Stetigkeitsforderung schränkt die Erweiterungsmöglichkeit stark ein. Sind

$$\tilde{f}: W \to Y, \ \tilde{g}: W \to Y \quad \text{stetig}, \quad \tilde{f}|Z = \tilde{g}|Z = f,$$

und ist Z dicht in W, so ist nach Satz 7.6.5. $\tilde{f} = \tilde{g}$. In diesem Falle gibt es also höchstens *eine* Erweiterung von f zu einer stetigen Abbildung $\tilde{f}: W \to Y$. Man wird daher zur Aufstellung einer Reihe von Erweiterungs- oder Fortsetzungssätzen geführt, die unter gewissen Bedingungen die Existenz einer stetigen Fortsetzung garantieren. Wir wollen diese Sätze einheitlich für metrische Räume formulieren.

Hilfssatz 10.1.1. *(X, d_X), (Y, d_Y) seien metrische Räume, $Z \subset W \subset X$, Z dicht in W und $f: Z \to Y$ stetig.*

Es gibt genau dann eine stetige Abbildung

$$\tilde{f}: W \to Y \quad \text{mit} \quad \tilde{f}|Z = f,$$

wenn für jeden Häufungspunkt x von W, der in W liegt,

$$\lim_{y \to x} f(y) \quad \text{existiert.}$$

Gibt es eine stetige Abbildung $\tilde{f}: W \to Y$ mit $\tilde{f}|Z = f$, so ist sie durch f eindeutig bestimmt.

Beweis. Ist x isolierter Punkt von W, so gibt es eine Umgebung U von x mit $U \cap W = \{x\}$. Da Z dicht in W ist, ist $U \cap Z \neq \emptyset$. Wegen $Z \subset W$ ist dann $x \in Z$, $U \cap Z = \{x\}$. x ist auch isolierter Punkt von Z.

Ist $x \in W$, x nicht isolierter Punkt von W, so gibt es in jeder Umgebung U von x ein $y \in W$, $y \neq x$. Da (X, d_X) Hausdorffraum ist, gibt es eine Umgebung V von y mit $x \notin V$. Da Z dicht in W ist, gibt es in $V \cap U$ ein $z \in Z$. Dann ist $z \in U \cap Z, z \neq x$. x ist Häufungspunkt von Z.

Es sei nun $\tilde{f}: W \to Y$ stetig, $\tilde{f}|Z = f$. Ist $x \in W$, x Häufungspunkt von W, so ist x auch Häufungspunkt von Z, und es gilt

$$\lim_{y \to x} \tilde{f}(y) = \lim_{\substack{y \to x \\ y \in Z}} f(y) = \lim_{y \to x} f(y) \quad \text{(vgl. Definition 8.5.1.).}$$

Der Grenzwert existiert also.

Existiert für jeden Häufungspunkt x von W, der in W liegt, $\lim_{y \to x} f(y)$ (x ist dann auch Häufungspunkt von Z), so definiere man

$$\tilde{f}(x) := \begin{cases} \lim_{y \to x} f(y), & \text{falls } x \in W,\ x \text{ kein isolierter Punkt von } W \text{ ist,} \\ f(x), & \text{falls } x \text{ isolierter Punkt von } W \text{ ist (dann ist } x \in Z). \end{cases}$$

Für $x \in Z$ ist, falls x nicht isolierter Punkt von W und damit sowieso $\tilde{f}(x) = f(x)$ ist,

$$\tilde{f}(x) = \lim_{y \to x} f(y) = f(x), \text{ da } f \text{ stetig ist.}$$

Daher ist $\tilde{f}|Z = f$.

In jedem isolierten Punkt von W ist $\tilde{f}$ nach Satz 8.5.4. stetig. Ist $x \in W$, x kein isolierter Punkt von W, so gibt es nach (2) Satz 8.4.2. zu jedem $\varepsilon_0 > 0$ eine offene Umgebung U von x mit

$$y \in U \cap Z,\ y \neq x \ \Rightarrow\ d_Y(\tilde{f}(y), \tilde{f}(x)) = d_Y(f(y), \tilde{f}(x)) < \varepsilon_0.$$

Ist $z \in U \cap W$, $z \notin Z$, so ist $z \in W$ und nicht isolierter Punkt von W. Dann ist z Häufungspunkt von Z. Da U Umgebung von z ist, erhält man

$$d_Y(\tilde{f}(z), \tilde{f}(x)) = d_Y(\lim_{y \to z} f(y), \tilde{f}(x)) = \lim_{\substack{y \to z \\ y \in U}} d_Y(f(y), \tilde{f}(x)) \leqq \varepsilon_0 .$$

Für $\varepsilon \in \boldsymbol{R}$, $\varepsilon > 0$, und $\varepsilon_0 = \frac{\varepsilon}{2}$ gilt daher (sowohl für $y \in Z$ wie für $y \notin Z$)

$$y \in U \cap W, \; y \neq x \quad \Rightarrow \quad d_Y(\tilde{f}(y), \tilde{f}(x)) \leqq \varepsilon_0 < \varepsilon .$$

Nach Satz 8.4.2. ist $\tilde{f}$ in x stetig.

Die Eindeutigkeit von $\tilde{f}$, falls $\tilde{f}$ stetige Fortsetzung von f ist, war schon in den Bemerkungen vor Hilfssatz 10.1.1. gezeigt. ●

Hilfssatz 10.1.2. *Ist in den Bezeichnungen von Hilfssatz 10.1.1. (Y, d_Y) vollständig und f gleichmäßig stetig auf Z, so gibt es genau eine stetige Abbildung*

$$\tilde{f}: W \to Y \quad \textit{mit} \quad \tilde{f}|Z = f .$$

$\tilde{f}$ ist auf W gleichmäßig stetig.

Beweis. Nach Definition 9.4.3. gibt es wegen der gleichmäßigen Stetigkeit von f auf Z zu jedem $\varepsilon \in \boldsymbol{R}$, $\varepsilon > 0$, ein $\delta \in \boldsymbol{R}$, $\delta > 0$, so, daß (für alle y, z!) gilt

$$y, z \in Z, \; d_X(y, z) < 3\delta \quad \Rightarrow \quad d_Y(f(y), f(z)) < \varepsilon .$$

Ist $x \in W$, x Häufungspunkt von W (also auch Häufungspunkt von Z, siehe den Beweis von Hilfssatz 10.1.1.), so folgt

$$\begin{aligned} y, z \in Z, \; y, z \in U_\delta(x; d_X) \quad &\Rightarrow \quad d_X(y, z) \leqq d_X(y, x) + d_X(x, z) < 2\delta \\ &\Rightarrow \quad d_Y(f(y), f(z)) < \varepsilon . \end{aligned}$$

Nach dem Cauchyschen Konvergenzkriterium ((1) Satz 9.1.3.) existiert wegen der Vollständigkeit von (Y, d_Y) der Grenzwert $\lim_{y \to x} f(y)$. Nach Hilfssatz 10.1.1. gibt es also eine stetige Fortsetzung von f, die dann eindeutig bestimmt ist und daher wie im Beweis von Hilfssatz 10.1.1. definiert ist.

Es seien nun $x, w \in W$, $d_X(x, w) < \delta$. Weiter sei $z \in Z$, $d_X(z, w) < \delta$. Für alle $y \in Z$ gilt

$$\begin{aligned} d_X(y, x) < \delta \quad &\Rightarrow \quad d_X(y, z) \leqq d_X(y, x) + d_X(x, w) + d_X(w, z) < 3\delta \\ &\Rightarrow \quad d_Y(f(y), f(z)) < \varepsilon . \end{aligned}$$

Ist x isolierter Punkt von W, so ist $x \in Z$ und $\tilde{f}(x) = f(x)$, also $d_Y(\tilde{f}(x), f(z)) < \varepsilon$. Andernfalls ist

$$\tilde{f}(x) = \lim_{y \to x} f(y), \quad d_Y(\tilde{f}(x), f(z)) = \lim_{y \to x} d_Y(f(y), f(z)) \leqq \varepsilon .$$

Man erhält daher

$$z \in Z,\ d_X(z, w) < \delta \quad \Rightarrow \quad d_Y(\tilde{f}(x), f(z)) \leqq \varepsilon$$

und hieraus genau so $d_Y(\tilde{f}(x), \tilde{f}(w)) \leqq \varepsilon$. Wählt man zu $\varepsilon_0 \in \boldsymbol{R}$, $\varepsilon_0 > 0$, jetzt $\varepsilon = \frac{\varepsilon_0}{2}$, so erhält man nach Definition 9.4.3. die gleichmäßige Stetigkeit von $\tilde{f}$ auf W. ●

Satz 10.1.1. *(Satz von Tietze und Urysohn.) (X, d) sei ein metrischer Raum, $Z \subset X$, $Z \neq \emptyset$, Z abgeschlossen und*

$$f: Z \to \boldsymbol{R} \quad \textit{beschränkt und stetig.}$$

Dann gibt es eine stetige Abbildung

$$g: X \to \boldsymbol{R} \quad \textit{mit} \quad g|Z = f$$

und

$$\inf g(X) = \inf f(Z), \quad \sup g(X) = \sup f(Z).$$

Beweis. Da Z nicht leer und f beschränkt ist, ist (in $\bar{\boldsymbol{R}}$)

$$-\infty < \inf f(Z) \leqq \sup f(Z) < \infty.$$

Ist $\inf f(Z) = \sup f(Z) = a$, so ist $f(x) = a$ für alle $x \in Z$, und

$$g: X \to \boldsymbol{R}, \quad \text{definiert durch } g(x) := a \quad \text{für alle} \quad x \in X,$$

ist stetig mit den gewünschten Eigenschaften.

Ist f nicht konstant, so sei zur Vereinfachung der Rechnung zunächst

$$\inf f(Z) = 1, \quad \sup f(Z) = 2.$$

Dann ist

(a) $$1 \leqq f(y) \leqq 2 \quad \text{für alle} \quad y \in Z.$$

Da $Z \neq \emptyset$ ist, gibt es ein $y_0 \in Z$. Da $f(y) \geqq 0$ für alle $y \in Z$ ist, gilt für jedes $x \in X$

$$0 \leqq \inf \{f(y) d(x, y) \mid y \in Z\} \leqq f(y_0) d(x, y_0) < \infty.$$

Man kann also

$$h: X \to \boldsymbol{R} \quad \text{definieren durch } h(x) := \inf \{f(y) d(x, y) \mid y \in Z\}.$$

Ist $x \in X$, so gilt wegen (a)

$$d(x, y) \leqq f(y) d(x, y) \leqq 2 d(x, y) \quad \text{für alle} \quad y \in Z.$$

Nach der Definition von $d(x, Z)$ (Definition 7.8.1.) und (4) Satz 7.7.6. folgt

(b) $$d(x, Z) \leqq h(x) \leqq 2 d(x, Z) \quad \text{für alle} \quad x \in X.$$

Insbesondere ist $h(x)=0$ für $x \in Z$. Sind $x, z \in X$, so gilt für alle $y \in Z$

$$h(x) \leqq f(y)d(x, y) \leqq f(y)d(x, z)+f(y)d(z, y) \leqq 2d(x, z)+f(y)d(z, y),$$

also

$$h(x)-2d(x, z) \leqq f(y)d(z, y) \quad \text{für alle} \quad y \in Z.$$

Daraus folgt

$$h(x)-2d(x, z) \leqq \inf\{f(y)d(z, y) \mid y \in Z\} = h(z), \quad h(x)-h(z) \leqq 2d(x, z)$$

und genau so $h(z)-h(x) \leqq 2d(z, x)$, insgesamt

$$|h(x)-h(z)| \leqq 2d(x, z).$$

Das liefert für alle $x \in X$

$$0 \leqq \varliminf_{z, \mathfrak{B}(x)} |h(x)-h(z)| \leqq \varlimsup_{z, \mathfrak{B}(x)} |h(x)-h(z)| \leqq 2 \lim_{z, \mathfrak{B}(x)} d(x, z) = 0,$$

und daraus (mit Hilfssatz 8.6.2.)

$$\lim_{z, \mathfrak{B}(x)} |h(x)-h(z)| = 0, \quad \lim_{z, \mathfrak{B}(x)} h(z) = h(x).$$

Nach Satz 8.5.4. ist h stetig.

Da Z abgeschlossen ist, ist $X-Z$ offen; ist $x \notin Z$, d.h. $x \in X-Z$, so gibt es eine offene Umgebung U von x mit $U \cap Z = \emptyset$ und daher ein $\delta \in \boldsymbol{R}$, $\delta > 0$, so, daß $d(x, y) \geqq \delta$ für alle $y \in Z$ ist. Dann ist auch $d(x, Z) \geqq \delta$, insbesondere ist $d(x, Z) \neq 0$ für alle $x \in X-Z$. Man kann daher

$$g: X \to \boldsymbol{R} \quad \text{durch} \quad g(x) := \begin{cases} f(x) & \text{für } x \in Z, \\ \dfrac{1}{d(x, Z)} h(x) & \text{für } x \in Z-X \end{cases}$$

definieren. Wegen (a) ist

$$1 \leqq g(x) \leqq 2 \quad \text{für alle} \quad x \in Z,$$

und wegen (b)

$$1 \leqq g(x) \leqq 2 \quad \text{für alle} \quad x \in X-Z,$$

d.h.

$$\inf f(Z) = 1 \leqq \inf g(X), \quad \sup g(X) \leqq 2 = \sup f(Z).$$

Wegen $f(Z) \subset g(X)$ gilt aber

$$\inf g(X) \leqq \inf f(Z), \quad \sup f(Z) \leqq \sup g(X),$$

also

$$\inf g(X) = \inf f(Z), \quad \sup g(X) = \sup f(Z).$$

Ist x innerer Punkt von Z, so gibt es eine Umgebung U von x mit $U \subset Z$, $\mathfrak{B}(x)$ und $\mathfrak{B}(x)|U$ sind äquivalent, und es ist

$$\lim_{\mathfrak{B}(x)} g = \lim_{\mathfrak{B}(x)|U} g = \lim_{\mathfrak{B}(x)|U} f = f(x) = g(x).$$

g ist stetig in x.

Ist x äußerer Punkt von Z, so gibt es eine Umgebung U von x mit $U \subset X - Z$. Nach den Rechenregeln für Grenzwerte (Satz 8.6.2.) erhält man wegen der Stetigkeit von h und d_Z (Satz 7.8.2.)

$$\lim_{\mathfrak{B}(x)} g = \lim_{\mathfrak{B}(x)|U} g = \lim_{\mathfrak{B}(x)|U} h \Big/ \lim_{y,\, \mathfrak{B}(x)|U} d(y, Z) = h(x)/d(x, Z) = g(x).$$

g ist in x stetig.

Ist x Randpunkt von Z, so ist $x \in Z$, da Z abgeschlossen ist, und daher

$$g(x) = f(x).$$

Es sei $\varepsilon \in \boldsymbol{R}$, $0 < \varepsilon < 1$. Da f in x stetig ist, gibt es ein $\delta \in \boldsymbol{R}$, $\delta > 0$, so, daß gilt

$$y \in Z,\ d(x, y) < 3\delta \quad \Rightarrow \quad |f(y) - f(x)| < \varepsilon.$$

Das kann man auch so formulieren, daß für $y \in Z$, $d(x, y) < 3\delta$

$$0 < f(x) - \varepsilon < f(y) < f(x) + \varepsilon$$

(wegen $f(x) \geqq 1$) gilt.

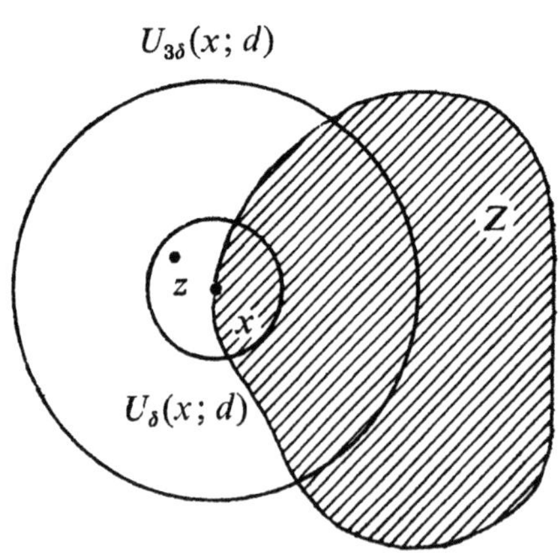

Ist $z \in X - Z$ und $d(z, x) < \delta$, so ist

$$d(z, Z) \leqq d(z, x) < \delta.$$

Wegen $d(y, z) \geqq d(y, x) - d(x, z) > d(y, x) - \delta$ gilt

$$y \in Z,\ d(x, y) \geqq 3\delta \quad \Rightarrow \quad d(y, z) > 2\delta > d(z, Z) + \delta.$$

Daher ist

$$d(z, Z) = \inf\{d(z, y) \mid y \in Z,\ d(x, y) < 3\delta\}.$$

Für $y \in Z$ mit $d(x, y) < 3\delta$ gilt somit

$$\big(f(x) - \varepsilon\big)\, d(z, Z) \leqq f(y)\, d(z, y) \leqq \big(f(x) + \varepsilon\big)\, d(z, y).$$

Daraus folgt zunächst

$$h(z) \leqq \big(f(x) + \varepsilon\big)\, d(z, y) \quad \text{für alle} \quad y \in Z \quad \text{mit} \quad d(x, y) < 3\delta,$$

und daraus

$$h(z) \leqq \big(f(x) + \varepsilon\big)\, d(z, Z).$$

Ist $y \in Z$, $d(x, y) \geqq 3\delta$, so ist wegen $1 \leqq f(y)$, $f(x) \leqq 2$ und $d(y, z) > 2\delta$, $d(z, Z) < \delta$

$$\big(f(x) - \varepsilon\big)\, d(z, Z) < 2\delta < f(y)\, d(y, z),$$

und daher

$$\big(f(x) - \varepsilon\big)\, d(z, Z) < f(y)\, d(y, z) \quad \text{für alle} \quad y \in Z,$$

d.h.

$$\big(f(x) - \varepsilon\big)\, d(z, Z) \leqq h(z).$$

Für $z \in X - Z$, $d(z, x) < \delta$ erhält man damit

$$f(x) - \varepsilon \leqq \frac{h(z)}{d(z, Z)} \leqq f(x) + \varepsilon, \quad \text{also} \quad \left| \frac{h(z)}{d(z, Z)} - f(x) \right| \leqq \varepsilon,$$

und daraus wegen $g(x) = f(x)$

$$|g(z) - g(x)| \leqq \varepsilon.$$

Für $z \in Z$, $d(z, x) < \delta$ ist aber wegen $g(z) = f(z)$, $g(x) = f(x)$ sowieso $|g(z) - g(x)| < \varepsilon$ (s. o.). Daher ist g stetig in x.

Ist $\tilde{f}: Z \to \boldsymbol{R}$ stetig und beschränkt, $\tilde{f}$ nicht konstant,

$$\inf \tilde{f}(Z) = a, \quad \sup \tilde{f}(Z) = b,$$

so ist $-\infty < a < b < \infty$. Man definiert dann

$$f: Z \to \boldsymbol{R} \quad \text{durch} \quad f(x) := (b - a)^{-1}\big(\tilde{f}(x) - a\big) + 1 \quad \text{für} \quad x \in Z.$$

f ist stetig, und nach Hilfssatz 7.7.4. gilt

$$\inf f(Z) = (b - a)^{-1}(a - a) + 1 = 1, \quad \sup f(Z) = (b - a)^{-1}(b - a) + 1 = 2$$

und

$$\tilde{g}: X \to \boldsymbol{R}, \quad \text{definiert durch} \quad \tilde{g}(x) := (b - a)\big(g(x) - 1\big) + a \quad \text{für} \quad x \in X,$$

hat die gewünschten Eigenschaften. ●

In Satz 10.1.1. ist nur vorausgesetzt, daß Z abgeschlossen ist, nicht etwa, daß Z kompakt ist. f braucht daher auch auf Z weder ein Maximum noch ein Minimum zu haben. Eine einfache Folgerung aus Satz 10.1.1. ist

Satz 10.1.2. *(Urysohnsches Lemma.) (X, d) sei ein metrischer Raum, Z, W abgeschlossene, nicht-leere Teilmengen von X mit $Z \cap W = \emptyset$. Dann gibt es eine stetige Abbildung*

$$g: X \to \boldsymbol{R} \quad \textit{mit} \quad 0 \leqq g(x) \leqq 1 \quad \textit{für alle} \quad x \in X$$

und

$$g(x) = 0 \quad \textit{für alle } x \in Z, \quad g(x) = 1 \quad \textit{für alle} \quad x \in W.$$

Beweis. Man definiere (was wegen $Z \cap W = \emptyset$ möglich ist)

$$f: Z \cup W \to \boldsymbol{R} \quad \text{durch} \quad f(x) = \begin{cases} 0 & \text{für } x \in Z, \\ 1 & \text{für } x \in W. \end{cases}$$

Ist $x \in Z \cup W$, so ist $x \in Z$ oder $x \in W$. Ist $x \in Z$, so ist $x \notin W$. Da W abgeschlossen ist, gibt es eine Umgebung U von x mit $U \cap W = \emptyset$, also gilt

$$\lim_{\mathfrak{V}(x)|Z \cup W} f = \lim_{\mathfrak{V}(x)|U \cap Z} f = f(x).$$

f ist stetig in x. Entsprechend ist f in jedem Punkt von W stetig. Dann hat g aus Satz 10.1.1. die gewünschten Eigenschaften.

Aufgabe 10.1.1. (X, d) sei ein metrischer Raum, Z, W seien abgeschlossene, nicht-leere Teilmengen von X mit $Z \cap W = \emptyset$. Man zeige:
Es gibt offene Mengen U, $V \subset X$ mit $Z \subset U$, $W \subset V$ und $U \cap V = \emptyset$ (d.h., Z, W lassen sich durch offene Umgebungen trennen). ●

10.2. Folgen stetiger Abbildungen

Häufig werden Funktionen oder Abbildungen durch Grenzwerte von Folgen definiert (wie die Exponentialfunktion in 8.9.) oder auch durch unendliche Reihen (wie die ζ-Funktion in Beispiel 9.5.2. und Beispiel 9.6.1.). In jedem Falle benötigt man möglichst einfache Kriterien, mit deren Hilfe man entscheiden kann, ob man eine stetige Abbildung erhält. Das gängigste Kriterium dieser Art gibt

Satz 10.2.1. *$(X, \mathcal{O})$ sei Hausdorffraum, (Y, d) metrischer Raum, M eine Menge, $\mathfrak{R}$ Raster auf M. Zu einer Abbildung $f: M \times X \to Y$ kann man für jedes $s \in M$ eine Abbildung*

$$g_s: X \to Y \quad \textit{definieren durch} \quad g_s(x) := f(s, x) \quad \textit{für alle } x \in X.$$

Zu einer Familie $(g_s)_{s\in M}$ von Abbildungen $g_s: X\to Y$ für alle $s\in M$ kann man für $Z\subset X$ eine Abbildung

$$g: Z\to Y \quad \textit{definieren durch} \quad g(x) := \lim_{s,\,\mathfrak{R}} g_s(x) = \lim_{s,\,\mathfrak{R}} f(s, x),$$

falls der Grenzwert für jedes $x\in Z$ existiert. In diesem Fall sei $x\in W\subset Z$. Sind die beiden Bedingungen

(1) *Für jedes $s\in M$ ist g_s stetig in x,*

(2) $\lim\limits_{s,\,\mathfrak{R}} g_s(y) = \lim\limits_{s,\,\mathfrak{R}} f(s, y)$ *existiert gleichmäßig für $y\in W$,*

erfüllt, so ist $g|W$ stetig in x.

Beweis. Die Bedingung (1) bedeutet nach Satz 8.5.4.

$$g_s(x) = \lim_{y,\,\mathfrak{B}(x)} g_s(y) = \lim_{y,\,\mathfrak{B}(x)} f(s, y).$$

Ist auch (2) erfüllt, so gilt nach Satz 9.4.1.

$$\lim_{\mathfrak{B}(x)|W} g = \lim_{s,\,\mathfrak{R}} \Big(\lim_{y,\,\mathfrak{B}(x)|W} f(s, y)\Big) = \lim_{s,\,\mathfrak{R}} g_s(x) = g(x).$$

(Gegenüber Satz 9.4.1. sind natürlich bei f die beiden Komponenten vertauscht!) $g|W$ ist stetig in x. ●

Der Deutlichkeit halber wollen wir Satz 10.2.1. noch einmal gesondert für Folgen und Reihen formulieren.

Satz 10.2.2. *$(X, \mathfrak{O})$ sei Hausdorffraum, (Y, d) ein metrischer Raum und $(f_n)_{n\in N}$ eine Folge von Abbildungen $f_n: X\to Y$. Für jedes $n\in N$ sei f_n stetig im Punkte $x\in X$. Es sei $x\in W\subset Z\subset X$. Ist $f: Z\to Y$ durch $f(y) := \lim\limits_{n\to\infty} f_n(y)$ für $y\in Z$ definiert, so gilt:*

$$\lim_{n\to\infty} f_n(y) \textit{ existiert gleichmäßig in } W \;\Rightarrow\; f|W \textit{ ist in } x \textit{ stetig.}$$

Ist $g: Z\to Y$ durch $g(y) := \sum\limits_{n=1}^{\infty} f_n(y)$ für $y\in Z$ definiert, so gilt

$$\sum_{n=1}^{\infty} f_n(y) \textit{ konvergiert gleichmäßig in } W \;\Rightarrow\; g|W \textit{ ist in } x \textit{ stetig.}$$

Beweis. Es handelt sich nur um eine Umformulierung von Satz 10.2.1. für $M = N$ und $\mathfrak{R} = E$. ●

Ein Beispiel liefert

Hilfssatz 10.2.1. *X sei ein Banachraum über K. Die Potenzreihe $\sum\limits_{j=0}^{\infty} x^j \mathfrak{a}_j$, $x\in K$ ($\mathfrak{a}_j\in X$ für $j\in\{0\}\cup N$), habe einen Konvergenzradius $R>0$. Dann ist*

$$g: U_R(0)\to X, \quad \textit{definiert durch} \quad g(x) := \sum_{j=0}^{\infty} x^j \mathfrak{a}_j,\; x\in K,\; |x|<R,$$

stetig.

Beweis. Der Graph von $f_j: U_R(0) \to X$, $f_j(x) := x^j \mathfrak{a}_j$, $j \in \{0\} \cup \boldsymbol{N}$, ist ein „Polynom" (Anmerkung 8.6.3.). f_j ist daher stetig. Ist $q \in \boldsymbol{R}$, $0 < q < R$, so konvergiert die Reihe nach Hilfssatz 9.6.1. absolut gleichmäßig in $U_q(0)$ (sogar in $\overline{U_q(0)}$!). Nach Satz 10.2.2. ist $g|U_q(0)$ stetig. Ist $x \in U_R(0)$, so ist $|x| < R$. Man kann deshalb ein $q \in \boldsymbol{R}$ so wählen, daß $|x| < q < R$ ist. Dann ist $U_q(0)$ offene Umgebung von x und darum

$$\lim_{y \to x} g(y) = \lim_{\substack{y \to x \\ |y| < q}} g(y) = g(x).$$

g (und nicht nur $g|U_q(0)$) ist stetig in x. ●

Daß man ohne Zusatzbedingung aus der Stetigkeit der Glieder einer Folge nicht auf die Stetigkeit des Grenzwertes schließen kann, zeigt

Beispiel 10.2.1. Für jedes $n \in \boldsymbol{N}$ sei

$$g_n : \left[0, \frac{1}{n}\right] \to \boldsymbol{R} \quad \text{definiert durch} \quad g_n(y) = ny \quad \text{für} \quad y \in \left[0, \frac{1}{n}\right],$$

$$h_n : \left[\frac{1}{n}, 1\right] \to \boldsymbol{R} \quad \text{definiert durch} \quad h_n(y) = 1 \quad \text{für} \quad y \in \left[\frac{1}{n}, 1\right].$$

Dann ist $g_n\left(\frac{1}{n}\right) = 1 = h_n\left(\frac{1}{n}\right)$, und man kann

$$f_n : [0, 1] \to \boldsymbol{R} \quad \text{durch} \quad f_n \left| \left[0, \frac{1}{n}\right] \right. = g_n, \quad f_n \left| \left[\frac{1}{n}, 1\right] \right. = h_n$$

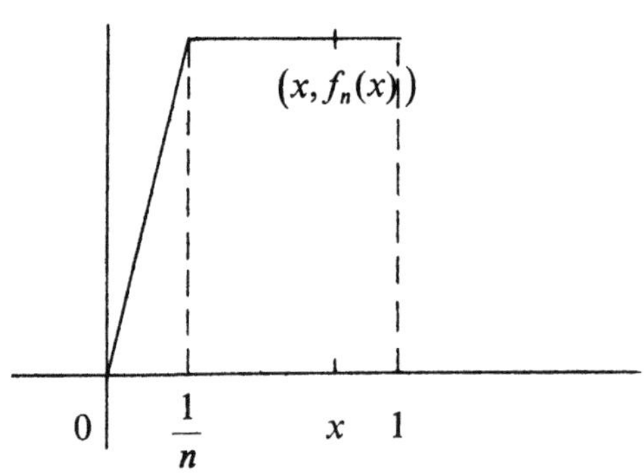

definieren. g_n und h_n sind natürlich stetig. Ist $x \in [0, 1]$, $x \neq \frac{1}{n}$, so ist x innerer Punkt von $\left[0, \frac{1}{n}\right]$ bzw. $\left[\frac{1}{n}, 1\right]$ (in $[0, 1]$!), f_n ist stetig in x. Da aber

$$\lim_{\substack{y \to \frac{1}{n} \\ y < \frac{1}{n}}} f_n(y) = \lim_{\substack{y \to \frac{1}{n} \\ y < \frac{1}{n}}} g_n(y) = g_n\left(\frac{1}{n}\right) = f_n\left(\frac{1}{n}\right),$$

$$\lim_{\substack{y \to \frac{1}{n} \\ y > \frac{1}{n}}} f_n(y) = \lim_{\substack{y \to \frac{1}{n} \\ y > \frac{1}{n}}} h_n(y) = h_n\left(\frac{1}{n}\right) = f_n\left(\frac{1}{n}\right)$$

ist, ist nach Hilfssatz 8.7.4. $\lim\limits_{y \to \frac{1}{n}} f_n(y) = f_n\left(\frac{1}{n}\right)$. f_n ist auch im Punkte $\frac{1}{n}$ stetig.

Wegen $f_n(0) = 0$ für jedes $n \in \boldsymbol{N}$ ist

$$\lim_{n \to \infty} f_n(0) = 0.$$

Ist $x \in [0, 1]$, $x \neq 0$, so gibt es ein $n_0 \in \boldsymbol{N}$ mit $n_0 > \frac{1}{x}$. Dann gilt

$$n \in \boldsymbol{N},\ n \geqq n_0 \quad \Rightarrow \quad \frac{1}{n} < x \quad \Rightarrow \quad f_n(x) = 1, \text{ also ist } \lim_{n \to \infty} f_n(x) = 1.$$

Definiert man

$$f: [0, 1] \to \boldsymbol{R} \quad \text{durch} \quad f(x) := \lim_{n \to \infty} f_n(x),$$

so ist $f(x) = 1$ für $x \neq 0$, $f(0) = 0$. f ist daher in 0 nicht stetig, obwohl alle f_n stetig sind. ●

Natürlich kann ein Grenzwert stetig sein, ohne daß die Glieder der Folge stetig sind. Das zeigt

Beispiel 10.2.2. Für jedes $n \in \boldsymbol{N}$ definieren wir

$$f_n: \boldsymbol{R} \to \boldsymbol{R} \quad \text{durch} \quad f_n(x) = \begin{cases} 0 & \text{für } x \neq 0, \\ \frac{1}{n} & \text{für } x = 0. \end{cases}$$

Kein f_n ist in 0 stetig. Aber

$$f: \boldsymbol{R} \to \boldsymbol{R}, \quad \text{definiert durch} \quad f(x) = \lim_{n \to \infty} f_n(x) \text{ für jedes } x \in \boldsymbol{R},$$

ist stetig, da der Grenzwert auch für $x = 0$ den Wert 0 ergibt, also $f(x) = 0$ für jedes $x \in \boldsymbol{R}$ ist. ●

Satz 10.2.3. *X sei eine Menge, $X \neq \emptyset$, Y Banachraum über K.*

$$\mathscr{B}_Y(X) = \{f \mid f: X \to Y,\ f \text{ beschränkt}\}$$

ist nach Satz 7.9.7. mit der uniformen Norm $\|f\|_u = \sup\{\|f(x)\| \mid x \in X\}$ *normierter Vektorraum.*

$\mathscr{B}_Y(X)$ *ist Banachraum. Ist* $(f_n)_{n\in N}$ *eine Folge in* $\mathscr{B}_Y(X)$, *so gilt*

$$(f_n)_{n\in N} \text{ konvergent in } \mathscr{B}_Y(X) \quad\Leftrightarrow\quad (f_n(x))_{n\in N} \text{ gleichmäßig konvergent für } x \in X,$$

und für jede Abbildung $f: X \to Y$ *gilt*

$$f \in \mathscr{B}_Y(X),\ \lim_{n\to\infty} f_n = f \text{ in } \mathscr{B}_Y(X) \quad\Leftrightarrow\quad \lim_{n\to\infty} f_n(x) = f(x) \text{ gleichmäßig für } x \in X.$$

Ist $(X, \mathscr{O})$ *Hausdorffraum, so ist der Untervektorraum*

$$\mathscr{C}_Y(X) := \{f \mid f \in \mathscr{B}_Y(X),\ f \text{ stetig}\}$$

von $\mathscr{B}_Y(X)$ *mit der uniformen Norm ebenfalls Banachraum.*

Beweis. Für $g, h \in \mathscr{B}_Y(X)$ gilt nach der Definition der uniformen Norm für $\varepsilon > 0$

(a) $$\|g-h\|_u \leqq \varepsilon_0 \quad\Leftrightarrow\quad \|g(x)-h(x)\| \leqq \varepsilon_0 \quad \text{für alle} \quad x \in X.$$

$(f_n)_{n\in N}$ konvergiert genau dann in $\mathscr{B}_Y(X)$, wenn es zu jedem $\varepsilon_1 > 0$ ein $n_0 \in N$ so gibt, daß gilt:

(b) $$n, m \in N,\ n, m \geqq n_0 \quad\Rightarrow\quad \|f_n - f_m\|_u < \varepsilon_1.$$

$(f_n(x))_{n\in N}$ konvergiert genau dann gleichmäßig für $x \in X$ (Hilfssatz 9.4.3.), wenn es zu jedem $\varepsilon_2 > 0$ ein $n_0 \in N$ so gibt, daß gilt:

(c) $$n, m \in N,\ n, m \geqq n_0 \quad\Rightarrow\quad \|f_n(x) - f_m(x)\| < \varepsilon_2 \quad \text{für alle} \quad x \in X.$$

Setzt man $\varepsilon_1 = \varepsilon_2/2$, so erhält man (c) mit (a) aus (b), und setzt man $\varepsilon_2 = \varepsilon_1/2$, so erhält man (b) mit (a) aus (c) und damit die Äquivalenz der Konvergenz in $\mathscr{B}_Y(X)$ mit der gleichmäßigen Konvergenz auf X.

Ist $f \in \mathscr{B}_Y(X)$, so ist genau dann $\lim_{n\to\infty} f_n = f$ in $\mathscr{B}_Y(X)$, wenn es zu jedem $\varepsilon_1 > 0$ ein $n_0 \in N$ so gibt, daß gilt:

(b*) $$n \in N,\ n \geqq n_0 \quad\Rightarrow\quad \|f_n - f\|_u < \varepsilon_1.$$

Genau dann ist $\lim_{n\to\infty} f_n(x) = f(x)$ gleichmäßig für $x \in X$, wenn es nach Hilfssatz 9.4.2 (in der zu Hilfssatz 9.4.3. analogen Formulierung) zu jedem $\varepsilon_2 > 0$ ein $n_0 \in N$ so gibt, daß gilt:

(c*) $$n \in N,\ n \geqq n_0 \quad\Rightarrow\quad \|f_n(x) - f(x)\| < \varepsilon_2 \quad \text{für alle} \quad x \in X.$$

Aus (b*) erhält man für $\varepsilon_1 = \varepsilon_2/2$ mit (a) wieder (c*). Aus (c*) folgt zunächst für $\varepsilon_2 = 1$

$$\|f(x)\| \leqq \|f_n(x)\| + \|f(x) - f_n(x)\| < \|f_n\|_u + 1 \quad \text{für alle} \quad x \in X,$$

d.h., f ist beschränkt, $f \in \mathscr{B}_Y(X)$. Dann erhält man für $\varepsilon_2 = \varepsilon_1/2$ (b*) mit (a) aus (c*). Damit ist die zweite in Satz 10.2.3. behauptete Äquivalenz bewiesen.

Ist $(f_n)_{n\in N}$ Cauchy-Folge in $\mathscr{B}_Y(X)$, so ist $(f_n(x))_{n\in N}$ gleichmäßig konvergent für $x\in X$, also insbesondere für jedes $x\in X$ konvergent. Da Y Banachraum ist, hat $(f_n(x))_{n\in N}$ einen Grenzwert. Man kann daher eine Abbildung

$$f: X \to Y \quad \text{durch} \quad f(x) := \lim_{n\to\infty} f_n(x) \quad \text{für jedes } x\in X$$

definieren. Da der Grenzwert gleichmäßig für $x\in X$ existiert (wegen der gleichmäßigen Konvergenz von $(f_n(x))_{n\in N}$), ist $f\in \mathscr{B}_Y(X)$ und $\lim\limits_{n\to\infty} f_n = f$ in $\mathscr{B}_Y(X)$. $\mathscr{B}_Y(X)$ ist vollständig und damit Banachraum.

Ist $(X, \mathscr{O})$ Hausdorffraum, so sind mit $f, g\in \mathscr{C}_Y(X)$ und $a\in K$ auch $f+g$, af stetig, d.h. in $\mathscr{C}_Y(X)$. Da $\mathscr{C}_Y(X)\neq\emptyset$ ist (alle Konstanten liegen in $\mathscr{C}_Y(X)$), ist $\mathscr{C}_Y(X)$ nach Hilfssatz 7.9.1. Untervektorraum von $\mathscr{B}_Y(X)$. Ist $(f_n)_{n\in N}$ eine Cauchy-Folge in $\mathscr{C}_Y(X)$, so gibt es ein $f\in \mathscr{B}_Y(X)$ mit

$$\lim_{n\to\infty} f_n = f \text{ in } \mathscr{B}_Y(X), \quad \text{also} \quad \lim_{n\to\infty} f_n(x) = f(x) \text{ gleichmäßig für } x\in X.$$

Da die f_n stetig sind, ist nach Satz 10.2.2. auch f stetig, d.h. $f\in \mathscr{C}_Y(X)$, $(f_n)_{n\in N}$ hat in $\mathscr{C}_Y(X)$ einen Grenzwert, $\mathscr{C}_Y(X)$ ist Banachraum. ●

Anmerkung 10.2.1. Man beachte, daß man für eine Folge $(f_n)_{n\in N}$ in $\mathscr{B}_Y(X)$ die folgenden Möglichkeiten der Konvergenz unterscheiden muß:

(1) $(f_n)_{n\in N}$ ist in $\mathscr{B}_Y(X)$ konvergent (bezüglich $\|\ \|_u$);

(2) $(f_n(x))_{n\in N}$ ist gleichmäßig konvergent für $x\in X$;

(3) $(f_n(x))_{n\in N}$ ist konvergent für jedes $x\in X$.

Nach Satz 10.2.3. gilt: (1) $\Leftrightarrow$ (2). Natürlich gilt: (2) $\Rightarrow$ (3). Dagegen folgt im allgemeinen (2) *nicht* aus (3). Für $X=[0, 1]$, $Y=\boldsymbol{R}$ sei $(f_n)_{n\in N}$ die in Beispiel 10.2.1. definierte Folge. Dann gilt für $f:[0, 1]\to \boldsymbol{R}$, definiert durch $f(0)=0$, $f(x)=1$ für $x\neq 0$,

$$f\in \mathscr{B}_{\boldsymbol{R}}([0, 1]), \quad \lim_{n\to\infty} f_n(x) = f(x) \text{ für jedes } x\in[0, 1],$$

aber es ist $f_n\in \mathscr{C}_{\boldsymbol{R}}([0, 1])$ für jedes $n\in N$, $f\notin \mathscr{C}_{\boldsymbol{R}}([0, 1])$. Wegen $f_n\left(\dfrac{1}{2n}\right) = \dfrac{1}{2}$, $f_{2n}\left(\dfrac{1}{2n}\right) = 1$ ist

$$\|f_{2n} - f_n\|_u \geqq \left| f_{2n}\left(\frac{1}{2n}\right) - f_n\left(\frac{1}{2n}\right)\right| = \frac{1}{2} \text{ für alle } n\in N.$$

Daher ist $(f_n)_{n\in N}$ in $\mathscr{B}_{\boldsymbol{R}}([0, 1])$ *nicht* konvergent. ●

10.3. Lineare Abbildungen

Eine besonders wichtige Klasse metrischer Räume bilden die normierten Vektorräume mit der durch die Norm induzierten Metrik (Satz 7.9.8.). Sind X und Y normierte Vektorräume, so hat man auf X eine Norm $\| \ \|_X$ und auf Y eine Norm $\| \ \|_Y$. Wenn keine Verwechslungen zu befürchten sind, wollen wir einfach

$$\|\mathfrak{x}\| \text{ statt } \|\mathfrak{x}\|_X \text{ für } \mathfrak{x} \in X, \quad \|\mathfrak{y}\| \text{ statt } \|\mathfrak{y}\|_Y \text{ für } \mathfrak{y} \in Y$$

schreiben.

Definition 10.3.1. *X und Y seien Vektorräume über demselben Körper K. Eine Abbildung $f: X \to Y$ heißt linear bezüglich K (oder „K-linear“ oder einfach „linear“, wenn klar ist, welcher Körper K gemeint ist), wenn für alle $\mathfrak{x}, \mathfrak{y} \in X$, $a \in K$ gilt*

$$(1) \quad f(\mathfrak{x}+\mathfrak{y}) = f(\mathfrak{x})+f(\mathfrak{y}), \qquad (2) \quad f(a\mathfrak{x}) = af(\mathfrak{x}).$$

Für lineare Abbildungen verwendet man häufig die Schreibweise

$$f\mathfrak{x} := f(\mathfrak{x}) \quad \textit{für} \quad \mathfrak{x} \in X.$$

Anmerkung 10.3.1. Nach Definition 7.9.3. (Anmerkung 7.9.2.) ist eine lineare Abbildung $f: X \to Y$ ein Vektorraumhomomorphismus von X in Y. Für die Bedingung (2) ist natürlich die Angabe von K wesentlich. So ist $\boldsymbol{C}$ Vektorraum über $\boldsymbol{C}$ und auch Vektorraum über $\boldsymbol{R}$. Eine Abbildung $f: \boldsymbol{C} \to \boldsymbol{C}$, die bezüglich $\boldsymbol{C}$ linear ist, ist natürlich auch bezüglich $\boldsymbol{R}$ linear. Daß die Umkehrung nicht gilt, zeigt das folgende Beispiel. ●

Beispiel 10.3.1. Wir definieren

$$f: \boldsymbol{C} \to \boldsymbol{C} \quad \text{durch} \quad f(x+iy) = x+2iy \quad \text{für} \quad x, y \in \boldsymbol{R}.$$

(Man beachte: Jedes $z \in \boldsymbol{C}$ ist eindeutig in der Form $z = x+iy$, $x, y \in \boldsymbol{R}$, darstellbar.) Für $x, y, u, v \in \boldsymbol{R}$, $a \in \boldsymbol{R}$ gilt:

$$\begin{aligned} f\big((x+iy)+(u+iv)\big) &= f\big(x+u+i(y+v)\big) = x+u+2i(y+v) \\ &= x+i2y+u+i2v = f(x+iy)+f(u+iv), \\ f\big(a(x+iy)\big) &= f(ax+iay) = ax+2iay = af(x+iy). \end{aligned}$$

f ist daher linear bezüglich $\boldsymbol{R}$. Es ist aber

$$f(i \cdot i) = f(-1) = -1, \quad if(i) = i2i = -2 \neq -1.$$

f ist *nicht* linear bezüglich $\boldsymbol{C}$. ●

Wir verwenden die Bezeichnungsweise von Anmerkung 7.9.1. und Anmerkung 7.9.4. und bezeichnen für Vektorräume X, Y insbesondere sowohl das neutrale Element von $(X, +)$ als auch das neutrale Element von $(Y, +)$ mit $\mathfrak{o}$, solange dadurch keine Mißverständnisse entstehen können.

Satz 10.3.1. *X, Y seien normierte Vektorräume über demselben Körper ($\boldsymbol{R}$ oder $\boldsymbol{C}$) und*

$$f: X \to Y \text{ linear.}$$

Die folgenden vier Aussagen sind (paarweise) äquivalent:

(1) *f ist stetig in $\mathfrak{o}$.*

(2) *f ist stetig.*

(3) *f ist gleichmäßig stetig auf X.*

(4) *Es gibt ein $t \in \boldsymbol{R}$, $t > 0$, mit der Eigenschaft*

$$\|f(\mathfrak{x})\| \leqq t\|\mathfrak{x}\| \quad \text{für alle} \quad \mathfrak{x} \in X.$$

Beweis. Offensichtlich gilt (3) ⇒ (2) ⇒ (1). Man braucht also nur noch (1) ⇒ (4) und (4) ⇒ (3) zu zeigen.

(1) ⇒ (4): Ist f stetig in $\mathfrak{o}$, so gibt es wegen $f(\mathfrak{o}) = \mathfrak{o}$ ein $\delta \in \boldsymbol{R}$, $\delta > 0$, so, daß gilt

$$\mathfrak{x} \in X, \ \|\mathfrak{x} - \mathfrak{o}\| < \delta \ \Rightarrow \ \|f(\mathfrak{x})\| < 1.$$

Es sei $\mathfrak{y} \in X$, $\mathfrak{y} \neq \mathfrak{o}$. Dann ist $\|\mathfrak{y}\| \neq 0$ und

$$\left\|\frac{\delta}{2\|\mathfrak{y}\|}\mathfrak{y}\right\| = \left|\frac{\delta}{2\|\mathfrak{y}\|}\right| \cdot \|\mathfrak{y}\| = \frac{\delta}{2\|\mathfrak{y}\|}\|\mathfrak{y}\| = \frac{\delta}{2} < \delta, \quad \text{also} \quad \left\|f\left(\frac{\delta}{2\|\mathfrak{y}\|}\mathfrak{y}\right)\right\| < 1.$$

Da f linear ist, ist

$$\left\|f\left(\frac{\delta}{2\|\mathfrak{y}\|}\mathfrak{y}\right)\right\| = \left\|\frac{\delta}{2\|\mathfrak{y}\|}f(\mathfrak{y})\right\| = \frac{\delta}{2\|\mathfrak{y}\|}\|f(\mathfrak{y})\| \quad \text{und daher} \quad \|f(\mathfrak{y})\| < \frac{2}{\delta}\|\mathfrak{y}\|.$$

$\frac{2}{\delta}$ hat die für t in (4) geforderte Eigenschaft.

(4) ⇒ (3): Es sei $\varepsilon \in \boldsymbol{R}$, $\varepsilon > 0$, und $\delta = \frac{1}{t}\varepsilon$. Dann gilt für alle $\mathfrak{x} \in X$

$$\mathfrak{y} \in X, \ \|\mathfrak{x} - \mathfrak{y}\| < \frac{1}{t}\varepsilon \ \Rightarrow \ \|f(\mathfrak{x}) - f(\mathfrak{y})\| = \|f(\mathfrak{x} - \mathfrak{y})\| \leqq t\|\mathfrak{x} - \mathfrak{y}\| < \varepsilon,$$

womit die gleichmäßige Stetigkeit von f auf X gezeigt ist. ●

Eine einfache Folgerung aus Satz 10.3.1. ist

Hilfssatz 10.3.1. *X sei Vektorraum über $\boldsymbol{R}$ oder $\boldsymbol{C}$. Zwei Normen $\| \ \|_1$ und $\| \ \|_2$ auf X induzieren genau dann dieselbe Topologie, wenn es zwei positive reelle Zahlen q_1, q_2 so gibt, daß*

$$\|\mathfrak{x}\|_1 \leqq q_2\|\mathfrak{x}\|_2, \quad \|\mathfrak{x}\|_2 \leqq q_1\|\mathfrak{x}\|_1 \quad \text{für alle} \quad \mathfrak{x} \in X \quad \text{ist.}$$

Beweis. Gibt es q_1, q_2 wie angegeben, so induzieren beide Normen nach Hilfssatz 6.3.1. dieselbe Topologie.

Induzieren beide Normen dieselbe Topologie, so ist

$$id_X: X \to X \text{ stetig (und linear),}$$

wenn man links die eine und rechts die andere Norm benutzt. Nach (4) Satz 10.3.1. gibt es daher positive reelle Zahlen q_1, q_2 mit

$$\|\mathfrak{x}\|_2 = \|id_X(\mathfrak{x})\|_2 \leqq q_1\|\mathfrak{x}\|_1, \quad \|\mathfrak{x}\|_1 = \|id_X(\mathfrak{x})\|_1 \leqq q_2\|\mathfrak{x}\|_2$$

für alle $\mathfrak{x} \in X$. ●

Satz 10.3.2. *X, Y seien normierte Vektorräume über demselben Körper ($\boldsymbol{R}$ oder $\boldsymbol{C}$) und*

$$\mathscr{L}(X; Y) := \{f \mid f: X \to Y \text{ linear und stetig}\}.$$

$\mathscr{L}(X; Y)$ ist Untervektorraum von $\mathscr{F}_Y(X)$ (Satz 7.9.5.). Durch

$$\|f\|_{\mathscr{L}} := \sup\{\|f(\mathfrak{x})\| \mid \mathfrak{x} \in X \text{ und } \|\mathfrak{x}\| \leqq 1\} \quad \text{für} \quad f \in \mathscr{L}(X; Y)$$

wird auf $\mathscr{L}(X; Y)$ eine Norm definiert. Ist $f \in \mathscr{L}(X; Y)$, so gilt

$$\|f(\mathfrak{x})\| \leqq \|f\|_{\mathscr{L}} \cdot \|\mathfrak{x}\| \quad \text{für alle} \quad \mathfrak{x} \in X.$$

Das Nullelement von $\mathscr{L}(X; Y)$ wollen wir mit „$\odot$" bezeichnen. Für alle $\mathfrak{x} \in X$ ist $\odot(\mathfrak{x}) = \mathfrak{o}$.

Beweis. Sind $f, g \in \mathscr{L}(X; Y)$, $a \in \boldsymbol{R}$ bzw. $\boldsymbol{C}$, so sind auch $f+g$, af stetig und, wie man sofort nachrechnet, linear. Die Abbildung

$$\odot: X \to Y, \quad \text{definiert durch} \quad \odot(\mathfrak{x}) := \mathfrak{o} \quad \text{für alle} \quad \mathfrak{x} \in X$$

($\odot$ ist die Konstante $\mathfrak{o} \in \hat{Y}$ (Satz 7.9.5.), das neutrale Element von $\mathscr{F}_Y(X)$), ist stetig und linear. Daher ist $\odot \in \mathscr{L}(X; Y)$, $\mathscr{L}(X; Y) \neq \emptyset$. Nach Hilfssatz 7.9.1. ist $\mathscr{L}(X; Y)$ Untervektorraum von $\mathscr{F}_Y(X)$.

Nach (4) Satz 10.3.1. gibt es zu $f \in \mathscr{L}(X; Y)$ ein $t \in \boldsymbol{R}_+^\times$ mit

$$\mathfrak{x} \in X \quad \Rightarrow \quad \|f(\mathfrak{x})\| \leqq t\|\mathfrak{x}\|, \quad \text{d.h. } \mathfrak{x} \in X, \ \|\mathfrak{x}\| \leqq 1 \quad \Rightarrow \quad \|f(\mathfrak{x})\| \leqq t.$$

Daher ist

$$0 \leqq \|f\|_{\mathscr{L}} = \sup\{\|f(\mathfrak{x})\| \mid \mathfrak{x} \in X, \ \|\mathfrak{x}\| \leqq 1\} \leqq t < \infty.$$

Ist $\mathfrak{x} \in X$, $\mathfrak{x} \neq \mathfrak{o}$, so ist $\|\mathfrak{x}\| > 0$. Setzt man $s := \|\mathfrak{x}\|$, so erhält man $\left\|\frac{1}{s}\mathfrak{x}\right\| = \frac{1}{s}\|\mathfrak{x}\| = 1$ und daher

$$\|f(\mathfrak{x})\| = s\left\|\frac{1}{s}f(\mathfrak{x})\right\| = s\left\|f\left(\frac{1}{s}\mathfrak{x}\right)\right\| \leqq s\|f\|_{\mathscr{L}} = \|f\|_{\mathscr{L}} \cdot \|\mathfrak{x}\|.$$

Für $\mathfrak{x} = \mathfrak{o}$ gilt wegen $f(\mathfrak{o}) = \mathfrak{o}$ sowieso $\|f(\mathfrak{x})\| \leqq \|f\|_{\mathscr{L}} \cdot \|\mathfrak{x}\|$.

Jetzt kann man die Normeigenschaften (1)—(3) Definition 7.9.4. leicht nachkontrollieren. Für $f, g \in \mathscr{L}(X; Y)$, $a \in \boldsymbol{R}$ bzw. $\boldsymbol{C}$, gilt:

(1) $\|f\|_{\mathscr{L}}=0 \Leftrightarrow \|f(\mathfrak{x})\|=0$ für alle $\mathfrak{x}\in X \Leftrightarrow f(\mathfrak{x})=\mathfrak{o}$ für alle $\mathfrak{x}\in X \Leftrightarrow f=\odot$.

(2) Nach (2) Hilfssatz 7.7.4. erhält man:

$$\|af\|_{\mathscr{L}} = \sup\{\|af(\mathfrak{x})\| \mid \mathfrak{x}\in X,\ \|\mathfrak{x}\|\leqq 1\} = \sup\{|a|\,\|f(\mathfrak{x})\| \mid \mathfrak{x}\in X,\ \|\mathfrak{x}\|\leqq 1\} = |a|\,\|f\|_{\mathscr{L}}.$$

(3) Nach (4) Satz 7.7.6. und (1) Satz 7.7.7. erhält man:

$$\begin{aligned}\|f+g\|_{\mathscr{L}} &= \sup\{\|f(\mathfrak{x})+g(\mathfrak{x})\| \mid \mathfrak{x}\in X,\ \|\mathfrak{x}\|\leqq 1\}\\ &\leqq \sup\{\|f(\mathfrak{x})\|+\|g(\mathfrak{x})\| \mid \mathfrak{x}\in X,\ \|\mathfrak{x}\|\leqq 1\} \leqq \|f\|_{\mathscr{L}}+\|g\|_{\mathscr{L}}.\end{aligned}$$ ●

Satz 10.3.1. überträgt sich unmittelbar auf die sogenannten bilinearen Abbildungen.

Definition 10.3.2. *X, Z, Y seien Vektorräume über demselben Körper. Eine Abbildung $f: X\times Z\to Y$ heißt bilinear, wenn für jedes $\mathfrak{y}\in X$ und jedes $\mathfrak{w}\in Z$ die Abbildungen*

$$f_{\mathfrak{w}}^{(1)}: X\to Y, \quad \textit{definiert durch} \quad f_{\mathfrak{w}}^{(1)}(\mathfrak{x}) := f(\mathfrak{x}, \mathfrak{w}),$$
$$f_{\mathfrak{y}}^{(2)}: Z\to Y, \quad \textit{definiert durch} \quad f_{\mathfrak{y}}^{(2)}(\mathfrak{z}) := f(\mathfrak{y}, \mathfrak{z}),$$

linear sind.

Satz 10.3.3. *X, Z, Y seien normierte Vektorräume über demselben Körper ($\boldsymbol{R}$ oder $\boldsymbol{C}$), $f: X\times Z\to Y$ sei bilinear. f ist genau dann stetig, wenn es ein $t\in\boldsymbol{R}$, $t>0$, so gibt, daß*

$$\|f(\mathfrak{x}, \mathfrak{z})\| \leqq t\|\mathfrak{x}\|\,\|\mathfrak{z}\| \quad \textit{für alle} \quad \mathfrak{x}\in X,\ \mathfrak{z}\in Z$$

gilt. Ist f stetig, $s\in\boldsymbol{R}$, $s>0$, so ist f auf $\{(\mathfrak{x}, \mathfrak{z}) \mid \mathfrak{x}\in X, \mathfrak{z}\in Z, \|\mathfrak{x}\|\leqq s, \|\mathfrak{z}\|\leqq s\}$ gleichmäßig stetig.

Beweis. Wir verwenden auf $X\times Z$ die Metrik d' aus Satz 6.2.1.,

$$d'((\mathfrak{x}, \mathfrak{z}), (\mathfrak{y}, \mathfrak{w})) = \max\{\|\mathfrak{x}-\mathfrak{y}\|, \|\mathfrak{z}-\mathfrak{w}\|\}, \quad \mathfrak{x}, \mathfrak{y}\in X,\ \mathfrak{z}, \mathfrak{w}\in Z,$$

die nach Satz 6.5.1. auf $X\times Z$ die Produkttopologie induziert. Ist f stetig, so ist f in $(\mathfrak{o}, \mathfrak{o})$ stetig, es gibt also ein $\delta\in\boldsymbol{R}$, $\delta>0$, so, daß gilt

$$d'((\mathfrak{x}, \mathfrak{z}), (\mathfrak{o}, \mathfrak{o})) < \delta \Rightarrow \|f(\mathfrak{x}, \mathfrak{z})-f(\mathfrak{o}, \mathfrak{o})\| < 1.$$

Nun ist

$$d'((\mathfrak{x}, \mathfrak{z}), (\mathfrak{o}, \mathfrak{o})) < \delta \Leftrightarrow \|\mathfrak{x}\| < \delta \text{ und } \|\mathfrak{z}\| < \delta$$

und $f(\mathfrak{x}, \mathfrak{o}) = f(\mathfrak{x}, 0\cdot\mathfrak{o}) = 0\cdot f(\mathfrak{x}, \mathfrak{o}) = \mathfrak{o}$, $f(\mathfrak{o}, \mathfrak{z})=\mathfrak{o}$, $f(\mathfrak{o}, \mathfrak{o})=\mathfrak{o}$. Sind $\mathfrak{x}\neq\mathfrak{o}$, $\mathfrak{z}\neq\mathfrak{o}$, so gilt (vgl. den Beweis von Satz 10.3.1.)

$$\left\|\frac{\delta}{2\|\mathfrak{x}\|}\mathfrak{x}\right\| < \delta, \quad \left\|\frac{\delta}{2\|\mathfrak{z}\|}\mathfrak{z}\right\| < \delta, \quad \text{also} \quad \left\|f\left(\frac{\delta}{2\|\mathfrak{x}\|}\mathfrak{x}, \frac{\delta}{2\|\mathfrak{z}\|}\mathfrak{z}\right)\right\| < 1,$$

woraus man wegen der Bilinearität

$$\|f(\mathfrak{x}, \mathfrak{z})\| \leqq \left(\frac{2}{\delta}\right)^2 \|\mathfrak{x}\| \, \|\mathfrak{z}\|$$

erhält, was auch noch für $\mathfrak{x} = \mathfrak{o}$ bzw. $\mathfrak{z} = \mathfrak{o}$ gilt.

Existiert umgekehrt ein t wie angegeben und ist $s \in \boldsymbol{R}$, $s > 0$, so gilt für alle $\mathfrak{x}, \mathfrak{y} \in X$, $\|\mathfrak{x}\| \leqq s$, $\|\mathfrak{y}\| \leqq 2s$, und alle $\mathfrak{z}, \mathfrak{w} \in Z$, $\|\mathfrak{z}\| \leqq s$, $\|\mathfrak{w}\| \leqq 2s$:

$$\begin{aligned} \|f(\mathfrak{x}, \mathfrak{z}) - f(\mathfrak{y}, \mathfrak{w})\| &\leqq \|f(\mathfrak{x}, \mathfrak{z}) - f(\mathfrak{y}, \mathfrak{z})\| + \|f(\mathfrak{y}, \mathfrak{z}) - f(\mathfrak{y}, \mathfrak{w})\| \\ &\leqq \|f(\mathfrak{x} - \mathfrak{y}, \mathfrak{z})\| + \|f(\mathfrak{y}, \mathfrak{z} - \mathfrak{w})\| \\ &\leqq t\|\mathfrak{x} - \mathfrak{y}\| \, \|\mathfrak{z}\| + t\|\mathfrak{y}\| \, \|\mathfrak{z} - \mathfrak{w}\| \\ &\leqq 2ts(\|\mathfrak{x} - \mathfrak{y}\| + \|\mathfrak{z} - \mathfrak{w}\|) \leqq 4tsd'\big((\mathfrak{x}, \mathfrak{z}), (\mathfrak{y}, \mathfrak{w})\big). \end{aligned}$$

Zu $\varepsilon \in \boldsymbol{R}$, $\varepsilon > 0$, sei $\delta = \min\left(s, \frac{1}{4ts}\varepsilon\right)$. Dann gilt für $\|\mathfrak{x}\| \leqq s$, $\|\mathfrak{z}\| \leqq s$, $\mathfrak{x} \in X$, $\mathfrak{z} \in Z$

$$d'\big((\mathfrak{x}, \mathfrak{z}), (\mathfrak{y}, \mathfrak{w})\big) < \delta \;\Rightarrow\; \|\mathfrak{x} - \mathfrak{y}\| < s, \; \|\mathfrak{z} - \mathfrak{w}\| < s \;\Rightarrow\; \|\mathfrak{y}\| < 2s, \; \|\mathfrak{w}\| < 2s$$

und daher

$$d'\big((\mathfrak{x}, \mathfrak{z}), (\mathfrak{y}, \mathfrak{w})\big) < \delta \;\Rightarrow\; \|f(\mathfrak{x}, \mathfrak{z}) - f(\mathfrak{y}, \mathfrak{w})\| < \varepsilon,$$

was die gleichmäßige Stetigkeit zeigt.

Ist $(\mathfrak{x}, \mathfrak{z}) \in X \times Z$, so gibt es natürlich ein $s \in \boldsymbol{R}$, $s > 0$, mit $\|\mathfrak{x}\| < s$, $\|\mathfrak{z}\| < s$, f ist infolgedessen in $(\mathfrak{x}, \mathfrak{z})$ stetig. ●

Für die Anwendungen ist es wichtig, daß man gewisse normierte Vektorräume aus linearen Abbildungen durch Isomorphismen miteinander identifizieren kann.

Satz 10.3.4. *X sei normierter Vektorraum über K ($K = \boldsymbol{R}$ oder $K = \boldsymbol{C}$). Die Abbildung*

$$\tau: \mathscr{L}(K; X) \to X, \quad \textit{definiert durch} \quad \tau(f) := f(1) \quad \textit{für} \quad f \in \mathscr{L}(K; X),$$

ist linear, topologisch und normerhaltend, ebenso τ^{-1}.

Beweis. Die Linearität von τ ist offensichtlich. Zu $\mathfrak{x} \in X$ definieren wir

$$g_{\mathfrak{x}}: K \to X \quad \text{durch} \quad g_{\mathfrak{x}}(x) = x\mathfrak{x} \quad \text{für} \quad x \in K.$$

$g_{\mathfrak{x}}$ ist linear und stetig (der Graph von $g_{\mathfrak{x}}$ ist ein „Polynom", siehe Anmerkung 8.6.3.). Wir definieren

$$\varkappa: X \to \mathscr{L}(K; X) \quad \text{durch} \quad \varkappa(\mathfrak{x}) := g_{\mathfrak{x}} \quad \text{für} \quad \mathfrak{x} \in X.$$

Nach der Definition der $g_{\mathfrak{x}}$, $\mathfrak{x} \in X$, ist $\varkappa$ linear. Für $f \in \mathscr{L}(K; X)$ ist $f(x) = f(x \cdot 1) = xf(1)$ und daher $g_{f(1)} = f$. Das ergibt

$$\varkappa \circ \tau(f) = \varkappa\big(f(1)\big) = g_{f(1)} = f, \quad \tau \circ \varkappa(\mathfrak{x}) = \tau(g_{\mathfrak{x}}) = g_{\mathfrak{x}}(1) = \mathfrak{x}$$

und damit $\varkappa \circ \tau = id_{\mathscr{L}(K;X)}$, $\tau \circ \varkappa = id_X$. τ ist bijektiv, $\varkappa = \tau^{-1}$. Da es ein $x \in K$ mit $|x| = 1$ (nämlich $x = 1$) gibt, ist

$$\|f\|_{\mathscr{L}} = \sup\{|x| \, \|f(1)\| \, | x \in K, \; |x| \leqq 1\} = \|f(1)\| = \|\tau(f)\|.$$

Da die Norm erhalten bleibt und τ bijektiv ist, ist τ topologisch. Dasselbe gilt von τ^{-1}. ●

Anmerkung 10.3.2. Nach Satz 10.3.4. kann man mit Hilfe des topologischen, normerhaltenden Isomorphismus τ $\mathscr{L}(K; X)$ mit X identifizieren. Bei dieser Identifizierung steht

$$\mathfrak{x} \in X \quad \text{an Stelle von} \quad g_{\mathfrak{x}} : K \to X \quad \text{mit} \quad g_{\mathfrak{x}}(x) := x\mathfrak{x}.$$

Wir werden diese Identifizierung besonders in 11. und 12. weitgehend ausnutzen und häufig ohne besonderen Kommentar $\mathfrak{x}$ an Stelle von $g_{\mathfrak{x}}$ schreiben. ●

Analog zu Satz 10.3.2. und Satz 10.3.4. gilt

Satz 10.3.5. *X, Y, Z seien normierte Vektorräume über demselben Körper (**R** oder **C**).*

$$\mathscr{L}(X, Z; Y) = \{f \,|\, f: X \times Z \to Y \textit{ stetig und bilinear}\}$$

ist Untervektorraum von $\mathscr{F}_Y(X \times Z)$ (Satz 7.9.5.). Durch

$$\|f\|_{\mathscr{L}} := \sup\{\|f(\mathfrak{x}, \mathfrak{z})\| \,|\, \mathfrak{x} \in X, \; \mathfrak{z} \in Z, \; \|\mathfrak{x}\| \leqq 1, \; \|\mathfrak{z}\| \leqq 1\}$$

wird auf $\mathscr{L}(X, Z; Y)$ eine Norm definiert. Ist $f \in \mathscr{L}(X, Z; Y)$, so gilt

$$\|f(\mathfrak{x}, \mathfrak{z})\| \leqq \|f\|_{\mathscr{L}} \|\mathfrak{x}\| \, \|\mathfrak{z}\| \quad \textit{für alle} \quad \mathfrak{x} \in X, \; \mathfrak{z} \in Z.$$

Die Abbildung

$$\tau : \mathscr{L}(X, Z; Y) \to \mathscr{L}(X; \mathscr{L}(Z; Y)),$$

in der Bezeichnungsweise von Definition 10.3.2. durch

$$\tau(f) : X \to \mathscr{L}(Z; Y) \quad \textit{mit} \quad \tau(f)(\mathfrak{x}) := f_{\mathfrak{x}}^{(2)}$$

definiert, ist linear, topologisch und normerhaltend. Dasselbe gilt von τ^{-1}.

Beweis. Der Beweis, daß $\mathscr{L}(X, Z; Y)$ Untervektorraum von $\mathscr{F}_Y(X \times Z)$ ist, verläuft genau so wie bei Satz 10.3.2.

Ist $f \in \mathscr{L}(X, Z; Y)$, so gibt es nach Satz 10.3.3. ein $t \in \mathbf{R}_+^\times$ mit

$$\|f(\mathfrak{x}, \mathfrak{z})\| \leqq t \|\mathfrak{x}\| \, \|\mathfrak{z}\|, \quad \text{also} \quad \|f_{\mathfrak{x}}^{(2)}(\mathfrak{z})\| \leqq (t \|\mathfrak{x}\|) \|\mathfrak{z}\| \quad \text{für } \mathfrak{z} \in Z.$$

Nach Satz 10.3.1. ist $f_{\mathfrak{x}}^{(2)}$ stetig. Da $f_{\mathfrak{x}}^{(2)}$ auch linear ist, ist $f_{\mathfrak{x}}^{(2)} \in \mathscr{L}(Z; Y)$, die Definition von τ ist sinnvoll.

Ist $g \in \mathscr{L}(X; \mathscr{L}(Z; Y))$, so ist $g(\mathfrak{x}) \in \mathscr{L}(Z; Y)$ für $\mathfrak{x} \in X$, d.h., $g(\mathfrak{x}) : Z \to Y$ ist linear und stetig, $g(\mathfrak{x})\mathfrak{z} \in Y$ für $\mathfrak{z} \in Z$. Da $g \in \mathscr{L}(X; \mathscr{L}(Z; Y))$ ist, ist $g(\mathfrak{x})\mathfrak{z}$ linear bezüglich

$\mathfrak{x}$, da $g(\mathfrak{x})\in\mathscr{L}(Z;\,Y)$ ist, ist $g(\mathfrak{x})\mathfrak{z}$ linear bezüglich $\mathfrak{z}$. $\varkappa(g):X\times Z\to Y$, definiert durch $\varkappa(g)(\mathfrak{x},\mathfrak{z})=g(\mathfrak{x})\mathfrak{z}$, ist daher bilinear. Für $\mathfrak{x}\in X$, $\mathfrak{z}\in Z$ gilt

$$\|\varkappa(g)(\mathfrak{x},\mathfrak{z})\| = \|g(\mathfrak{x})\mathfrak{z}\| \leqq \|g(\mathfrak{x})\|_{\mathscr{L}(Z;\,Y)}\|\mathfrak{z}\| \leqq \|g\|_{\mathscr{L}}\|\mathfrak{x}\|\,\|\mathfrak{z}\|.$$

$\varkappa(g)$ ist nach Satz 10.3.3. stetig. Man erhält so eine Abbildung

$$\varkappa:\mathscr{L}(X;\,\mathscr{L}(Z;\,Y))\to\mathscr{L}(X,Z;\,Y).$$

Es gilt für $\mathfrak{x}\in X$, $\mathfrak{z}\in Z$

$$\varkappa\circ\tau(f)(\mathfrak{x},\mathfrak{z}) = \tau(f)(\mathfrak{x})\mathfrak{z} = f_{\mathfrak{x}}^{(2)}(\mathfrak{z}) = f(\mathfrak{x},\mathfrak{z}), \quad \text{also} \quad \varkappa\circ\tau(f)=f,$$

$$\tau\circ\varkappa(g)(\mathfrak{x})\mathfrak{z} = \big(\varkappa(g)\big)_{\mathfrak{x}}^{(2)}(\mathfrak{z}) = g(\mathfrak{x})\mathfrak{z}, \quad \text{also} \quad \tau\circ\varkappa(g)=g.$$

Damit ist $\varkappa\circ\tau = id_{\mathscr{L}(X,Z;Y)}$, $\tau\circ\varkappa = id_{\mathscr{L}(X;\,\mathscr{L}(Z;\,Y))}$, τ und $\varkappa$ sind bijektiv und $\varkappa=\tau^{-1}$. τ ist daher Vektorraumisomorphismus.

Für $f\in\mathscr{L}(X,Z;\,Y)$ gilt

$$\begin{aligned}\sup\{\|f(\mathfrak{x},\mathfrak{z})\|\,|\,\mathfrak{x}\in X,\ \mathfrak{z}\in Z,\ \|\mathfrak{x}\|\leqq 1,\ \|\mathfrak{z}\|\leqq 1\} &= \\ &= \sup\big\{\sup\{\|f(\mathfrak{x},\mathfrak{z})\|\,|\,\mathfrak{z}\in Z,\ \|\mathfrak{z}\|\leqq 1\}\,\big|\,\mathfrak{x}\in X,\ \|\mathfrak{x}\|\leqq 1\big\} \\ &= \sup\{\|\tau(f)(\mathfrak{x})\|_{\mathscr{L}(Z;\,Y)}\,|\,\mathfrak{x}\in X,\ \|\mathfrak{x}\|\leqq 1\} = \|\tau(f)\|_{\mathscr{L}(X;\,\mathscr{L}(Z;\,Y))}.\end{aligned}$$

Mit der Bezeichnung des Satzes ist daher

$$\|f\|_{\mathscr{L}} = \|\tau(f)\|_{\mathscr{L}(X;\,\mathscr{L}(Z;\,Y))}.$$

Da τ Vektorraumisomorphismus und $\|\ \|_{\mathscr{L}(X;\,\mathscr{L}(Z;\,Y))}$ eine Norm auf $\mathscr{L}(X;\,\mathscr{L}(Z;\,Y))$ ist, ist $\|\ \|_{\mathscr{L}}$ Norm auf $\mathscr{L}(X,Z;\,Y)$. Bei Verwendung dieser Norm ist τ normerhaltend und (da τ bijektiv ist) daher auch topologisch. ●

Anmerkung 10.3.3. Wie in Anmerkung 10.3.2. können wir $\mathscr{L}(X,Z;\,Y)$ mit $\mathscr{L}(X;\,\mathscr{L}(Z;\,Y))$ identifizieren. An Stelle von $f\in\mathscr{L}(X;\,\mathscr{L}(Z;\,Y))$ steht $g\in\mathscr{L}(X,Z;\,Y)$ mit $g(\mathfrak{x},\mathfrak{z})=f(\mathfrak{x})\mathfrak{z}$. Insbesondere kann man (mit $K=\boldsymbol{R}$ bzw. $K=\boldsymbol{C}$) $\mathscr{L}(X,K;\,Y)$ mit $\mathscr{L}(X;\,\mathscr{L}(K;\,Y))$ und damit mit $\mathscr{L}(X;\,Y)$ identifizieren. ●

10.4. Lineare Abbildungen in Banachräume

Wir benötigen zunächst eine algebraische Vorbereitung.

Hilfssatz 10.4.1. *X sei Vektorraum über K, $V\subset X$. Es gibt einen kleinsten Untervektorraum von X, der V enthält. Man bezeichnet ihn mit $[V]$ und nennt ihn lineare Hülle von V. Es gilt:*

(1) $[V]=\bigcap\mathfrak{U}_V$ *mit* $\mathfrak{U}_V:=\{Z\,|\,Z$ *Untervektorraum von* X, $V\subset Z\}$,

(2) $[V]=\{\sum_{\mathfrak{x}\in J}a_{\mathfrak{x}}\mathfrak{x}\,|\,J\subset V$, J *endlich*, $a_{\mathfrak{x}}\in K$ *für jedes* $\mathfrak{x}\in J\}$.

Anmerkung 10.4.1. In (2) Hilfssatz 10.4.1. ist die folgende Schreibweise nützlich. Es sei $(\mathfrak{a}_j)_{j\in J}$ eine Familie von Elementen von X, $\mathfrak{a}_j \neq \mathfrak{o}$ nur für endlich viele $j\in J$. Sind J_1, J_2 endlich, $\subset J$, und $\mathfrak{a}_j = \mathfrak{o}$ für $j \notin J_k$ $(k=1,2)$, so ist

$$\sum_{j\in J_1} \mathfrak{a}_j = \sum_{j\in J_1\cup J_2} \mathfrak{a}_j = \sum_{j\in J_2} \mathfrak{a}_j, \quad \text{da} \quad \mathfrak{a}_j = \mathfrak{o} \text{ für } j\in (J_1\cup J_2) - J_k,\ k=1,2,$$

ist. Man kann daher

$$\sum_{j\in J} \mathfrak{a}_j := \sum_{j\in J_0} \mathfrak{a}_j \text{ für } J_0 \text{ endlich, } J_0\subset J,\ \mathfrak{a}_j = \mathfrak{o} \text{ für } j\in J - J_0,$$

unabhängig von der speziellen Auswahl von J_0 definieren. Diese Schreibweise hat den Vorteil, daß man, wenn $(\mathfrak{b}_j)_{j\in J}$ ebenfalls eine Familie von Elementen von X, $\mathfrak{b}_j \neq \mathfrak{o}$ nur für endlich viele $j\in J$, ist, unmittelbar

$$\sum_{j\in J} \mathfrak{a}_j + \sum_{j\in J} \mathfrak{b}_j = \sum_{j\in J} (\mathfrak{a}_j + \mathfrak{b}_j)$$

schreiben kann, ohne erst eine endliche Teilmenge $J_0 \subset J$ auswählen zu müssen, für die $\mathfrak{a}_j = \mathfrak{o}$ *und* $\mathfrak{b}_j = \mathfrak{o}$ für alle $j\in J - J_0$ ist. ●

Beweis von Hilfssatz 10.4.1. In der Schreibweise von Anmerkung 10.4.1. ist

$$[V] := \{\sum_{\mathfrak{x}\in V} a_{\mathfrak{x}}\mathfrak{x} \mid a_{\mathfrak{x}}\in K,\ a_{\mathfrak{x}} \neq 0 \text{ nur für endlich viele } \mathfrak{x}\in V\}$$

gerade die in (2) Hilfssatz 10.4.1. angegebene Menge. Sind $a\in K$, $\mathfrak{y}_1, \mathfrak{y}_2 \in [V]$, etwa

$$\mathfrak{y}_1 = \sum_{\mathfrak{x}\in V} a_{\mathfrak{x}}\mathfrak{x},\quad \mathfrak{y}_2 = \sum_{\mathfrak{x}\in V} b_{\mathfrak{x}}\mathfrak{x}, \quad \text{so sind} \quad \mathfrak{y}_1 + \mathfrak{y}_2 = \sum_{\mathfrak{x}\in V} (a_{\mathfrak{x}} + b_{\mathfrak{x}})\mathfrak{x},\ a\mathfrak{y}_1 = \sum_{\mathfrak{x}\in V} a a_{\mathfrak{x}}\mathfrak{x}$$

in $[V]$. Für $a_{\mathfrak{x}} = 0$ für alle $\mathfrak{x}\in V$ erhält man

$$\sum_{\mathfrak{x}\in V} a_{\mathfrak{x}}\mathfrak{x} = \mathfrak{o} \quad \text{(auch für } V=\emptyset!).$$

Daher ist $[V]\neq\emptyset$ und damit nach Hilfssatz 7.9.1. Untervektorraum von X. Da offensichtlich jeder Untervektorraum von X, der V enthält, auch $[V]$ enthalten muß, ist $[V]$ *der* kleinste Untervektorraum von X, der V enthält, und kann daher auch als Durchschnitt aller derartigen Untervektorräume von X erhalten werden, was die Darstellung (1) ergibt. ●

Definition 10.4.1. *X sei Vektorraum, $V\subset X$. V heißt Erzeugendensystem von X, wenn $[V]=X$ ist. X heißt endlich-dimensional, wenn X ein endliches Erzeugendensystem besitzt.*

Hilfssatz 10.4.2. *X sei Vektorraum, X_1, X_2 seien Untervektorräume. Man definiert*

$$X_1 + X_2 := \{\mathfrak{x}_1 + \mathfrak{x}_2 \mid \mathfrak{x}_1\in X_1,\ \mathfrak{x}_2\in X_2\}$$

(vgl. Definition 5.2.3.). Es ist $[X_1 \cup X_2] = X_1 + X_2$. *Ist* $X_1 \cap X_2 = \{\mathfrak{o}\}$, *so sind in der für jedes* $\mathfrak{x} \in [X_1 \cup X_2]$ *möglichen Darstellung*

$$\mathfrak{x} = \mathfrak{x}_1 + \mathfrak{x}_2 \quad mit \quad \mathfrak{x}_1 \in X_1, \quad \mathfrak{x}_2 \in X_2$$

$\mathfrak{x}_1$ *und* $\mathfrak{x}_2$ *durch* $\mathfrak{x}$ *eindeutig bestimmt.*

Beweis. Trivialerweise ist $X_1 + X_2 \subset [X_1 \cup X_2]$. Sind $\mathfrak{x}_1 + \mathfrak{x}_2, \mathfrak{y}_1 + \mathfrak{y}_2 \in X_1 + X_2$, $a \in K$, so sind, da X_1, X_2 Vektorräume sind,

$$(\mathfrak{x}_1 + \mathfrak{x}_2) + (\mathfrak{y}_1 + \mathfrak{y}_2) = (\mathfrak{x}_1 + \mathfrak{y}_1) + (\mathfrak{x}_2 + \mathfrak{y}_2) \in X_1 + X_2, \quad a(\mathfrak{x}_1 + \mathfrak{x}_2) = a\mathfrak{x}_1 + a\mathfrak{x}_2 \in X_1 + X_2.$$

Da $X_1 + X_2 \neq \emptyset$ ist, ist $X_1 + X_2$ nach Hilfssatz 7.9.1. Untervektorraum. Wegen $X_1 \cup X_2 \subset X_1 + X_2$ ist daher nach Hilfssatz 10.4.1. auch $[X_1 \cup X_2] \subset X_1 + X_2$.

Ist $X_1 \cap X_2 = \{\mathfrak{o}\}$ und sind $\mathfrak{x}_1, \mathfrak{y}_1 \in X_1$, $\mathfrak{x}_2, \mathfrak{y}_2 \in X_2$, so gilt

$$\mathfrak{x}_1 + \mathfrak{x}_2 = \mathfrak{y}_1 + \mathfrak{y}_2 \;\Rightarrow\; \mathfrak{x}_1 - \mathfrak{y}_1 = \mathfrak{y}_2 - \mathfrak{x}_2 \in X_1 \cap X_2 \;\Rightarrow\; \mathfrak{x}_1 - \mathfrak{y}_1 = \mathfrak{y}_2 - \mathfrak{x}_2 = \mathfrak{o}. \; \bullet$$

Hilfssatz 10.4.3. X_1, X_2 *seien normierte Vektorräume über* K $(K = \boldsymbol{R}$ *oder* $K = \boldsymbol{C})$. *Definiert man für* $\mathfrak{x}_1, \mathfrak{y}_1 \in X_1$, $\mathfrak{x}_2, \mathfrak{y}_2 \in X_2$ *und* $a \in K$

$$(\mathfrak{x}_1, \mathfrak{x}_2) + (\mathfrak{y}_1, \mathfrak{y}_2) := (\mathfrak{x}_1 + \mathfrak{y}_1, \mathfrak{x}_2 + \mathfrak{y}_2), \quad a(\mathfrak{x}_1, \mathfrak{x}_2) := (a\mathfrak{x}_1, a\mathfrak{x}_2),$$

so ist $X_1 \times X_2$ *Vektorraum über* K. *Durch*

$$\|(\mathfrak{x}_1, \mathfrak{x}_2)\|_{\max} := \max\{\|\mathfrak{x}_1\|, \|\mathfrak{x}_2\|\}$$

wird auf $X_1 \times X_2$ *eine Norm definiert, deren zugehörige Metrik die Produkttopologie induziert. Sind* X_1, X_2 *Banachräume, so ist auch* $X_1 \times X_2$ *(mit dieser Norm) Banachraum.*

Beweis. Setzt man $M = \{1, 2\}$ und

$$X = \{F \mid F \text{ Funktion}, \ \mathscr{D}(F) = M, \ F(1) \subset X_1, \ F(2) \subset X_2\}$$

und definiert $F + G$ und aF wie üblich, so erhält man wörtlich wie beim Beweis von Satz 7.9.2. einen Vektorraum über K, den man mit $X_1 \times X_2$ identifizieren kann, wobei sich für $(\mathfrak{x}_1, \mathfrak{x}_2) + (\mathfrak{y}_1, \mathfrak{y}_2)$ und $a(\mathfrak{x}_1, \mathfrak{x}_2)$ die angegebenen Ausdrücke ergeben. Mit

$$\|F\|_{\max} = \max\{\|F(x)\| \mid x \in M\}$$

beweist man wörtlich wie in Beispiel 7.9.2. (als Spezialfall von Satz 7.9.7.), daß man eine Norm auf X erhält. Die zugehörige Metrik ist offenbar die Metrik d' aus Satz 6.2.1. (vgl. Beispiel 7.9.3.), die nach Satz 6.5.1. auf $X_1 \times X_2$ die Produkttopologie induziert. Sind X_1, X_2 vollständig, so ist nach Hilfssatz 9.1.4. auch $X_1 \times X_2$ mit dieser Metrik vollständig. $\bullet$

Hilfssatz 10.4.4. *X sei ein normierter Vektorraum (über **R** oder **C**), X_1, X_2 seien Untervektorräume. Verwendet man auf $X_1 \times X_2$ die Maximumsnorm (Hilfssatz 10.4.3.), so ist*

$$\varkappa: X_1 \times X_2 \to X_1 + X_2, \quad \textit{definiert durch} \quad \varkappa(\mathfrak{x}_1, \mathfrak{x}_2) := \mathfrak{x}_1 + \mathfrak{x}_2,$$

linear und stetig. Ist $X_1 \cap X_2 = \{\mathfrak{o}\}$, so ist $\varkappa$ bijektiv.

Beweis. $\varkappa$ ist trivialerweise linear und surjektiv. Wegen

$$\|\varkappa(\mathfrak{x}_1, \mathfrak{x}_2)\| = \|\mathfrak{x}_1 + \mathfrak{x}_2\| \leqq \|\mathfrak{x}_1\| + \|\mathfrak{x}_2\| \leqq 2 \max\{\|\mathfrak{x}_1\|, \|\mathfrak{x}_2\|\} = 2\|(\mathfrak{x}_1, \mathfrak{x}_2)\|_{\max}$$

ist $\varkappa$ nach Satz 10.3.1. stetig. Ist $X_1 \cap X_2 = \{\mathfrak{o}\}$, so ist $\varkappa$ nach Hilfssatz 10.4.2. auch injektiv. ●

Für die Anwendungen sind Kriterien wichtig, mit deren Hilfe man zeigen kann, daß gewisse normierte Vektorräume Banachräume sind. Ein solches Kriterium gibt Hilfssatz 10.4.3. Ein anderes sehr wichtiges Kriterium dieser Art gibt

Satz 10.4.1. *X sei ein normierter Vektorraum über **R** oder **C**, X_1 Untervektorraum von X und $\mathfrak{x} \in X$. Ist X_1 Banachraum, so ist auch $[X_1 \cup \{\mathfrak{x}\}]$ Banachraum.*

Ist X endlich-dimensional, so ist X Banachraum.

Beweis. Es sei $K = \boldsymbol{R}$ oder $K = \boldsymbol{C}$. Zu $\mathfrak{x} \in X$ definiert man (vgl. Definition 5.2.3.)

$$K\mathfrak{x} := \{a\mathfrak{x} | a \in K\} = [\{\mathfrak{x}\}].$$

Da $X_1 + K\mathfrak{x}$ Vektorraum ist, ist nach der Definition der linearen Hülle (Hilfssatz 10.4.1.) $[X_1 \cup \{\mathfrak{x}\}] \subset X_1 + K\mathfrak{x}$. Andererseits ist natürlich $X_1 + K\mathfrak{x} \subset [X_1 \cup \{\mathfrak{x}\}]$. Daher ist $[X_1 \cup \{\mathfrak{x}\}] = X_1 + K\mathfrak{x}$.

$G = (\mathfrak{x}_n + x_n \mathfrak{x})_{n \in \boldsymbol{N}}$ sei Cauchy-Folge in $X_1 + K\mathfrak{x}$ (d.h. $\delta(G(\boldsymbol{E})) = 0$, Definition 9.1.2.), $\mathfrak{x}_n \in X_1$, $x_n \in K$. Wir unterscheiden zwei Fälle.

(1) $F = (x_n)_{n \in \boldsymbol{N}}$ ist beschränkt. Es sei $c \in \boldsymbol{R}_+$, $|x_n| \leqq c$ für alle $n \in \boldsymbol{N}$. $Z = \{x | x \in K, |x| \leqq c\}$ ist beschränkt und abgeschlossen und daher (nach Satz 9.2.2. bzw. Hilfssatz 9.2.5.) kompakt. $F(\boldsymbol{E})$ ist Raster auf Z. Nach der Definition der Kompaktheit (Definition 9.2.1.) hat $F(\boldsymbol{E})$ Berührungspunkte auf Z. x sei ein Berührungspunkt von $F(\boldsymbol{E})$. Benutzt man das Auswahlaxiom, so kann man durch

$$(1^*) \quad n_1 = H(1) := 1, \qquad (2^*) \quad n_{j+1} = H(j+1) \in E_{n_j+1} \text{ mit } |x_{n_{j+1}} - x| < \frac{1}{j+1}$$

mit vollständiger Induktion eine Teilfolge $F \circ H = (x_{n_j})_{j \in \boldsymbol{N}}$ konstruieren. Wegen (2*) ist $n_{j+1} > n_j$, man erhält wirklich eine Teilfolge. Wegen (2*) gilt weiter

$$\lim_{j \to \infty} x_{n_j} = x, \text{ also } \delta(F \circ H(\boldsymbol{E})) = 0, \quad \text{d.h.} \quad F \circ H \text{ ist Cauchy-Folge.}$$

Wegen $\|-x_{n_j}\mathfrak{x} + x_{n_k}\mathfrak{x}\| = |x_{n_j} - x_{n_k}| \, \|\mathfrak{x}\|$ ist auch $(-x_{n_j}\mathfrak{x})_{j \in \boldsymbol{N}}$ Cauchy-Folge. Die

Summe zweier Cauchy-Folgen und jede Teilfolge einer Cauchy-Folge sind natürlich wieder Cauchy-Folgen (vgl. Aufgabe 9.1.1. und 9.1.2.). Daher ist

$$(\mathfrak{x}_{n_j} + x_{n_j}\mathfrak{x} - x_{n_j}\mathfrak{x})_{j\in N} = (\mathfrak{x}_{n_j})_{j\in N}$$

Cauchy-Folge, und zwar in X_1. Da X_1 Banachraum ist, hat $(\mathfrak{x}_{n_j})_{j\in N}$ einen Grenzwert $\mathfrak{y}\in X_1$. Das ergibt

$$\lim_{j\to\infty} G\circ H(j) = \lim_{j\to\infty} (\mathfrak{x}_{n_j} + x_{n_j}\mathfrak{x}) = \lim_{j\to\infty} \mathfrak{x}_{n_j} + \lim_{j\to\infty} x_{n_j}\mathfrak{x} = \mathfrak{y} + x\mathfrak{x}.$$

$\mathfrak{y}+x\mathfrak{x}$ ist Berührungspunkt von $G\circ H(E)$ und daher wegen $G\circ H(E) \gg G(E)$ (Hilfssatz 8.2.3.) auch Berührungspunkt von $G(E)$. Nach (2) Satz 9.1.1. existiert $\lim G(E)$, G hat einen Grenzwert.

(2) $F=(x_n)_{n\in N}$ ist nicht beschränkt. In diesem Fall kann man unter Benutzung des Auswahlaxioms durch

$$(1^*) \quad n_1 = H(1)\in E_1 \text{ mit } |x_1| > 1,$$

$$(2^*) \quad n_{j+1} = H(j+1)\in E_{n_j+1} \text{ mit } |x_{n_{j+1}}| > j+1$$

mit vollständiger Induktion eine Teilfolge $F\circ H = (x_{n_j})_{j\in N}$ definieren mit $|x_{n_j}|>j$ für alle $j\in N$. Die Cauchy-Folge G ist natürlich beschränkt (denn es gibt ein n_0 mit $\delta\big(G(E_{n_0})\big)<1$, $G(E_1-E_{n_0})$ ist endlich). Es sei $c\in R_+$, $\|\mathfrak{x}_n + x_n\mathfrak{x}\| \leqq c$ für alle $n\in N$. Dann ist für alle $j\in N$

$$0 \leqq \|x_{n_j}^{-1}\mathfrak{x}_{n_j} + \mathfrak{x}\| = |x_{n_j}|^{-1}\|\mathfrak{x}_{n_j} + x_{n_j}\mathfrak{x}\| \leqq \frac{1}{j}c$$

und daher

$$\lim_{j\to\infty} \|x_{n_j}^{-1}\mathfrak{x}_{n_j} + \mathfrak{x}\| = 0, \quad \text{also} \quad \lim_{j\to\infty} x_{n_j}^{-1}\mathfrak{x}_{n_j} = -\mathfrak{x}.$$

Da die Folge $(x_{n_j}^{-1}\mathfrak{x}_{n_j})_{j\in N}$ einen Grenzwert hat, ist sie Cauchy-Folge; da sie im Banachraum X_1 liegt und der Grenzwert eindeutig bestimmt ist, ist $-\mathfrak{x}\in X_1$, d.h. $\mathfrak{x}\in X_1$, und daher $X_1 + K\mathfrak{x} = X_1$ Banachraum.

Setzt man voraus, daß jeder normierte Vektorraum über R oder C, der ein Erzeugendensystem mit $m\leqq n$ Elementen besitzt, Banachraum ist, und hat X ein Erzeugendensystem mit $k \leqq n+1$ Elementen, so sei $\{\mathfrak{x}_j | j\in N,\ j\leqq k\}$ Erzeugendensystem von X. Ist $k\leqq n$, so ist X Banachraum. Ist $k = n+1$, so ist

$$X = [\{\mathfrak{x}_j | j\in N,\ j\leqq n\}] + K\mathfrak{x}_{n+1}.$$

$[\{\mathfrak{x}_j | j\in N,\ j\leqq n\}]$ ist nach Voraussetzung Banachraum und X nach dem eben bewiesenen ersten Teil von Satz 10.4.1. Banachraum. Vollständige Induktion liefert das Ergebnis. ●

Satz 10.4.2. *X, Y seien normierte Vektorräume über demselben Körper ($\boldsymbol{R}$ oder $\boldsymbol{C}$). Ist Y Banachraum, so ist auch $\mathscr{L}(X; Y)$ (mit der Norm aus Satz 10.3.2.) Banachraum.*

Beweis. $(f_n)_{n\in N}$ sei eine Cauchy-Folge in $\mathscr{L}(X; Y)$. Nach Hilfssatz 9.1.1. gibt es zu jedem $\varepsilon_0 \in \boldsymbol{R}_+^\times$ ein $n_0 \in \boldsymbol{N}$ so, daß gilt

$$n, m \in \boldsymbol{N},\ n, m \geqq n_0 \ \Rightarrow\ \|f_n - f_m\|_{\mathscr{L}} < \varepsilon_0.$$

Ist $c \in \boldsymbol{R}_+^\times$, so gilt für alle $\mathfrak{y} \in X$ mit $\|\mathfrak{y}\| \leqq c$

$$n, m \in \boldsymbol{N},\ n, m \geqq n_0 \ \Rightarrow\ \|f_n(\mathfrak{y}) - f_m(\mathfrak{y})\| = \|(f_n - f_m)(\mathfrak{y})\| \leqq \|f_n - f_m\|_{\mathscr{L}} \|\mathfrak{y}\| < \varepsilon_0 c.$$

Wählt man zu $\varepsilon \in \boldsymbol{R}_+^\times$ $\varepsilon_0 = \varepsilon c^{-1}$, so sieht man (Hilfssatz 9.4.3.), daß $\big(f_n(\mathfrak{y})\big)_{n\in N}$ gleichmäßig für $\mathfrak{y} \in X$, $\|\mathfrak{y}\| \leqq c$, konvergiert. Für jedes $\mathfrak{y} \in X$ existiert

$$f(\mathfrak{y}) := \lim_{n\to\infty} f_n(\mathfrak{y})$$

(man wähle $c > \|\mathfrak{y}\|$!) gleichmäßig auf $W_c = \{\mathfrak{y} \mid \mathfrak{y} \in X,\ \|\mathfrak{y}\| \leqq c\}$ für jedes $c \in \boldsymbol{R}_+^\times$. Zu $\mathfrak{x} \in X$ wählt man $c \in \boldsymbol{R}_+^\times$ mit $\|\mathfrak{x}\| < c$. Dann ist W_c Umgebung von $\mathfrak{x}$, $f|W_c$ in $\mathfrak{x}$ stetig (Satz 10.2.2.) und

$$\lim_{\mathfrak{y}\to\mathfrak{x}} f(\mathfrak{y}) = \lim_{\substack{\mathfrak{y}\to\mathfrak{x}\\ \mathfrak{y}\in W_c}} f(\mathfrak{y}) = f(\mathfrak{x}).$$

Daher ist auch f in $\mathfrak{x}$ stetig. Nach den Rechenregeln für Grenzwerte gilt für $\mathfrak{x}, \mathfrak{y} \in X$, $a \in K$ ($K = \boldsymbol{R}$ bzw. $K = \boldsymbol{C}$)

$$f(\mathfrak{x} + \mathfrak{y}) = \lim_{n\to\infty} f_n(\mathfrak{x} + \mathfrak{y}) = \lim_{n\to\infty} \big(f_n(\mathfrak{x}) + f_n(\mathfrak{y})\big) = f(\mathfrak{x}) + f(\mathfrak{y}),$$

$$f(a\mathfrak{x}) = \lim_{n\to\infty} f_n(a\mathfrak{x}) = \lim_{n\to\infty} a f_n(\mathfrak{x}) = a f(\mathfrak{x}).$$

f ist linear. Damit ist $f \in \mathscr{L}(X; Y)$. Wegen der gleichmäßigen Konvergenz von $\big(f_n(\mathfrak{y})\big)_{n\in N}$ auf W_1 ($c = 1$) gibt es nach Hilfssatz 9.4.2. zu jedem $\varepsilon_1 \in \boldsymbol{R}$, $\varepsilon_1 > 0$, ein $n_1 \in \boldsymbol{N}$ so, daß gilt

$$n \in \boldsymbol{N},\ n \geqq n_1 \ \Rightarrow\ \|f_n(\mathfrak{y}) - f(\mathfrak{y})\| < \varepsilon_1 \ \text{ für alle } \mathfrak{y} \in W_1.$$

Da $W_1 = \{\mathfrak{y} \mid \mathfrak{y} \in X,\ \|\mathfrak{y}\| \leqq 1\}$ ist, folgt

$$n \in \boldsymbol{N},\ n \geqq n_1 \ \Rightarrow\ \|f_n - f\|_{\mathscr{L}} = \sup\{\|f_n(\mathfrak{y}) - f(\mathfrak{y})\| \mid \mathfrak{y} \in X,\ \|\mathfrak{y}\| \leqq 1\} \leqq \varepsilon_1.$$

Daher ist

$$\lim_{n\to\infty} \|f_n - f\|_{\mathscr{L}} = 0, \quad \text{also} \quad \lim_{n\to\infty} f_n = f \ \text{ in } \mathscr{L}(X; Y).$$

f ist Grenzwert von $(f_n)_{n\in N}$, $\mathscr{L}(X; Y)$ ist Banachraum. ●

Zur Herleitung eines wichtigen Satzes von Banach (Satz 10.4.3.), nach dem gewisse lineare Abbildungen offen sind, benötigt man den

Hilfssatz 10.4.5. *(Satz von Baire.) (X, d) sei ein vollständiger metrischer Raum, $(Z_n)_{n\in N}$ eine Folge von Teilmengen von X,*

$$Z = \bigcup_{n=1}^{\infty} Z_n.$$

Hat keine der Mengen $\bar{Z}_n$, $n \in N$, innere Punkte, so hat auch Z keine inneren Punkte, und $X - Z$ ist überall dicht.

Beweis. U sei eine nicht-leere offene Menge in X. Wir werden zeigen, daß es in U einen Punkt von $X - Z$ gibt. Ist dann x ein beliebiger Punkt von X, so gibt es in jeder Umgebung von x einen Punkt von $X - Z$, d.h., x kann kein innerer Punkt von Z sein, und $X - Z$ ist überall dicht.

Da U nicht leer ist, ist $U \not\subset \bar{Z}_1$, weil U offen ist und $\bar{Z}_1$ keine inneren Punkte hat. Es gibt daher ein $x_1 \in U$ mit $x_1 \notin \bar{Z}_1$. Es sei

$$r_1 = \frac{1}{2} \min\{1, d(x_1, \bar{Z}_1), d(x_1, X - U)\}.$$

Da $x_1 \notin \bar{Z}_1$, $x_1 \notin X - U$ und $\bar{Z}_1$, $X - U$ abgeschlossen sind, ist $r_1 > 0$. Es sei $U_1 = U_{r_1}(x_1; d)$. Dann ist

$$\bar{U}_1 \subset \{y \mid y \in X,\ d(x_1, y) \leqq r_1\} \quad \text{und} \quad \bar{U}_1 \subset U, \quad \bar{U}_1 \subset X - \bar{Z}_1, \quad \delta(U_1) \leqq 1.$$

Sind bereits offene Mengen $U_1, \ldots, U_n$ $(n \in N)$ konstruiert und

$$\bar{U}_j \subset U_{j-1}, \quad \bar{U}_j \subset X - \bar{Z}_j, \quad \delta(U_j) \leqq \frac{1}{j}$$

für $j \in N$, $j \leqq n$, $U_0 := U$, so ist wieder $U_n \not\subset \bar{Z}_{n+1}$. Es gibt deshalb ein $x_{n+1} \in U_n$, $x_{n+1} \notin \bar{Z}_{n+1}$. Setzt man

$$r_{n+1} = \frac{1}{2} \min\left\{\frac{1}{n+1}, d(x_{n+1}, \bar{Z}_{n+1}), d(x_{n+1}, X - U_n)\right\}$$

und

$$U_{n+1} = U_{r_{n+1}}(x_{n+1}; d),$$

so ist

$$\bar{U}_{n+1} \subset U_n, \quad \bar{U}_{n+1} \subset X - \bar{Z}_{n+1}, \quad \delta(U_{n+1}) \leqq \frac{1}{n+1}.$$

Man erhält so (mit dem Auswahlaxiom, nach dem man zu jeder offenen Menge V und jedem $n \in N$ einen Punkt aus V, der nicht in $\bar{Z}_n$ ist, festlegen kann)

$$\mathfrak{U} = \{U_n \mid n \in N\} \text{ mit } \bar{U}_n \subset U_{n-1}, \quad \bar{U}_n \cap \bar{Z}_n = \emptyset, \quad \delta(U_n) \leqq \frac{1}{n}.$$

$\mathfrak{U}$ ist offenbar Raster und $\delta(\mathfrak{U})=0$. Da (X, d) vollständig ist, existiert nach Satz 9.1.2. $x=\lim \mathfrak{U}$. Nach Satz 8.4.1. ist

$$\{x\} = \bigcap_{n=1}^{\infty} \overline{U}_n \subset \overline{U}_1 \subset U.$$

Für jedes $n\in N$ ist $x\in \overline{U}_n$, also $x\notin \overline{Z}_n$, d.h. $x\notin Z_n$. Daher ist

$$x\notin \bigcup_{n=1}^{\infty} Z_n, \text{ und damit } x\notin Z. \quad \bullet$$

Satz 10.4.3. *(Banach.) X, Y seien Banachräume,*

$$f: X \to Y \textit{ linear, stetig und surjektiv.}$$

Dann ist f eine offene Abbildung.

Beweis. Für $\mathfrak{z}\in X$, $a\in \boldsymbol{R}$, $a\neq 0$, sind die Abbildungen

$$\tau_{\mathfrak{z}}: X\to X, \quad \text{definiert durch} \quad \tau_{\mathfrak{z}}(\mathfrak{x}) := \mathfrak{x}+\mathfrak{z} \quad \text{für } \mathfrak{x}\in X,$$

$$\lambda_a: X\to X, \quad \text{definiert durch} \quad \lambda_a(\mathfrak{x}) := a\mathfrak{x} \quad \text{für } \mathfrak{x}\in X,$$

nach Satz 8.6.3. topologisch. Definiert man zu $Z\subset X$

$$Z+\mathfrak{z} := \{\mathfrak{y}+\mathfrak{z} \mid \mathfrak{y}\in Z\} = \tau_{\mathfrak{z}}(Z), \quad aZ := \{a\mathfrak{y} \mid \mathfrak{y}\in Z\} = \lambda_a(Z),$$

so ist daher

$$\overline{(Z+\mathfrak{z})} = \overline{Z}+\mathfrak{z}, \quad \overline{(aZ)} = a\overline{Z}.$$

(φ topologisch $\Rightarrow \varphi(\overline{Z}) = \overline{\varphi(Z)}$!) Zu $\delta\in\boldsymbol{R}$, $\delta>0$, sei

$$X_\delta := \{\mathfrak{x} \mid \mathfrak{x}\in X, \|\mathfrak{x}\|_X<\delta\}, \quad Y_\delta := \{\mathfrak{y} \mid \mathfrak{y}\in Y, \|\mathfrak{y}\|_Y<\delta\}.$$

Wegen $\|a\mathfrak{x}\| = |a|\,\|\mathfrak{x}\|$ für $a\in\boldsymbol{R}$ erhält man für $a\in\boldsymbol{R}$, $a>0$,

$$aX_\delta = X_{a\delta}, \quad aY_\delta = Y_{a\delta}, \quad (-1)X_\delta = X_\delta$$

und, da f linear ist,

$$f(aX_\delta) = af(X_\delta).$$

Der Beweis von Satz 10.4.3. verläuft in drei Schritten. Man zeigt:

(1) Zu jedem $\varepsilon\in\boldsymbol{R}$, $\varepsilon>0$, gibt es ein $\delta\in\boldsymbol{R}$, $\delta>0$, mit $Y_\delta\subset\overline{f(X_\varepsilon)}$;

(2) Zu jedem $\varepsilon\in\boldsymbol{R}$, $\varepsilon>0$, gibt es ein $\delta\in\boldsymbol{R}$, $\delta>0$, mit $Y_\delta\subset f(X_\varepsilon)$;

(3) Ist U offen in X, so ist $f(U)$ offen in Y.

Beweis von (1): Ersichtlich ist

$$X = \bigcup_{k=1}^{\infty} kX_\varepsilon, \quad Y = f(X) = \bigcup_{k=1}^{\infty} f(kX_\varepsilon).$$

Da Y innere Punkte hat (jeder Punkt von Y ist trivialerweise innerer Punkt von Y), gibt es nach Hilfssatz 10.4.5. ein $k \in N$ so, daß $\overline{f(kX_\varepsilon)}$ innere Punkte hat. Damit hat auch

$$\overline{f(X_{\varepsilon/2})} = \frac{1}{2k}\overline{f(kX_\varepsilon)} = \lambda_{\frac{1}{2k}}\left(\overline{f(kX_\varepsilon)}\right)$$

innere Punkte. Es gibt daher eine offene Menge $V \subset \overline{f(X_{\varepsilon/2})}$, $V \neq \emptyset$. Sind $\mathfrak{z}, \mathfrak{w} \in f(X_{\varepsilon/2})$, so gibt es $\mathfrak{x}, \mathfrak{y} \in X_{\varepsilon/2}$ mit $f(\mathfrak{x}) = \mathfrak{z}$, $f(\mathfrak{y}) = \mathfrak{w}$. Daraus folgt

$$\mathfrak{z} + \mathfrak{w} = f(\mathfrak{x} + \mathfrak{y}) \in f(X_\varepsilon) \quad \text{wegen} \quad \|\mathfrak{x} + \mathfrak{y}\| \leqq \|\mathfrak{x}\| + \|\mathfrak{y}\| < \varepsilon.$$

Für $\mathfrak{w} \in f(X_{\varepsilon/2})$ erhält man so

$$f(X_{\varepsilon/2}) + \mathfrak{w} \subset f(X_\varepsilon), \quad \text{also} \quad \overline{f(X_{\varepsilon/2})} + \mathfrak{w} \subset \overline{f(X_\varepsilon)}.$$

Ist $\mathfrak{z} \in \overline{f(X_{\varepsilon/2})}$, so ist infolgedessen für jedes $\mathfrak{w} \in f(X_{\varepsilon/2})$

$$\mathfrak{z} + \mathfrak{w} \in \overline{f(X_\varepsilon)}, \quad \text{also} \quad f(X_{\varepsilon/2}) + \mathfrak{z} \subset \overline{f(X_\varepsilon)}, \quad \text{d.h.} \quad \overline{f(X_{\varepsilon/2})} + \mathfrak{z} \subset \overline{f(X_\varepsilon)}.$$

Es sei $\mathfrak{w}_0 \in V$. Dann ist

$$\mathfrak{w}_0 \in \overline{f(X_{\varepsilon/2})}, \quad -\mathfrak{w}_0 \in -\overline{f(X_{\varepsilon/2})} = \overline{\left(-f(X_{\varepsilon/2})\right)} = \overline{f(X_{\varepsilon/2})}.$$

Daher ist

$$\mathfrak{o} \in V + (-\mathfrak{w}_0), \quad V + (-\mathfrak{w}_0) \text{ offen}, \quad V + (-\mathfrak{w}_0) \subset \overline{f(X_\varepsilon)}.$$

Es gibt deshalb ein $\delta \in \boldsymbol{R}$, $\delta > 0$, mit $Y_\delta \subset \overline{f(X_\varepsilon)}$.

Beweis von (2). Es sei $\varepsilon \in \boldsymbol{R}$, $\varepsilon > 0$. Für jedes $n \in N$ sei $\varepsilon_n = \dfrac{\varepsilon}{2^n}$. Nach (1) gibt es zu jedem $n \in N$ ein $\delta_n \in \boldsymbol{R}$, $\delta_n > 0$, das man natürlich so wählen kann, daß $\delta_n < \dfrac{1}{n}$ ist, mit

$$Y_{\delta_n} \subset \overline{f(X_{\varepsilon_n})}.$$

Es sei $\mathfrak{y} \in Y_{\delta_1}$. Dann gibt es ein $\mathfrak{x}_1 \in X_{\varepsilon_1}$ mit

$$\|\mathfrak{y} - f(\mathfrak{x}_1)\| < \delta_2, \quad \text{also} \quad \mathfrak{y} - f(\mathfrak{x}_1) \in Y_{\delta_2},$$

da $\mathfrak{y}$ Berührungspunkt von $f(X_{\varepsilon_1})$ ist. Entsprechend gibt es ein $\mathfrak{x}_2 \in X_{\varepsilon_2}$ mit

$$\|\mathfrak{y} - f(\mathfrak{x}_1) - f(\mathfrak{x}_2)\| < \delta_3, \quad \text{also} \quad \mathfrak{y} - f(\mathfrak{x}_1) - f(\mathfrak{x}_2) \in Y_{\delta_3} \quad \text{etc.}$$

Man erhält so eine Folge $(\mathfrak{x}_n)_{n \in N}$ mit

$$\left\| \mathfrak{y} - \sum_{n=1}^{m} f(\mathfrak{x}_n) \right\| < \delta_{m+1} < \frac{1}{m+1}.$$

Wegen

$$\sum_{n=1}^{m} f(\mathfrak{x}_n) = f\left(\sum_{n=1}^{m} \mathfrak{x}_n\right) \quad \text{ist} \quad \mathfrak{y} = \lim_{m \to \infty} f\left(\sum_{n=1}^{m} \mathfrak{x}_n\right).$$

Da $\mathfrak{x}_n \in X_{\varepsilon_n}$ für jedes $n \in N$ ist, hat $(\mathfrak{x}_n)_{n \in N}$ die Majorante $(\varepsilon_n)_{n \in N}$. Da

$$\sum_{n=1}^{\infty} \varepsilon_n = \sum_{n=1}^{\infty} \frac{\varepsilon}{2^n} \quad \text{absolut konvergent}$$

ist, ist $(\mathfrak{x}_n)_{n \in N}$ nach Satz 9.6.1. absolut summierbar. Daher existiert

$$\sum_{n=1}^{\infty} \mathfrak{x}_n = \mathfrak{x} \text{ in } X.$$

Es ist

$$\|\mathfrak{x}\| = \left\| \sum_{n=1}^{\infty} \mathfrak{x}_n \right\| \leqq \sum_{n=1}^{\infty} \|\mathfrak{x}_n\| < \sum_{n=1}^{\infty} \frac{\varepsilon}{2^n} = \varepsilon, \quad \text{also} \quad \mathfrak{x} \in X_\varepsilon.$$

Da f stetig ist, gilt

$$\mathfrak{y} = \lim_{m \to \infty} f\left(\sum_{n=1}^{m} \mathfrak{x}_n \right) = f\left(\lim_{m \to \infty} \sum_{n=1}^{m} \mathfrak{x}_n \right) = f(\mathfrak{x}) \in f(X_\varepsilon).$$

Da das für jedes $\mathfrak{y} \in Y_{\delta_1}$ gilt, ist $Y_{\delta_1} \subset f(X_\varepsilon)$.

Beweis von (3). Es sei $\mathfrak{w} \in f(U)$, U offen in X. Dann gibt es ein $\mathfrak{x} \in U$ mit $f(\mathfrak{x}) = \mathfrak{w}$. Nun ist $\mathfrak{o} \in U + (-\mathfrak{x})$, $U + (-\mathfrak{x})$ offen, es gibt daher ein $\varepsilon \in \boldsymbol{R}$, $\varepsilon > 0$, mit $X_\varepsilon \subset U + (-\mathfrak{x})$. Nach (2) gibt es ein $\delta \in \boldsymbol{R}$, $\delta > 0$, mit

$$Y_\delta \subset f(U + (-\mathfrak{x})) = f(U) + f(-\mathfrak{x}), \quad \text{also} \quad Y_\delta + \mathfrak{w} = Y_\delta + f(\mathfrak{x}) \subset f(U),$$

$Y_\delta + \mathfrak{w}$ ist aber offen und enthält $\mathfrak{w}$. ●

Aus Satz 10.4.3. kann man eine Reihe wichtiger Folgerungen ziehen.

Satz 10.4.4. *Alle Normen auf einem endlich-dimensionalen Vektorraum über* $\boldsymbol{R}$ *oder* $\boldsymbol{C}$ *induzieren dieselbe Topologie.*

Sind X, Y *normierte Vektorräume über demselben Körper* ($\boldsymbol{R}$ *oder* $\boldsymbol{C}$) *und ist* X *endlich-dimensional, so ist jede lineare Abbildung* $g: X \to Y$ *stetig.*

Beweis. X sei ein endlich-dimensionaler Vektorraum über K ($K = \boldsymbol{R}$ bzw. $K = \boldsymbol{C}$), $\{\mathfrak{x}_m | m \in N,\ m \leqq n\}$ sei ein endliches Erzeugendensystem von X. Wir vergleichen X mit dem Vektorraum K^n (Satz 7.9.2.) mit der Maximumsnorm (Beispiel 7.9.2.). Wir setzen

$$\mathfrak{e}_1 := (1, 0, \ldots, 0), \ldots, \quad \mathfrak{e}_n := (0, 0, \ldots, 0, 1).$$

Zu jedem $\mathfrak{z} \in K^n$ gibt es $z_1, \ldots, z_n \in K$ mit

$$\mathfrak{z} = (z_1, \ldots, z_n) = \sum_{m=1}^{n} z_m \mathfrak{e}_m.$$

$z_1, \ldots, z_m$ sind durch $\mathfrak{z}$ eindeutig bestimmt. Es ist

$$\|\mathfrak{z}\|_{\max} = \max \{|z_m| \ |m \in N,\ m \leqq n\}.$$

Die Abbildung

$$f: K^n \to X, \quad \text{definiert durch} \quad f(\mathfrak{z}) := \sum_{m=1}^{n} z_m \mathfrak{x}_m,$$

ist offenbar linear. Nach Satz 7.9.3. ist $f(K^n)$ Untervektorraum von X. Wegen $\{\mathfrak{x}_m | m \in N,\ m \leqq n\} \subset f(K^n)$ ist $f(K^n) = X$. f ist surjektiv.

Ist X normierter Vektorraum, so gilt für $\mathfrak{z} \in K^n$

$$\|f(\mathfrak{z})\| \leqq \sum_{m=1}^{n} |z_m| \, \|\mathfrak{x}_m\| \leqq \left(\sum_{m=1}^{n} \|\mathfrak{x}_m\| \right) \|\mathfrak{z}\|_{\max}.$$

f ist stetig. Nach Satz 10.4.1. ist jeder endlich-dimensionale normierte Vektorraum über K Banachraum. K^n und X sind daher Banachräume, und f ist als lineare, stetige und surjektive Abbildung nach Satz 10.4.3. offen.

Ist Y normierter Vektorraum über K und $g: X \to Y$ linear, so ist auch $g \circ f$ linear (Satz 7.9.3.). Man erhält

$$\|g \circ f(\mathfrak{z})\| \leqq \sum_{m=1}^{n} |z_m| \, \|g \circ f(\mathfrak{e}_m)\| \leqq \left(\sum_{m=1}^{n} \|g(\mathfrak{x}_m)\| \right) \|\mathfrak{z}\|_{\max}.$$

$g \circ f$ ist stetig. Da f surjektiv ist, ist $f(f^{-1}(V)) = V$ für alle $V \subset X$. Da f offen ist, erhält man

$$\begin{aligned} U \subset Y,\ U \text{ offen} \quad &\Rightarrow \quad f^{-1}(g^{-1}(U)) = (g \circ f)^{-1}(U) \text{ offen} \\ &\Rightarrow \quad g^{-1}(U) = f(f^{-1}(g^{-1}(U))) \text{ offen.} \end{aligned}$$

g ist infolgedessen stetig.

Ist $Y = X$, so ist $id_X: X \to Y$ linear, also stetig. id_X^{-1} ist natürlich auch linear und stetig. Damit ist id_X topologisch, gleichgültig, welche Norm man auf X und welche Norm man auf Y verwendet. Beide Normen müssen also dieselbe Topologie induzieren. ●

Hilfssatz 10.4.6. *X, X_1, X_2 seien Banachräume, X_1, X_2 Untervektorräume von X. Ist $X_1 + X_2 = X$, $X_1 \cap X_2 = \{\mathfrak{o}\}$ und verwendet man auf $X_1 \times X_2$ die Maximumsnorm (Hilfssatz 10.4.3.), so ist*

$$\varkappa: X_1 \times X_2 \to X, \quad \textit{definiert durch} \quad \varkappa(\mathfrak{x}_1, \mathfrak{x}_2) = \mathfrak{x}_1 + \mathfrak{x}_2,$$

linear und topologisch.

Beweis. Nach Hilfssatz 10.4.4. ist $\varkappa$ linear, bijektiv und stetig. Da X, und nach Hilfssatz 10.4.3. auch $X_1 \times X_2$, Banachraum ist, ist nach Satz 10.4.3. $\varkappa$ auch offen. ●

Satz 10.4.5. *X, Y seien Banachräume,*

$$f: X \to Y \quad \textit{linear und stetig.}$$

Ist f surjektiv, so gibt es ein $t \in \mathbf{R}$, $t > 0$, mit der Eigenschaft

(1) *Zu jedem* $\mathfrak{y} \in Y$ *gibt es ein* $\mathfrak{x} \in X$ *mit* $f(\mathfrak{x}) = \mathfrak{y}$ *und*

$$\|\mathfrak{x}\| \leqq t \| f(\mathfrak{x})\|.$$

Ist f injektiv und $f(X)$ *in* Y *abgeschlossen, so gibt es ein* $t \in \boldsymbol{R}$, $t > 0$, *mit*

(2) $$\|\mathfrak{x}\| \leqq t \| f(\mathfrak{x})\| \quad \textit{für alle} \quad \mathfrak{x} \in X.$$

Beweis. (1) Ist f surjektiv, so ist f nach Satz 10.4.3. auch offen. Da $X_1 = \{\mathfrak{x} | \mathfrak{x} \in X, \|\mathfrak{x}\| < 1\}$ offen ist, ist $f(X_1)$ offen. Es gibt daher ein $\delta \in \boldsymbol{R}$, $\delta > 0$, mit

$$Y_\delta = \{\mathfrak{y} | \mathfrak{y} \in Y, \; \|\mathfrak{y}\| < \delta\} \subset f(X_1).$$

Man setze $t = \frac{2}{\delta}$. Ist $\mathfrak{y} \in Y$, $\mathfrak{y} \neq \mathfrak{o}$, so ist $\|\mathfrak{y}\| \neq 0$ und $\left\| \frac{\delta}{2\|\mathfrak{y}\|} \mathfrak{y} \right\| = \frac{\delta}{2} < \delta$. Man wählt ein $\mathfrak{x}_0 \in X_1$ mit

$$f(\mathfrak{x}_0) = \frac{\delta}{2\|\mathfrak{y}\|} \mathfrak{y}, \quad \text{also} \quad f\left(\frac{2}{\delta} \|\mathfrak{y}\| \mathfrak{x}_0\right) = \mathfrak{y},$$

und setzt $\mathfrak{x} = \frac{2}{\delta} \|\mathfrak{y}\| \mathfrak{x}_0$. Dann ist ($\|\mathfrak{x}_0\| < 1$ wegen $\mathfrak{x}_0 \in X_1$!)

$$f(\mathfrak{x}) = \mathfrak{y}, \quad \|\mathfrak{x}\| = \frac{2}{\delta} \|\mathfrak{y}\| \, \|\mathfrak{x}_0\| \leqq t \|\mathfrak{y}\|.$$

Ist $\mathfrak{y} = \mathfrak{o}$, so nimmt man $\mathfrak{x} = \mathfrak{o}$.

(2) $f(X)$ ist nach Satz 7.9.3. Untervektorraum von Y. Jede Cauchy-Folge in $f(X)$ hat in Y einen Grenzwert. Ist $f(X)$ abgeschlossen, so liegt der Grenzwert in $f(X)$, $f(X)$ ist Banachraum. Die Abbildung

$$\tilde{f}: X \to f(X), \quad \text{definiert durch} \quad \tilde{f}(\mathfrak{x}) := f(\mathfrak{x}) \quad \text{für alle} \quad \mathfrak{x} \in X,$$

ist linear, stetig, surjektiv. t sei wie in (1) gewählt. Ist dann $\mathfrak{x} \in X$, so gibt es zu $\mathfrak{y} = f(\mathfrak{x})$ ein $\mathfrak{z} \in X$ mit

$$f(\mathfrak{z}) = f(\mathfrak{x}) \quad \text{und} \quad \|\mathfrak{z}\| \leqq t \| f(\mathfrak{x})\|.$$

Ist f injektiv, so folgt $\mathfrak{z} = \mathfrak{x}$ und $\|\mathfrak{x}\| \leqq t \| f(\mathfrak{x})\|$. ●

10.5. Banachalgebren

Oft hat man auf einem Vektorraum Y über einem Körper $(K, +, \cdot)$ noch eine Multiplikation „·“ zur Verfügung, mit der $(Y, +, \cdot)$ ein Ring ist, und die mit der Multiplikation mit Elementen aus K vertauschbar ist. Z. B. ist $\boldsymbol{C}$ Vektorraum über $\boldsymbol{R}$. Gleichzeitig ist $(\boldsymbol{C}, +, \cdot)$ ein Ring, und für $a \in \boldsymbol{R}$, $z, w \in \boldsymbol{C}$ ist $a \cdot (z \cdot w) = (a \cdot z) \cdot w = z \cdot (a \cdot w)$. In einem solchen Fall nennt man Y Algebra über $(K, +, \cdot)$.

Definition 10.5.1. *Y sei Vektorraum über $(K, +, \cdot)$. Auf Y sei eine Multiplikation so definiert, daß $(Y, +, \cdot)$ Ring ist und*

$$a\cdot(\mathfrak{a}\cdot\mathfrak{b}) = (a\cdot\mathfrak{a})\cdot\mathfrak{b} = \mathfrak{a}\cdot(a\cdot\mathfrak{b}) \quad \text{für alle} \quad a\in K, \quad \mathfrak{a},\mathfrak{b}\in Y$$

gilt. Dann bezeichnet man Y (genauer $((Y, +, \cdot), (K, +, \cdot), \cdot)$) als Algebra über K.

Anmerkung 10.5.1. Entsprechend Anmerkung 7.9.1. und Anmerkung 7.9.4. machen wir auch bei Algebren der einfacheren Ausdrucksweise halber nur *die* Angaben, die nötig sind, um Mißverständnisse zu vermeiden. Erforderlichenfalls benutzen wir verschiedene Verknüpfungszeichen für die Multiplikation auf K, auf Y und die äußere Verknüpfung auf Y. Für eine Algebra $((Y, +, \circ), (K, +, \cdot), *)$ schreibt sich dann die Bedingung aus Definition 10.5.1. als

$$a*(\mathfrak{a}\circ\mathfrak{b}) = (a*\mathfrak{a})\circ\mathfrak{b} = \mathfrak{a}\circ(a*\mathfrak{b}). \quad \bullet$$

Hilfssatz 10.5.1. *Ein Körper $(K, +, \cdot)$ ist Algebra über jedem Unterkörper K_0 von K.*

Beweis. $(K, +)$ ist natürlich Vektorraum über K_0. $(K, +, \cdot)$ ist Ring, und die Bedingung aus Definition 10.5.1. ist erfüllt, da $(K, \cdot)$ kommutativ und assoziativ ist. ●

Satz 10.5.1. *Y sei Vektorraum über $(K, +, \cdot)$,*

$$\mathrm{Hom}_K(Y, Y) := \{f \mid f: Y \to Y \text{ linear bezüglich } K\}.$$

$(\mathrm{Hom}_K(Y, Y), +, \circ)$ ist Algebra über $(K, +, \cdot)$.

Beweis. $\mathrm{Hom}_K(Y, Y)$ ist die Menge der Homomorphismen des Vektorraumes Y (über K) in sich (daher die Bezeichnung), siehe Anmerkung 7.9.2. $\mathrm{Hom}_K(Y, Y)$ ist ersichtlich Untervektorraum von $\mathscr{F}_Y(Y)$ (Satz 7.9.5.). $(\mathrm{Hom}_K(Y, Y), \circ)$ ist Halbgruppe (Satz 7.9.3.). Sind $f, g, h \in \mathrm{Hom}_K(Y, Y)$, so gilt für alle $\mathfrak{y}\in Y$ wegen der Linearität

$$f\circ(g+h)(\mathfrak{y}) = f(g(\mathfrak{y})+h(\mathfrak{y})) = f(g(\mathfrak{y}))+f(h(\mathfrak{y})) = (f\circ g+f\circ h)(\mathfrak{y}),$$

und daher $f\circ(g+h) = f\circ g+f\circ h$. Entsprechend zeigt man $(g+h)\circ f = g\circ f+h\circ f$. Infolgedessen ist $(\mathrm{Hom}_K(Y, Y), +, \circ)$ ein Ring. Ist $a\in K$, so gilt für alle $\mathfrak{y}\in Y$

$$a\cdot(g\circ h)(\mathfrak{y}) = a(g(h(\mathfrak{y}))) = (ag)\circ h(\mathfrak{y}) = g(ah(\mathfrak{y})) = g\circ(ah)(\mathfrak{y}),$$

also $a\cdot(g\circ h) = (ag)\circ h = g\circ(ah)$. ●

Definition 10.5.2. *$(Y, +, \cdot)$ sei Algebra über K ($K = \mathbf{R}$ oder $K = \mathbf{C}$), und $(Y, +)$ sei Banachraum über K. Gilt*

$$\|\mathfrak{x}\cdot\mathfrak{y}\| \leqq \|\mathfrak{x}\|\cdot\|\mathfrak{y}\| \quad \text{für alle} \quad \mathfrak{x}, \mathfrak{y}\in Y,$$

so bezeichnet man Y als Banachalgebra über K.

Hilfssatz 10.5.2. *Bei Verwendung des gewöhnlichen Absolutbetrages ist **C** Banachalgebra über **R** und Banachalgebra über **C**. **R** ist Banachalgebra über **R**.*

Beweis. Man wendet Hilfssatz 10.5.1. an. Die Bedingung in Definition 10.5.2. ist bei Verwendung des gewöhnlichen Absolutbetrages natürlich erfüllt ($|x \cdot y| = |x|\,|y|$ für $x, y \in \boldsymbol{C}$). ●

Vor der Konstruktion weiterer Beispiele für Banachalgebren beweist man zweckmäßigerweise

Satz 10.5.2. $(Y, +, \cdot)$ *sei Banachalgebra über K. Dann ist*

$$\mu: Y \times Y \to Y, \quad \textit{definiert durch} \quad \mu(\mathfrak{x}, \mathfrak{y}) := \mathfrak{x} \cdot \mathfrak{y},$$

bilinear und stetig.

Beweis. Da $(Y, +, \cdot)$ Algebra über K ist, gilt für $\mathfrak{x}, \mathfrak{y}, \mathfrak{z}, \mathfrak{w} \in Y$, $a \in K$

$$\mu(\mathfrak{x}+\mathfrak{z}, \mathfrak{y}) = \mu(\mathfrak{x}, \mathfrak{y}) + \mu(\mathfrak{z}, \mathfrak{y}), \quad \mu(a \cdot \mathfrak{x}, \mathfrak{y}) = a\mu(\mathfrak{x}, \mathfrak{y}),$$

$$\mu(\mathfrak{x}, \mathfrak{y}+\mathfrak{w}) = \mu(\mathfrak{x}, \mathfrak{y}) + \mu(\mathfrak{x}, \mathfrak{w}), \quad \mu(\mathfrak{x}, a \cdot \mathfrak{y}) = a\mu(\mathfrak{x}, \mathfrak{y}).$$

μ ist bilinear (Definition 10.3.2.). Wegen $\|\mu(\mathfrak{x}, \mathfrak{y})\| = \|\mathfrak{x} \cdot \mathfrak{y}\| \leqq \|\mathfrak{x}\|\,\|\mathfrak{y}\|$ ist μ nach Satz 10.3.3. stetig. ●

Für viele Anwendungen ist es wichtig, daß in einer Banachalgebra $(Y, +, \cdot)$, falls der Ring $(Y, +, \cdot)$ ein Einselement hat, die Inversenbildung bezüglich der Multiplikation, soweit sie möglich ist, eindeutig und stetig ist. Zunächst gilt

Satz 10.5.3. $(Y, +, \cdot)$ *sei Algebra über $(K, +, \cdot)$, der Ring $(Y, +, \cdot)$ habe ein Einselement $\mathfrak{e}$. Hat ein Element $\mathfrak{y} \in Y$ ein Linksinverses und ein Rechtsinverses, so hat $\mathfrak{y}$ genau ein Inverses, d.h., es gibt ein eindeutig bestimmtes Element $\mathfrak{y}^{-1} \in Y$ mit $\mathfrak{y}\mathfrak{y}^{-1} = \mathfrak{y}^{-1}\mathfrak{y} = \mathfrak{e}$. Für alle $\mathfrak{v}, \mathfrak{w} \in Y$ gilt*

$$\mathfrak{v}\mathfrak{y} = \mathfrak{e} \;\Rightarrow\; \mathfrak{v} = \mathfrak{y}^{-1}, \qquad \mathfrak{y}\mathfrak{w} = \mathfrak{e} \;\Rightarrow\; \mathfrak{w} = \mathfrak{y}^{-1}.$$

Beweis. $\mathfrak{e}$ ist nach Anmerkung 2.3.3. eindeutig bestimmt. Ist $\mathfrak{v}\mathfrak{y} = \mathfrak{e}$, $\mathfrak{y}\mathfrak{w} = \mathfrak{e}$, (d.h. $\mathfrak{v}$ linksinvers zu $\mathfrak{y}$, $\mathfrak{w}$ rechtsinvers), so ist

$$\mathfrak{w} = \mathfrak{e} \cdot \mathfrak{w} = \mathfrak{v} \cdot \mathfrak{y} \cdot \mathfrak{w} = \mathfrak{v}.$$

Es gibt daher ein $\mathfrak{y}^{-1} \in Y$ mit $\mathfrak{y}^{-1}\mathfrak{y} = \mathfrak{y}\mathfrak{y}^{-1} = \mathfrak{e}$. Damit gilt aber, wie gezeigt,

$$\mathfrak{v}\mathfrak{y} = \mathfrak{e} \;\Rightarrow\; \mathfrak{v} = \mathfrak{y}^{-1}, \qquad \mathfrak{y}\mathfrak{w} = \mathfrak{e} \;\Rightarrow\; \mathfrak{w} = \mathfrak{y}^{-1}.$$

$\mathfrak{y}^{-1}$ ist eindeutig bestimmt. ●

Satz 10.5.4. $(Y, +, \cdot)$ *sei Banachalgebra mit Einselement $\mathfrak{e}$ über K, es sei $\|\mathfrak{e}\| = 1$. Dann ist*

$$Y^{\times} := \{\mathfrak{y} \mid \mathfrak{y} \in Y,\ \mathfrak{y} \textit{ hat ein Inverses}\} \textit{ offen in } Y,$$

$$\tau: Y^{\times} \to Y, \textit{ definiert durch } \tau(\mathfrak{y}) := \mathfrak{y}^{-1}, \textit{ injektiv, stetig und offen.}$$

Beweis. Ist $\mathfrak{y} \in Y^\times$, so ist $\mathfrak{y}$ wegen $\mathfrak{y}^{-1}\mathfrak{y} = \mathfrak{y}\mathfrak{y}^{-1} = \mathfrak{e}$ Inverses von $\mathfrak{y}^{-1}$. Daher ist $\tau(\mathfrak{y}) \in Y^\times$ und $\tau(\tau(\mathfrak{y})) = \mathfrak{y}$. Die Abbildung

$$\tilde{\tau}: Y^\times \to Y^\times, \quad \text{definiert durch} \quad \tilde{\tau}(\mathfrak{y}) := \tau(\mathfrak{y}) = \mathfrak{y}^{-1},$$

ist infolgedessen bijektiv, $\tilde{\tau} \circ \tilde{\tau} = id_{Y^\times}$.

Für $\mathfrak{v} \in Y$ ist $\|\mathfrak{v}^n\| \leqq \|\mathfrak{v}\|^n$ $(n \in \boldsymbol{N})$. Da Y Banachraum ist, kann man eine Abbildung $\sigma: U_1(\mathfrak{o}) \to Y$ durch

$$\sigma(\mathfrak{v}) := \mathfrak{e} + \sum_{n=1}^{\infty} (-1)^n \mathfrak{v}^n \quad \text{für} \quad \mathfrak{v} \in Y, \ \|\mathfrak{v}\| < 1,$$

definieren, denn die Reihe konvergiert für diese $\mathfrak{v}$ und konvergiert für $q \in \boldsymbol{R}, 0 < q < 1$, sogar absolut gleichmäßig für $\|\mathfrak{v}\| \leqq q$ $\left(\sum_{n=1}^{\infty} q^n \text{ ist Majorante, siehe Satz 9.6.1.}\right)$. Da die Multiplikation auf Y stetig ist, ergibt sich wörtlich wie beim Beweis von Hilfssatz 10.2.1., daß σ stetig ist. Man rechnet sofort nach, daß

$$\sigma(\mathfrak{v}) \cdot (\mathfrak{e} + \mathfrak{v}) = (\mathfrak{e} + \mathfrak{v})\sigma(\mathfrak{v}) = \mathfrak{e}$$

ist. Daher ist $\sigma(\mathfrak{v}) = (\mathfrak{e} + \mathfrak{v})^{-1}$.

Ist $\mathfrak{y} \in Y^\times$, so existiert $\mathfrak{y}^{-1}$. Wegen $\mathfrak{y}^{-1}\mathfrak{y} = \mathfrak{e} \neq \mathfrak{o}$ ist $\mathfrak{y} \neq \mathfrak{o}$, $\|\mathfrak{y}^{-1}\| \neq 0$. Es sei $\delta = (\|\mathfrak{y}^{-1}\|)^{-1}$. Für alle $\mathfrak{w} \in U_\delta(\mathfrak{o})$ gilt

$$(\mathfrak{y} + \mathfrak{w})\mathfrak{y}^{-1} = \mathfrak{e} + \mathfrak{w}\mathfrak{y}^{-1}, \quad \mathfrak{y}^{-1}(\mathfrak{y} + \mathfrak{w}) = \mathfrak{e} + \mathfrak{y}^{-1}\mathfrak{w}$$

und $\|\mathfrak{w}\mathfrak{y}^{-1}\| \leqq \|\mathfrak{w}\| \, \|\mathfrak{y}^{-1}\| < \delta \|\mathfrak{y}^{-1}\| = 1$. Daher kann man $\sigma(\mathfrak{e} + \mathfrak{w}\mathfrak{y}^{-1})$ und $\sigma(\mathfrak{e} + \mathfrak{y}^{-1}\mathfrak{w})$ bilden und erhält

$$(\mathfrak{y} + \mathfrak{w})\mathfrak{y}^{-1}\sigma(\mathfrak{e} + \mathfrak{w}\mathfrak{y}^{-1}) = (\mathfrak{e} + \mathfrak{w}\mathfrak{y}^{-1})\sigma(\mathfrak{e} + \mathfrak{w}\mathfrak{y}^{-1}) = \mathfrak{e},$$
$$\sigma(\mathfrak{e} + \mathfrak{y}^{-1}\mathfrak{w})\mathfrak{y}^{-1}(\mathfrak{y} + \mathfrak{w}) = \sigma(\mathfrak{e} + \mathfrak{y}^{-1}\mathfrak{w})(\mathfrak{e} + \mathfrak{y}^{-1}\mathfrak{w}) = \mathfrak{e}.$$

$\mathfrak{y} + \mathfrak{w}$ hat also ein Linksinverses und ein Rechtsinverses. Nach Satz 10.5.3. ist $\mathfrak{y}^{-1}\sigma(\mathfrak{e} + \mathfrak{w}\mathfrak{y}^{-1})$ Inverses von $\mathfrak{y} + \mathfrak{w}$, d.h. $\mathfrak{y} + \mathfrak{w} \in Y^\times$. Daher ist $Y^\times$ offen in Y. Aus

$$\tau(\mathfrak{y} + \mathfrak{w}) = (\mathfrak{y} + \mathfrak{w})^{-1} = \mathfrak{y}^{-1}\sigma(\mathfrak{e} + \mathfrak{w}\mathfrak{y}^{-1}) \quad \text{für alle} \quad \mathfrak{w} \in U_\delta(\mathfrak{o})$$

erhält man, da sowohl σ als auch die Multiplikation auf Y stetig sind,

$$\lim_{\mathfrak{w} \to \mathfrak{o}} \tau(\mathfrak{y} + \mathfrak{w}) = \lim_{\substack{\mathfrak{w} \to \mathfrak{o} \\ \|\mathfrak{w}\| < \delta}} \tau(\mathfrak{y} + \mathfrak{w}) = \mathfrak{y}^{-1}\sigma(\mathfrak{e}) = \mathfrak{y}^{-1} = \tau(\mathfrak{y})$$

(falls $\mathfrak{y}$ nicht isolierter Punkt von Y ist, was aber in einer Banachalgebra mit Einselement nicht möglich ist, wie man leicht sieht). Infolgedessen ist τ stetig. Da $\tilde{\tau}$ bijektiv ist, ist $\tilde{\tau} = \tilde{\tau}^{-1}$ offen und damit auch τ offen. ●

Beispiel für Banachalgebren geben die folgenden Sätze.

Satz 10.5.5. *X sei eine Menge, Y Banachalgebra über K. Definiert man für $f: X \to Y$, $g: X \to Y$ wie üblich*

$$f \cdot g: X \to Y \quad \textit{durch} \quad (f \cdot g)(x) := f(x) \cdot g(x),$$

so ist $(\mathscr{B}_Y(X), +, \cdot)$ (siehe Satz 10.2.3.) bei Verwendung der uniformen Norm Banachalgebra über K.

Ist $(X, \mathcal{O})$ Hausdorffraum, so ist auch $(\mathscr{C}_Y(X), +, \cdot)$ Banachalgebra.

Beweis. Nach Satz 10.2.3. ist $(\mathscr{B}_Y(X), +)$ Banachraum über K. Da $(Y, +, \cdot)$ Algebra über K ist, ist auch $(\mathscr{B}_Y(X), +, \cdot)$ Algebra über K, wie man sofort nachrechnet (mit f und g ist auch $f \cdot g$ beschränkt). Sind $f, g \in \mathscr{B}_Y(X)$, so ist nach der Definition der uniformen Norm insbesondere $\|f\|_u$ obere Schranke für alle $\|f(x)\|$, $x \in X$, und $\|g\|_u$ obere Schranke für alle $\|g(x)\|$, $x \in X$, also, da Y Banachalgebra ist,

$$\|(f \cdot g)(x)\| \leqq \|f(x)\| \cdot \|g(x)\| \leqq \|f\|_u \cdot \|g\|_u \quad \text{für alle} \quad x \in X,$$

d.h.

$$\|f \cdot g\|_u \leqq \|f\|_u \cdot \|g\|_u.$$

$(\mathscr{B}_Y(X), +, \cdot)$ ist daher Banachalgebra.

Ist $(X, \mathcal{O})$ Hausdorffraum, so ist $(\mathscr{C}_Y(X), +)$ nach Satz 10.2.3. Untervektorraum von $(\mathscr{B}_Y(X), +)$ und Banachraum. Da mit f, g auch $f \cdot g$ stetig ist $(f \cdot g = \mu \circ (f, g)$, μ aus Satz 10.5.2., (f, g) nach Hilfssatz 8.5.1.), ist $(\mathscr{C}_Y(X), +, \cdot)$ Unterring von $(\mathscr{B}_Y(X), +, \cdot)$ und ebenfalls Algebra, da $(\mathscr{C}_Y(X), +)$ Vektorraum über K ist. Da $\|f \cdot g\|_u \leqq \|f\|_u \cdot \|g\|_u$ natürlich auch bei Beschränkung auf die Elemente von $\mathscr{C}_Y(X)$ erhalten bleibt, ist $\mathscr{C}_Y(X)$ Banachalgebra. ●

Satz 10.5.6. *Ist Y Banachraum über K, so ist $(\mathscr{L}(Y; Y), +, \circ)$ bei Verwendung der für lineare Abbildungen üblichen Norm (Satz 10.4.2.) Banachalgebra über K.*

Beweis. Sind $f: Y \to Y$, $g: Y \to Y$ stetig, so ist auch $g \circ f$ stetig. $(\mathscr{L}(Y; Y), +, \circ)$ ist daher Unterring von $\mathrm{Hom}_K(Y; Y)$ (Satz 10.5.1.), und, da $\mathscr{L}(Y; Y)$ Vektorraum über K ist, auch Algebra über K. Nach Satz 10.4.2. ist $(\mathscr{L}(Y; Y), +)$ Banachraum über K. Sind $f, g \in \mathscr{L}(Y; Y)$, so gilt für alle $\mathfrak{y} \in Y$

$$\|g \circ f(\mathfrak{y})\| = \big\|g\big(f(\mathfrak{y})\big)\big\| \leqq \|g\|_{\mathscr{L}} \cdot \|f(\mathfrak{y})\| \leqq \|g\|_{\mathscr{L}} \cdot \|f\|_{\mathscr{L}} \|\mathfrak{y}\|,$$

also

$$\|g \circ f\|_{\mathscr{L}} \leqq \|g\|_{\mathscr{L}} \|f\|_{\mathscr{L}}. \quad ●$$

10.6. Hilfsmittel aus der linearen Algebra

In der Differential- und Integralrechnung werden an einigen Stellen zusätzliche Hilfsmittel aus der linearen Algebra benötigt, die der Bequemlichkeit halber hier, mit kurzen Beweisskizzen versehen, zusammengestellt werden sollen. Für eine ausführliche Darstellung sei auf Einführungen in die lineare Algebra verwiesen.

Satz 10.6.1. *X sei Vektorraum über dem Körper $(K, +, \cdot)$. Zu jedem Untervektorraum U von X gibt es mindestens einen Untervektorraum V von X mit*

$$U+V = X \quad \textit{und} \quad U \cap V = \{\mathfrak{o}\}.$$

Einen solchen Unterraum V bezeichnet man als Komplement von U in X.

Beweis. Man wendet zunächst das Zornsche Lemma (Satz 7.4.1.) auf

$$\mathfrak{U} := \{V \mid V \text{ Untervektorraum von } X,\ V \cap U = \{\mathfrak{o}\}\}$$

an. $\mathfrak{U}$ ist durch „$\subset$" teilweise geordnet. Ist $\mathfrak{B} \subset \mathfrak{U}$, $\mathfrak{B}$ linear geordnet, so sei

$$W = \bigcup_{V \in \mathfrak{B}_0} V, \quad \mathfrak{B}_0 = \mathfrak{B} \cup \{\{\mathfrak{o}\}\} \text{ (also } \mathfrak{B} \subset \mathfrak{B}_0 \subset \mathfrak{U}).$$

W ist Vektorraum, da $\mathfrak{o} \in W$ ist und mit $\mathfrak{x}, \mathfrak{y} \in W$, $a \in K$, also etwa $\mathfrak{x} \in V_1 \in \mathfrak{B}_0$, $\mathfrak{y} \in V_2 \in \mathfrak{B}_0$, $V_1 \subset V_2$ (da $\mathfrak{B}_0$ linear geordnet ist), auch $\mathfrak{x}+\mathfrak{y}$, $a\mathfrak{x} \in V_2 \subset W$ ist (Hilfssatz 7.9.1.). Da $W \cap U = \{\mathfrak{o}\}$ ist, ist $W \in \mathfrak{U}$, da $V \subset W$ ist für alle $V \in \mathfrak{B}_0$, ist W obere Schranke für $\mathfrak{B}$. Es gibt daher ein maximales Element V in $\mathfrak{U}$. Ist dann $\mathfrak{x} \in X$ und nicht bereits $\mathfrak{x} \in V$, so ist der Unterraum $V+[\{\mathfrak{x}\}]$ echt größer als V. Wegen der Maximalität von V gibt es ein $\mathfrak{y} \in U \cap (V+[\{\mathfrak{x}\}])$, $\mathfrak{y} \neq \mathfrak{o}$, also ein $\mathfrak{v} \in V$ und ein $a \in K$ mit $\mathfrak{y} = \mathfrak{v}+a\mathfrak{x}$. Wegen $U \cap V = \{\mathfrak{o}\}$, $\mathfrak{y} \neq \mathfrak{o}$, ist $\mathfrak{y} \neq \mathfrak{v}$. Infolgedessen ist $a \neq 0$, $\mathfrak{x} = \frac{1}{a}(\mathfrak{y}-\mathfrak{v}) \in U+V$. Damit ist $U+V = X$. ●

Definition 10.6.1. *Eine Familie $(\mathfrak{x}_j)_{j \in J}$ in einem Vektorraum X über dem Körper $(K, +, \cdot)$ heißt genau dann linear unabhängig, wenn für jede endliche Teilmenge $J_0 \subset J$ und jede Wahl der $a_j \in K$, $j \in J_0$,*

$$\sum_{j \in J_0} a_j \mathfrak{x}_j = \mathfrak{o} \quad \Rightarrow \quad a_j = 0 \textit{ für jedes } j \in J_0$$

gilt.

Definition 10.6.2. *Eine Familie $(\mathfrak{x}_j)_{j \in J}$ in einem Vektorraum X heißt Basis von X, wenn $[\{\mathfrak{x}_j \mid j \in J\}] = X$, aber $[\{\mathfrak{x}_j \mid j \in J_0\}] \neq X$ für jede echte Teilmenge J_0 von J ist.*

Hilfssatz 10.6.1. *Eine Familie $(\mathfrak{x}_j)_{j \in J}$ in einem Vektorraum X über dem Körper $(K, +, \cdot)$ ist genau dann Basis von X, wenn sie linear unabhängig und $\{\mathfrak{x}_j \mid j \in J\}$*

Erzeugendensystem von X ist. In diesem Falle läßt sich jedes $\mathfrak{x} \in X$ eindeutig in der Form

$$\mathfrak{x} = \sum_{j \in J} a_j \mathfrak{x}_j, \quad a_j \in K, \; a_j \neq 0 \text{ nur für endlich viele } j \in J,$$

darstellen (zur Bezeichnung siehe Anmerkung 10.4.1.).

Beweis. Ist $(\mathfrak{x}_j)_{j \in J}$ Basis von X, so ist $\{\mathfrak{x}_j \mid j \in J\}$ Erzeugendensystem.

$\{\mathfrak{x}_j \mid j \in J\}$ sei Erzeugendensystem von X. Ist $J_0 \subset J$, J_0 endlich,

$$\sum_{j \in J_0} a_j \mathfrak{x}_j = \mathfrak{o} \quad \text{mit} \quad a_j \in K \text{ für } j \in J_0 \text{ und etwa } a_k \neq 0,$$

so ist $\mathfrak{x}_k = -a_k^{-1} \sum_{j \in J_0 - \{k\}} a_j \mathfrak{x}_j$, also schon $[\{\mathfrak{x}_j \mid j \in J - \{k\}\}] = X$, $(\mathfrak{x}_j)_{j \in J}$ ist keine Basis. Ist $(\mathfrak{x}_j)_{j \in J}$ linear unabhängig, so ist die für jedes $\mathfrak{x} \in X$ mögliche Darstellung

$$\mathfrak{x} = \sum_{j \in J} a_j \mathfrak{x}_j, \quad a_j \in K, \; a_j \neq 0 \quad \text{nur für endlich viele} \quad j \in J,$$

eindeutig, da die Differenz zweier verschiedener Darstellungen eine Darstellung von $\mathfrak{o}$ liefern würde, in der mindestens ein Koeffizient nicht 0 wäre. Ist dann $J_0 \subset J$, $k \notin J_0$, so ist $\mathfrak{x}_k \notin [\{\mathfrak{x}_j \mid j \in J_0\}]$. ●

Satz 10.6.2. *X, Y seien Vektorräume über* $(K, +, \cdot)$. *Man definiert*

$$\dim_K X := \min \{\text{Anz } Z \mid Z \text{ Erzeugendensystem von } X\}.$$

Es gilt

$$\dim_K X < \infty \;\Leftrightarrow\; X \text{ ist endlich-dimensional}, \qquad \dim_K X = 0 \;\Leftrightarrow\; X = \{\mathfrak{o}\}.$$

Ist U Untervektorraum von X, $f: X \to Y$ linear, so gilt

$$\dim_K U \leqq \dim_K X, \quad \dim_K f(U) \leqq \dim_K U.$$

Beweis. Die beiden ersten Aussagen sind trivial ($[\emptyset] = \{\mathfrak{o}\}$!).

Ist Z Erzeugendensystem von U, so ist natürlich $f(Z)$ Erzeugendensystem von $f(U)$. Wegen $\text{Anz} f(Z) \leqq \text{Anz } Z$ gilt $\dim_K f(U) \leqq \dim_K U$.

V sei Komplement von U. Dann kann man nach Hilfssatz 10.4.2. eine surjektive lineare Abbildung

$$g: U + V \to U \quad \text{durch} \quad g(\mathfrak{x} + \mathfrak{y}) := \mathfrak{x} \quad \text{für} \quad \mathfrak{x} \in U, \mathfrak{y} \in V$$

definieren. Daher ist $\dim_K U = \dim_K g(X) \leqq \dim_K X$ $(U + V = X!)$. ●

Satz 10.6.3. *X, Y seien endlich-dimensionale Vektorräume über* $(K, +, \cdot)$. *Es gibt genau dann eine bijektive lineare Abbildung $f: X \to Y$ (d.h., X, Y sind genau dann isomorph), wenn* $\dim_K X = \dim_K Y$ *ist. Für jeden Untervektorraum U von X gilt*

$$U = X \;\Leftrightarrow\; \dim_K U = \dim_K X,$$

und für jedes Erzeugendensystem $\{\mathfrak{x}_j \mid j \in J\}$ *von* X

$$(\mathfrak{x}_j)_{j\in J} \textit{ ist Basis von } X \iff \operatorname{Anz} J = \dim_K X.$$

Beweis. Es sei $\dim_K X = t$, U ein Untervektorraum von X, V ein Komplement von U. Wie im Beweis von Satz 10.6.2. kann man eine surjektive lineare Abbildung

$$g: X \to U \quad \text{durch} \quad g(\mathfrak{x}+\mathfrak{y}) := \mathfrak{x} \quad \text{für} \quad \mathfrak{x} \in U, \mathfrak{y} \in V$$

definieren. $\{\mathfrak{x}_j \mid j \in N,\ j \leqq t\}$ sei ein Erzeugendensystem von X mit t Elementen. $(\mathfrak{x}_j)_{j\in\{1,\dots,t\}}$ ist Basis von X, da es kein Erzeugendensystem mit weniger als t Elementen gibt. Ist $U \neq X$, so ist $V \neq \{\mathfrak{o}\}$, es gibt infolgedessen ein $\mathfrak{v} \in V$ mit $\mathfrak{v} \neq \mathfrak{o}$. Dann ist

$$\mathfrak{v} = \sum_{j=1}^{t} a_j \mathfrak{x}_j, \quad \text{eines der } a_j, \text{ etwa } a_t \neq 0, \quad g(\mathfrak{v}) = \sum_{j=1}^{t} a_j g(\mathfrak{x}_j) = \mathfrak{o},$$

und daher

$$g(\mathfrak{x}_t) = -a_t^{-1} \sum_{j=1}^{t-1} a_j g(\mathfrak{x}_j), \quad [\{g(\mathfrak{x}_j) \mid j \in N,\ j \leqq t-1\}] = U,$$

also $\dim_K U \leqq t-1 < \dim_K X$. Daraus ergibt sich:

$$\dim_K U = \dim_K X \Rightarrow U = X.$$

Sind X, Y isomorph, so ist natürlich $\dim_K Y = \dim_K X$ (insbesondere, falls $Y = U = X$ ist).

Es sei auch $\dim_K Y = t$. $\{\mathfrak{y}_j \mid j \in N,\ j \leqq t\}$ sei ein Erzeugendensystem von Y mit t Elementen, also $(\mathfrak{y}_j)_{j\in\{1,\dots,t\}}$ Basis von Y. $(\mathfrak{x}_j)_{j\in J}$ sei irgendeine Basis von X. Dann ist $\operatorname{Anz} J \geqq t$. Wir wollen die Bezeichnung so wählen, daß $\{1, \dots, t\} \subset J$ ist. Wegen Hilfssatz 10.6.1. kann man eine surjektive lineare Abbildung

$$f: X \to Y \quad \text{durch} \quad f\Big(\sum_{j\in J} a_j \mathfrak{x}_j\Big) := \sum_{j=1}^{t} a_j \mathfrak{y}_j$$

definieren. Setzt man $U = [\{\mathfrak{x}_j \mid j \in N, j \leqq t\}]$, so ist $f|U$ surjektiv (wegen $\mathfrak{y}_1, \dots, \mathfrak{y}_t \in f(U)$) und wegen

$$f\left(\sum_{j=1}^{t} a_j \mathfrak{x}_j\right) = \sum_{j=1}^{t} a_j \mathfrak{y}_j = \mathfrak{o} \Rightarrow a_1 = \dots = a_t = 0 \Rightarrow \sum_{j=1}^{t} a_j \mathfrak{x}_j = \mathfrak{o}$$

ist $f|U$ auch injektiv. Damit ist $f|U$ bijektiv, U und Y sind isomorph, und es ist $\dim_K U = \dim_K Y = t$. Dann ist aber $U = X$ und daher auch $\operatorname{Anz} J = t$, denn $\{\mathfrak{x}_j \mid j \in \{1, \dots, t\}\}$ ist Erzeugendensystem, $\{1, \dots, t\} \subset J$, also $\{1, \dots, t\} = J$, da $(\mathfrak{x}_j)_{j\in J}$ Basis ist. ●

Definition 10.6.3. *Für $n \in N$ sei $A_n = \{1, \ldots, n\}$. Sind $n, m \in N$ und $a_{j,k} \in K$ für $j \in A_n$, $k \in A_m$, so verwendet man die Bezeichnungen*

$$(a_{j,k}) := \begin{pmatrix} a_{1,1} & a_{1,2} \cdots & a_{1,m} \\ \vdots & & \vdots \\ a_{n,1} & a_{n,2} \cdots & a_{n,m} \end{pmatrix} := (a_{j,k})_{(j,k) \in A_n \times A_m},$$

nennt die Familie $(a_{j,k})$ Matrix (genauer n-reihige, m-spaltige Matrix) und setzt

$$K^{(n,m)} = \mathfrak{M}^{(n,m)} = \mathfrak{M}^{(n,m)}(K) := \{M | M = (a_{j,k})_{(j,k) \in A_n \times A_m}, a_{j,k} \in K\}.$$

Es sei daran erinnert, daß eine Familie $M = (a_{j,k})_{(j,k) \in A_n \times A_m}$ in K eine Funktion mit $\mathscr{D}(M) = A_n \times A_m$, $\mathscr{W}(M) \subset K$ ist. $\mathfrak{M}^{(n,m)}$ ist nach Satz 7.9.2. in natürlicher Weise Vektorraum über K. Dem Rechteckschema in Definition 10.6.3. entsprechend verwendet man die Bezeichnungen Zeile und Spalte von M (so ist $(a_{j,1}, \ldots, a_{j,m})$ die j-te Zeile von M).

Satz 10.6.4. *X, Y seien endlich-dimensionale Vektorräume über dem Körper $(K, +, \cdot)$, $\mathfrak{X} = (\mathfrak{x}_k)_{k \in A_m}$ Basis von X, $\mathfrak{Y} = (\mathfrak{y}_j)_{j \in A_n}$ Basis von Y. Zu den beiden Basen $\mathfrak{X}$ und $\mathfrak{Y}$ definiert man eine Abbildung*

$$\lambda : \mathrm{Hom}_K(X, Y) \to \mathfrak{M}^{(n,m)}$$

mit $\mathrm{Hom}_K(X, Y) := \{f | f : X \to Y$ *linear*$\}$ *(vgl. Satz 10.5.1.) durch*

$$\lambda(f) = (a_{j,k})_{(j,k) \in A_n \times A_m}, \quad \textit{wenn} \quad f(\mathfrak{x}_k) = \sum_{j=1}^{n} a_{j,k} \mathfrak{y}_j, \; k = 1, \ldots, m$$

ist. λ ist bijektiv und linear, also ein Isomorphismus des Vektorraumes $\mathrm{Hom}_K(X, Y)$ *auf den Vektorraum $\mathfrak{M}^{(n,m)}$.*

Beweis. Da $\mathfrak{Y}$ Basis von Y ist, sind die $a_{j,k}$ durch f eindeutig bestimmt. Da $\mathfrak{X}$ Basis von X ist, kann man zu jeder Wahl von $a_{j,k}$ eine lineare Abbildung

$$f : X \to Y \quad \text{durch} \quad f\left(\sum_{k=1}^{m} b_k \mathfrak{x}_k\right) = \sum_{k=1}^{m} b_k \left(\sum_{j=1}^{n} a_{j,k} \mathfrak{y}_j\right)$$

definieren mit $\lambda(f) = (a_{j,k})_{(j,k) \in A_n \times A_m}$. λ ist daher surjektiv. Da f durch die Angabe der $a_{j,k}$ eindeutig bestimmt ist, ist λ auch injektiv und damit bijektiv. Ist $\lambda(g) = (b_{j,k})_{(j,k) \in A_n \times A_m}$, so gilt

$$(f+g)(\mathfrak{x}_k) = \sum_{j=1}^{n} (a_{j,k} + b_{j,k}) \mathfrak{y}_j, \quad (af)(\mathfrak{x}_k) = \sum_{j=1}^{n} (a \cdot a_{j,k}) \mathfrak{y}_j,$$

also offenbar $\lambda(f+g) = \lambda(f) + \lambda(g)$, $\lambda(af) = a\lambda(f)$ bei der üblichen Definition von $M+N$ und aM für $M, N \in \mathfrak{M}^{(n,m)}$. λ ist linear. ●

Definition 10.6.4. *$(K, +, \cdot)$ sei ein Körper, $n, m, p \in N$. Zu zwei Matrizen $M = (a_{j,k}) \in \mathfrak{M}^{(n,m)}$ und $N = (b_{k,l}) \in \mathfrak{M}^{(m,p)}$ definiert man ein Produkt $M \cdot N$ durch*

$$M \cdot N = \left(\sum_{k=1}^{m} a_{j,k} b_{k,l}\right)_{(j,l) \in A_n \times A_p} \in \mathfrak{M}^{(n,p)}.$$

Satz 10.6.5. *X, Y, Z seien Vektorräume über $(K, +, \cdot)$, $\mathfrak{X} = (\mathfrak{x}_l)_{l \in A_p}$ Basis von X, $\mathfrak{Y} = (\mathfrak{y}_k)_{k \in A_m}$ Basis von Y, $\mathfrak{Z} = (\mathfrak{z}_j)_{j \in A_n}$ Basis von Z,*

$$\lambda_2 : \mathrm{Hom}_K(X, Y) \to \mathfrak{M}^{(m,p)}, \quad \lambda_1 : \mathrm{Hom}_K(Y, Z) \to \mathfrak{M}^{(n,m)}$$

und

$$\lambda_3 : \mathrm{Hom}_K(X, Z) \to \mathfrak{M}^{(n,p)}$$

seien die zugehörigen Isomorphismen nach Satz 10.6.4. Für alle $f \in \mathrm{Hom}_K(X, Y)$, $g \in \mathrm{Hom}_K(Y, Z)$ gilt

$$\lambda_1(g) \cdot \lambda_2(f) = \lambda_3(g \circ f).$$

Daher ist die Matrizenmultiplikation assoziativ, distributiv und mit der Multiplikation mit den Elementen von K vertauschbar, d.h., für Matrizen M, N, P und $a \in K$ gilt, soweit die Summen und Produkte definiert sind,

(1) $$M \cdot (N \cdot P) = (M \cdot N) \cdot P, \quad a(M \cdot N) = (aM) \cdot N = M \cdot (aN),$$

(2) $$M \cdot (N + P) = M \cdot N + M \cdot P \quad \text{bzw.} \quad (M + N) \cdot P = M \cdot P + N \cdot P.$$

Beweis. Ist

$$g(\mathfrak{y}_k) = \sum_{j=1}^{n} a_{j,k} \mathfrak{z}_j, \quad f(\mathfrak{x}_l) = \sum_{k=1}^{m} b_{k,l} \mathfrak{y}_k,$$

so ist

$$g \circ f(\mathfrak{x}_l) = \sum_{k=1}^{m} b_{k,l} g(\mathfrak{y}_k) = \sum_{k=1}^{m} b_{k,l} \sum_{j=1}^{n} a_{j,k} \mathfrak{z}_j = \sum_{j=1}^{n} \left(\sum_{k=1}^{m} a_{j,k} b_{k,l}\right) \mathfrak{z}_j,$$

also

$$\lambda_3(g \circ f) = \lambda_1(g) \cdot \lambda_2(f).$$

Die Rechenregeln für Matrizen folgen dann aus der Assoziativität von „$\circ$" und der Linearität von λ_1, λ_2, λ_3 und $f, g, \ldots$. ●

Satz 10.6.6. *X sei ein endlich-dimensionaler Vektorraum über $(K, +, \cdot)$, $\dim_K X = n$. Zu jeder Basis $\mathfrak{X}$ von X erhält man einen zugehörigen Vektorraumisomorphismus*

$$\lambda : \mathrm{Hom}_K(X, X) \to \mathfrak{M}^{(n,n)}$$

nach Satz 10.6.4., der auch Homomorphismus bezüglich der Multiplikation („$\circ$" auf $\mathrm{Hom}_K(X, X)$, Matrizenmultiplikation auf $\mathfrak{M}^{(n,n)}$) ist. $(\mathfrak{M}^{(n,n)}, +, \cdot)$ ist daher Ring, isomorph zu $(\mathrm{Hom}_K(X, X), +, \circ)$.

Beweis. $(\mathrm{Hom}_K(X, X), +, \circ)$ ist nach Satz 10.5.1. ein Ring (sogar Algebra über K). Man wendet Satz 10.6.5. an mit $X = Y = Z$, $\mathfrak{X} = \mathfrak{Y} = \mathfrak{Z}$, also $\lambda_1 = \lambda_2 = \lambda_3 = \lambda$. ●

Beispiel 10.6.1. X, Y seien Vektorräume, $\dim_K X = m \in N$, $\dim_K Y = n \in N$. $\mathfrak{X} = (\mathfrak{x}_k)_{k \in A_m}$ sei Basis von X, $\mathfrak{Y} = (\mathfrak{y}_j)_{j \in A_n}$ sei Basis von Y und λ wie in Satz 10.6.4. gewählt. $f: X \to Y$ sei linear,

$$\lambda(f) = (a_{j,k}), \quad \text{also} \quad f(\mathfrak{x}_k) = \sum_{j=1}^{n} a_{j,k} \mathfrak{y}_j, \; k = 1, \ldots, m.$$

Ist dann

$$f\left(\sum_{k=1}^{m} a_k \mathfrak{x}_k\right) = \sum_{j=1}^{n} b_j \mathfrak{y}_j,$$

so kann man $b_1, \ldots, b_n$ aus $a_1, \ldots, a_m$ mit Hilfe der Matrizenmultiplikation erhalten. Es ist nämlich

$$f\left(\sum_{k=1}^{m} a_k \mathfrak{x}_k\right) = \sum_{k=1}^{m} a_k f(\mathfrak{x}_k) = \sum_{k=1}^{m} a_k \sum_{j=1}^{n} a_{j,k} \mathfrak{y}_j = \sum_{j=1}^{n} \left(\sum_{k=1}^{m} a_{j,k} a_k\right) \mathfrak{y}_j .$$

Setzt man daher aus $b_1, \ldots, b_n$ eine n-reihige, einspaltige Matrix und aus $a_1, \ldots, a_m$ eine m-reihige, einspaltige Matrix zusammen, so ist nach den Regeln der Matrizenmultiplikation

$$\begin{pmatrix} a_{1,1} & \cdots & a_{1,m} \\ \vdots & & \vdots \\ a_{n,1} & \cdots & a_{n,m} \end{pmatrix} \cdot \begin{pmatrix} a_1 \\ \vdots \\ a_m \end{pmatrix} = \begin{pmatrix} b_1 \\ \vdots \\ b_n \end{pmatrix},$$

da

$$\sum_{k=1}^{m} a_{j,k} a_k = b_j$$

ist. ●

Definition 10.6.5. $(K, +, \cdot)$ *sei ein Körper mit dem Einselement* e, $n \in N$. *Für gewisse Elemente von* $\mathfrak{M}^{(n,n)}$ *verwendet man spezielle Bezeichnungen. Für* $a, a_1, \ldots, a_n \in K$, $s, t \in N$, $s \neq t$, $s, t \leq n$, *definiert man:*

$$D(a_1, \ldots, a_n) := (a_{j,k}) \quad \textit{mit} \quad a_{j,j} := a_j, \quad a_{j,k} := 0 \textit{ für } j \neq k,$$

$$\odot := D(0, \ldots, 0), \quad E := D(e, \ldots, e),$$

$$E_{s,t}(a) := (a_{j,k}) \textit{ mit } \begin{cases} a_{j,j} = e \\ a_{s,t} = a \\ a_{j,k} = 0 \textit{ sonst} \end{cases}, \quad V_{s,t} := (a_{j,k}) \textit{ mit } \begin{cases} a_{j,j} = e \textit{ für } j \neq s, t \\ a_{s,t} = a_{t,s} = e \\ a_{j,k} = 0 \textit{ sonst.} \end{cases}$$

Anmerkung 10.6.1. Schreibt man die Matrizen aus Definition 10.6.5. ausführlich hin, so erhält man

$$\odot = \begin{pmatrix} 0 & \ldots & 0 \\ \vdots & & \vdots \\ 0 & \ldots & 0 \end{pmatrix}, \quad E = \begin{pmatrix} e & & & & \\ & e & & & \\ & & \cdot & & \\ & & & \cdot & \\ & & & & e \end{pmatrix}, \quad D(a_1, \ldots, a_n) = \begin{pmatrix} a_1 & & \\ & \ddots & \\ & & a_n \end{pmatrix}$$

$$E_{s,t}(a) = \begin{pmatrix} e & & & & \\ & \ddots & & & \\ & & e & \cdots \; a \; \cdots & \\ & & & \ddots & \\ & & & e & \\ & & & & \ddots \\ & & & & & e \end{pmatrix} \begin{matrix} \\ \\ \text{Zeile } s \\ \\ \text{Zeile } t \\ \\ \\ \end{matrix} \begin{pmatrix} e & & & & & \\ & \ddots & & & & \\ & & 0 & \cdots \; e & & \\ & & & e \; \ddots \; e & & \\ & & e \; \cdots & 0 & & \\ & & & & \ddots & \\ & & & & & e \end{pmatrix} = V_{s,t}$$

$$\text{Spalte } t \qquad\qquad\qquad \text{Spalte } s \quad \text{Spalte } t$$

Hilfssatz 10.6.2. *In den Bezeichnungen von Definition 10.6.5. ist* $\odot$ *das Nullelement und* E *das Einselement des Ringes* $(\mathfrak{M}^{(n,n)}, +, \cdot)$. *Es gilt*

$$D(a_1, \ldots, a_n) \cdot D(b_1, \ldots, b_n) = D(a_1 b_1, \ldots, a_n b_n).$$

Ist $M \in \mathfrak{M}^{(n,n)}$, *so erhält man*

(1) $D(e, \ldots, a_j, \ldots, e)M$ *aus* M *durch Multiplikation der Zeile* j *mit* a_j;

(2) $MD(e, \ldots, a_j, \ldots, e)$ *aus* M *durch Multiplikation der Spalte* j *mit* a_j;

(3) $E_{s,t}(a) \cdot M$ *aus* M *durch Addition des* a*-fachen der Zeile* t *zur Zeile* s;

(4) $ME_{s,t}(a)$ *aus* M *durch Addition des* a*-fachen der Spalte* s *zur Spalte* t;

(5) $V_{s,t}M$ *aus* M *durch Vertauschung der Zeilen* s *und* t;

(6) $MV_{s,t}$ *aus* M *durch Vertauschung der Spalten* s *und* t.

Beweis. Man rechnet die Angaben mit Hilfe der Definition der Matrizenmultiplikation unmittelbar nach. ●

Satz 10.6.7. *In den Bezeichnungen von Definition 10.6.5. gibt es genau einen Homomorphismus*

$$\Delta : \mathfrak{M}^{(n,n)} \to K \text{ bezüglich der Multiplikation}$$

mit den Eigenschaften

$$(1) \quad \Delta(\odot) = 0, \; \Delta(E) = e, \qquad (2) \quad \Delta(D(a, e, \ldots, e)) = a \text{ für alle } a \in K.$$

$\Delta(M)$ *bezeichnet man als die Determinante von* M. *Es ist*

$$\Delta(D(a_1, \ldots, a_n)) = a_1 \cdot a_2 \ldots a_n.$$

Sind $N, M \in \mathfrak{M}^{(n,n)}$ *und erhält man* N *aus* M *durch*

(a) *Addition des* a*-fachen einer Zeile bzw. Spalte zu einer anderen Zeile bzw. Spalte, so ist* $\Delta(N) = \Delta(M)$;

(b) *Vertauschung zweier verschiedener Zeilen bzw. Spalten, so ist* $\Delta(N) = -\Delta(M)$;

(c) *Multiplikation einer Zeile bzw. Spalte mit* a, *so ist* $\Delta(N) = a\Delta(M)$.

Beweis. Man zeigt zunächst, daß (a), (b), (c) für jeden Homomorphismus mit den Eigenschaften (1) und (2) gelten. Ist Δ ein Homomorphismus mit (1), (2), so erhält man (für die Berechnung der folgenden Produkte ist die Verwendung von Hilfssatz 10.6.2. bequem)

$$\Delta(E_{s,t}(a))\Delta(E_{s,t}(-a)) = \Delta(E_{s,t}(a)E_{s,t}(-a)E) = \Delta(E) = e,$$
$$\Delta(V_{s,t})\Delta(V_{s,t}) = \Delta(V_{s,t}\cdot V_{s,t}E) = \Delta(E) = e,$$

also $\Delta(E_{s,t}(a))\neq 0$, $\Delta(V_{s,t})\neq 0$. Weiter gilt mit $a_s = a \neq 0$

$$E_{s,t}(a) = D(e, \ldots, a_s^{-1}, \ldots, e)D(e, \ldots, a_s, \ldots, e)E_{s,t}(a),$$
$$E_{s,t}(e) = D(e, \ldots, a_s^{-1}, \ldots, e)E_{s,t}(a)D(e, \ldots, a_s, \ldots, e),$$

wie man nachrechnet. Wegen $\Delta(M\cdot N) = \Delta(M)\Delta(N) = \Delta(N)\Delta(M)$ erhält man

$$\Delta(E_{s,t}(a)) = \Delta(E_{s,t}(e)) \quad \text{für} \quad a\neq 0,$$

und daher, falls $e+e \neq 0$ ist, (mit $a = -e$ bzw. $a = e+e$) wegen

$$\Delta(E_{s,t}(e))^2 = \Delta(E_{s,t}(-e))\Delta(E_{s,t}(e+e)) = \Delta(E_{s,t}(e))$$

und wegen $\Delta(E_{s,t}(e))\neq 0$

$$\Delta(E_{s,t}(a)) = \Delta(E_{s,t}(e)) = e \quad \text{für} \quad a\neq 0.$$

Ist aber $e+e = 0$, so gilt wegen $e = -e$

$$\Delta(E_{s,t}(e))^2 = \Delta(E_{s,t}(e)E_{s,t}(e)) = \Delta(E) = e, \quad \text{also} \quad \Delta(E_{s,t}(e)) = \pm e = e.$$

Das liefert wegen (3), (4) Hilfssatz 10.6.2. gerade (a). Weiter ist für $j\neq 1$

$$V_{1,j}D(e, \ldots, a_j, \ldots, e)V_{1,j} = D(a_j, e, \ldots, e).$$

Wegen $\Delta(V_{1,j})\Delta(V_{1,j}) = e$ (s. o.) und Eigenschaft (2) erhält man daraus

$$\Delta(D(e, \ldots, a_j, \ldots, e)) = a_j, \quad \text{also} \quad \Delta(D(a_1, \ldots, a_n)) = a_1 \ldots a_n.$$

Mit (1), (2) Hilfssatz 10.6.2. bekommt man (c). Aus

$$E_{s,t}(e)V_{s,t}E_{s,t}(-e) = E_{t,s}(e)D(e, \ldots, a_t, \ldots, e),\ a_t = -e,$$

ergibt sich $\Delta(V_{s,t}) = -e$. Daher folgt aus (5), (6) Hilfssatz 10.6.2. gerade (b).

Die Eindeutigkeit von Δ ergibt sich zusammen mit einem Verfahren zur Berechnung von $\Delta(M)$ folgendermaßen. Stehen in der ersten Spalte von M nur Nullen, so ist

$$\Delta(M) = \Delta(M\cdot D(0, e, \ldots, e)) = \Delta(M)\cdot\Delta(D(0, e, \ldots, e)) = 0.$$

Anderenfalls kann durch eine Zeilenvertauschung (wenn nötig) zu einer Matrix $(b_{j,k})$ mit $b_{1,1}\neq 0$ übergegangen werden, wobei sich nach (b) die Determinante nur um einen Faktor $-e$ ändert.

Addiert man dann passende Vielfache der ersten Zeile zu den anderen Zeilen, anschließend entsprechend für die Spalten, so erhält man Übergänge

$$\begin{pmatrix} b_{1,1} & \cdots\cdots \\ \vdots & \\ \vdots & \\ \vdots & \end{pmatrix} \dashrightarrow \begin{pmatrix} b_{1,1} & \cdots \\ 0 & \\ \vdots & \\ 0 & \end{pmatrix} \dashrightarrow \begin{pmatrix} b_{1,1} & 0 \dots 0 \\ 0 & b_{2,2} \;\vdots \\ \vdots & \vdots \quad \vdots \\ 0 & \vdots \dots \vdots \end{pmatrix},$$

wobei sich nach (a) die Determinante nicht ändert. Fortsetzung des Verfahrens für $b_{2,2}$ etc. (vollständige Induktion!) ergibt eine Matrix der Form

$$\begin{pmatrix} c_1 & & & \\ & c_2 & & \\ & & \ddots & \\ & & & c_n \end{pmatrix} = D(c_1, \dots, c_n), \quad \text{also} \quad \Delta(M) = (-1)^v c_1 \dots c_n,$$

wobei v die Anzahl der benutzten Zeilenvertauschungen ist. $\Delta(M)$ errechnet sich auf diesem Wege nur aus den Eigenschaften (1), (2), (a), (b). Δ ist daher eindeutig bestimmt.

Die Existenz von Δ zeigt man durch vollständige Induktion über n. Der Induktionsanfang ergibt sich aus der Isomorphie von $\mathfrak{M}^{(1,1)}$ mit K. Man bezeichnet mit

$$\Delta_{n-1}: \mathfrak{M}^{(n-1,n-1)} \to K$$

für $n > 1$ den Homomorphismus mit (1), (2) (Induktionsvoraussetzung). Um die Existenz von $\Delta = \Delta_n$ zu zeigen, schreibt man jede Matrix $M \in \mathfrak{M}^{(n,n)}$ in der Form

$$M = \begin{pmatrix} a_{1,1} & a_{1,2} & \cdots & a_{1,n} \\ \mathfrak{a}_1 & \mathfrak{a}_2 & \cdots & \mathfrak{a}_n \end{pmatrix},$$

wobei $\mathfrak{a}_j$ die Spalte der Nummer j ohne das oberste Element $a_{1,j}$ bezeichnet. Aus jeweils $n-1$ der Spalten $\mathfrak{a}_1, \dots, \mathfrak{a}_n$ kann man eine Matrix in $\mathfrak{M}^{(n-1,n-1)}$ bilden, $(\mathfrak{a}_1, \dots, \hat{\mathfrak{a}}_k, \dots, \mathfrak{a}_n)$ bezeichne die Matrix aus $\mathfrak{M}^{(n-1,n-1)}$, die man aus den Spalten $\mathfrak{a}_1, \dots, \mathfrak{a}_n$ in dieser Reihenfolge unter Weglassung von $\mathfrak{a}_k$ gebildet hat. Man definiert nun

$$\Delta(M) := \sum_{k=1}^{n} (-1)^{k-1} a_{1,k} \Delta_{n-1}\big((\mathfrak{a}_1, \dots, \hat{\mathfrak{a}}_k, \dots, \mathfrak{a}_n)\big).$$

(1) und (2) sind offensichtlich erfüllt, ebenfalls (c), wie man sofort sieht. Auch (b) gilt für Vertauschungen von Spalten, für Vertauschungen von Zeilen ist die Gültigkeit von (b) nur dann offensichtlich, wenn die erste Zeile nicht betroffen ist.

Man setzt nun zusätzlich die folgende Additionseigenschaft voraus (bei „Zerlegung" einer Spalte in eine Summe)

$$\text{(d)}\qquad \Delta_{n-1}(\mathfrak{b}_1, \ldots, \mathfrak{b}_k+\mathfrak{c}_k, \ldots, \mathfrak{b}_{n-1})$$
$$= \Delta_{n-1}(\mathfrak{b}_1, \ldots, \mathfrak{b}_k, \ldots, \mathfrak{b}_{n-1})+\Delta_{n-1}(\mathfrak{b}_1,\ldots, \mathfrak{c}_k, \ldots, \mathfrak{b}_{n-1}).$$

Das ist für Δ_1 trivial und, wie man sofort nachrechnet, für Δ erfüllt, wenn es für Δ_{n-1} gilt.

Mit (d) rechnet man nach, daß (a) für Spalten gilt und für Zeilen, falls die erste Zeile nicht betroffen ist.

Die jetzt erfaßten Abänderungen von M nach (a), (b) lassen sich nach Hilfssatz 10.6.2. für Zeilenabänderungen erreichen durch einen Übergang von M zu LM, wobei L eine Matrix ist mit $\Delta(LP)=\Delta(PL) = \pm\Delta(P)$ („$-$" im Fall, daß L eine Vertauschung bewirkt) für alle $P\in\mathfrak{M}^{(n,n)}$, und im Falle der Spaltenabänderung durch einen Übergang von M zu MR, wobei jetzt nur $\Delta(PR) = \pm\Delta(P)$ für jedes $P\in\mathfrak{M}^{(n,n)}$ ist, da der Übergang von P zu RP die erste Zeile mitbetreffen könnte. Es gibt daher, wenn die erste Zeile von M nicht nur Nullen enthält, nach dem beim Eindeutigkeitsbeweis (s. o.) benutzten Verfahren (wenn man die Einschränkung von (a), (b) berücksichtigt) $U, V\in\mathfrak{M}^{(n,n)}$ so, daß

$$UMV=\begin{pmatrix} c_1 & & & \\ d_2 & c_2 & & \\ \vdots & & \ddots & \\ d_n & & & c_n\end{pmatrix},\qquad \begin{aligned}&\Delta(UP) = \Delta(PU) = (-1)^{\alpha}\Delta(P),\\ &\Delta(PV) = (-1)^{\beta}\Delta(P)\end{aligned}$$

für jedes $P\in\mathfrak{M}^{(n,n)}$ ist, wobei α, β die Anzahl der bei der Bildung von U, V benutzten Matrizen $V_{t,s}$ ist und an den in UMV nicht besonders markierten Stellen 0 steht. Sind $c_2, \ldots, c_n\neq 0$, so gibt es noch ein W derselben Art wie V mit

$$UMVW=\begin{pmatrix} c_1 & & & \\ d_2 & c_2 & & \\ \vdots & & \ddots & \\ d_n & & & c_n\end{pmatrix}\cdot W=\begin{pmatrix} c_1 & & & \\ & \cdot & & \\ & & \cdot & \\ & & & c_n\end{pmatrix} = D(c_1, \ldots, c_n),\quad \Delta(PW) = (-1)^{\gamma}\Delta(P).$$

Enthält die erste Zeile von M nur Nullen, so erhält man dasselbe Ergebnis mit $c_1=0$.

Jede der Matrizen L, R aus (3)—(6) Hilfssatz 10.6.2., die wir benutzt haben, um aus M durch eine Zeilenabänderung nach (a) bzw. (b) LM oder durch eine Spaltenabänderung MR zu erhalten, hat in $\mathfrak{M}^{(n,n)}$ ein Inverses, d.h., es gibt ein L^{-1} und ein R^{-1} mit $L^{-1}\cdot L = E$, $R\cdot R^{-1} = E$. L^{-1} und R^{-1} sind die Matrizen, die nach (3)—(6)

Hilfssatz 10.6.2. die betreffende Zeilen- bzw. Spaltenabänderung wieder rückgängig machen. Offenbar ist

$$E_{s,t}(a)E_{s,t}(-a) = E_{s,t}(-a)E_{s,t}(a) = E, \quad V_{s,t}V_{s,t} = E.$$

Daher ist in jedem Fall auch $LL^{-1}=E$, $R^{-1}R=E$. Da U, V, W Produkte von derartigen Matrizen sind, gibt es U^{-1}, V^{-1}, $W^{-1} \in \mathfrak{M}^{(m,n)}$
mit

$$UU^{-1}=U^{-1}U=E, \quad VV^{-1}=V^{-1}V=E, \quad WW^{-1}=W^{-1}W=E.$$

N sei eine weitere Matrix aus $\mathfrak{M}^{(n,n)}$. Ist eines der $c_2, \ldots, c_n$ Null, etwa $c_k=0$, so ist

$$UMVD(e, \ldots, c_k, \ldots, e)=UMV, \quad \text{also} \quad MVD(e, \ldots, c_k, \ldots, e)=U^{-1}UMV=MV$$

und daher nach (c)

$$\begin{aligned}\Delta(NM) &= (-1)^{\beta}\Delta(NMV) = (-1)^{\beta}\Delta\big(NMVD(e, \ldots, c_k, \ldots, e)\big)\\ &= (-1)^{\beta}\Delta(NMV)\cdot c_k = 0,\end{aligned}$$

$$\Delta(M) = (-1)^{\beta}\Delta(MV) = (-1)^{\beta}\Delta\big(MVD(e, \ldots, c_k, \ldots, e)\big) = 0,$$

d.h.

$$\Delta(NM) = \Delta(N)\cdot\Delta(M).$$

Sind $c_2, \ldots, c_n \neq 0$, so gilt nach (c)

$$\begin{aligned}\Delta(NM) &= \Delta(NU^{-1}UM) = \Delta(NU^{-1}UMV)(-1)^{\beta}\\ &= \Delta(NU^{-1}UMVW)(-1)^{\beta}(-1)^{\gamma} = \Delta\big(NU^{-1}D(c_1, \ldots, c_n)\big)(-1)^{\beta+\gamma}\\ &= \Delta(NU^{-1})(-1)^{\beta+\gamma}c_1 \ldots c_n = \Delta(NU^{-1}U)(-1)^{\alpha+\beta+\gamma}c_1 \ldots c_n\\ &= \Delta(N)\Delta(M).\end{aligned}$$

Δ ist Homomorphismus bezüglich der Multiplikation. ●

Hilfssatz 10.6.3. *$(K, +, \cdot)$ sei ein Körper mit dem Einselement e, $n \in N$. Für alle $M \in \mathfrak{M}^{(n,n)}$ gilt*

$$\Delta(M) \neq 0 \quad \Leftrightarrow \quad \textit{Es gibt ein } N \in \mathfrak{M}^{(n,n)} \textit{ mit } M\cdot N = N\cdot M = E.$$

Ist X Vektorraum über K, dim $X=n$, *$\mathfrak{X}$ eine Basis von X und λ:* $\mathrm{Hom}_K(X, X) \to \mathfrak{M}^{(n,n)}$ *der Isomorphismus nach Satz 10.6.4. zur Basis $\mathfrak{X}$, so gilt für alle $f \in$* $\mathrm{Hom}_K(X, X)$

$$f \textit{ bijektiv} \quad \Leftrightarrow \quad \Delta(\lambda(f)) \neq 0.$$

Beweis. Falls $M\cdot N=E$ ist, ist $\Delta(M)\cdot\Delta(N)=\Delta(M\cdot N)=\Delta(E)=e$. Ist $\Delta(M)\neq 0$, so gibt es nach dem Beweis von Satz 10.6.8. U, V, W, zu denen Inverse U^{-1}, V^{-1}, W^{-1} in $\mathfrak{M}^{(n,n)}$ existieren mit

$$UMVW = D(c_1, \dots, c_n), \quad \text{also} \quad M = U^{-1}D(c_1, \dots, c_n)W^{-1}V^{-1}.$$

Dann ist (da $c_1, \dots, c_n \neq 0$ sind wegen $\Delta(M) \neq 0$)

$$N = VWD(c_1^{-1}, \dots, c_n^{-1})U$$

die gesuchte Inverse zu M.

Da $E = \lambda(id_X)$ ist, gilt (λ ist bijektiv!)

$$\begin{aligned} f \text{ bijektiv} \quad &\Leftrightarrow \quad \text{Es gibt ein } g \in \operatorname{Hom}_K(X, X) \text{ mit } f \circ g = g \circ f = id_X \\ &\Leftrightarrow \quad \text{Es gibt ein } N \in \mathfrak{M}^{(n,n)} \text{ mit } \lambda(f)N = N\lambda(f) = E. \quad \bullet \end{aligned}$$

Anmerkung 10.6.2. Für die Determinante einer Matrix $M \in \mathfrak{M}^{(n,n)}$ werden eine ganze Reihe verschiedener Bezeichnungen benutzt. Wir werden außer $\Delta(M)$, $\Delta_n(M)$ noch

$$\det M := \Delta(M)$$

verwenden. ●

11. Differentiation

Die Ableitung (früher gelegentlich Differentialquotient genannt, siehe 11.7.) einer Abbildung in einem Punkt wird als approximierende stetige lineare Abbildung eingeführt. Das zentrale Hilfsmittel, mit dem man von der Ableitung auf die Ausgangsabbildung zurückschließen kann, ist der Schrankensatz (Satz 11.3.1.), der vielseitiger verwendbar ist als der bisher meistens benutzte Mittelwertsatz (Satz 12.1.3.).

Im Laufe der Zeit haben sich bei der Differentiation sehr verschiedene, zum Teil mißverständliche Bezeichnungsweisen eingebürgert. Um dem Leser die Orientierung zu erleichtern, werden die wichtigsten Bezeichnungsweisen in einem gesonderten Paragraphen (11.7.) besprochen und ihre Verwendung erläutert.

11.1. Die Ableitung

X, Y seien Banachräume, $Z \subset X$, $f: Z \to Y$. In vielen Fällen kommt es darauf an, eine derartige Abbildung f durch gewisse „elementare Abbildungen" möglichst gut zu approximieren. Die „elementaren Abbildungen" sind jeweils gut bekannte Abbildungen, die für die betreffende Fragestellung besonders vorteilhafte Eigenschaften haben. Ihre Auswahl richtet sich natürlich nach dem Verwendungszweck.

Wir wollen zunächst die Möglichkeit der *lokalen* Approximation untersuchen, d.h. der Approximation von f bei Beschränkung auf hinreichend kleine Umgebungen eines Punktes $\mathfrak{x} \in Z$ (zur *globalen* Approximation, d.h. zur Approximation von f auf ganz Z siehe z. B. 12.7.). Da es sich um Banachräume handelt, können wir durch Translationen nach Satz 8.6.3. immer erreichen, daß wir es mit Umgebungen des Punktes $\mathfrak{o}$ zu tun haben. In X nehmen wir eine Translation um $-\mathfrak{x}$, in Y eine Translation um $-f(\mathfrak{x})$ und setzen $Z_{\mathfrak{x}} := \{\mathfrak{y} \mid \mathfrak{y} \in X, \mathfrak{x}+\mathfrak{y} \in Z\} = \tau_{\mathfrak{x}}^{-1}(Z)$ (in der Bezeichnungsweise von Satz 8.6.3.). Statt

$$f(\mathfrak{z}) \text{ für alle } \mathfrak{z} \text{ in einer Umgebung von } \mathfrak{x} \text{ auf } Z$$

untersuchen wir

$$f(\mathfrak{x}+\mathfrak{y})-f(\mathfrak{x}) \text{ für alle } \mathfrak{y} \text{ in einer Umgebung von } \mathfrak{o} \text{ auf } Z_{\mathfrak{x}}.$$

Wir setzen

$$\Delta_{\mathfrak{x}} f := f \circ \tau_{\mathfrak{x}} - f(x) : Z_{\mathfrak{x}} \to Y, \quad \text{also} \quad \Delta_{\mathfrak{x}} f(\mathfrak{y}) = \left(f \circ \tau_{\mathfrak{x}} - f(\mathfrak{x})\right)(\mathfrak{y}) = f(\mathfrak{x}+\mathfrak{y}) - f(\mathfrak{x}).$$

Der Übergang zu $\Delta_{\mathfrak{x}} f$ bedeutet nur eine „Normierung“: $\Delta_{\mathfrak{x}} f(\mathfrak{o}) = \mathfrak{o}$.

Als „elementare Abbildungen“ bieten sich bei Banachräumen insbesondere die stetigen linearen Abbildungen an. (Für andere Möglichkeiten siehe etwa 12.3.) Um die Güte der Approximation von $\Delta_{\mathfrak{x}} f$ durch eine stetige lineare Abbildung l beurteilen zu können, definieren wir (in der Schreibweise von Definition 10.3.1.)

$$r(\mathfrak{x}, l; \mathfrak{y}) = \Delta_{\mathfrak{x}} f(\mathfrak{y}) - l\mathfrak{y} = f(\mathfrak{x}+\mathfrak{y}) - f(\mathfrak{x}) - l\mathfrak{y} \quad \text{für} \quad \mathfrak{y} \in Z_{\mathfrak{x}}.$$

Dann ist

$$f(\mathfrak{x}+\mathfrak{y}) = f(\mathfrak{x}) + l\mathfrak{y} + r(\mathfrak{x}, l: \mathfrak{y}) \quad \text{für} \quad \mathfrak{y} \in Z_{\mathfrak{x}}.$$

$r(\mathfrak{x}, l; \mathfrak{y})$ ist der „Rest“, der bei der Approximation mit l bleibt.

Ist etwa $Z = [a, b] \subset \boldsymbol{R}$ und $f: [a, b] \to \boldsymbol{R} \times \boldsymbol{R}$ stetig, so bezeichnet man f in Anlehnung an das Aussehen von $f([a, b])$ (in einfachen Fällen!) als Kurve (siehe Fig. 11.1.1.). Ist $l: \boldsymbol{R} \to \boldsymbol{R} \times \boldsymbol{R}$ eine stetige lineare Abbildung, $l1 = (u, v)$, so ist $lt = lt \cdot 1 = tl1 = (tu, tv)$ für $t \in \boldsymbol{R}$. $l(\boldsymbol{R})$ ist eine Gerade durch den Punkt $\mathfrak{o} = (0, 0)$ (siehe Fig. 11.1.2.). Es sei $x \in Z = [a, b]$. Dann ist $Z_x = [a-x, b-x]$.

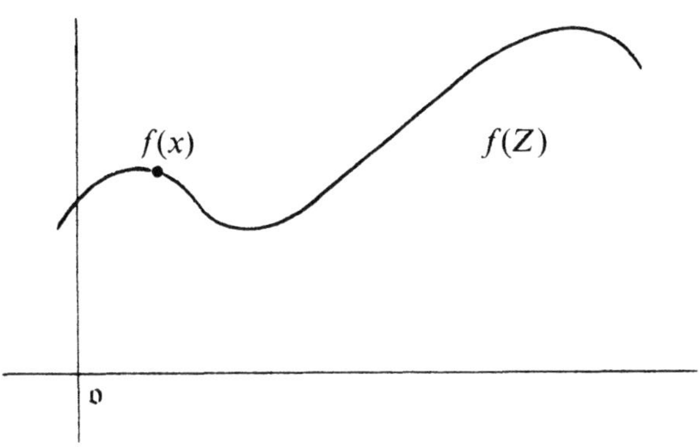

Fig. 11.1.1.

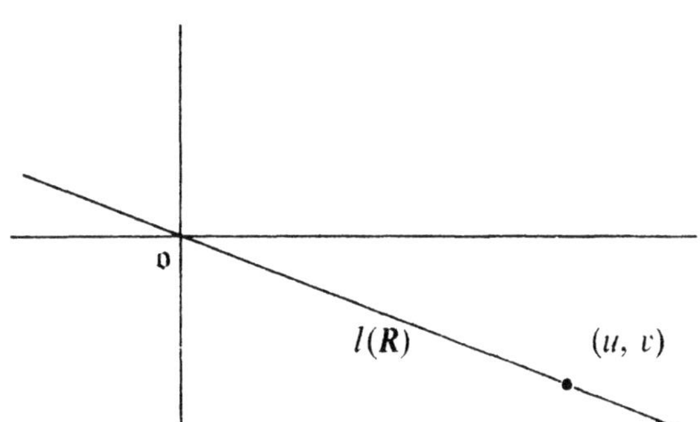

Fig. 11.1.2

Für die Approximation von $\Delta_x f$ durch l ergibt sich Fig. 11.1.3., macht man die Translationen rückgängig, so erhält man Fig. 11.1.4.

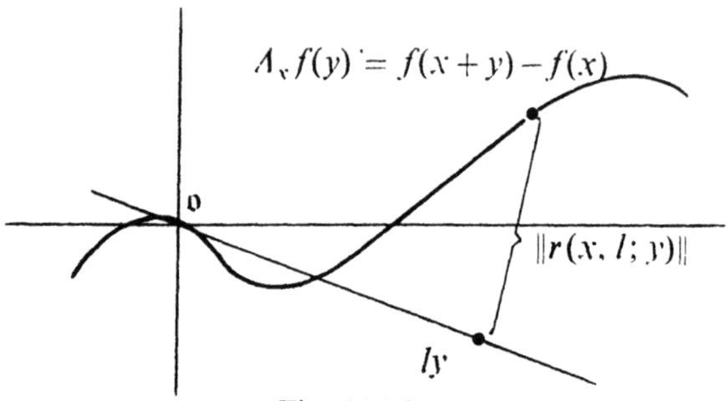

Fig. 11.1.3

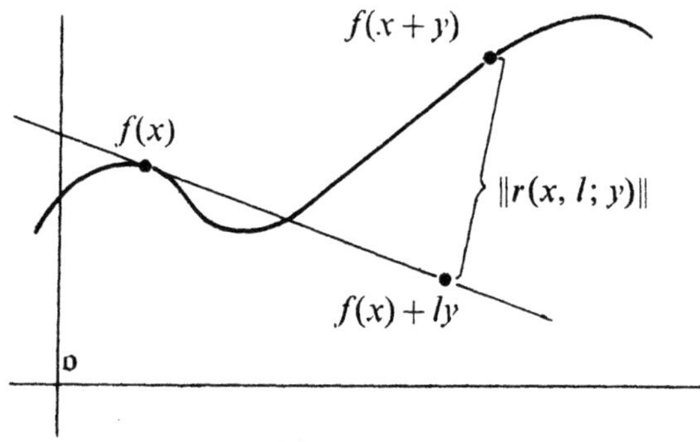

Fig. 11.1.4

Es sei wieder $Z=[a, b]$. $\hat{f}: Z \to \mathbf{R}$ sei stetig. Setzt man $f := (id_{\mathbf{R}}|Z, \hat{f})$ (in der Bezeichnungsweise von Hilfssatz 8.5.1.), so erhält man eine stetige Abbildung

$$f: Z \to \mathbf{R} \times \mathbf{R}$$

wie eben und

$$f(Z) = \{(x, \hat{f}(x)) | x \in Z\} = \operatorname{graph} \hat{f}.$$

Fig. 11.1.5

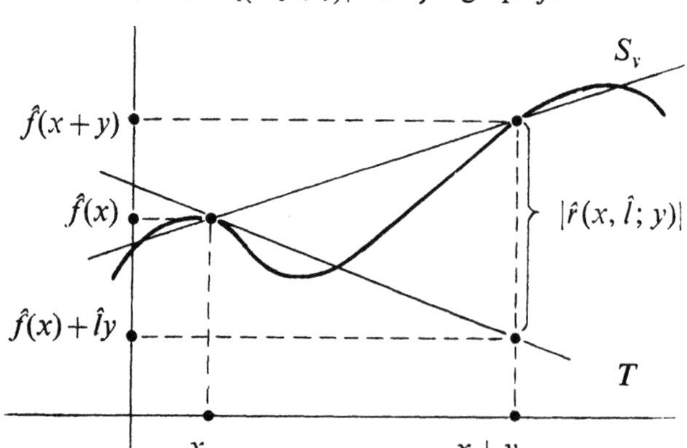

Ist $\hat{l}:\boldsymbol{R}\to\boldsymbol{R}$ linear, so ist auch $l=(id_{\boldsymbol{R}}, \hat{l})$ linear, $ly=(y, \hat{l}y)$. Definiert man für $y\in Z_x$

$$\hat{r}(x, \hat{l}; y) := \hat{f}(x+y)-\hat{f}(x)-\hat{l}y,$$

so ist

$$\hat{f}(x+y) = \hat{f}(x)+\hat{l}y+\hat{r}(x, \hat{l}; y),$$

$$r(x, l; y) = f(x+y)-f(x)-ly = (0, \hat{r}(x, \hat{l}; y)).$$

Verwendet man eine der üblichen Normen, so ist $\|r(x, l; y)\| = |\hat{r}(x, \hat{l}; y)|$. Gegenüber Fig. 11.1.4. haben jetzt $f(x+y)$ und $f(x)+ly$ dieselbe erste Komponente, nämlich $x+y$. S_y sei die Sekante durch die Punkte $(x, \hat{f}(x))$ und $(x+y, \hat{f}(x+y))$, $T=l(\boldsymbol{R})+$ $+f(x)=\operatorname{graph}\hat{l}+f(x)$ Legt man die Geraden S_y und T wie in der elementaren analytischen Geometrie üblich, durch ihre „Steigungen" und den gemeinsamen Punkt $(x, \hat{f}(x))$ fest, so ist

$$S_y = \{(x+w, \hat{f}(x)+m_y\cdot w)\,|\,w\in\boldsymbol{R}\}, \quad m_y \text{ die Steigung von } S_y,$$

$$T = \{(x+w, \hat{f}(x)+k\cdot w)\,|\,w\in\boldsymbol{R}\}, \quad k \text{ die Steigung von } T,$$

und

$$\hat{l}y = ky, \quad \hat{f}(x+y) = \hat{f}(x)+m_y\cdot y, \quad \hat{r}(x, \hat{l}; y) = (m_y-k)y.$$

Um die Güte der Approximation zu beurteilen, muß man den Rest $\hat{r}(x, \hat{l}; y)$ mit dem Ausdruck vergleichen, den man zur Approximation benutzt, d.h. mit $\hat{l}y$. Will man erreichen, daß für kleine Werte von $|y|$ der Rest klein gegen $|\hat{l}y|$ ist (natürlich nur, falls nicht $\hat{l}=\odot$ ist!), so muß man $\hat{l}$ und damit k so wählen, daß $|(m_y-k)y|$ klein gegen $|ky|$ ist, d.h., daß $|m_y-k|$ klein ist, wenn $|y|$ klein ist. Man wird demgemäß versuchen, T so zu wählen, daß es zu jedem $\varepsilon\in\boldsymbol{R}_+^\times$ ein $\delta\in\boldsymbol{R}_+^\times$ gibt mit

$$|y| < \delta \quad\Rightarrow\quad |m_y-k| < \varepsilon.$$

Das bedeutet aber, daß es zu jedem $\varepsilon\in\boldsymbol{R}_+^\times$ ein $\delta\in\boldsymbol{R}_+^\times$ so gibt, daß sich für alle y mit $|y|<\delta$ die Steigung der Sekante S_y von der Steigung von T um weniger als ε unterscheidet. Geometrisch besagt das, daß T Tangente an die Kurve im Punkte $(x, \hat{f}(x))$ ist.

Unser Approximationsproblem ist daher in diesem Fall gleichbedeutend mit der Frage, ob es möglich ist, an die Kurve im Punkte $(x, \hat{f}(x))$ eine Tangente zu legen.

Um im allgemeinen Fall $\|r(\mathfrak{x}, l; \mathfrak{y})\|$ mit $\|l\mathfrak{y}\|$ vergleichen zu können, muß man zunächst $\|l\mathfrak{y}\|$ untersuchen.

Hilfssatz 11.1.1. *X, Y seien Banachräume, $X\neq\{\mathfrak{o}\}$, $l: X\to Y$ stetig und linear. Dann gilt*

$$(1)\quad l\mathfrak{y} = O(\|\mathfrak{y}\|) \text{ für } \mathfrak{y}\to\mathfrak{o}, \qquad (2)\quad l\mathfrak{y} = o(\|\mathfrak{y}\|) \text{ für } \mathfrak{y}\to\mathfrak{o} \;\Rightarrow\; l=\odot.$$

Beweis. X, Y seien Banachräume über K. (1) folgt unmittelbar aus $\|l\mathfrak{y}\| \leqq \|l\|_{\mathscr{L}}\|\mathfrak{y}\|$. Nach Satz 9.7.2. gilt

$$l\mathfrak{y} = o(\|\mathfrak{y}\|) \text{ für } \mathfrak{y}\to\mathfrak{o} \;\Rightarrow\; \lim_{\mathfrak{y}\to\mathfrak{o}} \|l\mathfrak{y}\|\,\|\mathfrak{y}\|^{-1} = 0.$$

Für $\mathfrak{z}\in X$, $\mathfrak{z}\neq\mathfrak{o}$, $t\in K$, $t\neq 0$, ist $\|l\mathfrak{z}\|=\|\mathfrak{z}\|\,\|lt\mathfrak{z}\|\,\|t\mathfrak{z}\|^{-1}$. Nach Hilfssatz 8.5.5. ergibt sich

$$\mathfrak{z}\in X,\ \mathfrak{z}\neq\mathfrak{o} \quad\Rightarrow\quad \|l\mathfrak{z}\| = \|\mathfrak{z}\|\lim_{t\to 0}\|lt\mathfrak{z}\|\,\|t\mathfrak{z}\|^{-1} = \|\mathfrak{z}\|\lim_{\mathfrak{y}\to\mathfrak{o}}\|l\mathfrak{y}\|\,\|\mathfrak{y}\|^{-1} = 0$$

$$\Rightarrow\quad l\mathfrak{z} = \mathfrak{o}.\ \bullet$$

Da $r(\mathfrak{x}, l; \mathfrak{o}) = f(\mathfrak{x}+\mathfrak{o})-f(\mathfrak{x})-l\mathfrak{o} = \mathfrak{o}$ ist, interessiert nur $r(\mathfrak{x}, l; \mathfrak{y})$ für $\mathfrak{y}\neq\mathfrak{o}$, $\mathfrak{y}$ in einer hinreichend kleinen Umgebung von $\mathfrak{o}$. Wir können daher voraussetzen, daß $\mathfrak{x}$ kein isolierter Punkt von Z ist. Hilfssatz 11.1.1. legt es nahe, als Bedingung für eine hinreichend gute Approximation von $\Delta_{\mathfrak{x}} f$ durch l (mit einem Rest, der für kleine $\|\mathfrak{y}\|$ klein gegen $\|l\mathfrak{y}\|$ ist, falls $l\neq\odot$ ist)

$$r(\mathfrak{x}, l; \mathfrak{y}) = o(\|\mathfrak{y}\|) \quad \text{für} \quad \mathfrak{y}\to\mathfrak{o}$$

zu wählen. Auch wenn $\mathfrak{x}$ kein innerer Punkt von Z, d.h. $\mathfrak{o}$ kein innerer Punkt von $Z_{\mathfrak{x}}$, ist, gilt (1) Hilfssatz 11.1.1., dagegen nicht unbedingt (2) Hilfssatz 11.1.1. Es ist darum zweckmäßig, sich auf den Fall zu beschränken, daß Z soviele Punkte in der „Nähe" von x enthält, daß (2) Hilfssatz 11.1.1. auch für $\mathfrak{y}\in Z_{\mathfrak{x}}$ erhalten bleibt.

Definition 11.1.1. *X sei Banachraum, $Z\subset X$. Ein Punkt $\mathfrak{x}\in Z$ heißt zulässiger Punkt, wenn er nicht isoliert ist und wenn für jede stetige lineare Abbildung $l: X\to Y$ in einen Banachraum Y gilt:*

$$l\mathfrak{y} = o(\|\mathfrak{y}\|) \ \textit{für}\ \mathfrak{y}\to\mathfrak{o},\quad \mathfrak{x}+\mathfrak{y}\in Z \quad\Rightarrow\quad l=\odot.$$

Hilfssatz 11.1.2. *X sei Banachraum über K, $X\neq\{\mathfrak{o}\}$, $Z\subset X$. Isolierte Punkte von Z sind nicht zulässig. Jeder innere Punkt von Z ist zulässig.*

Ist $X=K$, so ist jeder Punkt von Z, der nicht isolierter Punkt von Z ist, zulässig.

Beweis. Isolierte Punkte von Z sind nach Definition 11.1.1. nicht zulässig. Ist $\mathfrak{x}$ innerer Punkt von Z, $U_\delta(\mathfrak{x})\subset Z$, so braucht man im Beweis von (2) Hilfssatz 11.1.1. nur $|t|<\delta\|\mathfrak{z}\|^{-1}$ voraussetzen, um $\|t\mathfrak{z}\|<\delta$, d.h. $t\mathfrak{z}\in Z_{\mathfrak{x}}$ $(\mathfrak{x}+t\mathfrak{z}\in Z)$ zu erhalten.

Ist $X=K$ und x kein isolierter Punkt von Z, so erhält man

$$ly = o(|y|) \ \text{für}\ y\to 0,\ x+y\in Z \quad\Rightarrow\quad \|l1\| = \lim_{\substack{y\to 0\\ x+y\in Z}}\|ly\|\,|y|^{-1} = 0 \quad\Rightarrow\quad l1 = \mathfrak{o}.$$

Das ergibt aber $lz=zl1=\mathfrak{o}$ für alle $z\in K$. $\bullet$

Definition 11.1.2. *X, Y seien Banachräume, $Z\subset X$ und*

$$f: Z\to Y.$$

$\mathfrak{x}$ sei zulässiger Punkt von Z. f heißt in $\mathfrak{x}$ differenzierbar, wenn es eine stetige lineare Abbildung $l: X\to Y$ gibt mit

$$f(\mathfrak{x}+\mathfrak{y}) = f(\mathfrak{x})+l\mathfrak{y}+o(\|\mathfrak{y}\|) \quad \textit{für} \quad \mathfrak{y}\to\mathfrak{o}.$$

Anmerkung 11.1.1. Der Rest $r(\mathfrak{x}, l; \mathfrak{y}) = f(\mathfrak{x}+\mathfrak{y}) - f(\mathfrak{x}) - l\mathfrak{y}$ ist definiert für alle $\mathfrak{y} \in Z_{\mathfrak{x}}$ (d.h. $\mathfrak{x}+\mathfrak{y} \in Z$). „Für $\mathfrak{y} \to \mathfrak{o}$" bedeutet daher nach Definition 9.7.1. „bezüglich $\mathfrak{B}_0(\mathfrak{o})|Z_{\mathfrak{x}}$". ●

Satz 11.1.1. *X, Y seien Banachräume, $Z \subset X$,*

$$f: Z \to Y.$$

$\mathfrak{x}$ sei zulässiger Punkt von Z. Die Differenzierbarkeit von f in $\mathfrak{x}$ hängt nicht von den speziellen auf X, Y benutzten Normen ab, sondern nur von den durch die Normen induzierten Topologien.

Ist f in $\mathfrak{x}$ differenzierbar, so ist f stetig in $\mathfrak{x}$.

Ist f in $\mathfrak{x}$ differenzierbar, so gibt es genau eine *stetige lineare Abbildung $f'(\mathfrak{x}): X \to Y$ mit*

$$f(\mathfrak{x}+\mathfrak{y}) = f(\mathfrak{x}) + f'(\mathfrak{x})\mathfrak{y} + o(\|\mathfrak{y}\|) \quad \textit{für} \quad \mathfrak{y} \to \mathfrak{o}.$$

$f'(\mathfrak{x})$ bezeichnet man als Ableitung im Punkte $\mathfrak{x}$. Die zugehörige Abbildung

$$f': \hat{Z} \to \mathscr{L}(X; Y)$$

mit $\hat{Z} := \{\mathfrak{x} | \mathfrak{x} \in Z,\ f$ in $\mathfrak{x}$ differenzierbar$\}$ heißt Ableitung von f.

Beweis. Wir setzen wieder

$$r(\mathfrak{x}, l; \mathfrak{y}) = f(\mathfrak{x}+\mathfrak{y}) - f(\mathfrak{x}) - l\mathfrak{y}.$$

Induzieren $\|\ \|_X$, $\|\ \|_X^*$ bzw. $\|\ \|_Y$, $\|\ \|_Y^*$ dieselbe Topologie, so gibt es nach Hilfssatz 10.3.1. positive reelle Zahlen p, p^*, q, q^* so, daß für $\mathfrak{z} \in X$, $\mathfrak{w} \in Y$

$$\|\mathfrak{z}\|_X^* \leqq p\|\mathfrak{z}\|_X, \quad \|\mathfrak{z}\|_X \leqq p^*\|\mathfrak{z}\|_X^*, \quad \|\mathfrak{w}\|_Y^* \leqq q\|\mathfrak{w}\|_Y, \quad \|\mathfrak{w}\|_Y \leqq q^*\|\mathfrak{w}\|_Y^*$$

gilt. Dann ist

$$\|r(\mathfrak{x}, l; \mathfrak{y})\|_Y^* (\|\mathfrak{y}\|_X^*)^{-1} \leqq q p^* \|r(\mathfrak{x}, l; \mathfrak{y})\|_Y \|\mathfrak{y}\|_X^{-1}$$

und infolgedessen

$$\|r(\mathfrak{x}, l; \mathfrak{y})\|_Y = o(\|\mathfrak{y}\|_X) \text{ für } \mathfrak{y} \to \mathfrak{o} \quad \Rightarrow \quad \|r(\mathfrak{x}, l; \mathfrak{y})\|_Y^* = o(\|\mathfrak{y}\|_X^*) \text{ für } \mathfrak{y} \to \mathfrak{o},$$

entsprechend zeigt man die Umkehrung.

Ist f in $\mathfrak{x}$ differenzierbar, so erhält man

$$\lim_{\mathfrak{y} \to \mathfrak{o}} f(\mathfrak{x}+\mathfrak{y}) = f(\mathfrak{x}) + \lim_{\mathfrak{y} \to \mathfrak{o}} l\mathfrak{y} + \lim_{\mathfrak{y} \to \mathfrak{o}} r(\mathfrak{x}, l; \mathfrak{y}) = f(\mathfrak{x}).$$

f ist stetig in $\mathfrak{x}$.

Sind l, $\hat{l}$ stetige lineare Abbildungen mit

$$f(\mathfrak{x}+\mathfrak{y}) = f(\mathfrak{x}) + l\mathfrak{y} + o(\|\mathfrak{y}\|) \quad \text{für} \quad \mathfrak{y} \to \mathfrak{o},$$

$$f(\mathfrak{x}+\mathfrak{y}) = f(\mathfrak{x}) + \hat{l}\mathfrak{y} + o(\|\mathfrak{y}\|) \quad \text{für} \quad \mathfrak{y} \to \mathfrak{o},$$

so ist

$$(l - \hat{l})\mathfrak{y} = o(\|\mathfrak{y}\|) \quad \text{für} \quad \mathfrak{y} \to \mathfrak{o},\ \mathfrak{x}+\mathfrak{y} \in Z.$$

Da $\mathfrak{x}$ zulässiger Punkt von Z ist, erhält man hieraus nach Definition 11.1.1. $l - \hat{l} = \odot$, also $l = \hat{l}$. l ist eindeutig bestimmt. Da es zu jedem Punkt $\mathfrak{x}$, in dem f differenzierbar ist, genau eine zugehörige stetige lineare Abbildung gibt, kann man

$$f' : \hat{Z} \to \mathscr{L}(X; Y)$$

definieren, indem man für $f'(\mathfrak{x})$ diejenige stetige lineare Abbildung $l: X \to Y$ nimmt, für die

$$f(\mathfrak{x}+\mathfrak{y}) = f(\mathfrak{x}) + l\mathfrak{y} + o(\|\mathfrak{y}\|) \quad \text{für} \quad \mathfrak{y} \to \mathfrak{o} \quad \text{ist.} \; \bullet$$

Anmerkung 11.1.2. Ist f in $\mathfrak{x}$ differenzierbar, so ist in

$$r(\mathfrak{x}, f'(\mathfrak{x}); \mathfrak{y}) = f(\mathfrak{x}+\mathfrak{y}) - f(\mathfrak{x}) - f'(\mathfrak{x})\mathfrak{y}$$

die Angabe von $f'(\mathfrak{x})$ überflüssig, da $f'(\mathfrak{x})$ eindeutig bestimmt ist. Wir werden daher ab jetzt kürzer $r(\mathfrak{x}; \mathfrak{y}) := r(\mathfrak{x}, f'(\mathfrak{x}); \mathfrak{y})$ schreiben. ●

Für die Bestimmung der Ableitung gilt

Satz 11.1.2. *X, Y seien Banachräume über K ($K = \mathbf{R}$ oder $K = \mathbf{C}$), $Z \subset X$, $f: Z \to Y$. Ist f im Punkte $\mathfrak{x} \in Z$ differenzierbar, ist $\mathfrak{y} \in X$ und ist $\mathfrak{x}$ kein isolierter Punkt von $Z \cap \{\mathfrak{x} + t\mathfrak{y} \mid t \in K\}$, so ist*

$$f'(\mathfrak{x})\mathfrak{y} = \lim_{t \to 0} \frac{1}{t}\big(f(\mathfrak{x}+t\mathfrak{y}) - f(\mathfrak{x})\big) \quad (t \in K).$$

Ist $X = K$ und x zulässiger Punkt von Z, so ist f genau dann differenzierbar, wenn

$$\mathfrak{a}_x := \lim_{t=0} \frac{1}{t}\big(f(x+t) - f(x)\big) \quad (t \in K)$$

existiert. Dann ist $\mathfrak{a}_x = f'(x) \cdot 1$, $f'(x)y = y\mathfrak{a}_x$ für alle $y \in K$. Identifiziert man $\mathscr{L}(K; Y)$ mit Y nach Anmerkung 10.3.2., so ist $\mathfrak{a}_x = f'(x)$.

Beweis. Ist $\mathfrak{x}$ kein isolierter Punkt von $Z \cap \{\mathfrak{x} + t\mathfrak{y} \mid t \in K\}$, so ist für $\mathfrak{y} \neq \mathfrak{o}$

$$f'(\mathfrak{x})\mathfrak{y} = \frac{1}{t} f'(\mathfrak{x}) t\mathfrak{y} = \frac{1}{t}\big(f(\mathfrak{x}+t\mathfrak{y}) - f(\mathfrak{x})\big) - \|\mathfrak{y}\| \cdot r(\mathfrak{x}; t\mathfrak{y})\,(t\|\mathfrak{y}\|)^{-1}$$

für $t \in K$, $t \neq 0$. Nach Satz 9.7.2. und Hilfssatz 8.5.5. (vgl. den Beweis von Hilfssatz 11.1.1.) gilt

$$r(\mathfrak{x}; \mathfrak{z}) = o(\|\mathfrak{z}\|) \text{ für } \mathfrak{z} \to \mathfrak{o} \;\Rightarrow\; \lim_{\mathfrak{z} \to \mathfrak{o}} \|r(\mathfrak{x}; \mathfrak{z})\| \, \|\mathfrak{z}\|^{-1} = 0 \;\Rightarrow\; \lim_{t \to 0} \|r(\mathfrak{x}; t\mathfrak{y})\| \, \|t\mathfrak{y}\|^{-1} = 0,$$

woraus die Behauptung folgt.

Existiert im Falle $X = K$ der Grenzwert $\mathfrak{a}_x$, so ist

$$\lim_{y \to 0} \|r(x, \mathfrak{a}_x; y)\| \, |y|^{-1} = \lim_{y \to 0} \left\| \frac{1}{y}\big(f(x+y) - f(x)\big) - \frac{1}{y}\mathfrak{a}_x y \right\| = 0$$

und daher $r(x, \mathfrak{a}_x; y) = o(|y|)$ für $y \to 0$, d.h. $\mathfrak{a}_x = f'(x)$, wenn man nach Anmerkung 10.3.2. $l \in \mathscr{L}(K; Y)$ mit $l1$ identifiziert. Die Umkehrung erhält man aus dem ersten Teil des Satzes mit 1 an Stelle von y. ●

Anmerkung 11.1.3. Infolge der Identifizierung von $\mathscr{L}(K; Y)$ mit Y ist für $\mathfrak{a} \in Y$, $a \in K$ jetzt auch $\mathfrak{a}a$ definiert. Es ist $\mathfrak{a}a = a\mathfrak{a}$. ●

Satz 11.1.3. *X, Y seien Banachräume, $l: X \to Y$ stetig und linear, $X \neq \{\mathfrak{o}\}$. Dann ist l in jedem Punkt $\mathfrak{x} \in X$ differenzierbar, und es ist*

$$l'(\mathfrak{x}) = l \quad \textit{für alle } \mathfrak{x} \in X.$$

Beweis. l ist stetig und linear, $\mathfrak{x}$ ist als innerer Punkt von X zulässig, und es ist

$$l(\mathfrak{x} + \mathfrak{y}) = l\mathfrak{x} + l\mathfrak{y} + \mathfrak{o}, \quad \mathfrak{o} = o(\|\mathfrak{y}\|) \text{ für } \mathfrak{y} \to \mathfrak{o},$$

l ist daher differenzierbar in $\mathfrak{x}$, $l'(\mathfrak{x}) = l$. ●

Anmerkung 11.1.4. Im Falle $X = K$ ($K = \boldsymbol{R}$ oder $K = \boldsymbol{C}$) sei $l1 = \mathfrak{a}$ (bei der Identifizierung von $\mathscr{L}(K; Y)$ mit Y also $l = \mathfrak{a}$). Dann ist für jedes $x \in K$

$$l'(x) = l, \quad \text{d.h.} \quad l'(x)y = ly = y\mathfrak{a} \quad \text{für alle} \quad y \in K.$$

Es ist $l'(x) = \mathfrak{a}$ für alle $x \in K$ und *nicht etwa* $l'(x) = x\mathfrak{a} = lx$! ●

Anmerkung 11.1.5. Die Differenzierbarkeit hängt entscheidend davon ab, über welchem Körper man die Banachräume betrachtet. Ist z. B. $f: \boldsymbol{C} \to \boldsymbol{C}$ linear bezüglich $\boldsymbol{R}$, so ist f stetig, nach Satz 11.1.3. differenzierbar, und es ist

$$f'(x) = f \quad \text{für alle} \quad x \in \boldsymbol{C}.$$

Ist f in x auch differenzierbar, wenn man $\boldsymbol{C}$ als Banachraum über $\boldsymbol{C}$ auffaßt, so ist

$$f(x+y) = f(x) + f'(x)y + o(|y|) \quad \text{für} \quad y \to 0$$

und $f'(x): \boldsymbol{C} \to \boldsymbol{C}$ linear. Da $f'(x)$ aber auch linear bezüglich $\boldsymbol{R}$ ist, bleibt $f'(x)$ Ableitung in x, wenn man $\boldsymbol{C}$ nur noch als Banachraum über $\boldsymbol{R}$ auffaßt, also muß $f'(x) = f$ und daher f linear bezüglich $\boldsymbol{C}$ sein.

Die Abbildung $f: \boldsymbol{C} \to \boldsymbol{C}$ aus Beispiel 10.3.1. ist linear bezüglich $\boldsymbol{R}$, aber nicht linear bezüglich $\boldsymbol{C}$. Daher ist f in jedem Punkt differenzierbar, wenn man $\boldsymbol{C}$ als Banachraum über $\boldsymbol{R}$ auffaßt, aber in keinem Punkt differenzierbar, wenn man $\boldsymbol{C}$ als Banachraum über $\boldsymbol{C}$ auffaßt. ●

Anmerkung 11.1.6. Daß $f': \hat{Z} \to \mathscr{L}(X; Y)$ zu jedem $\mathfrak{x} \in \hat{Z}$ eine stetige Abbildung $f'(\mathfrak{x}): X \to Y$ liefert, bedeutet natürlich nur, daß für jedes $\mathfrak{x} \in \hat{Z}$ $f'(\mathfrak{x}) \in \mathscr{L}(X; Y)$ ist, aber *keineswegs* etwa die Stetigkeit der Abbildung f' in irgendeinem Punkt von $\hat{Z}$! ●

Definition 11.1.3. *X, Y seien Banachräume, $Z \subset X$, $f: Z \to Y$. f heißt in $\mathfrak{x} \in Z$ stetig differenzierbar, wenn es eine Umgebung U von $\mathfrak{x}$ so gibt, daß in der Bezeichnung von Satz 11.1.1.*

$$U \cap Z \subset \hat{Z}, \quad f' \text{ stetig in } \mathfrak{x}$$

ist.

Die Differenzierbarkeit ist eine lokale Eigenschaft. Das zeigt

Satz 11.1.4. *X, Y seien Banachräume, $Z \subset X$, $W \subset X$,*

$$f: Z \to Y, \quad g: W \to Y.$$

Ist f in $\mathfrak{x}$ differenzierbar und gibt es eine Umgebung U von $\mathfrak{x}$ mit $U \cap Z = U \cap W$ und $f|U \cap Z = g|U \cap W$, so ist auch g in $\mathfrak{x}$ differenzierbar, und es ist $f'(\mathfrak{x}) = g'(\mathfrak{x})$.

Ist $\mathfrak{x}$ zulässiger Punkt von Z und gibt es eine Umgebung U von $\mathfrak{x}$ so, daß $f|U \cap Z$ konstant ist, so ist f in $\mathfrak{x}$ differenzierbar, und es ist $f'(\mathfrak{x}) = \odot$.

Beweis. Ist $U \cap Z = U \cap W$ und f in $\mathfrak{x}$ differenzierbar, so ist

$$f(\mathfrak{x} + \mathfrak{y}) = f(\mathfrak{x}) + f'(\mathfrak{x})\mathfrak{y} + o(\|\mathfrak{y}\|) \quad \text{für} \quad \mathfrak{y} \to \mathfrak{o},$$

und wegen $U \cap Z = U \cap W$ und $g|U \cap W = f|U \cap Z$

$$g(\mathfrak{x} + \mathfrak{y}) = g(\mathfrak{x}) + f'(\mathfrak{x})\mathfrak{y} + o(\|\mathfrak{y}\|) \quad \text{für} \quad \mathfrak{y} \to \mathfrak{o}, \quad \mathfrak{x} + \mathfrak{y} \in U \cap W.$$

Da U Umgebung von $\mathfrak{x}$ ist, gibt es eine Umgebung $\tilde{U}$ von $\mathfrak{o}$ mit $\mathfrak{y} \in \tilde{U} \Leftrightarrow \mathfrak{x} + \mathfrak{y} \in U$. Daher ist g in $\mathfrak{x}$ differenzierbar ($\mathfrak{x}$ ist auch zulässiger Punkt von W) mit $g'(\mathfrak{x}) = f'(\mathfrak{x})$.

Ist $f|U \cap Z$ konstant, also $f(\mathfrak{x} + \mathfrak{y}) = f(\mathfrak{x})$ für alle $\mathfrak{y}$ mit $\mathfrak{x} + \mathfrak{y} \in U \cap Z$, so ist

$$f(\mathfrak{x} + \mathfrak{y}) = f(\mathfrak{x}) + \odot\mathfrak{y} + \mathfrak{o}, \quad \mathfrak{o} = o(\|\mathfrak{y}\|) \text{ für } \mathfrak{y} \to \mathfrak{o}, \ \mathfrak{x} + \mathfrak{y} \in U \cap Z.$$

Da $\mathfrak{x}$ zulässiger Punkt von Z ist, ist f in $\mathfrak{x}$ differenzierbar, $f'(\mathfrak{x}) = \odot$. ●

Anmerkung 11.1.7. Satz 11.1.4. bedeutet, daß man für die Untersuchung, ob f in einem Punkt $\mathfrak{x} \in Z$ differenzierbar ist, sowie für die Bestimmung der Ableitung, f durch $f|U \cap Z$ mit einer passenden Umgebung U von $\mathfrak{x}$ ersetzen kann. ●

Hilfssatz 11.1.3. *X, Y seien Banachräume, $Z \subset X$,* und *$f: Z \to Y$ sei im Punkte $\mathfrak{x} \in Z$ differenzierbar. Ist $W \subset Z$ und $\mathfrak{x}$ auch zulässiger Punkt von W, so ist $f|W$ in $\mathfrak{x}$ differenzierbar, und es ist $(f|W)'(\mathfrak{x}) = f'(\mathfrak{x})$.*

Beweis. Die Gleichung

$$f(\mathfrak{x} + \mathfrak{y}) = f(\mathfrak{x}) + f'(\mathfrak{x})\mathfrak{y} + r(\mathfrak{x}; \mathfrak{y}), \quad r(\mathfrak{x}; \mathfrak{y}) = o(\|\mathfrak{y}\|) \quad \text{für} \quad \mathfrak{y} \to \mathfrak{o},$$

bleibt natürlich erhalten, wenn man nur noch die $\mathfrak{y}$ mit $\mathfrak{x} + \mathfrak{y} \in W \subset Z$ zuläßt. ●

Beispiel 11.1.1. n sei eine natürliche Zahl, $K=\boldsymbol{R}$ oder $K=\boldsymbol{C}$, und

$$f: K \to K \quad \text{definiert durch } f(x) := x^n \quad \text{für alle} \quad x \in K.$$

Für $x \in K$ und $y \in K$ ist nach Satz 7.3.2.

$$f(x+y) = (x+y)^n = x^n + nx^{n-1}y + \sum_{j=2}^{n} \binom{n}{j} x^{n-j} y^j, \quad x^n = f(x).$$

Setzt man

$$r(x; y) := \sum_{j=2}^{n} \binom{n}{j} x^{n-j} y^j = y^2 \sum_{j=2}^{n} \binom{n}{j} x^{n-j} y^{j-2},$$

so ist offensichtlich

$$r(x; y) = o(|y|) \text{ für } y \to 0, \quad \left(\lim_{y \to 0} \frac{1}{|y|} r(x; y) = 0 \right).$$

f ist differenzierbar in x, und es ist $f'(x)y = nx^{n-1}y$ für alle $y \in K$, $f'(x) = nx^{n-1}$. Man kann natürlich auch wie in Satz 11.1.2. (t statt y)

$$a_x = \lim_{t \to 0} \frac{1}{t} (f(x+t) - f(x)) = \lim_{t \to 0} \left(nx^{n-1} + \frac{1}{t} r(x; t) \right) = nx^{n-1}$$

ausrechnen. ●

Beispiel 11.1.2. Wir definieren (vgl. Satz 8.9.2.)

$$f: \boldsymbol{R} \to \boldsymbol{R} \quad \text{durch} \quad f(x) = \exp(x) = e^x \quad \text{für alle} \quad x \in \boldsymbol{R}.$$

Nach (1) Hilfssatz 8.9.1. und (2) Hilfssatz 8.9.2. gilt für $y \in \boldsymbol{R}$

$$0 < y < 1 \;\Rightarrow\; 1 + y \leqq e^y, \quad e^{-y} \geqq 1 - y \;\Rightarrow\; 1 + y \leqq e^y \leqq \frac{1}{1-y},$$

$$-1 < y < 0 \;\Rightarrow\; 0 < -y < 1 \;\Rightarrow\; 1 - y \leqq e^{-y} \leqq \frac{1}{1+y} \;\Rightarrow\; 1 + y \leqq e^y \leqq \frac{1}{1-y}.$$

Für $0 < |y| < 1$ ist daher in jedem Falle

$$0 \leqq e^y - (1+y) \leqq \frac{1}{1-y} - (1+y) = \frac{y^2}{1-y} = o(|y|) \quad \text{für} \quad y \to 0.$$

Das ergibt für $x \in \boldsymbol{R}$, $0 < |y| < 1$

$$f(x+y) = e^{x+y} = e^x e^y = e^x + e^x y + e^x\big(e^y - (1+y)\big) = f(x) + e^x y + o(|y|) \quad \text{für} \quad y \to 0.$$

f ist differenzierbar in x, es ist $f'(x) = e^x = f(x)$. ●

11.2. Differentiationsregeln

Um aus der Differenzierbarkeit einfach gebauter Abbildungen die Differenzierbarkeit komplizierterer Abbildungen zu erschließen und die Ableitung gegebenenfalls auch zu bestimmen, verwendet man eine Reihe von Differentiationsregeln. Da die Differenzierbarkeit eine lokale Eigenschaft ist (Anmerkung 11.1.7.), benötigt man, wenn $f: Z \to Y$, $\mathfrak{x}$ zulässiger Punkt von Z ist, zur Untersuchung der Differenzierbarkeit in $\mathfrak{x}$ nur $f|U \cap Z$ mit einer passenden Umgebung U von $\mathfrak{x}$. Bei der Anwendung der Differentiationsregeln ist daher zu beachten, daß man, wenn man einen Punkt $\mathfrak{x} \in W$ zu untersuchen hat, alle auftretenden Abbildungen auf $U \cap W$ mit einer Umgebung U von $\mathfrak{x}$ beschränken und die folgenden Regeln mit $U \cap W$ an Stelle von Z benutzen kann.

Satz 11.2.1. *(Summenregel.) X, Y seien Banachräume über K ($K = \mathbf{R}$ oder $K = \mathbf{C}$), $Z \subset X$ und $a, b \in K$, $\mathfrak{x} \in Z$.*

$$f: Z \to Y \quad \text{und} \quad g: Z \to Y$$

seien in $\mathfrak{x}$ differenzierbar. Dann ist $af + bg$ (definiert wie in Satz 7.9.5.) in $\mathfrak{x}$ differenzierbar und

$$(af + bg)'(\mathfrak{x}) = af'(\mathfrak{x}) + bg'(\mathfrak{x}).$$

Beweis. Sind f und g differenzierbar, so ergeben (6), (8) Satz 9.7.1. wegen $c = O(1)$ für $c \in K$

$$\begin{aligned}(af + bg)(\mathfrak{x} + \mathfrak{y}) &= af(\mathfrak{x} + \mathfrak{y}) + bg(\mathfrak{x} + \mathfrak{y}) = \\ &= af(\mathfrak{x}) + af'(\mathfrak{x})\mathfrak{y} + O(1)o(\|\mathfrak{y}\|) + bg(\mathfrak{x}) + bg'(\mathfrak{x})\mathfrak{y} + O(1)o(\|\mathfrak{y}\|) \\ &= (af + bg)(\mathfrak{x}) + af'(\mathfrak{x})\mathfrak{y} + bg'(\mathfrak{x})\mathfrak{y} + o(\|\mathfrak{y}\|) \quad \text{für} \quad \mathfrak{y} \to \mathfrak{o}.\end{aligned}$$

$\mathscr{L}(X; Y)$ ist Vektorraum (Satz 10.3.2.). Daher ist $af'(\mathfrak{x}) + bg'(\mathfrak{x}) \in \mathscr{L}(X; Y)$ und $af'(\mathfrak{x})\mathfrak{y} + bg'(\mathfrak{x})\mathfrak{y} = \big(af'(\mathfrak{x}) + bg'(\mathfrak{x})\big)\mathfrak{y}$ für alle $\mathfrak{y} \in X$. $af + bg$ ist in $\mathfrak{x}$ differenzierbar mit der angegebenen Ableitung. ●

Satz 11.2.2. *(Produktregel.) X, Y_1, Y_2, Y_3 seien Banachräume,*

$$\varphi: Y_1 \times Y_2 \to Y_3 \quad \text{mit} \quad \mathfrak{z} \cdot \mathfrak{w} := \varphi(\mathfrak{z}, \mathfrak{w}) \text{ für } \mathfrak{z} \in Y_1,\ \mathfrak{w} \in Y_2$$

sei bilinear und stetig. Es sei $\mathfrak{x} \in Z \subset X$,

$$f: Z \to Y_1 \quad \text{und} \quad g: Z \to Y_2$$

seien in $\mathfrak{x}$ differenzierbar. Dann ist $f \cdot g = \varphi \circ (f, g): Z \to Y_3$ in $\mathfrak{x}$ differenzierbar (für (f, g) vgl. Hilfssatz 8.5.1.), und für alle $\mathfrak{y} \in X$ ist

$$(f \cdot g)'(\mathfrak{x})\mathfrak{y} = \big(\varphi \circ (f, g)\big)'(\mathfrak{x})\mathfrak{y} = \big(f'(\mathfrak{x})\mathfrak{y}\big) \cdot g(\mathfrak{x}) + f(\mathfrak{x}) \cdot \big(g'(\mathfrak{x})\mathfrak{y}\big).$$

Beweis. Da φ stetig ist, gibt es nach Satz 10.3.3. ein $t \in \boldsymbol{R}_+^\times$ mit

$$\|\mathfrak{z}\cdot\mathfrak{w}\| = \|\varphi(\mathfrak{z},\mathfrak{w})\| \leqq t\|\mathfrak{z}\|\,\|\mathfrak{w}\| \quad \text{für alle} \quad \mathfrak{z}\in Y_1,\ \mathfrak{w}\in Y_2.$$

Wegen der Bilinearität von φ erhält man

$$f\cdot g(\mathfrak{x}+\mathfrak{y}) = \big(f(\mathfrak{x})+f'(\mathfrak{x})\mathfrak{y}+r_f(\mathfrak{x};\mathfrak{y})\big)\cdot\big(g(\mathfrak{x})+g'(\mathfrak{x})\mathfrak{y}+r_g(\mathfrak{x};\mathfrak{y})\big)$$
$$= f\cdot g(\mathfrak{x})+\big(f'(\mathfrak{x})\mathfrak{y}\big)\cdot g(\mathfrak{x})+f(\mathfrak{x})\cdot\big(g'(\mathfrak{x})\mathfrak{y}\big)+r_f(\mathfrak{x};\mathfrak{y})\cdot g(\mathfrak{x}+\mathfrak{y})+f(\mathfrak{x}+\mathfrak{y})\cdot r_g(\mathfrak{x};\mathfrak{y}).$$

Nun ist für $\mathfrak{y}\to\mathfrak{o}$ nach (1) Hilfssatz 11.1.1. und Satz 9.7.1.

$$f(\mathfrak{x}+\mathfrak{y}) = f(\mathfrak{x})+f'(\mathfrak{x})\mathfrak{y}+o(\|\mathfrak{y}\|) = f(\mathfrak{x})+O(\|\mathfrak{y}\|)+o(\|\mathfrak{y}\|) = O(1),\quad g(\mathfrak{x}+\mathfrak{y}) = O(1),$$
$$r_f(\mathfrak{x};\mathfrak{y})\cdot g(\mathfrak{x}+\mathfrak{y}) = O\big(\|r_f(\mathfrak{x};\mathfrak{y})\|\,\|g(\mathfrak{x}+\mathfrak{y})\|\big),$$
$$\|r_f(\mathfrak{x};\mathfrak{y})\|\,\|g(\mathfrak{x}+\mathfrak{y})\| = o(\|y\|)O(1) = o(\|\mathfrak{y}\|),$$

also

$$r_f(\mathfrak{x};\mathfrak{y})\cdot g(\mathfrak{x}+\mathfrak{y}) = o(\|\mathfrak{y}\|),\quad \text{entsprechend}\quad f(\mathfrak{x}+\mathfrak{y})\cdot r_g(\mathfrak{x};\mathfrak{y}) = o(\|\mathfrak{y}\|),$$

und daher

$$(f\cdot g)(\mathfrak{x}+\mathfrak{y}) = (f\cdot g)(\mathfrak{x})+\big(f'(\mathfrak{x})\mathfrak{y}\big)\cdot g(\mathfrak{x})+f(\mathfrak{x})\cdot\big(g'(\mathfrak{x})\mathfrak{y}\big)+o(\|\mathfrak{y}\|) \quad \text{für} \quad \mathfrak{y}\to\mathfrak{o}.$$

Da φ stetig und bilinear ist, und $f'(\mathfrak{x})\colon X\to Y_1$, $g'(\mathfrak{x})\colon X\to Y_2$ stetig und linear sind, ist in den Bezeichnungen von Definition 10.3.2.

$$\varphi^{(1)}_{g(\mathfrak{x})}\circ f'(\mathfrak{x})+\varphi^{(2)}_{f(\mathfrak{x})}\circ g'(\mathfrak{x})\colon X\to Y_3 \quad \text{stetig und linear},$$
$$\big(\varphi^{(1)}_{g(\mathfrak{x})}\circ f'(\mathfrak{x})+\varphi^{(2)}_{f(\mathfrak{x})}\circ g'(\mathfrak{x})\big)\mathfrak{y} = \varphi\big(f'(\mathfrak{x})\mathfrak{y},g(\mathfrak{x})\big)+\varphi\big(f(\mathfrak{x}),g'(\mathfrak{x})\mathfrak{y}\big). \quad \bullet$$

Einen wichtigen Sonderfall von Satz 11.2.2. wollen wir getrennt formulieren.

Hilfssatz 11.2.1. *Y_1, Y_2, $\hat{Y}$ seien Banachräume über K ($K=\boldsymbol{R}$ oder $K=\boldsymbol{C}$),*

$$\varphi\colon Y_1\times Y_2\to\hat{Y} \quad \textit{mit} \quad \mathfrak{z}\cdot\mathfrak{w} := \varphi(\mathfrak{z},\mathfrak{w}) \ \textit{für}\ \mathfrak{z}\in Y_1,\ \mathfrak{w}\in Y_2$$

sei bilinear und stetig. Ist $x\in Z\subset K$ und sind

$$f\colon Z\to Y_1 \quad \textit{und} \quad g\colon Z\to Y_2$$

in x differenzierbar, so ist $f\cdot g$ in x differenzierbar und (mit der Identifizierung von Y_j mit $\mathscr{L}(K;Y_j)$ nach Anmerkung 10.3.2.)

$$(f\cdot g)'(x) = f'(x)g(x)+f(x)g'(x).$$

Beweis. Man setzt in Satz 11.2.2. $X=K$, $Y_3=\hat{Y}$ und $\mathfrak{y}=1$. $\bullet$

Beispiel 11.2.1. Setzt man in Hilfssatz 11.2.1. $Y_1=Y_2=\hat{Y}=K$ und nimmt für φ die übliche Multiplikation auf K, erhält man die elementare Produktregel für die Differentiation von $f\cdot g$ für

$$f\colon Z\to K,\quad g\colon Z\to K,\quad Z\subset K.$$

Ist z. B. $Z=K$ und $g=id_K$ (d.h. $g(x)=x$ für alle $x\in K$), so ist g linear und stetig und nach Satz 11.1.3. $g'(x)=id_K=1$ ($id_K 1=1$!). Ist $n\in N$ und

$$f(x) = x^n \text{ für alle } x\in K, \quad \text{also} \quad f\cdot g(x) = x^n\cdot x = x^{n+1},$$

so ist

$$(f\cdot g)'(x) = f'(x)g(x)+f(x)g'(x) = f'(x)\cdot x+f(x)\cdot 1.$$

Nimmt man (zur vollständigen Induktion) an, daß $f'(x)=nx^{n-1}$ ist, so erhält man

$$(f\cdot g)'(x) = nx^{n-1}x+x^n\cdot 1 = (n+1)x^n.$$

Wegen $g'(x) = 1 = 1\cdot x^{1-1}$ ergibt sich somit das Resultat von Beispiel 11.1.1. ●

Beispiel 11.2.2. Ist $\hat{X}$ Banachraum über K und setzt man in Hilfssatz 11.2.1. $Y_1= = Y_2=\hat{Y}=\mathscr{L}(\hat{X};\hat{X})$ und

$$\varphi(l_1, l_2):= l_1\circ l_2,$$

dann ist φ bilinear und stetig. Ist $\dim_K \hat{X}=n\in N$, so kann man $\mathscr{L}(\hat{X};\hat{X})$ mit $K^{(n,n)}$ identifizieren (siehe Satz 10.6.6.), und man erhält die Produktregel für Abbildungen

$$f:Z\to K^{(n,n)} \quad \text{und} \quad g:Z\to K^{(n,n)}, \; Z\subset K.$$

Man beachte, daß im allgemeinen nicht $f'(x)g(x)=g(x)f'(x)$ ist, da die Matrizenmultiplikation nicht kommutativ ist! ●

Anmerkung 11.2.1. Die angegebene Fassung der Produktregel umfaßt die meisten in den Anwendungen vorkommenden Fälle. Insbesondere sind die (z. B. in der Physik häufig benutzten) Skalarprodukte und Vektorprodukte spezielle stetige bilineare Abbildungen, man kann daher für ihre Differentiation die Produktregel verwenden. ●

Satz 11.2.3. *(Quotientenregel.) X sei Banachraum, Y eine Banachalgebra mit Einselement* $\mathfrak{e}$, $x\in Z\subset X$,

$$f:Z\to Y \quad \textit{und} \quad g:Z\to Y.$$

Für alle $\mathfrak{z}\in Z$ *sei*

$$f(\mathfrak{z})g(\mathfrak{z}) = g(\mathfrak{z})f(\mathfrak{z}) = \mathfrak{e}, \quad \textit{d.h.} \quad g(\mathfrak{z}) = (f(\mathfrak{z}))^{-1} \textit{ in } Y.$$

Ist f in $\mathfrak{x}$ differenzierbar, so ist auch g in $\mathfrak{x}$ differenzierbar und

$$g'(\mathfrak{x})\mathfrak{y} = -g(\mathfrak{x})(f'(\mathfrak{x})\mathfrak{y})g(\mathfrak{x}) \quad \textit{für alle} \quad \mathfrak{y}\in X.$$

Beweis. Es seien $\mathfrak{a}, \mathfrak{c}\in Y$. Setzt man voraus, daß $\mathfrak{a}^{-1}$ und $(\mathfrak{a}+\mathfrak{c})^{-1}$ in Y existieren, so erhält man (man beachte, daß die Multiplikation nicht kommutativ zu sein braucht!)

$$(\mathfrak{a}+\mathfrak{c})^{-1}-\mathfrak{a}^{-1}=(\mathfrak{a}+\mathfrak{c})^{-1}\big(\mathfrak{e}-(\mathfrak{a}+\mathfrak{c})\mathfrak{a}^{-1}\big)=(\mathfrak{a}+\mathfrak{c})^{-1}(\mathfrak{e}-\mathfrak{e}-\mathfrak{c}\mathfrak{a}^{-1})=-(\mathfrak{a}+\mathfrak{c})^{-1}\mathfrak{c}\mathfrak{a}^{-1},$$

$$(\mathfrak{a}+\mathfrak{c})^{-1}=\mathfrak{a}^{-1}-(\mathfrak{a}+\mathfrak{c})^{-1}\mathfrak{c}\mathfrak{a}^{-1}.$$

Setzt man den so erhaltenen Wert von $(\mathfrak{a}+\mathfrak{c})^{-1}$ auf der rechten Seite für $(\mathfrak{a}+\mathfrak{c})^{-1}$ ein, so ergibt sich

$$(\mathfrak{a}+\mathfrak{c})^{-1}=\mathfrak{a}^{-1}-\big(\mathfrak{a}^{-1}-(\mathfrak{a}+\mathfrak{c})^{-1}\mathfrak{c}\mathfrak{a}^{-1}\big)\mathfrak{c}\mathfrak{a}^{-1}=\mathfrak{a}^{-1}-\mathfrak{a}^{-1}\mathfrak{c}\mathfrak{a}^{-1}+(\mathfrak{a}+\mathfrak{c})^{-1}(\mathfrak{c}\mathfrak{a}^{-1})^2.$$

Für $\mathfrak{y}\in X$, $\mathfrak{x}+\mathfrak{y}\in Z$, setzen wir

$$\mathfrak{a}=f(\mathfrak{x}),\quad \mathfrak{c}=f(\mathfrak{x}+\mathfrak{y})-f(\mathfrak{x})=f'(\mathfrak{x})\mathfrak{y}+r(\mathfrak{x};\mathfrak{y}).$$

Dann ist

$$\mathfrak{a}^{-1}=g(\mathfrak{x}),\quad \mathfrak{a}+\mathfrak{c}=f(\mathfrak{x}+\mathfrak{y}),\quad (\mathfrak{a}+\mathfrak{c})^{-1}=g(\mathfrak{x}+\mathfrak{y}),$$

$$g(\mathfrak{x}+\mathfrak{y})=g(\mathfrak{x})-g(\mathfrak{x})\big(f'(\mathfrak{x})\mathfrak{y}\big)g(\mathfrak{x})-g(\mathfrak{x})r(\mathfrak{x};\mathfrak{y})g(\mathfrak{x})+g(\mathfrak{x}+\mathfrak{y})\big(\big(f'(\mathfrak{x})\mathfrak{y}+r(\mathfrak{x};\mathfrak{y})\big)g(\mathfrak{x})\big)^2.$$

Nach Satz 10.5.4. ist $\tau: Y^\times\to Y$, definiert durch $\tau(\mathfrak{w})=\mathfrak{w}^{-1}$, stetig. Da $g(\mathfrak{z})=\tau\big(f(\mathfrak{z})\big)$ für alle $\mathfrak{z}\in Z$ und f in $\mathfrak{x}$ differenzierbar und deshalb in $\mathfrak{x}$ stetig ist, ist auch g in $\mathfrak{x}$ stetig. Daher ist $g(\mathfrak{x}+\mathfrak{y})=O(1)$ für $\mathfrak{y}\to\mathfrak{o}$. Da außerdem $\|\mathfrak{v}\mathfrak{w}\|\leqq\|\mathfrak{v}\|\,\|\mathfrak{w}\|$ für alle $\mathfrak{v},\mathfrak{w}\in Y$ ist, erhält man nach Satz 9.7.1. und Hilfssatz 11.1.1.

$$g(\mathfrak{x})r(\mathfrak{x};\mathfrak{y})g(\mathfrak{x})=O(1)o(\|\mathfrak{y}\|)O(1)=o(\|\mathfrak{y}\|),$$

$$g(\mathfrak{x}+\mathfrak{y})\big(\big(f'(\mathfrak{x})\mathfrak{y}+r(\mathfrak{x};\mathfrak{y})\big)g(\mathfrak{x})\big)^2=O(1)\big(\big(O(\|\mathfrak{y}\|)+o(\|\mathfrak{y}\|)\big)O(1)\big)^2=O(\|\mathfrak{y}\|)O(\|\mathfrak{y}\|)$$

$$=O(\|\mathfrak{y}\|)o(1)=o(\|\mathfrak{y}\|),$$

und damit

$$g(\mathfrak{x}+\mathfrak{y})=g(\mathfrak{x})-g(\mathfrak{x})\big(f'(\mathfrak{x})\mathfrak{y}\big)g(\mathfrak{x})+o(\|\mathfrak{y}\|)\quad\text{für}\quad \mathfrak{y}\to\mathfrak{o}.$$

Da $g'(\mathfrak{x}): X\to Y$, definiert durch $g'(\mathfrak{x})=-g(\mathfrak{x})\big(f'(\mathfrak{x})\mathfrak{y}\big)g(\mathfrak{x})$, linear und stetig ist, ist g in $\mathfrak{x}$ differenzierbar mit der angegebenen Ableitung. ●

Anmerkung 11.2.2. Mit Quotientenregel und Produktregel (Satz 11.2.2.) kann man allgemeine Quotienten differenzieren. Man beachte dabei, daß die Quotientenschreibweise $\frac{\mathfrak{b}}{\mathfrak{a}}:=\mathfrak{b}\mathfrak{a}^{-1}$ nur zulässig ist, wenn $\mathfrak{a},\mathfrak{b}$ vertauschbar sind, also $\mathfrak{b}\mathfrak{a}^{-1}=$ $=\mathfrak{a}^{-1}\mathfrak{b}$ ist, und deshalb im allgemeinen Fall nicht benutzt werden kann. Ist

$$h: Z\to Y \text{ differenzierbar in } \mathfrak{x},$$

f und g wie in Satz 11.2.3., so ist nach Satz 11.2.2. hg in $\mathfrak{x}$ differenzierbar und

$$(h\cdot g)'(\mathfrak{x})\mathfrak{y}=\big(h'(\mathfrak{x})\mathfrak{y}\big)g(\mathfrak{x})+h(\mathfrak{x})\big(g'(\mathfrak{x})\mathfrak{y}\big)=\big(h'(\mathfrak{x})\mathfrak{y}\big)g(\mathfrak{x})-h(\mathfrak{x})g(\mathfrak{x})\big(f'(\mathfrak{x})\mathfrak{y}\big)g(\mathfrak{x}).$$

Ist die Multiplikation auf Y kommutativ, so kann man die Quotientenschreibweise benutzen, $\frac{h}{f}(\mathfrak{z}):=\frac{h(\mathfrak{z})}{f(\mathfrak{z})}=h(\mathfrak{z})g(\mathfrak{z})$ setzen, und erhält

$$\left(\frac{h}{f}\right)'(\mathfrak{x})\mathfrak{y} = \frac{h'(\mathfrak{x})\mathfrak{y}}{f(\mathfrak{x})} - \frac{h(\mathfrak{x})\left(f'(\mathfrak{x})\mathfrak{y}\right)}{\left(f(\mathfrak{x})\right)^2} = \frac{\left(h'(\mathfrak{x})\mathfrak{y}\right)f(\mathfrak{x}) - h(\mathfrak{x})\left(f'(\mathfrak{x})\mathfrak{y}\right)}{\left(f(\mathfrak{x})\right)^2}. \bullet$$

Wir wollen wieder einen wichtigen Spezialfall gesondert formulieren.

Hilfssatz 11.2.2. *X sei ein Banachraum, Y eine kommutative Banachalgebra mit Einselement über K ($K=\mathbf{R}$ oder $K=\mathbf{C}$), $\mathfrak{x}\in Z\subset X$,*

$$f: Z \to Y \quad \textit{und} \quad h: Z \to Y.$$

Für jedes $\mathfrak{z}\in Z$ existiere $\left(f(\mathfrak{z})\right)^{-1}$ in Y. In der üblichen Quotientenschreibweise sei

$$\frac{h}{f}: Z \to Y \quad \textit{definiert durch} \quad \frac{h}{f}(\mathfrak{z}) =: \frac{h(\mathfrak{z})}{f(\mathfrak{z})} = h(\mathfrak{z})\left(f(\mathfrak{z})\right)^{-1}.$$

Sind f und h in $\mathfrak{x}$ differenzierbar, so ist auch $\frac{h}{f}$ in $\mathfrak{x}$ differenzierbar und

$$\left(\frac{h}{f}\right)'(\mathfrak{x})\mathfrak{y} = \frac{\left(h'(\mathfrak{x})\mathfrak{y}\right)f(\mathfrak{x}) - h(\mathfrak{x})\left(f'(\mathfrak{x})\mathfrak{y}\right)}{\left(f(\mathfrak{x})\right)^2} \quad \textit{für alle} \quad \mathfrak{y}\in X.$$

Ist insbesondere $X=K$, so ist mit der üblichen Identifizierung von Y mit $\mathscr{L}(K;\, Y)$

$$\left(\frac{h}{f}\right)'(x) = \frac{h'(x)f(x) - h(x)f'(x)}{\left(f(x)\right)^2} \qquad (x=\mathfrak{x}\in Z\subset K).$$

Beweis. Siehe Anmerkung 11.2.2. Im Falle $X=K$ setzt man $\mathfrak{y}=1$ (bei der Identifizierung von Y mit $\mathscr{L}(K;\, Y)$ steht $l1\in Y$ an Stelle von $l\in\mathscr{L}(K;\, Y)$) und erhält den angegebenen Ausdruck. $\bullet$

Satz 11.2.4. *(Kettenregel.) X, Y_1, Y_2 seien Banachräume, $\mathfrak{x}\in Z\subset X$, $W\subset Y_1$,*

$$f: Z\to Y_1, \quad f(Z)\subset W, \quad g: W\to Y_2,$$

$$\tilde{f}: Z\to W, \quad \textit{definiert durch} \quad \tilde{f}(\mathfrak{z}) := f(\mathfrak{z}).$$

Ist f in $\mathfrak{x}$ differenzierbar und g in $f(\mathfrak{x})$ differenzierbar, so ist $g\circ\tilde{f}$ in $\mathfrak{x}$ differenzierbar und

$$(g\circ\tilde{f})'(\mathfrak{x}) = g'\left(f(\mathfrak{x})\right)\circ f'(\mathfrak{x}).$$

Beweis. Für $\mathfrak{y}\in X$, $\mathfrak{x}+\mathfrak{y}\in Z$, ist

$$\begin{aligned} g\circ\tilde{f}(\mathfrak{x}+\mathfrak{y}) &= g\left(f(\mathfrak{x}+\mathfrak{y})\right) = g\left(f(\mathfrak{x}) + f'(\mathfrak{x})\mathfrak{y} + r_f(\mathfrak{x};\, \mathfrak{y})\right) \\ &= g\circ\tilde{f}(\mathfrak{x}) + g'\left(f(\mathfrak{x})\right)\left(f'(\mathfrak{x})\mathfrak{y} + r_f(\mathfrak{x};\, \mathfrak{y})\right) + r_g\left(f(\mathfrak{x});\, f'(\mathfrak{x})\mathfrak{y} + r_f(\mathfrak{x};\, \mathfrak{y})\right). \end{aligned}$$

Wegen

$$f'(\mathfrak{x})\mathfrak{y} + r_f(\mathfrak{x},\, \mathfrak{y}) = O(\|\mathfrak{y}\|) + o(\|\mathfrak{y}\|) = O(\|\mathfrak{y}\|) \quad \text{für} \quad \mathfrak{y}\to\mathfrak{o}$$

gibt es eine Umgebung U_0 von $\mathfrak{o}$ und ein $C \in \boldsymbol{R}_+$ mit

$$\|f'(\mathfrak{x})\mathfrak{y} + r_f(\mathfrak{x};\mathfrak{y})\| \leqq C\|\mathfrak{y}\| \quad \text{für} \quad \mathfrak{y} \in U_0,\ \mathfrak{y} \neq \mathfrak{o},\ \mathfrak{x}+\mathfrak{y} \in Z.$$

Wegen $r_g(f(\mathfrak{x});\mathfrak{w}) = o(\|\mathfrak{w}\|)$ für $\mathfrak{w} \to \mathfrak{o}$ gibt es eine Umgebung V von $\mathfrak{o}$ und eine Abbildung

$$h:(V \cap W_{f(\mathfrak{x})} - \{\mathfrak{o}\}) \to \boldsymbol{R} \quad \text{mit} \quad \lim_{\mathfrak{w}\to\mathfrak{o}} h(\mathfrak{w}) = 0,$$

$$\left\|r_g(f(\mathfrak{x});\mathfrak{w})\right\| \leqq h(\mathfrak{w})\|\mathfrak{w}\| \quad \text{für} \quad \mathfrak{w} \in V,\ \mathfrak{w} \neq \mathfrak{o},\ f(\mathfrak{x})+\mathfrak{w} \in W.$$

Definiert man

$$\tilde{h}: V \cap W_{f(\mathfrak{x})} \to \boldsymbol{R} \quad \text{durch} \quad \tilde{h}|(V \cap W_{f(\mathfrak{x})} - \{\mathfrak{o}\}) = h,\ \tilde{h}(\mathfrak{o}) = 0,$$

so ist $\tilde{h}$ in $\mathfrak{o}$ stetig, und wegen $r_g(f(\mathfrak{x});\mathfrak{o}) = \mathfrak{o}$ ist

$$\left\|r_g(f(\mathfrak{x});\mathfrak{w})\right\| \leqq \tilde{h}(\mathfrak{w})\|\mathfrak{w}\| \quad \text{für alle} \quad \mathfrak{w} \in V,\ f(\mathfrak{x})+\mathfrak{w} \in W.$$

Wählt man $r \in \boldsymbol{R}_+^\times$ so, daß „$\mathfrak{w} \in Y_1$, $\|\mathfrak{w}\| < Cr \Rightarrow \mathfrak{w} \in V$" gilt, so ergibt sich für $\mathfrak{y} \in U_0$, $0 < \|\mathfrak{y}\| < r$, $\mathfrak{x}+\mathfrak{y} \in Z$,

$$\left\|r_g(f(\mathfrak{x}); f'(\mathfrak{x})\mathfrak{y} + r_f(\mathfrak{x};\mathfrak{y}))\right\| \leqq h(f'(\mathfrak{x})\mathfrak{y} + r_f(\mathfrak{x};\mathfrak{y}))C\|\mathfrak{y}\|,$$

$$\lim_{\mathfrak{y}\to\mathfrak{o}} h(f'(\mathfrak{x})\mathfrak{y} + r_f(\mathfrak{x};\mathfrak{y})) = 0,$$

$$\left\|g'(f(\mathfrak{x}))r_f(\mathfrak{x};\mathfrak{y})\right\| \leqq \left\|g'(f(\mathfrak{x}))\right\| \|r_f(\mathfrak{x};\mathfrak{y})\|$$

und damit

$$r_g(f(\mathfrak{x}); f'(\mathfrak{x})\mathfrak{y} + r_f(\mathfrak{x};\mathfrak{y})) = o(\|\mathfrak{y}\|), \quad g'(f(\mathfrak{x}))r_f(\mathfrak{x};\mathfrak{y}) = o(\|\mathfrak{y}\|).$$

Daraus folgt

$$g \circ \tilde{f}(\mathfrak{x}+\mathfrak{y}) = g \circ \tilde{f}(\mathfrak{x}) + g'(f(\mathfrak{x})) \circ f'(\mathfrak{x})\mathfrak{y} + o(\|\mathfrak{y}\|) \quad \text{für} \quad \mathfrak{y} \to \mathfrak{o}. \quad \bullet$$

Satz 11.2.5. *(Differentiation der Umkehrfunktion, vgl. Satz 11.5.5.) X, Y seien Banachräume, $\mathfrak{x} \in Z \subset X$, $W \subset Y$,*

$$f: Z \to Y, \quad f(Z) \subset W, \quad g: W \to X, \quad g(f(\mathfrak{z})) = \mathfrak{z} \quad \text{für alle} \quad \mathfrak{z} \in Z,$$

$$\tilde{f}: Z \to W, \quad \text{definiert durch} \quad \tilde{f}(\mathfrak{z}) = f(\mathfrak{z}), \quad \text{also} \quad g \circ \tilde{f} = id_X|Z.$$

Gilt (a) *f ist in $\mathfrak{x}$ differenzierbar, $f'(\mathfrak{x})$ ist bijektiv,*

(b) *$f(\mathfrak{x})$ ist zulässiger Punkt von W, g ist in $f(\mathfrak{x})$ stetig,*

(c) *es gibt eine Umgebung V von $f(\mathfrak{x})$ mit $V \cap f(Z) = V \cap W$,*

so ist g in $f(\mathfrak{x})$ differenzierbar und

$$g'(f(\mathfrak{x})) = (f'(\mathfrak{x}))^{-1}.$$

Beweis. Wegen (a) kann man $(f'(\mathfrak{x}))^{-1}$ bilden. $(f'(\mathfrak{x}))^{-1}$ ist linear und stetig weil $f'(\mathfrak{x})$ linear, stetig und surjektiv und deshalb nach Satz 10.4.3. auch offen ist. Für $\mathfrak{y} \in X$, $\mathfrak{x}+\mathfrak{y} \in Z$ (d.h. $\mathfrak{y} \in Z_{\mathfrak{x}} = \{\mathfrak{y} \mid \mathfrak{y} \in X,\ \mathfrak{x}+\mathfrak{y} \in Z\}$) gilt

$$f'(\mathfrak{x})\mathfrak{y} = f(\mathfrak{x}+\mathfrak{y}) - f(\mathfrak{x}) - r(\mathfrak{x};\mathfrak{y}), \quad r(\mathfrak{x};\mathfrak{y}) = o(\|\mathfrak{y}\|) \text{ für } \mathfrak{y} \to \mathfrak{o}.$$

Multiplikation mit $(f'(\mathfrak{x}))^{-1}$ ergibt

$$\|\mathfrak{y}\| \leqq \left\|(f'(\mathfrak{x}))^{-1}\right\| \|f(\mathfrak{x}+\mathfrak{y}) - f(\mathfrak{x})\| + \left\|(f'(\mathfrak{x}))^{-1}\right\| \|r(\mathfrak{x};\mathfrak{y})\|.$$

Wie im Beweis von Satz 11.2.4. (siehe dort) gibt es eine Umgebung U von $\mathfrak{o}$ und eine Abbildung

$$\tilde{h}: U \cap Z_{\mathfrak{x}} \to \boldsymbol{R}, \quad \text{stetig in } \mathfrak{o}, \quad \text{mit } \tilde{h}(\mathfrak{o}) = 0$$

so, daß

$$\|r(\mathfrak{x};\mathfrak{y})\| \leqq \tilde{h}(\mathfrak{y})\|\mathfrak{y}\| \quad \text{für alle} \quad \mathfrak{y} \in U \cap Z_{\mathfrak{x}}$$

ist. Wir können daher ein $\varepsilon \in \boldsymbol{R}_{+}^{\times}$ so wählen, daß $\mathfrak{y} \in U$, $\|(f'(\mathfrak{x}))^{-1}\| \|r(\mathfrak{x};\mathfrak{y})\| \leqq \frac{1}{2}\|\mathfrak{y}\|$ für alle $\mathfrak{y} \in Z_{\mathfrak{x}}$ mit $\|\mathfrak{y}\| < \varepsilon$ ist. Setzt man dies ein, so ergibt sich

$$\mathfrak{y} \in Z_{\mathfrak{x}},\ \|\mathfrak{y}\| < \varepsilon \ \Rightarrow\ \frac{1}{2}\|\mathfrak{y}\| \leqq \left\|(f'(\mathfrak{x}))^{-1}\right\| \|f(\mathfrak{x}+\mathfrak{y}) - f(\mathfrak{x})\|.$$

Zu ε gibt es wegen der Stetigkeit von g in $f(\mathfrak{x})$ und (c) ein $\delta \in \boldsymbol{R}_{+}^{\times}$ mit

$$\mathfrak{w} \in W_{f(\mathfrak{x})},\ \|\mathfrak{w}\| < \delta \ \Rightarrow\ f(\mathfrak{x}) + \mathfrak{w} \in f(Z),\ \left\|g(f(\mathfrak{x})+\mathfrak{w}) - g(f(\mathfrak{x}))\right\| < \varepsilon.$$

Zu jedem solchen $\mathfrak{w}$ gibt es wegen $f(\mathfrak{x})+\mathfrak{w} \in f(Z)$ ein $\mathfrak{z} \in Z$ mit $f(\mathfrak{z}) = f(\mathfrak{x}) + \mathfrak{w}$. Wir setzen $\mathfrak{y} = \mathfrak{z} - \mathfrak{x}$. Dann ist $\mathfrak{y} \in Z_{\mathfrak{x}}$,

$$f(\mathfrak{x}+\mathfrak{y}) = f(\mathfrak{z}) = f(\mathfrak{x}) + \mathfrak{w}, \quad \mathfrak{y} = g(f(\mathfrak{z})) - g(f(\mathfrak{x})) = g(f(\mathfrak{x})+\mathfrak{w}) - g(f(\mathfrak{x})).$$

Wegen $\|\mathfrak{w}\| < \delta$ ergibt das

$$\|\mathfrak{y}\| < \varepsilon, \quad \frac{1}{2}\|\mathfrak{y}\| \leqq \left\|f'(\mathfrak{x}))^{-1}\right\| \|f(\mathfrak{x}+\mathfrak{y}) - f(\mathfrak{x})\| = \left\|(f'(\mathfrak{x}))^{-1}\right\| \|\mathfrak{w}\|.$$

Unsere Ausgangsgleichung (s. o.) ergibt mit *diesem* Wert von $\mathfrak{y}$

$$g(f(\mathfrak{x})+\mathfrak{w}) - g(f(\mathfrak{x})) = (f'(\mathfrak{x}))^{-1}\mathfrak{w} - (f'(\mathfrak{x}))^{-1} r(\mathfrak{x};\mathfrak{y}),$$

$$\|r(\mathfrak{x};\mathfrak{y})\| \leqq \tilde{h}(g(f(\mathfrak{x})+\mathfrak{w}) - g(f(\mathfrak{x})))2\left\|(f'(\mathfrak{x}))^{-1}\right\| \|\mathfrak{w}\|.$$

Wegen der Stetigkeit von g in $f(\mathfrak{x})$ ist daher

$$(f'(\mathfrak{x}))^{-1} r(\mathfrak{x}; g(f(\mathfrak{x})+\mathfrak{w}) - g(f(\mathfrak{x}))) = o(\|\mathfrak{w}\|) \quad \text{für} \quad \mathfrak{w} \to \mathfrak{o}. \ \bullet$$

Anmerkung 11.2.3. Definiert man zu Satz 11.2.5.

$$\hat{f}: Z \to f(Z) \quad \text{durch} \quad \hat{f}(\mathfrak{z}) := f(\mathfrak{z}),$$

$$\hat{g}: f(Z) \to Z \quad \text{durch} \quad \hat{g}(\mathfrak{w}) := g(\mathfrak{w}) \quad (g(f(Z)) = Z!),$$

so ist $\hat{g}\circ\hat{f} = id_Z$. Da $\hat{f}$ aber surjektiv ist, muß $\hat{g}$ injektiv sein, wie man sich sofort überlegt. Da $\hat{g}$ nach Satz 1.4.5. surjektiv ist, ist $\hat{g}$ bijektiv, $\hat{f}=\hat{g}^{-1}$, $\hat{g}=\hat{f}^{-1}$. $\hat{g}$ ist die inverse Abbildung zu $\hat{f}$, der Graph von $\hat{g}$ die Umkehrfunktion zum Graphen von $\hat{f}$.

Die Bedingung (c) ist natürlich erforderlich, damit man die Differenzierbarkeit von g und nicht nur von $g|f(Z)$ erhält. ●

Anmerkung 11.2.4. Ist in Satz 11.2.5. $X=Y=K$ ($K=\boldsymbol{R}$ oder $K=\boldsymbol{C}$), so kann man $\mathscr{L}(K;K)$ mit K identifizieren. Für $l\in K$ gilt

$$l^{-1} \text{ existiert } \Leftrightarrow l\neq 0,$$

also gilt in diesem Fall ($x=\mathfrak{x}\in Z\subset K$)

$$f'(x) \text{ bijektiv } \Leftrightarrow f'(x)\neq 0. \quad ●$$

Ein Beispiel für die Verwendung von Satz 11.2.5. gibt

Hilfssatz 11.2.3. *n sei eine ungerade natürliche Zahl,*

$$f\colon \boldsymbol{R}\to\boldsymbol{R} \quad \textit{definiert durch } f(x)=x^n \quad \textit{für} \quad x\in\boldsymbol{R}.$$

f ist streng monoton wachsend und topologisch. Es sei $g=f^{-1}$. Es ist

$$g(z)=\sqrt[n]{z} \;\textit{für}\; z\geqq 0, \quad g(z)=-\sqrt[n]{|z|} \;\textit{für}\; z\leqq 0.$$

g ist in jedem Punkt $z\in\boldsymbol{R}$, $z\neq 0$, differenzierbar,

$$g'(z)=\frac{1}{n}|z|^{\frac{1}{n}-1}=\frac{1}{n}z^{-1}g(z).$$

Für $n\neq 1$ ist g in 0 nicht differenzierbar.

Beweis. Es sei $x\in\boldsymbol{R}$, Da n ungerade ist, gilt

$$x>0 \Rightarrow x^n>0, \qquad x<0 \Rightarrow x^n=(-1)^n|x|^n=-|x|^n<0.$$

Nach Hilfssatz 6.7.3. gilt: $x, y\in\boldsymbol{R}$, $0<x<y \Rightarrow x^n<y^n$. Man überzeugt sich leicht, daß für ungerades n allgemein

$$x, y\in\boldsymbol{R},\; x<y \Rightarrow x^n<y^n$$

gilt. f ist monoton und injektiv. Da der Graph von f ein Polynom ist, ist f stetig. Sind $x, y\in\boldsymbol{R}$, $x<y$, so ist wegen der Monotonie $f([x,y])\subset[f(x),f(y)]$. Da $[x,y]$ zusammenhängend ist, ist auch $f([x,y])$ zusammenhängend. Infolgedessen ist

$$f([x,y])=[f(x),f(y)], \quad \text{also} \quad f(]x,y[)=]f(x),f(y)[.$$

Das Bild eines beschränkten offenen Intervalles ist somit offen. Da jede offene Menge Vereinigung von beschränkten offenen Intervallen ist, ist f eine offene Abbildung. Ist $z \in \boldsymbol{R}$, so sei

$$x = \sqrt[n]{z} \quad \text{für } z \geqq 0, \quad x = -\sqrt[n]{|z|} \quad \text{für } z < 0.$$

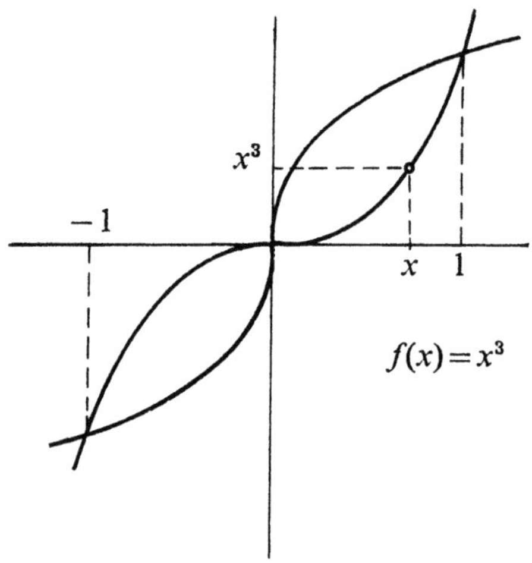

Dann ist $f(x)=x^n=z$. f ist daher auch surjektiv und damit bijektiv. Da f stetig und offen ist, ist f topologisch, und $g=f^{-1}$ hat die angegebene Form. Nach Beispiel 11.2.1. ist

$$f'(x)=nx^{n-1}, \quad \text{also} \quad f'(x) \neq 0 \quad \text{für} \quad x \neq 0, \quad f'(0)=0 \quad \text{für} \quad n>1.$$

Im Punkte 0 kann g für $n>1$ nicht differenzierbar sein, da nach der Kettenregel sonst

$$g \circ f = id_{\boldsymbol{R}} \quad \Rightarrow \quad 1 = id'_{\boldsymbol{R}}(0)1 = g'(f(0)) \cdot f'(0)1 = g'(0) \cdot 0$$

gelten würde. In allen Punkten $z \in \boldsymbol{R}$, $z \neq 0$, ist g nach Satz 11.2.5. differenzierbar, man braucht nur $x=g(z)$ zu setzen und erhält $z=f(x)=x^n$ und

$$g'(z) = g'(f(x)) = (f'(x))^{-1} = (nx^{n-1})^{-1} = \frac{1}{n}\frac{1}{x^n}x = \frac{1}{n}\frac{1}{z}g(z).$$

Wegen $(|z|^{\frac{1}{n}})^n = |z|$ ist $|z|^{\frac{1}{n}} = \sqrt[n]{|z|}$. Für $z<0$ ist

$$\frac{1}{z}g(z) = -\frac{1}{|z|}\left(-\sqrt[n]{|z|}\right) = |z|^{\frac{1}{n}-1}. \bullet$$

Anmerkung 11.2.5. Aus Hilfssatz 11.2.3. ersieht man, daß man auch bei bijektiven Abbildungen in Satz 11.2.5. nicht auf die Voraussetzung, daß $f'(\mathfrak{x})$ bijektiv ist, verzichten kann. ●

Satz 11.2.6. *Definiert man (vgl. Satz 8.9.2.)*

$$f: \boldsymbol{R} \to \boldsymbol{R} \quad \textit{durch} \quad f(x) := \exp(x) = e^x \quad \textit{für} \quad x \in \boldsymbol{R},$$

$$g: \boldsymbol{R}_+^\times \to \boldsymbol{R} \quad \textit{durch} \quad g(z) := \log z \quad \textit{für} \quad z \in \boldsymbol{R}_+^\times,$$

so ist f stetig, offen und injektiv, g topologisch und

$$f(g(z)) = z \quad \textit{für} \quad z \in \boldsymbol{R}_+^\times, \quad g(f(x)) = x \quad \textit{für} \quad x \in \boldsymbol{R}.$$

f und g sind in jedem Punkt differenzierbar, es ist

$$f'(x) = f(x) = e^x, \quad g'(z) = \frac{1}{z}.$$

Beweis. Da $f(\boldsymbol{R}) = \boldsymbol{R}_+^\times$ offen in $\boldsymbol{R}$ ist, also jede offene Teilmenge von $\boldsymbol{R}_+^\times$ auch offene Teilmenge von $\boldsymbol{R}$ ist, sind alle Behauptungen bis auf die Differenzierbarkeitsaussagen bereits in Satz 8.9.2. enthalten. Die Differenzierbarkeit von f, und $f'(x) = f(x) = e^x \neq 0$, entnimmt man aus Beispiel 11.1.2.

Alle Punkte von $\boldsymbol{R}_+^\times$ sind innere Punkte und daher zulässig. Ist $z \in \boldsymbol{R}_+^\times$, so setzt man $x = g(z) = \log z$. Dann ist $z = f(x) = e^x$, und man erhält die Differenzierbarkeit von g aus Satz 11.2.5. mit

$$g'(z) = (f'(x))^{-1} = (f(x))^{-1} = (z)^{-1} = \frac{1}{z}. \quad \bullet$$

Satz 11.2.7. *Nach Anmerkung 8.9.1. bzw. Satz 6.8.3. ist*

$$b^z = e^{z \log b} \quad \textit{für alle} \quad b \in \boldsymbol{R}_+^\times, \ z \in \boldsymbol{R}.$$

Definiert man für $a \in \boldsymbol{R}$, $b \in \boldsymbol{R}_+^\times$

$$h_1: \boldsymbol{R}_+^\times \to \boldsymbol{R} \quad \textit{durch} \quad h_1(x) := x^a \ \textit{für} \ x \in \boldsymbol{R}_+^\times,$$

$$h_2: \boldsymbol{R} \to \boldsymbol{R} \quad \textit{durch} \quad h_2(x) := b^x \ \textit{für} \ x \in \boldsymbol{R},$$

so sind h_1 *und* h_2 *stetig und in jedem Punkt differenzierbar,*

$$h_1'(x) = ax^{a-1} \ \textit{für} \ x \in \boldsymbol{R}_+^\times, \quad h_2'(x) = b^x \log b \ \textit{für} \ x \in \boldsymbol{R}.$$

Beweis. In den Bezeichnungen von Satz 11.2.6. ist

$$h_1(x) = e^{a \log x} = f(ag(x)), \quad h_2(x) = e^{x \log b} = f(x \log b).$$

h_1 und h_2 sind daher stetig, man erhält nach der Kettenregel (Satz 11.2.4.) die Differenzierbarkeit und

$$h_1'(x) = f'(ag(x))ag'(x) = f(ag(x))a\frac{1}{x} = h_1(x)a\frac{1}{x} = x^a a \frac{1}{x} = ax^{a-1},$$

$$h_2'(x) = f'(x \log b) \log b = f(x \log b) \log b = h_2(x) \log b = b^x \log b. \quad \bullet$$

11.3. Der Schrankensatz

I sei ein Intervall in $\boldsymbol{R}$, Y ein Banachraum, $h: I \to Y$ in jedem Punkt von I differenzierbar, $C \in \boldsymbol{R}_+$ und $\|h'(x)\| \leqq C$ für alle $x \in I$. Für jedes $x \in I$ ist dann

$$h(x+y)-h(x) = h'(x)y+r(x;y), \quad r(x;y)=o(|y|) \quad \text{für} \quad y \to 0.$$

Ist $\varepsilon \in \boldsymbol{R}_+^\times$, so kann man daher zu x und ε ein $\delta \in \boldsymbol{R}_+^\times$ wählen mit

$$\|h(x+y)-h(x)\| \leqq \|h'(x)\|\,|y|+\|r(x;y)\| \leqq (C+\varepsilon)|y| \quad \text{für} \quad |y|<\delta, \quad x+y \in I.$$

Für alle $z \in]x, x+\delta[$ ist dann (wegen $0 < z-x = y < \delta$), falls $z \in I$ ist,

$$\|h(z)-h(x)\| \leqq (C+\varepsilon)(z-x).$$

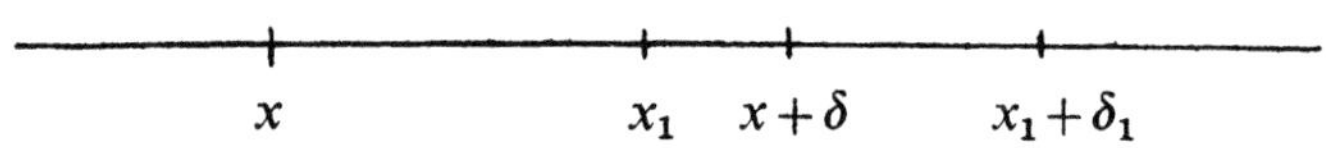

Ist $x+\delta \in I$, so wähle man ein $x_1 \in]x, x+\delta[$, x_1 möglichst nahe bei $x+\delta$. Zu x_1 und ε gibt es ein $\delta_1 \in \boldsymbol{R}_+^\times$ mit

$$\|h(w)-h(x_1)\| \leqq (C+\varepsilon)(w-x_1) \quad \text{für} \quad w \in]x_1, x_1+\delta_1[\cap I.$$

Setzt man beide Abschätzungen zusammen, so ergibt sich

$$\begin{aligned}\|h(w)-h(x)\| &\leqq \|h(w)-h(x_1)\|+\|h(x_1)-h(x)\| \\ &\leqq (C+\varepsilon)(w-x_1)+(C+\varepsilon)(x_1-x) \\ &\leqq (C+\varepsilon)(w-x) \quad \text{für} \quad w \in]x_1, x_1+\delta_1[\cap I\end{aligned}$$

und damit insgesamt wegen $]x, x_1] \subset]x, x+\delta[$

$$\|h(w)-h(x)\| \leqq (C+\varepsilon)(w-x) \quad \text{für} \quad w \in]x, x_1+\delta_1[\cap I.$$

Setzt man das Verfahren fort, so erhält man die Abschätzung für immer größere Teilintervalle von I, und schließlich (was keineswegs trivial ist, s. u.)

$$\|h(w)-h(x)\| \leqq (C+\varepsilon)(w-x) \quad \text{für alle} \quad w \in I, \quad w \geqq x.$$

Kennt man also eine obere Schranke der Ableitung in I, so kann man eine nichttriviale Angabe darüber machen, wie weit $h(w)$ höchstens von $h(x)$ abweichen kann, und zwar für jedes $w \in I$ (den Fall $w \leqq x$ kann man analog wie oben behandeln). Das führt auf

Satz 11.3.1. *(Schrankensatz.) Y sei Banachraum, $a, b \in \boldsymbol{R}$, $a<b$.*

$$h:[a,b] \to Y, \quad \varphi:[a,b] \to \boldsymbol{R}$$

seien stetig. A sei eine abzählbare Teilmenge von $[a, b]$. Sind h und φ in jedem Punkt von $[a, b]-A$ differenzierbar und ist

$$\|h'(x)\| \leqq \varphi'(x) \quad \textit{für alle} \quad x \in [a, b]-A,$$

so gilt

$$\|h(x)-h(a)\| \leqq \varphi(x)-\varphi(a) \quad \textit{für alle} \quad x \in [a, b].$$

Beweis. Es sei $A=\{a_n | n \in J\}$ mit $J \subset \boldsymbol{N}$ und $H:=[a, b]$. Weiter sei $\varepsilon \in \boldsymbol{R}_+^\times$ und

$$H_\varepsilon := \{x | x \in H, \|h(x)-h(a)\| \leqq \varphi(x)-\varphi(a)+\varepsilon(x-a)+\varepsilon \sum_{a_n<x} 2^{-n}\}.$$

Kann man zeigen, daß $H_\varepsilon = H$ ist, so erhält man für jedes $x \in H$

$$\begin{aligned} \|h(x)-h(a)\| &\leqq \varphi(x)-\varphi(a)+\varepsilon(x-a)+\varepsilon \sum_{a_n<x} 2^{-n} \\ &\leqq \varphi(x)-\varphi(a)+\varepsilon(x-a)+\varepsilon \cdot \sum_{n \in \boldsymbol{N}} 2^{-n} \leqq \varphi(x)-\varphi(a)+\varepsilon(x-a)+\varepsilon. \end{aligned}$$

Gilt für festes x diese Ungleichung für jedes positive ε, so ist

$$\|h(x)-h(a)\| \leqq \varphi(x)-\varphi(a)+\lim_{\substack{\varepsilon \to 0 \\ \varepsilon > 0}} \big(\varepsilon(x-a)+\varepsilon\big) = \varphi(x)-\varphi(a).$$

Man muß daher nur $H_\varepsilon = H$, also $H-H_\varepsilon = \emptyset$ für jedes positive ε beweisen. Wir führen einen Widerspruchsbeweis (siehe 1.1.). Wir machen dazu *die Annahme*

$$\varepsilon \in \boldsymbol{R}_+^\times, \quad H-H_\varepsilon \neq \emptyset$$

und setzen

$$z = \inf(H-H_\varepsilon).$$

Natürlich ist $z = \inf(H-H_\varepsilon) \in H$, da a untere Schranke von H und damit von $H-H_\varepsilon$ ist, also $a \leqq z$ gilt, und da $[a, b]$ ein Element von $H-H_\varepsilon$ enthält. Wir zeigen

(1) $$z \in H_\varepsilon.$$

Ist $z=a$, so ist wegen $\|h(a)-h(a)\| = 0 = \varphi(a)-\varphi(a)$ natürlich $z \in H_\varepsilon$. Ist $z>a$, so sind alle x mit $a \leqq x < z$ in H_ε (da sie nicht in $H-H_\varepsilon$ liegen können), für $a \leqq x < z$ gilt daher

$$\begin{aligned} \|h(x)-h(a)\| &\leqq \varphi(x)-\varphi(a)+\varepsilon(x-a)+\varepsilon \sum_{a_n<x} 2^{-n} \\ &\leqq \varphi(x)-\varphi(a)+\varepsilon(z-a)+\varepsilon \sum_{a_n<z} 2^{-n}. \end{aligned}$$

Da φ und h stetig sind, ist nach Satz 7.6.5. die Menge der Punkte aus $[a, z]$, in denen die Ungleichung nicht gilt, offen in $[a, z]$, die Menge der Punkte, in denen sie gilt, also abgeschlossen; gilt sie in $[a, z[$, so gilt sie infolgedessen auch in $[a, z]$ ($a<z$, $[a, z[\neq \emptyset$).

Man kann natürlich ebensogut auf beiden Seiten $\lim\limits_{\substack{x \to z \\ x < z}} \ldots$ bilden. In jedem Falle folgt $z \in H_\varepsilon$.

Da $z \in H_\varepsilon$ ist, ist $z < x$ für jedes $x \in H - H_\varepsilon$. Daher ist $z \neq b$, da sonst $H - H_\varepsilon = \emptyset$ wäre. Zur Herleitung des Widerspruches unterscheiden wir zwei Fälle.

(a) $z \notin A$. Ist $\varepsilon_0 \in \boldsymbol{R}_+^\times$, so gibt es wegen der Differenzierbarkeit von h und φ in z ein $\delta \in \boldsymbol{R}_+^\times$ so, daß $z + \delta < b$ ist, und für alle $x \in \boldsymbol{R}$, $z \leqq x < z + \delta$ gilt $(x - z \geqq 0!)$

$$\|h(x) - h(z)\| = \|h'(z)(x-z) + r_h(z; x-z)\| \leqq \|h'(z)\|(x-z) + \varepsilon_0(x-z),$$

$$\varphi'(z)(x-z) = \varphi(x) - \varphi(z) - r_\varphi(z; x-z) \leqq \varphi(x) - \varphi(z) + \varepsilon_0(x-z).$$

Wegen $\|h'(z)\| \leqq \varphi'(z)$ erhält man daraus

$$\|h(x) - h(z)\| \leqq \varphi(x) - \varphi(z) + 2\varepsilon_0(x-z).$$

Wählt man $\varepsilon_0 = \frac{\varepsilon}{2}$ und berücksichtigt, daß $z \in H_\varepsilon$ ist, so ergibt sich für $z \leqq x <$ $< z + \delta$

$$\begin{aligned}\|h(x) - h(a)\| &\leqq \|h(x) - h(z)\| + \|h(z) - h(a)\| \\ &\leqq \varphi(x) - \varphi(z) + \varepsilon(x-z) + \varphi(z) - \varphi(a) + \varepsilon(z-a) + \varepsilon \sum_{a_n < z} 2^{-n} \\ &\leqq \varphi(x) - \varphi(a) + \varepsilon(x-a) + \varepsilon \sum_{a_n < x} 2^{-n}.\end{aligned}$$

Daher ist $x \in H_\varepsilon$. Da z untere Schranke für $H - H_\varepsilon$ ist und kein x mit $z \leqq x < z + \delta$ in $H - H_\varepsilon$ liegt, kann z nicht $\inf(H - H_\varepsilon)$ sein. Der Fall (a), $z \notin A$, führt auf einen Widerspruch.

(b) $z \in A$. Die Nummer von z in $A = \{a_n | n \in J\}$ sei m, also $z = a_m$. Ist $\varepsilon_0 \in \boldsymbol{R}_+^\times$, so gibt es wegen der Stetigkeit von h und φ ein $\delta \in \boldsymbol{R}_+^\times$ so, daß $z + \delta < b$ ist, und für alle $x \in \boldsymbol{R}$ mit $z \leqq x < z + \delta$ gilt

$$\|h(x) - h(z)\| \leqq \varepsilon_0 \cdot 2^{-m}, \quad |\varphi(x) - \varphi(z)| \leqq \varepsilon_0 \cdot 2^{-m}.$$

Dann ist

$$-\varepsilon_0 \cdot 2^{-m} \leqq \varphi(x) - \varphi(z), \quad \varepsilon_0 \cdot 2^{-m} \leqq \varphi(x) - \varphi(z) + 2\varepsilon_0 2^{-m},$$

$$\|h(x) - h(z)\| \leqq \varepsilon_0 \cdot 2^{-m} \leqq \varphi(x) - \varphi(z) + 2\varepsilon_0 \cdot 2^{-m}.$$

Da $z \in H_\varepsilon$ ist, gilt für alle $x \in \boldsymbol{R}$ mit $z < x < z + \delta$, wenn man $\varepsilon_0 = \frac{\varepsilon}{2}$ wählt,

$$\begin{aligned}\|h(x) - h(a)\| &\leqq \|h(x) - h(z)\| + \|h(z) - h(a)\| \\ &\leqq \varphi(x) - \varphi(z) + \varepsilon \cdot 2^{-m} + \varphi(z) - \varphi(a) + \varepsilon(z-a) + \varepsilon \sum_{a_n < z} 2^{-n} \\ &\leqq \varphi(x) - \varphi(a) + \varepsilon(z-a) + \varepsilon \sum_{a_n < z} 2^{-n} + \varepsilon \cdot 2^{-m} \\ &\leqq \varphi(x) - \varphi(a) + \varepsilon(x-a) + \varepsilon \sum_{a_n < x} 2^{-n}.\end{aligned}$$

Daher ist $x \in H_\varepsilon$. Da z untere Schranke von $H - H_\varepsilon$ und $z \notin H - H_\varepsilon$ (nach (1)) und kein x mit $z < x < z + \delta$ in $H - H_\varepsilon$ ist, kann z nicht $\inf(H - H_\varepsilon)$ sein. Der Fall (b), $z \in A$, führt ebenfalls auf einen Widerspruch.

Da für $z \in H$ stets (a) oder (b) gilt, erhält man in jedem Falle einen Widerspruch. Ist $A = \emptyset$, so ist natürlich die Untersuchung des Falles (b) überflüssig. ●

Wir wollen die wichtigsten Spezialfälle des Schrankensatzes gesondert formulieren.

Hilfssatz 11.3.1. *Y sei Banachraum, $a, b \in \mathbf{R}$, $a < b$ und*

$$h: [a, b] \to Y \text{ stetig.}$$

A sei eine abzählbare Teilmenge von $[a, b]$. Ist h in jedem Punkte von $[a, b] - A$ differenzierbar, ist $C \in \mathbf{R}$ und gilt

$$\|h'(x)\| \leqq C \quad \text{für alle} \quad x \in [a, b] - A,$$

so ist

$$\|h(x) - h(a)\| \leqq C(x-a) \quad \text{für alle} \quad x \in [a, b].$$

Beweis. Man definiere in Satz 11.3.1.

$$\varphi: [a, b] \to \mathbf{R} \quad \text{durch} \quad \varphi(x) = C(x-a).$$

Nach den Differentiationsregeln ist φ in jedem Punkt von $[a, b]$ differenzierbar und $\varphi'(x) = C \cdot 1 = C$. ●

Hilfssatz 11.3.2. *Es seien $a, b \in \mathbf{R}$, $a < b$, und*

$$h: [a, b] \to \mathbf{R} \text{ stetig.}$$

A sei eine abzählbare Teilmenge von $[a, b]$. Ist h in jedem Punkt von $[a, b] - A$ differenzierbar, sind $c, C \in \mathbf{R}$ und gilt

$$(1) \quad c \leqq h'(x) \quad \text{bzw.} \quad (2) \quad h'(x) \leqq C \quad \text{für alle } x \in [a, b] - A,$$

so gilt für alle $x \in [a, b]$

$$(1^*) \quad c(x-a) \leqq h(x) - h(a) \quad \text{bzw.} \quad (2^*) \quad h(x) - h(a) \leqq C(x-a).$$

Ist $z \in [a, b]$, so gilt im Fall

$$(1): \quad h(z) - h(a) = c(z-a) \Rightarrow h(x) - h(a) = c(x-a) \quad \text{für alle} \quad x \in [a, z],$$

$$(2): \quad h(z) - h(a) = C(z-a) \Rightarrow h(x) - h(a) = C(x-a) \quad \text{für alle} \quad x \in [a, z].$$

Beweis. Wir definieren zwei Abbildungen h_1 und h_2 von $[a, b]$ in $\mathbf{R}$ durch $h_1(x) := 0$, $h_2(x) := h(x) - cx$ für alle $x \in [a, b]$. h_1 und h_2 sind in jedem Punkt von $[a, b] - A$ differenzierbar, und es ist

$$h_1'(x) = 0, \quad h_2'(x) = h'(x) - c \quad \text{für alle} \quad x \in [a, b] - A.$$

Setzt man (1) voraus, so ist $|h_1'(x)| = 0 \leqq h_2'(x)$ für alle $x \in [a, b] - A$ und daher nach Satz 11.3.1. für alle $x \in [a, b]$

$$0 = |h_1(x) - h_1(a)| \leqq h_2(x) - h_2(a) = h(x) - h(a) - c(x-a),$$

was (1*) ergibt.

Aus (2) erhält man $-C \leqq -h'(x)$ und damit (1) mit $-C$ an Stelle von c, $-h$ an Stelle von h, woraus man $-C(x-a) \leqq -h(x) - (-h(a))$ und damit $h(x) - h(a) \leqq$ $\leqq C(x-a)$, d.h. (2*) erhält.

Ist $z \in [a, b]$ und gilt (1), so gilt für jedes $x \in [a, z]$ (1*). Ist für ein solches x

$$c(x-a) \neq h(x) - h(a), \quad \text{so ist} \quad c(x-a) < h(x) - h(a).$$

(1) bleibt aber auch gültig für $[x, z]$ an Stelle von $[a, b]$, woraus man

$$c(z-x) \leqq h(z) - h(x)$$

erhält. Addition liefert

$$c(z-a) = c(z-x) + c(x-a) < h(z) - h(x) + h(x) - h(a) = h(z) - h(a).$$

Ist daher $c(z-a) = h(z) - h(a)$, so muß $c(x-a) = h(x) - h(a)$ sein.

Entsprechend verfährt man für (2) an Stelle von (1). ●

Eine einfache Folgerung aus Hilfssatz 11.3.2. ist

Hilfssatz 11.3.3. *Es sei $Z \subset \boldsymbol{R}$, Z zusammenhängend, A eine abzählbare Teilmenge von Z und*

$$f\colon Z \to \boldsymbol{R} \ \textit{stetig}$$

und in jedem Punkt von $Z - A$ differenzierbar. Dann gilt

$$f'(x) \geqq 0 \ \textit{für jedes} \ x \in Z - A \quad \Rightarrow \quad f \ \textit{ist monoton wachsend}$$

und

$$f'(x) > 0 \ \textit{für jedes} \ x \in Z - A \quad \Rightarrow \quad f \ \textit{ist streng monoton wachsend.}$$

Beweis. Als zusammenhängende Teilmenge von $\boldsymbol{R}$ ist Z ein Intervall. Sind $a, b \in Z$, $a < b$, so ist $[a, b] \subset Z$, $f \| [a, b]$ ist nach Hilfssatz 11.1.3. in jedem Punkte $x \in [a, b]$, $x \notin A$, differenzierbar, $(f \| [a, b])'(x) = f'(x)$. Hilfssatz 11.3.2. für $f \| [a, b]$, $c = 0$, liefert $0 \leqq f(b) - f(a)$, d.h. $f(a) \leqq f(b)$.

Ist $f(a) = f(b)$, also $f(b) - f(a) = 0$, so ist nach Hilfssatz 11.3.2.

$$f(z) - f(a) = 0 \cdot (z-a) = 0 \quad \text{für alle} \quad z \in [a, b].$$

f ist in jedem Punkt von $[a, b]$ differenzierbar mit $f'(z) = 0$ für alle $z \in [a, b]$. Da $[a, b]$ überabzählbar viele Punkte enthält (vgl. Satz 7.5.3. und Hilfssatz 7.7.1.), gibt es ein $x \in [a, b]$, $x \notin A$. Ist daher $f'(x) > 0$ für alle $x \in Z - A$, so kann dieser Fall nicht eintreten, f ist streng monoton. ●

Einer der wichtigsten Sonderfälle des Schrankensatzes ist

Satz 11.3.2. *X, Y seien Banachräume, $Z \subset X$ und $f: Z \to Y$ stetig. Es seien $\mathfrak{x}, \mathfrak{y} \in X$ und*

$$H = \{\mathfrak{x} + t\mathfrak{y} \mid t \in \boldsymbol{R},\ 0 \leqq t \leqq 1\} \subset Z.$$

A sei eine abzählbare Teilmenge von H, f sei in jedem Punkt von $H - A$ differenzierbar. Für $C \in \boldsymbol{R}$ gilt

$$(1) \qquad \|f'(\mathfrak{z})\| \leqq C \text{ für alle } \mathfrak{z} \in H - A \quad \Rightarrow \quad \|f(\mathfrak{x}+\mathfrak{y}) - f(\mathfrak{x})\| \leqq C\|\mathfrak{y}\|.$$

Falls $\mathfrak{x} \notin A$ und $\varepsilon \in \boldsymbol{R}$, $\varepsilon > 0$, ist, so gilt

$$(2) \quad \|f'(\mathfrak{z}) - f'(\mathfrak{x})\| \leqq \varepsilon \text{ für alle } \mathfrak{z} \in H - A \quad \Rightarrow \quad \|f(\mathfrak{x}+\mathfrak{y}) - f(\mathfrak{x}) - f'(\mathfrak{x})\mathfrak{y}\| \leqq \varepsilon\|\mathfrak{y}\|.$$

Beweis. (1) Man definiert $h: [0, 1] \to Y$ durch

$$h(t) := f(\mathfrak{x} + t\mathfrak{y}) - f(\mathfrak{x}) \quad \text{für alle} \quad t \in [0, 1].$$

h ist stetig, nach der Kettenregel bis auf die abzählbar vielen Punkte t mit $\mathfrak{x} + t\mathfrak{y} \in A$ differenzierbar, und es ist

$$h'(t) = f'(\mathfrak{x} + t\mathfrak{y})\mathfrak{y}, \quad \|h'(t)\| \leqq C\|\mathfrak{y}\| \quad \text{für} \quad \mathfrak{x} + t\mathfrak{y} \notin A, \quad t \in [0, 1].$$

Hilfssatz 11.3.1. liefert (mit $x = 1$, $a = 0$) das gewünschte Ergebnis.

(2) Man definiert $h: [0, 1] \to Y$ durch

$$h(t) = r(\mathfrak{x}; t\mathfrak{y}) = f(\mathfrak{x} + t\mathfrak{y}) - f(\mathfrak{x}) - f'(\mathfrak{x})t\mathfrak{y}.$$

h ist wieder stetig und bis auf die Punkte t mit $\mathfrak{x} + t\mathfrak{y} \in A$ differenzierbar mit

$$h'(t) = f'(\mathfrak{x} + t\mathfrak{y})\mathfrak{y} - f'(\mathfrak{x})\mathfrak{y}, \quad \|h'(t)\| \leqq \|f'(\mathfrak{x} + t\mathfrak{y}) - f'(\mathfrak{x})\| \, \|\mathfrak{y}\|,$$

nach Voraussetzung ist daher

$$\|h'(t)\| \leqq \varepsilon\|\mathfrak{y}\| \quad \text{für} \quad \mathfrak{x} + t\mathfrak{y} \notin A.$$

Hilfssatz 11.3.1. liefert (mit $x = 1$, $a = 0$) das gewünschte Ergebnis. ●

In vielen Fällen genügt eine Abschwächung von Satz 11.3.2.

Satz 11.3.3. *X, Y seien Banachräume, $Z \subset X$,*

$$f: Z \to Y \text{ stetig.}$$

Es sei $\mathfrak{x} \in X$, $\delta \in \boldsymbol{R}$, $\delta > 0$, und $U_\delta(\mathfrak{x}) \subset Z$. A sei eine abzählbare Teilmenge von $U_\delta(\mathfrak{x})$, f sei in jedem Punkte von $U_\delta(\mathfrak{x}) - A$ differenzierbar. Ist $C \in \boldsymbol{R}$ und

$$\|f'(\mathfrak{z})\| \leqq C \quad \textit{für alle} \quad \mathfrak{z} \in U_\delta(x) - A,$$

so ist

$$\|f(\mathfrak{x}+\mathfrak{y}) - f(\mathfrak{x})\| \leqq C\|\mathfrak{y}\| \quad \textit{für alle} \quad \mathfrak{y} \in X \textit{ mit } \|\mathfrak{y}\| < \delta.$$

Ist $\mathfrak{x} \notin A$ *und gilt für* $\varepsilon \in \boldsymbol{R}$, $\varepsilon > 0$,

$$\|f'(\mathfrak{z}) - f'(\mathfrak{x})\| \leqq \varepsilon \quad \textit{für alle} \quad \mathfrak{z} \in U_\delta(x) - A,$$

so ist

$$\|f(\mathfrak{x}+\mathfrak{y}) - f(\mathfrak{x}) - f'(\mathfrak{x})\mathfrak{y}\| \leqq \varepsilon\|\mathfrak{y}\| \quad \textit{für alle} \quad \mathfrak{y} \in X \textit{ mit } \|\mathfrak{y}\| < \delta.$$

Beweis. Für alle $t \in [0, 1]$ gilt: $\mathfrak{y} \in X$, $\|\mathfrak{y}\| < \delta \Rightarrow \mathfrak{x} + t\mathfrak{y} \in U_\delta(\mathfrak{x})$. Man kann daher unmittelbar Satz 11.3.2. anwenden. ●

11.4. Anwendungen des Schrankensatzes

Ist eine Abbildung konstant, so ist sie nach Satz 11.1.4. in jedem zulässigen Punkt differenzierbar und hat dort die Ableitung $\odot$. Mit Hilfe des Schrankensatzes kann man eine Umkehrung dieser Aussage herleiten.

Satz 11.4.1. *X, Y seien Banachräume, $W \subset Z \subset X$,*

$$f: Z \to Y \textit{ stetig.}$$

W sei offen und zusammenhängend, dicht in Z, und A eine abzählbare Teilmenge von W. Ist f in jedem Punkt von $W - A$ differenzierbar, so gilt

$$f'(\mathfrak{x}) = \odot \quad \textit{für} \quad \mathfrak{x} \in W - A \quad \Rightarrow \quad f \textit{ ist konstant.}$$

Beweis. Ist $W \neq \emptyset$, so sei $\mathfrak{z} \in W$ und

$$H = \{\mathfrak{x} \mid \mathfrak{x} \in W,\ f(\mathfrak{x}) = f(\mathfrak{z})\}.$$

Da f und damit $f|W$ stetig ist, ist H in W abgeschlossen (Satz 7.6.5.). Wir betrachten hierbei natürlich W als Unterraum von X. Ist $\mathfrak{x} \in H$, so gibt es, da W offen ist, ein $\delta \in \boldsymbol{R}_+^\times$ mit $U_\delta(\mathfrak{x}) \subset W$. Da f in jedem Punkt von $U_\delta(\mathfrak{x}) - A$ differenzierbar ist und $U_\delta(\mathfrak{x}) \cap A$ abzählbar ist, gilt wegen $f'(\mathfrak{v}) = \odot$ für alle $\mathfrak{v} \in U_\delta(\mathfrak{x}) - A$ nach Satz 11.3.3.

$$\|f(\mathfrak{x}+\mathfrak{y}) - f(\mathfrak{x})\| \leqq 0 \cdot \|\mathfrak{y}\| = 0 \quad \text{für alle} \quad \mathfrak{y} \in X,\ \|\mathfrak{y}\| < \delta,$$

also

$$f(\mathfrak{v}) = f(\mathfrak{x}) = f(\mathfrak{z}) \quad \text{für alle} \quad \mathfrak{v} \in U_\delta(\mathfrak{x}).$$

Daher ist $U_\delta(\mathfrak{x}) \subset H$. H ist offen. Da H in W offen und abgeschlossen ist, ist $W - H$ in W offen. Damit ist $W = H \cup (W - H)$ und H, $(W - H)$ offen in W, $H \cap (W - H) = \emptyset$, $H \neq \emptyset$. Da W zusammenhängend ist (auch in dem Unterraum W von X, vgl. Satz 7.6.2.), ist $W - H = \emptyset$, $H = W$.

Ist $Z \neq \emptyset$, so ist $W \neq \emptyset$. Aus $f(\mathfrak{x}) = f(\mathfrak{z})$ für alle $\mathfrak{x} \in W$ folgt nach Satz 7.6.5. $f(\mathfrak{x}) = f(\mathfrak{z})$ für alle $\mathfrak{x} \in Z$, da W dicht in Z ist. ●

Anmerkung 11.4.1. Man beachte, daß man in Satz 11.4.1. insbesondere auf die Voraussetzung, daß W zusammenhängend ist, nicht verzichten kann. ●

Der Schrankensatz erlaubt auch eine Aussage über die Differenzierbarkeit des Grenzwertes einer Folge von Abbildungen.

Satz 11.4.2. *X, Y seien Banachräume, $Z \subset X$, $(f_n)_{n \in N}$ eine Folge stetiger Abbildungen $f_n : Z \to Y$. Es sei $W \subset Z$, W offen und zusammenhängend, $(g_n)_{n \in N}$ eine Folge von Abbildungen $g_n : W \to \mathscr{L}(X; Y)$. A sei eine abzählbare Teilmenge von W. Sind die folgenden Bedingungen erfüllt*

(1) *Es gibt ein $\mathfrak{x}_0 \in W$ so, daß $\big(f_n(\mathfrak{x}_0)\big)_{n \in N}$ konvergiert.*

(2) *Zu jedem $\mathfrak{x} \in W$ gibt es eine Umgebung U von $\mathfrak{x}$ so, daß die Folge $\big(g_n(\mathfrak{z})\big)_{n \in N}$ für $\mathfrak{z} \in U - U \cap A$ gleichmäßig konvergiert.*

(3) *Für jedes $n \in N$ ist f_n in jedem Punkt von $W - A$ differenzierbar und*

$$f_n'(\mathfrak{x}) = g_n(\mathfrak{x}) \quad \text{für alle} \quad \mathfrak{x} \in W - A,$$

so gilt

(a) *Zu jedem $\mathfrak{x} \in W$ gibt es eine Umgebung U von $\mathfrak{x}$ so, daß die Folge $\big(f_n(\mathfrak{z})\big)_{n \in N}$ für $\mathfrak{z} \in U$ gleichmäßig konvergiert.*

(b) *Durch*

$$f(\mathfrak{x}) = \lim_{n \to \infty} f_n(\mathfrak{x}) \quad \text{für jedes} \quad \mathfrak{x} \in W$$

wird eine stetige Abbildung $f : W \to Y$ definiert.

(c) *Die Abbildung f aus* (b) *ist in jedem Punkt von $W - A$ differenzierbar, und es ist*

$$f'(\mathfrak{x}) = \lim_{n \to \infty} g_n(\mathfrak{x}) = \lim_{n \to \infty} f_n'(\mathfrak{x}) \quad \text{für jedes} \quad \mathfrak{x} \in W - A.$$

Beweis. Es sei

$$H = \big\{\mathfrak{x} \mid \mathfrak{x} \in W,\ \big(f_n(\mathfrak{x})\big)_{n \in N} \text{ konvergiert}\big\}.$$

Wir zeigen zunächst:

(α) Ist $\mathfrak{x} \in W$, $\mathfrak{x}$ Berührungspunkt von H, so gilt (a) für $\mathfrak{x}$.

Nach (2) gibt es eine Umgebung U von $\mathfrak{x}$ so, daß $\big(g_n(\mathfrak{z})\big)_{n \in N}$ für $\mathfrak{z} \in U - U \cap A$ gleichmäßig konvergiert. $\delta \in \boldsymbol{R}_+^\times$ sei so gewählt, daß $U_\delta(\mathfrak{x}) \subset U$ ist. Es sei $\varepsilon_0 \in \boldsymbol{R}_+^\times$. Dann gibt es ein $n_0 \in N$ so, daß für alle $n, m \in N$ mit $n, m \geqq n_0$ gilt

$$\|g_n(\mathfrak{z}) - g_m(\mathfrak{z})\| < \varepsilon_0 \quad \text{für alle} \quad \mathfrak{z} \in U_\delta(\mathfrak{x}) - A.$$

Für alle $\mathfrak{z} \in U_\delta(\mathfrak{x}) - A$ ist nach (3) $f_n - f_m$ differenzierbar und

$$(f_n - f_m)'(\mathfrak{z}) = f_n'(\mathfrak{z}) - f_m'(\mathfrak{z}) = g_n(\mathfrak{z}) - g_m(\mathfrak{z}).$$

Nach Satz 11.3.3. ist daher

$$\left\| f_n(\mathfrak{z}) - f_m(\mathfrak{z}) - \big(f_n(\mathfrak{x}) - f_m(\mathfrak{x})\big) \right\| \leqq \varepsilon_0 \|\mathfrak{z} - \mathfrak{x}\| < \varepsilon_0 \delta \quad \text{für alle } \mathfrak{z} \in U_\delta(\mathfrak{x}).$$

Die Dreiecksungleichung $(\|\mathfrak{a}\| - \|\mathfrak{b}\| \leqq \|\mathfrak{a} - \mathfrak{b}\|)$ liefert

$$\|f_n(\mathfrak{z}) - f_m(\mathfrak{z})\| - \|f_n(\mathfrak{x}) - f_m(\mathfrak{x})\| < \varepsilon_0 \delta \quad \text{für alle } \mathfrak{z} \in U_\delta(\mathfrak{x})$$

und damit

$$\|f_n(\mathfrak{z}) - f_m(\mathfrak{z})\| < \|f_n(\mathfrak{x}) - f_m(\mathfrak{x})\| + \varepsilon_0 \delta \quad \text{für alle } \mathfrak{z} \in U_\delta(\mathfrak{x})$$

und genauso

$$\|f_n(\mathfrak{x}) - f_m(\mathfrak{x})\| < \|f_n(\mathfrak{z}) - f_m(\mathfrak{z})\| + \varepsilon_0 \delta \quad \text{für alle } \mathfrak{z} \in U_\delta(\mathfrak{x}).$$

Da $\mathfrak{x}$ Berührungspunkt von H ist, gibt es in jeder Umgebung von $\mathfrak{x}$ Punkte von H. Ist $\varepsilon \in \boldsymbol{R}_+^\times$, so wähle man ε_0 so, daß $\varepsilon_0 \delta < \frac{1}{2}\varepsilon$ ist, und $\mathfrak{z}_0 \in U_\delta(\mathfrak{x}) \cap H$. Dann gibt es ein $m_0 \in \boldsymbol{N}$ so, daß gilt

$$n, m \in \boldsymbol{N}.\, n, m \geqq m_0 \quad \Rightarrow \quad \|f_n(\mathfrak{z}_0) - f_m(\mathfrak{z}_0)\| < \frac{1}{2}\varepsilon \quad \Rightarrow \quad \|f_n(\mathfrak{x}) - f_m(\mathfrak{x})\| < \frac{1}{2}\varepsilon + \frac{1}{2}\varepsilon = \varepsilon.$$

$\big(f_n(\mathfrak{x})\big)_{n \in \boldsymbol{N}}$ konvergiert, und $\mathfrak{x}$ ist in H. Jetzt wählt man zu ε ein k_0 mit

$$n, m \in \boldsymbol{N},\ n, m \geqq k_0 \quad \Rightarrow \quad \|f_n(\mathfrak{x}) - f_m(\mathfrak{x})\| < \frac{1}{2}\varepsilon.$$

Dann gilt für $n \geqq k_0 + n_0$, $m \geqq k_0 + n_0$

$$\|f_n(\mathfrak{z}) - f_m(\mathfrak{z})\| < \|f_n(\mathfrak{x}) - f_m(\mathfrak{x})\| + \varepsilon_0 \delta < \frac{1}{2}\varepsilon + \frac{1}{2}\varepsilon = \varepsilon \quad \text{für alle} \quad \mathfrak{z} \in U_\delta(\mathfrak{x}).$$

$\big(f_n(\mathfrak{z})\big)_{n \in \boldsymbol{N}}$ konvergiert gleichmäßig für $\mathfrak{z} \in U_\delta(\mathfrak{x})$, (a) gilt für den Punkt $\mathfrak{x}$.

Aus (α) schließt man, daß H in W abgeschlossen ist, da $\big(f_n(\mathfrak{x})\big)_{n \in \boldsymbol{N}}$ für jeden Berührungspunkt $\mathfrak{x}$ von H, $\mathfrak{x} \in W$, konvergiert. H ist auch offen, da (a) für jedes $\mathfrak{x} \in H$ gilt, also alle $\mathfrak{z}$ in einer Umgebung von $\mathfrak{x}$ zu H gehören. Da W zusammenhängend und wegen (1) $H \neq \emptyset$ ist, ist $H = W$. (a) gilt für jedes $\mathfrak{x} \in W$.

Da alle f_n stetig sind, kann man Satz 10.2.1. anwenden und aus (a) schließen, daß es zu jedem $\mathfrak{x} \in W$ eine Umgebung U gibt, für die $f|U$ stetig ist. Da U Umgebung von $\mathfrak{x}$ ist, ergibt das die Stetigkeit von f in $\mathfrak{x}$. (b) gilt.

Zum Beweis von (c) sei $\mathfrak{x} \in W - A$. Zu $\mathfrak{x}$ sei δ wie im Beweis von (α) gewählt und zu $\varepsilon_0 \in \boldsymbol{R}_+^\times$ n_0 ebenfalls wie dort. Für $\mathfrak{y} \in X$, $\|\mathfrak{y}\| < \delta$, ist dann $\mathfrak{z} = \mathfrak{x} + \mathfrak{y} \in U_\delta(\mathfrak{x})$,

$$m, n \in \boldsymbol{N},\ m, n \geqq n_0 \quad \Rightarrow \quad \left\| f_n(\mathfrak{x} + \mathfrak{y}) - f_n(\mathfrak{x}) - \big(f_m(\mathfrak{x} + \mathfrak{y}) - f_m(\mathfrak{x})\big) \right\| \leqq \varepsilon_0 \|\mathfrak{y}\|.$$

Für festes $m, \mathfrak{y}$ kann man jetzt $\lim_{n\to\infty} \ldots$ bilden und erhält

$$\left\|f(\mathfrak{x}+\mathfrak{y})-f(\mathfrak{x})-\big(f_m(\mathfrak{x}+\mathfrak{y})-f_m(\mathfrak{x})\big)\right\| \leqq \varepsilon_0\|\mathfrak{y}\| \quad \text{für} \quad m \geqq n_0,$$

und genauso aus $\|g_n(\mathfrak{x})-g_m(\mathfrak{x})\| < \varepsilon_0$, wenn man den Grenzwert von $\big(g_n(\mathfrak{x})\big)_{n\in N}$ in $\mathscr{L}(X; Y)$ mit $g(\mathfrak{x})$ bezeichnet,

$$\|g(\mathfrak{x})-g_m(\mathfrak{x})\| \leqq \varepsilon_0.$$

$m \in \boldsymbol{N}$, $m \geqq n_0$, sei fest gewählt. Nach (3) gibt es wegen $\mathfrak{x} \in W-A$ ein $\delta_1 \in \boldsymbol{R}_+^\times$ mit

$$\|f_m(\mathfrak{x}+\mathfrak{y})-f_m(\mathfrak{x})-g_m(\mathfrak{x})\mathfrak{y}\| \leqq \varepsilon_0\|\mathfrak{y}\| \quad \text{für} \quad \mathfrak{y}\in X,\ \|\mathfrak{y}\|<\delta_1.$$

Ist $\mathfrak{y} \in X$, $\|\mathfrak{y}\| < \min\{\delta, \delta_1\}$, so erhält man

$$\begin{aligned}\|f(\mathfrak{x}+\mathfrak{y})-f(\mathfrak{x})-g(\mathfrak{x})\mathfrak{y}\| &\leqq \left\|f(\mathfrak{x}+\mathfrak{y})-f(\mathfrak{x})-\big(f_m(\mathfrak{x}+\mathfrak{y})-f_m(\mathfrak{x})\big)\right\| \\ &\quad + \|f_m(\mathfrak{x}+\mathfrak{y})-f_m(\mathfrak{x})-g_m(\mathfrak{x})\mathfrak{y}\| + \left\|\big(g_m(\mathfrak{x})-g(\mathfrak{x})\big)\mathfrak{y}\right\| \\ &\leqq \varepsilon_0\|\mathfrak{y}\|+\varepsilon_0\|\mathfrak{y}\|+\varepsilon_0\|\mathfrak{y}\| = 3\varepsilon_0\|\mathfrak{y}\|.\end{aligned}$$

Setzt man

$$r(\mathfrak{x}; \mathfrak{y}) = f(\mathfrak{x}+\mathfrak{y})-f(\mathfrak{x})-g(\mathfrak{x})\mathfrak{y},$$

so gibt es daher zu jedem $\varepsilon \in \boldsymbol{R}_+^\times$ $\left(\text{man wähle } \varepsilon_0 < \dfrac{\varepsilon}{3}\right)$ ein $\delta_2 \in \boldsymbol{R}_+^\times$ mit

$$\|r(\mathfrak{x}; \mathfrak{y})\| < \varepsilon\|\mathfrak{y}\| \quad \text{für} \quad \mathfrak{y}\in X,\ 0<\|\mathfrak{y}\|<\delta_2.$$

Damit ist $r(\mathfrak{x}; \mathfrak{y}) = o(\|\mathfrak{y}\|)$ für $\mathfrak{y} \to \mathfrak{o}$, f ist in $\mathfrak{x}$ differenzierbar, $f'(\mathfrak{x}) = g(\mathfrak{x})$, (c) ist bewiesen. ●

Anmerkung 11.4.2. Ist in Satz 11.4.2. speziell $X = \boldsymbol{R}$, so ist W ein offenes Intervall. Satz 11.4.2. gilt jedoch in diesem Fall auch dann noch, wenn W ein beliebiges Intervall in $\boldsymbol{R}$ ist, das innere Punkte besitzt (dann ist jeder Punkt von W zulässig!), wenn man an Stelle von U (U Umgebung eines Punktes $\mathfrak{x}$) jetzt $U \cap W$ schreibt. Um das einzusehen, braucht man nur nachzukontrollieren, daß der Beweis auch für diesen Fall gültig bleibt. Ist $x \in W$, x Randpunkt von W, so muß man sich auf die $y \in \boldsymbol{R}$ mit $x+y \in W$ beschränken und beim Beweis von (α) Satz 11.3.2. an Stelle von Satz 11.3.3. verwenden. Das ist die einzige Änderung, die anzubringen ist. ●

Wir wollen Satz 11.4.2. noch einmal gesondert für Reihen formulieren.

Satz 11.4.3. *X, Y seien Banachräume, $Z \subset X$, $(f_n)_{n\in N}$ eine Folge stetiger Abbildungen $f_n: Z \to Y$. Es sei $W \subset Z$, W offen und zusammenhängend, A eine abzählbare Teilmenge von W. Jedes f_n, $n \in \boldsymbol{N}$, sei in jedem Punkt von $W-A$ differenzierbar. Gibt es ein $\mathfrak{x}_0 \in W$ so, daß*

(1) $\sum_{n=1}^{\infty} f_n(\mathfrak{x}_0)$ *konvergiert,*

und gibt es zu jedem $\mathfrak{x} \in W$ eine Umgebung U so, daß

(2) $\sum_{n=1}^{\infty} f_n'(\mathfrak{z})$ *für* $\mathfrak{z} \in U$, $\mathfrak{z} \notin A$, *gleichmäßig konvergiert,*

so gibt es zu jedem Punkt $\mathfrak{x} \in W$ eine Umgebung U so, daß

(a) $f(\mathfrak{z}) := \sum_{n=1}^{\infty} f_n(\mathfrak{z})$ *für* $\mathfrak{z} \in U$ *gleichmäßig konvergiert,*

es ist

(b) $f: W \to Y$ *stetig,*

und f ist in jedem Punkt aus $W - A$ differenzierbar mit

(c) $f'(\mathfrak{x}) = \sum_{n=1}^{\infty} f_n'(\mathfrak{x})$ *für alle* $\mathfrak{x} \in W - A$.

Beweis. Setzt man

$$g_n(\mathfrak{x}) = \begin{cases} f_n'(\mathfrak{x}) & \text{für } \mathfrak{x} \in W - A, \\ \odot & \text{für } \mathfrak{x} \in A, \end{cases}$$

so sind für $\left(\sum_{m=1}^{n} f_m\right)_{n \in N}$ und $\left(\sum_{m=1}^{n} g_m\right)_{n \in N}$ die Voraussetzungen von Satz 11.4.2. erfüllt, und man muß nur noch umformulieren. ●

Anmerkung 11.4.3. Entsprechend Anmerkung 11.4.2. kann man im Fall $X = \boldsymbol{R}$ auch in Satz 11.4.3. für W ein beliebiges Intervall in $\boldsymbol{R}$ nehmen, das innere Punkte besitzt, und muß nur $U \cap W$ an Stelle von U schreiben. ●

Ein einfaches Beispiel bieten die Potenzreihen.

Satz 11.4.4. *Y sei ein Banachraum über K ($K = \boldsymbol{R}$ oder $K = \boldsymbol{C}$), $\delta \in \boldsymbol{R}$, $\delta > 0$, und $f: U_\delta(0) \to Y$ $\left(U_\delta(0) = \{x \mid x \in K,\ |x| < \delta\}\right)$ durch eine Potenzreihe*

$$f(x) := \sum_{n=0}^{\infty} \mathfrak{a}_n x^n \quad \textit{für} \quad x \in U_\delta(0) \quad (x^0 := 1)$$

in Y mit einem Konvergenzradius $R \geqq \delta$ definiert. f ist stetig, in jedem Punkt von $U_\delta(0)$ differenzierbar,

$$f'(x) = \sum_{n=1}^{\infty} n \mathfrak{a}_n x^{n-1} \quad \textit{für alle} \quad x \in U_\delta(0).$$

Beweis. Wir setzen in Satz 11.4.3. $W = Z = U_\delta(0)$. Die Abbildungen

$f_n: U_\delta(0) \to Y$, definiert durch $f_n(x) = x^n \mathfrak{a}_n = \mathfrak{a}_n x^n$ (Anmerkung 11.1.3.), sind stetig (Anmerkung 8.6.3.) und nach den Differentiationsregeln in jedem Punkt der offenen Menge $U_\delta(0)$ differenzierbar,

$$f_n'(x) = n\mathfrak{a}_n x^{n-1} \quad \text{für} \quad n \in \boldsymbol{N},\ f_0'(x) = \mathfrak{o}.$$

Ist $K = \boldsymbol{R}$, so ist $U_\delta(0) =]-\delta, \delta[$ und daher zusammenhängend. Wir wollen an dieser Stelle nicht beweisen, daß $U_\delta(0)$ auch im Falle $K = \boldsymbol{C}$ zusammenhängend ist, sondern den Beweis auf 11.5. verschieben (Hilfssatz 11.5.2.).

Da die Potenzreihe für $x = 0$ konvergiert, ist (1) erfüllt. Den Konvergenzradius von

$$\sum_{n=1}^{\infty} n\mathfrak{a}_n x^{n-1} = \sum_{j=0}^{\infty} (j+1)\mathfrak{a}_{j+1} x^j$$

bestimmen wir nach Hilfssatz 9.6.1. durch Berechnung von

$$\overline{\lim_{j\to\infty}} \sqrt[j+1]{(j+1)\|\mathfrak{a}_{j+1}\|} = \overline{\lim_{n\to\infty}} \sqrt[n]{n\|\mathfrak{a}_n\|} = \overline{\lim_{n\to\infty}} \sqrt[n]{n}\sqrt[n]{\|\mathfrak{a}_n\|}\,.$$

Nach den Darlegungen am Schluß von 8.9. gilt wegen der Monotonie des Logarithmus für jedes $m \in \boldsymbol{N}$

$$x \in \boldsymbol{R},\ x > (m+1)^{m+1} \Rightarrow e^x > x^m \Rightarrow x > m \log x \Rightarrow \frac{1}{x}\log x < \frac{1}{m}.$$

Wegen $\log n > \log e = 1$ für $n \in \boldsymbol{N}$, $n \geqq 4$, folgt

$$0 \leqq \overline{\lim_{n\to\infty}} \frac{1}{n}\log n \leqq \frac{1}{m} \quad \text{für jedes} \quad m \in \boldsymbol{N}$$

und daher nach (3) Satz 8.9.1.

$$\lim_{n\to\infty} \frac{1}{n}\log n = 0, \quad \lim_{n\to\infty} \sqrt[n]{n} = \lim_{n\to\infty} e^{\frac{1}{n}\log n} = e^0 = 1.$$

Das ergibt

$$\overline{\lim_{n\to\infty}} \sqrt[n]{n}\sqrt[n]{\|\mathfrak{a}_n\|} = \overline{\lim_{n\to\infty}} \sqrt[n]{\|\mathfrak{a}_n\|} = \frac{1}{R}.$$

$\sum_{n=1}^{\infty} n\mathfrak{a}_n x^{n-1}$ hat ebenfalls den Konvergenzradius R. Ist $x \in U_\delta(0)$, so wähle man $q \in \boldsymbol{R}$ mit $|x| < q < \delta$. Dann ist $U_q(0)$ eine Umgebung von x und $\sum_{n=1}^{\infty} n\mathfrak{a}_n z^{n-1}$ nach Hilfssatz 9.6.1. für $z \in U_q(0)$ gleichmäßig konvergent. (2) gilt. ●

Für die Anwendungen von Satz 11.4.2. und Satz 11.4.3. ist es gelegentlich nützlich, daß aus der lokal gleichmäßigen Konvergenz ((2) in Satz 11.4.2. bzw. Satz 11.4.3.) auf einem Kompaktum die gleichmäßige Konvergenz folgt.

Hilfssatz 11.4.1. *M sei eine Menge, $(X, \mathfrak{O})$ ein kompakter Hausdorffraum, (Y, d) ein metrischer Raum, $\mathfrak{R}$ Raster auf M und*

$$g: M \times X \to Y.$$

Gilt: (a) *Zu jedem $x \in X$ gibt es eine Umgebung U von x so, daß g auf U gleichmäßig konvergent bezüglich $\mathfrak{R}$ ist,*

so gilt auch: (b) *g ist auf X gleichmäßig konvergent bezüglich $\mathfrak{R}$.*

Beweis. Wir können nach (a) zu jedem $x \in X$ eine Umgebung U_x so auswählen, daß g auf U_x gleichmäßig konvergent ist bezüglich $\mathfrak{R}$. Da X kompakt ist, können wir endlich viele Punkte $x_1, \ldots, x_n$ so wählen, daß $\bigcup_{m=1}^{n} U_{x_m} = X$ ist. Ist $\varepsilon \in \boldsymbol{R}_+^\times$, so gibt es zu jedem $m \in \{1, \ldots, n\}$ ein $V_m \in \mathfrak{R}$ so, daß für alle $x \in U_{x_m}$ gilt

$$y, z \in V_m \quad \Rightarrow \quad d\big(g(y, x), g(z, x)\big) < \varepsilon.$$

Da $\mathfrak{R}$ Raster ist, gibt es ein $V \in \mathfrak{R}$ mit $V \subset V_1 \cap V_2 \cap \ldots \cap V_n$. Ist $x \in X$, so gibt es ein $m \in \{1, \ldots, n\}$ mit $x \in U_{x_m}$. Daher gilt

$$y, z \in V \quad \Rightarrow \quad d\big(g(y, x), g(z, x)\big) < \varepsilon. \quad \bullet$$

11.5. Injektive und surjektive Ableitungen

Ist f eine differenzierbare Abbildung, so kann man unter passenden Bedingungen aus der Surjektivität bzw. Injektivität der Ableitung Rückschlüsse auf f ziehen. Aus beweistechnischen Gründen ist es zweckmäßig, zunächst eine Folgerung aus Satz 11.3.3. als Hilfssatz voranzustellen.

Hilfssatz 11.5.1. *X, Y seien Banachräume, $Z \subset X$, $\mathfrak{x}$ innerer Punkt von Z,*

$$f: Z \to Y \text{ stetig}$$

und in einer Umgebung von $\mathfrak{x}$ stetig differenzierbar. Dann gibt es zu jedem $\varepsilon \in \boldsymbol{R}_+^\times$ ein $\delta \in \boldsymbol{R}_+^\times$ mit $U_{2\delta}(\mathfrak{x}) \subset Z$ so, daß für jedes $\mathfrak{z} \in U_\delta(\mathfrak{x})$ gilt:

$$\|f(\mathfrak{z} + \mathfrak{y}) - f(\mathfrak{z}) - f'(\mathfrak{x})\mathfrak{y}\| \leqq \varepsilon \|\mathfrak{y}\| \quad \textit{für alle} \quad \mathfrak{y} \in X, \ \|\mathfrak{y}\| < \delta.$$

Beweis. Da f in einer Umgebung von $\mathfrak{x}$ stetig differenzierbar ist, gibt es zu jedem $\varepsilon_0 \in \boldsymbol{R}_+^\times$ ein $\delta \in \boldsymbol{R}_+^\times$ mit $U_{2\delta}(\mathfrak{x}) \subset Z$ und

$$\|f'(\mathfrak{z}) - f'(\mathfrak{x})\| < \varepsilon_0 \quad \text{für alle} \quad \mathfrak{z} \in U_{2\delta}(\mathfrak{x}).$$

Ist daher $\mathfrak{z} \in U_\delta(\mathfrak{x})$ und $\mathfrak{y} \in X$, $\|\mathfrak{y}\| < \delta$, so ist

$$\|f'(\mathfrak{z} + \mathfrak{y}) - f'(\mathfrak{z})\| \leqq \|f'(\mathfrak{z} + \mathfrak{y}) - f'(\mathfrak{x})\| + \|f'(\mathfrak{x}) - f'(\mathfrak{z})\| < 2\varepsilon_0.$$

Nach Satz 11.3.3. ist $\|f(\mathfrak{z}+\mathfrak{y})-f(\mathfrak{z})-f'(\mathfrak{z})\mathfrak{y}\| \leqq 2\varepsilon_0\|\mathfrak{y}\|$ und damit

$$\|f(\mathfrak{z}+\mathfrak{y})-f(\mathfrak{z})-f'(\mathfrak{x})\mathfrak{y}\| \leqq 2\varepsilon_0\|\mathfrak{y}\|+\|f'(\mathfrak{z})\mathfrak{y}-f'(\mathfrak{x})\mathfrak{y}\| \leqq 3\varepsilon_0\|y\|. \quad \bullet$$

Satz 11.5.1. *X, Y seien Banachräume, $Z\subset X$, $\mathfrak{x}$ innerer Punkt von Z,*

$$f: Z \to Y \text{ stetig}$$

und in einer Umgebung von $\mathfrak{x}$ stetig differenzierbar. Ist $f'(\mathfrak{x})$ surjektiv, so gibt es eine offene Umgebung U von $\mathfrak{x}$, für die auch $f(U)$ offen ist.

Beweis. Nach Satz 10.4.5. gibt es ein $t\in \boldsymbol{R}_+^\times$ so, daß man zu jedem $\mathfrak{v}\in Y$ ein $\mathfrak{y}\in X$ finden kann mit

$$f'(\mathfrak{x})\mathfrak{y} = \mathfrak{v} \quad \text{und} \quad \|\mathfrak{y}\| \leqq t\|\mathfrak{v}\|.$$

Man wählt jetzt ein $\varepsilon\in \boldsymbol{R}_+^\times$ so, daß $\varepsilon t < \frac{1}{2}$ ist und δ zu ε wie in Hilfssatz 11.5.1. Dann wählt man $\delta_1\in \boldsymbol{R}_+^\times$ so, daß $\delta_1 t < \frac{1}{2}\delta$ ist. Wir zeigen zunächst

(a) $$U_{\delta_1}(f(\mathfrak{x}))\subset f(U_\delta(\mathfrak{x})).$$

Es sei $\mathfrak{w}\in Y$, $\|\mathfrak{w}-f(\mathfrak{x})\| < \delta_1$. Wir konstruieren ein $\mathfrak{z}\in U_\delta(\mathfrak{x})$ mit $f(\mathfrak{z})=\mathfrak{w}$. Zunächst gibt es ein $\mathfrak{y}_1\in X$ mit

$$f'(\mathfrak{x})\mathfrak{y}_1 = \mathfrak{w}-f(\mathfrak{x}) \quad \text{und} \quad \|\mathfrak{y}_1\| \leqq t\|\mathfrak{w}-f(\mathfrak{x})\| < t\delta_1 < \frac{1}{2}\delta.$$

Nach Hilfssatz 11.5.1. erhält man wegen $\mathfrak{w} = f(\mathfrak{x})+f'(\mathfrak{x})\mathfrak{y}_1$

$$\|f(\mathfrak{x}+\mathfrak{y}_1)-\mathfrak{w}\| = \|f(\mathfrak{x}+\mathfrak{y}_1)-f(\mathfrak{x})-f'(\mathfrak{x})\mathfrak{y}_1\| \leqq \varepsilon\|\mathfrak{y}_1\| < \varepsilon t\delta_1 < \frac{1}{2}\delta_1.$$

Man setzt $\mathfrak{x}_1 := \mathfrak{x}+\mathfrak{y}_1$. Hat man bereits $\mathfrak{y}_1, \ldots, \mathfrak{y}_n$ gewählt mit

$$\|\mathfrak{y}_j\| < \frac{1}{2^{j-1}}t\delta_1 < \frac{1}{2^j}\delta, \quad \mathfrak{x}_n = \mathfrak{x}+\sum_{j=1}^n \mathfrak{y}_j,$$

und

$$\|f(\mathfrak{x}_n)-\mathfrak{w}\| \leqq \varepsilon\|\mathfrak{y}_n\| < \frac{1}{2^{n-1}}\varepsilon t\delta_1 < \frac{1}{2^n}\delta_1,$$

so ist

$$\|\mathfrak{x}_n-\mathfrak{x}\| \leqq \sum_{j=1}^n \|\mathfrak{y}_j\| < \sum_{j=1}^n \frac{1}{2^j}\delta < \delta.$$

Man wählt dann $\mathfrak{y}_{n+1}$ so, daß

$$f'(\mathfrak{x})\mathfrak{y}_{n+1} = \mathfrak{w}-f(\mathfrak{x}_n) \quad \text{und} \quad \|\mathfrak{y}_{n+1}\| \leqq t\|\mathfrak{w}-f(\mathfrak{x}_n)\| < \frac{1}{2^n}t\delta_1 < \frac{1}{2^{n+1}}\delta$$

ist. Mit $\mathfrak{x}_{n+1} = \mathfrak{x}_n+\mathfrak{y}_{n+1}$ ergibt sich

$$\|f(\mathfrak{x}_{n+1})-\mathfrak{w}\| = \|f(\mathfrak{x}_n+\mathfrak{y}_{n+1})-f(\mathfrak{x}_n)-f'(\mathfrak{x})\mathfrak{y}_{n+1}\| \leqq \varepsilon\|\mathfrak{y}_{n+1}\| < \varepsilon\frac{1}{2^n}t\delta_1 < \frac{1}{2^{n+1}}\delta_1.$$

Man erhält so eine Folge $(\mathfrak{x}_n)_{n \in N}$ in X. Da $\sum_{j=1}^{\infty} 2^{-j}\delta$ Majorante von $\sum_{j=1}^{\infty} \mathfrak{y}_j$ ist, existiert

$$\mathfrak{z} = \lim_{n\to\infty} \mathfrak{x}_n = \lim_{n\to\infty} \left(\mathfrak{x} + \sum_{j=1}^{n} \mathfrak{y}_j\right) = \mathfrak{x} + \sum_{j=1}^{\infty} \mathfrak{y}_j,$$

und es ist $\left(\text{wegen } \|\mathfrak{y}_1\| < \frac{1}{2}\delta\right)$

$$\|\mathfrak{z} - \mathfrak{x}\| = \lim_{n\to\infty} \left\|\sum_{j=1}^{n} \mathfrak{y}_j\right\| \leqq \lim_{n\to\infty} \sum_{j=1}^{\infty} \|\mathfrak{y}_j\| < \sum_{j=1}^{\infty} 2^{-j}\delta = \delta, \quad \mathfrak{z} \in U_\delta(\mathfrak{x}),$$

$$0 \leqq \|f(\mathfrak{z}) - \mathfrak{w}\| = \lim_{n\to\infty} \|f(\mathfrak{x}_n) - \mathfrak{w}\| \leqq \lim_{n\to\infty} 2^{-n}\delta_1 = 0, \quad f(\mathfrak{z}) = \mathfrak{w}.$$

Damit ist (a) gezeigt.

Wir setzen

$$U = U_\delta(\mathfrak{x}) \cap f^{-1}(U_{\delta_1}(f(\mathfrak{x}))).$$

Da f stetig ist, ist U offen und damit offene Umgebung von $\mathfrak{x}$. Wegen (a) ist $U_{\delta_1}(f(\mathfrak{x})) \subset f(U)$. Andererseits ist natürlich $U \subset f^{-1}(U_{\delta_1}(f(\mathfrak{x})))$, also auch $f(U) \subset U_{\delta_1}(f(\mathfrak{x}))$. ●

Zu Satz 11.5.1. gibt es eine globale Fassung, nämlich

Satz 11.5.2. *X, Y seien Banachräume, $Z \subset X$, Z offen, und*

$$f: Z \to Y \textit{ stetig}$$

und in ganz Z stetig differenzierbar. Dann gilt

$$f'(\mathfrak{x}) \textit{ surjektiv für jedes } \mathfrak{x} \in Z \quad \Rightarrow \quad f \textit{ ist offen.}$$

Beweis. Ist W eine offene Teilmenge von Z, so gelten die Voraussetzungen auch für $f|W$. Nach Satz 11.5.1. gibt es aber zu jedem $\mathfrak{x} \in W$ eine offene Umgebung $U \subset W$ so, daß $f(U)$ offen ist. Damit ist natürlich auch $f(W)$ offen. ●

Für die Anwendungen von Satz 11.5.1. und Satz 11.5.2. sind einige Vorbereitungen nützlich.

Hilfssatz 11.5.2. *Für jedes $r \in \bar{\mathbf{R}}, 0 < r \leqq \infty$, sind $\{z | z \in \mathbf{C}, |z| < r\}$ und $\{z | z \in \mathbf{C}, 0 < |z| < r\}$ zusammenhängend. Insbesondere sind $\mathbf{C}$ und $\mathbf{C}^\times = \mathbf{C} - \{0\}$ zusammenhängend.*

Beweis. Wir setzen

$$W = \{z | z \in \mathbf{C},\ |z| < r\} \quad \text{bzw.} \quad \{z | z \in \mathbf{C},\ 0 < |z| < r\}.$$

In jedem Fall ist W offen in $\mathbf{C}$. Nach Definition 6.7.1. ist W genau dann zusammenhängend, wenn für alle offenen Mengen U, V gilt

$$U \cup V \supset W, \quad U \cap V \cap W = \emptyset \quad \Rightarrow \quad U \cap W = \emptyset \text{ oder } V \cap W = \emptyset.$$

Zunächst seien U, V offen, $U \cap W \neq \emptyset$, $V \cap W \neq \emptyset$. Dann gibt es ein $z \in U \cap W$ und ein $w \in V \cap W$. Die Verbindungsstrecke von z und w ist

$$S = \{tz + (1-t)w \mid t \in [0, 1] \subset \boldsymbol{R}\}.$$

Da $z, w \in W$ sind, ist (auch im Falle $r = \infty$) für $t \in [0, 1]$

$$|tz + (1-t)w| \leqq t|z| + (1-t)|w| < tr + (1-t)r = r.$$

Ist $tz + (1-t)w \neq 0$ für alle $t \in [0, 1]$, so ist daher sicher $S \subset W$. Gibt es aber ein $t_0 \in [0, 1]$ mit $t_0 z + (1-t_0)w = 0$ und ist $0 \notin W$, so ist $z \neq 0$, $w \neq 0$ und

$$t_0 z = (t_0 - 1)w \quad \Rightarrow \quad zw^{-1} = t_0^{-1}(t_0 - 1) \in \boldsymbol{R}.$$

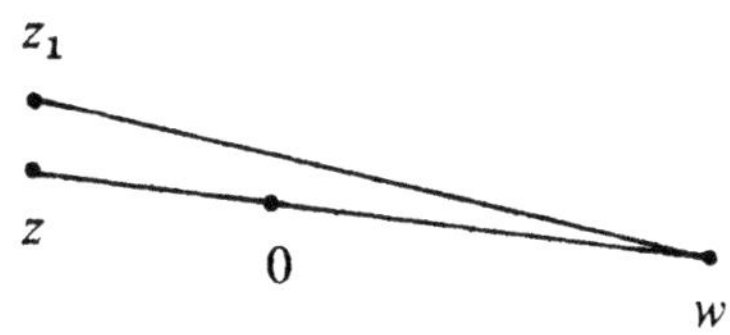

Da $U \cap W$ offen ist, gibt es ein $\delta \in \boldsymbol{R}_+^\times$ mit $U_{2\delta|z|}(z) \subset U \cap W$. Dann ist

$$z_1 = z + i\delta z \in U \cap W, \quad z_1 w^{-1} = zw^{-1} + i\delta zw^{-1} \notin \boldsymbol{R} \qquad (zw^{-1} \in \boldsymbol{R}^\times!)$$

und daher $tz_1 + (1-t)w \neq 0$ für alle $t \in [0, 1]$. Ersetzt man z durch z_1, so ist infolgedessen $S \subset W$. Nun ist

$$f: [0, 1] \to \boldsymbol{C},$$

definiert durch $f(t) = tz + (1-t)w$, stetig, $[0, 1]$ ist zusammenhängend. Daher ist $f([0, 1]) = S$ zusammenhängend. Da $z \in U \cap S$, $w \in V \cap S$ ist, kann nicht $U \cap V \cap S = \emptyset$ und $U \cup V \supset S$ sein, also auch nicht $U \cap V \cap W = \emptyset$ und $U \cup V \supset W$. Daraus folgt aber, daß W zusammenhängend ist. ●

Hilfssatz 11.5.3. $(G, \cdot)$ *sei eine Gruppe,* $\mathcal{O}$ *eine Topologie auf* G *und*

$$\mu: G \times G \to G, \quad \textit{definiert durch} \quad \mu(z, w) := z \cdot w,$$

stetig. $(U, \cdot)$ *sei Untergruppe von* $(G, \cdot)$. *Dann gilt*

$$U \textit{ ist offen} \quad \Rightarrow \quad U \textit{ ist abgeschlossen.}$$

Ist G *zusammenhängend, so gilt*

$$U \textit{ ist offen} \quad \Rightarrow \quad U = G.$$

Beweis. Für jedes $z \in G$ ist die Abbildung $v_z: G \to \{z\} \times G$, definiert durch $v_z(x) = (z, x)$, ersichtlich stetig (sogar topologisch, $\{z\} \times G$ als Unterraum von $G \times G$ betrachtet). Definiert man

$$\lambda_z: G \to G \quad \text{durch} \quad \lambda_z(x) := z \cdot x, \text{ so ist } \lambda_z = \tilde{\mu} \circ v_z, \ \tilde{\mu} = \mu | \{z\} \times G.$$

Da μ stetig ist, ist λ_z stetig. Da $\lambda_z^{-1} = \lambda_{z^{-1}}$ und $\lambda_{z^{-1}}$ stetig ist, ist λ_z topologisch.

$(U, \cdot)$ sei Untergruppe von $(G, \cdot)$, U offen. Dann ist für jedes $z \in G$

$$\lambda_z(U) \text{ offen,} \quad z = z \cdot e \in \lambda_z(U), \quad \text{also} \quad G - U \subset \bigcup_{z \in G-U} \lambda_z(U).$$

Ist $\lambda_z(U) \cap U \neq \emptyset$, so gibt es $v, w \in U$ mit $zv = \lambda_z(v) = w$. Daraus folgt aber $z = wv^{-1} \in U$, da $(U, \cdot)$ Untergruppe ist. Daher ist $\lambda_z(U) \cap U = \emptyset$ für alle $z \in G - U$ und damit

$$\bigcup_{z \in G-U} \lambda_z(U) \subset G - U, \quad \text{d.h.} \quad G - U = \bigcup_{z \in G-U} \lambda_z(U).$$

$G - U$ ist als Vereinigung offener Mengen offen, U infolgedessen abgeschlossen.

Ist $(U, \cdot)$ Untergruppe, U offen, so sind $U, G - U$ offen, $U \cap (G - U) = \emptyset$, $U \cup (G - U) = G$. Ist G zusammenhängend, so ist deshalb $U = \emptyset$ oder $G - U = \emptyset$. Da U das neutrale Element enthält, ist $G - U = \emptyset$, d.h. $U = G$. ●

Als Anwendung von Satz 11.5.2. erhält man

Satz 11.5.3. *Es sei $n \in \mathbf{N}$. Zu jedem $w \in \mathbf{C}$ gibt es mindestens ein $z \in \mathbf{C}$ mit*

$$z^n = w.$$

Beweis. Wegen $0^n = 0$ kann man sich auf $w \in \mathbf{C}^\times$ beschränken. Die Abbildung $f: \mathbf{C}^\times \to \mathbf{C}$, definiert durch $f(z) = z^n$, ist stetig, in jedem Punkt differenzierbar und

$$f'(z) = nz^{n-1} \neq 0 \quad \text{für alle} \quad z \in \mathbf{C}^\times.$$

$f'(z)$ ist surjektiv, d.h., die lineare Abbildung

$$f'(z): \mathbf{C} \to \mathbf{C}, \quad \text{definiert durch} \quad f'(z)y = ynz^{n-1},$$

ist surjektiv (sogar bijektiv). f' ist ersichtlich stetig in $\mathbf{C}^\times$. Nach Satz 11.5.2. ist $U = f(\mathbf{C}^\times) = \{z^n | z \in \mathbf{C}^\times\}$ offen. Nun ist $(\mathbf{C}^\times, \cdot)$ Gruppe,

$$\mu: \mathbf{C}^\times \times \mathbf{C}^\times \to \mathbf{C}^\times, \quad \text{definiert durch} \quad \mu(v, w) = v \cdot w,$$

ist stetig und

$$\tilde{f}: \mathbf{C}^\times \to \mathbf{C}^\times, \quad \text{definiert durch} \quad f(z) := z^n,$$

ist ein Homomorphismus. Daher ist $U = f(\mathbf{C}^\times) = \tilde{f}(\mathbf{C}^\times)$ Untergruppe von $(\mathbf{C}^\times, \cdot)$ und offen. Da $\mathbf{C}^\times$ nach Hilfssatz 11.5.2. zusammenhängend ist, ist nach Hilfssatz 11.5.3. $U = \mathbf{C}^\times$. ●

Satz 11.5.4. *X, Y seien Banachräume, $Z \subset X$, $\mathfrak{x}$ innerer Punkt von Z,*

$$f: Z \to Y \text{ stetig}$$

und in einer Umgebung von $\mathfrak{x}$ stetig differenzierbar. Ist $f'(\mathfrak{x})$ injektiv und $f'(\mathfrak{x})X$ Banachraum, so gibt es eine Umgebung U von $\mathfrak{x}$ so, daß $f|U$ injektiv ist.

Beweis. Nach Satz 10.4.5. gibt es ein $t \in \boldsymbol{R}$, $t > 0$, mit

$$\|\mathfrak{y}\| \leqq t\|f'(\mathfrak{x})\mathfrak{y}\| \quad \text{für alle} \quad \mathfrak{y} \in X.$$

Man wählt $\varepsilon \in \boldsymbol{R}_+^\times$ so, daß $\varepsilon t < 1$ ist, und δ zu ε wie in Hilfssatz 11.5.1. Ist $\mathfrak{z} \in U_\delta(\mathfrak{x})$ und $\mathfrak{y} \in X$, $\|\mathfrak{y}\| < \delta$, so ist

$$\|f(\mathfrak{z}+\mathfrak{y}) - f(\mathfrak{z}) - f'(\mathfrak{x})\mathfrak{y}\| \leqq \varepsilon\|\mathfrak{y}\|,$$

also (nach der Dreiecksungleichung)

$$\|f(\mathfrak{z}+\mathfrak{y}) - f(\mathfrak{z})\| \geqq \|f'(\mathfrak{x})\mathfrak{y}\| - \varepsilon\|\mathfrak{y}\| \geqq \frac{1}{t}\|\mathfrak{y}\| - \varepsilon\|\mathfrak{y}\| = \frac{1}{t}(1-\varepsilon t)\|\mathfrak{y}\|.$$

Sind $\mathfrak{z}, \mathfrak{z}_1 \in U_{\frac{\delta}{2}}(\mathfrak{x})$ und $\mathfrak{z} \neq \mathfrak{z}_1$, so sei $\mathfrak{y} = \mathfrak{z}_1 - \mathfrak{z}$. Dann ist $\mathfrak{z}_1 = \mathfrak{z} + \mathfrak{y}$, $0 < \|\mathfrak{y}\| < \delta$, und

$$\|f(\mathfrak{z}_1) - f(\mathfrak{z})\| \geqq \frac{1}{t}(1-\varepsilon t)\|\mathfrak{y}\| > 0, \quad \text{also} \quad f(\mathfrak{z}_1) \neq f(\mathfrak{z}).$$

Daher ist $f|U_{\frac{\delta}{2}}(\mathfrak{x})$ injektiv. ●

Anmerkung 11.5.1. Ist X endlich-dimensional, so ist in Satz 11.5.4. die Bedingung, daß $f'(\mathfrak{x})X$ Banachraum ist, entbehrlich, denn dann ist auch $f'(\mathfrak{x})X$ endlich-dimensional und daher nach Satz 10.4.1. Banachraum. ●

Anmerkung 11.5.2. Zu Satz 11.5.4. gibt es nicht wie zu Satz 11.5.1. eine globale Fassung. Z. B. ist die Abbildung

$$f: \boldsymbol{C}^\times \to \boldsymbol{C}, \quad \text{definiert durch} \quad f(z) := z^2,$$

stetig differenzierbar und $f'(z) = 2z$ für jedes $z \in \boldsymbol{C}^\times$ injektiv. f ist jedoch nicht injektiv. $\big(f(-1) = f(1) = 1!\big)$ ●

Kombination von Satz 11.5.1. und Satz 11.5.4. liefert eine allgemeinere Fassung der Differentiationsregel für die Umkehrfunktion (Satz 11.2.5.).

Satz 11.5.5. *X, Y seien Banachräume, $Z \subset X$, $\mathfrak{x}$ innerer Punkt von Z,*

$$f: Z \to Y \text{ stetig}$$

und in einer Umgebung von $\mathfrak{x}$ stetig differenzierbar. Ist $f'(\mathfrak{x})$ bijektiv, so gibt es eine offene Umgebung U von $\mathfrak{x}$ so, daß gilt

(1) *$f'(\mathfrak{z})$ ist bijektiv für alle $\mathfrak{z} \in U$;*

(2) *$V = f(U)$ ist offen, $f|U$ ist injektiv;*

(3) *Es gibt eine in V stetig differenzierbare Abbildung*

$$g: V \to X \quad \text{mit} \quad g\big(f(\mathfrak{z})\big) = \mathfrak{z} \quad \text{für alle} \quad \mathfrak{z} \in U.$$

Für die Abbildung g aus (3) *ist*

$$g'(f(\mathfrak{z})) = (f'(\mathfrak{z}))^{-1} \quad \text{\textit{für alle}} \quad \mathfrak{z} \in U.$$

Beweis. (1) Für $\mathfrak{z} \in \hat{Z} := \{\mathfrak{z} | \mathfrak{z} \in Z, f \text{ in } \mathfrak{z} \text{ differenzierbar}\}$ schreibt man

$$f'(\mathfrak{z}) = f'(\mathfrak{x}) + f'(\mathfrak{z}) - f'(\mathfrak{x}) = f'(\mathfrak{x}) \circ (id_X - f'(\mathfrak{x})^{-1} \circ (f'(\mathfrak{x}) - f'(\mathfrak{z}))),$$

also

$$f'(\mathfrak{z}) = f'(\mathfrak{x}) \circ (id_X - u(\mathfrak{z})), \quad u(\mathfrak{z}) = f'(\mathfrak{x})^{-1} \circ (f'(\mathfrak{x}) - f'(\mathfrak{z})).$$

Dabei ist

$$u : \hat{Z} \to \mathscr{L}(X; X) \text{ stetig in einer Umgebung von } \mathfrak{x}$$

und $u(\mathfrak{x}) = \odot$. Es gibt daher eine Umgebung W von $\mathfrak{x}$, in der u stetig ist, mit

$$\|u(\mathfrak{z})\| < q \quad \text{für alle} \quad \mathfrak{z} \in W \qquad (q \in \mathbf{R},\ 0 < q < 1).$$

Da $\mathscr{L}(X; X)$ Banachalgebra ist, existiert für alle $\mathfrak{z} \in W$

$$v(\mathfrak{z}) = id_X + \sum_{n=1}^{\infty} (u(\mathfrak{z}))^n \quad \text{mit} \quad (u(\mathfrak{z}))^{n+1} := (u(\mathfrak{z})) \circ (u(\mathfrak{z}))^n.$$

Es ist offenbar (man vergleiche den Beweis von Satz 10.5.4.)

$$v(\mathfrak{z}) \circ (id_X - u(\mathfrak{z})) = (id_X - u(\mathfrak{z})) \circ v(\mathfrak{z}) = id_X,$$

d.h., $id_X - u(\mathfrak{z})$ hat für jedes $\mathfrak{z} \in W$ ein Inverses (das als Funktion von $\mathfrak{z}$ für $\mathfrak{z} \in W$ stetig ist, weil u in W stetig ist und die Reihe für v absolut gleichmäßig konvergiert) und ist daher bijektiv. Damit ist auch $f'(\mathfrak{z}) = f'(\mathfrak{x}) \circ (id_X - u(\mathfrak{z}))$ bijektiv für alle $\mathfrak{z} \in W$.

(2) Jetzt wählt man nach Satz 11.5.4. eine offene Umgebung $W_0 \subset W$ von $\mathfrak{x}$ mit $f|W_0$ injektiv. Nach Satz 11.5.1. gibt es in W_0 eine offene Umgebung U von $\mathfrak{x}$ so, daß $f(U)$ offen ist. Man setzt $V = f(U)$. Dann ist

$$f|U \text{ injektiv}, \quad f(U) = V.$$

(3) Man kann jetzt

$$g : V \to X \quad \text{definieren durch} \quad g(f(\mathfrak{z})) = \mathfrak{z} \quad \text{für alle} \quad \mathfrak{z} \in U.$$

Da $f|U$ offen ist, weil $f'(\mathfrak{z})$ bijektiv für alle $\mathfrak{z} \in U$ ist (Satz 11.5.2.), ist g stetig. Man kann unmittelbar Satz 11.2.5. anwenden und erhält die Differenzierbarkeit von g in $f(\mathfrak{z})$ für jedes $\mathfrak{z} \in U$ mit

$$g'(f(\mathfrak{z})) = (f'(\mathfrak{z}))^{-1}.$$

g' ist stetig in V, weil $g'(\mathfrak{w}) = (f'(g(\mathfrak{w})))^{-1}$, $g(V) = U \subset W$ und $(f'(\mathfrak{z}))^{-1}$ stetig als Funktion von $\mathfrak{z}$ für $\mathfrak{z} \in W$ ist (s. o.). ●

Aufgabe 11.5.1. Man zeige, daß unter den Voraussetzungen von Satz 11.5.2. gilt:

$$f'(\mathfrak{x}) \text{ offen für alle } \mathfrak{x}\in Z \quad \Rightarrow \quad f \text{ ist offen.}$$

Anleitung: Ist $l: X \to Y$ linear und stetig, so ist $l(X)$ Untervektorraum von Y und offen, wenn l offen ist. Wie in Hilfssatz 11.5.3. zeigt man, daß Y zusammenhängend ist. Da $(l(X), +)$ Untergruppe von $(Y, +)$ ist, ist damit nach Hilfssatz 11.5.3. $l(X) = Y$, also l surjektiv. ●

11.6. Höhere Ableitungen und partielle Ableitungen

X, Y seien Banachräume, $Z \subset X$ und $f: Z \to Y$. Die Ableitung von f ist nach Satz 11.1.1. eine Abbildung

$$f': \hat{Z} \to \mathscr{L}(X; Y), \quad \hat{Z} := \{\mathfrak{x} \mid \mathfrak{x} \in Z, f \text{ in } \mathfrak{x} \text{ differenzierbar}\}.$$

Man kann jetzt natürlich die Punkte aus $\hat{Z}$ zusammenfassen, in denen f' differenzierbar ist, und erhält eine Abbildung

$$(f')': \tilde{Z} \to \mathscr{L}(X; \mathscr{L}(X; Y)), \quad \tilde{Z} := \{\mathfrak{x} \mid \mathfrak{x} \in \hat{Z}, f' \text{ in } \mathfrak{x} \text{ differenzierbar}\}.$$

Nach Satz 10.3.5. gibt es eine natürliche topologische und normerhaltende Abbildung

$$\tau: \mathscr{L}(X, X; Y) \to \mathscr{L}(X; \mathscr{L}(X; Y)).$$

$\tau(l)(\mathfrak{x}_1)$ ist die durch $\tau(l)(\mathfrak{x}_1)(\mathfrak{x}_2) := l(\mathfrak{x}_1, \mathfrak{x}_2)$ für alle $\mathfrak{x}_2 \in X$ definierte lineare Abbildung aus $\mathscr{L}(X; Y)$ (daher bezeichnet man τ als „natürlich", d.h. auf naheliegende Weise definiert). Man kann $\mathscr{L}(X; \mathscr{L}(X; Y))$ mit dem Banachraum $\mathscr{L}(X, X; Y)$ der stetigen bilinearen Abbildungen von $X \times X$ in Y identifizieren. Dann ist

$$(f')': \tilde{Z} \to \mathscr{L}(X, X; Y).$$

Es ist zweckmäßig, solche Punkte aus $\tilde{Z}$ herauszunehmen, die keine inneren Punkte von $\hat{Z}$ in der Topologie auf Z (nicht in X) sind, $f^{(1)} = f' | Z_1: Z_1 \to \mathscr{L}(X; Y)$ zu setzen mit $Z_1 = \{\mathfrak{x} | \mathfrak{x} \in \hat{Z}, \mathfrak{x}$ innerer Punkt von $\hat{Z}$ in der Topologie von $Z\}$, und dann $(f^{(1)})'$ zu bilden. Natürlich ist $(f^{(1)})'(\mathfrak{x}) = (f')'(\mathfrak{x})$ für jeden Punkt $\mathfrak{x} \in Z_1$, in dem f' und damit $f^{(1)}$ differenzierbar ist. Zur Fortsetzung des Verfahrens sind zwei Hilfssätze nützlich.

Hilfssatz 11.6.1. *X sei Banachraum, $Z \subset X$. Ist $Z_1 \subset Z$, Z_1 offen in der Topologie des (topologischen) Unterraumes Z von X, so gilt für jedes $\mathfrak{x} \in Z_1$*

$$\mathfrak{x} \text{ ist zulässiger Punkt von } Z_1 \quad \Leftrightarrow \quad \mathfrak{x} \text{ ist zulässiger Punkt von } Z.$$

Beweis. Das Ergebnis folgt unmittelbar aus Definition 11.1.1., wenn man beachtet, daß es eine Umgebung U von $\mathfrak{x}$ in X gibt mit $U \cap Z = U \cap Z_1$. ●

Hilfssatz 11.6.2. *X, Y seien Banachräume über demselben Körper. Definiert man zu $n \in N$ analog zu den bilinearen Abbildungen (Definition 10.3.2.) n-lineare Abbildungen*

$$l: X^n := X \times X \times \cdots \times X \to Y,$$

so gilt Satz 10.3.3. entsprechend. Mit der wie in Satz 10.3.5. gebildeten Norm ist

$$\mathscr{L}^n(X; Y) = \mathscr{L}(X, X, \ldots, X; Y) = \{l \mid l: X^n \to Y \text{ n-linear, stetig}\}$$

Banachraum, und man erhält wieder eine natürliche topologische und normerhaltende Abbildung

$$\tau: \mathscr{L}^{n+1}(X; Y) \to \mathscr{L}(X; \mathscr{L}^n(X; Y)).$$

Beweis. Den Beweis erhält man auf der Grundlage der Sätze 10.3.3. und 10.3.5. durch vollständige Induktion (X^{n+1} läßt sich topologisch auf $X \times X^n$ abbilden!) und sei dem Leser überlassen. ●

Definition 11.6.1. *X, Y seien Banachräume über demselben Körper, $Z \subset X$, $f: Z \to Y$. Man setzt $Z_0 := Z$, $f^{(0)} := f$ und definiert durch vollständige Induktion für $n \in N \cup \{0\}$*

$$\hat{Z}_n := \{\mathfrak{x} \mid \mathfrak{x} \in Z_n,\ f^{(n)} \text{ ist in } \mathfrak{x} \text{ differenzierbar}\},$$

$$Z_{n+1} := \text{offener Kern von } \hat{Z}_n \text{ in der Topologie auf } Z$$

und

$$f^{(n+1)} = (f^{(n)})' \mid Z_{n+1}: Z_{n+1} \to \mathscr{L}^{n+1}(X; Y),$$

wobei die Identifizierung von $\mathscr{L}^{n+1}(X; Y)$ mit $\mathscr{L}(X; \mathscr{L}^n(X; Y))$ nach Hilfssatz 11.6.2. benutzt und $\mathscr{L}^0(X; Y) := Y$ gesetzt ist. $f^{(n)}$ bezeichnet man als n-te Ableitung von f.

Die höheren Ableitungen sind also multilineare Abbildungen, die n-te Ableitung in einem Punkte $\mathfrak{x}$ ist n-linear und stetig, d.h., $f^{(n)}(\mathfrak{x})$ ist stetige, n-lineare Abbildung, was natürlich nichts darüber besagt, ob $f^{(n)}$ in $\mathfrak{x}$ stetig ist.

Satz 11.6.1. *Y sei Banachraum über $(K, +, \cdot)$. Zu jedem $n \in N$ erhält man analog zu Satz 10.3.4. $(n=1)$ eine natürliche topologische und normerhaltende Abbildung*

$$\tau: \mathscr{L}^n(K; Y) \to Y.$$

Für $l \in \mathscr{L}^n(K; Y)$ ist $\tau(l) = l(1, 1, \ldots, 1)$. Identifiziert man $\mathscr{L}^n(K; Y)$ mit Hilfe von τ mit Y, so ist für $n \in N \cup \{0\}$ entsprechend Definition 11.6.1.

$$f^{(n+1)} = (f^{(n)})' \mid Z_{n+1}: Z_{n+1} \to Y.$$

Für jedes $n \in N$ und $x \in Z_n$ ist damit $f^{(n)}(x) \in Y$.

Beweis. Den Beweis erhält man auf der Grundlage von Satz 10.3.4. mit Hilfe von Hilfssatz 11.6.2. durch vollständige Induktion. Die explizite Durchführung ist trivial und sei dem Leser überlassen. ●

Zur Vorbereitung der sogenannten partiellen Differentiation ist der folgende Hilfssatz nützlich.

Hilfssatz 11.6.3. *X, Y seien Banachräume über demselben Körper, X_0 sei ein abgeschlossener Unterraum von X, $Z\subset X$, $\tilde{\mathfrak{x}}\in X$. Dann ist*

$$Z_{\tilde{\mathfrak{x}}}^{(0)} = Z_{\tilde{\mathfrak{x}}}\cap X_0 = \{\mathfrak{x}\,|\,\mathfrak{x}\in X_0,\ \mathfrak{x}+\tilde{\mathfrak{x}}\in Z\}\subset X_0.$$

Es sei $f: Z\to Y$ und

$$g: Z_{\tilde{\mathfrak{x}}}^{(0)}\to Y \quad \text{definiert durch} \quad g(\mathfrak{x}) = f(\mathfrak{x}+\tilde{\mathfrak{x}}).$$

Ist $\mathfrak{x}$ zulässiger Punkt von $Z_{\tilde{\mathfrak{x}}}^{(0)}$, $\mathfrak{x}+\tilde{\mathfrak{x}}$ zulässiger Punkt von Z, und ist f in $\mathfrak{x}+\tilde{\mathfrak{x}}$ differenzierbar, so ist g in $\mathfrak{x}$ differenzierbar und

$$g'(\mathfrak{x}) = f'(\mathfrak{x}+\tilde{\mathfrak{x}})\,|\,X_0.$$

Beweis. Für alle $\mathfrak{x}\in Z_{\tilde{\mathfrak{x}}}^{(0)}$ ist

$$g(\mathfrak{x}) = f(\mathfrak{x}+\tilde{\mathfrak{x}}) = f\big((id_X\,|\,X_0)(\mathfrak{x})+\tilde{\mathfrak{x}}\big) = f\big((id_X\,|\,X_0+\tilde{\mathfrak{x}})(\mathfrak{x})\big).$$

Nach der Kettenregel (Satz 11.2.4.) ist daher g differenzierbar in $\mathfrak{x}$, und es ist

$$g'(\mathfrak{x}) = f'(\mathfrak{x}+\tilde{\mathfrak{x}})\circ(id_X\,|\,X_0+\tilde{\mathfrak{x}})'(\mathfrak{x}) = f'(\mathfrak{x}+\tilde{\mathfrak{x}})\circ(id_X\,|\,X_0) = f'(\mathfrak{x}+\tilde{\mathfrak{x}})\,|\,X_0. \quad ●$$

Definition 11.6.2. *X_1, X_2, Y seien Banachräume, $X = X_1\times X_2$. X ist, mit der Maximumsnorm versehen, nach Hilfssatz 10.4.3. ebenfalls Banachraum. Zu $Z\subset X$, $\mathfrak{x}_1\in X_1$ bzw. $\mathfrak{x}_2\in X_2$ bildet man wie in Definition 9.3.1.*

$$Z_{\mathfrak{x}_2}^{(1)} := \{\mathfrak{x}_1|\mathfrak{x}_1\in X_1,\ (\mathfrak{x}_1,\mathfrak{x}_2)\in Z\} \quad \text{bzw.} \quad Z_{\mathfrak{x}_1}^{(2)} := \{\mathfrak{x}_2|\mathfrak{x}_2\in X_2,\ (\mathfrak{x}_1,\mathfrak{x}_2)\in Z\}.$$

Zu jeder Abbildung $f: Z\to Y$ definiert man für $\mathfrak{x}_1\in X_1$ bzw. $\mathfrak{x}_2\in X_2$

$$g_{\mathfrak{x}_2}: Z_{\mathfrak{x}_2}^{(1)}\to Y \quad \text{durch} \quad g_{\mathfrak{x}_2}(\mathfrak{x}_1) := f(\mathfrak{x}_1,\mathfrak{x}_2),$$

$$h_{\mathfrak{x}_1}: Z_{\mathfrak{x}_1}^{(2)}\to Y \quad \text{durch} \quad h_{\mathfrak{x}_1}(\mathfrak{x}_2) := f(\mathfrak{x}_1,\mathfrak{x}_2).$$

Ist f in $(\mathfrak{x}_1,\mathfrak{x}_2)$ bzw. $g_{\mathfrak{x}_2}$ in $\mathfrak{x}_1$ bzw. $h_{\mathfrak{x}_1}$ in $\mathfrak{x}_2$ differenzierbar, so verwendet man die Bezeichnungen

$$Df(\mathfrak{x}_1,\mathfrak{x}_2) := f'(\mathfrak{x}_1,\mathfrak{x}_2), \quad D_1f(\mathfrak{x}_1,\mathfrak{x}_2) = g'_{\mathfrak{x}_2}(\mathfrak{x}_1), \quad D_2f(\mathfrak{x}_1,\mathfrak{x}_2) = h'_{\mathfrak{x}_1}(\mathfrak{x}_2).$$

Analog definiert man für Banachräume $X_1,\dots,X_n$ und $X=X_1\times\cdots\times X_n$, $Z\subset X$, $f: Z\to Y$

$$Df(\mathfrak{x}_1,\dots,\mathfrak{x}_n) := f'(\mathfrak{x}_1,\dots,\mathfrak{x}_n) \quad \text{und} \quad D_kf(\mathfrak{x}_1,\dots,\mathfrak{x}_k,\dots,\mathfrak{x}_n) \quad \text{für} \quad 1\leqq k\leqq n.$$

Anmerkung 11.6.1. Ist X Banachraum und sind X_1, X_2 abgeschlossene Untervektorräume von X (und damit auch Banachräume) mit $X_1 \cap X_2 = \{\mathfrak{o}\}$ und $X_1 + X_2 = X$, so ist die Abbildung

$$\varkappa : X_1 \times X_2 \to X, \quad \text{definiert durch} \quad \varkappa(\mathfrak{x}_1, \mathfrak{x}_2) := \mathfrak{x}_1 + \mathfrak{x}_2,$$

nach Hilfssatz 10.4.6. linear und topologisch. Man kann X mit $X_1 \times X_2$ mit Hilfe von $\varkappa$ identifizieren. Dabei wird X_1 mit $X_1 \times \{\mathfrak{o}\}$ und X_2 mit $\{\mathfrak{o}\} \times X_2$ identifiziert. Man kann natürlich auf $X_1 \times X_2$, anstatt die Maximumsnorm zu benutzen, einfach die Norm von X übertragen, die dieselbe Topologie liefert, weil $\varkappa$ topologisch ist. Da aber nach Satz 11.1.1. Differenzierbarkeit und Wert der Ableitung in einem Punkte nicht von der speziellen Norm, sondern nur von der durch die Norm induzierten Topologie abhängen, kann man für die Zwecke der Differentialrechnung ruhig auf $X_1 \times X_2$ weiter die Maximumsnorm oder aber irgendeine dazu äquivalente Norm benutzen. Wir werden daher im folgenden immer X mit $X_1 \times X_2$ identifizieren und $(\mathfrak{x}_1, \mathfrak{x}_2)$ oder $\mathfrak{x}_1 + \mathfrak{x}_2$ für $\mathfrak{x}_1 \in X_1$, $\mathfrak{x}_2 \in X_2$ schreiben, je nachdem, was zweckmäßiger erscheint. Analog identifizieren wir

$$X = X_1 + X_2 + \cdots + X_n \quad \text{mit} \quad X_1 \times \cdots \times X_n,$$

wenn $X_1, \ldots, X_n$ abgeschlossene Untervektorräume von X sind mit

$$(X_1 + X_2 + \cdots + X_{k-1}) \cap X_k = \{\mathfrak{o}\} \quad \text{für} \quad 2 \leqq k \leqq n, \quad X_1 + X_2 + \cdots + X_n = X. \quad \bullet$$

Satz 11.6.2. *$X_1, \ldots, X_n$, Y seien Banachräume, $X = X_1 \times \cdots \times X_n$, $Z \subset X$, $f: Z \to Y$. Ist f in $(\mathfrak{x}_1, \ldots, \mathfrak{x}_n)$ differenzierbar und ist $\mathfrak{x}_k$ zulässiger Punkt von*

$$Z_{\mathfrak{x}}^{(k)} := \{\mathfrak{z}_k \mid \mathfrak{z}_k \in X_k,\ (\mathfrak{x}_1, \ldots, \mathfrak{x}_{k-1}, \mathfrak{z}_k, \mathfrak{x}_{k+1}, \ldots, \mathfrak{x}_n) \in Z\},$$

so existiert $D_k f(\mathfrak{x}_1, \ldots, \mathfrak{x}_n)$, und es ist

$$D_k f(\mathfrak{x}_1, \ldots, \mathfrak{x}_n) = Df(\mathfrak{x}_1, \ldots, \mathfrak{x}_n) | X_k.$$

Gilt das für jedes $k \in N$, $1 \leqq k \leqq n$, so ist für $\mathfrak{y}_k \in X_k$

$$Df(\mathfrak{x}_1, \ldots, \mathfrak{x}_n)(\mathfrak{y}_1, \ldots, \mathfrak{y}_n) = \sum_{k=1}^{n} D_k f(\mathfrak{x}_1, \ldots, \mathfrak{x}_n)\mathfrak{y}_k.$$

Beweis. Faßt man X_k, identifiziert mit $\{\mathfrak{o}\} \times \cdots \times X_k \times \cdots \times \{\mathfrak{o}\}$, als Untervektorraum von X auf, so ergibt sich der erste Teil der Behauptung aus Hilfssatz 11.6.3. Der Rest folgt wegen

$$Df(\mathfrak{x}_1, \ldots, \mathfrak{x}_n)(\mathfrak{o}, \ldots, \mathfrak{y}_k, \ldots, \mathfrak{o}) = (Df(\mathfrak{x}_1, \ldots, \mathfrak{x}_n) | X_k)(\mathfrak{y}_k) \quad \text{für} \quad \mathfrak{y}_k \in X_k. \quad \bullet$$

Anmerkung 11.6.2. Es sei nachdrücklich darauf hingewiesen, daß man aus der Existenz von $Df(\mathfrak{x}_1, \ldots, \mathfrak{x}_n)$ zwar auf die Existenz der $D_k f(\mathfrak{x}_1, \ldots, \mathfrak{x}_n)$ schließen kann, daß der umgekehrte Schluß aber nur unter zusätzlichen Voraussetzungen möglich ist. ●

Anmerkung 11.6.3. Definiert man

$$\varkappa : Y^n = Y \times \cdots \times Y \to Y \quad \text{durch} \quad \varkappa(\mathfrak{z}_1, \ldots, \mathfrak{z}_n) = \sum_{k=1}^{n} \mathfrak{z}_k,$$

so ist $\varkappa$ linear und stetig, und es ist

$$Df(\mathfrak{x}_1, \ldots, \mathfrak{x}_n) = \varkappa \circ (Df_1(\mathfrak{x}_1, \ldots, \mathfrak{x}_n) \times \cdots \times Df_n(\mathfrak{x}_1, \ldots, \mathfrak{x}_n))$$

in der Bezeichnungsweise von Satz 6.5.2. ●

Definition 11.6.3. *X_0, Y seien Banachräume, $(g_{\tilde{\mathfrak{x}}})_{\tilde{\mathfrak{x}} \in J}$ eine Familie von Abbildungen $g_{\tilde{\mathfrak{x}}}: Z_{\tilde{\mathfrak{x}}} \to Y$, $Z_{\tilde{\mathfrak{x}}} \subset X_0$, und $\mathfrak{x} \in Z_{\tilde{\mathfrak{x}}}$ für jedes $\tilde{\mathfrak{x}} \in J$. Die Familie $(g_{\tilde{\mathfrak{x}}})_{\tilde{\mathfrak{x}} \in J}$ heißt gleichgradig stetig in $\mathfrak{x}$, wenn*

$$\lim_{\mathfrak{z}, \mathfrak{B}(\mathfrak{x}) | Z_{\tilde{\mathfrak{x}}}} g_{\tilde{\mathfrak{x}}}(\mathfrak{z}) = g_{\tilde{\mathfrak{x}}}(\mathfrak{x}) \quad \textit{gleichmäßig für alle} \quad \tilde{\mathfrak{x}} \in J \textit{ ist},$$

oder, anders ausgedrückt, wenn es zu jedem $\varepsilon \in \boldsymbol{R}$, $\varepsilon > 0$, ein $\delta \in \boldsymbol{R}$, $\delta > 0$, so gibt, daß für jedes $\tilde{\mathfrak{x}} \in J$

$$\|g_{\tilde{\mathfrak{x}}}(\mathfrak{z}) - g_{\tilde{\mathfrak{x}}}(\mathfrak{x})\| < \varepsilon \quad \textit{für alle} \quad \mathfrak{z} \in Z_{\tilde{\mathfrak{x}}} \textit{ mit } \|\mathfrak{z} - \mathfrak{x}\| < \delta \textit{ ist.}$$

Anmerkung 11.6.4. Wesentlich bei der gleichgradigen Stetigkeit ist, daß man zu gegebenem ε ein δ wählen kann, das für alle $\tilde{\mathfrak{x}} \in J$ brauchbar ist. Ist $\mathfrak{x}$ Häufungspunkt für jedes $Z_{\tilde{\mathfrak{x}}}$, $\tilde{\mathfrak{x}} \in J$, so ist die gleichgradige Stetigkeit der Familie in $\mathfrak{x}$ natürlich gleichbedeutend damit, daß

$$\lim_{\mathfrak{z} \to \mathfrak{x}} g_{\tilde{\mathfrak{x}}}(\mathfrak{z}) = g_{\tilde{\mathfrak{x}}}(\mathfrak{x}) \quad \text{gleichmäßig für alle} \quad \tilde{\mathfrak{x}} \in J \text{ ist.} \; ●$$

Satz 11.6.3. *X_1, X_2, Y seien Banachräume, $X = X_1 \times X_2$ mit der Maximumsnorm versehen (siehe Anmerkung 11.6.1.). Zu $Z \subset X$, $f: Z \to Y$ und $(\mathfrak{x}_1, \mathfrak{x}_2) \in Z$ seien wie in Definition 11.6.2.*

$$g_{\mathfrak{x}_2} : Z^{(1)}_{\mathfrak{x}_2} \to Y \quad \textit{definiert durch} \quad g_{\mathfrak{x}_2}(\mathfrak{z}_1) = f(\mathfrak{z}_1, \mathfrak{x}_2),$$

$$h_{\mathfrak{x}_1} : Z^{(2)}_{\mathfrak{x}_1} \to Y \quad \textit{definiert durch} \quad h_{\mathfrak{x}_1}(\mathfrak{z}_2) = f(\mathfrak{x}_1, \mathfrak{z}_2).$$

$(\mathfrak{x}_1, \mathfrak{x}_2)$ sei ein innerer Punkt von Z. Gibt es Umgebungen $U_1 \subset X_1$ von $\mathfrak{x}_1$, $U_2 \subset X_2$ von $\mathfrak{x}_2$ mit $U_1 \times U_2 \subset Z$ so, daß gilt

(a) *$(g_{\mathfrak{z}_2})_{\mathfrak{z}_2 \in U_2}$ ist in $\mathfrak{x}_1$ gleichgradig stetig.*

(b) *$h_{\mathfrak{z}_1}$ ist in $\mathfrak{x}_2$ stetig für jedes $\mathfrak{z}_1 \in U_1$,*

so ist f in $(\mathfrak{x}_1, \mathfrak{x}_2)$ stetig.

Beweis. Es sei $\tilde{\mathfrak{B}}(\mathfrak{x}_1, \mathfrak{x}_2) = \mathfrak{B}((\mathfrak{x}_1, \mathfrak{x}_2))|U_1 \times U_2$, $\tilde{\mathfrak{B}}(\mathfrak{x}_j) = \mathfrak{B}(\mathfrak{x}_j)|U_j$ in X_j, $j=1, 2$. Da wir auf $X_1 \times X_2$ die Produkttopologie verwenden, sind $\tilde{\mathfrak{B}}(\mathfrak{x}_1, \mathfrak{x}_2)$ und $\tilde{\mathfrak{B}}(\mathfrak{x}_1) \times \tilde{\mathfrak{B}}(\mathfrak{x}_2)$ gleich fein. Da wegen (a)

$$g_{\mathfrak{z}_2}(\mathfrak{x}_1) = \lim_{\mathfrak{z}_1, \tilde{\mathfrak{B}}(\mathfrak{x}_1)} g_{\mathfrak{z}_2}(\mathfrak{z}_1) = \lim_{\mathfrak{z}_1, \tilde{\mathfrak{B}}(\mathfrak{x}_1)} f(\mathfrak{z}_1, \mathfrak{z}_2)$$

gleichmäßig für $\mathfrak{z}_2 \in U_2$ existiert und wegen (b)

$$h_{\mathfrak{z}_1}(\mathfrak{x}_2) = \lim_{\mathfrak{z}_2, \tilde{\mathfrak{B}}(\mathfrak{x}_2)} h_{\mathfrak{z}_1}(\mathfrak{z}_2) = \lim_{\mathfrak{z}_2, \tilde{\mathfrak{B}}(\mathfrak{x}_2)} f(\mathfrak{z}_1, \mathfrak{z}_2)$$

für alle $\mathfrak{z}_1 \in U_1$ existiert und Y vollständig ist, ist nach Satz 9.4.1.

$$\lim_{\tilde{\mathfrak{B}}(\mathfrak{x}_1, \mathfrak{x}_2)} f = \lim_{\tilde{\mathfrak{B}}(\mathfrak{x}_1) \times \tilde{\mathfrak{B}}(\mathfrak{x}_2)} f = \lim_{\mathfrak{z}_1, \tilde{\mathfrak{B}}(\mathfrak{x}_1)} h_{\mathfrak{z}_1}(\mathfrak{x}_2) = \lim_{\mathfrak{z}_1, \tilde{\mathfrak{B}}(\mathfrak{x}_1)} f(\mathfrak{z}_1, \mathfrak{x}_2) = f(\mathfrak{x}_1, \mathfrak{x}_2).$$

f ist also stetig in $(\mathfrak{x}_1, \mathfrak{x}_2)$. ●

Anmerkung 11.6.5. Man kann leicht sehen, daß man bei den speziellen Rastern $\tilde{\mathfrak{B}}(\mathfrak{x}_1)$, $\tilde{\mathfrak{B}}(\mathfrak{x}_2)$ in (b) nur die Stetigkeit von $h_{\mathfrak{x}_1}$ in $\mathfrak{x}_2$ braucht. ●

Satz 11.6.4. *Ist in den Bezeichnungen von Definition 11.6.2. für* $j=1, 2$

$$\hat{Z}^{(j)} = \{(\mathfrak{x}_1, \mathfrak{x}_2) \,|\, (\mathfrak{x}_1, \mathfrak{x}_2) \in Z,\ D_j f(\mathfrak{x}_1, \mathfrak{x}_2) \text{ existiert}\},$$

so definieren die Werte $D_j f(\mathfrak{x}_1, \mathfrak{x}_2)$ *Abbildungen*

$$D_j f : \hat{Z}^{(j)} \to \mathscr{L}(X_j; Y) \quad \text{für} \quad j=1, 2.$$

Ist $(\mathfrak{x}_1, \mathfrak{x}_2)$ *innerer Punkt von* Z *und gilt*

(a) $D_1 f(\mathfrak{x}_1, \mathfrak{x}_2)$ *existiert,*

(b) $(\mathfrak{x}_1, \mathfrak{x}_2)$ *ist innerer Punkt von* $\hat{Z}^{(2)}$, $D_2 f$ *ist stetig in* $(\mathfrak{x}_1, \mathfrak{x}_2)$,

so ist f *in* $(\mathfrak{x}_1, \mathfrak{x}_2)$ *differenzierbar, und es ist für* $(\mathfrak{y}_1, \mathfrak{y}_2) \in X_1 \times X_2$

$$Df(\mathfrak{x}_1, \mathfrak{x}_2)(\mathfrak{y}_1, \mathfrak{y}_2) = D_1 f(\mathfrak{x}_1, \mathfrak{x}_2)\mathfrak{y}_1 + D_2 f(\mathfrak{x}_1, \mathfrak{x}_2)\mathfrak{y}_2.$$

Außerdem gilt, wenn f *in einer Umgebung von* $(\mathfrak{x}_1, \mathfrak{x}_2)$ *differenzierbar ist,*

$$Df \text{ ist stetig in } (\mathfrak{x}_1, \mathfrak{x}_2) \quad \Leftrightarrow \quad D_1 f \text{ und } D_2 f \text{ sind stetig in } (\mathfrak{x}_1, \mathfrak{x}_2).$$

Beweis. Da $(\mathfrak{x}_1, \mathfrak{x}_2)$ innerer Punkt von Z ist, gibt es ein $\delta \in \boldsymbol{R}_+^\times$ so, daß $(\mathfrak{x}_1 + \mathfrak{y}_1, \mathfrak{x}_2 + \mathfrak{y}_2) \in Z$ für alle $\mathfrak{y}_1 \in X_1$, $\mathfrak{y}_2 \in X_2$ mit $\|\mathfrak{y}_j\| < \delta$, $j=1, 2$, ist. In den Bezeichnungen von Definition 11.6.2. ist

$$\begin{aligned} f(\mathfrak{x}_1 + \mathfrak{y}_1, \mathfrak{x}_2 + \mathfrak{y}_2) - f(\mathfrak{x}_1, \mathfrak{x}_2) = \\ &= f(\mathfrak{x}_1 + \mathfrak{y}_1, \mathfrak{x}_2 + \mathfrak{y}_2) - f(\mathfrak{x}_1 + \mathfrak{y}_1, \mathfrak{x}_2) + f(\mathfrak{x}_1 + \mathfrak{y}_1, \mathfrak{x}_2) - f(\mathfrak{x}_1, \mathfrak{x}_2) \\ &= h_{\mathfrak{x}_1 + \mathfrak{y}_1}(\mathfrak{x}_2 + \mathfrak{y}_2) - h_{\mathfrak{x}_1 + \mathfrak{y}_1}(\mathfrak{x}_2) + g_{\mathfrak{x}_2}(\mathfrak{x}_1 + \mathfrak{y}_1) - g_{\mathfrak{x}_2}(\mathfrak{x}_1). \end{aligned}$$

Wegen der Stetigkeit von $D_2 f$ in $(\mathfrak{x}_1, \mathfrak{x}_2)$ gibt es zu $\varepsilon \in \boldsymbol{R}_+^\times$ ein $\delta_1 \in \boldsymbol{R}_+^\times$ mit

$$\|D_2 f(\mathfrak{x}_1 + \mathfrak{z}_1, \mathfrak{x}_2 + \mathfrak{z}_2) - D_2 f(\mathfrak{x}_1, \mathfrak{x}_2)\| < \varepsilon \quad \text{für} \quad \|\mathfrak{z}_1\|, \|\mathfrak{z}_2\| < \delta_1.$$

Daher ist

$$\|h'_{\mathfrak{x}_1+\mathfrak{y}_1}(\mathfrak{x}_2 + \mathfrak{z}_2) - h'_{\mathfrak{x}_1+\mathfrak{y}_1}(\mathfrak{x}_2)\| < 2\varepsilon \quad \text{für} \quad \|\mathfrak{y}_1\| < \delta_1, \ \|\mathfrak{z}_2\| < \delta_1,$$

$$\|h'_{\mathfrak{x}_1+\mathfrak{y}_1}(\mathfrak{x}_2) - h'_{\mathfrak{x}_1}(\mathfrak{x}_2)\| < \varepsilon \quad \text{für} \quad \|\mathfrak{y}_1\| < \delta_1.$$

Nach Satz 11.3.3. ist infolgedessen für $\|\mathfrak{y}_1\|, \|\mathfrak{y}_2\| < \delta_1$

$$\|h_{\mathfrak{x}_1+\mathfrak{y}_1}(\mathfrak{x}_2 + \mathfrak{y}_2) - h_{\mathfrak{x}_1+\mathfrak{y}_1}(\mathfrak{x}_2) - h'_{\mathfrak{x}_1}(\mathfrak{x}_2)\mathfrak{y}_2\| \leqq$$

$$\leqq \|h_{\mathfrak{x}_1+\mathfrak{y}_1}(\mathfrak{x}_2 + \mathfrak{y}_2) - h_{\mathfrak{x}_1+\mathfrak{y}_1}(\mathfrak{x}_2) - h'_{\mathfrak{x}_1+\mathfrak{y}_1}(\mathfrak{x}_2)\mathfrak{y}_2\| + \varepsilon\|\mathfrak{y}_2\| \leqq 2\varepsilon\|\mathfrak{y}_2\| + \varepsilon\|\mathfrak{y}_2\| = 3\varepsilon\|\mathfrak{y}_2\|.$$

Wegen der Existenz von $D_1 f(\mathfrak{x}_1, \mathfrak{x}_2)$ gibt es ein $\delta_2 \in \boldsymbol{R}_+^\times$ so, daß für $\|\mathfrak{y}_1\| < \delta_2$

$$\|g_{\mathfrak{x}_2}(\mathfrak{x}_1 + \mathfrak{y}_1) - g_{\mathfrak{x}_2}(\mathfrak{x}_1) - g'_{\mathfrak{x}_2}(\mathfrak{x}_1)\mathfrak{y}_1\| \leqq \varepsilon\|\mathfrak{y}_1\|$$

ist. Ist $\delta_3 = \min\{\delta_1, \delta_2\}$, so gilt für $\|\mathfrak{y}_1\|, \|\mathfrak{y}_2\| < \delta_3$

$$\begin{aligned}\|f(\mathfrak{x}_1 + \mathfrak{y}_1, \mathfrak{x}_2 + \mathfrak{y}_2) - f(\mathfrak{x}_1, \mathfrak{x}_2) - D_1 f(\mathfrak{x}_1, \mathfrak{x}_2)\mathfrak{y}_1 - D_2 f(\mathfrak{x}_1, \mathfrak{x}_2)\mathfrak{y}_2\| &\leqq \varepsilon\|\mathfrak{y}_1\| + 3\varepsilon\|\mathfrak{y}_2\| \\ &\leqq 4\varepsilon\|(\mathfrak{y}_1, \mathfrak{y}_2)\|.\end{aligned}$$

Da die Abbildung

$$\varkappa \circ (D_1 f(\mathfrak{x}_1, \mathfrak{x}_2) \times D_2 f(\mathfrak{x}_1, \mathfrak{x}_2)) : X_1 \times X_2 \to Y$$

(siehe Anmerkung 11.6.3.), definiert durch

$$\varkappa \circ (D_1 f(\mathfrak{x}_1, \mathfrak{x}_2) \times D_2 f(\mathfrak{x}_1, \mathfrak{x}_2))(\mathfrak{y}_1, \mathfrak{y}_2) = D_1 f(\mathfrak{x}_1, \mathfrak{x}_2)\mathfrak{y}_1 + D_2 f(\mathfrak{x}_1, \mathfrak{x}_2)\mathfrak{y}_2,$$

linear und stetig ist, ist f differenzierbar in $(\mathfrak{x}_1, \mathfrak{x}_2)$ mit der Ableitung $\varkappa \circ (D_1 f(\mathfrak{x}_1, \mathfrak{x}_2) \times \times D_2 f(\mathfrak{x}_1, \mathfrak{x}_2))$.

Ist Df in $(\mathfrak{x}_1, \mathfrak{x}_2)$ stetig, so sind wegen $D_k f(\mathfrak{z}_1, \ldots, \mathfrak{z}_k) = Df(\mathfrak{z}_1, \ldots, \mathfrak{z}_n)|X_k$ auch $D_1 f$ und $D_2 f$ in $(\mathfrak{x}_1, \mathfrak{x}_2)$ stetig. Wegen $Df = \tilde{\varkappa} \circ (D_1 f, D_2 f)$ mit der naheliegenden Definition von $\tilde{\varkappa} : \mathscr{L}(X_1; Y) \times \mathscr{L}(X_2; Y) \to \mathscr{L}(X; Y)$ ist mit $D_1 f$ und $D_2 f$ umgekehrt auch Df in $(\mathfrak{x}_1, \mathfrak{x}_2)$ stetig. ●

Satz 11.6.5. *$X_1, \ldots, X_n$, Y seien Banachräume, $X = X_1 \times \cdots \times X_n$ sei mit der Maximumsnorm versehen, $Z \subset X$, $f: Z \to Y$. Ist $(\mathfrak{x}_1, \ldots, \mathfrak{x}_n)$ innerer Punkt von Z und gilt*

(a) *$D_1 f(\mathfrak{x}_1, \ldots, \mathfrak{x}_n)$ existiert,*

(b) *$D_j f$ existiert für alle Punkte einer Umgebung von $(\mathfrak{x}_1, \ldots, \mathfrak{x}_n)$ und ist stetig in $(\mathfrak{x}_1, \ldots, \mathfrak{x}_n)$ für $2 \leqq j \leqq n$,*

so ist f in $(\mathfrak{x}_1, \ldots, \mathfrak{x}_n)$, differenzierbar; für $(\mathfrak{y}_1, \ldots, \mathfrak{y}_n) \in X_1 \times \cdots \times X_n$ ist

$$Df(\mathfrak{x}_1, \ldots, \mathfrak{x}_n)(\mathfrak{y}_1, \ldots, \mathfrak{y}_n) = \sum_{j=1}^{n} D_j f(\mathfrak{x}_1, \ldots, \mathfrak{x}_n)\mathfrak{y}_j.$$

Ist f in einer Umgebung von $(\mathfrak{x}_1, \ldots, \mathfrak{x}_n)$ differenzierbar, so gilt

$$f' \text{ stetig in } (\mathfrak{x}_1, \ldots, \mathfrak{x}_n) \quad \Leftrightarrow \quad D_j f \text{ stetig in } (\mathfrak{x}_1, \ldots, \mathfrak{x}_n) \text{ für } 1 \leqq j \leqq n.$$

Beweis. Man verwende vollständige Induktion auf der Grundlage von Satz 11.6.4. ●

Hilfssatz 11.6.4. *X, Y_1, Y_2 seien Banachräume, $Z \subset X$,*

$$f: X \to Y_1 \times Y_2, \quad f_j = pr_j \circ f: X \to Y_j \quad \text{für} \quad j = 1, 2$$

(also $f = (f_1, f_2)$). Es gilt

$$f \text{ ist in } \mathfrak{x} \text{ differenzierbar} \quad \Leftrightarrow \quad f_1, f_2 \text{ sind in } \mathfrak{x} \text{ differenzierbar.}$$

Ist f in $\mathfrak{x}$ differenzierbar, so ist

$$f'(\mathfrak{x}) = (f_1'(\mathfrak{x}), f_2'(\mathfrak{x})).$$

Die Abbildung

$$\varkappa^*: \mathscr{L}(X; Y_1) \times \mathscr{L}(X; Y_2) \to \mathscr{L}(X; Y_1 \times Y_2), \quad \text{definiert durch} \quad \varkappa^*(l_1, l_2) = (l_1, l_2),$$

ist bijektiv, linear und normerhaltend, also auch topologisch. Es ist

$$f' = \varkappa^* \circ (f_1', f_2').$$

Analoge Aussagen gelten für $Y_1 \times \cdots \times Y_m$ an Stelle von $Y_1 \times Y_2$.

Beweis. Bei Verwendung der Maximumsnorm ist $\varkappa^*$ offensichtlich bilinear, injektiv und normerhaltend und wegen $l = (pr_1 \circ l, pr_2 \circ l)$ für $l \in \mathscr{L}(X; Y_1 \times Y_2)$ auch surjektiv.

Nach der Kettenregel ist, falls f in $\mathfrak{x}$ differenzierbar ist,

$$f_j'(\mathfrak{x}) = pr_j'(f(\mathfrak{x})) \circ f'(\mathfrak{x}) = pr_j \circ f'(\mathfrak{x}), \quad \text{also} \quad f'(\mathfrak{x}) = (f_1'(\mathfrak{x}), f_2'(\mathfrak{x})).$$

Sind umgekehrt f_1, f_2 in $\mathfrak{x}$ differenzierbar, so überzeugt man sich sofort, daß $(f_1'(\mathfrak{x}), f_2'(\mathfrak{x})) = f'(\mathfrak{x})$ ist. Nach der Definition von $\varkappa^*$ ist dann

$$f' = \varkappa^* \circ (f_1', f_2'). \quad ●$$

Satz 11.6.6. *X, Y seien Banachräume über dem Körper $(K, +, \cdot)$, $(\mathfrak{x}_k)_{k \in A_m}$ Basis von X, $(\mathfrak{y}_j)_{j \in A_n}$ Basis von Y (vgl. 10.6.) und $X_k = [\{\mathfrak{x}_k\}] = K\mathfrak{x}_k$, $Y_j = [\{\mathfrak{y}_j\}] = K\mathfrak{y}_j$. Dann kann man nach Anmerkung 11.6.1. X mit $X_1 \times \cdots \times X_m$, Y mit $Y_1 \times \cdots \times Y_n$ identifizieren. Ist $Z \subset X$,*

$$f: Z \to Y \text{ in einem Punkt } \mathfrak{x} \in Z \text{ differenzierbar}$$

und ist in der Bezeichnung von Satz 10.6.4.

$$\lambda(f'(\mathfrak{x})) = (a_{j,k}) \in \mathfrak{M}^{(n,m)}(K),$$

so ist mit $f = (f_1, \ldots, f_n)$

$$D_k f_j(\mathfrak{x}) \mathfrak{x}_k = a_{j,k} \mathfrak{y}_j \quad \text{für} \quad 1 \leqq k \leqq m, \; 1 \leqq j \leqq n.$$

Ist speziell $X=K^m=K\times\cdots\times K$, $\mathfrak{x}_k=(0,\ldots,1,\ldots,0)$, $Y=K^n=K\times\cdots\times K$, $\mathfrak{y}_k=(0,\ldots,1,\ldots,0)$, *also* X_k, Y_j *mit* K, $\mathfrak{x}_k$, $\mathfrak{y}_j$ *in* X_k, Y_j *mit* 1 *zu identifizieren, so ist*

$$D_k f_j(\mathfrak{x})=a_{j,k},\quad \lambda(f'(\mathfrak{x}))=(D_k f_j(\mathfrak{x})).$$

Beweis. Nach Definition von λ ist (vgl. Beispiel 10.6.1.)

$$f'(\mathfrak{x})\left(\sum_{k=1}^{m} x_k\mathfrak{x}_k\right)=\sum_{j=1}^{n}\left(\sum_{k=1}^{m} a_{j,k}x_k\right)\mathfrak{y}_j.$$

Nach der Definition von $D_k f$ und $f=(f_1,\ldots,f_n)$ ist dann (wegen $X_k=K\mathfrak{x}_k$, $Y_j=K\mathfrak{y}_j$)

$$D_k f_j(\mathfrak{x})x_k\mathfrak{x}_k=a_{j,k}x_k\mathfrak{y}_j,\quad\text{also}\quad D_k f_j(\mathfrak{x})\mathfrak{x}_k=a_{j,k}\mathfrak{y}_j.\ \bullet$$

Definition 11.6.4. *Sind* X, Y *endlich-dimensionale Banachräume über* $(K,+,\cdot)$, $Z\subset X$,

$$f\colon Z\to Y \text{ in } \mathfrak{x} \text{ differenzierbar},$$

so bezeichnet man die zu einer speziellen Wahl der Basen von X *und* Y *gehörende Matrix*

$$\lambda(f'(\mathfrak{x})) \text{ als Funktionalmatrix von } f \text{ in } \mathfrak{x},$$

und im Falle, daß $\dim_K X=\dim_K Y$ *ist, die Determinante*

$$\det\lambda(f'(\mathfrak{x})) \text{ als Funktionaldeterminante von } f \text{ in } x.$$

Ist $X=K^m$, $Y=K^n$, *also bei der üblichen Basiswahl* $\lambda(f'(\mathfrak{x}))=(D_k f_j(\mathfrak{x}))$, *so bezeichnet man die* $D_k f_j(\mathfrak{x})$ *als partielle Ableitungen von* f_j *in* $\mathfrak{x}$. *Im Falle* $n=m$ *gilt damit nach Hilfssatz 10.6.3.*

$$f'(\mathfrak{x}) \text{ bijektiv} \iff \det(D_k f_j(\mathfrak{x}))\neq 0.$$

Satz 11.6.7. $X_1,\ldots,X_n$, Y *seien Banachräume über* $(K,+,\cdot)$, $X=X_1\times\cdots\times X_n$, $U_k\subset X_k$ *offen*,

$$f\colon U_1\times\cdots\times U_n\to Y \text{ in jedem Punkt differenzierbar},$$

$f''(\mathfrak{x})$ *existiere. Dann ist* $f''(\mathfrak{x})\in\mathscr{L}(X;\mathscr{L}(X;Y))\cong\mathscr{L}(X,X;Y)$ („$\cong$“ *bedeutet: in natürlicher Weise isomorph und daher zu identifizieren*),

$$D_k f\colon U_1\times\cdots\times U_n\to\mathscr{L}(X_k;Y),\quad D_j(D_k f)(\mathfrak{x})\in\mathscr{L}(X_j;\mathscr{L}(X_k\colon Y))\cong\mathscr{L}(X_j,X_k;Y).$$

Für $\mathfrak{v}=(\mathfrak{v}_1,\ldots,\mathfrak{v}_n)$, $\mathfrak{w}=(\mathfrak{w}_1,\ldots,\mathfrak{w}_n)$, $\mathfrak{v},\mathfrak{w}\in X$, *gilt*

$$''(\mathfrak{x})(\mathfrak{v},\mathfrak{w})=\sum_{j=1}^{n}\sum_{k=1}^{n}\big(D_j(D_k f)(\mathfrak{x})\mathfrak{v}_j\big)\mathfrak{w}_k.$$

Im Falle $X_1=\cdots=X_n=K$, *also* $\mathscr{L}(X_k;Y)\cong Y$, $D_j(D_k f)(\mathfrak{x})\in\mathscr{L}(X_j;Y)\cong Y$, $\mathfrak{v}_j=v_j\in K$, $\mathfrak{w}_k=w_k\in K$ ist

$$f''(\mathfrak{x})(v_1,\ldots,v_n)(w_1,\ldots,w_n)=\sum_{j=1}^{n}\sum_{k=1}^{n} v_j w_k D_j(D_k f)(\mathfrak{x}).$$

Beweis. Es ist $f': U_1 \times \cdots \times U_n \to \mathscr{L}(X; Y)$, also $f''(\mathfrak{x}) \in \mathscr{L}(X; \mathscr{L}(X; Y))$, d.h., für $\mathfrak{v} = (\mathfrak{v}_1, \ldots, \mathfrak{v}_n) \in X$ ist $f''(\mathfrak{x})\mathfrak{v} \in \mathscr{L}(X; Y)$,

$$f''(\mathfrak{x})\mathfrak{v} = D(f')(\mathfrak{x})(\mathfrak{v}_1, \ldots, \mathfrak{v}_n) = \sum_{j=1}^{n} D_j(f')(\mathfrak{x})\mathfrak{v}_j.$$

Nun ist

$$f' = \tilde{\varkappa} \circ (D_1 f, \ldots, D_n f), \quad D_k f: U_1 \times \cdots \times U_n \to \mathscr{L}(X_k; Y)$$

mit $\tilde{\varkappa}: \mathscr{L}(X_1; Y) \times \cdots \times \mathscr{L}(X_n; Y) \to \mathscr{L}(X_1 \times \cdots \times X_n; Y)$, definiert durch

$$\tilde{\varkappa}(l_1, \ldots, l_n)(\mathfrak{w}_1, \ldots, \mathfrak{w}_n) = \sum_{k=1}^{n} l_k(\mathfrak{w}_k), \quad \mathfrak{w}_k \in X_k.$$

$\tilde{\varkappa}$ ist offensichtlich linear und stetig. Daher ist (Kettenregel)

$$D_j f'(\mathfrak{x}) = \tilde{\varkappa} \circ \big(D_j(D_1 f)(\mathfrak{x}), \ldots, D_j(D_n(f)(\mathfrak{x})\big),$$

$$D_j f'(\mathfrak{x})\mathfrak{v}_j = \tilde{\varkappa}\big(D_j(D_1 f)(\mathfrak{x})\mathfrak{v}_j, \ldots, D_j(D_n f)(\mathfrak{x})\mathfrak{v}_j\big),$$

mit $D_j(D_k f)(\mathfrak{x}): X_j \to \mathscr{L}(X_k; Y)$. Daher ist

$$f''(\mathfrak{x})(\mathfrak{v}, \mathfrak{w}) = D(f')(\mathfrak{x})(\mathfrak{v}_1, \ldots, \mathfrak{v}_n)(\mathfrak{w}_1, \ldots, \mathfrak{w}_n) = \sum_{j=1}^{n} \sum_{k=1}^{n} \big(D_j(D_k f)(\mathfrak{x})\mathfrak{v}_j\big)\mathfrak{w}_k.$$

Im Spezialfall $X_1 = \cdots = X_n = K$ ergibt sich der angegebene Ausdruck, da die Identifizierung von $\mathscr{L}(X_j, X_k; Y)$ mit Y über die Werte in 1 erfolgt. ●

Anmerkung 11.6.6. Man kann zeigen, daß für $\dim_K Y < \infty$ die Matrix

$$\big(D_j(D_k f)(\mathfrak{x})\big)_{(j,k) \in A_n \times A_n},$$

mit deren Hilfe man in der letzten Gleichung von Satz 11.6.7. $f''(\mathfrak{x})$ darstellen kann, symmetrisch ist, d.h., daß

$$D_j(D_k f)(\mathfrak{x}) = D_k(D_j f)(\mathfrak{x})$$

ist (siehe Satz 12.1.4.). ●

11.7. Spezielle Bezeichnungen

Y sei ein Banachraum über K, $x \in Z \subset K$ und

$$f: Z \to Y \text{ stetig.}$$

Ist x zulässiger Punkt von Z und definiert man wie in 11.1.

$$\Delta_x f(y) := f(x+y) - f(x),$$

so ist f nach Satz 11.1.2. genau dann in x differenzierbar, wenn

$$\lim_{t\to 0} \frac{\Delta_x f(t)}{t} = \lim_{t\to 0} \frac{1}{t}\left(f(x+t)-f(x)\right)$$

existiert. Da $t = (x+t)-x = \Delta_x id_K(t)$ ist, ist im Falle der Differenzierbarkeit

$$f'(x) = \lim_{t\to 0} \frac{\Delta_x f(t)}{\Delta_x id_K(t)}.$$

Schreibt man Δf statt $\Delta_x f(t)$ und Δx statt $t = \Delta_x id_K(t)$, so wird man auf die Leibnizsche Bezeichnung

(1) $$\frac{df}{dx} := \lim_{\Delta x\to 0} \frac{\Delta f}{\Delta x} = f'(x)$$

geführt. Man setzt dann auch $y := f(x)$ und schreibt demgemäß $\frac{dy}{dx}$ statt $\frac{df}{dx}$. Statt *Ableitung* sagt man gelegentlich *Differentialquotient.* Diese Kurzschreibweise ist sehr suggestiv. So schreibt sich die Kettenregel bei passender Wahl der Abkürzungen als

$$\frac{dz}{dy}\cdot\frac{dy}{dx} = \frac{dz}{dx}.$$

Sie kann aber leicht zu Mißverständnissen führen.

Für $\varphi: Z \to Y$ verwendet man gelegentlich, insbesondere in der Physik, die Newtonsche Bezeichnungsweise

(2) $$\dot\varphi(x) := \varphi'(x), \quad \ddot\varphi(x) := \varphi''(x) = \varphi^{(2)}(x) \quad \text{usw.}$$

Es sei $K = \boldsymbol{R}$ oder $K = \boldsymbol{C}$, $Z \subset K^m$ und

$$g: Z \to K \text{ stetig.}$$

Ist $\mathfrak{x} = (x_1, \ldots, x_m)$ ein zulässiger Punkt von Z, so schreibt man in Analogie zu (1), aber mit ∂ an Stelle von d

(3) $$\frac{\partial g}{\partial x_j} := \frac{\partial g}{\partial x_j}(\mathfrak{x}) := D_j g(\mathfrak{x}).$$

Falls höhere Ableitungen existieren, setzt man entsprechend

(4) $$\frac{\partial^2 g}{\partial x_j\,\partial x_k} := D_k(D_j g)(\mathfrak{x}) \quad \text{oder} \quad \frac{\partial^2 g}{\partial x_k\,\partial x_j} := D_k(D_j g)(\mathfrak{x}).$$

Da nach Satz 12.1.4. (vgl. Anmerkung 11.6.6.), falls g in einer Umgebung von $\mathfrak{x}$ differenzierbar ist und $g''(\mathfrak{x})$ existiert,

$$\frac{\partial^2 g}{\partial x_j\,\partial x_k} = \frac{\partial^2 g}{\partial x_k\,\partial x_j}$$

ist, führt die unterschiedliche Bezeichnungsweise in (4) in der Regel zu keinen Schwierigkeiten. Man schreibt weiter, falls die betreffenden Ableitungen existieren,

$$\frac{\partial^p g}{\partial x_{j_1}\, \partial x_{j_2} \ldots \partial x_{j_p}} \quad \text{usw.}$$

Eine andere Schreibweise ist

$$(5) \qquad g_{x_{j_1}, \ldots, x_{j_p}} := \frac{\partial^p g}{\partial x_{j_1}\, \partial x_{j_2} \ldots \partial x_{j_p}}.$$

Eine Abbildung $f: Z \to K^n$ läßt sich in Komponenten aufspalten, $f = (f_1, \ldots, f_n)$, $f_j: Z \to K$. Ist f in $\mathfrak{x} \in K^m$ differenzierbar, so gehört zu $f'(\mathfrak{x})$ (Satz 11.6.6. und Definition 11.6.4.) die Funktionalmatrix

$$(6) \qquad \frac{\partial(f_1, \ldots, f_n)}{\partial(x_1, \ldots, x_m)} := \begin{pmatrix} \frac{\partial f_1}{\partial x_1} \cdots \frac{\partial f_1}{\partial x_m} \\ \vdots \qquad \vdots \\ \frac{\partial f_n}{\partial x_1} \cdots \frac{\partial f_n}{\partial x_m} \end{pmatrix} = \begin{pmatrix} D_1 f_1(\mathfrak{x}) \cdots D_m f_1(\mathfrak{x}) \\ \vdots \qquad \vdots \\ D_1 f_n(\mathfrak{x}) \cdots D_m f_n(\mathfrak{x}) \end{pmatrix}.$$

Ist $m = n$, so kann man die Funktionaldeterminante $\det\big(D_k f_j(\mathfrak{x})\big)$ bilden, die häufig genauso bezeichnet wird wie die Funktionalmatrix, also auch

$$(7) \qquad \frac{\partial(f_1, \ldots, f_n)}{\partial(x_1, \ldots, x_n)} := \det\big(D_k f_j(\mathfrak{x})\big).$$

Es dürfte einleuchtend sein, daß bei der Verwendung der hier aufgeführten Bezeichnungen (insbesondere in komplizierteren Fällen, etwa bei der Bestimmung der Funktionalmatrix zusammengesetzter Abbildungen wie $f \circ g^{-1} \circ h$ o. ä.) höchste Vorsicht geboten ist. Das gilt besonders von einer Bezeichnungsweise, die in der Thermodynamik üblich ist. Dort treten Größen wie p (Druck), v (Volumen), T (Temperatur), s (Entropie) auf, zwischen denen Relationen bestehen, die dazu führen, daß man etwa T und v als Funktionen von p und s, oder auch s und v als Funktionen von p und T usw. darstellen kann. Um diese Möglichkeiten bei Benutzung der Bezeichnungsweise (3) zu unterscheiden, schreibt man

$$(8) \qquad \left(\frac{\partial v}{\partial T}\right)_p$$

in der Bedeutung: v ist als Funktion von T und p aufgefaßt, $\left(\frac{\partial v}{\partial T}\right)_p$ ist die partielle Ableitung von v nach T.

12. Anwendungen der Differentiation

Unter den Anwendungen der Differentiation ist hier der Satz von Stone und Weierstraß aufgeführt (12.7.). Die Differentiation spielt jedoch nur eine bescheidene Rolle beim Beweis, es wird lediglich (als Spezialfall der binomischen Reihe) benutzt, daß es eine Folge von Polynomen $P_n(t)$ gibt mit

$$|t| = \sqrt{t^2} = \lim_{n\to\infty} P_n(t) \quad \text{gleichmäßig für} \quad t\in[-1, 1].$$

Dieser Sachverhalt läßt sich aber auch ohne allzuviel Mühe direkt beweisen (man vergleiche [4] VII 3), wodurch man dann den Satz von Stone und Weierstraß ohne Verwendung der Differentiation erhält.

Kreisfunktionen (auch trigonometrische Funktionen genannt) und Hyperbelfunktionen sind auf die Exponentialfunktion in $\boldsymbol{C}$ zurückgeführt. Von den vielen Additionstheoremen und Funktionalgleichungen für diese Funktionen sind nur einige (insbesondere die einfachen Additionstheoreme für sin und cos (2) Satz 12.5.2.) aufgeführt, da es sich um Identitäten handelt, deren Aufstellung und Beweis einfache Übungsaufgaben sind, wenn man die Kenntnis der Exponentialfunktion in $\boldsymbol{C}$ voraussetzt.

12.1. Extremwerte und Mittelwertsatz

Eine der ältesten Anwendungen der Differentiation ist die Bestimmung von (lokalen) Extremwerten.

Definition 12.1.1. $(Z, \mathcal{O})$ *sei ein Hausdorffraum,* $f\colon Z\to\boldsymbol{R}$, $\mathfrak{x}\in Z$. *Man definiert:*

(1) *f hat in $\mathfrak{x}$ ein lokales Maximum, wenn es eine Umgebung V von $\mathfrak{x}$ gibt mit*

$$f(\mathfrak{z})\leqq f(\mathfrak{x}) \quad \textit{für alle} \quad \mathfrak{z}\in V, \quad \textit{d.h.} \quad f(\mathfrak{x})=\sup f(V);$$

(2) *f hat in $\mathfrak{x}$ ein lokales Minimum, wenn es eine Umgebung V von $\mathfrak{x}$ gibt mit*

$$f(\mathfrak{z})\geqq f(\mathfrak{x}) \quad \textit{für alle} \quad \mathfrak{z}\in V, \quad \textit{d.h.} \quad f(\mathfrak{x})=\inf f(V);$$

(3) *f hat in $\mathfrak{x}$ einen lokalen Extremwert, wenn f in $\mathfrak{x}$ ein lokales Maximum oder ein lokales Minimum hat.*

Satz 12.1.1. *X sei Banachraum über* $\boldsymbol{R}$, $Z \subset X$ *und* $f: Z \to \boldsymbol{R}$. *Ist* $\mathfrak{x}$ *innerer Punkt von* Z *und* f *in* $\mathfrak{x}$ *differenzierbar, so gilt:*

$$f \text{ hat in } \mathfrak{x} \text{ einen lokalen Extremwert} \quad \Rightarrow \quad f'(\mathfrak{x}) = \odot.$$

Beweis. Es sei $\mathfrak{y} \in X$, $\mathfrak{y} \neq \mathfrak{o}$. Da $\mathfrak{x}$ innerer Punkt von Z ist, gibt es ein $\delta \in \boldsymbol{R}_+^\times$ so, daß $\mathfrak{x} + t\mathfrak{y} \in Z$ für alle $t \in \boldsymbol{R}$, $|t| < \delta$, ist. Nach Satz 11.1.2. ist

$$f'(\mathfrak{x})\mathfrak{y} = \lim_{t \to 0} \frac{1}{t}\big(f(\mathfrak{x}+t\mathfrak{y}) - f(\mathfrak{x})\big).$$

Hat f in $\mathfrak{x}$ ein lokales Maximum, so gibt es ein $\delta_1 \in \boldsymbol{R}_+^\times$ so, daß gilt

$$t \in \boldsymbol{R}, \quad |t| < \delta_1 \quad \Rightarrow \quad f(\mathfrak{x}+t\mathfrak{y}) \leqq f(\mathfrak{x}) \quad \Rightarrow \quad f(\mathfrak{x}+t\mathfrak{y}) - f(\mathfrak{x}) \leqq 0.$$

Das ergibt

$$\lim_{\substack{t \to 0 \\ t < 0}} \frac{1}{t}\big(f(\mathfrak{x}+t\mathfrak{y}) - f(\mathfrak{x})\big) \geqq 0, \quad \lim_{\substack{t \to 0 \\ t > 0}} \frac{1}{t}\big(f(\mathfrak{x}+t\mathfrak{y}) - f(\mathfrak{x})\big) \leqq 0.$$

Daher ist $f'(\mathfrak{x})\mathfrak{y} = 0$ für alle $\mathfrak{y} \in X$, d.h. $f'(\mathfrak{x}) = \odot$.

Hat f in $\mathfrak{x}$ ein lokales Minimum, so hat $-f$ in $\mathfrak{x}$ ein lokales Maximum, und es ist $(-f)'(\mathfrak{x}) = -f'(\mathfrak{x}) = \odot$, also auch $f'(\mathfrak{x}) = \odot$. ●

Anmerkung 12.1.1. Es braucht selbstverständlich kein $\mathfrak{x} \in Z$ zu geben mit $f(\mathfrak{x}) = \sup f(Z)$. $\max f(Z)$ braucht nicht zu existieren, auch dann nicht, wenn es ein lokales Maximum gibt, also ein $\mathfrak{x} \in Z$ und eine Umgebung V von $\mathfrak{x}$ (in Z) mit $f(\mathfrak{x}) = \sup f(V) = \max f(V)$. Gibt es aber ein $\mathfrak{x} \in Z$ mit $f(\mathfrak{x}) = \sup f(Z)$, so hat f in $\mathfrak{x}$ ein lokales Maximum. Entsprechendes gilt für Minima. Hat f in $\mathfrak{x}$ einen lokalen Extremwert, so gibt es nach Satz 12.1.1. folgende Möglichkeiten:

(1) $\mathfrak{x}$ ist Randpunkt von Z;

(2) $\mathfrak{x}$ ist innerer Punkt von Z, f ist in $\mathfrak{x}$ nicht differenzierbar;

(3) $\mathfrak{x}$ ist innerer Punkt von Z, f ist in $\mathfrak{x}$ differenzierbar, $f'(\mathfrak{x}) = \odot$.

Satz 12.1.1. gestattet ausschließlich, aus den inneren Punkten, in denen f differenzierbar ist, diejenigen auszuwählen, in denen f einen Extremwert haben *kann*. ●

Anmerkung 12.1.2. Ist $\mathfrak{x}$ innerer Punkt von Z, f in $\mathfrak{x}$ differenzierbar und $f'(\mathfrak{x}) = \odot$, so *kann* ein Extremwert vorliegen, es kann aber auch sein, daß f in $\mathfrak{x}$ keinen Extremwert hat. Definiert man z. B.

$$f: \boldsymbol{R} \to \boldsymbol{R} \quad \text{durch} \quad f(x) := x^3 \quad \text{für alle} \quad x \in \boldsymbol{R},$$

so ist nach Hilfssatz 11.2.3. f streng monoton und kann daher in einem inneren Punkte keinen Extremwert haben. Es ist aber $f'(0) = 0$. ●

Anmerkung 12.1.3. Zur Bestimmung der Extremwerte einer *explizit* gegebenen Abbildung greift man nur in Notfällen auf Satz 12.1.1. zurück, da man meistens die in Frage kommenden Punkte einfacher ermitteln kann als durch Bestimmung von f' (und Berechnung aller $\mathfrak{x}$ mit $f'(\mathfrak{x}) = \odot$!). ●

Anmerkung 12.1.4. Ist $\mathfrak{x}$ innerer Punkt von Z, f in $\mathfrak{x}$ differenzierbar und $f'(\mathfrak{x}) = \odot$, so kann man, wenn f in $\mathfrak{x}$ nicht nur einmal, sondern mehrmals differenzierbar ist, unter Umständen mit Hilfe der höheren Ableitungen entscheiden, ob ein Maximum oder ein Minimum vorliegt (siehe Satz 12.3.7.). ●

Eine einfache Folgerung aus Satz 12.1.1. ist

Satz 12.1.2. *(Satz von Rolle.) X sei Banachraum über $\mathbf{R}$, $Z \subset X$, Z kompakt, $\mathring{Z} \neq \emptyset$ und*

$$f: Z \to \mathbf{R} \text{ stetig.}$$

$\partial(Z)$ sei die Menge der Randpunkte von Z. Ist $f(\mathfrak{x}) = 0$ für alle $\mathfrak{x} \in \partial(Z)$ und f in jedem Punkt von $\mathring{Z}$ differenzierbar, so gibt es einen Punkt $\mathfrak{x} \in \mathring{Z}$ mit $f'(\mathfrak{x}) = \odot$.

Beweis. Da $Z \neq \emptyset$, Z kompakt ist, existieren nach Satz 9.2.4. $\min f(Z)$ und $\max f(Z)$.

Ist $\min f(Z) = \max f(Z) = 0$, so ist $f(\mathfrak{x}) = 0$ für alle $\mathfrak{x} \in Z$, und in jedem inneren Punkt $\mathfrak{x} \in Z$ ist nach Satz 11.1.4. $f'(\mathfrak{x}) = \odot$. Da $\mathring{Z} \neq \emptyset$ ist, folgt die Behauptung.

Ist $\min f(Z) \neq 0$ oder $\max f(Z) \neq 0$, so gibt es ein $\mathfrak{x} \in Z$, in dem f einen Extremwert hat mit $f(\mathfrak{x}) \neq 0$. Dann ist aber $\mathfrak{x} \notin \partial(Z)$, also $\mathfrak{x} \in \mathring{Z}$, und nach Satz 12.1.1. ist $f'(\mathfrak{x}) = \odot$. ●

Satz 12.1.3. *(Mittelwertsatz.) Es seien $a, b \in \mathbf{R}$, $a < b$ und*

$$f: [a, b] \to \mathbf{R} \text{ stetig.}$$

f sei in jedem Punkt von $]a, b[$ differenzierbar. Dann gibt es ein $x \in]a, b[$ mit

$$(1) \qquad f(b) - f(a) = f'(x)(b-a).$$

Ist $g: [a, b] \to \mathbf{R}$ stetig, in jedem Punkt von $]a, b[$ differenzierbar und $g'(x) > 0$ für jedes $x \in]a, b[$, so ist $g(b) - g(a) > 0$, und es gibt ein $x \in]a, b[$ mit

$$(2) \qquad \frac{f(b) - f(a)}{g(b) - g(a)} = \frac{f'(x)}{g'(x)}.$$

Beweis. (1) ergibt sich aus (2) als Spezialfall für $g: [a, b] \to \mathbf{R}$, definiert durch $g(x) = x$ für alle $x \in]a, b[$ (dann ist $g'(x) = 1$ für alle $x \in]a, b[$).

Wäre $g(a) = g(b)$, so müßte es nach Satz 12.1.2. ein $x \in]a, b[$ mit $g'(x) = 0$ geben.

Daher ist $g(b)-g(a) \neq 0$. (Man kann natürlich auch aus Hilfssatz 11.3.3. unmittelbar $g(b)-g(a) > 0$ erschließen.) Definiert man

$$h:[a,b]\to \boldsymbol{R} \quad \text{durch} \quad h(x)=f(x)-f(a)-\frac{g(x)-g(a)}{g(b)-g(a)}\,(f(b)-f(a)),$$

so ist h stetig, für jeden Punkt von $]a,b[$ differenzierbar und

$$h(b)=h(a)=0, \quad h'(x)=f'(x)-g'(x)\,\frac{f(b)-f(a)}{g(b)-g(a)}.$$

Nach dem Satz von Rolle (Satz 12.1.2.) gibt es ein $x\in]a,b[$ mit $h'(x)=0$. Nach (1) (für g an Stelle von f) ergibt sich dann auch $g(b)-g(a) > 0$. ●

Ist Z ein Intervall in $\boldsymbol{R}$ und

$$f: Z\to \boldsymbol{R} \text{ stetig,}$$

so ist der Graph von f eine Kurve $\{(x,f(x))|x\in Z\} \subset \boldsymbol{R}\times\boldsymbol{R}$. Sind $a,b\in Z$, $a<b$, so ist

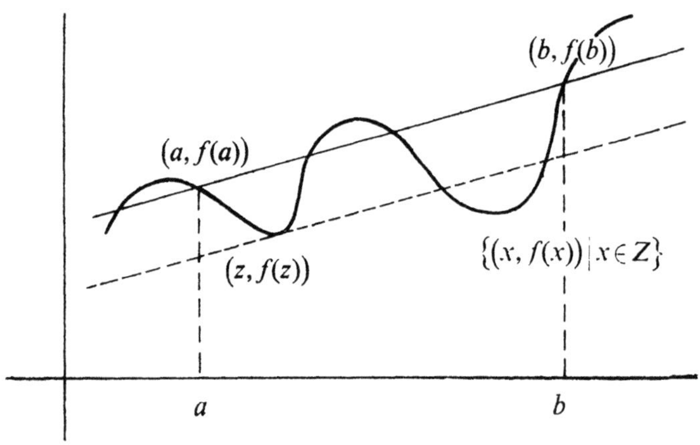

$$\frac{f(b)-f(a)}{b-a}$$

die Steigung der Geraden durch $(a,f(a))$ und $(b,f(b))$. Ist f in jedem Punkt von $]a,b[$ differenzierbar, so kann man auf $f|[a,b]$ den Mittelwertsatz anwenden. Es gibt infolgedessen ein $z\in]a,b[$ mit

$$f'(z)=\frac{f(b)-f(a)}{b-a}.$$

$f'(z)$ ist geometrisch die Steigung der Tangente im Punkt $(z,f(z))$. Es gibt daher einen Punkt $(z,f(z))$ innerhalb des Kurvenstückes zwischen $(a,f(a))$ und $(b,f(b))$, in dem die Tangente parallel zur Sekante durch $(a, f(a))$ und $(b, f(b))$ ist. Es kann natürlich mehrere derartige Punkte geben.

Der Mittelwertsatz ist in gewisser Hinsicht eine Verschärfung des Schrankensatzes, er gilt aber nur für Abbildungen in $\boldsymbol{R}$ und setzt außerdem die Differenzierbarkeit in jedem inneren Punkte des betreffenden Intervalles voraus.

Eine Anwendung des Mittelwertsatzes gibt

Satz 12.1.4. *X, Y seien endlich-dimensionale Banachräume über $(K, +, \cdot)$, U sei eine offene Teilmenge von X, $\mathfrak{x} \in U$,*

$$f: U \to Y \text{ sei in jedem Punkt von } U \text{ differenzierbar,}$$

$f''(\mathfrak{x})$ existiere. Dann ist

$$(f''(\mathfrak{x})\mathfrak{v})\mathfrak{w} = (f''(\mathfrak{x})\mathfrak{w})\mathfrak{v} \quad \text{für alle} \quad \mathfrak{v}, \mathfrak{w} \in X.$$

Wenn man, unter Benutzung einer Basis, X mit $K^n = K \times \cdots \times K$ identifiziert, $n = \dim_K X$, so ist

$$D_j(D_k f)(\mathfrak{x}) = D_k(D_j f)(\mathfrak{x}) \quad \text{für alle} \quad j, k \in \boldsymbol{N}, \quad j, k \leqq n.$$

Beweis. Wie üblich ist $K = \boldsymbol{R}$ oder $K = \boldsymbol{C}$. In jedem Fall sind X, Y endlich-dimensional über $\boldsymbol{R}$, f differenzierbar bezüglich $\boldsymbol{R}$. $f', f''(\mathfrak{x})$ sind auch die Ableitungen bezüglich $\boldsymbol{R}$. Ist $\dim_K Y = m$, so kann man Y mit K^m identifizieren und $f = (f_1, \ldots, f_m)$, $f_l: U \to K$, setzen. Man kann daher voraussetzen, daß $Y = \boldsymbol{R}$ ist.

Da für $(f''(\mathfrak{x})\mathfrak{v})\mathfrak{w} = (f''(\mathfrak{x})\mathfrak{w})\mathfrak{v}$, wenn man X mit $\boldsymbol{R}^n$ identifiziert, nur

$$D_j(D_k f)(\mathfrak{x}) = D_k(D_j f)(\mathfrak{x}) \quad \text{für} \quad 1 \leqq j, \ k \leqq n$$

zu zeigen ist (vergleiche Satz 11.6.7.), kann man sich (für ein festes Paar j, k) auf Abbildungen

$$f: U_1 \times U_2 \to \boldsymbol{R}, \quad U_1, U_2 \text{ offen in } \boldsymbol{R},$$

f in jedem Punkt differenzierbar, $f''(x_1, x_2)$ existiert, beschränken. $r \in \boldsymbol{R}_+^\times$ sei so gewählt, daß $U_r(x_1, x_2) \subset U_1 \times U_2$ ist. (Wir verwenden die Maximumsnorm auf $\boldsymbol{R} \times \boldsymbol{R}$.) Für $y_1, y_2 \in \boldsymbol{R}$, $0 < |y_j| < r$, sei

$$h(y_1, y_2) := \frac{1}{y_1 \cdot y_2} \big(f(x_1 + y_1, x_2 + y_2) - f(x_1, x_2 + y_2) - f(x_1 + y_1, x_2) + f(x_1, x_2)\big).$$

Für festes y_2 ist $f(z_1, x_2 + y_2) - f(z_1, x_2)$ im Intervall zwischen x_1 und $x_1 + y_1$ (also für $x_1 < z_1 < x_1 + y_1$, falls $y_1 > 0$ bzw. $x_1 + y_1 < z_1 < x_1$, falls $y_1 < 0$ ist) differenzierbar. Nach dem Mittelwertsatz kann man daher zu y_2 und y_1 ein v_1 mit $0 < |v_1| < |y_1|$ so wählen, daß

$$h(y_1, y_2) = \frac{1}{y_2} \big(D_1 f(x_1 + v_1, x_2 + y_2) - D_1 f(x_1 + v_1, x_2)\big)$$

ist. Da $f''(x_1, x_2)$ existiert, ist für $(y_1, y_2) \to (0, 0)$, also $(v_1, y_2) \to (0, 0)$

$$\begin{aligned} D_1 f(x_1+v_1, x_2+y_2) - D_1 f(x_1+v_1, x_2) = \\ = D_1 f(x_1+v_1, x_2+y_2) - D_1 f(x_1, x_2) - \big(D_1 f(x_1+v_1, x_2) - D_1 f(x_1, x_2)\big) \\ = 0 + D_1(D_1 f)(x_1, x_2) v_1 + D_2(D_1 f)(x_1, x_2) y_2 + o\big(\|(v_1, y_2)\|\big) \\ - D_1(D_1 f)(x_1, x_2) v_1 - D_2(D_1 f)(x_1, x_2) \cdot 0 + o\big(\|(v_1, 0)\|\big). \end{aligned}$$

Das liefert

$$h(y_1, y_2) = D_2(D_1 f)(x_1, x_2) \cdot 1 + \frac{1}{y_2} o\big(\|(v_1, y_2)\|\big) + \frac{1}{y_2} o\big(\|(v_1, 0)\|\big).$$

Geht man von $f(x_1+y_1, z_2) - f(x_1, z_2)$ aus, so erhält man bei passender Wahl eines v_2 mit $0 < |v_2| < |y_2|$ zu jedem Paar (y_1, y_2) mit $0 < |y_j| < r$, $j = 1, 2$, genauso

$$h(y_1, y_2) = D_1(D_2 f)(x_1, x_2) \cdot 1 + \frac{1}{y_1} o\big(\|(y_1, v_2)\|\big) + \frac{1}{y_1} o\big(\|(0, v_2)\|\big).$$

Ist $\varepsilon \in \boldsymbol{R}_+^\times$ so gibt es ein $\delta \in \boldsymbol{R}_+^\times$ so, daß für $\|(u_1, u_2)\| < \delta$ jeder der Ausdrücke $o\big(\|(u_1, u_2)\|\big)$ oben einen Wert liefert, der dem Betrage nach $\leqq \varepsilon\|(u_1, u_2)\|$ ist. Man wähle jetzt $y_1 = y_2 = y$ mit $0 < y < \delta$. Dann erhält man durch Subtraktion der beiden Ausdrücke für $h(y_1, y_2)$

$$|D_2(D_1 f)(x_1, x_2) - D_1(D_2 f)(x_1, x_2)| \leqq 4 \frac{1}{y} \varepsilon y = 4\varepsilon$$

(wegen $\|(v_1, y)\| = y$ etc., da $0 < v_1 < y$ ist). Da das für jedes positive ε gilt, folgt die Behauptung. ●

12.2. Die Regeln von de l'Hospital

Es seien $a, b \in \bar{\boldsymbol{R}}$, $a < b$ und $f\colon]a, b[\to \boldsymbol{R}$, $g\colon]a, b[\to \boldsymbol{R}$. Ist $g(x) \neq 0$ für alle $x \in]a, b[$ und

$$\lim_{x \to b} f(x) = u, \quad \lim_{x \to b} g(x) = v, \quad \text{so ist} \quad \lim_{x \to b} \frac{f(x)}{g(x)} = \frac{u}{v},$$

falls nicht u und v beide einen der Werte $-\infty$, 0, ∞ haben. Liegt einer der Ausnahmefälle vor, so kann man unter Umständen mit Hilfe der Differentiation nachweisen, daß der Quotient einen Grenzwert hat, und diesen Grenzwert auch ausrechnen.

Satz 12.2.1. *(Regel von de l'Hospital.) Es seien* $a, b \in \bar{\boldsymbol{R}}$, $a < b$,

$$f\colon]a, b[\to \boldsymbol{R}, \quad g\colon]a, b[\to \boldsymbol{R} \ \textit{stetig}.$$

A sei eine abzählbare Teilmenge von $]a, b[$, f und g seien in jedem Punkt von $]a, b[-A$ differenzierbar und $g'(x)>0$ für alle $x\in]a, b[-A$. Es sei

$$\lim_{x\to b} f(x) = \lim_{x\to b} g(x) = u \in \bar{\boldsymbol{R}}.$$

Dann ist $g(x)<u$ für alle $x\in]a, b[$, und es gibt ein $a_0\in]a, b[$ so, daß

$$g(x)\neq 0 \quad \textit{für alle } x\in]a_0, b[$$

ist. Ist $u=0, \infty$, so gilt

$$\lim_{\substack{x\to b\\ x\notin A}} \frac{f'(x)}{g'(x)} = s \quad\Rightarrow\quad \lim_{\substack{x\to b\\ x>a_0}} \frac{f(x)}{g(x)} = s.$$

Ist $u\neq\infty$, so gilt

$$\lim_{\substack{x\to b\\ x\notin A}} \frac{f'(x)}{g'(x)} = s \quad\Rightarrow\quad \lim_{x\to b} \frac{f(x)-u}{g(x)-u} = s.$$

Beweis. Nach Hilfssatz 11.3.3. ist g streng monoton wachsend, also $g(z)<\lim\limits_{x\to b} g(x)=u$ für alle $z\in]a, b[$, insbesondere $u\neq-\infty$. Es gibt daher ein $v\in\boldsymbol{R}$, $v<u$, so, daß $0\notin]v, u[$ ist, und ein $a_0\in]a, b[$ mit $v<g(a_0)<u$. Dann ist

$$g(a_0)<g(z)<u \quad\text{und}\quad g(z)\neq 0 \quad\text{für alle}\quad z\in]a_0, b[.$$

Es sei

$$\lim_{\substack{x\to b\\ x\notin A}} \frac{f'(x)}{g'(x)} = s.$$

Ist $c\in\boldsymbol{R}$ bzw. $C\in\boldsymbol{R}$ und $c<s$ bzw. $s<C$, so gibt es ein $t\in]a_0, b[$ so, daß für alle $x\in]t, b[$, $x\notin A$, gilt

$$c<\frac{f'(x)}{g'(x)} \quad\text{bzw.}\quad \frac{f'(x)}{g'(x)}<C.$$

Da $g'(x)>0$ ist, erhält man hieraus

$$0<f'(x)-cg'(x) \quad\text{bzw.}\quad 0<Cg'(x)-f'(x).$$

Nach Hilfssatz 11.3.3. gilt daher für alle $x, z\in]t, b[$ mit $x<z$

$$f(x)-cg(x)<f(z)-cg(z) \quad\text{bzw.}\quad Cg(x)-f(x)<Cg(z)-f(z).$$

Wegen $g(x)<g(z)$ erhält man hieraus

$$c<\frac{f(z)-f(x)}{g(z)-g(x)} \quad\text{bzw.}\quad \frac{f(z)-f(x)}{g(z)-g(x)}<C.$$

Ist $u=\infty$, so gibt es ein $t_0 \in]t, b[$ so, daß $f(z)>0$ für alle $z \in]t_0, b[$ ist. Dann ist

$$\frac{f(z)-f(x)}{g(z)-g(x)} = \frac{f(z)}{g(z)} \cdot \frac{1-f(x)\,(f(z))^{-1}}{1-g(x)\,(g(z))^{-1}}, \quad \lim_{\substack{z\to b\\ z>t_0}} \frac{1-f(x)\,(f(z))^{-1}}{1-g(x)\,(g(z))^{-1}} = 1.$$

Das liefert

$$c \leqq \varliminf_{\substack{z\to b\\ z>a_0}} \frac{f(z)}{g(z)} \quad \text{bzw.} \quad \varlimsup_{\substack{z\to b\\ z>a_0}} \frac{f(z)}{g(z)} \leqq C.$$

Da das für jedes $c \in \boldsymbol{R}$, $c<s$, und für jedes $C \in \boldsymbol{R}$, $s<C$, gilt, ergibt sich

$$s \leqq \varliminf_{\substack{z\to b\\ z>a_0}} \frac{f(z)}{g(z)}, \quad \varlimsup_{\substack{z\to b\\ z>a_0}} \frac{f(z)}{g(z)} \leqq s, \quad \text{also} \quad \lim_{\substack{z\to b\\ z>a_0}} \frac{f(z)}{g(z)} = s.$$

Ist $u \neq \infty$ (wie schon gezeigt, ist auch $u \neq -\infty$), so erhält man

$$c \leqq \lim_{z\to b} \frac{f(z)-f(x)}{g(z)-g(x)} = \frac{u-f(x)}{u-g(x)} \quad \text{bzw.} \quad \frac{u-f(x)}{u-g(x)} \leqq C,$$

und hieraus

$$c \leqq \varliminf_{x\to b} \frac{f(x)-u}{g(x)-u} \quad \text{bzw.} \quad \varlimsup_{x\to b} \frac{f(x)-u}{g(x)-u} \leqq C,$$

und damit nach derselben Schlußweise wie für $u=\infty$

$$\lim_{x\to b} \frac{f(x)-u}{g(x)-u} = s. \quad \bullet$$

Anmerkung 12.2.1. Ein entsprechender Satz gilt natürlich für den Fall, daß $g'(x)<0$ für alle $x \in]a, b[$ ist. Dann ist $u \neq \infty$, und man muß die Fälle $u = -\infty$, 0 und $u \neq -\infty$ in der Formulierung unterscheiden. Einen analogen Satz kann man auch für den Fall des Grenzwertes für $x \to a$ an Stelle von $x \to b$ formulieren. Wir wollen aber diese weiteren Fälle der Regel von de l'Hospital nicht noch gesondert aufschreiben. $\bullet$

Beispiel 12.2.1. Wir definieren

$$f{:}\,]0, \infty[\, \to \boldsymbol{R} \quad \text{durch} \quad f(x):=\log x, \quad g{:}\,]0, \infty[\, \to \boldsymbol{R} \quad \text{durch} \quad g(x):=x.$$

Nach Satz 11.2.6. ist f stetig, in jedem Punkt differenzierbar und $f'(x) = \dfrac{1}{x}$ für alle $x \in]0, \infty[$. f ist daher streng monoton wachsend. Deshalb existiert $\lim\limits_{x\to\infty} f(x)$ (in $\overline{\boldsymbol{R}}$), und es ist ($e>1$)

$$-\infty < \lim_{x\to\infty} \log x = \lim_{x\to\infty} \log(e \cdot x) = \lim_{x\to\infty} (\log e + \log x) = 1 + \lim_{x\to\infty} \log x.$$

Daher ist

$$\lim_{x\to\infty} \log x = \infty.$$

Satz 12.2.1. liefert

$$\lim_{x\to\infty} \frac{f'(x)}{g'(x)} = \lim_{x\to\infty} \frac{x^{-1}}{1} = 0 \;\Rightarrow\; \lim_{x\to\infty} \frac{\log x}{x} = 0 \;\Rightarrow\; \log x = o(|x|) \text{ für } x\to\infty.$$

Als Anwendung kann man $\lim\limits_{n\to\infty} \sqrt[n]{n}$ bestimmen (man vergleiche die Bestimmung dieses Grenzwertes im Beweis von Satz 11.4.4.). Nach Anmerkung 8.9.1. bzw. Satz 6.8.3. ist $n^{\frac{1}{n}} = e^{\frac{1}{n}\log n}$ $\left((n^{\frac{1}{n}})^n = n\right.$, also $\left. n^{\frac{1}{n}} = \sqrt[n]{n}\,!\right)$. Da $h: \boldsymbol{R}\to\boldsymbol{R}$, definiert durch $h(x) = e^x$, stetig ist (Satz 11.2.6.), erhält man

$$\lim_{n\to\infty} \sqrt[n]{n} = \lim_{n\to\infty} e^{\frac{1}{n}\log n} = e^{\lim\limits_{n\to\infty} \frac{1}{n}\log n} = e^0 = 1. \quad \bullet$$

Hilfssatz 12.2.1. *$(a_n)_{n\in N}$ und $(b_n)_{n\in N}$ seien Folgen in $\boldsymbol{R}$, $b_n \neq 0$ für jedes $n\in\boldsymbol{N}$, $(b_n)_{n\in N}$ streng monoton wachsend und*

$$\lim_{n\to\infty} a_n = \lim_{n\to\infty} b_n = 0 \quad \textit{oder} \quad \infty.$$

Dann gilt

$$\lim_{n\to\infty} \frac{a_n - a_{n+1}}{b_n - b_{n+1}} = s \;\Rightarrow\; \lim_{n\to\infty} \frac{a_n}{b_n} = s.$$

Beweis. Man braucht nur für $n\in\boldsymbol{N}$ und $x\in[n, n+1[$

$$f(x) := a_n + (a_{n+1} - a_n)(x-n), \quad g(x) := b_n + (b_{n+1} - b_n)(x-n)$$

zu setzen, erhält für $n \leqq x < n+1$

$$f(x) = \bigl(1-(x-n)\bigr)a_n + (x-n)a_{n+1},$$

$$\lim_{x\to\infty} f(x) = \lim_{n\to\infty} a_n,$$

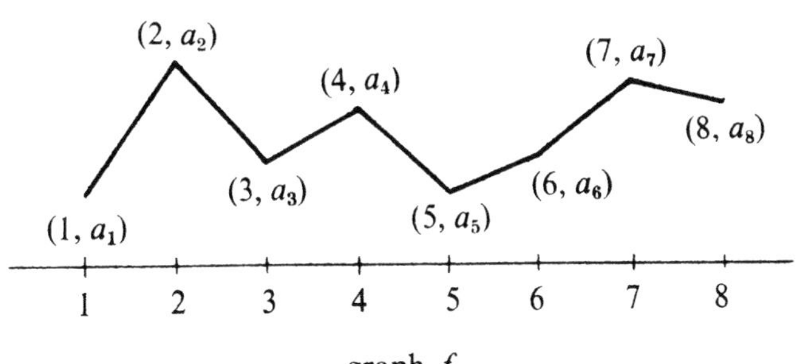

graph f

entsprechend Angaben für g und

$$f'(x) = a_{n+1} - a_n, \quad g'(x) = b_{n+1} - b_n > 0$$

für alle $x \in]n, n+1[$. f und g sind für alle $x \in]1, \infty[$, $x \notin N$, differenzierbar. Satz 12.2.1. liefert daher

$$\lim_{n\to\infty} \frac{a_{n+1}-a_n}{b_{n+1}-b_n} = s \;\Rightarrow\; \lim_{\substack{x\to\infty\\ x\notin N}} \frac{f'(x)}{g'(x)} = s \;\Rightarrow\; \lim_{x\to\infty} \frac{f(x)}{g(x)} = s$$

$$\Rightarrow\; \lim_{n\to\infty} \frac{a_n}{b_n} = \lim_{n\to\infty} \frac{f(n)}{g(n)} = s. \quad \bullet$$

Anmerkung 12.2.2. Setzt man in Satz 12.2.1. voraus, daß f und g in jedem Punkt von $]a, b[$ differenzierbar sind, so kann man den Beweis auch etwas kürzer mit dem Mittelwertsatz führen ((2) Satz 12.1.3.). Mit dieser einschränkenden Voraussetzung kann man ihn dann aber nicht mehr ohne weiteres zum Beweis von Hilfssatz 12.2.1. verwenden. ●

12.3. Taylorreihen

Y sei Banachraum über K ($K=\boldsymbol{R}$ oder $K=\boldsymbol{C}$), $Z \subset K$ und $f: Z \to Y$ stetig. Ist f in $x \in Z$ differenzierbar, so ist für $y \in K$, $x+y \in Z$,

$$f(x+y) = f(x) + f'(x)y + r(x;y), \quad r(x;y) = o(|y|) \quad \text{für} \quad y \to 0.$$

f läßt sich in einer Umgebung von x durch

$$p(x;y) = f(x) + y \cdot f'(x)1$$

bis auf $o(|y|)$ approximieren. $p(x;y)$ ist ein Polynom in y, dessen Grad $\leqq 1$ ist (in der Algebra bezeichnet man als Grad eines Polynomes $\sum_{j=0}^{m} y^j \mathfrak{a}_j$, falls nicht $\mathfrak{a}_j = \mathfrak{o}$ für alle j ist, $\max\{j \mid 0 \leqq j \leqq m, \mathfrak{a}_j \neq \mathfrak{o}\}$). Es liegt nun nahe, zu versuchen, f mit Hilfe eines Polynoms höheren Grades besser zu approximieren.

Hilfssatz 12.3.1. *Y sei Banachraum über K ($K=\boldsymbol{R}$ oder $K=\boldsymbol{C}$), $Z \subset K$, $f: Z \to Y$. x sei zulässiger Punkt von Z. Zu einem $n \in N$ gibt es höchstens eine Familie $(\mathfrak{a}_x^{(j)})_{j \in \{0,\dots,n\}}$ in Y so, daß das zugehörige Polynom*

$$p(x;y) = \mathfrak{a}_x^{(0)} + y\mathfrak{a}_x^{(1)} + \cdots + y^n \mathfrak{a}_x^{(n)}$$

(dessen Grad nicht größer als n ist) die Eigenschaft hat

$$f(x+y) = p(x;y) + o(|y|^n) \quad \textit{für} \quad y \to 0.$$

Beweis. $p(x;y)$ sei wie oben bezeichnet,

$$q(x;y) = \mathfrak{b}_x^{(0)} + y\mathfrak{b}_x^{(1)} + \cdots + y^n \mathfrak{b}_x^{(n)}, \quad \mathfrak{b}_x^{(j)} \in Y,$$

$$f(x+y) = p(x;y) + o(|y|^n) = q(x;y) + o(|y|^n) \quad \text{für} \quad y \to 0.$$

Dann ist

$$p(x;y) - q(x;y) = o(|y|^n) \quad \text{für} \quad y \to 0, \quad x+y \in Z.$$

Ist nicht $\mathfrak{a}_x^{(j)} = \mathfrak{b}_x^{(j)}$ für alle $j \in \{0, \ldots, n\}$, so sei k der kleinste Index mit $\mathfrak{a}_x^{(k)} \neq \mathfrak{b}_x^{(k)}$. Dann ist

$$p(x; y) - q(x; y) = y^k(\mathfrak{a}_x^{(k)} - \mathfrak{b}_x^{(k)}) + \sum_{j=k+1}^{n} y^j(\mathfrak{a}_x^{(j)} - \mathfrak{b}_x^{(j)})$$

und daher (x ist kein isolierter Punkt von Z!)

$$\lim_{\substack{y \to 0 \\ x+y \in Z}} \frac{1}{y^k}\big(p(x; y) - q(x; y)\big) = \mathfrak{a}_x^{(k)} - \mathfrak{b}_x^{(k)} \neq \mathfrak{o}.$$

Das widerspricht aber $p(x; y) - q(x; y) = o(|y|^n)$, denn hieraus folgt

$$\frac{1}{y^k}\big(p(x; y) - q(x; y)\big) = o(|y|^{n-k}) \quad \text{für} \quad y \to 0,\ x+y \in Z. \quad \bullet$$

Eine Anwendung von Hilfssatz 12.3.1. ist

Satz 12.3.1. *(Identitätssatz für Potenzreihen.) Y sei Banachraum über K ($K = \boldsymbol{R}$ oder $K = \boldsymbol{C}$). Die Potenzreihen*

$$g(y) = \sum_{j=0}^{\infty} y^j \mathfrak{a}_j \quad \textit{und} \quad h(y) = \sum_{j=0}^{\infty} y^j \mathfrak{b}_j, \quad y \in K,$$

in Y seien für $|y| < R$, $R \in \bar{\boldsymbol{R}}$, $R > 0$, konvergent. Ist $Z \subset \{y \mid y \in K, |y| < R\}$, 0 Häufungspunkt von Z und

$$g(y) = h(y) \quad \textit{für alle } y \in Z,$$

$$\textit{so ist } \mathfrak{a}_j = \mathfrak{b}_j \quad \textit{für alle} \quad j \in \boldsymbol{N} \cup \{0\}.$$

Beweis. 0 ist Häufungspunkt von $Z \cup \{0\}$ und daher nach Hilfssatz 11.1.2. zulässiger Punkt von $Z \cup \{0\}$. Es sei $n \in N \cup \{0\}$. Dann konvergieren auch

$$g_n(y) = \sum_{j=n+1}^{\infty} y^{j-(n+1)} \mathfrak{a}_j \quad \text{und} \quad h_n(y) = \sum_{j=n+1}^{\infty} y^{j-(n+1)} \mathfrak{b}_j$$

für alle $y \in K$ mit $|y| < R$. Da g_n, h_n in 0 stetig sind, ist

$$\lim_{y \to 0} y g_n(y) = \lim_{y \to 0} y h_n(y) = \mathfrak{o}$$

und infolgedessen

$$y^{n+1} g_n(y) = o(|y|^n), \quad y^{n+1} h_n(y) = o(|y|^n) \text{ für } y \to 0.$$

Für $y \in Z \cup \{0\}$ ist daher für $y \to 0$, $y \in Z$

$$g(y) = h(y) = \sum_{j=0}^{n} y^j \mathfrak{a}_j + o(|y|^n) = \sum_{j=0}^{n} y^j \mathfrak{b}_j + o(|y|^n).$$

Nach Hilfssatz 12.3.1. ist $\mathfrak{a}_j = \mathfrak{b}_j$ für alle $j \in \{0, \ldots, n\}$, insbesondere $\mathfrak{a}_n = \mathfrak{b}_n$. ●

Mit $z = x + y$ sei in den Bezeichnungen von Hilfssatz 12.3.1.

$$h(z) = p(x; y) = \mathfrak{a}_x^{(0)} + (z - x)\mathfrak{a}_x^{(1)} + \cdots + (z - x)^n \mathfrak{a}_x^{(n)}.$$

Dann ist, wie man sofort nachrechnet,

$$h^{(k)}(x) = (k!)\mathfrak{a}_x^{(k)} \text{ für } 1 \leqq k \leqq n, \quad h^{(k)}(x) = \mathfrak{o} \text{ für } k > n \ (k \in \boldsymbol{N}).$$

Es liegt daher nahe, den Ansatz

$$\mathfrak{a}_x^{(k)} = \frac{1}{k!} f^{(k)}(x) \quad \text{für} \quad k \in \{1, \ldots, n\}$$

zu versuchen, falls f in x n-mal differenzierbar ist.

Satz 12.3.2. *(Taylorformel.) Y sei ein Banachraum über K ($K = \boldsymbol{R}$ oder $K = \boldsymbol{C}$), $x \in Z \subset K$ und*

$$f: Z \to Y \text{ stetig.}$$

Es seien $n \in \boldsymbol{N}$, $\delta \in \boldsymbol{R}_+^\times$, $U_\delta(x) \subset Z$, $A \subset U_\delta(x)$, A abzählbar. Ist f in $U_\delta(x)$ n-mal stetig differenzierbar, $f^{(n)}$ in jedem Punkt von $U_\delta(x) - A$ differenzierbar und

$$C_{n+1} = \sup\{\|f^{(n+1)}(z)\| \mid z \in U_\delta(x) - A\} < \infty,$$

so ist für alle $y \in K$ mit $|y| < \delta$

$$f(x+y) = f(x) + \sum_{j=1}^{n} y^j \frac{1}{j!} f^{(j)}(x) + r_n(x; y), \quad \|r_n(x; y)\| \leqq \frac{1}{n!} C_{n+1} |y|^{n+1}.$$

Beweis. Es sei $y \in K$, $|y| < \delta$. Für $t \in \boldsymbol{R}$, $0 \leqq t \leqq 1$, definieren wir

$$p(t) := f(x+y) - f(x+ty) - \sum_{j=1}^{n} (y - ty)^j \frac{1}{j!} f^{(j)}(x+ty) = r_n(x+ty; y-ty).$$

Die Menge

$$A^* = \{t \mid t \in [0, 1],\ x + ty \in A\}$$

ist abzählbar. p ist stetig in $[0, 1]$, differenzierbar in jedem Punkt von $[0, 1] - A^*$, und für $t \in [0, 1] - A^*$ ist

$$\begin{aligned} p'(t) &= -f'(x+ty)y - \sum_{j=1}^{n} (y-ty)^{j-1}(-y) \frac{1}{(j-1)!} f^{(j)}(x+ty) \\ &\quad - \sum_{j=1}^{n} (y-ty)^j \frac{1}{j!} f^{(j+1)}(x+ty)y \\ &= -(y-ty)^n \frac{1}{n!} f^{(n+1)}(x+ty)y. \end{aligned}$$

Daher ist für alle $t \in [0, 1] - A^*$

$$\|p'(t)\| \leqq \frac{1}{n!} |y| \, |y-ty|^n \, \|f^{(n+1)}(x+ty)\| \leqq \frac{1}{n!} C_{n+1} |y|^{n+1}.$$

Nach Hilfssatz 11.3.1. ist deshalb

$$\|p(1)-p(0)\| \leqq \frac{1}{n!} C_{n+1} |y|^{n+1} (1-0) = \frac{1}{n!} C_{n+1} |y|^{n+1}.$$

Da $p(1) = r(x+y; 0) = \mathfrak{o}$ und $p(0) = r(x; y)$ ist, erhält man hieraus die Behauptung. ●

Ist $Y = K = \mathbf{R}$, so kann man durch Anwendung des Mittelwertsatzes eine Verschärfung von Satz 12.3.2. erreichen. Man erhält nämlich eine entsprechende Abschätzung für $r_n(x; y)$, wenn man nur die Existenz der $(n+1)$-ten Ableitung im Punkt x voraussetzt.

Satz 12.3.3. *(Taylorformel in* $\mathbf{R}$.*) Es sei* $x \in Z \subset \mathbf{R}$ *und*

$$f: Z \to \mathbf{R} \text{ stetig.}$$

Es seien $n \in \mathbf{N}$, $\delta \in \mathbf{R}_+^\times$, $[x, x+\delta] \subset Z$. $\hat{f} = f \| [x, x+\delta]$ *sei in* $[x, x+\delta]$ *n-mal und im Punkt* x $(n+1)$*-mal differenzierbar. Dann ist*

$$f(x+y) = f(x) + \sum_{j=1}^{n} y^j \frac{1}{j!} f^{(j)}(x) + r_n(x; y) \quad \text{für alle} \quad y \in [0, \delta],$$

$$r_n(x; y) = y^{n+1} \frac{1}{(n+1)!} \hat{f}^{(n+1)}(x) + o(|y|^{n+1}) \quad \text{für} \quad y \to 0.$$

Beweis. Für $z \in [x, x+\delta]$ definieren wir

$$h(z) := r_n(x; z-x) = f(z) - f(x) - \sum_{j=1}^{n} (z-x)^j \frac{1}{j!} \hat{f}^{(j)}(x), \quad g(z) := (z-x)^{n+1}.$$

h und g sind stetig in $[x, x+\delta]$, n-mal differenzierbar, und für $1 \leqq k \leqq n$ ist

$$g^{(k)}(z) = (n+1) n \dots (n+2-k)(z-x)^{n+1-k} \neq 0 \quad \text{für} \quad z \neq x,$$

$$h^{(k)}(z) = \hat{f}^{(k)}(z) - \sum_{j=k}^{n} (z-x)^{j-k} \frac{1}{(j-k)!} \hat{f}^{(j)}(x), \quad h^{(n+1)}(x) = \hat{f}^{(n+1)}(x).$$

Man rechnet sofort nach

$$h^{(k)}(x) = g^{(k)}(x) = 0 \quad \text{für} \quad 1 \leqq k \leqq n, \quad h(x) = g(x) = 0.$$

Man kann den Mittelwertsatz ((2) Satz 12.1.3.) anwenden. Zu $z \in \boldsymbol{R}$, $x < z \leqq x+\delta$, gibt es ein $z_1 \in]x, z[$ mit

$$\frac{r_n(x; z-x)}{(z-x)^{n+1}} = \frac{h(z)-h(x)}{g(z)-g(x)} = \frac{h'(z_1)}{g'(z_1)} = \frac{h'(z_1)-h'(x)}{g'(z_1)-g'(x)}.$$

Man kann wieder den Mittelwertsatz anwenden usw. und erhält $z_1, z_2, \ldots, z_n$ mit $x < z_n < z_{n-1} < \cdots < z_1 < z$ und

$$\frac{r_n(x; z-x)}{(z-x)^{n+1}} = \frac{h'(z_1)-h'(x)}{g'(z_1)-g'(x)} = \cdots = \frac{h^{(n)}(z_n)-h^{(n)}(x)}{g^{(n)}(z_n)-g^{(n)}(x)}.$$

Nun ist

$$h^{(n)}(z_n)-h^{(n)}(x) = h^{(n+1)}(x)(z_n-x)+o(|z_n-x|) = \hat{f}^{(n+1)}(x)(z_n-x)+o(|z_n-x|),$$

$$g^{(n)}(z_n)-g^{(n)}(x) = g^{(n)}(z_n) = (n+1)!\,(z_n-x),$$

also (wegen $x < z_n < z$)

$$\frac{r_n(x; z-x)}{(z-x)^{n+1}} = \frac{1}{(n+1)!}\hat{f}^{(n+1)}(x)+o(1) \quad \text{für} \quad z \to x,\ z > x,$$

woraus für $y := z-x$ die Behauptung folgt. ●

Ist f in einer Umgebung von x beliebig oft differenzierbar, so kann man für passendes $\delta \in \boldsymbol{R}_+^\times$ den Rest $r_n(x; y)$ für jedes $n \in \boldsymbol{N}$, $y \in K$, $|y| < \delta$, untersuchen. Gilt $\lim\limits_{n\to\infty} r_n(x; y) = \mathfrak{o}$ für jedes derartige y, so erhält man

$$f(x+y) = f(x) + \sum_{j=1}^{\infty} y^j \frac{1}{j!} f^{(j)}(x) \quad \text{für jedes} \quad y \in K,\ |y| < \delta,$$

also eine Darstellung von f in Form einer Potenzreihe.

Definition 12.3.1. *Y sei ein Banachraum über K ($K=\boldsymbol{R}$ oder $K=\boldsymbol{C}$), $x \in Z \subset K$,*

$$f: Z \to Y.$$

f heißt um den Punkt x in eine Taylorreihe oder Potenzreihe entwickelbar, wenn es ein $R \in \bar{\boldsymbol{R}}$, $R > 0$, und eine Folge $(\mathfrak{a}_{n-1})_{n \in \boldsymbol{N}}$ so gibt, daß

$$f(x+y) = \mathfrak{a}_0 + \sum_{j=1}^{\infty} y^j \mathfrak{a}_j \quad \textit{für alle} \quad y \in K \textit{ mit } |y| < R,\ y \in Z, \textit{ ist.}$$

Man sagt dann: f ist in $U_R(x)$ in eine Taylorreihe um x entwickelbar.

Satz 12.3.4. *Y sei ein Banachraum über K ($K=\boldsymbol{R}$ oder $K=\boldsymbol{C}$), $Z \subset K$,*

$$f: Z \to Y.$$

f ist genau dann um einen inneren Punkt x von Z in eine Taylorreihe entwickelbar, wenn es ein $\delta \in \boldsymbol{R}_+^\times$ so gibt, daß f in $U_\delta(x)$ beliebig oft differenzierbar ist und für das Restglied der Taylorformel

$$\lim_{n\to\infty} r_n(x;y) = \mathfrak{o} \quad \textit{für jedes} \quad y \in K \ \textit{mit} \ |y| < \delta$$

gilt. Die Taylorreihe ist dann

$$f(x+y) = f(x) + \sum_{j=1}^{\infty} y^j \frac{1}{j!} f^{(j)}(x) \quad \textit{für} \quad y \in K,\ |y| < \delta.$$

Beweis. Ist f in $U_\delta(x)$ beliebig oft differenzierbar und ist

$$\lim_{n\to\infty} r_n(x;y) = \mathfrak{o} \quad \text{für alle} \quad y \in K,\ |y| < \delta,$$

so ist natürlich

$$f(x+y) = f(x) + \sum_{j=1}^{\infty} y^j \frac{1}{j!} f^{(j)}(x) \quad \text{für} \quad y \in K,\ |y| < \delta.$$

Ist umgekehrt

$$f(x+y) = \mathfrak{a}_0 + \sum_{j=1}^{\infty} y^j \mathfrak{a}_j \quad \text{für} \quad y \in K,\ |y| < \delta,$$

und setzt man $g(y) := f(x+y)$, also $f(z) = g(z-x)$ für $y \in K$, $|y| < \delta$, $z \in K$, $|z-x| < \delta$, so ist g als Potenzreihe mit einem Konvergenzradius $R \geqq \delta$ nach Satz 11.4.4. differenzierbar, die Ableitung ist wieder eine Potenzreihe mit dem Konvergenzradius R, ist also wieder differenzierbar etc., d.h., g ist in $U_\delta(0)$ beliebig oft differenzierbar, f in $U_\delta(x)$ beliebig oft differenzierbar. Ist $\delta_1 \in \boldsymbol{R}$, $0 < \delta_1 < \delta$, so ist $\{y \mid y \in K,\ |y| \leqq \delta_1\}$ kompakt (siehe Hilfssatz 9.2.5.), also wegen der Stetigkeit

$$y^{n+1} \sum_{j=n+1}^{\infty} y^{j-(n+1)} \mathfrak{a}_j = O(|y|^{n+1}) = o(|y|^n) \quad \text{für} \quad y \to 0,$$

$$\tilde{C}_{n+1} = \sup\{\|f^{(n+1)}(z)\| \mid z \in U_\delta(x),\ |z-x| \leqq \delta_1\} < \infty.$$

Hieraus erhält man, wenn man noch Satz 12.3.2. benutzt, für $y \to 0$

$$f(x+y) = \mathfrak{a}_0 + \sum_{j=1}^{n} y^j \mathfrak{a}_j + o(|y|^n), \quad f(x+y) = f(x) + \sum_{j=1}^{n} y^j \frac{1}{j!} f^{(j)}(x) + o(|y|^n).$$

Nach Hilfssatz 12.3.1. ist $\mathfrak{a}_0 = f(x)$, $\mathfrak{a}_j = \frac{1}{j!} f^{(j)}(x)$ und wegen der Konvergenz der Ausgangsreihe

$$\lim_{n\to\infty} r_n(x;y) = \mathfrak{o} \quad \text{für jedes} \quad y \in K \text{ mit } |y| < \delta. \quad \bullet$$

Eine hinreichende Bedingung für die Entwickelbarkeit wollen wir gesondert formulieren.

Hilfssatz 12.3.2. *Y sei ein Banachraum über K* ($K=\boldsymbol{R}$ *oder* $K=\boldsymbol{C}$), $Z\subset K$ *und*

$$f: Z \to Y \text{ stetig.}$$

x *sei innerer Punkt von* Z, $R\in]\,0,\infty]\subset\overline{\boldsymbol{R}}$, f *in* $U_R(x)=\{x|x\in K,\ |x|<R\}$ *beliebig oft differenzierbar, und für jedes* $\delta\in\boldsymbol{R}$ *mit* $0<\delta<R$ *und jedes* $n\in N$ *sei*

$$\tilde{C}_{n+1} = \sup\{\|f^{(n+1)}(z)\|\,|\,z\in U_R(x),\ |z-x| \leqq \delta\} < \infty,$$

$$\lim_{n\to\infty} \frac{1}{n!}\tilde{C}_{n+1}\delta^{n+1} = 0.$$

Dann ist f *in* $U_R(x)$ *in eine Taylorreihe um den Punkt* x *entwickelbar.*

Beweis. Zu $y\in K$, $|y|<R$, wählt man ein $\delta\in\boldsymbol{R}$ mit $0\leqq|y|<\delta<R$. Unter den angegebenen Voraussetzungen ist nach Satz 12.3.2.

$$\lim_{n\to\infty} r_n(x;y) = 0. \quad \bullet$$

Daß man neben der Existenz der höheren Ableitungen für die Entwickelbarkeit in eine Taylorreihe die Bedingung für das Restglied benötigt, zeigt

Beispiel 12.3.1. Für jedes $m\in\boldsymbol{Z}$ definieren wir

$$f_m(x): \boldsymbol{R}\to\boldsymbol{R} \quad \text{durch} \quad f_m(x) := \begin{cases} x^m e^{-\frac{1}{x^2}} & \text{für } x\neq 0,\\ 0 & \text{für } x=0.\end{cases}$$

Am Ende von 8.9. (S. 328) hatten wir gezeigt, daß $e^z \geqq \left(\frac{z}{n}\right)^n$ für $n\in N$ und $z>0$ ist. Daher ist für jedes $n\in\boldsymbol{N}$, $x\neq 0$

$$e^{\frac{1}{x^2}} \geqq \left(\frac{1}{n}\frac{1}{x^2}\right)^n, \quad \text{also} \quad e^{-\frac{1}{x^2}} \leqq n^n x^{2n}.$$

Zu $m\in\boldsymbol{Z}$ wählen wir ein $n\in N$ mit $m+2n>1$. Für $x\in\boldsymbol{R}$, $x\neq 0$, ist dann

$$|f_m(x)| = |x|^m e^{-\frac{1}{x^2}} \leqq n^n|x|^{2n+m}, \qquad \left|\frac{1}{x}(f_m(x)-f_m(0))\right| \leqq n^n|x|^{2n+m-1}.$$

Das ergibt

$$\lim_{x\to 0} f_m(x) = 0 = f_m(0), \quad \lim_{x\to 0}\frac{1}{x}(f_m(x)-f_m(0)) = 0.$$

Daher ist f_m stetig in 0 und nach Satz 11.1.2. in 0 differenzierbar, $f_m'(0)=0$. In jedem Punkt $x\in\boldsymbol{R}$, $x\neq 0$, ist f_m stetig und differenzierbar und nach der Kettenregel und der Produktregel

$$f_m'(x) = mx^{m-1}e^{-\frac{1}{x^2}} + x^m e^{-\frac{1}{x^2}}(2x^{-3}) = mf_{m-1}(x) + 2f_{m-3}(x).$$

Wegen $f_m'(0) = f_m(0) = 0$ für alle $m \in \boldsymbol{Z}$ gilt diese Darstellung von $f_m'(x)$ auch für $x = 0$. Wir haben damit eine Darstellung

$$f_m'(x) = \sum_{j=-\infty}^{\infty} a_j^{(1)} f_j(x), \quad a_j^{(1)} \in \boldsymbol{Z}, \ a_j^{(1)} \neq 0 \text{ nur für endlich viele } j,$$

erhalten. Vollständige Induktion ergibt für jedes k

$$f_m^{(k)}(x) = \sum_{j=-\infty}^{\infty} a_j^{(k)} f_j(x), \quad a_j^{(k)} \in \boldsymbol{Z}, \ a_j^{(k)} \neq 0 \text{ nur für endlich viele } j.$$

Infolgedessen sind alle f_m in $\boldsymbol{R}$ beliebig oft differenzierbar, $f_m^{(k)}(0) = 0$ für jedes $k \in \boldsymbol{N}$. Für das Restglied in der Taylorformel erhält man

$$f_m(0+y) = f_m(0) + \sum_{j=1}^{n} y^j \frac{1}{j!} f_m^{(j)}(0) + r_n(0;y) = r_n(0;y), \quad \text{d.h.} \quad r_n(0;y) = f_m(y),$$

$$\lim_{n\to\infty} r_n(0;y) = f_m(y) \neq 0, \quad \text{falls} \quad y \neq 0 \text{ ist.}$$

f_m ist um den Punkt 0 nicht in eine Taylorreihe entwickelbar. ●

Ein Beispiel für Entwickelbarkeit in eine Taylorreihe gibt

Satz 12.3.5. $f:]-1, \infty[\to \boldsymbol{R}$, *definiert durch* $f(x) := \log(1+x)$, *ist um den Punkt* 0 *in eine Taylorreihe entwickelbar, es ist*

$$\log(1+x) = f(x) = -\sum_{n=1}^{\infty} \frac{(-1)^n}{n} x^n \quad \textit{für} \quad x \in \boldsymbol{R}, \ -1 < x \leqq 1.$$

Beweis. Nach Satz 11.2.6. ist f in jedem Punkt $x \in]-1, \infty[$ stetig und differenzierbar. Mit der Kettenregel erhält man

$$f'(x) = (1+x)^{-1}, \quad f^{(2)}(x) = -1 \cdot (1+x)^{-2}, \ldots$$

und durch vollständige Induktion

$$f^{(n)}(x) = -(-1)^n \cdot (n-1)!\,(1+x)^{-n}, \quad f^{(n)}(0) = -(-1)^n \cdot (n-1)!.$$

f ist beliebig oft differenzierbar. Ist $\delta \in \boldsymbol{R}_+^\times$, $0 < \delta < 1$, so ist

$$\tilde{C}_{n+1} = \sup\{|f^{(n+1)}(x)| \mid x \in \boldsymbol{R}, |x| \leqq \delta\} = n!(1-\delta)^{-(n+1)}.$$

Das ergibt

$$\lim_{n\to\infty} \frac{1}{n!} \tilde{C}_{n+1} \delta^{n+1} = \lim_{n\to\infty} (\delta^{-1} - 1)^{-(n+1)} = 0 \quad \Leftrightarrow \quad \delta^{-1} - 1 > 1 \quad \Leftrightarrow \quad \delta < \frac{1}{2}.$$

Nach Hilfssatz 12.3.2. ist f in $U_{\frac{1}{2}}(0)$ um den Punkt 0 in eine Taylorreihe entwickelbar, nach Satz 12.3.4. ist $(f(0) = 0)$

$$\log(1+x) = f(x) = \sum_{n=1}^{\infty} \frac{1}{n!} f^{(n)}(0) x^n = -\sum_{n=1}^{\infty} \frac{(-1)^n}{n} x^n \quad \text{für} \quad |x| < \frac{1}{2}.$$

Da

$$\sum_{n=1}^{\infty} |x|^n \quad \text{Majorante von} \quad \sum_{n=1}^{\infty} \frac{(-1)^n}{n} x^n$$

ist, ist die Reihe für $|x| < 1$ absolut konvergent. Die Abbildung

$$g:]-1, 1[\to \boldsymbol{R}, \quad \text{definiert durch} \quad g(x) := -\sum_{n=1}^{\infty} \frac{(-1)^n}{n} x^n,$$

ist nach Satz 11.4.4. stetig und in jedem Punkt $x \in]-1, 1[$ differenzierbar,

$$g'(x) = -\sum_{n=1}^{\infty} n \frac{(-1)^n}{n} x^{n-1} = \sum_{n=1}^{\infty} (-1)^{n-1} x^{n-1} = \frac{1}{1+x}.$$

Daher ist $f'(x) = g'(x)$ für alle $x \in]-1, 1[$. Da $]-1, 1[$ zusammenhängend und $(f-g)'(x) = 0$ für alle $x \in]-1, 1[$ ist, ist nach Satz 11.4.1. $(f-g)(x) = 0$ für alle $x \in]-1, 1[$, $f(x) = g(x)$. Die angegebene Darstellung von $\log(1+x)$ gilt für alle x mit $|x| < 1$.

Für $0 \leqq x \leqq 1$ kann man auf die Reihe das Dedekindsche Kriterium (Satz 9.6.4.) anwenden. Es gilt:

(1*) $\quad \sum_{n=1}^{m} (-1)^n = -1$ oder 0, gleichmäßig beschränkt für alle $m \in \boldsymbol{N}$;

(2*) $$\lim_{m\to\infty} \sum_{n=1}^{m} \left| \frac{x^n}{n} - \frac{x^{n+1}}{n+1} \right| = \lim_{m\to\infty} \sum_{n=1}^{m} \left(\frac{x^n}{n} - \frac{x^{n+1}}{n+1} \right) = \lim_{m\to\infty} \left(\frac{x}{1} - \frac{x^{m+1}}{m+1} \right) = x$$

existiert gleichmäßig für $x \in [0, 1]$;

(3*) $$\lim_{n\to\infty} \frac{x^n}{n} = 0, \quad \text{gleichmäßig für} \quad x \in [0, 1].$$

Nach Satz 9.6.4. ist

$$h(x) := -\sum_{n=1}^{\infty} \frac{(-1)^n}{n} x^n \quad \text{gleichmäßig konvergent für} \quad x \in [0, 1].$$

Da die Reihenglieder als Polynome stetig sind, ist $h: [0, 1] \to \boldsymbol{R}$ nach Satz 10.2.2. stetig. Da $f|[0, 1]$ stetig ist und f und h auf der in $[0, 1]$ dichten Teilmenge $[0, 1[$ übereinstimmen, ist nach Satz 7.6.5. $f|[0, 1] = h$. Die Potenzreihendarstellung für $\log(1+x)$ gilt infolgedessen auch noch für $x = 1$. ●

Man sieht aus dem Beweis von Satz 12.3.5., daß man aus Hilfssatz 12.3.2. zwar eine Umgebung des betreffenden Punktes erhält, in der f durch eine Taylorreihe dargestellt wird, daß aber die Darstellung durchaus noch in einer größeren Umgebung gelten kann.

Ist eine Abbildung f um einen Punkt x in eine Potenzreihe entwickelbar, so ist f auch um jeden Punkt z in einer passenden Umgebung von x in eine Potenzreihe entwickelbar. Das ergibt sich aus

Satz 12.3.6. *Y sei ein Banachraum über K ($K=\mathbf{R}$ oder $K=\mathbf{C}$), $x \in Z \subset K$. $f: Z \to K$ sei in $U_R(x)$ um x in eine Taylorreihe*

$$f(x+y) = \mathfrak{a}_0 + \sum_{n=1}^{\infty} y^n \mathfrak{a}_n \quad \text{für} \quad y \in K, \ |y| < R,$$

entwickelbar. Dann ist f um jeden Punkt $z \in U_R(x)$ in eine Taylorreihe in $U_{\tilde{R}}(z)$ mit $\tilde{R} = R - |z-x|$ entwickelbar. Man erhält diese Reihe, indem man

$$f(z+w) = \mathfrak{a}_0 + \sum_{n=1}^{\infty} (w+z-x)^n \mathfrak{a}_n = \mathfrak{a}_0 + \sum_{n=1}^{\infty} \left(\sum_{j=0}^{n} \binom{n}{j} w^j (z-x)^{n-j} \right) \mathfrak{a}_n$$

nach Potenzen von w umordnet.

Beweis. Ist $z \in U_R(x)$, $w \in U_{\tilde{R}}(0)$, so ist $\delta = |z-x| + |w| < R$. Wegen der absoluten Konvergenz der Ausgangsreihe für $|y| < R$ ist

$$\sum_{n=1}^{\infty} \delta^n \|\mathfrak{a}_n\| = C < \infty.$$

Ist $J_0 \subset \{(j, n) | n \in N, 0 \leqq j \leqq n\}$, J_0 endlich, so gibt es ein $n_0 \in N$ so, daß $n \leqq n_0$ für alle $(j, n) \in J_0$ ist. Das ergibt, da die Binomialkoeffizienten nicht-negativ sind,

$$\sum_{(j,n) \in J_0} \binom{n}{j} |w|^j |z-x|^{n-j} \|\mathfrak{a}_n\| \leqq \sum_{n=1}^{n_0} \left(\sum_{j=0}^{n} \binom{n}{j} |w|^j |z-x|^{n-j} \right) \|\mathfrak{a}_n\|$$

$$\leqq \sum_{n=1}^{\infty} (|w| + |z-x|)^n \|\mathfrak{a}_n\| \leqq C.$$

Daher ist $\left(\binom{n}{j} w^j (z-x)^{n-j} \mathfrak{a}_n \right)_{(j,n) \in J}$ (mit $J = \{(j, n) | n \in N, 0 \leqq j \leqq n\}$) absolut summierbar, und man kann auf

$$\sum_{(j,n) \in J} \binom{n}{j} w^j (z-x)^{n-j} \mathfrak{a}_n$$

den Umordnungssatz (Satz 9.5.4.) anwenden. Ordnet man nach Potenzen von w, so erhält man eine Potenzreihendarstellung für $f(z+w)$ für $|w| < \tilde{R}$. ●

Eine Anwendung auf die Bestimmung von Extremwerten gibt

Satz 12.3.7. *Es sei $Z \subset \boldsymbol{R}$, x innerer Punkt von Z,*

$$f: Z \to \boldsymbol{R} \text{ stetig.}$$

Weiter sei $\delta \in \boldsymbol{R}_+^\times$, $n \in \boldsymbol{N}$, $f|[x-\delta, x+\delta]$ n-mal differenzierbar, im Punkte x $(n+1)$-mal differenzierbar und

$$f^{(1)}(x) = \cdots = f^{(n)}(x) = 0, \quad f^{(n+1)}(x) \neq 0.$$

Ist n eine gerade Zahl, so hat f in x keinen lokalen Extremwert. Ist n ungerade, so gilt

$$f \text{ hat in } x \text{ ein lokales Maximum} \quad \Leftrightarrow \quad f^{(n+1)}(x) < 0;$$

$$f \text{ hat in } x \text{ ein lokales Minimum} \quad \Leftrightarrow \quad f^{(n+1)}(x) > 0.$$

Beweis. Wendet man Satz 12.3.3. auf f und das Intervall $[x, x+\delta]$ an, und auf $f(-z)$ und das Intervall $[-x, -x+\delta]$ (um $f(w)$ in $[x-\delta, x]$ zu erhalten), so ergibt sich

$$f(x+y) = f(x) + r_n(x; y) \quad \text{für} \quad y \in [-\delta, \delta],$$

$$r_n(x; y) = \frac{1}{(n+1)!} f^{(n+1)}(x) y^{n+1} + o(|y|^{n+1}) \quad \text{für} \quad y \to 0.$$

Ist $f^{(n+1)}(x) \neq 0$, so gibt es ein $\delta_1 \in \boldsymbol{R}_+^\times$ mit

$$\left| r_n(x; y) - \frac{1}{(n+1)!} f^{(n+1)}(x) y^{n+1} \right| \leqq \frac{1}{2} \frac{1}{(n+1)!} |f^{(n+1)}(x)| \, |y|^{n+1} \quad \text{für} \quad |y| < \delta_1.$$

Das ergibt für $y \in \boldsymbol{R}$, $|y| < \delta_1$,

$$f(x+y) - f(x) \leqq \frac{1}{(n+1)!} \left(f^{(n+1)}(x) y^{n+1} + \frac{1}{2} |f^{(n+1)}(x) y^{n+1}| \right),$$

$$f(x+y) - f(x) \geqq \frac{1}{(n+1)!} \left(f^{(n+1)}(x) y^{n+1} - \frac{1}{2} |f^{(n+1)}(x) y^{n+1}| \right).$$

Ist n gerade, also $n+1$ ungerade, so ist für $f^{(n+1)}(x) > 0$

$$f(x+y) - f(x) > 0 \quad \text{für} \quad y > 0, \quad f(x+y) - f(x) < 0 \quad \text{für} \quad y < 0.$$

f hat in x keinen Extremwert, entsprechend für $f^{(n+1)}(x) < 0$. Ist n ungerade, also $n+1$ gerade, so ist

$$f(x+y) - f(x) < 0 \quad \text{für} \quad y \neq 0, \quad \text{falls} \quad f^{(n+1)}(x) < 0 \quad \text{ist,}$$

$$f(x+y) - f(x) > 0 \quad \text{für} \quad y \neq 0, \quad \text{falls} \quad f^{(n+1)}(x) > 0 \quad \text{ist.} \quad \bullet$$

12.4. Die Exponentialfunktion

Nach Satz 8.9.2. ist die Abbildung

$$g_e: \boldsymbol{R} \to \boldsymbol{R}_+^\times, \quad \text{definiert durch} \quad g_e(x) = \exp(x) = \lim_{n\to\infty}\left(1+\frac{x}{n}\right)^n,$$

topologisch, ordnungserhaltend und ein Isomorphismus von $(\boldsymbol{R}, +)$ auf $(\boldsymbol{R}_+^\times, \cdot)$. Nach Anmerkung 8.9.1. bzw. Satz 6.8.3. gibt es zu jedem $b \in \boldsymbol{R}_+^\times$ genau *einen* stetigen Homomorphismus g_b von $(\boldsymbol{R}, +)$ in $(\boldsymbol{R}_+^\times, \cdot)$ mit $g_b(1)=b$, mit dessen Hilfe man dann die allgemeine Potenz zur Basis b durch

$$b^x := g_b(x) \quad \text{für alle} \quad x \in \boldsymbol{R}$$

definiert. graph g_b bezeichnet man als (reelle) Exponentialfunktion zur Basis b. Man erhält (vgl. Anmerkung 8.9.1.)

$$b^x = e^{x \log b} \quad \text{für alle} \quad x \in \boldsymbol{R}, \quad e = \exp(1) > 1.$$

Nach Satz 11.2.7. ist zu jedem $b \in \boldsymbol{R}_+^\times$ die Abbildung

$$h_b: \boldsymbol{R} \to \boldsymbol{R}, \quad \text{definiert durch} \quad h_b(x) := b^x,$$

stetig und in jedem Punkt differenzierbar, und es ist

$$h_b'(x) = h_b(x) \log b \quad \text{für alle} \quad x \in \boldsymbol{R}.$$

Für jedes $x \in \boldsymbol{R}$ ist aber $h_b(x) \neq 0$. Daher gilt

$$h_b'(x) = h_b(x) \quad \Leftrightarrow \quad \log b = 1 \quad \Leftrightarrow \quad b = e.$$

Unter den möglichen Exponentialfunktionen gibt es also genau eine, nämlich die zur Basis e, die eine Abbildung $h: \boldsymbol{R} \to \boldsymbol{R}$ mit $h'(x) = h(x)$ liefert. Es zeigt sich nun, daß diese Eigenschaft bereits ausreicht, um sicherzustellen, daß h in eine Taylorreihe entwickelbar ist. Benutzt man noch, daß $h(0)=1$ ist, so ist die Taylorreihe und damit h eindeutig festgelegt. Das gilt auch dann noch, wenn man $\boldsymbol{R}$ durch $\boldsymbol{C}$ ersetzt.

Satz 12.4.1. *Es sei $K = \boldsymbol{R}$ oder $K = \boldsymbol{C}$. Es gibt genau* eine *stetige und in jedem Punkt (bezüglich K) differenzierbare Abbildung*

$$f: K \to K \quad \textit{mit} \quad f(0) = 1 \quad \textit{und} \quad f'(z) = f(z) \quad \textit{für alle} \quad z \in K.$$

Diese Abbildung f ist in K um den Punkt 0 in eine Taylorreihe entwickelbar, es ist

$$f(z) = 1 + \sum_{n=1}^{\infty} \frac{z^n}{n!} \quad \textit{für alle} \quad z \in K.$$

Außerdem ist $f(z)f(-z) = 1$ für alle $z \in K$.

Beweis. Zu $z \in K$ wählen wir ein $m \in N$ mit $m > 2|z|$. Für $n \in N$, $n \geqq m$, ist dann

$$\frac{|z|^{n+1}}{(n+1)!} = \frac{|z|}{n+1}\frac{|z|^n}{n!} \leqq \frac{1}{2}\frac{|z|^n}{n!}, \quad \text{also} \quad \left(\frac{|z|^{n+1}}{(n+1)!}\Big/\frac{|z|^n}{n!}\right) \leqq \frac{1}{2} \quad \text{für} \quad z \neq 0.$$

Für $z \neq 0$ konvergiert die angegebene Potenzreihe daher nach dem Quotientenkriterium (2) Satz 9.6.2. Für $z=0$ konvergiert sie trivialerweise. Da die Reihe für jedes $z \in K$ konvergiert, ist der Konvergenzradius $R=\infty$ (Hilfssatz 9.6.1.). Durch die Potenzreihe wird eine Abbildung $f: K \to K$ definiert, die nach Satz 11.4.4. stetig und in jedem Punkte differenzierbar ist mit

$$f'(z) = 0 + \sum_{n=1}^{\infty} n\frac{z^{n-1}}{n!} = \sum_{n=1}^{\infty}\frac{z^{n-1}}{(n-1)!} = 1 + \sum_{j=1}^{\infty}\frac{z^j}{j!} = f(z).$$

Natürlich ist $f(0)=1$.

Ist $h: K \to K$ irgendeine stetige und in jedem Punkt differenzierbare Abbildung mit $h'(z)=h(z)$ für alle $z \in K$ und $h(0)=1$, so ist $g: K \to K$, definiert durch $g(z)=$ $=f(z)h(-z)$, stetig und in jedem Punkt differenzierbar. Nach der Kettenregel und der Produktregel ist

$$g'(z) = f'(z)h(-z) + f(z)h'(-z)(-1) = f(z)h(-z) - f(z)h(-z) = 0.$$

Da sowohl $\boldsymbol{R}$ als auch $\boldsymbol{C}$ (nach Hilfssatz 11.5.2.) zusammenhängend ist, ist g konstant (Satz 11.4.1.). Daher ist

$$f(z)h(-z) = f(0)h(0) = 1 \quad \text{für alle} \quad z \in K.$$

Da f selbst eine Abbildung mit den für h vorausgesetzten Eigenschaften ist, ist auch

$$f(z)f(-z) = 1 \quad \text{für alle} \quad z \in K,$$

woraus natürlich insbesondere $h(-z)=f(-z)$ für alle $z \in K$ und damit $h=f$ folgt. ●

Anmerkung 12.4.1. Nimmt man an, $h: K \to K$ sei stetig, in jedem Punkt differenzierbar mit $h'(z)=h(z)$, und es sei $h(0)=1$, so erhält man die in Satz 12.4.1. angegebene Potenzreihe aus den Sätzen über die Entwickelbarkeit in Taylorreihen. Aus $h'(z)=$ $=h(z)$ ergibt sich durch vollständige Induktion

$$h^{(n)}(z) = h(z) \quad \text{für alle} \quad n \in N, \quad z \in K, \quad h^{(n)}(0) = h(0) = 1.$$

Für $\delta \in \boldsymbol{R}_+^\times$ ist $\{z \mid z \in K,\ |z| \leqq \delta\}$ beschränkt und abgeschlossen und deshalb nach Satz 9.2.2. (für $K=\boldsymbol{R}$) bzw. Hilfssatz 9.2.5. (für $K=\boldsymbol{C}$) kompakt. Nach Satz 9.2.4. ist daher

$$\tilde{C}_{n+1} = \sup\{|h^{(n+1)}(z)| \mid z \in K, |z| \leqq \delta\} = \sup\{|h(z)| \mid z \in K, |z| \leqq \delta\} = C < \infty.$$

Wegen $(\delta)^{n+1}((n+1)!)^{-1} = \delta(n+1)^{-1}\delta^n(n!)^{-1} < \frac{1}{2}\delta^n(n!)^{-1}$ für alle $n \in \boldsymbol{N}$ mit $n > 2\delta$ ist die Folge $(\delta^n(n!)^{-1})_{n\in\boldsymbol{N}}$ für $n > 2\delta$ monoton fallend und hat infolgedessen einen Grenzwert. Wegen

$$0 \leqq \lim_{n\to\infty} \frac{\delta^n}{n!} = \lim_{n\to\infty} \frac{\delta^{n+1}}{(n+1)!} \leqq \frac{1}{2} \lim_{n\to\infty} \frac{\delta^n}{n!} \quad (<\infty!)$$

ist dieser Grenzwert 0 und deshalb

$$\lim_{n\to\infty} \frac{1}{n!} \tilde{C}_{n+1}\delta^{n+1} = \tilde{C}_{n+1}\delta \lim_{n\to\infty} \frac{\delta^n}{n!} = 0.$$

Nach Hilfssatz 12.3.2. ist h in $U_\infty(0) = K$ in eine Taylorreihe um 0 entwickelbar. Die Reihe erhält man, wenn man in Satz 12.3.4. h mit $h^{(n)}(0) = 1$ an Stelle von f einsetzt. ●

Hilfssatz 12.4.1. *Für alle $x \in \boldsymbol{R}$ ist*

$$e^x = 1 + \sum_{n=1}^{\infty} \frac{x^n}{n!}.$$

Beweis. $g_e: \boldsymbol{R} \to \boldsymbol{R}$, definiert durch $g_e(x) = e^x$, hat die Eigenschaften $g_e(0) = e^0 = 1$, $g_e'(x) = e^x = g(x)$. Satz 12.4.1. ergibt für $K = \boldsymbol{R}$ die Behauptung. ●

Die Abbildung f aus Satz 12.4.1. für $K = \boldsymbol{C}$ mit

$$f(z) = 1 + \sum_{n=1}^{\infty} \frac{z^n}{n!} \quad \text{für alle} \quad z \in \boldsymbol{C}$$

liefert in natürlicher Weise eine Erweiterung der Definition von e^z auf den Fall komplexer z. Es gilt

Satz 12.4.2. *$f: \boldsymbol{C} \to \boldsymbol{C}$ sei die nach Satz 12.4.1. eindeutig bestimmte stetige und in jedem Punkt differenzierbare Abbildung mit*

$$f(0) = 1 \quad \textit{und} \quad f'(z) = f(z) \quad \textit{für alle } z \in \boldsymbol{C}.$$

Für $z, w \in \boldsymbol{C}$ gilt

$$f(z+w) = f(z) \cdot f(w), \quad f(z) \neq 0; \qquad \textit{für} \quad z \in \boldsymbol{R} \quad \textit{ist} \quad f(z) = e^z.$$

Daher definiert man allgemein

$$e^z := f(z) \quad \textit{für alle} \quad z \in \boldsymbol{C}.$$

Für alle $z, w \in \boldsymbol{C}$ und alle $m \in \boldsymbol{Z}$ gilt dann

$$e^{z+w} = e^z e^w, \quad e^{mz} = (e^z)^m, \quad e^z \neq 0, \quad \overline{(e^z)} = e^{\bar{z}}.$$

Beweis. Zu $w \in \boldsymbol{C}$ definieren wir

$$g: \boldsymbol{C} \to \boldsymbol{C} \quad \text{durch} \quad g(z) = f(z+w)f(-w) \quad \text{für} \quad z \in \boldsymbol{C}.$$

Nach Satz 12.4.1. ist $g(0) = f(0+w)f(-w) = 1$, also insbesondere $f(w) \neq 0$. Da g außerdem stetig und in jedem Punkt differenzierbar ist mit

$$g'(z) = f'(z+w)f(-w) = f(z+w)f(-w) = g(z),$$

ist $g = f$, woraus man (wegen $f(w)f(-w) = 1$)

$$f(z)f(w) = g(z)f(w) = f(z+w)f(-w)f(w) = f(z+w)$$

erhält.

Nach Hilfssatz 12.4.1. und Satz 12.4.1. ist für $x \in \boldsymbol{R}$

$$e^x = 1 + \sum_{n=1}^{\infty} \frac{x^n}{n!} = f(x).$$

Setzt man jetzt $e^z := f(z)$ für alle $z \in \boldsymbol{C}$, so ist, wie gezeigt, $e^{z+w} = e^z e^w$, $e^z \neq 0$. Definiert man zu $m \in \boldsymbol{Z}$

$$g: \boldsymbol{C} \to \boldsymbol{C} \quad \text{durch} \quad g(z) = (e^z)^m e^{-mz} = \big(f(z)\big)^m f(-mz),$$

so erhält man (g ist in jedem Punkt stetig und differenzierbar)

$$g(0) = \big(f(0)\big)^m f(0) = 1, \; g'(z) = m\big(f(z)\big)^{m-1} f'(z) f(-mz) + \big(f(z)\big)^m (-m) f'(-mz) = 0.$$

Da $\boldsymbol{C}$ zusammenhängend ist (Hilfssatz 11.5.2.), ist g nach Satz 11.4.1. konstant, also

$$(e^z)^m e^{-mz} = g(z) = g(0) = 1, \quad \text{insbesondere} \quad (e^z)^{-1} = e^{-z},$$

und daher

$$(e^z)^m = (e^{-mz})^{-1} = e^{mz}.$$

Da die Abbildung $h: \boldsymbol{C} \to \boldsymbol{C}$, definiert durch $h(z) := \bar{z}$, als $\boldsymbol{R}$-lineare Abbildung stetig und außerdem Homomorphismus von $(\boldsymbol{C}, +, \cdot)$ auf sich ist, ist schließlich

$$\overline{(e^z)} = h\left(\lim_{m\to\infty}\left(1 + \sum_{n=1}^{m} \frac{z^n}{n!}\right)\right) = \lim_{m\to\infty} h\left(1 + \sum_{n=1}^{m} \frac{z^n}{n!}\right) = \lim_{m\to\infty}\left(1 + \sum_{n=1}^{m} \frac{\bar{z}^n}{n!}\right) = e^{\bar{z}}. \; \bullet$$

Satz 12.4.3. *Die Abbildung*

$$\tilde{f}: \boldsymbol{C} \to \boldsymbol{C}^\times, \quad \textit{definiert durch} \quad \tilde{f}(z) := e^z,$$

ist stetig, offen, surjektiv und ein Homomorphismus von $(\boldsymbol{C}, +)$ *auf* $(\boldsymbol{C}^\times, \cdot)$. *Insbesondere gibt es zu jedem* $w \in \boldsymbol{C}^\times$ *mindestens ein* $z \in \boldsymbol{C}$ *mit* $e^z = w$.

Beweis. Die Abbildung f aus Satz 12.4.2. ist stetig und in jedem Punkte differenzierbar, f' ist stetig in $\boldsymbol{C}$. Für jedes $z \in \boldsymbol{C}$ ist $f'(z) = f(z) \neq 0$. Die lineare Abbildung

$$f'(z): \boldsymbol{C} \to \boldsymbol{C}, \quad \text{definiert durch} \quad f'(z)y = y \cdot f(z),$$

ist daher surjektiv. Nach Satz 11.5.2. ist f offen. Da $f(C) \subset C^\times$ ist, ist $\tilde{f}$ stetig und offen. Wegen

$$f(z+w) = e^{z+w} = e^z e^w = f(z)f(w)$$

ist $\tilde{f}$ ein Homomorphismus von $(C, +)$ in $(C^\times, \cdot)$. $\tilde{f}(C)$ ist somit Untergruppe von $(C^\times, \cdot)$ und offen. Da $C^\times$ nach Hilfssatz 11.5.2. zusammenhängend ist, ist nach Hilfssatz 11.5.3. $\tilde{f}(C) = C^\times$. $\tilde{f}$ ist surjektiv. Ist $w \in C^\times$, so gibt es infolgedessen ein $z \in C$ mit

$$e^z = f(z) = w. \quad \bullet$$

Satz 12.4.4. *Für alle* $z = x+iy \in C$, $x, y, t \in R$ *gilt*

$$|e^z| = |e^{x+iy}| = e^x, \quad |e^{it}| = 1.$$

Die Abbildung $g: R \to C$, *definiert durch* $g(t) = e^{it}$, *ist stetig und stetig differenzierbar, und es ist*

$$g'(t) = ie^{it}, \quad g(R) = \{w \mid w \in C, |w| = 1\}.$$

Beweis. Nach Satz 12.4.2 ist für $z = x+iy$, $x, y \in R$,

$$|e^z|^2 = (e^z)\overline{(e^z)} = e^z e^{\bar{z}} = e^{z+\bar{z}} = e^{2x} = (e^x)^2.$$

Da $|e^z|$ und e^x positive reelle Zahlen sind, folgt

$$|e^z| = e^x, \quad |e^{it}| = |e^{0+it}| = e^0 = 1.$$

Die Abbildung $h_0: R \to C$, definiert durch $h_0(t) = it$, ist linear (bez. R), also stetig und differenzierbar, und es ist

$$h_0'(t) = i, \quad \text{d.h.} \quad h_0'(t)y = h_0(y) = iy.$$

Mit f aus Satz 12.4.2. $\big(f(z) = e^z\big)$ ist $g = f \circ h_0$. g ist stetig und differenzierbar und

$$g'(t) = f'\big(h_0(t)\big)h_0'(t) = e^{it} i.$$

Ist $w \in C$, $|w| = 1$, so gibt es ein $z = x+iy \in C$, $x, y \in R$, mit $w = e^z$. Wegen $1 = |w| = e^x$ ist $x = 0$. Daher ist $\{w \mid w \in C, |w| = 1\} \subset g(R)$. Da für alle $t \in R$ andererseits $|e^{it}| = 1$ ist, ist $g(R)$ gerade der Rand des Kreises vom Radius 1 um 0 in C. $\bullet$

Besonders wichtig ist der im folgenden dargestellte Zusammenhang mit der Elementargeometrie.

Satz 12.4.5. *Definiert man*

$$h_1: R \to R \quad \textit{durch} \quad h_1(t) = \operatorname{Re}(e^{it}) = \frac{1}{2}(e^{it} + e^{-it}),$$

$$h_2: R \to R \quad \textit{durch} \quad h_2(t) = \operatorname{Im}(e^{it}) = \frac{1}{2i}(e^{it} - e^{-it}),$$

so sind h_1, h_2 stetig, stetig differenzierbar, und es ist

$$h_1^2(t)+h_2^2(t) = 1, \quad h_1'(t) = -h_2(t), \quad h_2'(t) = h_1(t)$$

und $h_1(\boldsymbol{R})=h_2(\boldsymbol{R})=[-1, 1]$.

Es gibt eine kleinste positive Zahl, sie werde mit π bezeichnet, mit $e^{i\pi}=-1$. π ist die kleinste positive Nullstelle von h_2. π hat die aus der Elementargeometrie bekannte Bedeutung als „Länge" des Halbkreisbogens mit dem Radius 1. *Es ist*

$$h_1(t)=\cos t, \quad h_2(t)=\sin t$$

bei der üblichen elementargeometrischen Definition von cos *und* sin.

Beweis. Wie in Satz 12.4.4. sei $g(t)=e^{it}$. Die Abbildungen

$$\tilde{h}_1 : \boldsymbol{R}\to\boldsymbol{C}, \quad \text{definiert durch} \quad \tilde{h}_1(t) = \frac{1}{2}(e^{it}+e^{-it}) = \frac{1}{2}(g(t)+g(-t)),$$

$$\tilde{h}_2 : \boldsymbol{R}\to\boldsymbol{C}, \quad \text{definiert durch} \quad \tilde{h}_2(t) = \frac{1}{2i}(e^{it}-e^{-it}) = \frac{1}{2i}(g(t)-g(-t)),$$

sind ersichtlich stetig und stetig differenzierbar mit

$$\tilde{h}_1'(t) = \frac{1}{2}(g'(t)-g'(-t)) = \frac{i}{2}(g(t)-g(-t)) = -\tilde{h}_2(t) \quad \left(i = -\frac{1}{i}!\right),$$

$$\tilde{h}_2'(t) = \frac{1}{2i}(g'(t)+g'(-t)) = \frac{1}{2}(g(t)+g(-t)) = \tilde{h}_1(t)$$

und

$$\tilde{h}_1^2(t)+\tilde{h}_2^2(t) = (\mathrm{Re}\,(e^{it}))^2+(\mathrm{Im}\,(e^{it}))^2 = |e^{it}|^2 = 1.$$

Da $\tilde{h}_1(t), \tilde{h}_2(t)\in\boldsymbol{R}$ sind, folgt $\tilde{h}_1(t), \tilde{h}_2(t)\in[-1, 1]$. Da $\boldsymbol{R}$ zusammenhängend ist, müssen $\tilde{h}_1(\boldsymbol{R}), \tilde{h}_2(\boldsymbol{R})$ Teilintervalle von $[-1, 1]$ sein. Ist $u\in[-1, 1]$, so ist $0\leqq 1-u^2\leqq 1$. Es gibt daher ein $v\in\boldsymbol{R}$ mit $v^2 = 1-u^2$, also $u^2+v^2 = 1$. Dann ist

$$|u+iv| = 1, \quad |v+iu| = 1.$$

Nach Satz 12.4.4. gibt es $t_1, t_2\in\boldsymbol{R}$ mit

$$e^{it_1} = u+iv, \quad \tilde{h}_1(t_1) = \mathrm{Re}\,(e^{it_1}) = u, \quad e^{it_2} = v+iu, \quad \tilde{h}_2(t_2) = \mathrm{Im}\,(e^{it_2}) = u.$$

Damit ist $\tilde{h}_1(\boldsymbol{R})=\tilde{h}_2(\boldsymbol{R})=[-1, 1]$. Da die Abbildung

$$l:\boldsymbol{C}\to\boldsymbol{R}, \quad \text{definiert durch} \quad l(x+iy):= x,$$

$\boldsymbol{R}$-linear, infolgedessen stetig und differenzierbar ist, und $h_1 = l\circ\tilde{h}_1$, $h_2 = l\circ\tilde{h}_2$, $l|\boldsymbol{R}=id_{\boldsymbol{R}}$ ist, folgen die Ergebnisse für h_1 und h_2 unmittelbar (z. B. $h_1'(t) = l\circ\tilde{h}_1'(t) = \tilde{h}_1'(t) = -\tilde{h}_2(t) = -h_2(t)$, da $\tilde{h}_1'(t), \tilde{h}_2(t)\in\boldsymbol{R}$ und $l|\boldsymbol{R}=id_{\boldsymbol{R}}$ ist).

Nach Satz 12.4.4. gibt es ein $t_0 \in \boldsymbol{R}$ mit $e^{it_0} = -1$. Wegen

$$e^{i0} = 1 \neq -1, \quad e^{i(-t_0)} = \overline{(e^{it_0})} = \overline{(-1)} = -1$$

kann man $t_0 > 0$ voraussetzen. Da g stetig ist, ist $g^{-1}(\{-1\})$ abgeschlossen. $g^{-1}(\{-1\}) \cap [0, t_0]$ ist beschränkt und abgeschlossen, also kompakt. Da diese Menge nicht leer ist, enthält sie ein kleinstes Element. Es gibt daher eine Zahl $\pi \in [0, t_0]$ mit

$$g(\pi) = -1, \quad g(t) \neq -1 \quad \text{für} \quad 0 \leqq t < \pi.$$

Es ist aber auch

$$g(t) \neq 1 \quad \text{für} \quad 0 < t < \pi.$$

Aus $0 < t < \pi$ und $g(t) = 1$ würde nämlich

$$0 < \pi - t < \pi, \quad g(\pi - t) = e^{i(\pi - t)} = e^{i\pi} e^{-it} = e^{i\pi} = -1$$

folgen. Wegen

$$h_2(t) = 0 \quad \Rightarrow \quad h_1^2(t) = 1 \quad \Rightarrow \quad g(t) = h_1(t) + ih_2(t) = \pm 1$$

ist $h_2(t) \neq 0$ für $0 < t < \pi$. Da

$$h_2(\pi) = \mathrm{Im}\,(g(\pi)) = \mathrm{Im}\,(-1) = 0$$

ist, ist π die kleinste positive Nullstelle von h_2.

Da h_2 stetig und $]0, \pi[$ zusammenhängend ist, ist $h_2(t) > 0$ für alle $t \in]0, \pi[$ oder $h_2(t) < 0$ für alle $t \in]0, \pi[$ (da sonst in $]0, \pi[$ der Zwischenwert 0 angenommen werden müßte).

Wegen $h_1'(t) = -h_2(t)$ ist h_1 in $[0, \pi]$ streng monoton fallend oder streng monoton wachsend. Da $h_1(0) = 1$, $h_1(\pi) = -1$ ist, muß h_1 in $[0, \pi]$ streng monoton fallend sein und damit $h_2(t) > 0$ sein für alle $t \in]0, \pi[$.

Für $t \in \boldsymbol{R}$ gilt

$$e^{it} - 1 = g(t) - g(0) = g'(0)t + r(0; t) = it + r(0; t).$$

Zu jedem $\varepsilon \in \boldsymbol{R}_+^\times$ gibt es ein $\delta \in \boldsymbol{R}_+^\times$ mit $|r(0; t)| \leqq \varepsilon |t|$ für alle $t \in \boldsymbol{R}$ mit $|t| < \delta$. Für $|t| < \delta$ gilt also

$$(1 - \varepsilon)|t| \leqq |it + r(0; t)| = |e^{it} - 1| \leqq (1 + \varepsilon)|t|.$$

Es sei nun $x \in \boldsymbol{R}$, $0 < x \leqq \pi$, und $n \in \boldsymbol{N}$ so gewählt, daß

$$n \geqq 2, \quad \frac{\pi}{n} < \delta$$

ist. Dann gilt für $j \in \boldsymbol{N}$, $1 \leqq j \leqq n$,

$$|e^{i\frac{j}{n}x} - e^{i\frac{j-1}{n}x}| = |e^{i\frac{j-1}{n}x}| \cdot |e^{i\frac{x}{n}} - 1| = |e^{i\frac{x}{n}} - 1|.$$

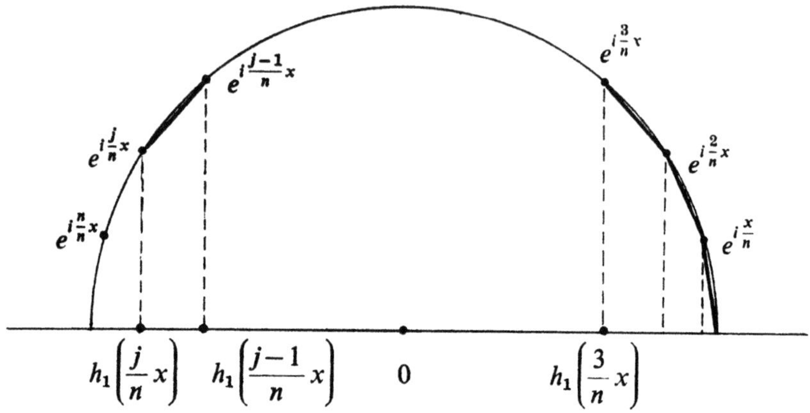

Die Punkte $e^{i\frac{j}{n}x}$ liegen auf dem Rand des Kreises vom Radius 1 in der angegebenen Reihenfolge, da h_1 in $[0, \pi]$ streng monoton fallend und $h_2(t) \geqq 0$ für alle $t \in [0, \pi]$ ist. Jeder der Punkte hat vom vorhergehenden den Abstand $|e^{i\frac{x}{n}} - 1|$. Der Polygonzug von 1 nach e^{ix} hat die Länge

$$l(x, n) = \sum_{j=1}^{n} |e^{i\frac{j}{n}x} - e^{i\frac{j-1}{n}x}| = n|e^{i\frac{x}{n}} - 1|.$$

Wegen

$$(1-\varepsilon)\frac{x}{n} \leqq |e^{i\frac{x}{n}} - 1| \leqq (1+\varepsilon)\frac{x}{n}$$

ergibt sich

$$(1-\varepsilon)x \leqq l(x, n) \leqq (1+\varepsilon)x.$$

x ist somit gerade diejenige Zahl, die man in der Elementargeometrie als „Länge" des Kreisbogens von 1 bis e^{ix} bezeichnet, π ist die Länge des Halbkreisbogens. Damit ist dann natürlich $h_1(x)$ die Größe, die man in der Elementargeometrie mit $\cos x$, und $h_2(x)$ die Größe, die man mit $\sin x$ bezeichnet. ●

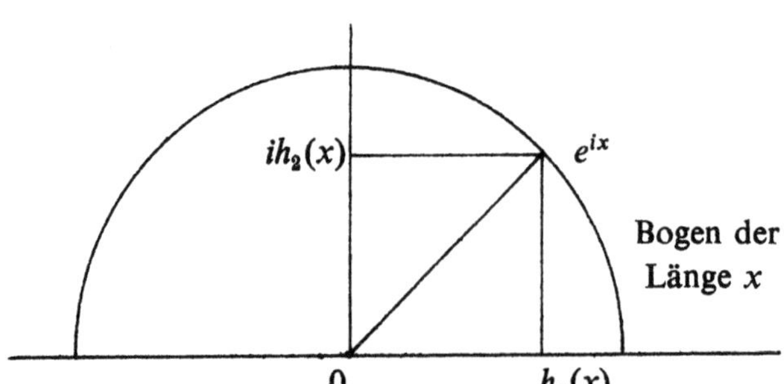

Satz 12.4.6. *Die Exponentialfunktion in* $\boldsymbol{C}$ *hat die Periode* $2\pi i$, *d.h., es gilt*

$$e^{z+2\pi i}=e^z \quad \textit{für alle} \quad z\in \boldsymbol{C}.$$

Genauer gilt für alle $z, w\in \boldsymbol{C}$

$$e^z = e^w \quad \Leftrightarrow \quad \frac{1}{2\pi i}(z-w)\in \boldsymbol{Z}.$$

Beweis. Für alle $z\in \boldsymbol{C}$ gilt

$$e^{\pi i} = -1 \quad \Rightarrow \quad e^{2\pi i} = (e^{\pi i})^2 = 1 \quad \Rightarrow \quad e^{z+2\pi i} = e^z e^{2\pi i} = e^z.$$

Für $z, w\in \boldsymbol{C}$ gilt nach Satz 12.4.2. und Satz 12.4.4.

$$e^z = e^w \quad \Leftrightarrow \quad e^{z-w} = e^w e^{-w} = 1 \quad \Rightarrow \quad \operatorname{Re}(z-w) = 0, \qquad z-w = it.$$

Man muß also

$$T=\{t\,|\,t\in \boldsymbol{R},\ e^{it}=1\}$$

bestimmen. Wegen $0\in T$ und

$$t, s\in T \quad \Rightarrow \quad e^{it}=e^{is} \quad \Rightarrow \quad e^{i(t-s)}=1 \quad \Rightarrow \quad t-s\in T$$

ist T Untergruppe von $(\boldsymbol{R}, +)$. Wegen $e^{i2\pi}=(e^{i\pi})^2=(-1)^2=1$ ist $2\pi\in T$. Daher ist $2\pi m\in T$ für alle $m\in \boldsymbol{Z}$. Ist umgekehrt $t_0\in T$, so sei

$$m_0 = \left[\frac{t_0}{2\pi}\right] = \left(\text{größte ganze Zahl} \leqq \frac{t_0}{2\pi}\right).$$

Dann ist $m_0\in \boldsymbol{Z}$,

$$m_0 \leqq \frac{t_0}{2\pi} < m_0+1, \quad 2\pi m_0 \leqq t_0 < 2\pi m_0+2\pi, \quad \text{d.h.} \quad 0 \leqq t-2\pi m_0 < 2\pi.$$

Wäre $t\neq 2\pi m_0$, so wäre, wenn man $s = \frac{1}{2}(t-2\pi m_0)$ setzt,

$$0<s<\pi, \quad (e^{is})^2=e^{i2s}=e^{it-i2\pi m_0}=1,$$

also

$$0<s<\pi, \quad e^{is} = \pm 1.$$

Das ist aber nicht möglich, da für $0<s<\pi$ nach Satz 12.4.5. $\operatorname{Im}(e^{is})=h_2(s)\neq 0$ ist. Folglich ist $t_0=2\pi m_0$ und

$$T=2\pi \boldsymbol{Z}=\{2\pi m|m\in \boldsymbol{Z}\}.$$

Damit gilt

$$e^z = e^w \quad \Leftrightarrow \quad z-w\in iT \quad \Leftrightarrow \quad z-w\in 2\pi i\boldsymbol{Z} \quad \Leftrightarrow \quad \frac{z-w}{2\pi i}\in \boldsymbol{Z}. \quad \bullet$$

12.5. Kreis- und Hyperbelfunktionen

Nach Satz 12.4.5. steht die Festsetzung

$$\cos t := h_1(t) = \frac{1}{2}(e^{it}+e^{-it}), \quad \sin t := h_2(t) = \frac{1}{2i}(e^{it}-e^{-it})$$

für $t \in \boldsymbol{R}$ im Einklang mit der elementargeometrischen Definition von cos und sin. h_1 und h_2 sind stetig und differenzierbar, und es ist

$$h_1' = -h_2, \quad h_2' = h_1 \quad \text{und} \quad h_1(0) = 1, \quad h_2(0) = 0.$$

Es zeigt sich, daß h_1 und h_2 hierdurch eindeutig bestimmt sind und daß durch die entsprechenden Eigenschaften auch für $\boldsymbol{C}$ an Stelle von $\boldsymbol{R}$ eindeutig zwei Abbildungen f_1 und f_2 festgelegt werden mit

$$f_1(t) = h_1(t), \quad f_2(t) = h_2(t) \quad \text{für alle} \quad t \in \boldsymbol{R},$$

so daß man die Definition von cos und sin auf natürliche Weise von $\boldsymbol{R}$ auf $\boldsymbol{C}$ erweitern kann.

Hilfssatz 12.5.1. *Es sei $K = \boldsymbol{R}$ oder $K = \boldsymbol{C}$. Sind $f_j: K \to K$, $j = 1, 2$, stetig und in jedem Punkt differenzierbar und ist $f_1' = -f_2$, $f_2' = f_1$, so ist*

$$f_1^2(t) + f_2^2(t) = f_1^2(0) + f_2^2(0) \quad \textit{für alle} \quad t \in K.$$

Sind auch $g_1: K \to K$ und $g_2: K \to K$ stetig und in jedem Punkt differenzierbar mit $g_1' = -g_2$, $g_2' = g_1$, so gilt

$$g_1(0) = f_1(0) \ \textit{und} \ g_2(0) = f_2(0) \quad \Rightarrow \quad g_1 = f_1 \ \textit{und} \ g_2 = f_2.$$

Beweis. Für alle $t \in K$ ist

$$(f_1^2 + f_2^2)'(t) = 2f_1(t)f_1'(t) + 2f_2(t)f_2'(t) = -2f_1(t)f_2(t) + 2f_2(t)f_1(t) = 0.$$

Da K zusammenhängend ist (Hilfssatz 11.5.2. für $K = \boldsymbol{C}$), ist $f_1^2 + f_2^2$ konstant. Da $(g_1 - f_1)' = -(g_2 - f_2)$, $(g_2 - f_2)' = g_1 - f_1$ ist, ist auch $(g_1 - f_1)^2 + (g_2 - f_2)^2$ konstant. Nach Voraussetzung ist aber

$$(g_1(0) - f_1(0))^2 + (g_2(0) - f_2(0))^2 = 0.$$

Ist $K = \boldsymbol{R}$, so gilt für alle $t \in \boldsymbol{R}$

$$(g_1(t) - f_1(t))^2 + (g_2(t) - f_2(t))^2 = 0 \quad \Rightarrow \quad g_1(t) - f_1(t) = g_2(t) - f_2(t) = 0.$$

Ist $K = \boldsymbol{C}$, so muß man anders schließen. Man setzt $\tilde{f}_1 = g_1 - f_1$, $\tilde{f}_2 = g_2 - f_2$ und

$$f(t) = (\tilde{f}_1(t) + i\tilde{f}_2(t))e^{-it}, \quad g(t) = (\tilde{f}_1(t) - i\tilde{f}_2(t))e^{it}.$$

Dann ist für alle $t \in \boldsymbol{C}$

$$f'(t) = \big(-\tilde{f}_2(t) + i\tilde{f}_1(t)\big)e^{-it} - i\big(\tilde{f}_1(t) + i\tilde{f}_2(t)\big)e^{-it} = 0$$

und genauso $g'(t) = 0$. f und g sind also konstant,

$$f(t) = f(0) = 0, \quad g(t) = g(0) = 0 \quad \text{für alle} \quad t \in \boldsymbol{C}$$

und daher für alle $t \in \boldsymbol{C}$

$$2\tilde{f}_1(t) = f(t)e^{it} + g(t)e^{-it} = 0, \quad 2i\tilde{f}_2(t) = f(t)e^{it} - g(t)e^{-it} = 0. \quad \bullet$$

Satz 12.5.1. *Es sei $K = \boldsymbol{R}$ oder $K = \boldsymbol{C}$. Es gibt zwei stetige und überall differenzierbare Abbildungen*

$$f_1 : K \to K \quad \textit{und} \quad f_2 : K \to K$$

mit

$$f_1' = -f_2, \quad f_2' = f_1 \quad \textit{und} \quad f_1(0) = 1, \quad f_2(0) = 0.$$

f_1 und f_2 sind eindeutig bestimmt, für alle $t \in K$ ist

$$f_1(t) = \sum_{n=0}^{\infty} (-1)^n \frac{t^{2n}}{(2n)!}, \quad f_2(t) = \sum_{n=0}^{\infty} (-1)^n \frac{t^{2n+1}}{(2n+1)!}.$$

Beweis. Nach dem Beweis von Satz 12.4.1. konvergieren die angegebenen Potenzreihen für alle $t \in K$. Die durch die Potenzreihen definierten Abbildungen sind nach Satz 11.4.4. stetig und in jedem Punkt differenzierbar. Man rechnet unmittelbar nach, daß

$$f_1' = -f_2, \quad f_2' = f_1 \quad \text{und} \quad f_1(0) = 1, \quad f_2(0) = 0$$

ist. Man kann die Reihen erhalten, wenn man beachtet, daß für $K = \boldsymbol{R}$ h_1 und h_2 aus Satz 12.4.5. die geforderten Eigenschaften haben, und dann in

$$h_1(t) = \frac{1}{2}(e^{it} + e^{-it}) \quad \text{und} \quad h_2(t) = \frac{1}{2i}(e^{it} - e^{-it})$$

für e^{it} und e^{-it} die Potenzreihen einsetzt.

Die Eindeutigkeit von f_1, f_2 folgt aus Hilfssatz 12.5.1. $\bullet$

Definition 12.5.1. *Da die Koeffizienten der Potenzreihen in Satz 12.5.1. nicht davon abhängen, ob $K = \boldsymbol{R}$ oder $K = \boldsymbol{C}$ ist, und da wegen der Eindeutigkeit und Satz 12.4.5. für $K = \boldsymbol{R}$*

$$f_1(t) = h_1(t) = \cos t \quad \textit{und} \quad f_2(t) = h_2(t) = \sin t$$

ist, gelten diese Gleichungen für $t \in \boldsymbol{R}$ sowohl im Fall $K = \boldsymbol{R}$ als auch im Fall $K = \boldsymbol{C}$. Man definiert daher für alle $t \in \boldsymbol{C}$

$$\cos t := \sum_{n=0}^{\infty} (-1)^n \frac{t^{2n}}{(2n)!} \quad \textit{und} \quad \sin t := \sum_{n=0}^{\infty} (-1)^n \frac{t^{2n+1}}{(2n+1)!}.$$

Satz 12.5.2. *Für alle $t \in \boldsymbol{C}$ gilt*

$$(1) \qquad \cos^2 t + \sin^2 t = 1, \quad \cos t + i \sin t = e^{it}.$$

Für alle $z, w \in \boldsymbol{C}$ gilt

$$(2) \qquad \begin{aligned} \cos(z+w) &= \cos z \cos w - \sin z \sin w \\ \sin(z+w) &= \sin z \cos w + \cos z \sin w. \end{aligned}$$

Für alle $z \in \boldsymbol{C}$ gilt

$$(3) \qquad \begin{aligned} &\cos(-z) = \cos z, \quad \cos\left(z - \frac{\pi}{2}\right) = \sin z, \quad \cos\left(z + \frac{\pi}{2}\right) = -\sin z \\ &\sin(-z) = -\sin z, \quad \sin\left(z - \frac{\pi}{2}\right) = -\cos z, \quad \sin\left(z + \frac{\pi}{2}\right) = \cos z. \end{aligned}$$

Beweis. Nach Hilfssatz 12.5.1. ist $\cos^2 t + \sin^2 t = \cos^2 0 + \sin^2 0 = 1$. Nach Satz 12.4.5. gilt für $t \in \boldsymbol{R}$ nach der Definition von cos und sin

$$\cos t + i \sin t = h_1(t) + i h_2(t) = e^{it}.$$

Setzt man aber für $\cos t$, $\sin t$, e^{it} die Potenzreihen ein, so erkennt man, daß die Gleichung wegen des Identitätssatzes für Potenzreihen für alle $t \in \boldsymbol{C}$ gilt.

Bezeichnet man für festes $w \in \boldsymbol{C}$ die rechten Seiten von (2) mit $f_1(z)$ und $f_2(z)$, so rechnet man nach, daß

$$f_1' = -f_2, \quad f_2' = f_1, \quad f_1(0) = \cos w, \quad f_2(0) = \sin w$$

ist. Da auch $g_1(z) = \cos(z+w)$, $g_2(z) = \sin(z+w)$ diese Gleichungen erfüllen, ist nach Hilfssatz 12.5.1. $g_1 = f_1$, $g_2 = f_2$.

$\cos(-z) = \cos z$ und $\sin(-z) = -\sin z$ ergibt sich unmittelbar aus der Potenzreihendarstellung. Die übrigen Gleichungen ergeben sich aus (2), wenn man berücksichtigt, daß nach Satz 12.4.5.

$$\left(e^{i\frac{\pi}{2}}\right)^2 = e^{i\pi} = -1, \quad \text{also} \quad e^{i\frac{\pi}{2}} = \pm i, \quad \text{d.h.} \quad e^{i\frac{\pi}{2}} = i$$

(wegen $h_2(t) > 0$ für $0 < t < \pi$ nach dem Beweis von Satz 12.4.5.) und damit, da $\cos t$, $\sin t \in \boldsymbol{R}$ für $t \in \boldsymbol{R}$ sind,

$$\cos\frac{\pi}{2} + i \sin\frac{\pi}{2} = i, \quad \text{also} \quad \cos\frac{\pi}{2} = 0, \quad \sin\frac{\pi}{2} = 1$$

ist. ●

Hilfssatz 12.5.2. *Für alle $z \in \boldsymbol{C}$ ist*

$$(1) \qquad \cos z = \frac{1}{2}(e^{iz} + e^{-iz}), \quad \sin z = \frac{1}{2i}(e^{iz} - e^{-iz}).$$

Für alle $z, w \in \boldsymbol{C}$ *gilt*

$$(2)\qquad \begin{aligned} \cos z = \cos w \quad &\Leftrightarrow \quad z-w \in 2\pi\boldsymbol{Z} \ \textit{oder} \ z+w \in 2\pi\boldsymbol{Z}, \\ \sin z = \sin w \quad &\Leftrightarrow \quad z-w \in 2\pi\boldsymbol{Z} \ \textit{oder} \ z+w \in 2\pi\boldsymbol{Z}+\pi, \end{aligned}$$

und

$$(3)\qquad \cos z = 0 \quad \Leftrightarrow \quad z \in \pi\boldsymbol{Z}+\frac{\pi}{2}, \quad \sin z = 0 \quad \Leftrightarrow \quad z \in \pi\boldsymbol{Z}.$$

Beweis. (1) ergibt sich aus (1) Satz 12.5.2. wegen

$$e^{iz} = \cos z + i \sin z, \quad e^{-iz} = \cos z - i \sin z.$$

(2) Ist $\cos z = \cos w$, so ist wegen $\cos^2 z + \sin^2 z = \cos^2 w + \sin^2 w = 1$

$$\sin z = \pm \sin w, \quad \text{also} \quad e^{iz} = e^{\pm iw},$$

und damit nach Satz 12.4.6. $z \pm w \in 2\pi\boldsymbol{Z} = \{2\pi m | m \in \boldsymbol{Z}\}$.

Ist umgekehrt $z = \pm w + 2\pi m$, so ist (wegen $e^{i(t+2\pi m)} = e^{it}$)

$$\cos z = \cos(\pm w + 2\pi m) = \cos(\pm w) = \cos w.$$

Die zweite Gleichung in (2) erhält man aus

$$\sin z = \cos\left(z - \frac{\pi}{2}\right), \quad \sin w = \cos\left(w - \frac{\pi}{2}\right).$$

(3) ist ein Spezialfall von (2). ●

Satz 12.5.3. *Definiert man*

$$\operatorname{tg} z := \frac{\sin z}{\cos z} \ \textit{für} \ z \notin \pi\boldsymbol{Z}+\frac{\pi}{2}, \quad \operatorname{ctg} z := \frac{\cos z}{\sin z} \ \textit{für} \ z \notin \pi\boldsymbol{Z}$$

und für $K = \boldsymbol{R}$ *oder* $K = \boldsymbol{C}$

$$g_1 : \tilde{K}_1 \to K \quad \textit{durch} \quad g_1(z) := \operatorname{tg} z, \quad \tilde{K}_1 = K - \left(\pi\boldsymbol{Z}+\frac{\pi}{2}\right),$$

$$g_2 : \tilde{K}_2 \to K \quad \textit{durch} \quad g_2(z) := \operatorname{ctg} z, \quad \tilde{K}_2 = K - \pi\boldsymbol{Z},$$

so sind g_1, g_2 *stetig und differenzierbar, und es ist*

$$g_1'(z) = 1 + g_1^2(z), \quad g_2'(z) = -(1 + g_2^2(z)).$$

Beweis. Da die Nullstellen des Nenners jeweils ausgeschlossen sind, folgt das Ergebnis mit Hilfe der Differentiationsregeln, wobei sich

$$g_1'(z) = \frac{\cos z \cos z + \sin z \sin z}{\cos^2 z} = 1 + \left(\frac{\sin z}{\cos z}\right)^2 = 1 + g_1^2(z)$$

und entsprechend

$$g_2'(z) = -\left(1+g_2^2(z)\right)$$

ergibt. ●

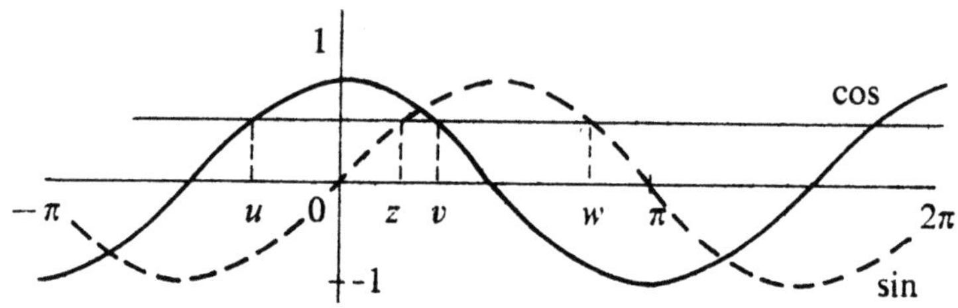

$$z+w \in 2\pi\boldsymbol{Z}+\pi \quad \Rightarrow \quad \sin z = \sin w,$$

$$u+v \in 2\pi\boldsymbol{Z} \quad \Rightarrow \quad \cos u = \cos v,$$

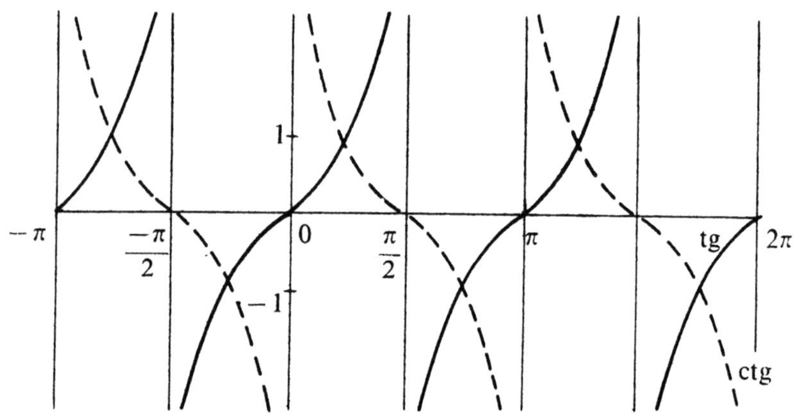

$$\operatorname{tg} z = \operatorname{tg} w \quad \Leftrightarrow \quad z-w \in \pi\boldsymbol{Z},$$

$$\operatorname{ctg} z = \frac{1}{\operatorname{tg} z} \quad \text{für} \quad z \notin \frac{\pi}{2}\boldsymbol{Z}.$$

Es sei

$$F_1 = \{(x, \cos x) \mid x \in \boldsymbol{R}\}, \quad F_2 = \{x, \sin x) \mid x \in \boldsymbol{R}\},$$

$$G_1 = \{(x, \operatorname{tg} x) \mid x \in \tilde{\boldsymbol{R}}_1\}, \quad G_2 = \{(x, \operatorname{ctg} x) \mid x \in \tilde{\boldsymbol{R}}_2\}.$$

Wie man aus der Zeichnung sieht, sind die Relationen F_1^{-1}, F_2^{-1}, G_1^{-1}, G_2^{-1} keine Funktionen. Man muß sich jeweils auf ein Intervall beschränken, in dem die zugehörige Abbildung f_1 bzw. f_2 bzw. g_1 bzw. g_2 injektiv ist, also etwa

$$F_1 | [0, \pi], \quad F_2 \left| \left[-\frac{\pi}{2}, \frac{\pi}{2}\right], \quad G_1 \right| \left]-\frac{\pi}{2}, \frac{\pi}{2}\right[, \quad G_2 |]0, \pi[.$$

Es ist

$$\mathscr{W}(F_1) = \mathscr{W}(F_1|[0,\pi]) = \mathscr{W}(F_2) = \mathscr{W}\left(F_2\Big|\left[-\frac{\pi}{2}, \frac{\pi}{2}\right]\right) = [-1, 1],$$

$$\mathscr{W}(G_1) = \mathscr{W}\left(G_1\Big|\left]-\frac{\pi}{2}, \frac{\pi}{2}\right[\right) = \mathscr{W}(G_2) = \mathscr{W}(G_2|]0,\pi[) = \mathbf{R}.$$

Die inversen Funktionen liefern Abbildungen

$$\tilde{f}_j : [-1, 1] \to \mathbf{R} \quad \text{mit} \quad \tilde{f}_1([-1, 1]) = [0, \pi],\ \tilde{f}_2([-1, 1]) = \left[-\frac{\pi}{2}, \frac{\pi}{2}\right],$$

$$\tilde{g}_j : \mathbf{R} \to \mathbf{R} \quad \text{mit} \quad \tilde{g}_1(\mathbf{R}) = \left]-\frac{\pi}{2}, \frac{\pi}{2}\right[,\ \tilde{g}_2(\mathbf{R}) =]0, \pi[.$$

Satz 12.5.4. *Die Abbildungen*

$$\tilde{f}_1 : [-1, 1] \to \mathbf{R}, \quad \textit{definiert durch} \quad \tilde{f}_1(x) \in [0, \pi],\ \cos \tilde{f}_1(x) = x,$$

$$\tilde{f}_2 : [-1, 1] \to \mathbf{R}, \quad \textit{definiert durch} \quad \tilde{f}_2(x) \in \left[-\frac{\pi}{2}, \frac{\pi}{2}\right],\ \sin \tilde{f}_2(x) = x,$$

sind stetig und in jedem inneren Punkt des Definitionsintervalles differenzierbar mit

$$\tilde{f}_1'(x) = -\frac{1}{\sqrt{1-x^2}}, \quad \tilde{f}_2'(x) = \frac{1}{\sqrt{1-x^2}}.$$

Die Abbildungen

$$\tilde{g}_1 : \mathbf{R} \to \mathbf{R}, \quad \textit{definiert durch} \quad \tilde{g}_1(x) \in \left]-\frac{\pi}{2}, \frac{\pi}{2}\right[,\ \operatorname{tg} \tilde{g}_1(x) = x,$$

$$\tilde{g}_2 : \mathbf{R} \to \mathbf{R}, \quad \textit{definiert durch} \quad \tilde{g}_2(x) \in]0, \pi[,\ \operatorname{ctg} \tilde{g}_2(x) = x,$$

sind stetig und in jedem Punkt differenzierbar mit

$$\tilde{g}_1'(x) = \frac{1}{1+x^2}, \quad \tilde{g}_2'(x) = -\frac{1}{1+x^2}.$$

Man definiert für x in den jeweiligen Definitionsbereichen

$$\begin{aligned} \operatorname{arc\,cos} x &:= \tilde{f}_1(x), & \textit{also} \quad & \cos(\operatorname{arc\,cos} x) = x, \\ \operatorname{arc\,sin} x &:= \tilde{f}_2(x), & \textit{also} \quad & \sin(\operatorname{arc\,sin} x) = x, \\ \operatorname{arc\,tg} x &:= \tilde{g}_1(x), & \textit{also} \quad & \operatorname{tg}(\operatorname{arc\,tg} x) = x, \\ \operatorname{arc\,ctg} x &:= \tilde{g}_2(x), & \textit{also} \quad & \operatorname{ctg}(\operatorname{arc\,ctg} x) = x; \end{aligned}$$

arc cos *usw. nennt man zyklometrische Funktionen. Es gilt*

$$\operatorname{arc\,cos}(\cos y) = y \quad \textit{für} \quad y \in [0, \pi], \qquad \operatorname{arc\,sin}(\sin y) = y \quad \textit{für} \quad y \in \left[-\frac{\pi}{2}, \frac{\pi}{2}\right],$$

$$\operatorname{arc\,tg}(\operatorname{tg} y) = y \quad \textit{für} \quad y \in \left]-\frac{\pi}{2}, \frac{\pi}{2}\right[, \qquad \operatorname{arc\,ctg}(\operatorname{ctg} y) = y \quad \textit{für} \quad y \in]0, \pi[.$$

Beweis. Die Abbildungen

$$f_1^* : [0, \pi] \to [-1, 1], \qquad \text{definiert durch} \quad f_1^*(x) = \cos x,$$

$$f_2^* : \left[-\frac{\pi}{2}, \frac{\pi}{2}\right] \to [-1, 1], \quad \text{definiert durch} \quad f_2^*(x) = \sin x,$$

$$g_1^* : \left]-\frac{\pi}{2}, \frac{\pi}{2}\right[\to \boldsymbol{R}, \qquad \text{definiert durch} \quad g_1^*(x) = \operatorname{tg} x,$$

$$g_2^* :]0, \pi[\to \boldsymbol{R}, \qquad \text{definiert durch} \quad g_2^*(x) = \operatorname{ctg} x,$$

sind bijektiv, monoton und stetig. Da wegen der Monotonie und Bijektivität das Bild eines offenen bzw. halboffenen Intervalles wieder ein offenes bzw. halboffenes Intervall ist, sind alle Abbildungen auch offen, also topologisch. Damit sind $\tilde{f}_1$, $\tilde{f}_2$, $\tilde{g}_1$, $\tilde{g}_2$ stetig, und es ist

$$\tilde{f}_1(\cos y) = y \quad \text{für} \quad y \in [0, \pi], \quad \cos \tilde{f}_1(x) = x \quad \text{für} \quad x \in [-1, 1]$$

usw. Für x im Innern des jeweiligen Definitionsintervalles erhält man nach der Differentiationsregel für die Umkehrfunktion

$$\tilde{f}_1'(x) = (f_1'(\tilde{f}_1(x)))^{-1} = -(\sin \tilde{f}_1(x))^{-1} = -\left(\sqrt{1-\cos^2(\tilde{f}_1(x))}\right)^{-1} = -\left(\sqrt{1-x^2}\right)^{-1},$$

da $\sin y = \pm\sqrt{1-\cos^2 y}$ und $\tilde{f}_1'(x) < 0$ ist, weil $\tilde{f}_1$ monoton fallend ist. Entsprechend erhält man

$$\tilde{f}_2'(x) = (f_2'(\tilde{f}_2(x)))^{-1} = (\cos \tilde{f}_2(x))^{-1} = \left(\sqrt{1-x^2}\right)^{-1}$$

und

$$\tilde{g}_1'(x) = (g_1'(\tilde{g}_1(x)))^{-1} = (1+x^2)^{-1},$$

$$\tilde{g}_2'(x) = (g_2'(\tilde{g}_2(x)))^{-1} = (-(1+x^2))^{-1}. \quad \bullet$$

Wählt man andere Intervalle, in denen f_1, f_2, g_1, g_2 injektiv sind, so erhält man andere Festlegungen für arc sin, arc cos, arc tg, arc ctg. Wählt man z. B.

$$f_2 \Big| \left[\frac{\pi}{2}, 3\frac{\pi}{2}\right] \quad \text{statt} \quad f_2 \Big| \left[-\frac{\pi}{2}, \frac{\pi}{2}\right],$$

$$\tilde{f}_4 : [-1, 1] \to \boldsymbol{R}, \quad \text{definiert durch} \quad \tilde{f}_4(x) \in \left[\frac{\pi}{2}, 3\frac{\pi}{2}\right], \ \sin \tilde{f}_4(x) = x,$$

so ist $\tilde{f}_4$ monoton fallend, $\tilde{f}_4'(x) < 0$ für $x \in]-1, 1[$, und man erhält

$$\tilde{f}_4'(x) = -\frac{1}{\sqrt{1-x^2}} = \tilde{f}_1'(x) \quad \text{für alle} \quad x \in]-1, 1[.$$

Daher ist $\tilde{f}_4 - \tilde{f}_1$ konstant,

$$\tilde{f}_4(x) - \tilde{f}_1(x) = \tilde{f}_4(0) - \tilde{f}_1(0) = \pi - \frac{\pi}{2} = \frac{\pi}{2}, \quad \text{d.h.} \quad \tilde{f}_4(x) = \frac{\pi}{2} + \tilde{f}_1(x).$$

Entsprechend ergibt sich

$$\tilde{f}_4(x) = -\tilde{f}_2(x) + \pi, \quad \text{also} \quad \tilde{f}_1(x) = \frac{\pi}{2} - \tilde{f}_2(x).$$

Satz 12.5.5. *Für* $z \in \boldsymbol{C}$ *definiert man*

$$\cosh z := \frac{1}{2}(e^z + e^{-z}), \quad \sinh z := \frac{1}{2}(e^z - e^{-z}).$$

Es ist $\cosh z = \cos(iz)$, $\sinh z = -i \sin(iz)$ *und*

$$\cosh^2 z - \sinh^2 z = 1, \quad \cosh 0 = 1, \quad \sinh 0 = 0,$$

$$\cosh(-z) = \cosh(z), \quad \sinh(-z) = -\sinh(z).$$

Für die zugehörigen Abbildungen von $\boldsymbol{C}$ *in* $\boldsymbol{C}$ *(die wieder mit* cosh *bzw.* sinh *bezeichnet werden sollen) gilt*

$$\cosh' = \sinh \quad \textit{und} \quad \sinh' = \cosh.$$

cosh *und* sinh *werden als Hyperbelfunktionen bezeichnet.*

Beweis. Man rechnet die Angaben unmittelbar mit Hilfe der Definition nach. ●

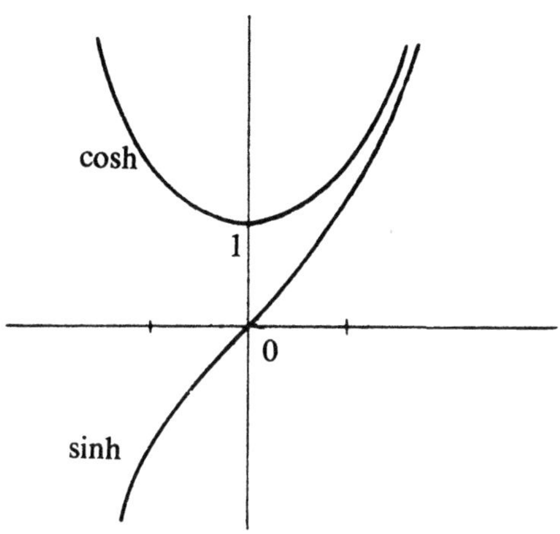

In $\boldsymbol{R}$ ist offenbar $\cosh x \geqq 1$ für $x \in \boldsymbol{R}$,

$$\lim_{\substack{x \to \infty \\ x \in \boldsymbol{R}}} \cosh x = \infty, \quad \lim_{\substack{x \to \infty \\ x \in \boldsymbol{R}}} \sinh x = \infty,$$

also

$$\cosh(\boldsymbol{R}) = [1, \infty], \quad \sinh(\boldsymbol{R}) = \boldsymbol{R}.$$

Satz 12.5.6. *Man definiert*

$$\operatorname{ar}\cosh : [1, \infty] \to \boldsymbol{R} \quad \textit{durch} \quad \operatorname{ar}\cosh(x) \geqq 0, \quad \cosh(\operatorname{ar}\cosh(x)) = x,$$

$$\operatorname{ar}\sinh : \boldsymbol{R} \to \boldsymbol{R} \quad \textit{durch} \quad \sinh(\operatorname{ar}\sinh(x)) = x.$$

Beide Abbildungen sind stetig und in jedem Innenpunkte des jeweiligen Definitionsbereiches differenzierbar mit

$$\operatorname{ar\,cosh}'(x) = \frac{1}{\sqrt{x^2-1}}, \quad \operatorname{ar\,sinh}'(x) = \frac{1}{\sqrt{1+x^2}}.$$

Beweis. Man geht wie bei den zyklometrischen Funktionen vor, hat aber hier

$$\operatorname{ar\,cosh}'(x) = \big(\cosh'(\operatorname{ar\,cosh} x)\big)^{-1} = \big(\sinh(\operatorname{ar\,cosh} x)\big)^{-1} = (x^2-1)^{-1}. \quad \bullet$$

Die Bezeichnung ar cosh, ar sinh (ar: Area) rührt von einem Zusammenhang mit dem Inhalt eines Flächenstückes an einer Hyperbel her.

12.6. Die binomische Reihe

Mit Hilfe der Differentialrechnung kann man eine Verallgemeinerung des binomischen Satzes (Satz 7.3.2.) herleiten.

Satz 12.6.1. *Es sei $\alpha \in \boldsymbol{R}$. Die binomische Reihe*

$$\sum_{j=0}^{\infty} \binom{\alpha}{j} x^j \quad (x \in \boldsymbol{R})$$

konvergiert für alle $x \in\,]-1, 1[$. Ist $\alpha \geqq 0$, so konvergiert die Reihe absolut und gleichmäßig für $x \in [-1, 1]$.

Im jeweils angegebenen Konvergenzintervall ist (mit $0^\alpha := 0$ für $\alpha \geqq 0$)

$$\sum_{j=0}^{\infty} \binom{\alpha}{j} x^j = (1+x)^\alpha.$$

Beweis. Ist α eine natürliche Zahl oder 0, so ist nach Satz 7.3.2.

$$\binom{\alpha}{j} = 0 \quad \text{für alle} \quad j \in \boldsymbol{N},\ j > \alpha,$$

man erhält eine endliche Summe und einen Spezialfall von Satz 7.3.2.

Es sei $\alpha \notin \{0\} \cup \boldsymbol{N}$. Der einfacheren Schreibweise halber setzen wir

$$a_j := \binom{\alpha}{j} \quad \text{für} \quad j \in \{0\} \cup \boldsymbol{N}.$$

Nach Satz 7.3.2. ist $a_0 = 1$, und für $j \in \{0\} \cup \boldsymbol{N}$ ist

$$a_{j+1} = a_j \frac{\alpha - j}{j+1} \neq 0, \quad \text{falls} \quad a_j \neq 0 \text{ ist.}$$

Ist $x \in \boldsymbol{R}$, $0<|x|<1$, so kann man das Quotientenkriterium (2) Satz 9.6.2. unmittelbar anwenden, da wegen $a_0=1\neq 0$ alle $a_j\neq 0$ sind, und erhält für $j\geqq 1$

$$\left|\frac{a_{j+1}x^{j+1}}{a_j x^j}\right| = \frac{|\alpha-j|}{j+1}|x| = \frac{\left|1-\frac{\alpha}{j}\right|}{1+\frac{1}{j}}|x|, \quad \text{also} \quad \lim_{j\to\infty}\left|\frac{a_{j+1}x^{j+1}}{a_j x^j}\right| = |x| < 1,$$

und damit die Konvergenz der binomischen Reihe in x.

Ist $\alpha>0$, dann wählt man ein $m_0\in \boldsymbol{N}$ mit $m_0>\alpha$ und erhält für $j\geqq m_0$

$$|(j+1)a_{j+1}| = |(\alpha-j)a_j| = (j-\alpha)\,|a_j| = j\,|a_j| - \alpha\,|a_j|,$$

also

$$|a_j| = \frac{1}{\alpha}\left(j\,|a_j| - (j+1)\,|a_{j+1}|\right).$$

Diese Darstellung von $|a_j|$ für $j\geqq m_0$ liefert für $n\in \boldsymbol{N}$, $n\geqq m_0$,

$$\sum_{j=m_0}^{n}|a_j| = \frac{1}{\alpha}\sum_{j=m_0}^{n}\left(j\,|a_j|-(j+1)\,|a_{j+1}|\right) = \frac{1}{\alpha}\left(m_0\,|a_{m_0}|-(n+1)\,|a_{n+1}|\right) \leqq \frac{1}{\alpha}\,m_0\,|a_{m_0}|.$$

Die Partialsummen der Reihe

$$\sum_{j=0}^{\infty}|a_j| \quad \text{sind durch} \quad \sum_{j=0}^{m_0-1}|a_j| + \frac{1}{\alpha}\,m_0\,|a_{m_0}|$$

nach oben beschränkt, die Reihe ist absolut konvergent und Majorante von

$$\sum_{j=0}^{\infty}a_j x^j \quad \text{für} \quad x\in[-1,1].$$

Die binomische Reihe ist daher im Fall $\alpha>0$ für $x\in[-1,1]$ absolut gleichmäßig konvergent.

$$f\colon]-1,1[\to \boldsymbol{R}, \quad \text{definiert durch} \quad f(x) := \sum_{j=0}^{\infty}\binom{\alpha}{j}x^j,$$

ist, da es durch eine konvergente Potenzreihe definiert ist, nach Satz 11.4.4. stetig und differenzierbar. Nach Satz 7.3.2. gilt für $j\in \boldsymbol{N}$

$$\binom{\alpha-1}{j-1}+\binom{\alpha-1}{j}=\binom{\alpha}{j}, \quad \binom{\alpha-1}{j}=\binom{\alpha-1}{j-1}\frac{(\alpha-1)-(j-1)}{(j-1)+1}=\binom{\alpha-1}{j-1}\frac{\alpha-j}{j},$$

also

$$j\binom{\alpha}{j}=j\binom{\alpha-1}{j-1}+j\binom{\alpha-1}{j}=j\binom{\alpha-1}{j-1}+\binom{\alpha-1}{j-1}(\alpha-j)=\alpha\binom{\alpha-1}{j-1}.$$

Für die Ableitung von f ergibt sich nach Satz 11.4.4. damit (mit $k=j-1$)

$$f'(x)=\sum_{j=1}^{\infty} j\binom{\alpha}{j}x^{j-1}=\alpha\sum_{j=1}^{\infty}\binom{\alpha-1}{j-1}x^{j-1}=\alpha\left(1+\sum_{k=1}^{\infty}\binom{\alpha-1}{k}x^k\right).$$

Das liefert

$$\begin{aligned}(1+x)f'(x)&=\alpha\left(1+\sum_{k=1}^{\infty}\binom{\alpha-1}{k}x^k+\sum_{j=1}^{\infty}\binom{\alpha-1}{j-1}x^j\right)\\&=\alpha\left(1+\sum_{j=1}^{\infty}\left(\binom{\alpha-1}{j}+\binom{\alpha-1}{j-1}\right)x^j\right)=\alpha f(x).\end{aligned}$$

Definiert man $g:]-1,1[\to\boldsymbol{R}$ durch $g(x)=(1+x)^{-\alpha}f(x)$, so ist g stetig, differenzierbar, und (Satz 11.2.7.)

$$\begin{aligned}g'(x)&=-\alpha(1+x)^{-\alpha-1}f(x)+(1+x)^{-\alpha}f'(x)\\&=-\alpha(1+x)^{-\alpha-1}f(x)+(1+x)^{-\alpha}(1+x)^{-1}\alpha f(x)=0.\end{aligned}$$

Da $]-1,1[$ zusammenhängend ist, ist g konstant und daher

$$(1+x)^{-\alpha}f(x)=g(x)=g(0)=1^{-\alpha}f(0)=1,\quad f(x)=(1+x)^{\alpha}.$$

Ist $\alpha>0$, so definiert man

$$\tilde{f}:[-1,1]\to\boldsymbol{R}\quad\text{durch}\quad\tilde{f}(x):=\sum_{j=0}^{\infty}\binom{\alpha}{j}x^j$$

und $h:[-1,1]\to\boldsymbol{R}$ durch $h(x)=(1+x)^{\alpha}$ mit $0^{\alpha}:=0$. $\tilde{f}$ und h sind stetig und $\tilde{f}(x)=h(x)$ für $x\in]-1,1[$. Daher ist auch $\tilde{f}(x)=h(x)$ für $x\in\overline{]-1,1[}=[-1,1]$. ●

Beispiel 12.6.1. Die binomische Reihe ist als Potenzreihe nach Satz 12.3.4. Taylorreihe für

$$f:]-1,1[\to\boldsymbol{R},\quad\text{definiert durch}\quad f(x):=(1+x)^{\alpha}.$$

Man kann daher zur Berechnung von $(1+x)^{\alpha}$ für $x\in]-1,1[$ die Restabschätzung für die Taylorformel aus Satz 12.3.2. benutzen. Es ist

$$f'(x)=\alpha(1+x)^{\alpha-1},\quad f''(x)=\alpha(\alpha-1)(1+x)^{\alpha-2}.$$

Ist $0\leqq\alpha\leqq 2$, so gilt für $0<\delta<1$

$$\begin{aligned}0\leqq x<\delta\ &\Rightarrow\ |f''(x)|\leqq|\alpha(\alpha-1)|\,(1+x)^0=|\alpha(\alpha-1)|,\\-\delta<x\leqq 0\ &\Rightarrow\ |f''(x)|\leqq|\alpha(\alpha-1)|\,(1+x)^{-2}\leqq\frac{|\alpha(\alpha-1)|}{(1-\delta)^2}.\end{aligned}$$

Für $x\in\boldsymbol{R}$, $|x|<\delta$ (und wegen der Stetigkeit auch für $|x|\leqq\delta$), gilt nach Satz 12.3.2.

$$(1+x)^{\alpha}=1+\alpha x+r_1(0;x),\quad |r_1(0;x)|\leqq\frac{|\alpha(\alpha-1)|}{(1-\delta)^2}|x|^2.\ \bullet$$

Beispiel 12.6.2. Die binomische Reihe läßt sich z. B. zum Wurzelziehen benutzen. Will man für ein $a \in \boldsymbol{R}$, $a>0$, $\sqrt{a}=a^{\frac{1}{2}}$ bestimmen, so wählt man ein $b \in \boldsymbol{R}$, $b>0$, mit

$$0 < \frac{a}{b^2} < 2, \quad \text{also} \quad a = b^2(1+x), \quad -1<x<1.$$

Dann ist $\left(\alpha = \frac{1}{2}, \delta = |x|\right)$ nach Beispiel 12.6.1.

$$\sqrt{a} = b(1+x)^{\frac{1}{2}}, \quad (1+x)^{\frac{1}{2}} = 1+\alpha x + r_1(0;x),$$

$$|r_1(0;x)| \leqq \frac{|\alpha(\alpha-1)|}{(1-\delta)^2}|x|^2 \leqq \frac{1}{4}\left|\frac{x}{1-|x|}\right|^2.$$

Man wird natürlich b so wählen, daß $|x|$ möglichst klein wird. Es sei etwa $a=2$. Nimmt man

$$b = \frac{3}{2}, \quad \text{so ist} \quad \sqrt{2} = \frac{3}{2}\sqrt{\frac{8}{9}} = \frac{3}{2}\left(1-\frac{1}{9}\right)^{\frac{1}{2}} = \frac{3}{2}\left(1-\frac{1}{2}\frac{1}{9}+r_1\left(0;\frac{1}{9}\right)\right)$$

und

$$\left|r_1\left(0;\frac{1}{9}\right)\right| \leqq \frac{1}{4}\left|\frac{1}{8}\right|^2 = \frac{1}{256}. \quad \bullet$$

12.7. Der Satz von Stone und Weierstraß

$(X,\mathcal{O})$ sei ein Hausdorffraum und (in den Bezeichnungen von Satz 10.2.3. und Satz 10.5.5.)

$$\mathscr{C}_{\boldsymbol{R}}(X) := \{f \mid f: X \to \boldsymbol{R},\ f \text{ beschränkt und stetig}\}.$$

In vielen Fällen ist in $\mathscr{C}_{\boldsymbol{R}}(X)$ eine Teilmenge $\mathfrak{A}$ von besonders einfachen Abbildungen ausgezeichnet, die zwar nicht alle trivial (d.h. konstant) sind, mit denen sich aber besonders gut rechnen läßt. Ist etwa X ein kompaktes Intervall in $\boldsymbol{R}$, so bilden diejenigen Abbildungen, deren Graphen Polynome sind, eine solche ausgezeichnete Teilmenge von $\mathscr{C}_{\boldsymbol{R}}(X)$. $\mathfrak{A}$ ist also eine Menge von elementaren Abbildungen im Sinne von 11.1. (S. 434). Wir wollen hier die Frage untersuchen, unter welchen Bedingungen sich jede stetige und beschränkte Abbildung $f: X \to \boldsymbol{R}$ auf ganz X beliebig gut durch Abbildungen aus $\mathfrak{A}$ approximieren läßt.

Um die Darstellung übersichtlicher zu gestalten, ist es zweckmäßig, zuerst einige Angaben über $\{f \mid f: X \to \boldsymbol{R}\}$ zu machen.

Hilfssatz 12.7.1. *X sei eine Menge. $\mathscr{F}_{\boldsymbol{R}}(X) = \{f \mid f: X \to \boldsymbol{R}\}$ ist nach Satz 7.9.5. Vektorraum über $\boldsymbol{R}$. Definiert man für $f, g \in \mathscr{F}_{\boldsymbol{R}}(X)$*

$$f \leqq g \quad :\Leftrightarrow \quad f(x) \leqq g(x) \quad \text{für alle } x \in X,$$

so ist $\mathcal{F}_{\mathbf{R}}(X)$ *durch „*$\leqq$*" teilweise geordnet, und die üblichen Rechenregeln für Ungleichungen gelten. Insbesondere gilt für* $f_1, g_1, f_2, g_2 \in \mathcal{F}_{\mathbf{R}}(X)$, $a \in \mathbf{R}$,

$$f_1 \leqq g_1 \text{ und } f_2 \leqq g_2 \;\Rightarrow\; f_1+f_2 \leqq g_1+g_2, \qquad f_1 \leqq g_1,\ a \geqq 0 \;\Rightarrow\; af_1 \leqq ag_1.$$

Zu je zwei Elementen $f, g \in \mathcal{F}_{\mathbf{R}}(X)$ *existieren* $\sup\{f, g\}$ *und* $\inf\{f, g\}$ *in* $\mathcal{F}_{\mathbf{R}}(X)$. *Für alle* $x \in X$ *ist*

$$\sup\{f, g\}(x) = \max\{f(x), g(x)\}, \quad \inf\{f, g\}(x) = \min\{f(x), g(x)\}.$$

Beweis. Da $f \leqq g$ durch $f(x) \leqq g(x)$ für alle $x \in X$ definiert ist, übertragen sich die Eigenschaften der teilweisen Ordnung ((1), (2), (3) Definition 3.1.1.) für „$\leqq$" unmittelbar von $\mathbf{R}$ auf $\mathcal{F}_{\mathbf{R}}(X)$, ebenfalls die Rechenregeln.

Ist $h \in \mathcal{F}_{\mathbf{R}}(X)$, so gilt ersichtlich

$$\begin{aligned} h \leqq f \text{ und } h \leqq g \;&\Leftrightarrow\; h(x) \leqq f(x) \text{ und } h(x) \leqq g(x) \text{ für alle } x \in X \\ &\Leftrightarrow\; h(x) \leqq \min\{f(x), g(x)\} \text{ für alle } x \in X. \end{aligned}$$

Definiert man daher

$$h_0: X \to \mathbf{R} \quad \text{durch} \quad h_0(x) = \min\{f(x), g(x)\} \quad \text{für alle} \quad x \in X,$$

so ist $h_0 \leqq f$, $h_0 \leqq g$, und es gilt: $h \leqq f$, $h \leqq g \Rightarrow h \leqq h_0$. Bezüglich der teilweisen Ordnung „$\leqq$" auf $\mathcal{F}_{\mathbf{R}}(X)$ ist somit $h_0 = \inf\{f, g\}$. Entsprechend erhält man $\sup\{f, g\}$. ●

Anmerkung 12.7.1. Für jedes $x \in X$ existiert zwar $\min\{f(x), g(x)\}$, aber im allgemeinen wird (bezüglich der teilweisen Ordnung „$\leqq$" auf $\mathcal{F}_{\mathbf{R}}(X)$) $\min\{f, g\}$ *nicht* existieren. Sind $x_1, x_2 \in X$, $x_1 \neq x_2$, so kann durchaus etwa $f(x_1) < g(x_1)$, aber $f(x_2) > g(x_2)$ sein. In diesem Falle ist weder $f \leqq g$ noch $g \leqq f$, d.h., $\{f, g\}$ hat kein Minimum. ●

Hilfssatz 12.7.2. *Für* $f \in \mathcal{F}_{\mathbf{R}}(X)$ *(Hilfssatz 12.7.1.) definiert man*

$$|f|: X \to \mathbf{R} \quad \text{durch} \quad |f|(x) := |f(x)| \quad \text{für alle } x \in X.$$

$\mathfrak{L}$ *sei Untervektorraum von* $\mathcal{F}_{\mathbf{R}}(X)$. *Die beiden folgenden Bedingungen sind äquivalent:*

(1) $\qquad f \in \mathfrak{L} \;\Rightarrow\; |f| \in \mathfrak{L};$

(2) $\qquad f, g \in \mathfrak{L} \;\Rightarrow\; \inf\{f, g\},\ \sup\{f, g\} \in \mathfrak{L}.$

Beweis. (1) $\Rightarrow$ (2). Für $a, b \in \mathbf{R}$ ist, wie man sofort nachrechnet,

$$\max\{a, b\} = \frac{1}{2}(a+b) + \frac{1}{2}|a-b|, \quad \min\{a, b\} = \frac{1}{2}(a+b) - \frac{1}{2}|a-b|$$

(man unterscheide $a \leqq b$ und $a \geqq b$ und benutze die Definition des Betrages in $\boldsymbol{R}$). Das ergibt, da $\mathfrak{L}$ Vektorraum ist und zu jedem h auch $|h|$ enthält,

$$\sup\{f, g\} = \frac{1}{2}(f+g)+\frac{1}{2}|f-g| \in \mathfrak{L}, \quad \inf\{f, g\} = \frac{1}{2}(f+g)-\frac{1}{2}|f-g| \in \mathfrak{L}.$$

(2) $\Rightarrow$ (1). Wegen $|f(x)| = \max\{f(x), -f(x)\}$ für alle $x \in X$ ist $|f| = \sup\{f, -f\} \in \in \mathfrak{L}$. ●

Definition 12.7.1. *X, Y seien Mengen, $\mathfrak{G} \subset \{f \mid f: X \to Y\}$. Man definiert:*

$\mathfrak{G}$ trennt die Punkte von X,

wenn es zu je zwei Punkten $x, y \in X$, $x \neq y$, ein $f \in \mathfrak{G}$ gibt mit $f(x) \neq f(y)$.

Satz 12.7.1. *(Satz von Stone und Weierstraß.) $(X, \mathcal{O})$ sei ein kompakter Hausdorffraum, $X \neq \emptyset$. Dann ist ($\mathscr{C}_{\boldsymbol{R}}(X)$ wie in Satz 10.2.3. und Satz 10.5.5.)*

$$\{f \mid f: X \to \boldsymbol{R},\ f \text{ stetig}\} = \mathscr{C}_{\boldsymbol{R}}(X)$$

und mit der uniformen Norm Banachalgebra. $\mathfrak{A}$ sei Unteralgebra von $\mathscr{C}_{\boldsymbol{R}}(X)$.

Enthält $\mathfrak{A}$ die konstanten Abbildungen und trennt $\mathfrak{A}$ die Punkte von X, so ist $\mathfrak{A}$ dicht in $\mathscr{C}_{\boldsymbol{R}}(X)$ (bezüglich der durch die uniforme Norm induzierten Topologie).

Beweis. Da X kompakt ist, ist jede stetige Abbildung $f: X \to \boldsymbol{R}$ beschränkt und daher (mit den Bezeichnungen von Satz 10.2.3.)

$$\{f \mid f: X \to \boldsymbol{R} \text{ stetig}\} = \{f \mid f \in \mathscr{B}_{\boldsymbol{R}}(X),\ f \text{ stetig}\} = \mathscr{C}_{\boldsymbol{R}}(X).$$

Nach Satz 10.5.5. ist $(\mathscr{C}_{\boldsymbol{R}}(X), +, \cdot)$ mit der uniformen Norm Banachalgebra. Da X kompakt ist, ist für $f \in \mathscr{C}_{\boldsymbol{R}}(X)$

$$\|f\|_u = \sup\{|f(x)| \mid x \in X\} = \max\{|f(x)| \mid x \in X\}.$$

Wir werden einen Spezialfall von Satz 12.6.1. verwenden. Für $t \in \boldsymbol{R}$, $|t| \leqq 1$, ist $-1 \leqq t^2 - 1 \leqq 0$ und daher

$$|t| = (t^2)^{\frac{1}{2}} = \left(1+(t^2-1)\right)^{\frac{1}{2}} = \sum_{j=0}^{\infty} \binom{\frac{1}{2}}{j} (t^2-1)^j.$$

Wir setzen für $n \in \boldsymbol{N}$

$$P_n(t) := \sum_{j=0}^{n} \binom{\frac{1}{2}}{j} (t^2-1)^j \quad \text{für} \quad t \in \boldsymbol{R},\ |t| \leqq 1.$$

Da die binomische Reihe im angegebenen Bereich gleichmäßig konvergiert, ist

$$\lim_{n \to \infty} P_n(t) = |t| \quad \text{gleichmäßig für} \quad t \in [-1, 1].$$

$\overline{\mathfrak{A}}$ bezeichne im folgenden die abgeschlossene Hülle von $\mathfrak{A}$ bezüglich der durch die uniforme Norm induzierten Topologie.

Wir führen den Beweis der Behauptung, daß $\mathfrak{A}$ dicht in $\mathscr{C}_{\boldsymbol{R}}(X)$ ist, d.h. $\overline{\mathfrak{A}}=\mathscr{C}_{\boldsymbol{R}}(X)$, in mehreren Schritten.

(1) $$f\in\mathfrak{A} \;\Rightarrow\; |f|\in\overline{\mathfrak{A}}.$$

Ist $f(x)=0$ für alle $x\in X$, so ist $|f|=f$. Anderenfalls ist $\|f\|_u>0$. Wir setzen $f_0:=\|f\|_u^{-1}f$. Dann ist $f_0\in\mathfrak{A}$, $\|f_0\|_u=1$ und daher

$$|f_0(x)|\leqq 1 \quad \text{für alle} \quad x\in X.$$

Da $\mathfrak{A}$ Unteralgebra ist und die konstanten Abbildungen enthält, ist

$$P_n(f_0):X\to\boldsymbol{R}, \quad \text{definiert durch} \quad P_n(f_0)(x):=P_n\big(f_0(x)\big),$$

Element von $\mathfrak{A}$ für jedes $n\in\boldsymbol{N}$. Da $\lim\limits_{n\to\infty}P_n\big(f_0(x)\big)=|f_0(x)|$ gleichmäßig für $x\in X$ ist, gilt nach Satz 10.2.3.

$$\lim_{n\to\infty} P_n(f_0) = |f_0| \quad \text{bezüglich der uniformen Norm.}$$

Da mit $P_n(f_0)$ auch $\|f\|_u P_n(f_0)\in\mathfrak{A}$ ist und bezüglich der uniformen Norm

$$\lim_{n\to\infty} \|f\|_u P_n(f_0) = \|f\|_u\cdot|f_0| = \big|\|f\|_u f_0\big| = |f|$$

ist, ist $|f|\in\overline{\mathfrak{A}}$.

(2) $\overline{\mathfrak{A}}$ ist Unteralgebra von $\mathscr{C}_{\boldsymbol{R}}(X)$, (1), (2) Hilfssatz 12.7.2. gelten.

Sind $f,g\in\overline{\mathfrak{A}}$, so gibt es zu jedem $\varepsilon\in\boldsymbol{R}_+^\times$ $f_1,g_1\in\mathfrak{A}$ mit $\|f-f_1\|_u$, $\|g-g_1\|_u<\varepsilon$. Das liefert

$$\|(f+g)-(f_1+g_1)\|_u \leqq \|f-f_1\|_u+\|g-g_1\|_u < 2\varepsilon,$$

$$\|fg-f_1g_1\|_u \leqq \|fg-fg_1\|_u+\|fg_1-f_1g_1\|_u \leqq \|f\|_u\|g-g_1\|_u+\|f-f_1\|_u\|g_1\|_u$$
$$\leqq (\|f\|_u+\|g\|_u+\varepsilon)\varepsilon.$$

Daher gibt es in jeder Umgebung von $f+g$ bzw. $f\cdot g$ ein Element von $\mathfrak{A}$. Da speziell $\boldsymbol{R}\subset\mathfrak{A}$ ist, kann man f konstant (d.h. in $\boldsymbol{R}$) wählen. Damit gilt

$$f,g\in\overline{\mathfrak{A}},\ a\in\boldsymbol{R} \;\Rightarrow\; f+g,\ ag\in\overline{\mathfrak{A}},\ f\cdot g\in\overline{\mathfrak{A}}.$$

Da $\overline{\mathfrak{A}}\neq\emptyset$ ist, ist $\overline{\mathfrak{A}}$ nach Hilfssatz 7.9.1. Untervektorraum von $\mathscr{C}_{\boldsymbol{R}}(X)$. Da $\overline{\mathfrak{A}}$ auch gegen die Multiplikation abgeschlossen ist, ist $\overline{\mathfrak{A}}$ Unterring, also Algebra. (1) mit $\overline{\mathfrak{A}}$ an Stelle von $\mathfrak{A}$ ergibt

$$f\in\overline{\mathfrak{A}} \;\Rightarrow\; |f|\in\overline{\overline{\mathfrak{A}}}=\overline{\mathfrak{A}}.$$

(1) Hilfssatz 12.7.2. gilt und damit auch (2) Hilfssatz 12.7.2.

(3) $$a,b\in\boldsymbol{R},\ z,w\in X,\ z\neq w \;\Rightarrow\; \text{Es gibt ein } f\in\overline{\mathfrak{A}} \text{ mit } f(z)=a,\ f(w)=b.$$

Da $\mathfrak{A}$ die Punkte von X trennt, gibt es ein $g \in \mathfrak{A}$ mit $g(z) \neq g(w)$. Da $\mathfrak{A}$ die konstanten Abbildungen enthält, ist

$$f = a + \frac{b-a}{g(w)-g(z)}(g-g(z)) \in \mathfrak{A} \subset \overline{\mathfrak{A}}, \quad f(z) = a, \; f(w) = b.$$

(4) Ist $z \in X$, $f \in \mathscr{C}_{\boldsymbol{R}}(X)$, so gibt es zu jedem $\varepsilon \in \boldsymbol{R}_+^\times$ ein $g \in \overline{\mathfrak{A}}$ mit

$$g(z) = f(z) \quad \text{und} \quad g(x) \leqq f(x) + \varepsilon \quad \text{für alle} \quad x \in X.$$

Zu jedem $w \in X$ können wir nämlich nach (3) ein $g_w \in \overline{\mathfrak{A}}$ auswählen mit $g_w(z) = f(z)$, $g_w(w) = f(w)$, und zu g_w, da f und g_w stetig sind, eine Umgebung U_w von w mit

$$g_w(x) \leqq f(x) + \varepsilon \quad \text{für alle} \quad x \in U_w.$$

Da X kompakt ist, gibt es endlich viele Punkte $w_1, \ldots, w_k$ mit $\bigcup_{j=1}^{k} U_{w_j} = X$. Wegen (2) ist (in trivialer Verallgemeinerung von (2) Hilfssatz 12.7.2.)

$$g := \inf\{g_{w_1}, \ldots, g_{w_k}\} \in \overline{\mathfrak{A}}.$$

Da $g_{w_j}(z) = f(z)$ für jedes $j \in \{1, \ldots, k\}$ ist, ist $g(z) = f(z)$. Ist $x \in X$, so gibt es ein $j \in \{1, \ldots, k\}$ mit $x \in U_{w_j}$. Da $g_{w_j}(x) \leqq f(x) + \varepsilon$ ist, ist auch $g(x) \leqq f(x) + \varepsilon$.

(5) $$\overline{\mathfrak{A}} = \mathscr{C}_{\boldsymbol{R}}(X).$$

Es sei $f \in \mathscr{C}_{\boldsymbol{R}}(X)$. Ist $\varepsilon \in \boldsymbol{R}_+^\times$, so können wir zu jedem $z \in X$ nach (4) ein $h_z \in \overline{\mathfrak{A}}$ wählen mit

$$h_z(z) = f(z), \quad h_z(x) \leqq f(x) + \varepsilon \quad \text{für alle} \quad x \in X.$$

Da h_z und f stetig sind, können wir zu h_z eine Umgebung U_z wählen mit

$$h_z(x) \geqq f(x) - \varepsilon \quad \text{für alle} \quad x \in U_z.$$

Da X kompakt ist, gibt es endlich viele Punkte $z_1, \ldots, z_m$ mit $\bigcup_{j=1}^{m} U_{z_j} = X$. Wegen (2) ist

$$h = \sup\{h_{z_1}, \ldots, h_{z_m}\} \in \overline{\mathfrak{A}}.$$

Da $h_{zj} \leqq f + \varepsilon$ für jedes $j \in \{1, \ldots, m\}$ ist, ist auch $h \leqq f + \varepsilon$. Ist $x \in X$, so gibt es ein $j \in \{1, \ldots, m\}$ mit $x \in U_{z_j}$. Da $f(x) - \varepsilon \leqq h_{z_j}(x)$ ist, ist auch $f(x) - \varepsilon \leqq h(x)$. Daher ist

$$f(x) - \varepsilon \leqq h(x) \leqq f(x) + \varepsilon \quad \text{für jedes} \quad x \in X.$$

Das bedeutet aber

$$|f(x) - h(x)| \leqq \varepsilon \text{ für alle } x \in X, \quad \text{d.h.} \quad \|f - h\|_u \leqq \varepsilon.$$

Infolgedessen ist $f \in \overline{\overline{\mathfrak{A}}} = \overline{\mathfrak{A}}$. ●

Beim Beweis von Satz 12.7.1. wird wesentlich benutzt, daß durch die lineare Ordnung auf $\boldsymbol{R}$ eine teilweise Ordnung mit speziellen Eigenschaften ((1), (2) Hilfssatz 12.7.2.) auf $\mathscr{C}_{\boldsymbol{R}}(X)$ induziert wird. Ersetzt man $\boldsymbol{R}$ durch $\boldsymbol{C}$, so hat man diese Ordnung nicht mehr zur Verfügung, kann also den Beweis nicht wie bisher führen. In der Tat benötigt man auch eine Zusatzvoraussetzung, wenn man das Ergebnis von Satz 12.7.1. auch für $\boldsymbol{C}$ an Stelle von $\boldsymbol{R}$ erhalten will.

Satz 12.7.2. *(Komplexe Fassung des Satzes von Stone und Weierstraß.)* $(X, \mathfrak{O})$ *sei ein kompakter Hausdorffraum,* $X \neq \emptyset$, $\mathfrak{A}$ *eine Unteralgebra der Banachalgebra* $\mathscr{C}_{\boldsymbol{C}}(X)$.

Enthält $\mathfrak{A}$ *die konstanten Abbildungen, zu jedem* f *auch*

$$\bar{f}: X \to \boldsymbol{C}, \quad \textit{definiert durch} \quad \bar{f}(x) := \overline{f(x)},$$

und trennt $\mathfrak{A}$ *die Punkte von* X, *so ist* $\mathfrak{A}$ *dicht in* $\mathscr{C}_{\boldsymbol{C}}(X)$.

Beweis. $\mathscr{C}_0 = \{f \mid f \in \mathscr{C}_{\boldsymbol{C}}(X),\ f(X) \subset \boldsymbol{R}\}$ ist $\boldsymbol{R}$-Unteralgebra von $\mathscr{C}_{\boldsymbol{C}}(X)$. Die Abbildung

$$v: \mathscr{C}_0 \to \mathscr{C}_{\boldsymbol{R}}(X) \text{ mit } v(f) = \tilde{f}: X \to \boldsymbol{R}, \quad \text{definiert durch} \quad \tilde{f}(x) = f(x),$$

ist bijektiv, ein Isomorphismus für die $\boldsymbol{R}$-Algebren und wegen $\|\tilde{f}\|_u = \|f\|_u$ normerhaltend und damit topologisch. Wir setzen

$$\mathfrak{A}_0 := \{f \mid f \in \mathfrak{A}, f(X) \subset \boldsymbol{R}\} = \mathfrak{A} \cap \mathscr{C}_0.$$

$\mathfrak{A}_0$ ist natürlich $\boldsymbol{R}$-Unteralgebra von $\mathscr{C}_0$. Da $\mathfrak{A}$ die Konstanten enthält, enthält $\mathfrak{A}_0$ die reellen Konstanten. Da mit $g \in \mathfrak{A}$ auch $\bar{g} \in \mathfrak{A}$ ist, gilt

$$g \in \mathfrak{A} \quad \Rightarrow \quad \operatorname{Re} g := \frac{1}{2}(g + \bar{g}) \in \mathfrak{A}_0, \qquad \operatorname{Im} g := \frac{1}{2i}(g - \bar{g}) \in \mathfrak{A}_0.$$

Ist $g(z) \neq g(w)$, so ist $\operatorname{Re}(g)(z) = \operatorname{Re} g(z) \neq \operatorname{Re} g(w)$ oder $\operatorname{Im} g(z) \neq \operatorname{Im} g(w)$. Daher trennt $\mathfrak{A}_0$ die Punkte von X. Infolgedessen ist $v(\mathfrak{A}_0)$ Unteralgebra von $\mathscr{C}_{\boldsymbol{R}}(X)$ und trennt die Punkte von X. Ist $f \in \mathscr{C}_0$, so ist der „Punkt“ $v(f)$ von $\mathscr{C}_{\boldsymbol{R}}(X)$ nach Satz 12.7.1. Berührungspunkt von $v(\mathfrak{A}_0)$ und deshalb, da v topologisch ist, f Berührungspunkt von $\mathfrak{A}_0$ in der Topologie auf $\mathscr{C}_0$ und daher auch in der Topologie von $\mathscr{C}_{\boldsymbol{R}}(X)$, also $f \in \overline{\mathfrak{A}}_0$. Damit ist $\mathscr{C}_0 \subset \overline{\mathfrak{A}}_0$.

Der Teil von (2) im Beweis von Satz 12.7.1., in dem gezeigt wird, daß $\overline{\mathfrak{A}}$ Unteralgebra von $\mathscr{C}_{\boldsymbol{R}}(X)$ ist, läßt sich wörtlich genauso durchführen, wenn $\mathscr{C}_{\boldsymbol{C}}(X)$ an Stelle von $\mathscr{C}_{\boldsymbol{R}}(X)$ steht. Daher ist $\overline{\mathfrak{A}}$ Unteralgebra von $\mathscr{C}_{\boldsymbol{C}}(X)$. Das ergibt:

$$f \in \mathscr{C}_{\boldsymbol{C}}(X) \quad \Rightarrow \quad \operatorname{Re}(f),\ \operatorname{Im}(f) \in \mathscr{C}_0 \subset \overline{\mathfrak{A}}_0 \subset \overline{\mathfrak{A}} \quad \Rightarrow \quad f = \operatorname{Re}(f) + i \operatorname{Im}(f) \in \overline{\mathfrak{A}}. \quad \bullet$$

Um eine für die Anwendungen besonders bequeme Formulierung des Satzes von Stone und Weierstraß zu erhalten, verwendet man

Definition 12.7.2. $(\mathfrak{A}, +, \cdot)$ *sei eine Algebra mit Einselement* $\mathfrak{e}$ *über* $(K, +, \cdot)$, $\mathfrak{T} \subset \mathfrak{A}$. *Als Polynom in den Elementen von* $\mathfrak{T}$ *mit Koeffizienten in* K *bezeichnet man jedes Element der Form*

$$\sum_{n_j \in N \cup \{0\}} a(n_1, \ldots, n_m) \mathfrak{a}_1^{n_1} \mathfrak{a}_2^{n_2} \ldots \mathfrak{a}_m^{n_m}, \quad m \in N,$$

mit $a(n_1, \ldots, n_m) \in K$, *wobei* $a(n_1, \ldots, n_m) \neq 0$ *nur für endlich viele* $(n_1, \ldots, n_m)$ *ist. Dabei ist* $\mathfrak{a}^0 := \mathfrak{e}$ *für jedes* $\mathfrak{a} \in \mathfrak{T}$ *gesetzt.*

In dieser Bezeichnungsweise formuliert man:

Satz 12.7.3. $(X, \mathcal{O})$ *sei ein kompakter Hausdorffraum,* $X \neq \emptyset$, $K = \boldsymbol{R}$ *oder* $K = \boldsymbol{C}$. $\mathfrak{T}$ *sei eine Menge stetiger Abbildungen von* X *in* K. $\mathfrak{T}$ *enthalte eine von Null verschiedene Konstante, trenne die Punkte von* X *und enthalte im Falle* $K = \boldsymbol{C}$ *zu jeder Abbildung* f *die Abbildung*

$$\bar{f}: X \to \boldsymbol{C}, \quad \text{definiert durch} \quad \bar{f}(x) = \overline{f(x)}.$$

Dann gibt es zu jeder stetigen Abbildung $f: X \to K$ *eine Folge* $(P_n)_{n \in N}$ *von Polynomen in den Elementen von* $\mathfrak{T}$ *mit Koeffizienten in* K, *für die*

$$\lim_{n \to \infty} P_n(x) = f(x) \quad \text{gleichmäßig für} \quad x \in X$$

ist.

Beweis. Wir setzen $\mathfrak{A} = \{P \mid P$ Polynom in den Elementen von $\mathfrak{T}\}$. Offenbar gilt

$$a \in K, \ P, Q \in \mathfrak{A} \quad \Rightarrow \quad aP, P+Q, P \cdot Q \in \mathfrak{A}.$$

$\mathfrak{A}$ ist daher Unteralgebra von $\mathscr{C}_K(X)$. Da $\mathfrak{A}$ eine von Null verschiedene Konstante enthält, enthält $\mathfrak{A}$ alle Konstanten. $\mathfrak{A}$ trennt die Punkte von X. Im Falle $K = \boldsymbol{C}$ gilt wegen der Voraussetzungen über $\mathfrak{T}$ auch

$$P \in \mathfrak{A} \quad \Rightarrow \quad \bar{P} \subset \mathfrak{A}.$$

Nach Satz 12.7.1. bzw. Satz 12.7.2. ist $\mathfrak{A}$ dicht in $\mathscr{C}_K(X)$. Ist $f \in \mathscr{C}_K(X)$, so gibt es deshalb zu jedem $n \in N$ ein $P_n \in \mathfrak{A}$ mit

$$\|f - P_n\|_u < \frac{1}{n}.$$

Dann ist $\lim_{n \to \infty} P_n = f$ bezüglich der uniformen Norm (d.h. im Banachraum $\mathscr{C}_K(X)$). Nach Satz 10.2.3. folgt daraus

$$\lim_{n \to \infty} P_n(x) = f(x) \quad \text{gleichmäßig für} \quad x \in X. \ \bullet$$

Anmerkung 12.7.2. Ein Polynom P in den Elementen von $\mathfrak{T}$ in Satz 12.7.3. ist ein Element aus $\mathscr{C}_K(X)$, also eine Abbildung von X in K. $P(x)$ ist also *nicht* ein Polynom in x, sondern das Bild von x unter der Abbildung P aus $\mathscr{C}_K(X)$. $\bullet$

Beispiel 12.7.1. X sei ein Kompaktum aus $\boldsymbol{R}\times\boldsymbol{R} = \boldsymbol{R}^2$. Die stetigen Abbildungen

$$g = pr_1|X: X\to\boldsymbol{R},\quad g(x_1, x_2) = x_1,\quad \text{und}\quad h = pr_2|X: X\to\boldsymbol{R},\quad h(x_1, x_2) = x_2,$$

trennen natürlich die Punkte von X. Es sei $\mathfrak{T} = \{1, g, h\}$. Ein Polynom P in den Elementen von $\mathfrak{T}$ hat die Form

$$P = \sum_{n_j\in\boldsymbol{N}\cup\{0\}} a(n_1, n_2)\, g^{n_1} h^{n_2}.$$

Wegen $g(x_1, x_2) = x_1$, $h(x_1, x_2) = x_2$ ist in diesem Fall

$$P(x_1, x_2) = \sum_{n_j\in\boldsymbol{N}\cup\{0\}} a(n_1, n_2)\, x_1^{n_1} x_2^{n_2}.$$

Der Graph von P ist also im üblichen Sinne ein Polynom.

Nach Satz 12.7.3. gibt es zu jeder stetigen Abbildung $f: X\to\boldsymbol{R}$ eine Folge $(P_n)_{n\in\boldsymbol{N}}$ von Polynomen mit

$$\lim_{n\to\infty} P_n(x_1, x_2) = f(x_1, x_2)\quad \text{gleichmäßig für}\quad (x_1, x_2)\in X. \quad \bullet$$

Beispiel 12.7.2. Es sei

$$X = \{z \mid z\in\boldsymbol{C},\ |z| = 1\}.$$

$g = id_{\boldsymbol{C}}|X$ trennt offenbar schon die Punkte von X. $\mathfrak{T} = \{1, g, \bar{g}\}$ erfüllt die Voraussetzungen von Satz 12.7.3. für Abbildungen von X in $\boldsymbol{C}$. Wegen $z\bar{z} = 1$ für alle $z\in X$ ist

$$(g^{n_1}\bar{g}^{n_2})(z) = z^{n_1}\bar{z}^{n_2} = z^{n_1-n_2}.$$

Ist P ein Polynom in den Elementen von $\mathfrak{T}$ mit Koeffizienten in $\boldsymbol{C}$, so ist daher für $z\in X$

$$P(z) = \sum_{n_1, n_2\in\boldsymbol{N}\cup\{0\}} a(n_1, n_2)\,(g^{n_1}\bar{g}^{n_2})(z) = \sum_{j\in\boldsymbol{Z}} a_j z^j,\quad a_j = \sum_{n_1-n_2=j} a(n_1, n_2)$$

(in allen Summen sind nur endlich viele Glieder von Null verschieden). Zu jeder stetigen Abbildung $f: X\to\boldsymbol{C}$ gibt es infolgedessen eine Folge $(P_n)_{n\in\boldsymbol{N}}$ von Polynomen,

$$P_n(z) = \sum_{j=-m_n}^{m_n} a_j^{(n)} z^j\quad \text{für alle}\quad z\in X,$$

mit

$$\lim_{n\to\infty} P_n(z) = f(z)\quad \text{gleichmäßig für}\quad z\in X. \quad \bullet$$

Beispiel 12.7.3. Nach Satz 12.4.3. ist

$$f: \boldsymbol{C}\to\boldsymbol{C}^\times,\quad \text{definiert durch}\quad f(t) = e^{it},$$

stetig, offen und surjektiv ($\lambda_i: \boldsymbol{C} \to \boldsymbol{C}$ mit $\lambda_i(t) = it$ ist topologisch!). Wir setzen

$$X = \{z \mid z \in \boldsymbol{C}^\times,\ |z| = 1\}.$$

Für $t \in \boldsymbol{C}$ gilt nach Satz 12.4.4.

$$\hat{f}(t) \in X \quad \Leftrightarrow \quad |e^{it}| = 1 \quad \Leftrightarrow \quad \operatorname{Re}(it) = 0 \quad \Leftrightarrow \quad t \in \boldsymbol{R}.$$

Daher ist (wegen der Surjektivität von $\hat{f}$)

(a) $$\hat{f}(\boldsymbol{R}) = X, \quad \hat{f}(\boldsymbol{C} - \boldsymbol{R}) = \boldsymbol{C}^\times - X,$$

und

$$\varphi : \boldsymbol{R} \to X, \quad \text{definiert durch} \quad \varphi(t) := \hat{f}(t) = e^{it},$$

ist surjektiv und stetig. φ ist aber auch offen, denn zu jeder offenen Teilmenge U von $\boldsymbol{R}$ gibt es eine offene Menge W in $\boldsymbol{C}$ mit $U = W \cap \boldsymbol{R}$, und wegen (a) ist

$$\varphi(U) = \hat{f}(U) = \hat{f}(W \cap \boldsymbol{R}) = \hat{f}(W) \cap X, \quad \hat{f}(W) \text{ offen in } \boldsymbol{C}^\times.$$

φ hat die Periode 2π, d.h., für alle $t \in \boldsymbol{R}$ gilt

$$\varphi(t + 2\pi) = e^{i(t+2\pi)} = e^{it + 2\pi i} = e^{it} = \varphi(t).$$

Ist $g: X \to \boldsymbol{C}$ und setzt man $f = g \circ \varphi$, so hat f die Periode 2π, für alle $t \in \boldsymbol{R}$ ist

$$f(t + 2\pi) = g(\varphi(t + 2\pi)) = g(\varphi(t)) = f(t).$$

Ist umgekehrt $f: \boldsymbol{R} \to \boldsymbol{C}$ eine Abbildung mit der Periode 2π, so ergibt sich sofort

$$f(t + 2\pi m) = f(t) \quad \text{für alle} \quad t \in \boldsymbol{R}, \quad m \in \boldsymbol{Z}.$$

Nun gilt für $t_1, t_2 \in \boldsymbol{R}$ nach Satz 12.4.6.

$$\varphi(t_1) = \varphi(t_2) \quad \Leftrightarrow \quad e^{it_1} = e^{it_2} \quad \Leftrightarrow \quad t_1 - t_2 \in 2\pi \boldsymbol{Z}.$$

Man kann daher wegen der Surjektivität von φ eine Abbildung

$$g: X \to \boldsymbol{C} \quad \text{durch} \quad g(\varphi(t)) := f(t) \quad \text{für} \quad t \in \boldsymbol{R}$$

definieren, denn zu jedem $z \in X$ gibt es ein $t \in \boldsymbol{R}$ mit $\varphi(t) = z$, und sind $t_1, t_2 \in \boldsymbol{R}$ mit $\varphi(t_1) = \varphi(t_2)$, so ist $t_1 = t_2 + 2\pi m$ mit passendem $m \in \boldsymbol{N}$ und $f(t_1) = f(t_2)$. Ersichtlich ist $g \circ \varphi = f$. Es gibt deshalb zu jeder Abbildung $f: \boldsymbol{R} \to \boldsymbol{C}$ mit der Periode 2π

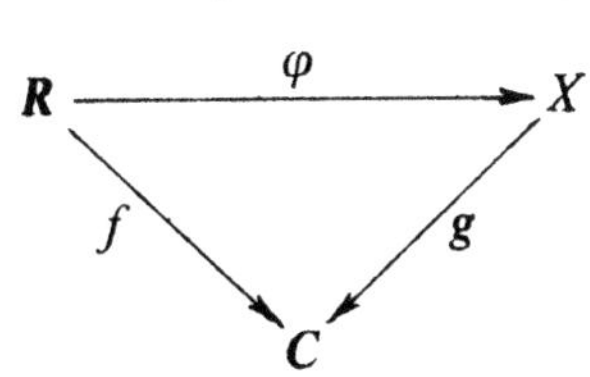

$f = g \circ \varphi$

eine Abbildung $g: X \to \boldsymbol{C}$ mit $g \circ \varphi = f$, und für jede Abbildung $g: X \to \boldsymbol{C}$ hat $f = g \circ \varphi$ die Periode 2π. Da φ surjektiv ist, ist für $U \subset \boldsymbol{C}$ $\varphi((g \circ \varphi)^{-1}(U)) = \varphi(\varphi^{-1}(g^{-1}(U))) = g^{-1}(U)$. Da φ stetig und offen ist, folgt

$$g \circ \varphi \text{ stetig } \Leftrightarrow g \text{ stetig.}$$

Zu jeder stetigen Abbildung $f: \boldsymbol{R} \to \boldsymbol{C}$ mit der Periode 2π gibt es daher eine Folge von „Polynomen"

$$P_n(z) = \sum_{j=-m_n}^{m_n} a_j^{(n)} z^j \quad \text{mit} \quad \lim_{n \to \infty} \sum_{j=-m_n}^{m_n} a_j^{(n)} e^{ijt} = f(t) \text{ gleichmäßig für } t \in \boldsymbol{R}.$$

Man beachte dabei, daß man für $n \neq k$ eventuell verschiedene „Polynome" P_n, P_k hat, d.h., es kann für ein festes j durchaus

$$a_j^{(n)} \neq a_j^{(k)}$$

sein für unendlich viele Paare (n, k) mit $n \neq k$, auch dann, wenn man $n, k \geqq n_0$ mit irgendeinem $n_0 \in \boldsymbol{N}$ voraussetzt. ●

12.8. Implizite Funktionen

Es kommt häufig vor, daß eine Funktion oder eine Abbildung nicht explizit durch eine Vorschrift gegeben ist, die es gestattet, zu jedem Punkt des Definitionsbereiches den Funktionswert zu bestimmen, sondern indirekt, etwa als Lösung einer Gleichung. Ist z. B. F eine Funktion, deren Definitionsbereich in $X_1 \times X_2$ und deren Werte in Y liegen, und kann man für ein $\mathfrak{y} \in Y$ zeigen, daß es zu gewissen $\mathfrak{x}_1 \in X_1$ jeweils genau ein $\mathfrak{x}_2 \in X_2$ mit

$$F(\mathfrak{x}_1, \mathfrak{x}_2) = \mathfrak{y}$$

gibt, so kann man durch $G(\mathfrak{x}_1) := \mathfrak{x}_2$ mit $F(\mathfrak{x}_1, \mathfrak{x}_2) = \mathfrak{y}$ eine Funktion G definieren, die, wie man sagt, durch die Gleichung $F(\mathfrak{x}_1, \mathfrak{x}_2) = \mathfrak{y}$ implizit gegeben ist. Es kommt dann darauf an, die Eigenschaften von G aus den Eigenschaften von F zu erschließen.

Satz 12.8.1. *X_1, X_2, Y seien Banachräume über demselben Körper, $Z \subset X_1 \times X_2$,*

$$f: Z \to Y$$

sei in einer Umgebung eines Punktes $\mathfrak{x} = (\mathfrak{x}_1, \mathfrak{x}_2) \in Z$ stetig differenzierbar. Ist $D_2 f(\mathfrak{x})$ bijektiv, so gibt es Umgebungen U_j von $\mathfrak{x}_j$ in X_j, $j = 1, 2$, so, daß gilt
(1) *Zu jedem $\mathfrak{v}_1 \in U_1$ gibt es genau ein $\mathfrak{v}_2 \in U_2$ mit*

$$f(\mathfrak{v}_1, \mathfrak{v}_2) = f(\mathfrak{x}).$$

(2) *Wegen* (1) *kann man eine Abbildung*

$$g: U_1 \to X_2 \quad durch \quad g(\mathfrak{v}_1) := \mathfrak{v}_2 \in U_2 \;\; mit \;\; f(\mathfrak{v}_1, \mathfrak{v}_2) = f(\mathfrak{x})$$

definieren. g ist in U_1 *stetig differenzierbar, und es ist*

$$g'(\mathfrak{v}_1) = -\big(D_2 f(\mathfrak{v}_1, g(\mathfrak{v}_1))\big)^{-1} \circ D_1 f(\mathfrak{v}_1, g(\mathfrak{v}_1)).$$

Beweis. Wir gehen von den Abbildungen $f: Z \to Y$ und $pr_1: X_1 \times X_2 \to X_1$ aus und bilden

$$h = (pr_1|Z, f): Z \to X_1 \times Y.$$

h ist stetig und in einer offenen Umgebung von $\mathfrak{x}$ stetig differenzierbar mit

$$h'(\mathfrak{z}) = (pr_1, f'(\mathfrak{z})) \qquad \text{(Hilfssatz 11.6.4.)}.$$

Für $(\mathfrak{y}_1, \mathfrak{y}_2) \in X_1 \times X_2$ gilt

$$h'(\mathfrak{z})(\mathfrak{y}_1, \mathfrak{y}_2) = \big(pr_1(\mathfrak{y}_1, \mathfrak{y}_2), f'(\mathfrak{z})(\mathfrak{y}_1, \mathfrak{y}_2)\big) = \big(\mathfrak{y}_1, D_1 f(\mathfrak{z})\mathfrak{y}_1 + D_2 f(\mathfrak{z})\mathfrak{y}_2\big).$$

Ist $(\mathfrak{w}_1, \mathfrak{w}_2) \in X_1 \times Y$, so gilt deshalb

$$\begin{aligned} h'(\mathfrak{z})(\mathfrak{y}_1, \mathfrak{y}_2) = (\mathfrak{w}_1, \mathfrak{w}_2) \quad &\Leftrightarrow \quad \mathfrak{y}_1 = \mathfrak{w}_1, \; D_1 f(\mathfrak{z})\mathfrak{y}_1 + D_2 f(\mathfrak{z})\mathfrak{y}_2 = \mathfrak{w}_2 \\ &\Leftrightarrow \quad \mathfrak{y}_1 = \mathfrak{w}_1, \; D_2 f(\mathfrak{z})\mathfrak{y}_2 = \mathfrak{w}_2 - D_1 f(\mathfrak{z})\mathfrak{w}_1. \end{aligned}$$

Daraus folgt natürlich:

$$\begin{aligned} h'(\mathfrak{z}) \text{ ist surjektiv} \quad &\Leftrightarrow \quad D_2 f(\mathfrak{z}) \text{ ist surjektiv}, \\ h'(\mathfrak{z}) \text{ ist injektiv} \quad &\Leftrightarrow \quad D_2 f(\mathfrak{z}) \text{ ist injektiv}. \end{aligned}$$

Da $D_2 f(\mathfrak{x})$ bijektiv ist, ist $h'(\mathfrak{x})$ bijektiv. Es gibt daher nach Satz 11.5.5. eine offene Umgebung U von $\mathfrak{x}$ so, daß

$$h'(\mathfrak{z}), \quad \text{also auch} \quad D_2 f(\mathfrak{z}), \quad \text{bijektiv ist für alle} \quad \mathfrak{z} \in U,$$

$V = h(U)$ offen, $h|U$ injektiv ist, und daß es eine stetig differenzierbare Abbildung

$$\tilde{h}: V \to X_1 \times X_2 \quad \text{mit} \quad \tilde{h}(h(\mathfrak{z})) = \mathfrak{z} \text{ für alle } \mathfrak{z} \in U$$

gibt. Wir wählen jetzt in U eine Umgebung der speziellen Gestalt $\tilde{U}_1 \times U_2$ von $(\mathfrak{x}_1, \mathfrak{x}_2)$. Da $h|U$ nach Satz 11.5.2. offen ist, können wir eine Umgebung

$$U_1 \times V_2 \subset h(\tilde{U}_1 \times U_2) \subset V \quad \text{von} \quad h(\mathfrak{x}) = (\mathfrak{x}_1, f(\mathfrak{x}))$$

wählen. Natürlich ist $U_1 \subset \tilde{U}_1$. Ist $\mathfrak{v}_1 \in U_1$, so ist $(\mathfrak{v}_1, f(\mathfrak{x})) \in U_1 \times V_2 \subset h(\tilde{U}_1 \times U_2)$. Es gibt daher ein $\mathfrak{v}_2 \in U_2$ mit

$$h(\mathfrak{v}_1, \mathfrak{v}_2) = (\mathfrak{v}_1, f(\mathfrak{v}_1, \mathfrak{v}_2)) = (\mathfrak{v}_1, f(\mathfrak{x})).$$

Da $h|U$ injektiv ist, ist $\mathfrak{v}_2$ durch $(\mathfrak{v}_1, f(\mathfrak{x}))$, also durch $\mathfrak{v}_1$, eindeutig bestimmt. Definiert man dann $(\tilde{h}(h(\mathfrak{v}_1, \mathfrak{v}_2)) = (\mathfrak{v}_1, \mathfrak{v}_2)!)$

$$g: U_1 \to X_2 \quad \text{durch} \quad g(\mathfrak{v}_1) = \mathfrak{v}_2 = pr_2 \tilde{h}(h(\mathfrak{v}_1, \mathfrak{v}_2)) = pr_2 \tilde{h}(\mathfrak{v}_1, f(\mathfrak{x})),$$

so sieht man, daß g stetig und stetig differenzierbar ist mit

$$f(\mathfrak{v}_1, g(\mathfrak{v}_1)) = f(\mathfrak{v}_1, \mathfrak{v}_2) = f(\mathfrak{x}) \quad \text{für alle} \quad \mathfrak{v}_1 \in U_1.$$

Nach Satz 11.5.5. ist für jedes $\mathfrak{v}_1 \in U_1$

$$\begin{aligned} g'(\mathfrak{v}_1) &= D_1(pr_2 \circ \tilde{h})(\mathfrak{v}_1, f(\mathfrak{x})) = (pr_2 \circ \tilde{h})'(\mathfrak{v}_1, f(\mathfrak{x}))|X_1 \\ &= pr_2 \circ \tilde{h}'(\mathfrak{v}_1, f(\mathfrak{x}))|X_1 = pr_2 \circ \tilde{h}'(\mathfrak{v}_1, f(\mathfrak{v}_1, g(\mathfrak{v}_1)))|X_1 \\ &= pr_2 \circ h'(\mathfrak{v}_1, g(\mathfrak{v}_1))^{-1}|X_1. \end{aligned}$$

Ist nun (X_1 mit $X_1 \times \{\mathfrak{o}\}$ identifiziert) für $(\mathfrak{y}_1, \mathfrak{y}_2) \in X_1 \times X_2$

$$h'(\mathfrak{v}_1, g(\mathfrak{v}_1))(\mathfrak{y}_1, \mathfrak{y}_2) = (\mathfrak{w}_1, \mathfrak{o}) \in X_1 \times \{\mathfrak{o}\},$$

so ist (s. o.)

$$D_2 f(\mathfrak{v}_1, g(\mathfrak{v}_1))\mathfrak{y}_2 = -D_1 f(\mathfrak{v}_1, g(\mathfrak{v}_1))\mathfrak{w}_1,$$

also

$$g'(\mathfrak{v}_1) = pr_2 \circ h'(\mathfrak{v}_1, g(\mathfrak{v}_1))^{-1}|X_1 = -(D_2 f(\mathfrak{v}_1, g(\mathfrak{v}_1,))^{-1} \circ D_1 f(\mathfrak{v}_1, g(\mathfrak{v}_1)). \quad \bullet$$

13. Cauchy-Integrale

Unter den zur Verfügung stehenden Integralbegriffen ist, vom Standpunkt der Differentialrechnung aus gesehen, das Cauchy-Integral besonders leicht zugänglich und erfaßt auch eine verhältnismäßig große Klasse von Funktionen. Da als allgemeinerer Integralbegriff in Kapitel 14 das Lebesgue-Integral behandelt wird, lohnt sich ein näheres Eingehen auf das Riemannsche Integral nicht mehr. Zur Information ist aber ein kurzer Paragraph über das Riemannsche Integral (13.4.) eingefügt, und später (Satz 14.6.4.) wird gezeigt, daß der Lebesguesche Integralbegriff tatsächlich allgemeiner als der Riemannsche ist.

13.1. Stammfunktionen

Sind X, Y Banachräume, $Z \subset X$ und ist

$$f: Z \to Y \text{ stetig}$$

und in jedem Punkt von Z differenzierbar, so erhält man durch Bildung der Ableitung in jedem Punkt eine Abbildung

$$f': Z \to \mathscr{L}(X; Y).$$

In vielen Anwendungen kommt es darauf an, aus der Kenntnis von f' Rückschlüsse auf f zu ziehen. Ist z. B. $X = \boldsymbol{R}$, $Z = [t_1, t_2]$ und gibt $f(t)$ den Standort eines Fahrzeuges im Raum Y zum Zeitpunkt t an, so bedeutet $f'(t)$ gerade die Geschwindigkeit zur Zeit t. Ist nun der Standort des Fahrzeuges am Anfang (d.h. im Zeitpunkt t_1), also $f(t_1)$, bekannt, und kennt man für jeden Zeitpunkt $t \in [t_1, t_2]$ die Geschwindigkeit im Augenblick t, also $f'(t)$ für alle $t \in [t_1, t_2]$, so möchte man natürlich aus diesen Angaben den Ort des Fahrzeuges zu jeder Zeit t, also $f(t)$ für alle $t \in [t_1, t_2]$, d.h. f, ermitteln. Etwas allgemeiner formuliert handelt es sich darum, zu einer gegebenen Abbildung

$$g: Z \to \mathscr{L}(X; Y)$$

eine stetige und differenzierbare Abbildung

$$f: Z \to Y$$

zu bestimmen, für die

$$f'(x) = g(x) \quad \text{für alle} \quad x \in Z,$$

also $f' = g$, ist. Bei dieser Formulierung muß man aber zwei Probleme untersuchen, nämlich die Existenzfrage:

(1) Gibt es überhaupt eine stetige und differenzierbare Abbildung $f: Z \to Y$ mit $f' = g$?

und im Falle der Lösbarkeit die Eindeutigkeitsfrage:

(2) Kann man, indem man gegebenenfalls zusätzliche Anforderungen an f stellt, erreichen, daß es genau eine Abbildung der gewünschten Art gibt?

Es handelt sich hierbei um einen Spezialfall des allgemeinen Differentialgleichungsproblems, bei dem es darum geht, Abbildungen zu bestimmen, die zusammen mit ihrer Ableitung, und gegebenenfalls mit gewissen höheren Ableitungen, vorgegebenen Bedingungen genügen (die dann im allgemeinen in Form von Gleichungen gegeben sind, in die die Abbildung und ihre Ableitungen eingehen).

Das hier angeschnittene Umkehrproblem der Differentialrechnung, also das Problem, zu einer gegebenen Abbildung $g: Z \to \mathscr{L}(X; Y)$ diejenigen stetigen und differenzierbaren Abbildungen $f: Z \to Y$ zu bestimmen, für die $f' = g$ ist und die gegebenenfalls noch weiteren Zusatzbedingungen genügen, kann erhebliche Schwierigkeiten bereiten. Hier soll zunächst der Fall behandelt werden, daß $X = \boldsymbol{R}$ und g nicht zu kompliziert ist. Da man $\mathscr{L}(\boldsymbol{R}; Y)$ mit Y identifizieren kann, wird man auf die folgende Definition geführt.

Definition 13.1.1. *I sei ein Intervall in $\boldsymbol{R}$, Y ein Banachraum,*

$$g: I \to Y.$$

Eine stetige Abbildung

$$f: I \to Y$$

heißt Stammabbildung von g, wenn f, mit eventueller Ausnahme der Punkte einer abzählbaren Teilmenge A von I, differenzierbar ist und

$$f'(x) = g(x) \quad \text{für alle} \quad x \in I - A$$

ist. Der Graph von f heißt dann Stammfunktion des Graphen von g.

Anmerkung 13.1.1. Liegen I und Y fest, so genügt natürlich die Angabe des Graphen von f, also der zugehörigen Stammfunktion. In der Literatur spricht man daher auch i. a. nur von Stammfunktionen. ●

Zu einer Abbildung g gibt es entweder keine oder aber mehr als eine Stammabbildung. Eine Übersicht über die Menge der Stammabbildungen gibt

Satz 13.1.1. *I sei ein Intervall in $\mathbf{R}$, Y ein Banachraum, f Stammabbildung zu $g: I \to Y$. Für jede Abbildung $f_1: I \to Y$ gilt*

$$f_1 \text{ ist Stammabbildung von } g \quad \Leftrightarrow \quad f_1 - f \text{ ist eine Konstante.}$$

Beweis. Ist $f_1 - f$ eine Konstante, also $f_1 = f + \mathfrak{c}$ mit einem $\mathfrak{c} \in Y$, so ist mit f auch f_1 stetig und differenzierbar, und für jedes $x \in I - A$ ist $f_1'(x) = f'(x) = g(x)$ und daher f_1 Stammabbildung von g.

Ist f_1 Stammabbildung von g, so ist f_1 stetig und mit eventueller Ausnahme der Punkte einer abzählbaren Menge A_1 differenzierbar mit

$$f_1'(x) = g(x) \quad \text{für alle} \quad x \in I - A_1.$$

Damit ist $f_1 - f$ stetig, für alle $x \in I - (A \cup A_1)$ differenzierbar, und es ist

$$(f_1 - f)'(x) = f_1'(x) - f'(x) = \mathfrak{o} \quad \text{für alle} \quad x \in I - (A \cup A_1).$$

Da I zusammenhängend ist, ist $f_1 - f$ eine Konstante (Satz 11.4.1.). ●

Eine Stammabbildung zu einer gegebenen Abbildung g braucht nicht in jedem Punkte differenzierbar zu sein. Nach Satz 13.1.1. sind aber in einem Punkte $x \in I$ entweder alle Stammabbildungen differenzierbar oder keine.

Für gewisse Punkte kann man die Differenzierbarkeit der Stammabbildungen jedoch beweisen.

Satz 13.1.2. *I sei ein Intervall in $\mathbf{R}$, Y ein Banachraum,*

$$f: I \to Y \quad \text{Stammabbildung von} \quad g: I \to Y.$$

Für jedes $x \in I$ gilt

$$g \text{ ist stetig in } x \quad \Rightarrow \quad f \text{ ist differenzierbar in } x,\ f'(x) = g(x).$$

Beweis. Ist $y \in \mathbf{R}$ und $x + y \in I$, so ist $\{x + ty \mid t \in \mathbf{R},\ 0 \leqq t \leqq 1\} \subset I$, und setzt man

$$h(t) := f(x + ty) - g(x)ty \quad \text{für} \quad t \in [0, 1],$$

so ist h stetig und bis auf abzählbar viele Punkte differenzierbar mit

$$h'(t) = f'(x + ty)y - g(x)y = \big(g(x + ty) - g(x)\big)y.$$

Nach Hilfssatz 11.3.1. ist daher

$$\begin{aligned} \|f(x+y) - f(x) - g(x)y\| &= \|h(1) - h(0)\| \\ &\leqq \sup\{\|g(x+ty) - g(x)\|\,|y| \mid t \in [0,1]\} \cdot (1 - 0) \\ &\leqq \sup\{\|g(x+z) - g(x)\| \mid z \in \mathbf{R},\quad x + z \in I,\quad |z| \leqq |y|\} \cdot |y|. \end{aligned}$$

Da wegen der Stetigkeit von g in x

$$\sup\{\|g(x+z)-g(z)\| \; |z\in\boldsymbol{R},\; x+z\in I,\; |z|\leqq|y|\} = o(1) \quad \text{für} \quad y\to 0$$

ist, ist f in x differenzierbar und $f'(x)=g(x)$. ●

Für die Konstruktion von Stammfunktionen sind die beiden folgenden Sätze wichtig.

Satz 13.1.3. *I sei ein Intervall in $\boldsymbol{R}$, Y ein Banachraum,*

$$g_1: I\to Y, \quad g_2: I\to Y.$$

Ist f_1 Stammabbildung zu g_1, f_2 Stammabbildung zu g_2 und sind $a, b\in\boldsymbol{R}$, so ist

$$af_1+bf_2 \quad \textit{Stammabbildung zu} \quad ag_1+bg_2.$$

Beweis. af_1+bf_2 ist stetig und bis auf abzählbar viele Punkte in I differenzierbar mit

$$(af_1+bf_2)'(x) = af_1'(x)+bf_2'(x) = ag_1(x)+bg_2(x). \quad ●$$

Satz 13.1.4. *$(f_n)_{n\in\boldsymbol{N}}$, $(g_n)_{n\in\boldsymbol{N}}$ seien Folgen von Abbildungen eines Intervalles I in einen Banachraum Y, f_n sei Stammabbildung von g_n für jedes $n\in\boldsymbol{N}$. Gibt es zu jedem Punkt $x\in I$ eine Umgebung, in der*

(1) $$\lim_{n\to\infty} g_n(y) = g(y) \quad \textit{gleichmäßig existiert,}$$

so gibt es eine Folge $(\mathfrak{c}_n)_{n\in\boldsymbol{N}}$ so, daß jeder Punkt $x\in I$ eine Umgebung hat, in der

(2) $$\lim_{n\to\infty} (f_n(y)-\mathfrak{c}_n) = f(y) \quad \textit{gleichmäßig existiert.}$$

Die durch (2) definierte Abbildung $f: I\to Y$ ist Stammabbildung der durch (1) definierten Abbildung $g: I\to Y$.

Beweis. f_n sei differenzierbar für jedes $x\in I-A_n$ mit $f_n'(x)=g_n(x)$. Es sei $A = \bigcup_{n=1}^{\infty} A_n$. A ist abzählbar, da nach Voraussetzung jedes A_n abzählbar ist. I sei nicht leer. Man nehme ein $z\in I$ und setze $\mathfrak{c}_n := f_n(z)$ für jedes $n\in\boldsymbol{N}$. Dann ist

(1) $(f_n-\mathfrak{c}_n)(z) = \mathfrak{o}$ für jedes $n\in\boldsymbol{N}$, also $\big((f_n-\mathfrak{c}_n)(z)\big)_{n\in\boldsymbol{N}}$ konvergent,

(3) $(f_n-\mathfrak{c}_n)$ stetig und für jedes $x\in I-A$ differenzierbar mit

$$(f_n-\mathfrak{c}_n)'(x) = g_n(x).$$

Die Bedingung (2) Satz 11.4.2. ist nach Voraussetzung ebenfalls erfüllt. Da Satz 11.4.2. nach Anmerkung 11.4.2. auch dann gilt, wenn das Intervall I nicht offen ist, erhält man in jedem Fall

(a) zu jedem $x \in I$ eine Umgebung, in der $((f_n - \mathfrak{c}_n)(y))_{n \in \mathbf{N}}$ gleichmäßig konvergiert,

(b) die Stetigkeit von $f: I \to Y$, definiert durch $\lim_{n \to \infty} (f_n - \mathfrak{c}_n)(x) = f(x)$,

(c) die Differenzierbarkeit von f für $x \in I - A$ mit $f'(x) = g(x)$. ●

Ein einfaches Beispiel, in dem man die Stammabbildungen unmittelbar bestimmen kann, gibt

Hilfssatz 13.1.1. *I sei ein Intervall in $\mathbf{R}$, $I \neq \emptyset$, der Abschluß von I in $\bar{\mathbf{R}}$ sei $\bar{I} = [\alpha, \beta]$. Die charakteristische Abbildung von I,*

$$\xi_I : \mathbf{R} \to \mathbf{R}, \quad \textit{wird durch} \quad \xi_I(x) := \begin{cases} 1 & \textit{für } x \in I, \\ 0 & \textit{für } x \in \mathbf{R} - I \end{cases}$$

definiert. Eine Stammabbildung von ξ_I ist

$$\eta_I : \mathbf{R} \to \mathbf{R}, \quad \textit{definiert durch} \quad \eta_I(x) := \begin{cases} \alpha & \textit{für } x \in \mathbf{R},\ x \leqq \alpha, \\ x & \textit{für } x \in I, \\ \beta & \textit{für } x \in \mathbf{R},\ \beta \leqq x. \end{cases}$$

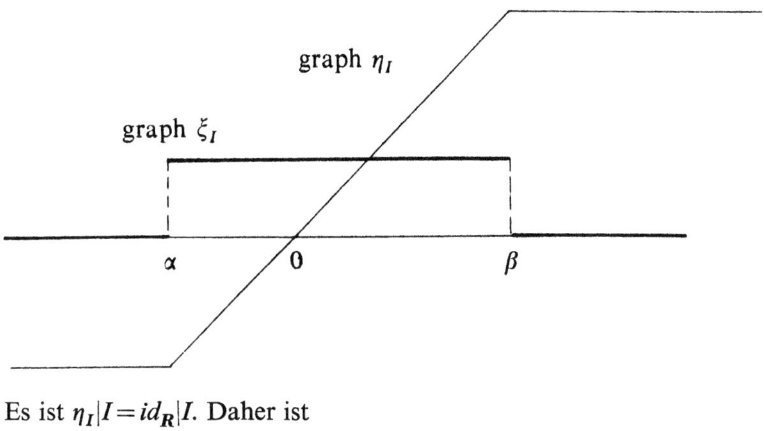

Beweis. Es ist $\eta_I | I = id_{\mathbf{R}} | I$. Daher ist

$$\lim_{\substack{x \to \alpha \\ x > \alpha}} \eta_I(x) = \alpha, \qquad \lim_{\substack{x \to \beta \\ x < \beta}} \eta_I(x) = \beta.$$

Ist $\alpha \in \mathbf{R}$, so ist

$$\eta_I(x) = \alpha \quad \text{für} \quad x \in]-\infty, \alpha].$$

Ist $\beta \in \mathbf{R}$, so ist

$$\eta_I(x) = \beta \quad \text{für} \quad x \in [\beta, \infty[.$$

η ist infolgedessen stetig und für $x \neq \alpha, \beta$ differenzierbar mit

$$\eta'(x) = 1 \quad \text{für} \quad \alpha < x < \beta, \quad \eta'(x) = 0 \quad \text{für} \quad x < \alpha \quad \text{oder} \quad \beta < x. \; ●$$

Für ein etwas weitergehendes Beispiel verwendet man

Definition 13.1.2. *I sei ein Intervall in* $\mathbf{R}$, $I \neq \emptyset$, $\bar{I} = [\alpha, \beta]$ *der Abschluß von I in* $\bar{\mathbf{R}}$. *Y sei ein Banachraum und* $\xi: I \to Y$.

ξ *heißt Treppenabbildung, wenn es endlich viele Punkte* $\gamma_1, \ldots, \gamma_m \in \bar{I}$, $\gamma_1 \leqq \gamma_2 \leqq \leqq \ldots \leqq \gamma_m$, *so gibt, daß* $\gamma_1 = \alpha$, $\gamma_m = \beta$ *und*

$$\xi |]\gamma_j, \gamma_{j+1}[\quad \textit{konstant für jedes} \quad j \in \{1, \ldots, m-1\}$$

ist. Der Graph von ξ *heißt dann Treppenfunktion.*

Anmerkung 13.1.2. Wie im Fall der Stammfunktionen spricht man auch hier vielfach nur von Treppenfunktionen. ●

Hilfssatz 13.1.2. *I sei ein Intervall in* $\mathbf{R}$, $I \neq \emptyset$, *Y ein Banachraum. Zu jeder Treppenabbildung* $\tilde{\xi}: I \to Y$ *gibt es eine Treppenabbildung* $\xi: \mathbf{R} \to Y$ *mit* $\xi | I = \tilde{\xi}$ *und* $\xi(x) = \mathfrak{o}$ *für* $x \in \mathbf{R} - I$.

$\xi: \mathbf{R} \to Y$ *ist genau dann Treppenabbildung, wenn es endlich viele Intervalle* $I_1, \ldots, I_k$ *und Elemente* $\mathfrak{a}_1, \ldots, \mathfrak{a}_k \in Y$ *gibt mit*

$$\xi = \sum_{j=1}^{k} \xi_{I_j} \mathfrak{a}_j .$$

Sind die I_j *mit* $m \leqq j \leqq k$ *einpunktige Intervalle (d.h.* $I_j = \{c_j\}$*), so ist sowohl*

$$\tilde{\eta} = \sum_{j=1}^{k} \eta_{I_j} \mathfrak{a}_j \quad \textit{als} \quad \textit{auch} \quad \eta = \sum_{j=1}^{m-1} \eta_{I_j} \mathfrak{a}_j$$

Stammabbildung von ξ. *Hat man* γ_j *mit* $-\infty = \gamma_1 < \gamma_2 < \ldots < \gamma_m = \infty$ *zu* ξ *wie in Definition 13.1.2. so gewählt, daß* $\xi |]\gamma_j, \gamma_{j+1}[$ *konstant ist für* $1 \leqq j \leqq m-1$, *so kann man speziell* $k = 2m-3$, $I_j =]\gamma_j, \gamma_{j+1}[$ *für* $1 \leqq j \leqq m-1$ *und* $I_j = \{\gamma_{j-m+2}\}$ *für* $m \leqq j \leqq k$ *nehmen.*

Beweis. Um ξ zu erhalten, braucht man nur $\xi: \mathbf{R} \to Y$ durch $\xi | I = \tilde{\xi}$, $\xi(x) = \mathfrak{o}$ für $x \in \mathbf{R} - I$ zu definieren.

Ist $\xi = \sum_{j=1}^{k} \xi_{I_j} \mathfrak{a}_j$ mit Intervallen I_j und Elementen $\mathfrak{a}_j \in Y$, so seien die Randpunkte der Intervalle I_j, zuzüglich $-\infty$ und ∞, der Größe nach geordnet

$$-\infty = \gamma_1 < \gamma_2 < \cdots < \gamma_m = \infty .$$

Für jedes $j \in \{1, \ldots, m-1\}$ und jedes $n \in \{1, \ldots, k\}$ ist $]\gamma_j, \gamma_{j+1}[\cap I_n$ ein Intervall. Da dieses Intervall keinen Randpunkt von I_n enthält, ist

$$]\gamma_j, \gamma_{j+1}[\cap I_n = \emptyset \quad \text{oder} \quad]\gamma_j, \gamma_{j+1}[\cap I_n \subset I_n .$$

In jedem Fall ist $\xi_{I_n}|]\gamma_j, \gamma_{j+1}[$ konstant. Daher ist $\xi|]\gamma_j, \gamma_{j+1}[$ konstant. ξ ist Treppenfunktion.

Ist umgekehrt ξ Treppenfunktion, so kann man γ_j mit $-\infty=\gamma_1<\gamma_2<\cdots<\gamma_m=\infty$ so wählen, daß $\xi|]\gamma_j, \gamma_{j+1}[$ konstant ist. Es sei $I_j=]\gamma_j, \gamma_{j+1}[$ für $1\leqq j\leqq m-1$ und $\mathfrak{a}_j=\xi(x)$ für $x\in I_j$. Für $m\leqq j\leqq 2m-3=k$ wählt man $I_j=\{\gamma_j\}$ und $\mathfrak{a}_j=\xi(\gamma_j)$. Dann ist ersichtlich

$$\xi = \sum_{j=1}^{k} \xi_{I_j}\mathfrak{a}_j.$$

$\eta_{I_j}\mathfrak{a}_j$ ist nach Hilfssatz 13.1.1. stetig und bis auf die Randpunkte von I_j differenzierbar mit der Ableitung $\eta'_{I_j}\mathfrak{a}_j=\xi_{I_j}\mathfrak{a}_j$, also Stammabbildung von $\xi_{I_j}\mathfrak{a}_j$. Nach Satz 13.1.3. ist

$$\tilde{\eta} = \sum_{j=1}^{k} \eta_{I_j}\mathfrak{a}_j \quad \text{Stammabbildung von} \quad \xi = \sum_{j=1}^{k} \xi_{I_j}\mathfrak{a}_j.$$

Ist I_j ein einpunktiges Intervall, so ist η_{I_j} konstant, $\eta_{\{c_j\}}=c_j$. Daher ist nach Satz 13.1.1. auch

$$\eta = \tilde{\eta} - \sum_{j=m}^{k} \eta_{\{c_j\}}\mathfrak{a}_j = \tilde{\eta} - \sum_{j=m}^{k} c_j\mathfrak{a}_j \quad \text{Stammabbildung von } \xi. \quad \bullet$$

13.2. Sprungstetige Abbildungen (Regelfunktionen)

Für die Behandlung der in 13.1. erörterten Umkehraufgabe der Differentialrechnung ist es wichtig, möglichst große Klassen von Abbildungen zu kennen, zu denen es Stammabbildungen gibt. Eine Klasse derartiger Abbildungen wird von den Treppenabbildungen gebildet. Eine wesentlich größere, aber immer noch gut übersehbare Klasse solcher Abbildungen ist die Klasse der sprungstetigen Abbildungen.

Definition 13.2.1. *I sei ein Intervall in $\mathbf{R}$, Y ein Banachraum. Eine Abbildung $g:I\to Y$ wird als sprungstetig bezeichnet, wenn für jedes $x\in I$ (vorausgesetzt, daß $]-\infty, x[\cap I\neq\emptyset$ bzw. $]x, \infty[\cap I\neq\emptyset$ ist) die einseitigen Grenzwerte*

$$\lim_{\substack{y\to x\\ y<x}} g(y) \quad \textit{und} \quad \lim_{\substack{y\to x\\ y>x}} g(y) \quad \textit{in } Y \textit{ existieren.}$$

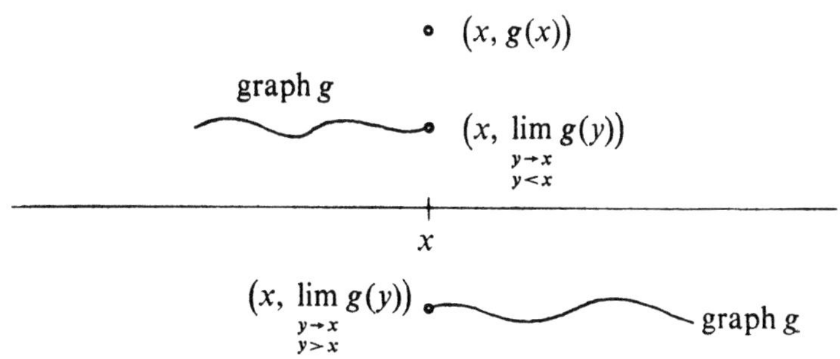

Die Bezeichnung „sprungstetig" kommt von der geometrischen Anschauung her. Eine sprungstetige Abbildung ist in jedem Punkt $x \in I$ bis auf einen „Sprung" in diesem Punkt „stetig". Der Graph einer sprungstetigen Abbildung wird gelegentlich als Regelfunktion bezeichnet. (Eine wenig schöne Übersetzung von „fonction reglée" bzw. „regulated function".)

Satz 13.2.1. *I sei ein Intervall in $\boldsymbol{R}$, Y ein Banachraum. Eine Abbildung*

$$g: I \to Y$$

ist genau dann sprungstetig, wenn es eine Folge $(g_n)_{n \in \boldsymbol{N}}$ von Treppenabbildungen von I in Y so gibt, daß jeder Punkt $x \in I$ eine Umgebung hat, in der

$$g(y) = \lim_{n \to \infty} g_n(y)$$

gleichmäßig existiert.

Beweis. $(g_n)_{n \in \boldsymbol{N}}$ sei eine Folge von Treppenabbildungen von I in Y,

$$g: I \to Y, \quad \lim_{n \to \infty} g_n(y) = g(y) \text{ für jedes } y \in I.$$

Es sei $x \in I$ und U eine Umgebung von x, in der der Grenzwert gleichmäßig existiert. Zu jedem $\varepsilon \in \boldsymbol{R}_+^\times$ gibt es dann ein $n \in \boldsymbol{N}$ mit

$$\|g(y) - g_n(y)\| < \varepsilon \quad \text{für alle} \quad y \in U.$$

Es sei $]-\infty, x[\cap I \neq \emptyset$. Da g_n Treppenabbildung ist, gibt es ein $\gamma \in \boldsymbol{R}$, $\gamma < x$, so, daß $\gamma \in I$ und $g_n|]\gamma, x[$ konstant ist. Für alle $y, z \in]\gamma, x[\cap U$ ist dann $g_n(y) = g_n(z)$ und damit

$$\|g(y) - g(z)\| \leqq \|g(y) - g_n(y)\| + \|g_n(z) - g(z)\| < 2\varepsilon,$$

woraus wegen der Vollständigkeit von Y nach dem Cauchyschen Konvergenzkriterium die Existenz des linksseitigen Grenzwertes von g folgt. Die Existenz des rechtsseitigen Grenzwertes erhält man analog.

Es sei umgekehrt $I \neq \emptyset$ und $g: I \to Y$ sprungstetig. Der Abschluß von I in $\bar{\boldsymbol{R}}$ sei $\bar{I} = [\alpha, \beta]$. Wir wählen eine monoton fallende Folge $(\alpha_n)_{n \in \boldsymbol{N}}$ und eine monoton wachsende Folge $(\beta_n)_{n \in \boldsymbol{N}}$ in I mit

$$\alpha_1 \leqq \beta_1, \quad \lim_{n \to \infty} \alpha_n = \alpha, \quad \lim_{n \to \infty} \beta_n = \beta$$

und $\alpha_1 = \cdots = \alpha$, falls $\alpha \in I$, $\beta_1 = \cdots = \beta$, falls $\beta \in I$ ist. Es sei $n \in \boldsymbol{N}$. Wegen der Existenz der einseitigen Grenzwerte können wir zu jedem Punkt x eine Umgebung $]\gamma, \delta[$, $\gamma < \delta$, so wählen, daß

$$\|g(y) - g(z)\| < \frac{1}{n} \quad \text{für} \quad y, z \in]\gamma, x[\cap I \text{ bzw. } y, z \in]x, \delta[\cap I \text{ ist.}$$

Da $[\alpha_n, \beta_n]$ kompakt ist, läßt sich $[\alpha_n, \beta_n]$ mit endlich vielen derartigen Umgebungen überdecken. Wir können daher endlich viele Punkte

$$\varkappa_1 = \alpha_n < \varkappa_2 < \cdots < \varkappa_m = \beta_n \quad (\varkappa_1 = \alpha_n = \varkappa_2 = \beta_n, \text{ falls } \alpha_n = \beta_n \text{ ist})$$

wählen mit $\|g(y) - g(z)\| < \dfrac{1}{n}$ für $y, z \in]\varkappa_j, \varkappa_{j+1}[$, $j \in \{1, \ldots, m-1\}$. Wir definieren

$$g_n : I \to Y \quad \text{durch} \quad g_n(x) := \begin{cases} 0, & \text{falls } x \in I - [\alpha_n, \beta_n] \text{ ist}, \\ g(x), & \text{falls } x = \varkappa_j,\ j \in \{1, \ldots, m\} \text{ ist}, \\ g\left(\dfrac{1}{2}\varkappa_j + \dfrac{1}{2}\varkappa_{j+1}\right), & \text{falls } x \in]\varkappa_j, \varkappa_{j+1}[\text{ ist}. \end{cases}$$

$\left(\dfrac{1}{2}\varkappa_j + \dfrac{1}{2}\varkappa_{j+1}\right.$ ist der Mittelpunkt des Intervalles $\left.[\varkappa_j, \varkappa_{j+1}].\right)$ g_n ist Treppenabbildung.

Zu $x \in I$ wähle man k so groß, daß $[\alpha_k, \beta_k]$ eine Umgebung U von x in I enthält. In dieser Umgebung von x ist nach der Konstruktion der g_n

$$\|g(y) - g_n(y)\| < \frac{1}{n} \quad \text{für jedes} \quad n \geqq k.$$

Daher ist $\lim\limits_{n \to \infty} g_n(y) = g(y)$ gleichmäßig für $y \in U$. ●

Satz 13.2.2. *Jede sprungstetige Abbildung eines Intervalles I in einen Banachraum Y besitzt Stammabbildungen.*

Beweis. Ist $g: I \to Y$ sprungstetig, so gibt es nach Satz 13.2.1. eine Folge $(g_n)_{n \in N}$ von Treppenabbildungen von I in Y so, daß

$$\lim_{n \to \infty} g_n(y) = g(y) \quad \text{für alle} \quad y \in I$$

ist und jeder Punkt aus I eine Umgebung hat, in der der Grenzwert gleichmäßig existiert. Wählt man zu jedem g_n eine Stammabbildung f_n, so sind die Voraussetzungen von Satz 13.1.4. erfüllt, und man erhält auf die dort angegebene Weise eine Stammabbildung von g. ●

13.3. Das Cauchy-Integral

Eine Abbildung g eines nicht-leeren Intervalles in einen Banachraum hat entweder keine oder mehr als eine Stammabbildung. Die in Satz 13.1.1. gewonnene Übersicht über die Menge der Stammabbildungen gestattet es, eine Normierung einzuführen.

Hilfssatz 13.3.1. *I sei ein Intervall in $\mathbf{R}$, $I \neq \emptyset$, Y ein Banachraum.*

$$g: I \to Y \text{ besitze Stammabbildungen.}$$

Es sei $a \in I$. Sind f_1, f_2 Stammabbildungen von g, so ist

$$f_1(x) - f_1(a) = f_2(x) - f_2(a) \quad \text{für alle} \quad x \in I,$$

d.h., die Differenz $f_1(x) - f_1(a)$ ist von der speziellen Wahl der Stammabbildung f_1 unabhängig.

Beweis. Nach Satz 13.1.1. ist $f_1 - f_2$ konstant, d.h., es gibt ein $\mathfrak{c} \in Y$ mit $f_1 = f_2 + \mathfrak{c}$. ●

Besitzt $g: I \to Y$ Stammabbildungen, so kann man für $a, b \in I$ definieren

$$S(g; a, b) := f(b) - f(a) \text{ für eine Stammabbildung } f \text{ von } g,$$

da der angegebene Wert nicht von der speziellen Auswahl der Stammabbildung f abhängt. Für die Ausdrücke $S(g; a, b)$ kann man einige einfache Rechenregeln herleiten.

Hilfssatz 13.3.2. *I sei ein Intervall in $\mathbf{R}$, $I \neq \emptyset$, Y ein Banachraum. Besitzt $g: I \to Y$ Stammabbildungen, so kann man unabhängig von der speziellen Auswahl der Stammabbildung für $a, b \in I$*

$$S(g; a, b) := f(b) - f(a) \text{ für eine Stammabbildung } f \text{ von } g$$

definieren. Besitzen die Abbildungen g, g_1, g_2 von I in Y Stammabbildungen, so besitzt auch $a_1 g_1 + a_2 g_2$ für alle $a_1, a_2 \in \mathbf{R}$ Stammabbildungen, und für alle $a, b, c \in I$ gilt

$$(1) \qquad S(g; a, c) = S(g; a, b) + S(g; b, c),$$

$$(2) \qquad S(a_1 g_1 + a_2 g_2; a, b) = a_1 S(g_1; a, b) + a_2 S(g_2; a, b),$$

und im Falle $a \leqq b$, $Y = \mathbf{R}$

$$(3) \qquad g_1(x) \leqq g_2(x) \text{ für alle } x \in]a, b[\quad \Rightarrow \quad S(g_1; a, b) \leqq S(g_2; a, b).$$

Ist I_0 Teilintervall von I und $a, b \in I_0$, so ist

$$(4) \qquad S(g; a, b) = S(g|I_0; a, b).$$

Beweis. Es seien f, f_1, f_2 Stammabbildungen von g, g_1, g_2. Nach Satz 13.1.3. ist $a_1 f_1 + a_2 f_2$ Stammabbildung von $a_1 g_1 + a_2 g_2$. Es gilt

$$S(g; a, c) = f(c) - f(a) = f(c) - f(b) + f(b) - f(a) = S(g; a, b) + S(g; b, c),$$

$$S(a_1 g_1 + a_2 g_2; a, b) = a_1 f_1(b) + a_2 f_2(b) - a_1 f_1(a) - a_2 f_2(a)$$

$$= a_1 S(g_1; a, b) + a_2 S(g_2; a, b).$$

Ist $Y=\boldsymbol{R}$, $a \leqq b$ und $g_1(x) \leqq g_2(x)$ für alle $x \in]a, b[$, also $(g_2-g_1)(x) \geqq 0$ für alle $x \in]a, b[$, so ist nach Hilfssatz 11.3.3.

$$0 \leqq (f_2-f_1)(b)-(f_2-f_1)(a) = f_2(b)-f_1(b)-f_2(a)+f_1(a)$$

d.h.

$$0 \leqq S(g_2; a, b)-S(g_1; a, b).$$

Ist f Stammabbildung von g, so ist natürlich $f|I_0$ Stammabbildung von $g|I_0$,

$$a, b \in I_0 \quad \Rightarrow \quad f(b)-f(a) = (f|I_0)(b)-(f|I_0)(a). \quad \bullet$$

Um sich die Bedeutung der Größe $S(g; a, b)$ klarzumachen, ist es zweckmäßig, $Y=\boldsymbol{R}$ zu wählen. I sei ein Intervall in $\boldsymbol{R}$, der Abschluß in $\bar{\boldsymbol{R}}$ sei $\bar{I}=[\alpha, \beta]$. Ist $s \in \boldsymbol{R}$, so ist $s\eta_I(x): \boldsymbol{R} \to \boldsymbol{R}$, definiert durch

$$s\eta_I(x) := \begin{cases} s\cdot\alpha & \text{für } x \leqq \alpha, \\ s\cdot x & \text{für } x \in I, \\ s\cdot\beta & \text{für } \beta \leqq x, \end{cases}$$

Stammabbildung von $s\xi_I$. Sind $a, b \in [\alpha, \beta] \cap \boldsymbol{R}$, $a \leqq b$, so ist

$$S(s\xi_I; a, b) = s\eta_I(b)-s\eta_I(a) = sb-sa = s(b-a)$$

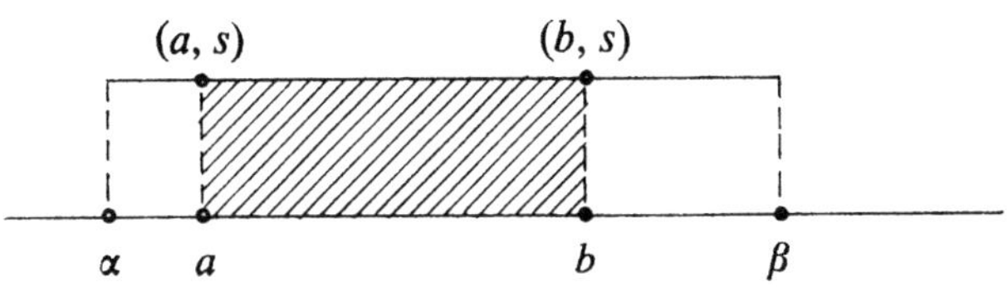

offenbar, abgesehen vom Vorzeichen, der elementargeometrische Inhalt des Flächenstückes, das von dem Graphen von $s\xi_I$, der Abszissenachse und den Ordinaten in a und b begrenzt wird. Die Fläche ist positiv gerechnet, wenn $s \geqq 0$ ist, wenn also die Kurve graph $s\xi_I$ oberhalb der Abszissenachse verläuft, und negativ, wenn $s \leqq 0$ ist, d.h., wenn das Flächenstück unterhalb der Achse liegt.

Ist $\xi: \boldsymbol{R} \to \boldsymbol{R}$ Treppenabbildung, $a, b \in \boldsymbol{R}$, $a \leqq b$, so gibt es endlich viele Punkte

$$\gamma_1 \leqq \gamma_2 \leqq \cdots \leqq \gamma_m, \quad \gamma_1 = a, \quad \gamma_m = b,$$

paarweise verschieden, falls $a<b$ ist, so, daß

$$\xi|]\gamma_j, \gamma_{j+1}[\quad \text{konstant, etwa} \quad \xi(x)=s_j \quad \text{für} \quad x \in]\gamma_j, \gamma_{j+1}[,$$

ist. Wir setzen $I_j :=]\gamma_j, \gamma_{j+1}[$. Dann ist

$$\xi(x) = s_j \xi_{I_j}(x) \quad \text{für alle} \quad x \in I_j,$$

also nach (3) Hilfssatz 13.3.2. (für $g_1(x) \leqq g_2(x)$ und $g_2(x) \leqq g_1(x)$)

$$S(\xi;\gamma_j,\gamma_{j+1}) = S(s_j\xi_{I_j};\gamma_j,\gamma_{j+1}),$$

und unter Verwendung von (1) Hilfssatz 13.3.2.

$$S(\xi;a,b) = \sum_{j=1}^{m-1} S(s_j\xi_{I_j};\gamma_j,\gamma_{j+1}).$$

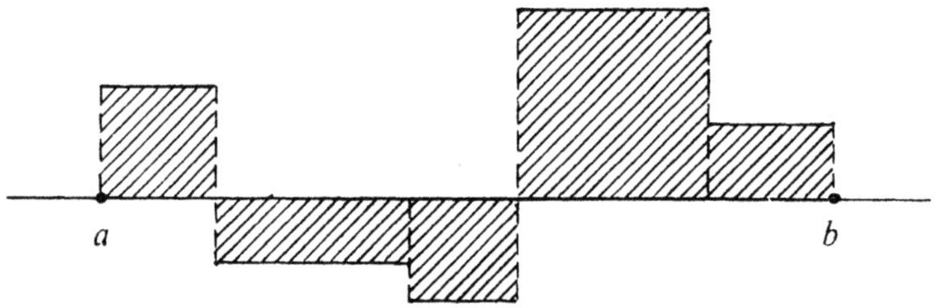

Man erhält wieder den „Inhalt" der Fläche zwischen der Kurve graph ξ, der Abszissenachse und den Ordinaten a, b, wobei die einzelnen Flächenstücke mit den entsprechenden Vorzeichen versehen sind.

Ist I Intervall in $\boldsymbol{R}$ und

$$g: I \to \boldsymbol{R} \text{ sprungstetig,}$$

so hat g nach Satz 13.2.2. Stammabbildungen. Nach dem Beweis von Satz 13.2.2. (also nach Satz 13.2.1.) und nach Satz 13.1.4. gibt es eine Folge $(g_n)_{n\in\boldsymbol{N}}$ von Treppenabbildungen und eine Folge $(f_n)_{n\in\boldsymbol{N}}$ passend ausgewählter Stammabbildungen dazu mit

$$g(y) = \lim_{n\to\infty} g_n(y), \quad f(y) = \lim_{n\to\infty} f_n(y) \quad \text{für alle} \quad y\in I,$$

wobei $f: I \to \boldsymbol{R}$ Stammabbildung von g ist und man zu jedem $x\in I$ eine Umgebung U_x so angeben kann, daß die Grenzwerte in $U_x \cap I$ gleichmäßig existieren. Da $[a, b]$ für $a, b\in I$, $a \leqq b$, kompakt ist, existieren die Grenzwerte nach Hilfssatz 11.4.1. gleichmäßig auf $[a, b]$. Zu gegebenem $\varepsilon\in\boldsymbol{R}_+^\times$ gibt es daher ein $n_0\in\boldsymbol{N}$ so, daß für jedes $n\in\boldsymbol{N}$ mit $n\geqq n_0$

$$|g_n(x)-g(x)| < \varepsilon, \quad |f_n(x)-f(x)| < \varepsilon \quad \text{für alle} \quad x\in[a, b]$$

und damit $g_n(x)-\varepsilon < g(x) < g_n(x)+\varepsilon$ für alle $x\in[a, b]$ ist. Nach (3) Hilfssatz 13.3.2. bedeutet das

$$S(g_n-\varepsilon;a,b) \leqq S(g;a,b) \leqq S(g_n+\varepsilon;a,b).$$

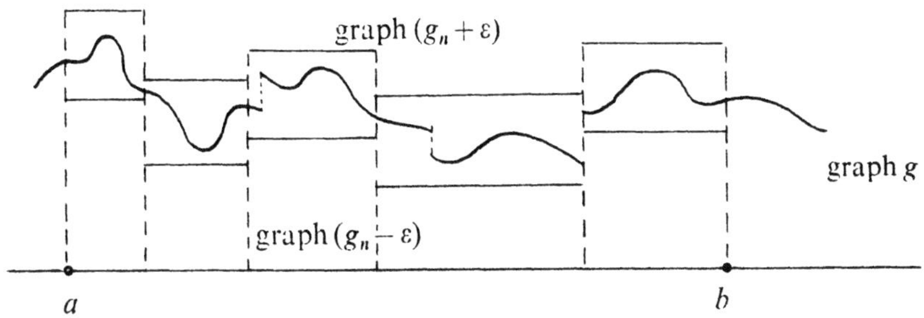

Da $g_n+\varepsilon = g_n-\varepsilon+2\varepsilon$ ist und die Konstante 2ε die durch $h(x)=2\varepsilon x$ definierte Abbildung $h: \boldsymbol{R} \to \boldsymbol{R}$ als Stammabbildung hat, ist nach (2) Hilfssatz 13.3.2.

$$S(g_n+\varepsilon; a, b) = S(g_n-\varepsilon; a, b)+2\varepsilon(b-a),$$

d.h.

$$S(g_n+\varepsilon; a, b)-S(g_n-\varepsilon; a, b) = 2\varepsilon(b-a).$$

$S(g; a, b)$ ist gerade derjenige Wert, der herauskommen muß, wenn es möglich ist, die elementargeometrische Definition des Flächeninhaltes in der üblichen Weise so zu erweitern, daß man auch der Fläche „unter der Kurve graph g“ einen eindeutig bestimmten Inhalt zuschreiben kann (dabei sind natürlich wieder Inhalte von Flächenstücken unterhalb der Abszissenachse negativ gerechnet). Wenn sich diese Erweiterung der Inhaltsdefinition durchführen läßt (der Nachweis der Möglichkeit ist ein Problem der Maßgeometrie), so wird durch die Angabe von $S(g; a, b)$ das Problem der Berechnung des Flächeninhaltes gelöst.

Definition 13.3.1. *I sei ein Intervall in $\boldsymbol{R}$, Y ein Banachraum,*

$$g: I \to Y \textit{ sprungstetig.}$$

Für alle $a, b \in I$ definiert man das Cauchy-Integral (oder einfach: Integral) über g zwischen den Grenzen a und b durch

$$\int_a^b g(x)\,dx := S(g; a, b) = f(b)-f(a),$$

worin f eine Stammabbildung von g ist. Man verwendet die Abkürzung

$$f(x)\Big|_{x=a}^{x=b} := f(b)-f(a).$$

x ist nur ein Markierungszeichen und kann durch jedes Zeichen ersetzt werden, das nicht bereits in anderer Bedeutung benutzt wird.

Anmerkung 13.3.1. Die Bezeichnung

$$\int_a^b g(x)\,dx$$

hat historischen Ursprung. Man könnte genausogut etwa

$$\int_a^b g\,d\mu \quad \text{oder} \quad \int_a^b g \quad \text{oder} \quad S(g;a,b)$$

schreiben. Die Beibehaltung des Markierungszeichens x hat praktische Gründe. Zu einer Abbildung $g: I\times I \to \boldsymbol{R}$ erhält man für jedes $t\in I$ zwei Abbildungen,

$$g(*,t): I\to\boldsymbol{R}, \quad \text{definiert durch} \quad g(*,t)(x) := g(x,t),$$

$$g(t,*): I\to\boldsymbol{R}, \quad \text{definiert durch} \quad g(t,*)(x) := g(t,x),$$

und damit (falls beide Abbildungen sprungstetig sind)

$$\int_a^b g(x,t)\,dx = S\big(g(*,t);a,b\big), \quad \int_a^b g(t,x)\,dx = S\big(g(t,*);a,b\big).$$

Die Bezeichnung wird auch in der Form benutzt, daß man, falls g durch einen Rechenausdruck definiert ist, also etwa

$$g(x) = \frac{3x+15}{x^2+17} \quad \text{für alle} \quad x\in I,$$

diesen Rechenausdruck einsetzt und

$$\int_a^b \frac{3x+15}{x^2+17}\,dx \quad \text{an Stelle von} \quad \int_a^b g(x)\,dx$$

schreibt, was zu keinen Komplikationen führen kann, da man ja g aus dem Rechenausdruck rekonstruieren kann.

x ist nur ein Markierungszeichen, man kann genausogut

$$\int_a^b g(u)\,du, \quad \int_a^b g(c)\,dc, \quad \int_a^b g(m)\,dm$$

schreiben. Man muß nur darauf achten, daß das benutzte Markierungszeichen nicht schon in anderer Bedeutung vorkommt. Steht etwa an Stelle von b das Zeichen x, so darf man also

$$\textit{nicht} \quad \int_a^x g(x)\,dx \quad \text{schreiben, sondern nur} \quad \int_a^x g(t)\,dt \quad \text{oder ähnlich,}$$

da die Verwendung desselben Zeichens mit verschiedenen Bedeutungen zu Mißverständnissen führen kann. ●

Anmerkung 13.3.2. Zur Definition des Cauchy-Integrals benötigt man offenbar nur die Existenz einer Stammabbildung. Da aber die Klasse der sprungstetigen Abbildungen sich wesentlich besser übersehen läßt als die Klasse derjenigen Abbildungen, die Stammabbildungen besitzen, ist die angegebene Definition handlicher. ●

Anmerkung 13.3.3. Ist G eine Funktion mit $\mathscr{D}(G)\subset \mathbf{R}$ und $\mathscr{W}(G)\subset Y$, Y ein Banachraum, so erhält man zu jedem Intervall $I\subset\mathscr{D}(G)$ eine Abbildung

$$g_I=(I,\ Y,\ G|I):I\to Y \quad \text{mit} \quad g_I(x)=G(x).$$

Sind $a, b\in \mathbf{R}$ und gibt es ein Intervall $I\subset\mathscr{D}(G)$ so, daß $a, b\in I$ und g_I sprungstetig ist, so kann man

$$\int\limits_a^b g_I(x)\,dx$$

bilden. Ist I_0 ein anderes derartiges Intervall, so auch $I\cap I_0$, und nach (4) Hilfssatz 13.3.2. ist

$$\int\limits_a^b g_I(x)\,dx=\int\limits_a^b g_{I\cap I_0}(x)\,dx=\int\limits_a^b g_{I_0}(x)\,dx.$$

Da es auf die spezielle Wahl des Intervalles I nicht ankommt, kann man an Stelle von g_I auch G einsetzen und schreibt daher vielfach

$$\int\limits_a^b G(x)\,dx \quad \text{statt} \quad \int\limits_a^b g_I(x)\,dx. \; ●$$

Definition 13.3.2. *Y sei ein Banachraum, G eine Funktion mit $\mathscr{D}(G)\subset \mathbf{R}, \mathscr{W}(G)\subset Y$. Sind $a, b\in\mathbf{R}$ und gibt es ein Intervall $I\subset\mathscr{D}(G)$ mit $a, b\in I$ so, daß für alle $x\in I$ die einseitigen Grenzwerte*

$$\lim_{\substack{y\to x\\ y<x}} G(y) \quad \textit{für} \quad]-\infty, x[\cap I\neq\emptyset, \qquad \lim_{\substack{y\to x\\ y>x}} G(y) \quad \textit{für} \quad]x,\infty[\cap I\neq\emptyset$$

existieren, so kann man nach Anmerkung 13.3.3. das Integral über G zwischen den Grenzen a und b eindeutig durch

$$\int\limits_a^b G(x)\,dx:=\int\limits_a^b g_I(x)\,dx \quad \textit{mit} \quad g_I=(I, Y, G|I) \;\textit{definieren.}\; ●$$

13.4. Das Riemannsche Integral

In der Literatur findet man häufig statt des Cauchy-Integrals das etwas allgemeinere Riemannsche Integral (allgemeiner heißt hier, daß man eine größere Klasse von Abbildungen erfaßt). Da wir in dieser Darstellung das noch allgemeinere Lebesgue-Integral einführen werden, benötigen wir den Riemannschen Integralbegriff nicht. Dieser Abschnitt dient daher nur der zusätzlichen Information und wird im folgenden nirgends benötigt.

I sei ein Intervall in $\boldsymbol{R}$, $g: I \to \boldsymbol{R}$ eine Abbildung, $a, b \in I$, $a \leqq b$ und g in $[a, b]$ beschränkt. Geht man vom geometrischen Problem der Bestimmung des Inhaltes des Flächenstückes F aus, das zwischen der Kurve graph g, der Abszissenachse und den Ordinaten in a und b liegt (unter der Voraussetzung, daß sich dieser Flächeninhalt in der üblichen Weise eindeutig definieren läßt), so wird man auf die Verwendung von zwei Klassen von Treppenabbildungen geführt, nämlich

$$\mathfrak{U} := \{u \mid u: \boldsymbol{R} \to \boldsymbol{R} \quad \text{Treppenabbildung}, \quad u(x) \leqq g(x) \quad \text{für} \quad x \in [a, b]\},$$

$$\mathfrak{V} := \{v \mid v: \boldsymbol{R} \to \boldsymbol{R} \quad \text{Treppenabbildung}, \quad g(x) \leqq v(x) \quad \text{für} \quad x \in [a, b]\}.$$

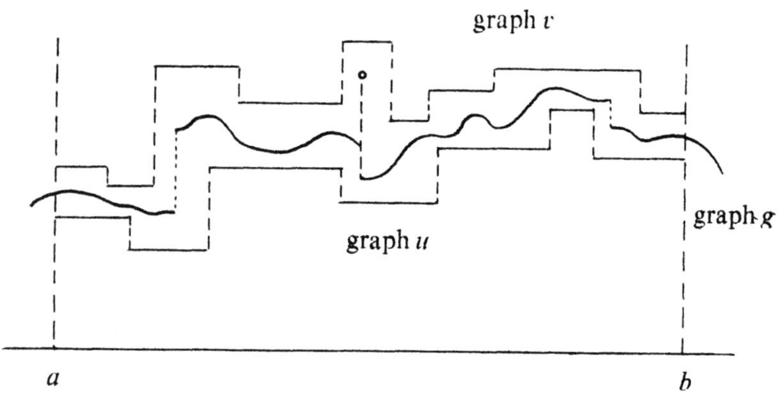

Sind $u \in \mathfrak{U}$ und $v \in \mathfrak{V}$, so ist $u(x) \leqq g(x) \leqq v(x)$ für alle $x \in [a, b]$ und daher nach Hilfssatz 13.3.2.

$$S(u; a, b) \leqq S(v; a, b) \quad \text{für alle } u \in \mathfrak{U} \text{ und alle } v \in \mathfrak{V}.$$

Der Flächeninhalt von F muß, wenn er sich in üblicher Weise definieren läßt, zwischen $S(u; a, b)$ und $S(v; a, b)$ liegen. Da die Ungleichung für festes $v \in \mathfrak{V}$ für alle $u \in \mathfrak{U}$ gilt, ist

$$\sup \{S(u; a, b) \mid u \in \mathfrak{U}\} \leqq S(v; a, b)$$

für jedes $v \in \mathfrak{V}$. Das ergibt

$$\sup \{S(u; a, b) \mid u \in \mathfrak{U}\} \leqq \inf \{S(v; a, b) \mid v \in \mathfrak{V}\}.$$

Man nennt

$S_*(g; a, b) = \sup \{S(u; a, b) \mid u \in \mathfrak{U}\}$ *Darbouxsches Unterintegral* von g,

$S^*(g; a, b) = \inf \{S(v; a, b) \mid v \in \mathfrak{V}\}$ *Darbouxsches Oberintegral* von g.

Wie wir gesehen haben, ist

$$S_*(g; a, b) \leqq S^*(g; a, b).$$

Sind beide Werte gleich, so bezeichnet man den gemeinsamen Wert als Riemannsches Integral über g zwischen den Grenzen a und b. Man erhält in diesem Fall offenbar genau *den* Wert, der als Flächeninhalt von F herauskommen muß (Flächenstücke unterhalb der Abszissenachse negativ gerechnet!). Will man elementargeometrische Überlegungen zur Erweiterung der Definition des Flächeninhaltes vermeiden, so kann man natürlich in allen Fällen, in denen man das Riemannsche Integral bilden kann, dieses zur Definition des Flächeninhaltes verwenden.

Ist g sprungstetig, so gibt es nach den Darlegungen in 13.3. zu jedem $\varepsilon \in \boldsymbol{R}$, $\varepsilon > 0$, ein $u \in \mathfrak{U}$ und ein $v \in \mathfrak{V}$ mit

$$S(v; a, b) - S(u; a, b) = 2\varepsilon(b-a).$$

Dann muß aber

$$S^*(g; a, b) - S_*(g; a, b) \leqq 2\varepsilon(b-a)$$

sein. Da das für jedes positive ε gelten muß, muß

$$S_*(g; a, b) = S^*(g; a, b)$$

sein, das Riemannsche Integral läßt sich bilden und ist wegen

$$S(u; a, b) \leqq \int_a^b g(x)\,dx \leqq S(v; a, b) \quad \text{für} \quad u \in \mathfrak{U},\ v \in \mathfrak{V}$$

(Hilfssatz 13.3.2.) gleich dem Cauchy-Integral.

Da die Klasse derjenigen Abbildungen, für die man das Riemann-Integral bilden kann, größer (sogar echt größer) ist als die Klasse der sprungstetigen Abbildungen, wird der Nachweis der Rechenregeln für das Integral mühsamer. Der Mehraufwand lohnt sich nicht, da sich gezeigt hat, daß man auch mit dem Riemannschen Integral eine zu kleine Klasse von Abbildungen erfaßt und daß der Anfang des Jahrhunderts eingeführte Lebesguesche Integralbegriff, der sich als die letztlich zweckmäßigste Erweiterung des Cauchyschen und des Riemannschen Integralbegriffes erwiesen hat, heutzutage ohne zu großen Aufwand zugänglich ist. Wir werden deshalb auf die Behandlung des Riemannschen Integrals ganz verzichten und als Erweiterung des Cauchyschen Integralbegriffs unmittelbar das Lebesgue-Integral behandeln.

13.5. Integrationsregeln

Nach Definition 13.3.2. benötigt man zur Definition des Integrals zwischen den Grenzen a und b, $a, b \in \boldsymbol{R}$, nur eine Funktion G mit $\mathscr{D}(G) \subset \boldsymbol{R}$ und Werten in einem Banachraum Y, zu der es ein Intervall I gibt mit $a, b \in I \subset \mathscr{D}(G)$, innerhalb dessen alle einseitigen Grenzwerte von G existieren. Das Integral ist dann durch

$$\int_a^b G(x)\,dx := \int_a^b g_I(x)\,dx \quad \text{mit} \quad g_I := (I, Y, G|I)$$

definiert. Auf die spezielle Auswahl des Intervalles I kommt es dabei nicht an. Wir können deshalb die folgenden Integrationsregeln einheitlich für sprungstetige Abbildungen formulieren, von denen angenommen werden kann, daß sie ein Intervall als Definitionsbereich haben, und zwar gegebenenfalls alle dasselbe Intervall.

Satz 13.5.1. *I sei ein Intervall in $\boldsymbol{R}$, Y ein Banachraum, $a, b \in I$, und g und h seien sprungstetige Abbildungen von I in Y. Dann gilt*

(1) *Ist $g(x) \neq \mathfrak{o}$ nur für abzählbar viele $x \in I$, so ist $\int_a^b g(x)\,dx = \mathfrak{o}$.*

(2) *Ist $g(x) \neq h(x)$ nur für abzählbar viele $x \in I$, so ist $\int_a^b g(x)\,dx = \int_a^b h(x)\,dx$.*

(3) *Ist $\mathfrak{c} \in Y$, so ist $\int_a^b \mathfrak{c}\,dx = (b-a)\mathfrak{c}$.*

Beweis. (2) Ist f Stammabbildung von g und $h(x) \neq g(x)$ nur für abzählbar viele $x \in I$, so ist f auch Stammabbildung von h und daher

$$\int_a^b h(x)\,dx = f(b) - f(a) = \int_a^b g(x)\,dx.$$

(3) Die durch $f(x) = x\mathfrak{c}$ definierte Abbildung $f: I \to Y$ ist stetig und differenzierbar, $f'(x) = \mathfrak{c}$ für alle $x \in I$, die Konstante ist sprungstetig. Daher ist

$$\int_a^b \mathfrak{c}\,dx = b\mathfrak{c} - a\mathfrak{c} = (b-a)\mathfrak{c}.$$

(1) Ist $g(x) \neq \mathfrak{o}$ nur für abzählbar viele $x \in I$, so folgt aus (2) und (3)

$$\int_a^b g(x)\,dx = \int_a^b \mathfrak{o}\,dx = (b-a)\mathfrak{o} = \mathfrak{o}. \bullet$$

Anmerkung 13.5.1. Hat eine Abbildung $g: I \to Y$ die Eigenschaft, daß $g(x) \neq \mathfrak{o}$ nur für abzählbar viele $x \in I$ ist, so muß man, um Satz 13.5.1. anwenden zu können, nachweisen, daß g sprungstetig ist! Z. B. ist die Abbildung

$$g: \boldsymbol{R} \to \boldsymbol{R}, \quad \text{definiert durch} \quad g(x) = \begin{cases} 0 & \text{für } x \in \boldsymbol{R} - \boldsymbol{Q}, \\ 1 & \text{für } x \in \boldsymbol{Q}, \end{cases}$$

nicht sprungstetig. ●

Hilfssatz 13.5.1. *I sei ein Intervall in $\boldsymbol{R}$,*

$$g: I \to \boldsymbol{R}, \quad h: I \to \boldsymbol{R} \text{ sprungstetig.}$$

Ist $g(x) \leqq h(x)$ für alle $x \in I$, so gilt für $a, b \in I$, $a \leqq b$,

$$\int_a^b g(x)\,dx \leqq \int_a^b h(x)\,dx.$$

Beweis. (3) Hilfssatz 13.3.2. ●

Satz 13.5.2. *I sei ein Intervall in $\boldsymbol{R}$, Y ein Banachraum, g und h seien sprungstetige Abbildungen von I in Y, $a, b, c \in I$ und $r, s \in \boldsymbol{R}$. Dann gilt*

(1) $$\int_a^b g(x)\,dx + \int_b^c g(x)\,dx = \int_a^c g(x)\,dx,$$

(2) $$\int_a^b (rg+sh)(x)\,dx = r\int_a^b g(x)\,dx + s\int_a^b h(x)\,dx,$$

(3) $$\int_a^b g(x)\,dx = -\int_b^a g(x)\,dx.$$

$\|g\|$, definiert durch $\|g\|(x) := \|g(x)\|$, ist sprungstetig. Ist $a \leqq b$, so gilt

$$\left\|\int_a^b g(x)\,dx\right\| \leqq \int_a^b \|g(x)\|\,dx \leqq \sup\{\|g(x)\| \mid x \in [a,b]\}\,(b-a).$$

Beweis. $rg+sh$ und $\|g\|$ sind trivialerweise sprungstetig. (1) ist (1) Hilfssatz 13.3.2. und (2) ist (2) Hilfssatz 13.3.2. Ist f Stammabbildung von g, so ist

$$\int_a^b g(x)\,dx = f(b)-f(a) = -(f(a)-f(b)) = -\int_b^a g(x)\,dx.$$

Ist $\tilde{f}$ Stammabbildung zu $\|g\|$, so sind $f, \tilde{f}$ mit Ausnahme abzählbar vieler Punkte in I differenzierbar mit

$$f'(x) = g(x), \quad \tilde{f}'(x) = \|g(x)\|, \quad \text{also ist} \quad \|f'(x)\| \leqq \tilde{f}'(x).$$

Nach dem Schrankensatz (Satz 11.3.1.) ist daher

$$\left\| \int_a^b g(x)\,dx \right\| = \|f(b)-f(a)\| \leqq \tilde{f}(b)-\tilde{f}(a) = \int_a^b \|g(x)\|\,dx.$$

Da $C=\sup\{\|g(x)\| \mid x\in[a,b]\}<\infty$ ist, erhält man nach Hilfssatz 13.5.1.

$$\int_a^b \|g(x)\|\,dx \leqq \int_a^b C\,dx = C(b-a). \bullet$$

Satz 13.5.3. *I sei ein Intervall in $\mathbf{R}$, Y Banachraum, $g: I\to Y$ sprungstetig. Für jedes $a\in I$ ist die Abbildung $h: I\to Y$, definiert durch*

$$h(x) = \int_a^x g(t)\,dt,$$

stetig, $h(a)=\mathfrak{o}$. Für jedes $x\in I$ gilt

$$g \text{ ist in } x \text{ stetig} \quad\Rightarrow\quad h \text{ ist in } x \text{ differenzierbar, } h'(x)=g(x).$$

Beweis. f sei Stammabbildung von g. Dann ist $h(x) = f(x)-f(a)$. h ist also ebenfalls Stammabbildung von g, $h(a)=\mathfrak{o}$, für h gilt Satz 13.1.2. ●

Anmerkung 13.5.2. Stetigkeit von h und Differenzierbarkeit von h in den Punkten, in denen g stetig ist, ist für das Cauchy-Integral eine Folge von Satz 13.1.2., ist aber bei Verwendung anderer Integralbegriffe gesondert zu beweisen. Satz 13.5.3. wird gelegentlich als Hauptsatz der Differential- und Integralrechnung bezeichnet. Man beachte die Verwendung des Buchstabens t im Integral, da x bereits anderweitig benutzt wird. ●

Satz 13.5.4. *(Substitutionsregel.) I_0, I seien Intervalle in $\mathbf{R}$, Y Banachraum,*

$$g: I\to Y \text{ sprungstetig.}$$

$\varphi: I_0\to\mathbf{R}$ sei Stammabbildung einer sprungstetigen Abbildung ψ und $\varphi(I_0)\subset I$.

Ist g stetig oder φ monoton, so ist $h: I_0\to Y$, definiert durch $h(t)=g(\varphi(t))$, sprungstetig, und für $a, b\in I_0$ gilt

$$\int_a^b \psi(t)g(\varphi(t))\,dt = \int_{\varphi(a)}^{\varphi(b)} g(x)\,dx.$$

Beweis. (a) g sei stetig, f Stammabbildung von g.

Da g stetig ist, ist h stetig. Da ψ sprungstetig ist, ist auch ψh sprungstetig. Außerdem ist f in jedem Punkte $x\in I$ differenzierbar mit $f'(x)=g(x)$ (Satz 13.1.2.). Daher ist

$$\tilde{f}: I_0\to\mathbf{R}, \quad \text{definiert durch} \quad \tilde{f}(t)=f(\varphi(t)),$$

stetig, in jedem Punkt differenzierbar, in dem φ differenzierbar ist, mit

$$\tilde{f}'(t) = f'(\varphi(t))\,\varphi'(t) = \psi(t)\,g(\varphi(t)) = \psi(t)\,h(t).$$

$\tilde{f}$ ist Stammabbildung von ψh, und man erhält

$$\int_a^b \psi(t)\,g(\varphi(t))\,dt = \tilde{f}(b) - \tilde{f}(a) = f(\varphi(b)) - f(\varphi(a)) = \int_{\varphi(a)}^{\varphi(b)} g(t)\,dt.$$

(b) φ sei monoton wachsend, f Stammabbildung von g.

Es sei $t_0 \in I_0$ und $]-\infty, t_0[\cap I_0 \neq \emptyset$. Dann unterscheiden wir zwei Möglichkeiten:

(1) Es gibt ein $t_1 \in I_0$, $t_1 < t_0$, mit $\varphi(t_1) = \varphi(t_0)$. Dann ist $\varphi(t) = \varphi(t_0)$ für alle $t \in [t_1, t_0]$, h ist in $[t_1, t_0]$ konstant, der linksseitige Grenzwert existiert.

(2) Es gibt kein $t_1 \in I_0$, $t_1 < t_0$, mit $\varphi(t_1) = \varphi(t_0)$. Dann ist $\varphi(t) < \varphi(t_0)$ für alle $t \in I_0$, $t < t_0$, und

$$\lim_{\substack{t \to t_0 \\ t < t_0}} \varphi(t) = \varphi(t_0), \quad \text{da } \varphi \text{ stetig ist.}$$

Da g linksseitige Grenzwerte hat, ist nach Hilfssatz 8.5.5.

$$\lim_{\substack{t \to t_0 \\ t < t_0}} g(\varphi(t)) = \lim_{\substack{x \to \varphi(t_0) \\ x < \varphi(t_0)}} g(x).$$

Entsprechend beweist man die Existenz rechtsseitiger Grenzwerte. h ist daher sprungstetig.

Bis auf abzählbare Punktmengen $A \subset I$ bzw. $B \subset I_0$ ist f bzw. φ differenzierbar, und es gilt

$$f'(x) = g(x) \quad \text{für} \quad x \in I - A, \qquad \varphi'(t) = \psi(t) \quad \text{für} \quad t \in I_0 - B.$$

Ist $x_0 \in A$ und sind $t_1, t_2 \in \varphi^{-1}(\{x_0\})$, $t_1 \leqq t_2$, so gilt für alle $t \in I_0$ mit $t_1 \leqq t \leqq t_2$

$$x_0 = \varphi(t_1) \leqq \varphi(t) \leqq \varphi(t_2) = x_0, \quad \text{also} \quad \varphi(t) = x_0,$$

d.h., $\varphi^{-1}(\{x_0\})$ ist ein Intervall. Ist t innerer Punkt des Intervalles, so gibt es eine Umgebung von t, in der φ und damit

$$\tilde{f}: I_0 \to \boldsymbol{R}, \quad \text{definiert durch} \quad \tilde{f}(t) = f(\varphi(t)),$$

konstant ist. Dann ist $\tilde{f}$ in t differenzierbar mit $\tilde{f}'(t) = 0$. Ist $t \notin B$, so ist auch $\psi(t) = 0$ und damit $\tilde{f}'(t) = \psi(t)\,h(t)$.

Ist $t \in I_0$, $t \notin B$ und t keiner der abzählbar vielen Randpunkte der Intervalle $\varphi^{-1}(\{x_0\})$, $x_0 \in A$, so ist infolgedessen $\tilde{f}$ differenzierbar mit

$$\tilde{f}'(t) = \psi(t)h(t) \quad (h(t) = f'(\varphi(t)) \quad \text{für} \quad \varphi(t) \notin A).$$

Daher ist $\tilde{f}$ Stammabbildung von ψh, und die Behauptung des Satzes folgt wie unter (a). ●

Satz 13.5.5. *(Partielle Integration.)* Y_1, Y_2, Z *seien Banachräume,*

$$\varphi : Y_1 \times Y_2 \to Z \quad \textit{mit} \quad \mathfrak{z} \cdot \mathfrak{w} := \varphi(\mathfrak{z}, \mathfrak{w}) \; \textit{für} \; \mathfrak{z} \in Y_1, \; \mathfrak{w} \in Y_2$$

sei bilinear und stetig. I sei ein Intervall in $\mathbf{R}$, *und*

$$f_1 : I \to Y_1, \quad f_2 : I \to Y_2$$

seien Stammabbildungen der sprungstetigen Abbildungen g_1, g_2. *Dann gilt für alle* $a, b \in I$

$$\int_a^b f_1(t) g_2(t)\, dt = f_1(t) f_2(t)\Big|_{t=a}^{t=b} - \int_a^b g_1(t) f_2(t)\, dt.$$

Beweis. Nach der Produktregel (für den Spezialfall in Hilfssatz 11.2.1.) ist $f_1 f_2$ mit Ausnahme höchstens abzählbar vieler Punkte differenzierbar mit

$$(f_1 \cdot f_2)'(t) = f_1'(t) f_2(t) + f_1(t) f_2'(t) = g_1(t) f_2(t) + f_1(t) g_2(t).$$

Da $g_1 f_2$ und $f_2 g_1$ sprungstetig sind, erhält man

$$\int_a^b f_1(t) g_2(t)\, dt + \int_a^b g_1(t) f_2(t)\, dt = \int_a^b (g_1(t) f_2(t) + f_1(t) g_2(t))\, dt$$

$$= f_1(b) f_2(b) - f_1(a) f_2(a) = f_1(t) f_2(t)\Big|_{t=a}^{t=b}. \quad ●$$

Zur praktischen Ausrechnung von Integralen benötigt man eine Tabelle von Stammabbildungen. Man stellt dazu zunächst eine Tabelle von stetigen Abbildungen

$$f : I \to \mathbf{R}, \quad I \text{ Intervall in } \mathbf{R},$$

her, die bis auf abzählbar viele Punkte differenzierbar sind und deren Ableitung bis auf diese Punkte mit einer sprungstetigen Abbildung übereinstimmt (d.h., f' muß sich zu einer sprungstetigen Abbildung $g : I \to \mathbf{R}$ erweitern lassen). Nach Anmerkung 13.3.3. genügt es, die zugehörigen Funktionen anzugeben bzw. gegebenenfalls den Rechenausdruck, durch den die betreffende Funktion definiert wird, wobei natürlich Angaben über den Definitionsbereich erwünscht sind. Man erhält so eine Tabelle der folgenden Form:

$f(x)$ bzw. $F(x)$	$g(x)$ bzw. $G(x)$	Angaben zum Definitionsbereich
x	1	
$\|x\|$	$\operatorname{sign}(x)$	
x^α für $\alpha \neq 0$	$\alpha x^{\alpha-1}$	$x>0$ für $\alpha \notin \mathbf{Z}$, $x \neq 0$ für $\alpha \leqq 1$
e^x	e^x	
$\log(x)$	$\frac{1}{x}$	$x>0$
$\log(\|x\|)$	$\frac{1}{\|x\|}\operatorname{sign}(x) = \frac{1}{x}$	$x \neq 0$
$\cos(x)$	$-\sin(x)$	
$\sin(x)$	$\cos(x)$	

Dabei ist

$$\operatorname{sign}(x) := \begin{cases} 1 & \text{für } x>0, \\ 0 & \text{für } x=0, \\ -1 & \text{für } x<0. \end{cases}$$

Um die Tabelle so umzuschreiben, daß man zu gegebenem G eine Stammfunktion F erhält, muß man die erste und die zweite Spalte vertauschen und (etwa bei $\alpha x^{\alpha-1}$) gegebenenfalls die Bezeichnungen ändern. Man erhält

$g(x)$ bzw. $G(x)$	Stammabbildung Stammfunktion	Angaben zum Definitionsbereich
1	x	
$\operatorname{sign}(x)$	$\|x\|$	
x^β für $\beta \neq -1$	$\frac{1}{\beta+1} x^{\beta+1}$	$x>0$ für $\beta \notin \mathbf{Z}$, $x \neq 0$ für $\beta \leqq 0$
e^x	e^x	
$\frac{1}{x}$	$\log(\|x\|)$	$x \neq 0$
$\sin(x)$	$-\cos(x)$	
$\cos(x)$	$\sin(x)$	

Diese Tabellen bezeichnet man als Integraltafeln. Üblich sind die Bezeichnungen

„unbestimmtes Integral“ für Stammabbildung, Stammfunktion

und

$$\int g(x)\,dx \quad \text{für} \quad f(x),\ F(x).$$

Angaben zum Definitionsbereich werden in der Regel nicht gemacht (man hält den Benutzer für intelligent genug, sich selbst zu überlegen, welche Definitionsbereiche in Frage kommen, und die Angaben zu überprüfen, was immer erforderlich ist, da die Tafel Druckfehler enthalten kann).

Beispiel 13.5.1. Unter Benutzung der Tabelle erhält man

$$\int_{-2}^{-1} \frac{dx}{x} := \int_{-2}^{-1} \frac{1}{x}\,dx = \log(|x|)\Big|_{x=-2}^{x=-1} = \log(|-1|) - \log(|-2|) = -\log 2.$$

Beispiel 13.5.2. Es seien $a, b \in \boldsymbol{R}$. Zur Berechnung von

$$\int_a^b x \sin x\,dx$$

verwendet man partielle Integration (Satz 13.5.5.) mit

$$f_1(x) := x, \quad g_1(x) = 1, \quad f_2(x) := -\cos x, \quad g_2(x) = \sin x.$$

Dann ist $f_1(x)g_2(x) = x \sin x$, und man erhält

$$\int_a^b x \sin x\,dx = f_1(x)f_2(x)\Big|_{x=a}^{x=b} - \int_a^b 1\cdot(-\cos x)\,dx = x(-\cos x)\Big|_{x=a}^{x=b} - (-\sin x)\Big|_{x=a}^{x=b}$$

$$= -b\cos b + \sin b - (-a\cos a + \sin a).$$

Nach Satz 13.5.3. wird für $a \in \boldsymbol{R}$ durch

$$\int_a^x t \sin t\,dt = -x\cos x + \sin x - (-a\cos a + \sin a)$$

eine Stammabbildung zu $g: \boldsymbol{R} \to \boldsymbol{R}$, gegeben durch $g(x) = x \sin x$, definiert, d.h., (da $-a\cos a + \sin a$ eine Konstante ist)

$$f: \boldsymbol{R} \to \boldsymbol{R}, \quad \text{definiert durch} \quad f(x) = -x\cos x + \sin x,$$

ist Stammabbildung von g, was man auch durch Berechnung der Ableitung von f leicht nachkontrolliert. ●

Beispiel 13.5.3. Es seien $a, b \in \boldsymbol{R}$. Zur Berechnung von

$$\int_a^b \cos^2 x\,dx := \int_a^b (\cos x)^2\,dx$$

benutzt man partielle Integration (Satz 13.5.5.) mit

$$f_1(x) := \cos x, \quad g_1(x) = -\sin x, \quad f_2(x) := \sin x, \quad g_2(x) = \cos x.$$

Dann ist $f_1(x) g_2(x) = \cos^2 x$, und man erhält

$$\int_a^b \cos^2 x\, dx = f_1(x) f_2(x)\Big|_{x=a}^{x=b} - \int_a^b (-\sin x) \sin x\, dx = \cos x \sin x\Big|_{x=a}^{x=b} + \int_a^b (1 - \cos^2 x)\, dx.$$

Durch Addition des Integrals über $\cos^2 x$ erhält man

$$2 \int_a^b \cos^2 x\, dx = \cos x \sin x\Big|_{x=a}^{x=b} + \int_a^b 1\, dx,$$

also

$$\int_a^b \cos^2 x\, dx = \frac{1}{2} \cos x \sin x\Big|_{x=a}^{x=b} + \frac{1}{2}(b-a). \quad \bullet$$

Beispiel 13.5.4. Der Graph der Abbildung

$$g: [-1, 1] \to \boldsymbol{R},$$

definiert durch

$$g(x) := \sqrt{1 - x^2},$$

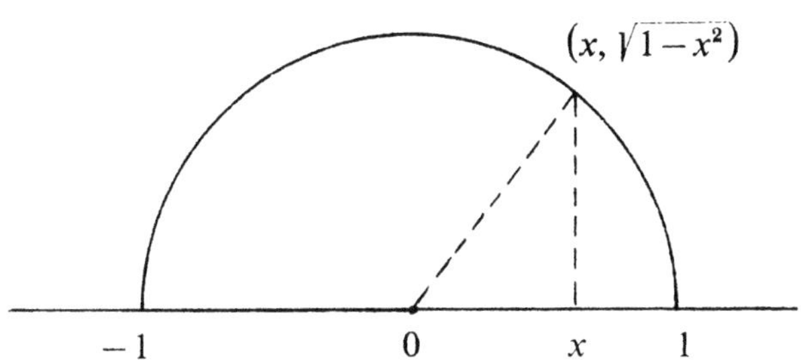

ist gerade der Bogen des Halbkreises (mit dem Radius 1 um (0, 0)). Um den „Flächeninhalt" des Halbkreises, also

$$\int_{-1}^{1} \sqrt{1 - x^2}\, dx,$$

auszurechnen, verwendet man die Substitutionsregel (Satz 13.5.4.) mit

$$\varphi(t) := \sin t, \quad \psi(t) = \varphi'(t) = \cos t$$

und $I_0 = \boldsymbol{R}$, $\varphi(I_0) = \varphi(\boldsymbol{R}) \subset [-1, 1] = I$, ψ stetig, g stetig. Es ist

$$g(\varphi(t)) = \sqrt{1 - \sin^2 t} = \sqrt{\cos^2 t}.$$

Wählt man $a = -\frac{\pi}{2}$, $b = \frac{\pi}{2}$, so ist $\cos t \geqq 0$ für alle $t \in \left[-\frac{\pi}{2}, \frac{\pi}{2}\right]$, also

$$g(\varphi(t)) = \sqrt{\cos^2 t} = \cos t, \quad \varphi(a) = \sin\left(-\frac{\pi}{2}\right) = -1, \quad \varphi(b) = \sin\left(\frac{\pi}{2}\right) = 1.$$

Das liefert bei Verwendung des Ergebnisses von Beispiel 13.5.3.

$$\int_{-1}^{1} \sqrt{1-x^2}\, dx = \int_{\varphi(a)}^{\varphi(b)} g(x)\, dx = \int_a^b \psi(t) g(\varphi(t))\, dt = \int_{-\frac{\pi}{2}}^{\frac{\pi}{2}} \cos t \cos t\, dt$$

$$= \frac{1}{2} \sin t \cos t \Big|_{-\frac{\pi}{2}}^{\frac{\pi}{2}} + \frac{1}{2}\left(\frac{\pi}{2} - \left(-\frac{\pi}{2}\right)\right)$$

$$= \frac{1}{2} \sin\frac{\pi}{2} \cos\frac{\pi}{2} - \frac{1}{2} \sin\left(-\frac{\pi}{2}\right) \cos\left(-\frac{\pi}{2}\right) + \frac{1}{2}\pi = \frac{1}{2}\pi,$$

da $\cos\frac{\pi}{2} = \cos\left(-\frac{\pi}{2}\right) = 0$ ist.

Man hätte natürlich auch ein anderes Intervall auswählen können, etwa

$$a = \frac{3}{2}\pi, \quad b = \frac{9}{2}\pi \quad \text{wegen} \quad \sin\frac{3}{2}\pi = -1, \quad \sin\frac{9}{2}\pi = 1.$$

Dann wäre aber nicht $\sqrt{\cos^2 t} = \cos t$ im ganzen Intervall gewesen, z. B.

$$\cos 3\pi = -1, \quad \text{also} \quad \sqrt{\cos^2 3\pi} = -\cos 3\pi,$$

$$\cos 4\pi = 1, \quad \text{also} \quad \sqrt{\cos^2 4\pi} = \cos 4\pi. \bullet$$

13.6. Integration bei Abhängigkeit von Parametern

Ist zu jedem t aus einer Menge X eine sprungstetige Abbildung

$$g_t: I \to Y$$

eines Intervalles I in einen Banachraum Y gegeben und sind $a, b \in I$, so kann man durch

$$h(t) := \int_a^b g_t(x)\, dx$$

eine Abbildung $h: X \to Y$ definieren. Um festzustellen, in welcher Weise das Integral von dem Parameter t abhängt, kann man natürlich $a \leqq b$ und $I=[a, b]$ wählen. Wie in 13.3. für $Y=\boldsymbol{R}$ dargelegt wurde, ist eine sprungstetige Abbildung eines kompakten Intervalls immer beschränkt (siehe auch Satz 13.6.1.), ist also ein Element des Banachraumes $\mathscr{B}_Y([a, b])$ (bei Verwendung der uniformen Norm, siehe Satz 10.2.3.). Man kann h natürlich aufteilen in

$$h_1: X \to \mathscr{S}, \quad h_2: \mathscr{S} \to Y, \quad h = h_2 \circ h_1,$$

wobei $\mathscr{S}$ die Teilmenge der sprungstetigen Abbildungen in $\mathscr{B}_Y([a, b])$ ist, $h_1(t)=g_t$ ist und h_2 durch das Integral definiert wird. Man wird dann zweckmäßigerweise h_1 und h_2 getrennt untersuchen.

Satz 13.6.1. *Y sei ein Banachraum, $Y \neq \{o\}$, $a, b \in \boldsymbol{R}$, $a \leqq b$,*

$$\mathscr{T}_Y([a, b]) := \{f \mid f: [a, b] \to Y,\ f \text{ Treppenabbildung}\}.$$

$\mathscr{T}_Y([a, b])$ ist Untervektorraum des Banachraumes $\mathscr{B}_Y([a, b])$ (mit der uniformen Norm, Satz 10.2.3.). Die abgeschlossene Hülle $\overline{\mathscr{T}}_Y([a, b])$ von $\mathscr{T}_Y([a, b])$ in $\mathscr{B}_Y([a, b])$ ist wieder Banachraum, und zwar ist

$$\overline{\mathscr{T}}_Y([a, b]) = \mathscr{S}_Y([a, b]) := \{g \mid g: [a, b] \to Y,\ g \text{ sprungstetig}\}.$$

Die Abbildung

$$\mu: \mathscr{S}_Y([a, b]) \to Y, \quad \text{definiert durch} \quad \mu(g) := \int_a^b g(t)\, dt,$$

ist linear und stetig mit

$$\|\mu\| = b - a.$$

Beweis. Jede Treppenabbildung ist beschränkt. $\mathscr{T}_Y([a, b])$ ist trivialerweise Vektorraum und daher Untervektorraum von $\mathscr{B}_Y([a, b])$. Ist $g: [a, b] \to Y$ sprungstetig, so gibt es nach Satz 13.2.1. eine Folge $(g_n)_{n \in \boldsymbol{N}}$ in $\mathscr{T}_Y([a, b])$ so, daß

$$g(x) = \lim_{n \to \infty} g_n(x) \quad \text{für alle} \quad x \in [a, b]$$

ist und jeder Punkt eine Umgebung hat, in der der Grenzwert gleichmäßig existiert. Da $[a, b]$ kompakt ist, existiert der Grenzwert nach Hilfssatz 11.4.1. gleichmäßig in $[a, b]$. Es gibt deshalb ein $n \in \boldsymbol{N}$ mit

$$\|g(x) - g_n(x)\| < 1 \quad \text{für alle} \quad x \in [a, b].$$

Infolgedessen ist auch g beschränkt, d.h. $g \in \mathscr{B}_Y([a, b])$, und somit

$$\mathscr{T}_Y([a, b]) \subset \mathscr{S}_Y([a, b]) \subset \mathscr{B}_Y([a, b]).$$

Da aus der Gleichmäßigkeit der Konvergenz von $(g_n(x))_{n\in N}$ für $x\in[a, b]$ nach Satz 10.2.3. $\lim_{n\to\infty} g_n = g$ in $\mathscr{B}_Y([a, b])$ bez. der uniformen Norm folgt, ist $\mathscr{S}_Y([a, b])\subset \subset \overline{\mathscr{T}}_Y([a, b])$.

Ist $g\in\overline{\mathscr{T}}_Y([a, b])$, so gibt es eine Folge $(g_n)_{n\in N}$ in $\mathscr{T}_Y([a, b])$ mit

$$\lim_{n\to\infty} g_n = g \quad \text{in} \quad \mathscr{B}_Y([a, b]).$$

Nach Satz 10.2.3. folgt hieraus $\lim_{n\to\infty} g_n(x) = g(x)$ gleichmäßig für $x\in[a, b]$. g ist nach Satz 13.2.1. sprungstetig. Daher ist auch $\overline{\mathscr{T}}_Y([a, b])\subset\mathscr{S}_Y([a, b])$.

$\mathscr{S}_Y([a, b])$ ist trivialerweise Vektorraum und als abgeschlossener Untervektorraum eines Banachraumes wieder Banachraum.

μ ist nach (2) Satz 13.5.2. linear, und nach (4) Satz 13.5.2. gilt für $g\in\mathscr{S}_Y([a, b])$

$$\|\mu(g)\| = \left\|\int_a^b g(x)\,dx\right\| \leqq \|g\|_u\cdot(b-a).$$

Nach (4) Satz 10.3.1. ist μ stetig, nach Satz 10.3.2.

$$\|\mu\| \leqq (b-a).$$

Da $Y\neq\{\mathfrak{o}\}$ ist, gibt es ein $\mathfrak{c}\in Y$ mit $\mathfrak{c}\neq\mathfrak{o}$. $\mathfrak{c}_0 = \frac{1}{\|\mathfrak{c}\|}\mathfrak{c}$ hat die Norm $\|\mathfrak{c}_0\| = 1$. Faßt man $\mathfrak{c}_0$ als Element von $\mathscr{B}_Y([a, b])$ auf (Satz 7.9.7.), so ist $\|\mathfrak{c}_0\|_u = \|\mathfrak{c}_0\| = 1$. Aus

$$\|\mu(\mathfrak{c}_0)\| = \left\|\int_a^b \mathfrak{c}_0\,dx\right\| = \|(b-a)\,\mathfrak{c}_0\| = (b-a)$$

folgt daher

$$\|\mu\| \geqq (b-a), \quad \text{d.h.} \quad \|\mu\| = (b-a). \quad \bullet$$

Mit Hilfe von Satz 13.6.1. beweist man unmittelbar

Satz 13.6.2. *Y sei ein Banachraum, $a, b\in\mathbf{R}$. $a\leqq b$, $(g_n)_{n\in N}$ eine Folge sprungstetiger Abbildungen von $[a, b]$ in Y. Existiert*

$$g(x) := \lim_{n\to\infty} g_n(x) \quad \textit{gleichmäßig für} \quad x\in[a, b],$$

so ist $g:[a, b]\to Y$ sprungstetig und

$$\int_a^b g(x)\,dx = \lim_{n\to\infty}\int_a^b g_n(x)\,dx.$$

Ist $f(x) := \sum_{n=1}^{\infty} g_n(x)$ *gleichmäßig konvergent für* $x \in [a, b]$, *so ist* $f:[a, b] \to Y$ *sprungstetig und*

$$\int_a^b f(x)\,dx = \sum_{n=1}^{\infty} \int_a^b g_n(x)\,dx.$$

Ist die Folge $(g_n)_{n\in N}$ *bezüglich der uniformen Norm absolut summierbar, so ist die Folge* $\left(\int_a^b g_n(x)\,dx\right)_{n\in N}$ *in* Y *absolut summierbar.*

Beweis. Aus der gleichmäßigen Existenz des Grenzwertes folgt nach Satz 10.2.3.

$$g \in \mathscr{B}_Y([a,b]), \quad g = \lim_{n\to\infty} g_n \text{ bezüglich der uniformen Norm,}$$

da nach Satz 13.6.1. $g_n \in \mathscr{S}_Y([a, b]) \subset \mathscr{B}_Y([a, b])$ für alle $n \in N$ ist. Da $\mathscr{S}_Y([a, b])$ abgeschlossen ist, ist $g \in \mathscr{S}_Y([a, b])$. Da μ stetig ist (Satz 13.6.1.), ist

$$\lim_{n\to\infty} \int_a^b g_n(x)\,dx = \lim_{n\to\infty} \mu(g_n) = \mu(\lim_{n\to\infty} g_n) = \mu(g) = \int_a^b g(x)\,dx.$$

Die Aussage über f ist nur die Umformulierung auf Reihen. Wegen $\|\mu\| = (b-a)$ ist $\|\mu(g_n)\| \leqq (b-a)\|g_n\|_u$. Daher ist $((b-a)\|g_n\|_u)_{n\in N}$ Majorante von $\left(\int_a^b g_n(x)dx\right)_{n\in N}$. ●

Satz 13.6.3. X_2, Y *seien Banachräume,* $Z_2 \subset X_2$, $a, b \in \mathbf{R}$, $a \leqq b$, *und*

$$g:[a, b] \times Z_2 \to Y \text{ stetig.}$$

Definiert man für jedes $\mathfrak{x} \in Z_2$

$$h_{\mathfrak{x}}:[a, b] \to Y \quad \text{durch} \quad h_{\mathfrak{x}}(t) := g(t, \mathfrak{x}), \text{ also } h_{\mathfrak{x}} = g \circ (id_{[a,b]}, \mathfrak{x}),$$

so ist $h_{\mathfrak{x}}$ *stetig, und man kann*

$$h: Z_2 \to \mathscr{S}_Y([a, b]) \quad \text{durch} \quad h(\mathfrak{x}) := h_{\mathfrak{x}} \text{ für alle } \mathfrak{x} \in Z_2$$

definieren. h *ist stetig.*

Ist $\mathfrak{x} \in Z_2$, *existiert* $D_2 g(t, \mathfrak{v})$ *für alle* $t \in [a, b]$ *und alle* $\mathfrak{v}$ *in einer Umgebung* U *von* $\mathfrak{x}$ *und ist* $D_2 g$ *in* $[a, b] \times U$ *stetig, so ist* h *in* $\mathfrak{x}$ *differenzierbar,*

$$h'(\mathfrak{x}) = D_2 g(*, \mathfrak{x}).$$

Dabei ist $D_2 g(*, \mathfrak{x}) \in \mathscr{L}(X_2; \mathscr{S}_Y([a, b]))$ *wie folgt festgelegt:*
Für $\mathfrak{y} \in X_2$ *ist* $D_2 g(*, \mathfrak{x})\mathfrak{y} \in \mathscr{S}_Y([a, b])$, *d.h.* $D_2 g(*, \mathfrak{x})\mathfrak{y}:[a, b] \to Y$, *und für* $t \in [a, b]$ *ist* $(D_2 g(*, \mathfrak{x})\mathfrak{y})(t) = D_2 g(t, \mathfrak{x})\mathfrak{y}$.

Beweis. Ist $\mathfrak{x} \in Z_2$, so kann man zu jedem $\varepsilon \in \boldsymbol{R}_+^\times$ wegen der Stetigkeit von g für jedes $t \in [a, b]$ eine Umgebung $U_t \times V_t$ von $(t, \mathfrak{x})$ so angeben, daß

$$\|g(s, \mathfrak{v}) - g(t, \mathfrak{x})\| < \varepsilon \quad \text{für alle} \quad s \in U_t, \quad \mathfrak{v} \in V_t$$

ist. Da $[a, b]$ kompakt ist, kann man $[a, b]$ mit endlich vielen derartigen Umgebungen $U_{t_1}, \ldots, U_{t_n}$ überdecken. Setzt man $V = \bigcap_{j=1}^{n} V_{t_j}$, so ist für jedes $s \in [a, b]$, $\mathfrak{v} \in V$ (j passend zu s)

$$\|g(s, \mathfrak{v}) - g(s, \mathfrak{x})\| \leqq \|g(s, \mathfrak{v}) - g(t_j, \mathfrak{x})\| + \|g(t_j, \mathfrak{x}) - g(s, \mathfrak{x})\| < 2\varepsilon$$

und daher $\|h(\mathfrak{v}) - h(\mathfrak{x})\|_u = \|h_{\mathfrak{v}} - h_{\mathfrak{x}}\|_u \leqq 2\varepsilon$. Infolgedessen ist

$$\lim_{\mathfrak{v} \to \mathfrak{x}} h(\mathfrak{v}) = h(\mathfrak{x}) \quad \text{bezüglich} \quad \| \quad \|_u.$$

h ist stetig.

Ist $D_2 g$ in $[a, b] \times U$ stetig, U Umgebung von $\mathfrak{x}$, so kann man zu jedem $\varepsilon \in \boldsymbol{R}_+^\times$ wieder eine Umgebung $\tilde{V}$ von $\mathfrak{x}$ so finden, daß

$$\|D_2 g(s, \mathfrak{v}) - D_2 g(s, \mathfrak{x})\| < 2\varepsilon \quad \text{für jedes} \quad \mathfrak{v} \in \tilde{V}, \; s \in [a, b]$$

ist. Wählt man $\delta \in \boldsymbol{R}_+^\times$ so, daß $U_\delta(\mathfrak{x}) \subset \tilde{V}$ ist, so gilt nach Satz 11.3.3. für alle $s \in [a, b]$ und alle $\mathfrak{y} \in X_2$ mit $\|\mathfrak{y}\| < \delta$

$$g(s, \mathfrak{x} + \mathfrak{y}) = g(s, \mathfrak{x}) + D_2 g(s, \mathfrak{x})\mathfrak{y} + r(s, \mathfrak{x}; \mathfrak{y}) \quad \text{mit} \quad \|r(s, \mathfrak{x}; \mathfrak{y})\| \leqq 2\varepsilon \|\mathfrak{y}\|$$

und daher

$$\|h(\mathfrak{x} + \mathfrak{y}) - h(\mathfrak{x}) - D_2 g(*, \mathfrak{x})\mathfrak{y}\|_u \leqq 2\varepsilon \|\mathfrak{y}\| \quad \text{für} \quad \mathfrak{y} \in X_2, \; \|\mathfrak{y}\| < \delta.$$

Das besagt aber gerade, daß h in $\mathfrak{x}$ differenzierbar ist mit

$$h'(\mathfrak{x}) = D_2 g(*, \mathfrak{x}). \quad \bullet$$

Eine einfache Folgerung ist

Satz 13.6.4. *X_2, Y seien Banachräume, $Z_2 \subset X_2$, $a, b \in \boldsymbol{R}$, $a < b$, und*

$$g : [a, b] \times Z_2 \to Y \textit{ stetig.}$$

Die Abbildung

$$\tilde{g} : Z_2 \to Y, \quad \textit{definiert durch} \quad \tilde{g}(\mathfrak{x}) := \int_a^b g(t, \mathfrak{x})\, dt,$$

ist stetig. Ist $\mathfrak{x} \in \mathring{Z}_2$, existiert $D_2 g(t, \mathfrak{v})$ für alle $t \in [a, b]$ und alle $\mathfrak{v}$ in einer Umgebung U von $\mathfrak{x}$ und ist $D_2 g$ in $[a, b] \times U$ stetig, so ist $\tilde{g}$ in $\mathfrak{x}$ differenzierbar und

$$\tilde{g}'(\mathfrak{x}) = \int_a^b D_2 g(t, \mathfrak{x})\, dt. \quad \bullet$$

Beweis. Definiert man für $\mathfrak{x} \in X_2$

$$h_{\mathfrak{x}} : [a, b] \to Y \quad \text{durch} \quad h_{\mathfrak{x}}(t) = g(t, \mathfrak{x})$$

und in den Bezeichnungen von Satz 13.6.1. und 13.6.3.

$$h : Z_2 \to \mathscr{S}_Y([a, b]) \quad \text{durch} \quad h(\mathfrak{x}) := h_{\mathfrak{x}},$$

$$\mu : \mathscr{S}_Y([a, b]) \to Y \quad \text{durch} \quad \mu(f) := \int_a^b f(t)\, dt,$$

so ist $\tilde{g} = \mu \circ h$. $\tilde{g}$ ist stetig und unter den angegebenen Voraussetzungen in $\mathfrak{x}$ differenzierbar (da h differenzierbar und μ linear und stetig ist), und für alle $\mathfrak{y} \in X_2$ ist

$$\tilde{g}'(\mathfrak{x})\mathfrak{y} = (\mu \circ h)'(\mathfrak{x})\mathfrak{y} = \mu \circ h'(\mathfrak{x})\mathfrak{y} = \mu\big(D_2 g(*, \mathfrak{x})\mathfrak{y}\big) = \int_a^b D_2 g(t, \mathfrak{x})\mathfrak{y}\, dt$$
$$= \int_a^b D_2 g(t, \mathfrak{x})\, dt\, \mathfrak{y}.$$

Um sich davon zu überzeugen, daß man den „Faktor“ $\mathfrak{y}$ aus dem Integral herausziehen kann, setze man etwa in Satz 13.5.5.

$$g_1(t) = D_2 g(t, \mathfrak{x}), \quad f_2(t) = \mathfrak{y}, \quad g_2(t) = f_2'(t) = \mathfrak{o}.$$

Dann ist

$$f_1(t)\mathfrak{y}\Big|_{t=a}^{t=b} = \int_a^b f_1(t) \cdot \mathfrak{o}\, dt + \int_a^b g_1(t) f_2(t)\, dt = \int_a^b D_2 g(t, \mathfrak{x})\mathfrak{y}\, dt,$$

andererseits aber auch

$$\int_a^b D_2 g(t, \mathfrak{x})\, dt\, \mathfrak{y} = \int_a^b g_1(t)\, dt\, \mathfrak{y} = \left(f_1(t)\Big|_{t=a}^{t=b}\right)\mathfrak{y} = f_1(t)\mathfrak{y}\Big|_{t=a}^{t=b}. \quad \bullet$$

13.7. Uneigentliche Integrale

Ist Y ein Banachraum, sind $\alpha, \beta \in \bar{\boldsymbol{R}}$, $\alpha < \beta$, und ist $g :]\alpha, \beta[\to Y$ sprungstetig, so kann man für $a, b \in]\alpha, \beta[$

$$\int_a^b g(t)\, dt$$

bilden. Ist $\beta \in \boldsymbol{R}$ und gibt es eine sprungstetige Abbildung

$$\tilde{g} :]\alpha, \beta] \to Y \quad \text{mit} \quad \tilde{g} \,|\,]\alpha, \beta[= g,$$

so ist

$$\int_a^\beta \tilde{g}(t)\, dt = \lim_{\substack{b \to \beta \\ b < \beta}} \int_a^b \tilde{g}(t)\, dt = \lim_{\substack{b \to \beta \\ b < \beta}} \int_a^b g(t)\, dt.$$

Der Grenzwert rechts kann aber natürlich auch dann existieren, wenn $\beta=\infty$ ist oder wenn zwar $\beta\in\boldsymbol{R}$ ist, aber g sich nicht zu einer sprungstetigen Abbildung $\tilde{g}:]\alpha,\beta]\to Y$ erweitern läßt. In diesem Falle führt man den Grenzwert als „uneigentliches Integral" ein.

Definition 13.7.1. *Y sei ein Banachraum, $\alpha,\beta\in\bar{\boldsymbol{R}}$, $\alpha<\beta$, und*

$$g:]\alpha,\beta[\to Y \text{ sprungstetig.}$$

Für $c\in]\alpha,\beta[$ definiert man uneigentliche Integrale durch

$$\int_{\alpha}^{c} g(t)\,dt := \lim_{\substack{a\to\alpha\\ a>\alpha}} \int_{a}^{c} g(t)\,dt,\qquad \int_{c}^{\beta} g(t)\,dt := \lim_{\substack{b\to\beta\\ b<\beta}} \int_{c}^{b} g(t)\,dt$$

und (offensichtlich unabhängig von c)

$$\int_{\alpha}^{\beta} g(t)\,dt := \int_{\alpha}^{c} g(t)\,dt + \int_{c}^{\beta} g(t)\,dt,$$

falls die betreffenden Grenzwerte existieren.

Hilfssatz 13.7.1. *Gibt es zu g in Definition 13.7.1. (im Falle $\beta\in\boldsymbol{R}$) eine sprungstetige Abbildung $\tilde{g}:]\alpha,\beta]\to Y$ mit $\tilde{g}|]\alpha,\beta[=g$, so existiert das uneigentliche Integral mit der oberen Grenze β, und es ist*

$$\int_{c}^{\beta} g(t)\,dt = \int_{c}^{\beta} \tilde{g}(t)\,dt.$$

Eine analoge Aussage gilt für die anderen uneigentlichen Integrale.

Beweis. Siehe die Bemerkungen vor Definition 13.7.1. ●

Hilfssatz 13.7.2. *Existiert zu g in Definition 13.7.1.*

$$\int_{c}^{\beta} \|g(t)\|\,dt, \quad \text{so existiert auch} \quad \int_{c}^{\beta} g(t)\,dt.$$

Man bezeichnet das Integral in diesem Falle als absolut konvergent. Eine analoge Aussage gilt für die anderen uneigentlichen Integrale.

Beweis. Für $c<b_1<b_2<\beta$ gilt

$$\left\|\int_{c}^{b_2} g(t)\,dt - \int_{c}^{b_1} g(t)\,dt\right\| = \left\|\int_{b_1}^{b_2} g(t)\,dt\right\| \leqq \int_{b_1}^{b_2} \|g(t)\|\,dt = \int_{e}^{b_2} \|g(t)\|\,dt - \int_{c}^{b_1} \|g(t)\|\,dt.$$

Ist das Cauchysche Konvergenzkriterium (Satz 9.1.3.) für

$$\int_c^b \|g(t)\|\,dt \text{ für } b\to\beta,\ b<\beta, \quad \text{erfüllt, so auch für} \quad \int_a^b g(t)\,dt \text{ für } b\to\beta,\ b<\beta,$$

d.h.,

$$\lim_{\substack{b\to\beta\\ b<\beta}} \int_c^b \|g(t)\|\,dt \text{ existiert} \Rightarrow \lim_{\substack{b\to\beta\\ b<\beta}} \int_c^b g(t)\,dt \text{ existiert.} \bullet$$

Beispiel 13.7.1. Es sei $\alpha = -\infty$, $\beta=\infty$, $Y=\boldsymbol{R}$ und

$$g(x) = \sum_{n=1}^{\infty} \frac{(-1)^n}{n} \xi_{[n-1,n[}(x).$$

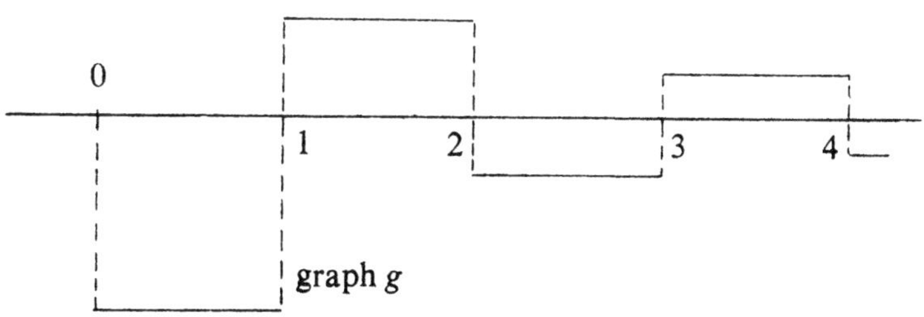

g ist offensichtlich sprungstetig (stetig bis auf $x\in\boldsymbol{N}\cup\{0\}$). Bezeichnet $[x]$ die größte ganze Zahl $\leqq x$, so ist für $x>0$

$$\int_0^x |g(t)|\,dt = \sum_{n=1}^{[x]} \frac{1}{n} + \frac{x-[x]}{[x]+1},$$

d.h.,

$$\lim_{b\to\infty} \int_0^b |g(t)|\,dt = \infty, \quad \lim_{b\to\infty} \int_0^b |g(t)|\,dt \text{ existiert nicht in } \boldsymbol{R}.$$

Dagegen ist

$$\int_0^x g(t)\,dt = \sum_{n=1}^{[x]} \frac{(-1)^n}{n} + (-1)^{[x]+1} \frac{x-[x]}{[x]+1}.$$

Da $0\leqq x-[x]\leqq 1$ für alle x ist, existiert offenbar

$$\int_0^\infty g(t)\,dt = \lim_{b\to\infty} \int_0^b g(t)\,dt = \sum_{n=1}^{\infty} \frac{(-1)^n}{n}.$$

Es kann also vorkommen, daß das uneigentliche Integral existiert, ohne daß es absolut konvergent ist. $\bullet$

Satz 13.7.1. *Y sei ein Banachraum, $\alpha, \beta \in \boldsymbol{R}$, $\alpha < \beta$, und $g:]\alpha, \beta[\to Y$ sprungstetig.*
Ist $\beta = \infty$ und $\gamma \in \boldsymbol{R}$, $\gamma < -1$, so gilt für $c \in]\alpha, \beta[$

$$g(t) = O(t^\gamma) \text{ für } t \to \infty \quad \Rightarrow \quad \int_c^\infty \|g(t)\| \, dt \text{ existiert.}$$

Ist $\alpha = 0$ und $\gamma \in \boldsymbol{R}$, $\gamma > -1$, so gilt für $c \in]\alpha, \beta[$

$$g(t) = O(t^\gamma) \text{ für } t \to 0,\ t > 0 \quad \Rightarrow \quad \int_0^c \|g(t)\| \, dt \text{ existiert.}$$

Beweis. Ist $\beta = \infty$ und $\gamma < -1$, so gibt es im Falle $g(t) = O(t^\gamma)$ für $t \to \infty$ ein $C \in \boldsymbol{R}$ und ein $\delta \in \boldsymbol{R}_+^\times$ mit

$$\|g(t)\| \leqq C t^\gamma \quad \text{für alle} \quad t \in \boldsymbol{R}, \quad t > \delta.$$

Da

$$\int_\delta^\infty C \cdot t^\gamma \, dt = \lim_{b \to \infty} \int_\delta^b C \cdot t^\gamma \, dt = \lim_{b \to \infty} C \left(\frac{b^{\gamma+1}}{\gamma+1} - \frac{\delta^{\gamma+1}}{\gamma+1} \right) = -C \frac{\delta^{\gamma+1}}{\gamma+1}$$

wegen $\gamma + 1 < 0$ existiert und für $\delta < b_1 < b_2$

$$\int_{b_1}^{b_2} \|g(t)\| \, dt \leqq \int_{b_1}^{b_2} C \cdot t^\gamma \, dt$$

ist, erhält man aus dem Cauchyschen Konvergenzkriterium für das Integral über Ct^γ das Cauchysche Konvergenzkriterium für das Integral über $\|g(t)\|$. (Man vergleiche den Beweis von Hilfssatz 13.7.2.)

Ist $\alpha = 0$ und $\gamma > -1$, so gibt es im Falle $g(t) = O(t^\gamma)$ für $t \to 0$, $t > 0$, ein $C \in \boldsymbol{R}$ und ein $\delta \in \boldsymbol{R}_+^\times$ mit

$$\|g(t)\| \leqq C t^\gamma \quad \text{für alle} \quad t \in]0, \delta[.$$

Die Existenz des Integrals über $\|g(t)\|$ folgt dann aus der Existenz von

$$\int_0^\delta C \cdot t^\gamma \, dt = \lim_{\substack{a \to 0 \\ a > 0}} \int_a^\delta C \cdot t^\gamma \, dt = \lim_{\substack{a \to 0 \\ a > 0}} C \left(\frac{\delta^{\gamma+1}}{\gamma+1} - \frac{a^{\gamma+1}}{\gamma+1} \right) = C \frac{\delta^{\gamma+1}}{\gamma+1} \quad \text{wegen} \quad \gamma + 1 > 0. \quad \bullet$$

Uneigentliche Integrale treten häufig bei der Definition spezieller Funktionen und Abbildungen auf. Ein Beispiel gibt

Satz 13.7.2. *Für alle $x \in \boldsymbol{R}_+^\times$ und alle $n \in \boldsymbol{N} \cup \{0\}$ existiert*

$$\int_0^\infty t^{x-1} \log^n t \, e^{-t} \, dt.$$

Für festes n konvergiert das uneigentliche Integral absolut und gleichmäßig für x in einem beliebigen kompakten Intervall $[v, w] \subset \boldsymbol{R}_+^\times$. *Definiert man*

$$\Gamma : \boldsymbol{R}_+^\times \to \boldsymbol{R} \quad \textit{durch} \quad \Gamma(x) := \int_0^\infty t^{x-1} e^{-t}\, dt,$$

so ist Γ *stetig und beliebig oft stetig differenzierbar mit*

$$\Gamma^{(n)}(x) = \int_0^\infty t^{x-1} \log^n t\, e^{-t}\, dt \quad \textit{für jedes} \quad n \in \boldsymbol{N}.$$

Für alle $x \in \boldsymbol{R}_+^\times$ *und jedes* $n \in \boldsymbol{N}$ *ist*

$$\Gamma(x+1) = x\Gamma(x), \quad \Gamma(n+1) = n!, \quad \Gamma(1) = 0! = 1.$$

Beweis. Nach der l'Hospitalschen Regel (Satz 12.2.1.) gilt für $\gamma \in \boldsymbol{R}_+^\times$

$$\lim_{t\to 0} t^\gamma \log t = \lim_{t\to 0} \frac{\log t}{t^{-\gamma}} = \lim_{t\to 0} \frac{t^{-1}}{-\gamma t^{-\gamma-1}} = \lim_{t\to 0} \frac{1}{-\gamma} t^\gamma = 0,$$

$$\lim_{t\to\infty} \frac{\log t}{t^\gamma} = \lim_{t\to\infty} \frac{t^{-1}}{\gamma t^{\gamma-1}} = \lim_{t\to\infty} \frac{1}{\gamma t^\gamma} = 0.$$

Daher gibt es ein $C_\gamma \in \boldsymbol{R}_+^\times$ so, daß

$$|t^\gamma \log t| < C_\gamma \text{ für } 0 < t \leqq 1, \quad |t^{-\gamma} \log t| < C_\gamma \text{ für } 1 \leqq t < \infty$$

ist. Die Reihenentwicklung für e^t (Hilfssatz 12.4.1.) liefert für jedes $m \in \boldsymbol{N}$

$$\frac{1}{m!} t^m \leqq e^t, \quad \text{also} \quad e^{-t} \leqq (m!)t^{-m} \text{ für alle } t \in \boldsymbol{R}_+^\times.$$

Es sei $v \leqq x \leqq w$. Wir wählen $u, \gamma > 0$ so, daß $u + n\gamma = v$ ist. Für $0 < t \leqq 1$ gilt

$$|t^{x-1} \log^n t\, e^{-t}| \leqq t^{u-1} |t^\gamma \log t|^n\, |e^{-t}| \leqq t^{u-1} \cdot C_\gamma^n.$$

Wählt man $m \in \boldsymbol{N}$ so, daß $n + w + 1 \leqq m$ ist, so erhält man für $1 \leqq t < \infty$

$$|t^{x-1} \log^n t\, e^{-t}| \leqq t^{n+w-1} |t^{-1} \log t|^n\, |e^{-t}| \leqq C_1^n t^{-2}(m!).$$

Nach Satz 13.7.1. existieren deshalb

$$\lim_{a\to 0} \int_a^1 t^{x-1} \log^n t\, e^{-t}\, dt, \quad \lim_{b\to\infty} \int_1^b t^{x-1} \log^n t\, e^{-t}\, dt,$$

und zwar gleichmäßig für $x \in [v, w]$, da die angegebenen Abschätzungen nicht mehr von x abhängen.

Für $0 < a < b < \infty$ ist

$$\int_a^b t^{x-1} \log^n t\, e^{-t}\, dt = \int_a^b e^{(x-1)\log t} \log^n t\, e^{-t}\, dt.$$

Wegen der Stetigkeit von $g_n(t, x) = e^{(x-1)\log t} \log^n t\, e^{-t}$ in $[a, b] \times \boldsymbol{R}_+^\times$ ist das Integral als Funktion von x stetig und wegen

$$D_2 g_n(t, x) = \log t\, e^{(x-1)\log t} \log^n t\, e^{-t} = g_{n+1}(t, x)$$

nach Satz 13.6.4. auch differenzierbar mit der Ableitung

$$\int_a^b t^{x-1} \log^{n+1} t\, e^{-t}\, dt.$$

Ist $(a_j)_{j \in \boldsymbol{N}}$ eine Folge in $\boldsymbol{R}_+^\times$, die gegen 0 konvergiert, und $(b_j)_{j \in \boldsymbol{N}}$ eine Folge mit dem Grenzwert ∞, so ist

$$\lim_{j \to \infty} \int_{a_j}^{b_j} t^{x-1} \log^{n+1} t\, e^{-t}\, dt = \int_0^\infty t^{x-1} \log^{n+1} t\, e^{-t}\, dt.$$

Da der Grenzwert gleichmäßig für $x \in [v, w]$ existiert, kann man unmittelbar Satz 11.4.2. anwenden und erhält (zunächst für $n=0$, dann weiter mit vollständiger Induktion)

$$\Gamma^{(n)}(x) = \int_0^\infty t^{x-1} \log^n t\, e^{-t}\, dt.$$

Partielle Integration (Satz 13.5.5.) mit

$$f_1(t) = t^x, \quad g_1(t) = x t^{x-1}, \quad f_2(t) = -e^{-t}, \quad g_2(t) = e^{-t}$$

ergibt für $0 < a < b < \infty$

$$\int_a^b t^x e^{-t} = -t^x e^{-t}\Big|_{t=a}^{t=b} + \int_a^b x t^{x-1} e^{-t}\, dt.$$

Wegen

$$\lim_{a \to 0} a^x e^{-a} = 0, \quad \lim_{b \to \infty} b^x e^{-b} = 0$$

erhält man hieraus

$$\Gamma(x+1) = x\Gamma(x).$$

Speziell ist

$$\Gamma(1) = \int_0^\infty e^{-t}\, dt = \lim_{\substack{a \to 0 \\ b \to \infty}} \left(-e^{-t}\Big|_{t=a}^{t=b}\right) = 1.$$

Aus $\Gamma(1) = 1$ und $\Gamma(n+1) = n\Gamma(n)$ erhält man mit vollständiger Induktion

$$\Gamma(n+1) = n! \quad \text{für alle} \quad n \in \boldsymbol{N}. \quad \bullet$$

13.8. Mehrfache Integrale

Es seien $a_1, a_2, b_1, b_2 \in \boldsymbol{R}$, $a_1 < b_1$, $a_2 < b_2$ und

$$g: [a_1, b_1] \times [a_2, b_2] \to \boldsymbol{R} \text{ stetig.}$$

Der Graph von g ist ein Flächenstück im $\boldsymbol{R}^3 = \boldsymbol{R}^2 \times \boldsymbol{R}$. Um auch hier wieder einen Wert zu bestimmen, der eine geeignete Maßzahl für das „Volumen" des Raumstückes unter der Fläche graph g über dem Rechteck $[a_1, b_1] \times [a_2, b_2]$ (bzw. über der Fläche und unter dem Rechteck für Punkte mit $g(x_1, x_2) < 0$) sein müßte, wollen wir zunächst der Einfachheit halber annehmen, daß es stetige Abbildungen

$$g_1: [a_1, b_1] \to \boldsymbol{R}, \quad g_2: [a_2, b_2] \to \boldsymbol{R} \quad \text{mit} \quad g(x_1, x_2) = g_1(x_1) g_2(x_2)$$

gibt.

Es sei $\varepsilon \in \boldsymbol{R}$, $0 < \varepsilon < 1$. Dann gibt es Treppenabbildungen ξ_1 und ξ_2 mit

$$|g_j(x_j) - \xi_j(x_j)| < \varepsilon \quad \text{für} \quad x_j \in [a_j, b_j], \qquad j = 1, 2.$$

$]\gamma_j, \delta_j[$ sei eines der Konstanzintervalle von ξ_j in $[a_j, b_j]$, und es sei

$$\xi_j(x_j) = s_j \quad \text{für} \quad x_j \in]\gamma_j, \delta_j[.$$

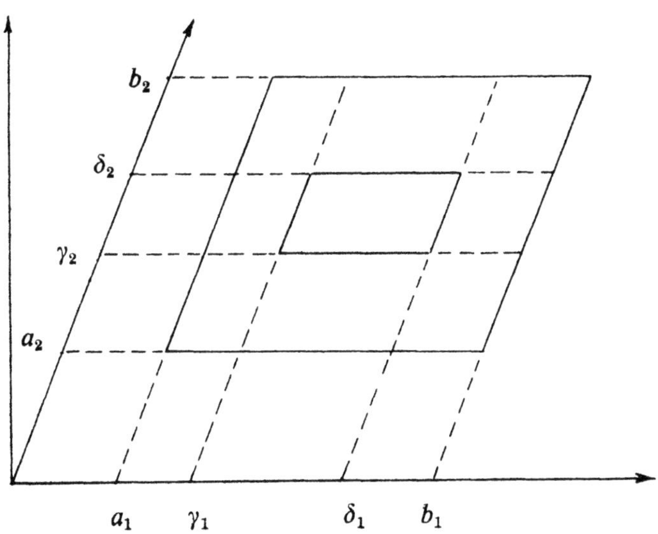

Definiert man $\xi: \boldsymbol{R} \times \boldsymbol{R} \to \boldsymbol{R}$ durch $\xi(x_1, x_2) := \xi_1(x_1) \xi_2(x_2)$, so ist

$$\xi(x_1, x_2) = \xi_1(x_1) \xi_2(x_2) = s_1 s_2 \quad \text{für} \quad (x_1, x_2) \in]\gamma_1, \delta_1[\times]\gamma_2, \delta_2[.$$

Der (elementargeometrische) Inhalt des Raumstückes „unterhalb" von graph ξ „über" $]\gamma_1, \delta_1[\times]\gamma_2, \delta_2[$ ist

$$(\delta_1-\gamma_1)(\delta_2-\gamma_2)s_1s_2 = \int_{\gamma_1}^{\delta_1} \xi_1(x_1)\,dx_1 \int_{\gamma_2}^{\delta_2} \xi_2(x_2)\,dx_2.$$

Wegen

$$\sum_{k=1}^{n}\sum_{l=1}^{m} \alpha_1^{(k)}\alpha_2^{(l)}s_1^{(k)}s_2^{(l)} = \left(\sum_{k=1}^{n} \alpha_1^{(k)}s_1^{(k)}\right)\left(\sum_{l=1}^{n} \alpha_2^{(l)}s_2^{(l)}\right)$$

erhält man als Inhalt des Raumstückes „unterhalb" von graph ξ „über" $[a_1, b_1]\times\times[a_2, b_2]$, da die Kantenflächen den Inhalt 0 haben,

$$\int_{a_1}^{b_1} \xi_1(x_1)\,dx_1 \int_{a_2}^{b_2} \xi_2(x_2)\,dx_2.$$

g_1 und g_2 sind beschränkt. Es sei $C\in\boldsymbol{R}$, C so gewählt, daß

$$|g_j(x_j)|+1 < C \quad \text{für} \quad x_j\in[a_j, b_j],\ j=1,2,$$

ist. Dann ist wegen $\varepsilon<1$ auch

$$|\xi_j(x_j)| < |g_j(x_j)|+\varepsilon < C \quad \text{für} \quad x_j\in[a_j, b_j].$$

Wegen $u_1u_2-v_1v_2 = u_1(u_2-v_2)+v_2(u_1-v_1)$ für alle $u_1, u_2, v_1, v_2\in\boldsymbol{R}$ ist

$$\left|\int_{a_1}^{b_1} g_1(x_1)\,dx_1 \int_{a_2}^{b_2} g_2(x_2)\,dx_2 - \int_{a_1}^{b_1} \xi_1(x_1)\,dx_1 \int_{a_2}^{b_2} \xi_2(x_2)\,dx_2\right| \leqq$$

$$\leqq C(b_1-a_1)\cdot\varepsilon(b_2-a_2)+C(b_2-a_2)\cdot\varepsilon(b_1-a_1) \leqq 2C(b_1-a_1)(b_2-a_2)\cdot\varepsilon.$$

Als Maßzahl für das Volumen des Raumstückes „unterhalb" graph g „über", $[a_1, b_1]\times[a_2, b_2]$ muß man daher, wenn sich dieses Volumen auf die übliche Weise definieren läßt,

$$\int_{a_1}^{b_1} g_1(x_1)\,dx_1 \int_{a_2}^{b_2} g_2(x_2)\,dx_2$$

nehmen. Beachtet man, daß jedes der Integrale eine reelle Zahl ist, sich also als Faktor unter das Integralzeichen, d.h. zum Integranden des anderen Integrals, schreiben läßt, und setzt man $g_1(x_1)g_2(x_2)=g(x_1, x_2)$, so ist

$$\int_{a_1}^{b_1} g_1(x_1)\,dx_1 \int_{a_2}^{b_2} g_2(x_2)\,dx_2 = \int_{a_1}^{b_1}\left(g_1(x_1)\int_{a_2}^{b_2} g_2(x_2)\,dx_2\right)dx_1 = \int_{a_1}^{b_1}\left(\int_{a_2}^{b_2} g_1(x_1)g_2(x_2)\,dx_2\right)dx_1$$

$$= \int_{a_1}^{b_1}\left(\int_{a_2}^{b_2} g(x_1, x_2)\,dx_2\right)dx_1 = \int_{a_2}^{b_2}\left(\int_{a_1}^{b_1} g(x_1, x_2)\,dx_1\right)dx_2$$

(den letzten Ausdruck erhält man entsprechend wie den vorletzten).

Nun sind für jede stetige Abbildung g

$$h_1:[a_1, b_1]\to \boldsymbol{R}, \quad \text{definiert durch} \quad h_1(x_1) = \int_{a_2}^{b_2} g(x_1, x_2)\,dx_2,$$

$$h_2:[a_2, b_2]\to \boldsymbol{R}, \quad \text{definiert durch} \quad h_2(x_2) = \int_{a_1}^{b_1} g(x_1, x_2)\,dx_1,$$

stetig, man kann deshalb immer

$$\int_{a_1}^{b_1} h_1(x_1)\,dx_1 = \int_{a_1}^{b_1}\Big(\int_{a_2}^{b_2} g(x_1, x_2)\,dx_2\Big)dx_1, \quad \int_{a_2}^{b_2} h_2(x_2)\,dx_2 = \int_{a_2}^{b_2}\Big(\int_{a_1}^{b_1} g(x_1, x_2)\,dx_1\Big)dx_2$$

bilden. Es ist allerdings nicht mehr selbstverständlich, daß die beiden iterierten Integrale gleich sind.

Satz 13.8.1. *Sind $a_1, a_2, b_1, b_2 \in \boldsymbol{R}$, $a_1 \leqq b_1$, $a_2 \leqq b_2$ und ist*

$$g:[a_1, b_1]\times[a_2, b_2]\to \boldsymbol{R} \text{ stetig,}$$

so ist

$$\int_{a_1}^{b_1}\Big(\int_{a_2}^{b_2} g(x_1, x_2)\,dx_2\Big)dx_1 = \int_{a_2}^{b_2}\Big(\int_{a_1}^{b_1} g(x_1, x_2)\,dx_1\Big)dx_2.$$

Den gemeinsamen Wert nennt man das Integral von g über $Q=[a_1, b_1]\times[a_2, b_2]$ und bezeichnet ihn mit

$$\int_Q g(x_1, x_2)\,dx_1\,dx_2.$$

Entsprechend definiert man für eine stetige Abbildung

$$g:Q\to \boldsymbol{R}, \quad Q = [a_1, b_1]\times[a_2, b_2]\times\cdots\times[a_n, b_n] \subset \boldsymbol{R}^n,$$

das Integral von g über Q durch

$$\int_Q g(x_1, \ldots, x_n)\,dx_1 \ldots dx_n := \int_{a_1}^{b_1}\Big(\int_{a_2}^{b_2}\cdots\Big(\int_{a_n}^{b_n} g(x_1, \ldots, x_n)\,dx_n\Big)\ldots dx_2\Big)dx_1.$$

Der Wert ändert sich nicht bei Vertauschung der Integrationsreihenfolge in dem iterierten Integral.

Beweis. Wir verwenden den Satz von Stone-Weierstraß in der Fassung von Satz 12.7.3. (man vergleiche auch Beispiel 12.7.1.). $X = [a_1, b_1]\times[a_2, b_2]$ ist kompakt. Die Menge

$$\mathfrak{T} = \{\tilde{g}\,|\,\tilde{g}: X\to \boldsymbol{R},\ \tilde{g}(x_1, x_2) = g_1(x_1)g_2(x_2),\ g_j:[a_j, b_j]\to \boldsymbol{R} \text{ stetig}\}$$

trennt die Punkte von X und enthält eine von Null verschiedene Konstante. Nach Beispiel 12.7.1. kommt man sogar schon mit der Konstanten 1 und

$$\tilde{g}_0(x_1, x_2) := x_1 \quad \text{und} \quad \tilde{h}_0(x_1, x_2) := x_2$$

aus. Ist $g: X \to \boldsymbol{R}$ stetig, so gibt es daher zu jedem $\varepsilon \in \boldsymbol{R}_+^\times$ ein Polynom P in den Elementen von $\mathfrak{T}$ mit

$$|g(x_1, x_2) - P(x_1, x_2)| < \varepsilon \quad \text{für alle} \quad (x_1, x_2) \in X.$$

Sind $\tilde{g}, \tilde{h} \in \mathfrak{T}$, $\tilde{g}(x_1, x_2) = g_1(x_1) g_2(x_2)$, $\tilde{h}(x_1, x_2) = h_1(x_1) h_2(x_2)$, so ist

$$\tilde{g}(x_1, x_2) \tilde{h}(x_1, x_2) = g_1(x_1) h_1(x_1) g_2(x_2) h_2(x_2), \quad \text{also} \quad \tilde{g} \cdot \tilde{h} \in \mathfrak{T}.$$

Daher ist jedes Produkt von Elementen aus $\mathfrak{T}$ wieder in $\mathfrak{T}$. Das Polynom P schreibt sich infolgedessen in der Form

$$P(x_1, x_2) := \sum_{k=1}^{l} \tilde{g}_k(x_1, x_2), \quad \tilde{g}_k \in \mathfrak{T} \text{ für } 1 \leqq k \leqq l.$$

(Nach Beispiel 12.7.1. kann man mit $\tilde{g}_k$ der speziellen Form $a(n_1, n_2)(\tilde{g}_0(x_1))^{n_1} \tilde{h}_0(x_2))^{n_2}$ auskommen.) Jedenfalls ist für jedes Element von $\mathfrak{T}$ und daher auch für eine Summe P solcher Elemente nach den Darlegungen vor Satz 13.8.1.

$$\int_{a_1}^{b_1} \Big(\int_{a_2}^{b_2} P(x_1, x_2)\, dx_2 \Big) dx_1 = \int_{a_2}^{b_2} \Big(\int_{a_1}^{b_1} P(x_1, x_2)\, dx_1 \Big) dx_2 .$$

Außerdem ist

$$\Big| \int_{a_1}^{b_1} \Big(\int_{a_2}^{b_2} (g(x_1, x_2) - P(x_1, x_2))\, dx_1 \Big) dx_2 \Big| \leqq \int_{a_1}^{b_1} \Big| \int_{a_2}^{b_2} (g(x_1, x_2) - P(x_1, x_2))\, dx_2 \Big| dx_1$$
$$\leqq \int_{a_1}^{b_1} \Big(\int_{a_2}^{b_2} |g(x_1, x_2) - P(x_1, x_2)|\, dx_2 \Big) dx_1 \leqq \varepsilon (b_2 - a_2)(b_1 - a_1).$$

Die entsprechende Ungleichung gilt bei Vertauschung der Integrationsreihenfolge. Beides zusammen ergibt, da nach der Dreiecksungleichung

$$|u - v| = |u - w + w - v| \leqq |u - w| + |w - v|$$

ist,

$$\Big| \int_{a_1}^{b_1} \Big(\int_{a_2}^{b_2} g(x_1, x_2)\, dx_2 \Big) dx_1 - \int_{a_2}^{b_2} \Big(\int_{a_1}^{b_1} g(x_1, x_2)\, dx_1 \Big) dx_2 \Big| \leqq 2\varepsilon (b_2 - a_2)(b_1 - a_1).$$

Da diese Ungleichung für jedes positive ε gilt, müssen die beiden iterierten Integrale gleich sein.

Den zweiten Teil des Satzes ($\boldsymbol{R}^n$ statt $\boldsymbol{R}^2$) beweist man entweder genauso mit etwas mehr Schreibaufwand oder durch vollständige Induktion. ●

Anmerkung 13.8.1. Auf Grund von Satz 13.8.1. ist das „mehrfache Integral" nur bei stetigen Integranden und über Quadern definiert. Man kann die Definition in dieser Form auch auf etwas allgemeinere Integranden und Integrationsgebiete erweitern, es ist jedoch bequemer, das erst nach der Einführung des Lebesgue-Integrals zu tun. Immerhin sind auch so schon eine ganze Reihe von „Volumenbestimmungen" möglich, wie das folgende Beispiel zeigt. ●

Beispiel 13.8.1. Um das „Volumen" der Halbkugel mit dem Radius 1 zu bestimmen, wählt man

$$X = [-2, 2]\times[-2, 2]$$

und definiert $g: X \to \boldsymbol{R}$ durch

$$g(x_1, x_2) = \begin{cases} \sqrt{1-x_1^2-x_2^2} & \text{für } x_1^2+x_2^2 \leqq 1, \\ 0 & \text{für } x_1^2+x_2^2 \geqq 1. \end{cases}$$

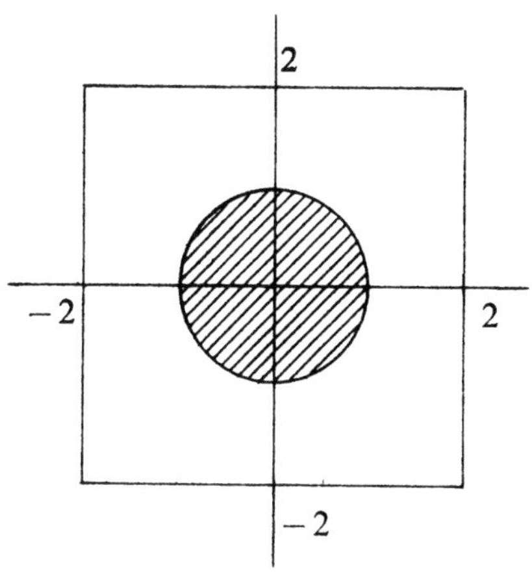

g ist stetig und liefert über dem Kreis um den Nullpunkt mit dem Radius 1 gerade die Punkte der Oberfläche der Halbkugel. Außerhalb des Kreises erhält man 0. Es ist

$$\int_X g(x_1, x_2)\, dx_1\, dx_2 = \int_{-2}^{2} \Big(\int_{-2}^{2} g(x_1, x_2)\, dx_2 \Big)\, dx_1$$

und

$$\int_{-2}^{2} g(x_1, x_2)\, dx_2 = \begin{cases} 0, \text{ falls } |x_1| \geqq 1 \text{ ist (dann ist } x_1^2+x_2^2 \geqq 1), \\ \displaystyle\int_{-\sqrt{1-x_1^2}}^{\sqrt{1-x_1^2}} \sqrt{1-x_1^2-x_2^2}\, dx_2 \text{ für } |x_1| < 1 \\ \qquad (|x_2| \geqq \sqrt{1-x_1^2} \;\Rightarrow\; x_1^2+x_2^2 \geqq 1), \end{cases}$$

also

$$\int_X g(x_1, x_2)\, dx_1\, dx_2 = \int_{-1}^{1} \Big(\int_{-\sqrt{1-x_1^2}}^{\sqrt{1-x_1^2}} \sqrt{1-x_1^2-x_2^2}\, dx_2 \Big)\, dx_1 .$$

Für $|x_1|<1$ setzt man jetzt $u:=\sqrt{1-x_1^2}$ und $x:=x_2$ und erhält

$$\int_{-\sqrt{1-x_1^2}}^{\sqrt{1-x_1^2}} \sqrt{1-x_1^2-x_2^2}\,dx_2 = \int_{-u}^{u} \sqrt{u^2-x^2}\,dx.$$

Die Substitutionsregel (Satz 13.5.4.) liefert mit

$$\varphi(t):=ut, \quad \psi(t)=\varphi'(t)=u, \quad g(x)=\sqrt{u^2-x^2}$$

wegen $\varphi(-1)=-u$, $\varphi(1)=u$ und $u>0$

$$\int_{-u}^{u}\sqrt{u^2-x^2}\,dx = \int_{\varphi(-1)}^{\varphi(1)} g(x)\,dx = \int_{-1}^{1} u\sqrt{u^2-(ut)^2}\,dt = u^2\int_{-1}^{1}\sqrt{1-t^2}\,dt.$$

Nach Beispiel 13.5.4. ist daher für $|x_1|\leqq 1$

$$\int_{-\sqrt{1-x_1^2}}^{\sqrt{1-x_1^2}} \sqrt{1-x_1^2-x_2^2}\,dx_2 = \left\{\begin{matrix} \frac{\pi}{2}(1-x_1^2) & \text{für } |x_1|<1 \\ 0 & \text{für } |x_1|=1 \end{matrix}\right\} = \frac{\pi}{2}(1-x_1^2),$$

und man erhält

$$\int_X g(x_1,x_2)\,dx_1\,dx_2 = \int_{-1}^{1}\frac{\pi}{2}(1-x_1^2)\,dx_1 = \frac{\pi}{2}\left(x_1-\frac{x_1^3}{3}\right)\Bigg|_{x_1=-1}^{x_1=1} = \frac{2}{3}\pi. \quad \bullet$$

13.9. Die Länge einer Kurve

Mit Hilfe der Integration kann man in vielen Fällen auch die Länge eines Kurvenstückes bestimmen. Wir wollen uns hier auf Fälle beschränken, die der anschaulichen Vorstellung, was eine Kurve ist, noch einigermaßen entsprechen.

Definition 13.9.1. *Eine zahme doppelpunktfreie Kurve in einem Hausdorffraum $(Y,\mathcal{O})$ ist eine Teilmenge W von Y, die als topologischer Unterraum von $(Y,\mathcal{O})$ zu einem Intervall in $\mathbf{R}$ homöomorph ist.*

Hilfssatz 13.9.1. *$(Y,\mathcal{O})$ sei ein Hausdorffraum, I ein kompaktes Intervall in $\mathbf{R}$,*

$$f: I \to Y \text{ injektiv und stetig.}$$

Dann ist $f(I)$ eine zahme doppelpunktfreie Kurve in $(Y,\mathcal{O})$.

Beweis. $\tilde{f}: I\to f(I)$, definiert durch $\tilde{f}(x)=f(x)$, ist bijektiv und stetig. Ist $A\subset I$, A abgeschlossen, so ist A kompakt, da I kompakt ist. Daher ist $(\tilde{f}^{-1})^{-1}(A)=\tilde{f}(A)$ kompakt, also abgeschlossen, und $\tilde{f}^{-1}$ nach Hilfssatz 7.6.4. stetig. $\bullet$

Für die weitere Untersuchung benötigen wir den

Hilfssatz 13.9.2. *I_1, I_2 seien Intervalle in $\boldsymbol{R}$, $g:I_1 \to I_2$ bijektiv. Dann gilt*

$$g \text{ ist monoton} \quad \Leftrightarrow \quad g \text{ ist topologisch.}$$

Beweis. Ist g monoton wachsend, also ordnungserhaltend, so ist g nach Satz 3.1.4. Ordnungsisomorphismus. Sind $a, b \in I_1$, $a \leqq b$, so ist daher $g([a, b]) = [g(a), g(b)]$, $g(]a, b[) =]g(a), g(b)[$. Da jede offene Menge in $\boldsymbol{R}$ Vereinigung offener Intervalle ist, ist deshalb das Bild einer offenen Menge unter g offen, g ist offen und genauso g^{-1}. Analog verfährt man, wenn g monoton fallend ist.

Ist g topologisch, so ist

$$g \times g : I_1 \times I_1 \to I_2 \times I_2$$

stetig. Die Punktmengen

$$H(I_j;\, <) = \{(x, y) \mid x, y \in I_j,\ x < y\},$$

$$H(I_j;\, >) = \{(x, y) \mid x, y \in I_j,\ x > y\}$$

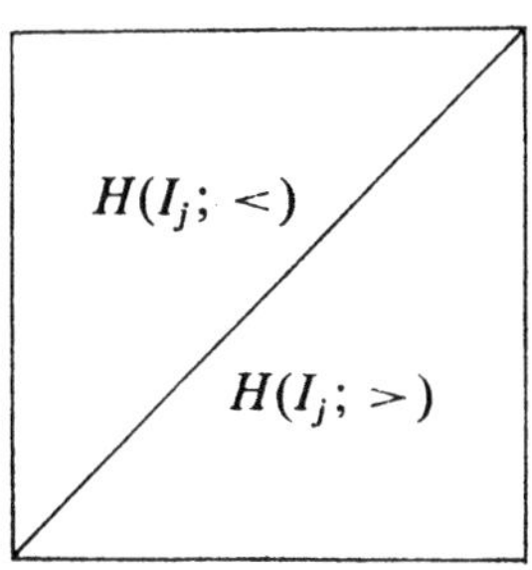

$I_j \times I_j$

sind offen in $I_j \times I_j$ und, wie man leicht sieht, zusammenhängend. Da

$$H((I_j;\, <) \cap H(I_j;\, >) = \emptyset$$

ist und da $x < y \Rightarrow g(x) \neq g(y)$ gilt, ist

$$(g \times g)\big(H(I_1;\, <)\big) \subset H(I_2;\, <), \text{ also } x < y \quad \Rightarrow \quad g(x) < g(y),$$

oder

$$(g \times g)\big(H(I_1;\, <)\big) \subset H(I_2;\, >), \text{ also } x < y \quad \Rightarrow \quad g(x) > g(y).$$

In jedem Fall ist g monoton. ●

Hilfssatz 13.9.3. *W sei eine zahme doppelpunktfreie Kurve im Hausdorffraum $(Y, \mathcal{O})$. Es seien $\mathfrak{x}, \mathfrak{y} \in W$, $\mathfrak{x} \neq \mathfrak{y}$, I ein Intervall in $\boldsymbol{R}$,*

$$f: I \to W \text{ topologisch.}$$

Es gibt genau eine lineare Ordnung „$\prec$" auf W, für die $\mathfrak{x} \prec \mathfrak{y}$ und f monoton ist.

Ist I_0 irgendein Intervall in **R** *und*

$$f_0 : I_0 \to W \text{ topologisch,}$$

so sind „$\prec$" und „$\succ$" die beiden einzigen linearen Ordnungen auf W, für die f_0 monoton ist.

Beweis. Es seien $x, y \in I, f(x) = \mathfrak{x}, f(y) = \mathfrak{y}$. Ist $x < y$, so erhält man eine lineare Ordnung der gewünschten Art auf W durch Übertragung von „$\leqq$" mittels f auf W, ist $x > y$, durch Übertragung von „$\geqq$".

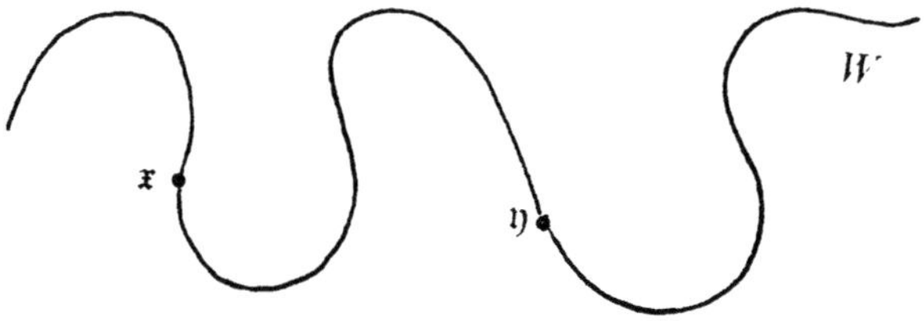

Ist „$\lhd$" irgendeine lineare Ordnung auf W, für die f_0 monoton ist, so ist

$$f_0 \circ (f_0^{-1} \circ f) \circ f^{-1} : W \to W \text{ bijektiv}$$

und eine monotone Abbildung von $(W, \prec)$ auf $(W, \lhd)$, da f^{-1}, f_0 monoton und $f_0^{-1} \circ f$ als topologische Abbildung von I auf I_0 nach Hilfssatz 13.9.2. ebenfalls monoton ist. ●

Definition 13.9.2. *W sei eine zahme doppelpunktfreie Kurve in einem Hausdorffraum $(Y, \mathcal{O})$ und enthalte mehr als einen Punkt. Die beiden nach Hilfssatz 13.9.3. eindeutig bestimmten linearen Ordnungen „$\prec$" und „$\succ$" von W, für die jede topologische Abbildung $f: I \to W$ eines Intervalles I auf W monoton ist, bezeichnet man als Orientierungen von W.*

Anmerkung 13.9.1. Wesentlich bei Definition 13.9.2. ist, daß es in diesem Fall genau *zwei verschiedene* derartige lineare Ordnungen gibt. Die Wahl einer der beiden Ordnungen bezeichnet man auch als Festlegung eines Durchlaufungssinnes auf W. ●

Definition 13.9.3. *W sei eine zahme doppelpunktfreie Kurve in einem metrischen Raum (Y, d). Zu $\mathfrak{x}, \mathfrak{y} \in W, \mathfrak{x} \neq \mathfrak{y}$ sei „$\prec$" die Orientierung von W mit $\mathfrak{x} \prec \mathfrak{y}$. Als Bogen zwischen $\mathfrak{x}$ und $\mathfrak{y}$ bezeichnet man*

$$W(\mathfrak{x}; \mathfrak{y}) = \{\mathfrak{z} \mid \mathfrak{z} \in W, \ \mathfrak{x} \prec \mathfrak{z} \prec \mathfrak{y}\},$$

als Länge des Bogens zwischen $\mathfrak{x}$ und $\mathfrak{y}$

$$l(\mathfrak{x}; \mathfrak{y}; W) = \sup \left\{ \sum_{j=1}^{n} d(\mathfrak{x}_{j-1}, \mathfrak{x}_j) \,\middle|\, n \in N, \ \mathfrak{x} = \mathfrak{x}_0 \prec \mathfrak{x}_1 \prec \cdots \prec \mathfrak{x}_n = \mathfrak{y} \right\}.$$

Für $\mathfrak{x}=\mathfrak{y}$ *setzt man*

$$W(\mathfrak{x};\mathfrak{x})=\{\mathfrak{x}\},\quad l(\mathfrak{x};\mathfrak{x};W)=0.$$

$W(\mathfrak{x};\mathfrak{y})$ *heißt rektifizierbar, wenn* $l(\mathfrak{x};\mathfrak{y};W)<\infty$ *ist.*

Satz 13.9.1. *W sei eine zahme doppelpunktfreie Kurve in einem metrischen Raum (Y,d), $\mathfrak{x},\mathfrak{y},\mathfrak{z}\in W$ und $\mathfrak{y}\in W(\mathfrak{x};\mathfrak{z})$. Dann gilt*

$$W(\mathfrak{x};\mathfrak{y})=W(\mathfrak{y};\mathfrak{x}),\quad W(\mathfrak{x};\mathfrak{z})=W(\mathfrak{x};\mathfrak{y})\cup W(\mathfrak{y};\mathfrak{z}),\tag{1}$$

$$l(\mathfrak{x};\mathfrak{y};W)=l(\mathfrak{y};\mathfrak{x};W),\quad l(\mathfrak{x};\mathfrak{z};W)=l(\mathfrak{x};\mathfrak{y};W)+l(\mathfrak{y};\mathfrak{z};W),\tag{2}$$

$$l(\mathfrak{x};\mathfrak{y};W)=0\quad\Leftrightarrow\quad\mathfrak{x}=\mathfrak{y}.\tag{3}$$

Ist jeder Bogen von W rektifizierbar, so ist l eine Metrik auf W.

Beweis. (1) und $l(\mathfrak{x};\mathfrak{y};W)=l(\mathfrak{y};\mathfrak{x};W)$ sind nach Definition 13.9.3. trivial, wenn man berücksichtigt, daß im Fall $\mathfrak{x}\neq\mathfrak{y}$ zu $\mathfrak{y}$, $\mathfrak{x}$ die Orientierung „$\succ$" gehört. Auch (3) folgt sofort.

Sind $\mathfrak{x}=\mathfrak{x}_0\prec\mathfrak{x}_1\prec\cdots\prec\mathfrak{x}_n=\mathfrak{y}$, $\mathfrak{y}=\mathfrak{y}_0\prec\mathfrak{y}_1\prec\cdots\prec\mathfrak{y}_m=\mathfrak{z}$, so ist

$$\sum_{j=1}^{n}d(\mathfrak{x}_{j-1},\mathfrak{x}_j)+\sum_{k=1}^{m}d(\mathfrak{y}_{k-1},\mathfrak{y}_k)\leqq l(\mathfrak{x};\mathfrak{z};W)$$

und daher

$$l(\mathfrak{x};\mathfrak{y};W)+l(\mathfrak{y};\mathfrak{z};W)\leqq l(\mathfrak{x};\mathfrak{z};W).$$

Ist aber umgekehrt $\mathfrak{x}=\mathfrak{z}_0\prec\mathfrak{z}_1\prec\cdots\prec\mathfrak{z}_n=\mathfrak{z}$, so gibt es wegen der Linearität der Ordnung ein $m\in\{1,\ldots,n\}$ mit $\mathfrak{z}_{m-1}\prec\mathfrak{y}\prec\mathfrak{z}_m$,

$$\begin{aligned}\sum_{k=1}^{n}d(\mathfrak{z}_{k-1},\mathfrak{z}_k)&\leqq\sum_{k=1}^{m-1}d(\mathfrak{z}_{k-1},\mathfrak{z}_k)+d(\mathfrak{z}_{m-1},\mathfrak{y})+d(\mathfrak{y},\mathfrak{z}_m)+\sum_{k=m+1}^{n}d(\mathfrak{z}_{k-1},\mathfrak{z}_k)\\&\leqq l(\mathfrak{x};\mathfrak{y};W)+l(\mathfrak{y};\mathfrak{z};W).\end{aligned}$$

Daher ist auch

$$l(\mathfrak{x};\mathfrak{z};W)\leqq l(\mathfrak{x};\mathfrak{y};W)+l(\mathfrak{y};\mathfrak{z};W).$$

Ist jeder Bogen von W rektifizierbar, so verifiziert man mit Hilfe von (2) wegen der Linearität der Ordnung ohne Mühe, daß die Dreiecksungleichung gilt. l ist dann eine Metrik. ●

Satz 13.9.2. *W sei eine zahme doppelpunktfreie Kurve in einem Banachraum Y, $\mathfrak{x},\mathfrak{y}\in W$. Gibt es eine monotone und surjektive Abbildung*

$$\tilde{f}:I\to W(\mathfrak{x};\mathfrak{y})\quad\text{eines kompakten Intervalles}\quad I=[a,b],$$

für die

$$f:I\to Y,\quad\text{definiert durch}\quad f(t)=\tilde{f}(t),$$

Stammabbildung einer sprungstetigen Abbildung $g: I \to Y$ ist, so ist $W(\mathfrak{x};\mathfrak{y})$ rektifizierbar und

$$l(\mathfrak{x};\mathfrak{y};W) = \int_a^b \|g(t)\|\,dt.$$

Beweis. Wir wollen annehmen, daß $\tilde{f}$ monoton wachsend ist. Mit g ist auch $\|g\|$ sprungstetig.

$$h:[a,b]\to \boldsymbol{R}, \quad \text{definiert durch} \quad h(t) = \int_a^t \|g(x)\|\,dx,$$

ist Stammabbildung von $\|g\|$. Bis auf höchstens abzählbar viele Punkte sind f und h differenzierbar mit $\|f'(t)\| = \|g(t)\| = h'(t)$. Nach dem Schrankensatz (Satz 11.3.1.) gilt daher für $a \leqq s \leqq t \leqq b$

$$\|f(t)-f(s)\| \leqq h(t)-h(s) = \int_s^t \|g(x)\|\,dx.$$

Ist $\mathfrak{x}=\mathfrak{x}_0 \prec \mathfrak{x}_1 \prec \cdots \prec \mathfrak{x}_n = \mathfrak{y}$, so kann man, da $\tilde{f}$ monoton wachsend ist, $a=t_0 \leqq t_1 \leqq \cdots \cdots \leqq t_n = b$ so auswählen, daß $f(t_j)=\mathfrak{x}_j$ ist, und erhält

$$\sum_{j=1}^n \|\mathfrak{x}_j-\mathfrak{x}_{j-1}\| = \sum_{j=1}^n \|f(t_j)-f(t_{j-1})\| \leqq \sum_{j=1}^n \int_{t_{j-1}}^{t_j} \|g(x)\|\,dx = \int_a^b \|g(x)\|\,dx.$$

$W(\mathfrak{x};\mathfrak{y})$ ist rektifizierbar,

$$l(\mathfrak{x};\mathfrak{y};W) \leqq \int_a^b \|g(x)\|\,dx.$$

Als sprungstetige Abbildung ist g Grenzwert einer gleichmäßig konvergenten Folge von Treppenabbildungen. Zu $\varepsilon \in \boldsymbol{R}_+^\times$ wählen wir eine Treppenabbildung ξ mit

$$\|\xi(t)-g(t)\| < \varepsilon \quad \text{für alle} \quad t\in[a,b]$$

und $a=t_0 \leqq t_1 \leqq \cdots \leqq t_n = b$ so, daß $\xi|]t_{j-1},t_j[$ konstant ist, $\xi(t)=\mathfrak{a}_j$ für $t\in]t_{j-1},t_j[$. Wir setzen $\mathfrak{x}_j = f(t_j)$. Dann ist

$$\begin{aligned}\|f(t_j)-f(t_{j-1})\| &= \left\|\int_{t_{j-1}}^{t_j} g(x)\,dx\right\| \geqq \left\|\int_{t_{j-1}}^{t_j} \xi(x)\,dx\right\| - \int_{t_{j-1}}^{t_j} \|g(x)-\xi(x)\|\,dx \\ &\geqq \|(t_j-t_{j-1})\mathfrak{a}_j\| - (t_j-t_{j-1})\varepsilon = (t_j-t_{j-1})\|\mathfrak{a}_j\| - (t_j-t_{j-1})\varepsilon \\ &\geqq \int_{t_{j-1}}^{t_j} \|\xi(x)\|\,dx - (t_j-t_{j-1})\varepsilon\end{aligned}$$

$$\geqq \int_{t_{j-1}}^{t_j} \|g(x)\|\,dx - \int_{t_{j-1}}^{t_j} \|\xi(x) - g(x)\|\,dx - (t_j - t_{j-1})\varepsilon$$

$$\geqq \int_{t_{j-1}}^{t_j} \|g(x)\|\,dx - 2\varepsilon(t_j - t_{j-1})$$

und

$$\sum_{j=1}^{n} \|\mathfrak{x}_j - \mathfrak{x}_{j-1}\| = \sum_{j=1}^{n} \|f(t_j) - f(t_{j-1})\| \geqq \int_a^b \|g(x)\|\,dx - 2\varepsilon(b-a).$$

Daraus folgt

$$l(\mathfrak{x}; \mathfrak{y}; W) \geqq \int_a^b \|g(x)\|\,dx - 2\varepsilon(b-a) \quad \text{für jedes} \quad \varepsilon \in \boldsymbol{R}_+^\times$$

und damit auch

$$l(\mathfrak{x}; \mathfrak{y}; W) \geqq \int_a^b \|g(x)\|\,dx. \bullet$$

Beispiel 13.9.1. Rollt man einen Kreis mit dem Radius 1 die Abszissenachse entlang, so beschreibt der Punkt P des Randes, der die Achse im Nullpunkt berührt hatte, eine Kurve, die man als Zykloide bezeichnet. Es sei $t \in [0, 2\pi[$. Ist man soweit gekommen, daß der Kreis die Achse in t berührt, so muß der Bogen vom Fußpunkt bis P gerade die Länge t haben, da der Kreis rollen sollte. P befindet sich dann an der Stelle (x, y) mit

$$x = t - \sin t, \quad y = 1 - \cos t,$$

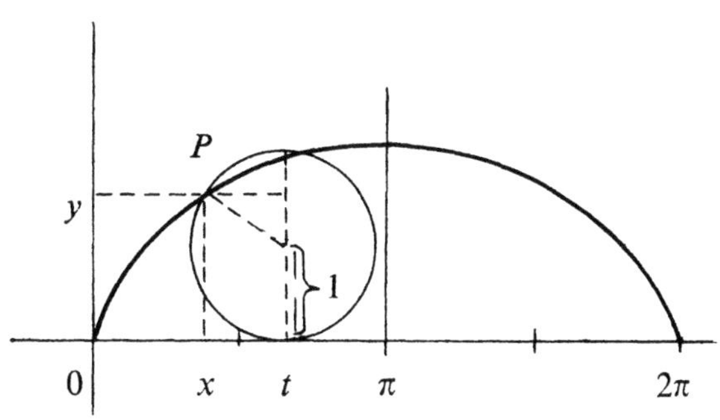

wie man leicht sieht $\left(\text{man beachte: } \cos t < 0 \text{ für } \frac{\pi}{2} < t < \frac{3}{2}\pi!\right)$. Definiert man

$$f: [0, 2\pi] \to \boldsymbol{R} \times \boldsymbol{R} \quad \text{durch} \quad f(t) = (t - \sin t,\ 1 - \cos t),$$

so ist $f([0, 2\pi])$ das Zykloidenstück, das man erhält, wenn man den Kreis bis zur Vollendung der ersten Umdrehung rollen läßt. Da f ersichtlich stetig und injektiv ist, ist $W=f([0, 2\pi])$ eine zahme doppelpunktfreie Kurve (Hilfssatz 13.9.1.). f ist stetig differenzierbar,

$$f'(t) = (1-\cos t,\ \sin t).$$

Man kann Satz 13.9.2. anwenden und erhält (mit $\|(x, y)\| := \sqrt{x^2+y^2}$ als Norm)

$$l((0,0); (t-\sin t, 1-\cos t); W) = \int_0^t \|f'(x)\|\, dx = \int_0^t \sqrt{(1-\cos x)^2+\sin^2 x}\, dx$$

$$= \int_0^t \sqrt{1-2\cos x+\cos^2 x+\sin^2 x}\, dx = \int_0^t \sqrt{2(1-\cos x)}\, dx.$$

Da $1-\cos x = 2\sin^2\frac{x}{2}$ ist, ergibt sich

$$\int_0^t \sqrt{2(1-\cos x)}\, dx = 2\int_0^t \left|\sin\frac{x}{2}\right| dx = 2\cdot\left(-2\cos\frac{t}{2}+2\right) = 4\cdot\left(1-\cos\frac{t}{2}\right). \quad \bullet$$

14. Lebesgue-Integrale

Die Lebesgue-Integrale werden hier mit Hilfe des Daniellschen Ansatzes eingeführt, da man auf diese Weise die Konvergenzsätze (14.5.) erhält, ohne erst meßbare Mengen und meßbare Funktionen diskutieren zu müssen. Bei Verwendung des Cauchy-Integrals ist es zweckmäßig, nicht Treppenfunktionen, sondern stetige Funktionen mit kompaktem Träger als elementare Funktionen zu nehmen. In 14.6. wird dann ausführlich dargelegt, wie sich die Auswahl der elementaren Funktionen auf das Lebesgue-Integral auswirkt. Meßbare Mengen treten nur in Form der abzählbar meßbaren Mengen auf (Satz 14.3.4.). Als Beispiel für die Verwendung der Konvergenzsätze für das Lebesgue-Integral wird in 14.9. kurz die Frage der Darstellbarkeit einer Funktion durch eine Fourierreihe besprochen.

14.1. Daniell-Integrale

Die Klasse derjenigen Abbildungen, für die man Cauchy-Integrale bilden kann, ist für viele Anwendungen zu klein. Ist X ein Intervall, so hatten wir Cauchy-Integrale nur für solche Abbildungen $g: X \to \boldsymbol{R}$ definiert, die sprungstetig sind; ist X ein Quader im $\boldsymbol{R}^n$, so hatten wir uns im Falle $n>1$ sogar auf stetige g beschränkt. Es stellt sich daher das Problem, die Definition des Integrales so zu erweitern, daß man eine größere Klasse von Abbildungen erfaßt, wobei natürlich das neue allgemeinere Integral für die bisher schon behandelten Abbildungen mit dem Cauchy-Integral übereinstimmen soll, und außerdem die wesentlichen Eigenschaften des Cauchy-Integrals bei der Erweiterung des Integralbegriffes möglichst erhalten bleiben sollten. Zweckmäßigerweise macht man dazu zunächst eine Bestandsaufnahme, also eine Zusammenstellung einiger bisher behandelter Integrationsmöglichkeiten nebst einigen naheliegenden Erweiterungen.

Beispiel 14.1.1. X sei ein Intervall in $\boldsymbol{R}$, $a, b \in X$, $a \leqq b$,

$$L := \{g \mid g: X \to \boldsymbol{R},\ g \text{ sprungstetig}\}.$$

Mit Hilfe des Cauchy-Integrals kann man

$$\mu : L \to \mathbf{R} \quad \text{durch} \quad \mu(g) := \int_a^b g(x)\,dx$$

definieren. L ist Vektorraum, μ ist linear. ●

Beispiel 14.1.2. X sei ein Quader im $\mathbf{R}^m$, d.h. $X = I_1 \times I_2 \times \cdots \times I_m$ mit Intervallen $I_1, \ldots, I_m$ in $\mathbf{R}$. Für $1 \leqq j \leqq m$ seien $a_j, b_j \in I_j$, $a_j \leqq b_j$, und $Q = [a_1, b_1] \times \cdots \times [a_m, b_m]$,

$$L := \{g \mid g : X \to \mathbf{R},\ g \text{ stetig}\}.$$

Nach 13.8. kann man

$$\mu : L \to \mathbf{R} \quad \text{durch} \quad \mu(g) := \int_Q g(x_1, \ldots, x_m)\,dx_1 \ldots dx_m$$

definieren. L ist Vektorraum und μ linear. Im Falle $m = 1$ erhält man eine Einschränkung der in Beispiel 14.1.1. definierten linearen Abbildung. ●

Vor Behandlung des nächsten Beispieles ist es zweckmäßig, den Begriff des Trägers einer Abbildung einzuführen.

Hilfssatz 14.1.1. *$(X, \mathcal{O})$ sei Hausdorffraum, Y Banachraum und $g : X \to Y$. Man definiert den Träger von g durch*

$$\operatorname{tr} g := \overline{\{x \mid x \in X,\ g(x) \neq \mathfrak{o}\}}.$$

$\operatorname{tr} g$ ist abgeschlossen, und es gilt

$$g(x) = \mathfrak{o} \quad \textit{für alle} \quad x \in X, \quad x \notin \operatorname{tr} g.$$

$\operatorname{tr} g$ ist die kleinste abgeschlossene Menge mit dieser Eigenschaft.

Beweis. $\operatorname{tr} g$ ist nach Definition abgeschlossen, und für $x \in X$ gilt

$$g(x) \neq \mathfrak{o} \quad \Rightarrow \quad x \in \operatorname{tr} g.$$

Ist $A \subset X$, A abgeschlossen und $g(x) = \mathfrak{o}$ für alle $x \in X - A$, so ist

$$\{x \mid x \in X,\ g(x) \neq \mathfrak{o}\} \subset A, \quad \text{also} \quad \operatorname{tr} g \subset A. \ ●$$

Beispiel 14.1.3. X sei Quader im $\mathbf{R}^m$, d.h.

$$X = I_1 \times I_2 \times \ldots \times I_m, \quad I_1, \ldots, I_m \text{ Intervalle in } \mathbf{R},$$

und

$$L = \{g \mid g : X \to \mathbf{R},\ g \text{ stetig, } \operatorname{tr} g \text{ kompakt}\}.$$

L ist Vektorraum, denn sind $g, h \in L$, $a, b \in \mathbf{R}$, so gilt

$$(ag + bh)(x) = ag(x) + bh(x) = 0 \quad \text{für} \quad x \in X, \quad x \notin (\operatorname{tr} g) \cup (\operatorname{tr} h),$$

d.h., $\operatorname{tr}(ag + bh)$ ist Untermenge der kompakten Menge $(\operatorname{tr} g) \cup (\operatorname{tr} h)$ und daher als abgeschlossene Teilmenge einer kompakten Menge selbst kompakt.

Ist $g \in L$, $g \neq 0$ (d.h. nicht $g(x)=0$ für alle $x \in X$), so ist $\operatorname{tr} g$ kompakt, $\neq \emptyset$. Für $1 \leqq j \leqq m$ ist deshalb $pr_j(\operatorname{tr} g)$ eine kompakte und nicht-leere Teilmenge von $I_j \subset \boldsymbol{R}$. Es sei

$$\alpha_j := \min pr_j(\operatorname{tr} g), \quad \beta_j := \max pr_j(\operatorname{tr} g).$$

Sind $a_j, b_j \in I_j$, $a_j \leqq b_j$ für $1 \leqq j \leqq m$, so ist $[\alpha_j, \beta_j] \subset [a_j, b_j]$ für alle $j \in \{1, \ldots, m\}$ genau dann, wenn $\operatorname{tr} g \subset Q = [a_1, b_1] \times \cdots \times [a_m, b_m]$ ist. In diesem Fall ist

$$\int_{a_1}^{b_1} \Big(\int_{a_2}^{b_2} \cdots \Big(\int_{a_m}^{b_m} g(x_1, \ldots, x_m)\, dx_m \Big) dx_{m-1} \ldots \Big) dx_1 =$$

$$= \int_{\alpha_1}^{\beta_1} \Big(\int_{\alpha_2}^{\beta_2} \cdots \Big(\int_{\alpha_m}^{\beta_m} g(x_1, \ldots, x_m)\, dx_m \Big) dx_{m-1} \ldots \Big) dx_1,$$

da man außerhalb der Intervalle $[\alpha_j, \beta_j]$ nur 0 erhält. Man kann also (auch für $g=0$)

$$\mu : L \to \boldsymbol{R}$$

definieren durch

$$\mu(g) = \int_Q g(x_1, \ldots, x_m)\, dx_1 \ldots dx_m, \quad Q \text{ Quader in } X, \ Q \supset \operatorname{tr} g.$$

Sind $g, h \in L$, $a, b \in \boldsymbol{R}$, so braucht man nur einen Quader Q in X so zu wählen, daß $Q \supset (\operatorname{tr} g) \cup (\operatorname{tr} h) \supset \operatorname{tr}(ag+bh)$, was möglich ist, da $(\operatorname{tr} g) \cup (\operatorname{tr} h)$ kompakt ist, um zu erkennen, daß

$$\mu(ag+bh) = \int_Q (ag(x_1, \ldots, x_m) + bh(x_1, \ldots, x_m))\, dx_1 \ldots dx_m = a\mu(g) + b\mu(h)$$

ist. μ ist linear.

Im Falle $n=1$, $I_1 =]\gamma, \delta[$, $\gamma, \delta \in \bar{\boldsymbol{R}}$, ist offenbar

$$\mu(g) = \int_\gamma^\delta g(x)\, dx \text{ das uneigentliche Integral.} \quad \bullet$$

In den Beispielen 14.1.1—3. ist L ein Untervektorraum von $\{g \mid g : X \to \boldsymbol{R}\}$, und jedesmal gilt

$$g \in L \quad \Rightarrow \quad |g| \in L.$$

Die Bedingung (1) Hilfssatz 12.7.2. ist erfüllt. Die Abbildung

$$\mu : L \to \boldsymbol{R} \text{ ist linear,}$$

und es gilt (mit $f \leqq g$ definiert durch $f(x) \leqq g(x)$ für alle $x \in X$, siehe Hilfssatz 12.7.1.)

$$g \in L, \ g \geqq 0 \quad \Rightarrow \quad \mu(g) \geqq 0.$$

Ist $(g_n)_{n \in N}$ eine Folge in L und existiert

$$g(x) := \lim_{n \to \infty} g_n(x) \quad \text{gleichmäßig für} \quad x \in X,$$

so erhält man in Beispiel 14.1.1. und Beispiel 14.1.2. hierdurch eine Abbildung $g: X \to \boldsymbol{R}$ aus L, und es gilt

$$\mu(g) = \lim_{n \to \infty} \mu(g_n).$$

Im Beispiel 14.1.3. ist jedoch nicht sicher, daß $g: X \to \boldsymbol{R}$ wieder kompakten Träger hat, und selbst wenn $\operatorname{tr} g$ kompakt ist, ist es nicht sicher, daß $\mu(g) = \lim_{n \to \infty} \mu(g_n)$ ist. Ist z. B. $X = \boldsymbol{R}$ und hat $\operatorname{graph} g_n$ die in der Figur angegebene Gestalt,

graph g_n

$$g_n(x) = \frac{1}{n} \quad \text{für} \quad 0 \leqq x \leqq n,$$

so ist

$$\lim_{n \to \infty} g_n(x) = 0 \quad \text{gleichmäßig für} \quad x \in \boldsymbol{R},$$

aber

$$\mu(g_n) = \int_{-2}^{n+2} g_n(x)\,dx \geqq n \cdot \frac{1}{n} = 1, \quad \mu(g) = 0.$$

Um sicher zu sein, daß auch in diesem Falle $g \in L$ und $\mu(g) = \lim_{n \to \infty} \mu(g_n)$ ist, muß man zusätzlich zur gleichmäßigen Konvergenz noch weitere Bedingungen stellen. Eine Möglichkeit, die Gesamtbedingung sehr einfach zu formulieren, ergibt sich aus dem folgenden Satz.

Satz 14.1.1. *(Satz von Dini.) $(X, \mathfrak{O})$ sei ein Hausdorffraum, $(g_n)_{n \in N}$ eine Folge stetiger Abbildungen von X in $\boldsymbol{R}$, $g: X \to \boldsymbol{R}$ stetig und*

$$\lim_{n \to \infty} g_n(x) = g(x) \quad \textit{für alle} \quad x \in X.$$

Ist die Folge $(g_n)_{n \in N}$ monoton, so existiert der Grenzwert gleichmäßig auf jeder kompakten Teilmenge von X.

Beweis. Wir setzen $f_n := g_n - g$. Dann ist die Folge $(f_n)_{n \in N}$ monoton, und es ist

$$\lim_{n \to \infty} f_n(x) = 0 \quad \text{für alle} \quad x \in X.$$

Ist $(f_n)_{n\in N}$ monoton wachsend, so ist $(-f_n)_{n\in N}$ monoton fallend. Wir können uns daher auf den Fall beschränken, daß $(f_n)_{n\in N}$ monoton fallend ist. Dann ist natürlich $f_n \geqq 0$ für jedes $n \in N$.

A sei eine kompakte Teilmenge von X. Ist $\varepsilon \in \boldsymbol{R}_+^\times$, so gibt es zu jedem $x \in A$ ein $n_x \in N$ mit

$$|f_{n_x}(x) - 0| < \varepsilon, \quad \text{also} \quad 0 \leqq f_{n_x}(x) < \varepsilon.$$

Da f_{n_x} stetig ist, kann man eine Umgebung U_x von x so auswählen, daß

$$|f_{n_x}(x) - f_{n_x}(y)| < \varepsilon, \quad \text{also} \quad 0 \leqq f_{n_x}(y) < 2\varepsilon \text{ für } y \in U_x$$

ist. Wegen der Monotonie der Folge gilt

$$0 \leqq f_n(y) \leqq f_{n_x}(y) < 2\varepsilon \quad \text{für alle} \quad n \geqq n_x, \quad y \in U_x.$$

Weil A kompakt ist, kann man A mit endlich vielen Umgebungen $U_{x_1}, \ldots, U_{x_k}$ überdecken. Setzt man $n_\varepsilon := \max\{n_{x_1}, \ldots, n_{x_k}\}$, so gilt, da man zu jedem $y \in A$ ein j mit $y \in U_{x_j}$ finden kann,

$$0 \leqq f_n(y) < 2\varepsilon \quad \text{für alle} \quad n \geqq n_\varepsilon, \quad y \in A,$$

man erhält gleichmäßige Konvergenz für $y \in A$. ●

Ist im Beispiel 14.1.2. oder im Beispiel 14.1.3. $(f_n)_{n\in N}$ eine monoton fallende Folge mit

$$\lim_{n\to\infty} f_n(x) = 0 \quad \text{für alle} \quad x \in X,$$

so existiert der Grenzwert nach dem Satz von Dini gleichmäßig auf jedem Kompaktum in X. Da Q in Beispiel 14.1.2. kompakt ist, folgt in diesem Fall

$$0 = \mu(0) = \lim_{n\to\infty} \mu(f_n).$$

Da in Beispiel 14.1.3. wegen der Monotonie der Folge $\operatorname{tr} f_n \subset \operatorname{tr} f_1$ für alle $n \in N$ ist, braucht man Q nur so zu wählen, daß $\operatorname{tr} f_1 \subset Q$ ist. Dann ist $\operatorname{tr}(f_n) \subset Q$ für alle $n \in N$. Da alle Integrale über dem festen kompakten Quader Q gebildet werden können, ergibt sich wie in Beispiel 14.1.2.

$$0 = \mu(0) = \lim_{n\to\infty} \mu(f_n).$$

In beiden Fällen erhält man, wenn $f_n = g_n - g$ ist,

$$\mu(g) = \lim_{n\to\infty} \mu(f_n) + \mu(g) = \lim_{n\to\infty} (\mu(f_n) + \mu(g)) = \lim_{n\to\infty} \mu(g_n).$$

Für das Beispiel 14.1.1. können wir eine entsprechende Aussage nicht unmittelbar beweisen, da die Elemente von L in diesem Fall nur als sprungstetig vorausgesetzt waren, der Satz von Dini also nicht anwendbar ist; eine andere Beweismöglichkeit wird sich später ergeben.

Definition 14.1.1. *L sei Untervektorraum von* $\{g \mid g: X \to \boldsymbol{R}\}$ *mit der Eigenschaft*

$$\text{(V)} \qquad g \in L \;\Rightarrow\; |g| \in L.$$

Eine Abbildung

$$\mu: L \to \boldsymbol{R}$$

heißt Daniell-Integral auf L, wenn die drei folgenden Bedingungen erfüllt sind:

(1) μ *ist linear;*

(2) μ *ist positiv, d.h.,* $g \in L, g \geqq 0 \;\Rightarrow\; \mu(g) \geqq 0$;

(3) *Für jede monoton fallende Folge* $(g_n)_{n \in \boldsymbol{N}}$ *in L gilt*

$$\lim_{n \to \infty} g_n(x) = 0 \textit{ für jedes } x \in X \;\Rightarrow\; \lim_{n \to \infty} \mu(g_n) = 0.$$

In Analogie zum Cauchy-Integral verwendet man die Bezeichnung

$$\int g\, d\mu := \mu(g) \quad \textit{für} \quad g \in L$$

und nennt L den Raum der elementaren Abbildungen zu μ.

Die Bedingung (V) ist die Bedingung (1) Hilfssatz 12.7.2. Da L dann auch (2) Hilfssatz 12.7.2. erfüllt, d.h.,

$$f, g \in L \;\Rightarrow\; \inf\{f, g\}, \sup\{f, g\} \in L,$$

nennt man einen Untervektorraum L von $\{g \mid g: X \to \boldsymbol{R}\}$, für den (V) gilt, (Vektor)verband.

Die Funktionen graph g, $g \in L$, bezeichnet man analog als elementare Funktionen.

Beim Rechnen in Vektorverbänden haben sich die im folgenden Hilfssatz eingeführten Bezeichnungen als zweckmäßig erwiesen.

Hilfssatz 14.1.2. *L sei Untervektorraum von* $\{g \mid g: X \to \boldsymbol{R}\}$ *mit der Eigenschaft*

$$\text{(V)} \qquad g \in L \;\Rightarrow\; |g| \in L.$$

Dann sind für jedes $g \in L$

$$g^+ := \sup\{g, 0\}, \quad g^- := -\inf\{g, 0\} = \sup\{-g, 0\}$$

in L, und es ist

$$g^+ \geqq 0, \quad g^- \geqq 0, \quad g = g^+ - g^-, \quad |g| = g^+ + g^-.$$

Beweis. Nach Hilfssatz 12.7.2. sind $g^+, g^- \in L$, und trivialerweise ist $g^+ \geqq 0$, $g^- \geqq 0$. Für alle $x \in X$ gilt

$$g(x) \geqq 0 \quad \Rightarrow \quad g^-(x) = 0, \ |g(x)| = g(x) = g^+(x),$$

$$g(x) \leqq 0 \quad \Rightarrow \quad g^+(x) = 0, \ |g(x)| = -g(x) = g^-(x). \quad \bullet$$

Hilfssatz 14.1.3. *In den beiden Beispielen 14.1.2. und 14.1.3. ist die dort definierte Abbildung*

$$\mu : L \to \boldsymbol{R}$$

jeweils ein Daniell-Integral auf L.

Beweis. (V), (1), (2) sind bereits im Anschluß an Beispiel 14.1.3. festgestellt worden. Den Beweis für (3) haben wir im Anschluß an den Beweis des Satzes von Dini vor Definition 14.1.1. geführt. ●

Außer den bereits betrachteten gibt es noch viele weitere Beispiele für Daniell-Integrale.

Beispiel 14.1.4. X sei eine Menge, $x_1, \ldots, x_k$ seien paarweise verschiedene Punkte von X, $a_1, \ldots, a_k \in \boldsymbol{R}_+$ und

$$L = \{g | g : X \to \boldsymbol{R}\}.$$

L ist Vektorraum und (V) ist trivialerweise erfüllt. Definiert man

$$\mu : L \to \boldsymbol{R} \quad \text{durch} \quad \mu(g) = \sum_{j=1}^{k} a_j g(x_j),$$

so gilt ersichtlich (1) und, da alle $a_j \geqq 0$ sind, auch (2). Man überzeugt sich ohne Mühe, daß auch (3) Definition 14.1.1. gilt. μ ist Daniell-Integral auf L. ●

Beispiel 14.1.5. X, L und μ seien wie in Beispiel 14.1.2. oder wie in Beispiel 14.1.3. gewählt. In jedem Falle gilt

$$h \in L \quad \Rightarrow \quad gh \in L \text{ für alle } g \in L.$$

Definiert man für festes $h \in L$ mit $h \geqq 0$

$$\mu_h : L \to \boldsymbol{R} \quad \text{durch} \quad \mu_h(g) := \mu(gh),$$

so ist (1) trivialerweise, (2) wegen $h \geqq 0$ erfüllt. (3) gilt wegen

$$\lim_{n \to \infty} g_n(x) = 0 \quad \Rightarrow \quad \lim_{n \to \infty} g_n(x) h(x) = 0$$

und weil mit $(g_n)_{n \in \boldsymbol{N}}$, da $h \geqq 0$ ist, auch $(g_n h)_{n \in \boldsymbol{N}}$ monoton ist.

Für $h \in L$, $h \geqq 0$, ist also auch μ_h ein Daniell-Integral auf L. ●

Satz 14.1.2. *μ sei ein Daniell-Integral auf L. Für $f, g \in L$ gilt*

$$f \leqq g \quad \Rightarrow \quad \int f\, d\mu \leqq \int g\, d\mu \qquad \textit{und} \qquad \left|\int g\, d\mu\right| \leqq \int |g|\, d\mu.$$

Beweis. Man benutzt (1), (2) Definition 14.1.1. und erhält

$$f \leqq g \quad \Rightarrow \quad g - f \geqq 0 \quad \Rightarrow \quad \int g\, d\mu - \int f\, d\mu = \int (g-f)\, d\mu \geqq 0,$$

$$-|g| \leqq g \leqq |g| \quad \Rightarrow \quad -\int |g|\, d\mu \leqq \int g\, d\mu \leqq \int |g|\, d\mu \quad \Rightarrow \quad \left|\int g\, d\mu\right| \leqq \int |g|\, d\mu. \quad \bullet$$

Die am Anfang erörterte Aufgabe, die Definition des Integrales zu erweitern, bedeutet für das Daniell-Integral, daß man untersuchen muß, unter welchen Bedingungen man einen möglichst großen Untervektorraum L^1 von $\{g | g: X \to \boldsymbol{R}\}$ mit $L \subset L^1$ so finden kann, daß sich μ zu einem Daniell-Integral $\tilde{\mu}$ auf L^1 fortsetzen läßt, d.h., daß es ein Daniell-Integral $\tilde{\mu}$ auf L^1 mit $\tilde{\mu}|L = \mu$ gibt (die wesentlichen Eigenschaften des Integrals, in der Definition des Daniell-Integrals zusammengestellt, sollen ja erhalten bleiben, d.h., die Erweiterung $\tilde{\mu}$ soll wieder ein Daniell-Integral sein). Diese Frage wollen wir nach einigen Vorbereitungen (14.2.—14.3) in 14.4. behandeln.

14.2. Nullmengen

Ist X ein Intervall in $\boldsymbol{R}$, Y ein Banachraum und sind $a, b \in X$, so gilt für jede sprungstetige Abbildung $g: X \to Y$, die nur in abzählbar vielen Punkten von $\mathfrak{o}$ verschieden ist, nach Satz 13.5.1.

$$\int_a^b g(x)\, dx = \mathfrak{o}.$$

Unterscheiden sich zwei sprungstetige Abbildungen f und g nur in abzählbar vielen Punkten, so sind ihre Integrale gleich. Für die Integration kommt es also auf die Werte in abzählbar vielen Punkten nicht an, abzählbare Punktmengen in X sind unwesentlich. Man bezeichnet derartige Mengen als Nullmengen. Auch beim allgemeinen Daniell-Integral ist diese Situation möglich. Hier hat sich die folgende Definition als zweckmäßig erwiesen.

Definition 14.2.1. *μ sei ein Daniell-Integral auf $L \subset \{g | g: X \to \boldsymbol{R}\}$. Eine Teilmenge $N \subset X$ wird als μ-Nullmenge (oder einfach Nullmenge) bezeichnet, wenn es eine monoton wachsende Folge $(g_n)_{n \in \boldsymbol{N}}$ in L gibt mit*

$$\lim_{n \to \infty} g_n(x) = \infty \textit{ für alle } x \in N, \quad \lim_{n \to \infty} \int g_n\, d\mu < \infty.$$

Zur Bestimmung der wichtigsten Eigenschaften der Nullmengen ist es nützlich, die Definition von Folgen auf Reihen umzuformulieren.

Satz 14.2.1. *μ sei ein Daniell-Integral auf $L \subset \{g \mid g: X \to \mathbf{R}\}$. Eine Teilmenge $N \subset X$ ist genau dann eine Nullmenge, wenn es eine Folge $(f_n)_{n \in \mathbf{N}}$ in L gibt mit*

$$\sum_{n=1}^{\infty} f_n(x) \text{ divergent für alle } x \in N, \quad \sum_{n=1}^{\infty} \int |f_n| \, d\mu \text{ konvergent.}$$

Die Folge $(f_n)_{n \in \mathbf{N}}$ und die Folge $(g_n)_{n \in \mathbf{N}}$ in Definition 14.2.1. können immer nicht-negativ gewählt werden (d.h. $f_n \geqq 0$, $g_n \geqq 0$).

Beweis. N sei eine Nullmenge. Dann gibt es eine monoton wachsende Folge $(g_n)_{n \in \mathbf{N}}$ mit

$$\lim_{n \to \infty} g_n(x) = \infty \text{ für alle } x \in N, \quad \lim_{n \to \infty} \int g_n \, d\mu < \infty.$$

Die Folge $(g_n - g_1)_{n \in \mathbf{N}}$ hat ebenfalls diese Eigenschaften, aber es ist $g_n - g_1 \geqq 0$ für alle $n \in \mathbf{N}$, man kann daher in Definition 14.2.1. eine nicht-negative Folge wählen. Setzt man $f_n = g_{n+1} - g_n$, so ist $f_n \geqq 0$, also $|f_n| = f_n$ und

$$\sum_{n=1}^{m} f_n(x) = \sum_{n=1}^{m} (g_{n+1}(x) - g_n(x)) = g_{m+1}(x) - g_1(x),$$

d.h.

$$\lim_{m \to \infty} \sum_{n=1}^{m} f_n(x) = \infty, \quad \sum_{n=1}^{\infty} f_n(x) \text{ divergent für alle } x \in N.$$

Es ist aber

$$\sum_{n=1}^{m} \int |f_n| \, d\mu = \sum_{n=1}^{m} \int f_n \, d\mu = \int \sum_{n=1}^{m} f_n \, d\mu = \int g_{m+1} \, d\mu - \int g_1 \, d\mu,$$

d.h.

$$0 \leqq \sum_{n=1}^{\infty} \int |f_n| \, d\mu = \lim_{m \to \infty} \int g_{m+1} \, d\mu - \int g_1 \, d\mu < \infty.$$

Die Reihe ist konvergent; außerdem ist $f_n \geqq 0$ für alle $n \in \mathbf{N}$.

Ist umgekehrt $N \subset X$ und $(f_n)_{n \in \mathbf{N}}$ eine Folge in L mit

$$\sum_{n=1}^{\infty} f_n(x) \text{ divergent für alle } x \in N, \quad \sum_{n=1}^{\infty} \int |f_n| \, d\mu \text{ konvergent,}$$

so ist auch

$$\sum_{n=1}^{\infty} |f_n(x)| \quad \text{divergent für alle} \quad x \in N.$$

Setzt man jetzt (man beachte, daß $|f_n| \in L$ ist)

$$g_n := \sum_{m=1}^{n} |f_m|, \quad \text{so ist} \quad g_n \geqq 0,$$

die Folge $(g_n)_{n\in N}$ ist monoton wachsend, und es gilt

$$\lim_{n\to\infty} g_n(x) = \lim_{n\to\infty} \sum_{m=1}^{n} |f_m(x)| = \infty \quad \text{für alle} \quad x \in N,$$

da die Reihe divergiert, und

$$\lim_{n\to\infty} \int g_n \, d\mu = \lim_{n\to\infty} \sum_{m=1}^{n} \int |f_m| \, d\mu < \infty,$$

da diese Reihe konvergiert. N ist Nullmenge. ●

Satz 14.2.2. *μ sei Daniell-Integral auf $L \subset \{g \mid g: X \to \boldsymbol{R}\}$. Es gilt:*

(1) *$\emptyset$ ist eine Nullmenge.*

(2) *Jede Untermenge einer Nullmenge ist eine Nullmenge.*

(3) *Ist $(N_j)_{j\in J}$, J abzählbar, eine Familie von Nullmengen, so ist auch*

$$\bigcup_{j\in J} N_j \ \textit{Nullmenge.}$$

Beweis. (1) Man wähle $g_n = 0$ für alle $n \in \boldsymbol{N}$. $(g_n)_{n\in N}$ ist monoton wachsend. Da $\emptyset$ kein Element enthält, gilt

$$\lim_{n\to\infty} g_n(x) = \infty \ \text{für alle} \ x \in \emptyset, \quad \lim_{n\to\infty} \int g_n \, d\mu = \int 0 \, d\mu < \infty.$$

$\emptyset$ ist eine Nullmenge.

(2) Ist N eine Nullmenge, $(g_n)_{n\in N}$ eine Folge wie in Definition 14.2.1., so gilt für jede Teilmenge $N_0 \subset N$

$$\lim_{n\to\infty} g_n(x) = \infty \quad \text{für alle} \quad x \in N_0, \quad \lim_{n\to\infty} \int g_n \, d\mu < \infty.$$

N_0 ist eine Nullmenge.

(3) Wir können annehmen, daß $J \subset \boldsymbol{N}$ ist. Setzt man $N_j = \emptyset$ für $j \in \boldsymbol{N} - J$, so kann man $J = \boldsymbol{N}$ annehmen. Zu N_j sei $(f_{j,n})_{n\in N}$ eine Folge in L, $f_{j,n} \geqq 0$, mit

$$\sum_{n=1}^{\infty} f_{j,n}(x) \ \text{divergent für alle} \ x \in N_j, \quad \sum_{n=1}^{\infty} \int |f_{j,n}| \, d\mu \ \text{konvergent.}$$

Man setzt (man beachte, daß $f_{j,n} \geqq 0$ ist)

$$c_j = \sum_{n=1}^{\infty} \int |f_{j,n}| \, d\mu + 1, \quad h_{j,n} = c_j^{-1} \cdot 2^{-j} f_{j,n}.$$

Dann ist

$$\sum_{j,n\in N} h_{j,n}(x) \quad \text{divergent für jedes} \quad x \in \bigcup_{j\in N} N_j,$$

da x in einer der Mengen N_j liegt und schon

$$\sum_{n=1}^{\infty} h_{j,n}(x) = \sum_{n=1}^{\infty} c_j^{-1} 2^{-j} f_{j,n}(x) \text{ divergent ist.}$$

Außerdem ist

$$\sum_{n=1}^{\infty} \int |h_{j,n}|\, d\mu = c_j^{-1} 2^{-j} \sum_{n=1}^{\infty} \int |f_{j,n}|\, d\mu < 2^{-j}, \quad \sum_{j=1}^{\infty} 2^{-j} < \infty,$$

und daher

$$\sum_{j,n \in \boldsymbol{N}} \int |h_{j,n}|\, d\mu = \sum_{j=1}^{\infty} \sum_{n=1}^{\infty} \int |h_{j,n}|\, d\mu \text{ konvergent.}$$

$\bigcup_{j \in \boldsymbol{N}} N_j$ ist eine Nullmenge. ●

Hilfssatz 14.2.1. *μ sei eines der Daniell-Integrale aus Beispiel 14.1.2. und Beispiel 14.1.3., $N \subset X$. Ist eine der Mengen $pr_j(N)$, $1 \leqq j \leqq m$, abzählbar, so ist N Nullmenge. Insbesondere ist jede abzählbare Punktmenge Nullmenge.*

Beweis. Die Bezeichnung sei so gewählt, daß $pr_1(N)$ abzählbar ist. Da

$$N = \bigcup_{t \in pr_1(N)} \{(x_1, \ldots, x_m) \mid (x_1, \ldots, x_m) \in N, x_1 = t\}$$

ist und $pr_1(N)$ abzählbar ist, genügt es wegen (3) Satz 14.2.2., den Beweis für den Fall zu führen, daß $pr_1(N)$ genau ein Element enthält, also $pr_1(N) = \{t\}$ ist.

Wir können voraussetzen, daß I_1 aus mehr als einem Punkt besteht, da sonst sowieso alle Integrale Null sind. Ist $t \in I_1$, so kann man ein $c \in \boldsymbol{R}_+^\times$ so wählen, daß $[t-c, t+c] \subset I_1$ ist, falls t kein Randpunkt von I_1 ist, und anderenfalls

$$[t-c, t+c] \cap I_1 = [t-c, t] \quad \text{oder} \quad [t, t+c]$$

ist. Wir definieren zu $n \in \boldsymbol{N}$

$$\tilde{f}_n : \boldsymbol{R} \to \boldsymbol{R},$$

wie in der Figur angegeben, und zwar mit

$$\tilde{f}_n(t) = 1.$$

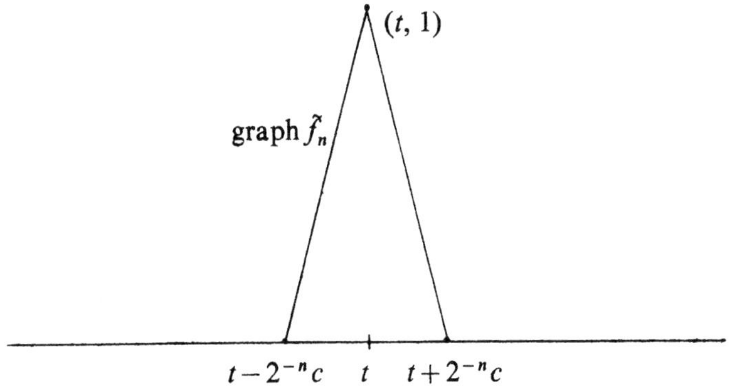

Sind dann $a_1, b_1 \in \boldsymbol{R}$, $a_1 \leqq b_1$, so ist, wie man sofort sieht,

$$0 \leqq \int_{a_1}^{b_1} \tilde{f}_n(x)\,dx \leqq 2^{-n} \cdot c.$$

Außerdem hat $\tilde{f}_n | I_1$ in I_1 kompakten Träger (das ist der Grund für die Wahl von c). Ist $m > 1$, so sei $\tilde{Q}$ ein kompakter Quader in $I_2 \times \dots \times I_m$,

$$\tilde{Q} = [\tilde{a}_2, \tilde{b}_2] \times \dots \times [\tilde{a}_m, \tilde{b}_m].$$

Zu jedem $j \in \{2, \dots, m\}$ wählt man ein $c_j \in \boldsymbol{R}_+^\times$ so, daß $[\tilde{a}_j - c_j, \tilde{b}_j + c_j] \cap I_j = [\tilde{a}_j - c_j, \tilde{b}_j + c_j]$ oder $[\tilde{a}_j, \tilde{b}_j + c_j]$ oder $[\tilde{a}_j - c_j, \tilde{b}_j]$ ist, und definiert

$$\tilde{g}_j : \boldsymbol{R} \to \boldsymbol{R},$$

wie in der Figur angegeben, mit

$$\tilde{g}_j(x) = 1 \quad \text{für} \quad x \in [\tilde{a}_j, \tilde{b}_j].$$

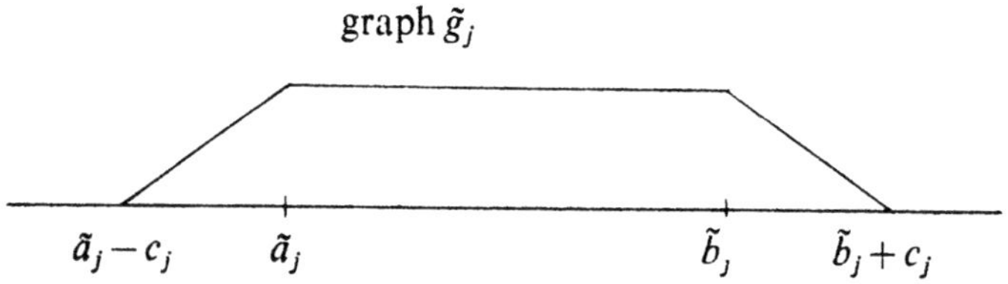

Sind dann $a_j, b_j \in \boldsymbol{R}$, $a_j \leqq b_j$, so ist

$$0 \leqq \int_{a_j}^{b_j} \tilde{g}_j(x)\,dx \leqq s_j := (\tilde{b}_j - \tilde{a}_j + c_j) \cdot 1.$$

$\tilde{g}_j | I_j$ hat in I_j kompakten Träger. Definiert man

$$f_n : X \to \boldsymbol{R} \quad \text{durch} \quad f_n(x_1, \dots, x_m) := \tilde{f}_n(x_1)\tilde{g}_2(x_2) \dots \tilde{g}_m(x_m),$$

so ist

$$f_n(x_1, \dots, x_m) = 1 \quad \text{für} \quad x_1 = t, \quad (x_2, \dots, x_m) \in \tilde{Q},$$

und für jeden kompakten Quader $Q \subset X$ ist

$$0 \leqq \int_Q f_n(x_1, \dots, x_m)\,dx_1 \dots dx_m \leqq 2^{-n} \cdot c \cdot s_2 \dots s_m.$$

Daher ist

$$\sum_{n=1}^{\infty} f_n(x_1, \dots, x_m) \quad \text{divergent für} \quad x_1 = t, \ (x_2, \dots, x_m) \in \tilde{Q},$$

und

$$\sum_{n=1}^{\infty} \int_Q |f_n(x_1, \dots, x_m)|\,dx_1 \dots dx_m \quad \text{hat} \quad \sum_{n=1}^{\infty} 2^{-n} \cdot c \cdot s_1 \dots s_m \ \text{als Majorante,}$$

ist also konvergent. Daher ist $\{t\} \times [\tilde{a}_2, \tilde{b}_2] \times \dots \times [\tilde{a}_m, \tilde{b}_m]$ eine Nullmenge.

Ist eines der Intervalle I_j, $2 \leqq j \leqq m$, nicht schon selbst kompakt, so kann man I_j als Vereinigung abzählbar vieler kompakter Intervalle darstellen. Ist etwa $I_j :=]\alpha, \beta[$, $(\alpha, \beta \in \bar{\boldsymbol{R}})$, so braucht man nur eine monoton fallende Folge $(\alpha_k)_{k \in \boldsymbol{N}}$ und eine monoton wachsende Folge $(\beta_k)_{k \in \boldsymbol{N}}$ in I_j zu wählen mit

$$\lim_{k \to \infty} \alpha_k = \alpha, \quad \lim_{k \to \infty} \beta_k = \beta \quad \text{und erhält} \quad I_j = \bigcup_{k=1}^{\infty} [\alpha_k, \beta_k],$$

da es zu jedem $x \in I_j$ wegen $\alpha < x < \beta$ ein k gibt mit $\alpha_k \leqq x \leqq \beta_k$. Man erhält so eine abzählbare Familie $(\tilde{Q}_k)_{k \in \boldsymbol{N}}$ von kompakten Quadern mit

$$I_2 \times \cdots \times I_m = \bigcup_{k=1}^{\infty} \tilde{Q}_k, \quad \text{also} \quad \{t\} \times I_2 \times \cdots \times I_m = \bigcup_{k=1}^{\infty} (\{t\} \times \tilde{Q}_k).$$

Da jede der Mengen $\{t\} \times \tilde{Q}_k$ Nullmenge ist, ist nach Satz 14.2.2. auch $\{t\} \times I_2 \times \cdots \times I_m$ Nullmenge. Daher ist jede Teilmenge $N \subset X$ mit $pr_1(N) = \{t\}$ als Untermenge einer Nullmenge selbst Nullmenge. ●

Definition 14.2.2. *μ sei ein Daniell-Integral auf $L \subset \{g | g: X \to \boldsymbol{R}\}$. Ist $A(x)$ eine Aussageform in der „Variablen" x, so verwendet man die Bezeichnung*

$$A(x) \textit{ gilt für fast alle } x \in X,$$

wenn es eine Nullmenge $N \subset X$ so gibt, daß $A(x)$ für alle $x \in X - N$ gilt. Wenn nötig, sagt man auch „μ-fast alle" an Stelle von „fast alle". Häufig benutzt man die Formulierung „fast überall" an Stelle von „für fast alle $x \in X$", also etwa für $f, g \in L$

$$f \leqq g \textit{ fast überall} \quad :\Leftrightarrow \quad f(x) \leqq g(x) \textit{ für fast alle } x \in X.$$

Anmerkung 14.2.1. Nach Satz 14.2.2. ist eine Vereinigung abzählbar vieler Nullmengen wieder eine Nullmenge. Ist also

$$f(x) = g(x) \text{ für fast alle } x \in X, \quad g(x) = h(x) \text{ für fast alle } x \in X,$$

so ist auch

$$f(x) = h(x) \text{ für fast alle } x \in X,$$

und ist

$$\sum_{n=1}^{\infty} f_n(x) \quad \text{konvergent für fast alle } x \in X,$$

$$\sum_{n=1}^{\infty} g_n(x) \quad \text{konvergent für fast alle } x \in X,$$

so sind für fast alle $x \in X$ beide Reihen konvergent und

$$\sum_{n=1}^{\infty} (f_n(x) + g_n(x)) \quad \text{konvergent für fast alle } x \in X.$$

Ist dann für jedes $n \in \boldsymbol{N}$

$$f_n(x) = g_n(x) \text{ für fast alle } x \in X,$$

so ist auch

$$\sum_{n=1}^{\infty} f_n(x) = \sum_{n=1}^{\infty} g_n(x) \quad \text{für fast alle } x \in X.$$

Das wird im folgenden ohne besonderen Kommentar ständig ausgenutzt. ●

14.3. Konvergenzsätze für Daniell-Integrale

Verwendet man den Begriff der Nullmenge, so kann man eine Verschärfung der Eigenschaft (3) Definition 14.1.1. des Daniell-Integrals beweisen.

Hilfssatz 14.3.1. *μ sei ein Daniell-Integral auf $L \subset \{g \mid g: X \to \boldsymbol{R}\}$. Ist $(g_n)_{n \in \boldsymbol{N}}$ eine monoton fallende Folge in L, $g_n \geqq 0$ für alle $n \in \boldsymbol{N}$, so gilt*

$$\lim_{n \to \infty} g_n(x) = 0 \textit{ für fast alle } x \in X \quad \Rightarrow \quad \lim_{n \to \infty} \int g_n \, d\mu = 0.$$

Beweis. N sei eine Nullmenge in X mit

$$\lim_{n \to \infty} g_n(x) = 0 \quad \text{für alle} \quad x \in X - N$$

und $(h_n)_{n \in \boldsymbol{N}}$ nach Definition 14.2.1. eine monoton wachsende Folge in L, $h_n \geqq 0$ für alle $n \in \boldsymbol{N}$ (nach Satz 14.2.1.) mit

$$\lim_{n \to \infty} h_n(x) = \infty \text{ für alle } x \in N, \quad \lim_{n \to \infty} \int h_n \, d\mu < \infty.$$

Es sei $C \in \boldsymbol{R}_+^{\times}$. Die Folge $(Cg_n - h_n)_{n \in \boldsymbol{N}}$ ist monoton fallend, und wegen $g_n \leqq g_1$ gilt

$$\lim_{n \to \infty} (Cg_n(x) - h_n(x)) \begin{cases} \leqq \lim\limits_{n \to \infty} (Cg_1(x) - h_n(x)) = -\infty & \text{für } x \in N, \\ = \lim\limits_{n \to \infty} Cg_n(x) - \lim\limits_{n \to \infty} h_n(x) \leqq 0 & \text{für } x \in X - N. \end{cases}$$

Da $(Cg_n - h_n)^+$ (siehe Hilfssatz 14.1.2.) sich von $(Cg_n - h_n)$ nur dadurch unterscheidet, daß

$$(Cg_n - h_n)^+(x) = 0 \quad \text{ist, falls} \quad (Cg_n - h)(x) \leqq 0$$

ist, ist die Folge $((Cg_n - h_n)^+)_{n \in \boldsymbol{N}}$ ebenfalls monoton fallend, und für alle $x \in X$ ist

$$\lim_{n \to \infty} (Cg_n - h_n)^+ (x) = 0, \quad \text{da} \quad \lim_{n \to \infty} (Cg_n - h_n)(x) \leqq 0$$

ist. Da $(Cg_n - h_n)^+ \geqq 0$ ist, ist daher nach (3) Definition 14.1.1.

$$\lim_{n \to \infty} \int (Cg_n - h_n)^+ \, d\mu = 0.$$

Wegen $Cg_n - h_n \leqq (Cg_n - h_n)^+$ und $g_n \geqq 0$ erhält man (mit Satz 14.1.2.)

$$0 \leqq C\int g_n\, d\mu = \int h_n\, d\mu + \int (Cg_n - h_n)\, d\mu \leqq \int h_n\, d\mu + \int (Cg_n - h_n)^+\, d\mu,$$

also

$$0 \leqq C \lim_{n\to\infty} \int g_n\, d\mu \leqq \lim_{n\to\infty} \int h_n\, d\mu.$$

Da diese Ungleichung für jedes positive C gilt, muß

$$\lim_{n\to\infty} \int g_n\, d\mu = 0$$

sein. ●

Satz 14.3.1. *μ sei Daniell-Integral auf $L \subset \{g \mid g: X \to \boldsymbol{R}\}$. Ist $g \in L$, $g \geqq 0$, so gilt*

$$g(x) = 0 \text{ für fast alle } x \in X \quad \Leftrightarrow \quad \int g\, d\mu = 0.$$

Für beliebige $g \in L$ gilt nur

$$g(x) = 0 \text{ für fast alle } x \in X \quad \Rightarrow \quad \int g\, d\mu = 0.$$

Beweis. Ist $g \geqq 0$ und $g(x) = 0$ für fast alle $x \in X$, so setzt man in Hilfssatz 14.3.1. $g_n = g$ für alle $n \in \boldsymbol{N}$ und erhält unmittelbar das Ergebnis

$$\int g\, d\mu = \lim_{n\to\infty} \int g_n\, d\mu = 0.$$

Ist $g \geqq 0$ und $\int g d\mu = 0$, so setzt man $g_n = n \cdot g$. Dann ist $(g_n)_{n \in \boldsymbol{N}}$ eine monoton wachsende Folge,

$$\lim_{n\to\infty} g_n(x) = \lim_{n\to\infty} n g(x) = \infty \quad \text{für alle } x \text{ mit } \quad g(x) > 0$$

und

$$\lim_{n\to\infty} \int g_n\, d\mu = \lim_{n\to\infty} n \int g\, d\mu = 0 < \infty.$$

Nach Definition 14.2.1. ist daher $\{x \mid x \in X,\ g(x) > 0\}$ eine Nullmenge.

Ist g beliebig in L und $g(x) = 0$ für fast alle $x \in X$, so ist

$$g^+(x) = g^-(x) = 0 \text{ für fast alle } x \in X$$

und daher wegen $g = g^+ - g^-$ (Hilfssatz 14.1.2.)

$$\int g\, d\mu = \int g^+\, d\mu - \int g^-\, d\mu = 0. \bullet$$

Hilfssatz 14.3.2. *μ sei ein Daniell-Integral auf $L \subset \{g \mid g: X \to \boldsymbol{R}\}$. Ist $(h_n)_{n \in \boldsymbol{N}}$ eine monoton wachsende Folge in L, $h \in L$, so gilt*

$$\lim_{n\to\infty} h_n(x) \geqq h(x) \text{ für fast alle } x \in X \quad \Rightarrow \quad \lim_{n\to\infty} \int h_n\, d\mu \geqq \int h\, d\mu.$$

Beweis. $(h-h_n)_{n\in N}$ ist eine monoton fallende Folge. Daher ist auch $((h-h_n)^+)_{n\in N}$ eine monoton fallende Folge, $(h-h_n)^+ \geqq 0$ und

$$\lim_{n\to\infty}(h-h_n)(x) \leqq 0 \text{ für fast alle } x\in X, \quad \lim_{n\to\infty}(h-h_n)^+(x) = 0 \text{ für fast alle } x\in X.$$

Wegen $(h-h_n)^+ \geqq h-h_n$ erhält man nach Hilfssatz 14.3.1.

$$0 = \lim_{n\to\infty}\int (h-h_n)^+\,d\mu \geqq \lim_{n\to\infty}\int (h-h_n)\,d\mu = \int h\,d\mu - \lim_{n\to\infty}\int h_n\,d\mu,$$

was auch dann das gewünschte Ergebnis liefert, wenn der letzte Grenzwert ∞ ist (da $(h_n)_{n\in N}$ monoton wächst, kann der Grenzwert nicht $-\infty$ sein). ●

Satz 14.3.2. *μ sei Daniell-Integral auf $L\subset\{g|g:X\to \boldsymbol{R}\}$, $(f_n)_{n\in N}$ eine Folge in L mit*

$$\sum_{n=1}^{\infty}\int |f_n|\,d\mu < \infty.$$

Dann konvergiert

$$\sum_{n=1}^{\infty} f_n(x) \quad \textit{für fast alle } x\in X \textit{ absolut},$$

und für jedes $f\in L$ gilt

$$\sum_{n=1}^{\infty} f_n(x) \geqq f(x) \textit{ für fast alle } x\in X \;\Rightarrow\; \sum_{n=1}^{\infty}\int f_n\,d\mu \geqq \int f\,d\mu,$$

$$\sum_{n=1}^{\infty} f_n(x) = f(x) \textit{ für fast alle } x\in X \;\Rightarrow\; \sum_{n=1}^{\infty}\int f_n\,d\mu = \int f\,d\mu.$$

Beweis. Nach Satz 14.2.1. ist die Menge der Punkte, in denen $\sum_{n=1}^{\infty}|f_n(x)|$ divergiert, eine Nullmenge.

Zum Beweis der beiden anderen Behauptungen können wir uns auf den Fall $f=0$ beschränken, anderenfalls brauchen wir nur f_1 durch f_1-f zu ersetzen. Es sei daher $f=0$. Dann ist (siehe Hilfssatz 14.1.2.)

$$f_n = f_n^+ - f_n^-, \quad 0\leqq f_n^+ \leqq |f_n|, \quad 0\leqq f_n^- \leqq |f_n|.$$

Setzt man

$$h_k = \sum_{n=1}^{k} f_n^+, \quad g_k = \sum_{n=1}^{k} f_n^-, \quad \text{also} \quad h_k - g_k = \sum_{n=1}^{k} f_n,$$

so sind die Folgen $(h_k)_{k\in N}$ und $(g_k)_{k\in N}$ monoton wachsend, und für fast alle $x\in X$ ist

$$\lim_{k\to\infty}(h_k-g_k)(x) = \sum_{n=1}^{\infty} f_n(x) \geqq 0, \quad \text{d.h.} \quad \lim_{k\to\infty} h_k(x) \geqq \lim_{k\to\infty} g_k(x).$$

Da die Folge $(g_k)_{k\in N}$ monoton wachsend ist, erhält man für jedes $m\in N$

$$\lim_{k\to\infty} h_k(x) \geqq g_m(x) \quad \text{für fast alle} \quad x\in X.$$

Nach Hilfssatz 14.3.2. gilt daher für alle $m\in N$

$$\lim_{k\to\infty}\int h_k\,d\mu \geqq \int g_m\,d\mu \quad \text{und damit} \quad \lim_{k\to\infty}\int h_k\,d\mu \geqq \lim_{m\to\infty}\int g_m\,d\mu.$$

Wegen

$$0\leqq \int g_m\,d\mu = \sum_{n=1}^{m}\int f_n^-\,d\mu \leqq \sum_{n=1}^{m}\int |f_n|\,d\mu \quad \text{ist} \quad 0\leqq \lim_{m\to\infty}\int g_m\,d\mu < \infty.$$

Aus

$$\sum_{n=1}^{\infty}\int f_n\,d\mu + \lim_{m\to\infty}\int g_m\,d\mu = \lim_{m\to\infty}\left(\sum_{n=1}^{m}\int f_n\,d\mu + \int g_m\,d\mu\right) = \lim_{m\to\infty}\int\left(\sum_{n=1}^{m} f_n + g_m\right)d\mu$$

$$= \lim_{m\to\infty}\int h_m\,d\mu \geqq \lim_{m\to\infty}\int g_m\,d\mu$$

erhält man deshalb

$$\sum_{n=1}^{\infty}\int f_n\,d\mu \geqq 0.$$

Ist sogar

$$\sum_{n=1}^{\infty} f_n(x) = 0 \quad \text{für fast alle} \quad x\in X,$$

so ist auch

$$\sum_{n=1}^{\infty}(-f_n)(x) \geqq 0 \quad \text{für fast alle } x\in X \text{ und damit } \quad -\sum_{n=1}^{\infty}\int f_n\,d\mu \geqq 0. \bullet$$

14.4. Lebesgue-Integrale

Ist μ Daniell-Integral auf $L\subset \{g|g:X\to R\}$ und $(f_n)_{n\in N}$ eine Folge in L, so gilt nach Satz 14.3.2.

$$\sum_{n=1}^{\infty}\int |f_n|d\mu < \infty \Rightarrow \sum_{n=1}^{\infty} f_n(x) \text{ ist konvergent für fast alle } x\in X.$$

Wegen $\left|\int f_n d\mu\right| \leqq \int |f_n| d\mu$ (Satz 14.1.2.) ist auch

$$\sum_{n=1}^{\infty}\int f_n\,d\mu \text{ absolut konvergent.}$$

Für alle $f\in L$ gilt nach Satz 14.3.2.

$$\sum_{n=1}^{\infty} f_n(x) = f(x) \text{ für fast alle } x\in X \Rightarrow \sum_{n=1}^{\infty}\int f_n\,d\mu = \int f\,d\mu.$$

Gibt es also ein derartiges $f \in L$, so hängt die Summe der Integrale über die f_n nicht von der speziellen Auswahl der Folge $(f_n)_{n\in N}$, sondern nur von den Werten von

$$\sum_{n=1}^{\infty} f_n(x) \quad \text{für fast alle } x \in X$$

ab. Diese Unabhängigkeit von der speziellen Auswahl der Folge $(f_n)_{n\in N}$ gilt aber auch dann noch, wenn es kein passendes $f \in L$ gibt.

Hilfssatz 14.4.1. *μ sei Daniell-Integral auf $L \subset \{g | g: X \to \boldsymbol{R}\}$. Sind $(f_n)_{n\in N}$ und $(g_n)_{n\in N}$ Folgen in L mit*

$$\sum_{n=1}^{\infty} \int |f_n| \, d\mu < \infty \quad \textit{und} \quad \sum_{n=1}^{\infty} \int |g_n| \, d\mu < \infty,$$

so gilt (vgl. Anmerkung 14.2.1.)

$$\sum_{n=1}^{\infty} f_n(x) = \sum_{n=1}^{\infty} g_n(x) \textit{ für fast alle } x \in X \quad \Rightarrow \quad \sum_{n=1}^{\infty} \int f_n \, d\mu = \sum_{n=1}^{\infty} \int g_n \, d\mu.$$

Beweis. Für fast alle $x \in X$ ist

$$\sum_{n=1}^{\infty} (f_n(x) - g_n(x)) = 0,$$

außerdem

$$\sum_{n=1}^{\infty} \int |f_n - g_n| \, d\mu \leqq \sum_{n=1}^{\infty} \int |f_n| \, d\mu + \sum_{n=1}^{\infty} \int |g_n| \, d\mu < \infty.$$

Wegen der absoluten Konvergenz der Reihen erhält man hieraus nach Satz 14.3.2.

$$0 = \sum_{n=1}^{\infty} \int (f_n - g_n) \, d\mu = \sum_{n=1}^{\infty} \int f_n \, d\mu - \sum_{n=1}^{\infty} \int g_n \, d\mu. \quad \bullet$$

Hilfssatz 14.4.1. erlaubt eine Erweiterung von μ auf eine größere Menge von Abbildungen.

Definition 14.4.1. *μ sei ein Daniell-Integral auf $L \subset \{g | g: X \to \boldsymbol{R}\}$. $g: X \to \boldsymbol{R}$ heißt μ-integrierbar (oder einfach: integrierbar), wenn es eine Folge $(f_n)_{n\in N}$ in L gibt mit*

$$(1) \qquad \sum_{n=1}^{\infty} \int |f_n| \, d\mu < \infty \quad \textit{und} \quad \sum_{n=1}^{\infty} f_n(x) = g(x) \textit{ für fast alle } x \in X.$$

Man verwendet die Bezeichnung

$$L^1 = L^1(\mu) := \{g | g: X \to \boldsymbol{R},\ g \textit{ ist } \mu\textit{-integrierbar}\}$$

und definiert das Lebesgue-Integral $\lambda: L^1 \to \boldsymbol{R}$ zu μ durch

$$\int g \, d\lambda = \lambda(g) := \sum_{n=1}^{\infty} \int f_n \, d\mu, \quad (f_n)_{n\in N} \textit{ Folge mit der Eigenschaft (1)}$$

(nach Satz 14.3.2. konvergiert die Reihe, und nach Hilfssatz 14.4.1. ist $\lambda(g)$ unabhängig von der speziellen Auswahl der Folge $(f_n)_{n\in N}$).

Anmerkung 14.4.1. $(f_n)_{n\in N}$ sei eine Folge mit der Eigenschaft (1) Definition 14.4.1. N sei die Nullmenge derjenigen Punkte, für die *nicht* $g(x) = \sum_{n=1}^{\infty} f_n(x)$ ist. Nach Satz 14.2.1. gibt es eine Folge $(h_n)_{n\in N}$ in L mit $h_n \geqq 0$,

$$\sum_{n=1}^{\infty} h_n(x) \text{ divergent für } x\in N, \quad \sum_{n=1}^{\infty}\int h_n\,d\mu < \infty.$$

Setzt man für $n\in N$

$$g_{3n-2} := f_n, \quad g_{3n-1} = h_n, \quad g_{3n} = -h_n,$$

so erhält man eine Folge $(g_n)_{n\in N}$ mit

$$\sum_{n=1}^{\infty}\int |g_n|\,d\mu = \sum_{n=1}^{\infty}\int |f_n|\,d\mu + 2\sum_{n=1}^{\infty}\int h_n\,d\mu < \infty.$$

Für fast alle x ist

$$\sum_{n=1}^{\infty} g_n(x) \quad \text{absolut konvergent und dann} \quad \sum_{n=1}^{\infty} g_n(x) = \sum_{m=1}^{\infty} f_m(x).$$

Ist die Reihe aber absolut konvergent, so ist auch $\sum_{n=1}^{\infty} h_n(x)$ konvergent und daher $x\notin N$. Das bedeutet

$$\sum_{n=1}^{\infty} g_n(x) = g(x) \text{ für alle } x, \text{ für die die Reihe absolut konvergiert.}$$

Wenn es also eine Darstellung von g wie in (1) Definition 14.4.1. gibt, so kann man die Darstellung so wählen, daß die Reihe den Wert $g(x)$ hat für jedes x, für das sie absolut konvergiert. Diese Feststellung bezeichnet man gelegentlich als Lemma von Mikusiński. ●

Satz 14.4.1. *μ sei Daniell-Integral auf $L\subset\{g\,|\,g: X\to \boldsymbol{R}\}$, λ das zugehörige Lebesgue-Integral.*

L^1 ist Untervektorraum von $\{g\,|\,g: X\to\boldsymbol{R}\}$ mit der Eigenschaft

(V) $$g\in L^1 \;\Rightarrow\; |g|\in L^1.$$

Es ist $L\subset L^1$ und $\lambda|L=\mu$, d.h.

$$\int g\,d\lambda = \int g\,d\mu \quad \textit{für alle} \quad g\in L.$$

λ erfüllt die Bedingungen (1), (2) *aus Definition 14.1.1. (d.h., λ ist linear und positiv).*

Beweis. Zu $f, g \in L^1$ seien $(f_n)_{n\in \boldsymbol{N}}$ und $(g_n)_{n\in \boldsymbol{N}}$ zugehörige Folgen in L. Sind $a, b \in \boldsymbol{R}$, so gilt

$$\sum_{n=1}^{\infty}\int |af_n+bg_n|\, d\mu \leqq \sum_{n=1}^{\infty}\int (|a|\,|f_n|+|b|\,|g_n|)\, d\mu \leqq |a| \sum_{n=1}^{\infty}\int |f_n|\, d\mu + |b| \sum_{n=1}^{\infty}\int |g_n|\, d\mu < \infty$$

und (vgl. Anmerkung 14.2.1.) für fast alle $x \in X$

$$\sum_{n=1}^{\infty}(af_n+bg_n)(x) = a\sum_{n=1}^{\infty} f_n(x) + b\sum_{n=1}^{\infty} g_n(x) = af(x)+bg(x).$$

Daher ist $af+bg \in L^1$ und

$$\int (af+bg)\, d\lambda = \sum_{n=1}^{\infty}\int (af_n+bg_n)\, d\mu = a\sum_{n=1}^{\infty}\int f_n\, d\mu + b\sum_{n=1}^{\infty}\int g_n\, d\mu = a\int f\, d\lambda + b\int g\, d\lambda,$$

d.h., λ ist linear (und erfüllt damit (1) Definition 14.1.1.).

Ist $f(x) \geqq 0$ für alle $x \in X$, so ist für fast alle $x \in X$

$$\sum_{n=1}^{\infty} f_n(x) \geqq 0, \quad \text{und deshalb nach Satz 14.3.2.} \quad \int f\, d\lambda = \sum_{n=1}^{\infty}\int f_n\, d\mu \geqq 0,$$

λ erfüllt (2) Definition 14.1.1.

Ist $f \in L$, so kann man speziell $f_1 = f$, $f_n = 0$ für $n > 1$ wählen und erhält

$$f \in L^1, \quad \int f\, d\lambda = \int f\, d\mu, \quad \text{also} \quad L \subset L^1, \ \lambda | L = \mu.$$

Um nachzuweisen, daß mit g auch $|g|$ in L^1 ist, setzt man

$$h_k = \left|\sum_{n=1}^{k} g_n\right| - \left|\sum_{n=1}^{k-1} g_n\right|.$$

Nach der Dreiecksungleichung ist $|h_k| \leqq |g_k|$ und deshalb

$$\sum_{k=1}^{\infty}\int |h_k|\, d\mu \leqq \sum_{k=1}^{\infty}\int |g_k|\, d\mu < \infty.$$

Wegen

$$\sum_{k=1}^{m} h_k(x) = \sum_{k=1}^{m}\left(\left|\sum_{n=1}^{k} g_n(x)\right| - \left|\sum_{n=1}^{k-1} g_n(x)\right|\right) = \left|\sum_{n=1}^{m} g_n(x)\right| \quad \text{ist} \quad \sum_{k=1}^{\infty} h_k(x) = |g(x)|$$

für fast alle $x \in X$. Daher ist $|g| \in L^1$. ●

Es ist zweckmäßiger, nach einiger Vorbereitung die wesentlichen Aussagen von Satz 14.3.2. auf das Lebesgue-Integral zu übertragen, anstatt für das Lebesgue-Integral unmittelbar (3) Definition 14.1.1. zu beweisen.

Hilfssatz 14.4.2. *μ sei Daniell-Integral auf $L \subset \{g | g: X \to \boldsymbol{R}\}$, λ das zugehörige Lebesgue-Integral. Ist $f \in L^1$, so gibt es zu jedem $\varepsilon \in \boldsymbol{R}_+^\times$ ein $h \in L$ und eine Folge $(h_n)_{n \in \boldsymbol{N}}$ in L mit*

$$\int |f-h| \, d\lambda < \varepsilon, \quad \int |h| \, d\mu < \int |f| \, d\lambda + \varepsilon, \quad \sum_{n=1}^{\infty} \int |h_n| \, d\mu < \varepsilon$$

und

$$f(x) - h(x) = \sum_{n=1}^{\infty} h_n(x) \quad \text{für fast alle} \quad x \in X.$$

Beweis. Zu f gibt es eine Folge $(f_n)_{n \in \boldsymbol{N}}$ in L mit

$$\sum_{n=1}^{\infty} \int |f_n| \, d\mu < \infty, \quad \sum_{n=1}^{\infty} f_n(x) = f(x) \quad \text{für fast alle} \quad x \in X.$$

Wir können dann ein $m \in \boldsymbol{N}$ wählen mit $\sum\limits_{n=m+1}^{\infty} \int |f_n| d\mu < \varepsilon$. Setzen wir

$$h = \sum_{n=1}^{m} f_n, \quad h_0(x) = \begin{cases} \sum\limits_{n=m+1}^{\infty} |f_n(x)|, & \text{falls die Reihe in } x \text{ konvergiert,} \\ 0 & \text{sonst,} \end{cases}$$

so ist $h \in L$ und $h_0 \in L^1$, da die Reihe nach Satz 14.3.2. für fast alle $x \in X$ konvergiert. Es ist

$$0 \leqq \int h_0 \, d\lambda = \sum_{n=m+1}^{\infty} \int |f_n| \, d\mu < \varepsilon, \quad |f(x) - h(x)| \leqq h_0(x) \text{ für fast alle } x \in X.$$

Da λ linear und positiv ist (Satz 14.4.1.), erhält man

$$0 \leqq \int |f-h| \, d\lambda \leqq \int h_0 \, d\lambda < \varepsilon$$

und

$$\int |h| \, d\mu = \int |h| \, d\lambda = \int |h-f+f| \, d\lambda \leqq \int (|h-f| + |f|) \, d\lambda$$
$$\leqq \int |f| \, d\lambda + \int |f-h| \, d\lambda < \int |f| \, d\lambda + \varepsilon.$$

Setzt man $h_n := f_{m+n}$, so ist

$$\sum_{n=1}^{\infty} \int |h_n| \, d\mu < \varepsilon, \quad f(x) - h(x) = \sum_{n=1}^{\infty} h_n(x) \quad \text{für fast alle} \quad x \in X. \quad \bullet$$

Satz 14.4.2. *μ sei Daniell-Integral auf $L \subset \{g | g: X \to \boldsymbol{R}\}$, λ das zugehörige Lebesgue-Integral. Ist $(f_n)_{n \in \boldsymbol{N}}$ eine Folge in L^1 und ist*

$$\sum_{n=1}^{\infty} \int |f_n| \, d\lambda < \infty,$$

so ist

$$\sum_{n=1}^{\infty} f_n(x) \text{ für fast alle } x \in X \text{ absolut konvergent.}$$

Für jede Abbildung $f: X \to \boldsymbol{R}$ gilt

$$\sum_{n=1}^{\infty} f_n(x) = f(x) \text{ für fast alle } x \in X \quad \Rightarrow \quad f \in L^1, \quad \sum_{n=1}^{\infty} \int f_n \, d\lambda = \int f \, d\lambda.$$

Beweis. Man wähle nach Hilfssatz 14.4.2. zu jedem f_n ein $h_n \in L$ und eine Folge $(h_{n,j})_{j \in \boldsymbol{N}}$ in L mit

$$\int |f_n - h_n| \, d\lambda < 2^{-n}, \quad \int |h_n| \, d\mu < \int |f_n| \, d\lambda + 2^{-n}, \quad \sum_{j=1}^{\infty} \int |h_{n,j}| \, d\mu < 2^{-n}$$

und

$$f_n(x) - h_n(x) = \sum_{j=1}^{\infty} h_{n,j}(x) \quad \text{für fast alle} \quad x \in X.$$

Dann ist

$$\sum_{n=1}^{\infty} \int |h_n| \, d\mu \leqq \sum_{n=1}^{\infty} \int |f_n| \, d\lambda + \sum_{n=1}^{\infty} 2^{-n} < \infty$$

und daher nach Satz 14.3.2.

$$\sum_{n=1}^{\infty} h_n(x) \text{ für fast alle } x \in X \text{ absolut konvergent.}$$

Außerdem ist

$$\sum_{n=1}^{\infty} \left(\sum_{j=1}^{\infty} \int |h_{n,j}| \, d\mu \right) \leqq \sum_{n=1}^{\infty} 2^{-n} < \infty.$$

Da $\int |h_{n,j}| d\mu \geqq 0$ ist, ist die Familie $\left(\int |h_{n,j}| d\mu\right)_{j,n \in \boldsymbol{N}}$ absolut summierbar. Man kann Satz 14.3.2. anwenden und stellt fest, daß $(h_{n,j}(x))_{j,n \in \boldsymbol{N}}$ für fast alle $x \in X$ absolut summierbar ist. Man kann deshalb den Umordnungssatz (Satz 9.5.4.) anwenden,

$$\sum_{n=1}^{\infty} \left(h_n(x) + \sum_{j=1}^{\infty} h_{n,j}(x) \right) \text{ ist für fast alle } x \in X \text{ absolut konvergent.}$$

(Man beachte Anmerkung 14.2.1.) Da

$$f_n(x) = h_n(x) + \sum_{j=1}^{\infty} h_{n,j}(x) \quad \text{für fast alle} \quad x \in X$$

ist, ist

$$\sum_{n=1}^{\infty} f_n(x) \text{ für fast alle } x \in X \text{ absolut konvergent.}$$

Ist nun für eine Abbildung $f: X \to \boldsymbol{R}$

$$\sum_{n=1}^{\infty} f_n(x) = f(x) \quad \text{für fast alle} \quad x \in X,$$

so ist damit (vgl. Anmerkung 14.2.1.)

$$f(x) = \sum_{n=1}^{\infty}\left(h_n(x) + \sum_{j=1}^{\infty} h_{n,j}(x)\right) \quad \text{für fast alle} \quad x \in X.$$

Da

$$\sum_{n=1}^{\infty}\int |h_n|\, d\mu + \sum_{j,n\in \mathbf{N}}\int |h_{n,j}|\, d\mu < \infty$$

ist, ist nach Definition 14.4.1. $f \in L^1$ und (da auch die $f_n \in L^1$ sind) wegen der absoluten Summierbarkeit

$$\int f\, d\lambda = \sum_{n=1}^{\infty}\int h_n\, d\mu + \sum_{j,n\in\mathbf{N}}\int h_{n,j}\, d\mu = \sum_{n=1}^{\infty}\left(\int h_n\, d\mu + \sum_{j=1}^{\infty}\int h_{n,j}\, d\mu\right) = \sum_{n=1}^{\infty}\int f_n\, d\lambda. \quad \bullet$$

Satz 14.4.3. *μ sei Daniell-Integral auf $L \subset \{g \mid g: X \to \mathbf{R}\}$, λ das zugehörige Lebesgue-Integral. λ ist Daniell-Integral auf L^1. Für jede Teilmenge $N \subset X$ gilt:*

N ist μ-Nullmenge $\Leftrightarrow$ N ist λ-Nullmenge.

Für jede Abbildung $f: X \to \mathbf{R}$ gilt:

f ist μ-integrierbar $\Leftrightarrow$ f ist λ-integrierbar,

d.h., es ist $(L^1(\mu))^1(\lambda) = L^1(\mu)$.

Beweis. Zum Beweis von (3) Definition 14.1.1. sei $(g_n)_{n\in\mathbf{N}}$ eine monoton fallende Folge in L^1 mit

$$\lim_{n\to\infty} g_n(x) = 0 \quad \text{für alle} \quad x \in X.$$

Setzt man $f_1 = g_1$, $f_n = g_n - g_{n-1}$ für $n \geqq 2$, so ist (wegen $g_n \geqq 0$, $g_n \leqq g_{n-1}$) $|f_1| = |g_1| = g_1$, $|f_n| = g_{n-1} - g_n$ und

$$\sum_{n=1}^{k} f_n = g_1 + \sum_{n=2}^{k}(g_n - g_{n-1}) = g_k, \quad \sum_{n=1}^{\infty} f_n(x) = \lim_{k\to\infty} g_k(x) = 0,$$

sowie

$$\sum_{n=1}^{k}\int |f_n|\, d\lambda = \int g_1\, d\lambda + \sum_{n=2}^{k}\left(\int g_{n-1}\, d\lambda - \int g_n\, d\lambda\right) = \int g_1\, d\lambda + \int g_1\, d\lambda - \int g_k\, d\lambda$$

$$\leqq 2\int g_1\, d\lambda.$$

Daher ist

$$\sum_{n=1}^{\infty}\int |f_n|\, d\lambda < \infty \quad \text{und nach Satz 14.4.2.} \quad \lim_{n\to\infty}\int g_n\, d\lambda = \sum_{n=1}^{\infty}\int f_n\, d\lambda = \int 0\, d\lambda = 0.$$

λ ist Daniell-Integral auf L^1.

Ist N eine λ-Nullmenge, so gibt es nach Satz 14.2.1. eine Folge $(f_n)_{n\in\mathbf{N}}$ in L^1 mit

$$\sum_{n=1}^{\infty} f_n(x) \text{ divergent für alle } x\in N, \quad \sum_{n=1}^{\infty}\int |f_n|\,d\lambda < \infty.$$

Aus der zweiten Bedingung folgt nach Satz 14.4.2., daß die Reihe links μ-fast überall konvergiert, d.h., N ist Teilmenge einer μ-Nullmenge und daher selbst μ-Nullmenge. Wegen $L\subset L^1$ ist umgekehrt nach demselben Kriterium jede μ-Nullmenge auch λ-Nullmenge.

Wendet man Satz 14.4.1. auf das Daniell-Integral λ an, so folgt, daß jedes $f\in L^1(\mu)$ auch λ-integrierbar ist. Ist $f\in(L^1(\mu))^1(\lambda)$, also λ-integrierbar, so gibt es nach der Definition der Integrierbarkeit eine Folge $(f_n)_{n\in\mathbf{N}}$ in L^1 mit

$$\sum_{n=1}^{\infty}\int |f_n|\,d\lambda < \infty, \quad \sum_{n=1}^{\infty} f_n(x) = f(x) \quad \text{für } \lambda\text{-fast alle } x\in X.$$

Da jede λ-Nullmenge auch μ-Nullmenge ist, ist

$$\sum_{n=1}^{\infty} f_n(x) = f(x) \quad \text{für } \mu\text{-fast alle } x\in X$$

und daher nach Satz 14.4.2. $f\in L^1$. ●

14.5. Konvergenzsätze für Lebesgue-Integrale

μ sei Daniell-Integral auf $L\subset\{g\,|\,g:X\to\mathbf{R}\}$, λ das zugehörige Lebesgue-Integral. Ein Vorteil von λ gegenüber μ liegt darin, daß L^1 unter Umständen wesentlich größer ist als L, daß man also mit dem Lebesgue-Integral eine größere Klasse von Abbildungen integrieren kann. Der entscheidende Vorteil des Lebesgue-Integrals ist aber die Abgeschlossenheit von L^1 gegenüber Grenzwertprozessen und ihre Vertauschbarkeit mit λ, d.h. die Möglichkeit, unter sehr allgemeinen Voraussetzungen Folgen und Reihen gliedweise integrieren zu können. Der erste dieser Konvergenzsätze ist

Satz 14.4.2. *(Konvergenzsatz von Lebesgue für Reihen), siehe 14.4.*, wobei zu beachten ist, daß man nach Satz 14.4.3. an Stelle von „für μ-fast alle $x\in X$" auch „für λ-fast alle $x\in X$" schreiben kann und für „μ-integrierbar" auch „λ-integrierbar".

Satz 14.5.1. *(Satz von B. Levi.) μ sei Daniell-Integral auf $L\subset\{g\,|\,g:X\to\mathbf{R}\}$, λ das zugehörige Lebesgue-Integral. $(g_n)_{n\in\mathbf{N}}$ sei eine monoton wachsende Folge in L^1 und*

$$\lim_{n\to\infty}\int g_n\,d\lambda < \infty.$$

Dann ist

$$\lim_{n\to\infty} g_n(x) < \infty \quad \textit{für fast alle } x\in X.$$

Für jede Abbildung $g: X\to \mathbf{R}$ *gilt*

$$\lim_{n\to\infty} g_n(x) = g(x) \textit{ für fast alle } x\in X \quad\Rightarrow\quad g\in L^1, \quad \lim_{n\to\infty}\int g_n\,d\lambda = \int g\,d\lambda.$$

Beweis. Nach Definition 14.2.1. ist die Menge der Punkte, in denen $\lim_{n\to\infty} g(x) = \infty$ ist, eine Nullmenge (für λ, also auch für μ).

Wir setzen $f_1 = g_1$, $f_n = g_n - g_{n-1}$ für $n \geqq 2$. Da $(g_n)_{n\in \mathbf{N}}$ monoton wächst, ist $f_n \geqq 0$ für $n \geqq 2$. Es ist

$$\sum_{n=1}^{m} f_n = g_1 + \sum_{n=2}^{m} (g_n - g_{n-1}) = g_m, \quad \sum_{n=1}^{m}\int f_n\,d\lambda = \int g_m\,d\lambda$$

und

$$\sum_{n=1}^{m}\int |f_n|\,d\lambda = \int |g_1|\,d\lambda + \sum_{n=2}^{m}\left(\int g_n\,d\lambda - \int g_{n-1}\,d\lambda\right) = \int (|g_1| - g_1)\,d\lambda + \int g_m\,d\lambda.$$

Nach Voraussetzung ist daher

$$\sum_{n=1}^{\infty}\int |f_n|\,d\lambda < \infty, \quad \text{also} \quad \sum_{n=1}^{\infty} f_n(x) \quad \text{konvergent für fast alle } x\in X$$

nach Satz 14.4.2. und weiter

$$g\in L^1, \quad \int g\,d\lambda = \sum_{n=1}^{\infty}\int f_n\,d\lambda = \lim_{m\to\infty}\int g_m\,d\lambda. \quad \bullet$$

Satz 14.5.2. *(Fatousches Lemma.)* μ *sei Daniell-Integral auf* $L\subset\{g\,|\,g: X\to\mathbf{R}\}$, λ *das zugehörige Lebesgue-Integral.* $(g_n)_{n\in\mathbf{N}}$ *sei eine Folge in* L^1 *mit*

$$g_n(x) \geqq 0 \textit{ für fast alle } x\in X, \quad \underline{\lim}_{n\to\infty}\int g_n\,d\lambda < \infty.$$

Dann ist

$$\underline{\lim}_{n\to\infty} g_n(x) < \infty \quad \textit{für fast alle} \quad x\in X,$$

und für jede Abbildung $g: X\to\mathbf{R}$ *gilt*

$$g(x) = \underline{\lim}_{n\to\infty} g(x) \textit{ für fast alle } x\in X \quad\Rightarrow\quad g\in L^1, \quad \int g\,d\lambda \leqq \underline{\lim}_{n\to\infty}\int g_n\,d\lambda.$$

Beweis. Nach Voraussetzung ist

$$g_n^+(x) = g(x) \text{ für fast alle } x\in X, \quad \text{also} \quad \int g_n\,d\lambda = \int g_n^+\,d\lambda.$$

Man kann deshalb überall g_n durch g_n^+ ersetzen, d.h., der Einfachheit halber gleich voraussetzen, daß $g_n \geqq 0$ für jedes $n\in\mathbf{N}$ ist.

Wir setzen jetzt

$$h_n(x) = \inf\{g_j(x) \mid j \in \boldsymbol{N},\ j \geqq n\}.$$

Dann ist

$$0 \leqq h_n(x) \leqq g_n(x) \quad \text{für alle} \quad x \in X, \quad n \in \boldsymbol{N}.$$

Man erhält so für jedes $n \in \boldsymbol{N}$ eine Abbildung $h_n: X \to \boldsymbol{R}$. Setzt man für festes $n \in \boldsymbol{N}$

$$f_k := \inf\{g_n, g_{n+1}, \ldots, g_{n+k}\},$$

so ist $(f_k)_{k \in \boldsymbol{N}}$ monoton fallend, $f_k \geqq 0$,

$$\lim_{k\to\infty} f_k(x) = h_n(x) \text{ für alle } x \in X \text{ und } \int f_k\,d\lambda \geqq 0, \quad \text{also} \quad \lim_{k\to\infty} \int f_k\,d\lambda \geqq 0.$$

Für $(-f_k)_{k \in \boldsymbol{N}}$ sind die Voraussetzungen von Satz 14.5.1. erfüllt. Daher ist

$$-h_n \in L^1, \text{ folglich } h_n \in L^1, \quad \int h_n\,d\lambda \leqq \int g_j\,d\lambda \text{ für } n \leqq j,$$

und damit

$$\int h_n\,d\lambda \leqq \varliminf_{j\to\infty} \int g_j\,d\lambda \quad \text{für jedes} \quad n \in \boldsymbol{N}.$$

Da die Folge $(h_n)_{n \in \boldsymbol{N}}$ monoton wachsend ist, folgt (mit Definition 14.2.1.)

$$\lim_{n\to\infty} \int h_n\,d\lambda \leqq \varliminf_{j\to\infty} \int g_j\,d\lambda < \infty, \quad \text{also} \quad \lim_{n\to\infty} h_n(x) < \infty \text{ fast überall.}$$

Nach der Definition der h_n ist

$$\lim_{n\to\infty} h_n(x) = \varliminf_{n\to\infty} g_n(x).$$

Deshalb ist

$$\varliminf_{n\to\infty} g_n(x) < \infty, \quad \lim_{n\to\infty} h_n(x) = g(x) \text{ für fast alle } x \in X.$$

Nach Satz 14.5.1. ist $g \in L^1$ und

$$\int g\,d\lambda = \lim_{n\to\infty} \int h_n\,d\lambda \leqq \varliminf_{n\to\infty} \int g_n\,d\lambda. \bullet$$

Satz 14.5.3. *(Lebesguescher Konvergenzsatz für beschränkte Konvergenz.) μ sei Daniell-Integral auf $L \subset \{g \mid g: X \to \boldsymbol{R}\}$, λ das zugehörige Lebesgue-Integral. $(g_n)_{n \in \boldsymbol{N}}$ sei eine Folge in L^1, $h \in L^1$ und*

$$|g_n(x)| \leqq h(x) \quad \textit{für fast alle } x \in X \textit{ und jedes } n \in \boldsymbol{N}.$$

Dann gilt für jede Abbildung $g: X \to \boldsymbol{R}$:

$$\lim_{n\to\infty} g_n(x) = g(x) \textit{ für fast alle } x \in X \ \Rightarrow\ g \in L^1, \quad \int g\,d\lambda = \lim_{n\to\infty} \int g_n\,d\lambda.$$

Beweis. Für jedes $n \in \boldsymbol{N}$ ist $h - g_n \in L^1$ und

$$0 \leqq h(x) - g_n(x) \leqq 2h(x) \quad \text{für fast alle } x \in X.$$

Daraus erhält man

$$0 \leqq \int (h-g_n)\, d\lambda \leqq 2\int h\, d\lambda, \quad \text{also} \quad 0 \leqq \varliminf_{n\to\infty} \int (h-g_n)\, d\lambda \leqq 2\int h\, d\lambda.$$

Da $\lim\limits_{n\to\infty} (h(x)-g_n(x)) = h(x)-g(x)$ für fast alle $x \in X$ ist, ist nach Satz 14.5.2. $h-g \in L^1$. Wegen $h \in L^1$ ist auch $g \in L^1$ und

$$\int h\, d\lambda - \int g\, d\lambda = \int (h-g)\, d\lambda \leqq \varliminf_{n\to\infty} \int (h-g_n)\, d\lambda = \int h\, d\lambda + \varliminf_{n\to\infty} \int (-g_n)\, d\lambda.$$

Das ergibt

$$\varlimsup_{n\to\infty} \int g_n\, d\lambda = -\varliminf_{n\to\infty} \int (-g_n)\, d\lambda \leqq \int g\, d\lambda.$$

Andererseits ist $h(x)+g_n(x) \geqq 0$ für fast alle $x \in X$,

$$\lim_{n\to\infty} (h(x)+g_n(x)) = h(x)+g(x) \quad \text{für fast alle} \quad x \in X.$$

Nach Satz 14.5.2. folgt hieraus

$$\int h\, d\lambda + \int g\, d\lambda = \int (h+g)\, d\lambda \leqq \varliminf_{n\to\infty} \int (h+g_n)\, d\lambda = \int h\, d\lambda + \varliminf_{n\to\infty} \int g_n\, d\lambda.$$

Deshalb ist auch

$$\int g\, d\lambda \leqq \varliminf_{n\to\infty} \int g_n\, d\lambda.$$

Infolgedessen existiert $\lim\limits_{n\to\infty} \int g_n d\lambda$, und es ist $\lim\limits_{n\to\infty} \int g_n d\lambda = \int g\, d\lambda$. ●

Anmerkung 14.5.1. Man kann Satz 14.5.3. auch folgendermaßen formulieren.

Ist die Folge $(g_n)_{n\in \boldsymbol{N}}$ aus L^1 durch ein festes $h \in L^1$ dem Betrage nach fast überall gleichmäßig beschränkt und existiert

$$\lim_{n\to\infty} g_n(x) \quad \text{für fast alle } x \in X,$$

so definiert der Grenzwert (bei beliebiger Festsetzung der Funktionswerte in den Punkten, in denen der Grenzwert nicht in $\boldsymbol{R}$ existiert) eine integrierbare Abbildung $g: X \to \boldsymbol{R}$, und man darf die Folge gliedweise integrieren, d.h., es ist

$$\int g\, d\lambda = \lim_{n\to\infty} \int g_n\, d\lambda. \; ●$$

Eine einfache Folgerung aus Satz 14.5.3. ist

Hilfssatz 14.5.1. *μ sei Daniell-Integral auf $L \subset \{g \mid g: X \to \boldsymbol{R}\}$, λ das zugehörige Lebesgue-Integral. Gilt*

$$f, g \in L \;\Rightarrow\; f \cdot g \in L,$$

so gilt auch

$$f, g \in L^1(\mu),\ f \text{ beschränkt} \;\Rightarrow\; f \cdot g \in L^1(\mu).$$

Beweis. Wir nehmen zunächst an, daß $f \geqq 0$ und $g \geqq 0$ ist. Dann gibt es nach Definition 14.4.1. Folgen $(f_n)_{n\in N}$ und $(g_n)_{n\in N}$ in L mit

$$f(x) = \lim_{n\to\infty} f_n(x), \quad g(x) = \lim_{n\to\infty} g_n(x) \text{ für fast alle } x \in X.$$

(Man nehme jeweils die Partialsummen der Reihe in Definition 14.4.1.) Es folgt

$$f(x)g(x) = \lim_{n\to\infty} f_n(x)g_n(x) \quad \text{für fast alle } x \in X.$$

Da $f_n \cdot g_n \in L$ ist, ist auch $\tilde{h}_n = \sup\{f_n \cdot g_n, 0\} \in L$, und wegen $fg \geqq 0$

$$f(x)g(x) = \lim_{n\to\infty} \tilde{h}_n(x) \quad \text{für fast alle } x \in X.$$

Ist f beschränkt, etwa $f \leqq c$, $c \in \boldsymbol{R}_+$, so ist $f \cdot g \leqq c \cdot g$. Für $h_n = \inf\{\tilde{h}_n, cg\}$ gilt

$$0 \leqq h_n \leqq cg, \quad h_n \in L^1(\mu), \quad \lim_{n\to\infty} h_n(x) = f(x)g(x) \text{ für fast alle } x \in X.$$

Nach Satz 14.5.3. ist $f \cdot g \in L^1(\mu)$.

Sind im allgemeinen Fall $f, g \in L^1(\mu)$, f beschränkt, so sind $f^+, f^-, g^+, g^- \in L^1(\mu)$, f^+, f^- beschränkt und $f^+g^+, f^+g^-, f^-g^+, f^-g^- \in L^1(\mu)$. Daher ist auch

$$f \cdot g = (f^+ - f^-)(g^+ - g^-) = f^+g^+ - f^+g^- - f^-g^+ + f^-g^- \in L^1(\mu). \quad \bullet$$

Satz 14.5.1. erlaubt es, für gewisse Teilmengen von X einen Inhalt so zu definieren, daß die Gültigkeit des aus der Elementargeometrie bekannten Exhaustionsprinzips zur Inhaltsbestimmung evident ist.

Satz 14.5.4. *μ sei Daniell-Integral auf $L \subset \{g \mid g: X \to \boldsymbol{R}\}$, λ das zugehörige Lebesgue-Integral. Eine Teilmenge $A \subset X$ heißt abzählbar λ-meßbar, wenn es eine monoton wachsende Folge $(A_n)_{n\in N}$ von Teilmengen von X mit*

$$\xi_{A_n} \in L^1(\mu) \text{ für alle } n \in N \quad \text{und} \quad \bigcup_{n=1}^{\infty} A_n = A$$

gibt. Für ein solches A kann man das Maß von A durch

$$\lambda(A) := \lim_{n\to\infty} \int \xi_{A_n}\, d\lambda$$

unabhängig von der speziellen Wahl der Folge $(A_n)_{n\in N}$ definieren. Es ist

$$\lambda(A) = \int \xi_A\, d\lambda \text{ für } \xi_A \in L^1(\mu), \quad \lambda(A) = \infty \text{ für } \xi_A \notin L^1(\mu).$$

Beweis. Nach Voraussetzung ist $(\xi_{A_n})_{n\in N}$ eine monoton wachsende Folge in $L^1(\mu)$ und

$$\lim_{n\to\infty} \xi_{A_n}(x) = \xi_A(x) \quad \text{für alle} \quad x \in X.$$

Ist für *eine* derartige Folge $\lim_{n\to\infty} \int \xi_{A_n} d\lambda < \infty$, so ist nach Satz 14.5.1. $\xi_A \in L^1(\mu)$. Ist aber $\xi_A \in L^1(\mu)$, so ist für *jede* solche Folge

$$\xi_{A_k} \leqq \xi_A, \quad \text{also} \quad \int \xi_{A_n} d\lambda \leqq \int \xi_A \, d\lambda, \quad \lim_{n\to\infty} \int \xi_{A_n} d\lambda \leqq \int \xi_A \, d\lambda < \infty,$$

und deshalb nach Satz 14.5.1. $\lim_{n\to\infty} \int \xi_{A_n} d\lambda = \int \xi_A \, d\lambda$. ●

Nach Satz 14.5.4. kann man für gewisse $A \subset X$ einen Inhalt $\lambda(A)$ definieren. Man zeigt ohne Mühe, daß dieser Inhaltsbegriff die für einen Inhalt erwünschten Eigenschaften hat. Es gilt

Satz 14.5.5. *μ sei ein Daniell-Integral auf $L \subset \{g \mid g : X \to \boldsymbol{R}\}$, λ das zugehörige Lebesgue-Integral,*

$$\mathfrak{A} := \{A \mid A \subset X, \ A \ \textit{abzählbar} \ \lambda\textit{-meßbar}\}.$$

Ist $(A_j)_{j \in J}$, $J \neq \emptyset$, J abzählbar, eine Familie in $\mathfrak{A}$, $A, B \in \mathfrak{A}$, so gilt

$$(1) \ \bigcup_{j \in J} A_j \in \mathfrak{A}, \qquad (2) \ \bigcap_{j \in J} A_j \in \mathfrak{A}, \qquad (3) \ A - B \in \mathfrak{A}, \ \emptyset \in \mathfrak{A},$$

und

$$(4) \ A \subset \bigcup_{j \in J} A_j \ \Rightarrow \ \lambda(A) \leqq \sum_{j \in J} \lambda(A_j).$$

Sind die A_j, $j \in J$, paarweise punktfremd, so gilt

$$(5) \ \lambda\Big(\bigcup_{j \in J} A_j\Big) = \sum_{j \in J} \lambda(A_j).$$

Beweis. Wegen $\xi_\emptyset \in L$ ist $\emptyset \in A$ und $\lambda(\emptyset) = \int \xi_\emptyset \, d\lambda = 0$. Da J abzählbar ist, kann man $J \subset \boldsymbol{N}$ annehmen. Da $J \neq \emptyset$ ist, kann man $1 \in J$ annehmen. Setzt man in (2) dann $A_j := A_1$ für $j \in \boldsymbol{N} - J$ und in (1), (4), (5) $A_j := \emptyset$ für $j \in \boldsymbol{N} - J$, so kann man in jedem Fall $J = \boldsymbol{N}$ annehmen.

(a) Wir beweisen (2) für den Fall, daß $\lambda(A_j) < \infty$ für alle $j \in \boldsymbol{N}$, also $\xi_{A_j} \in L^1(\mu)$ ist. Setzt man für $n \in \boldsymbol{N} \cup \{\infty\}$

$$B_n = \bigcap_{j=1}^{n} A_j, \quad \text{so ist} \quad \xi_{B_n} = \inf\{\xi_{A_1}, \ldots, \xi_{A_n}\} \in L^1(\mu) \quad \text{für} \quad n \in \boldsymbol{N}$$

und $0 \leqq \xi_{B_n} \leqq \xi_{B_1}$, $\lim_{n\to\infty} \xi_{B_n}(x) = \xi_{B_\infty}(x)$ für alle $x \in X$. Nach Satz 14.5.3. folgt

$$\xi_{B_\infty} \in L^1(\mu), \quad \bigcap_{j=1}^{\infty} A_j = B_\infty \in \mathfrak{A}.$$

(b) Zum Beweis von (1) wählen wir zu jedem $j \in \boldsymbol{N}$ eine Folge $(A_{j,n})_{n \in \boldsymbol{N}}$ wie in Satz 14.5.4., also $(\xi_{A_{j,n}})_{n \in \boldsymbol{N}}$ monoton wachsend, in $L^1(\mu)$. Setzt man

$$B_n = \bigcup_{j=1}^{n} A_{j,n}, \quad \text{so ist} \quad \xi_{B_n} = \sup\{\xi_{1,n}, \ldots, \xi_{n,n}\} \in L^1(\mu).$$

$(B_n)_{n\in N}$ ist eine monoton wachsende Folge. Damit ist

$$\bigcup_{j=1}^{\infty} A_j = \bigcup_{n=1}^{\infty} B_n \in \mathfrak{A}.$$

(c) Zum Beweis von (3) wählt man zu A eine Folge $(A_k)_{k\in N}$ und zu B eine Folge $(B_n)_{n\in N}$ wie in Satz 14.5.4. Da $\lambda(A_k)<\infty$, $\lambda(B_n)<\infty$ ist, gilt nach (a) für jedes $k\in N$ wegen $\xi_{A_k-B_n} = (\xi_{A_k}-\xi_{B_n})^+ \in L^1(\mu)$

$$A_k - B = \bigcap_{n=1}^{\infty} (A_k - B_n) \in \mathfrak{A}.$$

Nach (b) folgt $A-B = \bigcup_{k=1}^{\infty} (A_k - B) \in \mathfrak{A}$.

(d) Jetzt zeigt man (2) allgemein. Nach (1), (3) ist

$$A_1 - \bigcap_{j=2}^{\infty} A_j = \bigcup_{j=2}^{\infty} (A_1 - A_j) \in \mathfrak{A},$$

also nach (3) $\bigcap_{j=1}^{\infty} A_j = A_1 \cap \bigcap_{j=2}^{\infty} A_j = A_1 - \left(A_1 - \bigcap_{j=2}^{\infty} A_j\right) \in \mathfrak{A}$.

(e) (4) ist trivial, falls $\sum_{j\in J} \lambda(A_j) = \infty$ ist. Anderenfalls ist $\lambda(A_j)<\infty$ für jedes $j\in J$, also $\xi_{A_j}\in L^1(\mu)$ und

$$\sum_{j\in J} \int \xi_{A_j}\, d\lambda < \infty, \quad \xi_A(x) \leqq \sum_{j\in J} \xi_{A_j}(x) \text{ für alle } x\in X.$$

Satz 14.3.2. für λ liefert

$$\lambda(A) = \int \xi_A\, d\lambda \leqq \sum_{j\in J} \int \xi_{A_j}\, d\lambda = \sum_{j\in J} \lambda(A_j).$$

Sind dann noch die A_j paarweise punktfremd, so erhält man aus $A = \bigcup_{j\in J} A_j$ $\xi_A = \sum_{j=1}^{\infty} \xi_{A_j}$, also $\lambda(A) = \sum_{j\in J} \lambda(A_j)$, d.h. (5) für diesen Fall.

(f) Sind in (5) alle $\lambda(A_j)$ endlich, so ergibt (4) und (e) für jedes $J_0 \subset J$, J_0 endlich,

$$\sum_{j\in J_0} \lambda(A_j) = \lambda\Big(\bigcup_{j\in J_0} A_j\Big) \leqq \lambda\Big(\bigcup_{j\in J} A_j\Big) \leqq \sum_{j\in J} \lambda(A_j),$$

also

$$\sum_{j\in J} \lambda(A_j) \leqq \lambda\Big(\bigcup_{j\in J} A_j\Big) \leqq \sum_{j\in J} \lambda(A_j),$$

d.h. (5) für den Fall, daß alle $\lambda(A_j)<\infty$ sind. Ist eines der $\lambda(A_j)$, etwa $\lambda(A_{j_0})=\infty$, so folgt schon aus (4)

$$\infty = \lambda(A_{j_0}) \leqq \lambda\Big(\bigcup_{j\in J} A_j\Big). \bullet$$

Man kann jetzt Integrale über Teilmengen von X einführen.

Definition 14.5.1. *μ sei Daniell-Integral auf $L \subset \{g \mid g: X \to \boldsymbol{R}\}$, λ das zugehörige Lebesgue-Integral. Ist A eine abzählbar λ-meßbare Teilmenge von X, so definiert man für jede Abbildung $g: X \to \boldsymbol{R}$*

$$g \text{ ist über } A \text{ integrierbar} \quad :\Leftrightarrow \quad g\xi_A \in L^1(\mu)$$

und, falls g über A integrierbar ist,

$$\int_A g\, d\lambda := \int g\xi_A\, d\lambda.$$

Satz 14.5.6. *μ sei Daniell-Integral auf $L \subset \{g \mid g: X \to \boldsymbol{R}\}$, λ das zugehörige Lebesgue-Integral. L habe die Eigenschaft*

$$f, g \in L \Rightarrow f \cdot g \in L.$$

$A \subset X$ sei abzählbar λ-meßbar. Dann gilt

$$g \in L^1(\mu) \quad \Rightarrow \quad g \text{ ist über } A \text{ integrierbar}.$$

$(A_n)_{n \in \boldsymbol{N}}$ sei eine monoton wachsende Folge abzählbar λ-meßbarer Mengen, $\bigcup_{n=1}^{\infty} A_n = A$. Eine Abbildung $g: X \to \boldsymbol{R}$ ist genau dann über A integrierbar, wenn g über A_n integrierbar ist für jedes $n \in \boldsymbol{N}$ und

$$\lim_{n \to \infty} \int_{A_n} |g|\, d\lambda < \infty$$

ist. In diesem Falle ist

$$\int_A g\, d\lambda = \lim_{n \to \infty} \int_{A_n} g\, d\lambda.$$

Beweis. Wir beweisen zunächst die zweite Behauptung. Für jedes $x \in X$ ist

$$\lim_{n \to \infty} (g\xi_{A_n})(x) = (g\xi_A)(x), \quad \lim_{n \to \infty} (|g|\, \xi_{A_n})(x) = (|g|\, \xi_A)(x).$$

(a) Es sei $g\xi_{A_n} \in L^1(\mu)$, also auch $|g|\xi_{A_n} \in L^1(\mu)$ und

$$\lim_{n \to \infty} \int_{A_n} |g|\, d\lambda = \lim_{n \to \infty} \int |g|\, \xi_{A_n}\, d\lambda < \infty.$$

Da die Folge $(|g|\xi_{A_n})_{n \in \boldsymbol{N}}$ monoton wachsend ist, ist nach Satz 14.5.1. $|g|\xi_A \in L^1(\mu)$. Da $|g\xi_{A_n}| \leqq |g|\xi_A$ ist, kann man Satz 14.5.3. anwenden und erhält

$$g\xi_A \in L^1(\mu), \quad \int g\xi_A\, d\lambda = \lim_{n \to \infty} \int g\xi_{A_n} d\lambda.$$

(b) Ist $g\xi_A \in L^1(\mu)$, so wählt man zu festem $n \in \boldsymbol{N}$ eine monoton wachsende Folge $(B_k)_{k \in \boldsymbol{N}}$ (nach Satz 14.5.4.) mit

$$\xi_{B_k} \in L^1(\mu) \quad \text{und} \quad \bigcup_{k=1}^{\infty} B_k = A_n.$$

Wegen $B_k \subset A$ ist $\xi_{B_k} = \xi_{B_k} \cdot \xi_A$ und $|g|\xi_{B_k} \leqq |g|\xi_A$. Da ξ_{B_k} beschränkt ist, kann man Hilfssatz 14.5.1. anwenden und erhält

$$g\xi_{B_k} = \xi_{B_k} g\xi_A \in L^1(\mu), \qquad \int_{B_k} |g|\, d\lambda = \int |g|\, \xi_{B_k}\, d\lambda \leqq \int |g|\, \xi_A\, d\lambda.$$

Hieraus ergibt sich

$$\lim_{k \to \infty} \int_{B_k} |g|\, d\lambda \leqq \int |g|\, \xi_A\, d\lambda < \infty.$$

Man kann (a) auf A_n anwenden, erhält $g\xi_{A_n} \in L^1(\mu)$ und für jedes $n \in N$

$$\int_{A_n} |g|\, d\lambda = \lim_{k \to \infty} \int_{B_k} |g|\, d\lambda \leqq \int |g|\, \xi_A\, d\lambda, \quad \text{also} \quad \lim_{n \to \infty} \int_{A_n} |g|\, d\lambda \leqq \int |g|\, \xi_A\, d\lambda < \infty.$$

Infolgedessen liegt für g wieder Fall (a) vor.

(c) Ist $g \in L^1(\mu)$ und A abzählbar λ-meßbar, so wählt man zu A eine monoton wachsende Folge $(A_n)_{n \in N}$ nach Satz 14.5.4. mit

$$\xi_{A_n} \in L^1(\mu) \text{ für alle } n \in N \quad \text{und} \quad \bigcup_{n=1}^{\infty} A_n = A.$$

Da ξ_{A_n} beschränkt ist, kann man Hilfssatz 14.5.1. anwenden und erhält $g\xi_{A_n} \in L^1(\mu)$. Wegen $|g\xi_{A_n}| \leqq |g|$ für alle $n \in N$ und

$$\lim_{n \to \infty} (g\xi_{A_n})(x) = (g\xi_A)(x) \quad \text{für alle} \quad x \in X$$

ist nach Satz 14.5.3. $g\xi_A \in L^1(\mu)$ und damit g über A integrierbar. ●

14.6. Vergleich von Lebesgue-Integralen

Wir hatten in 13. die Möglichkeit angedeutet, von verschiedenen Integralbegriffen auszugehen, also etwa an Stelle des Cauchy-Integrals das Riemannsche Integral zu verwenden, oder aber gewisse Abbildungen zuzulassen, die zwar Stammabbildungen haben, aber nicht sprungstetig sind. Es ist natürlich wichtig, die Lebesgue-Integrale zu vergleichen, die man in diesen Fällen erhält. Insbesondere möchte man wissen, ob eine Abbildung, deren Riemann-Integral existiert, bezüglich des Lebesgue-Integrales, das zum Cauchy-Integral für stetige Abbildungen gehört, integrierbar ist, und ob man bei Integration auch denselben Wert erhält wie bei der Bildung des Riemann-Integrales.

Ein anderes Motiv für den Vergleich von Lebesgue-Integralen ist das folgende. Zu einem Daniell-Integral μ auf $L \subset \{g \mid g: X \to \boldsymbol{R}\}$ mit zugehörigem Lebesgue-Integral λ kann man nach der Definition von λ für jedes $f \in L^1(\mu)$ eine Folge $(f_n)_{n \in N}$ finden mit

$$f(x) = \sum_{n=1}^{\infty} f_n(x) \text{ für fast alle } x \in X, \qquad \int f\, d\lambda = \sum_{n=1}^{\infty} \int f_n\, d\mu,$$

wobei die Konvergenz in beiden Fällen absolut ist. Will man nun für ein spezielles Lebesgue-Integral λ gewisse Eigenschaften (etwa Rechenregeln) beweisen, so liegt es nahe, den Beweis zunächst für μ zu führen und dann mit Hilfe der angegebenen Darstellung auf λ weiterzuschließen. Es ist offensichtlich, daß es für einen solchen Fall günstig ist, wenn man nicht auf μ und L festgelegt ist, sondern sich einen Untervektorraum $L_0 \subset L^1(\mu)$ so aussuchen kann, daß der betreffende Beweis für $\lambda | L_0$ möglichst einfach zu führen ist. Man muß dazu natürlich sicher sein, daß $L^1(\lambda | L_0) = L^1(\mu)$ ist und daß das Lebesgue-Integral zu $\lambda | L_0$ wieder λ ist.

Satz 14.6.1. *μ sei Daniell-Integral auf $L \subset \{g | g: X \to \mathbf{R}\}$, λ das zugehörige Lebesgue-Integral. Ist L_0 Untervektorraum von L mit der Eigenschaft*

(V) $$g \in L_0 \quad \Rightarrow \quad |g| \in L_0,$$

so hat $\mu_0 = \lambda | L_0$ die folgenden Eigenschaften:

(1) *μ_0 ist Daniell-Integral auf L_0.*

(2) *Jede μ_0-Nullmenge in X ist auch μ-Nullmenge.*

(3) *Es ist $L_0^1(\mu_0) \subset L^1(\mu)$, das Lebesgue-Integral zu μ_0 ist $\lambda_0 = \lambda | L_0^1(\mu_0)$.*

Ist $L \subset L_0^1(\mu_0)$, so gilt

$$L_0^1(\mu_0) = L^1(\mu), \quad \lambda_0 = \lambda.$$

Beweis. (1) ist trivial, da λ Daniell-Integral ist (Satz 14.4.3.) und die Eigenschaften (1), (2), (3) Definition 14.1.1. natürlich bei der Einschränkung auf L_0 erhalten bleiben.

(2) Ist $N \subset X$ eine μ_0-Nullmenge, so gibt es (nach Definition 14.2.1. für μ_0) eine monoton wachsende Folge $(g_n)_{n \in \mathbf{N}}$ in L_0 mit

$$\lim_{n \to \infty} g_n(x) = \infty \text{ für alle } x \in N, \quad \lim_{n \to \infty} \int g_n \, d\mu_0 < \infty.$$

Wegen $L_0 \subset L^1(\mu)$ und $\int g_n d\mu_0 = \int g_n d\lambda$ ist N auch λ-Nullmenge (Definition 14.2.1. für λ) und nach Satz 14.4.3. μ-Nullmenge.

(3) Ist $f \in L_0^1(\mu_0)$, so gibt es nach der Definition von $L_0^1(\mu_0)$ eine Folge $(f_n)_{n \in \mathbf{N}}$ in L_0 mit

$$f(x) = \sum_{n=1}^{\infty} f_n(x) \text{ für } \mu_0\text{-fast alle } x \in X, \quad \sum_{n=1}^{\infty} \int |f_n| \, d\mu_0 < \infty.$$

Wegen $L_0 \subset L^1(\mu)$, $\int |f_n| d\mu_0 = \int |f_n| d\lambda$ ist nach Satz 14.4.2. auch $f \in L^1(\mu)$ und

$$\int f \, d\lambda_0 = \sum_{n=1}^{\infty} \int f_n \, d\mu_0 = \sum_{n=1}^{\infty} \int f_n \, d\lambda = \int f \, d\lambda, \quad \text{d.h.} \quad L_0^1(\mu_0) \subset L^1(\mu), \ \lambda_0 = \lambda | L_0^1(\mu_0).$$

Ist $L \subset L_0^1(\mu_0)$, so ist $\mu = \lambda|L = \lambda_0|L$, also entsprechend $L^1(\mu) \subset L_0^1(\mu_0)$, und daher $L_0^1(\mu_0) = L^1(\mu)$ und $\lambda_0 = \lambda$. ●

Daß es durchaus vorkommen kann, daß $L_0^1(\mu_0) \neq L^1(\mu)$ ist, zeigt das triviale Beispiel $L_0 = \{0\}$, falls $L \neq \{0\}$ ist. (Man vergleiche auch Aufgabe 14.6.1.)

Ist X ein Intervall in $\boldsymbol{R}$ oder ein Quader im $\boldsymbol{R}^m$, so erhält man aus dem Cauchy-Integral verschiedene Daniell-Integrale, je nachdem, ob man, wie in Beispiel 14.1.2. von einem festen kompakten Quader $Q \subset X$ ausgeht oder wie in Beispiel 14.1.3. verfährt. Man erhält so zu jeder Wahl von X und $Q \subset X$ bzw. beim Vorgehen nach Beispiel 14.1.3. jeweils ein Lebesgue-Integral. Für die praktische Verwendung ist es wesentlich, daß man alle diese Lebesgue-Integrale erhält, indem man von dem Lebesgue-Integral für $X = \boldsymbol{R}^m$ nach Beispiel 14.1.3. ausgeht und nur über das betreffende X bzw. Q integriert. Um das nachzuweisen, benutzt man den folgenden allgemeinen Satz.

Satz 14.6.2. *μ sei Daniell-Integral auf $L \subset \{g | g: X \to \boldsymbol{R}\}$, λ das zugehörige Lebesgue-Integral, und es gelte*

$$f, g \in L \quad \Rightarrow \quad f \cdot g \in L.$$

Ist A eine abzählbar λ-meßbare Menge, $L_A := \{(g|A) | g \in L\}$, so kann man für $h \in L_A$

$$\mu_A(h) := \int_A g\, d\lambda \quad \text{für} \quad g \in L \text{ mit } g|A = h$$

unabhängig von der speziellen Auswahl von g definieren. Es gilt:

(1) *μ_A ist Daniell-Integral auf L_A.*

(2) *Für jede Teilmenge $N \subset A$ gilt:*

$$N \text{ ist } \mu_A\text{-Nullmenge} \quad \Leftrightarrow \quad N \text{ ist } \mu\text{-Nullmenge}.$$

(3) *$L_A^1(\mu_A) := \{(g|A) | g \in L^1(\mu)\}$.*

(4) *Ist λ_A das Lebesgue-Integral zu μ_A, so ist für jedes $g \in L^1(\mu)$*

$$\int (g|A)\, d\lambda_A = \int_A g\, d\lambda.$$

Beweis. Für $f, g \in L$ gilt

$$f|A = g|A \quad \Rightarrow \quad f\xi_A = g\xi_A \quad \Rightarrow \quad \int_A f\, d\lambda = \int_A g\, d\lambda.$$

Die Definition von μ_A hängt nicht von der Auswahl von g ab. Wir setzen

$$\tilde{L}_A = \{g\xi_A | g \in L\}.$$

Da ξ_A beschränkt ist, ist $\tilde{L}_A \subset L^1(\mu)$. $\tilde{L}_A$ ist Untervektorraum von $L^1(\mu)$ mit der Eigenschaft (V) (Satz 14.6.1.). Für $\tilde{\mu}_A = \lambda|\tilde{L}_A$ sind daher die Voraussetzungen von Satz 14.6.1. erfüllt.

$\tilde{L}_A$ ist auch Untervektorraum von

$$\tilde{F} := \{f | f: X \to \boldsymbol{R},\ f(x)=0 \text{ für alle } x \in X-A\}.$$

Die Abbildung

$$\tau: \tilde{F} \to \{g | g: A \to \boldsymbol{R}\}, \quad \text{definiert durch} \quad \tau(f) = f|A,$$

ist offensichtlich ein Vektorraumisomorphismus. Wegen $g\xi_A|A = g|A$ ist $\tau(\tilde{L}_A) = L_A$. Für $h_1, h_2 \in \tilde{F}$ ist wegen $h_j(x) = 0$ für alle $x \in X - A$

$$\tau(|h|) = |\tau(h)|, \quad \tau(h_1 \cdot h_2) = \tau(h_1) \cdot \tau(h_2).$$

Nach der Definition von μ_A und $\tilde{\mu}_A$ ist für $h \in \tilde{L}_A$ (g passend in L)

$$\tilde{\mu}_A(h) = \int h\, d\lambda = \int g\xi_A\, d\lambda = \mu_A(g|A) = \mu_A(h|A) = \mu_A(\tau(h)).$$

(1) Nach (1) Satz 14.6.1. ist $\tilde{\mu}_A$ Daniell-Integral auf $\tilde{L}_A$. Daher ist μ_A Daniell-Integral auf L_A.

(2) Jede μ_A-Nullmenge ist Teilmenge von A und (nach der Definition der Nullmenge) auch $\tilde{\mu}_A$-Nullmenge und damit nach (2) Satz 14.6.1. λ-Nullmenge. Ist N eine μ-Nullmenge, so gibt es eine Folge $(f_n)_{n \in \boldsymbol{N}}$ in L mit $f_n \geqq 0$,

$$\sum_{n=1}^{\infty} f_n(x) \text{ divergent für alle } x \in N, \quad \sum_{n=1}^{\infty} \int f_n\, d\mu < \infty.$$

Für alle $x \in A$ ist $(f_n \xi_A)(x) = f_n(x)$. Wegen $f_n \geqq 0$ ist $f_n \xi_A \leqq f_n$. Daher ist

$$\sum_{n=1}^{\infty} (f_n \xi_A)(x) \text{ divergent für alle } x \in N \cap A, \quad \sum_{n=1}^{\infty} \int f_n \xi_A\, d\lambda < \infty.$$

$N \cap A$ ist $\tilde{\mu}_A$-Nullmenge und wegen $f_n \xi_A | A = \tau(f_n \xi_A)$ auch μ_A-Nullmenge. Ist $N \subset A$, so ist N selbst μ_A-Nullmenge.

(3) Da eine Folge aus $\tilde{L}_A$ in keinem Punkt von $X - A$ divergieren kann (auf $X - A$ sind alle Folgenglieder 0), kann eine $\tilde{\mu}_A$-Nullmenge keinen Punkt von $X - A$ enthalten. Ist daher $f \in \tilde{L}^1_A(\tilde{\mu}_A) \subset L^1(\mu)$ und $(f_n)_{n \in \boldsymbol{N}}$ eine Folge in $\tilde{L}_A$ mit

$$\sum_{n=1}^{\infty} f_n(x) = f(x) \ \tilde{\mu}_A\text{-fast überall},$$

so konvergiert die Reihe in jedem Punkt von $X - A$, d.h., es ist $f(x) = 0$ für alle $x \in X - A$ und $f \in \tilde{F}$. Deshalb ist

$$\tilde{L}^1_A(\tilde{\mu}_A) = \{g\xi_A | g \in L^1(\mu)\}, \quad \tau(\tilde{L}^1_A(\tilde{\mu}_A)) = L^1_A(\mu_A).$$

(4) folgt trivialerweise aus den Darlegungen unter (3). ●

Um Satz 14.6.2. auf den Fall anzuwenden, daß X ein Intervall in $\boldsymbol{R}$ ist, benötigt man einen Hilfssatz über Treppenabbildungen.

Hilfssatz 14.6.1. *Es sei*

$$L = \{f \mid f\colon \boldsymbol{R} \to \boldsymbol{R},\ \textit{stetig},\ \operatorname{tr} f\ \textit{kompakt}\},$$

$$L_0 = \{f \mid f\colon \boldsymbol{R} \to \boldsymbol{R}\ \textit{Treppenabbildung},\ \operatorname{tr} f\ \textit{kompakt}\}.$$

Für jedes Daniell-Integral μ auf L und jedes Daniell-Integral μ_0 auf L_0 gilt

$$L_0 \subset L^1(\mu) \quad \textit{und} \quad L \subset L_0^1(\mu_0).$$

Beweis. λ sei Lebesgue-Integral zu μ, λ_0 Lebesgue-Integral zu μ_0. A sei ein kompaktes Intervall in $\boldsymbol{R}$, $A \neq \emptyset$, $A = [a, b]$. Hat der Graph von f_n die in der Figur angegebene Gestalt,

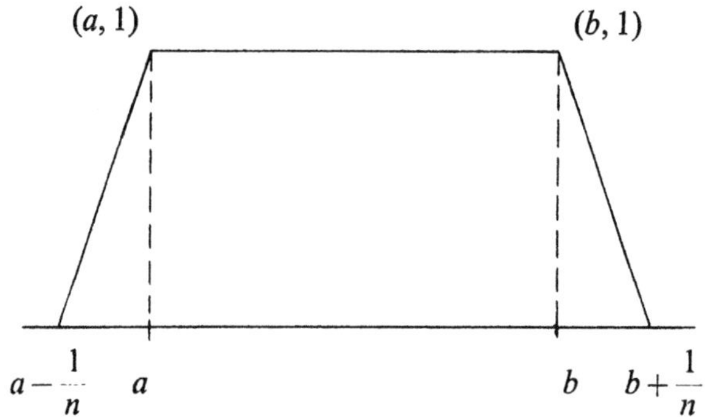

$$f_n(x) = 1 \quad \text{für} \quad a \leqq x \leqq b,$$

so ist $(f_n)_{n \in \boldsymbol{N}}$ eine monoton fallende Folge in L,

$$0 \leqq f_n \leqq f_1 \quad \text{für alle} \quad n \in \boldsymbol{N}$$

und

$$\lim_{n \to \infty} f_n(x) = \xi_A(x) \quad \text{für alle} \quad x \in \boldsymbol{R}.$$

Nach Satz 14.5.3. ist daher $\xi_A \in L^1(\mu)$. Ist I ein beschränktes Intervall, so sei $\bar{I} = [a, b]$. Dann ist

$$\xi_I = \xi_{[a,b]} + (\xi_I(a) - 1)\,\xi_{[a,a]} + (\xi_I(b) - 1)\,\xi_{[b,b]} \in L^1(\mu),$$

also $\xi_I \in L^1(\mu)$ für jedes beschränkte Intervall I und damit, weil jede Treppenabbildung nach Hilfssatz 13.1.2. Linearkombination von charakteristischen Abbildungen von Intervallen ist, auch $\xi \in L^1(\mu)$ für jedes $\xi \in L_0$.

Ist $f \in L$, so sei $\operatorname{tr} f \subset [a, b] \subset \boldsymbol{R}$. Dann gibt es, da f sprungstetig ist, nach Satz 13.2.1. eine wegen der Kompaktheit von $[a, b]$ in ganz $[a, b]$ gleichmäßig konvergente Folge $(\xi_n)_{n \in \boldsymbol{N}}$ von Treppenabbildungen mit $\operatorname{tr} \xi_n \subset [a, b]$, also ξ_n in L_0 und

$$\lim_{n \to \infty} \xi_n(x) = f(x) \quad \text{für alle} \quad x \in \boldsymbol{R}.$$

Wegen der Gleichmäßigkeit der Konvergenz kann man

$$|\xi_n| \leqq \big(\max |f|(\boldsymbol{R}) + 1\big)\xi_{[a,b]}$$

voraussetzen. Nach Satz 14.5.3. ist daher $f \in L_0^1(\mu_0)$. ●

Satz 14.6.3. *Zu $a, b \in \boldsymbol{R}$, $a \leqq b$, $A := [a, b]$, sei*

$$L_A := \{g \mid g : A \to \boldsymbol{R},\ g \text{ sprungstetig}\}, \quad \mu_A(g) = \int_a^b g(x)\,dx \text{ für } g \in L_A.$$

μ_A ist ein Daniell-Integral auf L_A. Mit dem zugehörigen Lebesgue-Integral λ_A definiert man

$$\int_a^b g(x)\,dx := \int g\,d\lambda_A \quad \text{für} \quad g \in L_A^1(\mu_A).$$

Zu einem Intervall $X \subset \boldsymbol{R}$ sei

$$L := \{f \mid f : X \to \boldsymbol{R},\ \text{stetig},\ \operatorname{tr} f \text{ kompakt in } X\}.$$

μ sei wie in Beispiel 14.1.3. durch das Cauchy-Integral definiert. μ ist Daniell-Integral auf L. λ sei das zugehörige Lebesgue-Integral. Dann gilt für A wie oben, $A \subset X$:

$$L_A^1(\mu_A) = \{(f|A) \mid f \in L^1(\mu)\}, \quad \int_a^b (f|A)(x)\,dx = \int_A f\,d\lambda,$$

und für jede Abbildung $h : X \to \boldsymbol{R}$:

$$h \text{ ist über } A \text{ integrierbar} \quad \Leftrightarrow \quad h|A \in L_A^1(\mu_A).$$

Man definiert daher für jede über A integrierbare Abbildung $h : X \to \boldsymbol{R}$:

$$\int_a^b h(x)\,dx := \int_a^b (h|A)\,dx$$

und verwendet für beliebiges $B \subset \boldsymbol{R}$, wenn h über B integrierbar ist, ebenfalls die analoge Bezeichnung

$$\int_B h(x)\,dx := \int_B h\,d\lambda, \quad \int_\alpha^\beta h(x)\,dx := \int_B h\,d\lambda \text{ für } B =]\alpha, \beta[,\ \alpha, \beta \in \bar{\boldsymbol{R}}.$$

Beweis. Wir setzen (mit dem Cauchy-Integral)

$$\hat{L}_A := \{g | g : A \to \boldsymbol{R} \text{ stetig}\}, \quad \hat{\mu}_A(g) = \int_a^b g(x)\,dx \text{ für } g \in \hat{L}_A.$$

Zunächst zeigen wir ($\hat{\lambda}_A$ sei das Lebesgue-Integral zu $\hat{\mu}_A$)

(a) Satz 14.6.3. gilt mit $\hat{L}_A$, $\hat{\mu}_A$ an Stelle von L_A, μ_A.

Nach Hilfssatz 14.1.3. ist nämlich μ Daniell-Integral auf L, $\hat{\mu}_A$ Daniell-Integral auf $\hat{L}_A$. Ist $f \in L$, so ist $f|A \in \hat{L}_A$. Ist $g \in \hat{L}_A$, so ist g beschränkt, da A kompakt ist. Nach dem Satz von Tietze und Urysohn (Satz 10.1.1.) gibt es eine stetige Abbildung $f: X \to \boldsymbol{R}$ mit $f|A = g$. Wir wählen $\alpha, \beta \in \boldsymbol{R}$, $\alpha < a \leqq b < \beta$ und so, daß

$$[\alpha, a[\subset X, \quad \text{falls }]-\infty, a[\cap X \neq \emptyset, \qquad]b, \beta] \subset X, \quad \text{falls }]b, \infty[\cap X \neq \emptyset$$

ist. Dann ist $[\alpha, \beta] \cap X$ kompakt. Nach dem Urysohnschen Lemma (Satz 10.1.2.) gibt es eine stetige Abbildung

$$h: X \to \boldsymbol{R} \quad \text{mit} \quad h(x) = 1 \quad \text{für} \quad x \in [a, b], \qquad h(x) = 0 \quad \text{für} \quad x \in X -]\alpha, \beta[.$$

fh ist stetig, $fh|A = f|A = g$, $(fh)(x) = 0$ für $x \in X -]\alpha, \beta[$; also ist $\operatorname{tr} fh \subset X \cap [\alpha, \beta]$ und daher kompakt. Das ergibt

$$\hat{L}_A = \{(f|A) | f \in L\}.$$

Nach Satz 14.6.2. gilt damit (a).

Wählt man speziell $X = \boldsymbol{R}$, so ist nach Hilfssatz 14.6.1. $L_0 \subset L^1(\mu)$ (L_0 = Menge der Treppenabbildungen mit kompaktem Träger). Ist I ein beschränktes Intervall, $I \neq \emptyset$, $\bar{I} = [\alpha, \beta]$, so ist (da nach Hilfssatz 14.2.1. jede abzählbare Punktmenge eine Nullmenge ist)

$$\int \xi_I \, d\lambda = \int \xi_{[\alpha,\beta]} \, d\lambda = \int_{[\alpha,\beta]} \xi_{[\alpha,\beta]} \, d\lambda.$$

Wendet man (a) mit $A = [\alpha, \beta]$ an, so erhält man

$$\int \xi_I \, d\lambda = \int_\alpha^\beta 1 \, dx = (\beta - \alpha) = \int_a^b \xi_I(x) \, dx \quad \text{für alle} \quad a \leqq \alpha \leqq \beta \leqq b.$$

Ist daher $f \in L_0$, $\operatorname{tr} f \subset [a, b]$, so ist

$$\int f \, d\lambda = \int_a^b f(x) \, dx.$$

Nach Hilfssatz 13.1.2. ist jede Treppenabbildung $g: [a, b] \to \boldsymbol{R}$ Beschränkung einer Treppenabbildung $f: \boldsymbol{R} \to \boldsymbol{R}$ mit $\operatorname{tr} f \subset [a, b]$. Da $f \in L^1(\mu)$ ist, ist

$$g \in \hat{L}_A^1, \quad \int_A g \, d\hat{\lambda}_A = \int f \, d\lambda = \int_a^b f(x) \, dx.$$

$\hat{L}_A^1(\hat{\mu}_A)$ enthält somit alle Treppenabbildungen von $[a, b]$ in $\boldsymbol{R}$, $\hat{\lambda}_A$ stimmt für Treppenabbildungen mit dem Cauchy-Integral zwischen den Grenzen a und b überein.

Ist $g:[a, b] \to \boldsymbol{R}$ sprungstetig, so gibt es eine Folge von Treppenabbildungen $g_n:[a, b] \to \boldsymbol{R}$ mit

$$\lim_{n\to\infty} g_n(x) = g(x) \quad \text{für alle} \quad x \in [a, b],$$

wobei wegen der Kompaktheit von $[a, b]$ der Grenzwert gleichmäßig für $x \in [a, b]$ existiert (siehe 13.3.). Ist $C \in \boldsymbol{R}_+^\times$, so gibt es ein $m \in \boldsymbol{N}$ mit

$$|g_n(x)| \leqq |g_n(x) - g_m(x)| + |g_m(x)| \leqq C + |g_m(x)| \quad \text{für} \quad x \in [a, b],\ n \geqq m.$$

Nach dem Lebesgueschen Konvergenzsatz (Satz 14.5.3.) ist $g \in L_A^1(\mu_A)$,

$$\int g \, d\lambda_A = \lim_{n\to\infty} \int g_n \, d\lambda_A = \lim_{n\to\infty} \int_a^b g_n(x) \, dx.$$

Wegen der gleichmäßigen Konvergenz der Folge ist aber auch

$$\int_a^b g(x) \, dx = \lim_{n\to\infty} \int_a^b g_n(x) \, dx.$$

Daher ist $L_A \subset \hat{L}_A^1(\hat{\mu}_A)$ und $\hat{\lambda}_A | L_A = \mu_A$. μ_A ist Daniell-Integral auf L_A. Wegen $\hat{L}_A \subset L_A \subset \hat{L}_A^1$ und $\mu_A = \hat{\lambda}_A | L_A$ ist nach Satz 14.6.1. $L_A^1 = \hat{L}_A^1$, $\lambda_A = \hat{\lambda}_A$. Aus (a) ergibt sich damit die Behauptung des Satzes. ●

Man kann jetzt auch ohne Mühe nachweisen, daß der Riemannsche Integralbegriff (13.4.) spezieller ist als der Lebesguesche Integralbegriff.

Satz 14.6.4. *I sei ein Intervall in $\boldsymbol{R}$, $a, b \in I$, $a \leqq b$,*

$$g: I \to \boldsymbol{R} \ \text{in} \ [a, b] \ \text{beschränkt}.$$

Existiert zu g das Riemansche Integral zwischen den Grenzen a und b, so ist g über $[a, b]$ (Lebesgue)-integrierbar, und das Riemansche Integral hat den Wert

$$\int_a^b f(x) \, dx.$$

Beweis. In der Bezeichnungsweise von 13.4. seien $(u_n)_{n \in \boldsymbol{N}}$ eine Folge in $\mathfrak{U}$ und $(v_n)_{n \in \boldsymbol{N}}$ eine Folge in $\mathfrak{B}$ mit

$$\lim_{n\to\infty} S(u_n; a, b) = S_*(g; a, b), \quad \lim_{n\to\infty} S(v_n; a, b) = S^*(g; a, b).$$

Wir setzen

$$\tilde{u}_n = \sup\{u_n, u_1\}, \quad \tilde{v}_n = \inf\{v_n, v_1\}.$$

Dann sind $\tilde{u}_n \in \mathfrak{U}$, $\tilde{v}_n \in \mathfrak{V}$ und

$$\lim_{n\to\infty} \int_a^b \tilde{u}_n(x)\,dx = \lim_{n\to\infty} S(\tilde{u}_n; a, b) = S_*(g; a, b),$$

$$\lim_{n\to\infty} \int_a^b \tilde{v}_n(x)\,dx = \lim_{n\to\infty} S(\tilde{v}_n; a, b) = S^*(g; a, b).$$

Existiert das Riemannsche Integral, so ist

$$\lim_{n\to\infty} \int_a^b (\tilde{v}_n(x) - \tilde{u}_n(x))\,dx = 0, \quad 0 \leqq \tilde{v}_n - \tilde{u}_n \leqq v_1 - u_1.$$

Nach dem Lebesgueschen Konvergenzsatz (Satz 14.5.3.) ist

$$\lim_{n\to\infty} (\tilde{v}_n(x) - \tilde{u}_n(x)) = 0 \quad \text{für fast alle } x \in [a, b].$$

Da $\tilde{u}_n(x) \leqq g(x) \leqq \tilde{v}_n(x)$ für alle $x \in [a, b]$ und alle $n \in \boldsymbol{N}$ ist, folgt

$$\lim_{n\to\infty} \tilde{u}_n(x) = \lim_{n\to\infty} \tilde{v}_n(x) = g(x) \quad \text{für fast alle } x \in [a, b].$$

Wegen $u_1 \leqq \tilde{u}_n \leqq \tilde{v}_n \leqq v_1$ ist dann aber $g|[a, b]$ integrierbar und

$$\int_a^b g(x)\,dx = \lim_{n\to\infty} \int_a^b \tilde{u}_n(x)\,dx = S_*(g; a, b). \quad \bullet$$

Das (Riemannsche oder Cauchysche) uneigentliche Integral wird jedoch nur im Falle absoluter Konvergenz vom eigentlichen Lebesgueschen Integral umfaßt.

Hilfssatz 14.6.2. *Es seien* $\alpha, \beta \in \overline{\boldsymbol{R}}$, $\alpha < \beta$, $g:]\alpha, \beta[\to \boldsymbol{R}$,

$$\int_\alpha^\beta g(x)\,dx \text{ existiere als uneigentliches Integral}$$

(zum Cauchyschen oder Riemannschen oder Lebesgueschen Integral). g ist genau dann über $]\alpha, \beta[$ *integrierbar, wenn das uneigentliche Integral absolut konvergiert. In diesem Fall ist*

$$\int_\alpha^\beta g(x)\,dx = \int_{]\alpha, \beta[} g(x)\,dx.$$

Beweis. Ist g über $]\alpha, \beta[$ integrierbar, so auch $|g|$. Da *jede* Folge $|g|\xi_{]a_j, b_j[}$ mit

$$\begin{array}{lll} (a_j)_{j\in \boldsymbol{N}} \text{ monoton fallend}, & \lim\limits_{n\to\infty} a_n = \alpha_n, & \\ & & \alpha < a_n \leqq b_n < \beta, \\ (b_j)_{j\in \boldsymbol{N}} \text{ monoton wachsend}, & \lim\limits_{n\to\infty} b_n = \beta, & \end{array}$$

monoton gegen $|g|$ konvergiert, existiert

$$\int_{\alpha}^{\beta} |g(x)|\, dx = \lim_{j\to\infty} \int_{a_j}^{b_j} |g(x)|\, dx = \int_{]\alpha,\beta[} |g(x)|\, dx.$$

Konvergiert das uneigentliche Integral absolut, so folgt aus

$$\lim_{j\to\infty} \int_{a_j}^{b_j} |g(x)|\, dx = \int_{\alpha}^{\beta} |g(x)|\, dx < \infty$$

wegen der monotonen Konvergenz der Folge $|g|\xi_{]a_j,b_j[}$, daß $|g|$ über $]\alpha, \beta[$ integrierbar ist. ●

Aufgabe 14.6.1. μ sei Daniell-Integral auf $L \subset \{g|g:X\to\boldsymbol{R}\}$, λ das zugehörige Lebesgue-Integral und

$$L_0 = \{g|g\in L^1(\mu),\ g \text{ konstant}\}, \quad \mu_0 = \lambda|L_0.$$

Ist μ_0 nicht trivial (d.h. nicht $\mu_0(g)=0$ für alle $g\in L_0$), so ist $\emptyset$ die einzige μ_0-Nullmenge und $L_0^1(\mu_0) = L_0$. ●

14.7. Produktintegrale

Es seien $a_1, a_2, b_1, b_2 \in \boldsymbol{R}$, $a_1 \leqq b_1$, $a_2 \leqq b_2$, $Q = [a_1, b_1]\times[a_2, b_2]$,

$$g: Q\to\boldsymbol{R} \text{ stetig.}$$

Die Definition des Integrals von g über Q in 13.8. beruht darauf, daß man die beiden iterierten Integrale

$$\int_{a_1}^{b_1}\Big(\int_{a_2}^{b_2} g(x_1, x_2)\, dx_2\Big)\, dx_1 \quad \text{und} \quad \int_{a_2}^{b_2}\Big(\int_{a_1}^{b_1} g(x_1, x_2)\, dx_1\Big)\, dx_2$$

bilden kann, in beiden Fällen denselben Wert erhält und den gemeinsamen Wert zur Definition des Integrales von g über Q benutzen kann. Sind X_1, X_2 Intervalle in $\boldsymbol{R}$, so erhält man nach Beispiel 14.1.3. und Hilfssatz 14.1.3. auf

$$L = \{g|g: X_1\times X_2\to\boldsymbol{R} \text{ stetig, } \operatorname{tr} g \text{ kompakt}\}$$

ein Daniell-Integral μ durch

$$\mu(g) := \int_Q g(x_1, x_2)\, dx_1\, dx_2 \ \text{ für jeden kompakten Quader } Q \text{ mit } \operatorname{tr} g\subset Q\subset X_1\times X_2.$$

Ist $Q = [a_1, b_1]\times[a_2, b_2]$ ein solcher Quader, so ist auch hier wieder

$$\int g\, d\mu = \mu(g) = \int_{a_1}^{b_1}\Big(\int_{a_2}^{b_2} g(x_1, x_2)\, dx_2\Big)\, dx_1.$$

Es zeigt sich, daß auch das zu μ gehörende Lebesgue-Integral eine entsprechende Auflösung in ein iteriertes Integral zuläßt. Dazu ist die Einführung einiger Bezeichnungen zweckmäßig.

Definition 14.7.1. *μ sei ein Daniell-Integral auf $L\subset\{g|g:X\to\mathbf{R}\}$. Mit einer Variablen x (oder $t, s, \ldots$ etc.), die nur zu Markierungszwecken benutzt wird, definiert man*

$$\int g(x)\,d\mu(x) := \int g\,d\mu \quad \text{für} \quad g\in L.$$

Ist G eine Funktion mit $\mathscr{D}(G)\subset X, \mathscr{W}(G)\subset\mathbf{R}$ und ist $X-\mathscr{D}(G)$ eine Nullmenge, so sagt man:

G ist eine μ-fast überall definierte Funktion mit Werten in $\mathbf{R}$.

Ist in diesem Falle (λ sei das Lebesgue-Integral zu μ)

$$g:X\to\mathbf{R} \quad \text{definiert durch} \quad g(x) := \begin{cases} G(x) & \text{für } x\in\mathscr{D}(G),\\ 0 & \text{sonst,}\end{cases}$$

so gilt für jede Abbildung $\tilde{g}:X\to\mathbf{R}$ mit $\tilde{g}(x)=G(x)$ fast überall

$$g\in L^1(\mu) \;\Leftrightarrow\; \tilde{g}\in L^1(\mu), \quad \int g\,d\lambda = \int \tilde{g}\,d\lambda, \text{ falls } g\in L^1(\mu) \text{ ist.}$$

Man nennt daher G integrierbar (μ-integrierbar oder λ-integrierbar), wenn $g\in L^1(\mu)$ ist, und definiert

$$\int G(x)\,d\lambda(x) := \int g\,d\lambda, \quad \text{falls} \quad g\in L^1(\mu) \text{ ist.}$$

Um (z. B. gegenüber Definition 11.6.2.) in unserem Fall die Schreibweise etwas zu vereinfachen, vereinbart man

Definition 14.7.2. *Zu $f: X_1\times X_2\to\mathbf{R}$ definiert man für $x_1\in X_1$, $x_2\in X_2$*

$$f(*, x_2): X_1\to\mathbf{R} \quad \text{durch} \quad f(*, x_2)(z_1) := f(z_1, x_2) \text{ für } z_1\in X_1,$$

$$f(x_1, *): X_2\to\mathbf{R} \quad \text{durch} \quad f(x_1, *)(z_2) := f(x_1, z_2) \text{ für } z_2\in X_2.$$

Wir wollen das angekündigte Resultat über die Auflösung eines Integrales in ein iteriertes Integral zunächst allgemein formulieren.

Satz 14.7.1. *(Satz von Fubini.) $\lambda_1, \lambda_2, \lambda$ seien die Lebesgue-Integrale zu den Daniell-Integralen*

$$\mu_j \text{ auf } L_j\subset\{f|f: X_j\to\mathbf{R}\}, \quad \mu \text{ auf } L\subset\{f|f: X_1\times X_2\to\mathbf{R}\}.$$

Gilt

(a) *Ist $f\in L$, so sind $f(*, x_2)\in L_1$, $f(x_1, *)\in L_2$ für alle $x_1\in X_1$, $x_2\in X_2$,*

$$g: X_1 \to \mathbf{R}, \quad \textit{definiert durch} \quad g(x_1) := \int f(x_1, z)\, d\mu_2(z), \textit{ ist in } L_1,$$

$$h: X_2 \to \mathbf{R}, \quad \textit{definiert durch} \quad h(x_2) := \int f(y, x_2)\, d\mu_1(y), \textit{ ist in } L_2,$$

und es ist

$$\int f\, d\mu = \int \Big(\int f(x, z)\, d\mu_2(z) \Big)\, d\mu_1(x) = \int \Big(\int f(y, x)\, d\mu_1(y) \Big)\, d\mu_2(x),$$

so gilt auch

(b) *Ist* $f \in L^1(\mu)$, *so sind* $f(*, x_2) \in L_1^1(\mu_1)$, $f(x_1, *) \in L_2^1(\mu_2)$ *für* μ_2*-fast alle* $x_2 \in X_2$ *und für* μ_1*-fast alle* $x_1 \in X_1$ *und*

$$G, \quad \textit{definiert durch} \quad G(x_1) = \int f(x_1, z)\, d\lambda_2(z), \textit{ ist } \lambda_1\textit{-integrierbar},$$

$$H, \quad \textit{definiert durch} \quad H(x_2) = \int f(y, x_2)\, d\lambda_1(y), \textit{ ist } \lambda_2\textit{-integrierbar},$$

und es ist

$$\int f\, d\lambda = \int \Big(\int f(x, z)\, d\lambda_2(z) \Big)\, d\lambda_1(x) = \int \Big(\int f(y, x)\, d\lambda_1(y) \Big)\, d\lambda_2(x).$$

Beweis. Es sei $f \in L^1(\mu)$. Nach der Definition von $L^1(\mu)$ (Definition 14.4.1.) gibt es eine Folge $(f_n)_{n \in N}$ in L mit

$$f(x_1, x_2) = \sum_{n=1}^{\infty} f_n(x_1, x_2) \ \mu\text{-fast überall}, \quad \sum_{n=1}^{\infty} \int |f_n|\, d\mu < \infty.$$

Nach Anmerkung 14.4.1. können wir die f_n so wählen, daß die Reihe für jedes (x_1, x_2), für das sie absolut konvergiert, den Wert $f(x_1, x_2)$ hat. Unter Verwendung von (a) erhält man

$$\int f\, d\lambda = \sum_{n=1}^{\infty} \int f_n\, d\mu = \sum_{n=1}^{\infty} \int \Big(\int f_n(x, z)\, d\mu_2(z) \Big)\, d\mu_1(x).$$

Wegen (a) ist auch

$$\sum_{n=1}^{\infty} \int \Big(\int |f_n(x, z)|\, d\mu_2(z) \Big)\, d\mu_1(x) = \sum_{n=1}^{\infty} \int |f_n|\, d\mu < \infty.$$

Nach Satz 14.3.2. (für μ_1) ist

$$\sum_{n=1}^{\infty} \int |f_n(x, z)|\, d\mu_2(z) < \infty \ \text{(d.h. konvergent) für } \mu_1\text{-fast alle } x.$$

Für jedes derartige x ist nach Satz 14.3.2. (für μ_2)

$$\sum_{n=1}^{\infty} f_n(x, z) \ \text{absolut konvergent für } \mu_2\text{-fast alle } z$$

und hat für diese z nach der Wahl der f_n den Wert $f(x, z)$. Für μ_1-fast alle x ist daher $f(x, *) \in L_2^1(\mu_2)$ und

$$G(x) = \int f(x, z)\, d\lambda_2(z) = \sum_{n=1}^{\infty} \int f_n(x, z)\, d\mu_2(z).$$

Setzt man

$$g_n(x) := \int f_n(x, z)\, d\mu_2(z),$$

so ist

$$\sum_{n=1}^{\infty} \int |g_n|\, d\mu_1 \leqq \sum_{n=1}^{\infty} \int \left(\int |f_n(x, z)|\, d\mu_2(z) \right) d\mu_1(x) < \infty.$$

Nach Satz 14.3.2. (für μ_1) ist

$$\sum_{n=1}^{\infty} g_n(x) \quad \text{absolut konvergent für } \mu_1\text{-fast alle} \quad x \in X.$$

Infolgedessen ist G μ_1-integrierbar und

$$\int G(x)\, d\lambda_1(x) = \int \left(\int f(x, z)\, d\lambda_2(z) \right) d\lambda_1(x) = \sum_{n=1}^{\infty} \int g_n\, d\mu_1$$

$$= \sum_{n=1}^{\infty} \int \left(\int f_n(x, z)\, d\mu_2(z) \right) d\mu_1(x) = \int f\, d\lambda.$$

Die entsprechende Gleichung, in der die Rollen von μ_1, μ_2 vertauscht sind, erhält man analog. ●

Satz 14.7.2. *(Satz von Fubini für $\boldsymbol{R} \times \boldsymbol{R}$.) Es sei*

$$L = \{f \mid f\colon \boldsymbol{R} \times \boldsymbol{R} \to \boldsymbol{R} \text{ stetig, } \operatorname{tr} f \text{ kompakt}\},$$

$$\mu(f) := \int_Q f(x_1, x_2)\, dx_1\, dx_2 \quad \text{für jeden kompakten Quader } Q \text{ mit} \quad \operatorname{tr} f \subset Q.$$

μ ist nach Hilfssatz 14.1.3. Daniell-Integral auf L. Das zugehörige Lebesgue-Integral λ erfüllt mit dem gewöhnlichen Lebesgue-Integral auf $\boldsymbol{R}$ (a) *Satz 14.7.1. Ist $f \in L^1(\mu)$, so sind daher $f(*, x_2)$, $f(x_1, *)$ für fast alle $x_1, x_2 \in \boldsymbol{R}$ integrierbar,*

$$G \text{ mit } G(x_1) = \int f(x_1, z)\, dz, \quad H \text{ mit } H(x_2) = \int f(y, x_2)\, dy$$

sind integrierbar, und es ist

$$\int f\, d\lambda = \int \left(\int f(x_1, x_2)\, dx_1 \right) dx_2 = \int \left(\int f(x_1, x_2)\, dx_2 \right) dx_1.$$

Beweis. Mit $X_j = \boldsymbol{R}$, $L_j = \{f \mid f\colon \boldsymbol{R} \to \boldsymbol{R}$, stetig, $\operatorname{tr} f$ kompakt$\}$ und μ_j, durch das Cauchy-Integral definiert, gilt (a) Satz 14.7.1. nach der Definition von μ in Beispiel 14.1.3. ●

Satz 14.7.3. *(Satz von Fubini für $\boldsymbol{R}^m \times \boldsymbol{R}^n$.) Verwendet man auf $\boldsymbol{R}^m$, $\boldsymbol{R}^n$, $\boldsymbol{R}^m \times \boldsymbol{R}^n$ die durch das Cauchy-Integral für stetige Abbildungen mit kompaktem Träger nach Beispiel 14.1.3. definierten Daniell-Integrale, so gilt der Satz von Fubini für die zugehörigen Lebesgue-Integrale.*

Beweis. Nach der Definition der betreffenden Integrale in Beispiel 14.1.3. ist (a) Satz 14.7.1. erfüllt. ●

Anmerkung 14.7.1. Als Lebesgue-Integral im $\boldsymbol{R}^n$ bezeichnet man das Lebesgue-Integral zu dem in Beispiel 14.1.3. definierten Daniell-Integral. Das Lebesgue-Integral im $\boldsymbol{R}^1$ ist das gewöhnliche Lebesgue-Integral.

Der Satz von Fubini läßt sich durch vollständige Induktion sofort auf ein Produkt $X_1 \times \cdots \times X_n$ von mehr als zwei Faktoren verallgemeinern. Da sich wegen Satz 14.7.3. damit jedes Integral einer integrierbaren Abbildung $g: \boldsymbol{R}^n \to \boldsymbol{R}$ in n iterierte Integrationen auflösen läßt, wobei die Reihenfolge der Integrationen keine Rolle spielt, verwendet man die Bezeichnung

$$\int g(x_1, \ldots, x_n)\, dx_1 \ldots dx_n := \int g\, d\lambda. \quad ●$$

Für die Integration im $\boldsymbol{R}^n$ sind Angaben über diejenigen Mengen wichtig, die abzählbar λ-meßbar sind.

Satz 14.7.4. *λ sei das Lebesgue-Integral im $\boldsymbol{R}^m$. Jede offene und jede abgeschlossene Menge ist abzählbar λ-meßbar. Jede beschränkte, abzählbar λ-meßbare Menge hat ein endliches Maß.*

Beweis. Ist $\mathfrak{x} \in \boldsymbol{R}^m$, $R \in \boldsymbol{R}_+^\times$, so sind

$$\hat{U}_R(\mathfrak{x}) = \{\mathfrak{y} \mid \mathfrak{y} \in \boldsymbol{R}^m,\ \|\mathfrak{x} - \mathfrak{y}\| \leqq R\}, \quad \boldsymbol{R}^m - U_{2R}(\mathfrak{x})$$

abgeschlossen und punktfremd. Nach dem Urysohnschen Lemma (Satz 10.1.2.) gibt es eine stetige Abbildung $g: \boldsymbol{R}^m \to \boldsymbol{R}$ mit

$$0 \leqq g(\mathfrak{y}) \leqq 1 \text{ für alle } \mathfrak{y} \in \boldsymbol{R}^m, \quad g(\mathfrak{y}) = \begin{cases} 0 \text{ für } \mathfrak{y} \in \boldsymbol{R}^m - U_{2R}(x), \\ 1 \text{ für } \mathfrak{y} \in \hat{U}_R(x). \end{cases}$$

Wegen

$$\lim_{n \to \infty} g^n(\mathfrak{y}) = \begin{cases} 0 \text{ für } g(\mathfrak{y}) < 1, \\ 1 \text{ für } g(\mathfrak{y}) = 1 \end{cases}$$

ist

$$\lim_{n \to \infty} g^n(\mathfrak{y}) = \xi_A(\mathfrak{y}) \quad \text{für alle} \quad \mathfrak{y} \in \boldsymbol{R}^m$$

mit $A = \{\mathfrak{y} \mid \mathfrak{y} \in \boldsymbol{R}^m,\ g(\mathfrak{y}) = 1\}$, also $\hat{U}_R(\mathfrak{x}) \subset A \subset U_{2R}(\mathfrak{x})$. Da $\operatorname{tr} g$ in der kompakten Menge $\hat{U}_{2R}(\mathfrak{x})$ liegt, sind alle g^n, $n \in \boldsymbol{N}$, integrierbar. Da die Folge $(g_n)_{n \in \boldsymbol{N}}$ monoton fallend und $g^n \geqq 0$ ist, ist auch ξ_A integrierbar.

Ist U offen im $\boldsymbol{R}^m$, so wähle man zu jedem Punkt $\mathfrak{x} \in U \cap \boldsymbol{Q}^m$

$$R_{\mathfrak{x}} = \frac{1}{2} \min\{1, d(\mathfrak{x}, \boldsymbol{R}^m - U)\}$$

und konstruiere $A_{\mathfrak{x}}$ wie angegeben. Dann ist

$$\hat{U}_{R_{\mathfrak{x}}} \subset A_{\mathfrak{x}} \subset U_{2R_{\mathfrak{x}}} \subset U, \quad \xi_{A_{\mathfrak{x}}} \text{ integrierbar.}$$

Zu jedem $\mathfrak{z} \in U$ gibt es natürlich ein $\mathfrak{x} \in U \cap \boldsymbol{Q}^m$ mit

$$d(\mathfrak{z}, \mathfrak{x}) < \frac{1}{2}, \quad d(\mathfrak{z}, \mathfrak{x}) < \frac{1}{4} d(\mathfrak{z}, \boldsymbol{R}^m - U).$$

Dann ist

$$d(\mathfrak{x}, \boldsymbol{R}^m - U) \geqq d(\mathfrak{z}, \boldsymbol{R}^m - U) - d(\mathfrak{x}, \mathfrak{z}) > 2d(\mathfrak{z}, \mathfrak{x}).$$

Daher ist $\mathfrak{z} \in A_{\mathfrak{x}}$. Das ergibt

$$U = \bigcup_{\mathfrak{x} \in \boldsymbol{Q}^m \cap U} A_{\mathfrak{x}}, \text{ also } U \text{ abzählbar } \lambda\text{-meßbar, da } \boldsymbol{Q} \text{ abzählbar ist.}$$

Ist A abgeschlossen im $\boldsymbol{R}^m$, so ist $A = \boldsymbol{R}^m - (\boldsymbol{R}^m - A)$ nach (3) Satz 14.5.5. abzählbar meßbar, da $\boldsymbol{R}^m$ und $\boldsymbol{R}^m - A$ als offene Mengen abzählbar meßbar sind.

Ist B abzählbar meßbar und beschränkt, so gibt es ein $R \in \boldsymbol{R}_+^\times$ mit $B \subset U_R(\mathfrak{o}) \subset A_{\mathfrak{o}}$ ($A_{\mathfrak{o}}$ zu $\mathfrak{o} = (0, \ldots, 0)$ wie oben). Nach (4) Satz 14.5.5. ist

$$\lambda(B) \leqq \lambda(A_{\mathfrak{o}}) = \int \xi_{A_{\mathfrak{o}}} d\lambda < \infty. \bullet$$

Beispiel 14.7.1. Q sei ein beschränkter Quader im $\boldsymbol{R}^n$, $Q \neq \emptyset$, d.h.

$$Q = I_1 \times \cdots \times I_n, \quad I_j \text{ Intervall in } \boldsymbol{R}, \text{ beschränkt, nicht leer.}$$

Es sei $\bar{I}_j = [a_j, b_j]$. $\bar{Q} = \bar{I}_1 \times \cdots \times \bar{I}_n$ ist nach Satz 14.7.4. abzählbar meßbar, $\lambda(\bar{Q}) < \infty$. Nach dem Satz von Fubini erhält man

$$\lambda(\bar{Q}) = \int \xi_{\bar{Q}} d\lambda = \int \left(\ldots \left(\int \xi_{\bar{Q}}(x_1, \ldots, x_n)\, dx_n \right) \ldots \right) dx_1 = \prod_{j=1}^{n} (b_j - a_j).$$

Da die Randflächen von Q Nullmengen sind (Hilfssatz 14.2.1.), ist $\xi_Q(\mathfrak{x}) = \xi_{\bar{Q}}(\mathfrak{x})$ für fast alle $\mathfrak{x} \in \boldsymbol{R}^n$. Deshalb ist auch Q abzählbar meßbar und $\lambda(Q) = \lambda(\bar{Q})$. $\bullet$

Anmerkung 14.7.2. B sei eine kompakte Menge im $\boldsymbol{R}^m$,

$$f: B \to \boldsymbol{R} \text{ stetig.}$$

Wählt man $R \in \boldsymbol{R}_+^\times$ so, daß $B \subset U_R(\mathfrak{o})$ ist, so gibt es nach dem Satz von Tietze und Urysohn (Satz 10.1.1.) eine stetige Abbildung $g: \boldsymbol{R}^m \to \boldsymbol{R}$ mit $\operatorname{tr} g \subset U_{2R}(\mathfrak{o})$ und $g|B = f$

(man vergleiche den Beweis von Satz 14.7.4.). Da tr g kompakt ist, ist g und damit f über jede abzählbar λ-meßbare Teilmenge A von B integrierbar. ●

Beispiel 14.7.2. λ_m sei das Lebesgue-Integral im $\boldsymbol{R}^m$. Die offene Kugel

$$K_m(r) := \{(x_1, \ldots, x_m) \mid x_j \in \boldsymbol{R},\ x_1^2 + \cdots + x_m^2 < r^2\}$$

vom Radius $r \in \boldsymbol{R}_+^\times$ ist als offene beschränkte Menge abzählbar λ_m-meßbar mit $\lambda_m(K_m(r)) < \infty$. Es ist

$$\lambda_1(K_1(r)) = \int \xi_{K_1(r)}\, d\lambda_1 = \int_{-r}^{r} dx = 2r = r\int_{-1}^{1} dx = r\lambda_1(K_1(1)).$$

Für $m > 1$, $x_m \in \boldsymbol{R}$, $x_m^2 < r^2$ erhält man

$$\xi_{K_m(r)}(x_1, \ldots, x_m) = \begin{cases} 1 & \text{für } x_2^1 + \cdots + x_{m-1}^2 < r^2 - x_m^2, \\ 0 & \text{sonst} \end{cases}$$

$$= \xi_{K_{m-1}(\sqrt{r^2 - x_m^2})}(x_1, \ldots, x_{m-1}).$$

Da $\xi_{K_m(r)}(x_1, \ldots, x_m) = 0$ für $x_m^2 \geqq r$ ist, erhält man nach dem Satz von Fubini für $\boldsymbol{R}^1$, $\boldsymbol{R}^{m-1}$

$$\lambda_m(K_m(r)) = \int_{-r}^{r} \Big(\int \xi_{K_{m-1}(\sqrt{r^2 - x_m^2})}(x_1, \ldots, x_{m-1})\, d\lambda_{m-1}(x_1, \ldots, x_{m-1}) \Big)\, d\lambda_1(x_m)$$

$$= \int_{-r}^{r} \lambda_{m-1}(K_{m-1}(\sqrt{r^2 - x_m^2}))\, d\lambda_1(x_m) = \int_{-r}^{r} \lambda_{m-1}(K_{m-1}(\sqrt{r^2 - x^2}))\, dx.$$

Die Substitutionsregel (Satz 13.5.4.) mit $\varphi(t) = rt$, $\varphi'(t) = r$, liefert

$$\lambda_m(K_m(r)) = \int_{-1}^{1} r\lambda_{m-1}(K_{m-1}(r\sqrt{1 - t^2}))\, dt.$$

Nimmt man für die vollständige Induktion an, daß

$$\lambda_{m-1}(K_{m-1}(s)) = s^{m-1}\lambda_{m-1}(K_{m-1}(1)) \quad \text{(s.o. für } m-1 = 1)$$

ist, so ergibt sich

$$\lambda_m(K_m(r)) = \int_{-1}^{1} r r^{m-1} (\sqrt{1 - t^2})^{m-1} \lambda_{m-1}(K_{m-1}(1))\, dt$$

$$= r^m \lambda_{m-1}(K_{m-1}(1)) \int_{-1}^{1} (\sqrt{1 - t^2})^{m-1}\, dt = r^m \lambda_m(K_m(1))$$

und die Rekursionsformel

$$\lambda_m(K_m(1)) = \lambda_{m-1}(K_{m-1}(1)) \int_{-1}^{1} (\sqrt{1 - t^2})^{m-1}\, dt.$$

Die Substitutionsregel mit $\varphi(x)=\sin x$, $\varphi'(x)=\cos x$ ergibt wegen

$$\sqrt{1-\sin^2 x} = \sqrt{\cos^2 x} = \cos x \text{ für } -\frac{\pi}{2} \leqq x \leqq \frac{\pi}{2}$$

$$\int_{-1}^{1} \left(\sqrt{1-t^2}\right)^{m-1} dt = \int_{-\frac{\pi}{2}}^{\frac{\pi}{2}} \cos^m x \, dx.$$

Für $m \geqq 2$ erhält man durch partielle Integration (Satz 13.5.5.) mit

$$f_1(x) = \sin x, \quad f_2(x) = \cos^{m-1} x$$

$$\int_{-\frac{\pi}{2}}^{\frac{\pi}{2}} \cos x \cos^{m-1} x \, dx = f_1(x) f_2(x)\Big|_{x=-\frac{\pi}{2}}^{x=\frac{\pi}{2}} - \int_{-\frac{\pi}{2}}^{\frac{\pi}{2}} \sin x \,(m-1) \cos^{m-2} x (-\sin x) \, dx$$

$$= \int_{-\frac{\pi}{2}}^{\frac{\pi}{2}} (m-1) \sin^2 x \cos^{m-2} x \, dx = (m-1) \int_{-\frac{\pi}{2}}^{\frac{\pi}{2}} (1-\cos^2 x) \cos^{m-2} x \, dx$$

und hieraus

$$\int_{-\frac{\pi}{2}}^{\frac{\pi}{2}} \cos^m x \, dx = \frac{m-1}{m} \int_{-\frac{\pi}{2}}^{\frac{\pi}{2}} \cos^{m-2} x \, dx.$$

Wegen

$$\int_{-\frac{\pi}{2}}^{\frac{\pi}{2}} \cos^0 x \, dx = \pi, \qquad \int_{-\frac{\pi}{2}}^{\frac{\pi}{2}} \cos^1 x \, dx = \sin x\Big|_{x=-\frac{\pi}{2}}^{x=\frac{\pi}{2}} = 2$$

erhält man

$$\int_{-\frac{\pi}{2}}^{\frac{\pi}{2}} \cos^{2k} x \, dx \int_{-\frac{\pi}{2}}^{\frac{\pi}{2}} \cos^{2k-1} x \, dx = \left(\frac{2k-1}{2k} \frac{2k-2}{2k-1} \cdots \frac{3}{4} \cdot \frac{2}{3}\right) \frac{1}{2} \pi \cdot 2 = \frac{\pi}{k},$$

$$\int_{-\frac{\pi}{2}}^{\frac{\pi}{2}} \cos^{2k+1} x \, dx \int_{-\frac{\pi}{2}}^{\frac{\pi}{2}} \cos^{2k} x \, dx = \frac{2k}{2k+1} \int_{-\frac{\pi}{2}}^{\frac{\pi}{2}} \cos^{2k} x \, dx \int_{-\frac{\pi}{2}}^{\frac{\pi}{2}} \cos^{2k-1} x \, dx = \frac{2}{(2k+1)} \pi.$$

Das ergibt mit vollständiger Induktion für $k \in N$

$$\lambda_{2k}\big(K_{2k}(1)\big) = \frac{\pi}{k} \lambda_{2(k-1)}\big(K_{2(k-1)}(1)\big) = \frac{\pi^k}{k!},$$

$$\lambda_{2k+1}\big(K_{2k+1}(1)\big) = \frac{2^2 \pi k}{(2k+1) 2k} \lambda_{2(k-1)+1}\big(K_{2(k-1)+1}(1)\big) = \frac{2^{2k+1} \pi^k k!}{(2k+1)!}. \quad \bullet$$

14.8. Die Transformationsformel

λ sei das Lebesgue-Integral im $\boldsymbol{R}^m$ (Anmerkung 14.7.1., μ wie in Beispiel 14.1.3.). Ist

$$\varphi : \boldsymbol{R}^m \to \boldsymbol{R}^m \text{ topologisch,}$$

so ist

$$\varphi^* : L \to L, \quad \text{definiert durch} \quad \varphi^*(g) = g \circ \varphi,$$

ein Automorphismus (d.h. Isomorphismus auf sich) des Vektorraumes

$$L = \{g \mid g : \boldsymbol{R}^m \to \boldsymbol{R} \text{ stetig, tr } g \text{ kompakt}\}.$$

φ^* ist normerhaltend, ordnungserhaltend, stetig, $|\varphi^*(g)| = \varphi^*(|g|)$.

$$\mu^* = \mu \circ \varphi^* \quad \text{mit} \quad \mu^*(g) = \mu(g \circ \varphi) = \int g \circ \varphi \, d\mu$$

ist Daniell-Integral auf L. λ^* sei das zugehörige Lebesgue-Integral. Man kann jetzt μ und μ^* bzw. λ und λ^* vergleichen.

Im Falle $m = 1$ ist das Bild eines kompakten Intervalles zusammenhängend und kompakt und daher wieder ein kompaktes Intervall. Ist φ stetig differenzierbar in $\boldsymbol{R}$, so kann man infolgedessen die Substitutionsregel (Satz 13.5.4.) anwenden und erhält für jedes $g \in L$

$$\mu(g) = \int g(x)\, dx = \int \varphi'(x) g \circ \varphi(x)\, dx = \mu^*\big((\varphi' \circ \varphi^{-1}) g\big).$$

(Man vergleiche Beispiel 14.1.5. für $\mu^*(h^* g)$.) In diesem Zusammenhang beweist man in der allgemeinen Integrationstheorie den Satz von Radon und Nikodym, der besagt, daß man unter verhältnismäßig allgemeinen Voraussetzungen zu zwei Lebesgue-Integralen λ, λ^*, definiert für gewisse $g : X \to \boldsymbol{R}$, ein $h^* : X \to \boldsymbol{R}$ so finden kann, daß für alle λ-integrierbaren g

$$\lambda(g) = \lambda^*(h^* g)$$

ist. Wir wollen einen derartigen Satz für die Lebesgue-Integrale λ und λ^* im $\boldsymbol{R}^m$ als Verallgemeinerung der Substitutionsregel herleiten.

Man wird natürlich versuchen, eine derartige Substitutionsregel zunächst für die einfacher zu übersehenden Abbildungen aus L herzuleiten und dann zu den integrierbaren Abbildungen überzugehen. Diesem Übergang dient

Satz 14.8.1. *μ sei ein Daniell-Integral auf $L \subset \{g \mid g : X \to \boldsymbol{R}\}$, λ das zugehörige Lebesgue-Integral, und es gelte*

$$f, g \in L \quad \Rightarrow \quad fg \in L.$$

A, B seien abzählbar λ-meßbare Mengen in X, $\varphi: A \to X$, $\varphi(A) \subset B$, $h: A \to \boldsymbol{R}$, $h \geqq 0$. Gilt

(a) *Für jedes $f \in L$ ist $h \cdot (f \circ \varphi)$ über A integrierbar,*

$$\int_B f\, d\lambda = \int_A h \cdot (f \circ \varphi)\, d\lambda,$$

so gilt auch

(b) *Für jedes $g \in L^1$ ist $h \cdot (g \circ \varphi)$ über A integrierbar und*

$$\int_B g\, d\lambda = \int_A h \cdot (g \circ \varphi)\, d\lambda.$$

Beweis. Ist $g \in L^1$, so gibt es nach Anmerkung 14.4.1. eine Folge $(f_n)_{n \in \boldsymbol{N}}$ in L so, daß

(1) $\sum\limits_{n=1}^{\infty} f_n(x) = g(x)$ für jedes $x \in X$, für das die Reihe absolut konvergiert,

ist und

$$\sum_{n=1}^{\infty} \int |f_n|\, d\mu < \infty.$$

Nach Satz 14.5.6. sind die $|f_n| \xi_B \in L^1$, und nach (a) ist

$$\sum_{n=1}^{\infty} \int_A h \cdot |f_n \circ \varphi|\, d\lambda = \sum_{n=1}^{\infty} \int_B |f_n|\, d\lambda \leqq \sum_{n=1}^{\infty} \int |f_n|\, d\lambda < \infty.$$

Daher ist ($h \geqq 0$!)

(2) $\sum\limits_{n=1}^{\infty} h(t) f_n(\varphi(t))$ für fast alle $t \in A$ absolut konvergent

und in jedem Punkt t, in dem die Reihe absolut konvergiert, ist entweder $h(t) = 0$, dann ergibt sich als Wert $0 = h(t) g(\varphi(t))$, oder die Reihe (1) ist absolut konvergent in $\varphi(t)$, und man erhält als Wert wieder $h(t) g(\varphi(t))$. Daher ist $h(g \circ \varphi)$ über A integrierbar und

$$\int_A h \cdot (g \circ \varphi)\, d\lambda = \sum_{n=1}^{\infty} \int_A h \cdot (f_n \circ \varphi)\, d\lambda = \sum_{n=1}^{\infty} \int_B f_n\, d\lambda = \int_B g\, d\lambda. \quad \bullet$$

Besonders leicht erhält man eine Transformationsformel für die nicht-ausgearteten affinen Abbildungen des $\boldsymbol{R}^m$ auf sich.

Definition 14.8.1. *Eine affine Abbildung des $\boldsymbol{R}^m$ in sich ist eine stetig differenzierbare Abbildung $\varphi: \boldsymbol{R}^m \to \boldsymbol{R}^m$ mit konstanter Ableitung. φ heißt nicht-ausgeartet, wenn $\varphi'(\mathfrak{x})$ bijektiv ist ($\mathfrak{x}$ beliebig im $\boldsymbol{R}^m$).*

Die affinen Abbildungen lassen sich leicht beschreiben.

Hilfssatz 14.8.1. *Jede Translation $\tau_{\mathfrak{a}}$, $\mathfrak{a} \in \boldsymbol{R}^m$ (Satz 8.6.3.) ist eine nicht-ausgeartete affine Abbildung. Eine Abbildung $\varphi: \boldsymbol{R}^m \to \boldsymbol{R}^m$ ist genau dann affin, wenn es eine Darstellung*

$$\varphi = \lambda_{\mathfrak{a}} \circ \psi, \quad \lambda_{\mathfrak{a}} \text{ Translation}, \quad \psi \in \mathscr{L}(\boldsymbol{R}^m; \boldsymbol{R}^m) = \mathrm{Hom}_{\boldsymbol{R}}(\boldsymbol{R}^m, \boldsymbol{R}^m),$$

gibt. φ ist genau dann nicht-ausgeartet, wenn ψ bijektiv ist. Es ist $\varphi'(\mathfrak{x}) = \psi$ für alle $\mathfrak{x} \in \boldsymbol{R}^m$.

Bei Verwendung der natürlichen Basis des $\boldsymbol{R}^m$ bezeichne man das Element aus $\mathrm{Hom}_{\boldsymbol{R}}(\boldsymbol{R}^m, \boldsymbol{R}^m)$, *das durch den Isomorphismus aus Satz 10.6.6. auf $M \in \mathfrak{M}^{(m,m)}(\boldsymbol{R})$ abgebildet wird, mit $\tilde{M}$. Dann läßt sich jedes nicht-ausgeartete $\psi \in \mathrm{Hom}_{\boldsymbol{R}}(\boldsymbol{R}^m, \boldsymbol{R}^m)$ als Produkt von Elementen der Form*

$$\tilde{D}(a_1, \dots a_n), \quad \tilde{E}_{s,t}(a), \quad \tilde{V}_{s,t} \qquad \text{(Definition 10.6.5.)}$$

schreiben mit $a_1 a_2 \dots a_n \neq 0$.

Beweis. Wegen $\lambda_{\mathfrak{a}} = id_{\boldsymbol{R}^m} + \mathfrak{a}$ ist $\lambda_{\mathfrak{a}}'(\mathfrak{x}) = id_{\boldsymbol{R}^m}$ für alle $\mathfrak{x} \in \boldsymbol{R}^m$, $\lambda_{\mathfrak{a}}$ ist affine Abbildung und nicht-ausgeartet.

Ist φ affin und $\mathfrak{a} = \varphi(\mathfrak{o})$, $\psi = \varphi'(\mathfrak{x})$ für alle $\mathfrak{x} \in \boldsymbol{R}^m$, so ist

$$(\varphi - \lambda_{\mathfrak{a}} \circ \psi)'(\mathfrak{x}) = \varphi'(\mathfrak{x}) - id_{\boldsymbol{R}^m} \circ \psi = \varphi'(\mathfrak{x}) - \psi = \odot .$$

Da $\boldsymbol{R}^m$ zusammenhängend ist, ist $\varphi - \lambda_{\mathfrak{a}} \circ \psi$ konstant, also

$$(\varphi - \lambda_{\mathfrak{a}} \circ \psi)(\mathfrak{x}) = (\varphi - \lambda_{\mathfrak{a}} \circ \psi)(\mathfrak{o}) = \mathfrak{o}.$$

Wegen $\dim_{\boldsymbol{R}} \boldsymbol{R}^m = m < \infty$ ist jede lineare Abbildung $\psi: \boldsymbol{R}^m \to \boldsymbol{R}^m$ stetig, $\mathrm{Hom}_{\boldsymbol{R}}(\boldsymbol{R}^m, \boldsymbol{R}^m) = \mathscr{L}(\boldsymbol{R}^m; \boldsymbol{R}^m)$. Wegen

$$(\lambda_{\mathfrak{a}} \circ \psi)'(\mathfrak{x}) = \psi \quad \text{für alle} \quad \psi \in \mathscr{L}(\boldsymbol{R}^m; \boldsymbol{R}^m) \text{ und jedes } \mathfrak{x} \in \boldsymbol{R}^m$$

ist $\lambda_{\mathfrak{a}} \circ \psi$ affin und genau dann nicht-ausgeartet, wenn ψ bijektiv ist.

Nach dem Beweis von Satz 10.6.7. und Hilfssatz 10.6.3. läßt sich jede Matrix M mit $\det M \neq 0$ als Produkt von Matrizen der angegebenen speziellen Gestalt darstellen (nach Hilfssatz 10.6.3. gilt: $\tilde{M}$ bijektiv $\Leftrightarrow$ $\det M \neq 0$). ●

Satz 14.8.2. *λ sei das Lebesgue-Integral im $\boldsymbol{R}^m$, $\varphi: \boldsymbol{R}^m \to \boldsymbol{R}^m$ sei nicht-ausgeartet affin, $h = |\det \varphi'(\mathfrak{x})|$ für alle $\mathfrak{x} \in \boldsymbol{R}^m$.*

Ist A abzählbar λ-meßbar, so ist $\varphi(A)$ abzählbar λ-meßbar, und für jedes $g \in L^1$ ist

$$\int_{\varphi(A)} g \, d\lambda = \int_A h \cdot (g \circ \varphi) \, d\lambda.$$

Beweis. Wir wählen zunächst $A = \boldsymbol{R}^m$ und beweisen (a) Satz 14.8.1. Ist $\varphi = \lambda_{\mathfrak{a}} \circ \psi$ (Hilfssatz 14.8.1.), so ist $\varphi^{-1} = \psi^{-1} \circ \lambda_{\mathfrak{a}}^{-1}$ stetig. φ ist topologisch, $\varphi(\boldsymbol{R}^m) = \boldsymbol{R}^m$, $\boldsymbol{R}^m$ ist als offene Menge abzählbar λ-meßbar (Satz 14.7.4.).

Es sei $f\colon \boldsymbol{R}^m \to \boldsymbol{R}$ stetig mit kompaktem Träger. Dann ist auch $f\circ\varphi$ stetig mit kompaktem Träger. Wir wählen $c\in\boldsymbol{R}_+^\times$ so, daß $\operatorname{tr} f\circ\varphi \subset [-c, c]\times\cdots\times[-c, c]$ ist, und berechnen die folgenden Integrale mit dem Satz von Fubini (Satz 13.8.1.) und der Substitutionsregel (Satz 13.5.4.). Wir behandeln die folgenden Spezialfälle:

(1) $\varphi=\lambda_{\mathfrak{a}}$. Dann ist $\varphi'(\mathfrak{x})=id_{\boldsymbol{R}^m}$, $h=|\det\varphi'(\mathfrak{x})|=1$. Ist $\mathfrak{a}=(a_1, \ldots, a_m)$, so ist

$$\int h\cdot(f\circ\varphi)\,d\lambda = \int_{-c}^{c}\Big(\cdots\Big(\int_{-c}^{c} f(x_1+a_1, \ldots, x_m+a_m)\,dx_m\Big)\cdots\Big)\,dx_1$$

$$= \int_{-c+a_1}^{c+a_1}\Big(\cdots\Big(\int_{-c+a_m}^{c+a_m} f(y_1, \ldots, y_m)\,dy_m\Big)\cdots\Big)\,dy_1 = \int f\,d\lambda\,.$$

(2) $\varphi=\tilde{D}(a_1, \ldots, a_m)$, $a_1\ldots a_m\neq 0$. Dann ist $\varphi'(\mathfrak{x})=\tilde{D}(a_1, \ldots, a_m)$, $h=\left|\det(\varphi'(\mathfrak{x}))\right|$ $=|a_1\ldots a_m|$ und

$$\int h\cdot(f\circ\varphi)\,d\lambda = h\int_{-c}^{c}\Big(\cdots\Big(\int_{-c}^{c} f(a_1x_1, \ldots, a_mx_m)\,dx_m\Big)\cdots\Big)\,dx_1$$

$$= ha_1^{-1}\ldots a_m^{-1}\int_{-ca_1}^{ca_1}\Big(\cdots\Big(\int_{-ca_m}^{ca_m} f(y_1, \ldots, y_m)\,dy_m\Big)\cdots\Big)\,dy_1\,.$$

Ist $a_j<0$, so muß man die Integrationsgrenzen $-ca_j$, ca_j vertauschen, da das Integral über einem Quader $Q=[\alpha_1, \beta_1]\times\cdots\times[\alpha_m, \beta_m]$ mit den Integralen mit unterer Grenze α_j und oberer Grenze β_j definiert ist. Das ergibt

$$\int h\cdot(f\circ\varphi)\,d\lambda = h\,|a_1^{-1}\ldots a_m^{-1}|\int_{-c|a_1|}^{c|a_1|}\Big(\cdots\Big(\int_{-c|a_m|}^{c|a_m|} f(y_1, \ldots, y_m)\,dy_m\Big)\cdots\Big)\,dy_1 = \int f\,d\lambda.$$

(3) $\varphi=\tilde{E}_{s,t}(a)$. Dann ist $\varphi'(\mathfrak{x})=\tilde{E}_{s,t}(a)$, $h=|\det\varphi'(\mathfrak{x})|=1$ und

$$\int h\cdot(f\circ\varphi)\,d\lambda = \int_{-c}^{c}\Big(\cdots\Big(\int_{-c}^{c}\cdots\Big(\int_{-c}^{c} f(x_1, \ldots, x_s+ax_t, \ldots, x_m)\,dx_m\Big)\ldots dx_s\Big)\cdots\Big)\,dx_1\,.$$

Da es auf die Reihenfolge der Integrationen nicht ankommt, kann man zuerst die Integration „nach x_s" ausführen. Dabei ist aber x_t als konstant zu betrachten,

$$\int_{-c}^{c} f(x_1, \ldots, x_s+ax_t, \ldots, x_m)\,dx_s = \int_{-c+ax_t}^{c+ax_t} f(x_1, \ldots, y_s, \ldots, x_m)\,dy_s$$

$$= \int_{-c-d}^{c+d} f(x_1, \ldots, x_s, \ldots, x_m)\,dx_s,$$

wenn man d so groß wählt, daß $pr_s \operatorname{tr} f \subset [-c-d, c+d]$ ist. Das ergibt

$$\int h\cdot(f\circ\varphi)\,d\lambda = \int f\,d\lambda.$$

(4) $\varphi=\tilde{V}_{s,t}$. Dann ist $\varphi'(\mathfrak{x})=\tilde{V}_{s,t}$, $h=|\det\varphi'(\mathfrak{x})|=1$. Da die Integrationsgrenzen in jeder Komponente $-c, c$ sind und es auf die Reihenfolge der Integrationen nach dem Satz von Fubini nicht ankommt, ändert sich durch die Vertauschung von x_s und x_t überhaupt nichts.

Ist φ nicht-ausgeartet affin, so läßt sich φ nach Hilfssatz 14.8.1. in der Form $\varphi=\varphi_1\circ\cdots\circ\varphi_k$ darstellen, wobei $\varphi_1,\ldots,\varphi_k$ jeweils die spezielle Gestalt haben, die in (1)—(4) behandelt wurde. Es sei $\varphi_j'(\mathfrak{x})=\psi_j$, $\varphi'(\mathfrak{x})=\psi$. Dann gilt

$$\int f\,d\lambda=\int|\det(\psi_1)|\,(f\circ\varphi_1)\,d\lambda=\int|\det\psi_1|\,|\det\psi_2|\cdot(f\circ\varphi_1\circ\varphi_2)\,d\lambda$$

$$=\cdots=\int\prod_{j=1}^{k}|\det\psi_j|\,(f\circ\varphi_1\circ\cdots\circ\varphi_k)\,d\lambda=\int|\det\psi|\,(f\circ\varphi)\,d\lambda.$$

Damit ist (a) Satz 14.8.1. für $A=\boldsymbol{R}^m$ bewiesen. Für jedes $g\in L^1$ ist deshalb $g\circ\varphi$ über $\boldsymbol{R}^m$ integrierbar, also $g\circ\varphi\in L^1$ und

$$\int g\,d\lambda=\int h\cdot(g\circ\varphi)\,d\lambda.$$

Ist $\xi_A\in L^1$, so ist auch $\xi_{\varphi(A)}=\xi_A\circ\varphi^{-1}\in L^1$ (φ^{-1} ist auch nicht-ausgeartet affin, $|\det(\varphi^{-1})'(\mathfrak{x})|=|\det\varphi'(\mathfrak{x})|^{-1}=h^{-1}$) und

$$\lambda(\varphi(A))=\int\xi_{\varphi(A)}\,d\lambda=\int h(\xi_{\varphi(A)}\circ\varphi)\,d\lambda=\int h\xi_A\,d\lambda=h\lambda(A).$$

Da der Faktor h nicht von A abhängt, überträgt sich das Ergebnis sofort auf abzählbar λ-meßbare Mengen (nach der Definition in Satz 14.5.4.). $g\cdot\xi_{\varphi(A)}$ an Stelle von g ergibt nach dem bereits Bewiesenen die Behauptung des Satzes. ●

Um eine entsprechende Transformationsformel für allgemeinere Abbildungen herzuleiten, ist es zweckmäßig, sich zunächst auf spezielle abzählbar λ-meßbare Mengen zu beschränken und aus diesen Mengen dann kompliziertere λ-meßbare Mengen zusammenzusetzen. Wir wählen Würfel.

Definition 14.8.2. *Sind $I_1,\ldots,I_m$ Intervalle in $\boldsymbol{R}$, die alle dieselbe Länge R haben, so bezeichnet man*

$$W=I_1\times\cdots\times I_m \text{ als Würfel der Kantenlänge } R \text{ im } \boldsymbol{R}^m.$$

Entsteht W_0 aus W durch Entfernen einer oder mehrerer „Seitenflächen“ $\tilde{I}_1\times\cdots\times\tilde{I}_m$ mit $\tilde{I}_j=I_j$ oder $\{a_j\}$, a_j Randpunkt von I_j, so bezeichnet man auch W_0 als Würfel.

Hilfssatz 14.8.2. *Jede offene Menge V im $\boldsymbol{R}^m$ ist Vereinigung von (höchstens) abzählbar vielen paarweise punktfremden Würfeln, die jeder endliche Kantenlänge und innere Punkte besitzen und deren abgeschlossene Hülle jeweils in V liegt.*

Beweis. Wir verwenden im $\boldsymbol{R}^m$ die Maximumsnorm. Ist $\mathfrak{x}=(x_1, \ldots, x_m)\in\boldsymbol{R}^m$, $R\in\boldsymbol{R}_+^\times$, so sind

$$U_R(\mathfrak{x}) =]x_1-R, x_1+R[\times\cdots\times]x_m-R, x_m+R[,$$
$$\overline{U}_R(\mathfrak{x}) = [x_1-R, x_1+R]\times\cdots\times[x_m-R, x_m+R]$$

Würfel der Kantenlänge $2R$ und haben den Durchmesser $2R$. Ist V eine offene Menge im $\boldsymbol{R}^m$ und setzt man

$$V_n = \{\mathfrak{x}|\mathfrak{x}\in V, d(\mathfrak{x}, \boldsymbol{R}^m-V) > 2^{1-n}\}, \quad \text{so ist} \quad V=\bigcup_{n=1}^{\infty} V_n.$$

Da es zu jedem $\mathfrak{x}\in\boldsymbol{R}^m$ ein $\mathfrak{z}\in 2^{1-n}\boldsymbol{Z}^m$ (d.h. $\mathfrak{z}=(2^{1-n}z_1, \ldots, 2^{1-n}z_m)$ mit $z_1, \ldots, z_m\in\boldsymbol{Z}$) gibt mit $\|\mathfrak{x}-\mathfrak{z}\| \leqq 2^{-n}$, überdecken die Würfel $\overline{U}_{2^{-n}}(\mathfrak{z})$, $\mathfrak{z}\in 2^{1-n}\boldsymbol{Z}^m$, den $\boldsymbol{R}^m$. Wegen

$$\overline{U}_{2^{-n}}(\mathfrak{z})\cap V_n \neq \emptyset \;\Rightarrow\; \overline{U}_{2^{-n}}(\mathfrak{z})\subset V$$

überdecken die

$$\overline{U}_{2^{-n}}(\mathfrak{z}),\; \mathfrak{z}\in 2^{1-n}\boldsymbol{Z}^m, \quad \overline{U}_{2^{-n}}(\mathfrak{z})\cap V_n \neq \emptyset,$$

V_n und sind sämtlich in V enthalten. Haben zwei dieser Würfel einen nicht-leeren Durchschnitt, so ist der Durchschnitt eine „Seitenfläche". Entfernt man aus einigen Würfeln gewisse „Seitenflächen", so erhält man eine Familie

$$\tilde{F}_n = (\tilde{W}_j^{(n)})_{j\in\tilde{J}_n}, \; \tilde{J}_n\subset\boldsymbol{N}, \quad \text{mit} \quad V_n\subset\bigcup_{j\in\tilde{J}_n}\tilde{W}_j^{(n)}\subset V$$

aus paarweise punktfremden Würfeln. Wir wählen $F_1=\tilde{F}_1$. Jeder Würfel W aus $\tilde{F}_2$ trifft entweder keinen Würfel aus F_1, oder eine „Seitenfläche" von W liegt in einem Würfel von F_1, oder ganz W liegt in einem Würfel von F_1. Streicht man in diesem Fall die betreffende „Seitenfläche" bzw. den ganzen Würfel, so überdecken die restlichen Würfel aus $\tilde{F}_2$ zusammen mit den Würfeln aus F_1 ganz V_2 und sind paarweise punktfremd. Man erhält so zu jedem n eine Familie

$$F_n = (W_j^{(n)})_{j\in J_n}, \; J_n\subset\boldsymbol{N}, \quad \text{mit} \quad V_n\subset\bigcup_{j\in J_n} W_j^{(n)}\subset V$$

aus paarweise punktfremden Würfeln der Kantenlänge $\geqq 2\cdot 2^{-n}$, wobei jeder Würfel aus F_k in allen F_n mit $n\geqq k$ auftritt. Die Menge $\{W_j^{(n)}|n\in\boldsymbol{N}, j\in J_n\}$ ist eine höchstens abzählbare Menge paarweise punktfremder Würfel endlicher positiver Kantenlänge, deren Vereinigungsmenge V ist. Nach Konstruktion ist auch $\overline{W}_j^{(n)}\subset V$. ●

Wir beweisen zunächst die angekündigte Transformationsformel für Würfel und stetige Abbildungen mit kompaktem Träger.

Hilfssatz 14.8.3. *Es sei $A\subset\boldsymbol{R}^m$, $\varphi:A\to\boldsymbol{R}^m$ injektiv, in $\mathring{A}$ stetig differenzierbar und $\varphi'(\mathfrak{x})$ bijektiv für jedes $\mathfrak{x}\in\mathring{A}$. Mit der Determinante zur natürlichen Basis des $\boldsymbol{R}^m$ (Definition 11.6.4.) sei*

$$h:\mathring{A}\to\boldsymbol{R}^m \quad \textit{durch} \quad h(\mathfrak{x})=|\det\varphi'(\mathfrak{x})| \quad \textit{definiert.}$$

λ sei das Lebesgue-Integral im $\boldsymbol{R}^m$.

Ist W ein Würfel mit $\mathring{W} \neq \emptyset$, $\overline{W}$ kompakt, $\overline{W} \subset A$, so sind W und $\varphi(W)$ abzählbar λ-meßbar, und für jede stetige Abbildung $f: \boldsymbol{R}^m \to \boldsymbol{R}$ mit kompaktem Träger ist $h \cdot (f \circ \varphi)$ über W integrierbar und

$$\int_{\varphi(W)} f \, d\lambda = \int_W h \cdot (f \circ \varphi) \, d\lambda.$$

Beweis. Nach Satz 11.5.2. ist $\varphi|\mathring{A}$ offen, $\varphi(\mathring{A})$ offen und, da φ injektiv und stetig ist,

$$\tilde{\varphi} : \mathring{A} \to \varphi(\mathring{A}), \quad \text{definiert durch} \quad \tilde{\varphi}(\mathfrak{z}) = \varphi(\mathfrak{z}), \text{ topologisch.}$$

Nach Satz 11.5.5. ist

$$\psi : \varphi(\mathring{A}) \to \boldsymbol{R}^m, \quad \text{definiert durch} \quad \psi(\mathfrak{w}) = \tilde{\varphi}^{-1}(\mathfrak{w}),$$

stetig differenzierbar mit

$$\psi'(\varphi(\mathfrak{z})) = (\varphi'(\mathfrak{z}))^{-1} \quad \text{für} \quad \mathfrak{z} \in \mathring{A}.$$

Ein Würfel W mit $\overline{W}$ kompakt, $\overline{W} \subset \mathring{A}$, entsteht aus $\overline{W}$ durch Entfernung endlich vieler kompakter Teilmengen von $\mathring{A}$. Da $\tilde{\varphi}$ topologisch ist, gilt das auch für $\varphi(W)$. Nach Satz 14.7.4. und (3) Satz 14.5.5. sind W und $\varphi(W)$ abzählbar λ-meßbar.

Wir verwenden auf dem $\boldsymbol{R}^m$ die Maximumsnorm. Da $\varphi(\overline{W})$ kompakt ist, gibt es ein $R \in \boldsymbol{R}_+^\times$ mit $\varphi(\overline{W}) \subset U_R(\mathfrak{o})$. Nach dem Urysohnschen Lemma (Satz 10.1.2.) gibt es eine stetige Abbildung $f_0: \boldsymbol{R}^m \to \boldsymbol{R}$ mit

$$f_0(\mathfrak{w}) = 1 \text{ für } \mathfrak{w} \in \varphi(\overline{W}), \quad f_0(\mathfrak{w}) = 0 \text{ für } \mathfrak{w} \in \boldsymbol{R}^m - U_R(\mathfrak{o}).$$

$\operatorname{tr} f_0$ ist kompakt. Wir wählen $C \in \boldsymbol{R}_+^\times$ so, daß $C > |f(\mathfrak{w})|$ für $\mathfrak{w} \in \varphi(\overline{W})$ ist (f ist beschränkt!). Dann ist

$$f = (f + Cf_0) - Cf_0, \quad (f + Cf_0)(\mathfrak{w}), (Cf_0)(\mathfrak{w}) > 0 \quad \text{für alle} \quad \mathfrak{w} \in \varphi(\overline{W}).$$

Wir können uns deshalb auf den Fall beschränken, daß $f(\mathfrak{w}) > 0$ für alle $\mathfrak{w} \in \varphi(\overline{W})$ ist.

Analog wie f_0 konstruiert man mit dem Satz von Tietze und Urysohn (Satz 10.1.1.) eine stetige Abbildung $g: \boldsymbol{R}^m \to \boldsymbol{R}$ mit kompaktem Träger und $g|\overline{W} = h \cdot (f \circ \varphi)|\overline{W}$. Daher ist $h \cdot (f \circ \varphi)$ über W integrierbar.

Wir zeigen zunächst

(1) Ist $\mathfrak{x} \in \mathring{A}$ und $f(\varphi(\mathfrak{x})) > 0$, so gibt es zu jedem $q \in \boldsymbol{R}$ mit $q > 1$ eine Umgebung U von $\mathfrak{x}$ so, daß für jeden Würfel W mit $\mathring{W} \neq \emptyset$, $\overline{W} \subset U$, gilt

$$q^{-1} \int_W h(f \circ \varphi) \, d\lambda \leqq \int_{\varphi(W)} f \, d\lambda \leqq q \int_W h(f \circ \varphi) \, d\lambda.$$

Wir setzen

$$\chi = \varphi'(\mathfrak{x}) : \boldsymbol{R}^m \to \boldsymbol{R}^m, \quad \tilde{\chi} : \chi^{-1} \circ \varphi(\mathring{A}) \to \varphi(\mathring{A}), \quad \tilde{\chi}(\mathfrak{v}) = \chi(\mathfrak{v}).$$

χ ist linear, stetig und bijektiv. Wir wählen $R \in \boldsymbol{R}_+^\times$ so, daß $U_R(\mathfrak{x}) \subset \mathring{A}$, $U_{2R}(\chi^{-1} \circ \varphi(\mathfrak{x})) \subset \subset \chi^{-1} \circ \varphi(\mathring{A})$ ist. Dann ist $\psi \circ \tilde{\chi}$ in $U_{2R}(\chi^{-1} \circ \varphi(\mathfrak{x}))$ differenzierbar und $(\chi'(\mathfrak{w}) = \chi!)$

$$(\psi \circ \tilde{\chi})'(\chi^{-1} \circ \varphi(\mathfrak{x})) = \psi'(\varphi(\mathfrak{x})) \circ \chi = \varphi'(\mathfrak{x})^{-1} \circ \varphi'(\mathfrak{x}) = id_{\boldsymbol{R}^m}.$$

Entsprechend ist

$$(\chi^{-1} \circ \varphi)'(\mathfrak{x}) = id_{\boldsymbol{R}^m}.$$

Mit der üblichen Norm auf $\mathscr{L}(\boldsymbol{R}^m; \boldsymbol{R}^m)$ ist $\|id_{\boldsymbol{R}^m}\| = 1$. Wir können daher zu $p \in \boldsymbol{R}$, $1 < p < 2$, wegen $h(\mathfrak{x}) f(\varphi(\mathfrak{x})) > 0$ und der Stetigkeit aller Abbildungen in $\mathfrak{x}$ bzw. $\chi^{-1} \circ \varphi(\mathfrak{x})$ R so klein wählen, daß für alle $\mathfrak{z} \in U_R(\mathfrak{x})$

$$p^{-1} h(\mathfrak{x}) f(\varphi(\mathfrak{x})) \leqq h(\mathfrak{z}) f(\varphi(\mathfrak{z})) \leqq p h(\mathfrak{x}) f(\varphi(\mathfrak{x})),$$

$$\|(\chi^{-1} \circ \varphi)'(\mathfrak{z})\| < p, \quad p^{-1} f(\varphi(\mathfrak{x})) \leqq f(\varphi(\mathfrak{z})) \leqq p \cdot f(\varphi(\mathfrak{x}))$$

ist und für alle $\mathfrak{w} \in U_{2R}(\chi^{-1} \circ \varphi(\mathfrak{x}))$

$$\|(\psi \circ \tilde{\chi})'(\mathfrak{w})\| < p$$

ist. Ist $\overline{W} \subset U_R(\mathfrak{x})$ und hat $\overline{W}$ die Kantenlänge 2δ, so erhält man unter Benutzung von Beispiel 14.7.1.

$$\int_W h(f \circ \varphi)\, d\lambda \geqq \int_W p^{-1} h(\mathfrak{x}) f(\varphi(\mathfrak{x}))\, d\lambda = p^{-1} h(\mathfrak{x}) f(\varphi(\mathfrak{x}))\, (2\delta)^m,$$

$$\int_W h(f \circ \varphi)\, d\lambda \leqq \int_W p h(\mathfrak{x}) f(\varphi(\mathfrak{x}))\, d\lambda = p h(\mathfrak{x}) f(\varphi(\mathfrak{x}))\, (2\delta)^m.$$

Da χ eine affine Abbildung ist, ist nach Satz 14.8.2.

$$\int_{\varphi(W)} f\, d\lambda = |\det \chi| \int_{\chi^{-1}(\varphi(W))} f \circ \chi\, d\lambda = h(\mathfrak{x}) \int_{\chi^{-1}(\varphi(W))} f \circ \chi\, d\lambda.$$

$\mathfrak{w}$ sei der Mittelpunkt von W. Dann ist

$$\mathring{W} = U_\delta(\mathfrak{w}) \subset W \subset \overline{U}_\delta(\mathfrak{w}) = \overline{W}.$$

Wegen der Voraussetzungen über $(\chi^{-1} \circ \varphi)'$ ist nach Satz 11.3.3.

$$\|\chi^{-1} \circ \varphi(\mathfrak{z}) - \chi^{-1} \circ \varphi(\mathfrak{w})\| \leqq p \|\mathfrak{z} - \mathfrak{w}\| \quad \text{für} \quad \mathfrak{z} \in U_\delta(\mathfrak{w}).$$

Daher ist

$$(\chi^{-1} \circ \varphi)(\overline{W}) \subset U_{p\delta}(\chi^{-1} \circ \varphi(\mathfrak{w})).$$

Genauso ist natürlich $(p < 2!)$

$$(\chi^{-1} \circ \varphi)(U_R(\mathfrak{x})) \subset U_{pR}(\chi^{-1} \circ \varphi(\mathfrak{x})) \subset U_{2R}(\chi^{-1} \circ \varphi(\mathfrak{x})).$$

Wegen der Voraussetzung über $(\psi \circ \tilde{\chi})'$ ist dann

$$(\psi \circ \tilde{\chi})(U_{p^{-1}\delta}(\chi^{-1} \circ \varphi(\mathfrak{w}))) \subset U_\delta(\mathfrak{w})$$

und daher wegen $\chi^{-1}\circ\varphi\circ\psi\circ\tilde{\chi} = id_{\boldsymbol{R}^m}|\chi^{-1}\circ\varphi(\mathring{A})$

$$U_{p^{-1}\delta}(\chi^{-1}\circ\varphi(\mathfrak{w}))\subset\chi^{-1}\circ\varphi(U_\delta(\mathfrak{w})) = \chi^{-1}\circ\varphi(\mathring{W}).$$

Das ergibt

$$\int\limits_{\chi^{-1}(\varphi(W))} f\circ\chi\,d\lambda \geqq \int\limits_{U_{p^{-1}\delta}} p^{-1}f(\varphi(\mathfrak{x}))\,d\lambda = p^{-1}f(\varphi(\mathfrak{x}))\,(2\delta p^{-1})^m,$$

$$\int\limits_{\chi^{-1}(\varphi(W))} f\circ\chi\,d\lambda \leqq \int\limits_{U_{p\delta}} pf(\varphi(\mathfrak{x}))\,d\lambda = pf(\varphi(\mathfrak{x}))\,(2\delta p)^m.$$

Vergleicht man die Abschätzungen, so erhält man

$$p^{-m-2}\int\limits_W h(f\circ\varphi)\,d\lambda \leqq \int\limits_{\varphi(W)} f\,d\lambda \leqq p^{m+2}\int\limits_W h(f\circ\varphi)\,d\lambda.$$

Wählt man von vornherein p so, daß $1 < p^{m+2} < q$ ist, so erhält man (1).

Für den allgemeinen Fall sei R_0 die Kantenlänge von W. Ist $q\in\boldsymbol{R}$, $q>1$ und

$$\int\limits_{\varphi(W)} f\,d\lambda > q\int\limits_W h(f\circ\varphi)\,d\lambda,$$

so zerlegt man W in 2^m paarweise punktfremde Würfel $W_j^{(1)}$ der Kantenlänge $\frac{1}{2}R_0$ (daß die Würfel paarweise punktfremd werden, erreicht man wie im Beweis von Hilfssatz 14.8.2.). Dann ist

$$\sum_{j=1}^{2^m}\int\limits_{\varphi(W_j^{(1)})} f\,d\lambda > \sum_{j=1}^{2^m} q\int\limits_{W_j^{(1)}} h(f\circ\varphi)\,d\lambda.$$

Man kann daher einen Index j_1 so auswählen, daß

$$\int\limits_{\varphi(W_{j_1}^{(1)})} f\,d\lambda > q\int\limits_{W_{j_1}^{(1)}} h(f\circ\varphi)\,d\lambda$$

ist. Setzt man das Verfahren fort, so erhält man eine Menge

$$\mathfrak{W} = \{W_{j_n}^{(n)}|n\in N\}$$

von Würfeln $W_{j_n}^{(n)}$ mit $W_{j_{n+1}}^{(n+1)}\subset W_{j_n}^{(n)}$ und

$$\delta(W_{j_n}^{(n)}) = 2^{-n}R_0,\quad \mathring{W}_{j_n}^{(n)}\neq\emptyset.$$

$\mathfrak{W}$ ist Raster, $\delta(\mathfrak{W})=0$ (Definition 9.1.1.). Da $\boldsymbol{R}^m$ vollständig ist, existiert $\mathfrak{x}=\lim\mathfrak{W}$. Da $\lim\mathfrak{W}\in\overline{W}$ ist, ist $\mathfrak{x}\in\mathring{A}$, $f(\varphi(\mathfrak{x}))>0$. Wählen wir U wie in (1) und n so groß, daß $\overline{W}_{j_n}^{(n)}\subset U$ ist, so ergibt sich

$$\int\limits_{\varphi(W_{j_n}^{(n)})} f\,d\lambda > q\int\limits_{W_{j_n}^{(n)}} h(f\circ\varphi)\,d\lambda,$$

ein Widerspruch zur Konstruktion von $W_{j_n}^{(n)}$. Daher ist

$$\int_{\varphi(W)} f\,d\lambda \leqq q \int_W h(f\circ\varphi)\,d\lambda.$$

Da diese Ungleichung für jedes $q\in\mathbf{R}$ mit $q>1$ gilt, folgt

$$\int_{\varphi(W)} f\,d\lambda \leqq \int_W h(f\circ\varphi)\,d\lambda.$$

Analog erhält man

$$\int_W h(f\circ\varphi)\,d\lambda \leqq \int_{\varphi(W)} f\,d\lambda. \bullet$$

Satz 14.8.3. *(Transformationsformel für Integrale im $\mathbf{R}^m$.) λ sei das Lebesgue-Integral im $\mathbf{R}^m$, A eine offene Menge,*

$$\varphi: A\to\mathbf{R}^m \text{ injektiv und stetig differenzierbar.}$$

Für jedes $\mathfrak{x}\in A$ sei die Funktionaldeterminante $\det\varphi'(\mathfrak{x})\neq 0$ *(gebildet zur natürlichen Basis des $\mathbf{R}^m$, Definition 11.6.4.).*

A und $\varphi(A)$ sind abzählbar λ-meßbar. Ist $g:\mathbf{R}^m\to\mathbf{R}$ integrierbar, so ist $|\det\varphi'(*)|g\circ$ $\circ\,\varphi(*)$ *über A integrierbar und*

$$\int_{\varphi(A)} g(\mathfrak{x})\,d\lambda(\mathfrak{x}) = \int_A |\det\varphi'(\mathfrak{x})|\,g\circ\varphi(\mathfrak{x})\,d\lambda(\mathfrak{x}).$$

Beweis. Nach Definition 11.6.4. ist für jedes $\mathfrak{x}\in A$

$$\det\varphi'(\mathfrak{x})\neq 0 \quad\Leftrightarrow\quad \varphi'(\mathfrak{x}) \text{ bijektiv.}$$

A ist als offene Menge abzählbar λ-meßbar (Satz 14.7.4.). Damit sind die Voraussetzungen von Hilfssatz 14.8.3. erfüllt. Ist W ein Würfel mit $\mathring{W}\neq\emptyset$, $\overline{W}$ kompakt, $\overline{W}\subset A$, so sind nach Hilfssatz 14.8.3. W und $\varphi(W)$ abzählbar λ-meßbar und

(a) Satz 14.8.1. mit $L=\{g\mid g:\mathbf{R}^m\to\mathbf{R}$ stetig, $\operatorname{tr} g$ kompakt$\}$, $h(\mathfrak{x})=|\det\varphi'(\mathfrak{x})|$ gilt. Infolgedessen gilt auch

(b) Ist $g:\mathbf{R}^m\to\mathbf{R}$ integrierbar, so ist $|\det\varphi'(*)|g\circ\varphi(*)$ über W integrierbar und

$$\int_{\varphi(W)} g(\mathfrak{x})\,d\lambda(\mathfrak{x}) = \int_W |\det\varphi'(\mathfrak{x})|\,g\circ\varphi(\mathfrak{x})\,d\lambda\,(\mathfrak{x}).$$

Sind $W_1,\ldots,W_n$ endlich viele paarweise punktfremde Würfel mit $\mathring{W}_j\neq\emptyset$, $\overline{W}_j$ kompakt, $\overline{W}_j\subset A$, so sind nach Satz 14.5.5. auch

$$B_n = \bigcup_{j=1}^n W_j,\quad \varphi(B_n) = \bigcup_{j=1}^n \varphi(W_j) \text{ abzählbar } \lambda\text{-meßbar.}$$

Wegen der Injektivität von φ sind $\varphi(W_1), \ldots, \varphi(W_n)$ paarweise punktfremd. Daher ist für jedes $g \in L^1$

$$\int\limits_{\varphi(B_n)} g\, d\lambda = \int g \xi_{\varphi(B_n)}\, d\lambda = \int \sum_{j=1}^{n} g \xi_{\varphi(W_j)}\, d\lambda = \sum_{j=1}^{n} \int\limits_{\varphi(W_j)} g\, d\lambda =$$

$$= \sum_{j=1}^{n} \int\limits_{W_j} |\det \varphi'(\mathfrak{x})|\, g \circ \varphi(\mathfrak{x})\, d\lambda(\mathfrak{x}) = \int\limits_{B_n} |\det \varphi'(\mathfrak{x})|\, g \circ \varphi(\mathfrak{x})\, d\lambda(\mathfrak{x}).$$

$(W_j)_{j \in N}$ sei eine Folge paarweise punktfremder Würfel mit $\mathring{W}_j \neq \emptyset$, $\overline{W}_j$ kompakt, $\overline{W}_j \subset A$ und $\bigcup\limits_{j=1}^{\infty} W_j = A$ (Hilfssatz 14.8.2.). Definiert man B_n wie oben, so sind $(B_n)_{n \in N}$ und $\big(\varphi(B_n)\big)_{n \in N}$ monoton wachsende Folgen abzählbar meßbarer Mengen mit

$$\bigcup_{n=1}^{\infty} B_n = A, \quad \bigcup_{n=1}^{\infty} \varphi(B_n) = \varphi(A).$$

Nach Satz 14.5.5. ist $\varphi(A)$ abzählbar λ-meßbar (da $\varphi'(\mathfrak{x})$ surjektiv ist für alle $\mathfrak{x} \in A$, A offen, ist $\varphi(A)$ offen und auch aus diesem Grund abzählbar λ-meßbar).

Ist $g: \boldsymbol{R}^m \to \boldsymbol{R}$ integrierbar, so ist $|g| \in L^1$. Da g über $\varphi(A)$ integrierbar ist (Satz 14.5.6.), erhält man nach Satz 14.5.6.

$$\lim_{n \to \infty} \int\limits_{B_n} |\det \varphi'(\mathfrak{x})|\, |g \circ \varphi(\mathfrak{x})|\, d\lambda(\mathfrak{x}) = \lim_{n \to \infty} \int\limits_{\varphi(B_n)} |g|\, d\lambda < \infty.$$

Nach Satz 14.5.6. ist damit $|\det \varphi'(*)|\, g \circ \varphi(*)$ über A integrierbar und

$$\int\limits_{A} |\det \varphi'(\mathfrak{x})|\, g \circ \varphi(\mathfrak{x})\, d\lambda(\mathfrak{x}) = \lim_{n \to \infty} \int\limits_{B_n} |\det \varphi'(\mathfrak{x})|\, g \circ \varphi(\mathfrak{x})\, d\lambda(\mathfrak{x})$$

$$= \lim_{n \to \infty} \int\limits_{\varphi(B_n)} g\, d\lambda = \int\limits_{\varphi(A)} g\, d\lambda. \bullet$$

Anmerkung 14.8.1. Es sei

$$\psi: B \to \boldsymbol{R}^m, \quad B \subset \boldsymbol{R}^m.$$

Ist A offen, $A \subset B$, sind $B - A$ und $\psi(B) - \psi(A)$ Nullmengen und ist $\varphi = \psi | A$ stetig differenzierbar und injektiv mit $\det \varphi'(\mathfrak{x}) \neq 0$ für alle $\mathfrak{x} \in A$, so sind B und $\psi(B)$ abzählbar λ-meßbar, und für jede integrierbare Abbildung $g: \boldsymbol{R}^m \to \boldsymbol{R}$ ist $|\det \psi(*)|\, g \circ \psi(*)$ fast überall in B definiert, über B integrierbar und

$$(1) \qquad \int\limits_{\psi(B)} g\, d\lambda = \int\limits_{B} |\det \psi'(\mathfrak{x})|\, g \circ \psi(\mathfrak{x})\, d\mathfrak{x},$$

weil jede Abbildung auf einer Nullmenge fast überall definiert und über die Nullmenge integrierbar und das Integral 0 ist. Man kann daher $\varphi(A)$ durch $\psi(B)$ und A

durch B, $\varphi'(*)$ durch $\psi'(*)$ ersetzen. Entsprechend Definition 14.7.1. kann man (1) auch verwenden, wenn an Stelle von g eine in $\psi(B)$ fast überall definierte Funktion G steht, die über $\psi(B)$ integrierbar ist (d.h. für die $G(\mathfrak{x})=g(\mathfrak{x})$ für fast alle $\mathfrak{x}\in\psi(B)$ ist mit einem $g\in L^1$). ●

Beispiel 14.8.1. Da das uneigentliche Integral

$$\Gamma\left(\frac{1}{2}\right) = \int_0^\infty t^{-\frac{1}{2}} e^{-t}\,dt \quad \text{(Satz 13.7.2.)}$$

absolut konvergent ist, ist G mit $G(t)=t^{-\frac{1}{2}}e^{-t}$ über $]0,\infty[$ integrierbar (Hilfssatz 14.6.2.).

$$\varphi:]0,\infty[\to \mathbf{R}, \quad \text{definiert durch} \quad \varphi(x)=x^2,$$

ist injektiv, stetig differenzierbar, $\varphi'(x)=2x$, $\varphi(]0,\infty[)=]0,\infty[$. Für alle $x\in]0,\infty[$ ist $|\det\varphi'(x)|=|2x|=2x\neq 0$. Wir können die Transformationsformel anwenden und erhalten

$$\Gamma\left(\frac{1}{2}\right) = \int_0^\infty 2x\cdot(x^2)^{-\frac{1}{2}}e^{-x^2}\,dx = 2\int_0^\infty e^{-x^2}\,dx.$$

Auf das letzte Integral können wir mit $\psi: \mathbf{R}\to\mathbf{R}$, definiert durch $\psi(y) = -y$, $|\det\psi'(y)|=|-1|=1$, die Transformationsformel anwenden und erhalten

$$\int_0^\infty e^{-x^2}\,dx = \int_{]-\infty,0[} 1\cdot e^{-(-y)^2}\,dy = \int_{-\infty}^0 e^{-y^2}\,dx, \quad \Gamma\left(\frac{1}{2}\right) = \int_{-\infty}^\infty e^{-x^2}\,dx,$$

da der Punkt 0, der in $]-\infty,0[\cup]0,\infty[$ zu $]-\infty,\infty[$ fehlt, eine Nullmenge ergibt. $e^{-x^2-y^2}$ ist über jede kompakte Menge im $\mathbf{R}^2$ integrierbar. Wegen

$$\lim_{n\to\infty}\int_{[-n,n]\times[-n,n]} e^{-x^2-y^2}\,dx\,dy = \lim_{n\to\infty}\int_{-n}^{n}\left(\int_{-n}^{n} e^{-x^2-y^2}\,dy\right)dx = \Gamma\left(\frac{1}{2}\right)\Gamma\left(\frac{1}{2}\right)$$

und $\bigcup\limits_{n=1}^{\infty}([-n,n]\times[-n,n])^{\circ} = \mathbf{R}^2$ ist $e^{-x^2-y^2}$ nach Satz 14.5.6. integrierbar. Wir setzen

$$U_r = \{(x,y)\,|\,(x,y)\in\mathbf{R}\times\mathbf{R},\ x^2+y^2<r^2\}, \quad r\in\mathbf{R}_+^\times.$$

Wegen $\bigcup\limits_{n=1}^{\infty} U_n = \mathbf{R}\times\mathbf{R}$ ist

$$\left(\Gamma\left(\frac{1}{2}\right)\right)^2 = \lim_{n\to\infty}\int_{U_n} e^{-x^2-y^2}\,dx\,dy.$$

Wir verwenden die Transformationsformel mit Polarkoordinaten, d.h., wir definieren

$$\psi : [0, 2\pi] \times [0, r[\to \boldsymbol{R} \times \boldsymbol{R} \quad \text{durch} \quad \psi(s, t) = (x, y)$$

mit

$$x = t \cos s, \quad y = t \sin s.$$

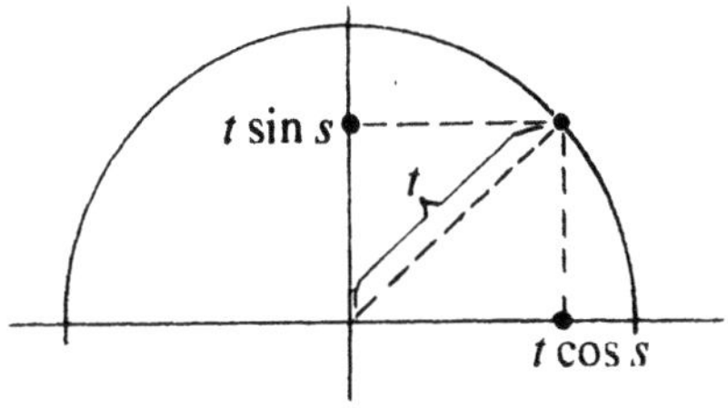

Man erhält

$$\psi([0, 2\pi] \times [0, r[) = U_r$$

und für $s \in]0, 2\pi[$, $t \in]0, r[$

$$\det \psi'(s, t) = \det \begin{pmatrix} -t \sin s & \cos s \\ t \cos s & \sin s \end{pmatrix} = -t \sin^2 s - t \cos^2 s = -t.$$

Da

$$[0, 2\pi] \times \{0\}, \quad \{0, 2\pi\} \times [0, r[\text{ Nullmengen}$$

und auch die Bilder unter ψ

$$(0, 0), \quad \{(x, 0) | 0 \leqq x < r\} \text{ Nullmengen}$$

sind, kann man die Transformationsformel anwenden und erhält mit dem Satz von Fubini

$$\int_{U_r} e^{-x^2-y^2}\, dx\, dy = \int_0^{2\pi} \Big(\int_0^r t e^{-t^2 \cos^2 s - t^2 \sin^2 s}\, dt \Big)\, ds$$

$$= \int_0^{2\pi} \Big(\int_0^r t e^{-t^2}\, dt \Big)\, ds = -2\pi \left(\frac{1}{2} e^{-r^2} - \frac{1}{2} e^{-0} \right) = \pi(1 - e^{-r^2}).$$

Das ergibt

$$\left(\Gamma\left(\frac{1}{2}\right) \right)^2 = \lim_{n \to \infty} \int_{U_n} e^{-x^2-y^2}\, dx\, dy = \lim_{n \to \infty} \pi(1 - e^{-n^2}) = \pi$$

und daher $\left(\text{da } \Gamma\left(\frac{1}{2}\right) \geqq 0 \text{ ist} \right)$

$$\Gamma\left(\frac{1}{2}\right) = \sqrt{\pi}\,. \quad \bullet$$

14.9. Fourierreihen

Nach Beispiel 12.7.3. gibt es zu jeder stetigen Abbildung $f: \mathbf{R} \to \mathbf{C}$ mit der Periode 2π eine Folge von „Polynomen“

$$P_n(z) = \sum_{j=-m_n}^{m_n} c_j^{(n)} z^j \quad \text{mit} \quad \lim_{n\to\infty} \sum_{j=-m_n}^{m_n} c_j^{(n)} e^{ijt} = f(t)$$

gleichmäßig für alle $t \in \mathbf{R}$. Ist $f(t) \in \mathbf{R}$ für jedes $t \in \mathbf{R}$, so kann man die Darstellung umschreiben, da man nur die Realteile zu berücksichtigen braucht. Ist $c = a + bi$, $a, b \in \mathbf{R}$, so ist

$$ce^{ijt} = (a+bi)(\cos jt + i \sin jt) = a \cos jt - b \sin jt + i(b \cos jt + a \sin jt),$$

$$\operatorname{Re}(ce^{ijt}) = a \cos jt - b \sin jt.$$

Da $\cos x = \cos(-x)$, $\sin(-x) = -\sin x$ ist, kann man sich auf $j \geqq 0$ beschränken, wegen $\sin 0 = 0$, $\cos 0 = 1$ ist das Glied mit $j = 0$ unabhängig von t. Man erhält dann „trigonometrische Polynome“

$$s_n(t) = \frac{1}{2} a_0^{(n)} + \sum_{j=1}^{m_n} (a_j^{(n)} \cos jt + b_j^{(n)} \sin jt)$$

mit

$$\lim_{n\to\infty} s_n(t) = f(t) \quad \text{gleichmäßig für} \quad t \in \mathbf{R}.$$

(Aus später ersichtlichen Normierungsgründen schreiben wir $\frac{1}{2} a_0^{(n)}$ statt $a_0^{(n)}$.) Für die Approximation von f durch die s_n ist es besonders angenehm, wenn es möglich ist, die s_n so zu wählen, daß s_{n+p} aus s_n einfach durch Hinzufügen neuer Glieder entsteht. Das bedeutet, daß die $a_j^{(n)}$, $b_j^{(n)}$ nicht von n abhängen. In diesem Fall gewinnt man eine Darstellung

$$(1) \qquad f(t) = \frac{1}{2} a_0 + \sum_{j=1}^{\infty} (a_j \cos jt + b_j \sin jt)$$

von f durch eine gleichmäßig konvergente Reihe. Fourier hatte 1807 behauptet, daß jede Abbildung $f: \mathbf{R} \to \mathbf{R}$ mit der Periode 2π eine derartige Darstellung zuläßt (wobei allerdings die Reihe nicht mehr gleichmäßig zu konvergieren braucht). Es hat sich aber inzwischen gezeigt, daß die Behauptung in dieser Allgemeinheit nicht einmal für stetige Abbildungen f zutrifft.

Hat eine über $[0, 2\pi[$ integrierbare Abbildung $f: \mathbf{R} \to \mathbf{R}$ im Intervall $[0, 2\pi[$ eine Darstellung der Form (1) und kann man die Reihe gliedweise integrieren, so kann man die Koeffizienten bestimmen. Es gilt nämlich

Hilfssatz 14.9.1. *Sind $m, n \in \boldsymbol{N} \cup \{0\}$, nicht beide 0, so gilt*

$$\int_0^{2\pi} \cos mx \cos nx \, dx = \int_0^{2\pi} \sin mx \sin nx \, dx = \begin{cases} \pi, & \textit{falls } m = n \textit{ ist,} \\ 0 & \textit{sonst,} \end{cases}$$

$$\int_0^{2\pi} \cos mx \sin nx \, dx = 0.$$

Beweis. $\boldsymbol{R}$ ist Untervektorraum des Banachraumes $\boldsymbol{C}$. Wir können daher in $\boldsymbol{C}$ rechnen und erhalten

$$\int_0^{2\pi} \cos mx \cos nx \, dx = \int_0^{2\pi} \frac{1}{2}(e^{imx} + e^{-imx}) \frac{1}{2}(e^{inx} + e^{-inx}) \, dx.$$

Wegen

$$\int_0^{2\pi} e^{ikx} \, dx = \begin{cases} 2\pi, & \text{falls } k = 0 \text{ ist,} \\ \dfrac{1}{ik}(e^{ik2\pi} - e^{ik0}) = 0 & \text{sonst} \end{cases}$$

ergibt das ($m + n > 0$, da nicht $m = n = 0$ ist!)

$$\int_0^{2\pi} \cos mx \cos nx \, dx = \frac{1}{4} \int_0^{2\pi} (e^{i(m+n)x} + e^{-i(m+n)x} + e^{i(m-n)x} + e^{-i(m-n)x}) \, dx$$

$$= \begin{cases} \pi, & \text{falls } m - n = 0 \text{ ist,} \\ 0 & \text{sonst.} \end{cases}$$

Die anderen Behauptungen erhält man analog. ●

Ist f über $[0, 2\pi[$ integrierbar, so sind auch $f(x) \cos kx$, $f(x) \sin kx$ über $[0, 2\pi[$ integrierbar, da cos und sin beschränkt und über $[0, 2\pi[$ integrierbar sind. Darf man in (1) gliedweise integrieren, so erhält man auf Grund von Hilfssatz 14.9.1.

$$\int_0^{2\pi} f(x) \, dx = \pi a_0, \quad \int_0^{2\pi} f(x) \cos kx \, dx = \pi a_k, \quad \int_0^{2\pi} f(x) \sin kx \, dx = \pi b_k.$$

Das führt auf

Definition 14.9.1. *Hat $f: \boldsymbol{R} \to \boldsymbol{R}$ die Periode 2π und ist f über $[0, 2\pi[$ integrierbar, so kann man*

$$a_n = \frac{1}{\pi} \int_0^{2\pi} f(x) \cos nx \, dx \textit{ für } n \in \boldsymbol{N} \cup \{0\}, \quad b_n = \frac{1}{\pi} \int_0^{2\pi} f(x) \sin nx \, dx \textit{ für } n \in \boldsymbol{N}$$

bilden. a_n, b_n bezeichnet man als Fourierkoeffizienten von f. Die Reihe

$$\frac{1}{2} a_0 + \sum_{n=1}^{\infty} (a_n \cos nx + b_n \sin nx)$$

heißt Fourierreihe von f.

Wir wollen uns auf einen für viele Anwendungen ausreichenden Spezialfall beschränken, in dem man leicht sehen kann, daß die Fourierreihe für fast alle x gegen $f(x)$ konvergiert.

Satz 14.9.1. *$f\colon \boldsymbol{R}\to\boldsymbol{R}$ habe die Periode 2π, sei beschränkt und über* $[0, 2\pi[$ *integrierbar. Sind die Partialsummen der Fourierreihe von f fast überall gleichmäßig beschränkt und konvergiert die Reihe für fast alle $x\in\boldsymbol{R}$, so ist*

$$f(x) = \frac{1}{2}a_0 + \sum_{n=1}^{\infty}(a_n\cos nx + b_n\sin nx) \quad \textit{für fast alle } x\in\boldsymbol{R}.$$

Hat der Punkt $t\in\boldsymbol{R}$ eine Umgebung, in der f stetig ist und in der die Reihe gleichmäßig konvergiert, so konvergiert die Reihe im Punkt t gegen $f(t)$.

Beweis. Es sei

$$g(x) = \frac{1}{2}a_0 + \sum_{n=1}^{\infty}(a_n\cos nx + b_n\sin nx) \quad \text{für fast alle } x\in\boldsymbol{R}.$$

Unter den angegebenen Voraussetzungen gilt nach dem Lebesgueschen Konvergenzsatz (Satz 14.5.3.) für alle $k\in\boldsymbol{N}\cup\{0\}$ wegen Hilfssatz 14.9.1.

$$\int_0^{2\pi}(g(x)-f(x))\cos kx\,dx =$$

$$= \lim_{n\to\infty}\int_0^{2\pi}\left(\frac{1}{2}a_0 + \sum_{n=1}^{\infty}(a_n\cos nx + b_n\sin nx) - f(x)\right)\cos kx\,dx = 0$$

und entsprechend für $k\in\boldsymbol{N}$

$$\int_0^{2\pi}(g(x)-f(x))\sin kx\,dx = 0.$$

Wir setzen $h = g-f$. h ist beschränkt, und für alle $k\in\boldsymbol{N}\cup\{0\}$ ist

$$\int_0^{2\pi}h(x)\cos kx\,dx = \int_0^{2\pi}h(x)\sin kx\,dx = 0.$$

Ist $f_0\colon\boldsymbol{R}\to\boldsymbol{R}$ stetig und hat die Periode 2π, so gibt es eine Folge $(s_n)_{n\in\boldsymbol{N}}$

$$s_n(x) = \frac{1}{2}a_0^{(n)} + \sum_{k=1}^{m_n}(a_k^{(n)}\cos kx + b_k^{(n)}\sin kx)$$

mit

$$\lim_{n\to\infty}s_n(x) = f_0(x) \quad \text{gleichmäßig für} \quad x\in\boldsymbol{R}.$$

Wegen der Gleichmäßigkeit der Konvergenz folgt hieraus

$$\int_0^{2\pi}h(x)f_0(x)\,dx = \lim_{n\to\infty}\int_0^{2\pi}h(x)s_n(x)\,dx = 0.$$

Da h beschränkt und über $[0, 2\pi]$ integrierbar ist, gibt es eine gleichmäßig beschränkte Folge $(f_n)_{n\in \boldsymbol{N}}$ stetiger Abbildungen von $[0, 2\pi]$ in $\boldsymbol{R}$ mit

$$\lim_{n\to\infty} f_n(x) = h(x) \quad \text{für fast alle} \quad x\in[0, 2\pi].$$

Wir setzen

$$\tilde{g}_n(x) = \left(1 - \left|\cos\frac{1}{2}x\right|^n\right) f_n(x).$$

$\tilde{g}_n$ ist stetig in $[0, 2\pi]$. Da $\tilde{g}_n(0) = \tilde{g}_n(2\pi) = 0$ ist, kann man $\tilde{g}_n$ zu einer stetigen Abbildung $g_n\colon \boldsymbol{R}\to\boldsymbol{R}$ mit der Periode 2π fortsetzen, indem man

$$g_n(x+2k\pi) := \tilde{g}_n(x) \quad \text{für} \quad x\in[0, 2\pi[, \quad k\in\boldsymbol{Z}$$

definiert. Für alle $x\in\,]0, 2\pi[$ ist

$$\left|\cos\frac{1}{2}x\right| < 1, \quad \lim_{n\to\infty}\left(1 - \left|\cos\frac{1}{2}x\right|^n\right) = 1.$$

Daher ist auch

$$\lim_{n\to\infty} g_n(x) = \lim_{n\to\infty} \tilde{g}_n(x) = h(x) \quad \text{für fast alle} \quad x\in[0, 2\pi]$$

und damit (h^2 ist über $[0, 2\pi]$ integrierbar!)

$$\int_0^{2\pi} h^2(x)\,dx = \lim_{n\to\infty}\int_0^{2\pi} h(x) g_n(x)\,dx = 0.$$

Das bedeutet aber, daß $h(x)=0$, d.h. $f(x)=g(x)$, für fast alle $x\in[0, 2\pi]$ ist.

Ist $t\in\boldsymbol{R}$ und U eine Umgebung von t, in der die Fourierreihe gleichmäßig konvergiert, so wählen wir ein $\delta\in\boldsymbol{R}$ mit $[t-\delta, t+\delta]\subset U$ und ein $z\in\,]t-\delta, t+\delta[$. Für alle $y\in\,]t-\delta, t+\delta[$ ist

$$h_0(y) = \int_z^y f(x)\,dx = \frac{1}{2}a_0\int_z^y dx + \sum_{n=1}^{\infty}\int_z^y (a_n\cos nx + b_n\sin nx)\,dx.$$

Da die Reihe im Punkt z konvergiert und die aus den Ableitungen gebildete Reihe gerade die Fourierreihe ist, die in $[t-\delta, t+\delta]$ gleichmäßig konvergiert, ist nach Satz 11.4.3.

$$f(t) = h_0'(t) = \frac{1}{2}a_0 + \sum_{n=1}^{\infty}(a_n\cos nt + b_n\sin nt).$$

($h_0'(t) = f(t)$ wegen der Stetigkeit von f in einer Umgebung von t!) ●

Als Beispiel zeigen wir

Hilfssatz 14.9.2. *Zu $y \in \mathbf{R}$ sei $[y]$ die größte ganze Zahl $\leqq y$.*

$$f: \mathbf{R} \to \mathbf{R}, \quad \textit{definiert durch} \quad f(x) = x - \pi - 2\pi \left[\frac{1}{2\pi} x\right],$$

ist stetig bis auf jeweils einen „Sprung um -2π" in jedem Punkt $x \in 2\pi\mathbf{Z}$ und hat die Periode 2π. Für alle $x \in \mathbf{R} - 2\pi\mathbf{Z}$ ist

$$f(x) = -\sum_{n=1}^{\infty} \frac{2}{n} \sin nx, \quad \textit{insbesondere} \quad x - \pi = -\sum_{n=1}^{\infty} \frac{2}{n} \sin nx \ \textit{für} \ 0 < x < 2\pi.$$

Die Reihe konvergiert gleichmäßig auf jedem Kompaktum in $\mathbf{R} - 2\pi\mathbf{Z}$. Die Partialsummen sind auf $\mathbf{R}$ gleichmäßig beschränkt.

Beweis. Es ist

$$f(x+2\pi) = x + 2\pi - \pi - 2\pi \left[\frac{1}{2\pi} x + 1\right] = x + \pi - 2\pi \left[\frac{1}{2\pi} x\right] - 2\pi = f(x).$$

Für $x \in [0, 2\pi[$ ist

$$f(x) = x - \pi.$$

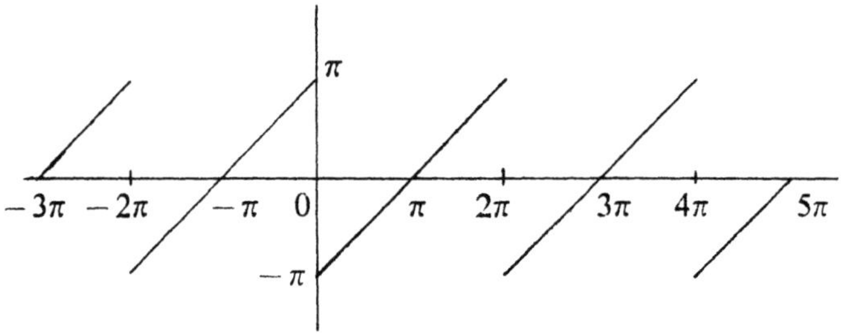

f ist sprungstetig und daher über $[0, 2\pi]$ integrierbar und beschränkt. Mit Hilfe der Substitutionsregel erhält man zunächst $\big(f(x) = x - \pi$ für $x \in [0, 2\pi[!)\big)$

$$a_k = \frac{1}{\pi} \int_0^{2\pi} f(x) \cos kx \, dx = \frac{1}{\pi} \int_{2\pi}^{0} (-1) f(2\pi - y) \cos k(2\pi - y) \, dy$$

$$= \frac{1}{\pi} \int_{2\pi}^{0} f(y) \cos ky \, dy = -a_k.$$

Daher sind alle $a_k = 0$. Partielle Integration ergibt (mit Hilfssatz 14.9.1.)

$$b_k = \frac{1}{\pi} \int_0^{2\pi} f(x) \sin kx \, dx = \frac{1}{\pi} \int_0^{2\pi} x \sin kx \, dx - \frac{1}{\pi} \int_0^{2\pi} \pi \sin kx \, dx$$

$$= \frac{1}{\pi} x \left(-\frac{1}{k} \cos kx\right) \Bigg|_{x=0}^{x=2\pi} - \frac{1}{\pi} \int_0^{2\pi} 1 \cdot \left(-\frac{1}{k} \cos kx\right) dx$$

$$= \frac{1}{\pi} 2\pi \cdot \left(-\frac{1}{k}\right) = -\frac{2}{k}.$$

Die angegebene Reihe ist die Fourierreihe von f. Wir setzen

$$s_n(x) = -\sum_{k=1}^{n} \frac{2}{k} \sin kx, \quad t_m(x) = \sum_{k=1}^{m} \sin kx.$$

Nach dem Abelschen Summationsverfahren (siehe den Beweis von Satz 9.6.4.) ist

$$s_n(x) = -\sum_{k=1}^{n} \frac{2}{k}(t_k(x) - t_{k-1}(x)) = -\sum_{k=1}^{n} \frac{2}{k} t_k(x) + \sum_{m=0}^{n-1} \frac{2}{m+1} t_m(x)$$

$$= -\sum_{k=1}^{n-1} t_k(x)\left(\frac{2}{k} - \frac{2}{k+1}\right) - \frac{2}{n} t_n(x) \quad (t_0(x) = 0!).$$

Zunächst bestimmen wir $t_m(x)$ für $x \in \boldsymbol{R} - 2\pi\boldsymbol{Z}$. Es ist

$$\sum_{k=0}^{m} \cos kx + i \sum_{k=0}^{m} \sin kx = \sum_{k=0}^{m} e^{ikx} = \frac{e^{i(m+1)x} - 1}{e^{ix} - 1} =$$

$$= e^{i\frac{m}{2}x} \frac{e^{i\frac{1}{2}(m+1)x} - e^{-i\frac{1}{2}(m+1)x}}{e^{i\frac{1}{2}x} - e^{-i\frac{1}{2}x}} = \left(\cos\frac{m}{2}x + i \sin\frac{m}{2}x\right) \frac{\sin\frac{m+1}{2}x}{\sin\frac{1}{2}x}.$$

Vergleicht man die Imaginärteile, so erhält man

$$t_m(x) = \sum_{k=0}^{m} \sin kx = \sin\frac{m}{2}x \frac{\sin\frac{m+1}{2}x}{\sin\frac{1}{2}x}, \quad |t_k(x)| \leqq \frac{1}{\left|\sin\frac{1}{2}x\right|}$$

und hiermit

$$|s_{n+p}(x) - s_n(x)| \leqq \frac{1}{\left|\sin\frac{1}{2}x\right|} \left(\sum_{k=n}^{n+p-1} \left(\frac{2}{k} - \frac{2}{k+1}\right) + \frac{2}{n} + \frac{2}{n+p}\right) = \frac{4}{n\left|\sin\frac{1}{2}x\right|}.$$

Ist A eine kompakte Teilmenge von $\boldsymbol{R} - 2\pi\boldsymbol{Z}$, so ist wegen der Stetigkeit von sin und wegen $\sin\frac{1}{2}x \neq 0$ für alle $x \in A$

$$v = \min\left\{\left|\sin\frac{1}{2}x\right| \,\middle|\, x \in A\right\} > 0.$$

Da dann $|s_{n+p}(x) - s_n(x)| \leqq \frac{4}{nv}$ für alle $x \in A$ ist, konvergiert die Fourierreihe gleichmäßig auf A.

Ist $x \in 2\pi \boldsymbol{Z}$, so ist $s_m(x) = 0$ für alle $m \in \boldsymbol{N}$. Ist $x \in \boldsymbol{R} - 2\pi \boldsymbol{Z}$, so wählen wir n so, daß

$$n\left|\sin\frac{1}{2}x\right| < 1, \quad 2n\left|\sin\frac{1}{2}x\right| > 1$$

ist. Ist $m \leqq n$, so ist

$$\left|\sin\frac{1}{2}x\right| < \frac{1}{m}, \quad \text{also} \quad \left|\sin\frac{1}{2}2x\right| = \left|2\sin\frac{1}{2}x\cos\frac{1}{2}x\right| \leqq 2\left|\sin\frac{1}{2}x\right| < \frac{2}{m},$$

und setzt man $\left|\sin\frac{1}{2}(k-1)x\right| \leqq \frac{k-1}{m}$ voraus, so ist

$$\left|\sin\frac{1}{2}kx\right| = \left|\sin\frac{1}{2}(k-1)x\cos\frac{1}{2}x + \sin\frac{1}{2}x\cos\frac{1}{2}(k-1)x\right| < \frac{k-1}{m} + \frac{1}{m} = \frac{k}{m}.$$

Daher ist (vollständige Induktion)

$$|\sin kx| < \frac{2k}{m} \quad \text{für alle} \quad k \in \boldsymbol{N}$$

und infolgedessen

$$|s_m(x)| = \left|-\sum_{k=1}^{m}\frac{2}{k}\sin kx\right| < \sum_{k=1}^{m}\frac{4}{m} = 4 \quad \text{für} \quad m \leqq n.$$

Ist $m > n$, so ist

$$|s_m(x)| \leqq |s_n(x)| + |s_m(x) - s_n(x)| \leqq 4 + \frac{4}{n\left|\sin\frac{1}{2}x\right|} \leqq 4 + 8 = 12.$$

Die Partialsummen der Fourierreihe von f sind gleichmäßig beschränkt für alle $x \in \boldsymbol{R}$.

Ist $x \in \boldsymbol{R} - 2\pi\boldsymbol{Z}$, so gibt es ein $\delta \in \boldsymbol{R}_+^\times$ mit $[x-\delta, x+\delta] \in \boldsymbol{R} - 2\pi\boldsymbol{Z}$. Da die Reihe in $[x-\delta, x+\delta]$ gleichmäßig konvergiert und f in $[x-\delta, x+\delta]$ stetig ist, konvergiert die Reihe nach Satz 14.9.1. gegen $f(x)$. ●

Beispiel 14.9.1. Mit Hilfssatz 14.9.2. kann man $\zeta(2)$ (Beispiele 9.5.2., 9.6.1.) berechnen. Da man die Reihe gliedweise integrieren kann, ergibt sich (wegen $\cos k\pi = (-1)^k$)

$$\int_0^\pi f(x)\,dx = \left(\frac{1}{2}x^2 - \pi x\right)\Big|_{x=0}^{x=\pi} = \frac{1}{2}\pi^2 - \pi^2 = -\frac{1}{2}\pi^2$$

$$= -\sum_{n=1}^{\infty} -\frac{2}{n^2}(\cos n\pi - 1) = -\sum_{\substack{n=1\\ 2\nmid n}}^{\infty}\frac{4}{n^2}.$$

Nun erhält man alle geraden natürlichen Zahlen aus den ungeraden natürlichen Zahlen in der Form $n \cdot 2^j$, $j \in \boldsymbol{N}$. Wegen

$$\sum_{j=1}^{\infty} (2^j)^{-2} = \sum_{j=1}^{\infty} (2^{-2})^j = 2^{-2} \frac{1}{1-2^{-2}} = \frac{1}{3}$$

erhält man

$$\sum_{\substack{m=1 \\ 2|m}}^{\infty} \frac{1}{m^2} = \sum_{\substack{n=1 \\ 2\nmid n}}^{\infty} \sum_{j=1}^{\infty} \frac{1}{(2^j n)^2} = \sum_{\substack{n=1 \\ 2\nmid n}}^{\infty} \frac{1}{n^2} \sum_{j=1}^{\infty} \frac{1}{2^{2j}} = \frac{1}{3} \sum_{\substack{n=1 \\ 2\nmid n}}^{\infty} \frac{1}{n^2}.$$

Das ergibt

$$\zeta(2) = \sum_{m=1}^{\infty} \frac{1}{m^2} = \frac{4}{3} \sum_{\substack{n=1 \\ 2\nmid n}}^{\infty} \frac{1}{n^2} = -\frac{1}{3} \int_0^{\pi} f(x)\, dx = \frac{\pi^2}{6}. \quad \bullet$$

Literaturverzeichnis

[1] BARNER, M.: Differential- und Integralrechnung, (Sammlung Göschen, Band 86/86a), Walter de Gruyter & Co., Berlin 1963.

[2] BOURBAKI, N.: Eléments de mathematique, I, III, IV, Hermann & Cie., Paris 1949 ff.

[3] COURANT, R.: Vorlesungen über Differential- und Integralrechnung I, II, Springer-Verlag, Berlin 1955.

[4] DIEUDONNÉ, J.: Foundations of Modern Analysis, Academic Press, San Francisco 1964. Deutsche Übersetzung: Grundzüge der modernen Analysis. Friedr. Vieweg+Sohn, Braunschweig 1971.

[5] GELBAUM, B. R. and J. M. OLENSTED: Counterexamples in Analysis, Holden-Day, Inc., San Francisco 1964.

[6] GLEASON, A. M.: Fundamentals of Abstract Analysis, Addison-Wesley Publishing Company, London 1966.

[7] GRAUERT, H. und I. LIEB: Differential- und Integralrechnung I, (Heidelberger Taschenbücher Band 26), Springer-Verlag, Berlin 1967.

[8] GRAUERT, H. und W. FISCHER: Differential- und Integralrechnung II, (Heidelberger Taschenbücher Band 36), Springer-Verlag, Berlin 1968.

[9] GRAUERT, H. und I. LIEB: Differential- und Integralrechnung III, (Heidelberger Taschenbücher Band 43), Springer-Verlag, Berlin 1968.

[10] GRÖNER, W. und N. HOFREITER: Integraltafeln 1. Teil, 4. Auflage, Springer-Verlag, Wien 1965; Integraltafeln 2. Teil, 4. Auflage, Springer-Verlag, Wien 1966.

[11] HERMES, H.: Einführung in die mathematische Logik, Teubner, 2. Auflage, Stuttgart 1969.

[12] HEWITT, E. and K. STROMBERG: Real and Abstract Analysis, Springer-Verlag, Berlin 1965.

[13] KNOPP, K.: Theorie und Anwendung der unendlichen Reihen, Springer-Verlag, 5. Auflage, Berlin 1964.

[14] KOWALSKY, H. J.: Lineare Algebra, Walter de Gruyter & Co., 4. Auflage, Berlin 1969.

[15] LORENZEN, P.: Differential und Integral, Akademische Verlagsgesellschaft, Frankfurt a. M. 1965.

[16] MCSHANE, E. J. and T. BOTTS: Real Analysis, van Nostrand Comp., Princeton 1959.

[17] SCHMIDT, J.: Mengenlehre I, (BI-Hochschultaschenbuch Band 56/56a) Bibliographisches Institut, Mannheim 1966.

[18] SCHUBERT, H.: Topologie, Teubner, 2. Auflage, Stuttgart 1969.

Namen- und Sachverzeichnis

GPSR Compliance

The European Union's (EU) General Product Safety Regulation (GPSR) is a set of rules that requires consumer products to be safe and our obligations to ensure this.

If you have any concerns about our products, you can contact us on ProductSafety@springernature.com

In case Publisher is established outside the EU, the EU authorized representative is:

Springer Nature Customer Service Center GmbH
Europaplatz 3
69115 Heidelberg, Germany

Batch number: 10577896

Printed by Printforce, the Netherlands